ヤマベの木構造 補改訂版:これ一冊で分かる!木造住宅の構造設計

木構造全書

世界頂尖日本木構造權威40年理論與實務集大成

山邊豐彥 —— 著 張正瑜 —— 譯
YAMABE TOYOHIKO

範例

本書因考量到適閱性及整合性等，以下列簡稱來表示法令名稱或告示編號。

- **法**　　：建築基準法
- **令**　　：建築基準法施行令
- **昭**　　：昭和
- **平**　　：平成
- **建告**　：建設省告示
- **國交告**：國土交通省告示
- **品確法**：住宅品質確保促進等之相關法律

[例]

平 12 建告 1454 號：平成 12 年建設省告示第 1454 號

有關增補修訂版

距離本書初版發行已經過四年。這段期間，我國東北地方遭受到太平洋外海地震（東日本大地震，編按：指 2011 年 3 月 11 日發生地震矩規模 9.0 大型地震）的侵襲而蒙受了巨大的災害，因而有許多建築相關的新課題浮上檯面。此外，2012 年已經實行木造住宅的耐震診斷或木質系混合結構指南等的改訂。2007 年也依序針對已公布之告示進行改正。

在這樣的環境氛圍之下，筆者從事一般的設計業務之餘，也擔任全國各地木構造講習會或木質系結構委員會的工作，除了訪談實務者的疑問或需求之外，同時藉此機會獲得思考設計者、施工者、行政工作之間的各種問題。這當中筆者有很深的感觸，那就是面對建築實務上的各種問題，還是得確實掌握基本功才有辦法處理。就結構設計而言，「掌握力的傳遞方式」是一切的基礎。更進一步地說，「繪製平面圖與構架圖」對設計者而言本來就是實務上的必要工作。雖然所謂的「4 號特例」至今依舊存在，但這並非是省略結構上的檢討，而是指對包含在施工規範中的壁量及剪力牆的均衡配置、剪力牆端部柱子的拉拔力檢討等三個項目，仍有必要進行最低限度的檢討。

本次的增補修訂版雖然基本構成與初版相同，但是入門篇增加了混合結構與耐震評估、耐震補強的基本思考方針。混合結構雖是住宅密集地或傾斜地經常採用的結構形式，但從結構計算的結果來看設計上必須進行改善的案例很多，所以也會針對基本設計時的最低限度事項進行解說。在耐震評估、耐震補強方面，2011 年震災過後的需求雖然急增，但現實中卻持續存在相關技術工作者短缺的情況，也經常有不當的補強案例發生，因此書中增加了這方面的基本事項。

此外，近年來空間構成的種類不但變得更為豐富，而且開放的空間區劃、或複雜的平面、立面形狀的建築物也有增加的趨勢。在這類木造建築中，「因應剪力牆配置的水平構面設計」將特別重要。但是，針對這點的設計方法卻有許多難以理解的地方，像是設計者會在還沒能進行適切檢討的情況下，就增加沒有作用的水平支撐、或以為只要採行結構用合板來施作就沒問題……，這類誤解也屢見不鮮。這樣的現況應該立即處理，除了再次整理水平構面設計相關的基本思考方向之外，為了讓建築物在即便不進行複雜計算的情況下，也能確保一定程度的安全性，所以會擴充必要樓板倍率圖表的內容。除此之外，對於載重會愈來愈大但設計資料很少的多雪地區，也增加了樑斷面跨距表及水平構面的跨距表。經過修正與增加之後，筆者可以很自豪地說本次的增補修訂版幾乎涵蓋所有木造的結構設計之基本事項。

今後也會隨時進行法律或標準的修訂吧。不過，建築物上產生的力傳遞以及針對力的各構材設計的基本思考方法是不會改變的。期待本書對於設計出更好的木造建築物能有所幫助。

2013 年 5 月吉日

山邊豐彥（YAMABE TOYOHIKO）

前言

本書集結建築專門誌「建築知識」自2002年9～12月號為止這4個月期間連載的「從零開始學『山邊的木構造』集中講座」內容，並且經過大幅增加、修正而成。因為篇幅增加很多，所以實質上是一本滿載全新內容的木構造基礎書。

連載之初，筆者抱持的目的是「讓一般設計者能理解木構造」。針對必定交由現場施工者執行的木造住宅架構來說，如何讓設計者自身能夠從頭至尾檢證其安全性，並且能獨立作業直到完成設計書圖（平面圖、構架圖等），盡可能以容易理解的方式解說其理論與方法。這個初衷在本書始終不變。

不過連載結束之後，建築領域所面臨的狀況產生了很大的變化。2005年揭發的耐震強度偽造事件、以及受此事件影響而開始實行的結構基準強化或審查的嚴格化等，都帶給設計者們不小的影響。因應「住宅瑕疵擔保履行法」的成立，也導入了新的保險制度。所謂「4號特例」制度也預定進行調整。

這樣的發展動向可說是，國家期望極力排除設計者的思想或判斷上存在的灰色地帶，達到無論由誰設計都能確保建築物的安全性，這是將所有做法方向進行大幅度轉換的證據。另一方面，結構相關的判定條件愈來愈嚴格，一旦法規、制度的存在愈來愈膨大，在眾多設計者之中，可能有人光是準備各種資料製作就用盡心思，而無暇思考重要的設計面，以至於陷入思考停滯狀態。現在筆者最憂慮的就是這種情況。

完備的設計書圖為最優先的時代

在這樣的狀態之下，如果俯瞰木構造住宅所面臨的現況，特別是「結構設計相關的設計書圖很難取得一致性」的問題也會隨之浮現。雖然這與設計者的知識不足也有關係，不過最大的原因還是在於現實情況，實際上設計書圖的一部分是委由各種廠商製作。

舉例來說，基礎部分會由地盤調查公司依據地盤調查的資料或探查來進行判斷、設計，大多會附帶保證到這個部分。再者，雖然上部結構的平面圖、構架圖的繪製原本是設計者必須執行的設計業務，但事實上大多數的預先裁切圖都是交由預先裁切工場製作。像這樣有多家廠商涉入設計的情況下，我們可以明白知道為何取得設計書圖整體的一致性會變得如此困難。

不過，自此之後我們會進入以設計書圖的完備為最優先的時代。到那時每個設計者都需要具備廣泛知識，一面做確切的判斷，一面進行具有一致性的設計。結構設計並非只是建築基準法的規定產物。無論法規規定再如何細緻化，最終還是有需要仰賴設計者的資質、判斷、倫理觀念的部分。

包含上述種種部分在內，能否憑一己之力以結果的方式整合成一體的設計書圖，將是往後的設計者所追求的目標。

理解木構造的程序

在結構設計中特別是木構造，對於建築設計者來說，當然也包括結構設計者在內，都是棘手的難題。可能是因為大多設計者、施工者一直以來都是以樑柱架構式工法來進行住宅設計，以至於疏於認真思考結構（性能）。不過如前面所述，今後將是所有都必須有其根據的設計書圖時代。即便是目前為止的可行做法，今後也將不容許只憑相同的經驗與直覺來進行判斷。

那麼，原本的樑柱構架式工法的結構設計會變成什麼樣的情況呢？筆者認為最基本的事項有以下五點。

① 理解木材的特性

② 理解作用在建築物上的力種類與力的傳遞

③ 理解構架、剪力牆、樓板、屋架、接合部的作用、以及這些部分之間的組合

④ 閱讀地盤資料、思考適切的基礎形狀

⑤ 能夠製作包含木構造構架計畫在內的結構計畫

只要仔細閱讀本書，任何人都可以理解①～④的內容。關於⑤的結構計畫因涉及範圍較廣，製作上也會因人而異，但就理想上來說，只要對所理解到的知識再加以深究就能掌握。

此外，筆者針對近期預定進行改修的「4 號特例」重新做了一番檢視，揭示日後的設計者必須能夠製作新的結構設計書圖，也是此次書寫的目的之一。

結構設計的流程

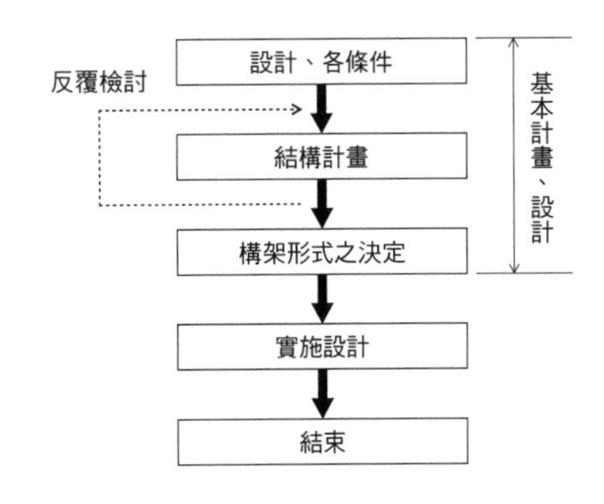

針對申請建築許可時的新需要——設計書圖種類及要點，已整理成第 6 頁的圖表。請留意要點欄位的內容，深入學習。

結構設計沒有捷徑

學習木構造的知識，並沒有所謂高效率的捷徑。只有時常對結構保有問題意識，在設計過程中徒手計算來掌握力的傳遞、以及對實務設計進行反覆操練，除此之外沒有其他的方法。

舉例來說，即便是同樣的平面圖，如果構架計畫（樑的架設方式，壁體倍率、牆體配置的變化等）不同就會產生不同的結果（成本、構材斷面等）。對於掌握木構造來說，解讀這些細微變化的能力很重要。這些可以透過表格或圖表達到計算的效率化，使用電腦作業時也是同樣的道理。

一旦經驗過徒手計算的設計，就會增加結構知識的幅度與深度，甚至關係到設計者是否能獲取業主的信賴。

4 號特例修正之後必要準備及預想結構關係的設計書圖與要點

書圖種類	要點等
基礎平面圖	・混凝土種類 ・鋼筋種類 ・基礎的斷面形狀與配筋 ・換氣口或人孔的尺寸與位置 ・錨定螺栓的直徑與位置
各層樓板平面圖 屋架平面圖	・材料的樹種、等級 ・柱、樑、水平角撐的斷面尺寸、配置 ・挑空的位置 ・樑上剪力牆的做法與接合五金的做法
二面以上的構架圖	・主要的構架 ・接頭位置、剪力牆的做法
結構詳圖	・屋頂屋面材料的固定方法 ・柱子的有效細長比在 150 以下
使用結構材料一覽表	・樹種 ・等級 ・彈性模數與含水率（不依照壁量規定時）
基礎、地盤說明書	・從地表面算起的深度與土質 ・版式基礎、連續基礎等 ・埋入深度在凍結深度以下 ・最好記錄於地盤調查的柱狀圖 ・檢附地盤調查資料
壁量計算書	・全體的壁量計算 ・四分割法或偏心率
接合五金詳圖	・依據規定告示表單、N 值計算、容許應力度計算來決定接合部的做法 ・做法記錄於平面圖或構架圖上

此外，結構設計並不是在計畫之初就被清楚決定下來，而是因應諸多條件的變更，設計也會跟著調整，在一面反覆檢討結構計畫之下慢慢地完成。雖然可能有人對於結構設計感到某種束縛感，但如果正確學習到最低限度的必要知識，對於檢討的過程中衍生出的種種變化，就能應付自如，這也是不可忽略的事實。

本書希望讓有意設計出有所依據及負責任的木構造建築設計者，全面提升技能之外，對設計書圖的完備也能帶來幫助。以這樣的結果而論，在不久的將來筆者期待看到：設計並非受限於法規約束，而是設計者在充分地全面性思考後所進行的設計活動，也正是這樣的設計態度建立起受到尊重與鼓勵的社會制度。

2009 年 4 月吉日
山邊豐彥
（YAMABE TOYOHIKO）

導讀推薦

近年由歐洲，尤其奧地利發展積極推動之直交集成板（Cross laminated timber: CLT）嵌板，搭配以相當成熟之結構集成材及結構用單板層積材等工程木材，已突破木構造建築只被侷限於低樓層（2、3 層）建築，在都市內已有與鋼構造、鋼筋混凝土構造（RC 造）相競爭，向高樓層建築方向發展，在全球暖化劇烈的今日，設計、建造「碳排放量低，廢材可再資源化，固碳性佳，對環境衝擊性低」之木構造建築已是降低暖化最重要的途徑之一。尤其木材在資源循環經濟社會進展中所扮演之節能、減碳、固碳貢獻為其他材料所不及。而一般所關心生物材料易受到火害、蟲蟻及腐朽之危害，前者已可藉由木材之炭化深度設計或阻燃、被覆處理等可達到 1 小時至 2 小時之防火時效，後者則可藉由防腐、防蟲蟻處理技術達成所需之耐用年數。

在奧地利之 Reininghaus Quartier 7 建造之 CLT 建築物有 3 棟（3，5 及 6 層樓建築），均在現場灌澆之 RC Core 構造與 CLT 構造相結合之混合構造。牆體及樓（地）板均使用 5 層 5 單片構成之 CLT，而厚度、牆體為 10 ～ 16cm，樓（地）板為 14cm。牆體之厚度會隨著由低樓層向高樓層進展會愈薄。就牆體斷面觀之時，其係使用異等厚之集成元的 CLT，從最外層向內層之集成元厚度，1 樓為牆體 4、2、4、2、4cm，2 樓牆體為 4、2、2、2、4cm。牆體之隔熱設計為厚度 8cm 之岩綿（Rock wool）兩張重疊。

Ho Ho Wien 是位於 Wien 之舊市區（Karisplaz 車站）至距離地下鐵約 30 分鐘 Seestada 車站之前面。為 24 層樓建築物，高度 84m，總地板面積 25,000m^2，集合餐廳，健康設施，溫泉浴室，按摩設施，美容沙龍，辦公室，大飯店，高級公寓等在一起之複合住商設施。建築物係在現場灌澆 RC Core 構造，木構造從外側成三明治般的夾心構造。木構造之構成是在集成材之柱，使用 RC 之樑、牆體與樓（地）板使用 CLT。木材使用量為 4620m^3，換算成單位面積（1m^2）之木材使用量為 0.185m^3/m^2。

上述主要提到大規模之木構造建築，而大部分之居家住宅，尤其獨棟建造，是以平房或二層樓為主，在日本其工法有多樣，如樑柱構架工法（傳統軸組式工法），框組壁式工法（2×4 工法），預鑄工法（Prefab 工法）等，其中仍以樑柱構架工法居多，因其是藉由柱、樑、横架材、剪力牆、樓 (地) 板等承受垂直力及水平力與剪力，而使用之木構材均以實木製材為主，可搭配木質板材，今後將預期大量使用 CLT、集成材、單板層積材等工程木材。此種樑柱構架工法於使用若干年後，容易進行空間調整，及所謂的修復改造，建物不必拆除，對於環境衝擊性低，減少大量廢棄垃圾的產生，因此較受歡迎。目前在日本已是一種熱門行業。

在日本，樑柱構架工法已有悠久歷史，技術微世界之冠，其與近年來發展之 CLT 及集成材，單板層積材等工程木材之相容性高，對於樑柱構架工法於空間修復，改造將是不可或缺之建材。

本書著者山邊豐彥先生，為日本樑柱構架工法（傳統軸組式工法）之權威，獨立執業逾 40 年，所出版「ヤマベの木構造」後，日本於 2011 年發生東日本大震災（M9.0），遭受莫大災害，因此於 2012 年木構造之耐震診斷，或木質系混合構造等之指南已進行修正，在此前提下，著者對於原版亦進行增補、修訂。本書內容涵蓋四大部分，

⑴入門篇，以木構造之基礎知識為主，說明木材之基本性質會影響到建築結構設計因子，如含水率、木材之節、纖維走向、物理及強度性質異方性等，木構造易受到的危害，混合構造設計，及耐震診斷與耐震補強重點等。⑵基本篇，說明樑柱構架方法（軸組式工法）木構造之地盤、基礎、垂直構材（軸組）、剪力牆、水平構面、及接合部等進行設計時之設計方法，力的作用方式及構架方式等基本知識等。

⑶實踐篇，進一步的提出細部構材的設計、計算和各種數值檢討，透過五種不同結構的實際案例分析、施工照片、設計圖、結構設計概要書等。

⑷資料篇，精心彙整所有木構造相關各種構材的計算公式，統計圖表，各式規格圖表等。本書可相當於樑柱構架工法（軸組式工法）之百科全書。本書是一般設計者導向由淺入深，按照順序逐步為讀者建構成完整的木構造結構系統。適合於有意從事木構架設計、實務之建築、土木、木材等系所同學，執業建築師、結構技師等專業人員選讀的一本工具書。特給予推薦。

王松永 2019.7.1
日本東京大學農學博士
臺大森林環境暨資源學系名譽教授
中華木質構造建築協會名譽理事長

01 入門篇 從頭認識木構造

木構造的基礎知識

02 基本篇 須掌握的基礎知識

地盤、基礎

構架

剪力牆

水平構面

接合部

03 實踐篇 立即可使用的設計手法

地盤、基礎

構架

剪力牆

水平構面

設計案例

04 資料篇 相關資料與數據圖表

01
入門篇
從頭認識
木構造

木構造的基礎知識

進行結構設計時的首要之務，是確實了解所使用的材料特徵。再者，對於施加於建築物的載重與力的傳遞，必須掌握各構材與之相應的抵抗方式。此外，在此也會從過去的損壞案例整理出設計上的注意要點，期望聚焦在構材設計之前的先行判斷，並針對結構計畫的要點進行解說

基礎知識［入門篇］①

木材、木構造的性質

木造住宅所使用的木材

木材大致可區分成「針葉樹」與「闊葉樹」兩類。

針葉樹的纖維大多筆直，而且加工容易，經常被製成結構材或製成材。

闊葉樹又稱為「硬木」，雖然加工不易，但因為種類多、質感也非常多樣，所以主要做為製成材來使用。就結構材而言，櫸木或栗木雖然也可以做為柱、木地檻、橫向材的材料，不過更常用於暗榫、暗銷、楔形物等接合部分。

表 1 是主要的樹種及樑柱構法中的使用範例。這些是依據強度或性質、成本、市場流通性、耐蟻蝕、防腐性（圖 1）等所採行的習

表 1● 樹種與使用部位

部位	針葉樹									闊葉樹				
	日本國產材					進口材								
	杉木	日本扁柏	赤松 黑松	羅漢柏	落葉松	美國扁柏	阿拉斯加扁柏	花旗松	美國西部鐵杉	櫸木	栗木	樫木	楢木	日本山毛櫸
柱	○	○	—	—	—	—	—	—	○	△	△	—	—	—
樑	○	—	○	—	○	—	—	○	○	△	—	—	—	—
木地檻	—	○	—	○	—	○	○	—	—	○	○	—	—	—
斜撐	○	—	—	—	—	—	—	—	○	—	—	—	—	—
樓板格柵	○	—	○	—	○	—	—	○	○	—	—	—	—	—
椽	○	—	○	—	○	—	—	○	○	—	—	—	—	—
屋面板、樓地板	○	○△	○	—	—	—	—	—	—	—	—	—	○△	○△
格柵托樑	○	○	○	—	○	—	—	○	○	—	—	—	—	—
水平角撐、水平角撐木地檻	○	○	—	○	○	—	—	○	○	—	—	—	—	—
內栓類	—	—	—	—	—	—	—	—	—	—	—	○	○	○

圖例　○：適用　△：部分適用

圖 1 ● 芯材的耐蟻性、耐腐性

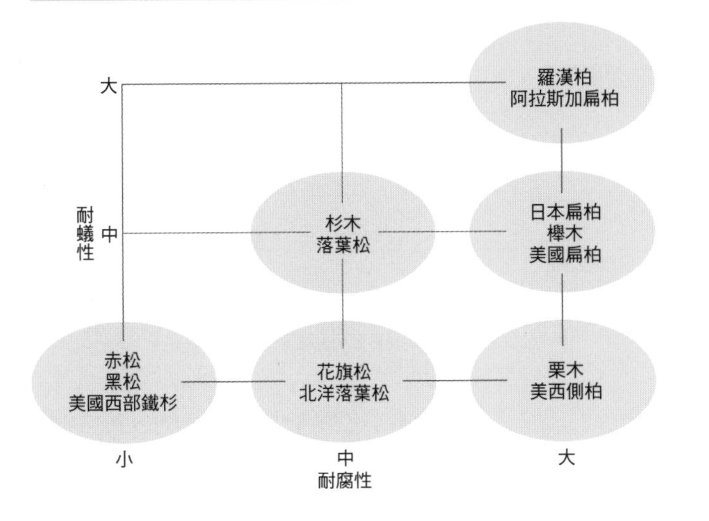

圖 2 ● 木材的構成

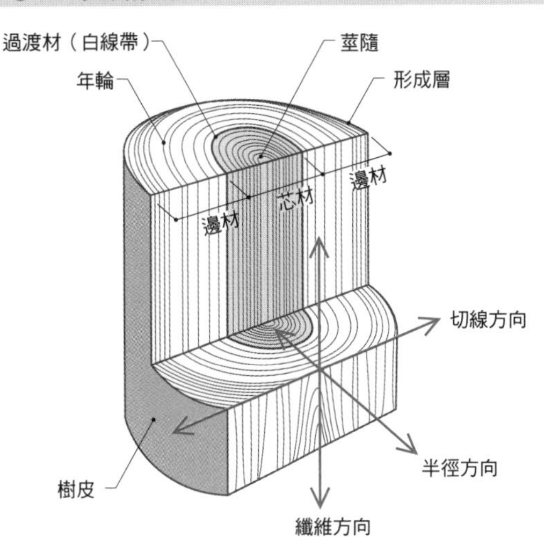

慣性用法範例，但只要結構、構法上採取防蟻、防腐對策，符合材料強度或彈性模數（參照用語解說①）等要求的話，任何材料都可以使用。

木材的強度有變異性

木材受到地域或氣候、方位等各種不同生長環境的影響，即使是同一樹種，其強度或彈性模數也會有所差異。

雖然平成 12 年（編按：西元 2000 年）建告 1452 號文中，載明以統計上的 5% 為下限值來訂定基準強度，但若是能掌握各個構材強度特性的話，便能更加合理地活用構材，讓「適材適所」成為可能。

舉例來說，強度或彈性模數小的部分可以使用在不太要求強度的短跨距樑上，然後將強度和彈性模數大的部分使用在長跨距樑上。

因方向的不同而有特性上的差異

木材不同於工業材料的鋼材或混凝土，是有其纖維方向，所以在不同方向（圖 2）上會出現特性上的差異，具備「異方性」是木材最大的特徵。

異方性主要在乾燥收縮、及強度、彈性模數等方面看得到顯著差異。

用語解說①

彈性模數

所謂「彈性模數（譯注：原文為 Young's modulus 譯作楊氏係數，為求閱讀上方便本書採內政部營建署頒布之<木構造建築物設計及施工技術規範>的用詞，譯作彈性模數）」是指施加載重時，用以表示構材變形的難易程度的數值。載重移除後能夠恢復到原來位置的可能範圍。

當彈性模數的數值大時，對一個單位的力所產生的變形量不但少，而且不易彎曲。反之，彈性模數小時，對一個單位的力所產生的變形量會愈大，愈容易彎曲。

圖 ● 彈性模數

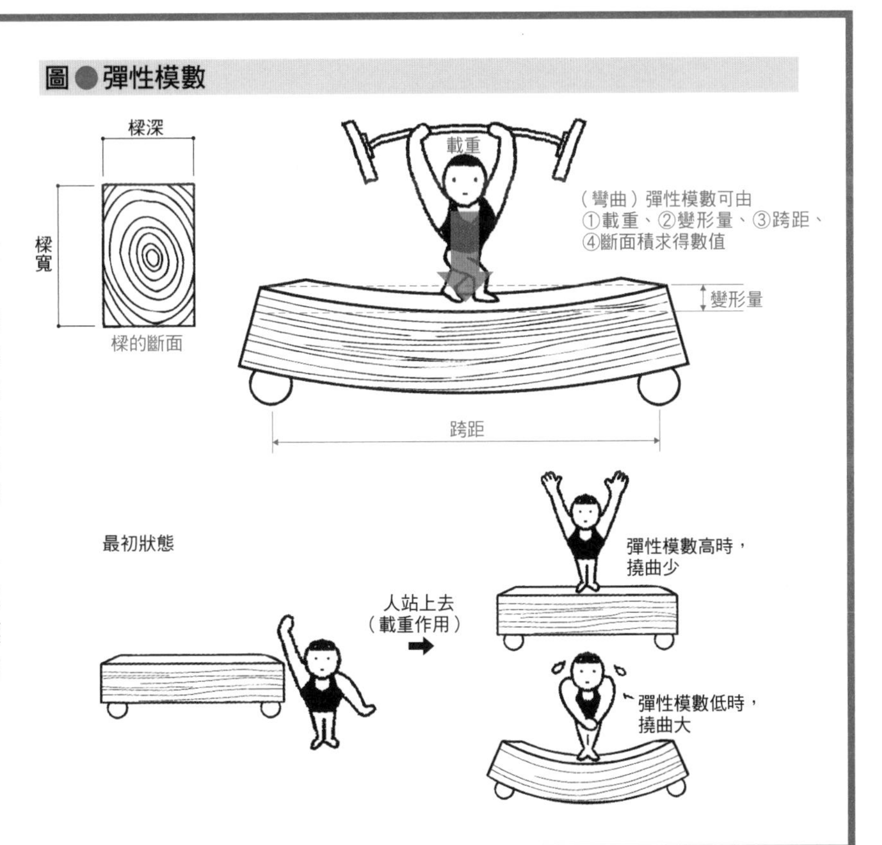

圖 3 ● 收縮的異方性

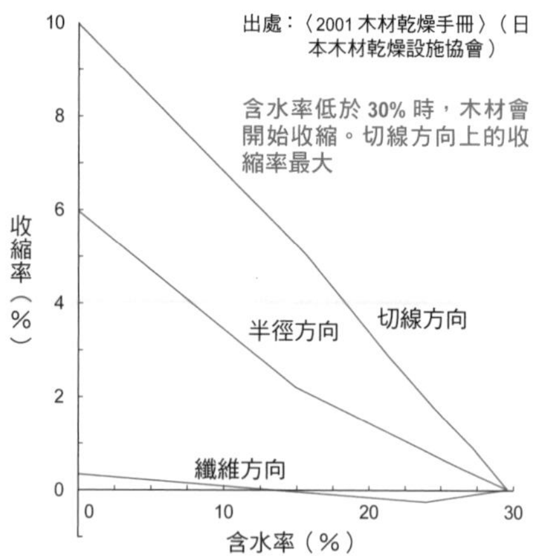

出處：〈2001 木材乾燥手冊〉（日本木材乾燥設施協會）

含水率低於 30% 時，木材會開始收縮。切線方向上的收縮率最大

收縮率（%）　10　8　6　4　2　0

含水率（%）　0　10　20　30

切線方向　半徑方向　纖維方向

圖 4 ● 強度的異方性

強度減少的比例　100　80　60　40　20　0

載重與木材纖維形成的角度　45°　90°

剪斷強度　壓縮強度　彎曲強度　拉伸強度

[參考] 載重對纖維作用的方向

0°　45°　90°

纖維方向　載重方向

載重與木材纖維所形成的角度為 0° 是指載重作用正好在纖維方向上。以這種情況的強度為基準而言，可知當載重對纖維作用的角度愈大時，各種強度也會下降

出處：〈在現場發揮作用的建築用木材 木質材料的性能知識〉（（財）日本住宅、木材技術中心）

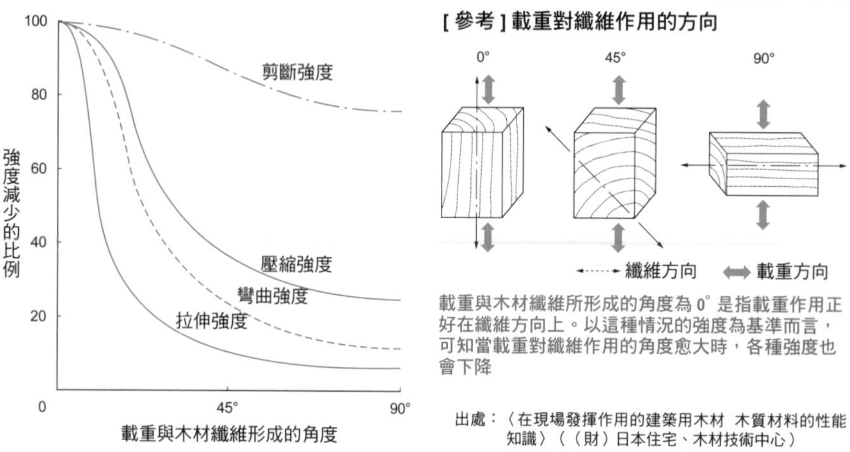

圖 5 ● 纖維的方向與結構特性

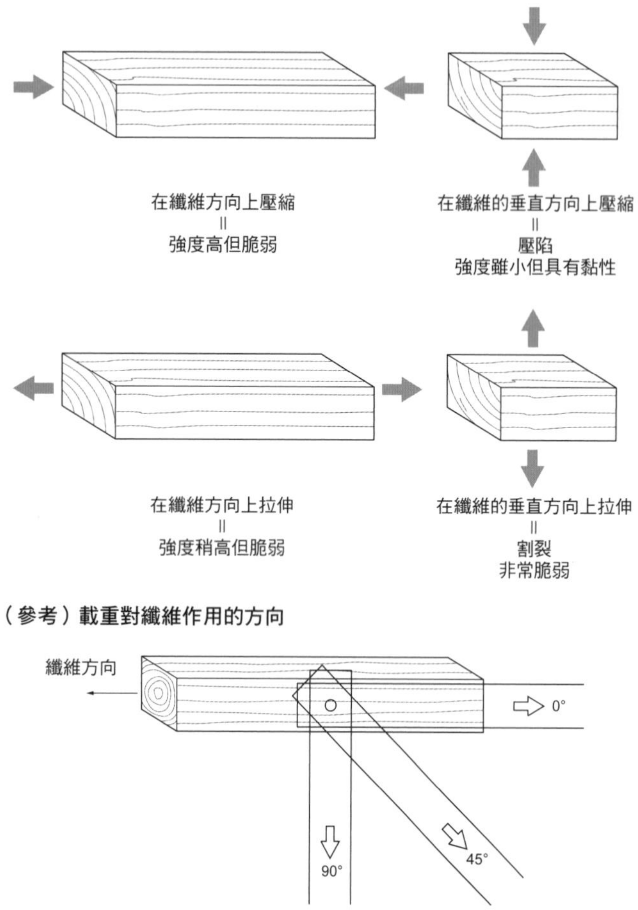

在纖維方向上壓縮
＝
強度高但脆弱

在纖維的垂直方向上壓縮
＝
壓陷
強度雖小但具有黏性

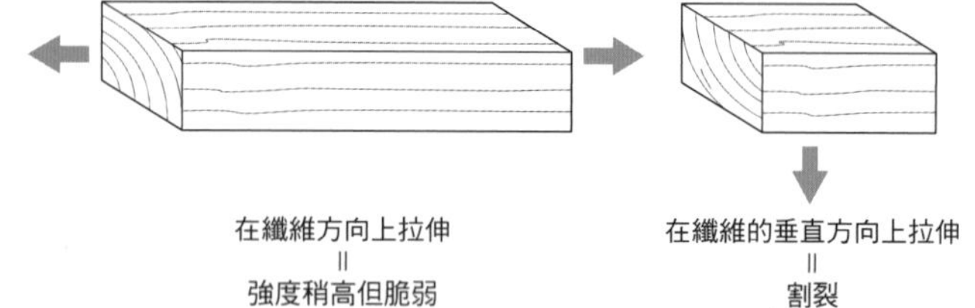

在纖維方向上拉伸
＝
強度稍高但脆弱

在纖維的垂直方向上拉伸
＝
割裂
非常脆弱

（參考）載重對纖維作用的方向

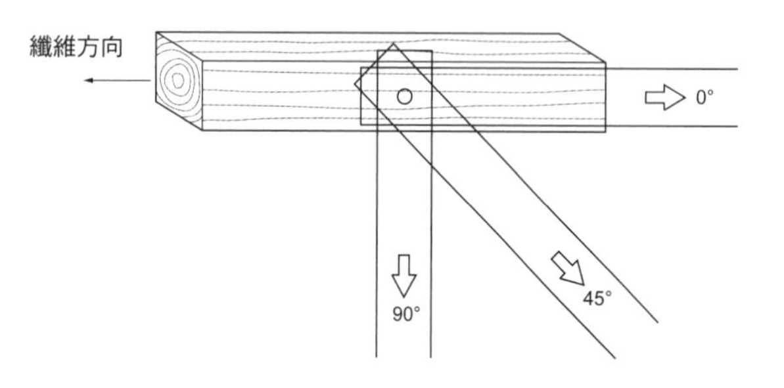

圖 6 ● 含水率

①含水率的思考方式

重量比　100　100　水　乾燥的木料　重量比　50　100

含水率 100%　含水率 = 水/木 ×100%　含水率 50%

②含水率與木料性質的關係

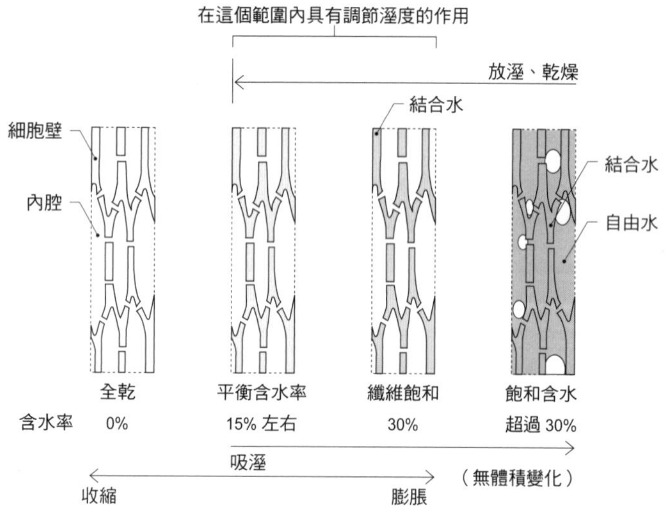

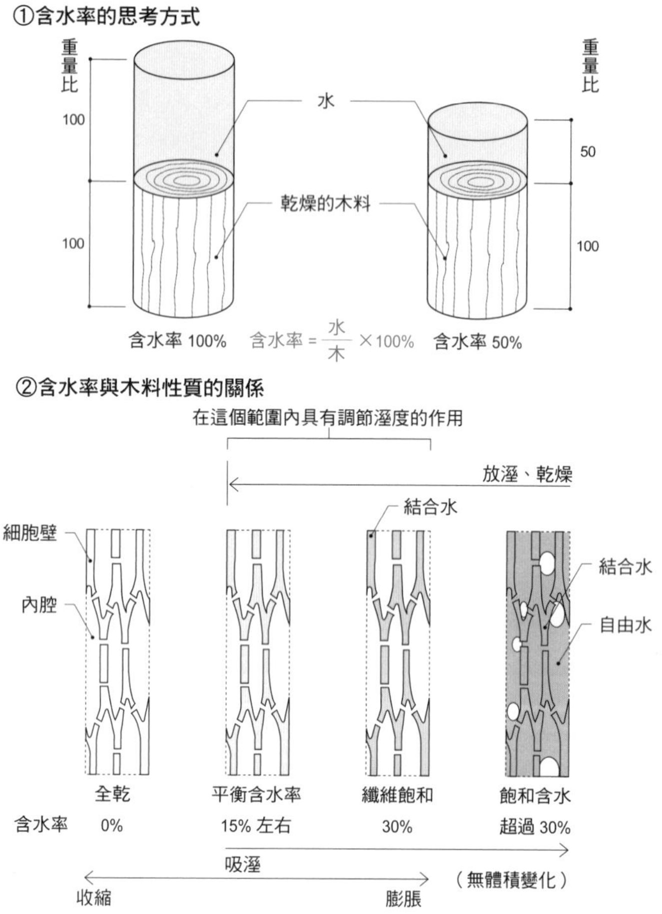

就乾燥收縮而言，如圖 3 所示，在切線方向上最容易收縮。

就強度而言，如圖 4 所示，載重作用方向與纖維方向愈平行其強度愈高，反之垂直方向則強度低。但是，如果從破壞狀況來看，與纖維平行的方向反而脆弱，垂直方向面對壓縮時會產生黏性（圖 5）。

在接合部的設計方面，充分理解上述這些特徵將成為關鍵。

含水率會影響變形量

含水率是指相對於木材保有的水分比例（圖 6）。木材乾燥的重要性有以下幾個理由。

①防止腐蝕
②防止白蟻
③減少扭曲、破裂
④減少潛變變形量

上述幾點中，①與②主要是防止材料斷面減少，③與④則是確保尺寸的安定性。

雖然水分的控制在混凝土的施工上也非常受到重視，但對於木材而言特別是變形量的影響，水分多意味著含水率高，木材也會愈容易變形（圖 7）。因為木材吸溼放溼的時候會產生變形，一旦將木材乾燥至平衡含水率以下，使木材處於平衡含水率的狀態時，尺寸的變化就會變少。

圖 7● 因乾燥的變形

①帶芯角材（剖裂處理）

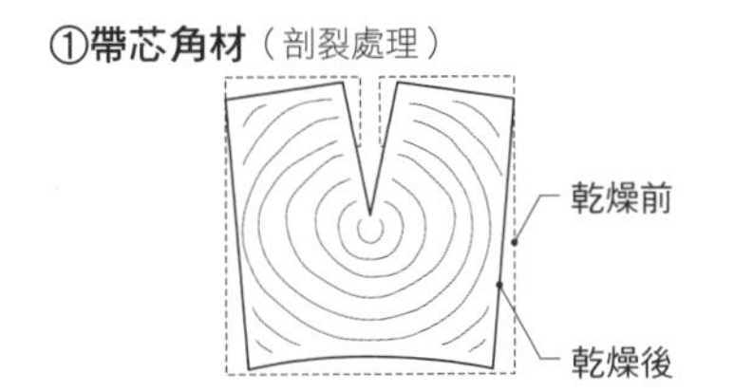

②去芯角材（橫向紋）

乾燥前

乾燥後

③去芯角材（四方紋）

乾燥後

乾燥前

④帶芯板

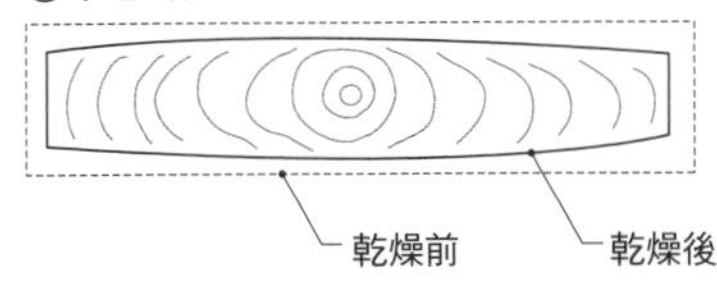

⑤橫紋板

乾燥前　乾燥後

⑥直紋板

乾燥前　乾燥後

照片 1　因不同乾燥狀態而引起榫的破壞性狀。❶為天然乾燥材、❷和❸是以高溫乾燥材製成柱腳榫的破壞案例

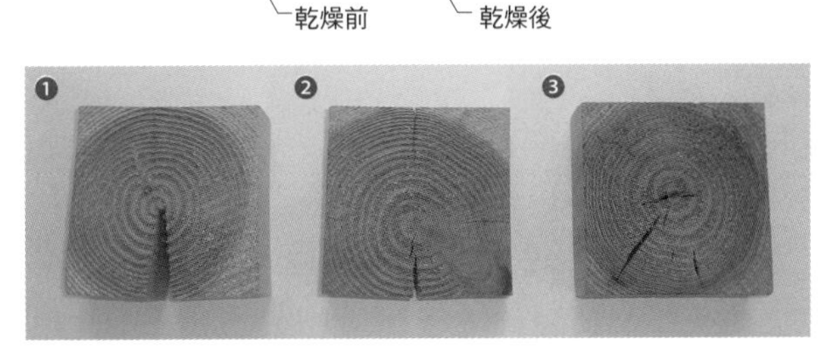

照片 2　乾燥材的斷面比較。❶是有剖裂的天然乾燥材、❷是沒有剖裂的天然乾燥材、❸是高溫乾燥材。❶除了剖裂面以外三面都沒有割裂、❷的四面都出現乾裂，但沒有貫通性割裂的情況、❸從表面至 5mm 的內部出現放射狀的割裂

圖 8● 潛變變形

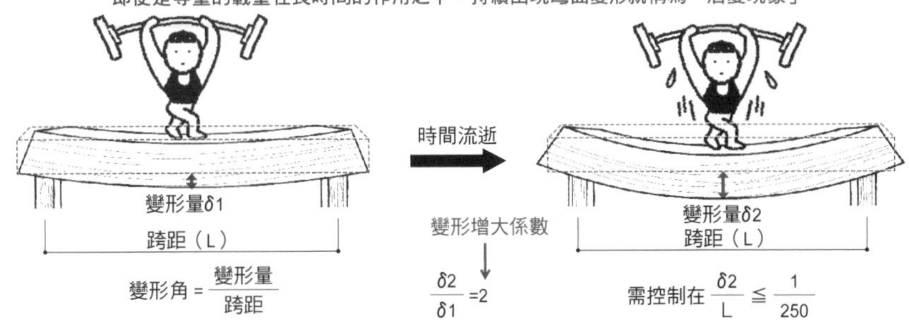

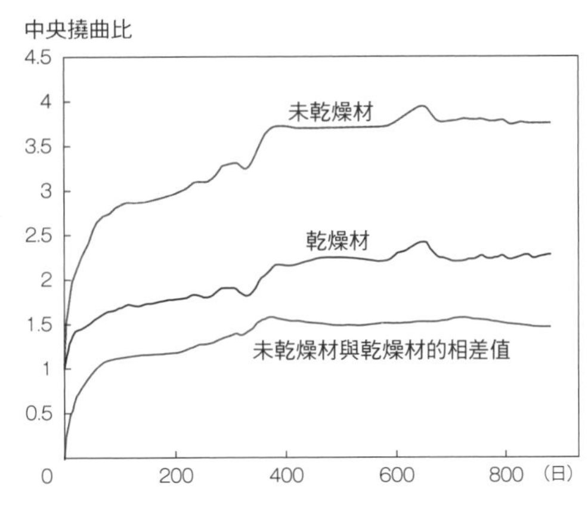

含水率愈高，潛變變形也會隨之愈大。不得已只能使用未乾燥材時，可以考慮以下幾點
- 抑制初期撓曲（擴大材料斷面積）
- 起拱（譯注：結構力學用語，指預先將材料變形來增加承受載重之能力）
- 仔細處理完成面

原注　圖為撓曲比例，表示初期撓曲若視為 1 時，隨時間變化的彎曲程度比率
承載載重 約 1.3 t
試驗體（相當於六疊 [編按：約 3 坪]）
樑：花旗松 10.5 × 30 cm

出處：〈構架結構體的變形行為調查報告書〉（（財）日本住宅、木材技術中心）

此外，如果不是在完全乾燥的情況下加工，不僅會導致材料變形，也會併發破裂、扭曲、腐壞的情形，以結構計算為前提的尺寸安定性就會異常低下。儘管如此，如果強行乾燥的話，不但會減損木料具有的香味或質感等生物性優點，還會出現脆性破壞，因此必須注意接合方式的處理（照片 1、2）。

乾燥材與未乾燥材的潛變變形量

潛變變形是指長時間在一定的載重作用之下，彎曲度慢慢增加的現象（圖 8）。

潛變不僅發生在木材上，鋼筋混凝土或鋼骨、塑料、橡膠等也會出現這個現象。不過就木材而言，其特徵是會受到施工時的含水率、以及使用位置的溫溼度影響。

從圖 8 的試驗結果來看，含水率 20% 以上的未乾燥材相對於 1 單位的初期變形，其潛變變形甚至會達到 3.5 ～ 4.0 倍。就算是乾燥材，對應於 1 單位的初期變形而言，潛變後的變形也達到 2.0 ～ 2.5 倍。

順帶一提，依據平成 12 年（編按：西元 2000 年）建告 1459 號的規定，木造因長時間載重而產生的

圖 9 ● 樑因木材缺陷所引起的破壞方式

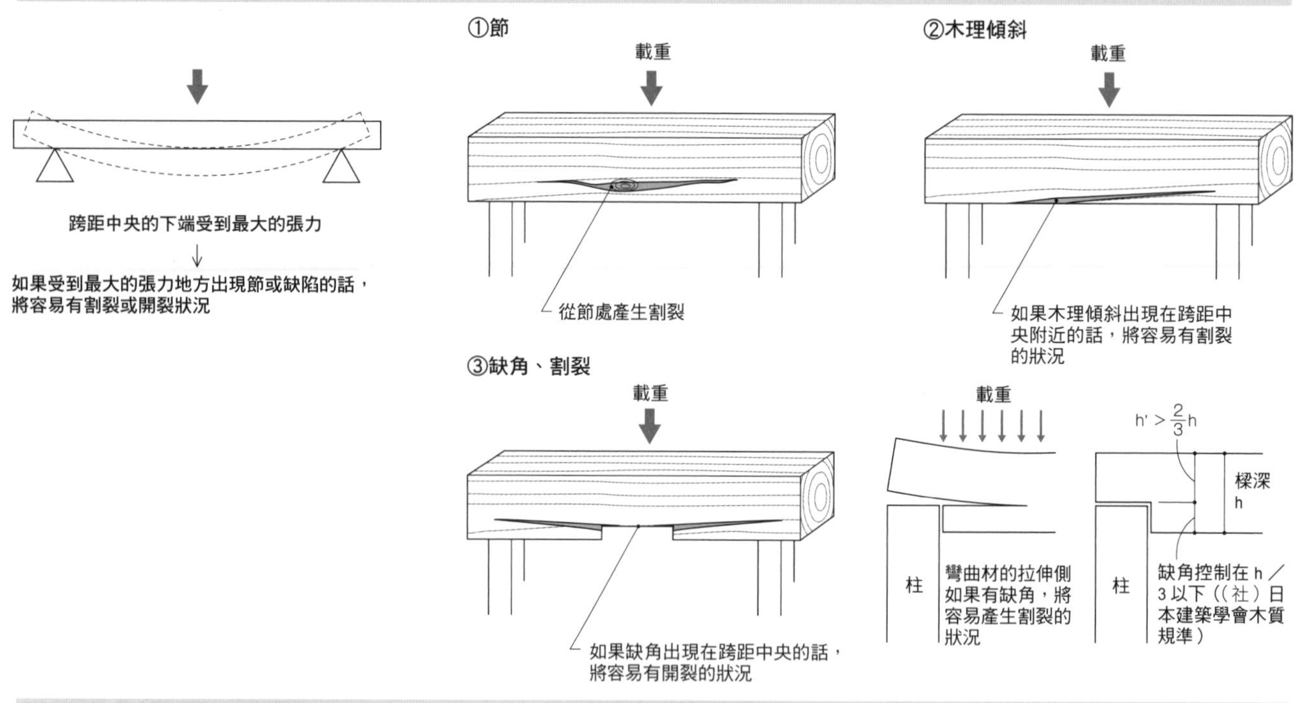

圖 10 ● 樑的缺陷與破壞性狀

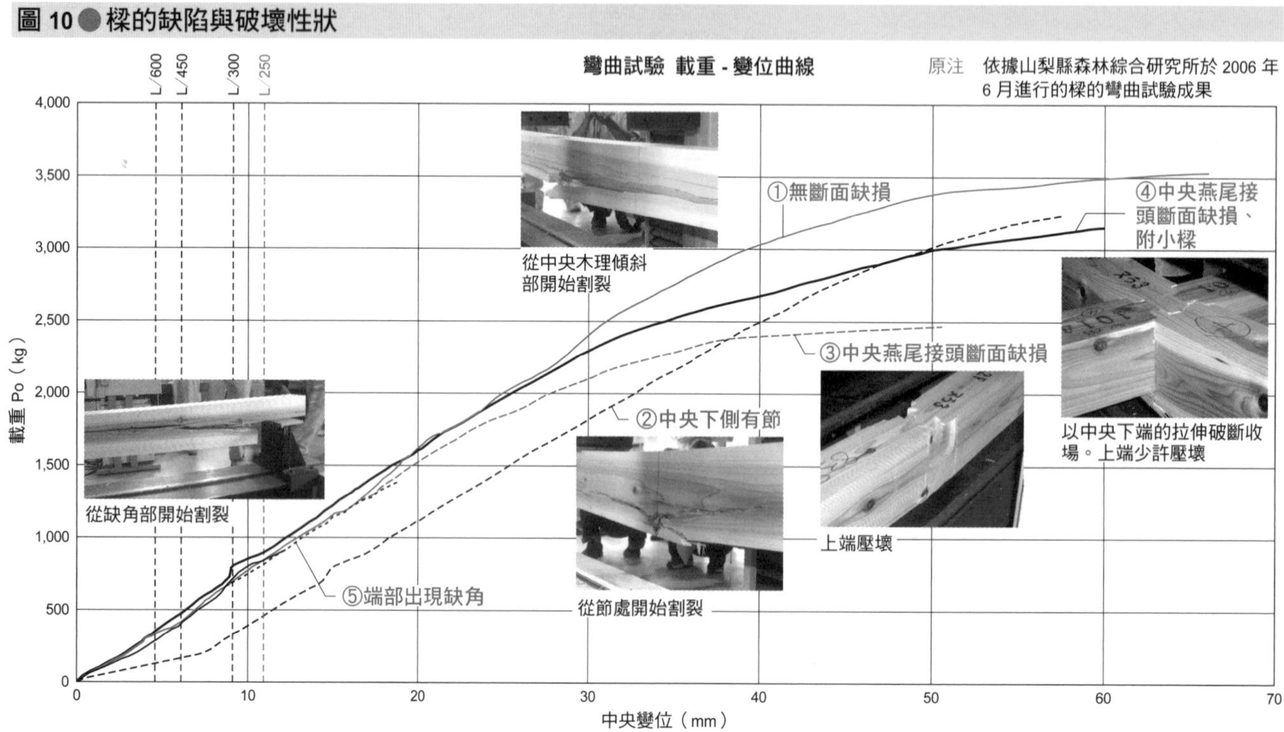

變形增大係數會以 2 倍來設計，但是這是採用乾燥材為前提的數值（＊）。因此，在不得已的情況下使用未乾燥材時，必須比公告的數值更嚴格地抑制變形量，需要思考如何做出足夠的斷面積。

特別是超過 1 個半開間以上的長跨距樑，或承受比一般載重更重的樑，一旦出現大幅度彎曲將會影響居住性，所以必須細想是否使用乾燥材，嚴格看待變形限制等課題。

產生結構問題的缺陷

木材的缺陷包含節、割裂、捲皮（樹皮被包圍在木質部內）、反應材（因偏心生長引起）、扭曲等，但造成結構方面的問題，有以下三點。

①節
②木理（纖維）傾斜
③缺角、割裂

以樑為例，如圖 9 的破壞性狀，無論哪種破壞形式，對木材來說都是引發最不利的「割裂」破壞的原因。

割裂是嚴重的脆性破壞，所以選擇木材時必須注意缺陷部位的所在位置，特別是載重集中的樑中央下端和端部搭接、斜撐的中央及端部搭接。圖 10 是跨距 3 m 的樑材的彎曲試驗結果。

①是無缺損的樑，最後是從跨

圖 11 對建築物所產生的應力與變形

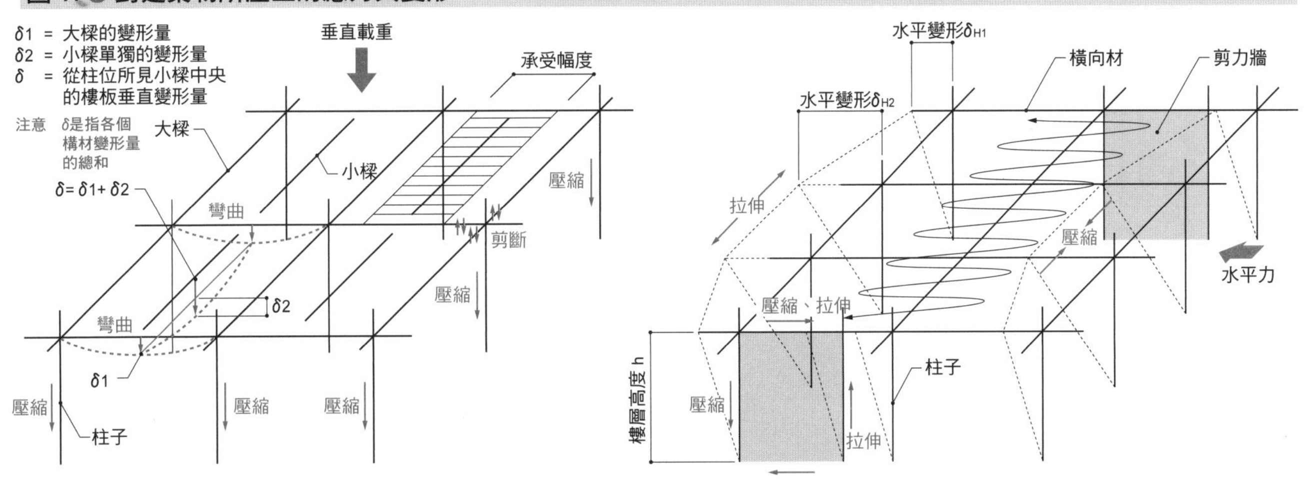

圖 12 壓縮力與壓縮破壞

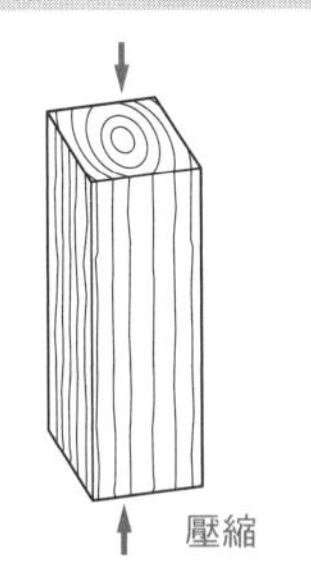

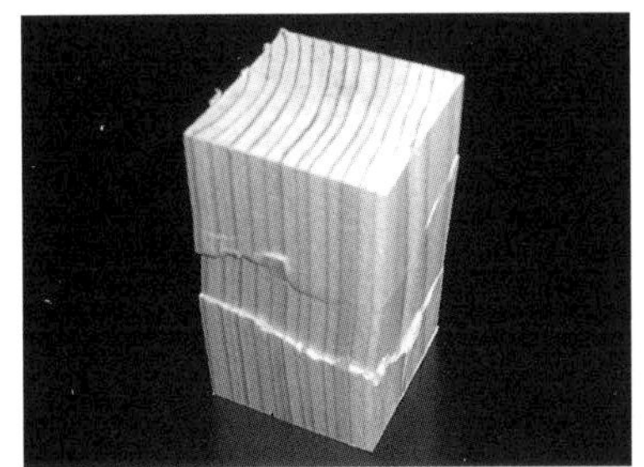

纖維挫屈

圖 13 拉伸力與拉伸破壞

纖維撕裂

圖 14 彎力與彎曲破壞

從中央下端產生割裂

距中央下端的纖維傾斜的地方開始割裂。

②是跨距中央下部有節的梁，施加載重後就從節處割裂形成破壞。

③與④是假設兩側有小梁固定的情況，小梁沒有嵌入時（③），上端出現皺紋，雖然強度稍低，但把小梁嵌入之後（④），上端的壓縮力就可以由小梁來抵抗，因此強度比③高。

⑤是支撐點處的缺角達梁深一半左右的梁，與其他①～④相比，初期剛性雖然不變，但即使中央部分的撓曲小於 2 cm，在端部還是出現了割裂（沒有黏性）。

建築基準法中針對梁的設計雖然有規定彎曲必須控制在跨距的 1／

圖 15 接合部的木材割裂

①在纖維方向上施力

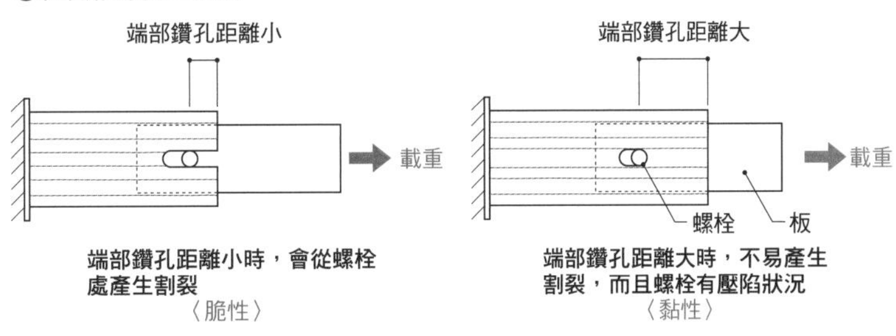

端部鑽孔距離小時，會從螺栓處產生割裂〈脆性〉

端部鑽孔距離大時，不易產生割裂，而且螺栓有壓陷狀況〈黏性〉

②在纖維的垂直方向上施力

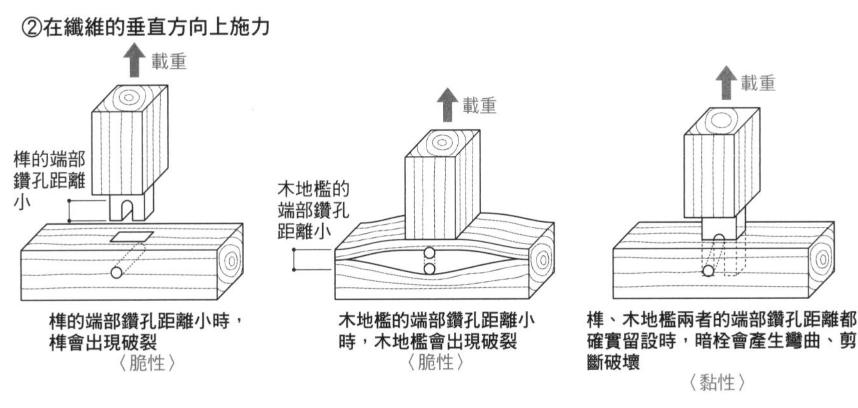

榫的端部鑽孔距離小時，榫會出現破裂〈脆性〉

木地檻的端部鑽孔距離小時，木地檻會出現破裂〈脆性〉

榫、木地檻兩者的端部鑽孔距離都確實留設時，暗栓會產生彎曲、剪斷破壞〈黏性〉

＊譯注　依據〈木構造建築物設計及施工技術規範〉第一章總則 4.4.4 木材之潛變規定：固定之持續載重經長期間作用時，在氣乾狀態下，其變形以 2 倍進行設計；於溼潤狀態或乾溼重覆條件下，其變形以 3 倍進行設計。

圖 16● 剪斷力與剪斷破壞

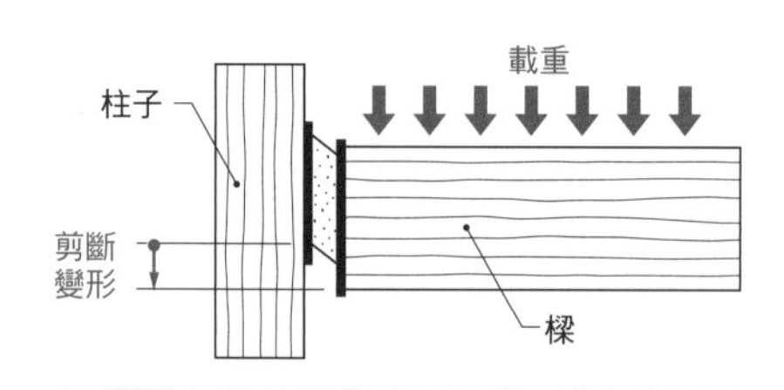

從缺口部開始沿著纖維方向破裂

圖 17● 壓陷力與壓陷破壞

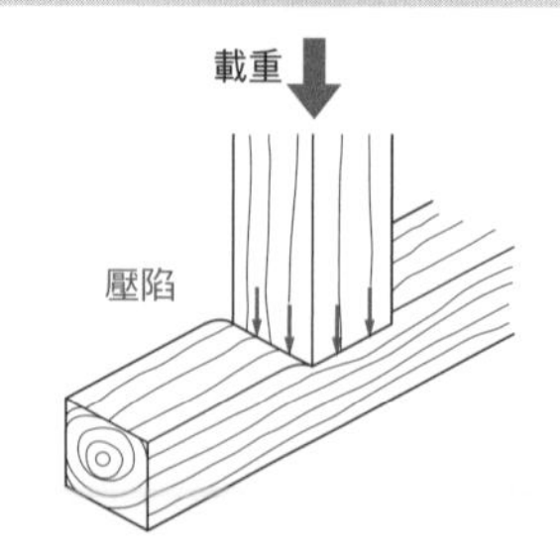

局部出現纖維粉碎狀況

圖 18● 全面橫向壓縮

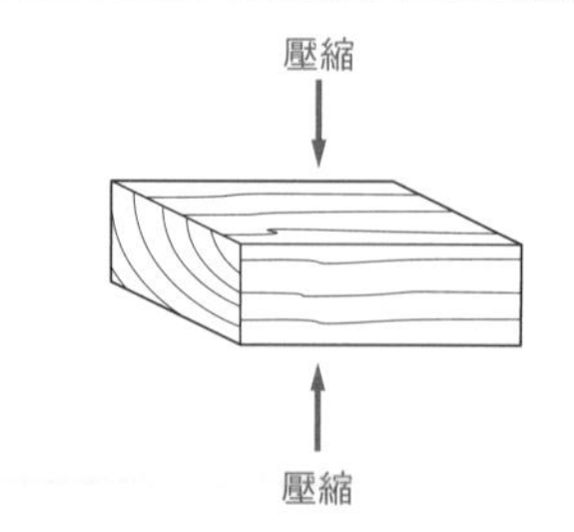

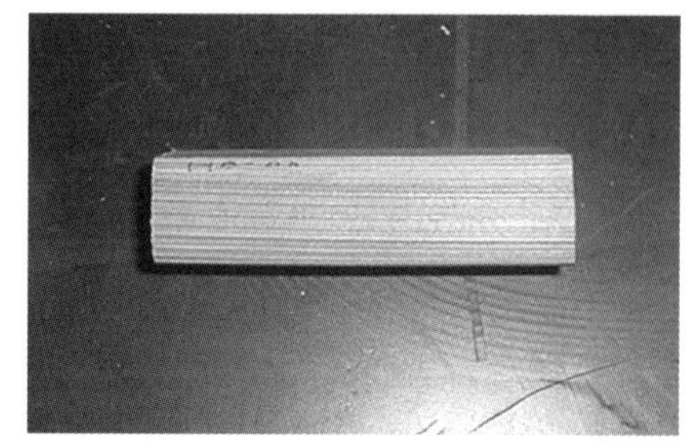
纖維粉碎後使得年輪寬度變窄

250 以下，但是單從這張圖表就可清楚知道，除了②以外，在設計範圍內的強度幾乎沒有差異。

木材的強度與容許應力度

一旦有了載重作用，各個構材上就會有壓縮、拉伸、彎曲、剪斷、壓陷等應力、以及變形（撓曲）產生（第 17 頁圖 11）。構材設計是針對強度與變形量進行檢討，使其控制在每種材料所訂定的容許值以下。

如同第 13 頁所述，因為木材屬於生物材料，會隨著纖維方向的不同而有強度及收縮性質的差異（異方性）。此外，含水率對於木材變形量的影響很大。還有，節或木理傾斜等缺陷問題，都會對木材破壞性狀帶來一定程度的影響。

（1）壓縮

壓縮是指對構材所施加的壓力，在木造中主要作用在柱子上（第 17 頁圖 12）。常時載重以及水平載重在剪力牆兩端的柱子上產生的軸力等，也屬於壓縮力。

在橫向材中，當水平載重作用時會對剪力牆構面及水平構面的外周部分產生壓縮力。此外，洋式屋架的主椽、隅撐或桁架構材上也會出現壓縮力。

木材的壓縮破壞如圖 12 照片所示，纖維會產生挫屈。不過，實際用在建築物上的構材因具有一定長度，所以材料軸向上受到壓縮力作用後，就會在厚度較薄的構材處產生彎折的挫屈現象。因此，進行設計時必須配合「細長比（λ）」，即為挫屈長度（lk）除以從構材斷面寬度（厚度較薄的一側）所求得的斷面二次半徑（i）後的數值，來調降容許應力度（參照第 97 頁）。

（2）拉伸

拉伸是與壓縮力反方向作用的力（第 17 頁圖 13）。木造中，拉伸力除了產生在承受水平載重時的剪力牆端部之外，也會作用在剪力牆構面以及水平構面的外周部分、承受垂直載重時的洋式屋架的水平樑、吊柱等上面。

木材的拉伸破壞如圖 13 照片所示，纖維有撕裂狀況。不過，木造很少出現這種現象，而且比起構材本身的拉伸抵抗，更應該注意不要讓接合部脫落。

此外，如果拉伸力作用在纖維的垂直方向上，構材會撕裂而產生脆性破壞（第 17 頁圖 15）。

因此充分確保螺栓等的接合具所在位置與材料端部的距離（端部鑽孔距離），對防止這種脆性破壞來說非常重要。

（3）彎曲

彎曲主要出現在橫向材上（第 17 頁圖 14）。此外，外周部分因為受到風壓力的影響，柱子或橫向材的側面也會出現彎曲作用。

木材的彎曲破壞如圖 14 照片所示，應力最大的跨距中央部分下側受到割裂破壞。仔細觀察這張圖的構材斷面，可以清楚看到構材上端受到壓縮，下端則受到拉伸應力的作用。

拉伸側的破壞如同第 16 頁圖 9 所示，會從節或缺角、木理傾斜等處出現。如果纖維沒有切斷而成通直狀，就表示該構材具備黏性強的特性。當跨距長的樑等使彎曲應力變大時，最好選擇中央下端附近沒有缺陷的木料。

另一方面，如第 17 頁圖 12 照片所示，若壓縮側的破壞發生在樑的上端有斷面缺損的時候，纖維會產生挫屈。只要將缺陷部分填補起來，就可以抑制壓縮破壞的發生（在拉伸側埋入木片對抑制破壞來說沒有效果）。

對於常時載重造成橫向材的彎曲而言，除了考量材料的強度之外，也要注意變形的情況（參照第 17 頁圖 11、第 177～179 頁）。

由於木材的彈性模數低，所以大多是由構材斷面來決定其變形量。

圖 19 ● 各種結構的特性

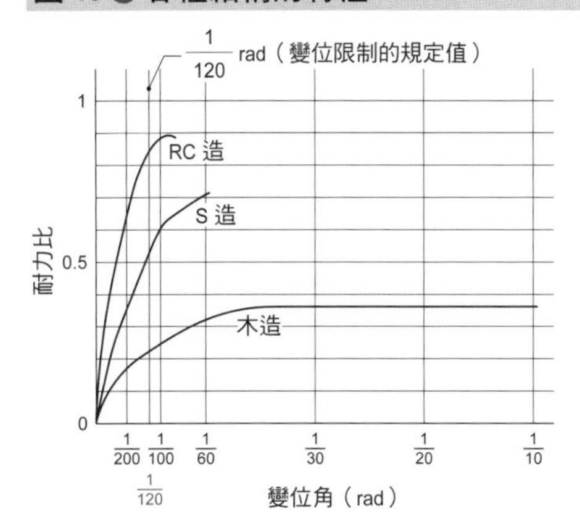

層間變位角的控制

有鑑於 1978 年宮城縣外海地震所引發的災害，1981 年開始實施新的耐震設計法，當時設定了變位限制的規定。在 RC 造或 S 造中，一次設計時（針對震度 6 弱以下的中型地震）的層間變位角必須在 1／200 rad 以下，但如果內外完成面（裝修）材的變形追隨性高的話，也可以控制在 1／120 rad 以內。

在此之前木造建築物的壁體耐力，是採用 1／60 rad 時的數值來做為地震後的修復極限，不過新的耐震法規中已經修訂為 1／120 rad。

（4）剪斷

剪斷是指如同用剪刀將紙片剪開的力。舉例來說，樑受到垂直載重的作用之下，將支撐點放大來看時，會呈現如圖 16 的情況，這種力作用下會讓樑脫落。這就是剪斷力。只要構材的剪斷力耐力不足，就會出現纖維方向上的撕裂破壞，這種是非常脆性的破壞性狀，必須設法避免。

特別是在剪斷力最大的樑端下側部分，此處如果有缺角的話就容易出現割裂，因此缺角量必須控制在樑深的 1／3 以下（第 16 頁圖 9）。

再者，因為剪斷特性的變異性很大，而且與彈性模數無關，所以針對樹種別另有規定（參照第 286 和第 287 頁）。

（5）壓陷

壓陷是指與纖維呈垂直方向的壓縮力作用（橫向壓縮）。雖然強度低但有木材特有的黏性特性（圖 17）。木材本身是一種脆弱的材料，但只要將壓陷特性活用在各個接合部位，就可以形成黏性強的結構體。

（6）橫向壓縮（全面壓縮）

在楔形物等小體積的構材中，在纖維的垂直方向上有全面性的壓縮力作用（圖 18）。橫向壓縮的全面壓縮與屬於部分壓縮的壓陷不同，不僅強度低而且也沒有黏性。此外，即使將作用力消除，粉碎部分依舊存在，並不會恢復到原狀。

在實際的結構物中，這些（1）到（6）的應力會以複合形成產生。

以柱子為例，在常時載重之下的柱頭、柱腳部分會出現壓縮力和壓陷，當風壓力作用時，外周柱子會有壓縮和彎曲作用。另外，樑有常時的彎曲和剪斷力作用著，承受水平載重時，更會在外周部分或剪力牆構面內產生壓縮及拉伸力作用（參照第 17 頁圖 11）。

木造結構特性～木造與 RC 造、S 造的差異

圖 19 是各種結構的耐力與變形量的關係圖表。以下是從圖表中所讀取出的訊息。

- RC 造雖強度高，但另一方面變形能力低
- S 造無論強度或變形能力都高
- 木造雖強度低，但另一方面變形能力高

變形能力高的特性會以「黏性」來表現。不過，為了讓木構造保有這樣的黏性，接合部必須符合前述的木材特徵也就變成必要條件。

雖然木材的強度弱，屬於脆弱的材料，但木造是透過接合部所連結起來的結構體，所以藉由接合部的壓陷就能成為具有黏性的結構體。只是，一旦接合部沒有黏性而產生脆性破壞時，結構體就會喪失黏性。換句話說，木造的變形能力取決於接合部。

用語解說②

層間變位角

在建築物上施加水平力時，就會在水平方向產生變形。這個變形量與樓層高度的比就是層間變位角。單位為 rad（弧度）。

木造在倒塌之前的層間變位角很大，有些甚至達到 1／10 rad。

● 層間變位角

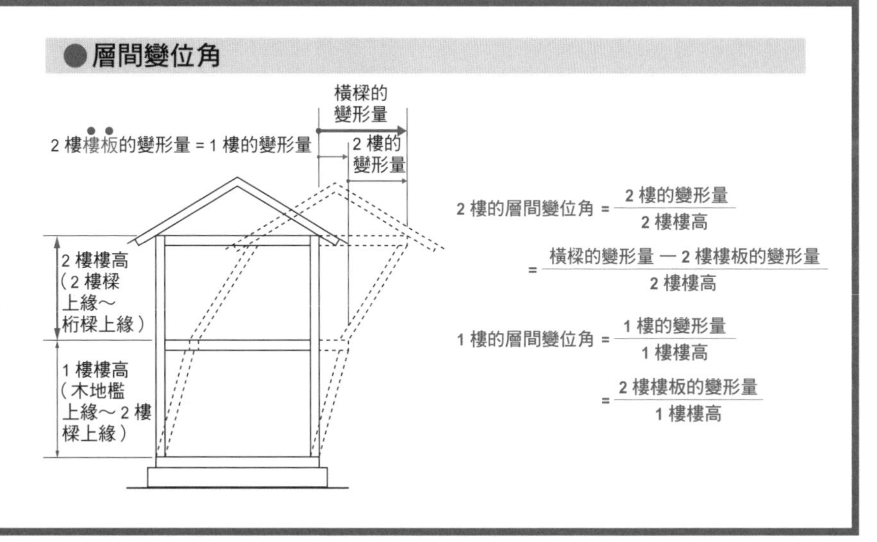

用語解說③

強度、剛性、韌性

強度

強度是指該材料或結構所能承受的力的大小。

・強度高：能承受的力大
・強度低：能承受的力小

剛性

剛性是指力與變形量之間的平衡大小（圖 A）。

・剛性高：相對於 1 單位的力，其變形量小 = 1 單位的變形量所對應的力大
・剛性低：相對於 1 單位的力，其變形量大 = 1 單位的變形量所對應的力小

韌性

韌性是指變形能力的大小。

・韌性高：能夠變形的量大 = 有黏性（不易損壞）
・韌性低：能夠變形的量小 = 脆弱（無變形的情況下損壞）

強度、剛性、韌性的讀取方法

圖 B 是縱軸為力、橫軸為變形量的圖表。只要分別比較圖上①～③的強度、剛性、韌性大小，就可以知道其性質。強度依據縱軸的大小、剛性是角度的大小、韌性則是橫軸的大小。

圖 A ● 層間變位角

①相對於 1 單位的力所產生的變形量比較

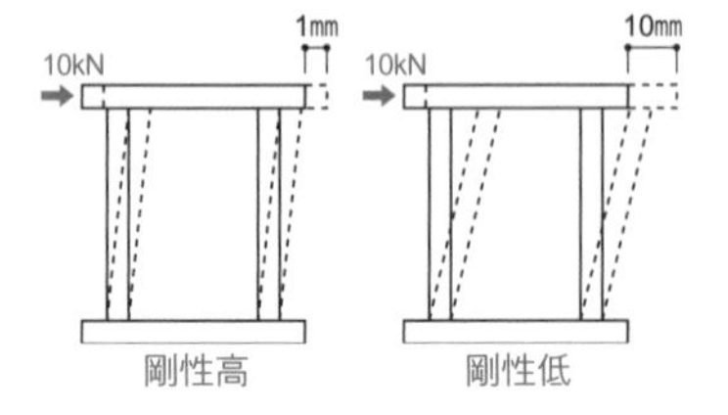

②相對於 1 單位的變形量所需的力比較

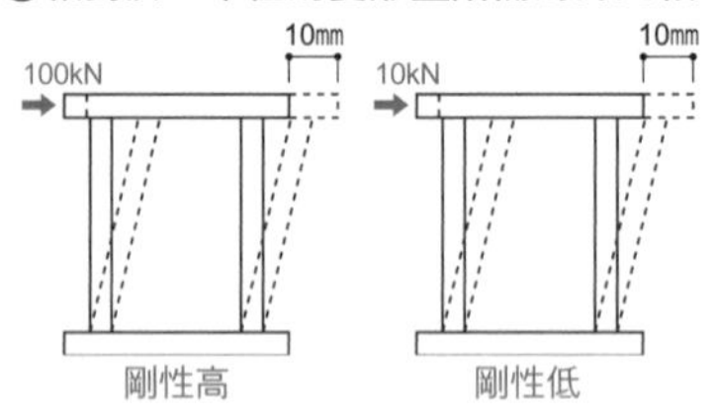

圖 B ● 力與變形量的關係

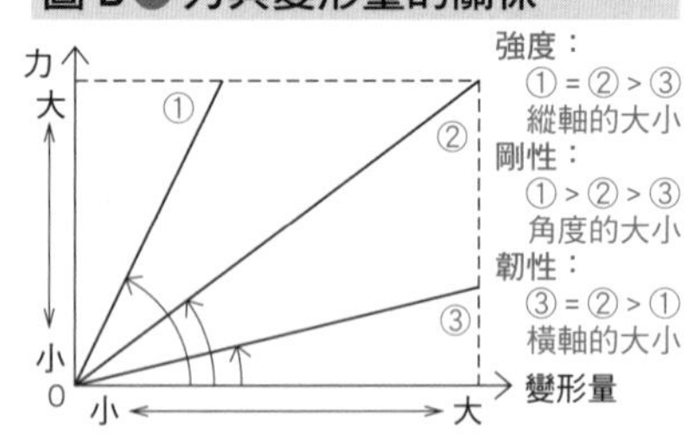

用語解說④

剛接、鉸接、滾接

剛接合

剛接合是將構材固定不動的狀態，在這個接合部位上，除了有壓縮、拉伸、剪斷之外，還有彎曲力的作用。

RC 造或 S 造是為了使接合部形成一體而有剛接合，但木造方面基本上是利用切斷的構材來組成結構體，所以要做剛接合非常困難。

不過，像是在土壤或混凝土中放入埋入柱的做法，就稱得上是剛接合（圖①）。

鉸接合

是指在不產生彎曲的情況下，傳遞垂直載重或水平載重的接合方式。構材以螺栓拴住的接合就是鉸接合（圖③）。

滾接合

是指會傳遞垂直載重但不會傳遞水平載重且可以移動的接合方式。例如直接放置在礎石上的柱子等（圖④）。

半剛接合

既不是剛接合也不是鉸接合，而是介於中間的接合方式就稱為半剛接合（墊圈）（圖②）。如果仔細觀察會發現實際的結構物幾乎都是半剛接合。

大斷面的集成材以數個螺栓等接合具接合就是其中一例。

由於一般梁柱構架工法的住宅構材斷面小，因此接合部與鉸接合極其相近。

圖 ● 剛、鉸、滾的接合範例

①剛接合

埋入混凝土中的柱子

②半剛接合

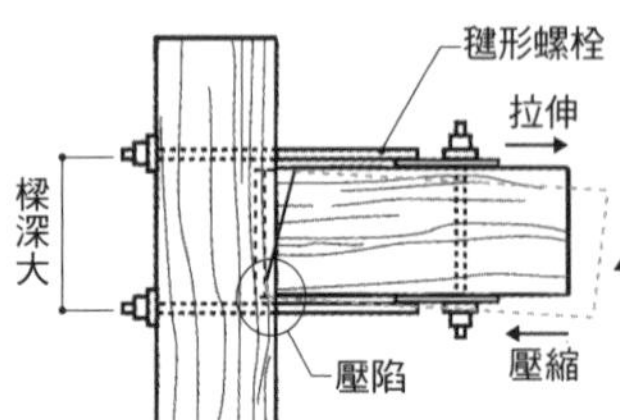

利用鍵形螺栓將樑上下兩端固定在柱子上

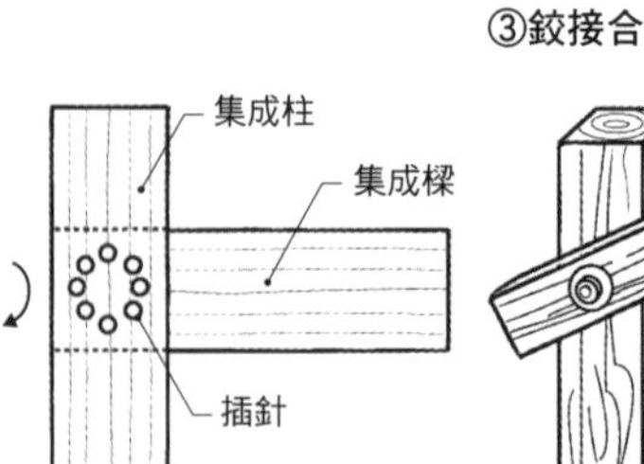

大斷面集成材的搭接

③鉸接合

利用螺栓將隅撐安裝在柱子側面

④滾接合

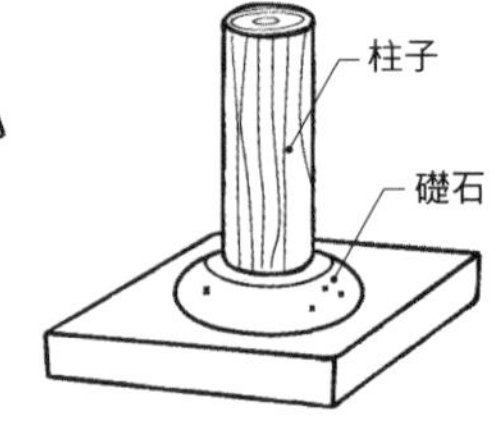

直接放置在礎石上的柱子

基礎知識［入門篇］②

施加在建築物上的力種類與傳遞方式

圖 1● 載重種類

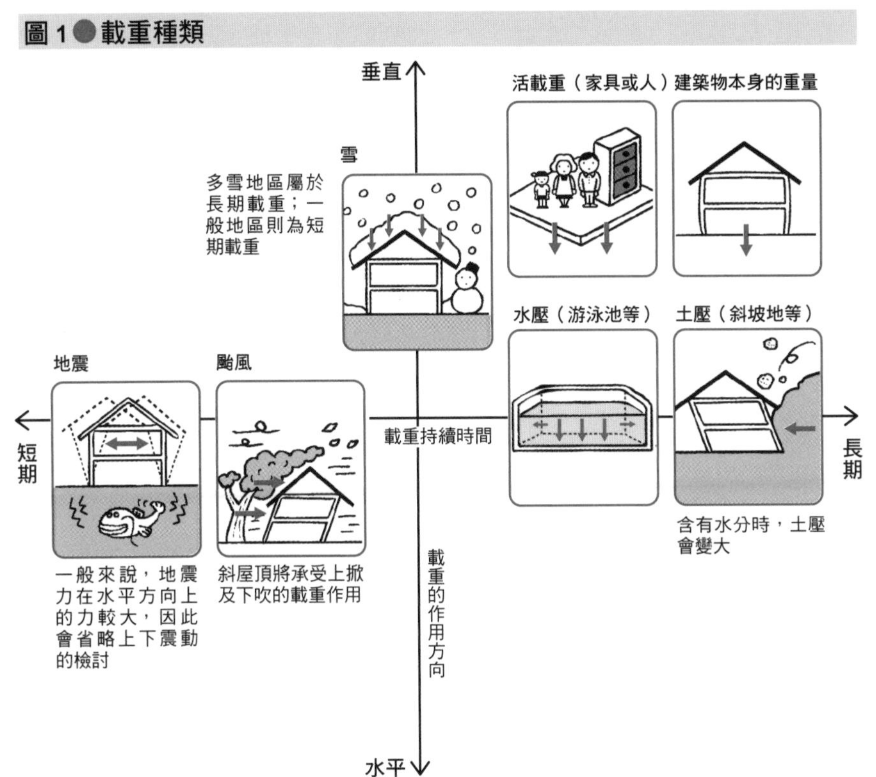

圖 2● 力的方向

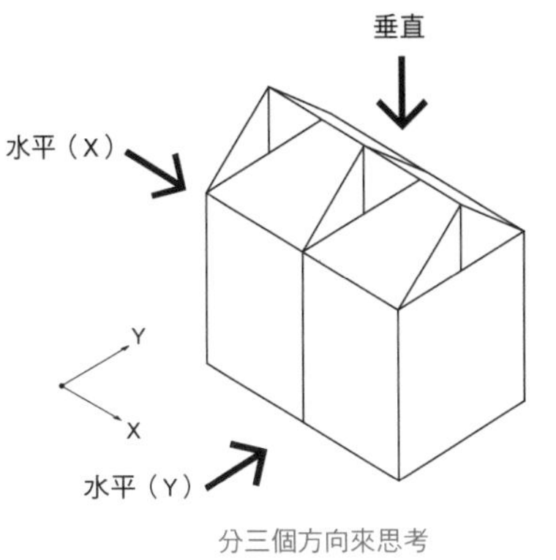

結構設計就是進行①假設作用在建築物上的載重、②思考這些載重的傳遞方式、③依據假設的載重配置適當的斷面構材、④檢討接合方式等面向的工作。

接下來以此為前提來解說作用在建築物上的載重種類與特徵。

施加於建築物上的力「種類」

作用在建築物的載重，除了常時作用的建築物本身重量（靜載重）以外，還有具移動可能的人、家具等活載重，以及積雪、風壓力、地震力、土壓、水壓等所構成。這些載重可以根據方向與作用時間加以分類（圖 1）。

日常承受的載重稱做長期載重，偶爾承受的載重則是短期載重。結構構材的容許值是依據這些載重來決定。更簡單地來看，大致可分成以下兩種。

①力的方向：縱向（垂直方向）或橫向（水平方向）

②力的持續時間：常時載重（長期載重）或偶爾載重（短期載重）

（1）力的方向

對建築物而言，力的方向能以一個縱向（垂直方向）及兩個橫向（水平方向）來思考。來自斜向的力則可分割成兩個方向加以思考（圖 2）。

（2）力的持續時間

力的持續時間影響著構材的潛變（參照第 15 頁）或破壞強度。建築基準法中，有依據作用在建築物的力的持續時間（10 分鐘～ 50 年），制訂材料強度（容許應力度）的相關規定（第 22 頁圖 3、表 1「＊」）。

①長期載重

長期載重就是常時作用的載重，一般來說是指建築物本身的重量。此外，如果設有地下室的話就會產生土壓，設有水槽則有水壓，最深積雪量達 1 m 以上的多雪地區則要把積雪載重視為長期載重。

②短期載重

短期載重是指非常時作用在建築物上的載重，主要有地震力或風壓力等水平力。在最深積雪量未達 1 m 的地區，積雪載重會視為短期載重。

設計載重

接下來是針對具體的設計載重進行說明。

（1）建築物重量

建築物重量是進行構材的斷面設計或基礎設計及耐震設計（地震力計算）等結構計算中，最基本的載重形式。

＊編按　臺灣方面請參照〈木構造建築物設計及施工技術規範〉第四章材料與容許應力的相關規定

圖 3 ● 強度比與載重持續時間的關係

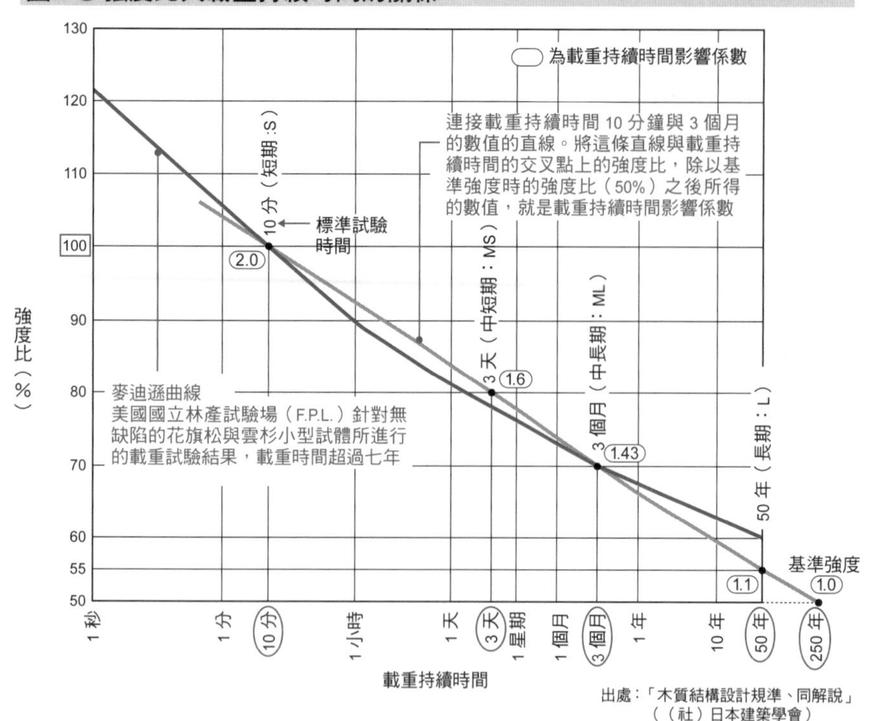

出處：「木質結構設計規準、同解說」（（社）日本建築學會）

表 1 ● 載重持續時間與木材的容許應力度

載重持續時間			木材的容許應力度
長期		相當於 50 年	基準強度 F × $\frac{1.10}{3}$ ：長期容許應力度
積雪	長期	相當於 3 個月	基準強度 F × $\frac{1.43}{3}$ ＝長期容許應力度 ×1.3
	短期	相當於 3 天	基準強度 F × $\frac{1.60}{3}$ ＝短期容許應力度 ×0.8
短期		相當於 10 分鐘	基準強度 F × $\frac{2.00}{3}$ ：短期容許應力度

圖 4 ● 木造住宅的靜載重與活載重

2 樓樓板的靜載重（DL）

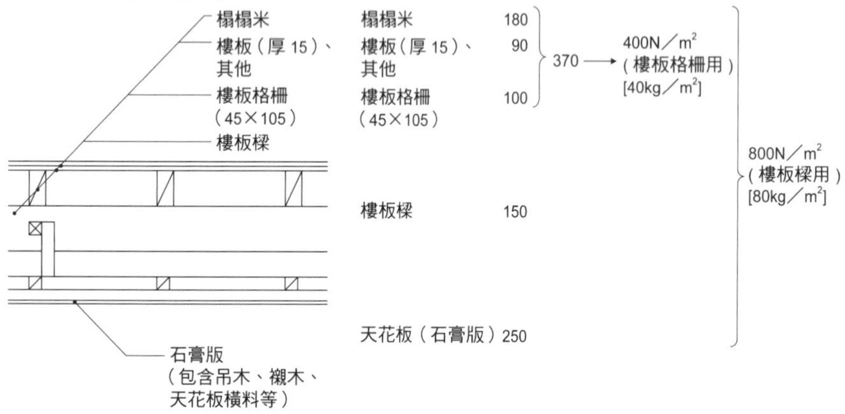

2 樓樓板的活載重（LL）
S 1,800 N／m²………用於樓板、樓板格柵的斷面設計
R 1,300 N／m²………用於樓板樑的強度、柱、基礎的設計
E 600 N／m²…………用於計算地震力。木造上也用於檢討樑的潛變變形

原注 關於活載重數值前面的記號
S 表示「版用」。這是木造住宅中做為椽、樓板格柵、屋面板、樓板的強度設計用載重
R 表示「剛性構架用」，做為柱、樑、基礎的強度設計用載重
E 表示「地震用載重」，在求得作用於建築物上的地震力時使用。此外也使用在水平材的潛變變形計算上
這些重量將做為每層樓板面積的承載量
除此之外，在進行設計時，也要將牆體載重或鋼琴等特殊載重納入考量

進一步分類建築物重量的話，又可分為「建築物本身的重量＝靜載重」以及「家具或人等有移動可能的載重＝活載重」兩種。

圖 4 是木造住宅的一般規格及其靜載重和活載重的例子。特別是活載重會考慮構材設計的重要度或作用時間，其內容將分成三個階段來決定（令 85 條）。其他如鋼琴或是高度到達天花板的大型書櫃等，則以特殊載重來考慮。

（2）地震力

水平力主要是考慮地震力及風壓力，以作用在建築物樓板面的力來進行解析（圖 5）。

二樓的剪力牆會抵抗作用在屋頂面的水平力，但水平力會從上層傳遞至下層，因此一樓的剪力牆是承受屋頂面的水平力與二樓樓板面的水平力的加總。

地震力是由靜載重與地震用活載重所計算出來的建築物重量，乘以地震地區係數、震動特性係數、樓層剪力分布係數、剪力係數等各種係數所求得的數值（參照圖 6、第 296 ～ 297 頁）。因此，地震力在 X 及 Y 兩個方向上的數值會相同。

（3）風壓力

由於風壓力是直接作用在外牆面，所以計算方式為建築物受風面積，乘以根據建築物形狀而定的風力係數、因地域而定的基準風速、建築物的密集度或高度所對應的係數等（參照圖 7、第 293 ～ 295 頁）。建築物呈平面細長狀時，長邊與短邊的受風面積不同，因此風壓力也會因為方向而有所差異。

對木造來說，風壓力的數值往往比地震力大，因此必須強烈意識到「水平力的方向」作用。

（4）積雪載重

積雪載重是由各地方政府訂定的最深積雪量（單位：公分）乘以雪的單位重量所求出的數值（參照圖 8、第 292 頁）。當屋頂具有斜度時，也可以依照斜度乘上折減係數。

圖 5● 作用於建築物的水平力

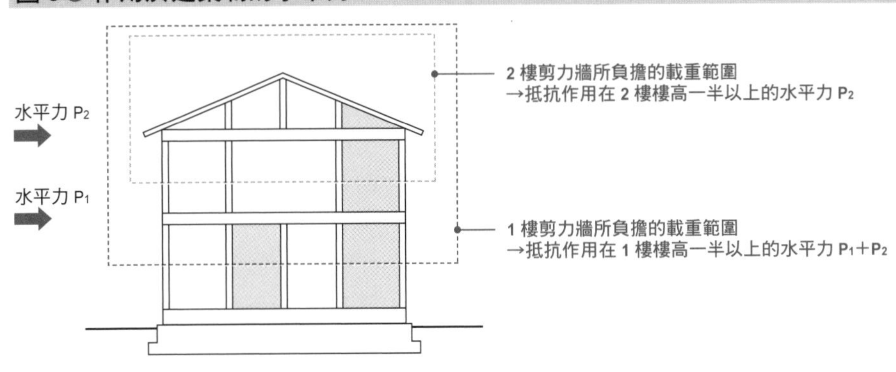

圖 6● 地震力

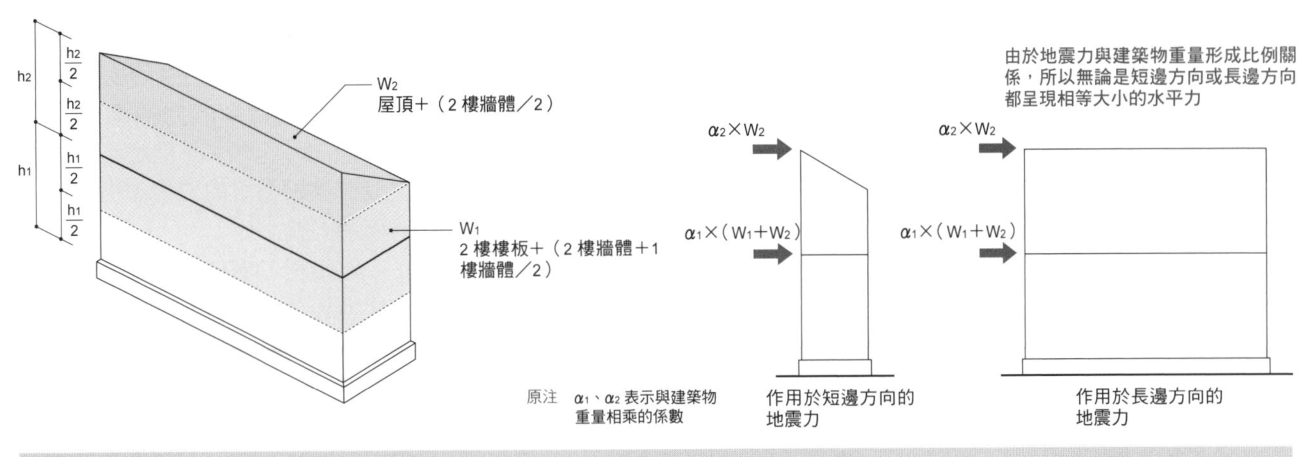

原注　α_1、α_2 表示與建築物重量相乘的係數

圖 7● 風壓力

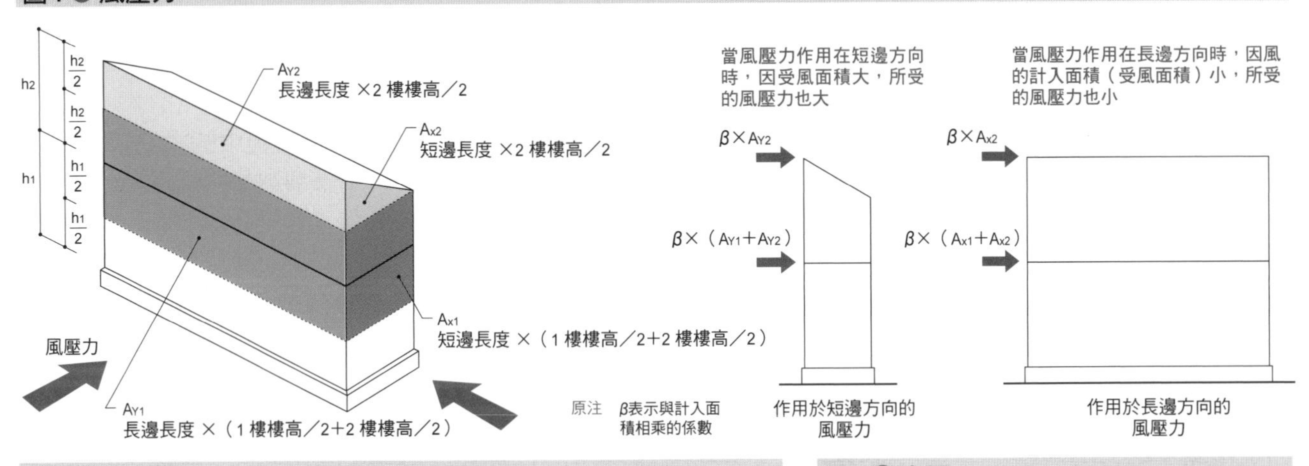

原注　β表示與計入面積相乘的係數

圖 8● 積雪載重

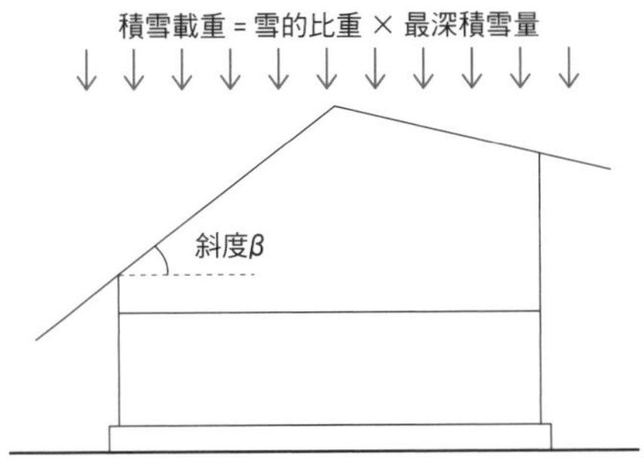

以屋頂具有斜度的情況而言，當斜率為 60° 以下時，必須將斜率與下面公式所計算出來的屋頂形狀係數相乘並以此數值為依據。斜率超過 60° 時，可以將之視為 0°（令 86 條）

$\mu b = \sqrt{\cos(1.5\beta)}$

μb：屋頂形狀係數

β：屋頂斜率（單位：度）

圖 9● 土壓

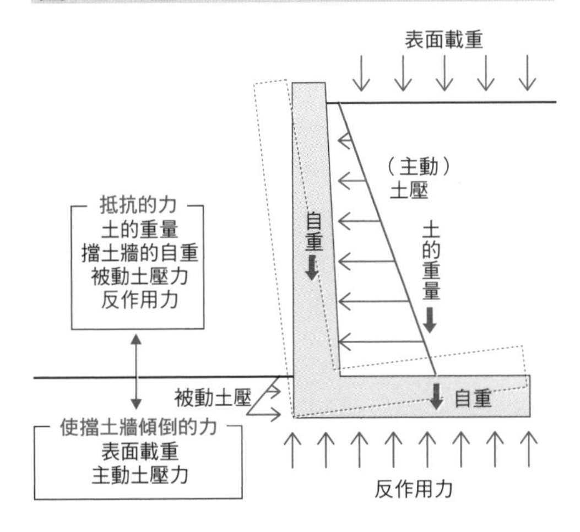

（5）土壓

土壓是從地表面的深度，乘以主動土壓力係數、土壤密度等因素之後所求得的數值。同時也會受到表面載重的影響（第 23 頁圖 9）。此外要注意土壤若是含有水分就會使土壓增大。

施加於建築物的力的「傳遞」

有關力的「種類」就如前面所述，接下來將針對「力的傳遞」進行探討。

作用在建築物上的力會傳遞到支撐的構材上。基本上是從上往下傳遞、由斷面小的構材傳向斷面大的構材。大略地說，傳遞順序為（樓板）→（樑）→（柱），載重是以聯繫起各個構材的接合部為中介來傳遞。

另外，地震力是因為地面搖動而引起，原本應該是由下往上流動，但為了結構設計上的方便性，會顛倒過來思考。

縱向的力（垂直載重）

垂直載重是指作用於重力方向的力，建築物的自重（靜載重）或人、家具（活載重）、及屋頂上堆積的雪等等，都屬於此類載重。

基本上是以（樓板、屋面板）→（樓板格柵、椽）→（樑）→（柱）→（基礎）→（地盤）的順序來傳遞（圖 10）。

（1）屋架中的力的傳遞

圖 10 ①是一般「和式屋架形式」的屋架組。和式屋架是由屋架樑承受屋頂面的載重，再傳遞到柱的屋架形式。這種情況下，屋頂的屋面材料或雪的重量首先會加諸在屋面板上，接著以（椽）→（桁條、脊桁、桁樑）→（屋架支柱）→（屋架樑）→（桁、樑、柱）的方向傳遞。

另一方面，沒有桁條而將椽當成斜樑的「斜樑形式」中，斜樑的跨距（支撐間距）也比椽長，因此構材斷面也會增大。此外，因為桁條被省略了，所以作用於簷桁或脊桁上的載重也會增加。

（2）二樓樓板中的力的傳遞

圖 10 ②是設有樓板格柵的二樓樓板。地板材或人、家具等的重量，首先會加諸在樓板上，接著以（樓板格柵）→（小樑 [甲乙樑]、樓板樑）→（樓板樑）→（柱）的方向傳遞。若樓板樑的中央設有柱子時，就要將屋頂的重量加入計算。

近年為了讓施工更加省力，樓板中不設置樓板格柵，而改採厚度 24 ～ 28 mm 的結構用合板，直接與樓板樑結合的工法（無樓板格柵工法）有增加的趨勢。這種情況意味著力的傳遞會從樓地板直接傳向樓板樑，雖然是合理方式，但因為無法根據樓板格柵進行不平整修整，所以勢必在施工上對樓板樑上側的水平精準度有所要求。

（3）一樓樓板中的力的傳遞

圖 10 ③是一樓樓板與基礎的構造。從二樓傳遞下來的力會以（木地檻）→（基礎）→（地盤）的方式傳遞。另外，一樓樓板（包含人、家具）的重量則以（地板）→（樓板格柵）→（格柵托樑）→（樓板支柱、木地檻）的路徑來傳遞。從格柵托樑往木地檻流動的力是藉由（基礎）→（地盤）的方式傳遞，不過也常見流向樓板支柱的力往往直接傳遞至地盤。

進行基礎工程時，因為地盤必須經過開挖、再回填或填土，所以樓板支柱正下方的地盤會變得非常柔軟，以至於容易引發不均勻沉陷問題。為了讓地盤安定，最好實施確實固化、或澆置低強度混凝土等作業。特別是連續基礎必須多加注意。

橫向的力（水平載重）

接下來探討水平載重。一般而言，結構設計上所考慮的水平方向的力，是指地震力與風壓力。

大略地說，水平力是從樓板面傳遞至剪力牆（第 26 頁圖 11）。因此，為了使水平力能夠順暢地傳遞至剪力牆，必須確保樓板面確實固定而不會歪斜。

（1）屋架中的力的傳遞

第 26 頁圖 11 ①是表示水平力在和式屋架形式的屋架組中的傳遞方式。

作用於屋頂面的水平力會以（屋面板）→（椽、桁條、脊桁、桁樑）→（屋架斜撐、二樓剪力牆）的路徑傳遞。

此時作用於屋架中的水平力將由二樓剪力牆來抵抗，因此必須在屋架內部設置屋架斜撐等構件。

（2）二樓樓板中的力的傳遞

第 26 頁圖 11 ②是表示水平力從設有樓板格柵的二樓樓板至基礎的傳遞方式。

作用在二樓樓板的水平力會以（樓地板）→（樓板格柵）→（小樑 [甲乙樑] 、樓板樑）→（一樓剪力牆）的路徑傳遞。

當一樓與二樓的剪力牆錯位時，二樓剪力牆所負擔的力就得經由二樓樓板面傳遞至一樓剪力牆。因此剪力牆周邊的樓板面就扮演重要的功用。

（3）一樓樓板中的力的傳遞

一樓剪力牆所負擔的力會從木地檻傳遞至基礎、地盤。

作用在一樓樓板面的水平力會以（樓地板）→（樓板格柵）→（格柵托樑）→（木地檻）→（基礎）→（地盤）的路徑傳遞。

因為樓板支柱大多是利用ㄇ形釘之類的方式簡略接合，因而無法傳遞水平力。因此，為了讓剪力牆所負擔的力順利傳遞至基礎，剪力牆正下方必須設置木地檻與基礎。

此外，由於版式基礎很接近一樓樓板面，如果以錨定螺栓將木地檻與基礎緊密接合，一樓樓板面就不會歪斜，如此一來就無需設置水平角撐木地檻。

圖 10 ● 施加於木造住宅上的縱向力傳遞

①屋架

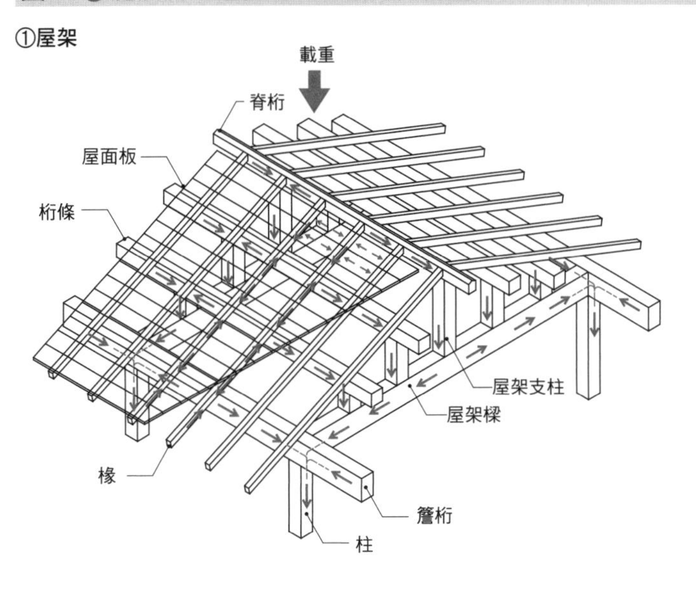

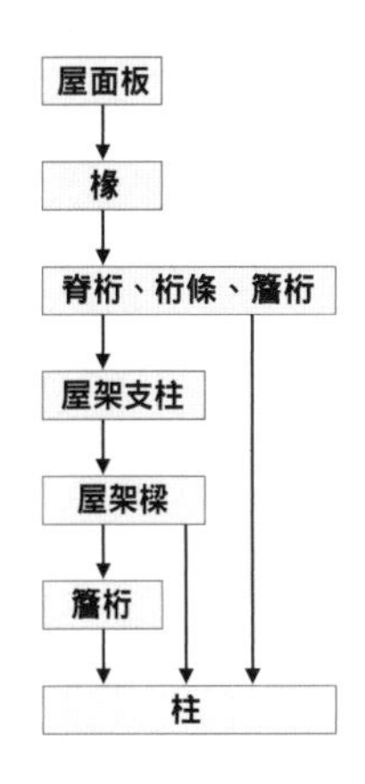

② 2 樓樓板

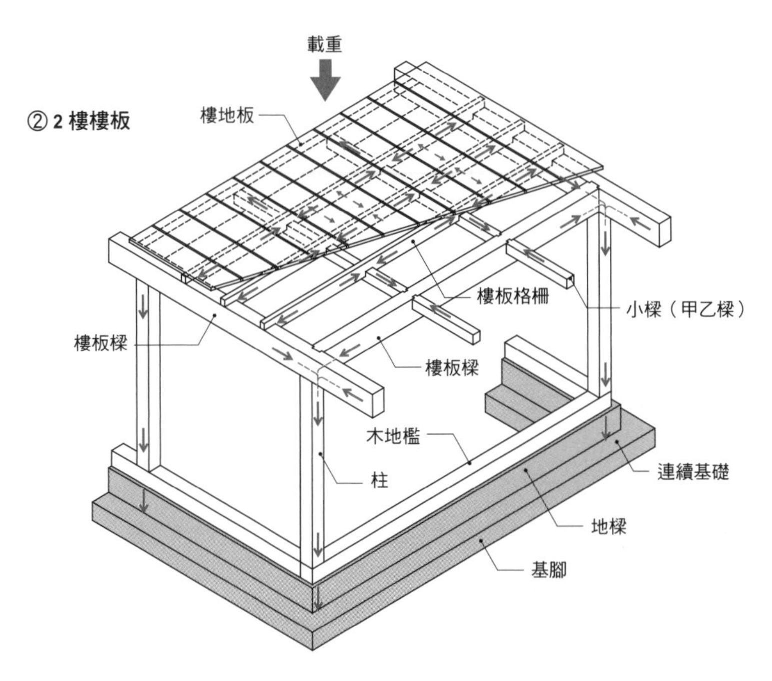

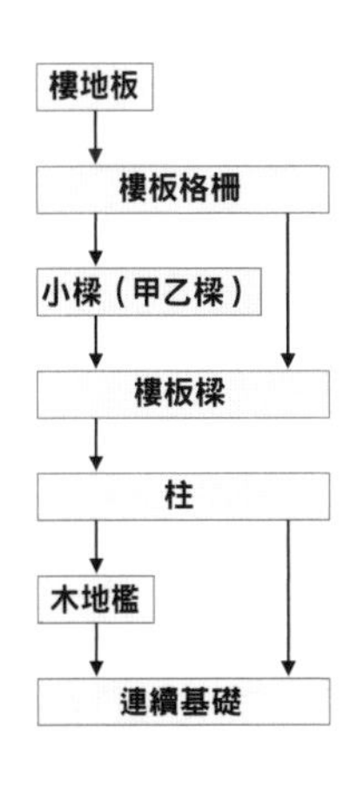

③ 1 樓樓板

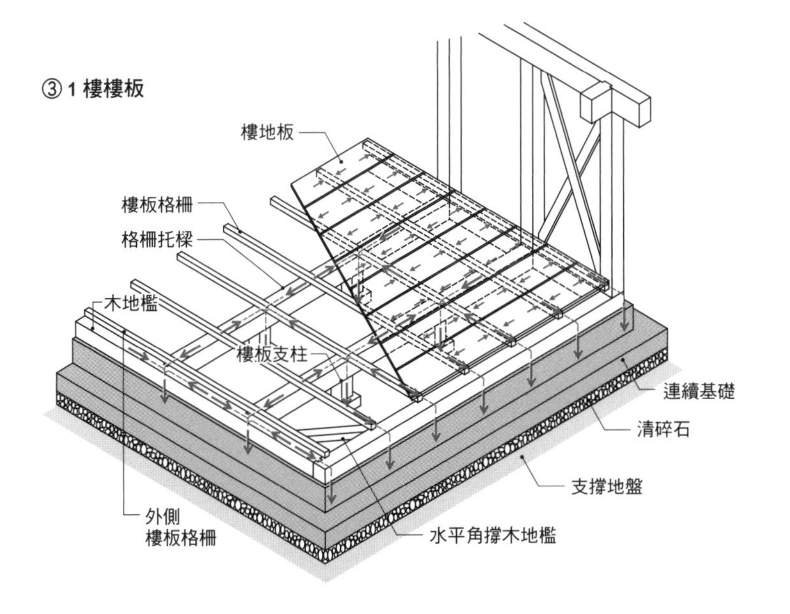

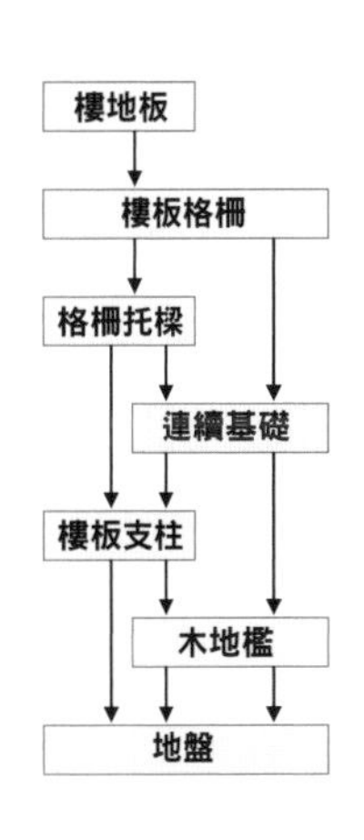

圖 11● 施加於木造住宅上的橫向力傳遞

①屋架

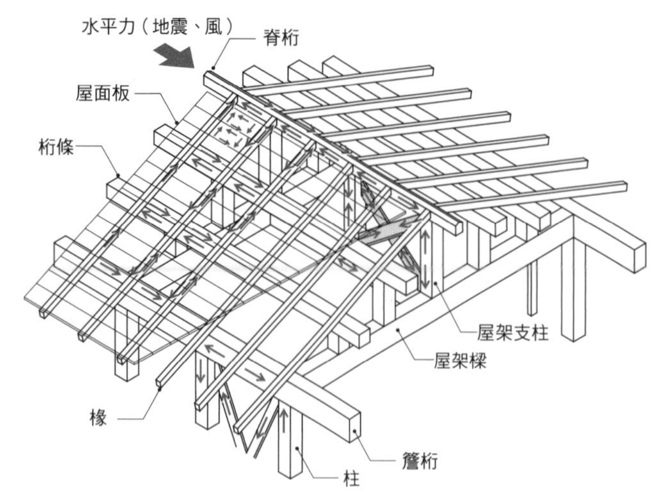

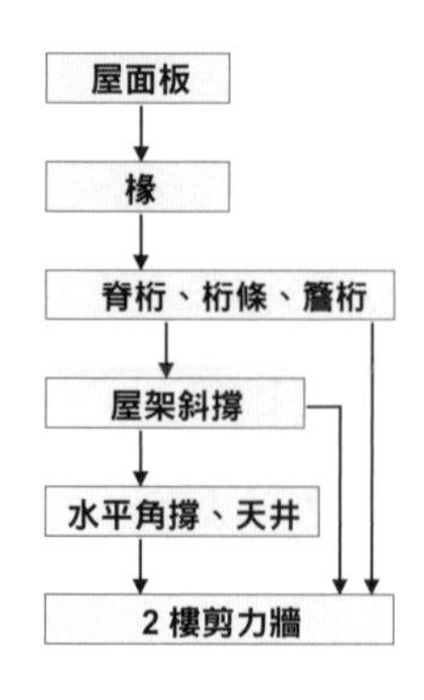

② 2 樓樓板至 1 樓

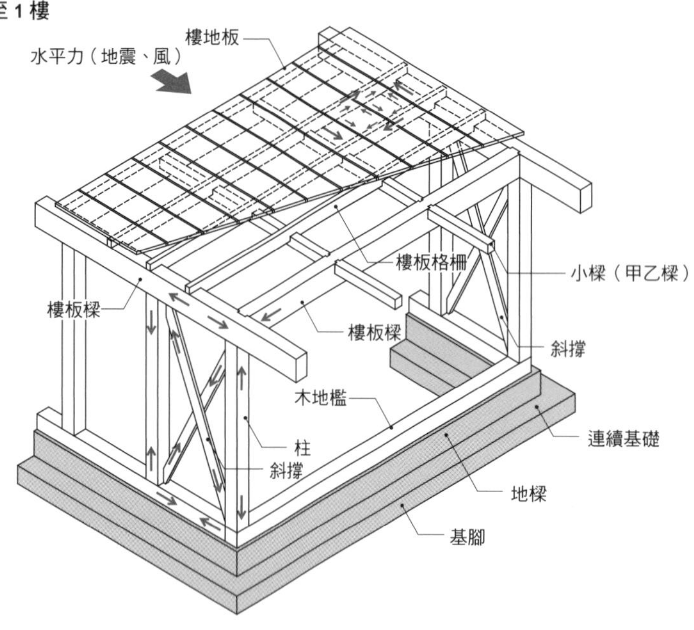

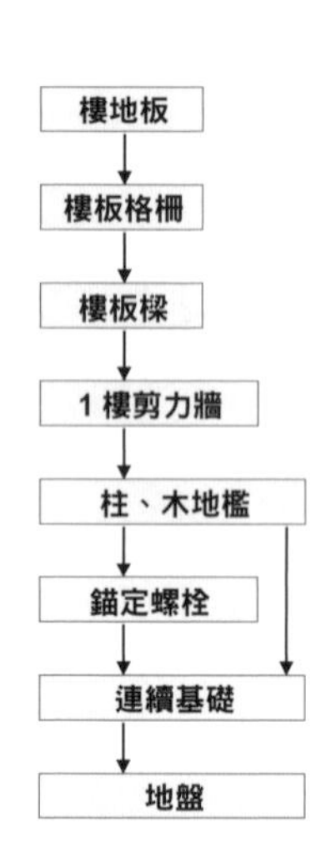

用語解說

容易引發誤會的有效剪力牆方向

在木造住宅中，柱子具有的水平抵抗力非常微小。從圖 A 可知，與力平行的部分長度愈長，水平抵抗力就會愈高。這個理論想像成圖 B 就能一目了然。

因此，施加於木造住宅上的水平力幾乎都是由剪力牆承擔，而非柱子。設計中會如此重視剪力牆的配置其原因也在於此。抵抗水平力的要素是牆體的「長度」，所以必須對應作用於建築物上的水平力方向來進行考量。

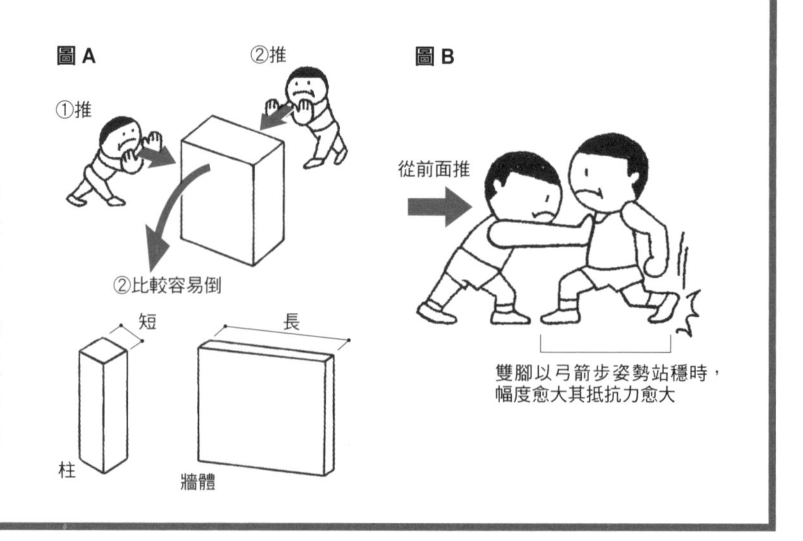

基礎知識［入門篇］③

各構材的結構作用

圖 1● 木構造的基本構成

構架
柱、樑

接合部

接合部

垂直構面
剪力牆

水平構面
樓板構架、
屋架

接合部

地盤、基礎

圖 2● 從結構面來看構架類型

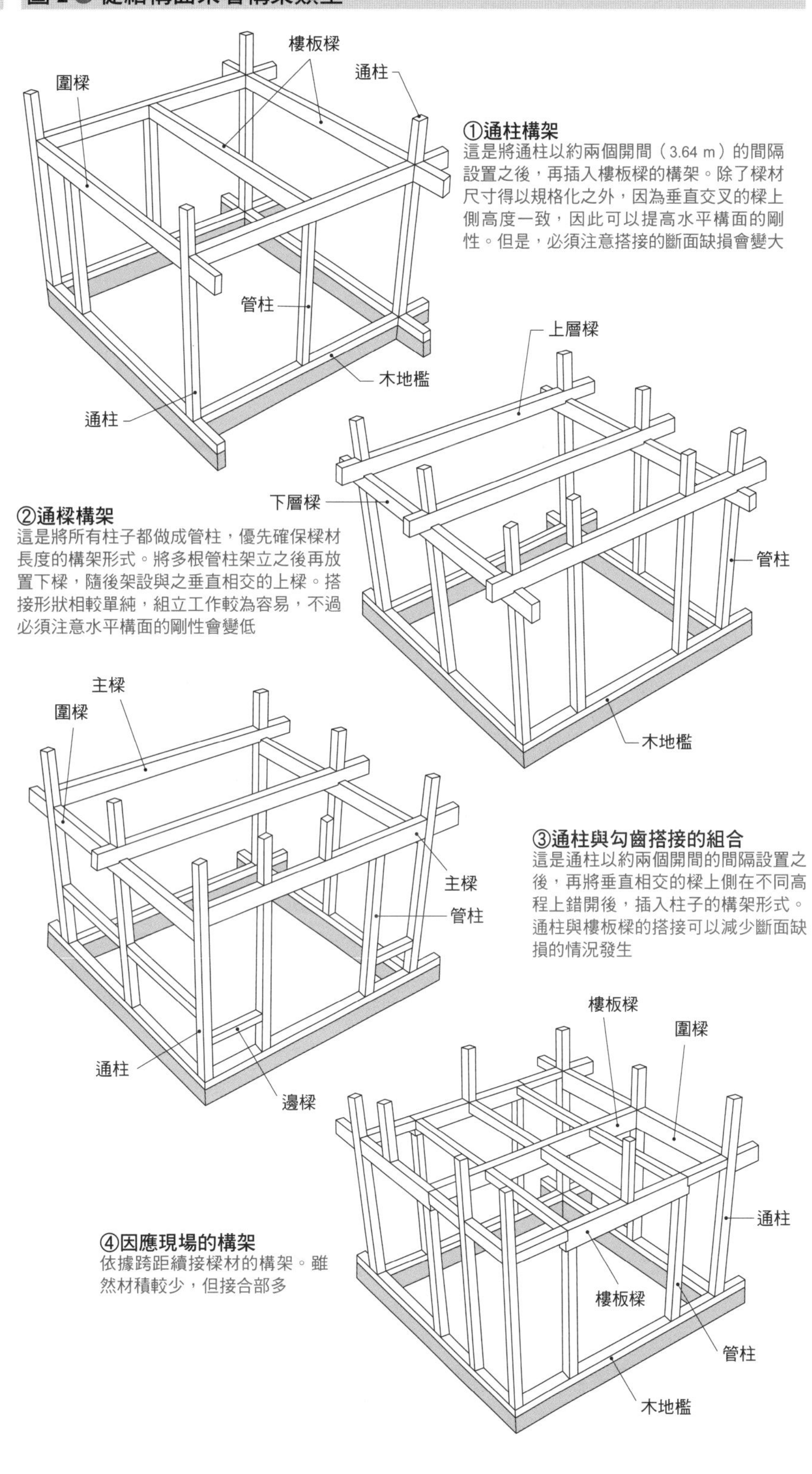

樓板樑
圍樑
通柱
①通柱構架
這是將通柱以約兩個開間（3.64 m）的間隔設置之後，再插入樓板樑的構架。除了樑材尺寸得以規格化之外，因為垂直交叉的樑上側高度一致，因此可以提高水平構面的剛性。但是，必須注意搭接的斷面缺損會變大
管柱
木地檻
通柱
上層樑
下層樑
②通樑構架
這是將所有柱子都做成管柱，優先確保樑材長度的構架形式。將多根管柱架立之後再放置下樑，隨後架設與之垂直相交的上樑。搭接形狀相較單純，組立工作較為容易，不過必須注意水平構面的剛性會變低
管柱
木地檻
主樑
圍樑
主樑
管柱
③通柱與勾齒搭接的組合
這是通柱以約兩個開間的間隔設置之後，再將垂直相交的樑上側在不同高程上錯開後，插入柱子的構架形式。通柱與樓板樑的搭接可以減少斷面缺損的情況發生
通柱
邊樑
樓板樑
圍樑
④因應現場的構架
依據跨距續接樑材的構架。雖然材積較少，但接合部多
通柱
樓板樑
管柱
木地檻

在此將探討構成木造住宅的各構材，在面對外力時如何與之抵抗。

木構造的基本構成

木構造是由構架、垂直構面、水平構面等三個要素所構成，各自又以接合部相連結（圖1），再由基礎來支撐。

構架由柱與樑（橫向材）所構成，不過又可分成「通柱構架」和「通樑構架」兩種（圖2）。構架不僅支撐垂直載重，同時具有承受作用在剪力牆及水平構面外周部分的壓縮力和拉伸力的功用。此外，外牆面也用來抵抗風壓力。

所謂垂直構面就是剪力牆，用來抵抗作用在建築物上的水平力（地震力、風壓力）。但是，為了讓剪力牆發揮有效作用，前提要件是不能讓水平構面比剪力牆更早受到破壞（防止先行破壞）。

水平構面是指樓板構架及屋架，除了支撐垂直載重之外，也具備將作用於建築物的水平力傳遞到剪力牆的功用。一般來說，因為木構造的水平構面相對柔軟，結構計畫上會將取得剪力牆與水平構面的剛性平衡視為最重要的工作。

接合部肩負傳遞力的重要任

圖 3 ● 基礎的功用

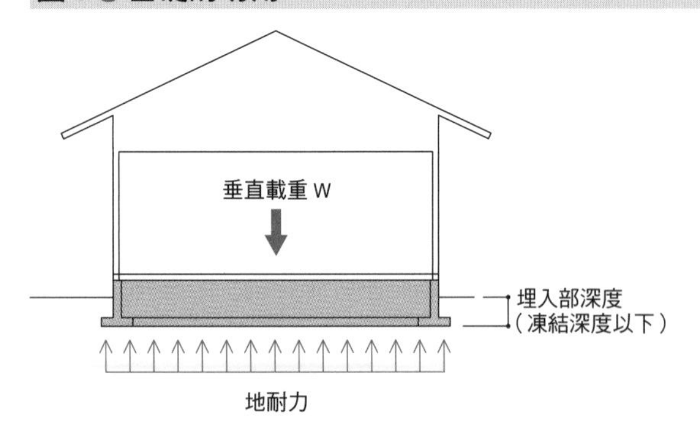

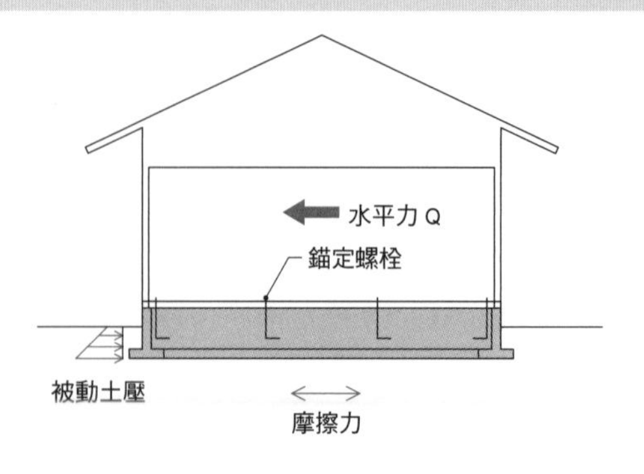

對應垂直載重（常時）
①將建築物重量傳遞至地盤
②防止長時間的不均勻沉陷
- 利用基礎凸出部（地樑）來確保剛性
- 採用樁基礎

對應水平力（地震、颱風）
①將水平力傳遞至地盤
- 透過錨定螺栓來傳遞

②防止不均勻沉陷
- 利用基礎凸出部（地樑）來確保剛性
- 採用樁基礎

圖 4 ● 凸出部的必要性

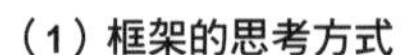

（1）框架的思考方式

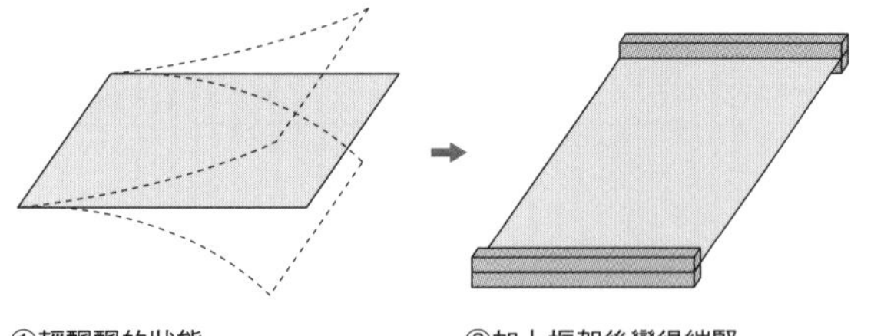

①輕飄飄的狀態　②加上框架後變得繃緊

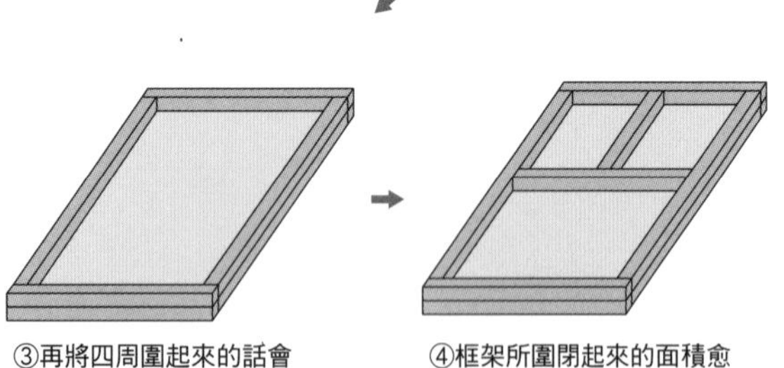

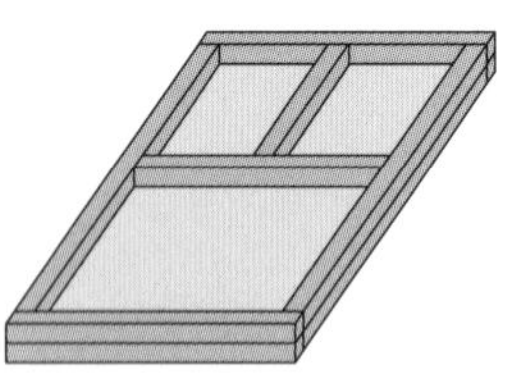

③再將四周圍起來的話會更加堅固　④框架所圍閉起來的面積愈小，其強度愈高

（2）必須注意的點

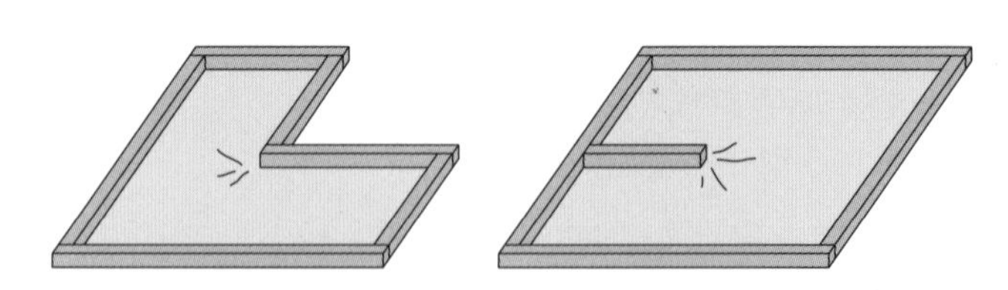

力會集中在凹凸處與角隅或端部，所以容易產生裂痕

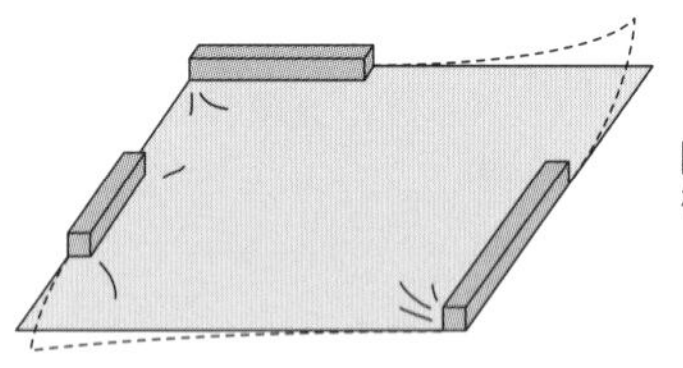

斷斷續續地斷開後，框架的補強效果會降低

務，對於建築物整體的結構性能有巨大的影響。

以下將針對各個部位的作用進一步詳細說明。

基礎的功用

基礎是連接地盤與建築物的重要接點，負責將建築物重量等的垂直載重或水平力傳遞至地盤，達到防止不均勻沉陷的功用（圖 3）。

地盤的支撐力稱為地耐力（相當於 $1m^2$ 的地盤所能承受的載重），地耐力可以透過地質調查的結果來推定。

調查結果若顯示為軟弱地盤者，就要進行地盤改良或施作樁基礎。不過，木造住宅的建築物重量輕，所以樁會採用地盤改良的方式，主要只用於支撐垂直載重，不太會期待它發揮水平抵抗力的性能。

木造住宅的基礎形式大多採用連續基礎或版式基礎。就結構而言，因為底版是平衡地盤和建築物之間的作用力，所以進行設計時，需要確保底版的面積，也就是說建築物重量除以底版面積所得出的數值必須在地耐力以下。

就結構上來說，基礎凸起部或埋入部都屬於「地樑」。地樑可以避免建築物的腳部發生四分五裂地晃動，特別是版式基礎，形成的版式框架能提高基礎的剛性（圖 4）。因此，大原則是「樑」必須呈現連續狀態，所以要注意通氣口等開口避免將地樑斷斷續續地切斷。

埋入部分是為了①抵抗水平載重、②防止凍脹（圖 5）。特別是②似乎大多數人都有認知不足的情形。冬季時，若基礎正下方產生霜柱，會導致基礎整個向上抬高。等到霜柱融化之後，又會成為地盤緩慢產生不均勻沉陷的原因。因此，埋入部的深度須比凍結深度更深。

圖 5● 埋入部的必要性

（1）抵抗水平力的機制

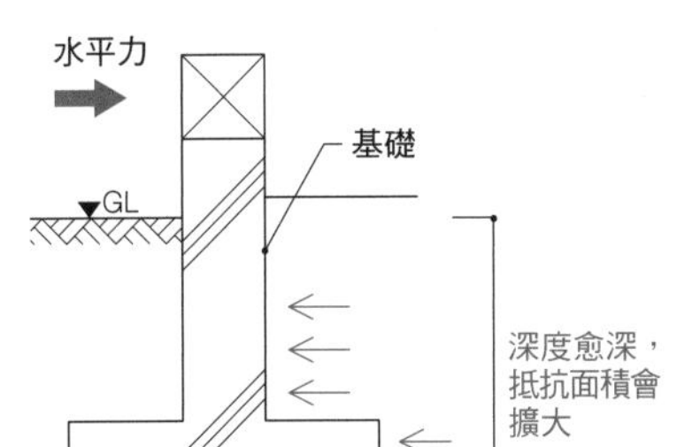

（2）鋪碎石的注意要點

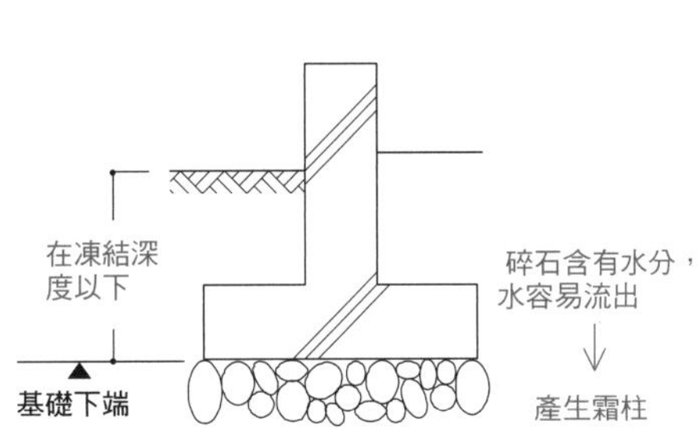

（3）霜柱的影響（凍脹）

①基礎下方產生霜柱的狀態

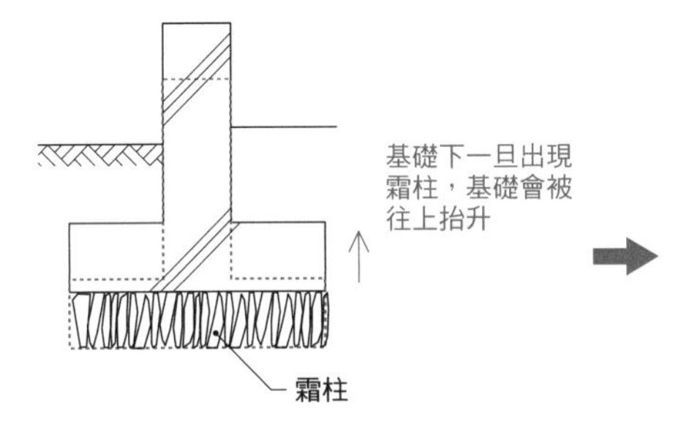

②霜柱融化之後的狀態

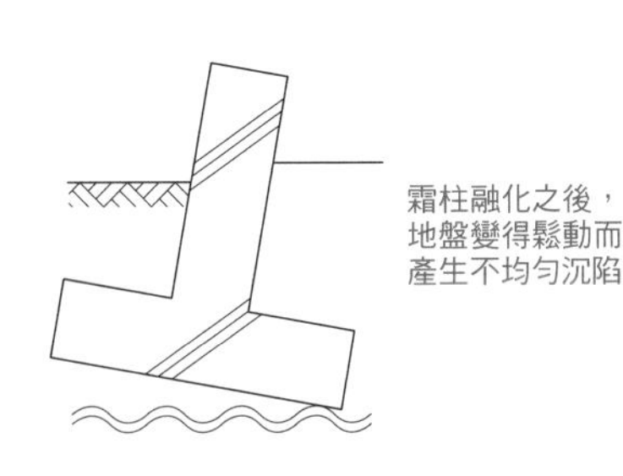

圖 6● 錨定螺栓的功用

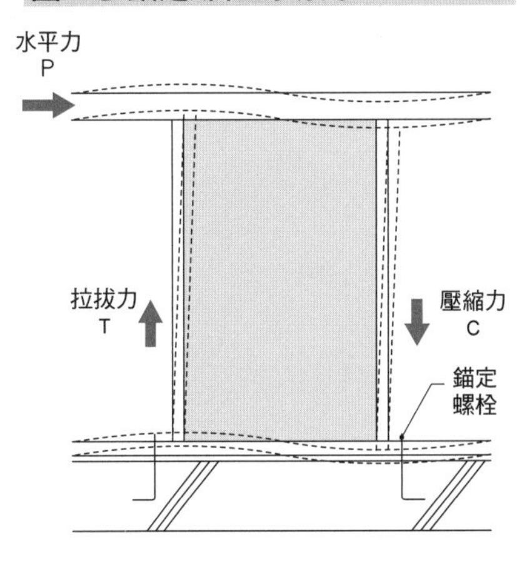

①水平力的傳遞方式
→錨定螺栓的剪斷耐力
→基礎→地盤

②拉拔力的傳遞方式
→錨定螺栓的拉拔耐力
與混凝土的摩擦力
墊圈的壓陷耐力
→基礎

③壓縮力的抵抗要素
→木地檻的壓陷耐力
→基礎

圖 7● 柱的功用

垂直載重時

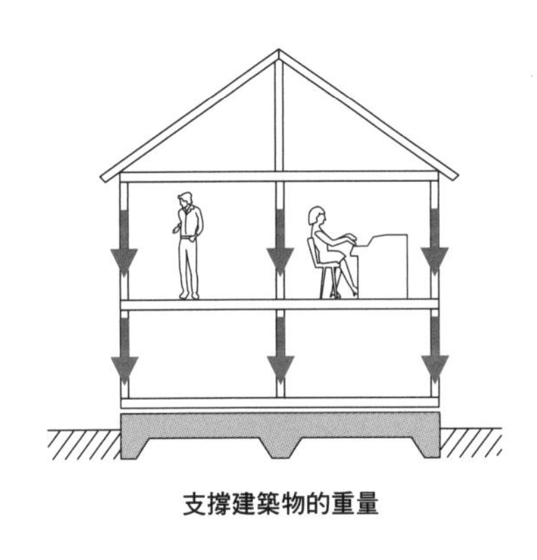

支撐建築物的重量

水平載重時

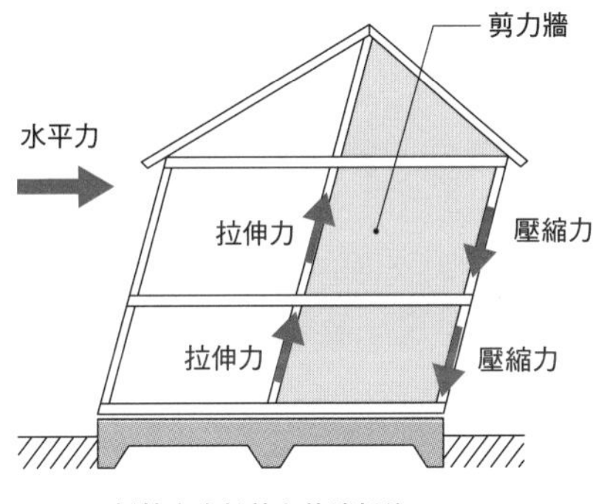

抵抗產生於剪力牆端部的壓縮力、拉伸力

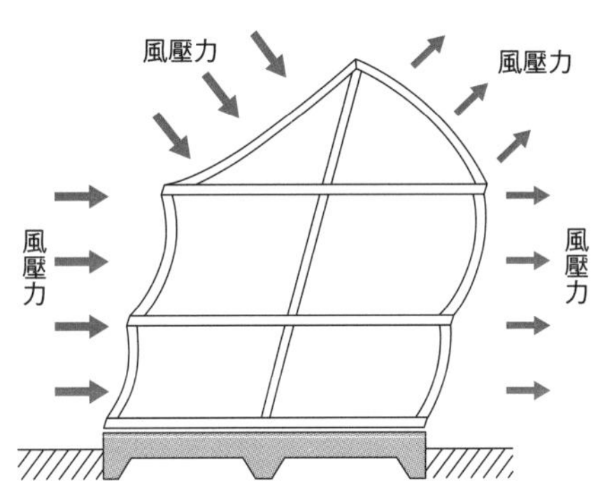

外周部分同時也抵抗風壓力

木地檻與錨定螺栓

錨定螺栓是連繫建築物與基礎的重要中介（圖 6）。主要當水平力作用時，能夠防止建築物出現抬升或滑動的情況。

此外，為了讓木地檻變成剪力牆或樓板構架的框架材，也必須重視木地檻與柱子的接合、或木地檻構材之間是否確實緊密結合。

柱的功用

柱子在結構上的主要作用，有以下幾點。①支撐垂直載重、②抵抗水平力、③抵抗作用於剪力牆外周部分的壓縮力或拉伸力、④防止外牆因承受風壓力而產生變形（圖 7）。

無論是通柱系統或是管柱系統，這些作用都是相同的。管柱經常以上下層不連續的方式隨機配置，但如果從前面所述的柱子功用來思考的話，還是必須重視「以垂直載重或拉拔力能夠平順地傳遞為目標來進行配置與接合」，因此會希望上下層的管柱能夠連續配置（圖 8）。

因為建築基準法施行令 43 條第五項中有規定「樓層數達二層以上的建築物，其所設置的角柱或符合此認定的柱，都必須以通柱的形式設置」，因而導致許多人對此產

圖 8 ● 通柱與管柱

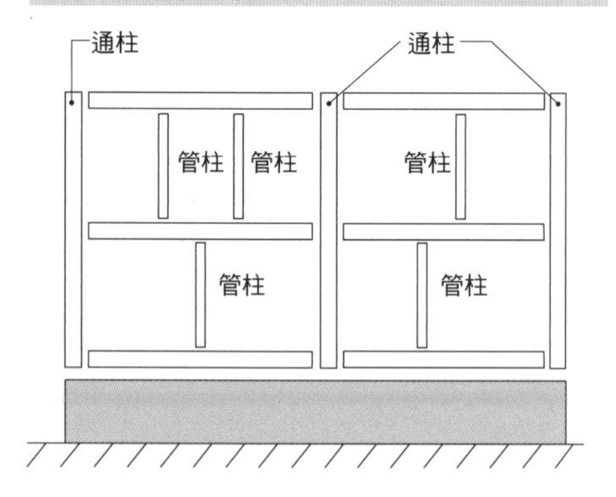

管柱雖然常以隨機方式配置，但上下層最好還是一致

圖 9 ● 施加於柱子的垂直載重

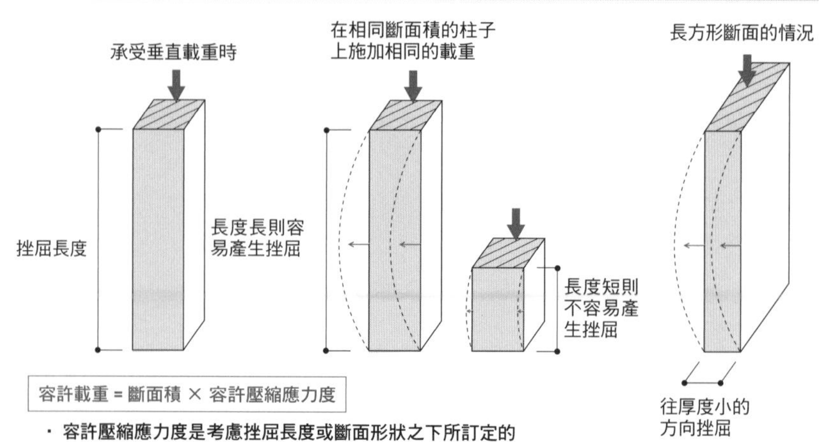

容許載重 = 斷面積 × 容許壓縮應力度

・容許壓縮應力度是考慮挫屈長度或斷面形狀之下所訂定的

圖 10 ● 壓陷

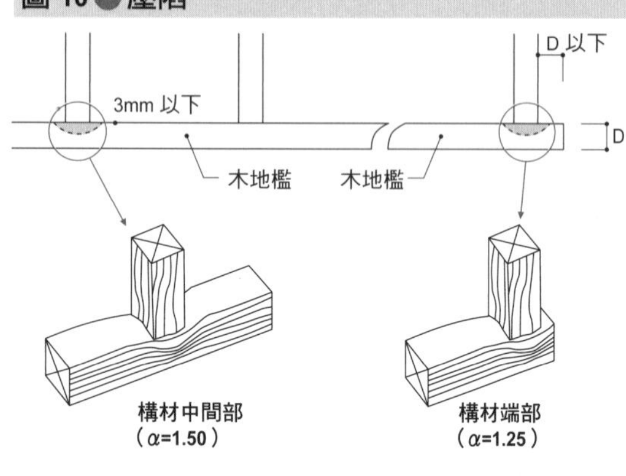

α：產生些許壓陷也無大礙時的容許應力度的折算係數

圖 11 ● 施加於外周部分的間柱的力

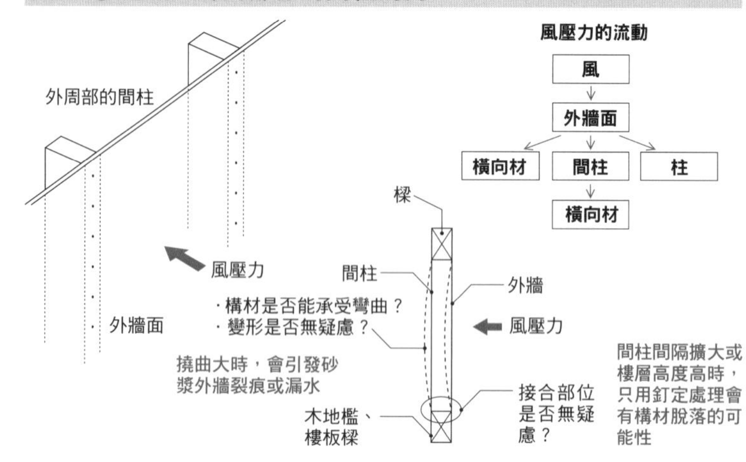

生誤解，但在同項中也有但書，就結構上來說，如果載重能夠平順地傳遞，上下層的柱子也以五金物件確實接合的話，採行管柱的做法也可以，不一定要以通柱的方式來進行設計。

（1）垂直載重的支撐

就垂直載重而言，除了涉及柱的斷面積與挫屈長度（圖 9）之外，還會引發對樑、木地檻產生壓陷的問題（圖 10）。

往細長構材的長度（長軸）方向推押時，構材無法再承受載重所呈現的彎曲現象就是所謂的挫屈（圖 9）。即使是同樣的斷面積，也會因材料長度不同而出現差異，長度較長的一方容易產生挫屈。此外，如果斷面形狀是長方形的話，厚度較薄的一側也容易產生挫屈。

另一方面，壓陷是木材特有的性質，指的是在纖維的垂直方向上施加載重時，纖維會有粉碎現象。壓陷耐力除了與樹種或柱子與木地檻之間的接觸面積有關以外，載重所作用的位置也會產生不同的影響（圖 10）。

除此之外，就間柱的長度來看，由於斷面尺寸小且容易出現挫屈，因此不太能期待垂直載重的支撐效果，主要還是做為合板等的接縫材料的功用。

（2）水平力的抵抗

柱子的水平抵抗力須如同社寺佛閣中直徑 240 mm 以上的粗柱，須承受沉重的垂直載重，而且要用厚的橫穿板（差鴨居、長押等「＊」）連繫起來，否則柱子幾乎無法承受水平力。近年來，開始出現利用五金等將大斷面集成材接合，形成剛性構架來抵抗水平力的方法。但是，就水平抵抗力而言，剪力牆的效率遠遠比柱子好，可以說是經濟性的做法。

（3）剪力牆端部軸力的抵抗

水平載重出現時會在剪力牆的端部產生壓縮力或拉伸力。壓縮力就如前面所述會使材料產生挫屈、及橫向材出現壓陷。另一方面拉伸力則會使橫向材與接合部分離，或從材料中間部分的缺角處產生斷裂問題，因此要特別注意。

（4）風壓力的抵抗

當有朝向外牆的挑空時，會由外牆面的柱或樑抵抗風壓力。最終由哪個部位抵抗風壓力會視柱子的形式而定，通柱系統由柱子來抵抗；管柱系統則由樑來抵抗。換句話說，力優先通過的地方就是抵抗風壓力的主要部位。

另外，間柱也和主柱一樣，配置在外牆面時是做為抵抗風壓力的重要結構構材（圖 11）。

橫向材的功用

橫向材的主要結構作用有以下幾點。①向柱子傳遞從樓板傳過來的垂直載重、②做為剪力牆及水平構面的外周框架材料，用來抵抗水

圖 12 ● 橫向材的功用

往柱子傳遞垂直載重

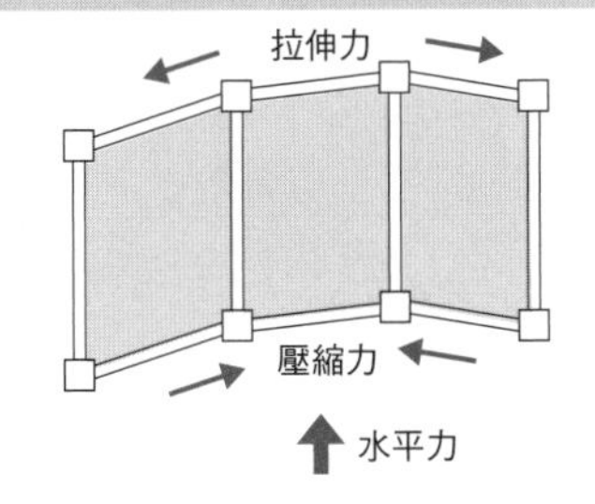

水平構面的外周框架

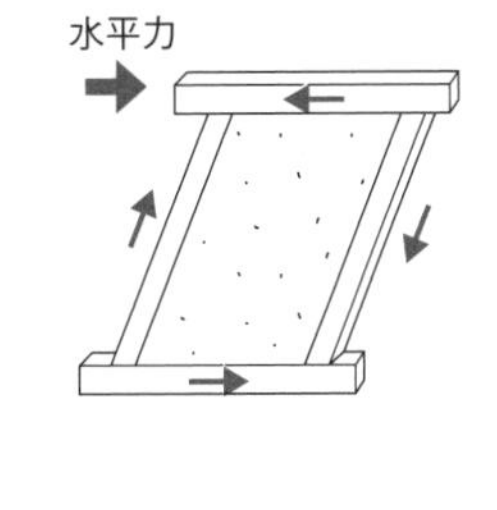

剪力牆的外周框架

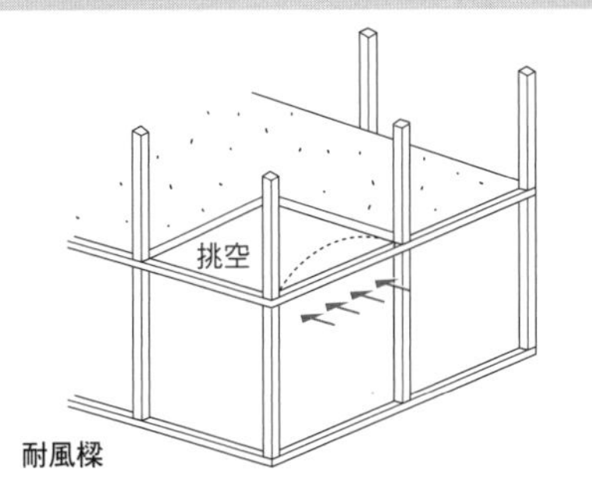

耐風樑

圖 13 ● 剪力牆的功用

剪力牆抵抗水平力（地震、颱風）

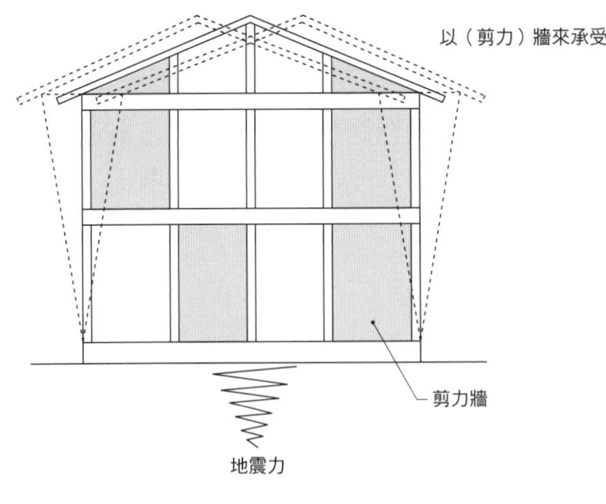

力的作用方向和與之抵抗的牆體

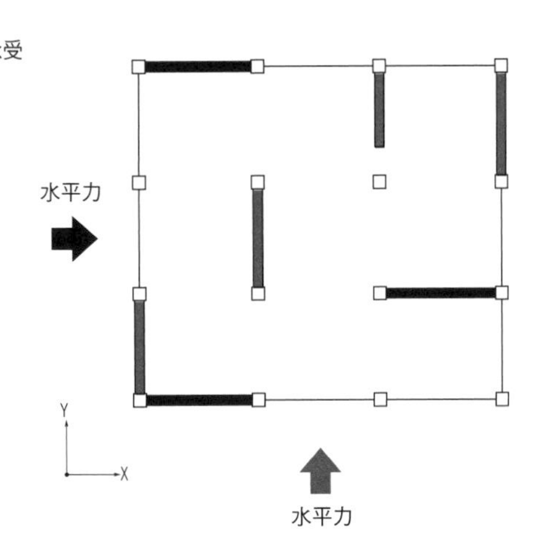

力的作用方向上的剪力牆是長度愈長，抵抗力愈大。X 方向的水平力由 X 方向的牆體 ■ 來抵抗；Y 方向上的水平力則由 Y 方向上的牆體 ■ 來抵抗

平載重出現時所產生的拉伸力或壓縮力、③當有朝向外牆的挑空時則用來抵抗風壓力（圖 12）。

其中，垂直載重對樑容易產生撓曲。這是因為木材本身的彈性模數低，也受到含水率影響的關係。撓曲會導致漏水或樓板作響、木作家具的開闔問題等，對於居住性也有重大影響，設計時必須充分思考。

樑的斷面不僅涉及跨距（支撐點距離的長度），也要考慮載重條件再做決定。除此之外，由於做為支撐點的接合部端部的連接方式，對結構耐力的影響至深，因此也必須多加注意。

垂直構面（剪力牆）的功用

剪力牆是用來抵抗施加在建築物上的水平力最重要的結構元素（圖 13）。雖然依據所在位置的不同，也會有支撐垂直載重的作用，但一般來說並不考慮這個因素。

確認建築物的水平抵抗力的方法有壁量計算。藉由壁倍率來表示剪力牆的水平抵抗力，並滿足地震力與風壓力所需的必要壁量，因而得以確保建築物的耐震性（第 32 頁圖 14）。此時最重要的是，必須意識到水平力的施力方向。也就是必須先切記「與施力方向平行設置的剪力牆才能抵抗水平力」，設計階段才不會出現錯誤的設計。

順帶一提，剪力牆受到水平力的作用之後，就如第 32 頁圖 15 所示，會產生菱形的變形、扭轉。一旦產生菱形變形時，牆體就會出現拉伸的對角線、以及壓縮的對角線。另外，如果牆面整體產生扭轉的話，將會對端部的柱子產生拉伸力與壓縮力。

從抵抗形式的類別來看剪力牆的類型，大致可分成三類①剪斷類、②軸力類、③彎曲類（第 32 頁圖 16）。

（1）剪斷類：面材、粉刷牆

這是將結構用合板或石膏版等面材，用釘子固定在橫向材或柱子上的牆體，主要是以釘子的釘徑和間隔距離來抵抗的形式。受到水平力作用的構面一旦變成菱形變形時，面材就會呈現波浪狀的變形，這時會以釘頭的面積、以及釘子與木材之間的摩擦力來抵抗面材脫離的力。

另外，若是隱柱牆時釘子會直接釘在柱子上，露柱牆則是藉由接受材來安裝面材，所以比起隱柱牆更容易出現損壞（參照第 34 頁專欄）。

灰泥牆或以砂漿粉刷的牆極受施工方法的影響。因此存有承重耐力的變異性幅度大且難以定量化的另一面問題。再者，粉刷牆一旦受到很大的水平力作用，對角線狀便會出現裂紋。這就是發生菱形變形時，被壓縮的對角線上產生的壓縮力所作用的結果。

（2）軸力類：斜撐

斜撐中雖然有區分壓縮斜撐和拉伸斜撐，但各自的抵抗性質並不相同（參照第 119 ～ 120 頁）。除了構材厚度與有無節等缺陷之外，端部的固定方式也對承重耐力有很大的影響。

＊譯注　比一般上檻長稱為差鴨居；兩柱間的橫板稱為長押

圖 14 ● 壁量的思考方式　　**圖 15 ● 剪力牆的抵抗機制**

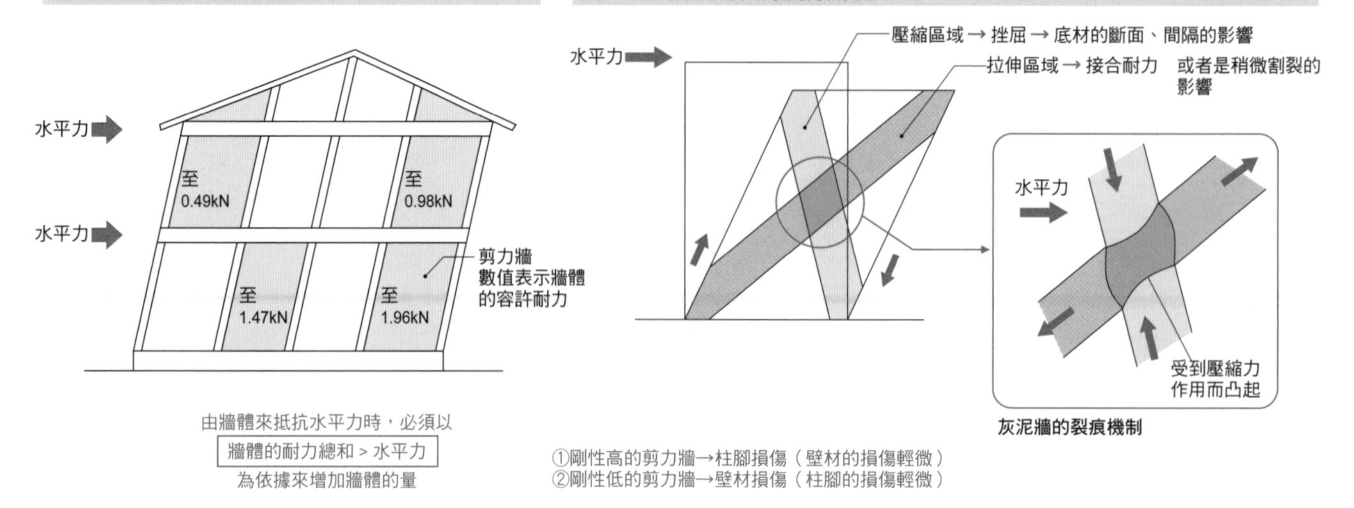

圖 16 ● 剪力牆的種類

（1）剪斷類

①面材（合板、石膏版）

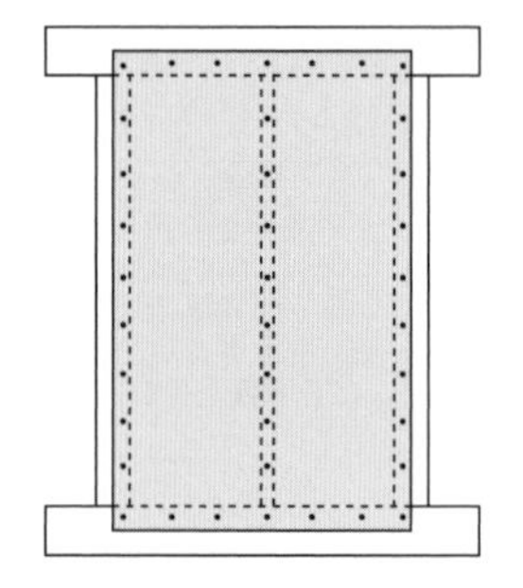

決定承重耐力的要素　◎釘徑與間隔　△面材的板材厚度與強度

②粉刷牆

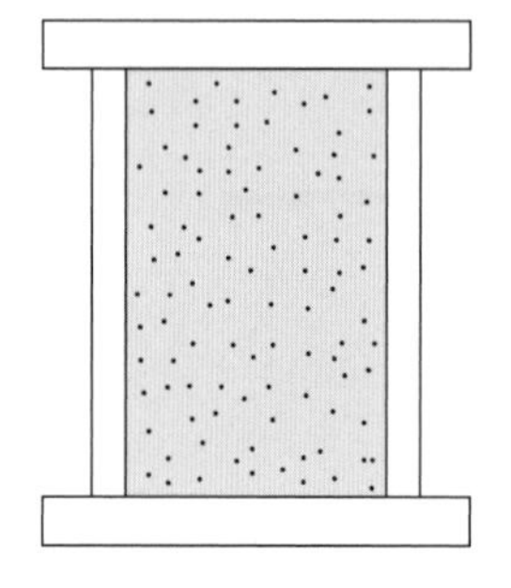

○粉刷厚度

（2）軸力類

斜撐

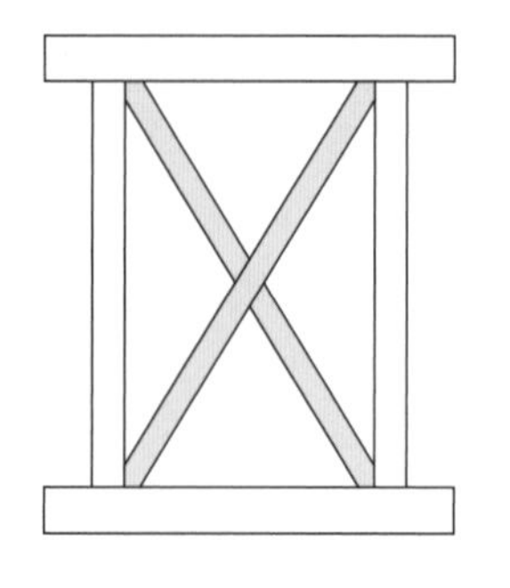

○斜撐的固定方法　○斜撐的板材厚度

（3）彎曲類

橫穿板

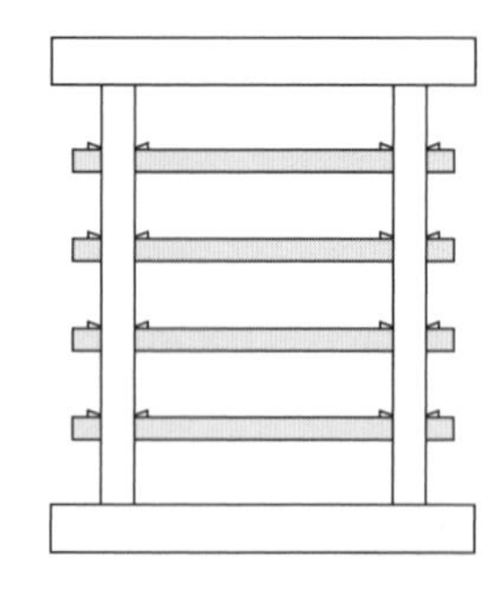

○橫穿板的寬度　△橫穿板的深度

圖例 ◎：影響極大　○：影響大　△：稍有影響

斜撐承受壓縮力之後，厚度較薄的部分就會出現挫屈，所以挫屈長度與厚度、斷面積都會對承重耐力產生影響。這也意味著利用間柱做為挫屈防止的材料是有效的做法。此外，斜撐受到拉伸力作用時，接合部分會有脫離傾向，所以必須利用五金等接合起來。

（3）彎曲類：橫穿板、格子牆

橫穿板是利用與柱子之間的「壓陷」來抵抗載重，所以抵抗能力與壓陷面積成正比。雖然強度不高，但是非常具有黏性（參照第230頁）。

水平構面（樓板構架、屋架）的功用

樓板構架的功用大致上可分成兩個。①承受人或家具等的垂直載重、②做為水平力往剪力牆傳遞的媒介（圖 17）。

就①而言，板材厚度或樓板格柵間隔將決定水平構面可支撐的載重。②則稱得上是攸關建築物整體的耐震性能的重要關鍵。

實際上樓板構架是透過設置水平角撐，或鋪設結構用合板來確保性能，但嚴格說來，固定樓地板的釘徑與釘定間隔、以及與樓板格柵樑的固定方式都有密切關係。此外，柱子與橫向材的搭接也是影響結構性能的要因。

基本上，屋架也擔負著樓板構架的作用，但因為具有斜度，所以應該特別針對水平力，以包含屋架樑或桁樑在內的「屋架構架整體」來思考（圖 18）。尤其是作用在屋頂面的水平力，會由二樓剪力牆來抵抗，所以二樓剪力牆有必要連續至屋頂面（圖 19）。

除此之外，如果切妻（二坡水）屋頂的縱向方向只是架立支柱的話，受到水平力作用時就會非常容易倒塌，因此會在脊樑附近設置屋架斜撐等構件（圖 18）。

接合部的功用

接合部分成兩種，一種是將不同方向的構材連接起來的搭接，另一種則是將同一方向構材接合起來的對接（第 34 頁圖 20）。在結構上的功用有兩個，①確實地傳遞垂直載重、②面對拉伸力時構材不會脫離。接合是為了讓構材之間的力能夠順暢地傳遞，對木造而言也是最重要的一環。

以抵抗形式的類別來看，可將接合方法分成以下三種（第 34 頁圖 21）。

圖 17● 樓板構架的功用

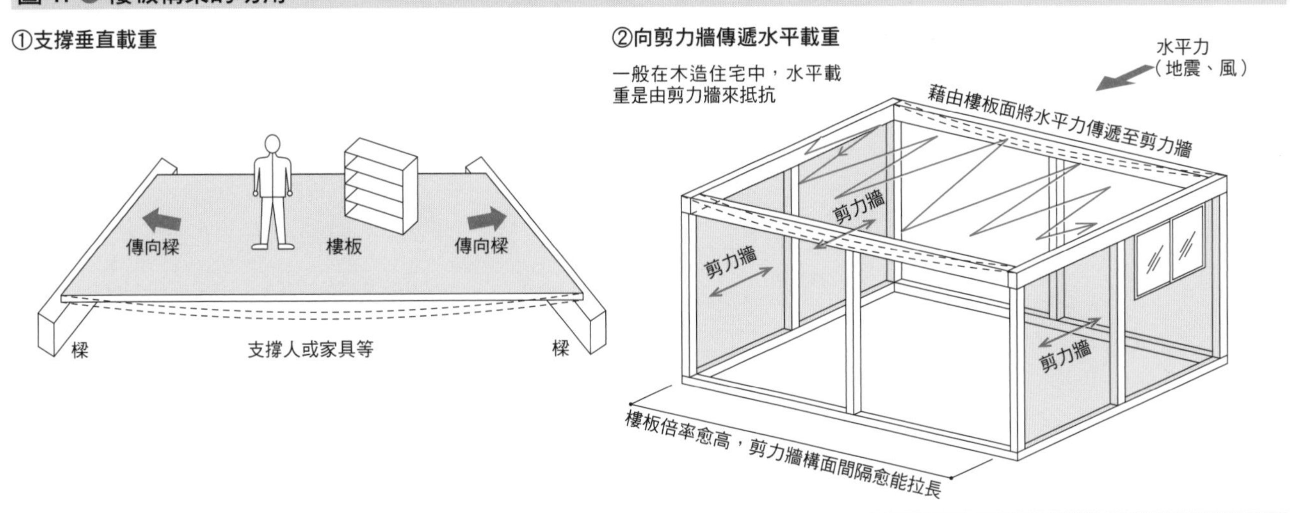
①支撐垂直載重
傳向梁
樓板
傳向梁
梁
支撐人或家具等
梁
②向剪力牆傳遞水平載重
一般在木造住宅中，水平載重是由剪力牆來抵抗
水平力（地震、風）
藉由樓板面將水平力傳遞至剪力牆
剪力牆
剪力牆
剪力牆
樓板倍率愈高，剪力牆構面間隔愈能拉長

圖 18● 屋架的注意要點

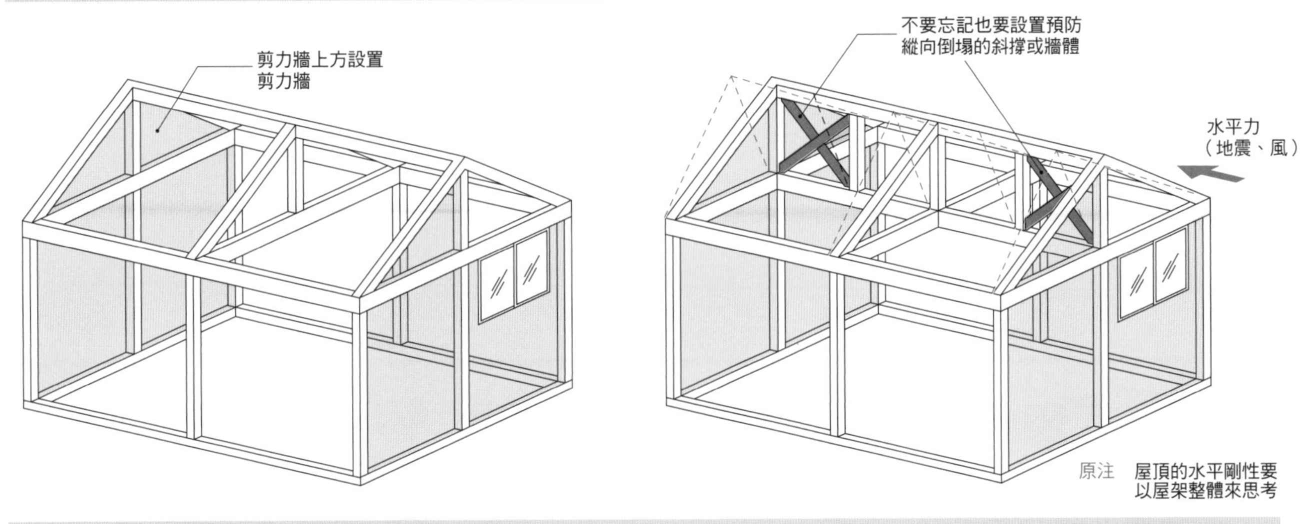
剪力牆上方設置剪力牆
不要忘記也要設置預防縱向倒塌的斜撐或牆體
水平力（地震、風）
原注　屋頂的水平剛性要以屋架整體來思考

圖 19● 剪力牆與屋架

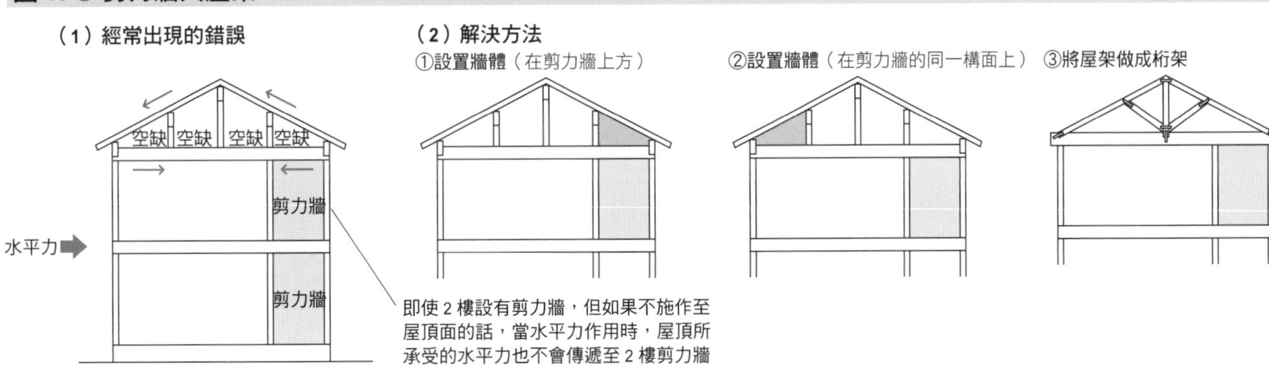
（1）經常出現的錯誤
空缺
空缺
空缺
空缺
剪力牆
剪力牆
水平力
即使 2 樓設有剪力牆，但如果不施作至屋頂面的話，當水平力作用時，屋頂所承受的水平力也不會傳遞至 2 樓剪力牆
（2）解決方法
①設置牆體（在剪力牆上方）
②設置牆體（在剪力牆的同一構面上）
③將屋架做成桁架

（1）嵌合接合

這是將木材以齒狀咬合來進行接合。因為主要是以壓陷抵抗的原理來接合，所以剛性、耐力低，但黏性強。橫穿板或格子牆等就是利用這種方式。

（2）五金接合、五金併用接合

這是採用接合五金的方式。利用螺栓的壓陷、剪斷，或者釘子、螺絲的彎曲、剪斷等來抵抗。

（3）黏著接合

這是在採行大斷面集成材的構架中所使用的接合方式。利用螺栓或鋼筋等插入對接部分之後，再以接著劑固定。雖然剛性、耐力非常高，但屬於非常脆性的破壞性狀。

實際上，只要觀察木造的結構實驗、或過去的破壞狀況，就會發現接合部的破壞案例占了大半。因此設計木造時不能忘記木（造）是由接合部來決定其成敗。

圖 20 ● 搭接與對接

①搭接

②對接

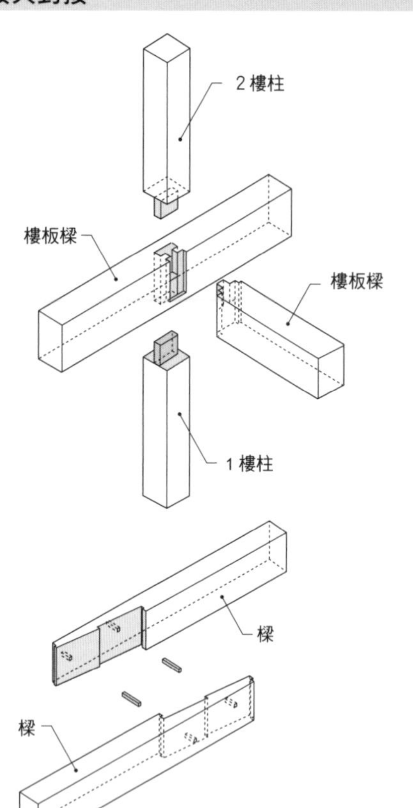

圖 21 ● 接合部的種類

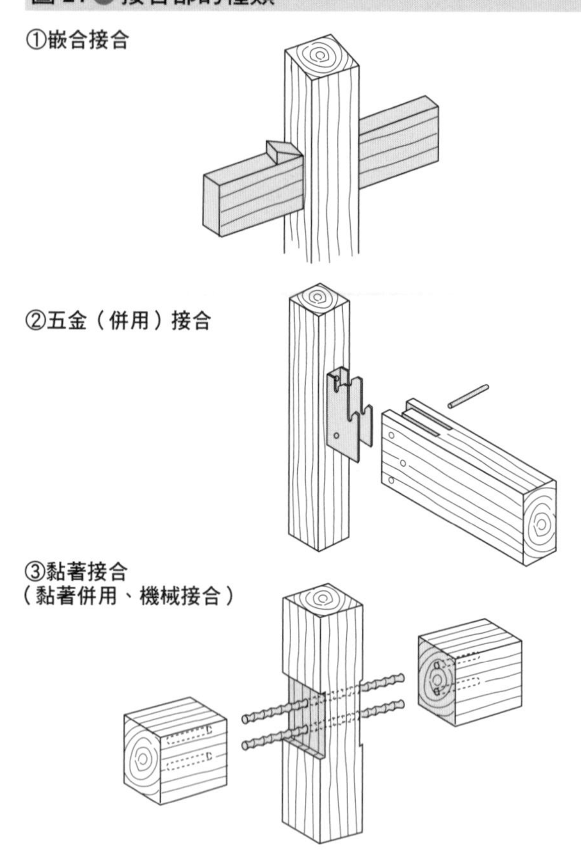

用語解說

在隱柱牆與露柱牆中，力的傳遞如何變化？

在設計構想上，隱柱牆與露柱牆的差別在於柱子露出或不露出，不過就結構上來說，差別會在於是否具有力的傳遞上的緩衝。

舉例來說，使用結構用合板的剪力牆中，力的傳遞就如下面說明。

圖①是隱柱牆的情況，因為面材是直接釘在柱子或橫向材上，所以釘定面材用的釘子耐力會左右剪力牆的承重耐力。

相對的，圖②的露柱牆中，面材是以接受材為中介與柱子相接。因此，釘定面材用的釘子耐力、以及釘定接受材的釘子耐力，兩者之中較弱的一方將決定剪力牆的承重耐力。

釘定接受材的釘子會受到拉拔力的作用，很容易在初期出現鬆脫的情況。觀察剪力牆的實驗結果，也會發現露柱牆的初期耐力有偏低的傾向。

圖 ● 隱柱牆和露柱牆的力的傳遞

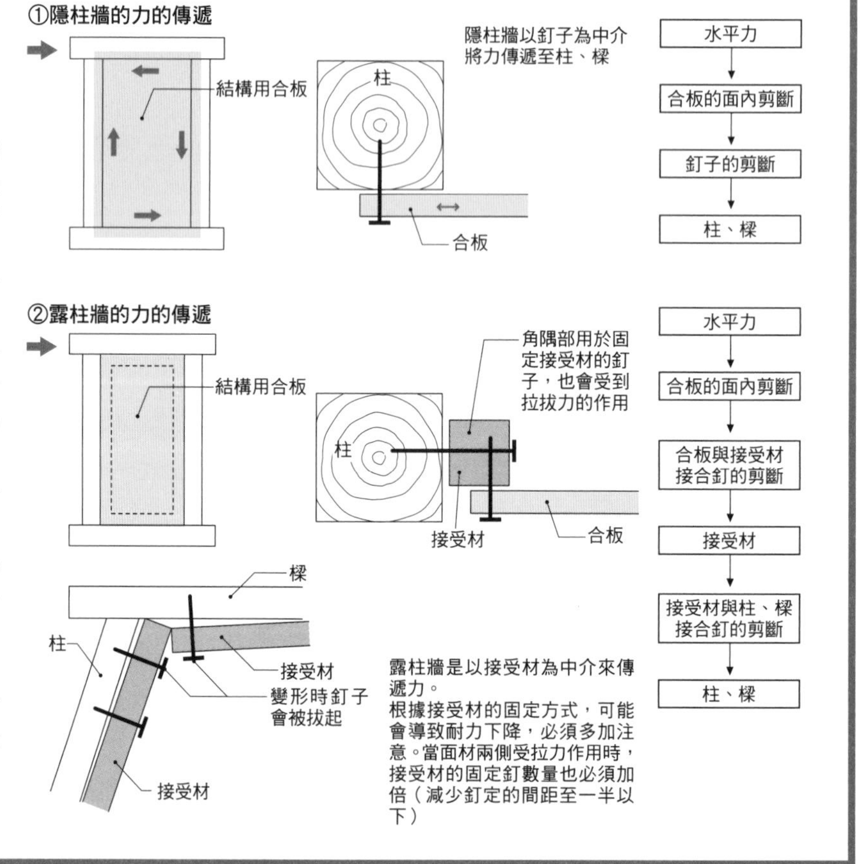

基礎知識［入門篇］④

木造住宅容易受到的損壞

表 1● 因地震造成的木造住宅損壞模式

地盤	地層滑動 軟弱地盤 液化現象	 照片 9
基礎	無鋼筋混凝土破壞 因錨定螺栓不良而使木地檻滑動 礎石式基礎的基腳鬆動 砌石、疊石基礎的破壞 不均勻沉陷	照片 1 照片 2
剪力牆	因壁量不足造成的傾斜、倒塌 開放性的平面配置	照片 3、4
	因配置偏移造成的扭轉破壞、傾斜 面寬狹小或店鋪住宅合用 南面開放但北面牆壁多 坐落在角地的建築物	 照片 3 照片 4
	斜撐折損 樓板剛性不足造成的傾斜、倒塌	照片 5 照片 6
接合部	樑脫落 斜撐的安裝不良 固定隅撐、垂壁的柱受到破壞 通柱折損	照片 6 照片 7
完成面（裝修）材	砂漿、灰泥牆剝落 玻璃破損 瓦片掉落	
腐蝕、蟻害、老化	因遮雨棚施作不良造成的斷面缺損 因使用未乾燥材造成的腐朽 因通風換氣不足造成的腐朽	照片 8

照片 1 無鋼筋基礎的破壞

照片 2 因錨定螺栓、接合五金的不良而造成木地檻從基礎滑動

災害的種類

結構設計是為了確保建築物在平時與災害發生時的安全性所進行的工作。因此，建築物應該如何建造，從實際的受災狀況學習可說相當有意義。

對建築物所造成的災害主要有地震、颱風、大雪。尤其日本是地震頻傳大國，必須從受災中反省，時時修正基準或設計方法。第 38、39 頁表 5 是木造的耐震規定變遷、以及影響這些規定的主要災害一覽表。

其中，與木造有關的轉機有三點，① 1950 年：建築基準法制訂、② 1981 年：新耐震設計法實施、③ 2000 年：建築基準法修訂。在①的時點，建築物的壁量首次納入規定，爾後慢慢地將之強化；在②的階段實施現行的必要壁量規定；再來是③將剪力牆的配置方法及接合方法做出相關規定。因此，進行耐震評估時也可以以建築物的建造年度為主要的指標。

只要是 2000 年以後所興建的建築物，其壁量、接合都沒有問題，不過 2000 年之前到 1981 年期間的建築物，則是壁量雖然足夠，但接合方面會有問題。如果是 1981 年之前的建築物的話，接合部肯定會出現問題，而且壁量也有不足的疑慮。

木造住宅的損壞模式

以受災案例與調查結果為基礎，整理木造住宅的受災模式後可得到以下結論。

（1）因地震造成的損壞

因地震造成的損壞模式如表 1 所示。

最常見的案例是與地盤、基礎有關。因為僅以礎石或無鋼筋混凝土做為基礎、或是錨定螺栓的施工不良，而導致建築物的立腳點被挖出的嚴重損壞案例非常多（照

照片 3　面寬狹小的建築物因剪力牆偏心配置而倒塌

照片 4　位於角地的建築物因剪力牆偏心配置而導致一樓倒塌

照片 5　斜撐的挫屈

照片 6　因屋頂面的水平剛性不足、以及外周�的接合耐力不足而造成的損壞

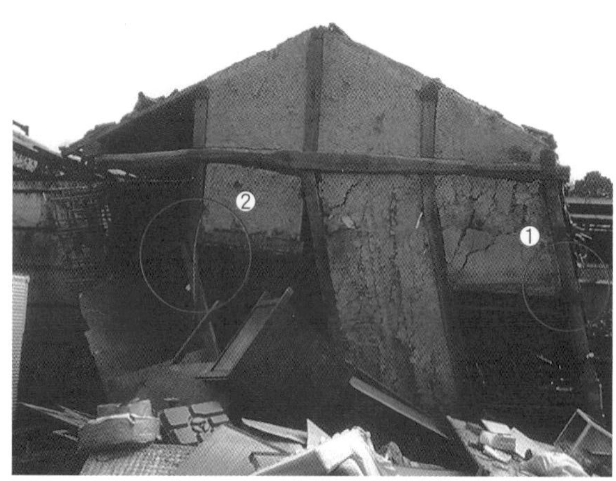

照片 7　裂痕出現在垂壁上時，柱子雖然完好（①），但垂壁如果很堅硬的話，柱子就會折損（②）

照片 8　砂漿底襯的腐朽及白蟻造成的接觸斷面積缺損的柱子

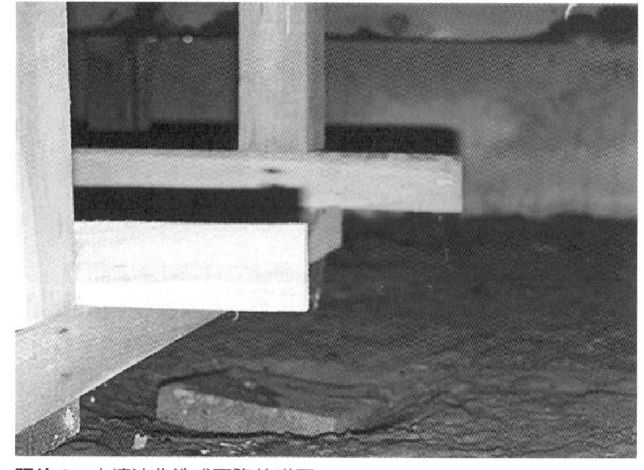

照片 9　土壤液化造成下陷的礎石

照片提供
照片 2、3　（社）日本建築學會
照片 6　新潟日報社
照片 9　秋田市

圖 1 ● 土壤液化現象的發生機制

①土壤液化發生前的狀態

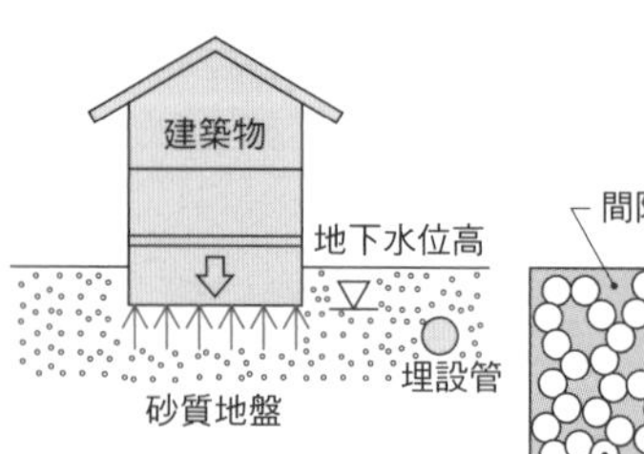

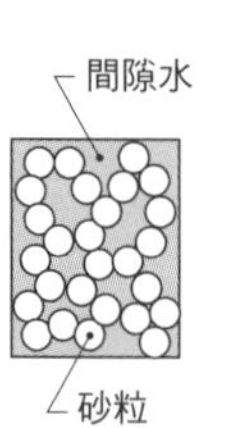

砂粒傳遞載重，呈現安定狀態

②土壤液化發生時的狀態

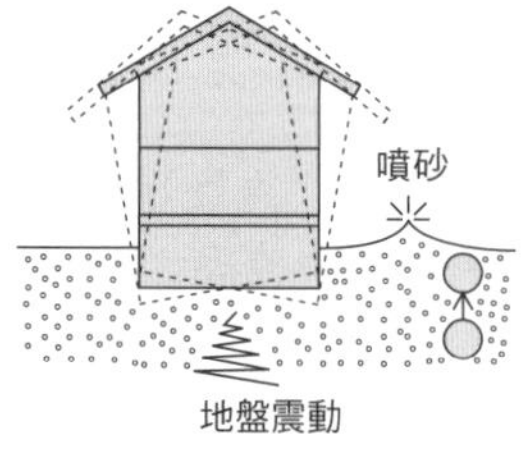

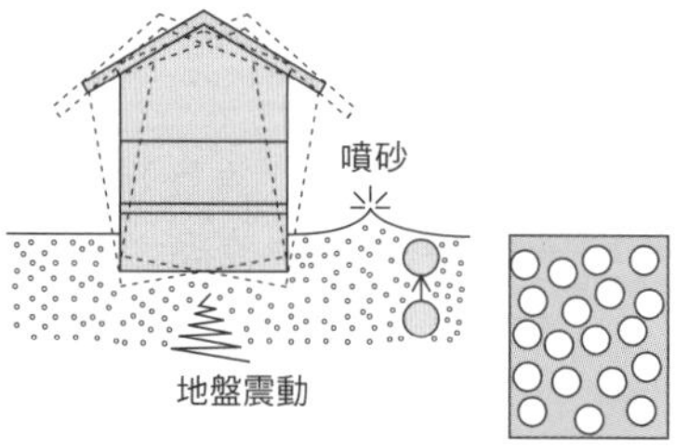

土壤中的間隙水壓激增，砂粒呈現浮游狀態

③土壤液化發生後的狀態

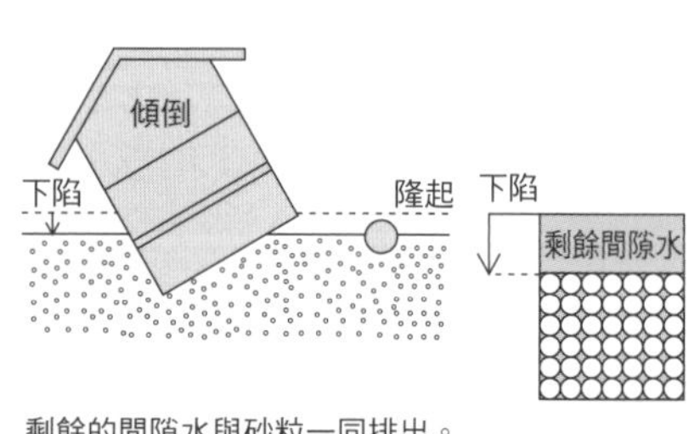

剩餘的間隙水與砂粒一同排出。相較於剪斷應力不斷反覆作用之前，砂質土壤呈現更加緊密結實的狀態

表 3● 颱風造成的木造住宅損壞模式

雨水造成的損壞	
地層滑動 砂土流出	
風造成的損壞	
基礎	因錨定螺栓不良而造成的傾倒、滑動
剪力牆	因數量不足而造成的破壞、倒塌 因配置偏心而造成的扭轉 因樓板剛性不足而造成的變形、風雨從外牆侵入
接合部	屋簷或簷口折損、破壞、脫落 屋架脫落
完成面（裝修）材	瓦片、金屬板飛散 因強度不足、安裝不良、飛落物造成窗、門、外牆破壞 （室內因為風雨侵入造成二次損壞）
腐蝕、蟻害、老朽	因遮雨棚、通氣不佳造成斷面缺損

表 4● 雪造成的木造住宅損壞模式

構材強度不足造成的破壞	
比設計值還要重的載重（積雪量）	（圖 2①）
因雪沉降造成的局部破壞	（圖 2②）
因雪滑落造成的屋頂表面破壞、瓦片脫落	
因上部落下的雪造成廂房的破壞	（圖 2③）
因偏心載重造成的損壞	（圖 2④）
除雪後的側壓造成建築物傾斜	（圖 2⑤）
滲漏	（圖 2⑥）
容易加快簷桁的腐朽速度	
潛變變形增大	（圖 2⑦）
連帶造成接合部損傷，最終導致破壞	

圖 2● 因積雪造成的損壞

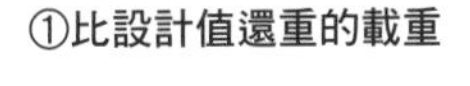

①比設計值還重的載重

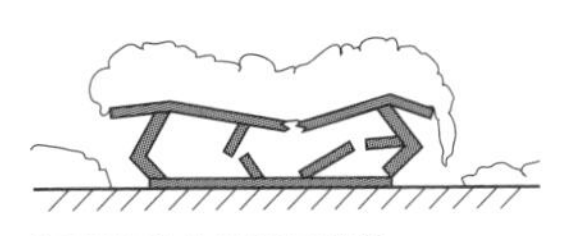

超過設計值的嚴重積雪

②因雪沉降造成的局部破壞

地面積雪與屋頂滑落的雪連接在一起之後，會在重力方向形成強力的拉力

③雪落下造成的衝擊破壞

上部樓層落下的雪會對廂房造成破壞

④偏心載重造成的破壞

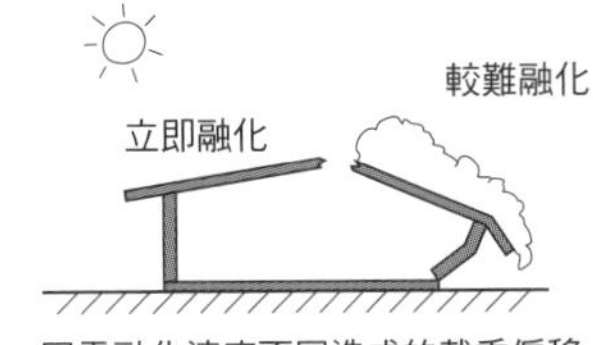

因雪融化速度不同造成的載重偏移

⑤雪的側壓造成的傾斜

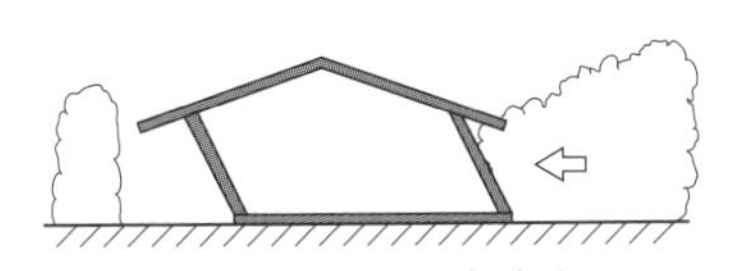

滑落的雪與建築物主體接觸之後，會受到側壓力

⑥滲漏

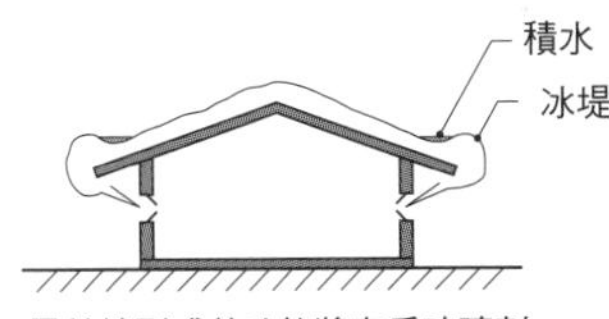

雪前端形成的冰柱將窗戶玻璃割破。此外，積雪前端形成的冰堤會造成積水

⑦潛變變形擴大

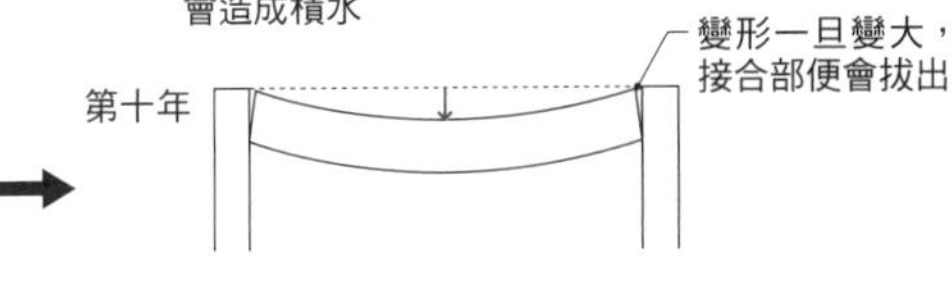

載重相同，經過多年之後撓曲變大

片 1、2）。因此，基礎最好採用鋼筋混凝土，錨定螺栓使用夾具等固定，並且澆置前要確實設定好施作的位置。

其次常見的案例是耐震要素不足、以及偏心或接合不良。朝南面開口或面寬狹小、位於角地的建築物等，都具有剪力牆偏心的傾向，經常可見因為扭轉而倒塌的損壞案例（照片 3、4）。為了避免這種損壞的發生，就要確保剪力牆的數量，同時也要以良好的平衡來進行配置，這點很重要。

除此之外，因為接合部的接合處理在面對拉伸力時沒有抵抗能力，而導致建築物在變形的時候造成構材散亂脫離、倒塌的案例也非常多。如果再加上因腐蝕、蟻害而產生的斷面缺損，最終必然會出現嚴重損壞（照片 8）。從為了讓承受拉伸力的剪力牆周邊或外周部的樑不會被拔出所做的接合、以及建築物體內不會留滯溼氣的做法，便可知在構法上下功夫的重要性。

另外，乍看之下不容易看出的損壞還包括樓板面的水平剛性不足所造成的損壞。

2007 年受到新潟縣中越外海地震影響的釀酒場損壞，是因為細長的平面形狀形成很長的剪力牆構面間距，再加上屋頂面的水平剛性不足的關係，導致水平耐力要素缺乏的中間部分出現很大的變形崩塌（照片 6）。因此，當剪力牆的構面間距長時，就要提高水平構面的剛性。同時，為了避免外周樑脫離，確實做好接合也非常重要。

液化現象也會引發嚴重的損壞。土壤液化是飽含水分的砂質地盤受到震動之後，水分浮出表面、砂粒沉澱底下的現象。這種現象是因為 1964 年新潟地震中，一棟四層樓的 RC 造公寓被連根拔起倒塌的事件之後才受到矚目，隨後便有專家開始針對這類損壞發生的機制進行研究（第36頁照片9、圖1）。

(2) 因颱風造成的損壞

儘管颱風每年來襲，同樣的損壞還是會反覆發生（第37頁表3）。颱風造成的損壞包含屋簷被風吹掀以至於屋頂被吹飛、屋頂材料脫落、看板飛走等，全都是因為接合不良所引起的災害。錨定螺栓施工不良也是倉庫翻倒的原因。

在因應颱風的做法上，特別是屋簷的椽條或屋架支柱，確實做好固定很重要。此外，為了防止建築物傾倒，有效的做法是確保剪力牆的設計，並且利用錨定螺栓將之與基礎緊密接合。

(3) 積雪造成的損壞

近年愈來愈多人意識到「受地球暖化影響，已經很少發生積雪損壞」了，不過如果仔細觀察理科年表，會發現因大雪而發生的損壞，大約以兩年一次的頻率出現。

平時少有積雪的地區，並沒有習慣去剷除建築物上的積雪。此外，公共建築或體育館等屋頂很高的建築物，也有無法剷下積雪的情況。因此最好不要做出必須依賴剷除積雪才能確保結構安全的設計（第37頁表4、圖2）。

由於颱風或積雪頻繁來襲，即使新建時沒有損壞情形，但微小的損壞一年一年積累下來，終究會變成巨大的災害。因此需要定期對建築物進行檢查。

特別是構材會因為受到腐蝕或蟻害等劣化而影響結構耐力。此外，計算維修費用時也很難掌握構材的劣化程度或範圍。

因此，採用不易發生腐蝕或蟻害的構法、以及考慮檢修容易的設計是進行設計時必須留意的部分。除此之外，我們強烈期盼在進行既有住宅的耐震評估、補強時，就能以非破壞的方式加以簡易判定腐蝕構材的範圍、或者是開發出能夠掌握範圍的方法。

表5● 主要的災害與木構造基準的變遷（〈〉內表示相關研究）

主要的災害	損壞的內容	木構造基準的主要內容
濃尾地震 1891（明治24）.10.28 M8.0	磚造、石造的損壞嚴重 〈木造的耐震研究開始〉 1897（明治30）年 〈鋼骨造、鋼筋混凝土造傳入〉	1894（明治27）年「木造耐震家屋結構要領」等 ①注意基礎結構 ②盡可能避免出現木材的缺角 ③在接合部使用鐵件（五金） ④利用斜撐等斜向材構成三角形的構架 1920（大正9）年施行「市街地建築物法」 ①高度限制（15.2 m以下，三層樓以下） ②木材的防腐措施 ③利用螺栓等的對接、搭接緊密接合 ④禁用掘立柱、柱下方設置木地檻 ⑤木地檻、敷桁的角隅部分使用水平角撐 ⑥柱徑的規定 ⑦針對柱子缺角的補強 ⑧斜撐的使用（僅針對三層樓建築物） ⑨張付石（基礎）的厚度及軸部的繫緊固定
關東地震 （關東大地震） 1923（大正12）.9.1 M7.9	因火災引發二次損壞 磚造、石造建築的倒塌率超過80% 被提出的問題點 ・地盤不良 ・基礎：砌石、礎石 ・壁量、斜撐不足 ・柱子細、數量不足 ・柱、樑、木地檻的繫緊不確實 ・土地檻、搭接遭腐蝕 〈鋼骨鋼筋混凝土造的開發〉 〈剛柔爭論（大正15年～昭和11年）〉	1924（大正13）年修訂「市街地建築物法」 ①柱徑的強化 ②強制設置斜撐、隅撐（僅針對三層樓建築物） ③高度限制（12.6 m以下）
室戶颱風 1934（昭和9）.9.21	木造小學的損壞嚴重	計算方法的再檢視 ・長期與短期的兩個階段 ・結論強度型的計算
福井地震 1948（昭和23）.6.28 M7.1	直下型地震 木造家屋的損壞非常嚴重（軟弱地盤）	1950（昭和25）年「建築基準法」 ①規定斜撐的必要量 ②嚴禁樑中央部分下端出現缺角
新潟地震 1964（昭和39）6.16 M7.5	土壤液化現象	1959（昭和34）修訂部分「建築基準法」 強化必要壁量

主要的災害	損壞的內容	木構造基準的主要內容
十勝外海地震 1968（昭和 43）5.16 M7.9	鋼筋混凝土造的短柱遭到剪斷破壞	1971（昭和 46）修訂「建築基準法施行令」 ①基礎要以鋼筋混凝土施作 ②木材的有效細長比≦ 150 ③針對風壓力的必要壁量之規定 ④針對螺栓固定的必要墊圈之規定 ⑤防腐、防蟻措施
宮城外海地震 1978（昭和 53）6.12 M7.4	椿基的破壞 偏心的影響 磚牆倒塌損壞	1981（昭和 56）修訂「建築基準法施行令」（新耐震設計法） ①針對軟弱地盤的基礎強化 ②必要壁量的強化（限制層間變位角） ③風壓力的受風面積算定方法的變更
日本海中部地震 1983（昭和 58）.5.26 M7.7	海嘯 土壤液化	1987（昭和 62） ①柱、木地檻與基礎要以螺栓緊密接合 ②集成材的規定 ③三層樓建築物的壁量、計算規定
兵庫縣南部地震 （阪神淡路大地震） 1995（平成 7）.1.17 M7.3	大都市的直下型地震（活斷層、上下震動） 椿基的破壞 中層建築物的中間層破壞 極厚鋼骨柱的脆性破壞 木造（構架）建築物的破壞	2000（平成 12）修訂「建築基準法」 ①剪力牆的良好平衡配置之規定 ②柱、斜撐、木地檻、樑的搭接緊密接合方法之規定 ③基礎形狀（配筋）的規定 2000（平成 12）「確保住宅品質之促進相關法律（品確法）」 揭示耐震、耐風、耐積雪的等級
鳥取縣西部地震 2000（平成 12）.10.6 M7.3	最大加速度 926gal（日野町 NS） 損壞輕微	
芸予地震 2001（平成 13）.3.24 M6.7	地盤損壞 次要構材掉落	
宮城縣外海地震 2003（平成 15）.5.26 M7.1	最大加速度 1105.5gal（大船渡 EW）：速度小 餘震也超過震度 6 確認 1978 年地震後建築物耐震改修的補強效果	
十勝外海地震 2003（平成 15）.9.26 M8.0		2003（平成 15）.7 強制 24 小時換氣
新潟縣中越地震 2004（平成 16）.10.23 M6.8	中山間地的直下型地震	2004（平成 16）JAS 製材規定 依據製材的條件可以進行不包含壁量規定的結構計算 2004（平成 16）.7 防火規定告示的修訂
結構計算書偽造事件 2005（平成 17）.11	・公寓住宅的耐震強度偽造 ・察覺木造建築物的計算疏失	2007（平成 19）.6.20 修訂「建築基準法」、「建築師法」 ①建築執照的審查方法嚴格化 結構計算書適合性的判定制度導入 ②針對指定確認檢察機關的監督強化 ③建築師、建築師事務所的罰則強化 2009（平成 21）～修訂「建築基準法」、「建築師法」 ①結構設計、設備設計一級建築師的創設 ②強制定期參與講習 ③管理業務的適正化 （4 號建物的確認之特例再檢視） 2009（平成 21）.10.1 「瑕疵擔保履行法」
宮城縣延岡龍捲風 2006（平成 18）.9.17		
北海道佐呂間龍捲風 2006（平成 18）.11.17		
能登半島地震 2007（平成 19）.3.25 M6.9	老舊木造家屋倒塌 天花板材掉落	
新潟縣中越外海地震 2007（平成 19）7.16 M6.8	土壤液化 核電廠的安全問題	
東北地區太平洋外海地震 （東日本大地震） 2011（平成 23）.3.11 M9.0	巨大海嘯 餘震頻繁、長期化 核電廠受災 土壤液化 次要構材掉落、損傷 長週期地震動（超高層建築）	

＊譯注　日本地震強度分為 10 級，依次是震度 0、1、2、3、4、5 弱、5 強、6 弱、6 強和 7。臺灣交通部中央氣象局制定的地震震度分級包含 0 級在內共分成 8 級。

參考圖●日本主要的地震破壞及板塊邊界、活斷層

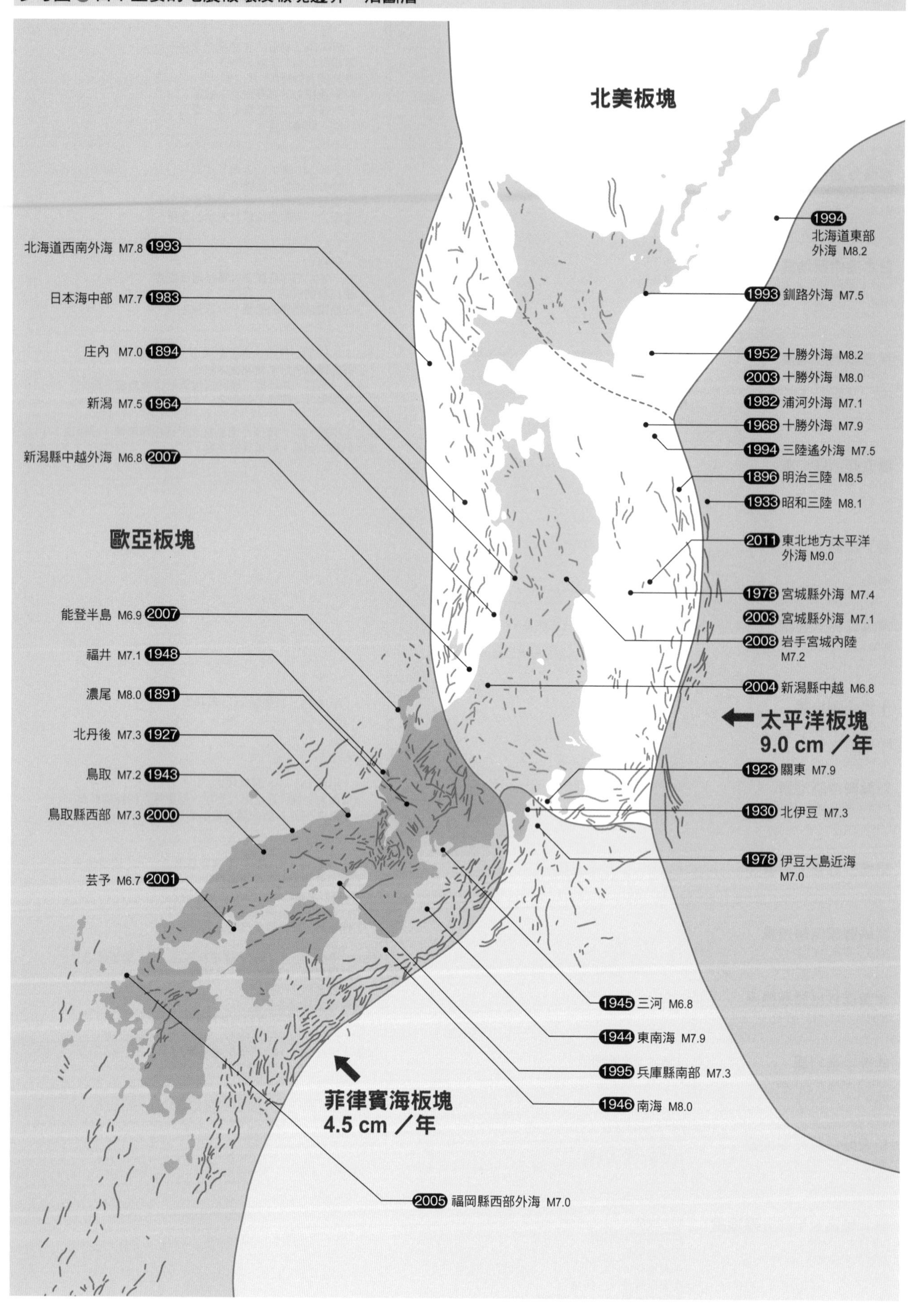
北美板塊
歐亞板塊
太平洋板塊
9.0 cm／年
菲律賓海板塊
4.5 cm／年
北海道西南外海 M7.8 1993
日本海中部 M7.7 1983
庄內 M7.0 1894
新潟 M7.5 1964
新潟縣中越外海 M6.8 2007
能登半島 M6.9 2007
福井 M7.1 1948
濃尾 M8.0 1891
北丹後 M7.3 1927
鳥取 M7.2 1943
鳥取縣西部 M7.3 2000
芸予 M6.7 2001
1994 北海道東部外海 M8.2
1993 釧路外海 M7.5
1952 十勝外海 M8.2
2003 十勝外海 M8.0
1982 浦河外海 M7.1
1968 十勝外海 M7.9
1994 三陸遙外海 M7.5
1896 明治三陸 M8.5
1933 昭和三陸 M8.1
2011 東北地方太平洋外海 M9.0
1978 宮城縣外海 M7.4
2003 宮城縣外海 M7.1
2008 岩手宮城內陸 M7.2
2004 新潟縣中越 M6.8
1923 關東 M7.9
1930 北伊豆 M7.3
1978 伊豆大島近海 M7.0
1945 三河 M6.8
1944 東南海 M7.9
1995 兵庫縣南部 M7.3
1946 南海 M8.0
2005 福岡縣西部外海 M7.0

用語解說

地震發生的機制

地震分成板塊邊界型及活斷層型兩種類型（圖）。

①板塊邊界型

地球表面是由 20 片左右的板塊（地殼）所構成。在地殼內部形成對流的地函到了地表附近之後會冷卻，固化後就形成板塊。板塊會隨著地函的對流而移動，因而使板塊的邊界積累變形能量，一旦變形被釋放就會產生地震。

日本列島地震頻繁的原因，就是因為地處北美板塊、歐亞板塊、菲律賓海板塊、太平洋板塊等四片板塊的交界處（參考圖）。

②活斷層型

活斷層是指約 200 萬年前至今持續反覆活動，往後也有活動可能性的斷層。大約以 500 ～ 3000 年一次的頻率進行活動。活斷層型地震是因為岩盤沿著岩盤裂縫激烈錯動而引發。

根據斷層的錯動方向，可分成垂直斷層、水平斷層、複合斷層三種類型。其中被擠壓之後以上下方式錯動的斷層稱為逆斷層。

包含各種大小活斷層在內，活斷層的數量非常多，而且特別集中在日本近畿、中部、北伊豆地區。關東地區乍看之下好像比較少，但因為上部堆積很厚的軟弱沖積層，無法從地表確認，據說基盤部分存在著很多斷層。

圖●地震發生的機制

（1）板塊邊界型

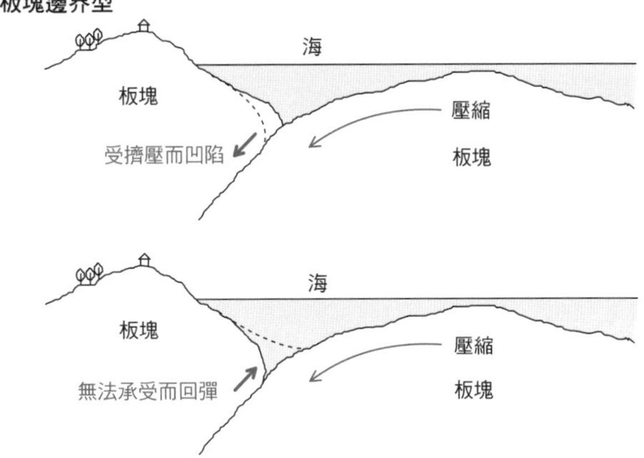

（2）活斷層型

①垂直錯動斷層

a 正斷層

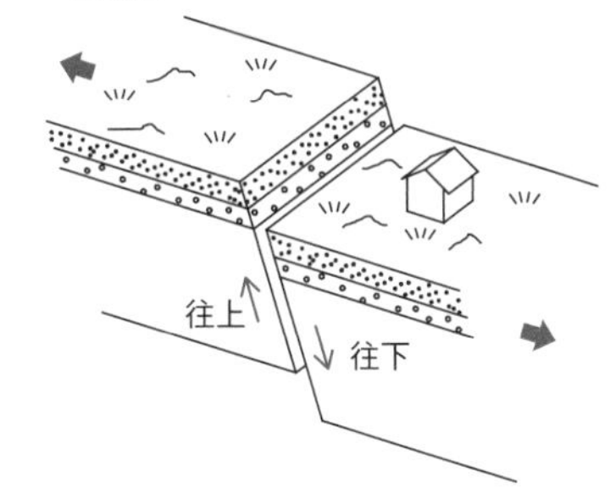

受拉力而錯動

b 逆斷層

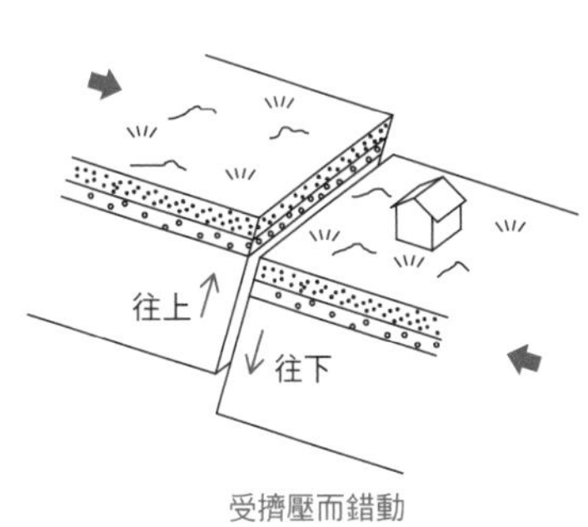

受擠壓而錯動

②水平錯動斷層

a 右錯動斷層

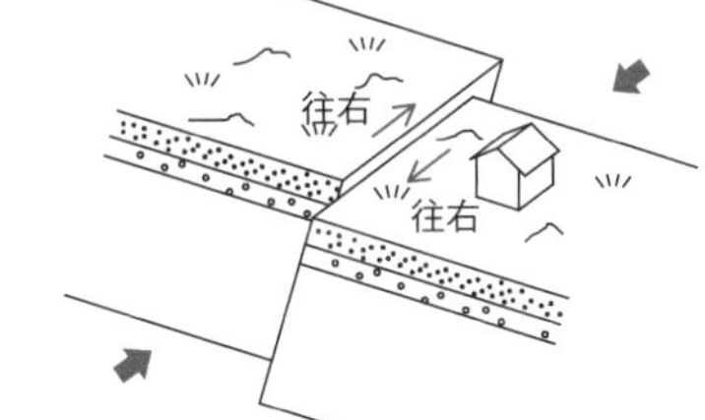

b 左錯動斷層

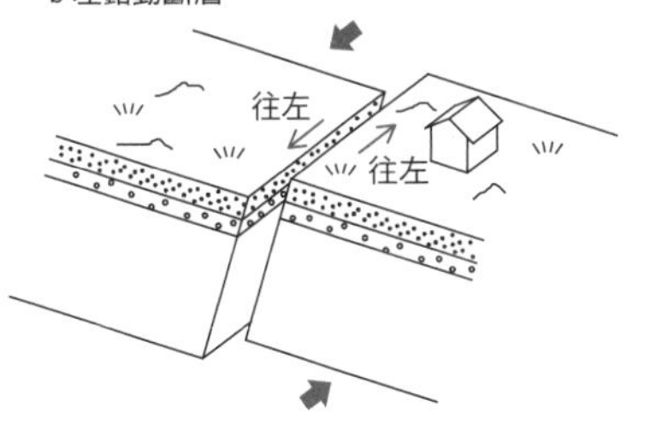

＊譯注　臺灣經濟部中央地質調查建置的臺灣活動斷層 GIS 查詢系統，可查詢斷層分布及歷年災害地震。

基礎知識[入門篇]⑤

結構計畫的重點

表●品確法中的結構等級圖

耐震等級（防止結構體倒塌等）	耐震等級（防止結構體的損傷）	耐風等級	耐積雪等級（僅表示多雪區域）
等級 3 承受極少發生（數百年一次的程度）的地震力（建築基準法施行令 88 條第 2 項規定）的 1.5 倍力量後，不倒塌、崩壞等的程度 **等級 2** 承受極少發生的地震力的 1.25 倍力量後，不倒塌、崩壞等的程度 **等級 1** 建築基準法限度	**等級 3** 承受不常發生（數十年一次的程度）的地震力（建築基準法施行令 88 條第 2 項規定）的 1.5 倍力量後，不產生損傷的程度 **等級 2** 承受不常發生的地震力的 1.25 倍力量後，不產生損傷的程度 **等級 1** 建築基準法限度	**等級 2** 承受極少發生（500 年一次的程度）的暴風（建築基準法施行令 87 條規定的 1.6 倍）的 1.2 倍力量後，不倒塌、崩壞等，承受不常發生（50 年一次的程度）的暴風（同條規定）的 1.2 倍力量後，不產生損傷的程度 **等級 1** 建築基準法限度	**等級 2** 承受極少發生（500 年一次的程度）的積雪（建築基準法施行令 86 條規定的 1.4 倍）的 1.2 倍力量後，不倒塌、崩壞等，承受不常發生（50 年一次的程度）的積雪（同條規定）的 1.2 倍力量後，不產生損傷的程度 **等級 1** 建築基準法限度
以東京做為假設地，極少發生的地震所產生的力，相當於氣象廳的震度分級中 6 強到 7 的程度（作用在中低層建築物的地動最大加速度在 300 ～ 400 cm/s^2 程度）。 這是假設在關東大地震中，發生地點在東京時所對應的地震震動。	以東京做為假設地，不常發生的地震所產生的力，相當於震度達 5 強的程度（作用在中低層建築物的地動最大加速度在 80 ～ 100 cm/s^2 程度）。 所謂不產生損傷是指，對於建築結構體不會產生需要動用大規模工程修復的明顯損傷。不影響結構上的強度，但不包含輕微裂痕等。	極少發生的暴風所產生的力，相當於伊勢灣颱風時在名古屋氣象台所紀錄到的暴風強度。另外，不常發生的暴風所產生的力，相當於 1991 年第 19 號颱風時在宮古島氣象台所記錄到的暴風強度。	以新潟縣系魚川市做為假設地，極少發生的積雪所產生的力，相當於積雪深度約 2.0 m 的程度。 以新潟縣系魚川市做為假設地，不常發生的積雪所產生的力，相當於積雪深度約 1.4 m 的程度。

提高耐震性能的關鍵

結構計畫是因應作用在建築物上的載重來配置抵抗要素的設計行為。前面第 35 ～ 41 頁已經說明木造住宅損害模式，在此將針對提高耐震性能的關鍵進行解說。

（1）耐震設計的基本理念與品確法

耐震設計的思考方式自從 1981 年導入新耐震設計法之後，無論哪種結構都是在以下兩大核心之下成立。

①面對震度 5 強以下的中小型地震，建築物不能損傷（1 次設計）

②面對震度 6 強程度很少發生的大地震，即使有某種程度的損傷，也不倒塌而能保護人身安全（2 次設計）

同樣的，耐風性或耐積雪性也是基於這兩大核心來規定材料的容許應力度或必要壁量。

這個基本理念對於結構設計者來說是常識，但設計者以外的現場作業人員卻不太有這方面的認知。這個盲點是在 1995 年的兵庫縣南部地震（阪神淡路大地震）所發現的，因為結構設計者與其他現場作業人員在損害程度的認知上產生差異，自此之後才被正視為問題。

於是，以一般人也能理解這個基本理念為目的，在 2000 年制訂了品確法（住宅品質確保促進法）。這部法律中列舉出九項具體的品質性能表示項目，其中「結構的安定相關事項」中包含①耐震性、②耐風性、③耐積雪性、④地盤及樁的容許支撐力、⑤基礎形式等五項評估對象。

耐震性雖然是以耐震設計的基本理念為準則，但就耐風性而言，基本理念是①建築物面臨不常發生的暴風時（1991 年 19 號颱風的程度）不能有損傷、②建築物面臨極少發生的暴風時（相當於 1959 年的伊勢灣颱風）不能倒塌。

耐積雪性僅適用於多雪區域，基本理念是①建築物面臨不常發生的積雪（各地方政府訂定的最深積雪量）時不能有損傷、②建築物面臨極少發生的積雪（①的 1.4 倍程度）時不能倒塌、崩壞。

無論何者都是在兩大核心之下成立，各自因應基本的受力情形，而對安全率區分出不同等級（表）。此外，對於地盤與樁、基礎將不進行等級區分，而是說明如何設計。

一直以來，木造住宅的設計都不被重視而僅止於擬訂計畫而已，品確法具有促使眾人今後必須確實進行結構計畫的意圖。因此，這並非是盲目提高結構等級，而是期許眾人真正理解「結構品質表示」的意義。

（2）地盤災害的對應

建築物的地震損害與地盤有著密切的關係。這是在關東大地震中統計實證出來的結論。木造家屋的

圖1● 關東大地震造成的木造住宅建築的損害分布
（依據各町統計）

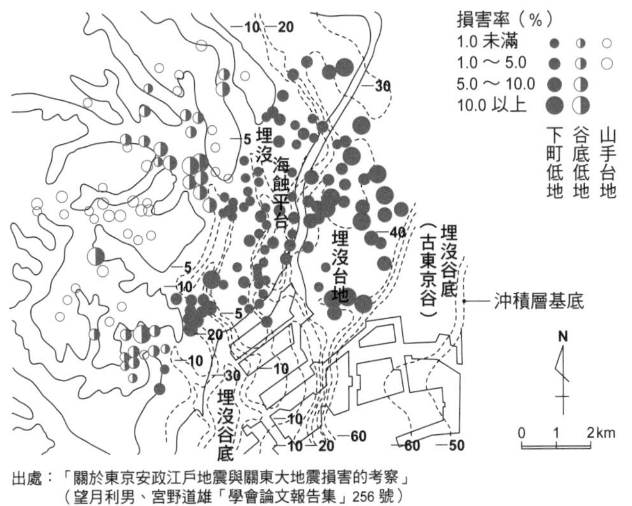

出處：「關於東京安政江戶地震與關東大地震損害的考察」（望月利男、宮野道雄「學會論文報告集」256號）

圖2● 共振現象

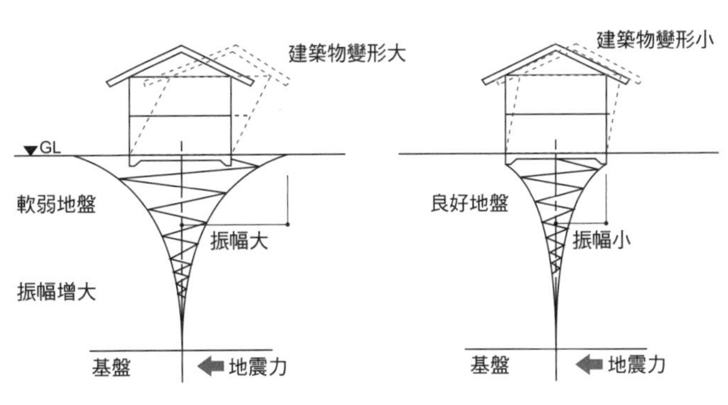

地震波一旦從堅硬地盤進入軟弱地盤，速度雖然變慢但振幅會增加→誘發共振現象，連帶導致建築物倒塌的可能性很大

圖3● 基礎與地震力

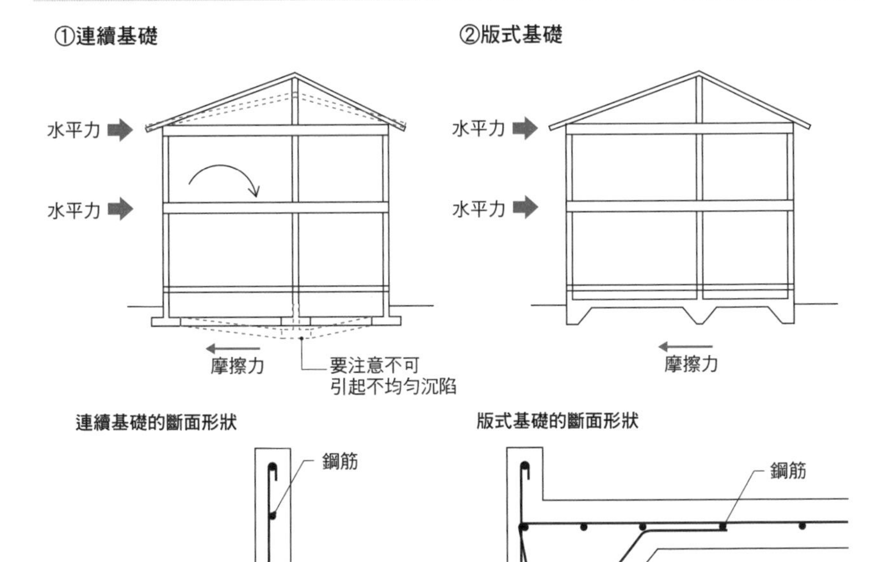

即使在地震力作用之下，基礎的平面形狀也不崩壞，並且以一體化的方式來運動很重要

損害是下町比山手更為顯著，從這點顯示出地盤性質的不同和建築物的損害有關連（圖1）。

由於東京下町的軟弱層長期堆積了30 m以上的厚度，因此地盤的震動週期（卓越週期）長，搖擺幅度有增加的現象。而且，當時木造家屋缺少耐震要素，柔軟結構的固有週期長，一旦出現共振現象就會產生大幅變形，以至於倒塌的可能性高（圖2）。

再者，地震與地盤的關係中，還有眾人熟知的土壤液化現象。這是在飽含水分的砂質地盤中慢慢發生的問題，然而這類地盤遍布日本全國各地。

因此，進行建築物計畫時，首要重點就是確實掌握基地的地盤性狀。確認地層構成或地耐力方面，進行地盤調查是很基本的工作，但是憑藉地形圖向附近居民探查也是一種可行的方式。

假設必須在軟弱地盤上建造建築物時，除了將基礎做成一體化之外，增加壁量比率來提高建築物的剛性也是有效的做法。

（3）基礎要有連續性

從傳統構法來看，木造的基礎形狀自古以來一般都是採用礎石基礎。不過，礎石基礎與基礎之間並沒有連續性，所以會形成柱子出現不均勻沉陷（因為地盤的強度、硬度不均，以至於各部分的沉陷量有所差異）的原因。再加上，地震發生時樓板支柱容易脫離礎石。如此一來建築物的腳部就非常容易發生分崩離析，即使上部結構施作堅固，也形同在砂土上蓋高樓一般。

因此，在地震力作用下也不會使基礎的平面形狀崩解而形成一體化地運動就很重要（圖3）。目前做法通常採行連續基礎或版式基礎等，做成連續性形狀的鋼筋混凝土造的基礎。

此外，基礎的計畫要考慮與上部結構的連動。設置地樑或邊墩時要意識到上部結構的主要構面，以格子狀進行配置，並且以提高基礎的剛性為目標進行計畫。如果只是漫無目的的置入鋼筋，完成澆置混凝土的動作，根本毫無意義。

（4）剪力牆對耐震性提升的影響

對木造建築造成巨大損害的濃尾地震（1891年）的調查結果報告中，指出「由於日本的傳統木造建築面臨地震時很脆弱，因此應該設置斜撐或隅撐，接合部要以五金緊密結合」。

此後，關東大地震發生之後的隔年開始修訂市街地建築物法，針對木構造規定「應適當設置斜撐或隅撐」，自此斜撐被視為耐震要素而明文規定在法令上。

接下來，在1948年的福井地震所得到的教訓中，也反映在建築基準法上（1950年），更針對木造建築制訂壁倍率規定。自此之後，每當遇到大型地震損害時，就會再針對壁倍率規定進行強化，直到現在的規定值（參照第38、39頁表5）。

換句話說，現在的木造住宅的耐震設計是將「剪力牆」抵抗地震力視為基本。剪力牆的量對於耐震性的提升有直接的影響。因此應該要意識到，壁量計算並非是為了建築許可申請，而是用於耐震設計的必要程序。

（5）平衡佳的壁體配置

即使確保壁量也可能遭受很大的損害。觀察建築物的地震損害案例可知，不只是木造，其他結構建築物的扭轉破壞案例也極為常見（第36頁照片3、4）。這是因為建築物失去了強度、剛性的平衡所致。即便確保建築物整體的必要壁量，在牆體的平面配置上若呈現偏移，建築物就會產生扭轉。

特別是住宅的南面開口大，牆體容易集中在北面。如此一來當牆體不足的南面發生巨大搖晃破壞時，最終導致整棟倒塌的案例也很多。

為了避免這樣的災害發生，必須以平衡剪力牆的平面配置來進行計畫（圖4）。

圖4●平衡良好的牆體配置

（1）平衡差的牆體配置

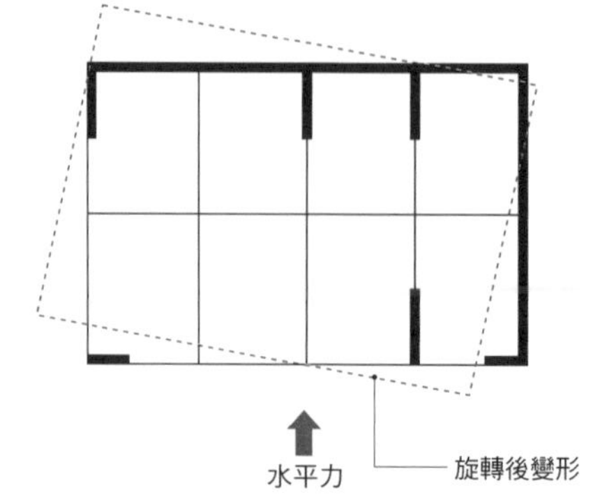

（2）平衡良好的牆體配置

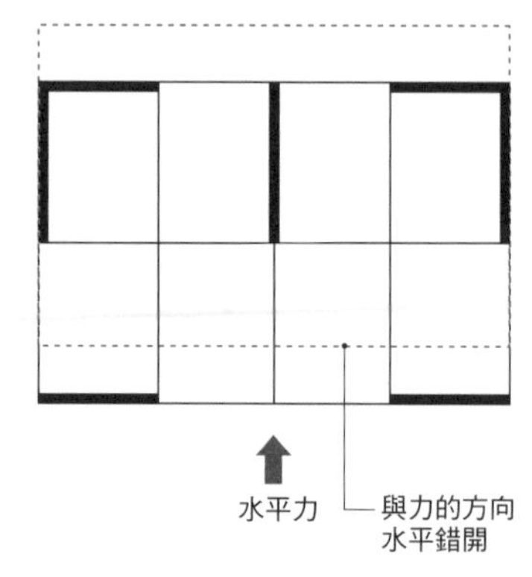

（3）面寬狹小

①對長邊方向作用的水平力

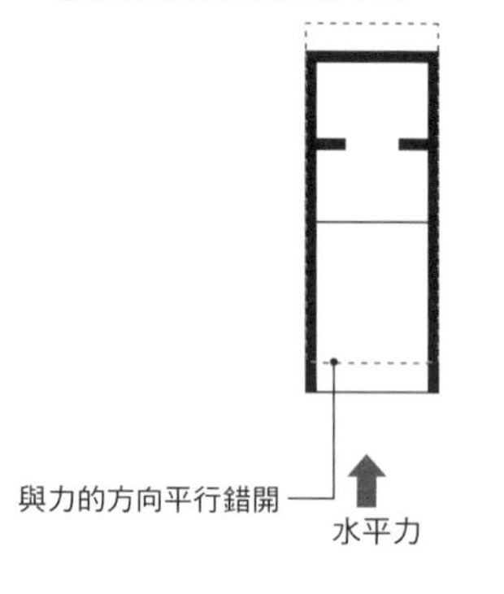

②對短邊方向作用的水平力

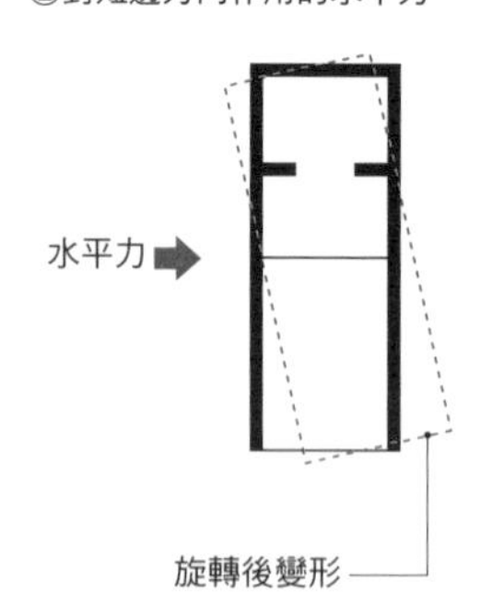

（6）水平構面是隱性的耐震要素

水平構面的損害很難一眼看出。

地震損害的案例中常見的情形有：脫離主屋的廂房部分前端出現很大的變形倒塌、柱子朝四面八方傾倒、柱的傾斜角度各有差異（圖5）。實際上這些損害多半源自於水平構面的問題，也就是樓板面或屋頂面的水平方向強度或變形性能出問題所致。

在木造住宅中，一般會在木地檻的角隅或二樓樓板構架及屋架內設置水平角撐。這是為了讓樓板面不產生平面歪曲所採取的手法。不過，近年來屋面板或樓板襯板大量使用結構用合板而省去水平角撐來固定平面的設計也有逐漸增加趨勢。

水平構面的剛性與剪力牆的量或配置方式有著密切的關係。採用壁倍率高的剪力牆以減少牆體的必要長度時，或是剪力牆的配置有所偏移、或有挑空設計時，水平構面的剛性就顯得特別重要。

（7）接合部的做法左右耐震性能

自從濃尾地震之後，每當發生地震災害時屢屢會出現柱子、樑被拔出或斜撐脫落的狀況。雖然每次災害都會提出接合部的重要性，但接合部的具體做法規定卻等到2000年修訂建築基準法才制訂。

斜撐受到拉伸力作用或柱子受到拉拔力作用時，端部的固定方式將會大大地左右剪力牆的效能。其中，要把接合部視為結構面臨拉伸、拉拔時最重要的部分，並且銘記於心（圖6、照片1～4）。

除此之外，支撐常時載重的樑端部搭接也是重點。觀察一般的搭接形狀會發現，無論樑斷面的大小，柱子或直交樑都只會用同一斷面相接。從結構上的力的傳遞來看，必然會因應所承載的載重來增加入榫的尺寸（此時也要注意接受樑或通柱的斷面缺損），並考慮採取以管柱傳遞的方式來架設樑等。

實際上，如果在建築物進行改修時將樓板拆開來看，除了有材料乾燥或大幅度撓曲的情況之外，也經常會看到搭接遭到拔出、僅剩完成面（裝修）材連接，在幾乎失去垂直支撐力之下，構材隨時可能掉落的危險案例。為了避免這種情況發生，採用可因應材料些許縮小的搭接（勾齒搭接等）、利用五金將各個構材拉攏固定、或保持充足的樑斷面來抑制撓曲等考量也很重要。

（8）進行防腐、防蟻措施

在地震損害的案例當中，很多

圖 5● 水平構面的要點

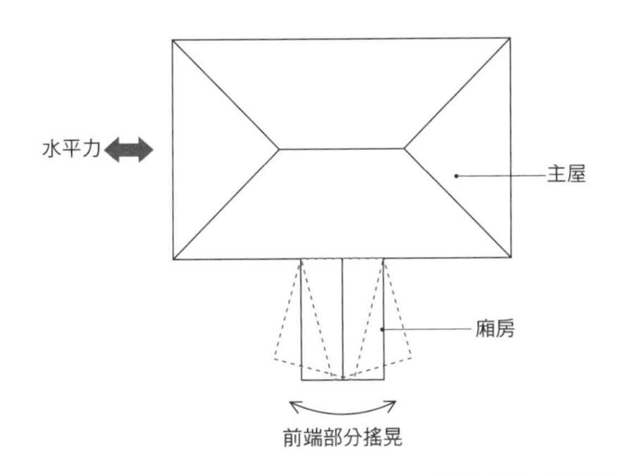

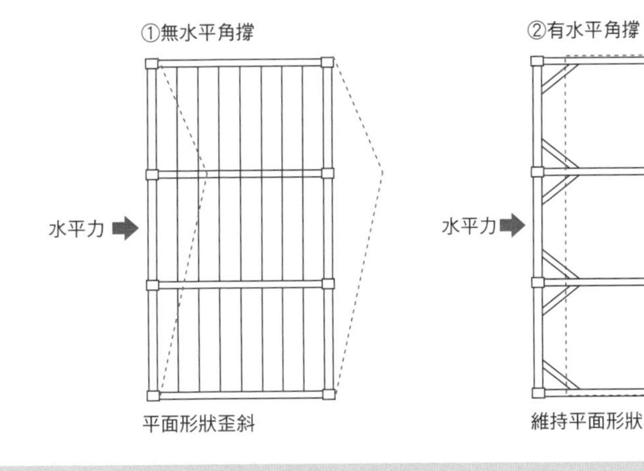

圖 6● 接合部的要點

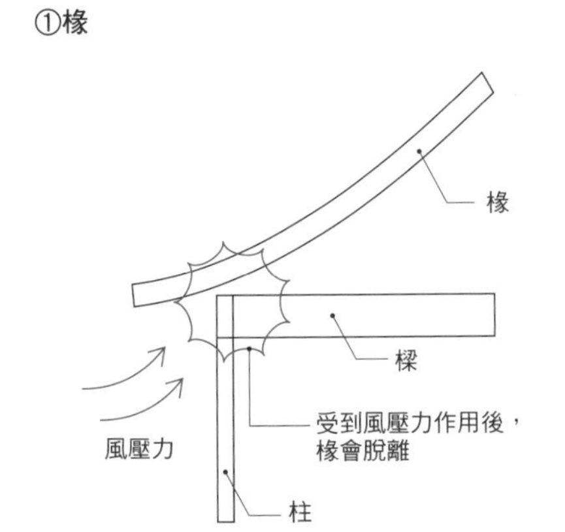

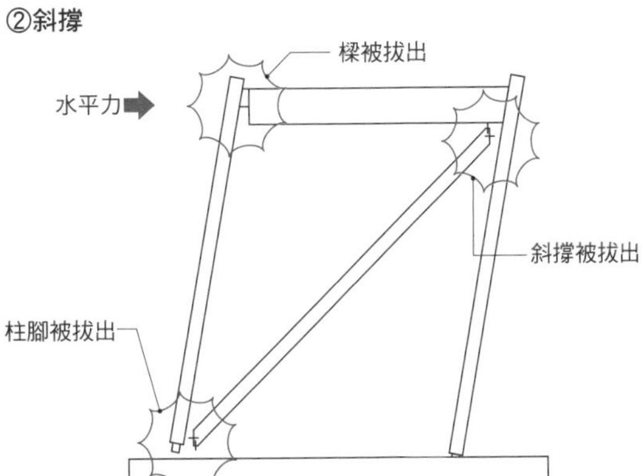

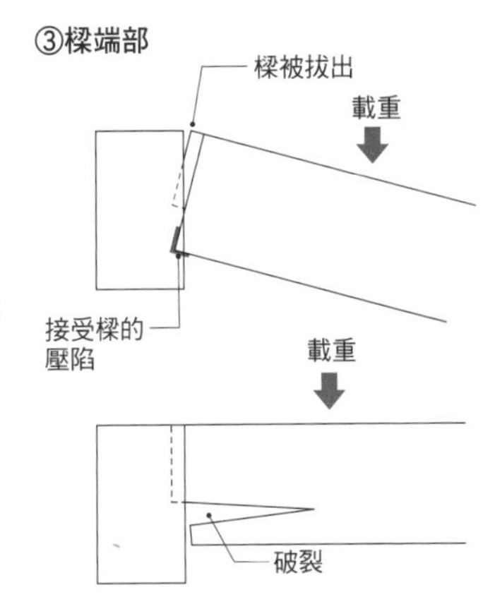

照片 1 因上掀力而抬起的椽條搭接

照片 2 釘子固定的斜撐很快就出現釘子被拔出的情形，因此無法發揮剪力牆的機能

照片 3 在結構用合板設置細縫的剪力牆。可以看到柱腳部分和木條上的釘子遭到拔起

照片 4 因乾燥收縮而脫離的對接

都是因為材料老化而造成家屋損壞。

木造建築物老化的主要原因是木材腐朽及蟻害（參照第 36 頁照片 8）。木材腐朽是因腐朽菌分解木材的成分所引起。另一方面，蟻害則是因木材變成白蟻生長的養分而被啃食殆盡所引起。白蟻和腐朽細菌都喜好有水分的地方，所以木材被腐蝕的地方和受到蟻害的地方幾乎一樣。

日本主要有大和白蟻和家白蟻兩種（＊）。除了北海道之外，在日本全境都可看見大和白蟻的蹤跡，家白蟻則分布在關東以南沿岸的溫暖地區。其中，家白蟻在沒有水分的地方還是可以倚賴自己運送水分存活下來，所以即便是使用乾燥後的木材也不能忽視蟻害問題。這種讓木材荒廢的方式也相當劇烈。

一般來說，防止木材腐朽、蟻害的首要課題是如何杜絕水分。例如即使構材因為下雨等而淋溼，也能快速乾燥的方法等。就結構上來說，確保地板下方或閣樓、外牆等處保持通風良好是最有效的做法。

建築物形狀與結構計畫

木造住宅的結構計畫中最重要的就是「考量樓板剛性來配置剪力牆」。為此必須有「構面」的概念。

這裡所謂的構面，是指在垂直構面中連續建構的柱子所形成的「通廊」。想像是構架也可以。在

＊譯注　根據中興大學昆蟲學系都市昆蟲學研究室統計資料，臺灣已知的白蟻種類有臺灣家白蟻、格斯特家白蟻、黑翅土白蟻、黃肢散白蟻、截頭堆砂白蟻五種。

圖 7● 剪力牆偏移的平面

①剪力牆偏移

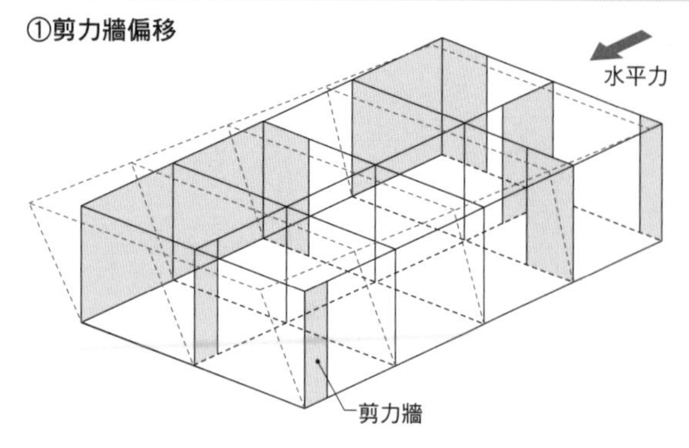

剪力牆一旦偏移，建築物全體遭受扭轉破壞的可能性就高

②中央核形式的剪力牆配置

剪力牆

水平力

①考慮樓板面的水平剛性來配置剪力牆
②即使壁量充足，一旦先出現扭轉情形，倒塌的危險性就高

雖然僅在中央部配置剪力牆就不會有偏心率的問題，不過因為扭轉剛性小，建築物全體遭受扭轉破壞的可能性高（意外扭矩）

圖 8● 面寬狹小且形狀細長的平面

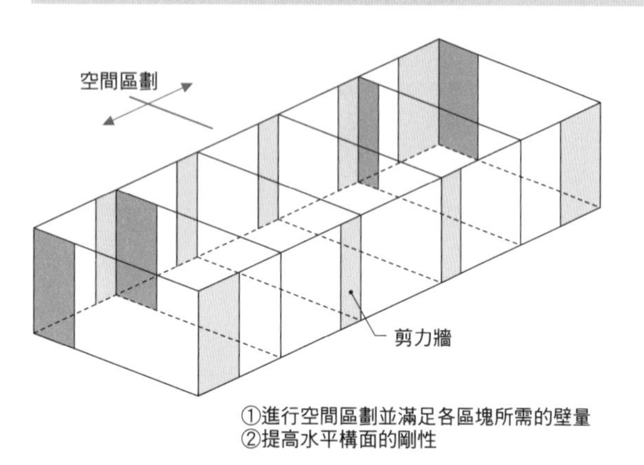

圖 9● L 形平面

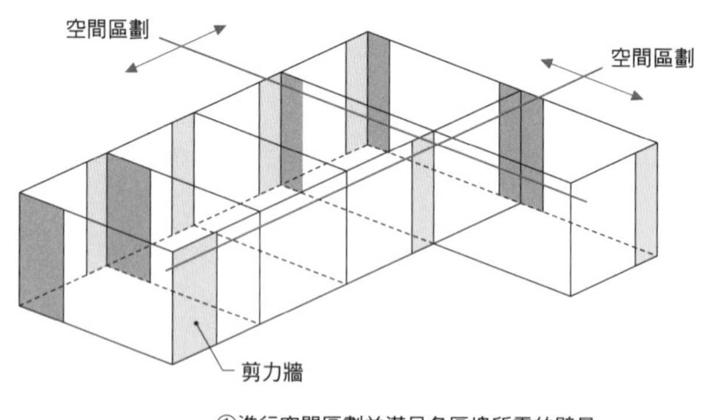

①進行空間區劃並滿足各區塊所需的壁量
②提高水平構面的剛性

垂直構面中一樓及二樓同時有柱子通過的構架稱為主要構面，只有一樓或二樓有柱子的構架則稱為輔助構面（參照第 95 頁）。

構面要盡量以一定間隔進行配置，並且要在主要構面上配置剪力牆，一旦架構經過整理，就是在結構上或施工上都沒有浪費的計畫方案。

基礎計畫也是同樣道理，地樑要通過主要構面的下方，假設有設置樁的必要的話，就要配置在該地樑下方。

像這樣將基礎也整合到構面之後，將來進行改修的時候，也能明確知道哪些部分要保留、哪些部分搬移或去除也不會產生妨礙，因此有讓結構計畫變得容易執行的優點。

以下是結構計畫上需要注意的建築物形狀模式。

（1）剪力牆偏移

即使建築物整體的壁量充足，只要剪力牆的配置產生偏移，建築物的重心和剛心就會出現位移。因此在水平力的作用之下，會提高建築物因扭轉倒塌的危險性（圖 7①）。

建築物的重量中心稱為重心、剛性中心則稱為剛心。重心大概會在平面形狀的圖心位置。建築物的剛性是以剪力牆的強度（壁倍率 × 長度）來表示。

舉例來說，建築物的南側及北側同時有等量壁量的話，剛心會落在建築物的中心，但如果牆體向北側偏移，剛性也會靠向北側。此外，重心與剛性產生偏移的現象稱為偏心，偏離的長度（偏心距離）愈大，建築物受到水平力作用時的扭轉也愈大。

即使偏心已經很小，但外周部沒有牆體而僅在中心部分配置牆體的平面，其外周部也非常容易出現大幅度的搖晃（圖 7②）。特別是木造的水平構面很柔軟，最好也盡量在外周部配置剪力牆。

（2）面寬狹小

類似長屋或町家面寬狹小的長形平面建築物，是在與鄰地邊界相接的長邊方向上全面配置牆體，但在短邊方向則有設置剪力牆的困難，因而很容易出現採用高倍率的剪力牆，並使構面間隔拉長的情況。這種時候，一定要提高樓板面或屋頂面的水平剛性。

針對面寬狹小的細長平面形狀的建築物時等，利用區塊概念對建築物進行分割（稱為空間區劃），在各區塊中滿足壁量與配置的平衡也是一種做法（圖 8）。

（3）L 形、ㄇ形的平面形狀

剪力牆容易偏心的平面形狀代表就是 L 形和ㄇ形。這些平面形狀並非以建築物整體來檢討壁量，而是採取某種程度統整後的區塊分割，再針對各個區塊確保所需的壁量，取得平衡的配置設計。

平面形狀有凸出的部分時，在

圖 10 ● 退縮、懸挑

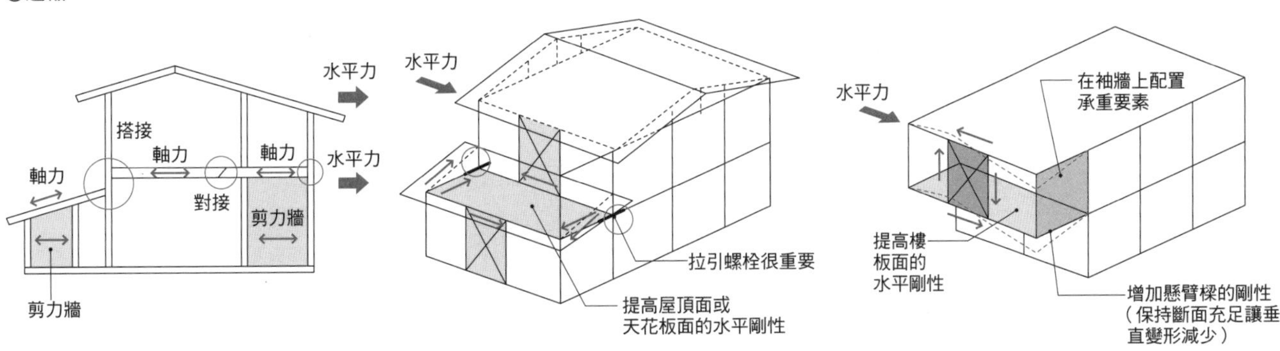

剪力牆構面內的接合部會有很大的軸力發生，必須提高接合耐力

2 樓剪力牆的正下方沒有配置剪力牆時，要提高廂房的天花板面或屋頂面的水平構面的剛性，接合部也要多加留意

①提高懸臂樑的剛性
②提高水平構面的剛性

水平力作用之下，這個部分的前端就容易大幅度搖晃。雖然 RC 造或 S 造同樣也會發生，但木造的水平構面尤其柔軟，所以必須注意剪力牆的配置。

舉例來說，若是 L 形的平面形狀的話，計畫上就要先分割成兩個長方形，再就各自區塊設置足夠的壁量（圖 9）。區塊分割的方式採取縱向分割或橫向分割皆可。ㄇ形和 L 形一樣，也是分割成數個長方形的區塊後再進行壁量的檢討。

如同一張薄紙切成 L 形之後，很容易從內角部分產生破裂一樣，L 形平面的內角部分也會有很大的力作用著，所以很容易從這個地方開始破壞。因此必須注意這個部分的接合方法（參照第 132、243 頁）。

特別是以空間區劃進行檢討的各個區塊之間，如果出現很大的壁量安全率（= 存在壁量／必要壁量）差異，在水平力作用時，各部分的搖晃方式也會有所不同（壁量足夠的部分幾乎不會搖晃，但壁量勉強符合的部分就很容易晃動），一旦發生地震等天災，就容易出現地界線附近的接合部脫落，或外牆產生裂痕、容易引發漏水等損害。

無論是 L 形或ㄇ形，在「安全率」足夠的情況下，由於水平變形量也很小，所以無須過於神經質，但最好盡量將各個區塊的安全率做到接近的程度。

（4）退縮、懸挑

①退縮

部分二樓的建築量體「往後退」就稱為退縮（圖 10 ①）。從結構上來看，建築物凸出的部分在水平力作用之下具有容易產生搖晃的性質。

舉例來說，二樓量體比一樓量體明顯較小時，二樓就會被視為凸出部。另外，大多二層樓建築物的附設廂房，都屬於凸出部。作用在這些凸出部的接合部上的力很大，因此必須加以注意。

除此之外，從設計圖上來看，雖然二樓的外牆面設有剪力牆，但正下方沒有配置剪力牆的時候，就必須好好思考如何將二樓剪力牆所承受的水平力傳遞到廂房的外牆面。

對此可採取的對策，除了強化廂房的屋頂面或是天花板面（提高樓板倍率）之外，也可以考慮以二樓剪力牆→廂房屋頂面（天花板面）→廂房剪力牆的各面形成連續性的計畫方法。

②懸挑

二樓面積比一樓面積大而凸出的形狀稱為「懸挑」（圖 10 ②）。這類平面要在凸出的懸臂樑前端設置二樓部分的剪力牆。

懸臂樑的前端常受到來自屋頂、外牆、樓板載重的作用，在水平力作用下，這裡的剪力牆反力或縱向的搖晃都會加劇，所以樑必須保有充足的斷面。而且，懸臂樑的支撐點上也會產生大量的彎曲力和反力，所以需要極力減少柱的榫頭或因直交樑所造成的缺損。提升懸臂樑的剛性做法上，除了擴大斷面之外，還有利用腰牆或垂壁、使用斜撐或護牆板構成的合成樑也是可行的做法。

再者，即使懸臂樑的斷面足夠，剪力牆下方若沒有柱子的話，也會因為基部撓曲而出現明顯的壁倍率下降的情況（參照第 108 頁），所以最好增加二樓的壁量比率。此外，為了使二樓剪力牆所負擔的水平力能順暢地傳遞到一樓的剪力牆，也必須提高樓板面的水平剛性。

③大型屋頂

雖然二樓已經承受部分載重，但以往下延伸到廂房形成一體的大型屋頂的情況來說，會與退縮的情況一樣，可以將二層樓部分與平房部分進行空間區劃，再各自以滿足壁量需求來配置剪力牆。

以空間區劃的方式進行檢討之後，如果因為壁量不足的關係而不得不利用其他區劃的剪力牆來負擔水平力時，就必須提高屋頂面或天花板面的水平剛性。

圖 11 ● 針對大型屋頂增加樓板面積的比率

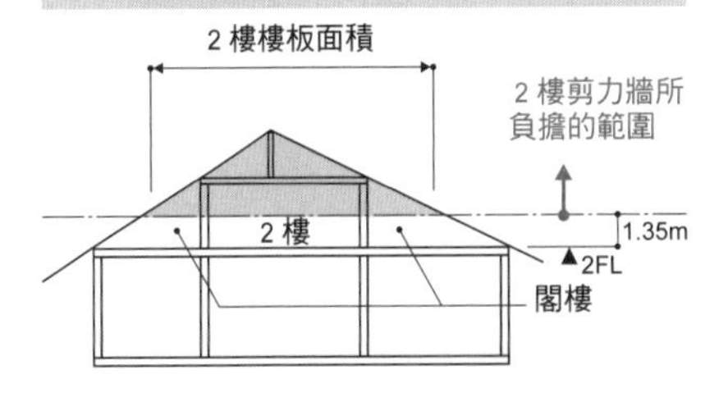

圖 12●閣樓、夾層

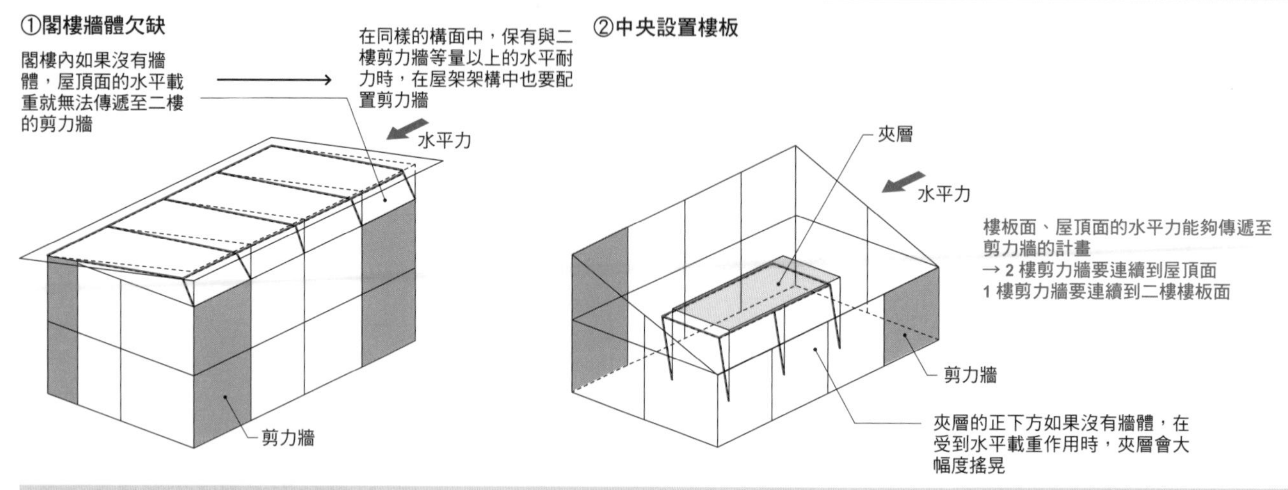
①閣樓牆體欠缺
閣樓內如果沒有牆體，屋頂面的水平載重就無法傳遞至二樓的剪力牆
在同樣的構面中，保有與二樓剪力牆等量以上的水平耐力時，在屋架架構中也要配置剪力牆
水平力
剪力牆
②中央設置樓板
夾層
水平力
樓板面、屋頂面的水平力能夠傳遞至剪力牆的計畫
→ 2 樓剪力牆要連續到屋頂面
1 樓剪力牆要連續到二樓樓板面
剪力牆
夾層的正下方如果沒有牆體，在受到水平載重作用時，夾層會大幅度搖晃

圖 13●設有大型挑空的平面

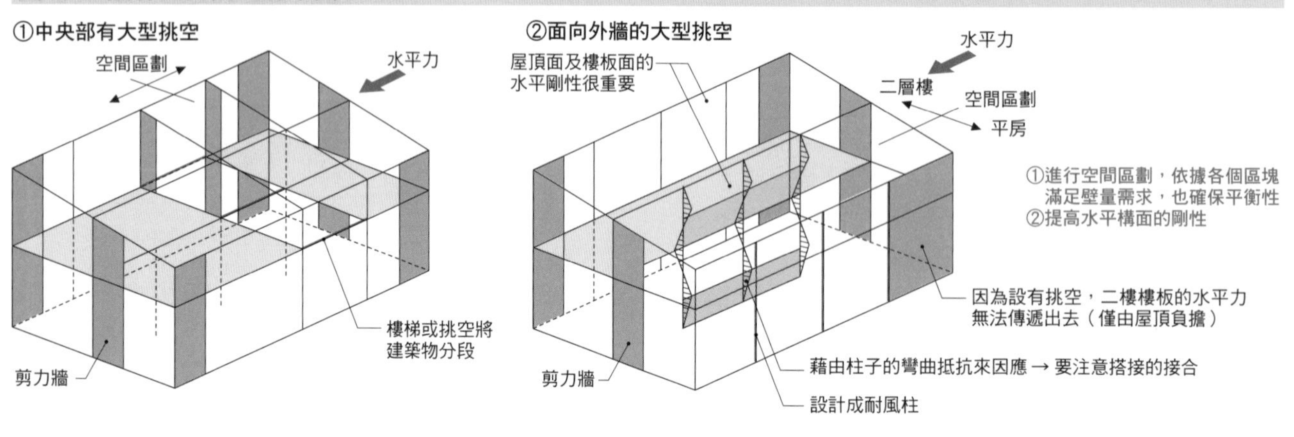
①中央部有大型挑空
空間區劃
水平力
樓梯或挑空將建築物分段
剪力牆
②面向外牆的大型挑空
屋頂面及樓板面的水平剛性很重要
水平力
二層樓
空間區劃
平房
①進行空間區劃，依據各個區塊滿足壁量需求，也確保平衡性
②提高水平構面的剛性
因為設有挑空，二樓樓板的水平力無法傳遞出去（僅由屋頂負擔）
剪力牆
藉由柱子的彎曲抵抗來因應 → 要注意搭接的接合
設計成耐風柱

另外，在檢討二樓的剪力牆時，要考慮剪力牆所負擔的載重範圍，如第 47 頁圖 11 所示，樓板面積的比率會增加。

(5) 閣樓、夾層

二樓的剪力牆會抵抗從屋頂面傳遞過來的水平力。因此，二樓樓板面到屋頂面為止的剪力牆，必須保持連續性。

但面對木構造結構設計時很多人往往會將屋架樑以上的上方部分與二樓的結構切斷來看，以至於二樓剪力牆只到屋架樑或到天花板為止，閣樓內完全沒有任何牆體的案例是屢見不鮮。特別是單斜屋頂等，為了讓屋頂看起來像是浮在空中，屋架樑上方只安裝玻璃的設計要多加注意（圖 12①）。

這種情況下，必須在二樓剪力牆上方設置同樣的牆體，或者若是在透明度上有所要求的話，可以配置鋼棒拉桿等以確保屋頂面與剪力牆的連續性。這些牆體設置在與剪力牆同一構面內即可。如果沒有這樣的考量而使得力傳遞中斷，那麼屋頂就會出現大幅度的傾斜。

此外，像是閣樓或儲藏室等，樓層與樓層之間設置樓板的平面中，樓板下方往往都會形成開放性的空間，而且很多都欠缺對水平載重的考量。

舉例來說，如圖 12②所示在設有夾層的情況下，如果只考慮垂直載重，那麼只要在樓板下方配置柱子就不會有問題。但是，一旦有重量加載，該處就會發生地震力的作用（參照第 207 ～ 209 頁）。因為抵抗水平力的是剪力牆，所以這面樓板的水平力最終會由剪力牆來支撐。換句話說，如果樓板下方沒有剪力牆，那麼這面樓板就會呈現浮在空中的狀態，這時若有水平力作用就會搖晃擺動。

因此，有樓板存在的地方，不能只思考垂直載重的支撐方式，也要考慮對應水平載重的支撐方式，最好在樓板下方設置剪力牆。當然，水平力會作用在 X、Y 兩個方向，所以也要在兩個方向上都配置剪力牆。

(6) 設有大型挑空的平面

在建築物中央附近鄰接挑空和樓梯等，會將二樓樓板分成兩段，想要抵抗水平力就必須在各自的樓板下方設置剪力牆。像這樣有大型挑空的時候，除了進行空間區劃，滿足各個區塊的壁量需求之外，也要確保牆體配置的平衡（圖 13①）。

另一方面，如果大型挑空是面向外牆設置時（圖 13②），這道外牆面除了要進行耐風處理（參照第 109 ～ 110 頁）之外，也必須考慮水平力的傳遞方式。

此時，即便在有挑空的外牆面上設置剪力牆，這道剪力牆也不會傳遞二樓樓板的水平力，只會抵抗屋頂面傳來的水平力。同樣的，在這種情況下也要採取空間區劃，將

圖 14 ● 錯層樓板　樓板的變形

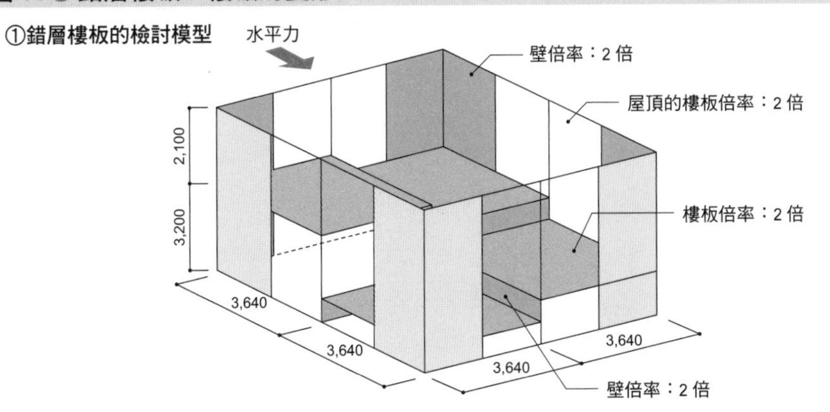
①錯層樓板的檢討模型
水平力
壁倍率：2 倍
屋頂的樓板倍率：2 倍
樓板倍率：2 倍
壁倍率：2 倍
2,100
3,200
3,640
3,640
3,640
3,640

錯層樓板的結構計畫
1. 依據各樓板高程進行分解，針對各樓板面積確保壁量充足
2. 設置連結樓板高低差部分的承重要素，提高樓板的剛性
3. 檢查整體剪力牆配置的平衡性
4. 剪力牆構面的間隔長時，要在內部配置牆體（配置在可以補正樓板面產生局部變形或扭轉的位置）

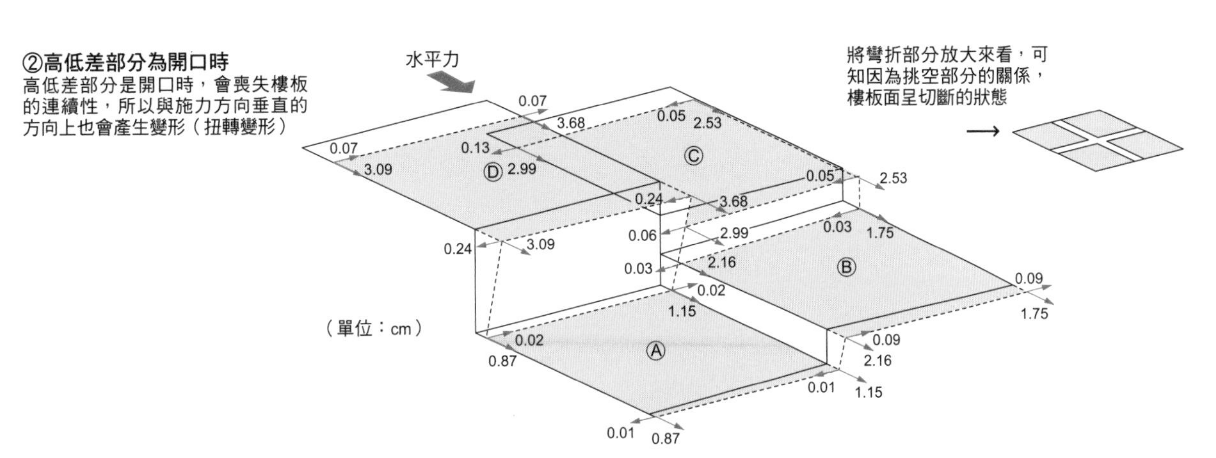
②高低差部分為開口時
高低差部分是開口時，會喪失樓板的連續性，所以與施力方向垂直的方向上也會產生變形（扭轉變形）
水平力
將彎折部分放大來看，可知因為挑空部分的關係，樓板面呈切斷的狀態
（單位：cm）

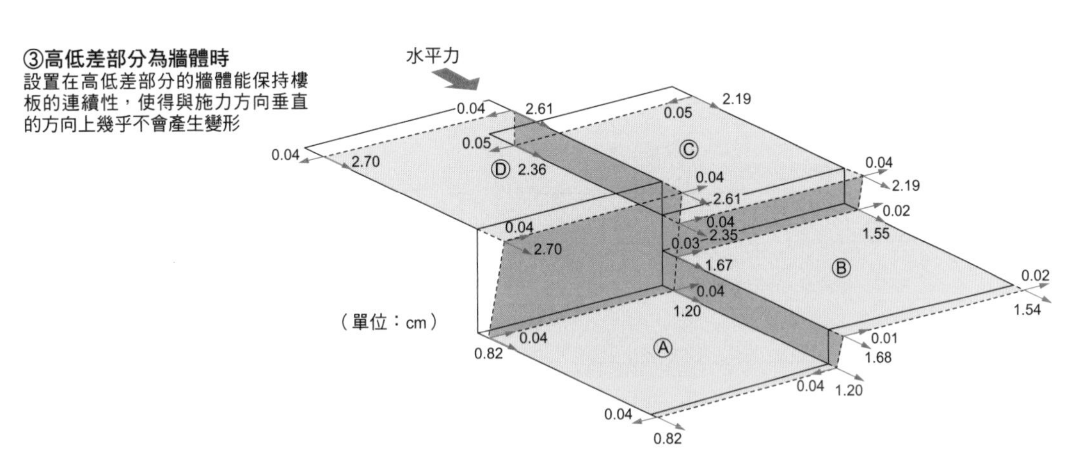
③高低差部分為牆體時
設置在高低差部分的牆體能保持樓板的連續性，使得與施力方向垂直的方向上幾乎不會產生變形
水平力
（單位：cm）

挑空側視為平房，其他側則視為兩層樓，以確保各自的壁量來進行設計。如果挑空的外牆面上完全沒有剪力牆的話，就必須進行容許應力度設計，並且確保屋頂面的水平剛性。

挑空大多是因為想創造開放性空間而做的設計，所以在面對挑空的二樓樓板下方往往會呈現只有柱子而完全沒有剪力牆的狀態，地震發生時就容易晃動。因此和夾層的做法一樣，在樓板切斷線附近的下方一定要配置剪力牆。

（7）錯層樓板

在樓板上設置高低差而形成所謂的「錯層樓板」，在結構上會產生水平構面連續性的問題。

圖 14 是水平力（地震力）作用在階梯狀錯開的樓板面上的解析結果。一個樓板面大小是邊長為 3,640 mm 的正方形、高低差 800 mm、床倍率為 2.0 倍。

圖 14 ②是高低差部分全部為開口部時的水平變形量，因為樓板面沒有連續性，所以可知愈往上層，樓板面的變形量愈大。每段高低差的變形量約為 1 cm，此時這個區間的層間變位角甚至會達到 1／80。

圖 14 ③是高低差部分填補起來時的水平變形量。可知只要樓板面有連續性，就幾乎不會產生扭轉。每段高低差的變形量約為 0.5 cm，層間變位角則為 1／160。

所謂高低差部分全部為開口，是指假設將彎折部分放大來看，就和以細長形的挑空將樓板面切斷的狀態相同。如同 (6) 所述，這時候必須在各自的樓板下方設置剪力牆。

因此，像錯層樓板這種樓板面

圖 15 ● 木造建築物的結構計算流程（混合結構除外）（＊）

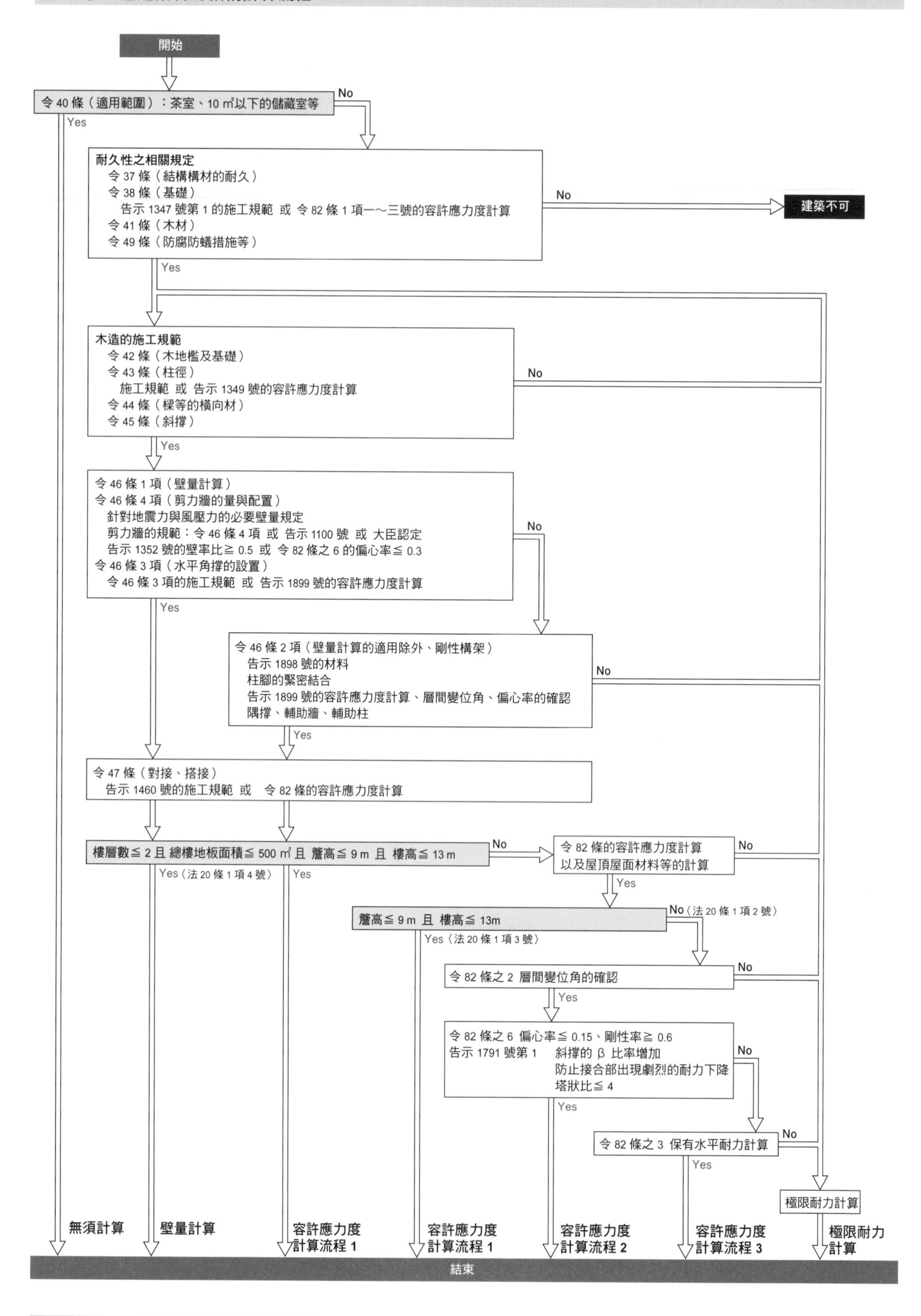

沒有連續性的平面，就必須在空間區劃之後依據各區塊確保足夠壁量，達到平衡性良好的配置。

此外，如果在細長的挑空部分也設置樓板的話，被切斷的樓板就能連結起來。這個「連結樓板」具有可以提高剛性，促進錯層樓板一體性的作用。因此，錯層樓板的設計最好能注意以下幾個要點。

①依據樓板高程進行分解，針對各樓板面積確保壁量充足
②設置連結樓板高低差部分的承重要素，提高樓板的剛性
③檢查整體剪力牆配置的平衡性
④剪力牆構面的間隔長時，要在內部配置牆體。配置在可以補正樓板面產生局部變形或扭轉的位置

木造的結構計算流程

依據建築物規模與施工規範，可將當前木造建築物的結構計算方法分成五個類型（圖 15）。

10 m² 以下極小規模的儲藏室等，不需要計算也沒有施工規範，但除此之外的結構都必須滿足耐久性的相關規定。另外，不是依照壁量等施工規範時，則必須進行「極限耐力計算」以確保安全性。

一般來說，有 4 號建築物之稱「兩層樓木造以下、總樓地板面積 500 m² 以下且簷高 9 m 以下、高度 13 m 以下」的建築，除了需要滿足柱子、樑、基礎等的施工規範之外，也要進行壁量計算、牆體配置、柱頭柱腳接合方法等的檢討。這些檢討屬於施工規範的範疇，不是結構計算的範圍。假設建築物中有施工規範之外的部分存在的話，最好依據「容許應力度計算」來確認該部位的安全性。

三層樓以上的建築必須進行結構計算。因應各個建築物的實際狀況，將作用在建築物上的地震力或風壓力計算出來，除了讓剪力牆的耐力超過這些數值之外，也要檢討接合部的設計或水平構面的結構。

三層樓以上的簷高或高度若超過規定時，也必須檢討層間變位角或偏心率、剛性率（流程 2），無法滿足偏心率、剛性率的規定時，則要進行「保有水平耐力計算」（流程 3）。或者，不做層間變位角檢討，也最好利用臨界耐力計算來滿足損傷界線及安全界線變位的規定值。

三層樓以上的建築除了要進行上述的檢討之外，還有防火規定。在準防火地區，設有針對層間變位角須在 1／150 以下的規定。

在 2007 年的建築基準法修訂中，除了建築物的規模之外，也因應計算方法規定了建築許可的審查方法。當進行臨界耐力計算或歷時回應解析等高等計算時、或採用相關部會所認定的綱要來檢討時，一定要通過結構專家的審查才算數。

用語解說

伸縮縫的設置方法

所謂伸縮縫是將性質相異的結構體分割開來，使其不會相互傳遞力而施作的接縫。有兩種情況需要設置伸縮縫，分別是①因應水平力作用的時候、②因應地盤下陷的時候（圖）。

①是二層樓和平房兩個搖晃方式不同的建築物相鄰的情況下，即便相互的水平變形量都達到最大時，也能透過打開縫隙來確保不會發生碰撞。

②是在軟弱地盤上配置重量不同的建築物時，不僅是上部結構，就連基礎也要進行切斷，這是考量即使各自的沉陷量不同，也不會因而出現不均勻沉陷的設置方法。

就②的狀況來說，基礎伸縮縫的寬度雖然不需要像①那麼大，但是要做到能因應高低差的變化，設計上必須進行裝修或設備配管等方面的配套考量。

圖●需要設置伸縮縫的兩個類型

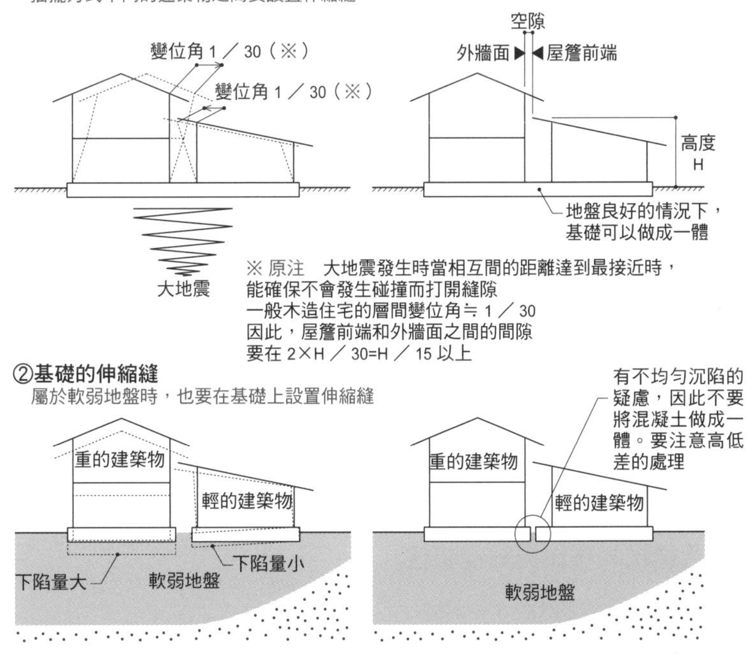
①上部結構的伸縮縫
搖擺方式不同的建築物之間要設置伸縮縫
變位角 1／30（※）
變位角 1／30（※）
大地震
空隙
外牆面
屋簷前端
高度 H
地盤良好的情況下，基礎可以做成一體
※ 原注　大地震發生時當相互間的距離達到最接近時，能確保不會發生碰撞而打開縫隙
一般木造住宅的層間變位角≒ 1／30
因此，屋簷前端和外牆面之間的間隙
要在 2×H／30=H／15 以上
②基礎的伸縮縫
屬於軟弱地盤時，也要在基礎上設置伸縮縫
重的建築物
輕的建築物
下陷量大
軟弱地盤
下陷量小
有不均勻沉陷的疑慮，因此不要將混凝土做成一體。要注意高低差的處理
重的建築物
輕的建築物
軟弱地盤

＊譯注　臺灣是依據內政部營建署頒布〈木構造建築物設計及施工技術規範〉之規定。

混合結構的設計

混合結構的定義

混合結構就是建築基準法施行令中所指的「併用結構」。而併用結構在《2007年版建築物的結構關係技術基準說明書》中，分成以下四種類型（圖1）。

①X、Y方向上的結構不同

②高度方向上的結構不同（立面混合結構）

③平面上的結構不同（平面混合結構）

④構材本身的結構不同

對於建築物全體是否以混合結構來認定，在建築許可申請時常發生相當混亂的局面。對此（一般社團法人）日本建築結構技術者協會（以下稱JSCA）也提出，應該以「抵抗水平力的結構種類」做為判斷基準。例如，僅有玄關門廊的柱子或跨距不連續部分的樑採用鋼構時（即為上述第④點），只需要針對該部分的結構進行結構檢討即可，沒有必要將建築物全體視為混合結構。

在混合結構中，異種結構之間的接合方法是最重要的設計要點。特別是平面混合結構，木造部分和異種結構部分的結構特性差異非常大，所以針對水平力的分擔或接合部的處理，必須要求適切的結構計畫及結構設計（例如模型化）。

在此，針對混合結構中最為常見的立面混合結構，說明設計上的要點。

圖1● 混合結構（併用結構）的分類

①X、Y方向上相異的結構　②高度方向上相異的結構（立面混合結構）

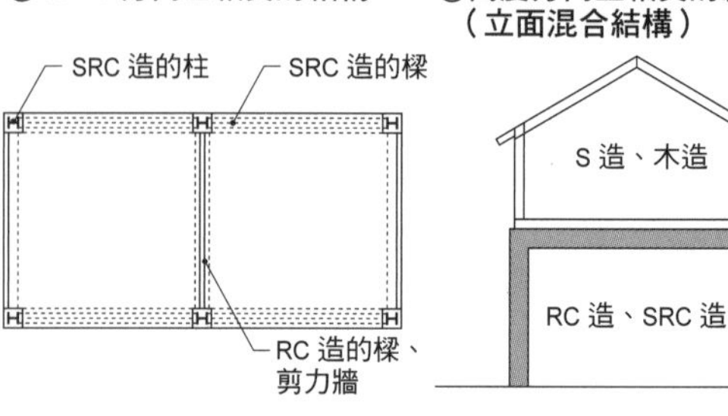

③平面上相異的結構（平面混合結構）

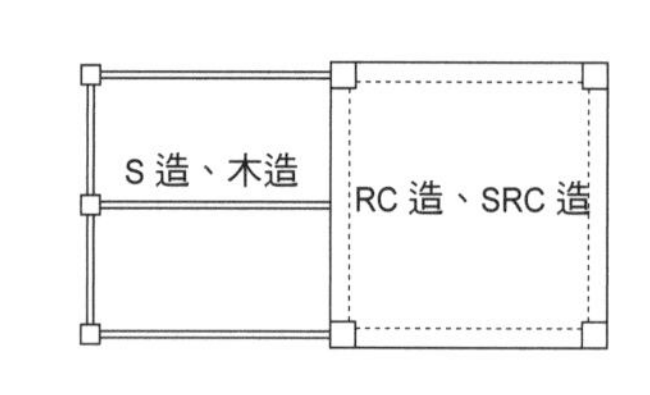

④構材相異的結構　僅屋架構架相異的結構

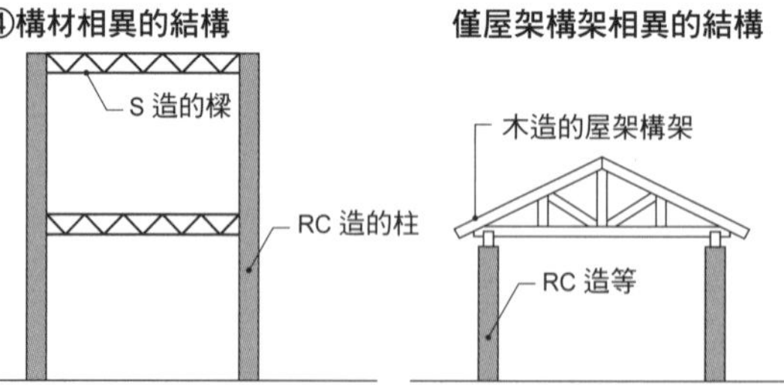

僅有屋架是木造，其餘部分為RC造等其他結構的時候，RC造等的部分最好在考慮屋架構架的重量後，以一般的方法進行設計。（《2007年版　建築物的結構關係技術基準說明書》「日本國土交通省住宅局建築指導課監修」）
→歸類至第④類

圖2● 木造與異種結構的剛重比與震動性狀

①木造與異種結構的重量及剛重比相近的時候

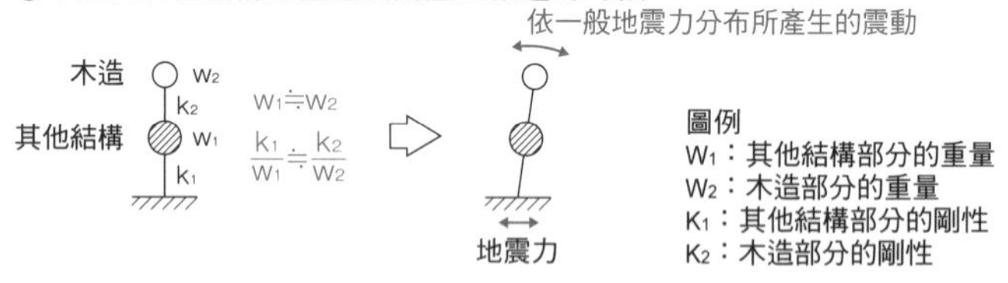

②與木造部分相比，異種結構部分的重量及剛重比非常大的時候

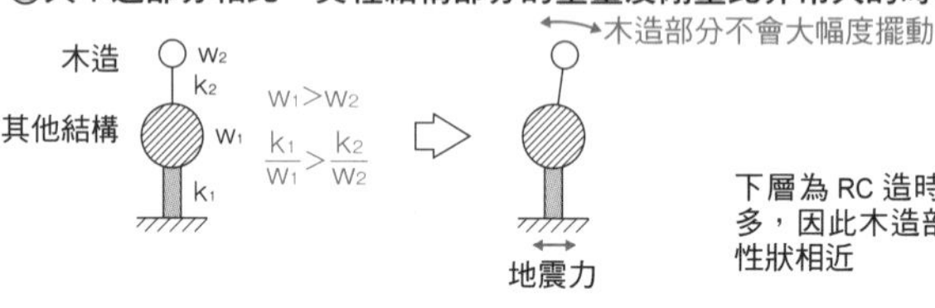

下層為RC造時，其剛重比與木造部分相比大許多，因此木造部分會與直接立於地面上時的震動性狀相近

③木造與異種結構的剛重比相近，但是異種結構部分的重量比木造部分大的時候

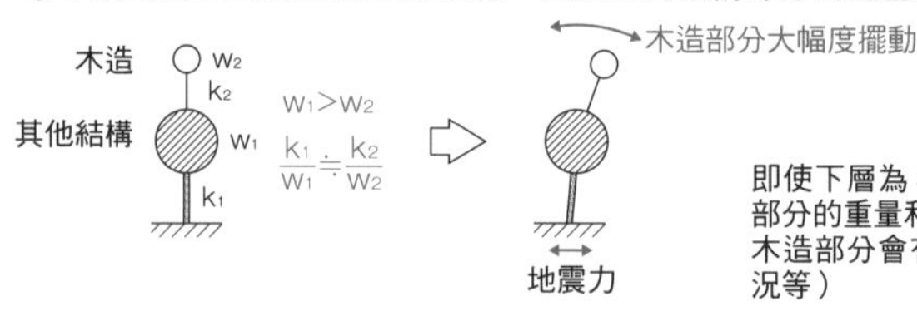

即使下層為S造，且剛重比與木造相近，但木造部分的重量和下層重量相較之下還是極度輕盈時，木造部分會有大幅度搖晃的傾向（合成樓板的情況等）

立面混合結構的種類與結構特性

木造的混合結構中，以上層為木造、下層為S造或RC造的情況最多。對此進行結構分析模型之後的結果如圖2，顯示出因應各結構部分的重量及剛性差異，在地震力作用時的搖晃方式亦有所不同。

當各層重量及剛性與重量的比值（稱為「剛重比」）相近時，其性狀幾乎與純木造相同（圖2①）。另一方面，下層如果為RC造，其剛重比會比木造部分的剛重比高出許多，所以木造部分會與立於地面上的木造相似，呈現差異不大的搖晃方式（圖2②）。

不過，如果下層為S造、樓板

表 1 ● 平成 19 年國交告 593 號四號對混合結構中木造部分的結構計算

計算方法	本則	特別調查研究	
	簡易法	水平構面 概算法	水平構面 精算法
垂直構面	C_0=0.3 ・剪力牆線間距≦ 10.8 m ・剪力牆圍閉面積≦ 60 m^2	C_0=0.2 ・剪力牆區劃的壁量充足率≧ 3／4	C_0=0.2 ・剪力牆區劃的壁量充足率≧ 3／4
水平構面	C_0=0.3 ・以相等性能來設計構面整體 ・平面形狀的缺角：1／6 以下	C_0=0. 3 ・以相等性能來設計構面整體 ・針對剪力牆區劃進行設計 ・缺角平面的版面區域之應力比率增加	C_0=0.3 ・考量承擔載重與震動性狀 ・針對剪力牆區劃進行設計 ・缺角平面的版面區域之應力比率增加
概念圖	Q=0.3A_i・W	Q=0.3A_i・W	Q_i=0.3A_i・Σw_i

圖 3 ● 壁量充足率與剪力牆線間距

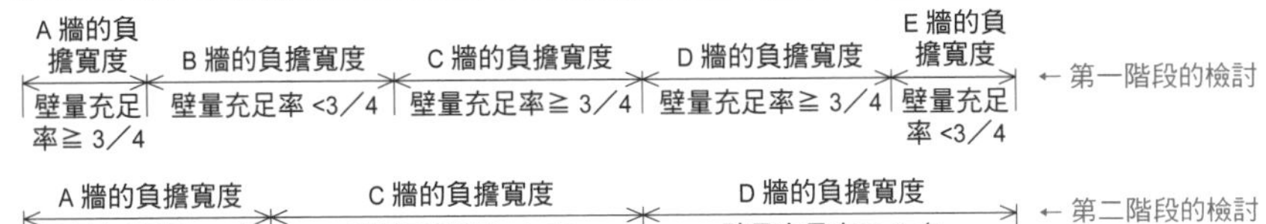

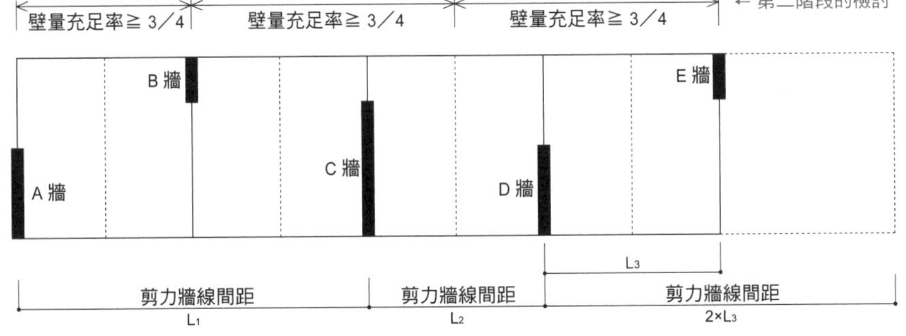

可視為剪力牆線的條件：剪力牆長度達負擔範圍的必要壁量（水平力）的 3／4 以上

圖 4 ● 有缺角的平面形狀之應力增加率

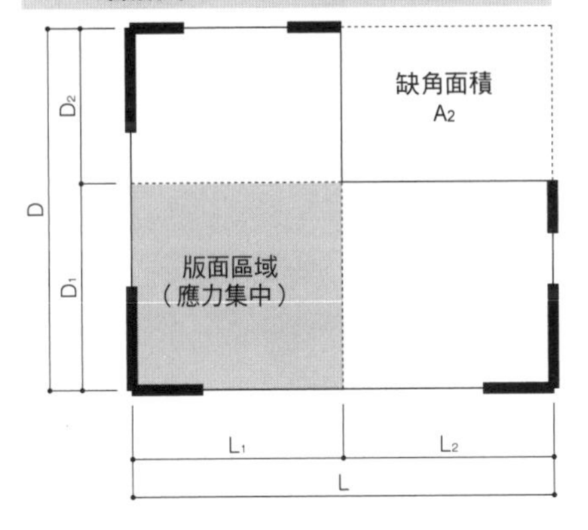

$A_2=L_2\times D_2>(L\times D)/6$ 時，應力集中部（版面區域）的水平力要以 1.5 倍的增加比率來設計

為混凝土打設的合成樓板時，即使剛重比相近，木造部分的重量與下層重量相比也會顯得極度輕盈，所以上層木造部分會有大幅度搖晃的傾向（圖 2 ③）。因此，下層如果是 S 造，則必須考慮各自的重量及剛性的平衡再進行設計。

就水平力的計算而言，若是與 RC 造結合的混合結構時，有時 RC 造部分是由地震力來決定，木造部分則由風壓力來決定，所以必須注意到有這樣的特殊性。

除此之外，進行構材的耐力確認時，必須將木造以外的部分與木造部分區分開來，依據各自的結構種類規定進行相關確認工作。

再者，就異種結構的接合部來說，為求異種結構的一體性，在處理木造部分的水平力時，必須確保異種結構部分的樓板面的水平剛性。

關於結構計算的流程方面，原則上即便結構種類不同，也必須採行同樣的流程。因此，混合結構的結構計算該採行哪種流程，是透過一體化思考木造部分與下部結構部分之後所決定出來的。

木造部分的結構計畫要點

針對混合結構而言，因為必須進行容許應力度計算，所以木造部分的壁量只是滿足令 46 條第 4 項的必要壁量規定是不夠的（參照第 220 ～ 223 頁）。從筆者過往的經驗來看，進行基本計畫時混合結構的木造部分最好考慮以下的事項。

- 針對三層樓的混合結構，要確保比令 46 條所規定的必要壁量再增加 5 ～ 6 成的壁量。此外，在地震力的影響超過風壓力的條件下，牆體的配置要確保再增加 1 ～ 2 成的壁量。
- 此時的壁倍率以三層：3.0、二層：4.0 以下為標準，再稍微保留一點空間以便實施設計時可以因應情況而增加

除此之外這裡特別要強調的是，2011 年的告示修訂中放寬了對混合結構的處理。因此，若是三層樓以下且面積在 500 m^2 以內的規模時，1、2 層：RC 造 + 3 層：木造的條件下，不需要進行流程 2 以上的確認（平成 19 年 [編按：西元 2007 年] 國交告 593 號 4 號），此外，如果樓層高度在二層樓以下，面積在 3,000 m^2 以內的大規模建築也可以用同樣的方式處理（平成 19 年國交告 593 號 4 號）。

在這種情況下，後者要能成立的前提條件是必須增加地震力的比率。具體的設計方法如表 1 所示，其中的「特別調查研究」部分是 JSCA 所做的提案內容。

做為垂直構面的設計條件的「剪力牆區劃」，要以圖 3 的方式進行檢討。可認定為剪力牆線的必要條件是，該牆線的存在壁量必須占其負擔範圍的必要壁量的 75%（3／4）以上。此外，做為水平構面的設計條件「有缺角的版面區域」如圖 4 所示。

進行平面計畫時，要記住上述條件才有助於思考如何確保剪力牆。

另外，這些設計事例可以在

圖 5● S 造部分的水平剛性

① 採用鋼承板的合成樓板參考例

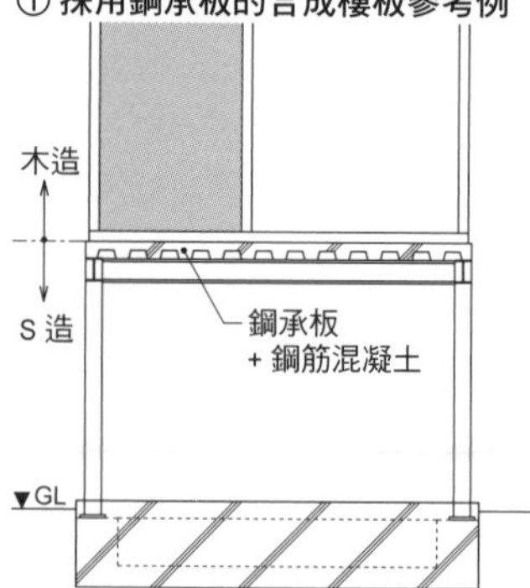

地震或暴風發生時，合成版（鋼承板 + 鋼筋混凝土）與樑之間的接合要能將作用在合成版上的面內剪斷力傳遞到樑上，可以採取如下圖所示的任一種方式施作

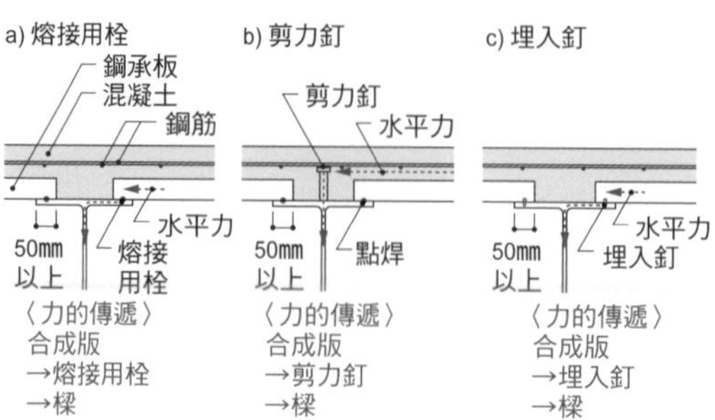

② 採用樓板拉桿的非合成樓板參考例

圖 6● 外牆完成面與結構體的收整

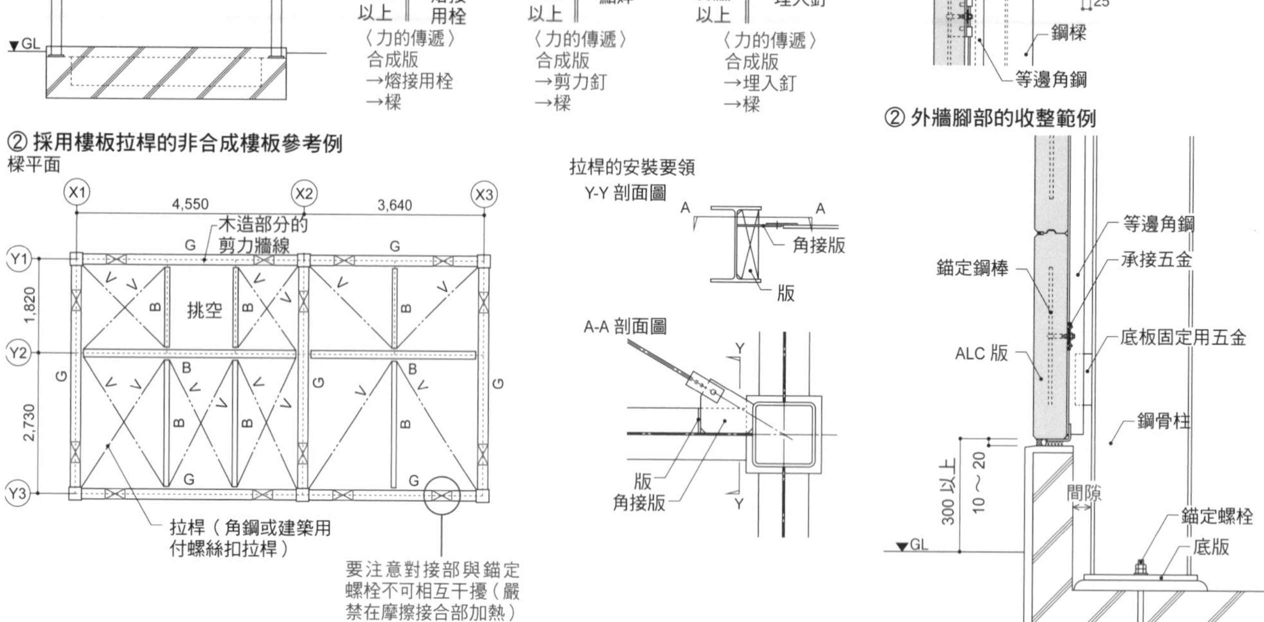

圖 7● 可搬運的長度規定（出處：《運輸手冊 2008 年版》「（社）日本橋樑建設學會、（社）鋼骨建設業協會」）

(1) 許可取得分級（圖例）
① 無須取得許可
② 取得特殊車輛通行許可證（無關拖車等的裝載尺寸，全部皆需取得特殊車輛通行許可證）
③ 取得特殊車輛通行許可證 + 限制外積載許可證（警察署）

(2) 本圖所示的裝載尺寸是一般性許可限度的最大值，但即便是在各圖示的數值以下也必須考慮到與道路之間的關係，還有可能會受到某些限制，所以必須個別加以確認

(3) 裝載貨物的長度（車輛 + 裝載貨物）以車輛長度 ×1.1 倍止為標準，且必須在 17 m 以內

(4) 裝載貨物的寬度是以車輛平台寬度以內為標準，但裝載貨物無法進行分割時，則以 3.5 m 為限

(5) 裝載貨物的高度以 [3.8 m — 車輛平台高度 — 楼板高度（0.1 m）] 為標準，不過無法分割時，車輛積載高度以 4.3 m 為限

(6) 即使總重量在車輛的積載能力以內，總重也必須以 40.0 t 以下為限

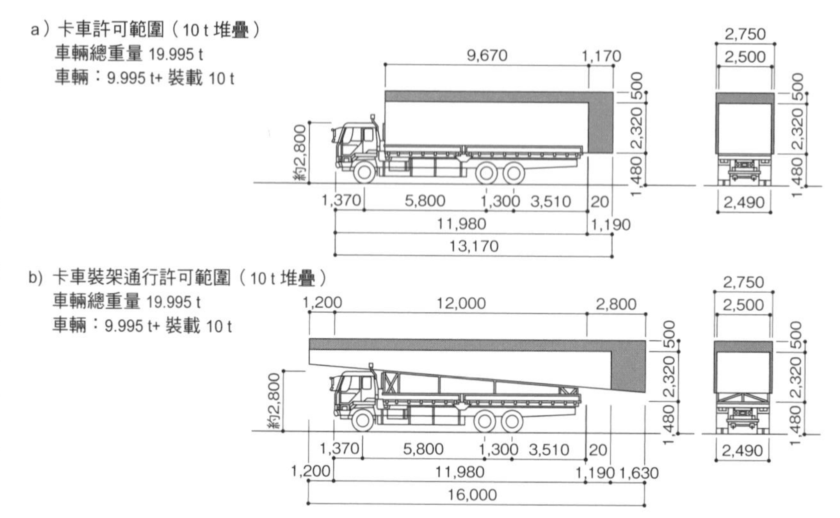

JSCA 網站（http://www.jsca.or.jp/）取得，建議多加參考。

S 造部分的結構計畫要點

在結構計算流程 1 的情況下，除了柱子間隔要控制在 6 m 以內之外，還要以 $C_0 \geqq 3.0$ 的條件計算出應力之後再進行斷面設計。

在結構計算流程 2 的情況下，因為必須檢討與木造部分之間的剛性率，所以不要採用在垂直構面上設置拉桿的結構，最好能夠形成純粹剛性構架。除此之外，也必須確保建築物地上部分的塔狀比不超過 4。

再者，針對 S 造部分的計畫來說，要特別注意水平構面的剛性確保、以及外牆完成面的收整。

S 造部分的樓板是在鋼承板上澆置混凝土的合成樓板，可以考慮使用鋼樑上僅承載鋼承板的類型，或鋼樑上承載木造樓板的類型等。當中，因為合成板的混凝土剛性

高，雖然可以視為剛性樓板，但是其他部分並不屬於剛性樓板，所以必須設置水平拉桿來確保水平剛性（圖5）。

S造部分的樑配置必須設置在木造部分的主要構面下方，特別是形成剪力牆線的構面下方，原則上必須將木地檻與鋼樑緊密結合。此外，使用鋼承板時，需要留意根據種類的不同會有不同容許跨距的限制，必要時得配置小樑。

外牆完成面的收整關係著柱子與樑的搭接部隔板尺寸或柱腳的收整、以及是否需要配置間柱。

柱、樑搭接部的貫通隔板要考慮焊接性，從柱子外側算起要有25 mm左右的空間，因此外側也要有外牆材的收整計畫。（圖6①）。

柱腳部分的收整有露出型、根部纏繞型、埋入型等三種類型，不過無論是哪種都會先考慮底版或鋼筋的覆蓋厚度等，再決定混凝土柱型的大小，所以要注意與基地地界線的距離。此外，承接外牆材的邊墩也要考慮水平載重作用時的變形，確保混凝土與鋼骨柱之間的空間（圖6②）。

就外牆材料而言，與固定方法有關的部分如間柱、墊條是否需要設置、拉力方向、容許跨距等，都必須事先確認才能決定做法。

其他應該注意的要點包括在大樑上設置對接的位置等。若是採用附板對夾並利用高拉力螺栓來接合時，要注意小樑或間柱的固定位置，與木造部分的錨定螺栓的固定位置不會相互干擾（圖5②）。此外，鋼骨材料的長度受到搬運限制的關係，也要考慮到這個因素來進行對接的設計（圖7）。

表2 ● 結合RC造的混合結構之結構形式

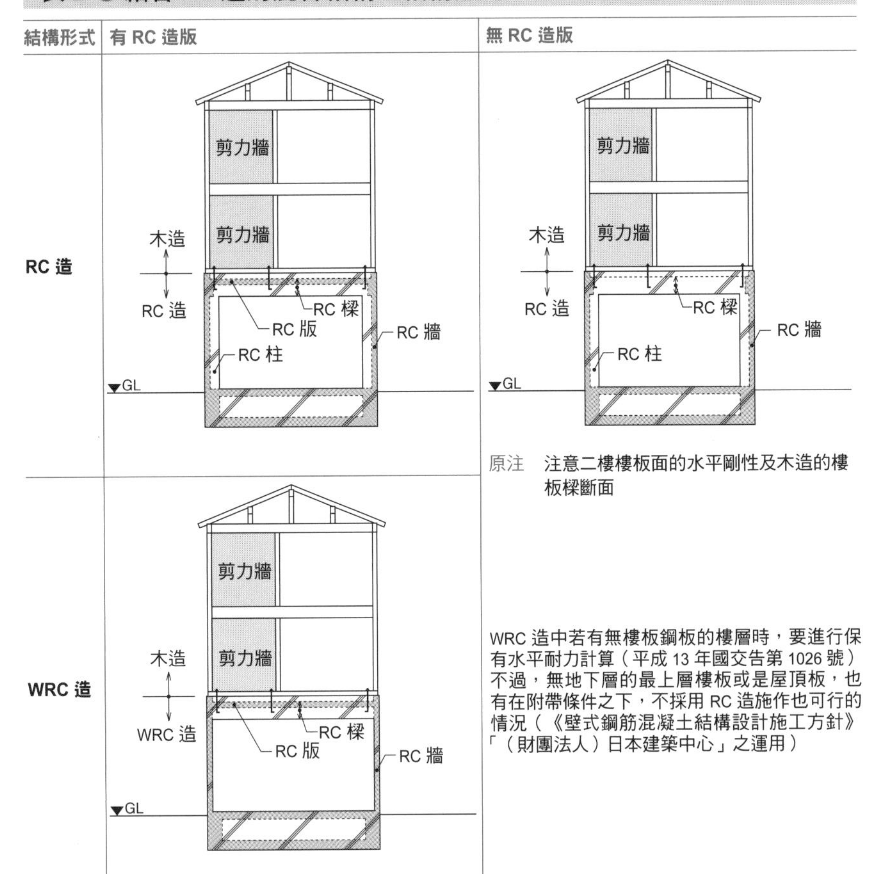

圖8 ● RC造中不設置版的結構計畫

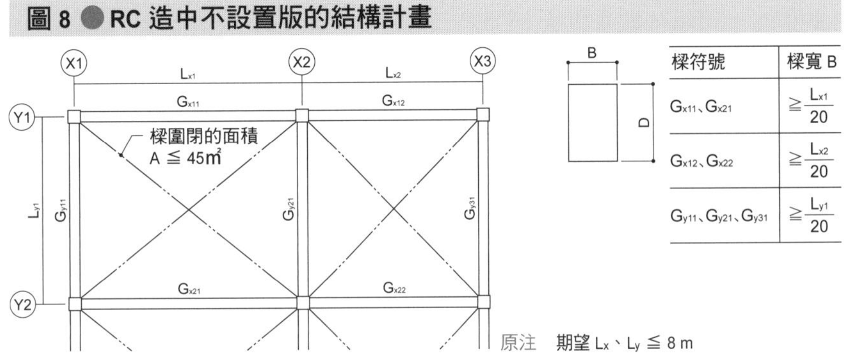

①柱間隔在8 m以下，以大樑圍閉的面積在45㎡以下（建議）
②樑深45 cm以上、樑寬在柱間隔的1／20以上（以（一般社團法人）日本建築學會的WRC規準為基準）
③針對結構上形成一體的每個部分，都要滿足下列算式（結構計算流程1）

$$\Sigma 2.5\alpha \cdot A_w + \Sigma 0.7\alpha \cdot A_c \geqq Z \cdot W \cdot A_i$$

RC造部分的結構計畫要點

RC造的結構形式以柱、樑所構成的剛性結構，與以剪力牆和壁樑所構成的壁式結構為代表。這些結構各自依據表2所示，可以用有無樓板來思考（不過各層必須有樑的配置）。依據平成13年（編按：西元2001年）國交告1026號規定，壁式鋼筋混凝土結構（以下簡稱WRC造）中設有無樓板面的樓層，必須進行保有水平耐力計算。

在RC造部分的結構計畫上，水平構面的剛性確保、以及柱與壁量的確保是很重要的課題。

RC造部分的樓板，原則上是以RC造的樓板來施作。如果不得已必須在樓板上設置大型開口時，為了確保水平剛性，必須留意以下幾點。

- 柱間隔要在8 m以下
- 以大樑圍閉起來的面積要在45 m^{2}以下
- 樑深在45 cm以上，樑寬為柱間隔的1／20以上（依《壁式結構關係設計規準集、同解說（壁式鋼筋混凝土結構篇）》「（社團法人）日本建築學會」基準）
- 針對結構上形成一體的部分，逐一確認是否滿足壁量、柱量的規定（結構計算流程 1）。

木造部分與 RC 造部分的接合，是在 RC 造的大樑或小樑裡埋入錨定螺栓，與木地檻緊密接合固定。當緊密結合樓板時，針對局部載重所引發的強度及變形方面，也必須慎重檢討樓板。此外，不設置樓板而採用木造樓板構架時，要如第 55 頁圖 8 所示設置 RC 造的樑，以此確保木造樓板樑的垂直剛性和水平構面的剛性。

混合結構的 A_i 分布

（1）結合 S 造的混合結構

設計用一次固有週期是以 T=0.03h 求得，再以這個數值算出 A_i 求出地震力（圖 9）。另外，以結構計算流程 1 進行計算時，S 造部分的標準剪斷力係數 C_0 要以 3.0 以上來設計。

（2）結合 RC 造的混合結構

一樓是 RC 造、二與三樓是木造的混合結構適用昭和 55 年（編按：西元 1980 年）建告 1793 號第 3 的但書，可以依據修訂 A_i 法進行設計（圖 10）。這是因為 RC 造的重量相較於木造部分重很多，所以如果以一般的 A_i 分布來設計，木造部分就會出現過度設計，因而訂定這樣的規定。

（3）地面層的處理

地下部分與地上部分的震動性狀不同，必須因應地盤面以下的深度所得的水平震度 k 來計算地震力（令 88 條第 4 項）。此時作用在地下部分的地震力（地震層剪力），是地上部分傳來的地震層剪力 Q_1，與地下部分的重量乘以水平震度 k 之後的數值相加所求出的值（圖 11）。

在令 3 章 8 節的結構計算基準中，針對地下部分的地震力方面僅有要求容許應力度計算。因此，即使上部結構的結構計算流程是採取 2 以上的流程，也不需要針對地面層進行層間變位角或剛性率、偏心率、保有水平耐力的檢討。

針對結構計算上的地上層與地

圖 9● 1 樓 S 造 +2、3 樓木造的解析模型

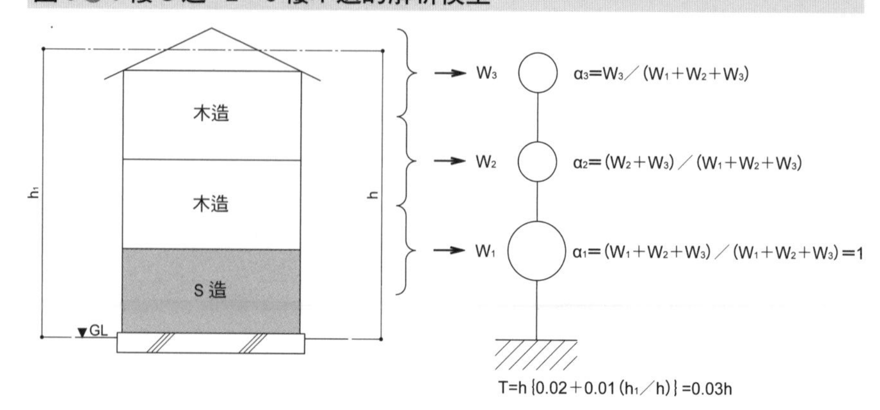

圖 10● 1 樓 RC 造 +2、3 樓木造的解析模型

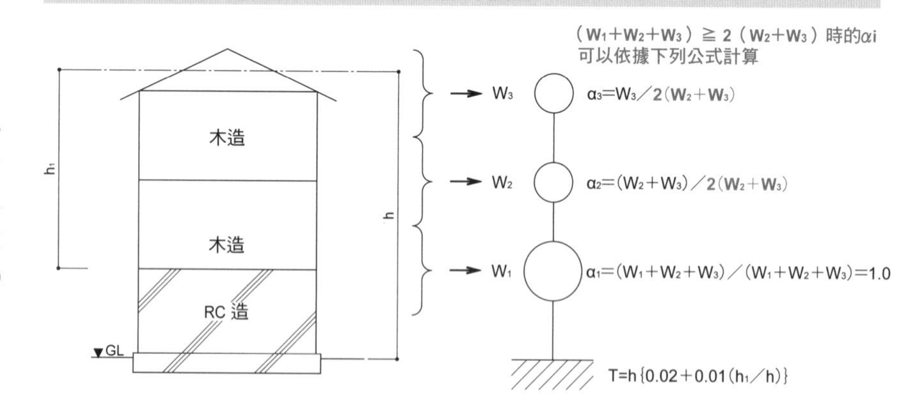

圖 11● 地面層的解析模型

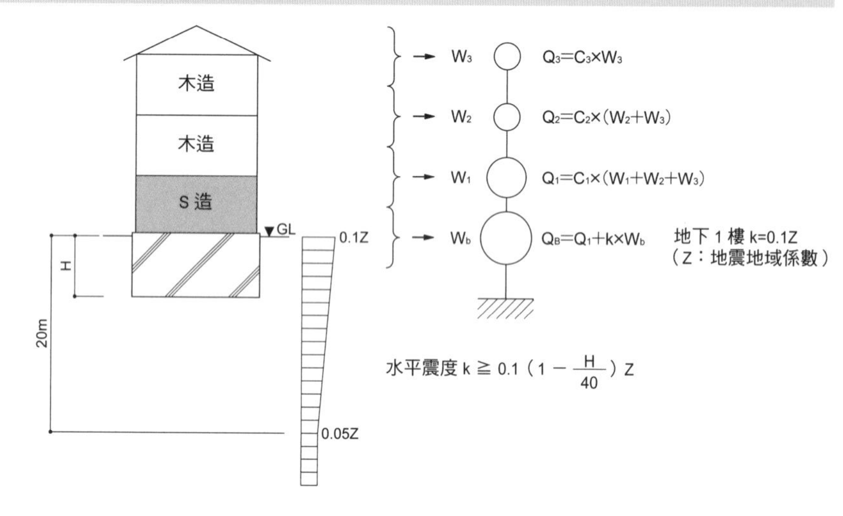

圖 12● 流程判別用與 T 計算用的建築物高度

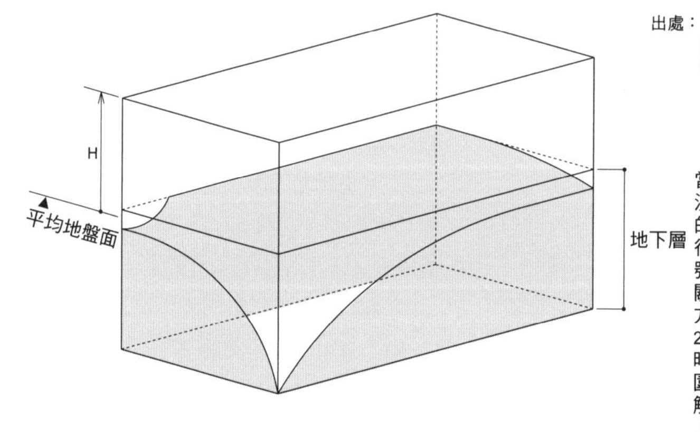

出處：《建築基準法修訂之結構設計問答集》（（社）日本建築師事務所協會聯合會編）

地下層

當基地的地盤有傾斜等情況時，其流程判定所採用的高度是從平均地盤面測得的高度（令 2 條 1 項 6 號）。

關於一次固有週期的計算方面，地下層樓層高度的 2／3 以上全部與地盤接觸時，或者地下部分的外周圍如圖所示，若與地盤接觸面積達全周圍的 75% 以上時，就會以 H 為高度

圖 13● 異種結構之間接合用的主要接合具

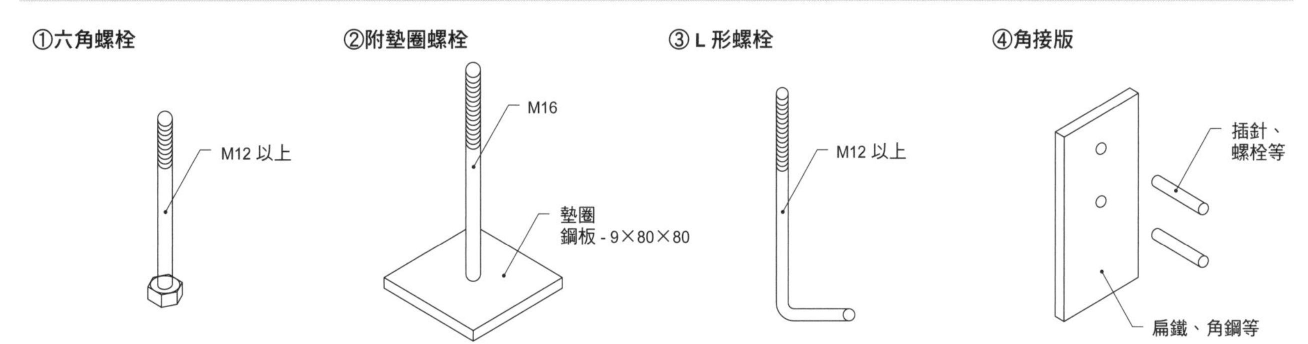

下層的區分方面，雖然必須考慮震動性狀，但一般來說大多會根據《建築基準法修訂之結構設計問答集》（（社團法人）日本建築師事務所協會聯合會編）所揭示的「流程判別用與 T 計算用之建築物高度」的解說來判定（圖 12）。因此可以得出這樣的結論，「在求建築物的設計用一次固有週期時，要充分考慮該建築物的震動模式，以利推定震動的有效高度」，地面層的處理只要滿足以下任一項條件時，在耐震計算基準的適用上就必須視為地上層來進行檢討。

・地下層與地盤接觸範圍未滿樓層高度的 2／3
・與地盤接觸的地下部分的外周圍未滿地下部分的全周圍 ×3／4

若適用上述條件的話，就法令上建築物即使是地下一層（RC 造）＋地上二層（木造），在耐震計算上也有可能以地上三層的方式處理。此時就要視為地上三層的混合結構來進行容許應力度計算。

異種結構部分之間的接合

對於混合結構來說最重要的是，上層木造部分所產生的應力要能順暢地傳遞到下層 S 造或 RC 造等異種結構部分。

一般來說木造部分的腳部有以下兩種類型（參照第 124 頁）。

・在柱子下方鋪設木地檻，以錨定螺栓將下部結構與木地檻接合起來的「木地檻貫通型」
・柱子直接由下部結構承載並接合後，再將木地檻插入柱子的「柱貫通型」

承受垂直載重時，柱子負擔的軸力（壓縮力）會作用在這些腳部上。此外，承受水平載重時，會有兩種力作用著①剪力牆所負擔的水平力、②因剪力牆的旋轉而在端部柱子上產生的軸力（拉伸與壓縮力）。

面對垂直載重時，木地檻貫通型要注意柱子在木地檻產生的壓陷點；柱貫通型則因為是以木材的纖維方向來抵抗作用力，所以不會發生什麼大問題。另一方面，就水平載重而言，必須防止因水平力可能造成木造部分的滑脫，同時產生在剪力牆端部柱上的拉拔力，則由接合部來負責抵抗。

異種結構之間接合用的主要接合具，可以考慮錨定螺栓、角接版＋插針或螺栓（圖 13）。錨定螺栓的形狀有①六角螺栓、②附墊圈螺栓、③ L 型螺栓等三種（材質與形狀等依據 JIS [編按：全名為 Japanese Industrial Standards，日本工業規格] 規定）。

採用六角螺栓時，由於會貫通 H 型鋼的翼版，所以需要考量螺栓孔可能造成的斷面缺損，再進行樑材的設計。

附墊圈螺栓是將墊圈與螺栓焊接之後形成的物件。在與 S 造接合時，要將墊圈部分的外周與鋼樑的上端進行焊接固定。另外，與 RC 造接合時，附墊圈螺栓附近的接合位置上也必須設置錨定螺栓。

L 形螺栓是將螺栓彎折成 L 形的物件。雖然可以與鋼骨材焊接一起、或埋入鋼筋混凝土中固定，但是與鋼骨焊接一起時是採用喇叭口形焊接，所以不可使用在會產生拉拔的位置。

再者，墊圈的大小會因為是與鋼骨固定，或是與木材固定而有所差異，這點必須多加注意。木材會產生壓陷現象，因此所使用的墊圈會比 S 造用的尺寸更大。

接合部的檢討方法

具體的檢討方法要依據（公益財團法人）日本住宅、木材技術中心的《木質系混合結構建築物的結構設計指引》，不過在此將針對基本事項進行說明。

木造部分若是以剪力牆做為抵抗的結構形式時，要從剪力牆的負擔水平力算出拉伸力與剪斷力。剪力牆的負擔水平力的計算方法有以下兩種。

①求實際作用在建築物上的地震力或風壓力，將此外力對應到剪力牆的剛性來進行分配的方法（針對存在應力之設計）
②以剪力牆的容許耐力來計算的方法

在現行的木造容許應力度計算中，設計前提是接合部等的破壞不可早於剪力牆的破壞，因此設計方法會以②為原則。不過，如果經實驗或結構計算，確認即便接合部先行產生破壞也不會有結構上的問題時，也可以採用①的方法。

接合部的主要檢討項目有以下三點。

・錨定螺栓的剪斷耐力檢討
・錨定螺栓的拉伸耐力檢討

圖 14 ● 與 S 造部分接合的範例

①木地檻緊密接合於鋼樑上

六角螺栓
木地檻
附墊圈螺栓
木地檻
L 形螺栓
木地檻
鋼樑
60 以上
鋼樑
鋼樑
翼版寬度
200 以上
L 形螺栓用在不會產生拉伸力的位置

②柱緊密接合於鋼樑上

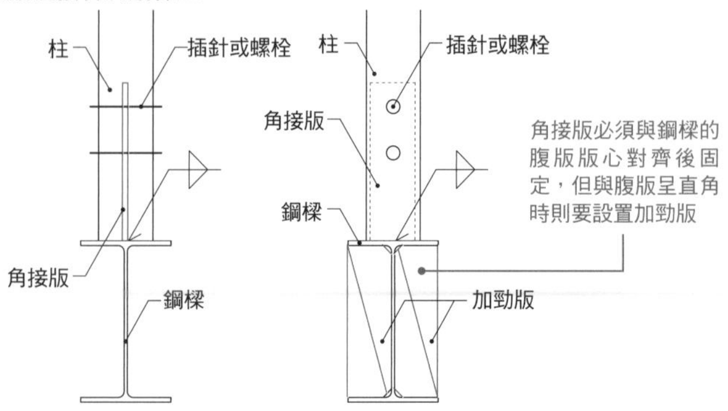

③木地檻、柱緊密接合於鋼樑與合成樓板上

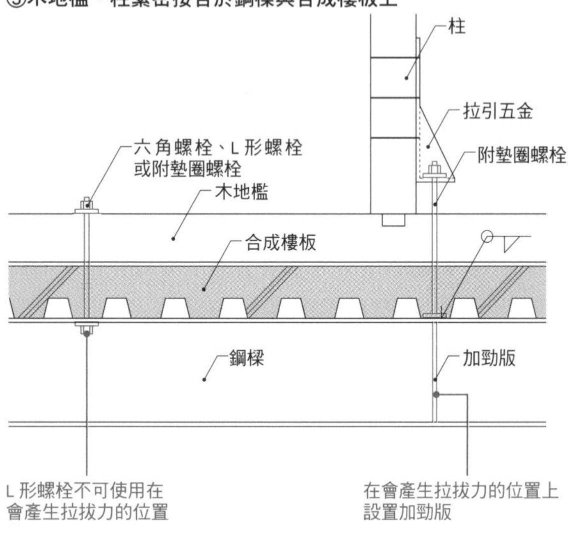

④木地檻緊密接合於 RC 版上

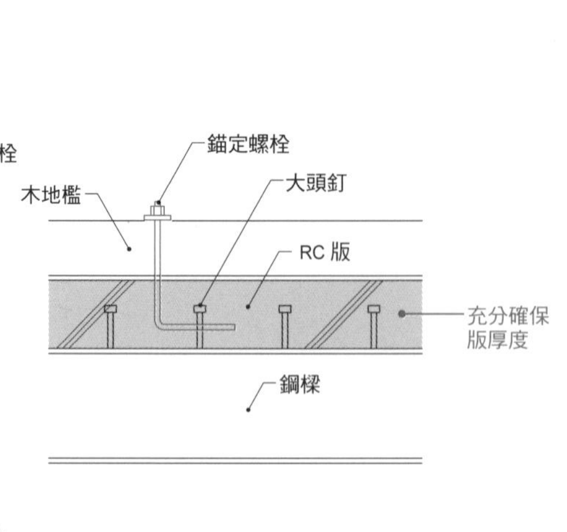

圖 15 ● 與 RC 造部分接合的範例

①木地檻緊密接合於大樑、小樑上

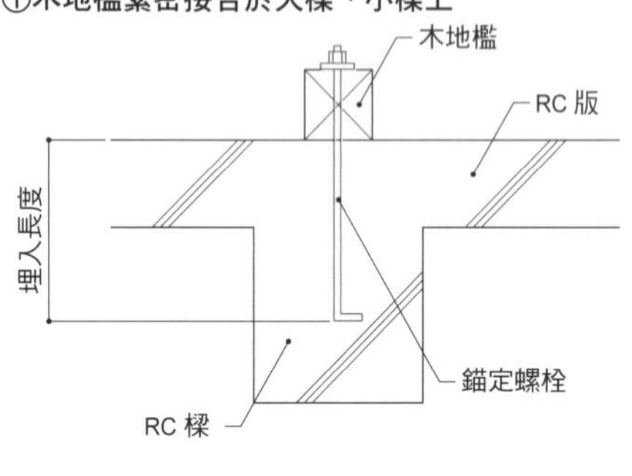

②木地檻緊密接合於邊墩上

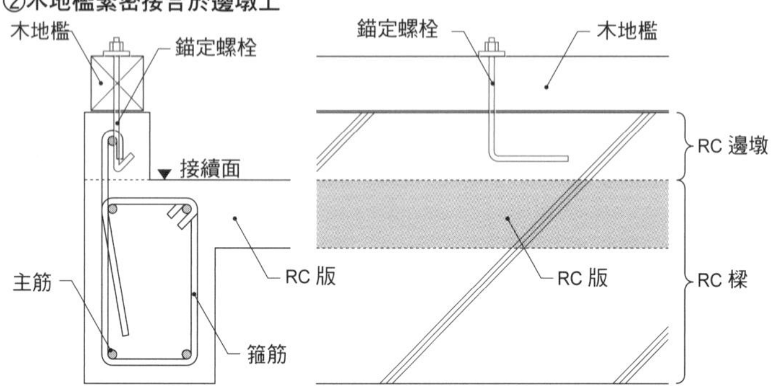

③木地檻緊密接合於版上

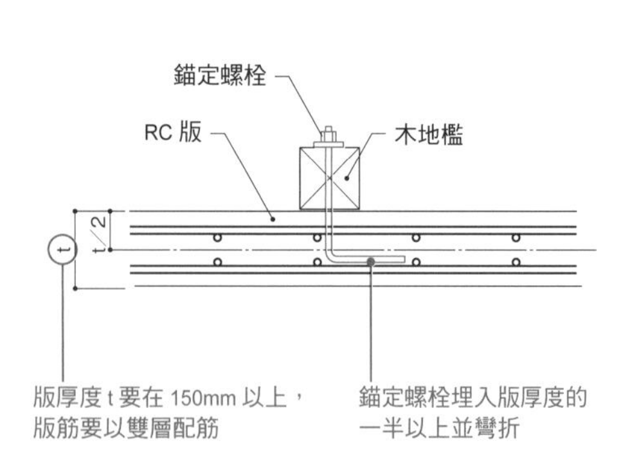

針對穿刺檢討的有效寬度

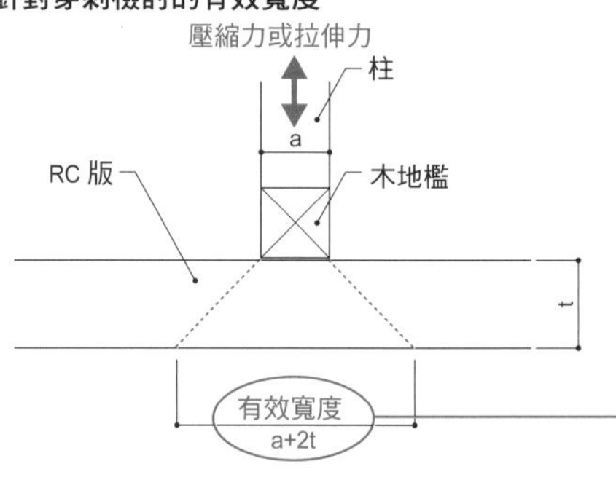

作用在版上的局部載重會從木地檻的側邊 45 度方向擴張傳遞開來。因此，用來抵抗刺穿剪力（推拔剪斷力）的混凝土斷面寬度以「木地檻寬度 a + 版厚 t×2」計算。
彎曲補強筋要在這個有效範圍內配置必要的鋼筋

圖 16● 錨定螺栓的垂直埋入長度短時的檢討

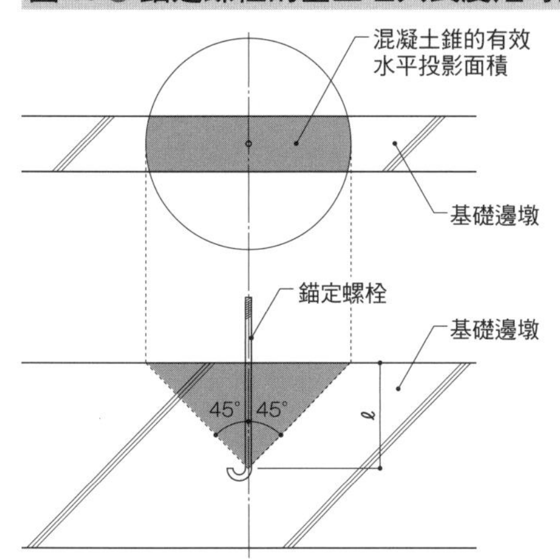

混凝土的短期容許錐狀破壞耐力

$T_a \leqq 0.6 \times A_c \times \sqrt{(9.8F_c / 100)}$

T_a：錨定螺栓的短期拉伸耐力（N）

A_c：混凝土的錐狀破壞面的有效投影面積（mm^2）

F_c：混凝土的設計基準強度（N/mm^2）

出處：《各種合成結構設計方針、同解說》（（社）日本建築學會）

・木地檻的彎曲與剪斷耐力檢討

錨定螺栓的設計方法是依據前面所述的《木質系混合結構建築物的結構設計指引》，同時也能對照第 124 ～ 127 頁的內容，請多加參照。

針對錨定螺栓的拉伸耐力檢討而言，雖然是因應各柱上所產生的拉伸力來進行設計，但從剪斷耐力的檢討來看，並非是就每個單點，而是以每個垂直構面來進行確認的。

與 S 造部分的接合

S 造部分的錨定螺栓固定方式，是以螺栓或焊接直接固定在鋼樑上為原則（圖 14）。

採用螺栓接合時，除了確保邊距（接合扣件中心至構件垂直邊緣之距離）之外，也必須注意因貫通孔而迫使鋼樑的耐力下降的問題。

採用焊接接合時，會以角焊部分來抵抗拉伸力，L 形螺栓等的喇叭口形焊接不可用在會產生拉伸力的地方。此外，焊接部分必須避免接近鋼樑的對接部位。

焊接角接版時，要能與拉拔力的作用線及腹版版心對齊固定。無法對齊時，就需要設置加勁版以防止翼版的局部挫屈。

在鋼承板上的混凝土中埋入錨定螺栓時，必須注意因局部載重導致的混凝土裂痕情況。除了混凝土內放置補強鋼筋之外，在增加厚度等做法上也要慎重地檢討。

與 RC 造部分的接合

與 RC 造部分的接合方面，以在 RC 造的大樑或小樑裡埋入錨定螺栓為原則。緊密接合於 RC 版上時，必須針對局部載重而產生的強度及變形問題，審慎地檢討 RC 版（圖 15）。

當錨定螺栓的垂直部分埋入長度短時，就需要注意混凝土的錐狀破壞（圖 16）。

不設置 RC 造的樓板鋼板時，木地檻（樓板樑）不但需要承受二樓樓板載重，也要考慮三樓以上的載重來進行斷面設計。另外，承載剪力牆時，也需要負擔水平載重所帶來的附加軸力，所以端部的接合方法必須慎重地進行檢討。

基礎知識［入門篇］⑦

耐震評估、耐震補強的重點

表1● 耐震評估的檢查重點

項目	檢查重點
地盤、基礎	‧裂痕：不均勻沉陷、有無鋼筋 ‧基礎形式與配置（與上部結構的對應）
建築物形狀	‧平面形狀：L、T、ㄇ形、大規模挑空等 ‧立面形狀：退縮、懸挑等 ‧屋頂形狀：切妻（二坡水）、寄棟（四坡水）、入母屋（歇山式屋頂）等
剪力牆的配置	‧是否偏移 ‧是否相隔甚遠（與樓板面的對應）
剪力牆的量	‧是否有符合建築物重量所需的量 ‧是否受到天花板面的切斷（關係到牆體的強度） ‧是否有屋架斜撐
接合方式	‧柱與木地檻、樑的對接方式 ‧有無錨定螺栓與配置
老化程度	‧是否受潮（用水區域、一層樓板下方、閣樓） ‧構材是否腐朽 ‧是否受到白蟻侵害

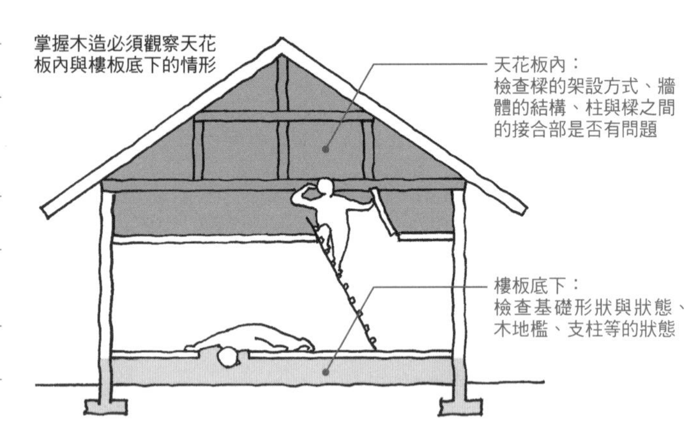
掌握木造必須觀察天花板內與樓板底下的情形
天花板內：檢查樑的架設方式、牆體的結構、柱與樑之間的接合部是否有問題
樓板底下：檢查基礎形狀與狀態、木地檻、支柱等的狀態

前面已經介紹過木構造的設計要點了，這些不只是針對新建工程而已，也適用於既有建築物的耐震補強。在耐震評估、耐震補強的施行上，對設計者、施工者都有高度的技術與判斷力要求。包含對現下既有建物進行正確的評估、考慮何者必須優先補強、對特殊的施工環境等等的考慮。

在此，將針對備受關注的耐震補強進行基本思考方法的說明。

耐震評估的種類與特徵

對既有建築物的耐震性進行檢證就稱為耐震評估。耐震評估的目的在於防止建築物因大地震而倒塌。關於木造住宅的耐震評估，在平成18年（編按：西元2006年）國交告184號附加的指導方針、以及日本國土交通省監修的《木造住宅之耐震評估與補強方法》（（一般財團法人）日本建築防災協會）中，揭示了國家制訂的診斷方法。大致可區分為以下三種類型。

①簡易評估
②一般評估
③精密評估

①是非建築技術者的一般大眾也能施行的評估方法，主要觀察建築年代或建築物形狀等。掌握約略概念的評估方法。

建築技術者使用最廣泛的評估方法是②，除了增加構材老化度等因素之外，還要進行壁量計算與同等的檢證、以及掌握地盤或基礎的狀況。

③相當於進行壁量計算或容許應力度計算的檢討，也相當於保有水平耐力計算、極限耐力計算、歷時回應解析的檢討，所以需要具備高度的結構知識。

有關建築年代與耐震性請參照第38～39頁的年表。就一般的S造或RC造而言，如果是1981年的新耐震設計法實施以後所進行的設計，基本上不會有什麼問題。不過，就木造來說，對於必要壁量的規定是按照1981年起實施的現行法之規定量，然而剪力牆的配置或拉拔接合等，促使剪力牆以有效的方式運作所規定的條件，卻是在2000年以後才出現。因此，如果不是2000年以後所設計的木造，就不能說是具有耐震性。

在現場調查的確認要點

構材的老朽程度或接合情形，是在現場對一樓樓板下方或天花板內進行探查之後所做出的判斷（表1），照片1～7是結構上屢屢出現的問題點。在結構上必須進行確認的要點可歸結成下列兩點。

①剪力牆是否呈現有效運作的狀態？
②垂直載重是否獲得有效的支撐？

為了確認這兩點，掌握建築物的形狀或構架、剪力牆、水平構面、基礎、接合部的各個結構元素是以哪種狀態構成等，這些有關建築物整體的結構特徵是非常重要的（圖1）。

以第46～49頁的例子來說，若是L形、挑空、退縮、或者重疊增建的建築物等時，有時必須考慮空間區劃的思考方法。

此外，確認對接的位置、及上下層柱子的連續性也非常重要（參照第104～108頁）。樓板作響或木作家具的開闔不易等起因，大多與樑的架設方式和接合部有關。例如從第201頁圖6的退縮（另有御神樂之稱，也有在平屋頂建築物上

照片 1　樓板下的狀況。通風良好，構材沒有腐壞情況，但一樓剪力牆隔斷木地檻或基礎，將產生耐震性問題

照片 2　天花板內部的情況。灰泥牆一直到天花板為止，一旦與屋架樑之間形成空隙（照片中圈起來的部分），耐力就會急速遞減

照片 3　因為設置換氣扇而產生缺角的斜撐。如此一來完全無法期待任何效用

照片 4　釘定的斜撐。對於拉伸力幾乎無法發揮作用

照片 5　固定斜撐的柱子已經腐蝕。柱子呈現懸空狀態，斜撐也無法起任何作用

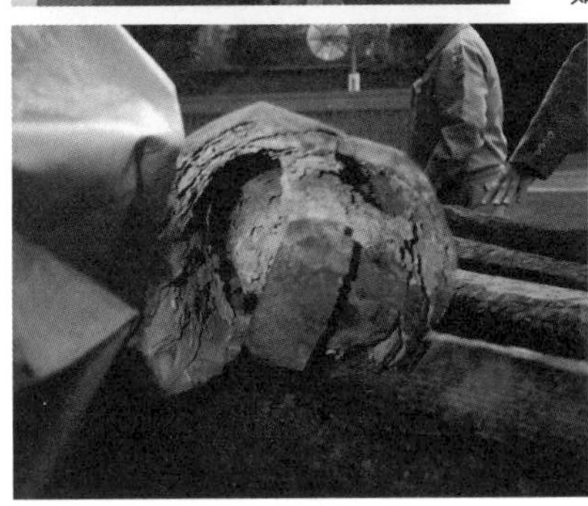

照片 6　因蟻害而造成空洞化的桁樑

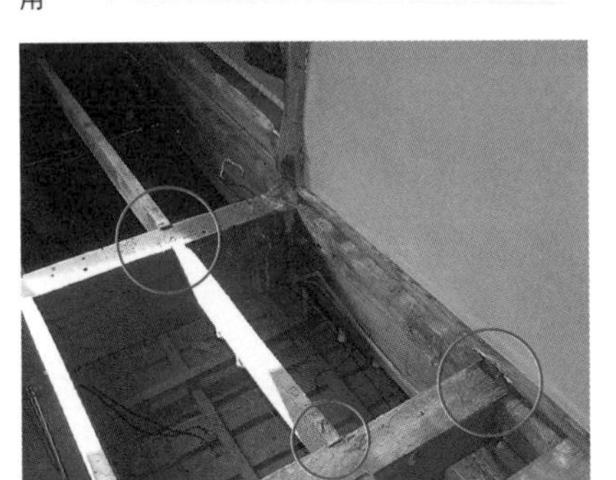

照片 7　因乾燥收縮而導致接合部拔出脫落

圖 1●掌握耐震性與因應補強計畫的要點

木構造的基本構成

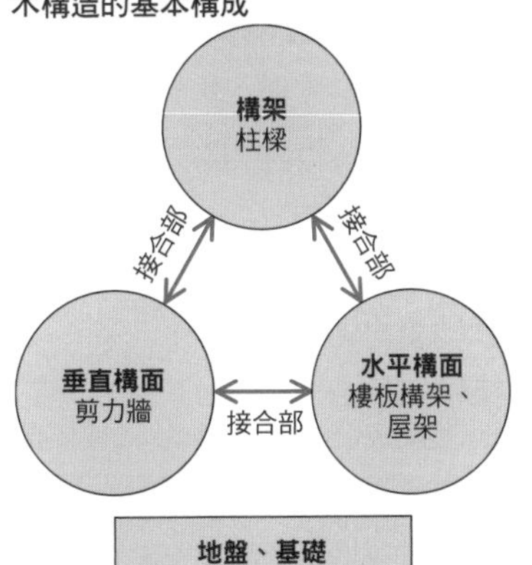

①地盤種類
②平面、立面上的特色
③構架的特色
④對接的位置
⑤剪力牆的類別、量、配置計畫
⑥防止樓板面的先行破壞
- 樓板面的水平剛性與剪力牆的配置

⑦防止接合部拔出脫落
- 外周樑的凸緣效果
- 剪力牆構面上的樑
- 剪力牆端部柱的拉拔

⑧錨定螺栓的有無、配置
⑨構材斷面與腐朽、劣化的程度

圖 2●樑的架設方式與承擔載重

①以格子狀組合樑的情況

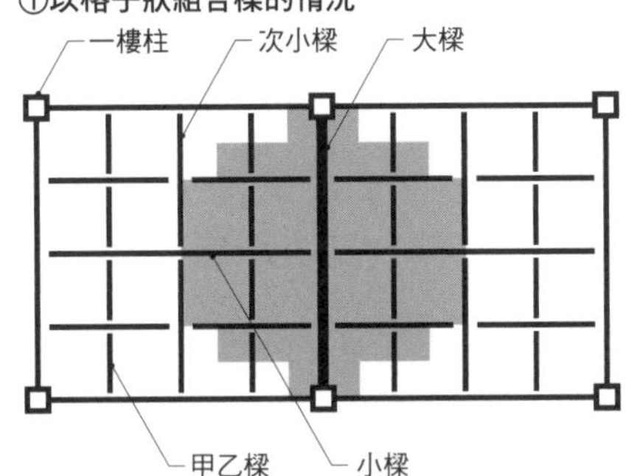

- 即使是格子狀的組合，其負擔載重的情況也和②一樣
- 以各個樑的撓曲為跨距的 1／250 來設計時，樓板中央的撓曲仍比②大
- 當各搭接部產生壓陷時，撓曲量會繼續累加

②將小樑的方向整合在同一個方向的情況

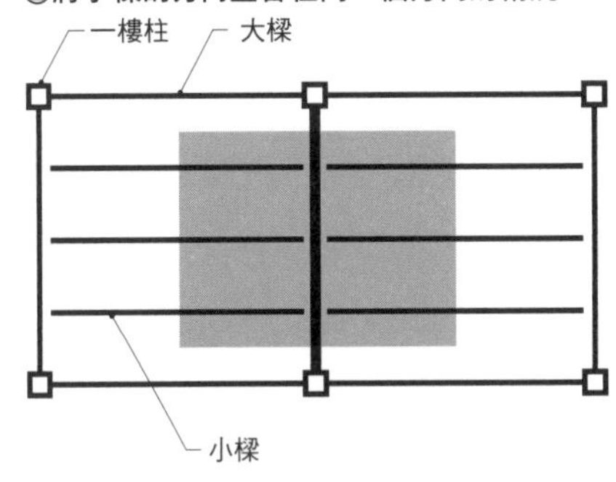

- 中央的大樑無論是斷面缺損或負擔載重都很大
- 小樑的跨距也很大，因此大樑要比小樑至少大上一個尺寸

③在短跨距的大樑上承接小樑的情況

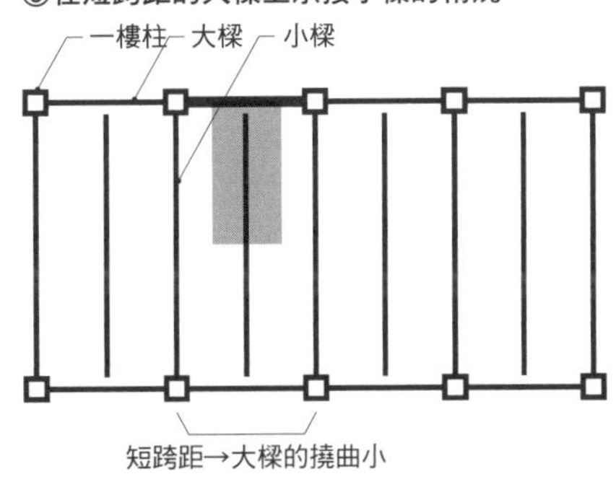

- 在多為通柱的柱子上架設大樑，並將直交小樑以 @3 尺配置→各樑的負擔載重得以減輕
- 短跨距樑的撓曲量少，因此累加的撓曲也小

④相鄰的格狀內小樑出現方向改變的情況

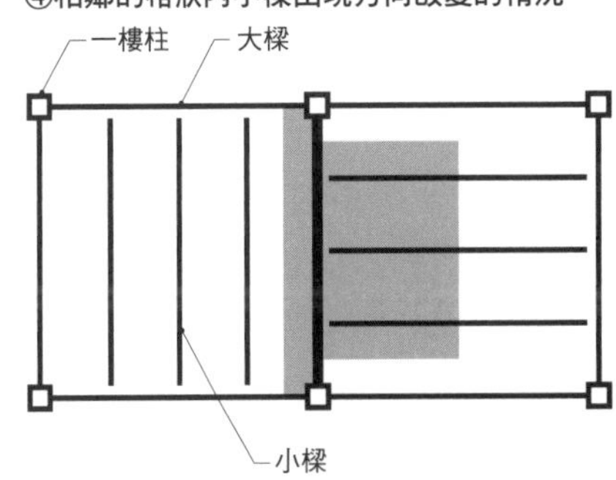

- 柱子的配置形成兩個開間時，如上圖所示架設小樑減輕大樑的負擔載重也是一種做法

■ 大樑所負擔的載重範圍

表 2● 調查項目確認清單

項目	內容	增率、折減係數等
建築規範	結構、樓層數	混合結構時：1.2
平面圖	．繪製平面圖 ．確認主要構架 ．形狀增率係數（短邊長度：未滿 4 m、4 ～ 6 m、6 m 以上）	一般評估法：1.13 精密評估法：1.3、1.15、1.0
建造年數	10 年以上或 10 年以內（劣化度）	—
劣化狀況	建築物內外部的劣化狀況	劣化折減 0.7 ～ 1.0
樓板面積	必要壁量算定用的各層樓板面積（包含挑空）	—
地域係數	根據令 88 條（昭和 55 年建告 1793 號第 1）所示的地震地域係數	Z=0.7 ～ 1.0
積雪深度	．1 m 時：0.26（kN／m²） ．2 m 時：0.52（kN／m²） ．視除雪的狀況可以減去積雪量至 1.0 m	—
地盤	軟弱地盤的情況下	1.5
基地的狀況	高低差、擋土的種類與建築物之間的距離	—
基礎	．基礎形式：I、II、III ．基礎的種類 ．其他現況	—
完成面表	外部及各空間的完成面表	—
牆體基材	各部分及各空間的完成面底材	—
牆體的耐力	．調查無開口牆體的配置狀況、牆體基準耐力 ．有開口牆體的配置狀況（落地窗：0.3 kN／m、窗型：0.6 kN／m）	最大：10.0 kN／m（一般評估法） 情況不明時：2.0 kN／m
樓板規範	．樓板規範：I、II、III ．有無挑空（一邊 4 m 以上）	—
水平構面	二樓樓板構架、屋架	水平剛性、樓板倍率
接合部	柱頭及柱腳的接合部種類：I、II、III、IV	折減係數
	橫向材的接合、加工及五金	接合倍率
傳統構法的情況	柱的尺寸：12 cm 以上	—
	天花板的高度	垂壁
	灰泥牆的厚度（施工狀態）	牆體基準耐力
	基礎與一樓樓板構架	—

原注 ▒▒ 部分是涉及必要耐力計算的項目

圖 4● 木造補強方法的分類

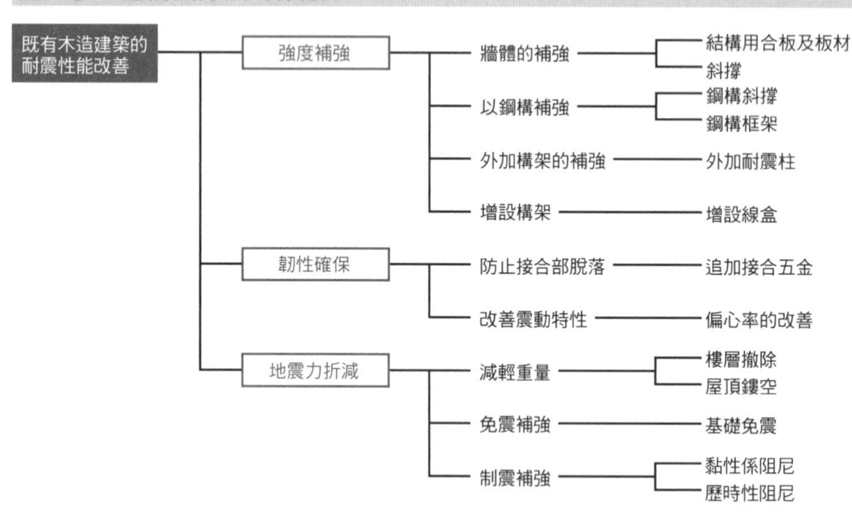

增建二樓之意）形狀來看，若二樓樓板樑的中間承載外牆或剪力牆，或像是第 61 頁圖 2 ①即便以格子狀組裝樓板樑，最後還是會使承載較大載重的樑出現斷面不足或接合部脫落等情況。

如上述在掌握建築物的結構性能前提下，二樓樓板周圍就顯得特別重要，不過就現實面來說，很多時候會因為使用狀況或裝修的關係很難確認實際情形。在沒有檢修口的情況下，也有必要做剝除一部分的完成面等因應做法。

表 2 的確認清單是以下所述評估中的一例。可供進行現場調查時參考之用。

圖 3● 一般評估的流程

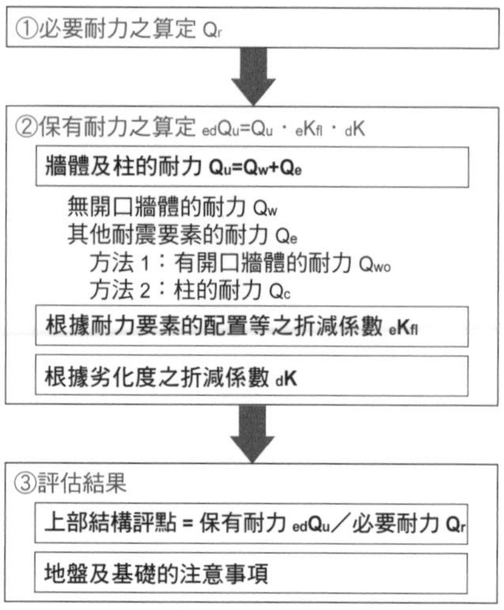

①必要耐力之算定 Q_r

②保有耐力之算定 $_{ed}Q_u=Q_u \cdot {_e}K_{fl} \cdot {_d}K$

牆體及柱的耐力 $Q_u=Q_w+Q_e$

無開口牆體的耐力 Q_w

其他耐震要素的耐力 Q_e

方法 1：有開口牆體的耐力 Q_{wo}

方法 2：柱的耐力 Q_c

根據耐力要素的配置等之折減係數 $_eK_{fl}$

根據劣化度之折減係數 $_dK$

③評估結果

上部結構評點 = 保有耐力 $_{ed}Q_u$／必要耐力 Q_r

地盤及基礎的注意事項

表 3● 耐震性的判定

上部結構評點	判定
1.5 以上	不會倒塌
1.0 以上、未滿 1.5	大致上不會倒塌
0.7 以上、未滿 1.0	有倒塌的可能性
未滿 0.7	倒塌的可能性高

耐震評估的流程

將木造耐震性以具體數值化來評估的方法中，又以依據前面所述的《木造住宅的耐震評估與補強方法》為一般做法。

評估順序是①求出建築物的必要耐力、②計算建築物的保有耐力、③比較算出的必要耐力與保有耐力（圖 3）。

必要耐力的計算有①因應建築物做法的樓板面積在必要耐力表中所應有的數值再乘上樓板面積、及②計算地震力兩種方法。

建築物的保有耐力不僅是針對無開口的剪力牆進行討論，而且可以對新建時的壁量計算中不進行評估的抹灰塗裝與砂漿等的完成面、或腰牆、垂壁、以傳統工法附加垂壁的主要柱等的耐力能力做出判斷。

耐震性的評價以「上部結構評點」的數值來表示，評點高就視為耐震性高（表 3）。如果評點分數在 10.0 以上的話，就可認定是具有與現行基準相同的耐震性（大地震發生時不會倒塌）。

此外，第 380 頁的「大地震時的損傷狀況」表，是將各評點數值會造成什麼樣程度的損傷予以圖像化，提供各位做為參考。

耐震補強的方法

為了提升耐震性所做的改修稱為耐震補強。耐震改修不僅是針對結構面，也必須對居住性或設計、施工性、成本等進行綜合性考量。

欲提升耐震性可考慮以下方法（圖 4）。

①試圖增加強度
②確保大幅度變形的追隨性
③降低地震力

就①的情況來說，增設剪力牆是最普遍的做法。

②的情況除了補強既有剪力牆或柱子的接合部、替換腐朽構材的方法之外，還有對沒有放置鋼筋的基礎進行補強、及補修基礎裂痕等方法。當中，接合部的補強是發揮剪力牆性能的重要關鍵，因為位置數量多，可能會發生一定得剝除完成面（裝修）材才能進行施工等情況，所以必須做好工程範圍有擴大可能的準備。

③則是透過去除瓦屋頂上的土並更換成金屬屋面、或外牆的砂漿塗裝改成乾式工法的完成面等，將屋頂或外牆的完成面輕量化使地震力降低的方法。除此之外，最近也可以考慮採行免震或制震的做法（參照第 66 頁）。採用免震化時，雖然上部結構的補強得以減輕，但強化基礎的強度還是必要的工作。

具體的補強範例列舉如下（第 64 頁圖 5、6）。

（1）構架的補強

- 替換腐朽構材（照片 8）
- 設置補強柱（照片 9）
- 在斷面不足的材料下方以附加樑來補強（照片 9）
- 利用拉伸五金補強樑端部或對接部（第 65 頁照片 10）
- 包含腰壁、垂壁在內利用面材來鞏固構架

照片 8 拆除腐朽構材並以新構材進行接合的例子（柱根對接）

照片 9 以補強柱和補強樑進行補強的例子

用語解說⑤

耐震評估的關鍵字

牆體基準耐力

在耐震評估中為了判斷建築物在大地震中有無倒塌的疑慮，牆體基準耐力是決定壁倍率的四個要素之一（參照第 224 頁），並採用從最終耐力所求得的短期容許耐力值。

需要留意的是，這與令 46 條壁量計算的規定中，從壁倍率換算而來的短期容許剪斷耐力不同。斜撐以低量進行配置（圖）。

折減係數

根據建築物的劣化狀況而將耐震要素的有效性打折之後再進行檢討的係數。折減的種類列舉如下。

①依據柱頭、柱腳接合部的種類來決定
②依據基礎的做法來決定
③依據承重要素的配置來決定
④依據構材的劣化度來決定

必要耐力 Q_r

這是為了抵抗極度少見的大地震所必要的耐力，與作用在建築物上的地震力等值。單位是 kN。

保有耐力 $_{ed}Q_u$

此為現況建築物為了抵抗地震的擺動所保有的耐力。單位是 kN。

圖●牆體基準耐力

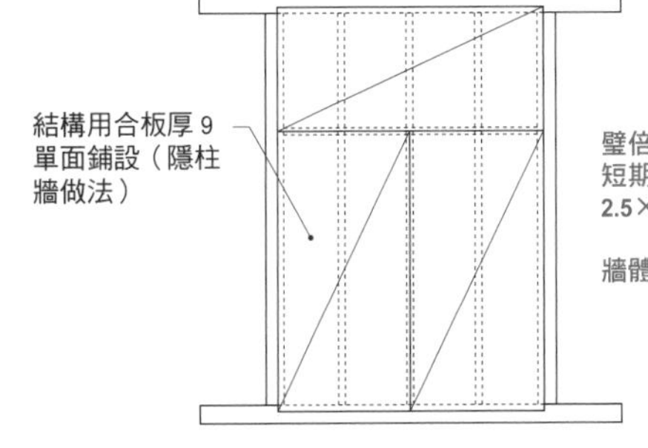

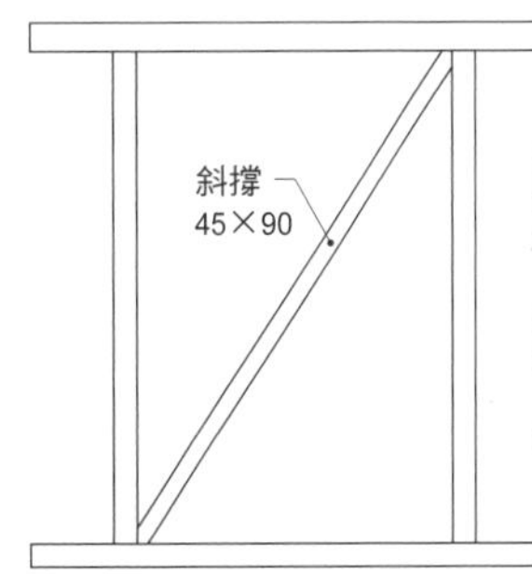

圖 5 ● 耐震補強的範例

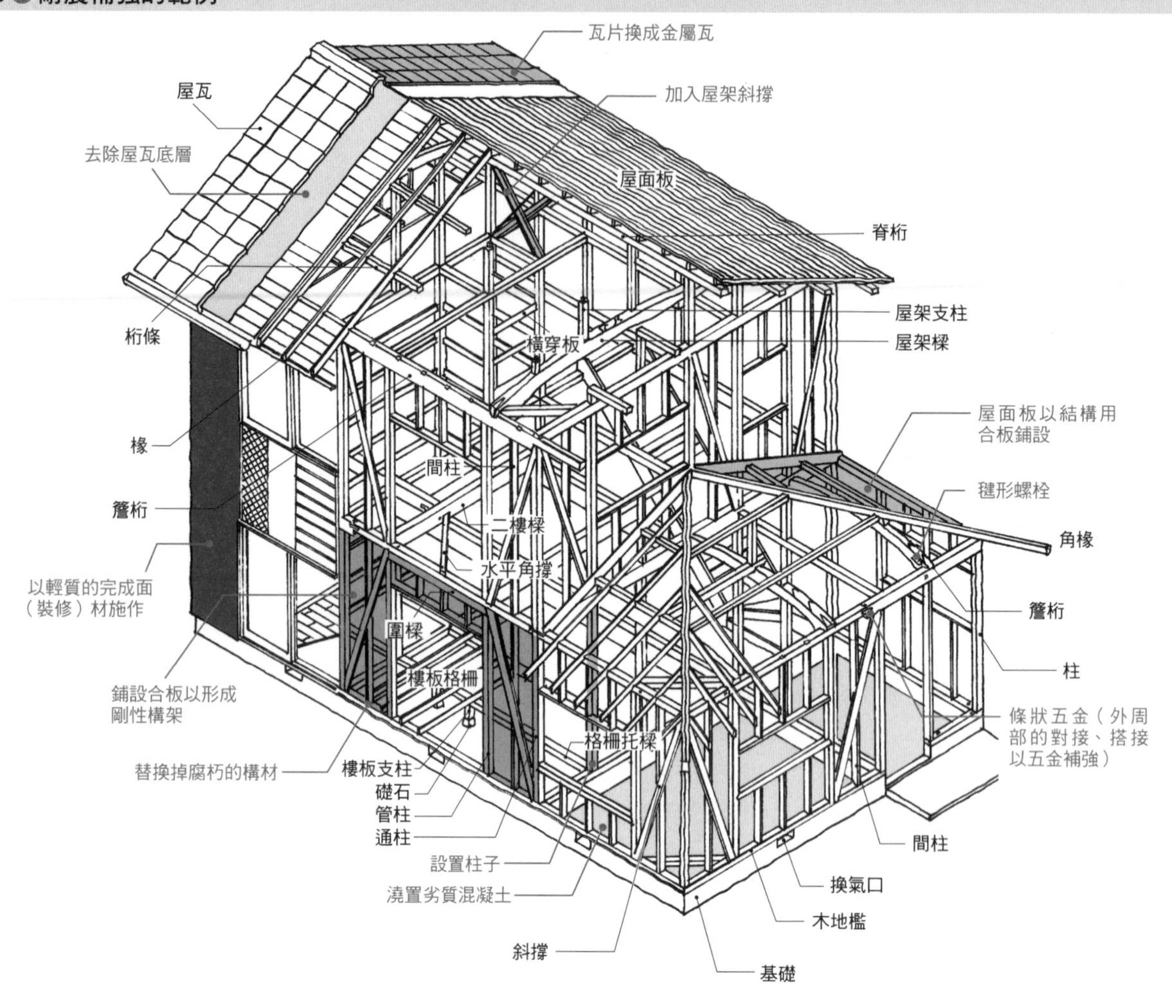

圖 6 ● 利用斜撐與面材來補強

①以斜撐補強

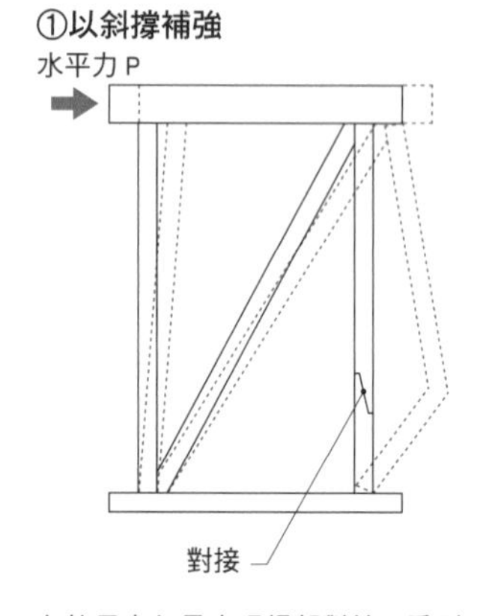

在柱子上如果出現根部對接，受到水平力作用時會從對接部折損

②以面材補強

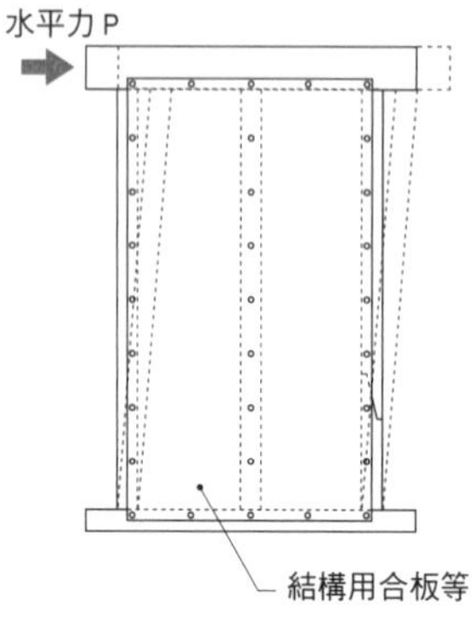

因為是以面的整體進行抵抗，因而即使在木地檻或柱子上出現對接，對於結構缺陷還是有補強的效果

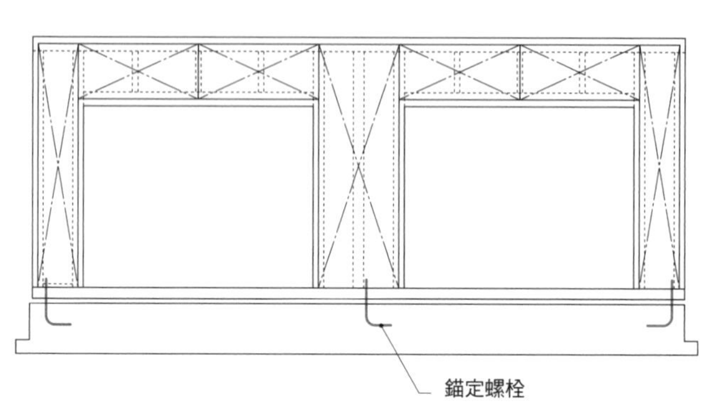

如果錨定螺栓間隔疏鬆，將結構框架化也是一種可行的做法

（2）剪力牆的補強

- 增設剪力牆
- 變更成壁倍率高的做法
- 在既有的斜撐端部以五金固定
- 天花板內設置屋架斜撐（照片 11）
- 在樓板下設置基部連接板（照片 12）
- 在固定剪力牆的柱子搭接上以五金固定（照片 13）

（3）水平構面的補強

- 增設水平角撐
- 以結構用合板固定樓板或屋面板
- 以斜向鋪設樓板或屋面板（照片 14）
- 外周樑的接合部位以五金補強

（4）接合部的補強

- 在樑端部上以鑓形螺栓固定
- 對接部以五金補強
- 以斜撐用五金固定
- 設置柱腳的拉拔五金
- 設置錨定螺栓（照片 15）

（5）基礎的補強

- 在無鋼筋基礎上增設配有鋼筋的基礎
- 在內部或建築物外周部澆置劣質混凝土（照片 16）

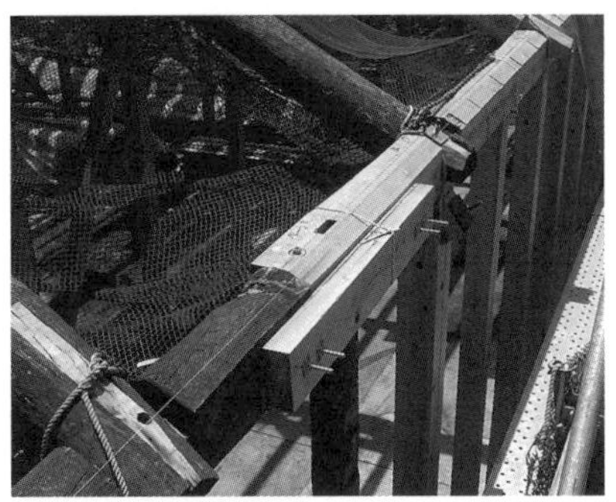
照片 10　對接的補強範例

照片 11　屋架斜撐的設置範例

照片 12　採用礎石式基礎的做法時，若設置新的基礎有困難的話，可設置基部連接板來因應

照片 13　搭接的五金補強範例

照片 14　水平構面的補強範例。斜向鋪設的製成板材經過試驗後得知樓板倍率

照片 15　針對拉拔力使用錨定螺栓及貫通螺栓的補強範例

照片 16　為了新鋪設的劣質混凝土而做的配筋。在既有基礎上以化學錨栓接合。由於中央部分得承載新設的柱子，因此以厚版處理

・進行裂痕修補

補強的優先順序

如果要滿足現行基準的要求徹底進行補強，通常都會耗費相當的成本與時間。因此，如果考慮到預算或居住需求等問題，實際上要做到充分的補強是有困難的。在這種情況下，結構耐力上應該以何者為優先考量，可歸納成下述三點。

(1) 支撐垂直載重

實際在現場進行調查會發現，因為乾燥收縮而導致接合部脫落，或基部遭腐蝕的柱子呈現懸空狀態等情況是屢見不鮮。這些情況在出現耐震性問題之前，首先就面臨了構架無法支撐垂直載重的問題，僅藉助完成面（裝修）材等勉強支撐起來而已。

進行補強時，支撐垂直載重對結構體而言是最基本的功能，要以此做為最優先的考量。具體的對策除了替換腐朽構材之外，確實支撐樑材並使其不脫落牢固連接也很重要。

(2) 防止扭轉

觀察因為地震而受損的木造住宅案例可知，如果只是剪力牆數量稍稍不足的程度，即便出現大幅度傾斜也能避免建築物倒塌。但是，如果剪力牆的配置呈現偏心狀態，那麼即使壁量充足，因為扭轉而倒塌的危險性也會很高（參照第 36 頁照片 4）。從這點可以清楚知道，比起確保剪力牆的量，更應該優先考量如何防止出現扭轉的現象。

此外，在建築物南側等極少配置剪力牆而採用高倍率的牆體做法時，剪力牆就扮演著防止建築物倒塌的任務，所以面對柱腳拉拔力的補強工作也應該同時進行。

(3) 防止建築物外周的接合部脫落

一旦有水平力的作用，建築物的外周部分就會出現很大的拉伸力與壓縮力作用（參照第 247 頁圖 1），此時若接合部在面對拉伸力作用時脫落的話，會造成無法支撐垂直載重，最後導致建築物倒塌（參照第 36 頁照片 6）。

因此，為了確保垂直載重的支撐能力，至少得維持建築物的外形，對外周部的接合部進行補強可說是有效的做法。

用語解說

免震與制震

免震構造

所謂的免震構造，是指在地面與建築物之間放入緩衝材，藉此吸收地震的能量而使地震震動不會直接傳到建築物的結構。

觀察建築物的固有週期與傳遞至建築物的地震力的關係可知，當固有週期 0 ～ 1 秒左右時，地震力輸入的力量會穩定增加，但如果固有週期超過 2 秒時，輸入的地震力會出現減小的傾向。超高層建築之所以可能興建，就是因為這項特性的緣故。因為建築物的週期與建築物高度成正比關係，高度愈高週期愈長，輸入的地震力也會降低。

同樣的，如果在地面（實際上是基礎）與構架之間夾入橡膠等週期長的結構體（免震材），使建築物呈現的週期拉長，地震力輸入的力量就會被減輕。因此，上部結構即使緩慢地搖晃，也不會發生室內家具傾倒或建築物損傷的情形。

不過，需要注意的是，在免震構造中，上部結構必須具備一定程度的剛性。如果因為上部結構接收的地震力小而減少剪力牆等時，就有引發上部結構的週期拉長而與免震材產生共振，導致搖擺幅度增加的疑慮。

免震構造雖然適用於建築物重量重的 RC 造，但是在輕量柔軟的木造上，為了避免結構過度搖晃而結合制震材的案例也很多。

制震構造

制震構造是一種針對大幅度的搖晃，採取「制震阻尼」等來吸收地震能量，藉此減輕建築物損傷的結構。

具體而言，就是在斜撐上加入「黏性阻尼」、或是利用兩片一組的鐵板在錯動時所產生的摩擦力來消除能量。制震裝置在大幅搖晃時有顯著的效果，所以當中型地震發生時幾乎無法發揮其功用。因此要確保剪力牆是符合基準的必要壁量。制震材最好徹底以大地震時的對策來做考量。

圖● 耐震、免震、制震的差異

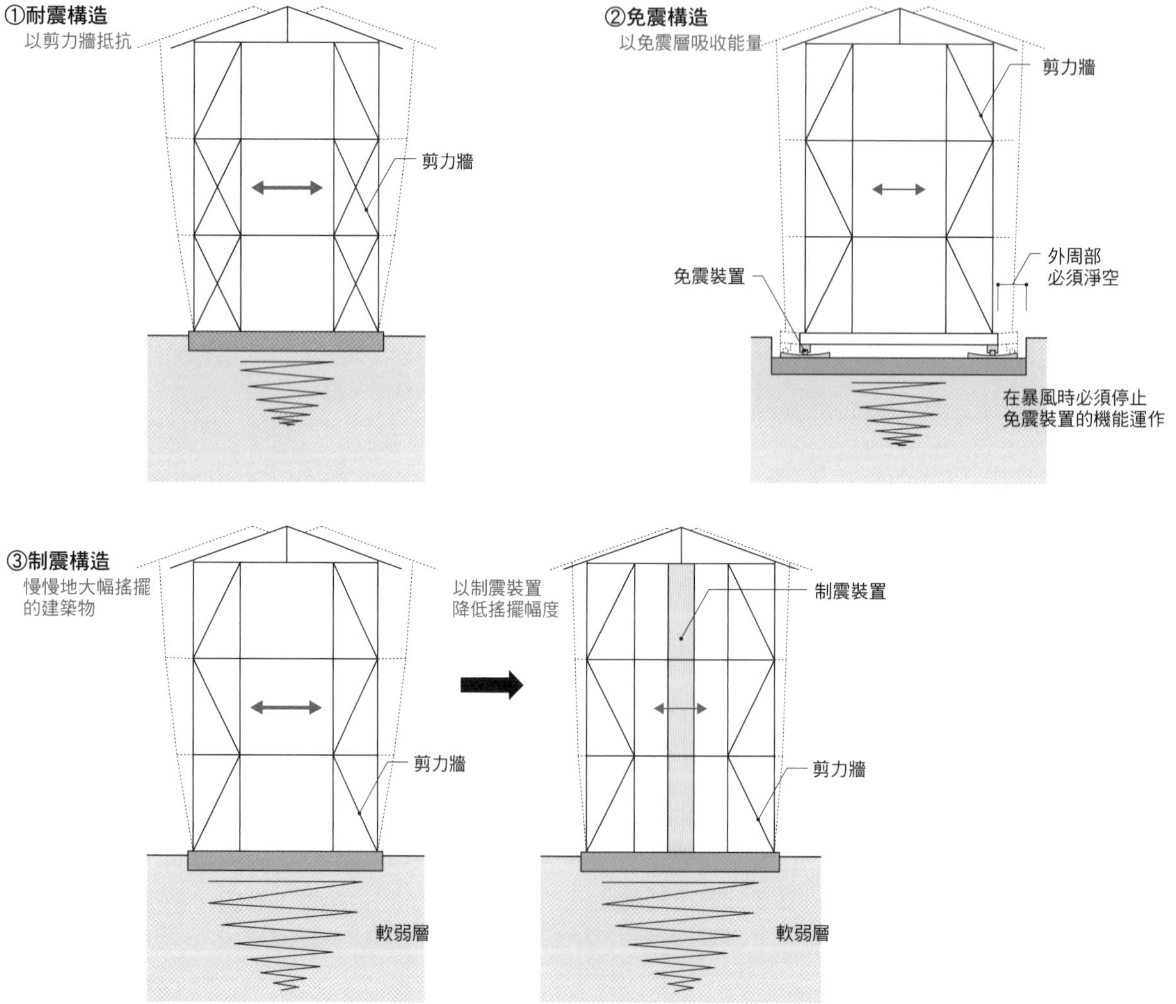

02 基本篇

須掌握的基礎知識

地盤、基礎 [基本篇]

進行建築物計畫時，不能將基地與其周邊環境或地盤性質切開來思考。在此將列舉結構計畫上必須注意的地盤種類、適切的地盤調查做法及其數據讀取的方法、以及決定基礎形狀的過程。同時為了做出堅固的基礎，也會針對施工上須注意的要點進行解說。

地盤、基礎 [基本篇] ①

地盤的基礎知識

觀察過去的地震損害案例，儘管地盤及基礎相關的損害占有壓倒性的比率，但一直以來有關木造住宅的基礎之法律規定卻進行得相當緩慢，地盤調查也等同於沒有。

2000年修訂的建築基準法是根據1995年兵庫縣南部地震的反省，主要針對基礎在因應每一種地耐力時的基礎形狀與做法明訂出具體的指示（表1、2及圖1）。自此之後原本不受管束的木造基礎，雖然得以確保某種程度的品質，不過一旦法律層面有了具體範例的規定，反而容易陷入「只要順從法律的規定就不會有問題」的安逸想法。

在品確法的住宅性能表示制度中也有關於基礎與地盤的項目（表3）。不過並非針對性能本身進行評估，而是表示其決定根據，換句話說這是以地盤調查的結果為依據，要求設計者表達其思考方式而做的規定。

在設計基礎時，本來就要思考地盤的特殊性或與建築物之間的關係。因此接下來會針對地盤的種類與特性、以及軟弱地盤的對策概要進行解說。

地形與地質

日本國土不但狹小，而且幾乎是由複雜的地盤所構成。地形大致分類成①山坡地、②丘陵或台地、③低窪地等三種（圖2）。

(1) 山地

一般而言，山地雖然屬於安定的地盤，但在長年地殼變動之下，也有形成複雜地形或地盤的地方。在劇烈傾斜地、砂質地層的風化堆積後所形成的表層地盤中，容易產生土石崩壞的情形。

(2) 丘陵或台地

丘陵是介於平地與山地中間的地形，標高在300 m以下。台地的標高比丘陵低，且具有廣闊平坦的面積。以壤土、砂、砂礫等構成，兩者都是相對穩定的地盤。不過，近年來在丘陵急遽傾斜的地方，或在台地的懸崖周邊進行住宅地開發，進而引發問題的案例很多。

(3) 低窪地

主要是由堆積年代尚淺的泥炭層、泥層、黏土層、淤泥層、砂層、砂礫層等的沖積層所構成，大多屬於軟弱地盤。因為地下水位淺，所以出現土壤液化或地面裂縫、凹陷等的地盤變動也相當嚴

表 1 ● 基礎的構造形式（平成 12 年建告 1347 號）

對應長期在地盤中產生的力之容許應力度（kN／m^2）	樁基礎	版式基礎	連續基礎
未滿 20	○	×	×
20 以上未滿 30	○	○	×
30 以上	○	○	○

表 2 ● 連續基礎的底盤寬度（平成 12 年建告 1347 號）

對應長期在地盤中產生的力之容許應力度（kN／m^2）	建築物的種類		
	木造或 S 造等其他類別、重量小的建築物		其他建築物
	平房	二層樓	
30 以上未滿 50	30 cm	45 cm	60 cm
50 以上未滿 70	24 cm	36 cm	45 cm
70 以上	18 cm	24 cm	30 cm

原注　有關地盤的長期容許支撐力度的算定方法，請參照平成 13 年國交告 1113 號第 2

表 3 ● 品確法中對地盤、基礎的表示項目（平成 12 年建告 1652 號）

應表示事項	適用範圍	表示方法	說明事項	用於說明的內容
1-5 地盤或樁的容許支撐力等及其設定方法	獨戶住宅或集合住宅等	地盤的容許應力度（單位以 kN／m^2 表示、取小數點後第一位，第一位後的數捨去）、以及樁的容許支撐力（單位以 kN／支來表示，取小數點後第一位，第一位後的數捨去）、以及明確表示地盤調查的方法與根據其他方式而設定的方法	地盤或樁的容許支撐力等及其設定方法	能抵抗計入地盤或樁的常時作用載重的力量大小、以及計入地盤中所能抵抗的力之設定根據與其方法
1-6 基礎的構造方式及形式等	獨戶住宅或集合住宅等	採用直接基礎時需要表示基礎的構造方法及形式；採用樁基礎時則需要表示樁的種類、樁徑（以 cm 為單位，小數點以下四捨五入）、以及樁長（以 m 為單位，小數點以下四捨五入）	基礎構造方式及形式等	直接基礎的構造及形式，或樁基礎的樁種類、樁徑及樁長

圖 1 ● 基礎的做法（平成 12 年建告 1347 號）

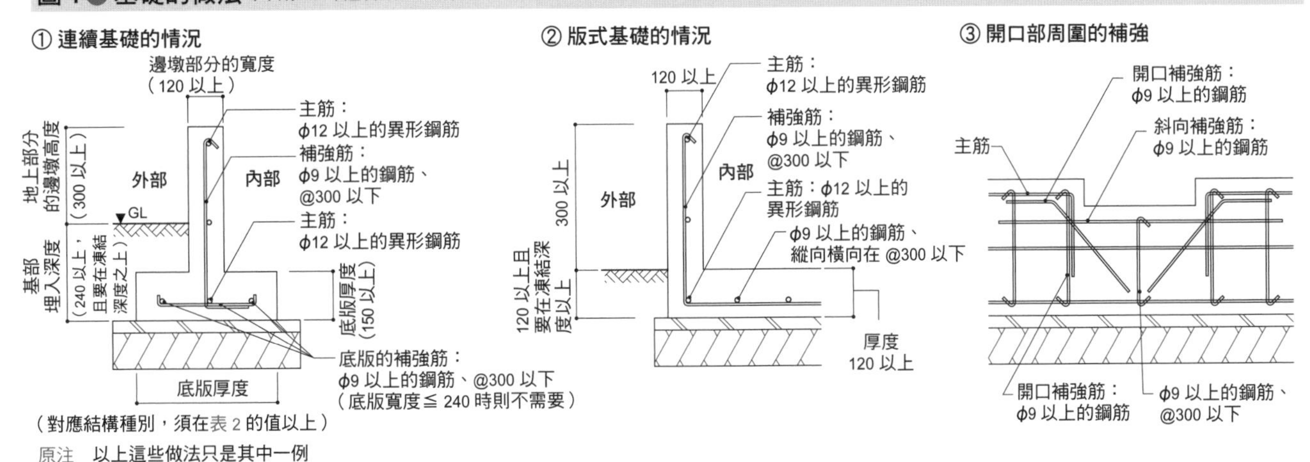

原注　以上這些做法只是其中一例

圖 2 ● 地形與地質概要圖

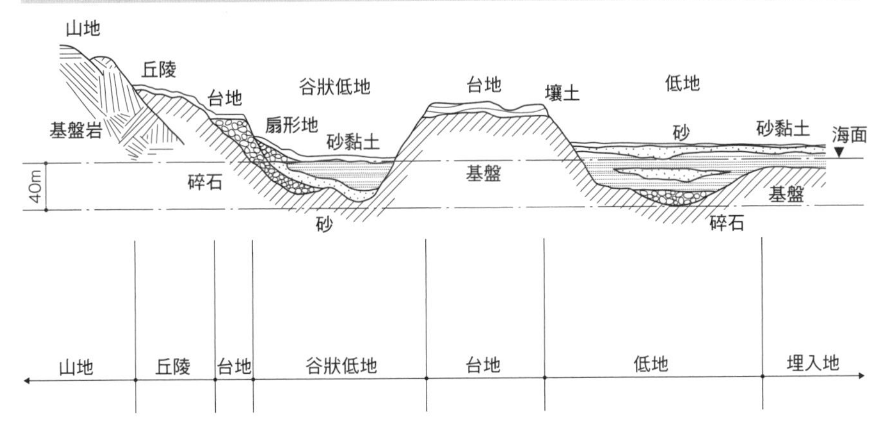

表 4 地形代表的地名範例

地形	代表的地名
低濕地	惡田、阿戶、阿部、蘆原、宇田、江田、勝田、勝保、蒲田、久保、古田、五味、權田、當間、詫間、戶田、戶部、土呂、頓田、仁田、額田、沼田、野田、野間、富家、布太、法田、美土路、牟田、矢野、八田、谷地、谷津、谷戶、矢原、淀
新田乾拓地	沖、搦、興野、小森、新在家、新保、新屋敷、田代、地先、何軒家、羽立、別所、別府
沙洲、乾潟湖	伊砂、砂子、鹿田、州、須賀、手間、由左、由良
崩崖	小豆澤、阿曾原、阿保、宇津、押出、掛、干、賀露、鍵掛、久江、猿山、座連、出谷、津江、黑薙、拔谷、保木、步危

出處：《小規模建築物基礎設計指南》（（一般社團法人）日本建築學會、1988 年［原注 根據鏡味完二等人：地名的語源、角川小辭典、昭和 52 年 3 月製成］）

重。在過去的大地震中受災明顯的地區幾乎都屬於這類地盤。

低窪地包含谷狀低地（被台地包夾的山谷狀低地）、自然堤防（因河川氾濫而形成的微型高地）、後背濕地（在自然堤防的背後所形成的沼澤狀低濕地）、三角洲（因河川的堆積物而在河口形成的三角形低地）等類型。

雖然市面上已經有標示出以上這些地形的地形圖，但是地名本身也是一項有用的訊息。近年來因為地名變更的緣故使得很多都無法從地名辨別了，但做為參考之用，仍將具有代表性的地名列出表 4。

表 5 ● 地盤的種類、預設的受損與對策

	地盤的種類	預設的受損	對策
均勻的軟弱地盤	①填土持續下陷的地盤	・壓密沉陷量變大 ・埋管可能產生破損 ・當建築物的重量偏移時，容易出現不均勻沉陷	・提高基礎、地中樑的剛性，防止不均勻沉陷 ・利用樁或柱狀改良等方式以良好的地層來支撐 ・軟弱地盤的層厚薄時，進行表層改良
	②位於深沖積層上方的地盤	・壓密沉陷量變大 ・埋管可能產生破損 ・地盤搖晃的週期長，建築物的損傷持續發生而導致週期增大時會出現共振現象（受關東大地震破壞的下町住宅多屬這類型）	・提高基礎、地中樑的剛性，防止不均勻沉陷 ・利用摩擦樁等來支撐 ・增加牆體以提高建築物的強度與剛性，縮短固有週期。此外，利用耐力提升來因應共振現象
	③有土壤液化疑慮的地盤	・地下水位高且鬆軟的砂質地盤，在地震時地下水的水壓會變高，砂粒之間的結合與摩擦力會下降而出現砂層液化的現象。因而導致建築物傾斜、翻倒或下陷的情況	・提高基礎、地中樑的剛性，防止不均勻沉陷 ・關於土壤液化的對策，參照表 6
	④砂丘	・乾燥的砂丘受到震動後，容易讓砂產生移動而導致建築物傾斜或下陷	・利用樁或柱狀改良的方式，以良好的地層來支撐 ・基礎底面下方全面進行深度至 2 m 左右的地盤改良
	⑤不結實的碎石層	・下陷量變大 ・建築物的重量偏移時，容易產生不均勻沉陷 ・地震時容易出現地盤下陷 ・埋管可能產生破損	・提高基礎、地中樑的剛性，防止不均勻沉陷 ・利用樁或柱狀改良等方式，以良好的地層來支撐 ・軟弱地盤的層厚薄時，進行表層改良
軟弱層厚度不均勻的地盤	⑥開挖與填土混合的地盤	・填土部分的下陷量變大，容易出現不均勻沉陷 ・地盤的搖擺幅度不同，填土層部分的搖擺幅度變大 ・因雨水浸透而使填土層產生滑動	・將填土層部分進行地盤改良 ・在填土層部分打樁 ・提高基礎、地中樑的剛性，防止不均勻沉陷
	⑦不安定的擋土牆	・受地震或雨水的影響而使擋土牆產生水平移動時會導致建築物傾斜 ・受地震或雨水的影響而使擋土牆崩壞時，可能會導致建築物產生巨大損傷	・提高基礎、地中樑的剛性，防止不均勻沉陷 ・補強擋土牆或是新設擋土牆
	⑧在傾斜的基盤上有厚實不同的填土地盤	・因層厚不同而容易產生不均勻沉陷 ・有引發填土層移動、建築物傾斜的可能性 ・有引發地層滑動的可能性	・提高基礎、地中樑的剛性，防止不均勻沉陷 ・利用樁或柱狀改良等方式，以良好的地層支撐 ・軟弱地盤的層厚薄時，進行表層改良
	⑨填埋深谷地等而成的地盤	・厚的填土層出現壓密沉陷的可能性很高 ・埋管可能產生破損 ・在原地盤與填土的邊界附近，不但可能因為填土厚度的變化而出現地面裂痕，也容易產生建築物的不均勻沉陷	・利用樁或柱狀改良的方式，以良好的地層支撐 ・軟弱地盤的層厚薄時，進行表層改良 ・提高基礎、支柱樑的剛性，防止不均勻沉陷

※ 原注　在地盤改良的情況下並不處理異種基礎。而獨戶住宅用的小口徑鋼管樁是做為地盤改良的基礎工程所採取的手法，雖然不包含管壁厚度的規定，不過做為異種基礎而加以採用時，就必須依據平成 12 年（編按：西元 2000 年）建告 1347 號第 2 項的規定進行結構計算（依據「2007 年版 建築物的結構相關技術基準解說書」）

地盤構成與預設的受損情形

以容易導致建築物蒙受災害的地盤構成來說，大致可分為均勻的軟弱地盤（表 5 ①～⑤）以及軟弱層厚度不均勻的地盤（表 5 ⑥～⑨）兩類。

進行基礎設計時，除了垂直支撐之外，也必須對水平力進行考量。

（1）均勻的軟弱地盤

①填土持續下陷的造成地

在水田或濕地上填土造地的情況下，如果造成年限短，填土的沉陷就會持續進行（表 5 ①），這樣的地盤會使壓密沉陷量變大，甚至可能導致管線破損。此外，當建築物的重量有所偏移時，也容易引起不均勻沉陷。

因此，有必要考量提高基礎剛性或進行表層改良、打樁等。

表 6●以發生土壤液化為前提的結構對策

部位	對策
地盤	・利用織布、不織布等的纖維材或塑膠等高分子材，對地盤進行使土壤安定的補強措施 ・進行地盤改良（表層改良、柱狀改良等） ・將礫石確實固結 ・鋪設 30 ～ 50 cm 的礫石，讓水順利排出建築外部
基礎	・採用樁基礎 ・縮小地中樑的圍閉面積，採用剛性提升的鋼筋混凝土連續基礎、版式基礎

圖 3●擋土牆附近的基礎計畫

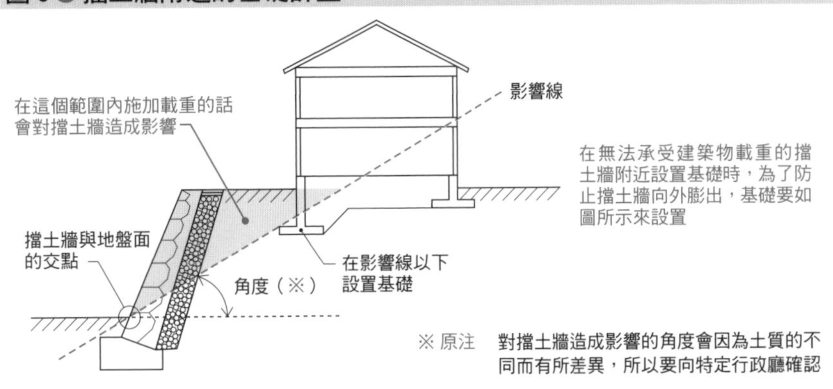

在這個範圍內施加載重的話會對擋土牆造成影響
影響線
在無法承受建築物載重的擋土牆附近設置基礎時，為了防止擋土牆向外膨出，基礎要如圖所示來設置
擋土牆與地盤面的交點
在影響線以下設置基礎
角度（※）

※ 原注　對擋土牆造成影響的角度會因為土質的不同而有所差異，所以要向特定行政廳確認

②位於深沖積層上方的地盤

像東京下町這類俗稱沖積層的軟弱層厚度達 30 m 以上的地盤（表 5②），會增加地震的搖擺幅度，特別是剛性低的木造住宅容易出現嚴重的災害（參照第 43 頁圖 1、2）。雖然對於這種地盤的因應之策基本上與（1）①相同，不過要將樁打至堅固的支撐地盤有其困難之處。因此大多會改用竹節樁等摩擦樁。

另外，在建築基準法中，特定行政廳 (編按：日本管理建設事務的地方政府機關) 針對顯著軟弱區域與指定區域有「木造住宅的壁量提高 1.5 倍比率」的規定，意圖藉由提升建築物的剛性與耐力，來達到防止共振現象的作用。

③有土壤液化疑慮的地盤

土壤液化會發生在地下水位高、粒子均勻且鬆軟的砂地盤上（表 5③）。

土壤液化的對策包含防止土壤液化發生所採取的大規模對策、以及即使液化現象發生也能減輕對建築物造成不利損害的較小規模對策。

前者是採取固結等手法將土壤的相對密度提高、去除土壤中的水分使水位降低，這不是以個別預算來判定可行與否的問題，而是必須經由地方政府來擬定對策（＊）。

後者的對策是假設前提為即使土壤液化現象發生，也能減輕對建築物產生的有害影響，可以考慮表 6 的方法。

④砂丘

在乾燥的砂丘上施以振動時，砂的移動往往是造成建築物傾斜或下陷的原因（表 5④）。

就對策來說，可以考量利用表層改良來提高基礎的剛性，或藉由打樁以堅固地盤來支撐建築物等方法。若採取打樁時要盡可能使用粗大的樁直徑，以確保對水平力的抵抗力。

⑤不結實的碎石層

即使是碎石層，如果碎石間隙大且不結實的話，就很容易出現下陷的情況（表 5⑤）。因此需要採行提高基礎剛性、進行表層改良、採用樁基礎等的對應。

（2）軟弱層厚度不均勻的地盤

⑥開挖與填土混合的地盤

在造成地中，開挖和填土混合並存的情況相當多，填土部分的下陷或滑動很容易成為不均勻沉陷的起因（表 5⑥）。

依據填土的厚度不同，必須進行表層改良或打樁的措施。此外，如果填土部分的重量加載少時，也可以考慮提高基礎剛性來對應。

⑦不安定的擋土牆

當同為造成地且設有擋土牆時，要注意在擋土牆設計之際所預測到的建築物載重會存在很大的變異（表 5⑦）。有將兩層木造建築的載重估計在內，也有只計入木造的平房部分，在狀態極糟時甚至完全無視承載於地盤上的建築物載重。

當考慮在擋土牆上施加載重時，雖然在鄰近擋土牆的位置上建造建築物是可行的，但如果沒有將建築物載重估算在內，或規劃比預期載重更重的建築物時，就一定要防止擋土牆向外膨出。雖然對擋土牆進行補強也是一種因應做法，不過在建築物載重不會對擋土牆產生影響的範圍內設置基礎的做法才是依據現實考量的對策。

具體的做法包含沿著影響線以下設置基礎（圖 3），或盡可能在遠離擋土牆的位置建造建築物，或者採行樁基礎等。

⑧傾斜的地盤上承載軟弱層的基地

在原本就傾斜的地盤上填土，或是在軟弱層所堆積起來的基地上，會有下陷量不同、水滯留在不透水層上而引起地面滑動等疑慮（表 5⑧）。

如果軟弱層的層厚是薄的，可提高基礎剛性或進行表層改良。如果是厚的，就要採行打樁以堅固的地盤來支撐的對策。

⑨填埋沼澤、谷地而成的地盤

由沼澤或谷地填埋所形成的地盤上，地震時會出現如波紋般的現象，在原有地盤和填土邊界附近容易引起地面裂縫（表 5⑨）。

就對策上來說，可以採行與前面（2）⑧做法相同的地盤改良，藉以提高基礎的剛性。

除此之外，如果軟弱地盤上承載著重量不同的建築物時，會出現下陷量不一的情形，所以必須設置伸縮縫（參照第 51 頁專欄），或採取地盤改良等的對策。

＊譯注　臺灣經濟部中央地質調查建置的土壤液化潛勢區查詢系統，可查詢建築基地的土壤液化潛勢分類。內政部營建署則設有防治土壤液化的觀念宣導與諮詢服務。對於土壤液化改善措施可提供一定程度的協助。

表 7 ● 地盤種類與週期

地盤種類	地層構成	地盤週期 Tg（秒）	Tc（秒）
第1種地盤	以岩盤、硬質碎石層及其他為主的第三紀以前的地層所構成的地盤 此外，還有針對地盤週期等的調查或以研究結果為基礎，認定與此有相同程度的地盤週期的地盤 （GL±0／岩盤、硬質碎石、第三紀以前的地層（洪積層））	T_g<0.2	0.4
第2種地盤	第 1 種地盤及第 3 種地盤以外的地盤	0.2<T_g≦0.75	0.6
第3種地盤	以腐植土、泥土或其他此類物質為主所構成的沖積層（有填土時也包含在內），其深度大概在 30 m 以上的地盤 埋填沼澤、泥海等所形成的地盤，其深度大概在 3 m 以上，且埋填尚未滿 30 年的地盤 此外，還有針對地盤週期等的調查或以研究結果為基礎，認定與此有相同程度的地盤週期的地盤 （GL±0／30 m 以上／由腐植土、泥土構成的沖積層（包含填土）） （GL±0／3 m 以上／未滿 30 年的填埋地）	0.75<T_g	0.8

表 8 ● 地盤的容許支撐力度（令 93 條）

（地盤及基礎樁）

第 93 條 地盤的容許應力度及基礎樁的容許支撐力必須依據國土交通大臣制訂的方法，進行地盤調查並且以其結果為基準來設定。不過，下表所列的地盤之容許應力度，可依其地盤種類，以該表的數值為依據。

地盤	對長期生成的力所需的容許應力度（kN／m²）	對短期生成的力所需的容許應力度（kN／m²）
岩盤	1,000	各數值以對長期生成的力所需的容許應力度的 2 倍視之
固結的砂	500	
泥岩	300	
密實的碎石層	300	
密實的砂質地盤	200	
砂質地盤（僅限地震時沒有土壤液化疑慮）	50	
堅硬的黏土質地盤	100	
黏土質地盤	20	
堅硬的壤土層	100	
壤土層	50	

表 9 ● 無擋土牆邊崖或邊崖部分（開挖時）

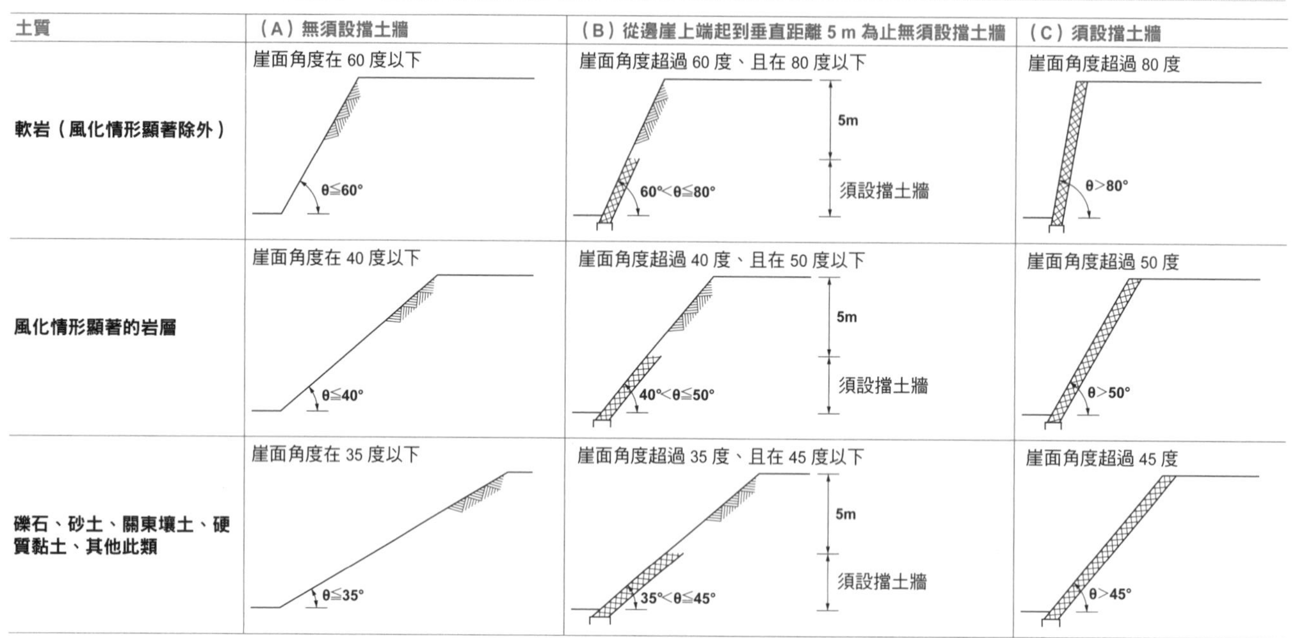

土質	（A）無須設擋土牆	（B）從邊崖上端起到垂直距離 5 m 為止無須設擋土牆	（C）須設擋土牆
軟岩（風化情形顯著除外）	崖面角度在 60 度以下（θ≦60°）	崖面角度超過 60 度、且在 80 度以下（60°<θ≦80°；5m；須設擋土牆）	崖面角度超過 80 度（θ>80°）
風化情形顯著的岩層	崖面角度在 40 度以下（θ≦40°）	崖面角度超過 40 度、且在 50 度以下（40°<θ≦50°；5m；須設擋土牆）	崖面角度超過 50 度（θ>50°）
礫石、砂土、關東壤土、硬質黏土、其他此類	崖面角度在 35 度以下（θ≦35°）	崖面角度超過 35 度、且在 45 度以下（35°<θ≦45°；5m；須設擋土牆）	崖面角度超過 45 度（θ>45°）

出處：《宅地造成等規制法之解說》（建設省建設經濟局民間宅地指導室監修、（公益社團法人）日本建築師會聯合會）

地盤種類與結構特性

昭和 55 年（編按：西元 1980 年）建告 1793 號第 2 項中，將地盤種類以表 7 的分類加以規定。簡單來說，第 1 種地盤屬於相當良好的地盤、第 3 種地盤是顯著的軟弱地盤，兩者皆非的就是第 2 種地盤。

無關乎是否由特定行政廳指定，當認定基地是接近第 3 種地盤時，不僅是基礎，也應該考慮提高上部結構的剛性。

此外，即使是上方沒有既有住宅的造成地，造地後的年數如果經過 30 年就可以視為壓密沉陷幾乎已經完成的地盤。

地盤的容許支撐力度

在令 93 條的但書中，針對近乎均質且安定的基地上的地盤，是根據過往經驗所得的容許支撐力度（表 8）。

當能夠利用鄰近的鑽探資料等大致掌握地層構成時，對於推算支撐力將有很大的幫助。

崖地的判定

在宅地造成等規制法中，有載明在一定的條件下以確保地盤的安定性為前提時，可以去除設置擋土牆的義務。具體如表 9 所示，對應土質所得的崖面角度有相關的規定。

可以與第 71 頁圖 3 擋土牆附近的基礎計畫合併來看。

地盤調查的選擇與數據判讀方法～地盤的支撐力與沉陷量

建造一棟建築物的首要工作是對所在基地的地盤所具備的性質有所掌握（表 1）。除了確認地形圖或地名、向很早以前就住在附近的居民進行訪查之外，也要透過地盤調查來進行綜合的判斷。

表 1 掌握基地的狀況

基地的前身	○山地 ○丘陵 ○水田 ○旱田 ○停車場
造成宅地	○造成宅地（經過年數 推定 年）
挖填土	○開挖 ○填土 ○挖填土
地面坡度	○平坦 ○傾斜
地表的狀況	○平坦 ○傾斜
鋪裝情形	有 無 異常 （ ）
基地內高低差	有 無
擋土牆	有 構造（○RC ○漿砌 ○乾砌）、高度（ m） 無 異常（ ）
既有建築物	有 屋齡年數（ 年）、樓層數（ ）、異常（ ） 無 屋頂（○瓦○金屬板○其他（ ））、外牆（ ）
凍結深度	（為了決定基礎的埋入深度）

表 2 平成 13 年國交告 1113 號所示之地盤調查方法

大分類	小分類
鑽探調查	旋轉鑽探法 手動螺旋鑽探法
標準貫入試驗	—
靜態貫入試驗	瑞典式探測試驗 圓錐貫入儀試驗 荷蘭式雙管貫入試驗
十字版剪切試驗	—
土質試驗	物理試驗 力學試驗
物理探測	表面波探測法 PS 檢層法 常時微振動測定等
平板載重試驗	—
打樁試驗	—
樁載重試驗	—

地盤調查方法的種類與內容

為了求出地盤或樁的容許支撐力而做的地盤調查方法，可列舉出表 2 的內容。其中運用在木造住宅上的方法有標準貫入試驗（鑽探調查）、平板載重試驗、瑞典式探測試驗（以下稱為 SWS 試驗）、表面波探測法等。後兩者相對比較簡單，因此經常被採用。

（1）標準貫入試驗

這是在鑽探孔內進行探測的一種方式，是最常使用的地盤調查方法。試驗時會將專用的取樣器裝在探測竿的前端，再以 63.5 kgf 的夯錘從 75 cm 的高度自由落下，測定貫入地盤內 30 cm 所需要的落錘次數以 N 值表示。除了從 N 值求得地耐力等之外，還可以取樣試驗材料，藉此了解地層構成或地下水位的狀態（圖 1、第 74 頁圖 2）。

（2）平板載重試驗

在基地上進行試掘直至基礎所設置的深度為止，放置載重板施加載重來測定沉陷量，判定支撐力（第 75 頁圖 3）。

因為只能從載重面探測到數十公分的深度，所以更深的深處地層中若有軟弱層或傾斜地盤等就不適用這種試驗方法。在得以利用鄰近的鑽探試驗資料等來掌握地層構成的情況下採用。

（3）SWS 試驗

如第 75 頁照片 1、圖 4 所示，

圖 1 標準貫入試驗簡圖（依據土質工學會編「土質調查法」）

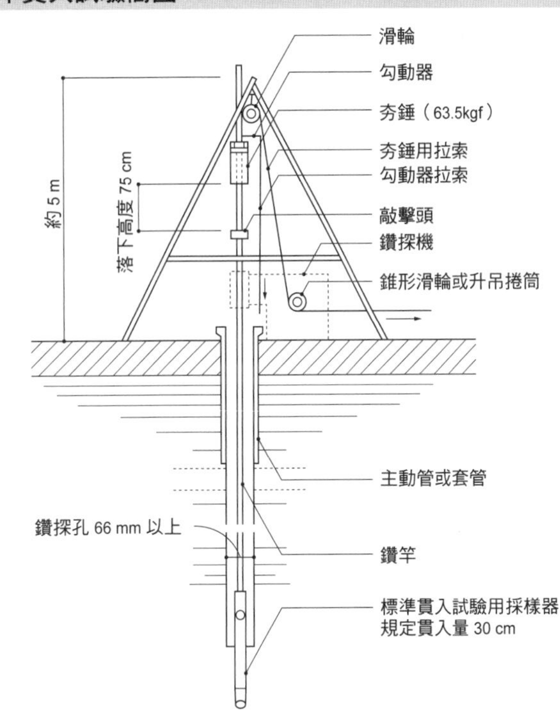

這種是一邊旋轉試驗機器、一邊測定地盤結實程度的方法，分成手動式與機械式兩種。這個試驗雖然無法一併調查土質構成，不過為了計算後續的地盤支撐力，有必要透過附著在機具前端螺絲頭上的土壤或旋轉時傳遞到手部的手感，來判斷是黏土或砂質土。

可進行調查的深度約在 5 ～ 10 m 的範圍，因為調查結果也有誤差，因此不適合用在重量重的結構物，但是做為木造住宅的地盤調查

圖 2●鑽探資料

根據鑽探施工者的觀察記錄。利用標準貫入試驗用的採樣器，並採取敲擊採樣的方法，在大部分的情況下，所採集到的都是被打亂的試料。可以取得的數據包含地層構成、土壤的顆粒粒徑、比重、黏稠性、自然含水比等土壤性質

一般來說，鑽探資料裡含有很多的情報，在設計、施工計畫上並不太加以活用，大多會從相較容易應用的數據下手。在此將解說從數據讀取到的事項

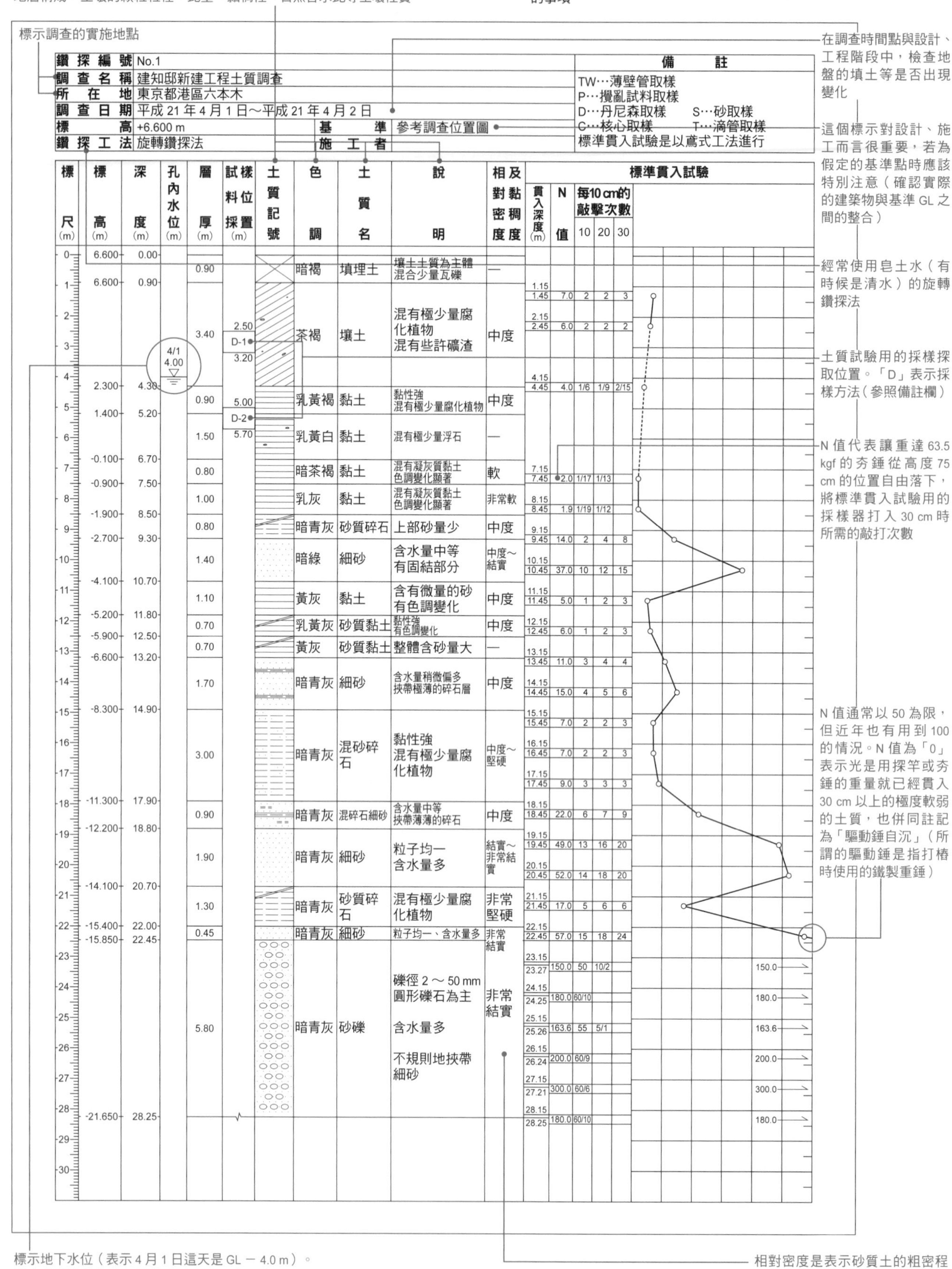

鑽探編號	No.1
調查名稱	建知邸新建工程土質調查
所在地	東京都港區六本木
調查日期	平成 21 年 4 月 1 日～平成 21 年 4 月 2 日
標高	+6.600 m
基準	參考調查位置圖
鑽探工法	旋轉鑽探法
施工者	

備註：TW…薄壁管取樣　P…攪亂試料取樣　D…丹尼森取樣　S…砂取樣　C…核心取樣　T…滴管取樣　標準貫入試驗是以鳶式工法進行

標高 (m)	深度 (m)	孔內水位 (m)	層厚 (m)	試樣採料位置 (m)	色調	土質名	說明	相對密度及黏稠度
6.600	0.00		0.90		暗褐	填埋土	壤土土質為主體 混合少量瓦礫	—
6.600	0.90	4/1 4.00	3.40	2.50 D-1 3.20	茶褐	壤土	混有極少量腐化植物 混有些許礦渣	中度
2.300	4.30		0.90	5.00 D-2 5.70	乳黃褐	黏土	黏性強 混有極少量腐化植物	中度
1.400	5.20		1.50		乳黃白	黏土	混有極少量浮石	—
-0.100	6.70		0.80		暗茶褐	黏土	混有凝灰質黏土 色調變化顯著	軟
-0.900	7.50		1.00		乳灰	黏土	混有凝灰質黏土 色調變化顯著	非常軟
-1.900	8.50		0.80		暗青灰	砂質碎石	上部砂量少	中度
-2.700	9.30		1.40		暗綠	細砂	含水量中等 有固結部分	中度～結實
-4.100	10.70		1.10		黃灰	黏土	含有微量的砂 有色調變化	中度
-5.200	11.80		0.70		乳黃灰	砂質黏土	黏性強 有色調變化	中度
-5.900	12.50		0.70		黃灰	砂質黏土	整體含砂量大	—
-6.600	13.20		1.70		暗青灰	細砂	含水量稍微偏多 挾帶極薄的碎石層	中度
-8.300	14.90		3.00		暗青灰	混砂碎石	黏性強 混有極少量腐化植物	中度～堅硬
-11.300	17.90		0.90		暗青灰	混碎石細砂	含水量中等 挾帶薄薄的碎石	中度
-12.200	18.80		1.90		暗青灰	細砂	粒子均一 含水量多	結實～非常結實
-14.100	20.70		1.30		暗青灰	砂質碎石	混有極少量腐化植物	非常堅硬
-15.400	22.00		0.45		暗青灰	細砂	粒子均一、含水量多	非常結實
-15.850	22.45		5.80		暗青灰	砂礫	礫徑 2 ～ 50 mm 圓形礫石為主 含水量多 不規則地挾帶細砂	非常結實
-21.650	28.25							

標準貫入試驗

貫入深度 (m)	N 值	每10 cm的敲擊次數 10	20	30
1.15 / 1.45	7.0	2	2	3
2.15 / 2.45	6.0	2	2	2
4.15 / 4.45	4.0	1/6	1/9	2/15
7.15 / 7.45	2.0	1/17	1/13	
8.15 / 8.45	1.9	1/19	1/12	
9.15 / 9.45	14.0	2	4	8
10.15 / 10.45	37.0	10	12	15
11.15 / 11.45	5.0	1	2	3
12.15 / 12.45	6.0	1	2	3
13.15 / 13.45	11.0	3	4	4
14.15 / 14.45	15.0	4	5	6
15.15 / 15.45	7.0	2	2	3
16.15 / 16.45	7.0	2	2	3
17.15 / 17.45	9.0	3	3	3
18.15 / 18.45	22.0	6	7	9
19.15 / 19.45	49.0	13	16	20
20.15 / 20.45	52.0	14	18	20
21.15 / 21.45	17.0	5	6	6
22.15 / 22.45	57.0	15	18	24
23.15 / 23.27	150.0	50	10/2	
24.15 / 24.25	180.0	60/10		
25.15 / 25.26	163.6	55	5/1	
26.15 / 26.24	200.0	60/9		
27.15 / 27.21	300.0	60/6		
28.15 / 28.25	180.0	60/10		

標示調查的實施地點
在調查時間點與設計、工程階段中，檢查地盤的填土等是否出現變化
這個標示對設計、施工而言很重要，若為假定的基準點時應該特別注意（確認實際的建築物與基準 GL 之間的整合）
經常使用皂土水（有時候是清水）的旋轉鑽探法
土質試驗用的採樣採取位置。「D」表示採樣方法（參照備註欄）
N 值代表讓重達 63.5 kgf 的夯錘從高度 75 cm 的位置自由落下，將標準貫入試驗用的採樣器打入 30 cm 時所需的敲打次數
N 值通常以 50 為限，但近年也有用到 100 的情況。N 值為「0」表示光是用探竿或夯錘的重量就已經貫入 30 cm 以上的極度軟弱的土質，也併同註記為「驅動錘自沉」（所謂的驅動錘是指打樁時使用的鐵製重錘）
標示地下水位（表示 4 月 1 日這天是 GL － 4.0 m）。因皂土覆膜的緣故，通常地下水位不會一致。要獲知地下水位就必須進行無水鑽探
相對密度是表示砂質土的粗密程度。此外，黏稠性是表示黏性土的變形難易程度

圖 3 ● 平板載重試驗

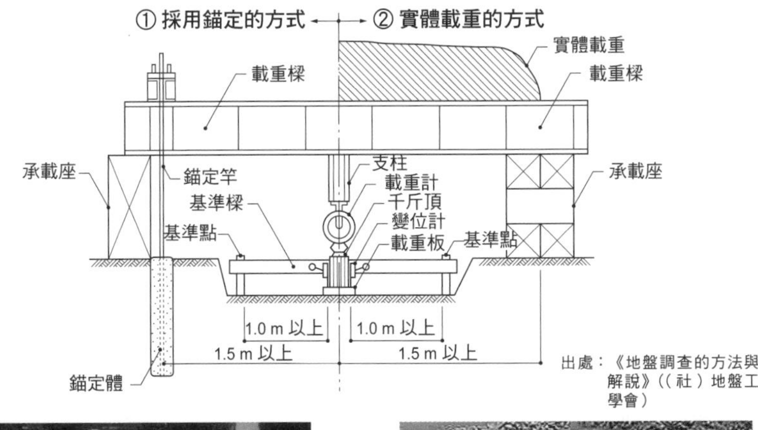

出處：《地盤調查的方法與解說》((社)地盤工學會)

圖 4 ● SWS 試驗器

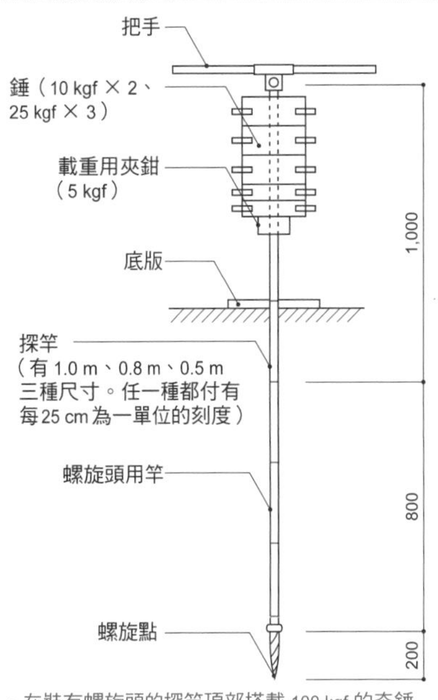

- 在裝有螺旋頭的探竿頂部搭載 100 kgf 的夯錘
- 安裝把手並向右旋轉，依據探竿上的刻度（25 cm）記錄半旋轉數
- 透過試驗中的聲音或抵抗的感覺、附著在螺旋頭上的土等來判斷土質

照片 1 進行 SWS 試驗中的樣子。手動式以兩人一組進行試驗

照片 2 表面波探測法的起振器。除此之外還需要監測螢幕等設備

圖 5 ● SWS 試驗與表面波探測法的比較

這個比較是在以下的同一條件之下進行
建築物：二層樓木造住宅
基地資料：現為停車場（過去是倉庫）

①瑞典式探測試驗

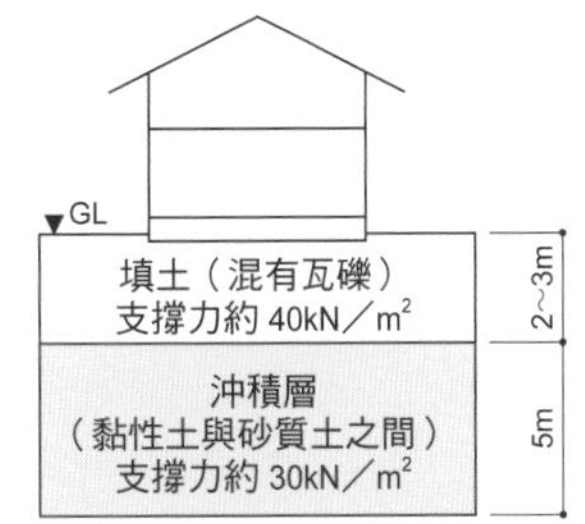

原注　無地下水位

■根據調查可了解的事項
①大致的土質狀態與地層構成
②支撐力（黏性土或砂質土）
③地下水位
④有無掩埋物（玻璃等）

■缺點
一旦有大型掩埋物就無法進行試驗

②表面波探測法

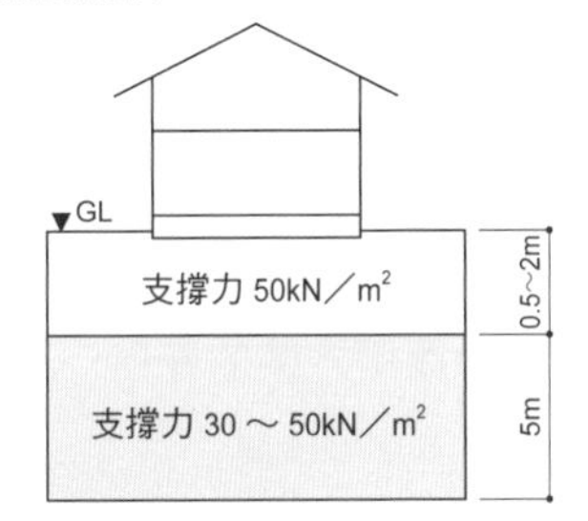

■根據調查可了解的事項
①支撐力
②有無掩埋物

■缺點
①無法判斷地層構成
②推定的地耐力有很大的變異性
③調查方法特殊，專家以外的人無法判讀
④無法推測沉陷量

圖 6 ● 以目測方式進行基地狀況的確認要點

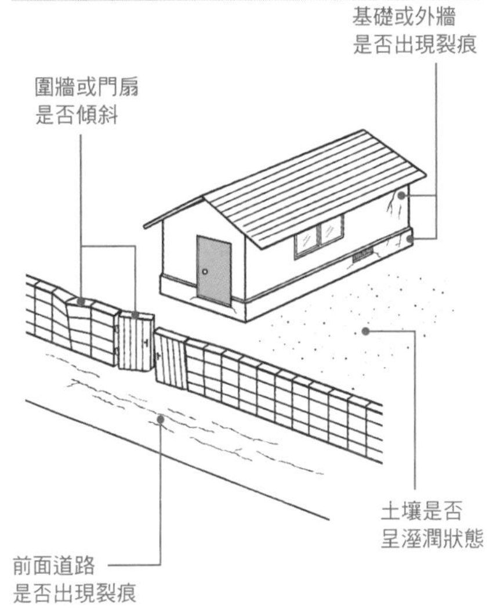

既有建築物或周邊建築物的狀況等

方法的話則適用。

(4) 表面波探測法

這是一種物理性的探查法，是利用起振器製造人為的振動，再透過振動的傳遞方式來測定地盤結實程度的方法。這種方法的困難點在於必須由專家來進行判定（照片 2）。

以圖 5 來比較木造住宅中經常採用的 SWS 試驗與表面波探測法的特徵。因為兩者都不屬於嚴謹的調查方法，所以並非只看探測數據，也要以目測方式調查既有建築物或周邊建築物的牆壁或基礎、圍牆、門窗等是否出現裂痕或下陷等狀況，這是非常重要的工作（圖 6）。附近如果有 S 造或 RC 造的建築物時，有時會進行鑽探調查，若前往公所調閱相關鑽探資料，就可以做出更為確實的判斷。不過，即使是同一基地內也可能出現變異的情況，因此進行這兩種調查時最好有 3 ～ 5 個位置的採樣。

圖 7 ● SWS 試驗資料的範例

瑞典式探測試驗

調查名稱	建知邸地盤調查					**測點編號**	A
調查地點	東京都港區六本木					**日期**	平成 21 年 4 月 1 日
孔口標高	TBM +1.23 m	**最終貫入深度**	5.50 m	**天候**	晴	**試驗者**	
孔內水位	深入至孔面 4m 深以下確認水位高度					**結束原因**	因半旋轉數 60 次以上
備註							

載重 Wsw [kN]	半旋轉數 Na [次]	貫入深度 D [m]	貫入量 L [cm]	每 1m 的半旋轉數 Nsw	換算 N 值	說明 音感、觸感	說明 貫入情形	說明 土質名	假想柱狀圖	載重 Wsw[kN] 0.00 0.25 0.50 0.75	貫入量每 1m 的半旋轉數 Nsw 50 100 150 200 250
1.00	2	0.25	25	8	3.4			黏性土			
1.00	1	0.50	25	4	3.2			黏性土			
0.75	0	0.75	25	0	2.3		徐緩的	黏性土			
1.00	0	1.00	25	0	3.0		徐緩的	黏性土			
1.00	0	1.25	25	0	3.0		徐緩的	黏性土			
1.00	2	1.50	25	8	3.4			黏性土			
1.00	2	1.75	25	8	3.4			黏性土			
1.00	1	2.00	25	4	3.2			黏性土			
1.00	2	2.25	25	8	3.4			黏性土			
1.00	0	2.50	25	0	3.0		徐緩的	黏性土			
1.00	0	2.75	25	0	3.0		徐緩的	黏性土			
1.00	1	3.00	25	4	3.2	細碎狀		黏性土			
1.00	8	3.25	25	32	4.6	細碎狀		黏性土			
1.00	4	3.50	25	16	3.8	細碎狀		黏性土			
1.00	0	3.75	25	0	3.0		徐緩的	黏性土			
1.00	1	4.00	25	4	3.2			黏性土			
1.00	2	4.25	25	8	3.4			黏性土			
1.00	2	4.50	25	8	3.4			黏性土			
1.00	0	4.75	25	0	3.0		徐緩的	黏性土			
1.00	0	5.00	25	0	3.0		徐緩的	黏性土			
1.00	36	5.25	25	144	11.6	細碎狀		礫質土			
1.00	60	5.50	25	240	15<	細碎狀	敲打	礫質土			

SWS 試驗數據的讀取方法

進行基礎設計時必須了解地盤的地耐力。地耐力會成為決定①地盤的支撐力、②沉陷量的因素。即使支撐力足夠，也有可能出現不均勻沉陷或過度下陷的情形，所以對於這兩個情形都必須加以注意。

地耐力雖然是透過地盤調查資料來推斷的，不過在此先針對 SWS 試驗數據的讀取方法與支撐力的算定方法進行解說。

圖 7 的數據僅是其中一例。數據作成之後，首先要注意以下三點。

①土質：是黏性土還是砂質土（調查時以目測方式進行判定）

②是否有自沉層（若有的話，將其

圖 8 ● 地層概念圖的範例

以圖 7 的資料為基礎來製圖

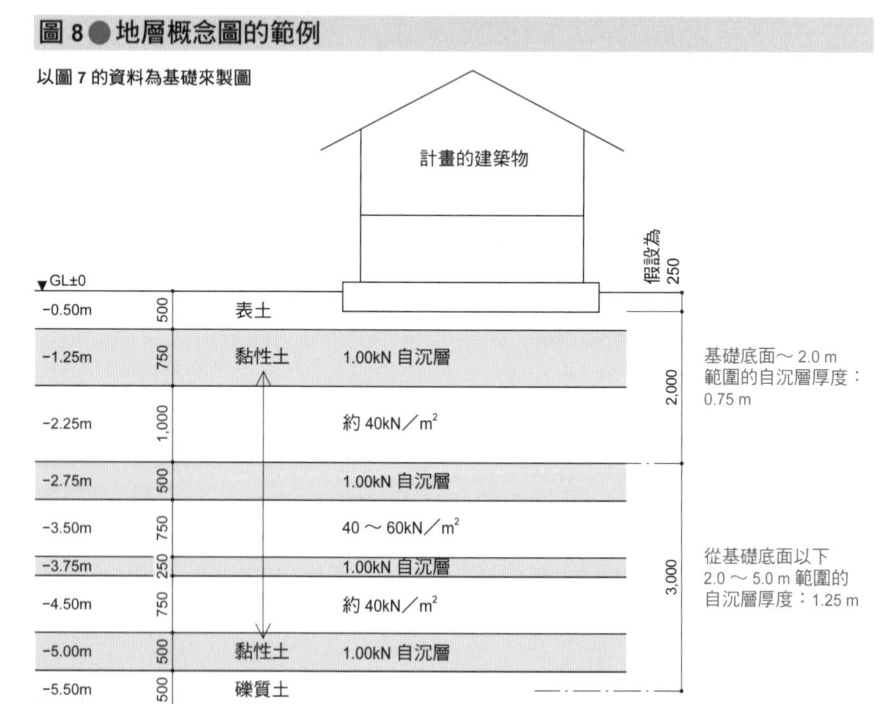

載重以 [W_{sw}] 做記號）

③每 1 m 的半旋轉數（N_{sw}）

當中，②的自沉層是指即使試驗機具不旋轉也會自行下陷的地層，在圖 7 中將其半旋轉數 N_a 以 0 表示。

接下來，製作如圖 8 所示的地層構成概念圖，針對 N_{sw} 達 4 以上的位置以圖 9 的公式求出支撐力。此外，針對自沉層存在的位置則是利用圖 10 公式算出壓密沉陷量，掌握地層構成的同時也一併決定基礎的形狀。

（1）地盤支撐力的算定

從 SWS 的試驗結果可知有各式各樣求得支撐力的計算式，但法規告示中有一個與土質無關的計算式。不過，即使黏性土和砂質土具有相同的抵抗能力，在地耐力上的表現方面還是有差異，所以筆者採用先區分出砂質土或黏性土之後，再進行支撐力的計算。

圖 9 是此計算式圖表化的成果，以承載 100 kgf 的夯錘時，從每 1 m 的半旋轉數（N_{sw}）求得地盤支撐力。

（2）沉陷量的算定

地盤的沉陷量包含即時沉陷及壓密沉陷兩種。

所謂即時沉陷是一旦施加載重就立刻出現下陷的情況，無法從 SWS 試驗的結果求出。木造住宅因建築物重量輕，可視為在基礎工程階段產生沉陷之後，地盤就幾乎不會再度沉陷。

另一方面，所謂壓密沉陷指的是黏性土中的水分經長時間作用後排出而出現的下陷情形，因長年沉陷多半會使建築物傾斜、受損。

平成 13 年（編按：西元 2001 年）國交告 1113 號第 2 項中規定，如果屬於地震發生時會有土壤液化疑慮的地盤，又或者屬於條文中的表之（3）項所揭示的事項，則會認定為地盤有自沉層而必須檢討沉陷量。就實際情況來看，沉陷量的推定非常困難，在此介紹一個案例以做為參考之用。

圖 10 的表是針對基礎底面起

圖 9 ● 利用 SWS 試驗數據作成的長期容許支撐力換算表

①長期容許支撐力換算表

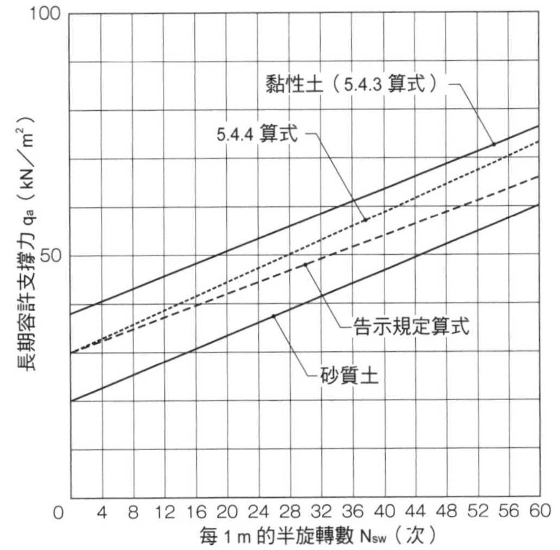

②支撐力計算式

・黏性土（〈小規模建築物基礎設計指南〉2008 年版 [（社）日本建築學會] 5.4.3 算式）

$q_a=38W_{sw}+0.64N_{sw}$

下面 Terzaghi 算式將 $D_f=0$ m、$B=0.45$ m、$\phi=0°$、$c=q_u/2$ 帶入，可得 5.4.3 算式

$q_a=1/3(\alpha \cdot c \cdot N_c+\beta \cdot \gamma_1 \cdot B \cdot N_\gamma+\gamma_2 \cdot D_f \cdot N_q)$

但是，一軸壓縮強度 $q_u=45W_{sw}+0.75N_{sw}$

換算 N 值 $N=3W_{sw}+0.05N_{sw}$

・砂質土

$q_a=N\times10$

換算 N 值 $N=2W_{sw}+0.067N_{sw}$

・依據平板載重試驗對支撐力的換算〈無論是黏性土或砂質土〉（〈小規模建築物基礎設計指南〉2008 年版 [（社）日本建築學會] 5.4.4 算式）

$q_a=30W_{sw}+0.72N_{sw}$

・告示規定算式（平成 13 年國交告 1113 號第 2（3）算式）

$q_a=30+0.6\overline{N_{sw}}$

$\overline{N_{sw}}$：基礎底部下方至 2 m 以內的距離，其地盤的 N_{sw} 的平均值。但，N_{sw}>150 時以 150 表示

土質	載重 W_{sw}（kN）	每 25 cm 的半旋轉數 N_a（次）	每 1 m 的半旋轉數 N_{sw}（次）	支撐力 q_a（kN／m²）
黏性土	1	2	8	43
	1	—	1	38
	加載 1.00kN 會自沉 加載 0.75kN 不會自沉			28
	加載 0.75kN 會自沉 加載 0.50kN 不會自沉			19

圖 10 ● 推定自沉層的壓密沉陷量

①自沉層的壓密沉陷量推定表

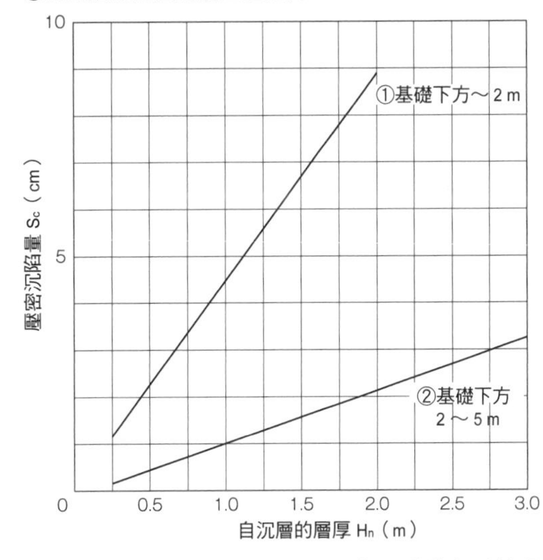

②壓密沉陷量計算式（黏性土）

$S_c=\Sigma m_v \cdot \Delta P \cdot H_n$

$m_v=1.0\times10^{-5} \cdot w_n^A$

$A=1.2-0.0015(P_0+\Delta P/2)$

自然含水率比 w_n=70%

住宅載重 $q=30kN/m^2$

①：$\Delta P=30\ kN/m^2$、$P_0=0\ kN/m^2$

②：$\Delta P=8.6\ kN/m^2$、$P_0=18\ kN/m^2\times2.0\ m=36\ kN/m^2$

經過以上算式製成左表

●做為檢查對象的自沉層

（1）從基礎底面至 2.0 m 為止的區間，當 $W_{sw}\leqq1.0$kN 就會沉陷的地層

（2）基礎下方 2～5 m 的區間，當 $W_{sw}\leqq0.5$kN 就會沉陷的地層（※）

●容許沉陷量的基準（日本建築學會基礎指南）

（1）即時沉陷 2 cm 以下

（2）壓密沉陷 10 cm 以下

※ 原注　沉陷量的推定非常困難，可以將此視為其中一例來思考，筆者也會將 2～5 m 的範圍內超過 0.5kN 的自沉層納入檢討

參考：〈瑞典式探測試驗中認定有自沉層存在的地盤之容許應力度與沉陷檢討〉（田村昌仁、枝廣茂樹、人見孝、秦樹一郎、[建築技術]2002 年 3 月號）

參考●適用於小規模建築物的代表性地盤調查方法之特徵

名稱	標準貫入試驗	瑞典式鑽探試驗	表面波探測法	平板載重試驗
調查方法	將夯錘落下並以探竿貫入地層，測定貫入 30 cm 所需的敲擊次數	將加有夯錘的探竿以旋轉的方式貫入地層，測定貫入 25 cm 所需的半旋轉數	將加載機或起振器所產生的人造波發出後，以地面上設置的接收器取得速度訊號	在原地盤上設置載重板後施加載重，直接測定地盤的支撐力
測點數量	1 處左右	3 ～ 5 處	4 ～ 5 處	1 處左右
調查深度	60 m 左右	10 m 左右	10 m 左右	0.6 m 左右（載重板直徑 30 cm）
取得數據	N 值 土質	載重 W_{sw} 半旋轉數 N_{sw}	—	載重 ΔP 沉陷量 ΔS
成果運用	支撐力 內部摩擦角 黏著力 （土壤液化的可能性）	一軸壓縮強度（黏性土） 標準貫入試驗的 N 值 支撐力 （沉陷量）	地層構成 支撐力（掌握地盤的軟硬） 與其他調查方法併用也有效	地盤反力係數 K_v=ΔP／ΔS 容許支撐力
優點	・測定深度的範圍大 ・可進行土壤採樣並確認土質 ・可確認地下水位 ・硬質地層也能施作	・試驗裝置及試驗方法簡單 ・在基地內可進行複數點測定（可掌握軟弱層的平面及斷面分布）	・可判別有無障礙物 ・平面的分布情形	・可直接判定地盤的支撐力
缺點	・在軟弱層的條件下無法做出細緻判斷 ・因為測點數少，所以無法掌握平面的分布情形 ・產生打擊音 ・成本稍高	・難以掌握土質或水位 ・無法貫入堅硬的地層 ・會受周邊摩擦的影響	・非專家無法判別 ・無法測定土質或水位	・深度方向的調查困難 ・影響範圍是載重板寬度的1.5～2.0 倍左右，比實際建築物的影響範圍窄 ・無法測定土質或水位

至 2 m 範圍內、以及在基礎下方 2 ～ 5m 這範圍之間，將自沉層存在時的壓密沉陷量推算式予以圖像化的結果，建築物重量設定為三層樓木造。木造住宅的建築物重量是由基礎混凝土的重量所支配，因此無論樓層數是二層樓或平房，其沉陷量幾乎不會有差異。

關於對建築物不會產生不利沉陷的容許沉陷量方面，在（一般社團法人）日本建築學會的《建築基礎結構設計指南》中提到，即時沉陷量要在 2 cm 以下、壓密沉陷量則要在 10 cm 以下。這是針對 RC 造等重量沉重的結構物所設定的數值，因此設計者需要配合現況再行判斷。

筆者是考慮 SWS 試驗的精度或建築物重量、實際的不均勻沉陷等條件之後，判定木造建築物的容許壓密沉陷量以 5 cm 以下為基準。推定的壓密沉陷量如果超過這個容許值時，就會判定為需要進行地盤改良等補強。

將上述所求得的支撐力及推定沉陷量，與各個調查地點所整理成的地盤構成概念圖進行對照，就能輕易掌握基地的地盤狀況了。雖然繪圖多少需要時間去熟悉，但這是一項無論如何都必須進行的工作。

地盤的不確定因素很多，切勿受到地盤調查數據的左右，要對土質或地層構成等所有的狀況進行假設，將上部建築物也納入綜合判斷。

地層構成概念圖的繪製方法與使用方式

在此，筆者將舉三個實際執行過的設計案例，來說明地層構成概念圖的繪製方法、以及基礎形式的決定要點。

需要改良的地盤～T 宅案例

表 1 為 SWS 試驗的數據。地盤調查是在基地內的三個點進行，不過並沒有出現變異情況。閱讀這份資料可得知以下訊息。

（1）土質

從 GL（譯注：地面線）-0.75 m 開始是黏性土。

（2）載重 W_{sw}

表土部分及 GL-2.25 ～ 2.75 m 的範圍內，其數值皆在 0.75kN 以下，其餘有 1. 00kN。

（3）每 1 m 的半旋轉數 N_{sw}

至 GL-0.75 m 與 GL-1.5 ～ 2.75 m 的範圍、以及 GL-3.5 ～ 5.0 m 為止，數值幾乎為 0，其餘則在 8 以上。

將以上資料繪製成第 80 頁圖 1 的地層構成概念圖後，可知這塊基地是自沉層與良質地盤相互交疊所形成的複雜地盤。

當地盤中有自沉層存在時，只要將表格或概念圖的自沉層部分上色，就能更加容易理解。

地盤的支撐力是依據各層每 1m 的半旋轉數 N_{sw}，以第 80 頁表 2 的公式計算出來的。

自沉層可以從第 80 頁表 3 的圖表中推定下陷量。假設基礎下緣為 GL-500，從這裡到 2.0 m 的範圍畫上一條直線，因為直線正下方有些許自沉層，為了確保安全性，也將 GL-2.75 m 為止視為包含在基礎下 2 m 的範圍內（將直線正下方的自沉層納入基礎下 2.0 ～ 5.0 m 的範圍也可以）。在這個範圍內的自沉層厚度為 1.50 m 時，推定下陷量為 6.7 cm。

此外，基礎下 2.0 ～ 5.0 m 範圍內的自沉層，以 1.00kN 的重量加載就產生自沉，為求安全起見而以表 3 計算出的壓密下陷量，即為 1.6 cm。

因此，這個地盤的推定壓密下陷量為 8.3 cm。

因為這個案例能取得鄰近的地質調查資料，所以對照地層構成之後可知自沉層屬於乳白色凝灰質黏土的可能性很高。凝灰質黏土富含腐植土，在軟弱地盤中也是必須非常注意的地盤種類。因此這個案例上就採用了樁基礎的做法，在檢討施工性與成本之後，最終決定採取以鋼管樁進行地盤改良（第 80 頁圖 2）。

表 1 ● T 宅的地盤調查（SWS 試驗）數據

瑞典式探測試驗 記錄用紙

調查名稱（T）宅　基地（埼玉縣朝霞市）　試驗年月日（平成 21 年 4 月 1 日）
天候（晴）　測定地點（No.2）　最終貫入深度（8.2 m）　水位（GL-1.8 m）

載重 W_{sw}（kN）	半旋轉數 N_a（次）	貫入深度 D（m）	貫入量 L（cm）	每 1m 的半旋轉數 N_{sw}（次）※	推定土質 推定水位	備註	推定地耐力 fe（kN／m²）
0	0	0.25	25	0		挖掘	
0.50	0	0.50	25	0		無旋轉降速	
0.75	0	0.75	25	0	黏性土	無旋轉降速	
1.00	2	1.00	25	8	〃	—	43
1.00	8	1.25	25	32	〃	—	58
1.00	5	1.50	25	20	〃	—	51
1.00	0	1.75	25	0	〃	無旋轉降速	
1.00	0	2.00	25	0	〃	無旋轉降速	
0.75	0	2.25	25	0	〃	無旋轉降速	
0.75	0	2.50	25	0	〃	無旋轉降速	
0.75	0	2.75	25	0	〃	無旋轉降速	
1.00	3	3.00	25	12	〃	—	46
1.00	4	3.25	25	16	〃	—	48
1.00	5	3.50	25	20	〃	—	51
1.00	0	3.75	25	0	〃	無旋轉降速	
1.00	0	4.00	25	0	〃	無旋轉降速	
1.00	0	4.25	25	0	〃	無旋轉降速	
1.00	0	4.50	25	0	〃	無旋轉降速	
1.00	0	4.75	25	0	〃	無旋轉降速	
1.00	0	5.00	25	0	〃	無旋轉降速	
1.00	28	5.25	25	112	〃	—	110
1.00	36	8.00	25	144	〃	—	130
1.00	99	8.20	25	495	〃	—	355

・鑽頭有壤土附著
在接近第一次的位置挖掘表土後進行測定　GL= 第一次的 GL-110

※ 原注　▭ 的部分表示半旋轉數為 0 的部分（自沉層）

圖 1● T 宅的地層構成概念圖

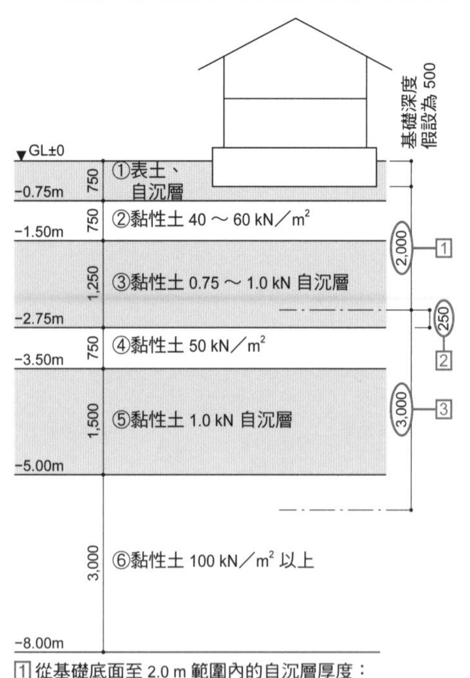

1 從基礎底面至 2.0 m 範圍內的自沉層厚度：約 1.5 m（推定壓密沉陷量為 6.7 cm）
2 厚度為 250 mm，因此併入 1 內計算
3 從基礎底面至 2.0 ～ 3.0 m 範圍內的自沉層厚度：約 1.5 m（推定壓密沉陷量為 1.6 cm）
因此，推定壓密沉陷量 =6.7+1.6=8.3 cm > 5 cm

表 2● 利用 SWS 試驗數據作成的長期容許支撐力換算表

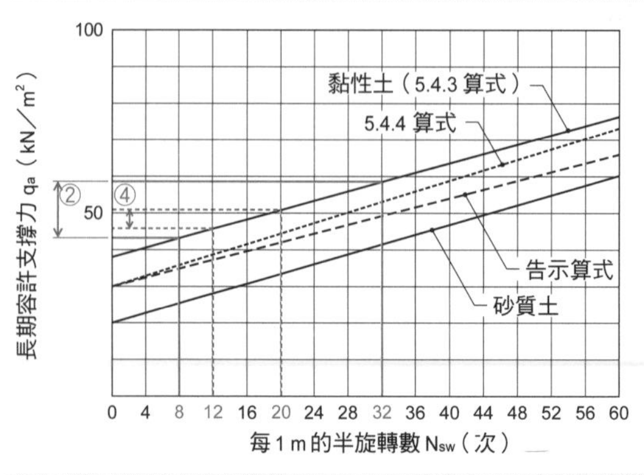

支撐力計算式

・黏性土

$q_a=38W_{sw}+0.64N_{sw}$

・砂質土

$q_a=20W_{sw}+0.67N_{sw}$

②、④是對應圖 1 的編號（地層）

表 3● 自沉層的壓密沉陷量

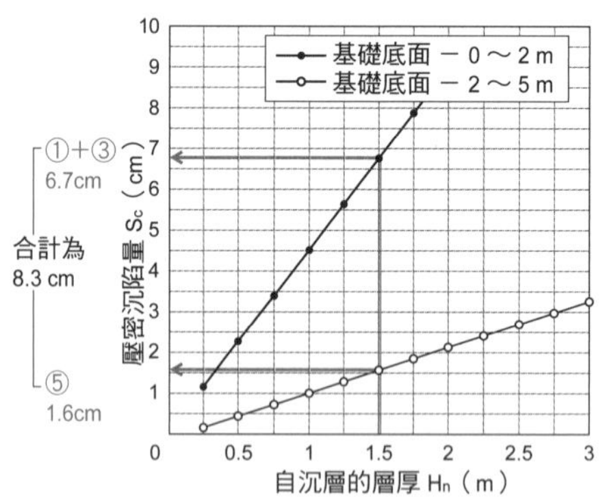

成為檢查對象的自沉層

（1）從基礎底面至 2 m 為止的區間是 $W_{sw} \leqq 1.00$ kN 的下陷地層

（2）基礎下 2 ～ 5 m 的區間是 $W_{sw} \leqq 0.50$ kN 的下陷地層

容許沉陷量的基準

（1）即時沉陷 2 cm 以下

（2）壓密沉陷 10 cm 以下

壓密沉陷量計算式（黏性土）

$S_c=\Sigma m_v \cdot \Delta P \cdot H_n$

$m_v=1.0\times10^{-5} \cdot w_n^{A}$

$A=1.2-0.0015(P_o+\Delta P/2)$

地盤的自然含水率比：W_n=70%

住宅載重：q=30kN／m²

①：ΔP=30 kN／m²　P_o=0 kN／m²

②：ΔP=8.6 kN／m²　P_o=18 kN／m³×2.0 m = 以 36 kN／m² 製成左表

①、③、⑤是對應圖 1 的編號（地層）

圖 2● T 宅的基礎平面圖（S=1：200）

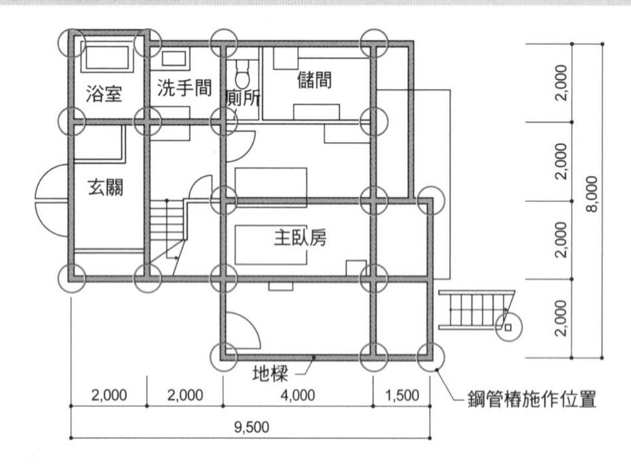

（1）土質

從 GL 往下依序為表土、黏性土、砂礫所構成。

（2）載重 W_{sw}

全數為 1.00kN。

（3）每 1 m 的半旋轉數 N_{sw}

從 GL-1.0 ～ 2.0 m 為止是 0，之後的深度大約在 8 以上。

與 T 宅同樣進行地盤支撐力計算後，雖然 GL 深 -2.0 m 的支撐力為 40kN／m² 以上的良好地盤，但是 GL-1.0 ～ 2.0 m 的範圍內卻有 1.00kN 的自沉黏土層。由此推定自沉層的下陷量為 4.5 cm。將這些結果進行統整後，地層構成概念圖就如圖 3 ②所示。

這個案例的自沉層所在位置較淺，層厚有 1.0 m，難以拿捏是否該進行地盤改良。

此外，該基地 4 ～ 5 年以前還是農田，雖然出現壓密沉陷的可能性很高，不過因為自沉層的推測壓密沉陷量是在容許值內的 4.5 cm，所以最後決定不進行地盤改良。雖然基礎形式選擇直接基礎的版式基礎，但為了解決壓密沉陷的問題，地梁以不到兩個開間的間隔配置成格子狀。這是以即便出現下陷也是形成同時下陷的方式來補強版式基礎整體結構的做法（圖 3 ③）。

良好的地盤～ M 宅案例

M 宅的地盤調查結果如圖 4 ①所示。

（1）土質

從 GL 往下依序為表土、黏性土、砂礫所構成。

（2）載重 W_{sw}

扣除表土至 25 cm 的範圍其餘全部為 1.00kN。

（3）每 1 m 的半旋轉數 N_{sw}

扣除地表後為 4 以上，沒有自沉層。

只要計算地盤的支撐力便可知，自 GL-0.5 m 起是連續 45 kN／m² 以上比較良好的地盤。從這個結果會形成圖 4 ②的地層構成概念圖。

由於這個地盤沒有自沉層並以支撐力 40 kN／m² 以上的良好地層所構成，基地上也未有變異的情況，因此基礎形式採取只在外周部分設置地梁的版式基礎（圖 4 ③）。

圖 3 ● S 宅的數據與地層構成概念圖

① 試驗數據

觀測編號 A 點　最終貫入深度 6.5 m
水位 無　／　天候 多雲

W_{sw}（kN）	N_a（次）	D（m）	L（cm）	N_{sw}（次）	推定土質 推定水位	說明
0	0	0.25	25	0		挖掘
1.00	6	0.50	25	24		
1.00	2	0.75	25	8		
1.00	2	1.00	25	8		
1.00	0	1.25	25	0		無旋轉降速
1.00	0	1.50	25	0		無旋轉降速
1.00	0	1.75	25	0		無旋轉降速
1.00	0	2.00	25	0		無旋轉降速
1.00	3	2.25	25	12		
1.00	2	2.50	25	8		
1.00	2	2.75	25	8		
1.00	2	3.00	25	8		
1.00	3	3.25	25	12		
1.00	5	3.50	25	20		
1.00	6	3.75	25	24	黏性土	
1.00	5	4.00	25	20		
1.00	10	4.25	25	40		
1.00	6	4.50	25	24		
1.00	4	4.75	25	16		
1.00	5	5.00	25	20		
1.00	5	5.25	25	20		
1.00	4	5.50	25	16		
1.00	10	5.75	25	40		
1.00	1	6.00	25	4		
1.00	2	6.25	25	8	砂礫	
1.00	99	6.50	25	396		重打擊貫入

②地層構成概念圖

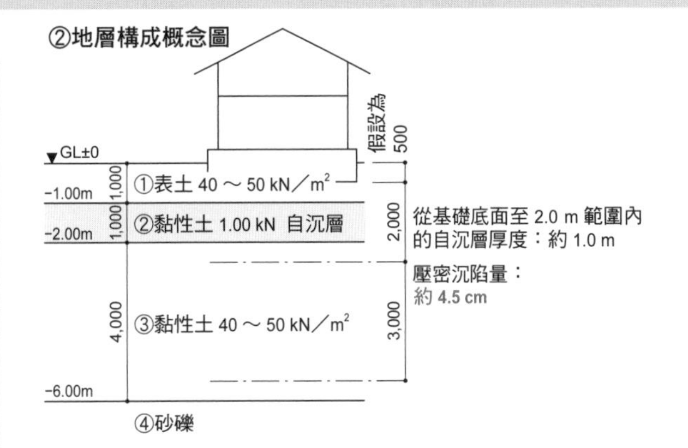

③基礎平面圖（S=1：200）

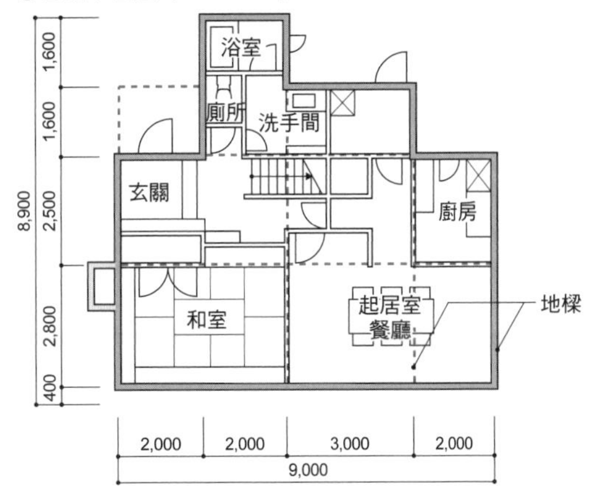

圖 4 ● M 宅的數據與地層構成概念圖

①試驗數據

觀測編號 A 點　最終貫入深度 6.25 m
水位 無　／　天候 多雲

W_{sw}（kN）	N_a（次）	D（m）	L（cm）	N_{sw}（次）	推定土質 推定水位	說明
0.75	0	0.25	25	0		緩慢的
1.00	1	0.50	25	4		
1.00	3	0.75	25	12		
1.00	7	1.00	25	28		
1.00	9	1.25	25	36		
1.00	9	1.50	25	36		
1.00	5	1.75	25	20		
1.00	5	2.00	25	20		
1.00	6	2.25	25	24		
1.00	5	2.50	25	20		
1.00	5	2.75	25	20		
1.00	5	3.00	25	20		
1.00	6	3.25	25	24	黏性土	
1.00	6	3.50	25	24		
1.00	6	3.75	25	24		
1.00	7	4.00	25	28		
1.00	8	4.25	25	32		
1.00	9	4.50	25	36		
1.00	14	4.75	25	56		
1.00	13	5.00	25	52		
1.00	7	5.25	25	28		
1.00	0	5.50	25	0		徐緩的
1.00	12	5.75	25	48		
1.00	10	6.00	25	40		
1.00	100	6.25	25	400	砂礫	細碎狀

②地層構成概念圖

GL±0
假設為 500
−0.50m
500
①表土 40 kN／m²
2,000
3,500～5,500
②黏性土 45 ～ 70 kN／m²
3,000
−4.00m～
−6.00m
③砂礫

③基礎平面圖（S=1：200）

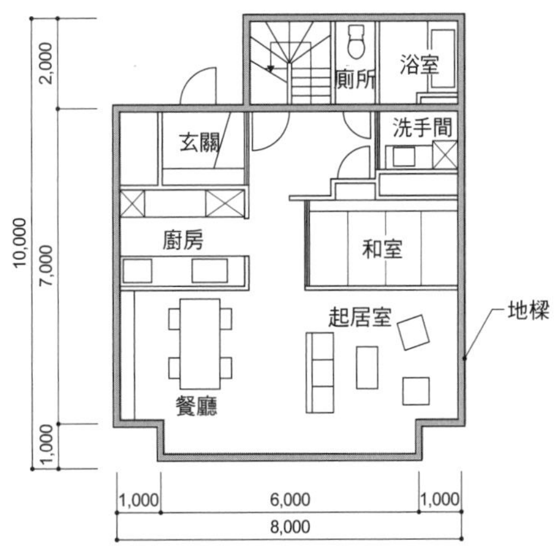

從地層構成思考地盤改良的種類與選擇要點

當地盤調查的結果顯示並非良好地盤時，可以考慮以地盤改良與樁基礎做為對策。

木造住宅所採用的樁多為鋼管樁及摩擦樁。二層樓木造住宅的建築物總重量包含基礎在內約為 12kN／m^2 左右（參照第 150 頁），和其他結構相比之下非常輕盈，所以即便同為樁基礎也與 RC 造或 S 造的樁基礎有性狀上的差異。運用在木造住宅的樁基礎會採取與地盤改良相同的處理方式，鋼管樁的直徑既細且厚度薄。

因此，在此針對包含鋼管樁、摩擦樁在內的地盤改良特徵進行說明。土壤液化的對策將另作思考。

地盤改良的種類

木造住宅的地盤改良種類大致可區分為①淺層改良、②深層改良兩類。

淺層改良是指軟弱地盤所在位置從地表算起 2 m 內、位於相對較淺的範圍所採用的工法。做法是將水泥系的固化材與土壤混合後來提高地耐力。就住宅的情況來說，其適用範圍從地表算起約 2 m 的深度。

深層改良有將圓柱狀的水泥系固化材與土壤混合攪拌之後所形成的柱狀改良、也有採用鋼管樁或摩擦樁（竹節樁）等方法。適用範圍是柱狀改良 8 m、鋼管樁 12 ～ 15 m、摩擦樁 4 ～ 12 m。

表層改良與柱狀改良

（1）地盤改良

將基地的土壤與固化材混合之後用以提高地耐力的工法就稱為地盤改良。改良方法分為從地表面

表 1 ● 使用水泥、水泥系固化材改良之六價鉻問題

依據不同條件，濃度超過土壤環境基準（0.05ppm）時會有溶出六價鉻的疑慮
→ 2000 年 4 月 1 日：在國土交通省管轄的建設工程實施六價鉻溶出試驗

試驗要領（2001 年 5 月 7 日部分變更）	
試驗方法 1	配合設計時實施的環境廳告示 46 號溶出試驗 →確認固化材的適切性
試驗方法 2	施工後實施的環境廳告示 46 號溶出試驗 →確認實際施工完成的改良土中的六價鉻溶出量
試驗方法 3	施工後實施的比色法試驗 →確認試驗方法 2 中溶出量最大的試料中的六價鉻溶出量

原注　進行火山灰質黏性土（壤土層）改良時，無論試驗方法 1 的結果如何都要進行試驗方法 2 與試驗方法 3

圖 1 ● 表層改良（淺層改良工法）

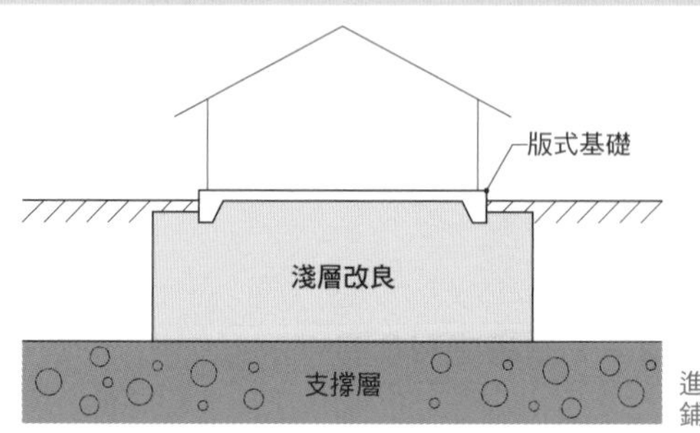
版式基礎
淺層改良
支撐層

進行淺層改良時不需要鋪設礫石

①刨除土壤
利用挖掘機挖至基礎底版深度為止，將挖起來的土壤暫時放置於別處

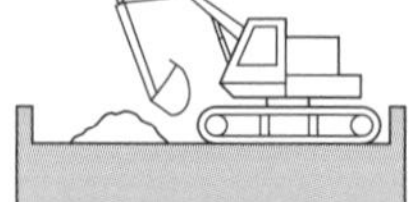

②鋪灑固化材
對改良的原地盤添加預定量的固化材

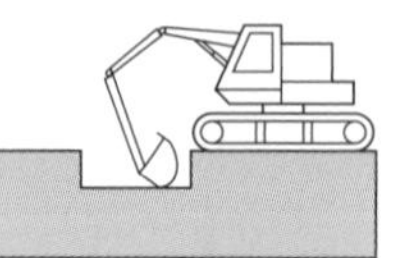

③混合攪拌
將原地盤的土壤與固化材充分混合再加以攪拌

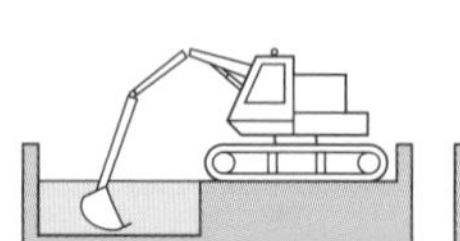

④固化、碾壓
將混合攪拌後的改良土固結（碾壓）

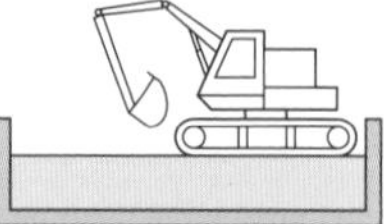

圖 2 ● 柱狀改良（深層改良、攪拌土壤水泥柱工法）

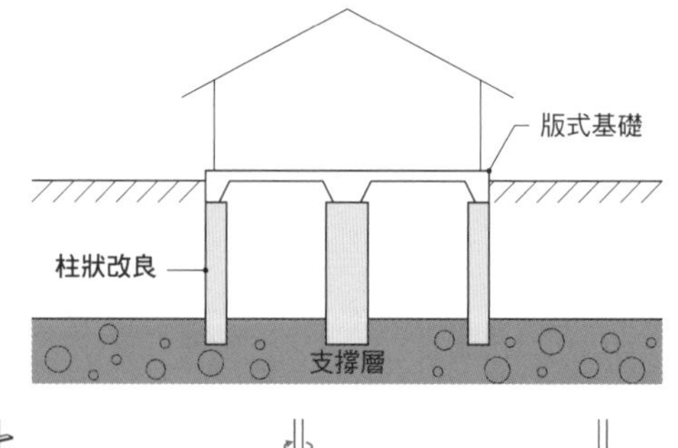
版式基礎
柱狀改良
支撐層

每根改良體的支撐力可從前端地盤的支撐力與樁周邊所生成的摩擦力求得。固化材是以達到這個支撐力以上來決定添加量

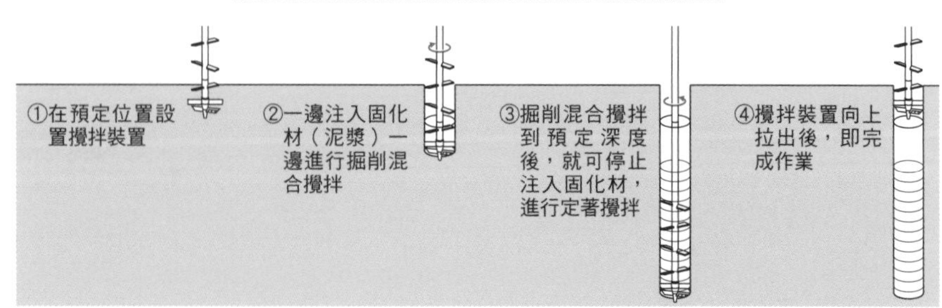
①在預定位置設置攪拌裝置
②一邊注入固化材（泥漿）一邊進行掘削混合攪拌
③掘削混合攪拌到預定深度後，就可停止注入固化材，進行定著攪拌
④攪拌裝置向上拉出後，即完成作業

圖 3● 鋼管樁的主要形狀（住宅用）

①直管型
在樁的前端安裝掘削齒輪，以旋轉的方式壓入

②擴底型
在樁的前端安裝切削齒輪或螺旋狀的翼片

③多翼型
在擴底型的樁中間安裝螺旋狀的中間翼片，提高中間層的周邊摩擦力，藉此確保支撐力

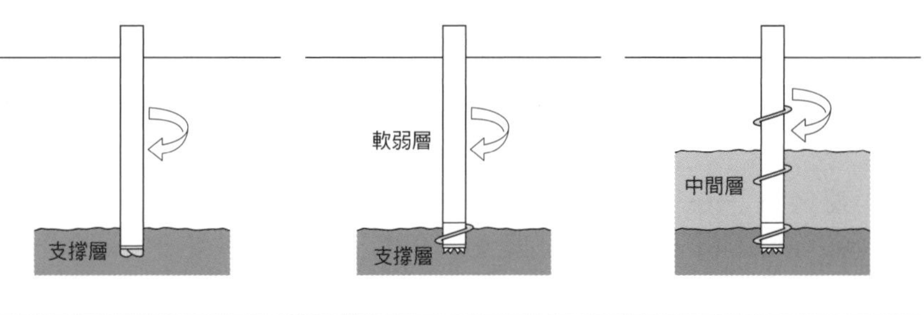

圖 4● 鋼管樁的施工順序（旋轉壓入工法）

①樁的吊裝
配合樁心位置設置樁

②旋轉埋設
確認樁材的垂直度後，一邊旋轉一邊將樁埋設至地層中

③施工完畢
觀測施工數據，確認樁的前端是否已到達支撐層與埋入支撐層，施工完成

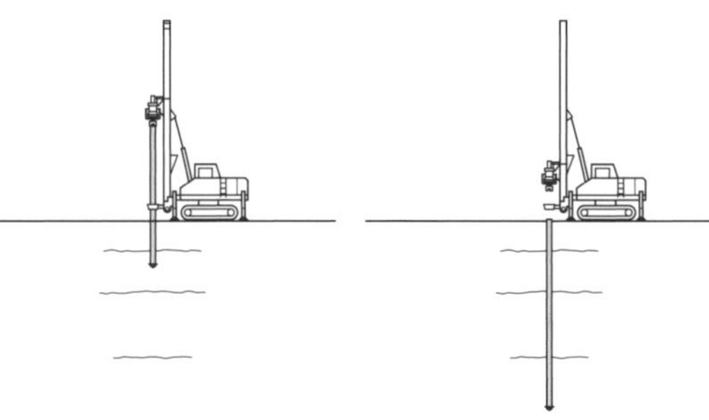

圖 5● 竹節樁的施工順序

①確認垂直度之後，在預定的位置上將鑽頭直立鑽入

②掘削至預定深度之後，將鑽頭上下反覆拉動以形成掘削孔

③在樁周圍注入穩定液防止孔壁崩塌，再將鑽頭拔出

④藉由樁的自沉或驅動機，施加旋轉力使樁定著

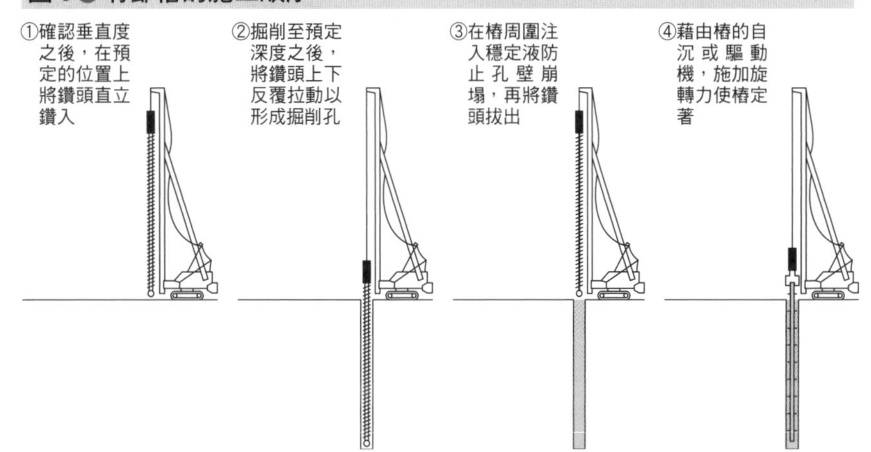

算起 2 m 左右範圍內的「表層改良」、以及製作樁狀改良體的「柱狀改良」。

雖然固化材大多是使用水泥系的材料，但如果基地屬於有機質土或腐植土的話，會有固化材不易固化、壤土層有六價鉻溶出的疑慮（表 1）。當然也有因應特殊土質的固化材，所以最好在改良前就能事先進行土壤採集，經過室內土質試驗後再決定固化材的種類或混合量。

施工後確認強度的最好方法是鑽心取樣再做試體抗壓試驗，不過需要花費試驗費用或時間，因此小規模的住宅會從施工者的實績來判定安全率，提高添加量比例的做法是遷就現實因素的結果。此外，養護期間至少要維持 3 天以上。

（2）表層改良

表層改良是在基地上鋪灑水泥系固化材後，再以反鏟將之與土壤混合的工法（圖 1）。一般來說，會依據一袋固化材的使用範圍來分割區劃基地，再以不規則方式加以攪拌。充分混合之後以重型機械來回輾平使之固化（碾壓）。

可能改良的深度會在反鏟可作業的範圍內，大約至地表以下 2 m 深左右。平面的改良範圍則希望能從建築物外周開始進行，並使之具備足夠的改良深度，改良後的地耐力以 50kN／m^2 以上為基準。

（3）柱狀改良

柱狀改良是一邊往地底下挖掘出筒狀的孔洞一邊注入液體的固化材（泥漿），再與土壤攪拌使之固化的工法（圖 2）。改良體的直徑大多在 600 mm 左右。

改良體的配置有兩種，一種是在地樑下方設置樁的方法，另一種則是與地樑位置無關，以約 2 m 的間隔均等配置，使地盤整體密度提升的方法。後者因為數量增加會導致成本提高，因此一般大多採用前者的樁配置。

鋼管樁與摩擦樁（竹節式摩擦樁）

一般來說，木造住宅中採用的樁基礎有鋼管樁與摩擦樁（竹節樁）兩種。依據樁的形狀或施工方法來決定支撐力的計算方式。

（1）鋼管樁

鋼管樁的種類豐富，不過住宅用的樁大部分是 100 ～ 150 mm 左右的細徑，長度約 7 m。

由於木造建築物的重量輕，因此打樁實際上是改良地盤的做法，鋼管的厚度也以 4.5 mm 左右的薄管為主。基地如果是屬於有機質土或酸性土等時，就必須考慮加厚鋼管的厚度等。此外，如果是屬於有土壤液化疑慮的軟弱土質時，因為有樁體產生挫屈、或受水平力作用之後彎折的高危險性之疑慮，因此要思考是否變更成其他工法，或是採取加大管徑等做法。

就樁的形狀來說，有「直管型」、前端附加翼片以利提高支撐力的「擴底型」、以及中間部分也附加翼片來提高摩擦力的「多翼型」等種類（圖 3）。

施工方法有三種，分別是將樁直接打入的類型（打擊工法）、先進行掘削後再埋設樁體的類型（預

鑽工法）、以及一邊掘削一邊埋設樁體的類型（旋轉壓入工法）。不過現在以出土量少、噪音小、狹小基地上也能施作的旋轉壓入工法為主流（第 83 頁圖 4）。打擊工法的樁支撐力雖然變高，但因為施工過程會有噪音問題，因此近年幾乎沒有採用這種做法的案例。

（2）摩擦樁（竹節樁）

竹節樁是在軟弱層厚度連續達 20 m 以上的基地所採用的工法，為了增加樁周圍面的摩擦力，會使用帶有凹凸狀的樁。樁多以 RC 製成。直徑方面細徑為 300 ～ 500 mm，竹節間隔約 1 m、長度在 4 ～ 8 m 左右。從施工上來看，會以預鑽工法來增加周圍面的摩擦力，和為了防止掘削孔崩塌，通常會併用水泥漿等穩定液來施作（第 83 頁圖 5）。

圖 6 ● SWS 試驗數據的利用

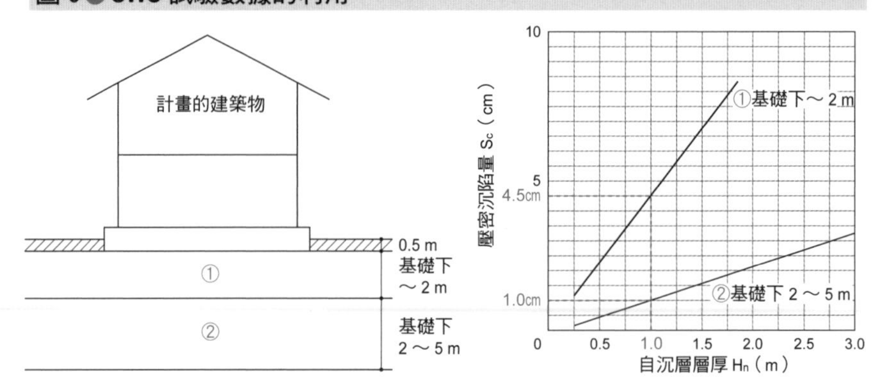

實務上，最常見的地層構成是介於良好地盤與軟弱地盤中間。觀察上表的特徵會發現，即使①與②的範圍內有厚度相同的自沉層，①的壓密沉陷量卻呈現壓倒性的大。因此，判別基礎正下方至 2 m 深有無自沉層存在是非常重要的工作

表 2 ● 有無自沉層與基礎選擇

基礎下～ 2 m 為止的範圍	基礎下 2 ～ 5 m 的範圍	可考慮的地工與基礎形式
W_{sw}=1.00kN 時會緩慢自沉	W_{sw} ≦ 0.50kN 時無自沉量	可視為具有 30kN／m² 左右的支撐力。無須進行改良，基礎採用版式基礎。不過，地樑要以格子狀配置，藉此提高基礎的垂直剛性
	W_{sw} ≦ 0.50kN 時有自沉量	算出壓密沉陷量再行判斷。若在容許值以內的話就不需要進行改良。不過，地樑要以格子狀配置做成版式基礎。一旦超過容許值就要進行改良
W_{sw}=1.00kN 時會急速自沉 W_{sw}<1.00kN 時會自沉	W_{sw} ≦ 0.50kN 時無自沉量	進行表層改良或柱狀改良。工法選擇根據基地周邊的狀況與成本比較而定
	W_{sw} ≦ 0.50kN 時有自沉量	算出壓密沉陷量再行判斷。原則上採行鋼管樁或柱狀改良。如果進行表層改良就能控制在容許值以內時，地樑就要以格子狀配置做成版式基礎

地盤改良的選擇要點

實務上最常見的地層構成是到處都有自沉層存在的地層，因此很難判斷應該以地盤改良還是以基礎補強來因應。當遇到這樣的地層構成時，可將以下視為判斷的標準。

從 SWS 試驗的壓密沉陷量推定圖表（圖 6）可知，相較於直線②，直線①的斜度有變大的趨勢。假設①與②的範圍內各自有 1 m 的自沉層存在時，推定的沉陷量是①為 4.5 cm，那麼②就會變成 1.0 cm，很明顯①的數值大很多。

因此，辨別基礎下方至 2 m 為止的範圍內是否有自沉層是非常重要的。在這個範圍內有自沉層存在時，我們可以觀察這時候的載重 W_{sw} 若以 1.00kN 加載時是否會緩慢下陷。假設 W_{sw} ＝ 1.00kN 時會緩慢下陷的話，根據第 77 頁圖 9 就可以判斷這個自沉層擁有 30kN／m² 左右的支撐力。W_{sw} 未滿 1.00kN、或以 1.00kN 加載也急速下陷時，就可以判斷這是相當軟弱的地盤。

接者，觀察基礎下方 2 ～ 5 m 的範圍內是否有 W_{sw} ≦ 0.50kN 的自沉層存在（若是 W_{sw} > 0.50kN 也出現急速自沉的話，則視為相等狀況）。如果沒有這樣的自沉層，可以判斷這個地層擁有 30kN／m² 左右的支撐力。

從以上兩種組合，可將是否採取地盤改良及基礎形狀整理成表 2。原則上可依據下述方式來考量。

①只有表層部分有 1 m 以上的自沉層時，採行表層改良（圖 7）

②表層部分與深層部分都有自沉層時，進行沉陷量計算後再決定需不需要改良與基礎形狀

③軟弱層厚、或厚度不均時，採行深層改良（圖 8）

此外，即使自沉層的厚度薄，但如果是退縮等使建築重量有所偏移時，還是很容易導致不均勻沉陷，因此要提高基礎的剛性、或進行地盤改良（圖 7 ③）。

自沉層的所在位置很淺時（GL 至 1 m 以內），也可以考慮利用鋪碎石或劣質混凝土的厚度來調整的方法（圖 9）。還有，進行新的填土時，要將填土部分視為表層部分的自沉層來思考（圖 9）。

即使地盤存在自沉層，但只要既有建築物（屋齡 30 年以上）與新蓋的建築物具備差不多同等重量、建築範圍也幾乎相等，有時候就可以視為該地盤已經有前期載重（因為既有建築物自重的長期載重）的作用，因而地盤具有安定狀態，不需要特別進行改良也沒關係。

不過，解體時因撤除基礎而使表層受擾動（與填土的思考方式相同）、或建築範圍產生錯位，又或者建築物的重量變得比既有建築物重時，都有引起不均勻沉陷的可能性，因此要進行地盤改良（圖 7 ⑤）。

就工法的選擇來說，除了考慮前述的地盤條件之外，也要檢討成本結構。改良工法有很多種，根據成本、地域或施工廠商的不同，也有相當大的差異。建議多做估價再進行工法上的檢討。

圖 7● 需要淺層改良的地層

①表層部（深度 0～2.5 m 左右）有木片或 PVC 管、營建廢棄物時（透過試挖、目視來確認）

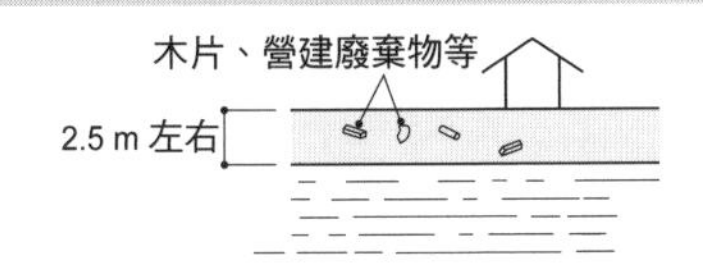

②利用 SWS 試驗探測自地表算起深度在 2.0 m 以內的地層，有厚度在 1.0 m 以上並以 1.00kN 以下的重量加載後就會自沉的黏性土層

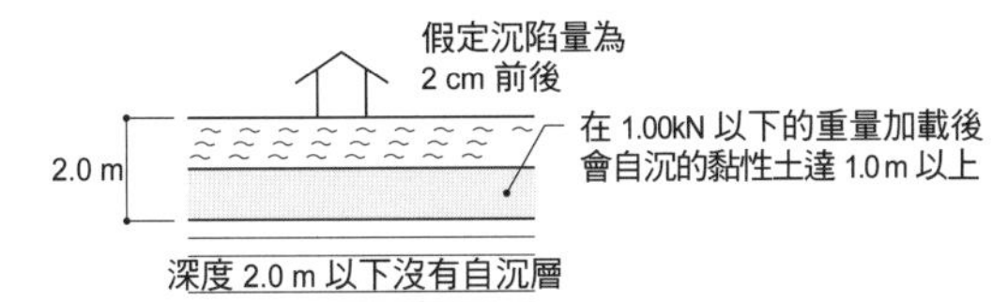

③利用 SWS 試驗探測自地表算起深度 2.0 m 以內的地層，有以未滿 1.00kN 的重量加載就會自沉的黏性土層，厚度超過 0.5 m 以上，而且計畫的建築物有大幅度的退縮設計

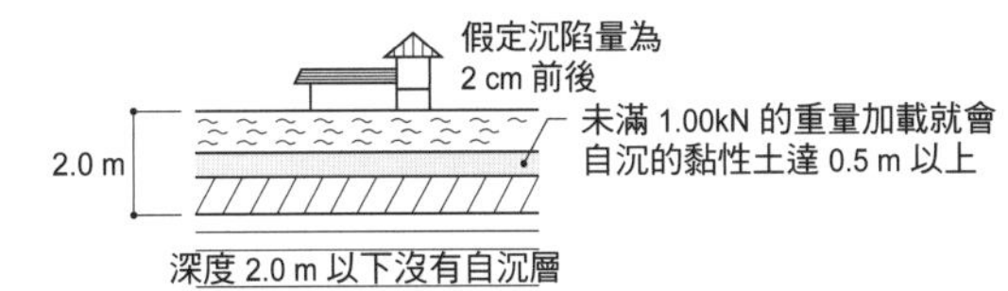

④利用 SWS 試驗探測自地表算起深度 2.0 m 以內的地層，有以 1.00kN 的重量加載就會自沉的黏性土，而且深度在 2.0～5.0 m 範圍內還有以 0.50kN 的重量加載就會自沉的黏性土，兩者合計的沉陷量（透過圖表測定）超過 5 cm 時

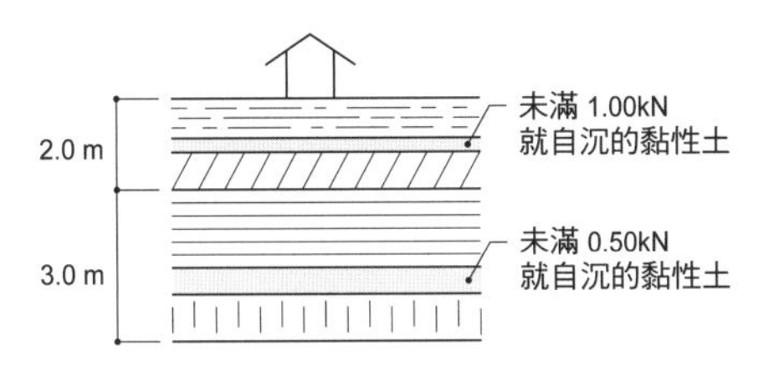

⑤在住宅更新等情況下，因舊建築的基礎拆除（連續基礎）而使表層受擾動的地盤（新蓋建築物是版式基礎時）

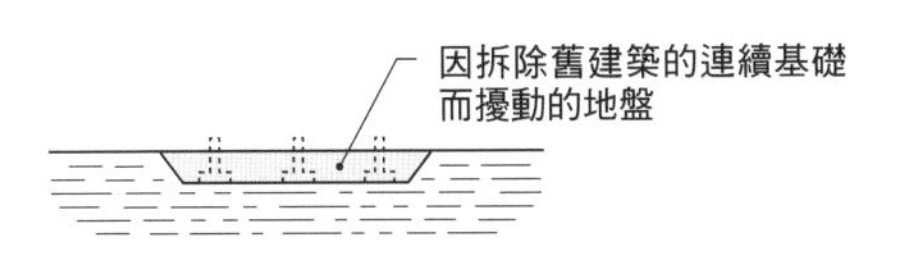

圖 8● 需深層改良的地層

①建築物的所在位置是有地盤性狀變化時、或層厚有所變化時（濕地填土、傾斜地等）→柱狀改良、鋼管樁

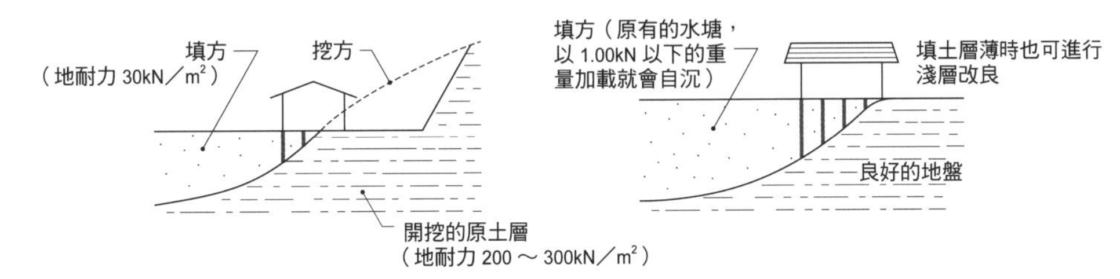

②利用 SWS 試驗探測自地表算起至很深的位置，以 1.00kN 以下的重量加載就會自沉的地層呈現連續的情況，這個地層如果是有機質土（包含植物的根或腐蝕物）時→柱狀改良、鋼管樁、摩擦杭

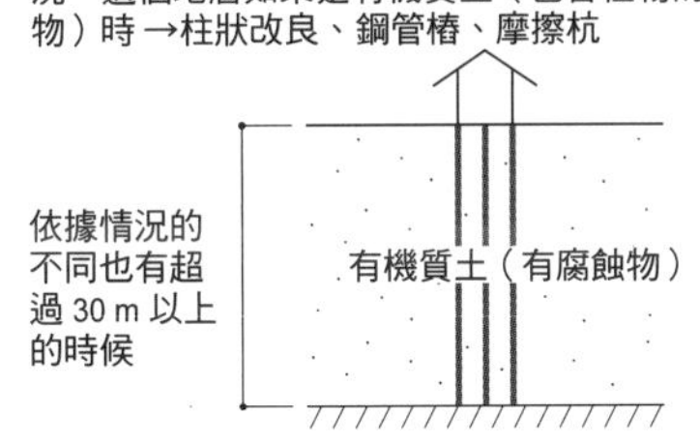

③即使軟弱層淺也要進行柱狀改良的情況下，應注意如果鄰地的擋土牆離地界線很近，就必須考慮該擋土牆的安全性，採取柱狀改良或壓入式鋼管樁的做法

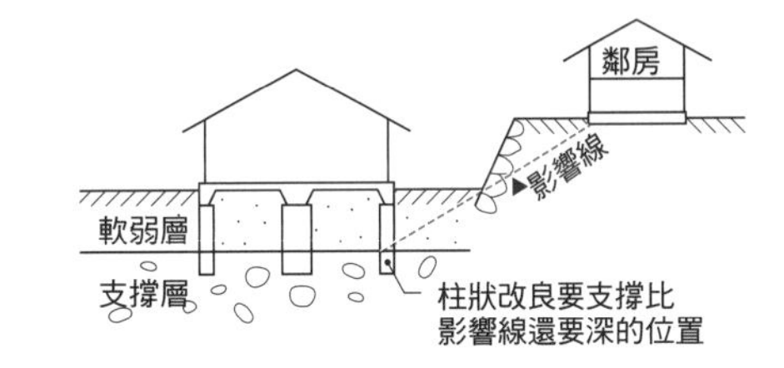

圖 9● 進行填土時的對策

在此表示現況地盤良好時的思考對策。
此外，現況地盤中若有自沉層等時，就要將填土部分視為 W_{sw}<1.00kN 的自沉層來加以檢討

※原注　關於基礎形式請參照第 86 頁圖 2

對策①
- 將基礎的底版降至良好地盤為止
- 基礎形式採取 II 的做法（※）
- 採行連續基礎時，劣質混凝土澆置的範圍要確實進行碾壓

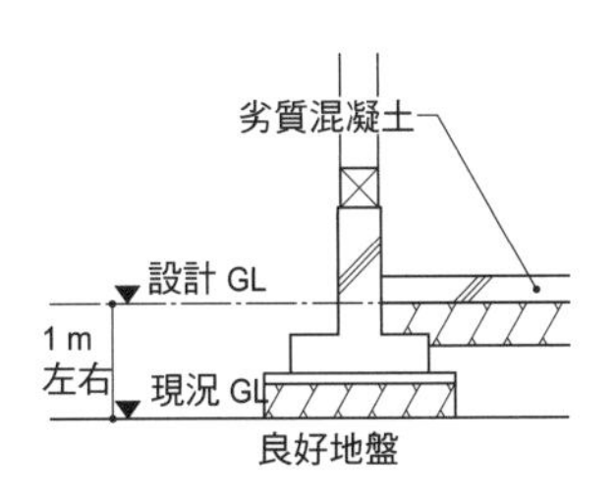

對策②
- 填土時要混入固化材並確實碾壓
- 基礎形式採用 I 或 II（※）

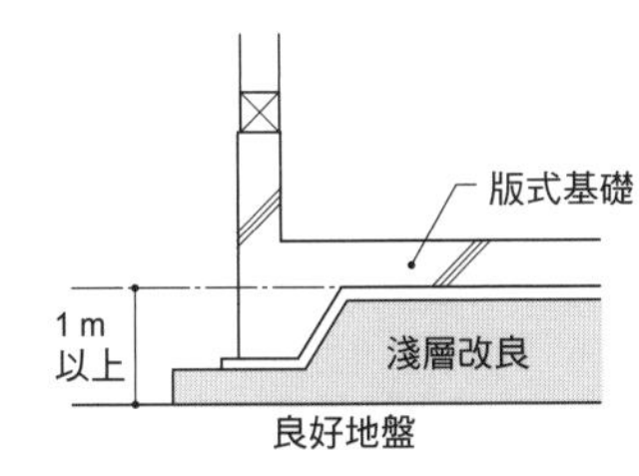

對策③
- 填土的厚度如果在 500 mm 左右時，就有可能以地工方式來對應
- 鋪碎石的厚度以每 200～250 mm 為單位進行碾壓
- 基礎形式採用 II（※）

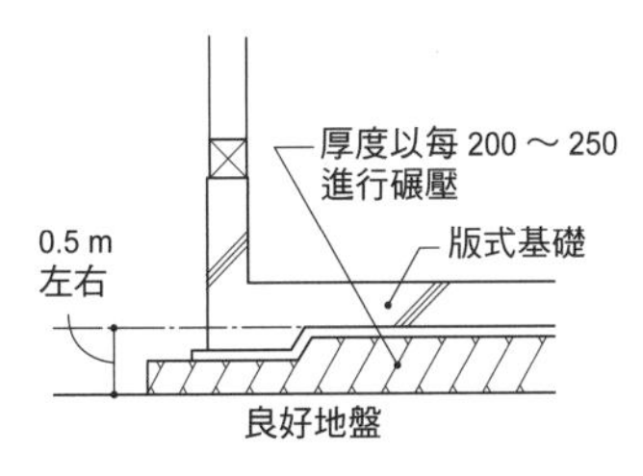

地盤、基礎［基本篇］⑤

施作具備承重能力的基礎～基礎的選擇要點與施工要點

基礎是將垂直載重或地震力、風壓力等的水平力向地盤傳遞，擔負防止建築物出現不均勻沉陷的功用（圖 1）。

基礎設計上會以前述的地盤調查結果為依據來推定地盤的地耐力，並且一併思考上部結構的特徵做出綜合性的計畫。為了參考的方便性，以圖 2 表示地盤調查資料至基礎形式選擇的整個流程。

基礎形式的種類與選擇方法

木造住宅所採用的基礎形式大致可分成①直接基礎、②柱狀改良或樁基礎等兩種（圖 3）。

在①類別中有連續基礎和版式基礎、②則有柱狀改良或鋼管樁、摩擦樁，不過木造住宅的樁基礎屬於地盤改良的做法，因此實際上會先以連續基礎或版式基礎承受建築物的重量，再於基礎下方設置樁。

關於到底是採用連續基礎還是版式基礎，可透過圖 4 與表 1 的特徵，從地盤調查數據與建築物形狀來做決定。

連續基礎與版式基礎的不同之處就如圖 4 所示，是與接地面積的大小有關。建築物重量與接地面積相除所得的數值稱為接地壓（圖 5），這個數值最好低於地耐力，所以必須確保底版的面積。

即使建築物重量相同，當採用連續基礎時由於接地面積狹小，接地壓會變大，因此必須要有高的地耐力。另一方面，若是採用版式基礎，因為接地面積大所以接地壓的數值會變小，如此一來即使地耐力低也可以因應建築物的載重。這樣說可能會直接導向版式基礎比連續基礎強的結論，但是如同後面會說

圖 1● 基礎的作用

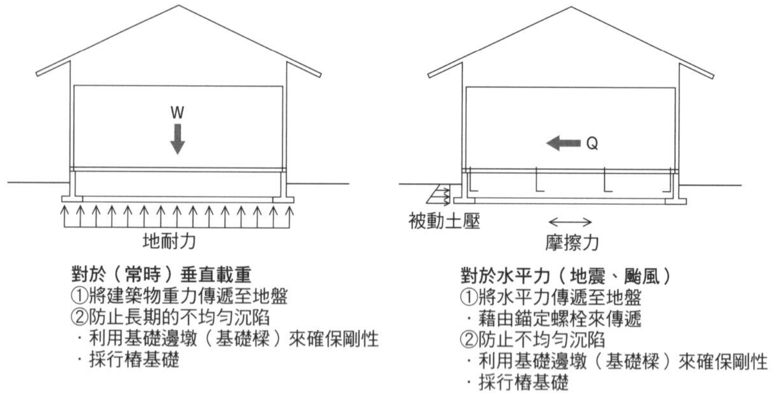

W

地耐力

對於（常時）垂直載重
①將建築物重力傳遞至地盤
②防止長期的不均勻沉陷
・利用基礎邊墩（基礎樑）來確保剛性
・採行樁基礎

Q

被動土壓

摩擦力

對於水平力（地震、颱風）
①將水平力傳遞至地盤
・藉由錨定螺栓來傳遞
②防止不均勻沉陷
・利用基礎邊墩（基礎樑）來確保剛性
・採行樁基礎

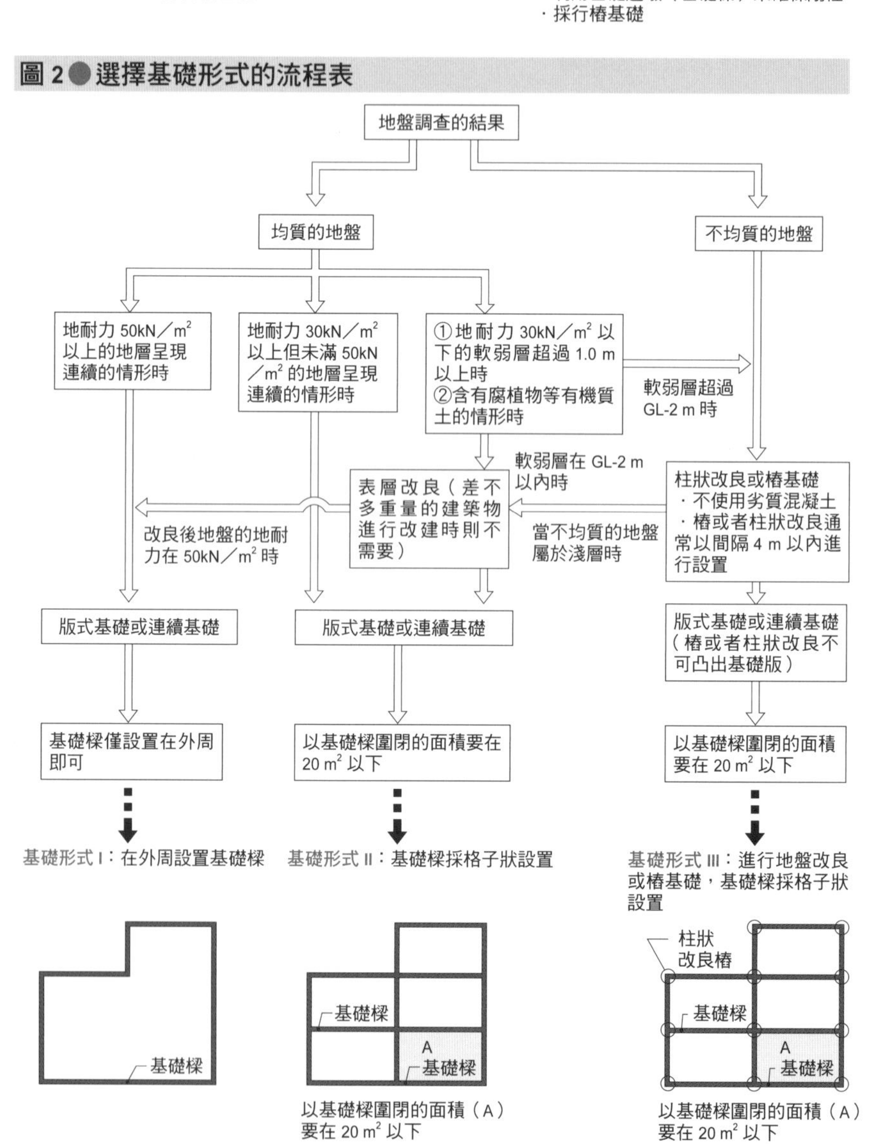

圖 2● 選擇基礎形式的流程表

原注　以上是概念圖，如果無法利用這些圖進行判斷時，請參照第 82 ～ 85 頁「地盤改良的種類與選擇要點」等。如果還是無法判斷時，就需要向結構設計工程師諮商

圖 3● 木造住宅的基礎形式

①直接基礎

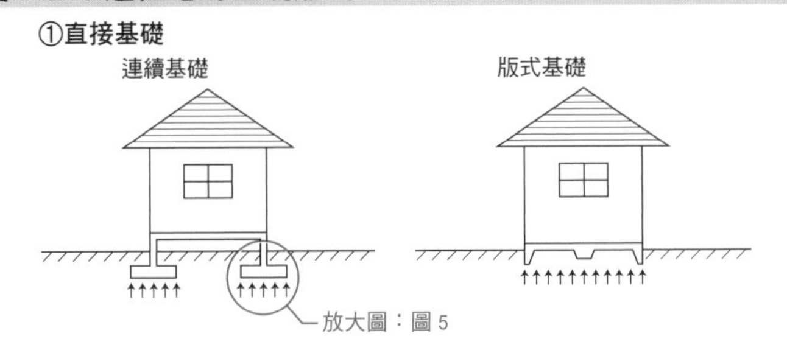

②樁基礎

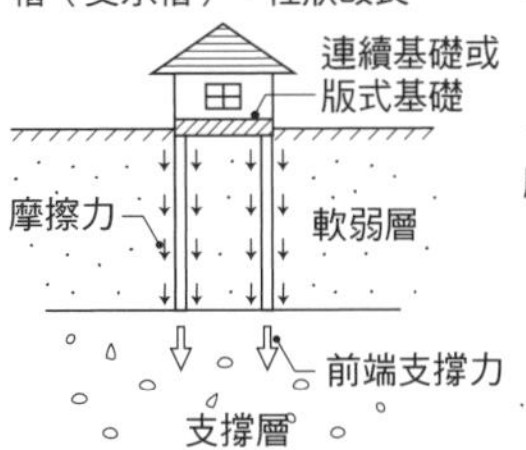

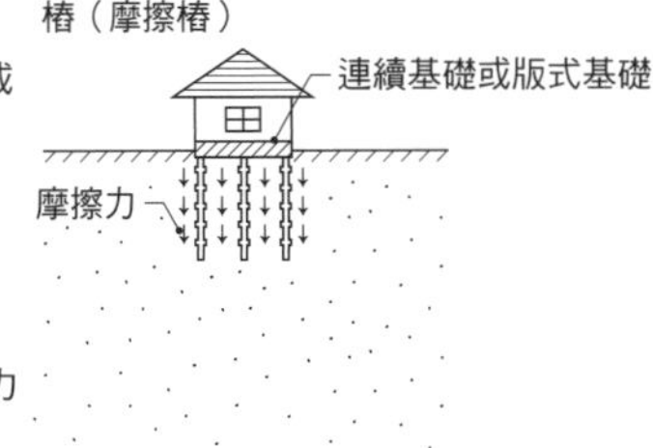

圖 4● 連續基礎與版式基礎

①連續基礎

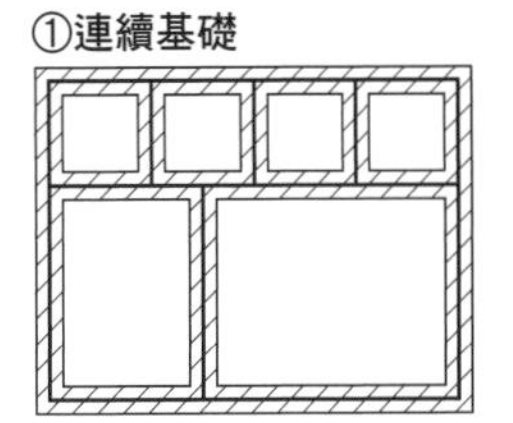

②版式基礎

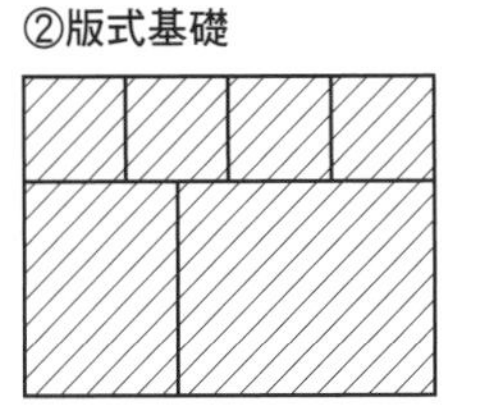

以▨部分承受建築物的重量。
版式基礎的接地面積大

表 1● 連續基礎與版式基礎的優缺點

基礎形式	優點	缺點
連續基礎	・具有連續性、平面是封閉的話，在垂直方向、水平方向上都有很高的剛性 ・採用規格化的鋼模版等施工方便	・基地開挖量大 ・形狀複雜以至於不易施工 ・模版用量大 ・樓板下方須採取溼氣對策
版式基礎	・基地開挖量少 ・模版用量小 ・形狀單純所以配筋作業等施工方便 ・樓板下方須採取溼氣對策	・混凝土用量大 ・根據條件不同有可能出現不均勻沉陷

圖 5● 接地壓

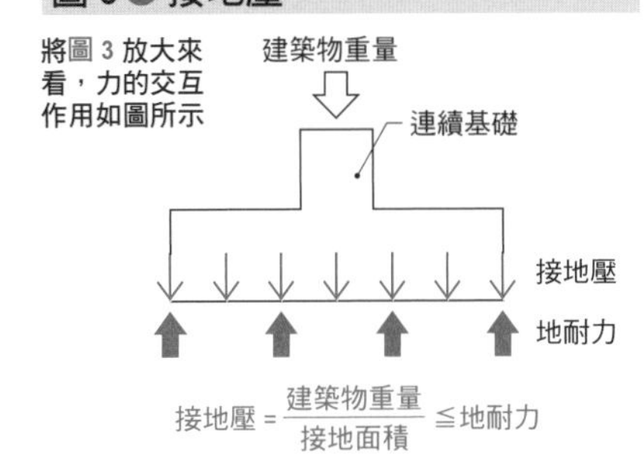

$$接地壓 = \frac{建築物重量}{接地面積} \leq 地耐力$$

圖 7● 版式基礎的安全性

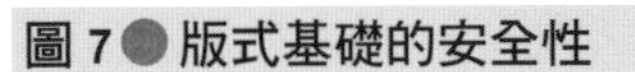

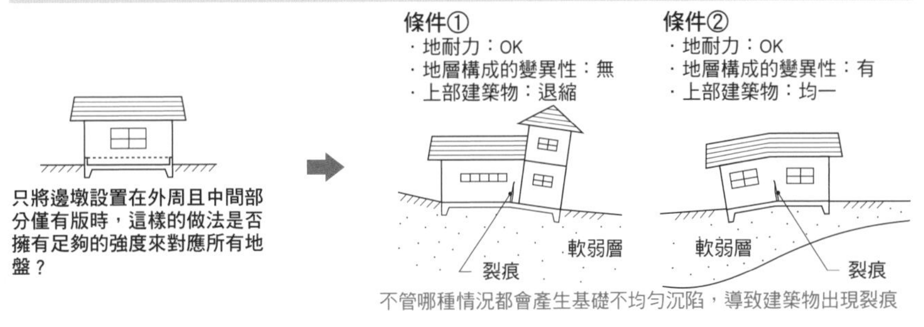

不管哪種情況都會產生基礎不均勻沉陷，導致建築物出現裂痕

圖 6● 基礎各部名稱

①連續基礎

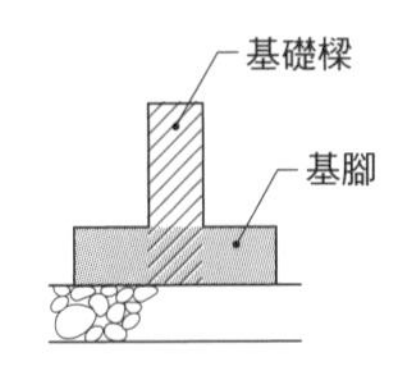

②版式基礎

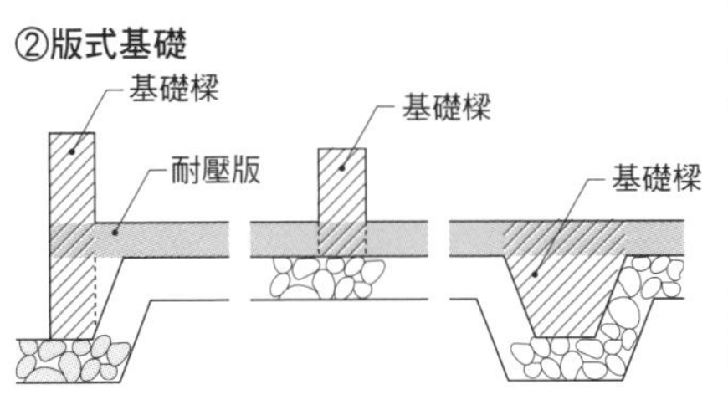

圖 8● 上部結構與基礎之間的對應

①基礎平面圖

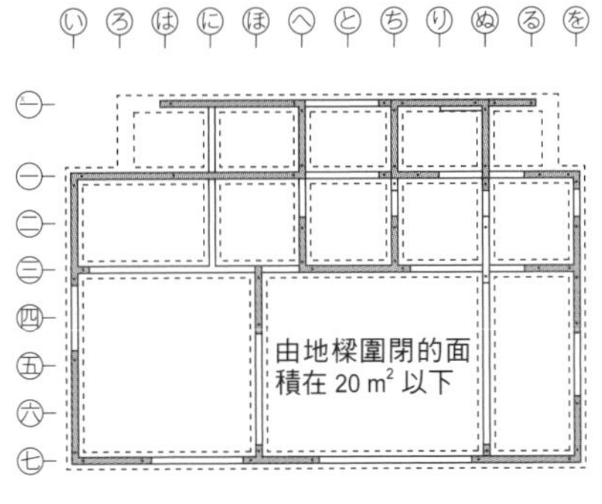

基礎樑（邊墩或連續基礎）要能對應 1、2 樓都有剪力牆的主要構面以及只在 1 樓有剪力牆的輔助構面，並且以連續的方式來設置

②一層平面圖

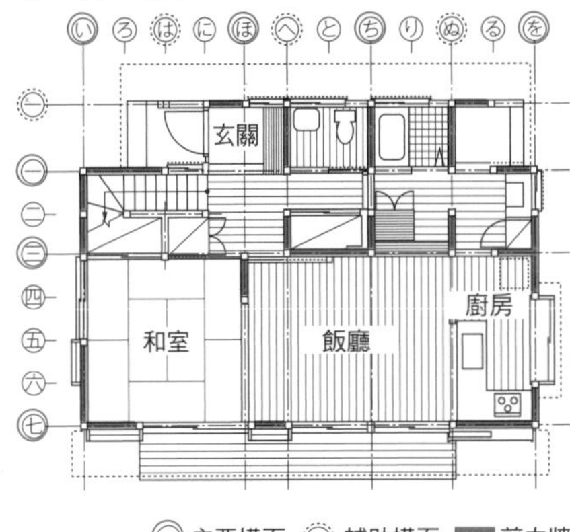

明的，應該注意版式基礎也有兩種類型。

基礎強度——或正確地說是提高垂直剛性，最有效的做法是將地樑或邊墩等的基礎樑（圖 6）連續相接，形成格子狀的配置（參照第 28 頁圖 4）。即使在建築物的外周部分設置邊墩，以慣稱「平版（flatbed）」的版式基礎來增加版厚度，在軟弱地盤上的效果卻相當有限（圖 7）。

基礎樑的配置要與上部結構對應是很重要的觀念。最好與主要構面、輔助構面一致，並且讓基礎樑所圍閉的面積在 20 m² 以下。此外，在柱子和剪力牆下方設置邊墩也是原則（圖 8）。因此如果能善加整合上部結構，基礎也會變得更加合理。

邊墩的深度是以基礎底部沒有雨水等因素影響的疑慮、能夠到達密實良好的地盤為第一優先考量。告示中有規定採行版式基礎時要有 120 mm 以上的深度；採用連續

圖 9 ● 鋼筋混凝土的原理

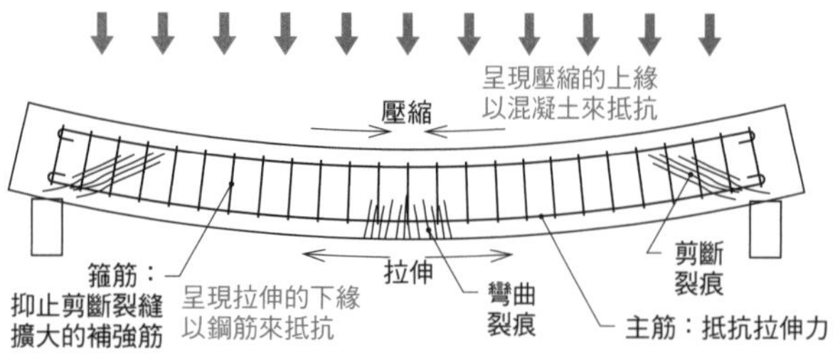

圖 11 ● 鋼筋的名稱與功用

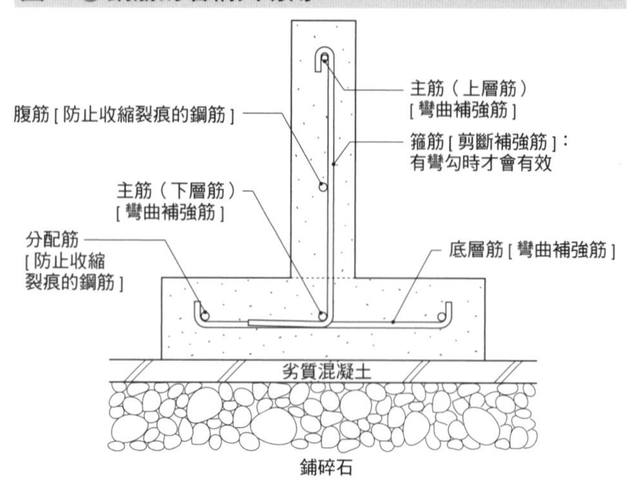

圖 10 ● 作用在基礎的力與配筋

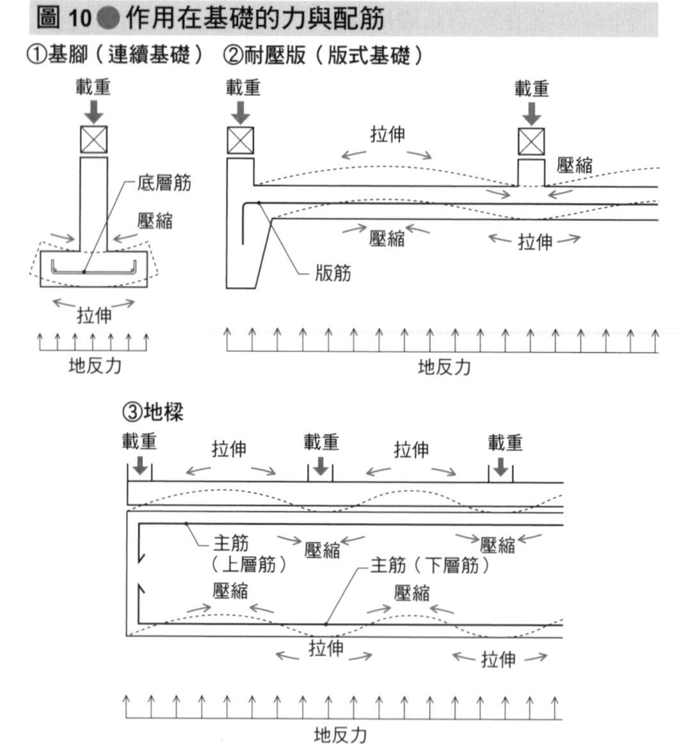

因應作用在基礎上的力來決定混凝土的形狀或配筋。鋼筋具備負擔拉伸力的重要功用，因此要有效地配置在混凝土斷面中產生拉伸力的位置

基礎時則要有 240 mm 以上的深度（參照第 69 頁圖 1）。連續基礎具有較深的深度，是為了確保基腳的覆土。

除此之外，就建築物外周部而言，必須將底版下緣做在比凍結深度更深的位置。基礎一旦設置在比凍結深度淺的位置時，就會因為地盤的凍結溶解而引起不均勻沉陷（第 29 頁圖 5），因此設計之際必須事先向行政機關諮詢計畫基地的凍結深度。

基礎混凝土的做法

在木造住宅的基礎方面，除了無鋼筋混凝土的做法之外，還有太多使用了鋼筋卻對其結構作用毫無意識的案例。

混凝土具有對應壓縮力的能力強，但面對拉伸力卻非常脆弱的性質。因此，一旦無鋼筋的混凝土受到力的作用時，就很容易在拉伸側出現裂痕，甚至引發高危險性的嚴重脆性破壞。為了補強這項缺點而加入能夠抵抗拉伸力的鋼筋就是所謂的鋼筋混凝土（圖 9）。

如果地盤是屬於非常堅固的岩盤而且質地均一時，即使沒有對應垂直載重的鋼筋，也不會有任何問題。但是，住宅用地幾乎處在沒有這樣條件的地盤上，或者以面對水平載重時讓建築基部不晃動而有約束作用來思考的話，就會知道即使是木造住宅也應該在基礎混凝土中放入鋼筋。

基礎上有圖 10 所示的力作用著，要因應這些作用力來決定混凝土的形狀與配筋。鋼筋具有承載拉伸力的重要功用，所以必須有效配置在混凝土斷面中會產生拉伸力的位置。

鋼筋因為有結構上的作用，因此如圖 11 所示有其相對應的名稱。

以水平形式配置在基礎樑上下緣的鋼筋，是為了抵抗因地反力而產生在基礎樑上的彎曲應力，因此稱為彎曲補強筋，又稱為主筋，是結構上最重要的鋼筋。

相對地，邊墩部分的縱向鋼筋則稱為剪斷補強筋。混凝土的破壞形式包含彎曲破壞與剪斷破壞。剪斷破壞是兩者之中非常脆性的破壞，為了防止這種破壞的配筋就是剪斷補強筋。

如果剪斷補強筋具有直徑 4 倍長的彎勾，就能在混凝土之間增加定著力，發揮補強筋性能的功用，因此彎勾是必要的條件。如果沒有彎勾，鋼筋的耐力就不能納入計算，必須以只有混凝土斷面來承受剪斷力的方式進行設計。

圖 12 是針對覆瓦的屋頂、外牆採砂漿完成面的二層樓木造住宅所設計的基礎規範清單。實際上建築物重量或基礎的規模並不一致，因此要一併參照實踐篇（第 150 ～ 173 頁）的計算範例。

配筋的確認要點

為了讓鋼筋發揮有效的作用，以下有幾點需要加以注意。特別重要的是①鋼筋的定著長度、對接、②鋼筋的間距、③鋼筋的保護層厚度等三項。

（1）鋼筋的定著長度、對接

在第 90 頁圖 13 所示基礎的隅

圖 12● 基礎規範清單

本清單是建築物重量為最重規範時的範例，因此配筋數量多。詳細說明是對應建築物重量，並且根據實踐篇第 150～169 頁的計算方法來決定形狀或配筋

地盤的支撐力與基礎形式

基礎形狀	地盤的支撐力（f）
A：連續基礎	50 kN／m² ≦ f
B：連續基礎	40 kN／m² ≦ f < 50 kN／m²
C：連續基礎	30 kN／m² ≦ f < 40 kN／m²
D：版式基礎	f < 40 kN／m²
E：版式基礎	50 kN／m² ≦ f 或淺層改良

配筋一覽表

柱間距	A 鋼筋	B 鋼筋（負擔寬度）			C 鋼筋（負擔寬度）			Ⓐ的寬度
		1.8m	2.7m	3.6m	1.8m	2.7m	3.6m	
2.7 m（1.5 開間）	1—D13	2—D13	2—D16	2—D16	3—D13	5—D13	5—D13	參照第 312 頁
3.6 m（2 開間）	1—D16	2—D16	2—D19	2—D19	4—D16	6—D16	6—D16	參照第 312 頁

柱間距：地梁上方所承載（※1）的一樓柱子的距離
負擔寬度：相鄰地梁（※2）間的一半距離

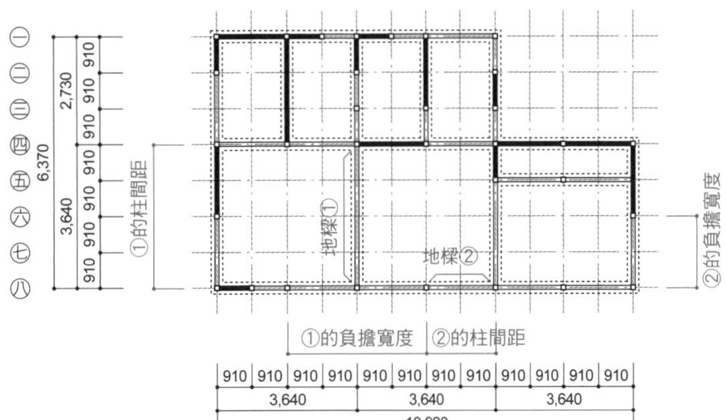

※ 原注 1　與是否有木地檻無關
※ 原注 2　在此指的是檢討樑和與之平行的地樑

A：連續基礎

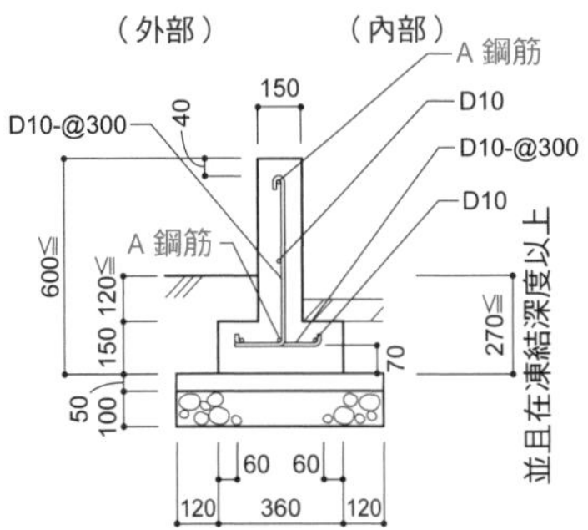

B：連續基礎

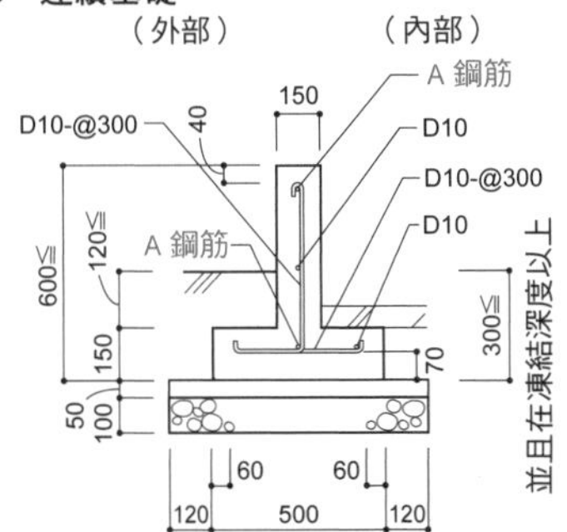

C：連續基礎

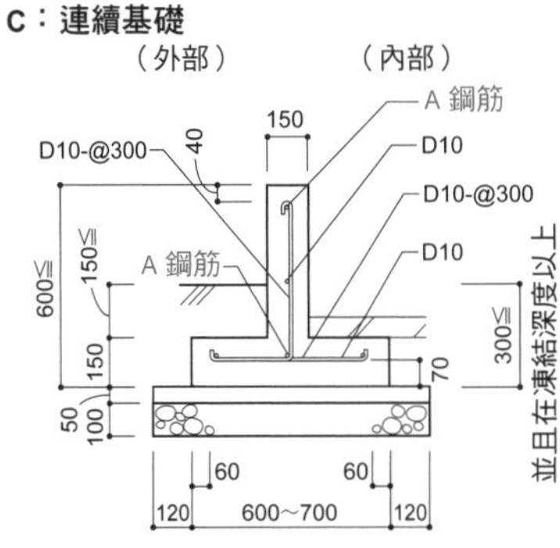

D：版式基礎　ST 鋼筋
除非另有說明，否則為 D10 間距 300
柱間距 3.6 m×3.6 m：D10 間距 200

建築物內部也要設計基礎梁以提高剛性

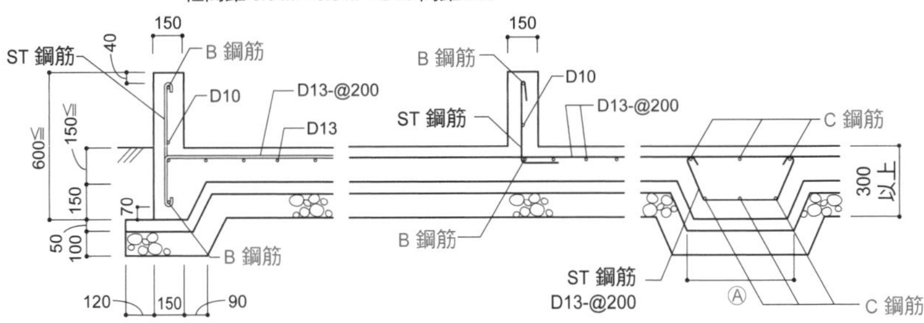

E：版式基礎　ST 鋼筋
除非另有說明，否則為 D10 間距 300
柱間距 3.6 m×3.6 m：D10 間距 200

角部或交叉部中，一定要將單側鋼筋彎折成 L 型或是置入 L 型的補強筋，並且確保有 40d 的定著長度。若無法確保定著長度的話，隅角部很容易出現裂痕，就有可能導致基礎一體性受損。

此外，通氣口或維修口等開口的角隅部容易出現斜向裂紋，必須配置斜向的鋼筋（參照第 69 頁圖 1③）。

（2）鋼筋的間距

在圖 12 中，如果 A、B、C 鋼筋的數量為複數時，就必須確保鋼筋之間的間距。鋼筋混凝土是當鋼筋與混凝土密著結合才能發揮其性能。因此為了獲得這種密著性，鋼筋的間隔將格外重要，圓形鋼筋的話要在直徑 d 的 1.5 倍以上、異形鋼筋則要在公稱直徑 d_0 的 1.5 倍以上，還要確保在最大粗骨材尺寸的 1.25 倍以上，以及間距在 25 mm 以上（第 90 頁圖 14）。不過，如果間隔太過寬鬆，會使 A 鋼筋的效果大打折扣，必須留意。

（3）鋼筋的保護層厚度

所謂的保護層是指從鋼筋表面到混凝土外側為止的距離（第 90 頁圖 15）。保護層厚度具有以下所述的結構作用。

①確保混凝土與鋼筋的附著，保有

圖 13 ● 定著、對接的注意要點

①基礎邊墩角隅部

40d　40d　直徑 d

隅角部要將主筋與腹筋相互定著

②基礎邊墩 T 字部

40d

要將交接面的主筋與腹筋定著

圖 14 ● 鋼筋的間距

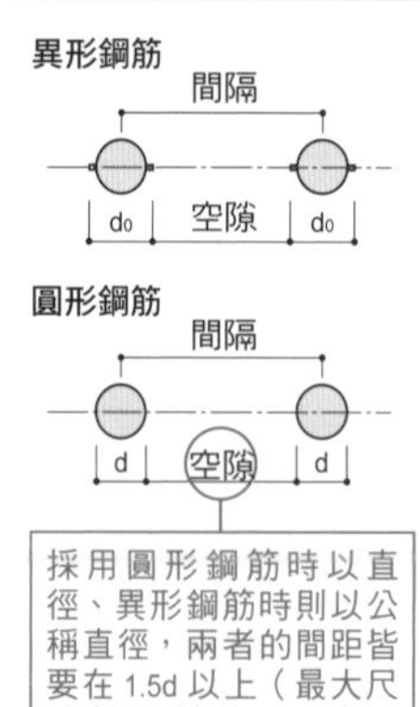

採用圓形鋼筋時以直徑、異形鋼筋時則以公稱直徑，兩者的間距皆要在 1.5d 以上（最大尺寸粗骨材的 1.25 倍以上，且在 25 mm 以上）

圖 15 ● 混凝土的中性化

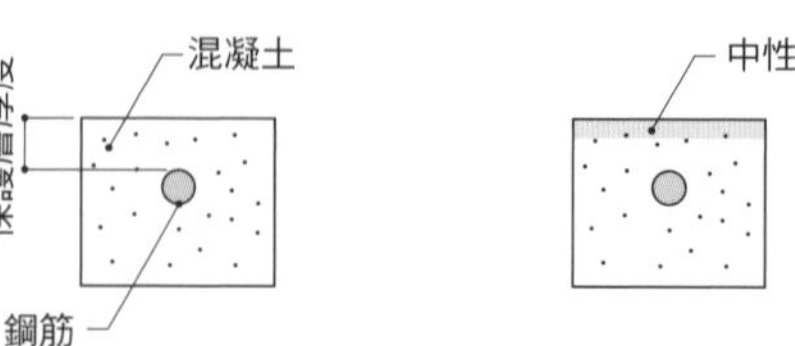

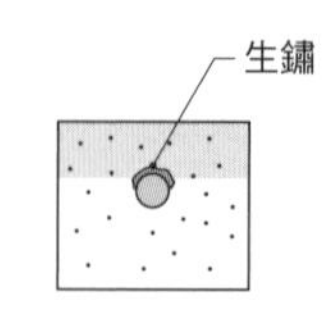

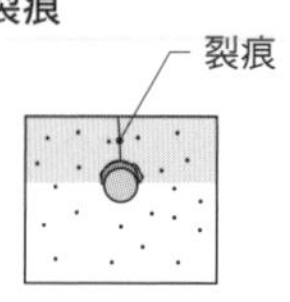

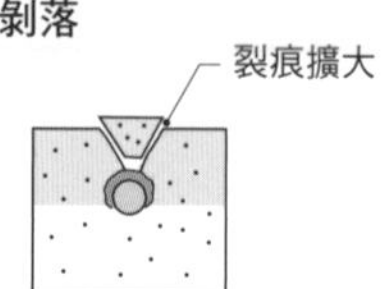

圖 16 ● 水灰比與中性化的進行速度

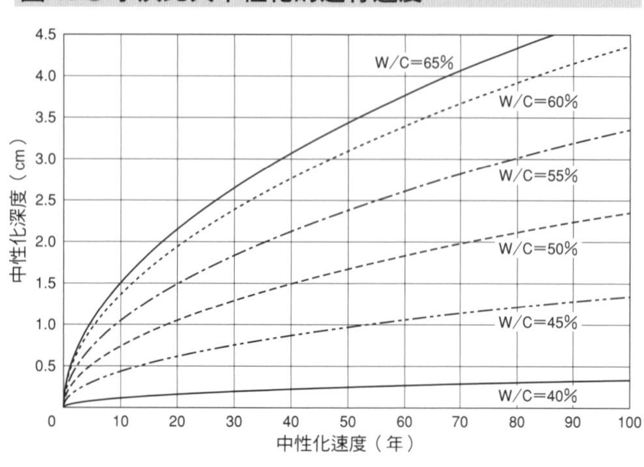

圖 17 ● 混凝土的構成

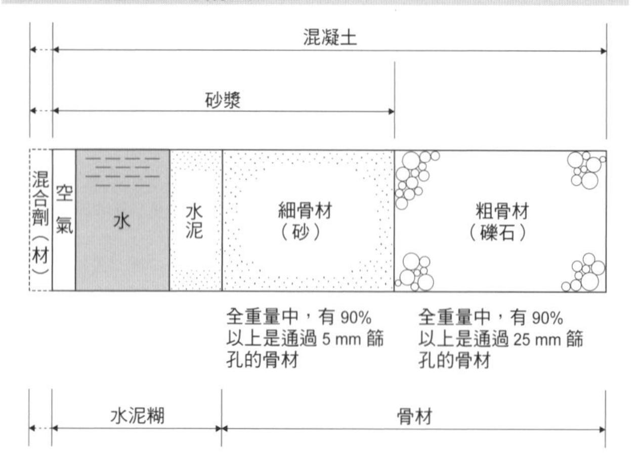

圖 18 ● 坍度

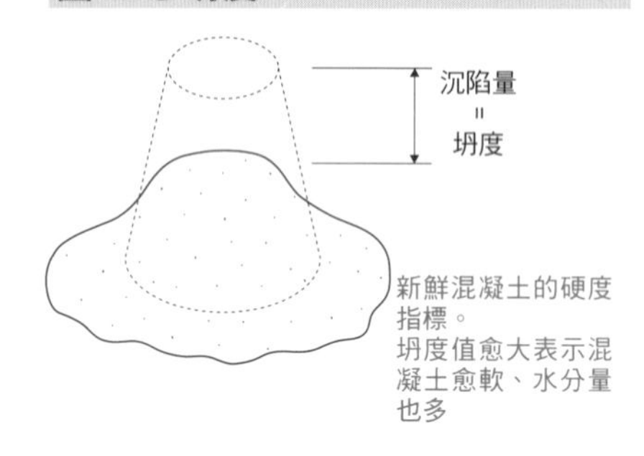

照片 1　若綁紮鐵絲露出於外側而導致保護層不足時，綁紮鐵絲會生鏽。空氣或雨水將從這裡滲入，促進中性化。同時也容易誘發鋼筋生鏽

照片 2　綁紮後要用手將綁紮鐵絲往內側收整並壓緊。因為會對耐久性帶來影響，所以在配筋檢查時和澆置混凝土前都要再度確認

鋼筋混凝土的一體性

②防止因混凝土中性化而引起的鋼筋腐蝕，確保耐久性

③在火災發生時能防止鋼筋的溫度上升，確保耐火性能

以木造住宅的基礎而言，①和②將特別重要。

混凝土的中性化是在圖 15 的機制下所產生的現象，中性化本身對於混凝土的強度並沒有影響。不過會導致鋼筋生鏽，鋼筋生鏽一旦持續進行就會出現膨脹而使混凝土裂開，最終就有引發龜裂或剝落的危險性。

換句話說，為了維持混凝土的耐久性，亦即為了維持強度，確保保護層厚度是非常重要的。

因此，在澆置混凝土時或入料時，為了不讓鋼筋移動而設置間隔墊塊是很重要的環節。此外，因綁紮鋼筋的鐵絲露出在外側而誘發裂痕的案例也很多，因此綁紮後要能確保保護層厚度，將綁紮鐵絲收整壓實也很重要（照片 1、2）。

除此之外，促進混凝土中性化的要因之一就是水灰比。圖 16 是表示水灰比與中性化速度的關係圖，舉例來說假設耐用年數為 50 年，對應到 JASS 5（＊）容許的 W／C=65% 的話，中性化深度就會進行到 3.4 cm；若換成 W／C=55% 時則是 2.4 cm。不會接觸到土壤部分的最小保護層厚度是 3cm，因此如果 W／C=65% 時鋼筋就會生鏽，使得結構體壽命縮短的可能性很高。

讓基礎耐久性得以提高的混凝土施工方法

混凝土由水泥、骨材、水等材料所構成（圖 17），其中的單位水量與空氣量愈少，也愈容易形成密實且強度、耐久性都高的混凝土。水或空氣量多雖然有利於施工性，但混凝土在硬化過程中不但會使乾燥收縮量增加，而且容易出現裂痕導致耐久性下降。

良好的混凝土是指施工性良好、硬化後保有要求的強度或耐久性。要實現這樣的品質，關鍵在於①材料與配比、②澆置與養護。

(1) 材料與配比

雖然 JIS（編按：全名為 Japanese Industrial Standards，日本工業規格）規範中已針對混凝土的標準配比有所表示，不過也有專家指出這個標準是品質不佳的配比。

舉例來說，JIS 所規範的基準強度 Fc21，其坍度（圖 18）是 18 cm，單位水量約為 180 kg／m^3，水灰比在 60% 左右，不過混凝土材料專家仍提出如下的建議。

①由於 JIS 的坍度容許誤差值是較寬鬆的 ±2.5 cm，所以坍度要以 15 cm 為標準。即便是更硬的混凝土進料，若坍度在 9 cm 左右的話還是能進行澆置。坍度為 18 cm 左右的軟質混凝土很容易產生骨料分離的情形，因此澆置的高度要控制在 50 cm 以下

②單位水量在 175 kg／m^3 以下

③水灰比在 50% 以下

上述這些條件為理想狀態。當然，混凝土的品質提升必然需要特別訂製，但連帶會使成本增加。

不過，相較於 RC 造等，木造的基礎形狀是比較單純且容易施工，因此即便不訂出詳細條件，只要指定最低限度的坍度在 15 cm 以下即可。如此一來便可期待單位水量或單位水泥量的減少，進而做出耐久性優越的混凝土。

(2) 澆置與養護

澆置與養護是最為重要的步驟，也是看得出施工者技術優劣的

圖 19● 混凝土澆置的要點

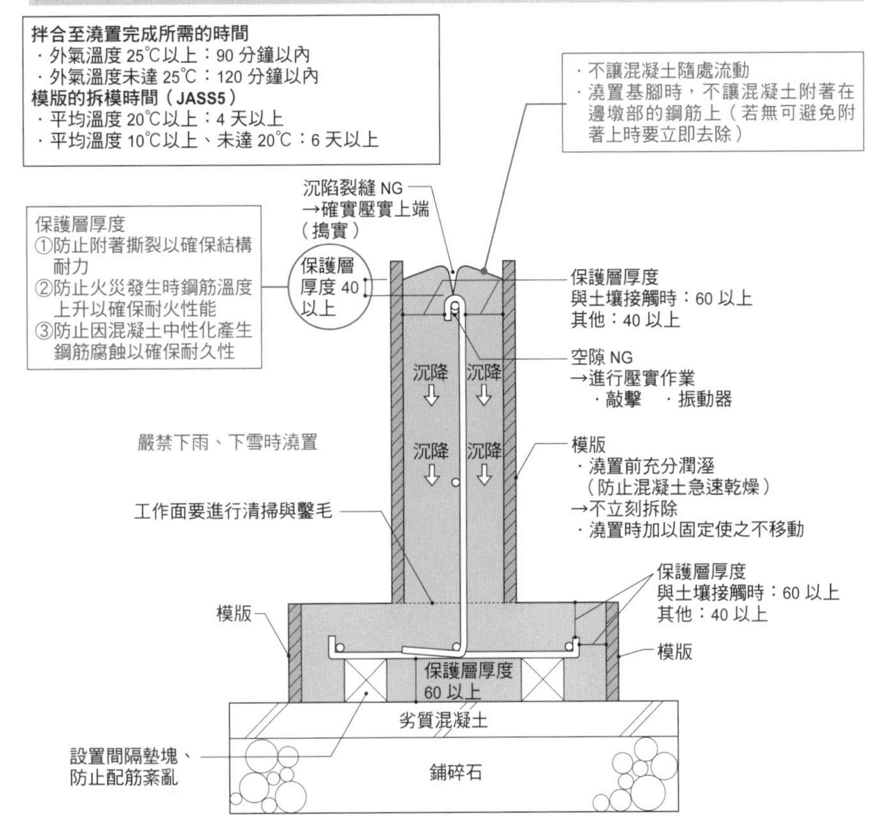
拌合至澆置完成所需的時間
・外氣溫度 25℃以上：90 分鐘以內
・外氣溫度未達 25℃：120 分鐘以內
模版的拆模時間（JASS5）
・平均溫度 20℃以上：4 天以上
・平均溫度 10℃以上、未達 20℃：6 天以上
・不讓混凝土隨處流動
・澆置基腳時，不讓混凝土附著在邊墩部的鋼筋上（若無可避免附著上時要立即去除）
保護層厚度
①防止附著撕裂以確保結構耐力
②防止火災發生時鋼筋溫度上升以確保耐火性能
③防止因混凝土中性化產生鋼筋腐蝕以確保耐久性
沉陷裂縫 NG
→確實壓實上端（搗實）
保護層厚度 40 以上
保護層厚度
與土壤接觸時：60 以上
其他：40 以上
空隙 NG
→進行壓實作業
・敲擊 ・振動器
沉降
沉降
沉降
沉降
嚴禁下雨、下雪時澆置
模版
・澆置前充分潤溼
（防止混凝土急速乾燥）
→不立刻拆除
・澆置時加以固定使之不移動
工作面要進行清掃與鑿毛
保護層厚度
與土壤接觸時：60 以上
其他：40 以上
模版
模版
保護層厚度
60 以上
劣質混凝土
設置間隔墊塊、防止配筋紊亂
鋪碎石

照片 3 換氣口周圍的裂痕案例。容易從開口部的凹角處開始斜向龜裂。斜向筋就是為了降低這種情形而置入的補強筋

照片 4 同時產生乾燥收縮與不均勻沉陷的裂痕案例。角隅部因受到直交樑的約束，以至於稍微外側的位置出現裂痕。由於上緣的裂痕幅度大，可視為也有不均勻沉陷的情況

照片 5 因乾燥收縮而龜裂的案例。裂痕幅度大致相等

＊譯注 JASS 5 是日本建築學會所出版的<建築施工標準規範書、同解説 JASS 5 鋼筋混凝土施工>之簡稱。

地方。不過，不少施工廠商都抱持只是木造的基礎而輕忽以對，所以也會牽涉到設計者的監造能力。

澆置與養護的要點有下面幾點（第 91 頁圖 19）。

①嚴守確保拌合到澆置完成所需的時間
②不讓模版在澆置時因衝擊或振動而移動，要確實固定
③確認隔件墊塊。基礎版的配筋以 D10 為主，此外當載重人時很容易發生彎曲，因此要設置保護用施工架等
④不讓混凝土隨處流動，以形成均一的混凝土而均勻地倒入
⑤利用敲擊、振動器等方法進行緊密固結作業，使之不產生空隙或蜂窩。此外，版及邊墩上端要充分搗實，防止沉陷裂縫
⑥嚴守模版的拆模時間。這是為了避免混凝土急速乾燥的重要作業
⑦因應氣溫變化進行養護作業

當夏季外氣溫度超過 25℃以上時，就要進行覆蓋及灑水養護，避免混凝土急速乾燥。此外，冬季時要防止初期凍害，所以外氣溫度低於 5℃時，要全面覆蓋養護（因混凝土的水和熱具有保溫效果）。

表 2 是說明裂痕種類及其發生原因。雖然施工後也能進行修補，但不僅會多耗費材料、勞力，也會使整體成本增加。事前只要多一點考量就能防止裂痕出現，因此希望各位能夠確實執行本表的預防對策。基礎如果確實施作，上部結構的施工精度也會隨著提高。

表 2 ● 混凝土的裂痕之原因與對策

裂痕狀況	原因	預防對策
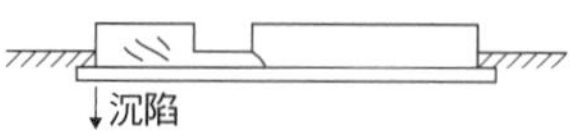 ↓沉陷	不均勻沉陷	・透過地盤調查進行基礎計畫 ・要考慮上部結構的重心位置 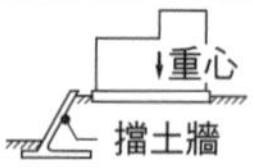 ↓重心 擋土牆 例：做了退縮
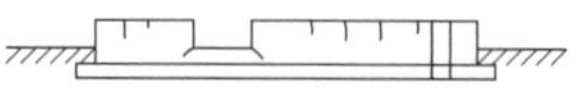	乾燥收縮	・防止初期急速乾燥（覆蓋養護等） ・減少水分、澆置密實混凝土
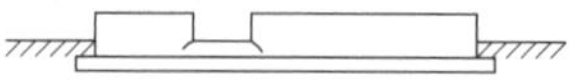	因乾燥收縮產生應力集中	在開口部加入補強筋 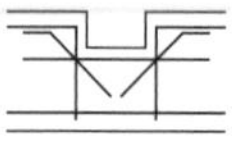
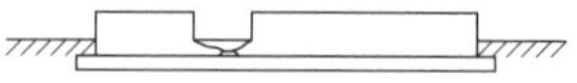	開口部的剪斷剛性不足	・確保基礎樑的樑深 ・加入細的箍筋
 沉陷裂縫	澆置不良與養護不足	・澆置時以振動器或敲擊的方式將空氣導出 ・澆置後用鏝刀壓實
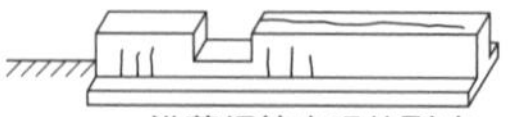 沿著鋼筋出現的裂痕	保護層厚度不足	・確保保護層厚度 ・澆置時要綁緊不要使鋼筋移動
 網狀的裂痕 ↓ 鹼性骨材反應　不規則的裂痕	・骨材不良（鹼性骨材反應） ・水泥品質不良 ・過度拌合 ・運輸時間長 ・混合材料不良	・使用優良的材料（配比計畫） ・不過度拌合→縮短運輸時間 ・避免因過早拆除模版而導致養護不足
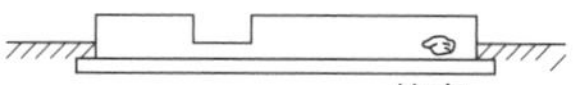 蜂窩	澆置不良	・澆置時不讓混凝土隨處流動 ・澆置時確實敲擊、或用振動器等壓實

原注　需要進行補修的裂痕寬度標準是 0.3 mm 以上

參考 ● JASS5 所載明的混凝土品質與耐用年數

分類	耐用年數	強度	水灰比	養護時間
短期	30 年	F_c18	W／C ≦ 65%	5 天以上
標準	65 年	F_c24	（W／C ≦ 55 ～ 58%）	5 天以上
長期	100 年	F_c30	（W／C ≦ 49 ～ 52%）	7 天以上
超長期	200 年	F_c36（※）	W／C ≦ 55%	7 天以上

※ 原注　保護層厚度增加 10 mm 的話強度就是 F_c30

（1）確保保護層厚度就是施行中性化對策，將影響混凝土的耐久性
為了確保耐久性應該注意的項目包含以下幾點
①混凝土的配比計畫
②澆置計畫
③配筋檢查（鋼筋量、固定方式、保護層厚度）
④澆置時的條件
⑤養護

（2）針對維護管理應該注意的項目包含以下幾點
・裂痕寬度≧ 0.4 mm 時，要打入環氧樹脂以防止空氣、水侵入
・中性化持續發生時，要進行鹼性物的添補

用語解說

檢修口的位置與地樑的補強方法

檢修口的位置會讓基礎樑出現破口、使得基礎的耐力明顯下降，因此必須十分注意設置方式。

設置在剪力牆下方時

原則上設置在柱間距 1,800 mm 以上的剪力牆中央處。柱間距是 900 mm 時，基礎樑的剩餘空間只有 150 mm 以下，會使剪力牆所負擔的剪斷力無法傳遞到基礎，因此不能在此設置檢修口（圖①）。

設置在開口部下方時

大部分都是在柱間距達兩個開間的中央處設置檢修口，但這麼做會造成樑在彎曲應力最大的地方出現破口，就結構上來說是萬萬不可的。

一旦設置檢修口就會使邊墩分段，這樣一來作用在基礎上的彎曲應力或剪斷力就只能由底版來因應（圖②）。因此，柱間距必須在 3,000 mm 以下，圖③及圖④所示的位置都是適當的設計。柱間距超過 3,000 mm 時，各種應力也會增大，所以原則上不設置檢修口，若非得設置檢修口時，也要如圖②對策 3 所示在耐壓版下方設置地樑，讓基礎樑形成連續的狀態。

基礎樑的補強

為了確保基礎的剛性，最好確保檢修口部分的基礎樑深至少有 350 mm。

不過，如果因為高度的關係而無法設置邊墩時，也要考慮加深埋入部深度或設置地樑等措施。

圖●檢修口的設置方法

①設置在剪力牆下方
在長 1,800 mm 以上的剪力牆中央設置檢修口

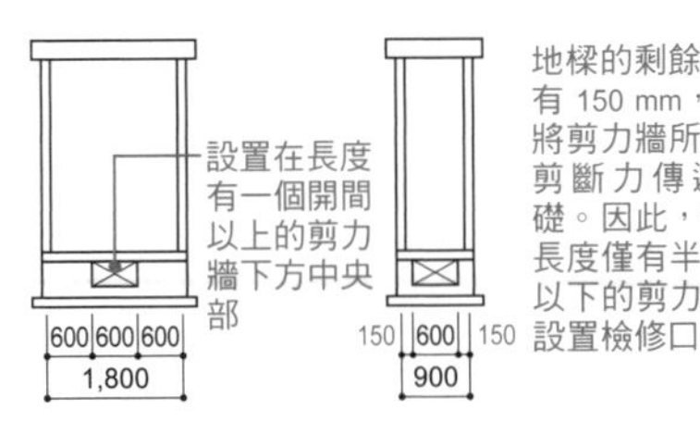

設置在長度有一個開間以上的剪力牆下方中央部
600 600 600
1,800
150 600 150
900
地樑的剩餘空間只有 150 mm，無法將剪力牆所負擔的剪斷力傳遞至基礎。因此，不要在長度僅有半個開間以下的剪力牆下方設置檢修口

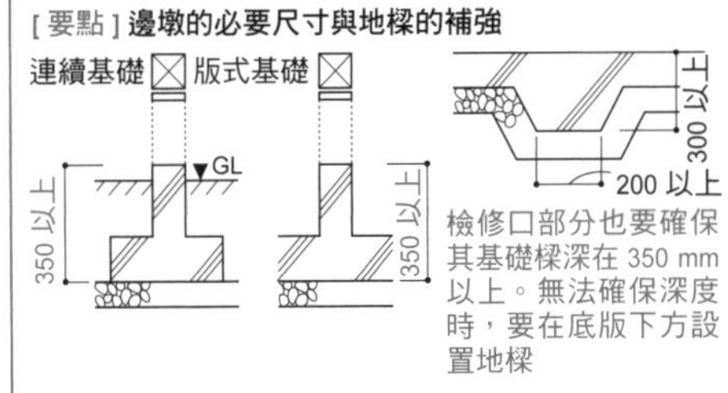

[要點] 邊墩的必要尺寸與地樑的補強
連續基礎
版式基礎
GL
350 以上
300 以上
200 以上
檢修口部分也要確保其基礎樑深在 350 mm 以上。無法確保深度時，要在底版下方設置地樑

②設置在開口部下方
木造住宅的基礎地樑樑深一般都很小，一旦設置檢修口就會造成地樑分段的狀態。因此，設置檢修口時，基本上要如對策 1、2 的做法，設置在彎矩最小的地方。無論如何都必須設置在彎曲很大的位置上時，則採取對策 3

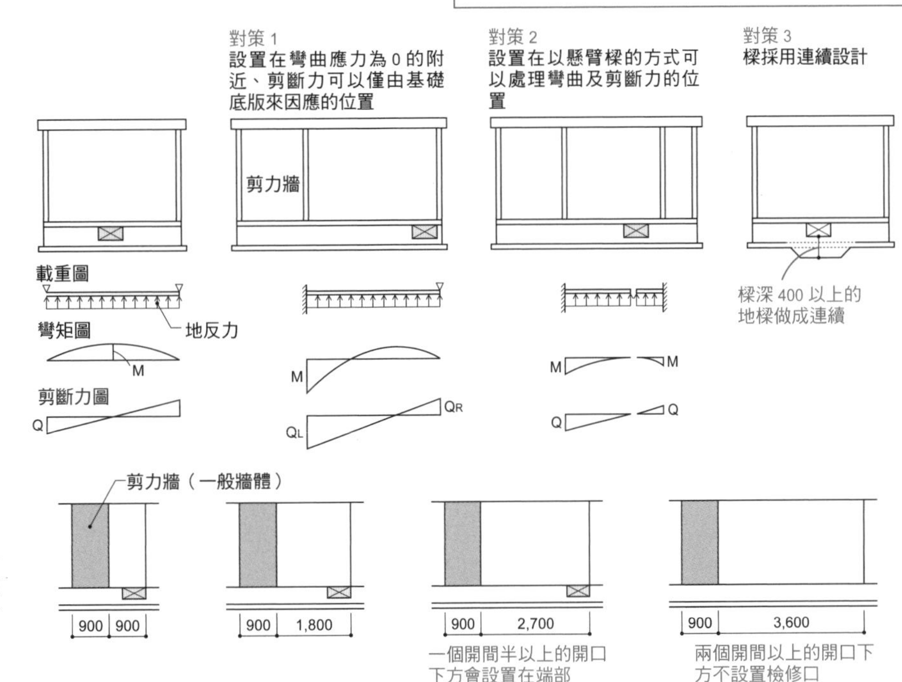

對策 1
設置在彎曲應力為 0 的附近、剪斷力可以僅由基礎底版來因應的位置
對策 2
設置在以懸臂樑的方式可以處理彎曲及剪斷力的位置
對策 3
樑採用連續設計
剪力牆
載重圖
彎矩圖
地反力
M
剪斷力圖
Q
QR
QL
樑深 400 以上的地樑做成連續
剪力牆（一般牆體）
900 900
900 1,800
900 2,700
900 3,600
一個開間半以上的開口下方會設置在端部
兩個開間以上的開口下方不設置檢修口

③以剪力牆和柱子包夾的開口（或者一般牆體）
根據②的對策 1 進行計算之後，可整理出右圖四種類型。開口為兩個開間以上時，不設置檢修口。非得設置檢修口時，則採取②的對策 3

④以剪力牆包夾的開口（或者一般牆體）
根據②的對策 2 進行計算之後，可整理出右圖四種類型。開口為兩個開間以上時，不設置檢修口。非得設置檢修口時，則採取②的對策 3

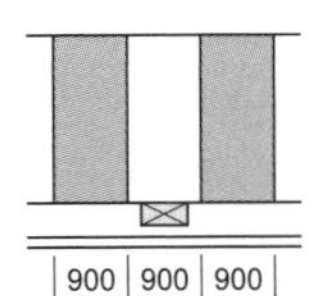

900 900 900

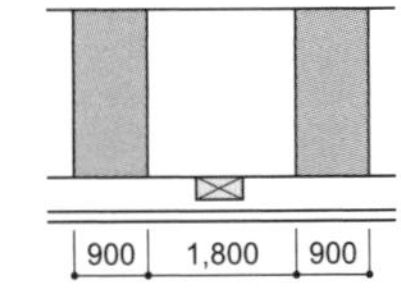

900 1,800 900
一個開間以下的開口下方會設置在中央部

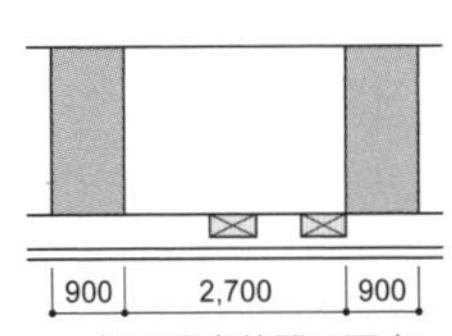

900 2,700 900
一個開間半的開口下方會設置在中央部或端部

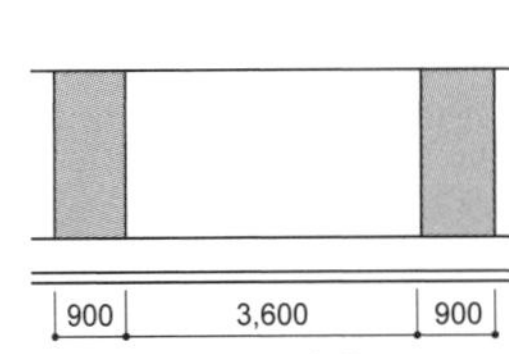

900 3,600 900
兩個開間以上的開口下方不設置檢修口

構架 [基本篇]

構架是構成建築物形狀的基本骨架，時時將整體與細部做關連性的思考是非常重要的。因此要把握主要構架種類、以及各部位在設計上的要點。此外，對於經常被疏忽的風壓力相關設計也要當做是基礎知識加以學習。

構架 [基本篇] ①

構架的基礎知識

木造住宅的構架計畫

作用在建築物上的力是透過支撐構材來傳遞的。基本上是由上往下、由斷面小的構材向斷面大的構材傳遞。當垂直載重作用時，力會由「樓板（屋面板）→樓板格柵（椽）→樑→柱→基礎→地盤」的路徑傳遞，構架計畫上橫向材的斷面設定是最為重要的要點。另一方面，在承受水平載重（地震力及風壓力）時，則以「樓板面→樑→剪力牆→柱→基礎→地盤」的路徑傳遞力，剪力牆是最重要的結構元素。

建築物為 RC、S 造時，在計畫建築物之際，首先要將上下樓層的柱子位置連貫起來，接著確認平面細節。但以木造的情況來說尤其是住宅方面，因為對結構計畫的認知薄弱，而以平面計畫為優先的案例很多。因此，從結構設計者的角度來看，不但沒有應該重視的構架與不必要的構架之區別，反倒給人一種淨是修修補補的架構印象。如果能以廣泛的視角考量包括木材性質或規格、流通性等在內的要件，那麼木造反而是應該確實執行結構計畫的構造。

只要將構架計畫加以整理，基礎計畫也會變得明確，不僅是力的傳遞更為順暢，構材斷面、接合方法也能整合，施工性也會因而提升。此外，對於將來的改修對策也將變得容易。

有關木造的結構計畫要點方面，第一個重點就是意識「構面」。這裡所指的構面是垂直構造面，也就是以柱子連接建造的「軸線」（或想成是構架）。在各個構面內配置剪力牆（圖 1）的當下，必須意識到構面當中包含上下連續的構面（**主構面**）以及僅在該樓層出現的構面（**輔助構面**）。構面的間隔要考慮構材的標準規模長度和樓板面的水平剛性，基本上會以 4 m 左右來進行配置。

構架的功用與種類

構架以通柱構法及通樑構法兩種做法為代表。

通柱構法的基本平面是田字形平面（圖 2）。以長寬約 4 m 的格子狀設置通柱後，再插入樓板樑構成構架。為了讓樑的上緣齊整，樑材之間的搭接要以凹槽或入榫燕尾來接合。

這種構法是意圖有效活用樑的標準規格材料、以及具有因樑的上緣齊整而可期高水平剛性等優點，此外採取通柱式的構架做為主構面的剪力牆配置做法等，也有助於構

圖 1● 主構面與輔助構面

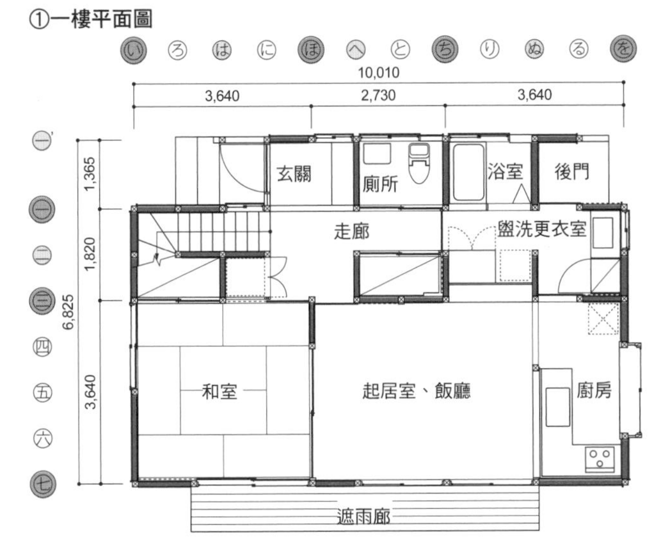

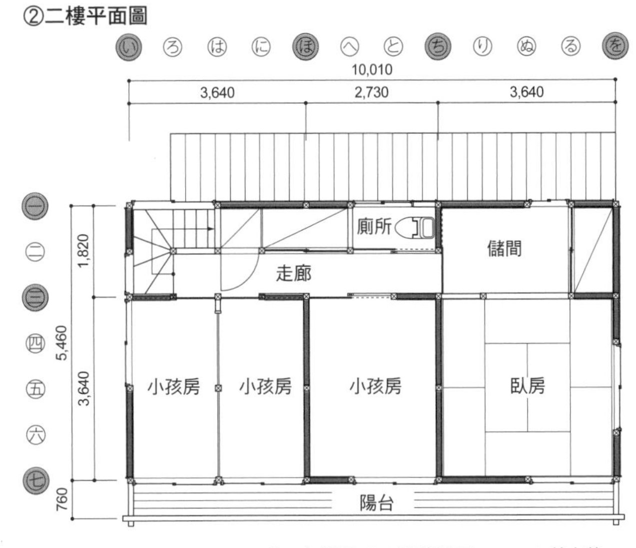

施作構架時，首先要如圖所示必須意識到柱「軸線」是具有連續性的構面。其次是在這個構面上配置剪力牆，並且確認其平衡度。
①平面圖中柱的軸線要做成連續構面
②以◎的軸心為主構面（貫通 1、2 樓的構面）
③以○的軸心為輔助構面（僅存在於 1 樓或 2 樓的構面）
④在各個構面內配置剪力牆

原注 1　雖然二樓的壁量僅在外周牆壁便已足夠，但若是考慮屋頂面的水平剛性，就可預想到當水平載重作用時，建築物中央部會出現很大的變形，這時可以透過軸線ほ、軸線ち配置剪力牆就可以解決這個問題

原注 2　將一樓的㊀列廂房部分的外牆納入壁量計算時，須意識到要固定其屋頂或天花面

面的整合。

另一方面，為了收整樑的上緣，必須防止搭接斷面缺損變大或木材的乾縮或撓曲限制等問題、以及要併用固定五金等防止搭接被拔出。

通樑構法是具有方向性的平面計畫（圖 3）。由於下樑配置在柱子間隔約 2 m、數量較多的方向上，與其直交方向的跨距會因此而變大，所以要以大斷面的樑來架設。柱子全部都是管柱，利用長榫及勾齒搭接等單純的搭接以堆疊的方式來構成構架。

這種構法具有搭接的缺損少使得垂直載重的傳遞趨於安定、搭接形狀單純且施工性良好、對於大幅變形的追隨性高等優點。

不過，因為是屬於堆積型態的木結構，水平構面的剛性低，因此除了要注意剪力牆的配置計畫以外，也要進行遮雨措施以因應樑端凸出外牆的情況。

圖 2● 通柱構法的概念

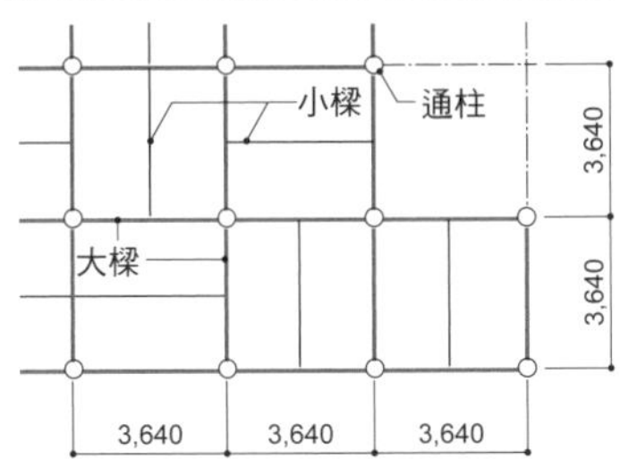

管柱
通柱

通柱構法的平面計畫
基本構造以兩個開間、一個開間半的間隔配置通柱
①設定基本格狀，在各個交點上設置通柱
②架設連結通柱的大樑
③適當地配置小樑
④在通柱與大樑所組成的構架內配置剪力牆

圖 3● 通樑構法的概念

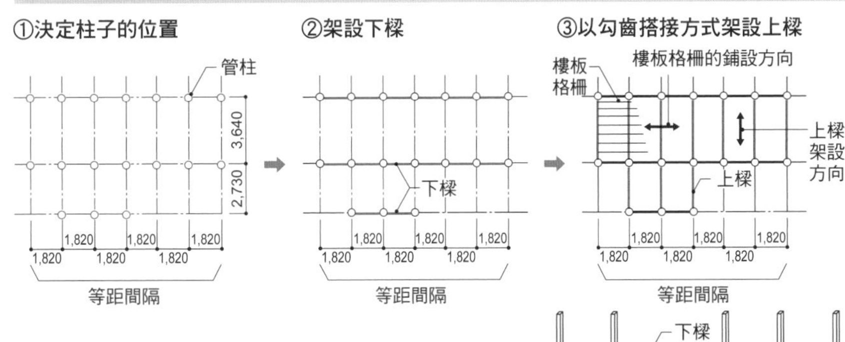

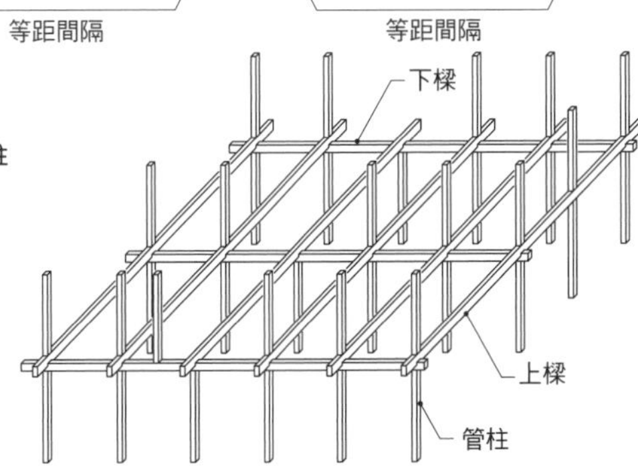

通樑構法的平面計畫
基本構造為樑貫通的構法，柱子全部都是管柱
①配置管柱
②在柱子數量多的「軸線」上架設下樑
③與之直交的方向上架設上樑
④剪力牆以約 4 m 的間距進行配置

原注　須意識到一樓與二樓的連續性

構架 [基本篇] ②

柱的設計

圖 1● 柱子的功用

垂直載重時

支撐建築物的重量

水平載重時

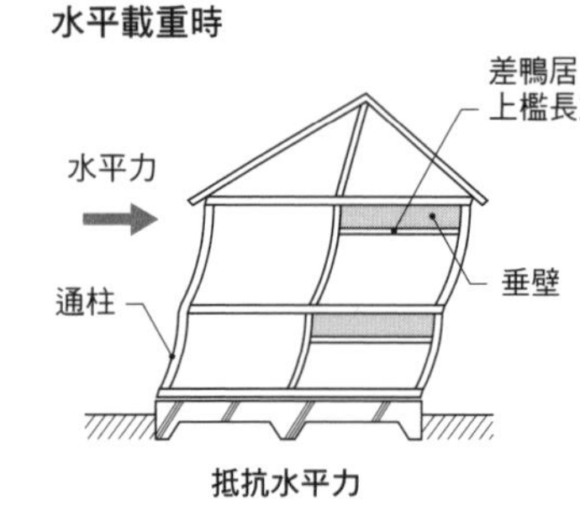

抵抗水平力

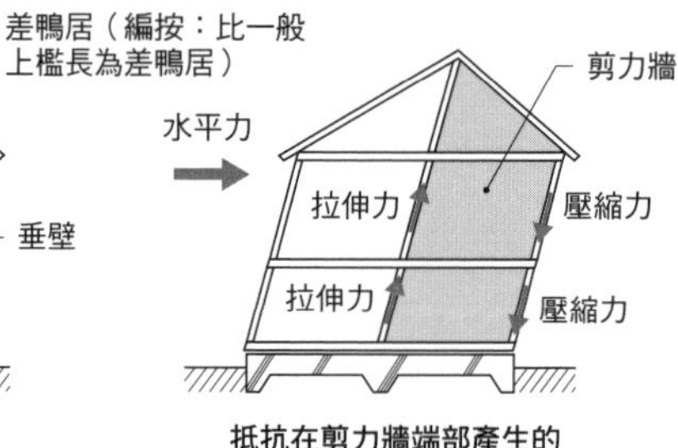

抵抗在剪力牆端部產生的壓縮力、拉伸力

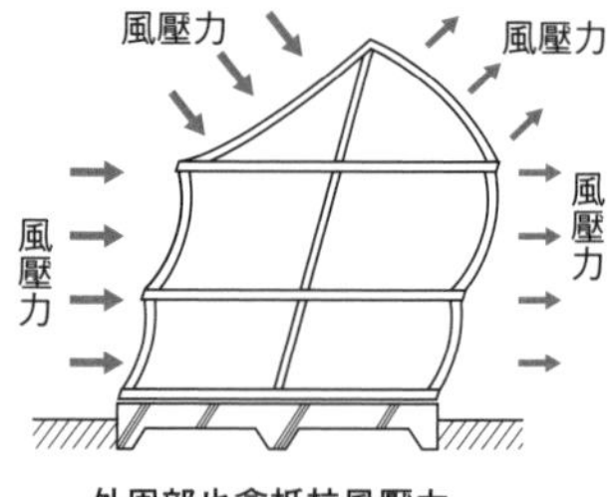

外周部也會抵抗風壓力

圖 2● 通柱與管柱

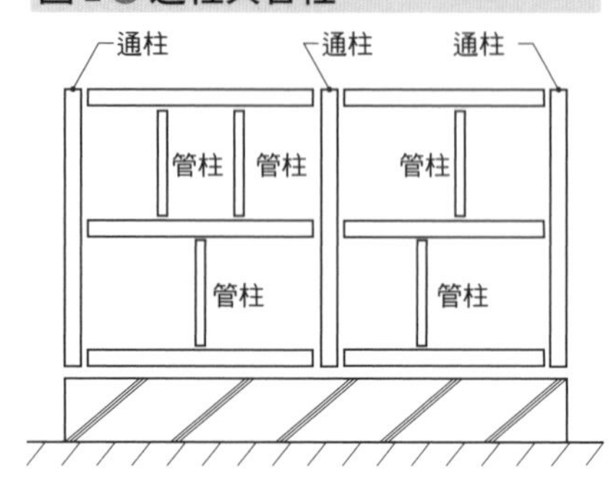

表 1● 通柱與管柱的結構特徵比較

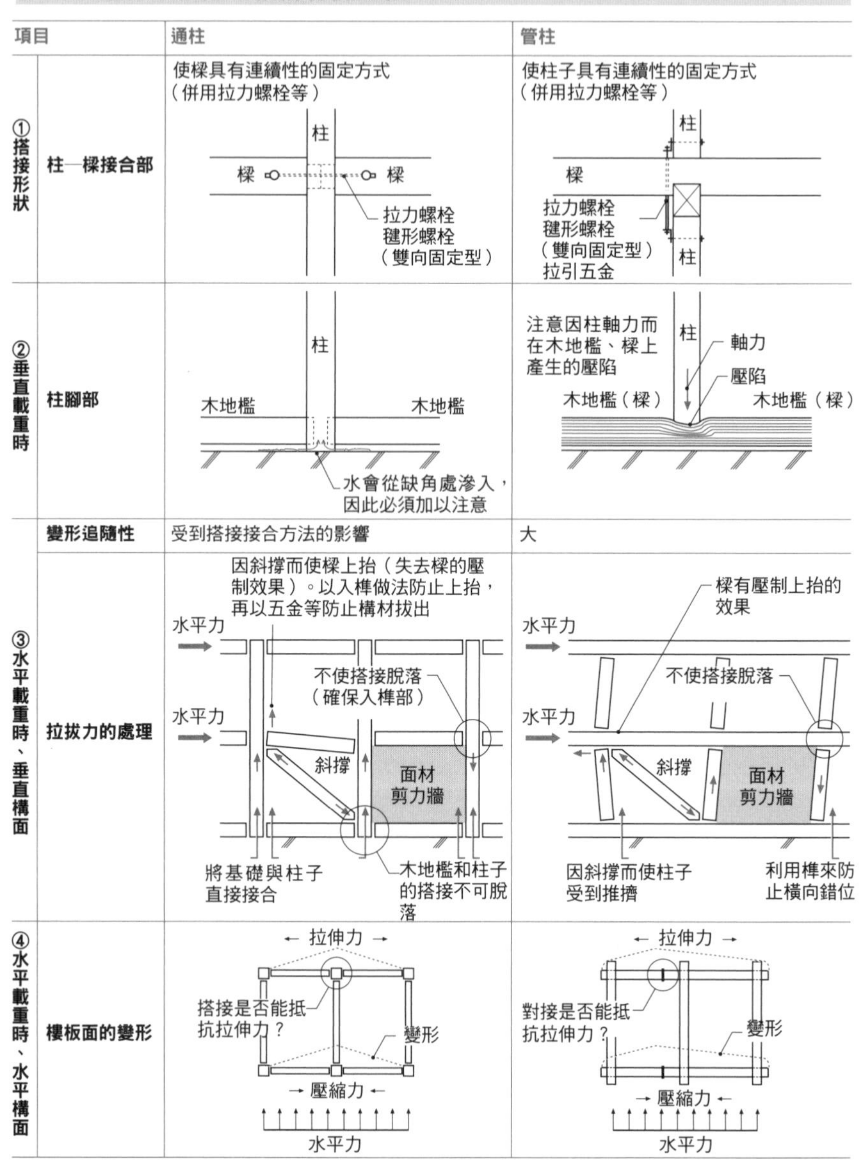

項目		通柱	管柱
①搭接形狀	柱—樑接合部	使樑具有連續性的固定方式（併用拉力螺栓等） 柱、樑、樑、拉力螺栓、毽形螺栓（雙向固定型）	使柱子具有連續性的固定方式（併用拉力螺栓等） 柱、樑、拉力螺栓、毽形螺栓（雙向固定型）、拉引五金、柱
②垂直載重時	柱腳部	柱、木地檻、木地檻 水會從缺角處滲入，因此必須加以注意	注意因柱軸力而在木地檻、樑上產生的壓陷 柱、軸力、壓陷、木地檻（樑）、木地檻（樑）
	變形追隨性	受到搭接接合方法的影響	大
③水平載重時、垂直構面	拉拔力的處理	因斜撐而使樑上抬（失去樑的壓制效果）。以入榫做法防止上抬，再以五金等防止構材拔出 水平力、水平力、不使搭接脫落（確保入榫部）、斜撐、面材剪力牆 將基礎與柱子直接接合 木地檻和柱子的搭接不可脫落	樑有壓制上抬的效果 水平力、水平力、不使搭接脫落、斜撐、面材剪力牆 因斜撐而使柱子受到推擠 利用榫來防止橫向錯位
④水平載重時、水平構面	樓板面的變形	拉伸力、搭接是否能抵抗伸力？、變形、壓縮力、水平力	拉伸力、對接是否能抵抗拉伸力？、變形、壓縮力、水平力

柱、間柱的功用

柱子有以下的功用（圖 1）。

①支撐垂直載重

②抵抗水平力

③抵抗作用在剪力牆兩端的壓縮力或拉伸力

④在承受風壓力的外牆面上能防止外牆面的變形

柱子以能夠順利傳遞垂直載重或拉拔力來配置、接合非常重要。另一方面，相對於構材長度來說，由於間柱的斷面積小、容易引發挫屈，因此幾乎無法期待間柱承受垂直載重的支撐能力，主要功用是做為合板等的接縫材料。不過，配置在外牆面的間柱也和柱同樣會受到風壓力的作用，因此也需要負擔抵抗風壓力的功用。

通柱與管柱

柱子分為「通柱」以及「管柱」兩種（圖 2）。很多設計者都認為「通柱是連貫一樓及二樓的柱子」、「管柱是沒有必要上下連貫，可任意配置的柱子」。不過，就結構性來說，通柱或管柱應該扮演的作用是相同的，因此希望上下樓層必須形成連續的狀態。

表 1 是比較通柱與管柱的結構特徵。

（1）搭接形狀

為了將個別被分段的構材連結起來，必須使用拉力螺栓等物件。通柱形式是以樑；管柱形式則是以柱子連接起來。

（2）垂直載重的支撐方法

在通柱的情況下，力是直接從柱子傳向基礎。因為柱腳部容易腐壞，所以要注意不可讓雨水等從柱子的缺角滲入。此外，採行管柱的情況時會以木地檻做為中介，因此要注意載重對木地檻產生的壓陷破壞。

（3）水平載重時的垂直構面行為

採用通柱時會將樑分段，樑容易因斜撐而被往上推擠，而且也不太能期待防止樑上抬的壓制效果。以大地震時的變形追隨性來看，柱和樑、或樑材之間的接合方法也將扮演關鍵作用。

管柱則會使柱被分段，雖然斜撐容易使柱子橫移，但防止樑上抬的壓制效果顯著。不過，條件是樑必須採用貫通架設，如果是為了經濟性考量而依據各個跨距改變樑斷面的尺寸時，就會和通柱系統一樣無法期待壓制效果。

（4）水平載重時的水平構面行為

採用通柱會將樑分段，樓板面的變形性狀如表 1 所示，必須採能夠承受拉伸力的搭接接合方式。若是管柱時則必須採能夠承受拉伸力的對接接合方式。

在能夠抵抗水平力的牆體數量極少的傳統構法中，通柱是負責抵抗水平力的重要角色。因此斷面也必須放大。不過，現在的木造住宅可以考量利用剪力牆來抵抗水平力，所以通柱的斷面通常很小，如此一來搭接部分的斷面缺損率會變大。因此，即便是通柱也會有搭接部分的斷面無法抵抗拉伸力的情況，這時必須利用五金來輔助。

從上述的情況來看，可以說結構上通柱和管柱兩者幾乎沒有差異。而在角柱等位置上採用通柱的做法，與其說是結構上的考量，倒不如說有以施工位置做為決策的強烈意味。

在令 43 條第 5 項有「二層樓以上的建築物中，角柱或是符合此項認定的柱子必須採用通柱」的規定，很多人因此而產生「角柱非得採用通柱不可」的誤解。不過，此規定之後還有「若接合部保有與通柱同等級以上的耐力時則不受此限制」的但書。

因此，結構上若載重可以順利地傳遞，即使是採用管柱，只要上下柱以五金接合，也未必非得採用通柱不可（圖 3）。

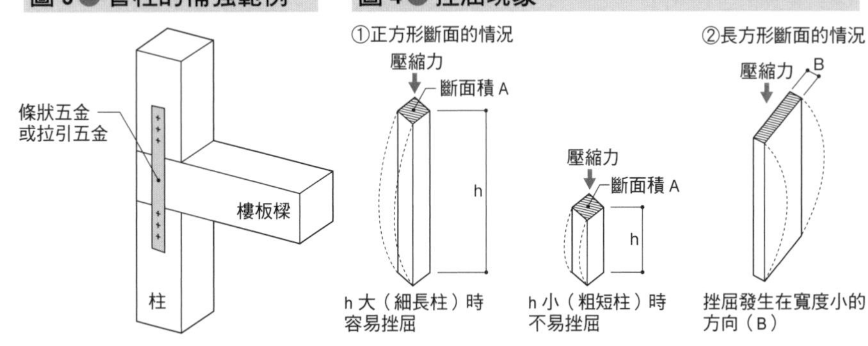

圖 3● 管柱的補強範例

圖 4● 挫屈現象

表 2● 挫屈長度與容許壓縮力（材料為不分等級材料）

挫屈長度	樹種		容許壓縮力（kN）	
			120mm 角材	150mm 角材
① 2,600 2,800	日本扁柏	長期	53.8	111.7
		短期	97.9	203.1
	美國西部鐵杉	長期	49.9	103.6
		短期	90.8	188.4
	杉木	長期	46.0	95.5
		短期	83.7	173.7
② 5,400	日本扁柏	長期	—	33.0
		短期	—	60.0
	美國西部鐵杉	長期	—	30.6
		短期	—	55.7
	杉木	長期	—	28.2
		短期	—	51.3

原注　由於②的 120mm 角柱的細長比 $\lambda > 150$，所以不計算其容許值

考慮挫屈的柱之容許壓縮力係以下列公式計算求得

容許壓縮力 $N_{ca}=\eta\times f_c\times A_c$

f_c：容許壓縮應力度

A_c：柱的斷面積

η：挫屈折減係數。依據細長比取用下列數值

$\lambda\leqq 30$ 時，$\eta=1.0$

$30<\lambda\leqq 100$ 時，$\eta=1.3-0.01\lambda$

$100<\lambda$ 時，$\eta=3000/\lambda^2$

λ：細長比，依據下列公式計算

$\lambda=\ell k/i\leqq 150$

ℓk：挫屈長度

i：斷面二次半徑

$i=\sqrt{I/A}$

$=D/3.46$（長方形斷面）

$D/4.0$（圓形斷面）

I：斷面二次彎矩

A：斷面積

D：一邊的長度或直徑

[參考] $\lambda\leqq 150$ 時的挫屈長度

- 105mm 角材：$\ell k\leqq$ 4,545mm
- 120mm 角材：$\ell k\leqq$ 5,205mm
- 135mm 角材：$\ell k\leqq$ 5,852mm
- 150mm 角材：$\ell k\leqq$ 6,502mm
- 180mm 角材：$\ell k\leqq$ 7,803mm

壓縮力與挫屈

柱子的長期容許壓縮耐力是依據柱斷面與挫屈長度來決定。

挫屈是指柱子受到壓縮力作用時，會如圖 4 所示在與材料軸垂直的方向上會出現彎曲現象。以斷面來說，構材長度愈長這種現象就愈容易發生，如果斷面是長方形，就會向厚度薄的方向挫屈。

由於發生挫屈現象的柱子無法支撐垂直載重，所以柱的容許載重（壓縮力）必須考慮「挫屈長度」以求出數值。一般是將固定柱子的橫向材間距視為挫屈長度（表 2）。

以面向外牆的挑空部為例，中間沒設置樑的通柱（第 97 頁表 2②）會比有樑的管柱（第 97 頁表 2①）更容易發生挫屈（面對風壓力的抵抗能力參照第 109、110 頁）。

圖 5 ● 軸力的處理

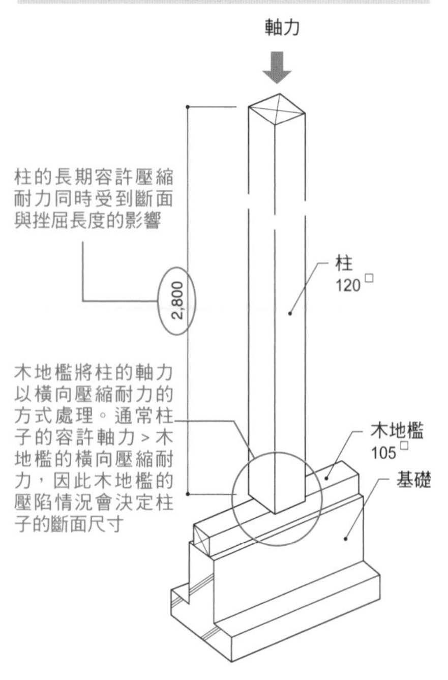

表 3 ● 木地檻、樑、桁——柱的容許壓陷耐力

①材料中間部承載柱子時（（社）日本建築學會《木質結構設計規準．同解說》，2006 年）

橫向材的樹種	基準強度 F_{cv}（N／mm²）	不容許壓陷變形的情況			容許少量壓陷變形的情況		
		容許應力度 $1.1F_{cv}/3$（N／mm²）	容許壓陷耐力（kN）		容許應力度 $1.5F_{cv}/3$（N／mm²）	容許壓陷耐力（kN）	
			柱 105 角材	柱 120 角材		柱 105 角材	柱 120 角材
杉木、鐵杉	6.0	2.20	19.3	24.9	3.00	26.3	34.0
日本扁柏、羅漢柏	7.8	2.86	25.1	32.4	3.90	34.2	44.2
栗木	10.8	3.96	34.7	44.9	5.40	47.4	61.2

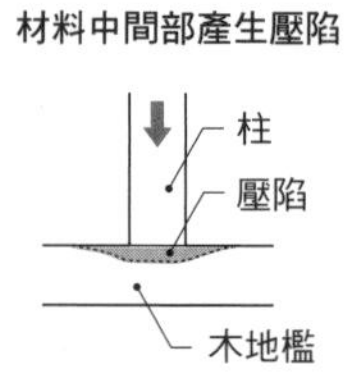

②材料端部承載柱子時（（社）日本建築學會《木質結構設計規準．同解說》，2006 年）

橫向材的樹種	基準強度 F_{cv}（N／mm²）	不容許壓陷變形的情況			容許少量壓陷變形的情況		
		容許應力度 $\alpha \times 1.1F_{cv}/3$（mm²）	容許壓陷耐力（kN）		容許應力度 $\alpha \times 1.5F_{cv}/3$（N／mm²）	容許壓陷耐力（kN）	
			柱 105 角材	柱 120 角材		柱 105 角材	柱 120 角材
杉木、鐵杉	6.0	1.76	15.4	20.0	2.40	21.1	27.2
日本扁柏、羅漢柏	7.8	2.29	20.1	25.9	3.12	27.4	35.4
栗木	10.8	2.97	26.1	33.7	4.05	35.5	45.9

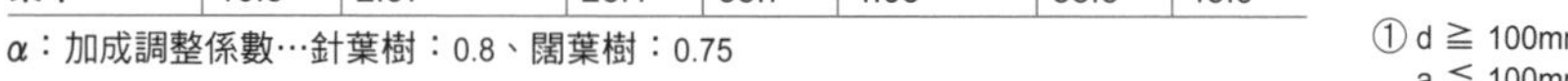

α：加成調整係數…針葉樹：0.8、闊葉樹：0.75

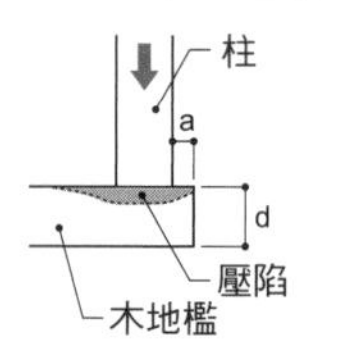

① d ≧ 100mm：a ≦ 100mm
② d ＜ 100mm：a ≦ d

③木材的容許壓陷耐力（平成 13 年國交告 1024 號 [2008 年修訂]）

橫向材的樹種	基準強度 F_{cv}（N／mm²）	木地檻之外與此類似的橫向材			左列情形之外		
		容許應力度 $1.5F_{cv}/3$（N／mm²）	容許壓陷耐力（kN）		容許應力度 $1.1F_{cv}/3$（N／mm²）	容許壓陷耐力（kN）	
			柱 105 角材	柱 120 角材		柱 105 角材	柱 120 角材
杉木、鐵杉	6.0	3.00	26.3	34.0	2.20	19.3	24.9
日本扁柏、羅漢柏	7.8	3.90	34.2	44.2	2.86	25.1	32.4
栗木	10.8	5.40	47.4	61.2	3.96	34.7	44.9

原注　除①～③之外，斷面積須採用扣除榫斷面積之後的有效斷面

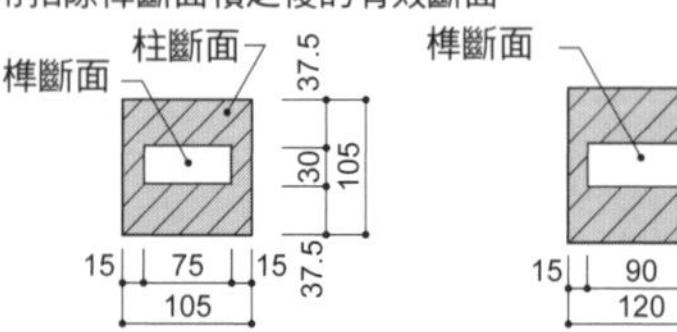

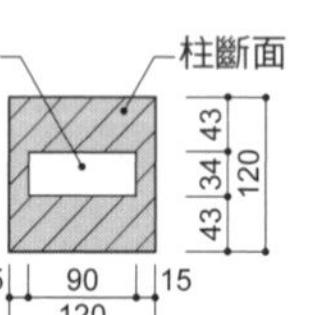

表 4 ● 超過壓陷的容許耐力時的對策

對策	效果、注意要點等
木地檻（樑、桁）的斷面變更（放大）	藉由壓陷面積的確保來提升支撐力
變更成壓陷耐力大的樹種來製作木地檻（栗木、楢木、花旗松等）	壓陷容許耐力變大，支撐力也隨之提高
在附近新設柱子	減輕單根柱子的負擔軸力
變更柱的斷面（僅加大該柱）	一併對應木地檻、樑、桁的寬度，意圖提升耐力
以連續樑壓制（應力的再分配）	僅在通樑的設計時有效

對木地檻產生的壓陷

柱子負擔的軸力會由木地檻做為中介向基礎傳遞。此時木地檻會以橫向壓縮耐力來處理柱的軸力（圖 5）。木地檻的容許壓陷耐力會因壓縮力作用的部分不同而有所差異（表 3）。

壓陷性狀是受到樹種、材深、加壓面的大小、端部距離等影響而變化。不只是柱子的正下方，受到壓陷部牽引的周邊也擔負分攤軸力的作用。

《木質結構設計規準．同解說》（（一般社團法人）日本建築學會）所載明的容許應力度提到，由於材料中間部與材料端部的壓陷抵抗性狀有所不同，因此訂定出因應不同部位的加成調整係數 α 值（表 3）。不過，藉由榫等設計，可判定即使出現少量壓陷情形也不會對結構產生危害（※）、或者出現些微的壓陷也不至於有不良影響時，就可以增加容許壓陷應力度的比例。

那麼，所謂的「少量的壓陷」是指哪種程度的變形呢？雖然目前對於壓陷還有很多未解的部分，但是從一些研究成果來試算長期載重時的壓陷量可知，容許應力度在 70% 左右的應力度之下，其載重加載之後的變形約 1 mm。不過，時間愈長變形也會隨之增加（潛變現象），經過 450 天之後到達 2.53 mm 的程度。藉此學會規準推定出壓陷的容許變形在 3 mm 以下。

再者，在平成 13 年（編按：西元 2001 年）國交告 1024 號中提及，在木地檻以外與此類似的橫向材中，如果因為該構材的壓陷而使其他構材的應力沒有發生變化時，無論柱子配置在何處，長期的容許壓陷應力度以 $1.5F_{cv}/3$ 為基準（2008 年修訂）。

柱的設計

以 120 mm 角材的杉木柱為例，若將挫屈長度設定為 2,800 mm，其長期容許壓縮耐力就是 46.0kN（參照第 97 頁表 2②）。與此相對的 120 mm 角材的日本扁柏木地檻來說，即便材料中間部容許些許壓陷，其長期容許壓陷耐力也只有 44.2kN，小於柱的壓縮耐力（參照表 3①）。總結地說，柱子的容許壓縮力在大部分的時候都是

圖 6● 柱與木地檻的偏心

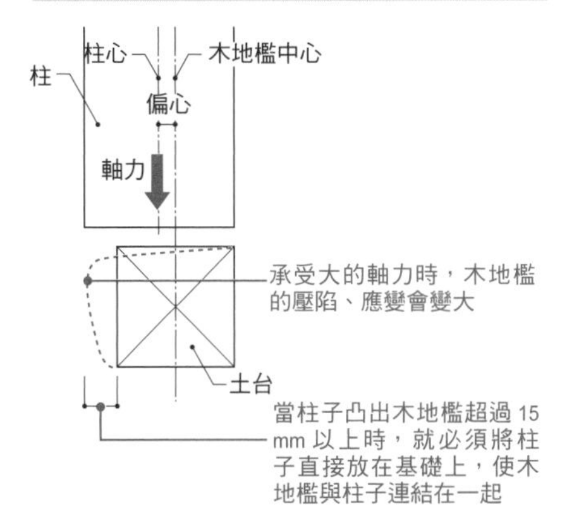

由做為支撐點的木地檻之壓陷耐力來決定。

從上述的情況來看，基本上木地檻的寬度要與柱寬相等或以上，如果柱子負擔的載重非常大時，應該採取同時增加柱、木地檻的斷面、將木地檻的材料樹種變更成壓陷耐力高的栗木、直接將柱放在基礎上等對應措施（表 4）。

圖 7● 中央主柱的斷面設計

①二樓樓板平面圖（屋架平面亦同）

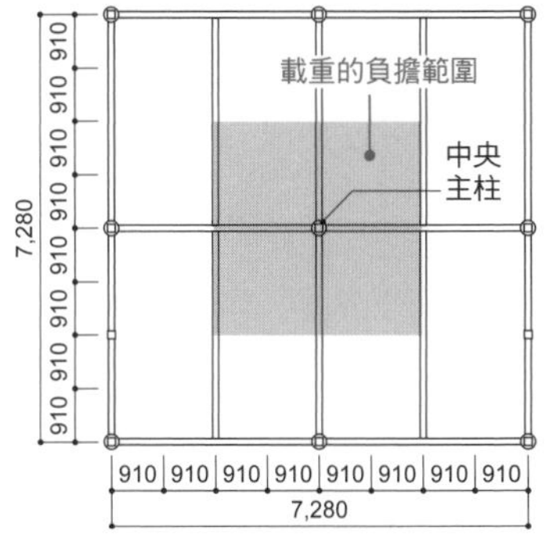

②木地檻平面圖

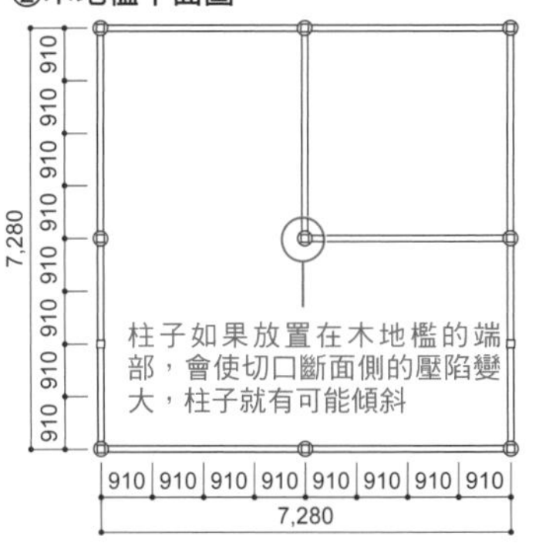

瓦屋頂 $0.9kN/m^2$
二樓樓板 $2.1\ kN/m^2$
隔間牆 $0.3\ kN/m^2$
（每層樓板面積）
負擔面積 $A=3.64m\times3.64m=13.25\ m^2$
柱的軸力 $N_c=13.25\times(0.9+2.1+2\times0.3)=$**47.7kN**
柱：杉木、木地檻：日本扁柏 ↑一樓與二樓

根據第 97 頁表 2，假設挫屈長度為 2,800 mm 的話，柱子的必要斷面要是 120 mm 以上的角材。此外，根據表 3②，即使木地檻端部有容許壓陷變形之能力，但由日本扁柏做成的木地檻若是 120 mm 的角材時，其容許壓陷耐力是 35.4kN，也就是說耐力將不足

對策①
直接將柱子放置在基礎上
對策②
放置在木地檻的中間時，如果是栗木製成的木地檻，其容許耐力 61.2kN ＞ 柱軸力 47.7kN，因此要以栗木做為木地檻材料，並且貫通其中一方的木地檻
對策③
木地檻維持用日本扁柏製作，擴大柱斷面以增加壓陷面積

必要斷面的計算方法
必要壓陷面積
$A_e \geqq N_c / {}_Lf_{cv}=47.7\times10^3/2.29=20,830\ mm^2$

將榫斷面以 34×90 mm 設定，柱的必要斷面是
$A_c \geqq A_e+$榫斷面 $=20,830+34\times90=23,890\ mm^2$

木地檻寬度維持 120 mm 並以十字形配置，柱子採 180 mm 的角材時

凸出木地檻柱的面積 ↓　↓ 榫的面積
壓陷面積 $A_e'=180^2-\{(180-120)^2+34\times90\}$
$=25,740\ mm^2 > A_e=20,830\ mm^2$ → **OK**

圖 8● 中央主柱的抵抗機制

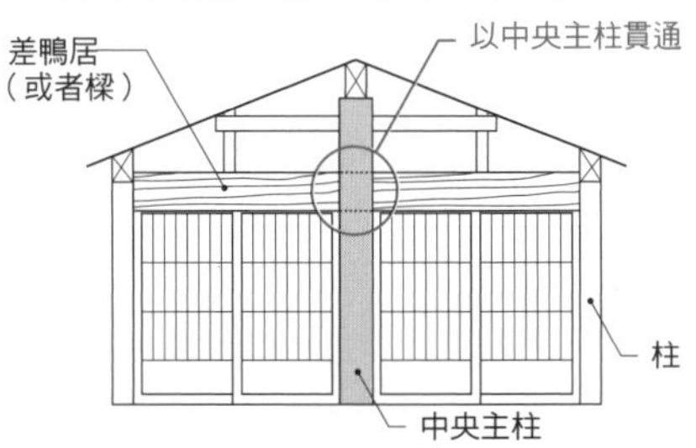

直徑 240 mm 以上的粗柱即使連接上粗的橫穿板（差鴨居、長押等），其水平耐力也只是結構用合板採單面鋪設牆體的 70%左右。就水平抵抗力而言，剪力牆具有較佳的效率且更為經濟

差鴨居的彎矩 $M_2=Hh/2$
柱的彎矩 $M_c=Hh$
水平力 H
$M_1=Hh/2$
T　N　h　H　ℓ
$V_1=\frac{Hh}{\ell}$　$V_2=\frac{Hh}{\ell}$
拉伸力 $T=\frac{Hh}{\ell}=V_1$　壓縮力 $N=\frac{Hh}{\ell}=V_2$

需要有能夠抵抗搭接部分所產生的彎矩之斷面

木地檻與柱的處理注意要點

（1）木地檻與柱心錯位

在處理建築物外周部的完成面之際，為求與外部配合有時候會發生木地檻中心和柱心錯位的情形。不過這樣會使軸力（力的作用點）與支撐點之間出現偏移，因此應該極力避免（圖 6）。

木地檻的寬度比柱子寬時並沒有什麼問題，但若是柱子不得不凸出木地檻時，只要凸出幅度超過 15 mm，就最好將柱子直接放在基礎上。這時除了要用錨定螺栓將木地檻與基礎接合之外，也要進行與柱子的接合（參照第 124 ～ 127 頁）。

（2）建築物中心部的柱軸力

當設置在建築物中心部的柱出現大的軸力作用時，就必須注意柱斷面或木地檻斷面。

具體舉例來說，如圖 7 從隔間上的中央主柱，可知柱子上會有屋頂（瓦屋頂）、二樓樓板、內牆等載重約 30kN 的軸力作用著，假設柱子及木地檻的斷面尺寸均為 120 mm 的角材時，在容許少量壓陷變形的情況下，即使是在材料端部設置柱子也會在容許耐力值以下。

然而，如果不在柱的周圍配置牆體而是單獨設立，並且在木地檻的端部設置擔負著很大軸力的中央主柱時，木地檻的切口斷面側就會有很大的壓陷變形量，因而導致柱子傾斜，引發嚴重的居住性問題。

至於這種軸力很大的柱子是不是不要配置在木地檻的材料端部，最好的做法還是直接設置在基礎上加以接合。

不過，當設有剪力牆時，為了讓剪力牆的性能達到安定化，就要通過與柱斷面同尺寸的木地檻，以木地檻的中間部支撐柱子。

水平抵抗力

就柱的水平抵抗力來說，若非社寺佛閣那種直徑 240 mm 以上能承受垂直載重極大的粗柱，也不是以粗的橫穿板（差鴨居、長押等［參照第 31 頁譯注］）加以連接的話，就幾乎無法期待水平抵抗力的能耐（圖 8）。然而，即便做到這個程度，柱子的水平耐力也只有結構用合板採單面鋪設成牆體的 70%左右。

因此，只要是住宅這種小規模的柱斷面，就幾乎無法期待柱子的水平耐力。以水平抵抗力的能力來

※ 原注　這裡所指即使產生壓陷也不會危害結構的構造，其中利用剪力牆做為抵抗形式的構架構法就屬於這種結構形式。

圖 9● 通柱的搭接耐力檢證

① 120 mm 的角材四面插入型

搭接斷面圖

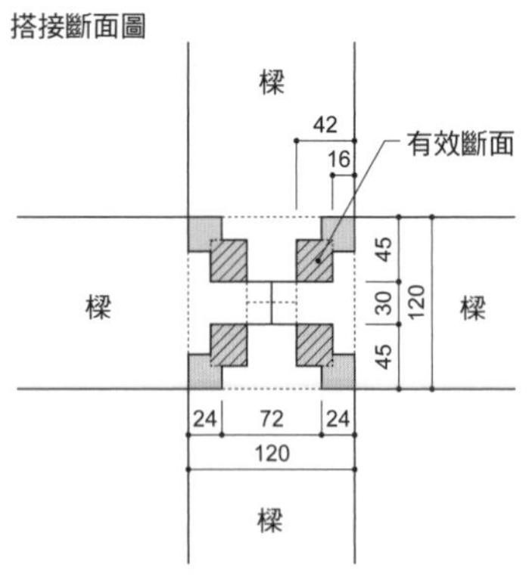

柱的斷面性能

	斷面積	斷面係數	斷面二次彎矩
①無缺損	$144cm^2$	$288cm^3$	$1,728cm^4$
②搭接▨部	$36cm^2$	$78cm^3$	$351cm^4$
②／①	0.25	0.27	0.20

② 105 mm 的角材兩面插入型

搭接斷面圖

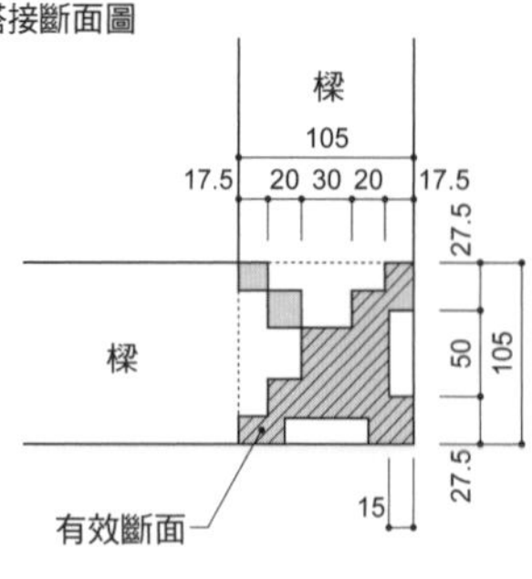

柱的斷面性能

	斷面積	斷面係數	斷面二次彎矩
①無缺損	$110\ cm^2$	$193cm^3$	$1,013cm^4$
②搭接▨部	$59cm^2$	$84.3cm^3$	$492cm^4$
②／①	0.53	0.44	0.49

強制變形

在 120 mm 的角材四面插入構件所形成的通柱上，強制施壓變形之後，層間變位角到達 1／60 左右時，搭接部就會開始受到破壞。
比較 105 mm 的角材兩面插入型與 120 mm 的角材四面插入型的斷面性能之後可知，兩者的搭接部斷面係數幾乎相等，因此破壞強度也幾乎相等，但破壞時的層間變位角會出現比 1／60 稍微再大的變形。
順帶一提，寬度 120 mm 的樑變成四面插入型後，其柱子若是採用 180 mm 的角材時，即使層間變位角到達 1／30，搭接部也不會受到破壞。

圖 10● 通柱的搭接彎曲試驗

①試驗體

施力方法

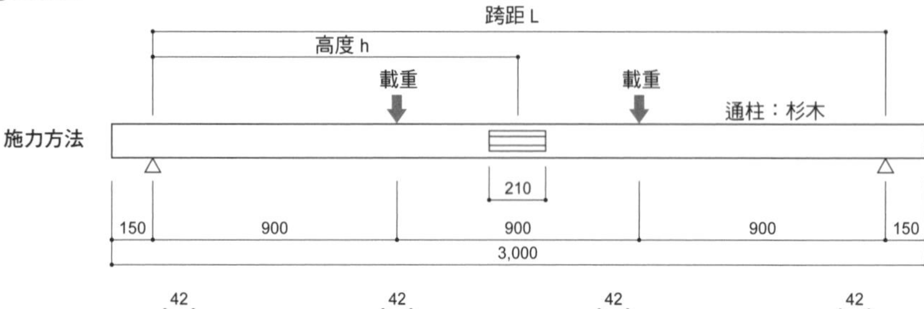

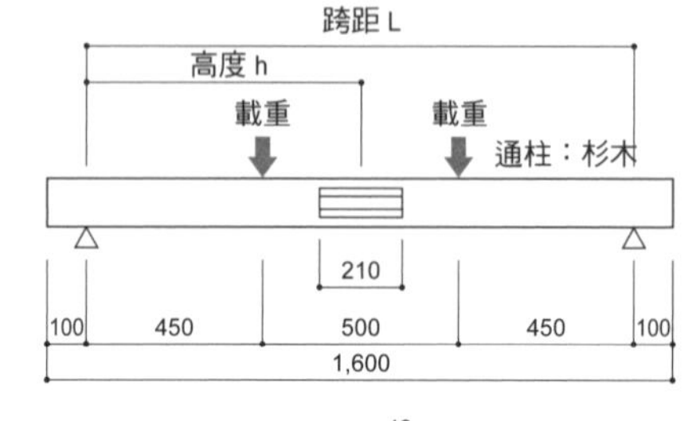

搭接斷面

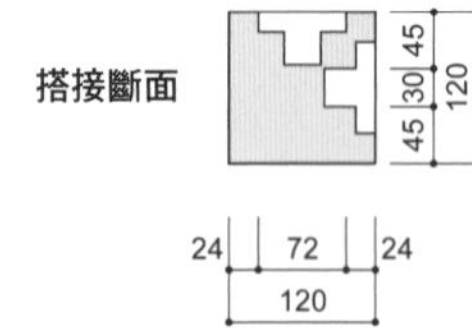

4 寸兩面插入（天然乾燥材）

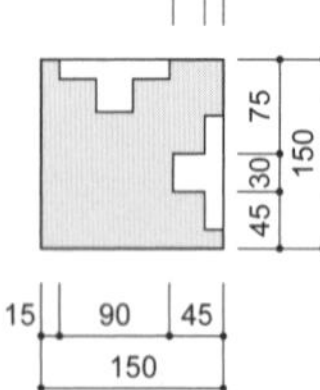

5 寸兩面插入（天然乾燥材）

5 寸四面插入（天然乾燥材）

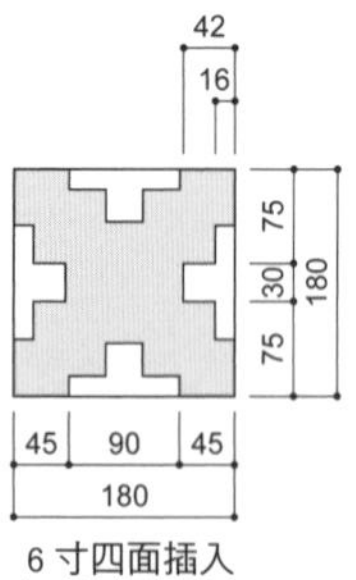

6 寸四面插入（天然乾燥材）

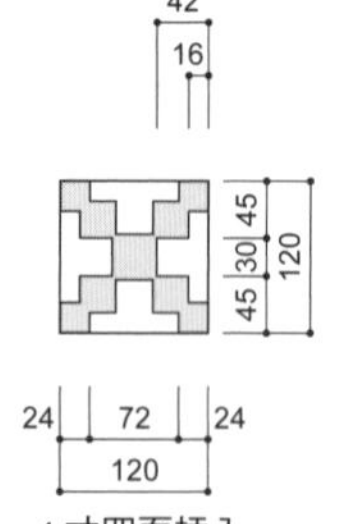

4 寸四面插入（天然乾燥材：Nc、高溫乾燥材：Kc）

②試驗結果

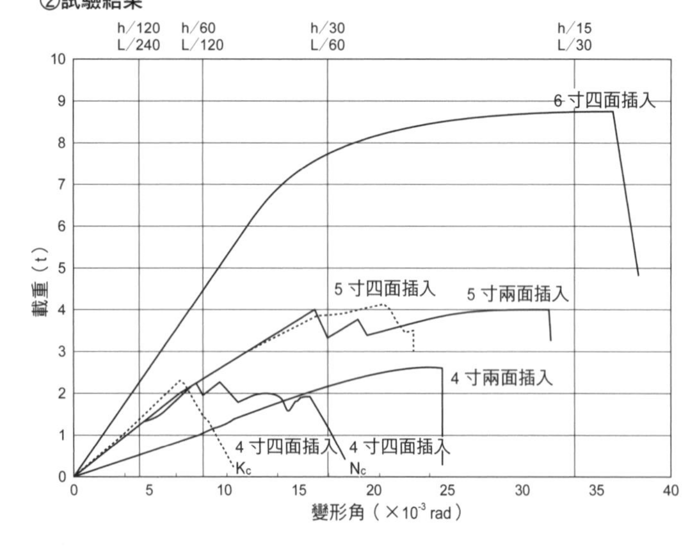

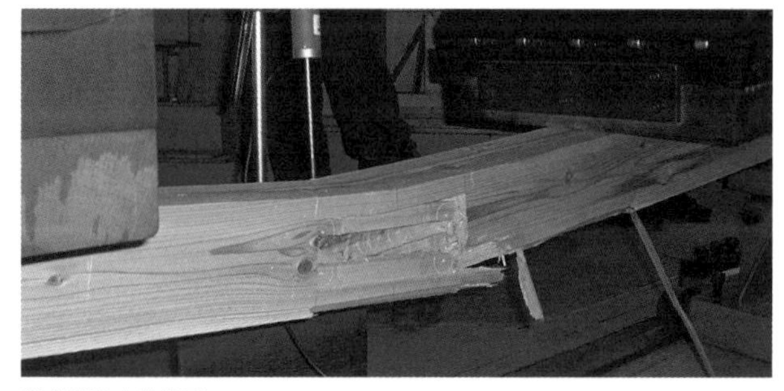

彎曲試驗中的情形

原注

h／120：適用層間變位角 1／120

L／120：對於跨距 L 的變形角以 1／120 標示

說，剪力牆具有很高的效率且更為經濟。

不過，像是開口窄小或店鋪、停車場等，用途上不會設置剪力牆的場所，以木造形成剛性構架也是可能的。木造剛性構架會受到木材構件壓陷、或者螺栓等物件壓陷的影響，換言之搭接的旋轉剛性將左右構架的耐力（參照第 144 頁）。搭接的旋轉剛性必須經過實驗及詳細的計算。從最近的實際案例來看，大多是採用五金接合，但剛性構架方向上的柱寬必須在 300 mm 左右。

通柱的水平抵抗

從水平載重時的構架整體來看，當一樓與二樓的變形方式不同時，在通柱的二樓樓板樑、圍樑之間的搭接上就會作用著彎曲力。

計算該搭接的彎曲耐力會發現，變成四面插入型的 120 mm 角材，其通柱的斷面性能比無斷面缺損還要低 20 ～ 30%。此外如果接合部出現變形，層間變位角到達 1／60 左右時就會遭到破壞。一般的木造住宅變形（層間變位角）在中型地震時為 1／120、大地震時（震度 6 強以上）是 1／30 左右，因此通柱在大地震發生時會被折斷（圖 9）。

圖 10 是附有搭接的通柱之彎曲試驗結果。若為四面插入型的 120 mm 角材時，層間變位角不到 1／60 就會出現破壞。換成是兩面插入型時，雖然變形追隨達到 1／20，但初期的耐力小，可說幾乎沒有水平抵抗力。

另一方面，柱子為 150 mm 的角材時，即使是四面插入型，其變形也會追隨到 1／30，而且具有耐力。再者，如果柱子採用 180 mm 的角材，就會得到變形追隨達到 1／15 的結果。這個結果可以說與計算值幾乎相同。

因此，要讓通柱在大地震時也能承受載重的話，柱子就必須採用 180 mm 以上的角材。即使是兩面插入型會使斷面缺損稍微降低的角柱，也要採用 150 mm 以上的角材。

如果使用斷面未滿 150 mm 的角材，搭接部在大地震發生時遭到折損的可能性很高，因此即便外觀看起來是採用通柱系統，在結構上也要視為管柱，並且以搭接部就算出現折損也不至於讓構材散落為目標，上下樓層的柱子應該利用五金等物件進行接合（參照第 97 頁圖 3）。

剪力牆端部的軸力處理

水平載重作用時，在剪力牆端部會出現壓縮力或拉伸力。

當壓縮力形成時，如前面所述會有挫屈及橫向材的壓陷問題。另一方面，拉伸力會使橫向材的接合部脫離、或發生材料中間部因缺角而斷裂的問題。針對這些問題後面將在「剪力牆」的章節中詳細說明。

用語解說

剖裂與柱強度的相對關係

柱子因為是使用具有木芯的木材，所以大多會事先做剖裂處理。在此將比較剖裂對強度的影響。

以柱子 120 mm 的角材為例，分別針對有剖面處理、無剖裂處理、貫通剖裂處理三種類型，進行斷面性能的比較，結果如下表。

比較有剖裂與無剖裂兩種類型，可知兩者的斷面性能幾乎相等，而貫通剖裂則因為斷面完全切斷，所以即使外表的斷面積相同，對於挫屈或 X 軸方向的彎曲、以及變形的性能都變得極小。

因此，只要不是採取貫通剖裂處理，其餘的剖裂處理對強度並不會造成問題。不過，如果有使用螺栓、釘子、榫、內栓等，就會影響到接合部的拉伸耐力，因此必須注意剖裂的方向。

表●有無剖裂與結構性能

(120×120, x, y)	斷面積 A（cm^2）	有關壓縮力的斷面性能 斷面二次半徑（cm）		有關彎曲的斷面性能 斷面係數（cm^3）		有關變形的斷面性能 斷面二次彎矩（cm^4）	
		i_x	i_y	Z_x	Z_y	I_x	I_y
①無剖裂	144.0	3.46	3.46	288.0	288.0	1,728	1,728
②有剖裂	139.8	3.46	3.51	279.5	287.8	1,677	1,727
③貫通剖裂	135.6	3.46	1.63	271.2	127.7	1,627	360

貫通剖裂的構材的 ▒ 數值與有剖裂、無剖裂相比之下，呈現極低的值。

i_y：將壓縮力加載於貫通剖裂的構材上，容易出現割裂及垂直方向上的挫屈

Z_y：與貫通剖裂垂直的方向上在受到彎曲力（風壓力）的作用之後，強度會變成一半。因此，剖裂的方向要與外牆面形成直角

I_y：與貫通剖裂垂直的方向上在受到彎曲力作用之後，其撓曲會放大四倍以上。採取的對策與 Z_y 相同

橫向材的設計

橫向材的功用

橫向材是指如圖 1 所示各構材的總稱，是以水平架設的構材。

橫向材擔負著以下的結構作用（圖 2）。

①將樓板或屋頂等的樓板載重傳遞至柱子

②承受水平載重時，可做為促使剪力牆有效運作的框架材

③抵抗在水平構面（樓板面、屋頂面）的外周所產生的壓縮力或拉伸力

④當挑空與外牆面鄰接時，可用於抵抗風壓力（抵抗風壓力的外周樑稱為耐風樑）

因應垂直載重的橫向材設計

當屋頂或樓板的重量傳遞到橫向材時，會產生如圖 3 所示的變形。這個橫向材的變形量對居住性將有很大的影響。

因應垂直載重來決定橫向材的構材斷面時，要進行對強度及對變形的檢討。由於木材會受到含水率等因素影響，與其他材料相比更容易變形，因此特別需要注意橫向材的撓曲。

因承受長時間載重而使變形持續進行的現象就稱為潛變現象（參照第 15 頁）。在平成 12 年（編按：西元 2000 年）建告 1459 號中，規定木材的潛變所引起的變形增大係數須視為 2，變形角（變形量／跨距）要在 1／250 以下（圖 3）。這是防止因樓板樑過大變形，而引發振動災害所做的最低限度規定，原本應該是設計者依據實際的使用狀況而自行設定的項目。

舉例來說，在橫向材下方配置

圖 1● 樑柱構架式工法中的橫向材種類

脊桁　桁條　椽　桁條　椽　樑桁　屋架樑　樑桁

小樑　樓板格柵　圍樑　圍樑　樓板格柵　樓板樑　木地檻　木地檻　格柵托樑

圖 2● 橫向材的功用與力的流動

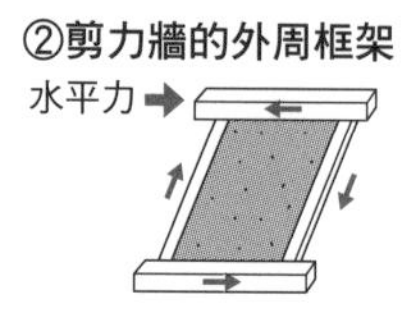

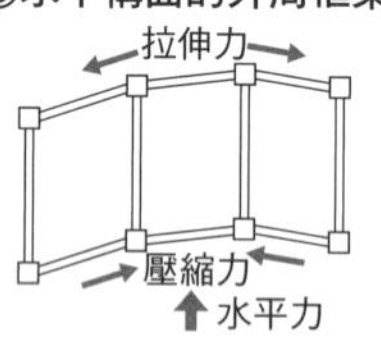

圖 3● 變形角的限制

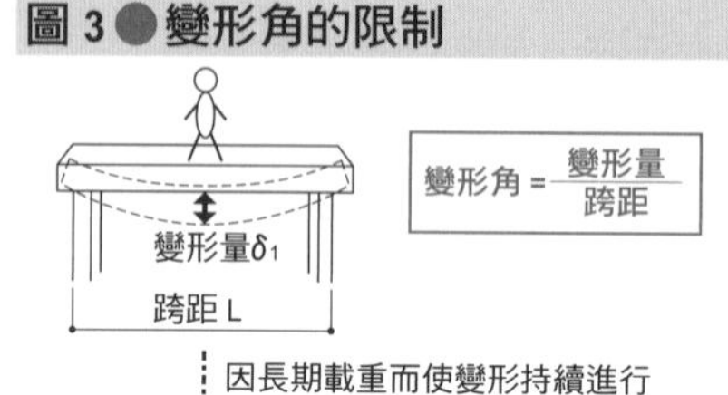

圖 4● 在考量構材的重要度後的檢討

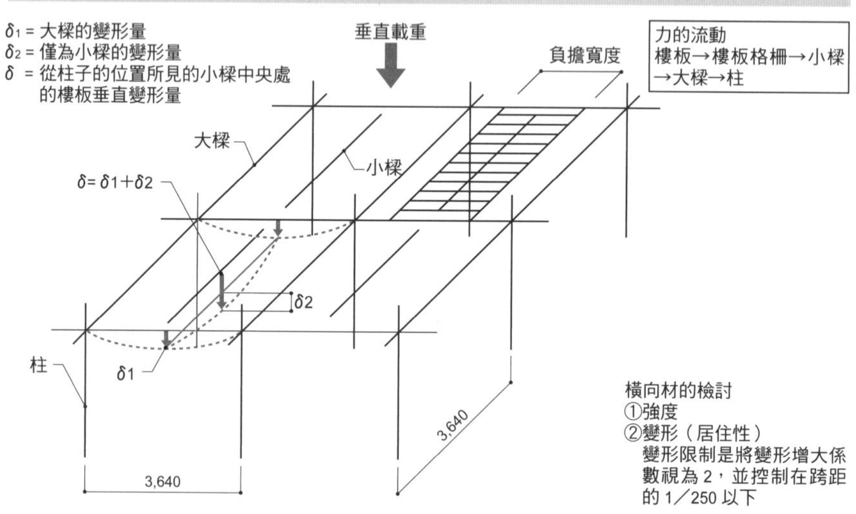

（垂直方向上不會產生撓曲）從柱子的方向所見樓板中央部的撓曲是δ1 與δ2 加總後所得的數值。

假設撓曲量的計算結果是
δ1=15（mm）、δ2=15（mm）時，
樓板中央部的撓曲δ就是
δ= δ1+δ2=30（mm）
將這個撓曲換算成變形角的話，依據兩角的對角線長度（L=5,148 mm），中央部的變形量 30 mm 就是跨距的 1／171，以數值來說是過大的。

在此，因考慮到大樑的重要性比小樑大，若將其變形量設為 5 mm 的話，
就是δ= δ1+δ2=20（mm）
變成跨距的 1／257。

如此一來，即使是同樣的橫向材也會因為部位的不同而有重要程度的差異，必須加以注意

圖 5● 屋頂構造造成的問題

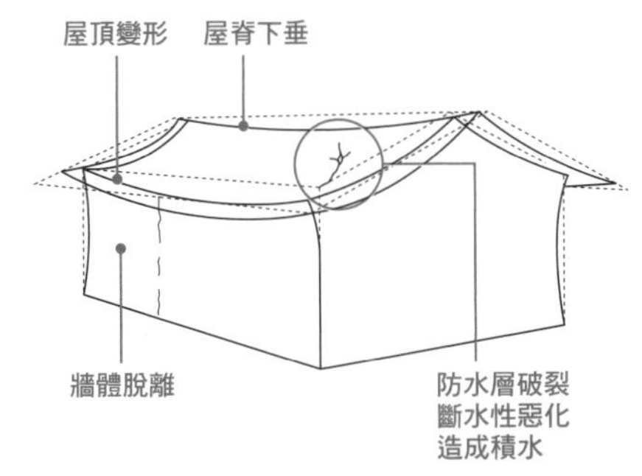

照片 1 入榫燕尾搭接型的樑的彎曲試驗。以搭接部的深度來決定耐力

圖 6● 垂直載重的傳遞能力

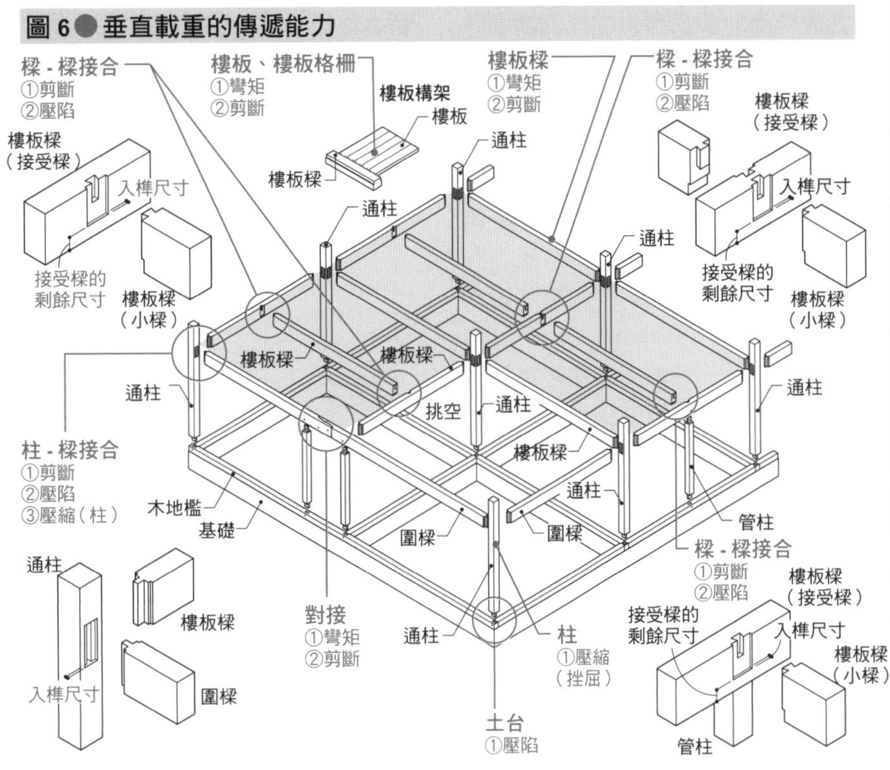

圖 7● 承受載重的樑的行為

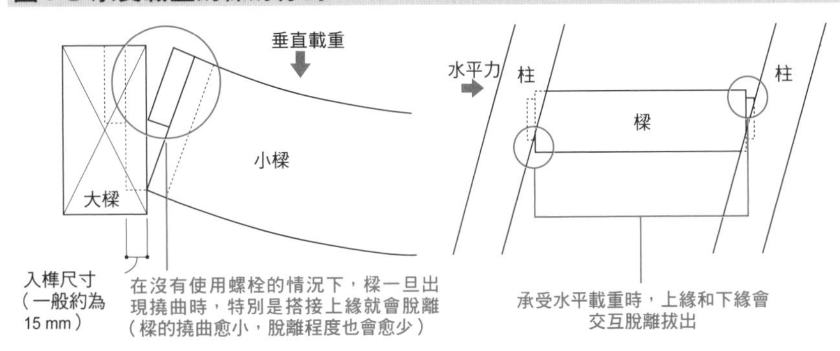

圖 8● 入榫燕尾搭接的耐力

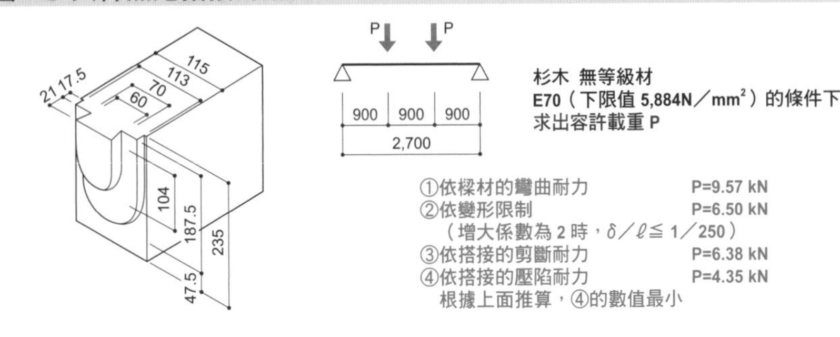

門或窗戶時，由於變形會影響開閉性，因此最好依據告示的規定嚴格設定數值。順帶一提，筆者主導的木構研習營中曾聽聞參加者說道，將變形增大納入計算的變形量如果在跨距的 1／450 以下（若是不納入變形增大的變形量的話，數值要在 1／600 左右，且在 5 mm 以下）時，並不會特別對居住性產生什麼問題。這個數值主要是依據固定家具的間隙來決定的。

此外，以大樑上架設小樑的情況來說，如果兩者都以接近基準值來設計時，小樑中央的變形量就必須加上大樑的變形量 δ_1，因此如果從柱子的直線距離來思考，會變成比 1／250 更大的數值（圖 4）。在這種情況下，必須比基準值更加嚴格地來設定變形限制。

至於哪個構材需要嚴格加以抑制，可以從力的流動方式來思考。如同第 94 頁所述，載重是以樓板→樓板格柵→小樑→大樑→柱的方向流動，愈後面就是愈為重要的構材，因此大樑要比小樑更加慎重地進行設計。

木造住宅的樑斷面往往是憑藉經驗以跨距（支撐點的距離）來決定。不過，即使是相同跨距也會出現樑的間隔不同、中間承載柱子等各式各樣的載重條件。最好在確實掌握實際狀況之後再進行設計（詳細說明參照第 177 ～ 181 頁）。

雖然屋架樑不需要考量到居住性，但是出現過大的變形，也會影響完成面（裝修）材，還可能連帶出現漏水問題（圖 5）。此外，筆者遇到跨距超過兩個開間以上的狀況時，通常會先考慮潛變變形再進行設計。

端部的支撐能力

進行樑斷面設計時一定要注意做為支撐點的端部接合方法（圖 6）。一旦支撐點出現變形或破壞，即使構材的強度或變形能力再怎麼充足餘裕，也都會變得毫無意義（圖 7）。目前的主流構架方法是將樑的上緣收整成同一水平高度，這種構架的接受樑或通柱的斷面缺損很大，必須特別加以注意。

從入榫燕尾搭接型的樑的彎曲試驗結果可知，樑自身幾乎沒有變形而只有搭接部遭到破壞（第103頁照片1）。從這項試驗結果，求出搭接的長期容許剪斷力為4.28kN，與入榫部的容許壓陷耐力幾乎相近（第103頁圖8）。

實際上，入榫部的壓陷抵抗面積都是一樣，與樑深大小無關，因此必須視為大的樑斷面時有時候也可能出現搭接耐力不足的情形。針對這種情形有以毽形螺栓補強的例子，不過毽形螺栓頂多只能讓搭接不至於脫落，無法增加搭接的剪斷耐力。這時候就應該進行增加入榫的尺寸、使用附有倒鉤的樑材固定五金、做成貫通樑形式（設置補強柱）等措施。

從力學角度來看，拉力螺栓最好設置在靠近材心的位置（圖9）。毽形螺栓等如果是固定在側面，當撓曲大時就容易產生扭轉，為了減少撓曲發生就要讓斷面保有充足的尺寸，或是處理負擔載重大的重要樑材時應該從樑的兩側壓緊使之不會產生偏心。此外，當材深達300 mm以上時，水平載重作用之下樑的上緣與下緣很容易脫落，因此需要併用兩根螺栓。

圖9● 拉力螺栓的注意要點

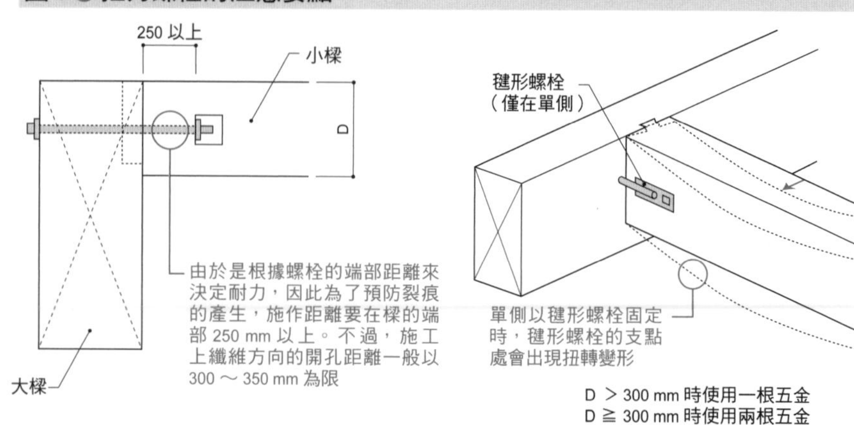
250 以上
小樑
D
大樑
由於是根據螺栓的端部距離來決定耐力，因此為了預防裂痕的產生，施作距離要在樑的端部 250 mm 以上。不過，施工上纖維方向的開孔距離一般以 300 ～ 350 mm 為限
毽形螺栓
（僅在單側）
單側以毽形螺栓固定時，毽形螺栓的支點處會出現扭轉變形
D ＞ 300 mm 時使用一根五金
D ≧ 300 mm 時使用兩根五金

表1● 對接的彎曲試驗結果

對接的種類		樹種	斷面 B×D（mm）	最大載重 P（kg）	與無對接相較之下的比率 P／P0（%）
P/2 P/2	金輪 縱向（1）	杉木	135×150	2,680	12.4
	金輪 縱向（2）		125×125	1,900	13.7
	金輪 縱向（3）		120×150	2,345	12.2
P/2 P/2	金輪 橫向（1）	杉木	135×150	1,470	6.8
	金輪 橫向（2）		125×125	900	6.5
	金輪 橫向（3）		120×150	1,081	5.6
P/2 P/2	追掛大栓③	杉木	120×150	3,161	16.5
P/2 P/2	蛇首③	杉木	120×150	714	3.7

原注 依據筆者主持的木構研習會（1998 ～ 1999 年）時的實驗數據

對接的位置

雖然最好盡可能使用長度夠長的橫向材來貫通，但要做到規格化就會限制構材的長度。因此，慢慢出現什麼樣的對接該配置在哪個位置的課題。

從筆者至今參與過的實驗（照片2～4）結果來看，可以得知實木斷面的對接彎曲強度最大也只有15％左右（表1）。因此，對接最好設置在彎曲等力小的位置上。

圖10是依上述結論所提出的思考方式與適切的對接形狀，但不包含常用的蛇首對接或凹槽燕尾對接。從實驗結果來看，這些對接的彎曲強度都非常小。因此僅能使用在幾乎沒有彎曲力作用的木地檻或彎曲作用力輕微的構材上，最好加以限制對接的位置。

檢討對接位置之際，請務必活用平面圖和能夠輕鬆掌握上下樓層力流的構架圖。

舉例來說，在圖11①所示的構架中，設置屋架樑的對接時，必須以下方的樓板樑來支撐全部的載重，所以不只要擴大斷面，也要注意端部的搭接強度。此外，如果二樓設有剪力牆的話，當水平載重作用時，除了因為剪力牆旋轉而使軸力的負擔增加以外，撓曲與施加在支撐點上的載重也會增大。還有，剪力牆的效果也會因此而變小（參照第108頁表3）。

但是，如圖11②所示不在屋架樑上設置對接，而採用即使二樓不設中間柱也能支撐屋頂載重的斷面設計時，樓板樑就只需支撐二樓的樓板載重，因此也會減輕斷面及搭接的負擔。

針對水平載重的橫向材設計

對於水平載重而言，搭接、對接的接合方法比橫向材的斷面更為重要，因此接合規範要採行品確法的等級2以上、確認樓板與屋頂外周部分的橫向材接合部倍率等，正是因為這個議題而採取的作為（針對這項檢討會於第128～134頁及第232～249頁詳細說明）。

為了讓主要做為抵抗要素的剪力牆在水平載重作用時能有效發揮功用，重視設有剪力牆的構架設計，和不使水平構面產生不良變形將變成重點工作。

首先是觀察剪力牆單體，其外周框架必須確實施作。為此，原則上剪力牆的框架內最好不要設置對接。特別是斜撐部位，三角形的桁架材中間若有對接就會變成不安定

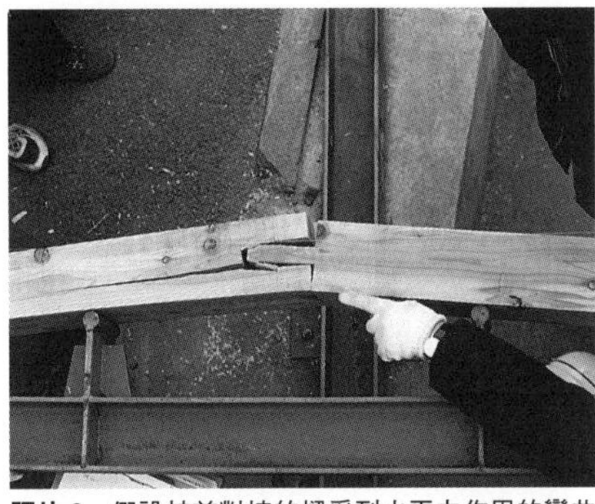

照片 2　假設蛇首對接的樑受到水平力作用的彎曲試驗

照片 3　假設金輪對接（橫向使用）的樑受到水平力作用的彎曲試驗

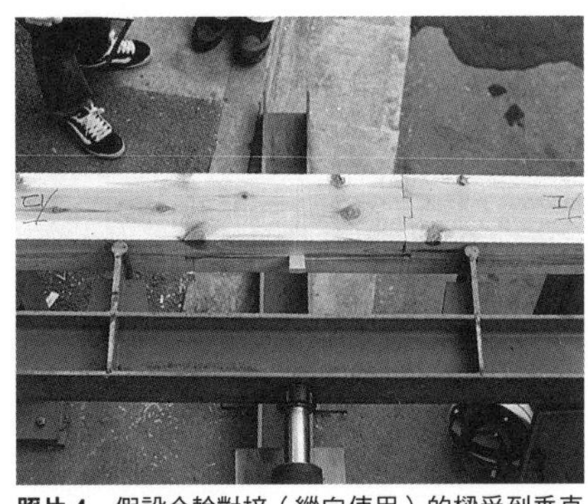

照片 4　假設金輪對接（縱向使用）的樑受到垂直力作用的彎曲試驗

圖 10 ● 因應垂直載重的對接設置方式

在考量垂直載重的支撐力之下的對接設置方法，有下圖幾種類型。
對接的彎曲耐力小（表 1），因此要設置在應力小的位置上。

①懸挑樑的形式

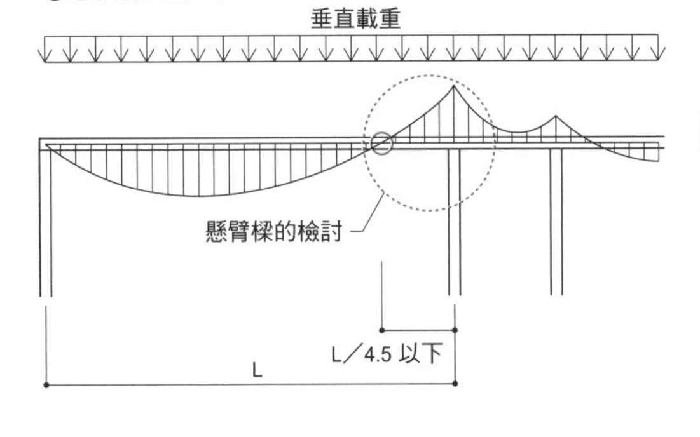

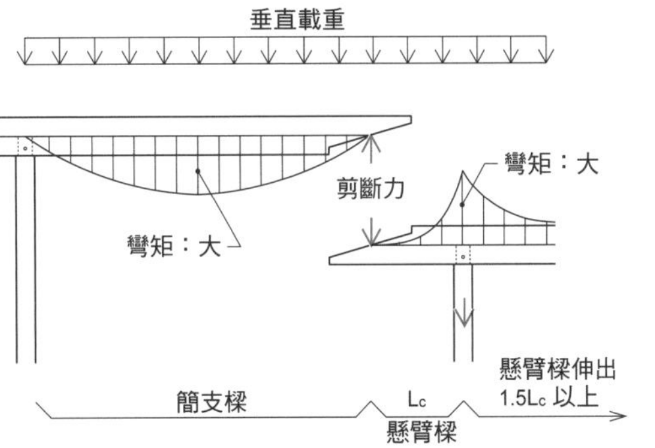

在懸臂樑的前端連接樑
對接的負擔應力：剪斷力

適用的對接
金輪對接（橫向）

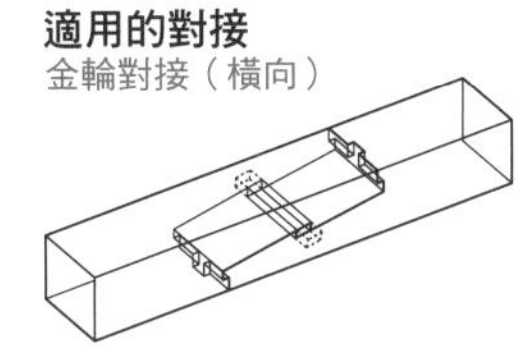

②中央對接的形式

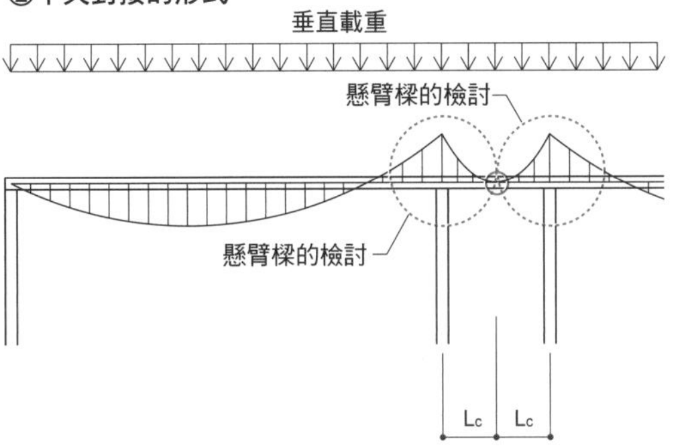

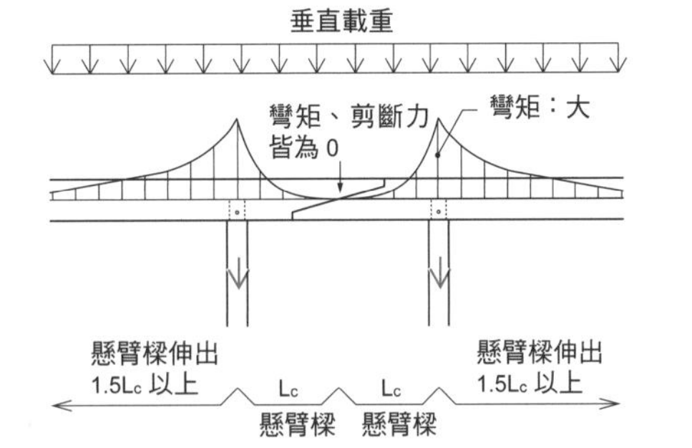

在柱間距離（跨距）短的部分之中央處設置對接
對接的負擔應力：微小

適用的對接
追掛大栓對接

金輪對接（縱向）

金輪對接（橫向）

圖 11 ● 利用構架圖進行對接位置的檢討

①在屋架樑上設置對接

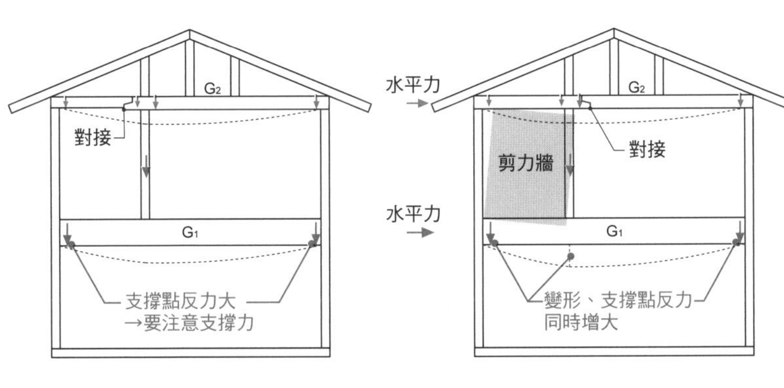

全部載重由 G1 支撐

當剪力牆的載重作用時，G1 的負擔會再度增大

②不在屋架樑上設置對接

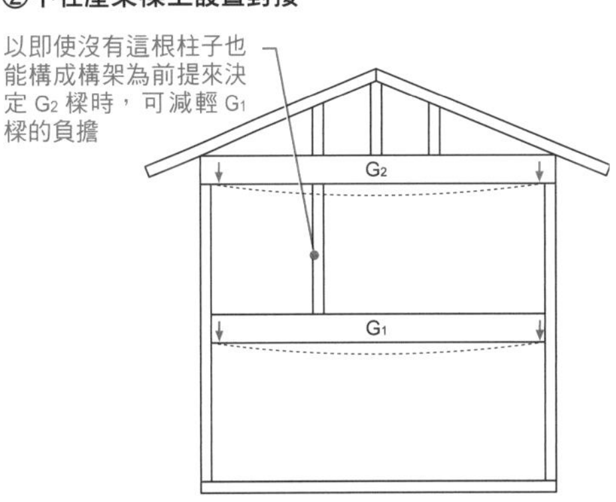

由 G1 與 G2 共同支撐屋頂載重與二樓樓板載重

圖 12 ● 關於剪力牆單體的注意要點

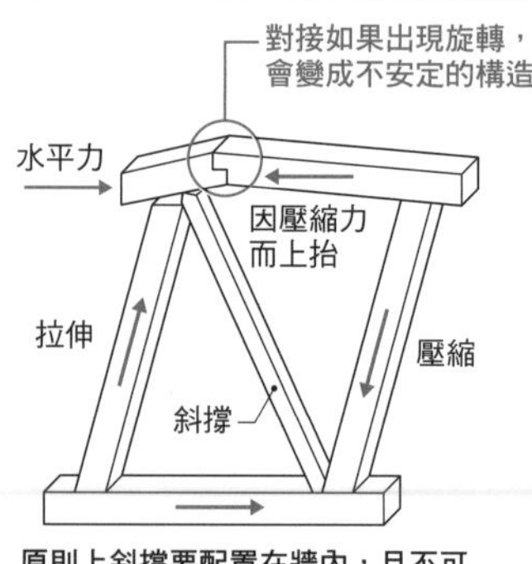

原則上斜撐要配置在牆內，且不可設置對接

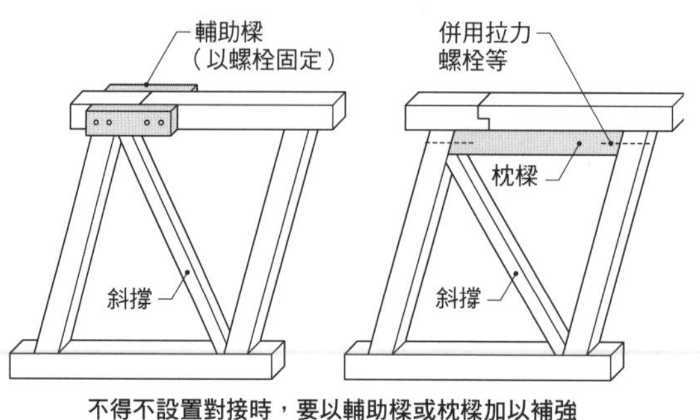

不得不設置對接時，要以輔助樑或枕樑加以補強

圖 13 ● 剪力牆構面的變形與軸力

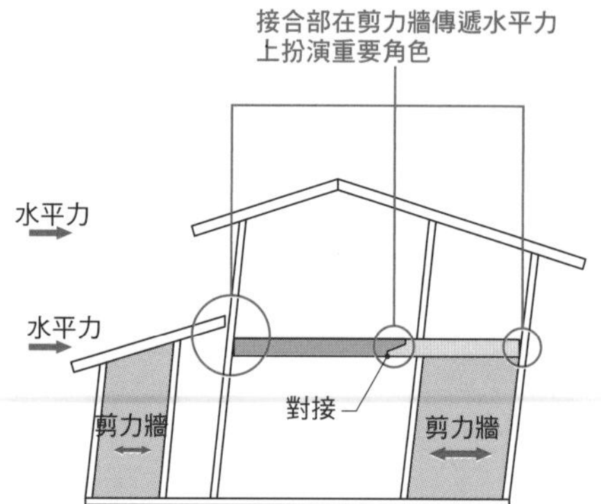

圖 14 ● 水平構面的變形與軸力

①通柱構法　②通樑構法

搭接　對接　拉伸力　拉伸力　拉伸力　拉伸力　壓縮力　壓縮力　水平力　水平力

水平力作用時，外周部就會出現拉伸力與壓縮力。木造的接合不利於抵抗拉伸力，因此要特別加以注意

表 2 ● 對接的拉伸試驗結果

對接的種類	樹種	斷面 B×D（mm）	最大載重 P（kN）	短期基準接合部耐力P_t（kN）
金輪（縱向）	杉木	120×180	27.18	10.63
金輪（橫向）	杉木	120×180	9.90	3.32
追掛大栓	杉木	120×180	55.98	23.09
蛇首	杉木	120×180	27.77	12.41

原注　節錄自木構研習會 2003 年 5 月的試驗結果。以 0.75 做為計算 P_t 時的變異係數

圖 15 ● 通柱搭接的拉伸耐力試驗結果

①嵌木入內栓

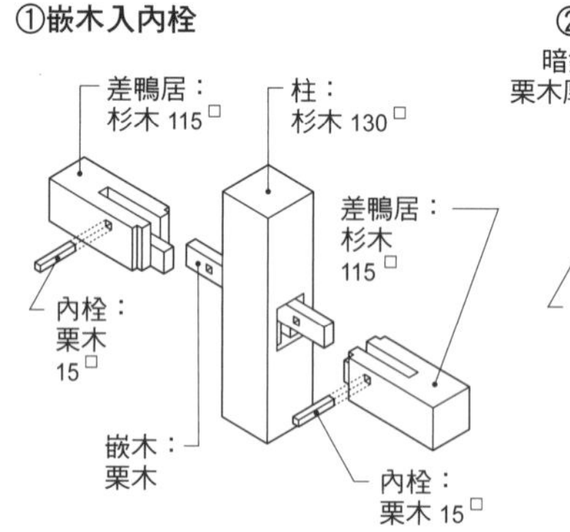

接合部倍率：0.49（2.59kN）
最大載重：① 6.07（kN）　② 6.60（kN）
最大變形：① 21.24（mm）② 45.81（mm）
最終破壞型態：
①內栓的剪斷破壞
②內栓的剪斷破壞
短期基準剪斷耐力時的搭接變形：
① 0.94（mm）
② 1.80（mm）
超過入榫 15 mm 的載重：
① 4.33（kN）
② 6.40（kN）

②嵌木暗銷

暗銷：栗木厚 12　柱：杉木 130□　暗銷：栗木厚 12　差鴨居：杉木 115□　嵌木：栗木　差鴨居：杉木 115□

接合部倍率：0.87（4.63kN）
最大載重：① 11.70（kN）　② 9.60（kN）
最大變形：① 16.08（mm）② 17.42（mm）
最終破壞型態：
①因暗銷旋轉造成的樑破裂
②暗銷的壓壞
短期基準剪斷耐力時的搭接變形：
① 1.52（mm）
② 1.04（mm）
超過入榫 15 mm 的載重：
① 11.47（kN）
② 9.33（kN）

原注 岩手縣林業技術中心所做的試驗結果。試驗體數量各兩根、接合部倍率是以平均值計算

圖 16 ● 退縮、懸挑形狀時的注意要點

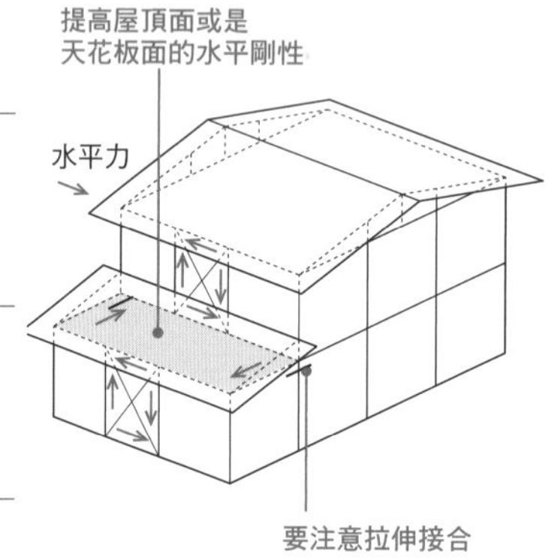

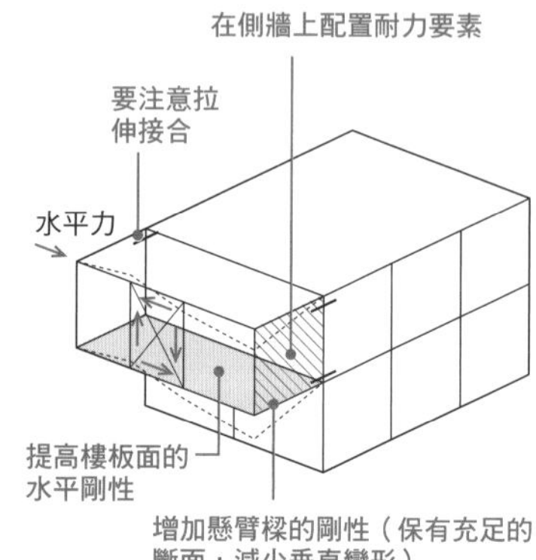

的構造。如果是不得不設置對接的情況，也必須用輔助樑或枕樑加以補強，防止對接部出現旋轉（圖 12）。

其次是剪力牆構面整體，為了讓剪力牆傳遞水平力，構架上會有很大的軸力作用（圖 13）。因此，剪力牆構面內的對接或搭接必須採用拉伸耐力強的接合方式。

另一方面，水平構面一旦有水平力作用時，就會如圖 14 所示產生變形，外周部會受到壓縮、拉伸等軸力的作用。因此，為了因應即便變形也不至於讓接合部脫離，搭接或對接必須具備充分的耐力（特別是拉伸耐力）（圖 15、表 2）。

除此之外，若建築物是退縮或懸挑的形狀、二樓與一樓的剪力牆構面出現錯位時，為了讓二樓剪力牆所負擔的水平力能傳遞到一樓的剪力牆，除了提高水平構面的剛性

圖 17 ● 二樓柱由樑支撐時的對應做法

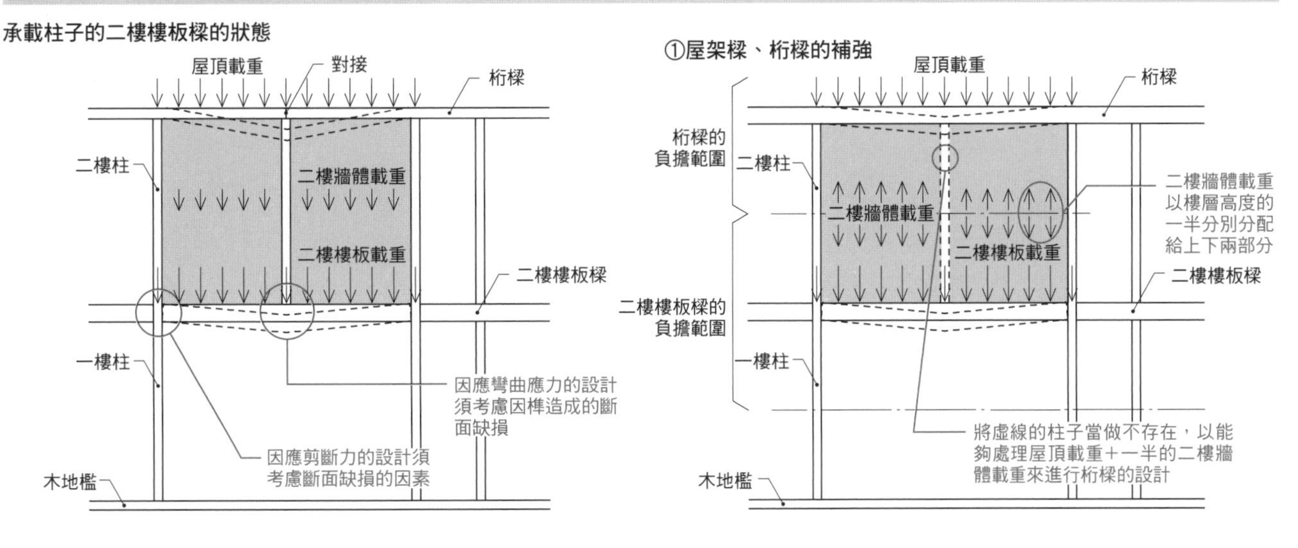

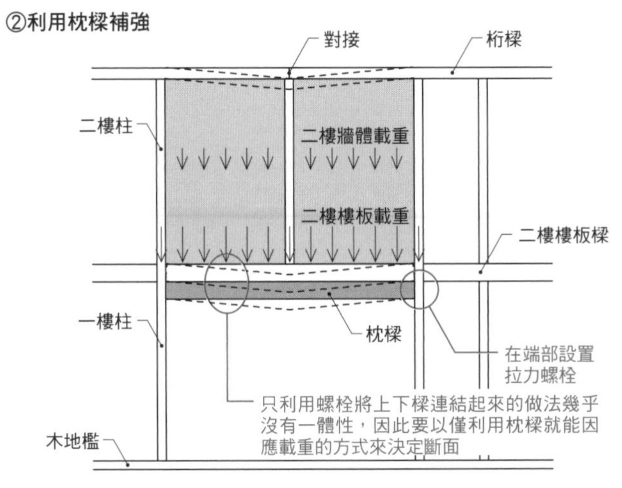

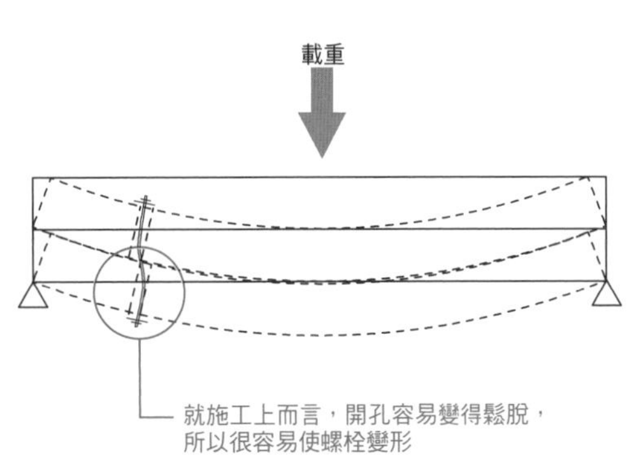

僅是以螺栓接合的情況下，當出現彎曲變形時上下樑會輕易產生錯位，因此須注意不可視為一體的樑

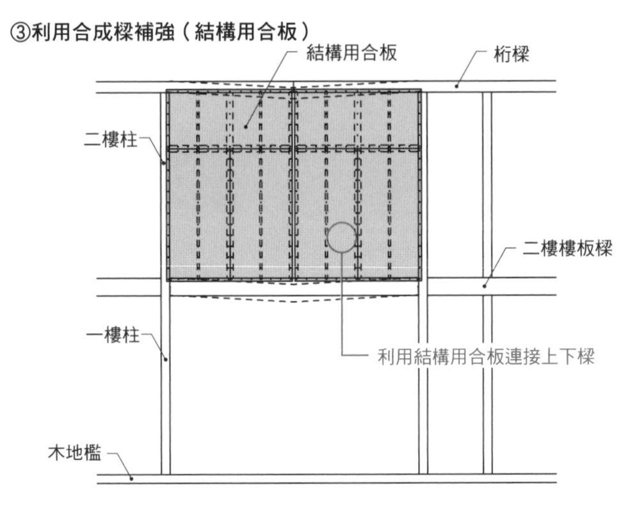

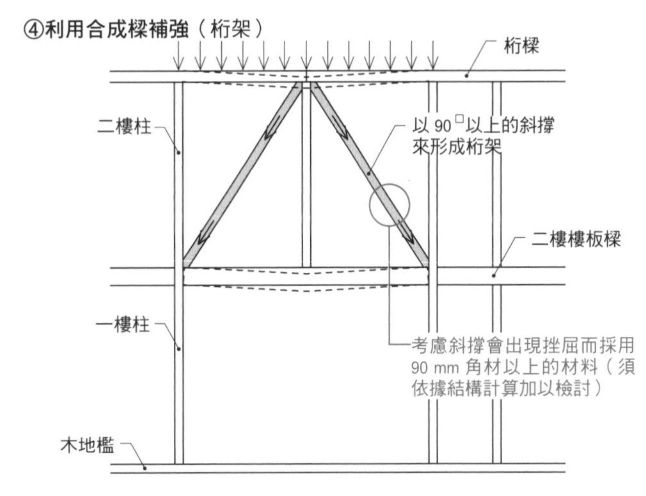

之外，還有如圖 16 所示確實固定接合部也是必要的措施。

再者，一般常用的燕尾對接或蛇首對接都容易受到乾燥收縮而出現鬆弛現象，所以需要搭配五金來施作。

中間承載二樓柱的橫向材設計

（1）二樓樓板樑的補強

當二樓柱的正下方沒有設置一樓柱時，就必須補強二樓樓板樑。這道樑上作用著屋頂、二樓牆體、二樓樓板等的載重，因此必須針對這些載重的安全性來思考設計（圖 17）。

需要留意的是，承載柱的位置（因榫而導致斷面缺損）是樑出現最大彎曲應力的地方、以及樑的端部（因搭接加工而導致斷面缺損）上有很大的剪斷力作用，因此必須分別考量斷面缺損之後再進行設計。

在筆者的經驗中，二樓樓板樑的跨距只要超過 3 m，對於彎曲與

表 3 ● 樑上承載剪力牆的水平剛性

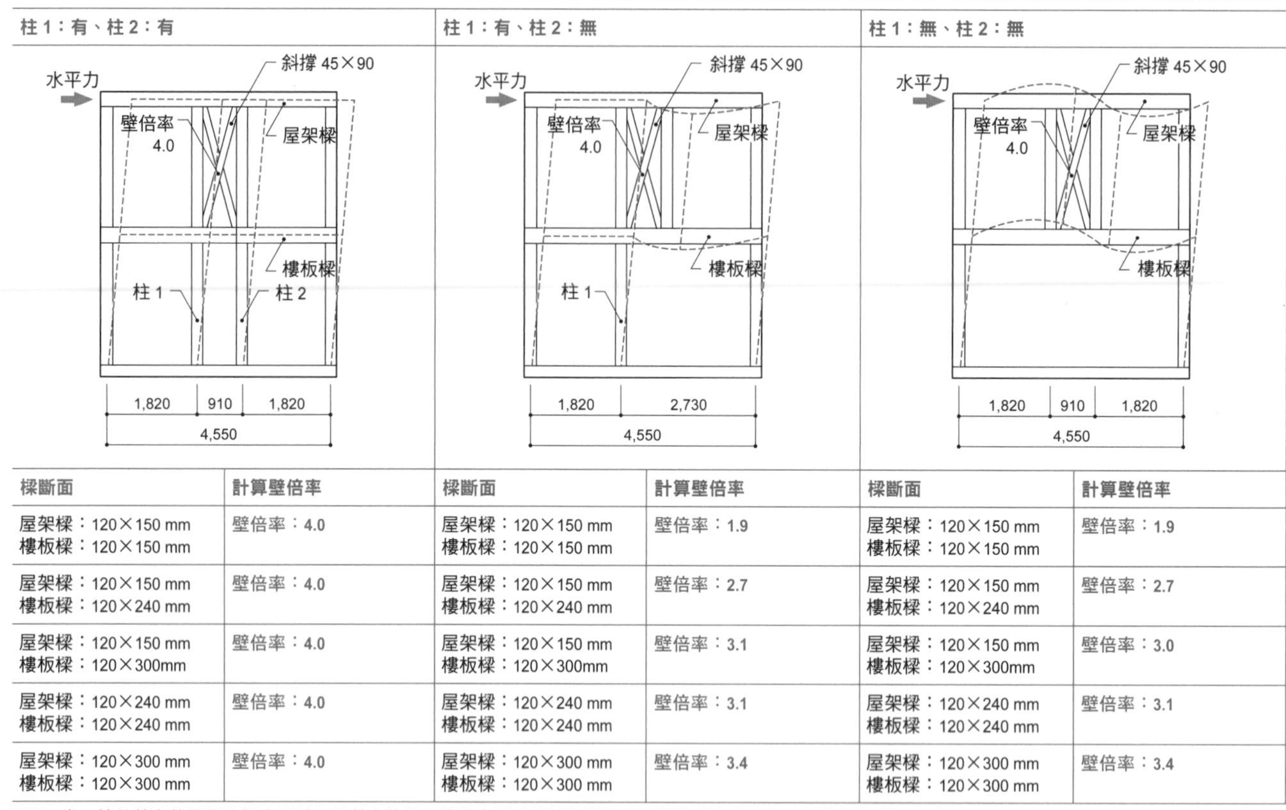

柱 1：有、柱 2：有		柱 1：有、柱 2：無		柱 1：無、柱 2：無	
樑斷面	計算壁倍率	樑斷面	計算壁倍率	樑斷面	計算壁倍率
屋架樑：120×150 mm 樓板樑：120×150 mm	壁倍率：4.0	屋架樑：120×150 mm 樓板樑：120×150 mm	壁倍率：1.9	屋架樑：120×150 mm 樓板樑：120×150 mm	壁倍率：1.9
屋架樑：120×150 mm 樓板樑：120×240 mm	壁倍率：4.0	屋架樑：120×150 mm 樓板樑：120×240 mm	壁倍率：2.7	屋架樑：120×150 mm 樓板樑：120×240 mm	壁倍率：2.7
屋架樑：120×150 mm 樓板樑：120×300mm	壁倍率：4.0	屋架樑：120×150 mm 樓板樑：120×300mm	壁倍率：3.1	屋架樑：120×150 mm 樓板樑：120×300mm	壁倍率：3.0
屋架樑：120×240 mm 樓板樑：120×240 mm	壁倍率：4.0	屋架樑：120×240 mm 樓板樑：120×240 mm	壁倍率：3.1	屋架樑：120×240 mm 樓板樑：120×240 mm	壁倍率：3.1
屋架樑：120×300 mm 樓板樑：120×300 mm	壁倍率：4.0	屋架樑：120×300 mm 樓板樑：120×300 mm	壁倍率：3.4	屋架樑：120×300 mm 樓板樑：120×300 mm	壁倍率：3.4

原注　當二樓的剪力牆配置在樑中間時，因剪力牆的支撐點會變形所以無法發揮預期的耐力（此表顯示構架與壁倍率的低減值）

剪斷的設計大多會變得相當嚴苛。這種時候會以假設樑上沒有承載柱子的情況來檢討屋架樑、桁樑的斷面，屋頂載重由屋架層、二樓樓板載重則由二樓樓板樑承受，像這樣以各自樓層來處理載重也是一種做法（第 107 頁圖 17 ①）。

（2）採用枕樑

放入枕樑的因應案例也很常見。這種情況下，外觀樑深與實際的剛性有很大的差異，因此須多加注意。僅利用螺栓連接上下樑的做法幾乎沒有一體性可言，最好以只用枕樑就可以處理應力的方式來決定斷面，這樣才是符合現實面的做法（第 107 頁圖 17 ②）。

（3）採用合成樑

還有利用牆體連接屋架樑與樓板樑形成合成樑的方法。具體而言，是利用結構用合板牆、或是 90 mm 角材以上的斜撐所形成的桁架構架。不過，這些方法必須經過結構計算的檢討（第 107 頁圖 17 ③、④）。

圖 18 ● 樑上承載剪力牆的注意要點

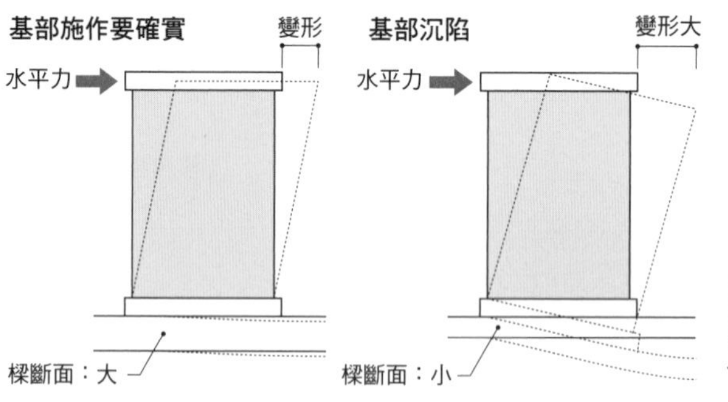

樓板樑中間承載剪力牆時的注意要點

其他也有在樓板樑中間承載剪力牆的情況。剪力牆受到水平力作用之後會出現旋轉，導致端部的柱子出現壓縮力或拉伸力作用，因此會在橫向材上增加樓板載重，並且因剪力牆端部的柱子而形成集中載重的情形。針對這個載重也務必要確實檢討樑的強度、撓曲、搭接的支撐能力是否足夠。

如果橫向材出現過大的變形，剪力牆就無法發揮所需要的耐力（圖 18）。

表 3 是在二樓設置壁倍率 4 的斜撐條件下，依據有無一樓柱以及樑的斷面形狀，進行外觀的壁倍率究竟會變得多低的檢證結果。一樓柱只設置單側時，即使擴大屋架樑及樓板樑的斷面，壁倍率也會低 15%，因此可知必須藉由增加二樓的壁量來彌補低減的部分。

此外，在完全沒有一樓柱時，一方面二樓柱上會有壓縮力作用著，另一方面在柱子上也有拉伸力作用，因此撓曲相互抵銷之下，會得到和僅有單側柱時同樣的結果。不過，作用在樑端部搭接上的剪斷力會變大，須謹慎地檢討接合部。

抵抗風壓力的設計

當設有面向外牆的挑空時，外牆面的柱或樑就是扮演抵抗風壓力的角色。從風壓力的流向來看，如果柱子是通柱，最終會由柱子來抵抗風壓力，但柱子若是管柱則由樑來抵抗風壓力。換句話說，優先連通的一方就是用來抵抗風壓力的主力（圖 1）。

耐風柱的設計

面對風壓力的柱子、間柱所必要的斷面，會與柱子、間柱的間隔（力的負擔寬度）以及橫向材的長度（柱子、間柱的支點間距）有關。

通常在建築物外周部會以間隔 2 m 以下來配置柱子，所以很少引起耐風處理的問題。但是，如果因為挑空等而使柱子一直連通到屋頂面時，支點間距離會被拉長而容易產生變形。這時候要考慮採取圖 2 的對應措施。

此外，柱子、間柱在面對風壓力時的必要斷面已整理成第 110 頁表 1。這是將變形量限制在內部淨高的 1／150 以下時所得到的數值。

耐風樑的設計

具有抵抗風壓力功用的橫向材就稱為耐風樑。

外牆面一旦有風壓力作用時，樑就會受到水平方向彎曲的力。這時如果有設置樓板，樑受到的風壓力就會傳遞到樓板面，由樓板面來抵抗風壓力。但是挑空部分只能由樑來抵抗。

這個力會作用在樑寬的方向上，所以主要的抵抗要素是樑的寬度，但樑寬通常採用 105 mm 或 120 mm 的小尺寸材料，以至於很容易產生變形。這時必須採取圖 3 的對策。

此外，第 110 頁表 2 是假設承受風壓力的寬度為 2.7 m 時，所計算出來的耐風樑的必要斷面數值。

對於變形量的限制則與柱相同，設定在跨距的 1／150 以下。

除此之外，除了要考慮端部的搭接不可脫落之外，也要注意耐風樑內不可設置對接。

圖 1● 抵抗風壓力的外牆面構造

①由柱支撐

柱

若是採取柱貫通的形式，樑所承受的風壓力最終也會由柱子來支撐

②由樑支撐

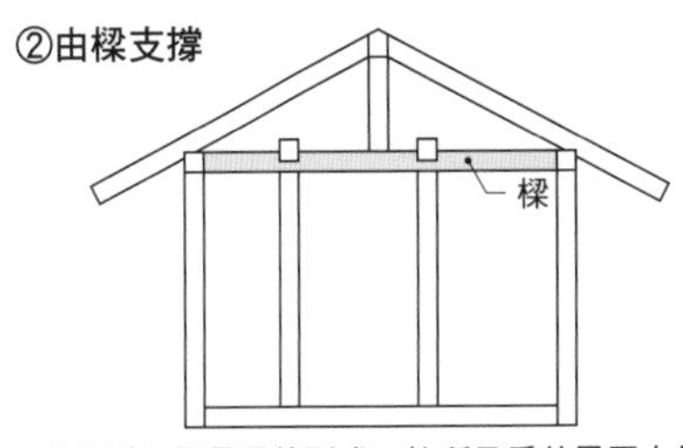

若是採取樑貫通的形式，柱所承受的風壓力最終也會由樑來支撐

圖 2● 耐風柱的設計方法

①擴大柱斷面

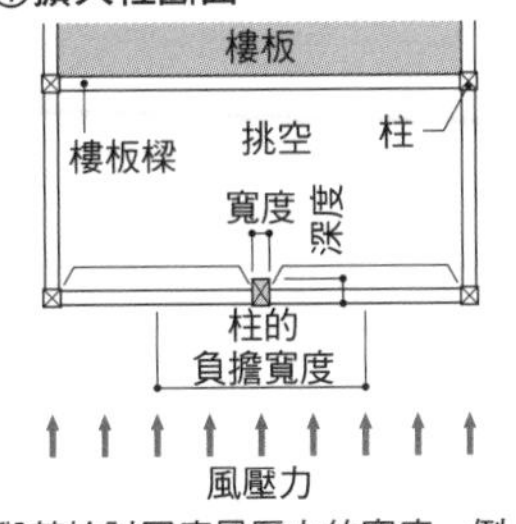

與其檢討因應風壓力的寬度，倒不如加深與風壓力方向平行的深度，撓曲的減輕效果也較高

②增加柱的數量

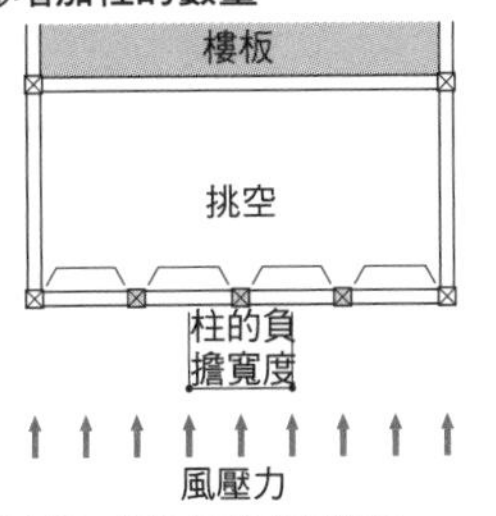

減少每一根柱子的負擔載重，以利減輕撓曲

③設置穩定材

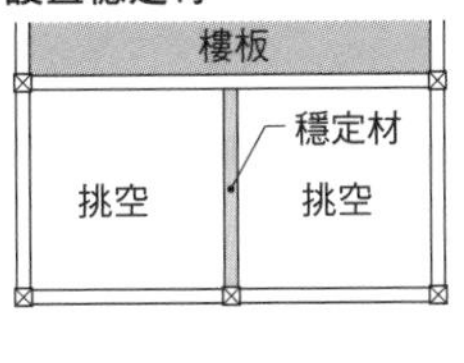

風壓力

將因應風壓力的柱子的有效跨距（內部淨高）縮短，以利減輕撓曲

圖 3● 耐風樑的設計方法

①擴大樑斷面

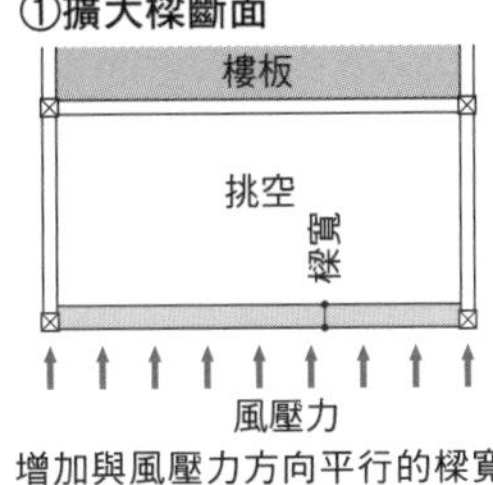

增加與風壓力方向平行的樑寬，對於撓曲的減輕效果較高

樓板
挑空
以貓道等做為水平桁架，藉以抵抗風壓力
合成樑
風壓力

設置貓道等樓板面，以合成樑的方式來因應也是一種做法

②增加樑的數量

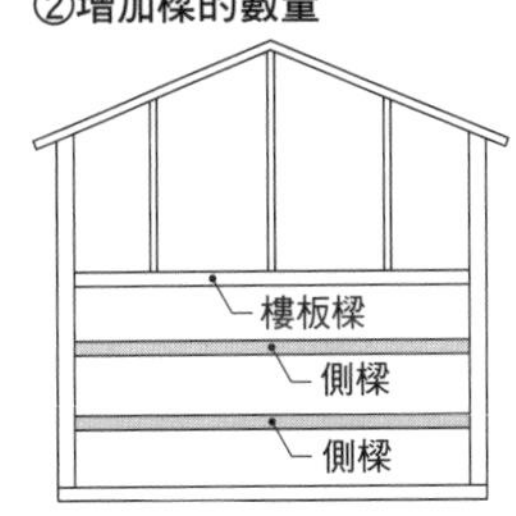

設置側樑等構件，減少每一根樑的負擔載重，以利減輕撓曲

③設置穩定材或水平角撐

樓板
穩定材
挑空
挑空
樑的有效跨距
風壓力

樓板
挑空
水平角撐
樑的有效跨距
風壓力

縮短樑的有效跨距，以利減輕撓曲

表 1● 面對風壓力時的柱、間柱的必要斷面

基準風速（m／秒）	柱 1 負擔寬度（mm）	柱 1 粗度區分 II	柱 1 粗度區分 III	柱 2 負擔寬度（mm）	柱 2 粗度區分 II	柱 2 粗度區分 III	間柱 負擔寬度（mm）	間柱 粗度區分 II	間柱 粗度區分 II	間柱 粗度區分 III	間柱 粗度區分 III
$V_0 = 32$	1,820	105×105	105×105	910	150×150	150×150	455	45×90	60×75	45×75	60×75
	2,730	120×120	105×105	1,365	180×180	150×150	606	45×105	60×90	45×90	60×75
	3,640	120×120	120×120	1,820	180×180	180×180	910	45×105	60×105	45×105	60×90
$V_0 = 34$	1,820	105×105	105×105	910	150×150	150×150	455	45×90	60×90	45×90	60×75
	2,730	120×120	105×105	1,365	180×180	150×150	606	45×105	60×90	45×90	60×90
	3,640	150×150	120×120	1,820	180×180	180×180	910	45×120	60×105	45×105	60×90
$V_0 = 36$	1,820	120×120	105×105	910	150×150	150×150	455	45×90	60×90	45×90	60×75
	2,730	120×120	120×120	1,365	180×180	150×150	606	45×105	60×90	45×90	60×90
	3,640	150×150	120×120	1,820	180×180	180×180	910	45×120	60×105	45×105	60×90

原注 1　斷面尺寸以 B（寬）×D（深）表示（單位：mm）
原注 2　構材為杉木（無等級材）、彈性模數為 E70（中間值 6,865N／mm²）
原注 3　變形限制要在內部淨高 h／150 以下
原注 4　風壓力是以第 151 頁的模型住宅（簷高：5.94m、最高高度：7.80m、一樓樓高：2.80m、二樓樓高：2.60m）為計算對象
原注 5　柱的內部淨高是樓層高度減掉假設樑深為 150mm 之後的值

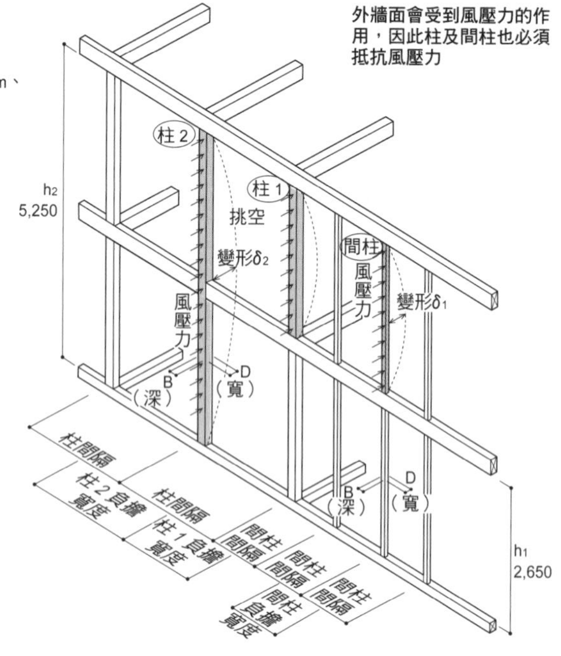

表 2● 耐風樑的斷面

基準風速（m／秒）	杉木 跨距 L（mm）	杉木 粗度區分 II	杉木 粗度區分 III	花旗松 跨距 L（mm）	花旗松 粗度區分 II	花旗松 粗度區分 III
$V_0 = 32$	1,820	120×120	120×120	1,820	120×120	120×120
	2,730	120×120	120×120	2,730	120×120	120×120
	3,640	120×300	120×210	3,640	120×210	120×150
	4,550	－	120×390	4,550	120×390	120×270
		150×300	150×210		150×210	150×150
$V_0 = 34$	1,820	120×120	120×120	1,820	120×120	120×120
	2,730	120×150	120×120	2,730	120×120	120×120
	3,640	120×330	120×240	3,640	120×240	120×150
	4,550	－	120×420	4,550	120×450	120×300
		150×330	150×240		150×240	150×150
$V_0 = 36$	1,820	120×120	120×120	1,820	120×120	120×120
	2,730	120×150	120×120	2,730	120×120	120×120
	3,640	120×360	120×240	3,640	120×270	120×180
	4,550	－	120×480	4,550	－	120×330
		150×360	150×240		150×270	150×180

原注 1　斷面尺寸以 b×d 表示（單位：mm）
原注 2　構材為無等級材，彈性模數為杉木：E70（中間值 6,865N／mm²）、花旗松：E100（中間值 9,807N／mm²）
原注 3　變形限制在跨距 L／150 以下
原注 4　風壓力是以第 151 頁的模擬住宅（簷高：5.94m、最高高度：7.80m、一樓樓高：2.80m、二樓樓高：2.60m）為計算對象
原注 5　假設有二樓樓板樑，2FL=GL＋3.34m，風壓力的負擔寬度為（2.80＋2.60）／2=2.70m

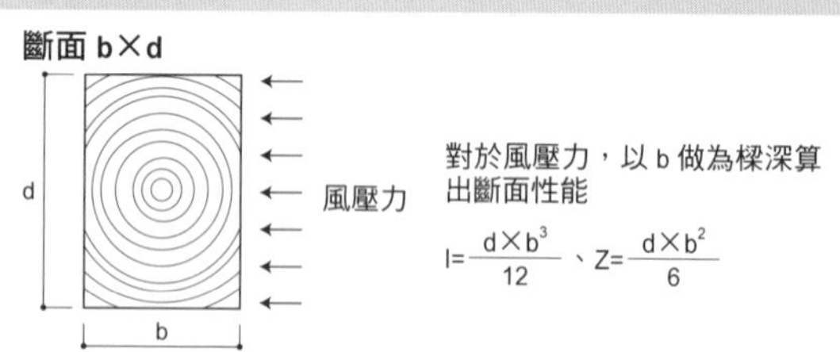

面對外牆的挑空與耐風樑

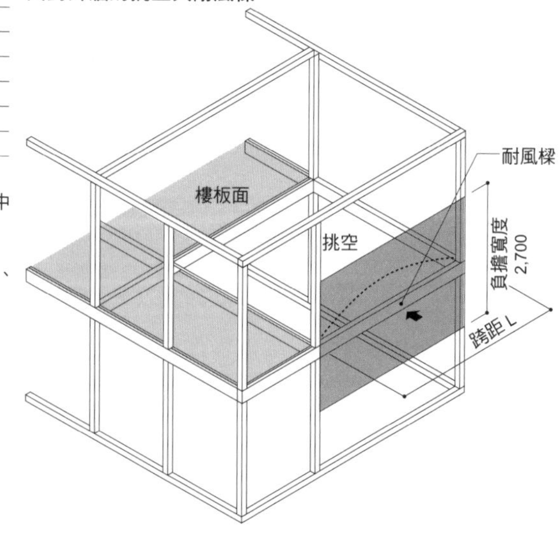

剪力牆 [基本篇]

壁量與壁倍率的計算是為了確保建築物的耐震性能，所做的最低限度的確認方法。此外，為了讓剪力牆能夠有效運作，壁面材料與構架務必確實接合。希望各位理解其中的意義而非只是遵循數字上的規定，進而進行具有實際效用的耐震結構設計

剪力牆 [基本篇] ①

剪力牆的基礎知識

剪力牆的功用

剪力牆是抵抗地震力或風壓力等水平力，使建築不倒場的最重要結構元素（圖 1）。

屬於小規模建築物的木造住宅必須進行壁量計算，以確保面對外力（水平力）時，建築物的水平抵抗力可以超過外力。壁量計算是用於確認存在壁量是否比必要壁量多的簡單計算（圖 2）。

在此必須留意，**壁量計算是在能夠保障剪力牆的性能、及各道剪力牆上有均等的力流動的前提條件之下，才能成立的計算。**

如果剪力牆的配置出現偏移，建築物會出現扭轉變形而使力的流動方式呈現不均等的狀態，依據部分破壞或情況可能造成建築物倒場（參照第 36 頁照片 3、4）。此外，如果剪力牆端部柱子的接合方法或斜撐端部的接合方法不適切的話，就無法保證剪力牆的性能，即使滿足壁量的需求，實際上也是耐力不足（參照第 35 頁照片 2）。

為了滿足以上的前提條件，在 2000 年修訂的建築基準法中，除了既有的壁量計算之外，另外新增了「剪力牆的配置」與「剪力牆端部柱子的搭接」等規定。這些規定的目的是確保木造住宅的耐震性，明定出應該遵守的最低限度檢討，因此如果不知道初始用意而只是順應手續辦事的話，必定會引起各種誤解。在此將說明壁量計算、剪力牆

圖 1● 剪力牆的功用

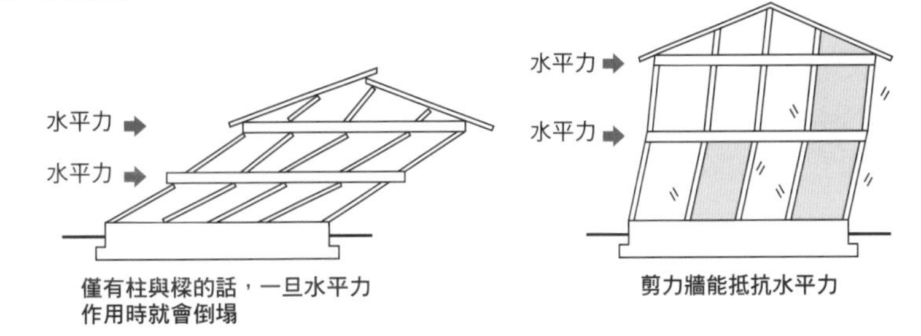

圖 2● 壁量的思考方式

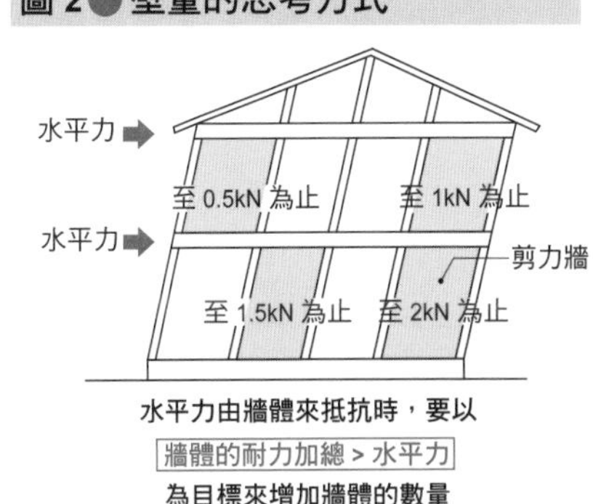

圖 3● 計入面積的計算方法

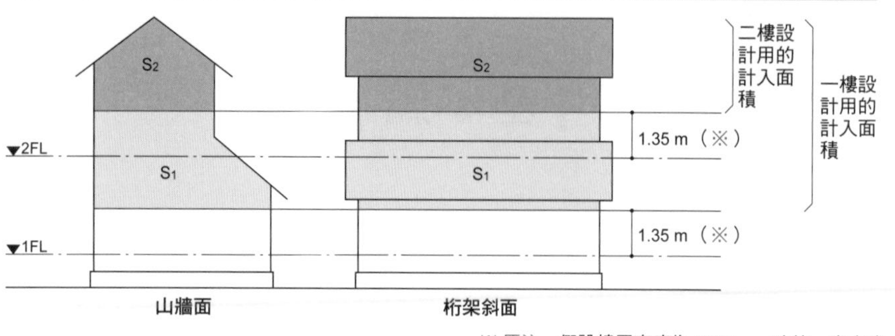

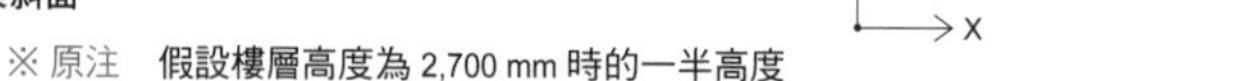
※原注　假設樓層高度為 2,700 mm 時的一半高度

圖 4● 外力與抵抗力的方向

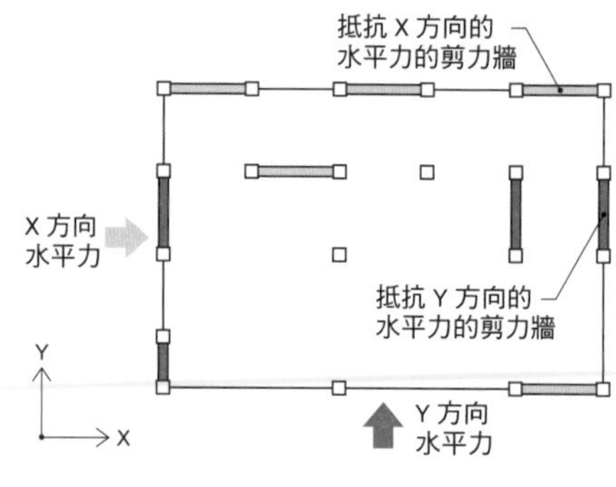

表 1● 因應地震力的必要壁量（令 46 條第 4 項 表 2）

建築物	乘以樓板面積的數值（cm／m²）		
輕量屋頂	11	15 29	18 34 46
重量屋頂	15	21 33	24 39 50

原注　軟弱地盤時是 1.5 倍

表 2● 因應風壓力的必要壁量（令 46 條第 4 項 表 3）

	區域	乘以計入面積的數值（cm／m²）
(1)	一般地區	50
(2)	特定行政廳指定的地區	特定行政廳指定的數值（50 以上 75 以下）

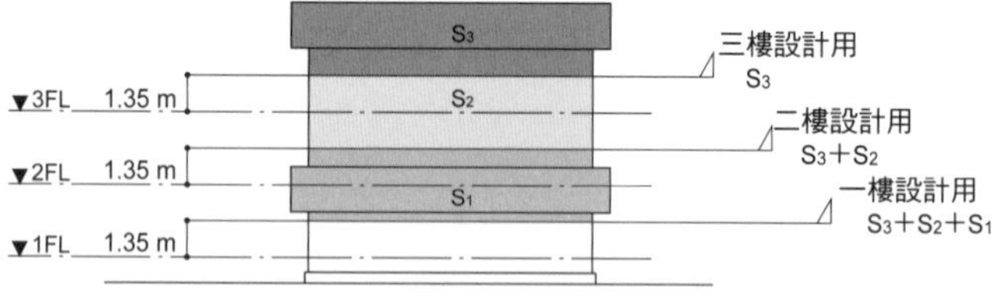

配置的檢討、以及接合五金計算的原本意義。

壁量計算～確保建築物的水平耐力

壁量計算是設計木造住宅上最基本的規定，照理說設計者都應該具備計算的能力，但實際上不甚理解的人也相當多。常見的問題有①樓板面積的計算錯誤、②對於計入面積的檢討方向不一致等。

就①來說，將建築面積或基地面積直接納入壁量計算的案例很多。壁量計算指涉的面積（樓板面積、計入面積）是從施加在建築物上的外力（水平力）所換算出來的數字。因此，不以「面積」而是以「外力」來思考壁量計算的話，在處理陽台或玄關門廊、閣樓、大型屋頂等時也就不那麼困難了。

就②來說，計入面積的計算（圖 3）上有「山牆面與桁架斜面」以及「桁架方向與跨距方向」等諸多令人混淆的說法。總之只要在平面上標示出 X 軸與 Y 軸，再以 X 方向、Y 方向來思考就會比較容易理解，也不至於犯錯。

檢討計入面積就是對風壓力進行檢討，因此吹向 X 方向的風就要用 X 方向上的剪力牆來抵抗；吹向 Y 方向的風就要用 Y 方向上的剪力牆來抵抗（圖 4）。如果圖 3 是圖 4 的立面形狀的話，那麼吹向 X 方向的風就會作用在山牆面，因此 X 方向的風壓力要以山牆面的計入面積為比例來計算。只要對「力的作用方向以及與之抵抗的牆」有基本認知，問題就會變得相當簡單。

必要壁量的意義

必要壁量（長度）就是相當於作用在建築物上的水平力。設計時會考慮的水平力有地震力和風壓力，所以必要壁量也是各自分別計算的數值（必要壁量的數值計算參照第 220 ～ 223 頁）。

就地震力來說，樓板面積乘上相當於單位面積的必要壁量，就是必要牆體的長度。地震力是建築物重量與係數相乘之後所求出的值，不過建築物重量幾乎與樓板面積成比例關係。因此，地震力換算成相應的樓板面積之後的值就是因應地震力所需要的必要壁量（乘以樓板面積的數值）（表 1）。

就風壓力來說，計入面積乘上每單位面積的必要壁量，就是必要牆體的長度。風壓力是從受風面積、也就是計入面積與係數相乘所求出的值。因此，風壓力換算成計入面積後的值就是因應風壓力所需要的必要壁量（乘以計入面積的數值）（表 2）。

圖 5● 各樓層的剪力牆所負擔的載重

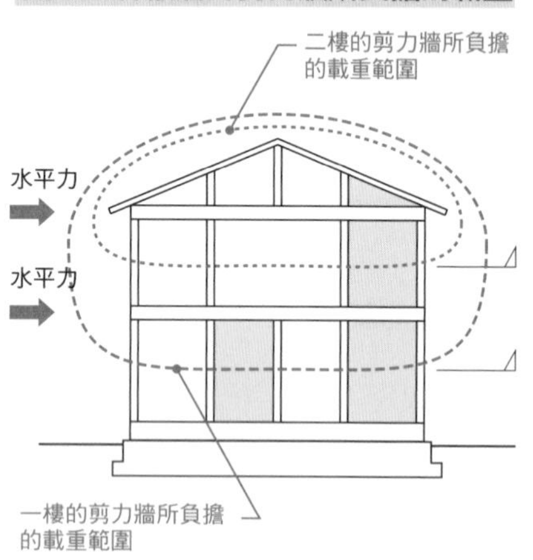

上述所求得的水平力會作用在建築物的重心。從立面上來看，重心幾乎在樓板面上。

地震力必須各樓層分別計算。二樓部分以二樓樓層高度一半以上的重量（屋頂＋二樓牆體的一半）、一樓部分則以一樓樓層高度一半以上的建築物重量（屋頂＋二樓牆體＋二樓樓板＋一樓牆體的一

圖 6 ● 樓板面積計算的相關注意事項

①閣樓的處理
利用閣樓的儲物空間等
（平成 12 年建告 1351 號）

a=A×h／2.1

a：增加在樓層樓板面積的面積（m^2）
A：該儲物空間等的水平投影面積（m^2）
h：該儲物空間等的內部淨高平均值（平均天花板高度）（m）
但是，同一樓層中若設置多個儲物空間時，要分別以各個 h 中的最大值進行計算

原注　假設 A 的面積在該層樓板面積的 1／8 以下時，可視為 a=0

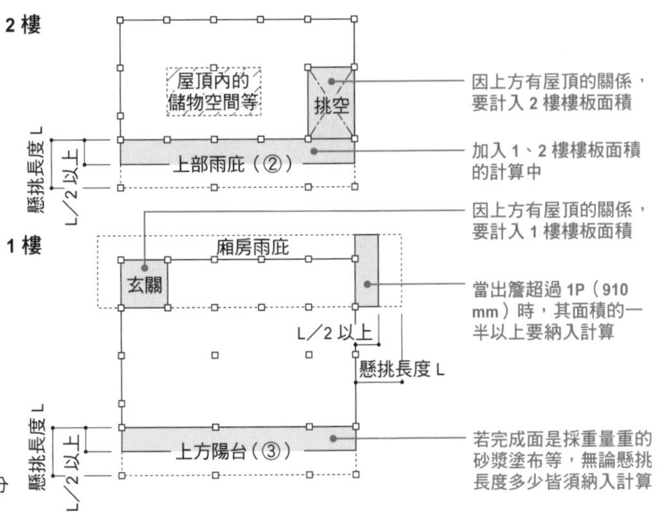

2 樓
屋頂內的儲物空間等
挑空
上部雨庇（②）
懸挑長度 L
L／2 以上
1 樓
廂房雨庇
玄關
懸挑長度 L
L／2 以上
上方陽台（③）
懸挑長度 L
L／2 以上
因上方有屋頂的關係，要計入 2 樓樓板面積
加入 1、2 樓樓板面積的計算中
因上方有屋頂的關係，要計入 1 樓樓板面積
當出簷超過 1P（910 mm）時，其面積的一半以上要納入計算
若完成面是採重量重的砂漿塗布等，無論懸挑長度多少皆須納入計算

②雨庇出簷的思考方式

超過 1P
（P=910 mm）

③棧版程度的陽台處理

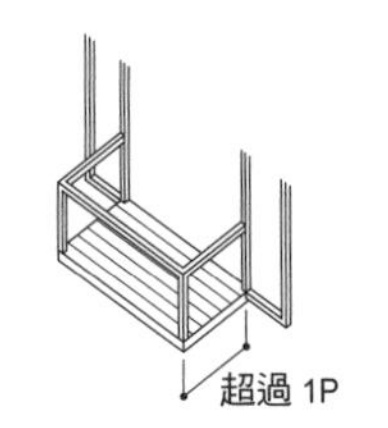

超過 1P

②、③的情況，要將凸出的一半左右納入樓板面積計算

▭ 壁量計算時須納入樓板面積計算的部分

表 3 ● 依據牆壁、構架種類制定的壁倍率（令 46 條第 4 項表 1）

構架的種類		壁倍率
(1)	將土牆或木摺等或其他類似構件固定在柱及間柱的單側所組成的牆體構架	0.5
(2)	將木摺等或其他類似構件固定在柱及間柱的兩側所組成的牆體構架 設置 15×90 以上的木材或是ϕ9 以上的鋼筋斜撐的構架	1.0
(3)	設置 30×90 以上的木材斜撐的構架	1.5
(4)	設置 45×90 以上的木材斜撐的構架	2.0
(5)	設置 90×90 以上的木材斜撐的構架	3.0
(6)	將（2）～（4）的斜撐以交叉置入的構架	各數值的 2 倍
(7)	將（5）的斜撐以交叉置入的構架	5.0
(8)	其他與（1）～（7）的構架具備同等以上耐力、採行國土交通大臣所定的構造方法的構架，或者受到國土交通大臣認定的構架	在 0.5～5.0 的範圍內，由國土交通大臣訂定的數值
(9)	併用（1）或（2）的牆體以及（2）～（6）的斜撐所組成的構架	（1）或（2）的各數值與（2）～（6）的各數值之總和

半）的方式分別進行思考（圖 5、第 23 頁圖 6）。

因此，計算樓板面積時要思考該樓層的高度一半以上的情況，如果是懸挑等設計，則要將其面積的一半左右加到樓板面積中，諸如此類的考量是不可缺少的。雖然在平成 12 年（編按：西元 2000 年）建告 1351 號中有規定閣樓、儲藏室等的面積要乘上折減係數，不過這是考慮到閣樓的樓層高度低、牆體重量較輕所採取的做法（圖 6）。

面對風壓力時也是一樣，要考慮樓高一半以上的計入面積（參照第 23 頁圖 7）。計入面積的計算之所以區分成 FL 至 1.35 m 為止的位置，是因為樓層高度設定在 2.70 m 的緣故（圖 3）。

水平力的作用方向要考慮最不利的條件，針對 X 軸與 Y 軸這兩個方向進行檢討。由於地震力與建築物重量成比例關係，因此 X、Y 方向會得到相同的值，但又因為風壓力與計入面積成正比，因此數值會受到方向的不同而有所差異。

存在壁量的意義

存在壁量代表著建築物整體的水平抵抗力。建築物的水平抵抗力是剪力牆的水平抵抗力之總和。

剪力牆的水平抵抗力是將後面會提到的「壁倍率」乘上壁體長度後所求出的值。剪力牆的種類很多，其中以在構架內置入斜撐、或由結構用合板等的面材所釘定製成為其代表，各自依據實驗結果訂定出壁倍率（參照表 3、第 375～376 頁）。

壁倍率的思考方式

壁倍率即是剪力牆的水平耐力指標，數值從 0.5～5.0 為止、數字愈大表示愈強壯。

壁倍率的基本形式是指將長度 1 m 的牆體，以 1.96kN（200 kg）的水平力作用之後，層間變位角為 1／120 的牆體。換句話說，就是將層間變位角 1／120 時具有水平耐力 1.96kN／m 的剪力牆視為壁倍率 1 的意思（第 114 頁圖 7）。

因此，壁倍率 2 的剪力牆的水平耐力為 2×1.96 = 3.92kN／m（約 400 kg／m）、壁倍率 5 就是可以承受 5×1.96=9.80kN／m（約為 1t／m）的水平力的意思。

此外，層間變位角 1／120 是木造建築在中型地震時的變形限制值，所以壁量計算是針對中型地震所進行的檢討。

以第 114 頁圖 8 的瓦屋頂土牆平房為例，中型地震發生時的地震力是樓層高度一半以上的建築物重量（屋頂與一樓牆體的一半）與係數 C_0=0.2 相乘後的值。為了使建築物的水平耐力高於這個外力 Q，做法上若採用壁倍率 1 倍的剪力牆時，因為牆體的水平耐力是 P_0=1.96kN／m，因此只要將 $Q／P_0$ 所求得的必要長度分別配置在 X、

圖 7 ● 壁倍率

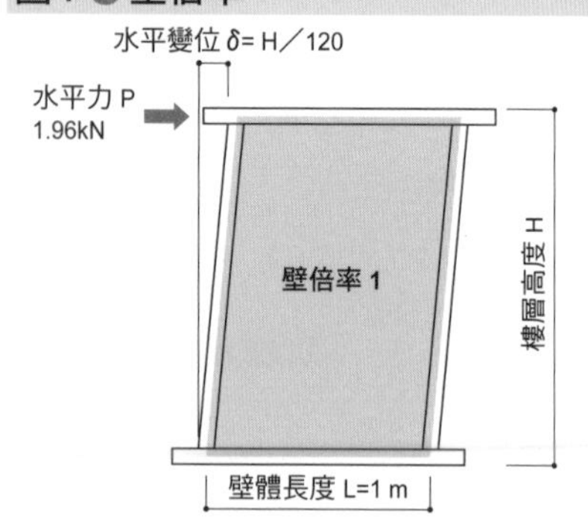

所謂的壁倍率 1 是指頂部的變形量是樓層高度的 1／120 時的耐力，相當於壁體長度每公尺具有 1.96kN 的意思

在建築基準法中關於單側斜撐的壁倍率思考方式

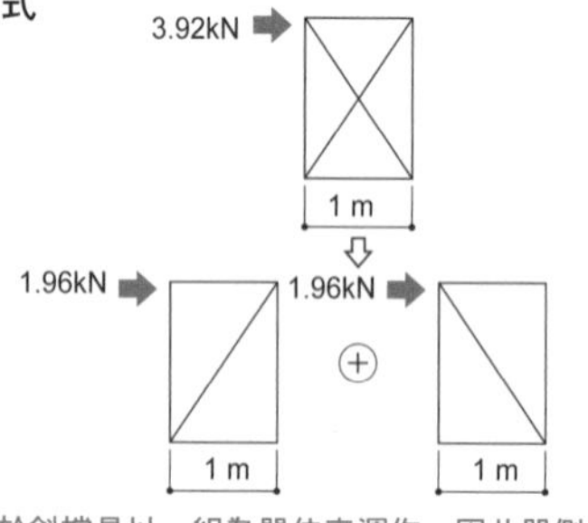

由於斜撐是以一組為單位來運作，因此單側斜撐的耐力是交叉配置時的一半，亦即 1.96kN

圖 8 ● 因應地震力的壁量檢討

求得作用在瓦屋頂、土牆、平房建築物上的地震力。

每平方公尺樓板面積的重量
屋頂（瓦屋頂）：1.10 kN／m²
外牆（土牆+抹灰）：1.20 kN／m²
內牆（木摺+抹灰）：0.60 kN／m²
建築物重量 W= 屋頂+外牆半層+內牆半層 =
（1.10×10.92×9.10）+（1.20+0.60）×9.10×7.28×1／2=169 kN
所以，地震力 Q=C₀×W=0.2×169=33.8 kN [震度 6 弱以下的中型地震]
針對這個水平力，來試算看看對壁倍率進行變動時的必要壁體長度。

①壁倍率 1 時的必要壁體長度
必要壁體長度
L ≧ Q／壁倍率 ×1.96 kN／m
=33.8／（1.0×1.96）
=17.2 m
→ 3 尺的牆體
（長度 910 mm 的牆體）
需要 19 片（X、Y 方向皆同）

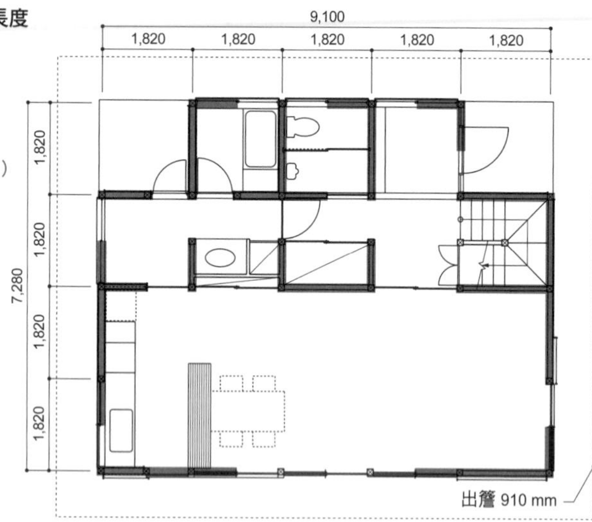

②壁倍率 2 時的必要壁體長度
必要壁體長度
L ≧ Q／壁倍率 ×1.96 kN／m
=33.8／（2.0×1.96）
=8.6 m
→ 3 尺的牆體需要 10 片
（X、Y 方向皆同）

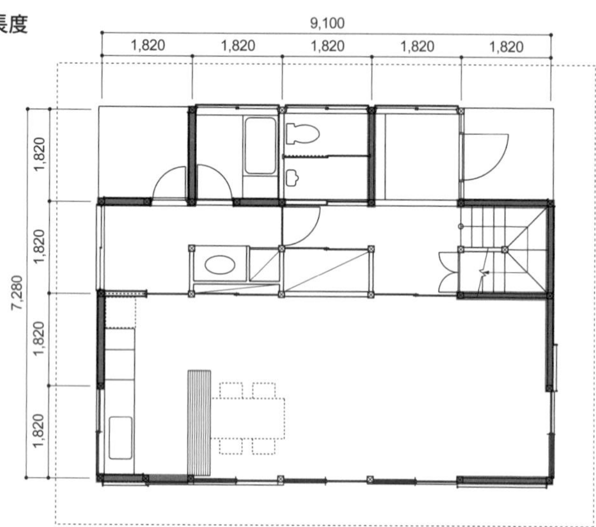

③壁倍率 5 時的必要壁體長度
必要壁體長度
L ≧ Q／壁倍率 ×1.96 kN／m
=33.8／（5.0×1.96）
=3.4 m
→ 3 尺的牆體需要 4 片
（X、Y 方向皆同）

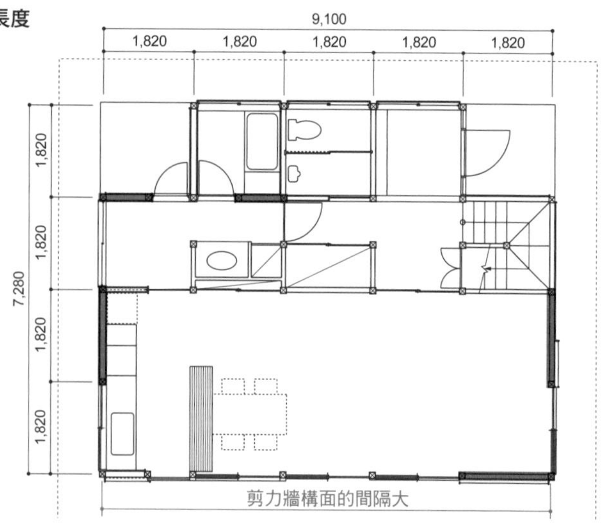

Y 方向上即可。

同樣的，如果採用壁倍率 2 的牆體，必要長度只需要壁倍率 1 時的一半；壁倍率 5 時則為 1／5 的長度。因此，提高壁倍率可以獲得開放感的空間，不過在這種情況下，剪力牆構面的間隔將會拉長，必須提高樓板面的水平剛性。除此之外，每面牆所負擔的力也會變大，因此接合部也要確實固定。

可視為剪力牆的條件

一般會以柱心距離做為剪力牆長度，可視為剪力牆的最低限度的長度有以下條件，設有斜撐時，與高度的比值在 1／3.5 以上、且要有 900 mm 以上的長度。另一方面若是採用結構用合板等面材，與高度的比值要在 1／5.0 以上、且長度在 600 mm 以上（圖 9）。

從平面上來看，斜向配置的剪力牆可以將實際長度乘上 $\cos^2\theta$ 之後納入計算。不過，納入計算的角度限制在 45 度以下（圖 10）。

此外，可視為剪力牆的壁面材料（斜撐、板材等）必須同時與橫

圖 9● 剪力牆長度的思考方式

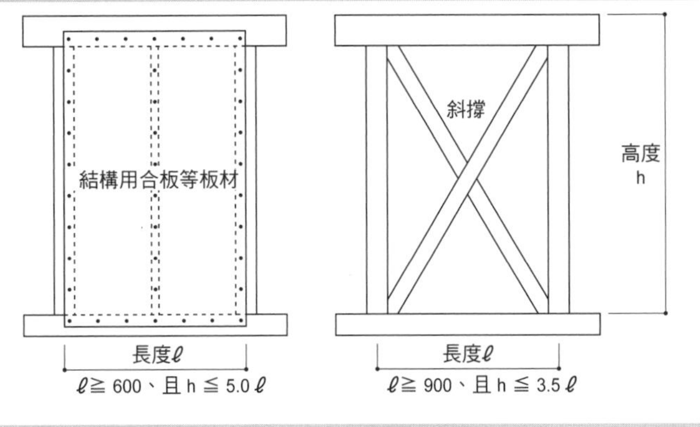

圖 10● 平面上傾斜配置的剪力牆壁體長度的處理方式

壁倍率α、壁體長度ℓ、θ ≦ 45° 時，X 方向上的壁量所具有的有效壁體長度ℓ_x，依下面公式計算。

$\ell x=\alpha \cdot \ell \cdot \cos^2\theta$

這是依據以下的思考方式

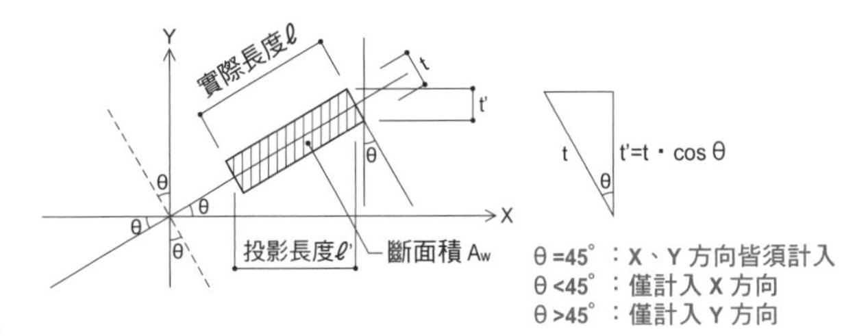

θ =45° ：X、Y 方向皆須計入
θ <45° ：僅計入 X 方向
θ >45° ：僅計入 Y 方向

牆體的剛性可以換算成斷面積之後再進行思考。
如上圖所示，厚度 t、長度ℓ的牆體的剛性（斷面積 A_w）是

$A_w=t\times \ell$

針對這道牆體的 X 軸所具備的剛性，可視為投影在 X 軸時的斷面積 A_w'。

投影厚度 t'= 厚度 t×cos θ

投影長度ℓ'= 實際長度ℓ×cos θ

因此，

$A_w'=t'\times\ell'$
$=t\cdot\cos\theta\times\ell\cdot\cos\theta$
$=t\cdot\ell\cdot\cos^2\theta$

在處理木造的壁量時會以厚度 t 來對應壁倍率α。

圖 11● 剪力牆的小型開口之設置方式

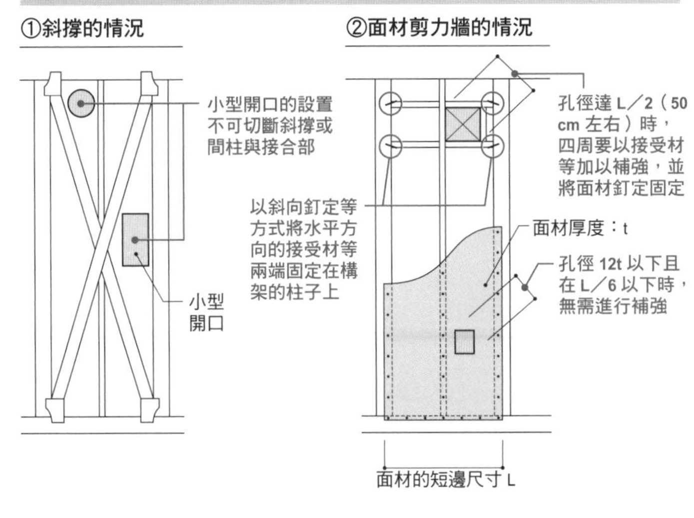

向材、柱兩者連接固定，雖然以無開口為原則，但如果是換氣口等小型開口時，有時不會對剪力牆的剛性或耐力產生影響（圖 11）。

再者，所謂的準剪力牆是指在品確法的耐震等級視為 2 以上的情況、或採取容許應力度計算而排除壁量計算規定之後還可以視為剪力牆的牆體（圖 12）。令 46 條的壁量計算中則無法視為剪力牆來計算。

圖 12● 準剪力牆、腰牆等的做法及倍率（品確法的評估方法基準告示第 5 之 1-1（3）二①表 1）

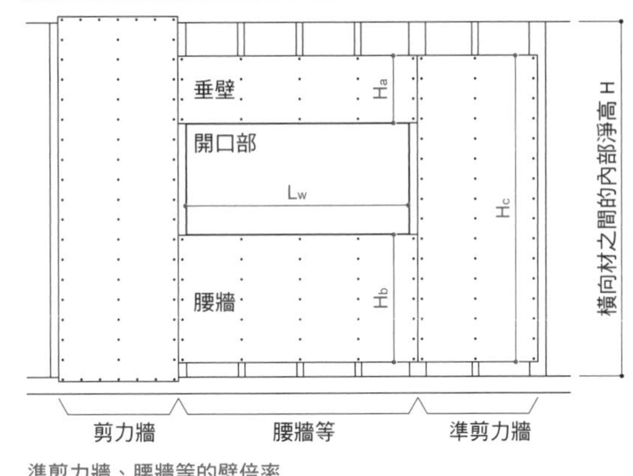

鋪設面材準剪力牆、腰牆等的成立條件

i）昭和 56 年（編按：西元 1981 年）建告 1100 號附表第 1 中，將（1）結構用合板、（2）塑合板或是結構用板材、（9）石膏版等，以同表的（ろ）欄中規定的釘定方法固定在柱子及間柱的單側上

ii）面材的高度（左圖的 H_a、H_b、H_c）在 36 cm 以上

iii）準剪力牆為 $H_c \geqq 0.8H$

iv）腰牆等是指如左圖的 $L_w \leqq 2$ m、且左右兩側以相同材料的剪力牆或是準剪力牆夾壓的牆體

原注　準剪力牆不能納入令 46 條第 4 項的壁量計算中

準剪力牆、腰牆等的壁倍率

・使用木摺的情況

$$壁倍率=0.5\times\frac{面材高度}{橫向材之間的內部淨高}$$

・使用面材的情況

$$壁倍率=昭和 56 年建告 1100 號附表第 1（は）欄的倍率\times 0.6\times\frac{面材高度}{橫向材之間的內部淨高}$$

偏心率的檢討～防止扭轉

只要能夠確保壁量，當外力加載時由於建築物的水平耐力較外力大，照理說是不會倒塌的。但是，木造難以像 RC 造或 S 造那樣可以確保「剛性樓板」的存在，因此一旦剪力牆出現偏移配置，剪力牆上的力就無法均等地流動，有時候會導致建築物扭轉或倒塌（第 116 頁圖 13）。於是，藉由對 1995 年阪神淡路大地震的反省，在 2000 年修訂的建築基準法中，除了既有的壁量計算之外，又制定了「剪力牆必須以良好平衡的方式進行配置（平成 12 年 [編按：西元 2000 年] 建告 1352 號）」的規定。

這個方法是將建築物的長度分割成四等分，再確認其側面端部的剪力牆比例與平衡度，計算式如第 116 頁圖 14。採用這個簡便方法所計算出來的結果也能用來確認是否大致滿足偏心率的規定。

所謂求出建築物側面端部的壁量充足率，是指對建築物整體的水平力進行「扭轉剛性」的檢討（第 116 頁圖 15）。換句話說，就是對 X 方向（上側與下側）進行分割後，在 X 方向上施力時（水平力

圖 13 ● 牆體配置的思考方式

①平衡度不佳的牆體配置

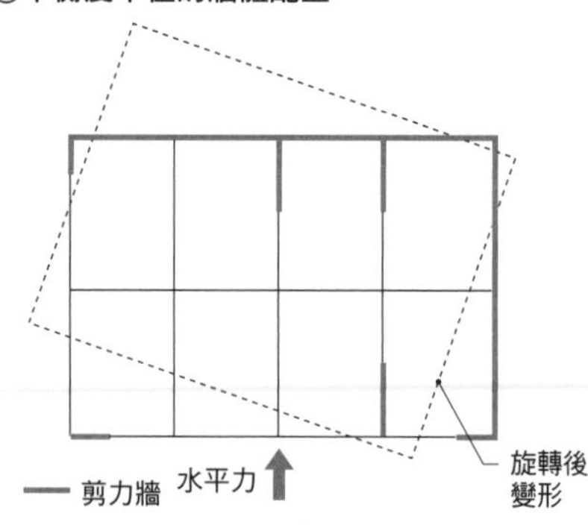

②平衡度良好的牆體配置

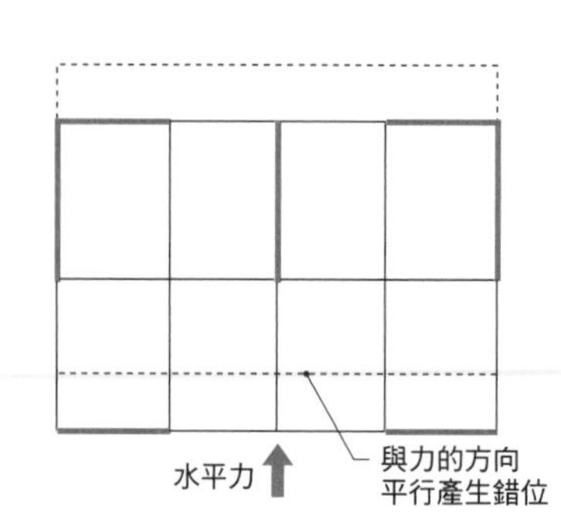

③面寬狹小

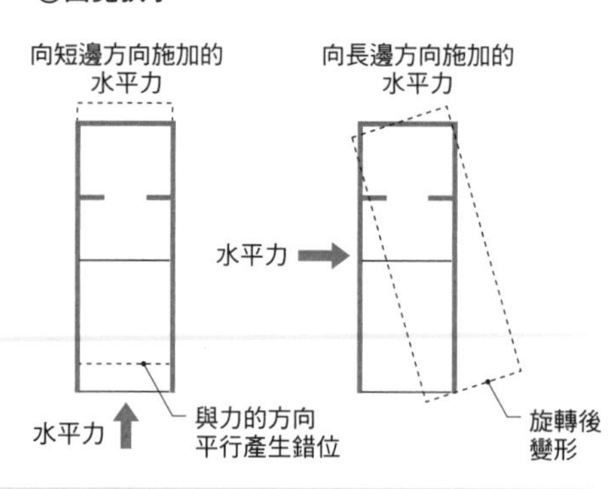

圖 14 ● 牆體以平衡度良好的方式進行配置之規定（平成 12 建告 1352 號）

①存在壁量與必要壁量的計算

針對各樓層、各方向的計算

〈分割 X 方向〉

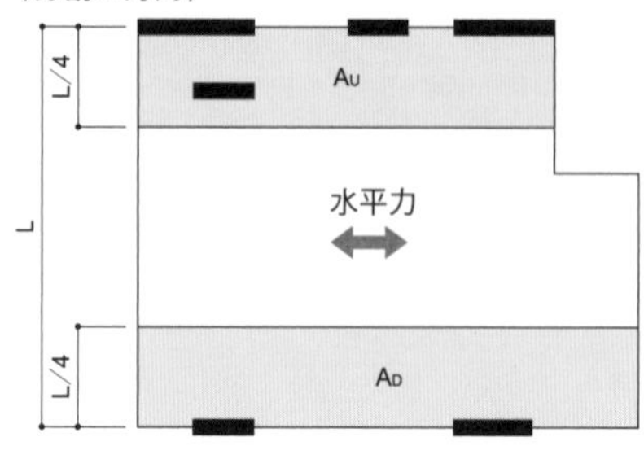

〈分割 Y 方向〉

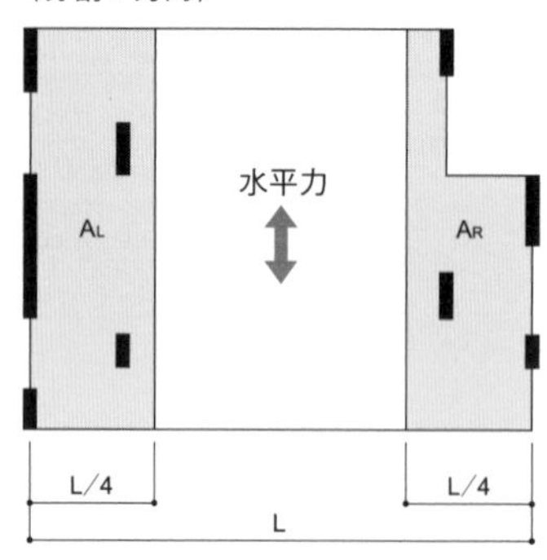

退縮設計時的情況

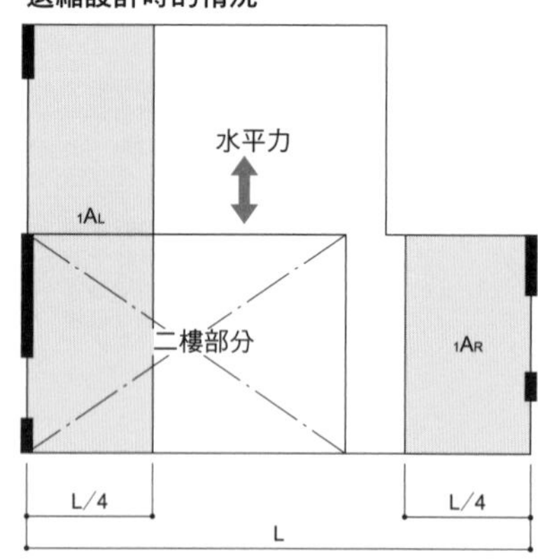

必要壁量：側端部分（▭部分）的樓板面積 ×（因應地震力）必要壁量
存在壁量：存在於側端部分（▭部分）的剪力牆長度 × 壁倍率
原注　X 方向分成四等分時，檢討 X 方向的牆體；Y 方向分成四等分時，則檢討 Y 方向的牆體

1AL：從二層樓建築的一樓求出充足率
1AR：從一層樓建築求出充足率

圖例　U：上側端部、D：下側端部、L：左側端部、R：右側端部

②壁量充足率的計算

$$壁量充足率 = \frac{存在壁量}{必要壁量}$$

原注　兩端的壁量充足率皆超過 1 時，不必進行壁率比確認

③壁比率的確認

$$壁率比 = \frac{壁量充足率（數值小的部分）}{壁量充足率（數值大的部分）} \geq 0.5$$

兩端的壁量充足率皆超過 1、但壁率比未滿 0.5 時，會因為偏心而產生扭轉，不過這個數值很小因此可以省略不檢討。但是，要以剪力牆不會受到不合理的水平力（地震力或風壓力）作用，而能均等地傳遞力為前提來進行配置計畫

在 X 方向作用時）的扭轉情形、以及對 Y 方向（左側與右側）進行分割後，在 Y 方向上施力時的扭轉情形，分別加以確認。

舉例來說，當 X 方向經分割後，上側與下側兩個方向上的壁量充足率有 1 以上時，就等於擁有充分的扭轉剛性，因此無需檢討壁率比。不過，當任一側的壁量充足率未滿 1 時，就要進行壁率比的檢討。

壁率比的檢討是將壁量充足率小的數值除以大的數值，因此會得出 1 以下的值。如果數值在 0.5 以上，也就是小：大 =1：2 以下的話，就表示建築物上不會發生有害的扭轉情形。

圖 15 ● 扭轉剛性的思考方式

①在中心部進行平衡度良好的配置

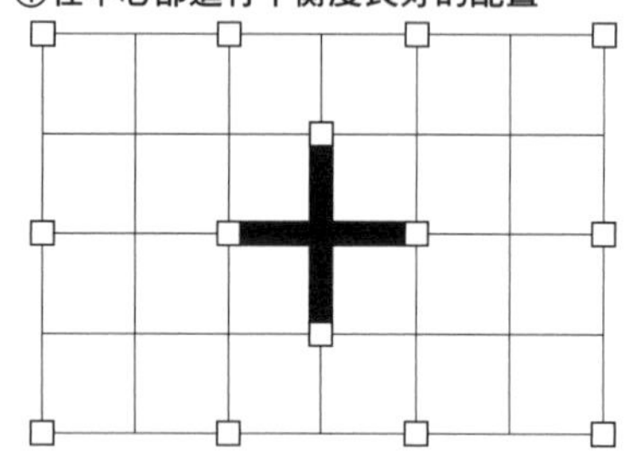

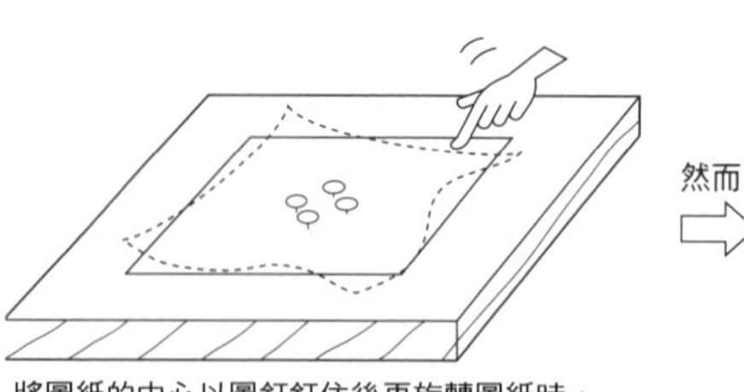

將圖紙的中心以圖釘釘住後再旋轉圖紙時，外周部會旋轉（相當於①）

②在外周部進行平衡度良好的配置

然而

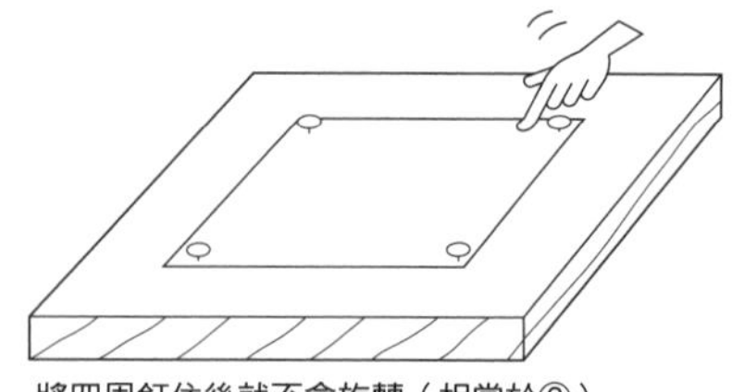

將四周釘住後就不會旋轉（相當於②）

計算偏心率會發現和所求出的值是相同的，但可以說②的「扭轉剛性高（不易扭轉）」

柱頭、柱腳接合部的設計～防止先行破壞

表 1● 剪力牆端部的柱搭接（平成 12 年建告 1460 號）

壁倍率	剪力牆的種類		平房、最上層 外角	平房、最上層 一般	二層樓建築的一樓 上層：外角 該層：外角	二層樓建築的一樓 上層：外角 該層：一般	二層樓建築的一樓 上層：一般 該層：一般
1.0 以下	將木摺等其他類似構件固定在柱或間柱的單側或雙側所形成的牆體		（い）	（い）	（い）	（い）	（い）
1.0	厚度 15 以上寬度 90 以上的木質斜撐或是 9 ϕ以上的鋼筋斜撐		（ろ）	（い）	（ろ）	（い）	（い）
1.5	厚度 30 以上寬度 90 以上的木質斜撐	斜撐的下部	（ろ）	（い）	（に）	（ろ）	（い）
		其他	（に）	（ろ）			
2.0	厚度 15 以上寬度 90 以上的木質斜撐（交叉）或是 9 ϕ以上的鋼筋斜撐（交叉）		（に）	（ろ）	（と）	（は）	（ろ）
2.0	厚度 45 以上寬度 90 以上的木質斜撐	斜撐的下部	（は）	（ろ）	（と）	（は）	（ろ）
		其他	（ほ）	（ろ）			
2.5	將結構用合板等以昭和 56 年建告 1100 號中規定的固定方法所形成的牆體		（ほ）	（ろ）	（ち）	（へ）	（は）
3.0	厚度 30 以上寬度 90 以上的木質斜撐（交叉）		（と）	（は）	（り）	（と）	（に）
4.0	厚度 45 以上寬度 90 以上的木質斜撐（交叉）		（と）	（に）	（ぬ）	（ち）	（と）

表 2● 拉拔力計算概算式
（平成 12 年建告 1460 號）

拉拔力 =N×5.3（kN）……參照第 119 頁圖 2

平房或者二層樓建築的二樓柱

$N=A_1 \times B_1-L$……………①式

A_1：該柱兩側的壁倍率差值
不過，設有斜撐的情況下要加以補正

B_1：因周邊構材的壓制效果係數
一般：0.5、外角：0.8

L：因垂直載重的壓制效果係數
一般：0.6、外角：0.4

二層樓建築的一樓柱

$N=A_1 \times B_1+A_2 \times B_2-L$……………②式

A_1：該柱兩側的壁倍率差值
不過，設有斜撐的情況下要加以補正

B_1：因周邊構材的壓制效果係數
一般：0.5、外角：0.8

A_2：連續至該柱的二樓柱兩側的壁倍率差值
不過，設有斜撐的情況下要加以補正
（若該二樓柱的拉拔力是利用其他柱子等傳遞到下面樓層時則為 0）

B_2：因二樓周邊構材的壓制效果係數
一般：0.5、外角：0.8

L：因垂直載重的壓制效果係數
一般：1.6、外角 1.0

接合部是讓剪力牆發揮性能的重要關鍵。為了抵抗在剪力牆端部柱子上產生的拉拔力，2000 年修訂的建築基準法中，已明文規定柱頭及柱腳搭接的緊結方法（表 1 ～ 3、第 118 頁表 4）。

在選擇剪力牆端部的柱頭、柱腳搭接的接合方式上，有三種方法①依據告示施工規範（平成 12 年［編按：西元 2000 年］建告 1460 號）、②依據告示計算方法（N 值計算法）（同 1460 號的解說中所揭示的概算式）、③依據容許應力度計算。

其中，②是以容許應力度計算的思考方式為基礎，利用壁倍率來簡略計算拉拔力，所以只要理解，會是相當便利的計算式。此外，①的告示表是將剪力牆的種類加以細分，就二層樓建築的一樓部分來說，是以二樓的同個位置（一樓牆體的正上方）上設有同樣做法的剪力牆為前提，透過 N 值計算所求

表 3● 進行 N 值計算的斜撐補正值

（1）斜撐固定在柱子單側時的補正值

斜撐的種類 ＼ 固定位置	柱頭部分①（壓縮斜撐）	柱腳部分②（拉伸斜撐）	備註
15×90 以上的木材 ϕ9 以上的鋼筋	0.0	0.0	配置交叉斜撐時，補正值以 0 視之③
30×90 以上的木材	0.5	-0.5	
45×90 以上的木材	0.5	-0.5	
90×90 以上的木材	2.0	-2.0	

（2）單組斜撐固定在柱子兩側時的補正值④

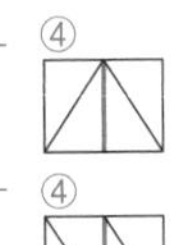

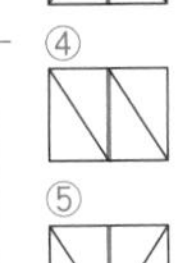

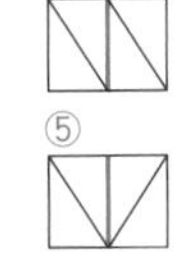

另一面斜撐 ＼ 其中一面斜撐	15×90 以上的木材 ϕ9 以上的鋼筋	30×90 以上的木材	45×90 以上的木材	90×90 以上的木材	備註
15×90 以上的木材 ϕ9 以上的鋼筋	0.0	0.5	0.5	2.0	兩道斜撐都固定在柱腳部分時，補正值以 0 視之⑤
30×90 以上的木材	0.5	1.0	1.0	2.5	
45×90 以上的木材	0.5	1.0	1.0	2.5	
90×90 以上的木材	2.0	2.5	2.5	4.0	

（3）柱子的其中一面以交叉斜撐設置，另一面以單組斜撐固定時的補正值⑥

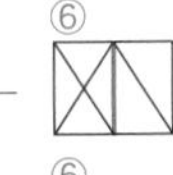

交叉斜撐 ＼ 單組斜撐	15×90 以上的木材 ϕ9 以上的鋼筋	30×90 以上的木材	45×90 以上的木材	90×90 以上的木材
15×90 以上的木材 ϕ9 以上的鋼筋	0.0	0.5	0.5	2.0
30×90 以上的木材	0.0	0.5	0.5	2.0
45×90 以上的木材	0.0	0.5	0.5	2.0
90×90 以上的木材	0.0	0.5	0.5	2.0

（4）柱兩側以交叉斜撐固定時的補正值⑦

補正值以 0 視之

表 4 ● 剪力牆端部的柱與主要橫向材之間的搭接（平成 12 年建告 1460 號）

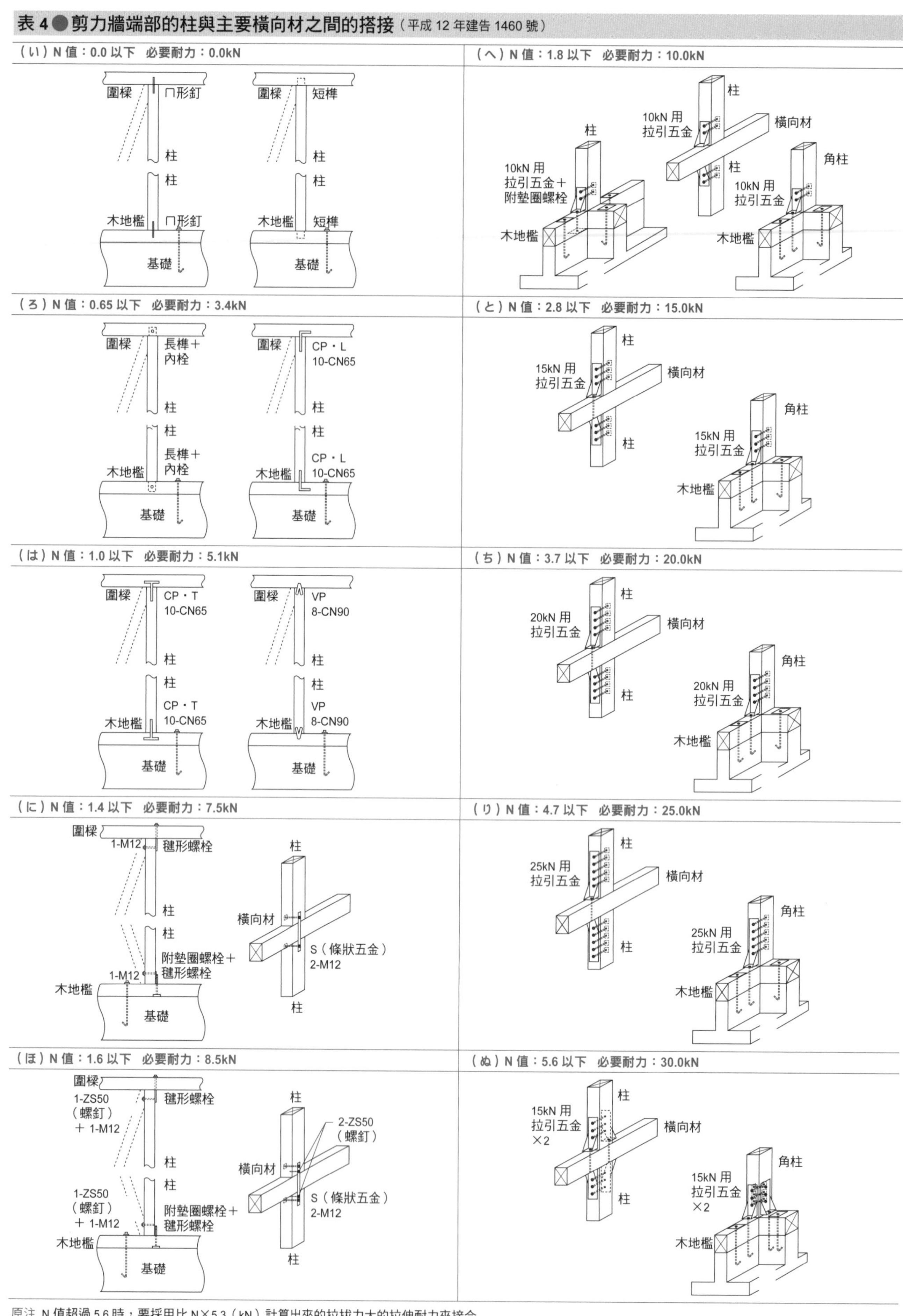

原注　N 值超過 5.6 時，要採用比 N×5.3（kN）計算出來的拉拔力大的拉伸耐力來接合

圖 1● 在剪力牆上產生的力

①左側施力　　②右側施力

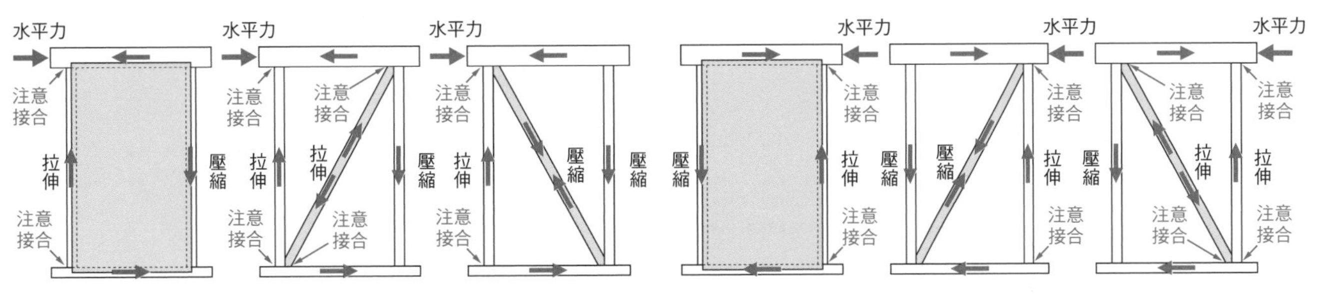

得的拉拔力為基礎來決定接合部做法。

在此將對拉拔力的原理與 N 值計算的意義進行解說。

求得拉拔力的方法

（1）單體剪力牆的情況

剪力牆上一旦受到水平力的作用，力會呈圖 1 的方式運作。

水平力從左側作用時，左側的柱子上會出現拉伸（拉拔）力；右側的柱子上則有壓縮力作用。此外，如果斜撐在構架的對角拉伸方向上時還會產生拉伸力；反之在構架的對角壓縮方向上時則有壓縮力。因為水平力是交互作用的，因此當水平力從右側作用時，所有箭頭都會呈現反方向。

為了使剪力牆有效地作用，應該特別注意拉伸力，一般是使用五金等將端部牢固接合，以防止構件被拔出的做法。

圖 2 是呈現水平力作用時的應力關係。此時的支點反作用力（壓縮與拉伸）V 是透過水平力 P × 牆體高度 h／支點距離（壁體長度）ℓ 求得。此外，因為柱子上有常時載重的作用，因此其負擔軸力與拉伸反力的差值就是「拉拔」。

面對負擔軸力時，拉伸反力如果很大會產生拉拔，因此必須採用能防止柱子抬升的接合方式。另一方面，拉伸反力如果很小則不會生成拉拔，所以極端地說並不需要接合（不過，避免錯動這種程度的接合仍是必要的）。

如果能因應水平力 P 做為剪力牆的水平耐力（壁倍率α× 基準耐

圖 2● 拉拔力的機制

①水平載重時的應力

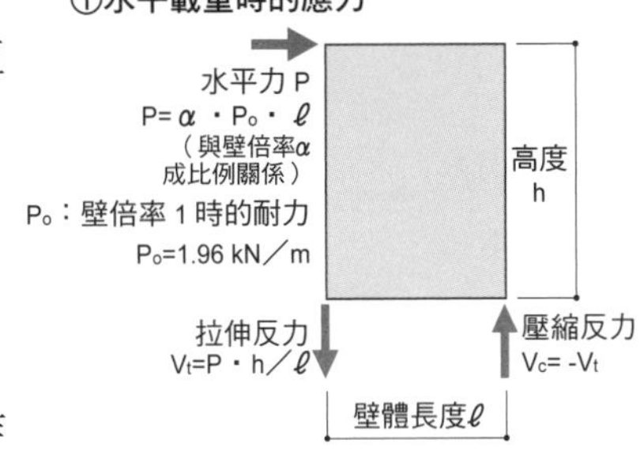

剪力牆負擔的水平力 P

$P=\alpha \cdot P_o \cdot \ell$ [kN]

此時支點所產生的拉伸反力 V_t 會是

$V_t=P \cdot h/\ell$
$=\alpha \cdot P_o \cdot \ell \cdot h/\ell$
$=\alpha \cdot P_o \cdot h$ [kN]

壁體長度ℓ=1.0 m、高度 h=2.7 m（一般的住宅樓層高度）、壁倍率α
= 求 1.0 時的拉伸反力

$V_t= P \cdot h/\ell$
$=\alpha \cdot P_o \cdot \ell \cdot h/\ell$
$=1.0\times1.96\times1.0\times2.7/1.0$
$=5.3$kN

N 值計算將這個數值視為 N=1.0。

②垂直載重時的應力

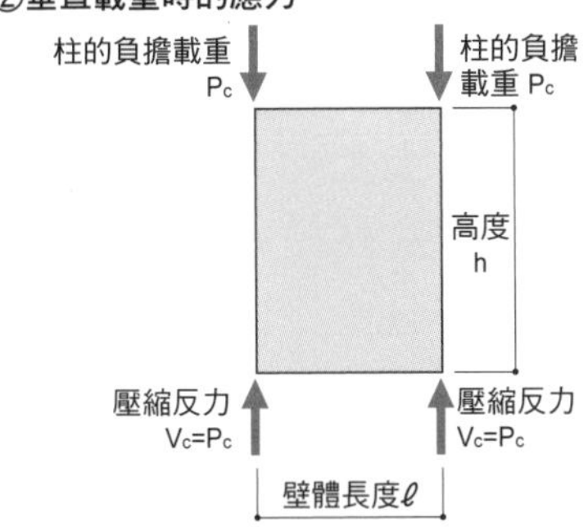

由於柱子上有常時作用的垂直載重，因此將上面求出的反力與垂直載重相加之後，就可以得到實際產生的拉拔力。在柱子上常時作用的軸力視為 P_c [kN] 時，拉拔力是

$T=V_t-P_c$
$=\alpha \cdot P_o \cdot h-P_c$ [kN]

N 值計算中的 L（垂直載重的壓制效果係數）相當於上式的 P_c，依據圖 3 的方式求得。

圖 3● N 值計算中柱子的垂直載重負擔範圍

為計算垂直載重的壓制效果係數 L 的數值所設定的負擔面積

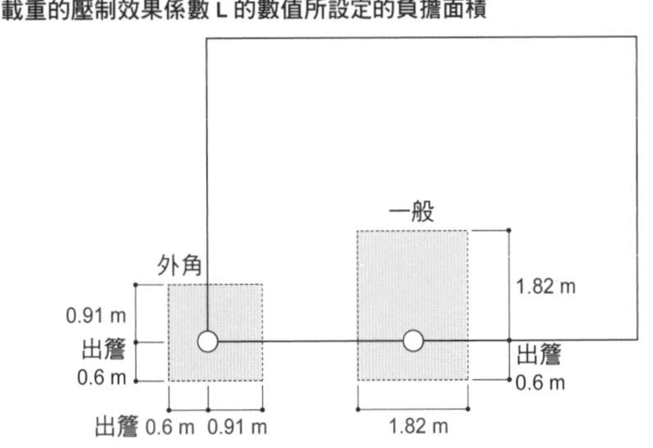

屋頂（水泥瓦＋天花板）　56 kg／m^2（549 N／m^2）
牆體（有壁版、附開口）　35 kg／m^2（343 N／m^2）
二樓樓板　60 kg／m^2（588 N／m^2）
承載載重　60 kg／m^2（588 N／m^2）

L		角柱		一般	
		計算結果	告示數值	計算結果	告示數值
二樓	頂部	0.237	0.4	0.457	0.6
	腳部	0.559	0.4	0.780	0.6
一樓	頂部	0.744	1.0	1.330	1.6
	腳部	1.067	1.0	1.651	1.6

如左表所示，雖然柱頭與柱腳中的 L 值有所差異，但告示中卻視為相同的數值，其理由如下：

・如果頂部與腳部的數值不同，會導致計算複雜化
・二樓的柱頭因鮮少受到周邊構材的拘束，有可能變成危險部位

圖 4● 在連續的剪力牆端部柱子上產生的應力

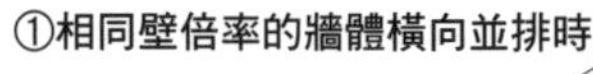

①相同壁倍率的牆體橫向並排時

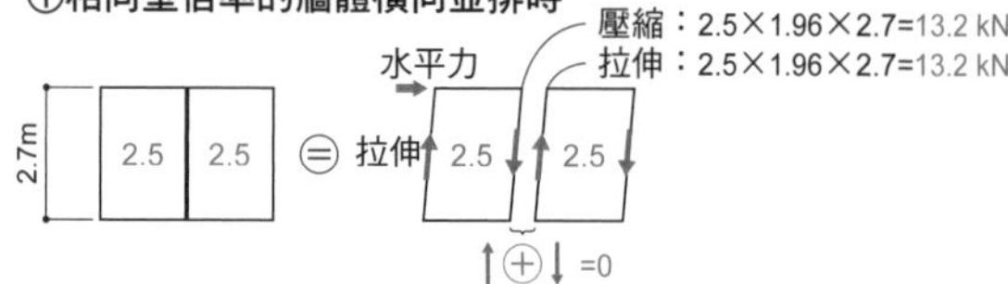

②不同壁倍率的牆體橫向並排時

壓縮力：V_c：2.5×1.96×2.7=13.2 kN
拉伸力：V_t：5.0×1.96×2.7=26.4 kN
水平力
因此 V_t—V_c=26.4—13.2=13.2 kN

拉伸力：V_t：2.5×1.96×2.7=13.2 kN
壓縮力：V_c：5.0×1.96×2.7= 26.4 kN
水平力
因此 V_t—V_c=13.2—26.4= -13.2 kN
→會形成壓縮力因而不會出現拉拔力

③剪力牆上下並排時

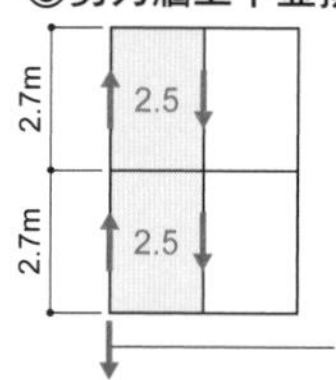

拉伸反力 V_t：二樓的拉伸＋一樓的拉伸
=(2.5×1.96×2.7) ＋ (2.5×1.96×2.7)=26.4 kN

④剪力牆呈市松狀配置時

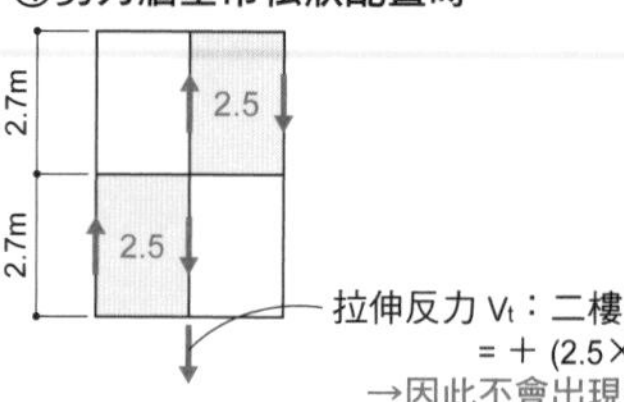

拉伸反力 V_t：二樓的拉伸＋一樓的壓縮
= ＋ (2.5×1.96×2.7) — (2.5×1.96×2.7)=0 kN
→因此不會出現拉拔力

力 P_0× 壁體長度 ℓ）時所產生的拉伸力來進行接合部設計時，就可以防止接合部出現先行破壞（接合部不可比剪力牆還早出現破壞）。

N 值計算是以牆體高度 2,700 mm、壁倍率 1 時在柱子上形成的拉伸力 N ＝ 1.0 為假設前提。常時載重會以第 119 頁圖 3 中負擔範圍小的「外角」以及「一般」這兩種形式來思考。因此，如果垂直載重的負擔範圍又更小、樓層高度也比 2,700 mm 高的話，拉拔力就會變大。有時明明已經進行容許應力度計算了，但接合做法卻變得更為嚴苛，其原因就在於前提條件的差異。

（2）連續構架的情況

在多道剪力牆並列配置的情況下，首先要將牆體一枚一枚抽出分別求出柱子上產生的拉伸力或壓縮力，最後再對同一柱子上所生成的複數應力進行加減計算。舉例來說，壁倍率相同的牆體橫向並排時的中央柱子，其左側牆體是受到壓縮力，但右側牆體則是受到拉伸力作用。如果壁倍率相同的話，作用力的數值也會相同，因此相互抵消之下不會產生拉拔力（圖 4 ①）。

如圖 4 ②所示，當左側的壁倍率是 2.5，而右側的壁倍率是 5.0 時，左側施加力量（水平力從左側方向施加時）之後，會形成左側的壓縮力小、右側的拉伸力大的局面，因此會出現拉拔力。而水平力也會以相反方向作用，所以也要檢討右側施力時的情況，此時的壓縮

圖 5● 斜撐補正的注意要點

①斜撐的壁倍率

斜撐的種類	單組斜撐					交叉斜撐
	基準法的倍率	壓縮斜撐		拉伸斜撐		
		實際的壁倍率	與基準法的差	實際的壁倍率	與基準法的差	
15×90 以上的木材	1.0	1.0	0.0	1.0	0.0	2.0
30×90 以上的木材	1.5	2.0	+0.5	1.0	-0.5	3.0
45×90 以上的木材	2.0	2.5	+0.5	1.5	-0.5	4.0
90×90 以上的木材	3.0	5.0	+2.0	1.0	-2.0	5.0

原注　斜撐在受到壓縮與拉伸時的耐力有所差異

②單組斜撐的思考方式

建築基準法的壁倍率
0
2.0
2.0
2.0
斜撐皆為 45×90（壁倍率 2.0）

（1）左側施力時

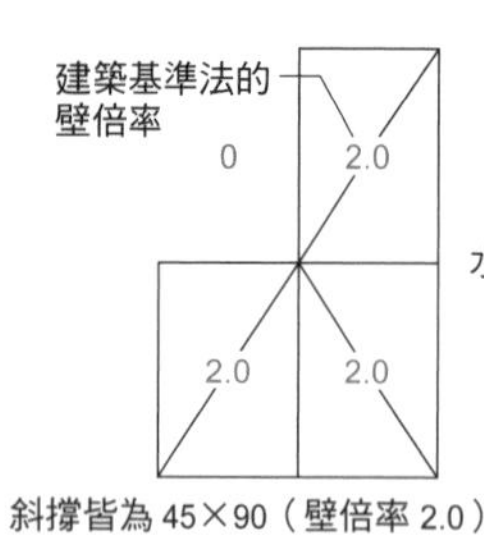

（2）右側施力時

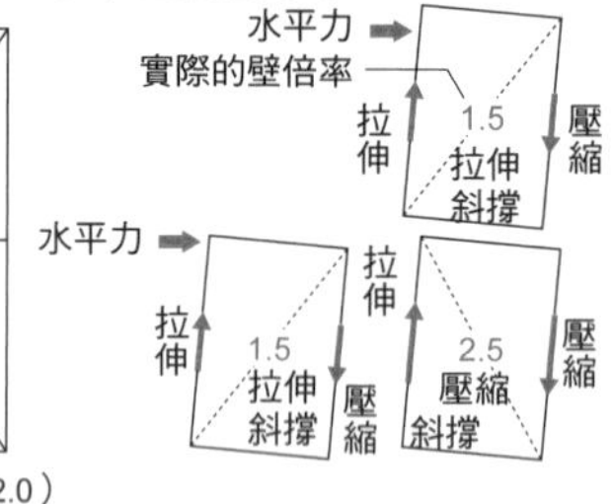

這個差值會成為一樓柱子的軸力
二樓：壓
一樓：壓
一樓：拉

③第 117 頁表 3 ④柱補正的思考方式

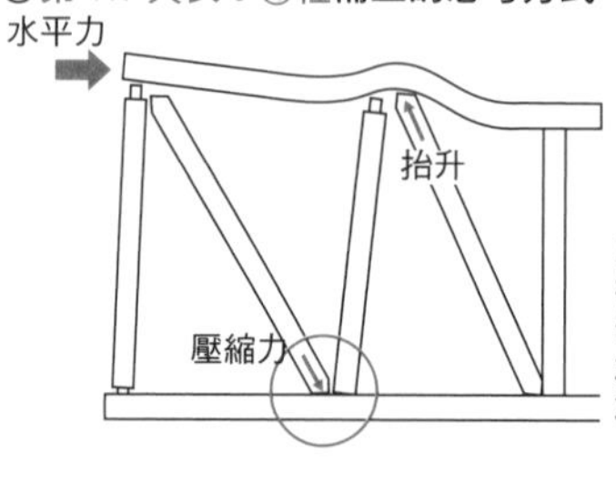

因為壓縮力幾乎都流向木地檻，因此對右側斜撐的抬升壓制效果有限。為此應將斜撐視為等同於八字形的做法，採取 +1.0 的補正

④第 117 頁表 3 ⑤柱補正的思考方式

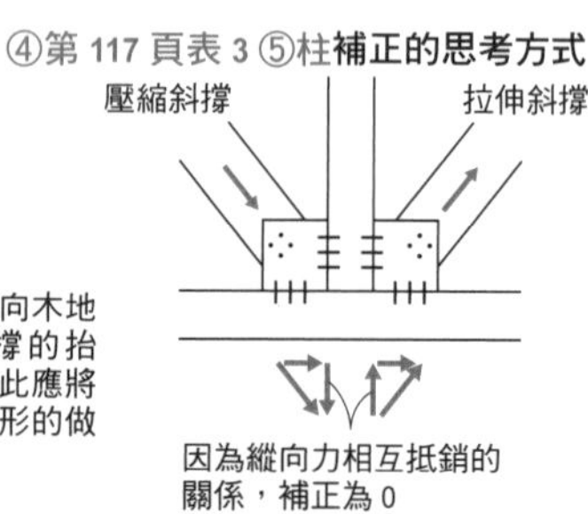

因為縱向力相互抵銷的關係，補正為 0

⑤交叉斜撐與單組斜撐相鄰時的補正（第 117 頁表 3 ⑥柱的思考方式）

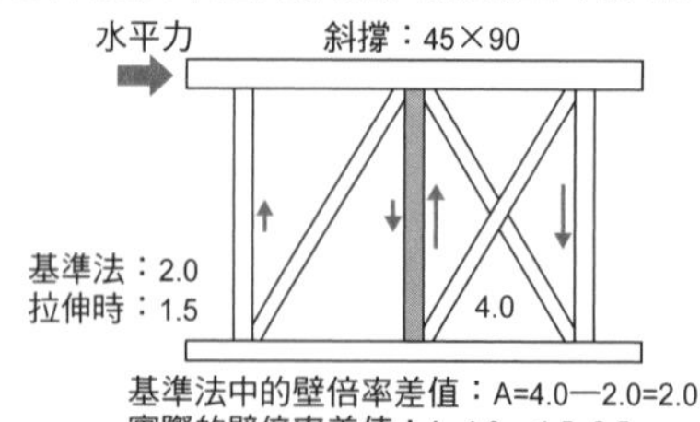

基準法中的壁倍率差值：A=4.0—2.0=2.0
實際的壁倍率差值：A=4.0—1.5=2.5
因此，要進行 +0.5 的補正

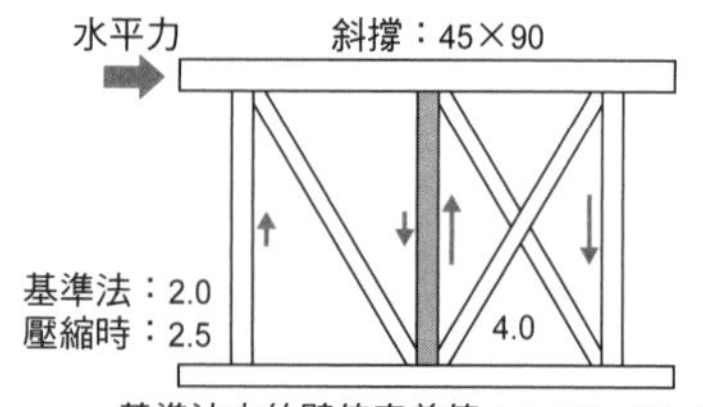

基準法中的壁倍率差值：A=4.0—2.0=2.0
實際的壁倍率差值：A=4.0—2.5=1.5
因此，雖然要以 -0.5 進行補正，不過考量現場對應的困難度，採取在安全側以 +0.5 進行補正

與拉伸大小是相互調換不會出現拉拔力。接合做法必須能夠因應最大拉拔力的時候，因此該例子會以左側施力時的值來決定接合做法。

此外，如圖 4 ③所示，當剪力牆以上下並排時，在一樓的柱子上所產生的軸力要加算正上方的柱軸力。然而，若是在市松狀的牆體配置下，從左側施力時即使二樓是受到拉伸作用，但一樓卻會變成壓縮作用。反之，右側施力時二樓受到的是壓縮作用，但一樓則是拉伸作用，無論是哪一種情況，一樓幾乎不會出現拉拔力（圖 4 ④）。

從計算結果可知，牆體端部的柱軸力在柱頭、柱腳都是同樣的數值，因此接合做法也要採取相同的方式（如果嚴謹的來看，雖然牆體重量是柱頭比柱腳輕，不過差異微小，可以忽略）。

N 值計算法

N 值計算式（第 117 頁表 2）中的關鍵點在於「+」、「−」的符號。「+」代表拉拔力（向上作用的力），「−」則代表壓縮力（向重力方向壓制的力）。N 值計算後的結果若呈負值的時候，表示不會出現拉拔力。

（1）壁倍率的差值（A_1、A_2）

從構架圖來看，壁倍率的差值是指固定在檢討柱兩側的剪力牆壁倍率差值。以圖 4 說明就是拉伸力與壓縮力的差（V_t—V_c）。因此，本來就應該檢討左側施力時與右側施力時的情況，由拉拔力大的一方決定接合做法。雖然告示中並沒有載明，不過 N 值是用於拉拔力計算，因此重點在於**思考檢討柱上產生拉拔力時的水平力方向**，然後**依此計算出倍率差**。

當剪力牆採斜撐做法時就要特別留意。斜撐是壓縮力作用時與拉伸力作用時會呈現完全不同性質的構件，因此要加以補正（第 117 頁表 3）。

如第 114 頁圖 7 所示，單組斜撐的壁倍率是交叉斜撐的一半。不過，實際上進行單組斜撐的實驗，會發現壓縮斜撐時與拉伸斜撐時的壁倍率是有所差異的（圖 5 ①）。舉例來說，45×90 mm 的斜撐在建築基準法中的壁倍率是 2.0，但做為壓縮斜撐時是 2.5（法定數值 +0.5）、做為拉伸斜撐時則是 1.5（法定數值 -0.5）。綜合考慮下做出的總結如第 117 頁表 3。

因此，表中的柱頭部①是壓縮斜撐時的補正，柱腳部②是拉伸斜撐時的補正。舉例來說，像是圖 5 ②這種構架，只要考量左側施力時與右側施力時各自實際的壁倍率再進行檢討的話，就會變得容易掌握。

然而，在這樣的思考方法下，

圖 6 N 值計算的注意事項

N 值計算是指簡略地計算水平載重時在柱子上產生的拉拔力。
在此說明利用市面上販售的計算軟體或速查表等工具時的注意要點。

①市松狀配置的情況

如圖所示，一樓與二樓以市松狀配置剪力牆時，在一樓柱子上產生的拉拔力會因為壓縮和拉伸的相互抵銷而使接合做法得以輕減。由於市面販售的軟體或速查表會將上下樓的拉拔力納入計算，因此和連續層配置一樣擴大接合規範的情形很多。

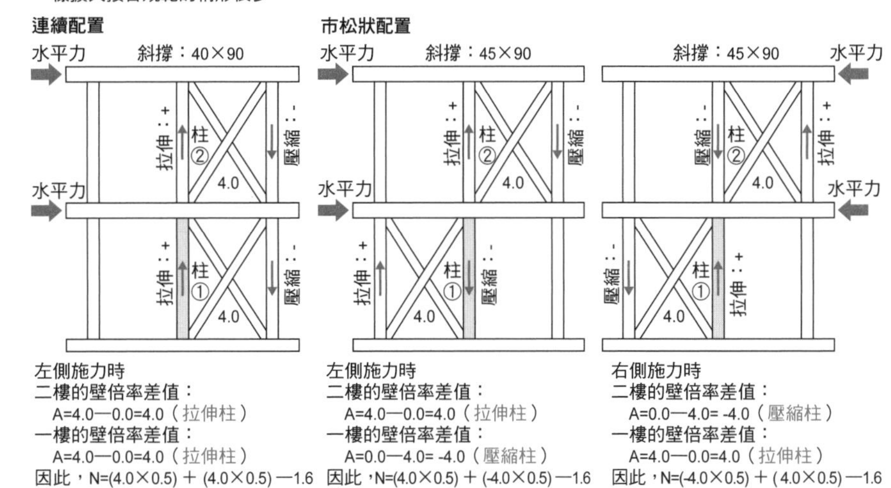

②下層的接合做法因為上層的緣故而輕減的情況

如圖，只有二樓有剪力牆時的拉拔力，在計算上可以使下方樓層的接合做法得以輕減

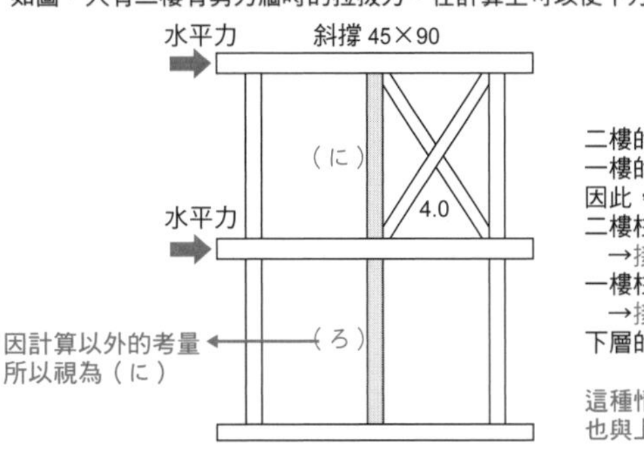

③一樓與二樓的柱子產生錯位的情況

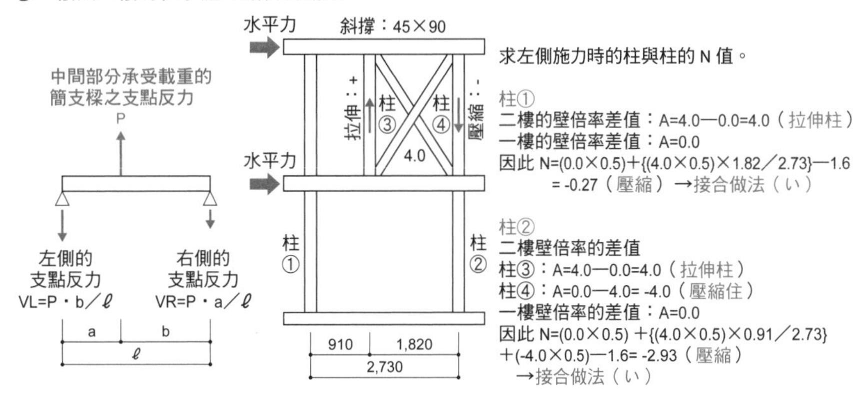

中間部分承受載重的簡支樑之支點反力
P
左側的支點反力
VL=P・b／ℓ
右側的支點反力
VR=P・a／ℓ
a
b
ℓ
水平力
斜撐：45×90
拉伸：+
柱③
柱④
壓縮：-
4.0
水平力
柱①
柱②
910
1,820
2,730
求左側施力時的柱與柱的 N 值。
柱①
二樓的壁倍率差值：A=4.0—0.0=4.0（拉伸柱）
一樓的壁倍率差值：A=0.0
因此 N=(0.0×0.5)+{(4.0×0.5)×1.82／2.73}—1.6
= -0.27（壓縮）→接合做法（い）
柱②
二樓壁倍率的差值
柱③：A=4.0—0.0=4.0（拉伸柱）
柱④：A=0.0—4.0= -4.0（壓縮住）
一樓壁倍率的差值：A=0.0
因此 N=(0.0×0.5) +{(4.0×0.5)×0.91／2.73}
+(-4.0×0.5)—1.6= -2.93（壓縮）
→接合做法（い）

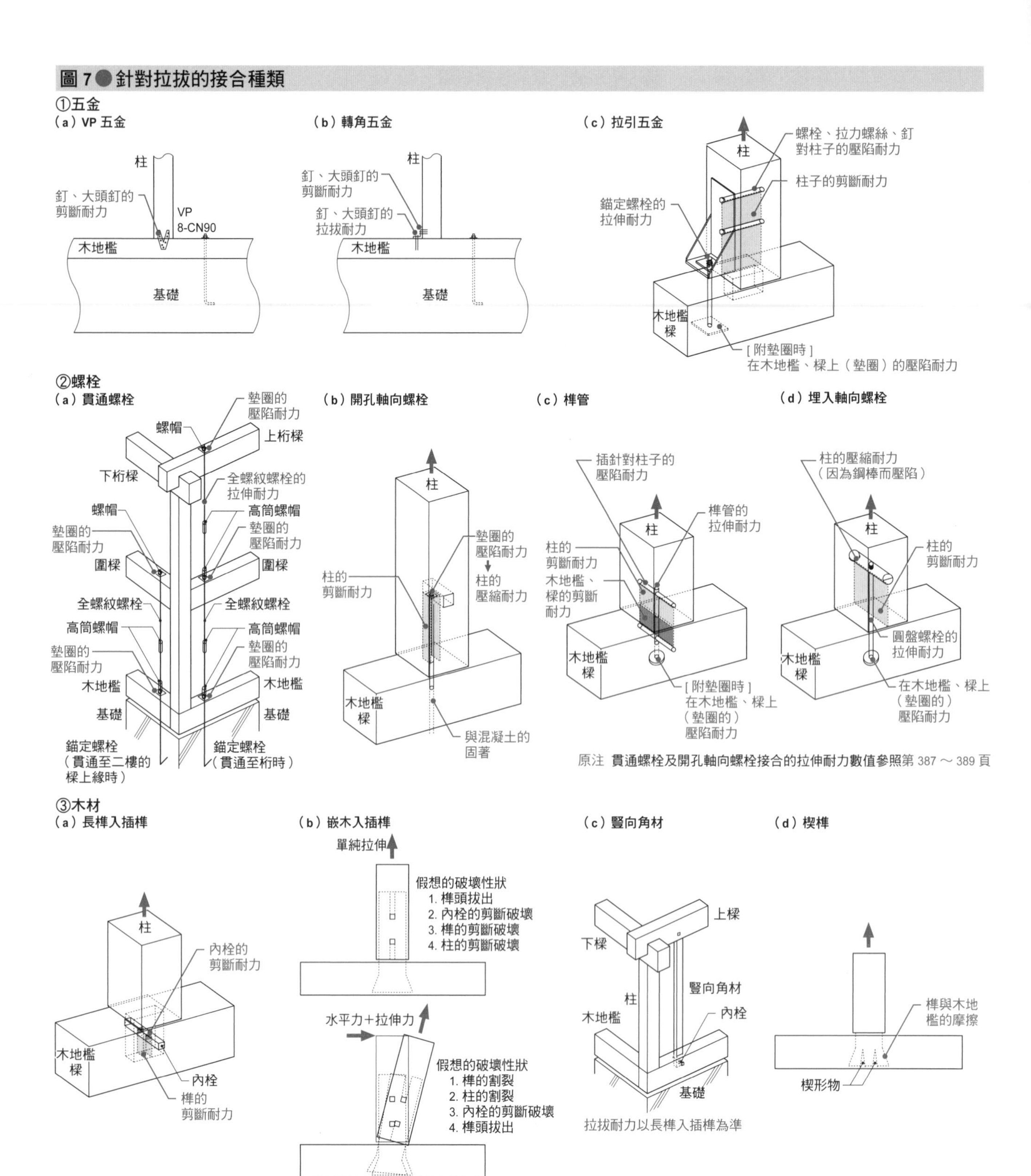

追蹤力的流動走向時有時會出現與告式的補正表不同的情況（第 117 頁表 3 ④柱的 N 類型與⑤柱的 V 類型）。這是基於斜撐的固定細節的考量（第 120 頁圖 5 ③、④）。因此，採用這種類型時，最好先計算建築基準法的壁倍率差，再加上告示表的補正數值。此外，其中一側是交叉斜撐時也要以同樣的思考方式來進行補正。

（2）壓制效果係數（B_1、B_2、L）

當剪力牆可能出現旋轉的時候，在建築物內部要有壓制這種傾向的作用力。這個作用力就是藉由周邊構材獲得壓制效果係數（B_1、B_2）、及藉由垂直載重獲得壓制效果係數（L）。將外角部分與一般部分區隔開來是考慮到壓制效果不同所採取的做法。

外角的柱子與其他柱子相比之下，其垂直載重小，因此拉拔力會變大。

（3）一樓柱的 N 值計算

一樓柱的 N 值計算式中，正上方柱的壁倍率差 × 壓制效果係數所求出的值，以「+」值納入算式。但如前面所述，有時會因為剪

圖 8 ● 長榫入插榫柱腳的破壞形式

①榫的剪斷破壞

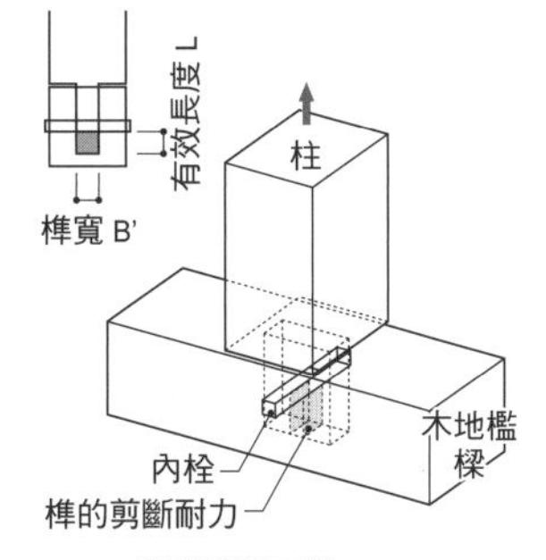

剪斷抵抗面積
A=B'×L×2 面

②內栓的剪斷破壞

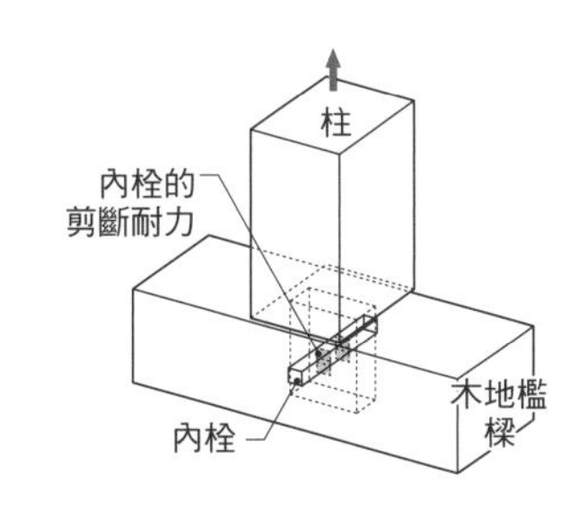

剪斷抵抗面積
A= 內栓斷面積 ×2 面

③木地檻割裂

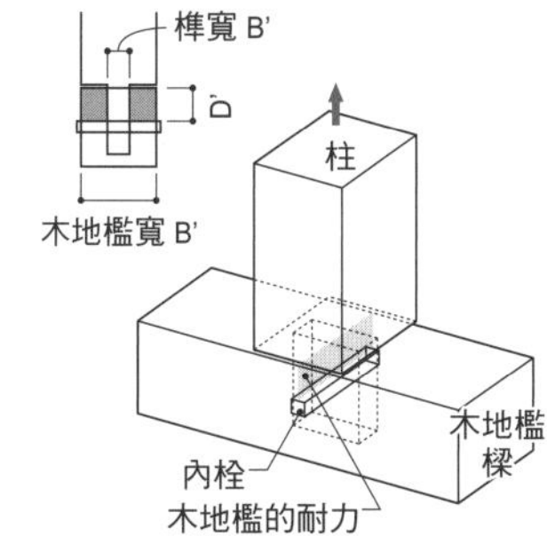

耐力式未定

力牆的配置與施力方向的關係變成「−」（參照第 120 頁圖 5、第 121 頁圖 6①）。表記上不要忘記壓縮為「−」、拉拔為「+」。

即便計算的結果不會出現拉拔力，但就確保剪力牆的性能而言，確實施作框架還是有其必要性，所以剪力牆端部的接合應該採用（ろ）以上的接合方式。

此外，雖然一樓的拉拔力有時會比二樓小（第 121 頁圖 6②），但因為是在下方樓層的關係，因此應力會增大。如果有這樣的基本原理思考，會希望一樓的接合比照二樓同等以上的做法（這是設計理念的問題，不予強制規定）。

再者，如果二樓與一樓的柱子在位置上產生錯位的話，二樓柱的拉拔力會變成透過樑傳遞到一樓柱。分配方式如第 121 頁圖 6③，不過在一樓與二樓的柱子錯位未滿 900 mm 且相距不遠的情況下，可以視為柱子大致連續的方式來處理。

接合工具的種類與特徵

處理拉拔力的接合工具大致可分成①五金、②螺栓、③木材等三種類型（圖 7）。

①類有拉引五金、VP 五金等，大多是固定在柱子或樑側面的物件。這些接合方式主要是以釘子或大頭釘的剪斷及拉拔耐力來抵抗。以大頭釘的做法來看，當大頭釘被拔出時會出現木材被硬拉出來的破壞性狀。

②類有貫通螺栓、開孔軸向螺栓、榫管、埋入軸向螺栓等。貫通螺栓是用在靠近柱子的位置上，將螺栓從基礎貫穿到樓板樑或屋架樑的工具，是利用樑來壓制柱子抬升的做法。從結構上來看，這種情況下應力的中心與螺栓位置最好盡可能地接近，分離太遠的話壓制效率就會降低。

相對的，因為開孔軸向螺栓、榫管、埋入軸向螺栓是固定在柱子的軸心上，也就是應力的中心，因此從結構來看可以說是最為合理的接合方法。不過，開孔軸向螺栓是以螺帽鎖緊的方式固定，所以除了必須在柱子上開槽之外，施工上也受到螺栓孔變大的影響而容易產生初期鬆弛的情形。

另一方面，榫管的直徑 12 mm 的插針、及埋入軸向螺栓的直徑 30 mm 的鋼棒，都是在柱的纖維方向上以壓陷性能來抵抗作用力。無論哪種做法由於與柱子之間並無間隙存在，所以也沒有初期鬆弛的情況，具有很大的拉緊效果。不過，如果與柱子的端部鑽孔距離短，很快就會將柱子割裂而喪失固定的意義。因此，採用這種做法時確保端部鑽孔距離是很重要的。

③類有長榫入插榫、嵌木入插榫、豎向角料、楔榫等。

長榫入插榫的抵抗形式有榫（有效長度部分）的剪斷抵抗（因內栓而割裂）、內栓的彎曲剪斷抵抗、木地檻或樑的剪斷抵抗（受內栓而割裂）等三種類型（圖 8）。因此，必須注意柱的樹種與榫的厚度及有效長度、內栓的樹種與直徑、內栓的位置（木地檻或樑的端部鑽孔距離）等。

嵌木入插榫是因應單純拉伸力的做法，與長榫入插榫的抵抗形式類似。不過，因為剪力牆會呈現菱形變形，因此在接合部上出現拉伸的同時也會有水平方向的作用力。此外，隨著內栓位置的不同有可能會導致柱子或榫產生割裂的破壞性狀，因此必須加以注意。

豎向角料是在出現拉拔力的柱旁以縱向設置角料，並打入內栓加以固定，因此使用在難以施作內栓的角柱等地方應該是有效的手法。

楔榫是將楔狀物打入榫後呈扇形的狀態，是以摩擦和壓陷來抵抗的形式，但是會因為乾燥收縮或施工誤差而出現激烈的變化，很難做到具備特定的耐力。

錨定螺栓的設計

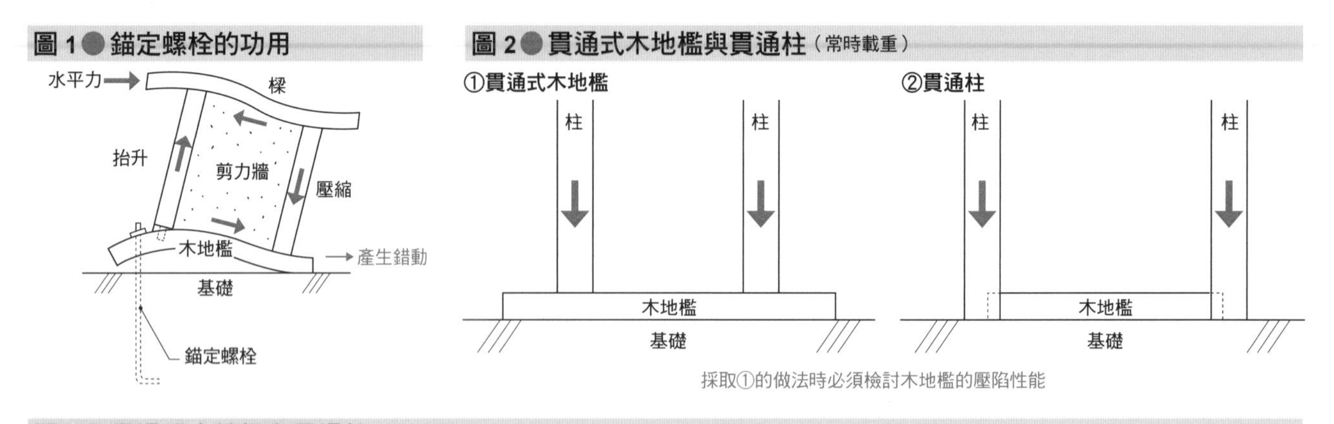

圖 1● 錨定螺栓的功用

圖 2● 貫通式木地檻與貫通柱（常時載重）

採取①的做法時必須檢討木地檻的壓陷性能

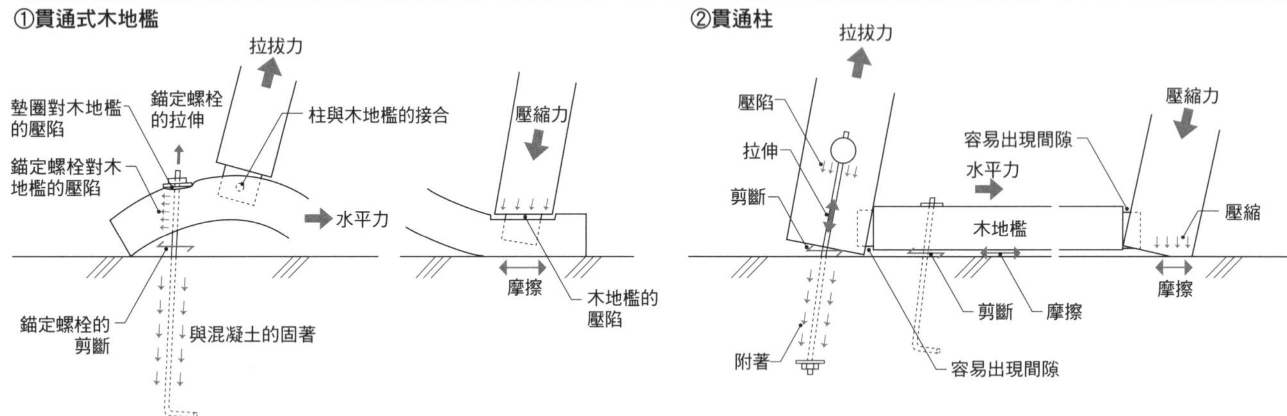

圖 3● 貫通式木地檻與貫通柱（水平載重）

木地檻與錨定螺栓的功用

木地檻是放置在基礎上的水平構材，其最大功用是將基礎與木造的柱子順暢地連結起來。具體而言，就是將柱子傳遞過來的垂直方向的力或一樓的樓板載重、剪力牆所負擔的水平方向的力傳遞至基礎。木地檻位於木造部的最底層，也是最容易受到地面濕氣的影響，因此除了強度的考量之外，也必須選擇不易腐朽的木材。

錨定螺栓扮演聯繫木造部與基礎的重要角色，受到地震力或風壓力作用時，可以發揮防止建築物抬升或錯位的功用（圖 1）。

木地檻與柱子的整合方式有貫通式木地檻以及貫通柱兩種類型。

貫通式木地檻的類型是先由木地檻承受從柱子傳遞過來的載重再傳向基礎，對於常時載重來說，有必要檢討木地檻的壓陷情形。相對的，貫通柱的類型則可以直接將載重傳遞至基礎（圖 2）。由於木材的纖維方向的強度比垂直於纖維方向高出 10 ～ 20 倍，因此貫通柱的類型比較能承受大的載重（參照第 13 ～ 14 頁、第 96 ～ 99 頁）。

就水平載重而言，貫通式木地檻的類型會由各式各樣的抵抗要素之中最小的值來決定抵抗力（圖 3）。貫通柱的類型只需要確保接合方式能使壓縮力或拉伸力、水平力等順利從柱子直接傳遞至基礎，因此設置在木地檻上的錨定螺栓只要固定木地檻即可。不過，為了讓剪力牆的性能得以發揮，做為框架的柱子和木地檻、橫向材之間有必要確實地接合。

針對拉拔力的設計

剪力牆受到水平力作用之後，在剪力牆端部的其中一方的柱子上會出現拉拔力，而另一方的柱子上則出現壓縮力。此外，木地檻與基礎之間也同時會有水平力的作用。

貫通式木地檻的情況下，柱子上所產生的拉拔力會從木地檻經由錨定螺栓傳向基礎（圖 3）。從柱子傳遞至木地檻的方法已經在「第 117 頁剪力牆（基本篇）②」說明過，但木地檻傳遞至錨定螺栓的方

表 1 ● 從木地檻的壓陷耐力決定柱子的容許軸力（$N_{ca}=f_{cv}\times A_{ci}$）

樹種	基準壓陷強度 Fc（N／mm²）	長期容許壓陷應力度 Lf_{cv}=1.1Fcv／3	短期容許壓陷應力度 sf_{cv}=2.0Fcv／3	長期容許軸力 LNca（kN）		短期容許軸力 sNca（kN）	
				柱 105mm 角材	柱 120mm 角材	柱 105mm 角材	柱 120mm 角材
扁柏、羅漢柏	7.8	2.9	5.2	23.8	33.5	43.3	60.8
美國西部鐵杉	6.0	2.2	4.0	18.3	25.7	33.3	46.8
栗木	10.8	4.0	7.2	33.0	46.3	59.9	84.2

原注　柱榫以 30×90 mm 施作

軸力（壓縮力）N_c
柱
壓陷抵抗面積 A_{ci}
30
90
木地檻

表 2 ● 從柱子的壓縮耐力決定柱子的容許軸力（$N_{ca}=\eta\cdot f_c\times A_c$）

樹種	基準壓陷強度 Fc（N／mm²）	長期容許壓縮應力度 Lf_c=1.1Fc／3	短期容許壓縮應力度 sf_c=2.0Fc／3	長期容許軸力 LNca（kN）		短期容許軸力 sNca（kN）	
				柱 105mm 角材	柱 120mm 角材	柱 105mm 角材	柱 120mm 角材
扁柏	20.7	7.6	13.8	34.3	57.0	62.4	103.6
美國西部鐵杉	19.2	7.0	12.8	31.8	52.9	57.9	96.1
杉木	17.7	6.5	11.8	29.4	48.7	53.4	88.6

原注 1　柱子的挫屈長度為 2,700 mm
原注 2　柱材使用無等級材
原注 3　η 的計算式參照第 97 頁表 2

樑
挫屈長度 2,700
軸力(壓縮力) N_c
木地檻
柱的斷面積 A_c

表 3 ● 從木地檻的剪斷耐力決定柱子的容許軸力（$N_{ta}\leqq A_d\cdot sf_s$）

樹種	基準剪斷強度 Fs（N／mm²）	短期容許剪斷應力度 sfs=2.0Fs／3（N／mm²）	短期容許力（kN）			
			錨定螺栓 M12		錨定螺栓 M16	
			木地檻 105 mm 角材	木地檻 120 mm 角材	木地檻 105 mm 角材	木地檻 120 mm 角材
扁柏、羅漢柏	2.1	1.4	13.38	17.81	12.64	16.97
美國西部鐵杉	2.1	1.4	13.38	17.81	12.64	16.97
栗木	3.0	2.0	19.11	25.44	18.06	24.24

原注 1　假設錨定螺栓 M12 的孔徑為 14 mm、M16 孔徑為 19 mm
原注 2　木地檻 105 mm 角材、錨定螺栓 M12 時的斷面積 A_d=（105—14）×105=9,555 mm²
原注 3　出現容許剪斷耐力以上的拉拔力時，要以拉拔力能直接傳遞至基礎的接合做法來施作

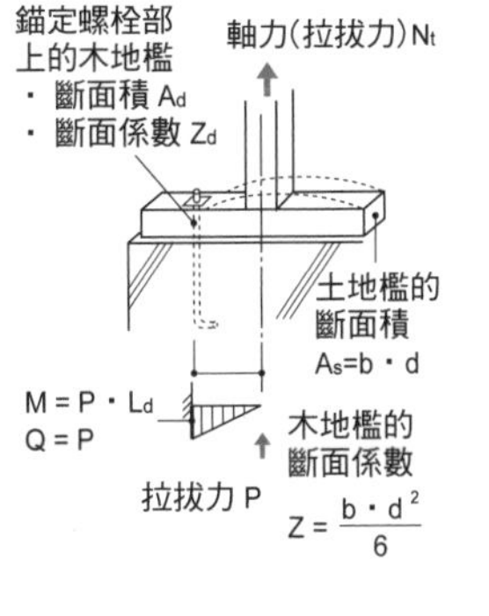

表 4 從木地檻的彎曲耐力決定錨定螺栓的位置

$L_d\leqq Z_d\cdot sf_b/N_t$，且在 300 mm 以下……依據《木造構架工法住宅的容許應力度設計（2008 年版）》（（財）日本住宅、木材技術中心）
N_t：柱腳的接合做法之短期容許拉伸耐力（N）

①錨定螺栓 M12

樹種	基準彎曲強度 Fb（N／mm²）	短期容許彎曲應力度 sfb=2.0Fb／3（N／mm²）	錨定螺栓中心至柱心的容許距離 Ld（mm）									
			木地檻 105 mm 角材					木地檻 120 mm 角材				
			N_t10（kN）	N_t15（kN）	N_t20（kN）	N_t25（kN）	N_t30（kN）	N_t10（kN）	N_t15（kN）	N_t20（kN）	N_t25（kN）	N_t30（kN）
扁柏、羅漢柏	26.7	17.8	298	198	149	119	99	453	302	226	181	151
美國西部鐵杉	25.2	16.8	281	187	140	112	94	427	285	214	171	142
栗木	29.4	19.6	328	218	164	131	109	499	332	249	199	166

原注 1　假定錨定螺栓的孔徑為 14 mm
原注 2　斷面係數 Z_d 在木地檻為 105 mm 角材時，Z_d=(105—14)×105²／6=167,212 mm³；木地檻為 120 mm 角材時，Z_d=(120—14)×120²／6=254,400 mm³
原注 3　■因計算值超過 300 mm，故 L_d 以 300 mm 計
原注 4　□因 L_d<100 mm，要以能將柱子上產生的拉拔力直接傳向基礎的接合做法來施作

②錨定螺栓 M16

樹種	基準彎曲強度 Fb（N／mm²）	短期容許彎曲應力度 sfb=2.0Fb／3（N／mm²）	錨定螺栓中心至柱心的容許距離 Ld（mm）									
			木地檻 105 mm 角材					木地檻 120 mm 角材				
			N_t10（kN）	N_t15（kN）	N_t20（kN）	N_t25（kN）	N_t30（kN）	N_t10（kN）	N_t15（kN）	N_t20（kN）	N_t25（kN）	N_t30（kN）
扁柏、羅漢柏	26.7	17.8	281	188	141	113	94	431	288	216	173	144
美國西部鐵杉	25.2	16.8	265	177	133	106	88	407	271	204	163	136
栗木	29.4	19.6	310	206	155	124	103	475	317	238	190	158

原注 1　假定錨定螺栓的孔徑為 19 mm
原注 2　斷面係數 Z_d 在木地檻為 105 mm 角材時，Z_d=(105—19)×105²／6=158,025mm³；木地檻為 120 mm 角材時，Z_d=(120—19)×120²／6=242,400 mm³
原注 3　■因計算值超過 300 mm，故 L_d 以 300 mm 計
原注 4　□因 L_d<100 mm，要以能將柱子上產生的拉拔力直接傳向基礎的接合做法來施作

表 5 從墊圈的壓陷耐力決定柱子的容許軸力（拉拔力）（$N_{ta}=f_{cv}\times A_{ci}$）

樹種	基準壓陷強度 Fcv（N／mm²）	短期容許壓陷應力度 sfcv=2.0Fcv／3	短期容許軸力 sNta（kN）					
			墊圈 40 mm 角形	墊圈 45 mm 角形	墊圈 50 mm 角形	墊圈 54 mm 角形	墊圈 80 mm 角形	墊圈 90 mm 角形
扁柏、羅漢柏	7.8	5.2	7.4	7.4	12.1	13.7	31.8	31.6
美國西部鐵杉	6.0	4.0	5.7	5.7	9.3	10.5	24.5	24.3
栗木	10.8	7.2	10.2	10.2	16.7	19.0	44.0	43.8

原注 1　M12 用的墊圈為 40 mm 角形、ϕ45 mm、50 mm 角形、孔徑ϕ15 mm
原注 2　M16 用的墊圈為 54 mm 角形、80 mm 角形、ϕ90 mm、孔徑ϕ19 mm

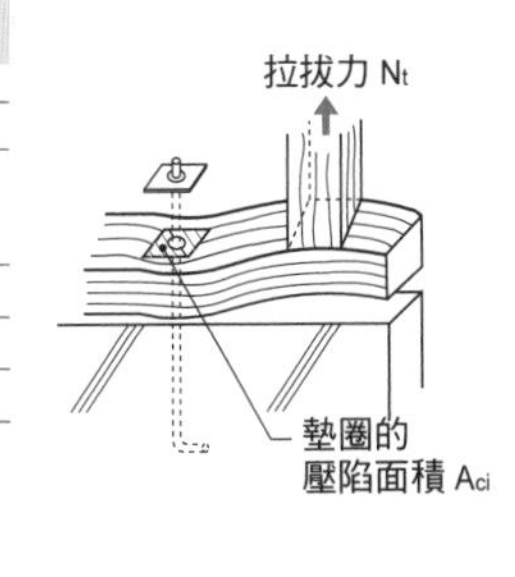

表 6● 錨定螺栓的拉拔耐力（$N_{ta}=f_t \times A_g$）

基準強度 F（N／mm²）	短期容許拉伸應力度 sft=F	短期容許軸力 sNta (kN)	
		M12	M16
240	240.0	20.4	36.2

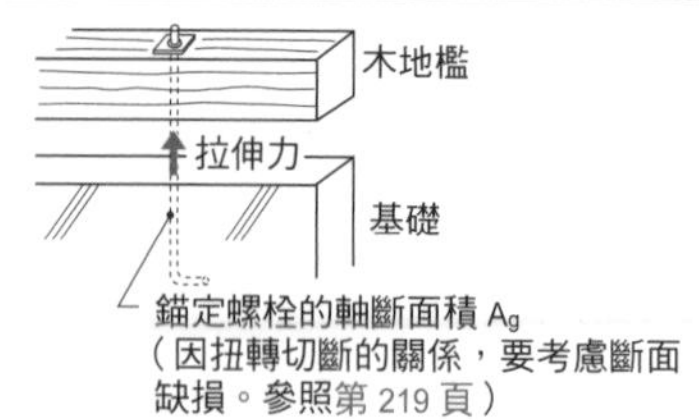

表 7● 錨定螺栓的埋入長度與附著耐力（$N_{ta}=f_a \times \psi \times \ell$）

混凝土基準強度	錨定螺栓	附著耐力 = 容許拉拔力（kN）								
		ℓ=100mm	ℓ=150mm	ℓ=200mm	ℓ=250mm	ℓ=300mm	ℓ=350mm	ℓ=400mm	ℓ=450mm	ℓ=500mm
Fc18	M12	6.0	9.0	12.0	15.0	18.0	21.0	24.0	27.0	30.3
	M16	8.0	12.0	16.0	20.0	24.0	28.0	31.9	35.9	39.9
Fc21	M12	7.0	10.5	14.0	**17.5**	21.0	24.4	27.9	31.4	34.9
	M16	9.3	14.0	18.6	23.3	27.9	32.6	37.3	41.9	46.6

原注　短期容許附著應力度（（社）日本建築學會 RC 規準）

圓鋼棒 $1.5 \times \left(\frac{6}{100} F_c \text{ 且為 } 13.5 \right)$（kg／cm²）

Fc18：$F_c=180\text{kg/cm}^2 \quad \frac{6 \times 180}{100} = 10.8\ \text{kg/cm}^2$

由此，$_sf_a=1.5 \times 10.8=16.2\ \text{kg/cm}^2=0.159\ \text{kN/cm}^2$

Fc21：$F_c=210\text{kg/cm}^2 \quad \frac{6 \times 210}{100} = 12.6\ \text{kg/cm}^2$

由此，$_sf_a=1.5 \times 12.6=18.9\ \text{kg/cm}^2=0.185\ \text{kN/cm}^2$

拉伸力 N_t
埋入長度 ℓ
附著力
彎勾
錨定螺栓的周長 ψ

表 8● 錨定螺栓的剪斷耐力（$Q_a=f_s \times A_g$）

錨定螺栓的容許剪斷耐力

（在《木質結構設計規準、同解說 2006》（（社）日本建築學會）的螺栓降伏耐力計算式中，由接合形式 E 求出）

$Q_a={}_jK_d \cdot {}_jK_m \cdot {}_jK_o \cdot C \cdot F_e \cdot d \cdot \ell$

- $_jK_d$：載重持續期間影響係數　長期：1.1、中長期：1.43、中短期：1.60、短期：2.00 [$_jK_d$ =2.00]
- $_jK_m$：含水率影響係數　常時溼潤或者施工時含水率在 20% 以上：0.7、斷續溼潤：0.8 [$_jK_m$ =1.0]
- $_jK_o$：基準化係數　根據接合部的潛變破壞特性來決定。通常為 0.5 [$_jK_o$ =0.5]
- C：依據接合形式與破壞形式所決定的接合形式係數
  [依據接合形式：E、破壞形式：ℓ／d=105／16=6.5，彎矩 IV → $C=d \times \sqrt{(2\gamma/3)}/\ell$]
- F_e：主構材的基準支壓強度（N／mm²）[基準強度依據無等級材的壓縮強度（※）]
- d：接合具（螺栓）的直徑（mm）
- ℓ：主構材厚度（mm）
- γ：接合具的基準材料強度與主構材的基準支壓強度的比值（F／F_e）
  [鋼材的基準強度 F=235 N／mm²]

樹種	基準強度 Fc（N／mm²）	容許剪斷耐力（kN）			
		錨定螺栓 M12		錨定螺栓 M16	
		木地檻 105 mm 角料	木地檻 120 mm 角料	木地檻 105 mm 角料	木地檻 120 mm 角料
扁柏、羅漢柏	20.7	8.2	8.2	14.6	14.6
美國西部鐵杉	19.2	7.9	7.9	14.0	14.0
栗木	21.0	8.3	8.3	14.7	14.7

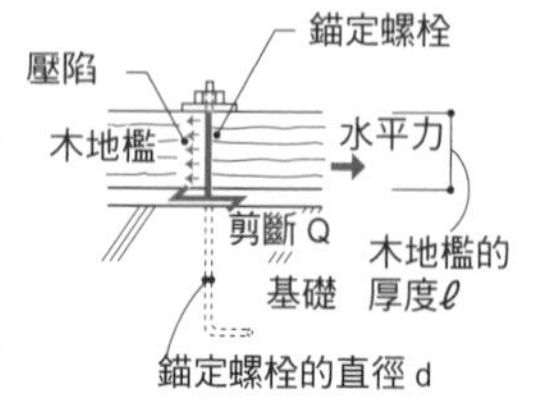

※ 原注　雖然「學會規準 2006」中有表示支壓強度，不過僅有針葉樹的資料。在《木造構架工法住宅的容許應力度設計》（（財）日本住宅、木材技術中心）中，將樹種分成兩種，採用目視等級 2 種 3 級的基準壓縮強度

上表的使用方式

1,820
Q
V_H　V_H

如左圖，試著檢討在柱間距離 1,820 mm 的剪力牆兩端部設置錨定螺栓時的情況。

壁倍率 4.0 時，剪力牆的容許剪斷耐力為
$Q=4.0 \times 1.96 \times 1.82=14.27$ kN
施加在錨定螺栓上的水平力（剪斷力）為
$V_H=Q/2=7.13$ kN < Pa=7.9 kN（美國西部鐵杉、木地檻 105 mm 角料、錨定螺栓 M12）
由此，錨定螺栓 M12 以間隔一個開間設置的話，並不會有什麼問題。

壁倍率為 5.0 時，
$Q=5.0 \times 1.96 \times 1.82=17.84$ kN
$V_H=Q/2=8.92$ kN > Pa=7.9 kN
由此，壁倍率為 5.0 時，M12 要以 910 mm 的間隔設置三根（Q／3=5.95 kN < Pa=7.9 kN）
或者，錨定螺栓採用 M16（Q／2=7.9 kN < Pa=14.0 kN）

法，還必須確認木地檻自身的耐力是否會出現問題。

木地檻的耐力由①剪斷耐力、②彎曲耐力、③（墊圈的）壓陷耐力三者當中的最小值來決定。

①與錨定螺栓的位置無關，而是由木地檻的樹種和斷面來決定的（第 125 頁表 3）。

②除了與木地檻的樹種和斷面有關之外，還會受到錨定螺栓的中心到柱心距離的影響（第 125 頁表 4）。錨定螺栓的位置距離柱心愈遠，其彎曲應力也愈大。因此，錨定螺栓的位置離產生拉拔力的柱心愈近愈好。一般來說，會設置在距離柱心 200 mm 左右的位置上。

③是由墊圈的大小以及木地檻的樹種來決定。附有墊圈的螺栓只是將力的運作上下翻轉而已，抵抗原理是相同的（第 125 頁表 5）。

舉個例子來說，木地檻採用美國西部鐵杉 105 mm 角材、錨定螺栓以 M16、墊圈以 54 mm 角的條件之下，計算出①、②、③各數值之後，會得到③的數值最小、10.5kN 為極限的結果（參照第 125 頁表 3 ～ 5 的比較）。因此，告示中的拉引五金規範上被認定為使用附墊圈螺栓的是（へ），僅為 10kN 用（參照第 118 頁表 4）。不過如果更換木地檻的樹種、或變更墊圈大小，就能滿足必要耐力的話，即便（と）以上的接合也可以使用附墊圈螺栓。

最後從錨定螺栓向基礎傳遞拉拔力的能力來看，①錨定螺栓自身的拉伸耐力（表 6）、②錨定螺栓對混凝土的附著耐力（表 7），其各自的數值都必須比拉拔力大。

附著耐力會受到埋入混凝土的螺栓表面積的影響，也就是說埋入的長度愈長，其附著耐力就愈大。一般 12 mm 的錨定螺栓會埋入 250 mm 以上的深度，當混凝土的強度為 Fc21 時，此時的附著耐力就是 17.5kN（表 7）。將此換算成 N 值可得出 17.5／5.3=3.3，柱腳的接合做法可以對應至（と）以下。當產生此數值以上的拉拔力時，可以利用埋入長度加長、或放大螺栓的直徑等做法來增加埋入混凝土的錨定螺栓表面積。

施工上的注意要點

通常錨定螺栓會使用前端附有彎勾的圓鋼棒，這是為了確保附著力的緣故。使用圓鋼棒時必須留意不含彎勾部分的埋入長度。

另外，異形鋼筋的表面凹凸有利於增加附著力，因此雖然沒有設置彎勾的必要，但考慮到定著度，最好先進行 90 度彎曲處理。市面販售品中也有前端附有斗笠形的定著版，這種設計可確保附著力，但

圖 4● 防止錨定螺栓從螺帽中拔出的對策

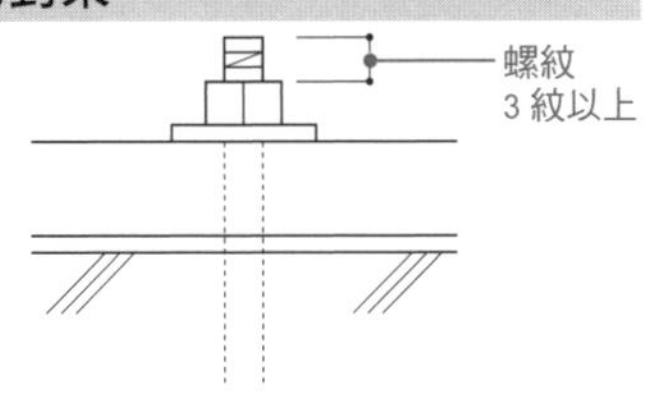

萬一不足時

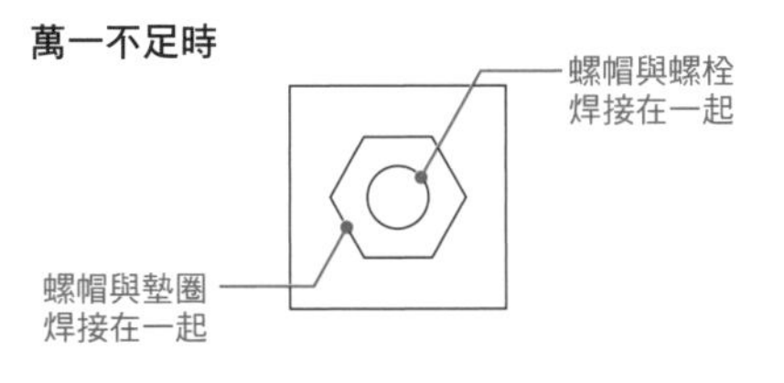

圖 6● 確保彎勾部分的保護層

當箍筋（縱向）的彎勾保護層不足時，要像（B）這樣斜向設置，以增加基礎的寬度

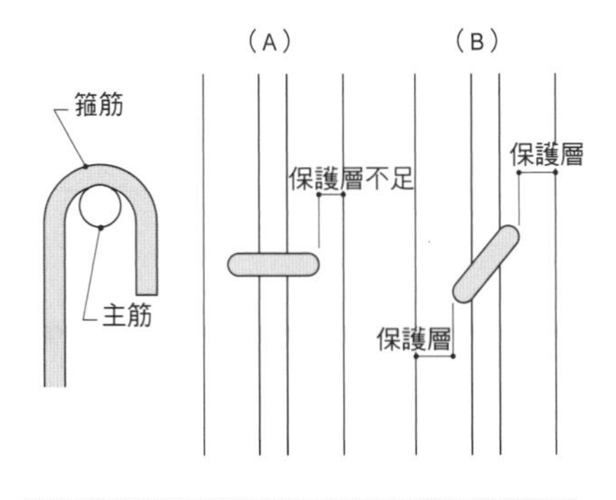

圖 7● 木地檻對接的設置方法

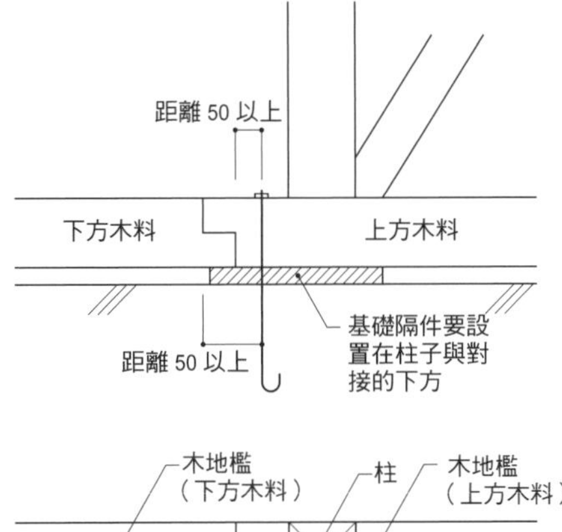

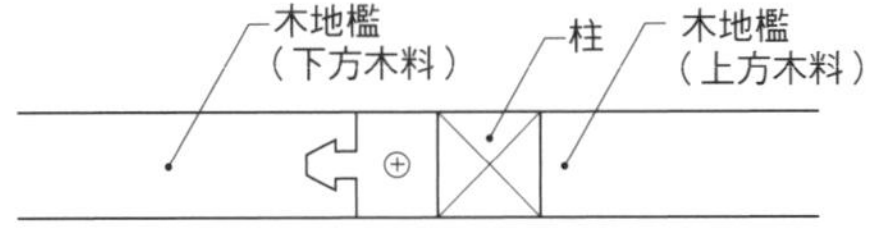

如果木地檻的對接設置在柱邊、靠近柱子的一方為上方木料時，就可以同時兼具拉拔力及對接的對應

圖 5● 基礎與木地檻的接合

①利用錨定螺栓的定心樣版對準基準墨線後，以適當的機器等正確施作，並且以適切的輔助材做為類似模版的方式固定之後，再澆置混凝土
②錨定螺栓的處理不可以因衝擊等而產生有害的彎曲
③混凝土澆置 2 次以上時，要注意後面澆置部分的鋼筋及錨定螺栓上不可附著水泥漿
④錨定螺栓的埋設位置
（A）靠近剪力牆兩端柱子下方的位置
（B）木地檻斷開部
（C）木地檻搭接及木地檻對接的端部
（D）針對（A）～（C）以外的方式，要以間隔 3 m（三層樓時為 2 m）以內為基準

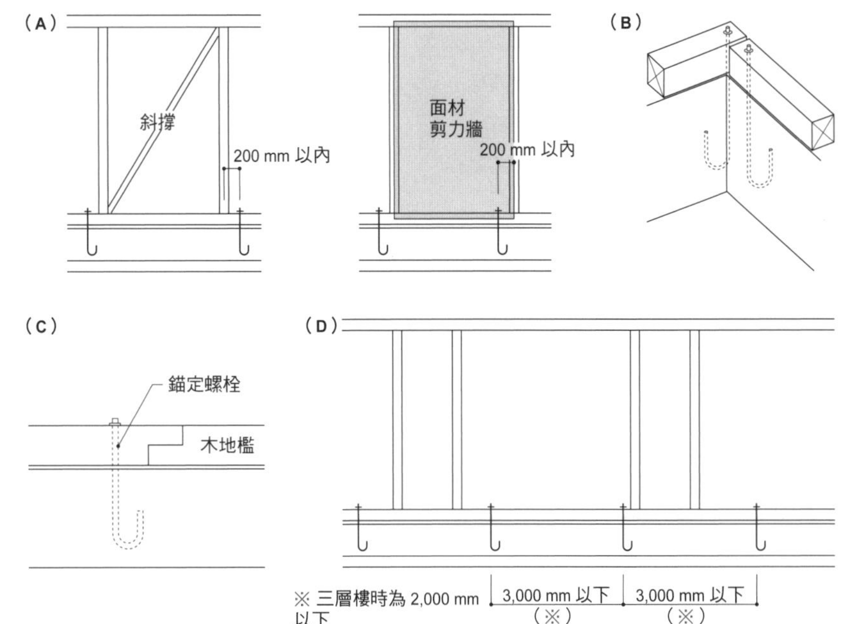

最好與製造商確認埋入長度及其拉伸耐力。

除了如上述應該確保埋入混凝土的長度之外，也必須避免扭轉而從螺帽中被拔出脫落。在決定錨定螺栓的長度之際，要注意螺帽凸出的長度必須在三紋以上（圖 4）。

錨定螺栓是為了防止地震力或風壓力作用在建築物上時產生的抬升或橫向錯位而設置的物件。因此，在剪力牆端部的柱子附近一定要設置錨定螺栓（圖 5（A））。

一般木造住宅的基礎工程中，對於錨定螺栓的附著耐力的認知非常薄弱。如果錨定螺栓在澆置混凝土時晃動不定、或在混凝土硬化前才埋入，就容易使螺栓周圍出現空隙、附著耐力明顯降低。如此一來，無法與混凝土固著的螺栓也不會發揮任何作用。錨定螺栓要在澆置混凝土時，以夾具等工具固定使其不晃動。

此外，即使特地事先設置錨定螺栓，也有可能發生彎勾部分的保護層不足的情況，因此要注意彎勾的方向（圖 6）。

除此之外，萬一錨定螺栓或鋼筋沾到模版上塗布的油脂，也會無法與混凝土固著，這時必須立刻擦拭去除。

即使是沒有拉拔力作用的地方，也要在木地檻端部或對接部上設置錨定螺栓（圖 5（B）、（C））。雖然對接設置在上方木料，但從圖 7 思考對接的方向，就可以兼顧拉拔用與對接用的功用。再者，為了防止建築物在水平力作用時出現橫向錯位（表 8 的圖），建造兩層樓以下的建築時，錨定螺栓的設置間隔要在 3 m 以內；三層樓建築時則在 2 m 以內（圖 5（D））。

除了在受到垂直載重加載的柱子正下方設置基礎隔件以外，對接部下方也要設置。此外，錨定螺栓的位置上也要設置，而且必須盡量減少螺栓的空隙（孔的位置要距離隔件端部 50 mm 左右）。還有，基於防止木地檻的垂直方向出現撓曲，應該與樓板支柱一樣設置在 1 m 以內。

以木料製作基礎隔件時，選擇的樹種要有與木地檻同等以上的壓陷耐力（圖 7）。

水平構面 [基本篇]

樓板構架或屋架不僅是支撐垂直載重，也是做為剪力牆在面對水平力時擁有均等抵抗能力的重要「連結」角色。在此要思考水平構面及接合部所必要的強度、以及與剪力牆配置有關的問題。此外，也會針對足以抵抗暴風侵襲的屋簷設計加以解說

水平構面 [基本篇] ①

樓板構架的功用與設計要點

樓板構架的功用

樓板構架扮演著支撐人員或家具等的垂直載重、以及傳導水平力至剪力牆的功用。

樓板構架是由圖 1 所示的構材所構成。近年來為求施工的合理化而省略樓板格柵，改以厚合板來組成樓板的案例也不斷增加中。

圖 1 ● 樓板構架的架構

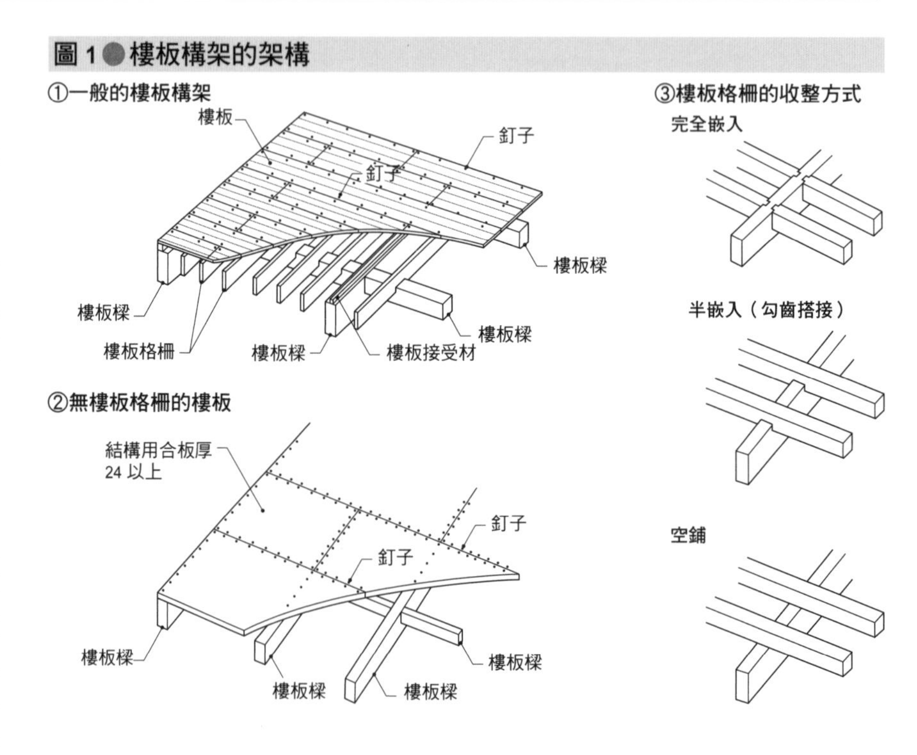

針對垂直載重的樓板構架設計

因常時作用的載重而導致樓板撓曲，將對居住性造成很大的影響。如第 102 ～ 108 頁所述，樓板中央部的撓曲是樓板、小樑、大樑各自變形量的總和，因此如果將各部位的變形量控制在接近建築基準

圖 2● 樓板剛性化的意義

①柔軟的樓板面（非剛性樓板）

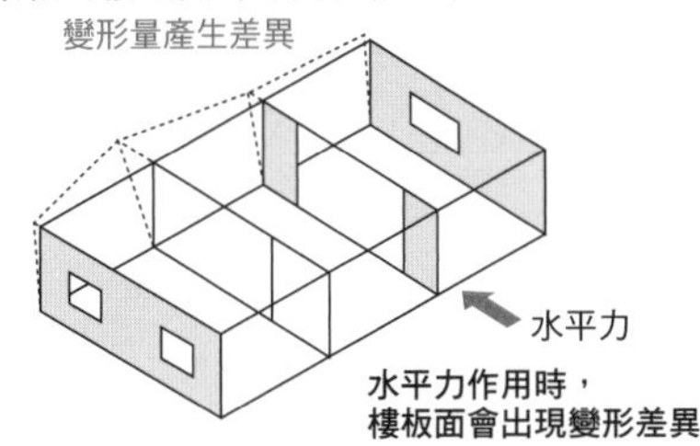

②剛硬的樓板面（剛性樓板）

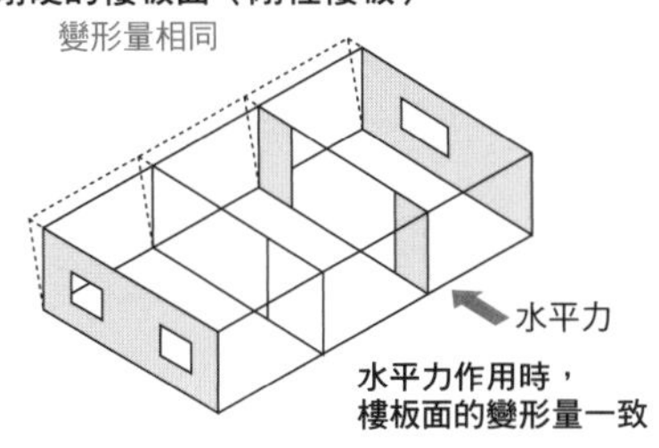

法所規範的數值時，就樓板構架整體而言仍會變成非常大的數值。

第 344 頁是揭示承受一般居室載重的樓板格柵的跨距表，請多加參考。

支撐垂直載重的樓板鋪設方式如圖 1 所示。採用結構用合板等的結構板材時，也同樣以表面纖維走向做為短邊來鋪設。

此外，承載鋼琴或書架等重量重的家具時，必須進行其他做法的檢討（檢討方法請參照第 177～181 頁）。

針對水平載重的樓板構架設計

木造住宅的水平力主要是由剪力牆來抵抗，因此在剪力牆破壞之前，樓板面或接合部不可以受到破壞。水平構面與剪力牆有著緊密的關係，在此將說明為因應剪力牆的剛性、配置所採取的水平構面固定方式。

水平剛性的重要性

壁量計算是將水平力視為均等分配在各道剪力牆的前提下所進行的計算。因此，如果不能滿足這個假設，即使壁量充足，也有可能使建築物局部受到損傷。為了防止這種情形，設計之際必須一併考量樓板構架、屋架的水平剛性與剪力牆

表 1● 水平構面的做法及樓板倍率

編號	水平構面的做法		樓板倍率	ΔQa (kN／m)
1	鋪設面材的樓板面	結構用合板或結構用板材厚度 12mm 以上、樓板格柵@340mm 以下、完全嵌入、N50@150mm 以下	2.00	3.92
2		結構用合板或結構用板材厚度 12mm 以上 樓板格柵@340mm 以下、半嵌入、N50@150mm 以下	1.60	3.14
3		結構用合板或結構用板材厚度 12mm 以上 樓板格柵@340mm 以下、空鋪、N50@150mm 以下	1.00	1.96
4		結構用合板或結構用板材厚度 12mm 以上 樓板格柵@500mm 以下、完全嵌入、N50@150mm 以下	1.40	2.74
5		結構用合板或結構用板材厚度 12mm 以上 樓板格柵@500mm 以下、半嵌入、N50@150mm 以下	1.12	2.20
6		結構用合板或結構用板材厚度 12mm 以上 樓板格柵@500mm 以下、空鋪、N50@150mm 以下	0.70	1.37
7		結構用合板厚 24mm 以上、無樓板格柵直鋪四周釘定、N75@150mm 以下	4.00	7.84
8		結構用合板厚 24mm 以上、無樓板格柵直鋪川字釘定、N75@150mm 以下	1.80	3.53
9		寬 180mm 杉木板厚 12mm 以上、樓板格柵@340mm 以下、完全嵌入、N50@150mm 以下	0.39	0.76
10		寬 180mm 杉木板厚 12mm 以上、樓板格柵@340mm 以下、半嵌入、N50@150mm 以下	0.36	0.71
11		寬 180mm 杉木板厚 12mm 以上、樓板格柵@340mm 以下、空鋪、N50@150mm 以下	0.30	0.59
12		寬 180mm 杉木板厚 12mm 以上、樓板格柵@500mm 以下、完全嵌入、N50@150mm 以下	0.26	0.51
13		寬 180mm 杉木板厚 12mm 以上、樓板格柵@500mm 以下、半嵌入、N50@150mm 以下	0.24	0.47
14		寬 180mm 杉木板厚 12mm 以上、樓板格柵@500mm 以下、空鋪、N50@150mm 以下	0.20	0.39
15	鋪設面材的屋頂面	30° 以下、結構用合板厚 9mm 以上、椽@500mm 以下、空鋪、N50@150mm 以下	0.70	1.37
16		45° 以下、結構用合板厚 9mm 以上、椽@500mm 以下、空鋪、N50@150mm 以下	0.50	0.98
17		30° 以下、結構用合板厚 9mm 以上、椽@500mm 以下、空鋪、N50@150mm 以下、設有防落條	1.00	1.96
18		45° 以下、結構用合板厚 9mm 以上、椽@500mm 以下、空鋪、N50@150mm 以下、設有防落條	0.70	1.37
19		30° 以下、寬 180mm 杉木板厚 9mm 以上、椽@500mm 以下、空鋪、N50@150mm 以下	0.20	0.39
20		45° 以下、寬 180mm 杉木板厚 9mm 以上、椽@500mm 以下、空鋪、N50@150mm 以下	0.10	0.20
21	水平角撐水平構面	Z 標鋼製水平角撐或木製水平角撐 90×90mm 以上、平均負擔面積 2.5m^2 以下、樑深 240mm 以上	0.80	1.57
22		Z 標鋼製水平角撐或木製水平角撐 90×90mm 以上、平均負擔面積 2.5m^2 以下、樑深 150mm 以上	0.60	1.18
23		Z 標鋼製水平角撐或木製水平角撐 90×90mm 以上、平均負擔面積 2.5m^2 以下、樑深 105mm 以上	0.50	0.98
24		Z 標鋼製水平角撐或木製水平角撐 90×90mm 以上、平均負擔面積 3.75m^2 以下、樑深 240mm 以上	0.48	0.94
25		Z 標鋼製水平角撐或木製水平角撐 90×90mm 以上、平均負擔面積 3.75m^2 以下、樑深 150mm 以上	0.36	0.71
26		Z 標鋼製水平角撐或木製水平角撐 90×90mm 以上、平均負擔面積 3.75m^2 以下、樑深 105mm 以上	0.30	0.59
27		Z 標鋼製水平角撐或木製水平角撐 90×90mm 以上、平均負擔面積 5.0m^2 以下、樑深 240mm 以上	0.24	0.47
28		Z 標鋼製水平角撐或木製水平角撐 90×90mm 以上、平均負擔面積 5.0m^2 以下、樑深 150mm 以上	0.18	0.35
29		Z 標鋼製水平角撐或木製水平角撐 90×90mm 以上、平均負擔面積 5.0m^2 以下、樑深 105mm 以上	0.15	0.29

原注 上表的樓板倍率是將《木造構架工法住宅的容許應力度設計（2008 年版）》（（財）日本住宅、木材技術中心）中載明的短期容許剪斷耐力ΔQ_a除以 1.96[kN／m] 所得的值

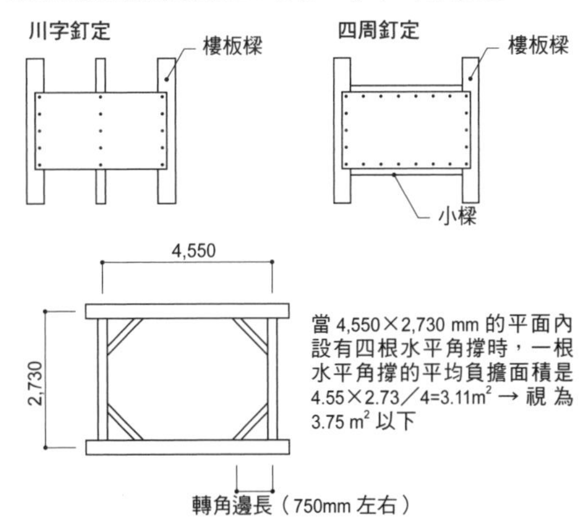

圖 3● 剛性樓板構架的做法①
（樓板格柵與樓板樑、圍樑的上緣高程相同時）

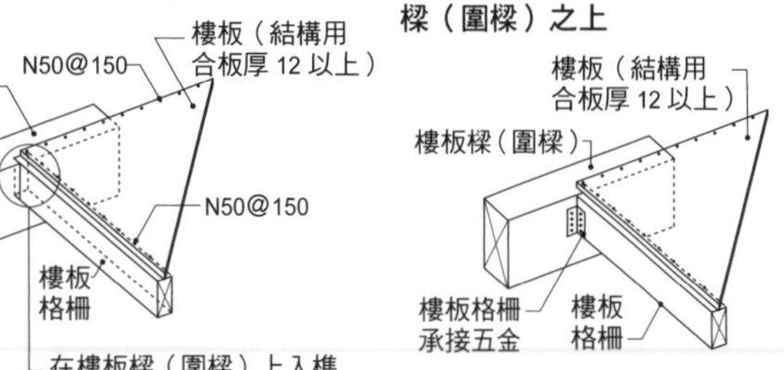

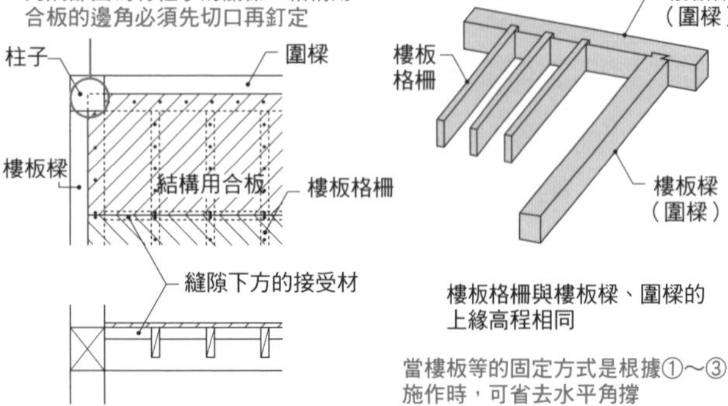

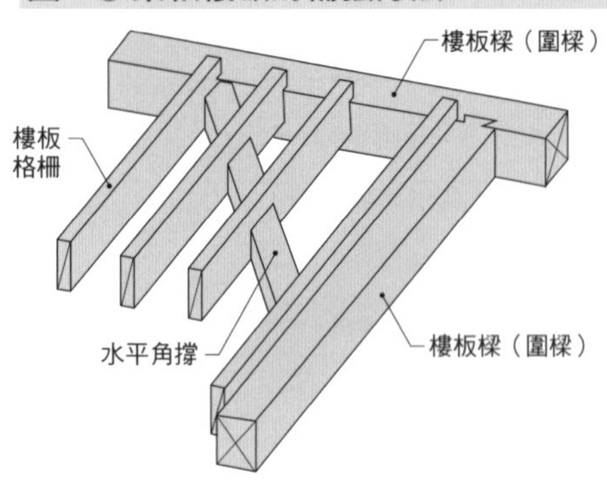

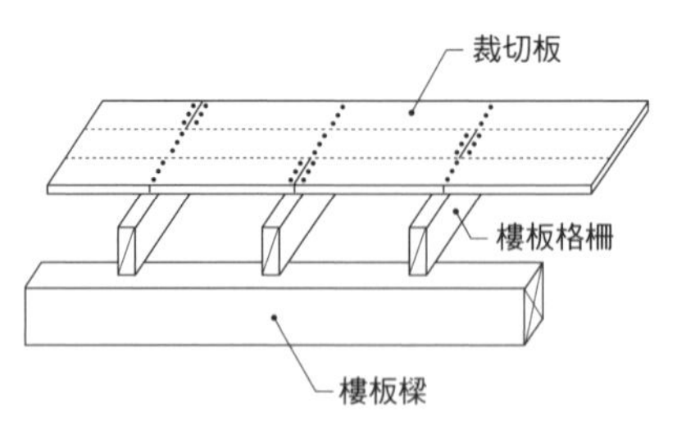

圖 4● 剛性樓板構架的做法②
（樓板格柵與樓板樑、圍樑的上緣高程不同時）

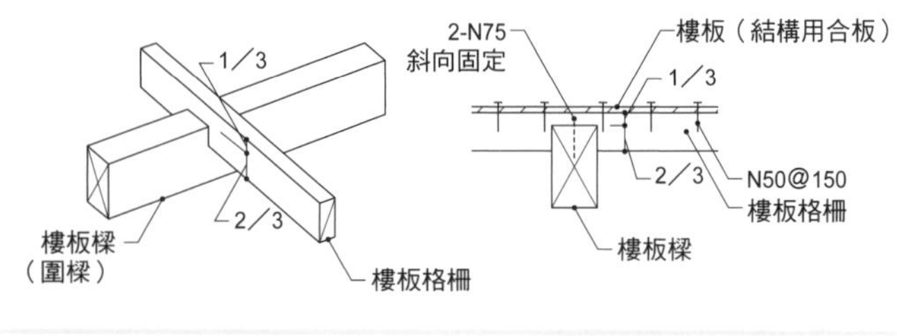

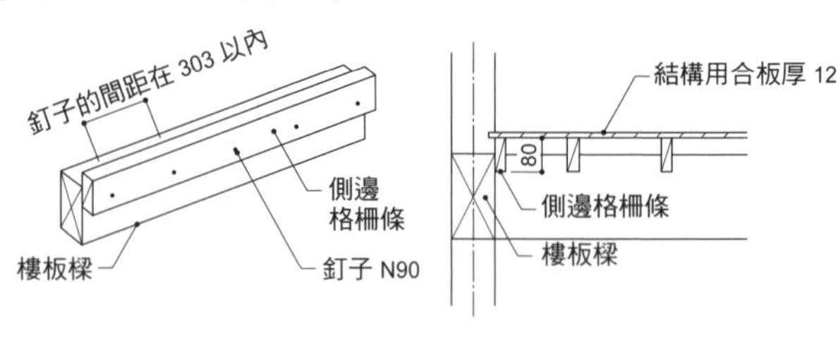

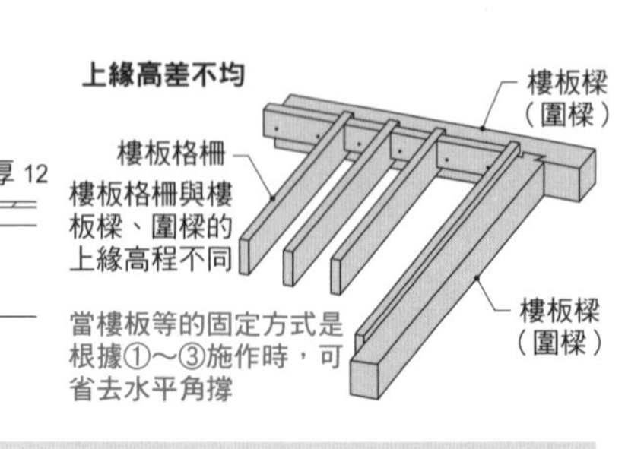

圖 5● 柔軟樓板的補強方法

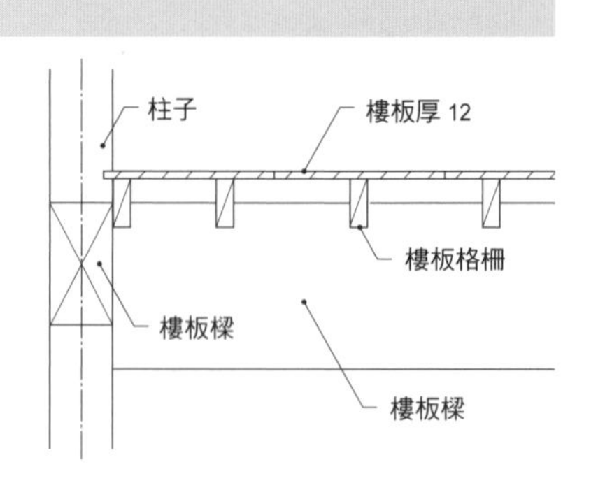

柔軟的樓板構架可採行以下的補強辦法
①樓板及樓板下方的種類若為裁切板時，其厚度須在 12mm 以上
②受剪力牆線圍繞的角隅部上必須架設水平角撐

的配置（第 129 頁圖 2）。

所謂的水平剛性是指水平構面（樓板構架、屋架）的面內剪力剛性。在容許應力度設計法或品確法中，和剪力牆一樣都顯示出根據樓板倍率的不同，其特性也會隨之不同（第 129 頁表 1），換句話說，樓板倍率高的話代表樓板構架堅固，也不容易在水平方向上出現變形。

採取剛性樓板的目的

在品確法施行以前，有所謂「只要設置水平角撐就能讓樓板面變得堅固」，或「只要鋪設結構用合板就是堅固的樓板構架」的說法（圖 3 ～ 5「※」）。不過，關於水平角撐該如何配置及會有怎樣的效果，並沒有明確的評判基準。

從第 129 頁表 1 會發現水平角撐或板材鋪設的樓板倍率很低、結構用合板或結構用板材鋪設的樓板倍率相形之下有比較大的現象。不過，終究仍是無法與 RC 造或 S 造的剛性樓板相比。

那麼，採取剛性樓板的目的究竟是什麼呢？簡單說就是「為了使水平力能均等分配在剪力牆上，使樓板面不會產生有害的變形」（第 129 頁圖 2）。因此，當剪力牆的剛性低、且構面間隔短時，樓板面的水平剛性即使低也無妨。反之，當剪力牆的壁倍率高（超過 3）、構面間隔也長（6 m 以上）時，其傳遞的水平力也會變得很大，因而必須提高樓板面的水平剛性。

不過，住宅的情況至少得滿足平成 12 年（編按：西元 2000 年）建告 1352 號中的剪力牆均等配置

圖 6● 剪力牆構面間隔與樓板剛性之間的關係

① CASE 1

存在壁量：建築基準法的 1.0 倍
壁倍率：2.0
屋頂面樓板倍率：0.35

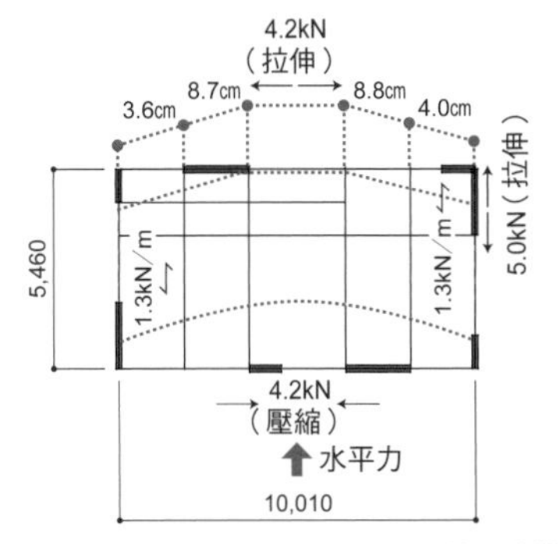

由於只有外周部符合壁量規定，因此剪力牆構面間隔變長，屋頂面的變形也呈現不均一的情況。屋頂面產生的剪斷力最大值為 1.3kN／m，換算成樓板倍率是 0.66。因此可以得知屋頂面的水平剛性不足

② CASE 2

存在壁量：建築基準法的 1.4 倍
壁倍率：2.0
屋頂面樓板倍率：0.35

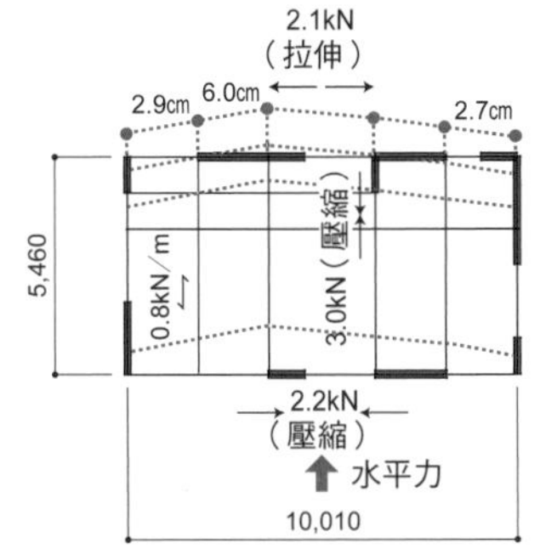

壁倍率、樓板倍率與①相同，僅增加壁量。因為中間部有剪力牆的關係，其變形及應力會減輕至①的七成左右。不過水平剛性尚有不足之處

③ CASE 3

存在壁量：建築基準法的 1.4 倍
壁倍率：2.0
隔間牆：1.0
屋頂面樓板倍率：0.35

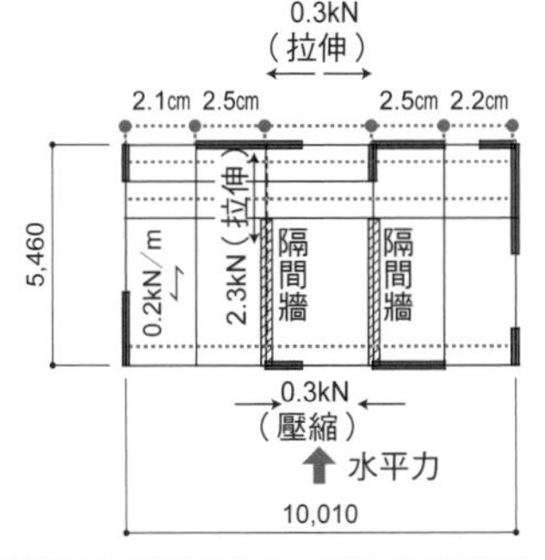

③是採取隔間牆的做法。即使只要是將低倍率的牆體設置在中間部，還是有抑制變形、應力的效果

④ CASE 4

存在壁量：建築基準法的 1.4 倍
壁倍率：4.0
屋頂面樓板倍率：0.35

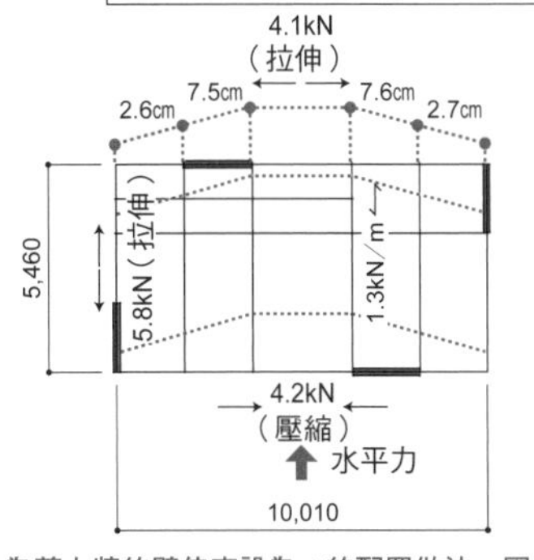

此為剪力牆的壁倍率設為 4 的配置做法。因為樓板剛性低，因此幾乎呈現與①相同的情況

⑤ CASE 5

存在壁量：建築基準法的 1.4 倍
壁倍率：4.0
屋頂面樓板倍率：2.00

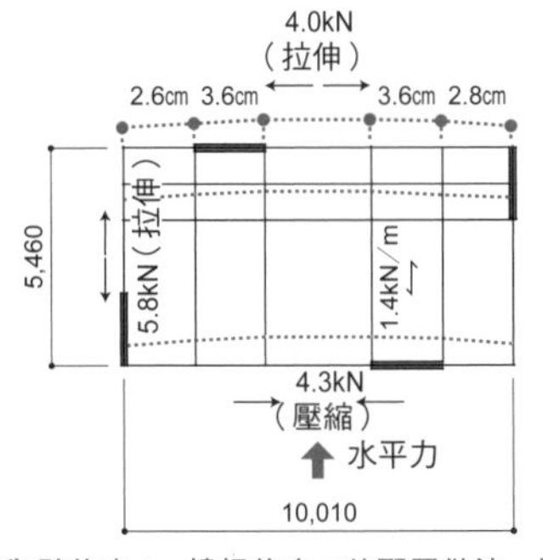

此為壁倍率 4、樓板倍率 2 的配置做法。雖然屋頂面的變形均一，但在外周部與剪力牆構面的樑上所產生的軸力很大，因此也必須提高搭接或對接的拉伸強度

樓板面、屋頂面的變形情況
・均一時
全部的剪力牆皆有效的運作
・不均一時
剪力牆的效力出現變異性。此外，在剪力牆產生效用之前就可能出現樓板面或接合部的破壞

的相關規定，不使剪力牆的配置呈現極端的偏移。

剪力牆構面間隔與樓板剛性之間的關係

在二層樓建築物的二樓中，只有外周部滿足必要壁量的案例很多，因此很容易出現剪力牆構面間隔變長的問題。在此將比較不同的剪力牆壁倍率與屋頂面樓板倍率，其屋頂面的變形以及在水平構面上出現的應力（圖 6）。

CASE 1 是壁倍率 2.0、勉強符合建築基準法所要求的壁量，將屋頂面的樓板倍率設定在 0.35 時所呈現的屋頂面變形與應力情形。由於只有外周部符合壁量規定，因此會出現剪力牆構面間隔變長、屋頂面的變形呈不均一的情況。此外，在水平構面的外周部或是剪力牆構面的樑上所產生的軸力約為 5.0kN，當大地震發生時會出現該數值的 3.0 ～ 3.5 倍的對應數值，因此對接或搭接必須具備 15.0 ～ 17.5kN 以上的拉伸強度。

CASE 2 是不改變 CASE1 的壁倍率、樓板倍率，僅增加壁量的配置做法。因為中間部設有剪力牆的緣故，所以即便變形及應力已經減輕至 CASE 1 的七成左右，水平剛性仍是不足。此外，雖然外周部的軸力已經獲得減半，但在負擔載重大的中央部上，其對接、搭接的拉伸強度還是必須有 10kN 以上。

CASE 3 是在 CASE 2 中配置壁倍率 1.0 的隔間牆。如此一來即使剛性低也無所謂，由此可知只要在建築物的中央部設置牆體，就會有同時減輕變形與應力的效果。

CASE 4 的樓板倍率雖然與 CASE 1 ～ 3 相同，但為了獲取開放的空間感而採用壁倍率 4.0 的做法。雖然壁量足夠，但是會因為構面間隔變長而造成水平剛性不足、出現與 CASE 1 相同的變形狀況。此外，剪力牆的剛性高會導致剪力牆構面的樑上產生約 6.0kN 的軸力。

CASE 5 是沿用 CASE 4 的牆體配置、壁倍率的數值，樓板倍率則採取 2.0 的做法。雖然屋頂面的變形均一，不過外周部與剪力牆構面的樑上所產生的軸力大，因此必須注意搭接或對接的拉伸強度。

所謂樓板面的變形不均一是指

※原注　圖 3 ～ 5 是筆者的事務所依據〈三層樓木造住宅的結構設計與防火設計指南〉（（財）日本住宅、木造技術中心），所製作的三層樓木造用的標準施工規範書。

圖 7● 樓板的組構方式與水平剛性

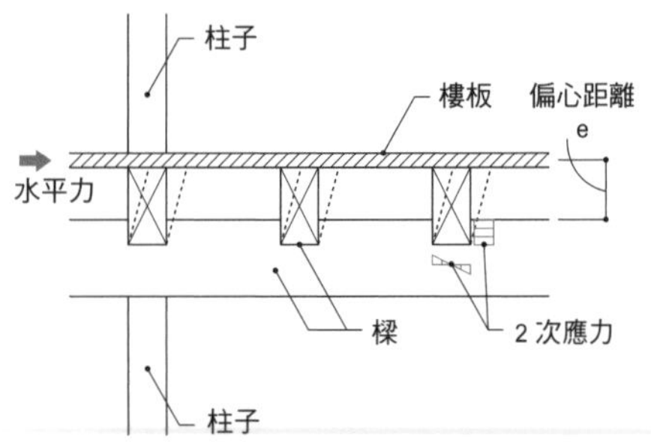

採用勾齒搭接或空鋪時，當承受水平載重時樑上容易產生構件翻落的狀況，因此剛性會降低。水平力的中心（樓板的中心）與支點（樑上緣）之間的距離（e）愈長愈容易翻落

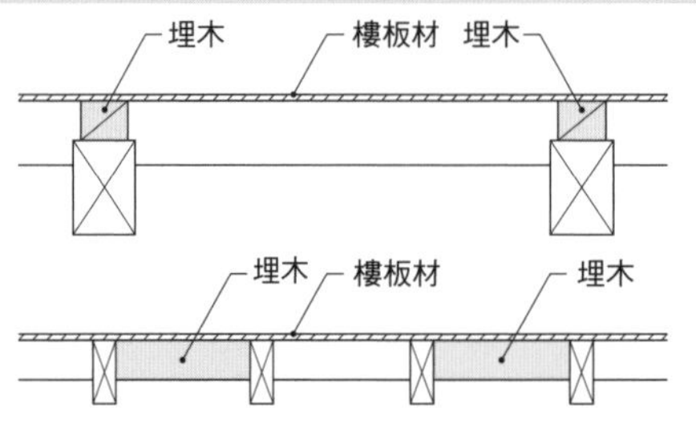

採用勾齒搭接構法時，由於樓板與樑之間會產生縫隙，因此若要提高水平剛性，除了使用剛性高的材料做為樓板材之外，也必須施作埋木

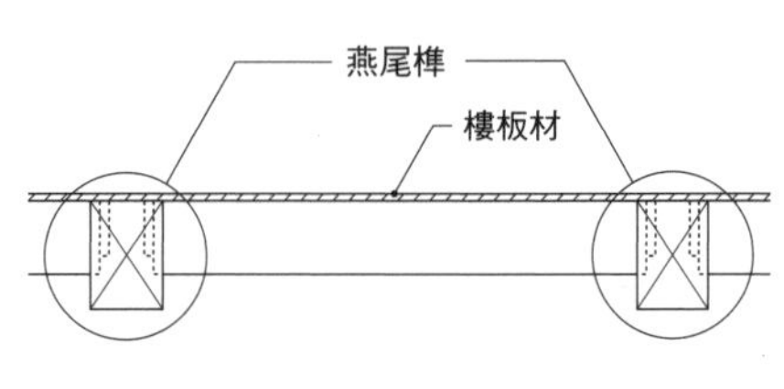

採用燕尾榫時，由於樓板材是直接釘定在樑上，因此只要使用剛性高的材料做為樓板材，就可以確保水平剛性

圖 8● 水平載重時的樓板面變形

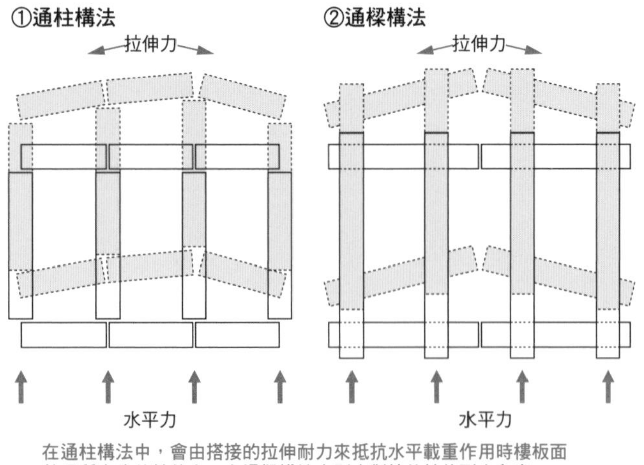

在通柱構法中，會由搭接的拉伸耐力來抵抗水平載重作用時樓板面外周所產生的拉伸力；在通樑構法中則由對接的拉伸耐力負責

圖 9● 具備耐震要素的構面補強

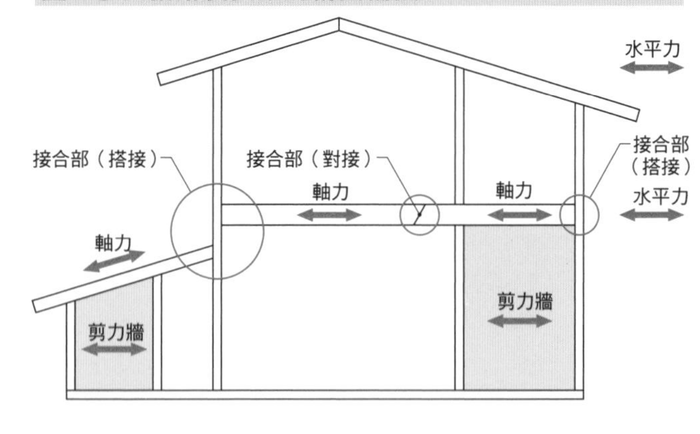

設有剪力牆的構架中的樑及其接合部會有很大的軸力作用
→要注意接合部的拉伸耐力

圖 10● 品確法中關於水平構面接合部的確認

①與廂房相接的接合部

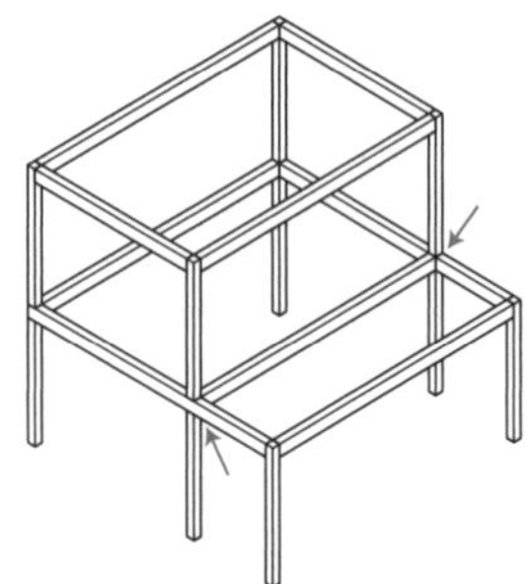

②超過建築物最外周的剪力牆線 1.5 m 位置上的內角接合部
- 包含內角部的樓板區劃之接合部
- 內角若為剪力牆線時，內角兩側的樓板區劃之接合部

③剪力牆間距超過 4 m 以上的樓板、屋頂面中間的接合部

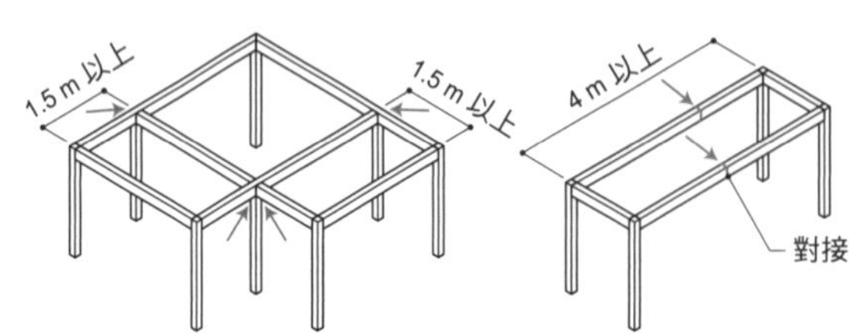

部位	必要的接合部倍率
與廂房相接的接合部（①）	必要的接合部倍率＝既有樓板倍率 × 剪力牆線間距 ×0.185（0.7 以下時視為 0.7）
超過建築物最外周的剪力牆線 1.5 m 位置上的內角接合部（②）	
剪力牆間隔超過 4 m 以上的樓板、屋頂面中間的接合部（③）	
其他的接合部	0.7

表 2● 接合部倍率一覽表

接合記號	接合部的做法	接合部倍率
（い）	入短榫及ㄇ形釘（C）釘定	0.0
（ろ）	長榫入栓或角形五金（CP・L）	0.7
（は）	角形五金（CP・T）或山形版（VP）	1.0
（に）	毽形螺栓（SB・F2、SB・E2）、或者條狀五金（S）	1.4
（ほ）	毽形螺栓（SB・F、SB・E）、或者條狀五金（S）　＋螺釘（ZS50）	1.6
（へ）	拉引五金（DH-B10、S-HD10、HD-N10）	1.8
（と）	拉引五金（DH-B15、S-HD15、HD-N15）	2.8
（ち）	拉引五金（DH-B20、S-HD20、HD-N20）	3.7
（り）	拉引五金（DH-B25、S-HD15、HD-N25）	4.7
（ね）	拉引五金（DH-B15、S-HD15、HD-N15）×2 組	5.6
（る）	凹槽燕尾對接或入榫燕尾對接＋毽形螺栓（SB）或者條狀五金（S）	1.9
（を）	凹槽燕尾對接或入榫燕尾對接＋（毽形螺栓 [SB] 或者條狀五金 [S]）× 2 組	3.0

表 3● 樓板倍率、剪力牆線間距與接合部的做法

存在樓板倍率	剪力牆線間距（m）				
	4	6	8	10	12
0.5	（ろ）	（ろ）	（は）	（は）	（に）
1.0	（は）	（に）	（ほ）	（る）	（を）
1.5	（に）	（る）	（を）	（を）	（ち）
2.0	（ほ）	（を）	（を）	（ち）	（り）
2.5	（る）	（を）	（ち）	（り）	（ぬ）
3.0	（を）	（ち）	（り）	（ぬ）	—
3.5	（を）	（り）	（ぬ）	—	—

剪力牆的有效方式出現差異、在剪力牆發揮效果前其他部分（樓板或接合部）就先出現破壞，以至於壁量計算的前提條件無法成立。因此，除了滿足必要壁量之外，也可以仿照 CASE 3 那樣配置剛性低的隔間牆，以 4 m 的間距設置牆體，或是像 CASE 5 提高屋頂面或天花板面的水平剛性，同時強化對接、搭接。這些都將成為壁量計算成立的必要條件。

水平構面的特徵與建築物的形狀有密切的關連性。建築物形狀若採用「木構造的基礎知識⑤」的「結構計畫」（第 46 ～ 51 頁）中所舉例的形狀時，就必須特別加以注意。此外，為了讓水平載重的力能夠順利地傳遞，確保水平構面與垂直構面之間的連續性也是極為重要的工作（參照第 26 頁、第 33 頁）。

水平構面所要求的性能和建築物的形狀、剪力牆的做法及其配置有密切的關連性。

樓板構架的做法與水平剛性

水平構面的剛性也會受到樓板格柵的吊掛方式影響。樓板格柵的施作方法可分類成①空鋪、②半嵌入（勾齒搭接）、③完全嵌入等三種（參照第 128 頁圖 1）。

如果只考慮垂直載重的傳遞，可以採用將斷面積大的構材空鋪或勾齒搭接在樑上的做法。不過，如果只考慮水平剛性，構件不會翻落的完全嵌入是剛性最高的做法。同樣的，施工效率佳的無樓板格柵的樓板（無樓板格柵），從結構方面來看的確具備提高水平剛性的效果。

在空鋪或勾齒搭接的情況下，欲提高水平剛性時，可在樓板與樑（屋面板與橫樑、桁條、脊桁）之間的間隙埋入木塊或填塞板等，以防止樓板格柵、椽發生翻落意外。特別是剪力牆所在的構面會出現很大的軸力作用，因此採取這種對策是必要的（圖 7）。

圖 11 ● 補強五金的注意要點①（釘、大頭釘與螺栓的耐力性能差異）

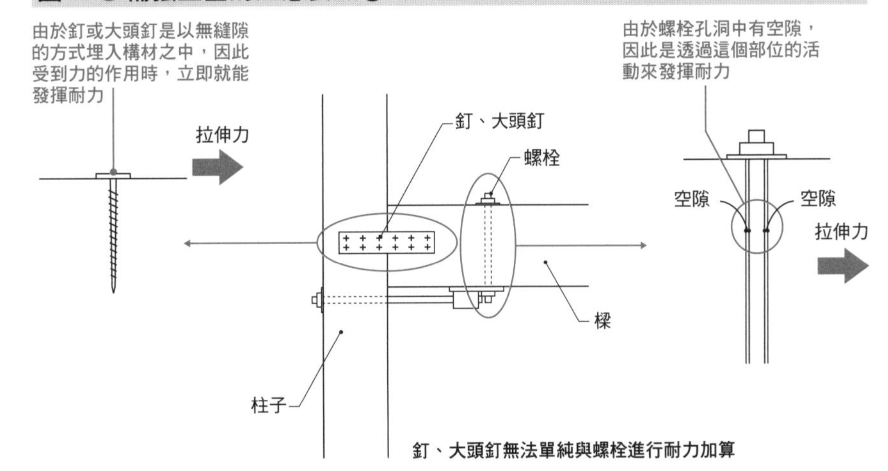

由於釘或大頭釘是以無縫隙的方式埋入構材之中，因此受到力的作用時，立即就能發揮耐力
拉伸力
釘、大頭釘
螺栓
樑
柱子
由於螺栓孔洞中有空隙，因此是透過這個部位的活動來發揮耐力
空隙
空隙
拉伸力
釘、大頭釘無法單純與螺栓進行耐力加算

圖 12 ● 補強五金的注意要點②（材料出現裂痕時）

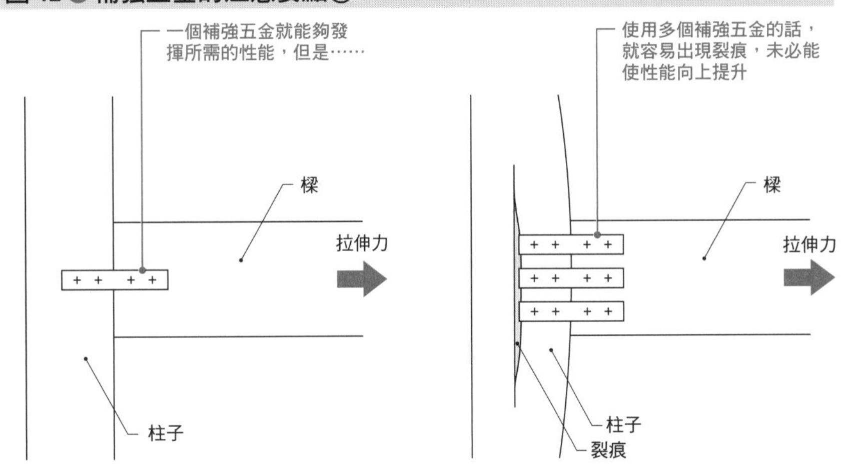

一個補強五金就能夠發揮所需的性能，但是……
樑
拉伸力
柱子
使用多個補強五金的話，就容易出現裂痕，未必能使性能向上提升
樑
拉伸力
柱子
裂痕

水平構面的接合部設計

為了將水平構面（樓板面、屋頂面）傳過來的水平力傳遞到剪力牆，接合部的設計果然還是非常重要的部分。如同第 131 頁圖 6 的檢證所述，特別是水平構面外周部上的對接或搭接（圖 8）、以及形成剪力牆構面的構架（圖 9）都是應該注意的重點。

此外，為了達到品確法的耐震等級 2 以上，除了檢討樓板倍率，也必須進行水平構面相關的接合部檢討（圖 10）。

在容許應力度設計或品確法中，提出以「接合部倍率」（表 2）做為接合部耐力的評價指標。這個指標是針對剪力牆端部的柱頭、柱腳的接合方法所做出的大致對應，可以視為 N 值計算中的「N 值」。

針對對接的做法則提出併用凹槽燕尾對接與鍵形螺栓、或是條狀五金時的倍率。採用蛇首對接時也可以使用相同的方式來思考倍率。此外，燕尾對接或蛇首對接會因為乾燥收縮而容易脫落，因此必須併用五金。

針對柱與樑接合部的補強方法在第 142 ～ 148 頁「接合部」有詳細的說明，請參照該部分的內容。但是應該留意若是基於補強木材的搭接（短榫入插榫等），而將併用拉引五金等物件與異種接合方式組合在一起的時候，兩者的耐力和並無法直接做為接合部的耐力。

舉例來說，為了不產生間隙而將內栓或釘子打入木料中，在拉伸力作用時就能直接發揮性能，但螺栓的情況不同，由於螺栓與螺栓孔之間有空隙，所以是在少量變形之後才會發揮性能（圖 11）。不過這種情況是透過實驗來確認其性能，相當耗費時間和費用，因此僅針對

圖 13 ● 水平構面的接合做法設計範例

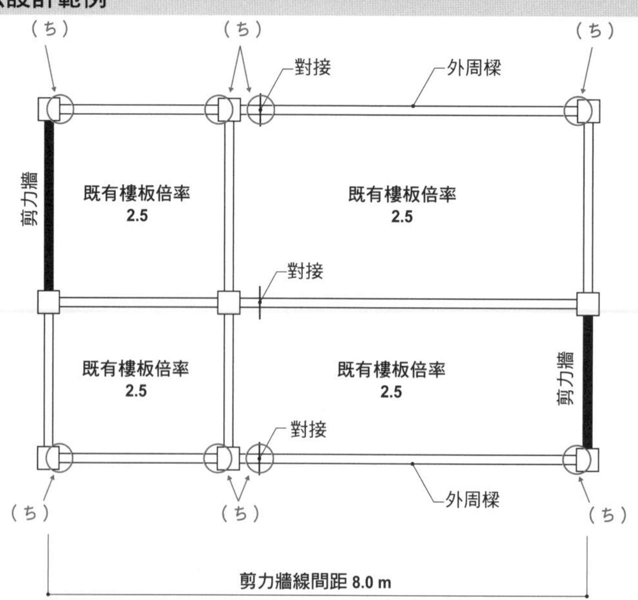

第 132 頁表 2 **接合部倍率一覽表**

接合記號	接合部的做法	接合部倍率
(い)	入短榫及ㄇ形釘（C）釘定	0.0
(ろ)	長榫入栓或角形五金（CP・L）	0.7
(は)	角形五金（CP・T）或山形版（VP）	1.0
(に)	毽形螺栓（SB・F2、SB・E2）、或者條狀五金（S）	1.4
(ほ)	毽形螺栓（SB・F、SB・E）、或者條狀五金（S）＋螺釘（ZS50）	1.6
(へ)	拉引五金（DH-B10、S-HD10、HD-N10）	1.8
(と)	拉引五金（DH-B15、S-HD15、HD-N15）	2.8
(ち)	拉引五金（DH-B20、S-HD20、HD-N20）	3.7
(り)	拉引五金（DH-B25、S-HD15、HD-N25）	4.7
(ね)	拉引五金（DH-B15、S-HD15、HD-N15）×2 組	5.6
(る)	凹槽燕尾對接或入榫燕尾對接＋毽形螺栓（SB）或者條狀五金（S）	1.9
(を)	凹槽燕尾對接或入榫燕尾對接＋（毽形螺栓 [SB] 或者條狀五金 [S]）×2 組	3.0

第 132 頁表 3 **樓板倍率、剪力牆線間距與接合部的做法**

存在樓板倍率	剪力牆線間距（m）				
	4	6	8	10	12
0.5	(ろ)	(ろ)	(は)	(は)	(に)
1.0	(は)	(に)	(ほ)	(る)	(を)
1.5	(に)	(る)	(を)	(を)	(ち)
2.0	(ほ)	(を)	(を)	(ち)	(り)
2.5	(る)	(を)	(ち)	(り)	(ぬ)
3.0	(を)	(ち)	(り)	(ぬ)	—
3.5	(を)	(り)	(ぬ)	—	—

圖 14 ● 螺栓配置的注意要點

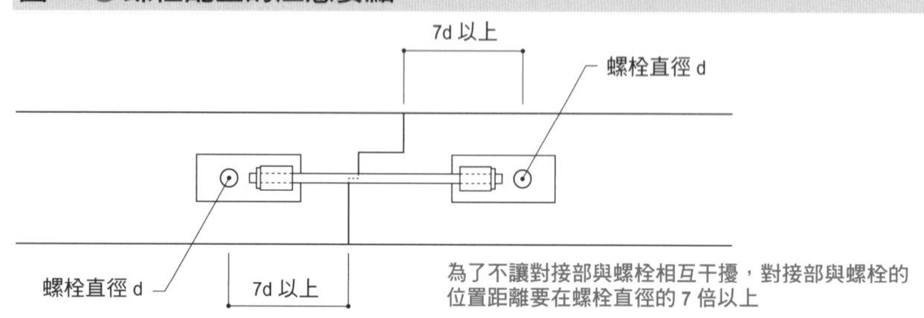

五金的耐力進行評估也是應變的方法之一。

此外，即使是同樣一塊版料，當設有多個配置位置時，有時材料會出現割裂、性能無法向上提升等情況（第 133 頁圖 12）。在這樣的情況下，單獨採用耐力高的五金較容易發揮出性能。

就對接而言，表 2 是提示凹槽燕尾對接與五金併用後的倍率，不過根據某試驗機構所進行的燕尾對接（構材尺寸 120 mm 角料）的實驗，會得出燕尾對接本身的接合倍率是 0.6（3.1kN）左右、無法期待單獨使用燕尾對接就能有很大耐力的結果。此外，因為版面分割而採用一般的蛇首對接（凹槽蛇首對接）做為樑的對接形式時，如果構材的深度達 150 mm 左右，其接合部倍率大約與燕尾對接的結果相同。

假設必須達到表 2 所示的倍率以上的性能時，則要使用雙頭拉引螺栓或補強五金。

舉例來說，如圖 13 當既有樓板倍率為 2.5、剪力牆線間距 8 m 時，會採取表 3 的接合部做法（ち），因此必要的接合部倍率為 3.7（約 20.0kN）。

當性能可以明確表示出來時並不會有什麼問題，但無法明確表示時就必須透過計算求出接合耐力、或者透過公正的試驗機構進行實驗以確認接合耐力。

此外，施工時對接部分與螺栓若相互干擾的話，會引發性能下降的情況，因此必須採取不至於會互相干擾的做法，例如對接部與螺栓的位置距離要在螺栓直徑的 7 倍以上（圖 14）。

屋架的功用與構架形式

圖 1● 屋簷上掀與接合的注意要點

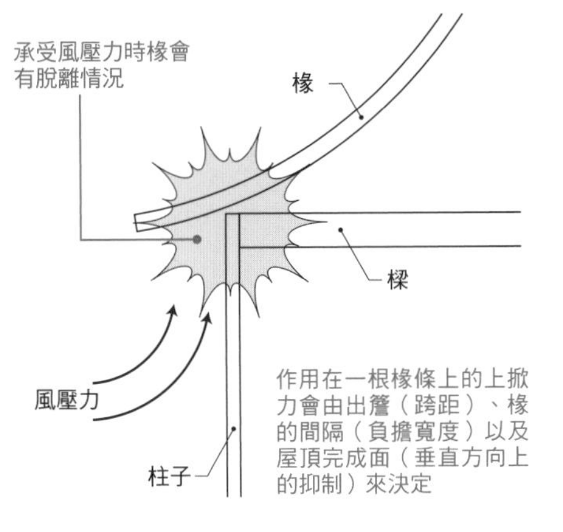
承受風壓力時椽會有脫離情況
椽
樑
風壓力
柱子
作用在一根椽條上的上掀力會由出簷（跨距）、椽的間隔（負擔寬度）以及屋頂完成面（垂直方向上的抑制）來決定

圖 2● 脊桁的撓曲與外推力

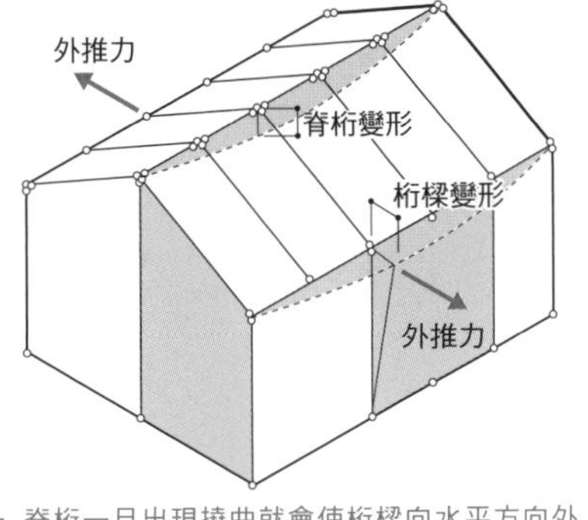
外推力
脊桁變形
桁樑變形
外推力

・脊桁一旦出現撓曲就會使桁樑向水平方向向外擴。這個外擴的力量就是外推力
・連帶出現斜樑的變形、屋頂面的水平剛性等問題，因此必須加以注意

圖 3● 屋架構架的橫向倒塌

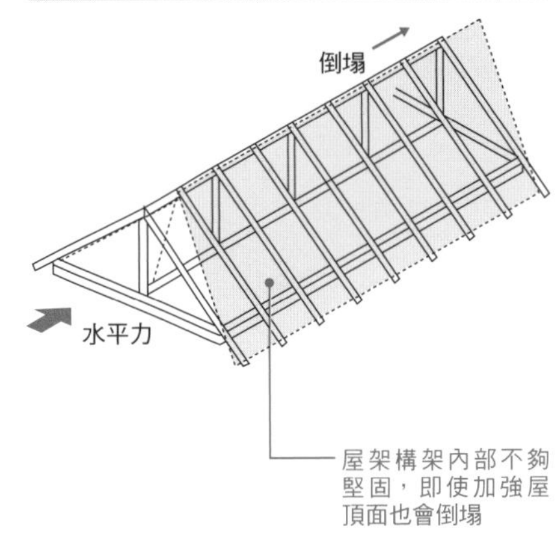
倒塌
水平力
屋架構架內部不夠堅固，即使加強屋頂面也會倒塌

圖 4● 對於水平力的傳遞會產生問題的剪力牆

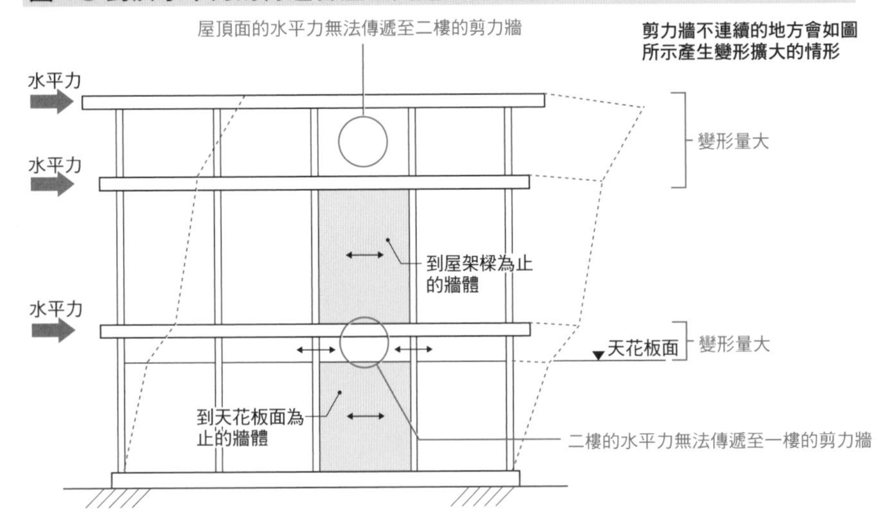
屋頂面的水平力無法傳遞至二樓的剪力牆
剪力牆不連續的地方會如圖所示產生變形擴大的情形
水平力
水平力
水平力
變形量大
到屋架樑為止的牆體
天花板面
變形量大
到天花板面為止的牆體
二樓的水平力無法傳遞至一樓的剪力牆

屋架的功用

屋架的功用幾乎與樓板構架相同，不同之處在於屋架支撐具有斜度屋頂面、及承受屋簷受風上掀的作用力（圖 1）。

具有斜度意味著承受垂直載重時會出現外推力（向水平方向擴張的力），這是首要必須注意的地方（圖 2）。此外，在承受水平載重時，也要考量包含屋架樑或桁樑在內的「屋架整體」的水平剛性。舉個例子，在切妻（二坡水）屋頂上，為了防止構架向桁架方向傾斜，在脊桁附近必須設置屋架斜撐等構件（圖 3）。再者，如第 111 ～ 127 頁所述，二樓的剪力牆會抵抗作用在二樓以上的水平力，這個水平力會傳向屋頂面，因此二樓的剪力牆必須要與屋頂面連接。從結構上來看，屋架並非獨立存在的部分，必須將二樓樓板到屋頂面為止都視為二樓來思考才行。

舉例來說，我們經常看到二樓的剪力牆只做到屋架樑下緣、閣樓部分呈現空曠狀態的案例，由於這類案例中的屋頂面無法將水平力傳遞到二樓的剪力牆，因此閣樓也必須設置牆體。當然，剪力牆只做到天花板面的情況也是相同的做法（圖 4）。

同樣的，如果將椽搭載在脊桁或桁樑上，在屋面板與剪力牆之間會產生縫隙，因此屋簷以外也是需要重視水平剛性的部位，要以填塞板確實填塞（參照第 132 頁圖 7）。

在品確法的解說書中，雖然有將面材鋪設的屋頂構面、和平行於屋架樑水平面的水平角撐一併納入計算的例子，不過加算法則是以設置屋架斜撐或在屋架構架內配置牆體為大前提之下才能成立。

屋架的形式

屋架的形式大致分為「日式屋架」及「西式屋架」兩種類型（第 136 頁圖 5）。根據各自的形式會有載重傳遞方式的差異，因此以下將對垂直載重的支撐方法以及水平構面的思考方式進行說明。

(1) 日式屋架（桁條、椽形式）

日式屋架是以屋架支柱做為中介，由屋架樑承受從椽、桁條、脊桁傳遞過來的屋頂載重的形式，某種程度上屋架樑必須是大面積的斷面。

圖 5● 日式屋架與西式屋架

①日式屋架

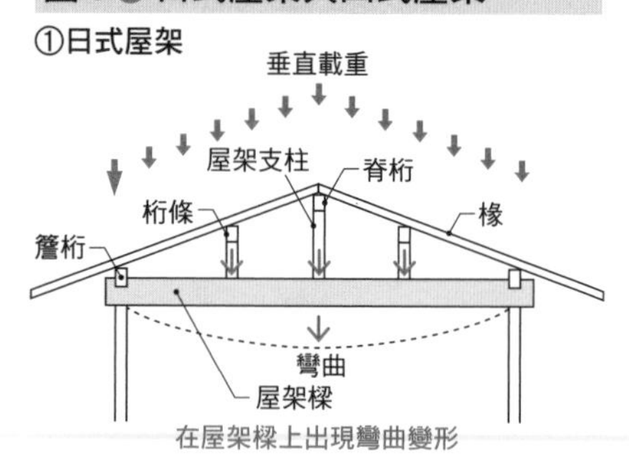
垂直載重
屋架支柱
脊桁
桁條
椽
簷桁
彎曲
屋架樑
在屋架樑上出現彎曲變形

②西式屋架

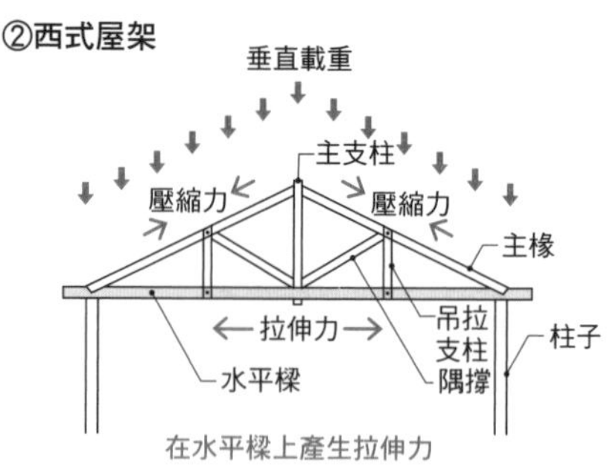
垂直載重
主支柱
壓縮力
壓縮力
主椽
拉伸力
吊拉支柱
柱子
水平樑
隅撐
在水平樑上產生拉伸力

由於屋架支柱與柱子同樣都無法抵抗水平力，因此會設置牆體來抵抗。

從屋面方向上來看，因為椽以傾斜方式架設，外觀看起來就是三角形形狀，以至於有些人誤以為是桁架形式。不過，仔細觀察接合方式便可知，椽是以釘定的方式固定、屋架支柱只是以ㄇ形釘固定，這樣並無法期待桁架的效果。因此，椽與屋架樑之間也必須設置牆體。

特別是二樓設有剪力牆的時候，為了傳遞水平力、使同一構架內存有相等有效壁體長度，在屋架構架內也需要設置牆體（圖6）。

無法在剪力牆的正上方設置牆體時，要將其附近的天花板面加強固定以確保水平剛性。在桁架方向上也要有同樣的考量，不過需要特別在脊桁附近設置牆體或屋架斜撐，以防止橫向倒塌。

（2）日式屋架（斜樑形式）

近來，閣樓的使用逐漸受到重視，為了利用閣樓的收納空間，而出現省去屋架支柱或桁條、將椽的寬度放寬形成斜樑的形式（圖7）。

在斜樑形式中，雖然省略屋架樑的做法很常見，不過承受垂直載重時的脊桁一旦出現撓曲，在桁樑

圖 6● 日式屋架（桁條、椽形式）的注意要點

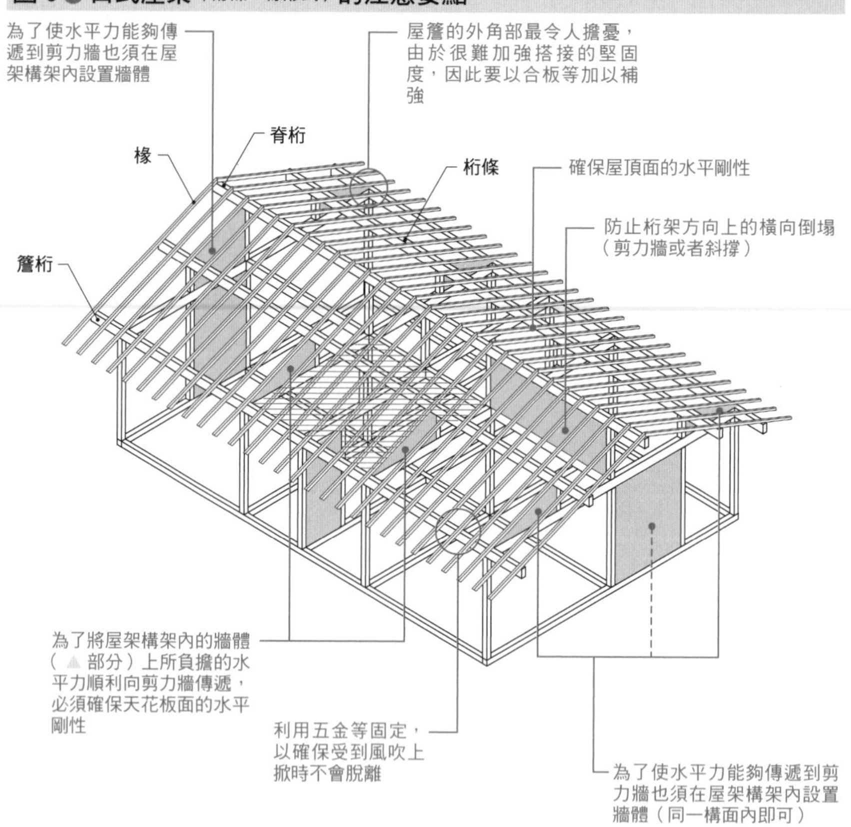
為了使水平力能夠傳遞到剪力牆也須在屋架構架內設置牆體
屋簷的外角部最令人擔憂，由於很難加強搭接的堅固度，因此要以合板等加以補強
脊桁
椽
桁條
確保屋頂面的水平剛性
防止桁架方向上的橫向倒塌（剪力牆或者斜撐）
簷桁
為了將屋架構架內的牆體（▲部分）上所負擔的水平力順利向剪力牆傳遞，必須確保天花板面的水平剛性
利用五金等固定，以確保受到風吹上掀時不會脫離
為了使水平力能夠傳遞到剪力牆也須在屋架構架內設置牆體（同一構面內即可）

圖 7● 日式屋架（斜樑形式）的注意要點

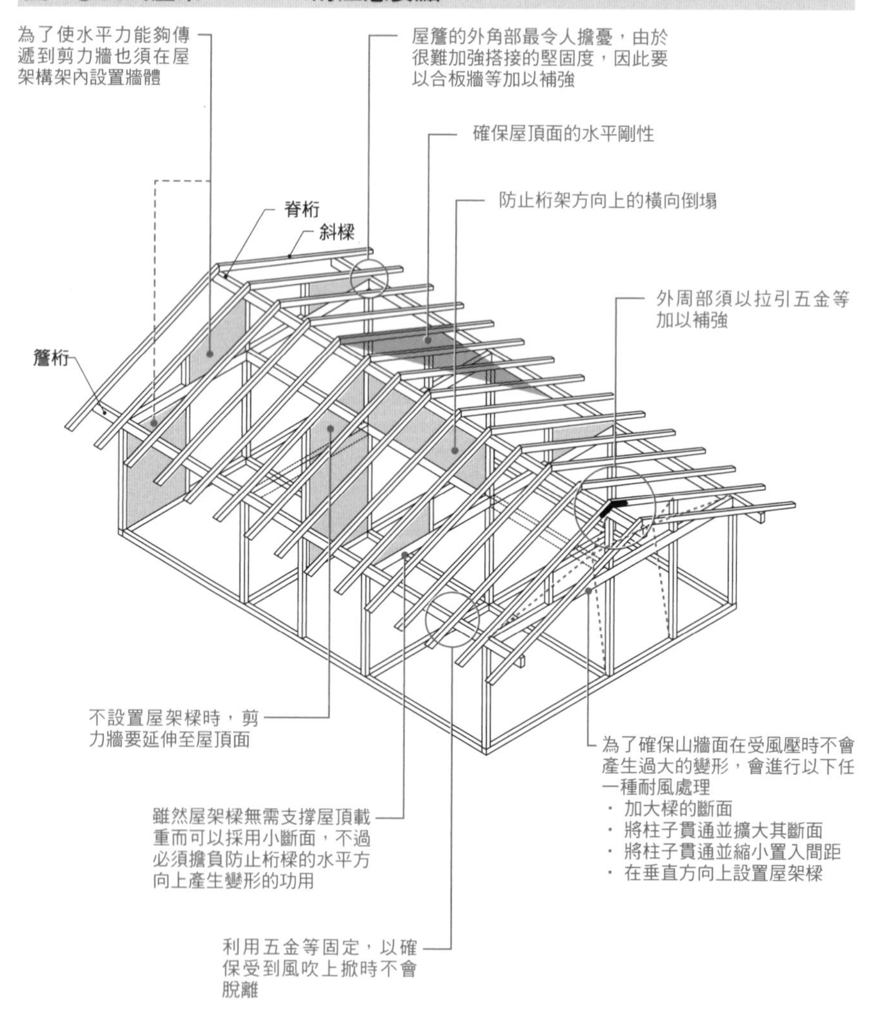
為了使水平力能夠傳遞到剪力牆也須在屋架構架內設置牆體
屋簷的外角部最令人擔憂，由於很難加強搭接的堅固度，因此要以合板牆等加以補強
確保屋頂面的水平剛性
防止桁架方向上的橫向倒塌
脊桁
斜樑
外周部須以拉引五金等加以補強
簷桁
不設置屋架樑時，剪力牆要延伸至屋頂面
為了確保山牆面在受風壓時不會產生過大的變形，會進行以下任一種耐風處理
・加大樑的斷面
・將柱子貫通並擴大其斷面
・將柱子貫通並縮小置入間距
・在垂直方向上設置屋架樑
雖然屋架樑無需支撐屋頂載重而可以採用小斷面，不過必須擔負防止桁樑的水平方向上產生變形的功用
利用五金等固定，以確保受到風吹上掀時不會脫離

圖 8 ● 斜樑形式的屋架構架之檢證模型

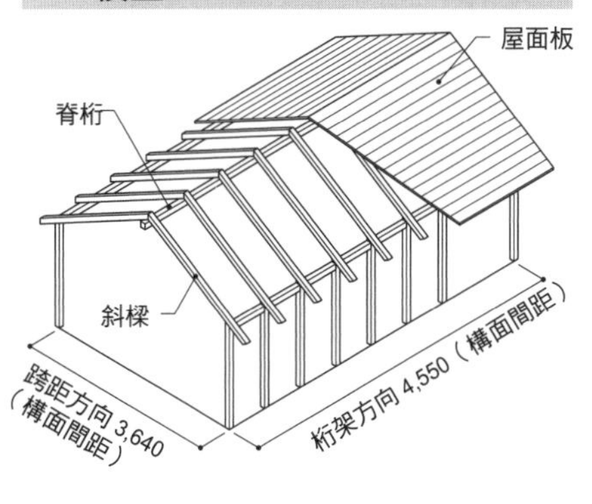

層就會產生向水平方向擴張的外推力（圖 8、9）。如果認為這點與居住性無關，而採用勉強符合建築基準法的容許值來設計屋頂面的構材斷面的話，很容易使撓曲量變大成為漏水的原因。

因此，採行斜樑形式時，必須要有以下舉例的結構對策。

①抑制脊桁、桁樑的撓曲在少量的程度
②將剪力牆延伸至屋頂面（斜樑）
③加強屋頂面的堅固程度以確保水平剛性
④山牆面要能進行耐風處理，放大柱斷面或是架設屋架樑

考量屋架全體的水平剛性時，採行斜樑形式也要以約兩個開間的間隔來設置屋架樑（圖 10）。這時的屋架樑無需支撐屋頂載重，因此可以採用小斷面，不過為了處理接合部的外推力，必須運用拉力五金等來輔助。

（3）西式屋架

西式屋架是由主椽、支柱、斜向材、水平樑等所構成的桁架形式（圖 5②）。水平樑在承受垂直載重時僅會受到拉伸力的影響，因此不需要用到屋架樑程度的斷面尺寸。由於桁架方向就可以抵抗水平載重，因此也不需要和日式屋架一樣設置牆體。

不過，各接合部必須以能夠同時承受拉伸力與壓縮力為目的，確實處理接合工作（第 138 頁圖 11）。此外，桁架方向上不會形成桁架的緣故，必須同日式屋架的做法設置屋架斜撐或牆體。

圖 9 ● 以樑聯繫脊桁的方式在檢證模型（圖 8）的各個載重之下所出現的屋頂面變形（水平面／單位：cm）

①垂直載重時

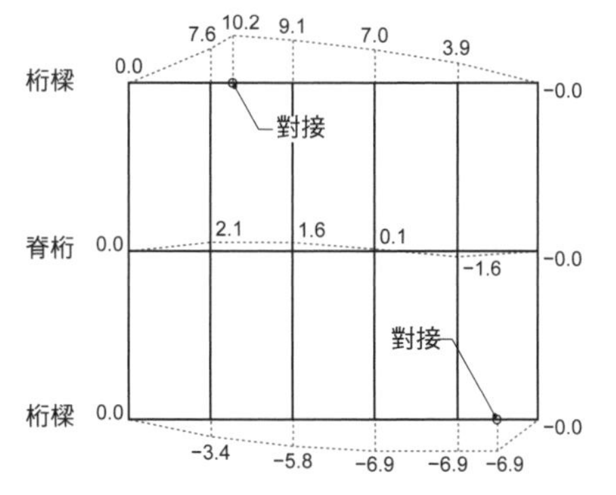

脊桁的垂直方向的撓曲大，因而將桁樑向水平方向推擠擴展

②地震載重時

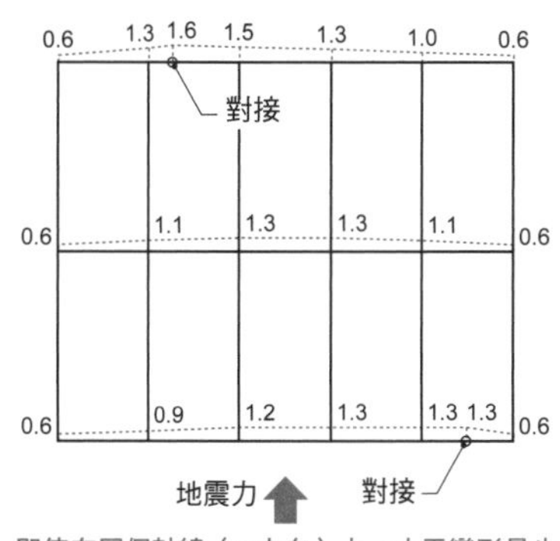

即使在同個軸線（Y 方向）上，水平變形量也會有所差異

③風載重時

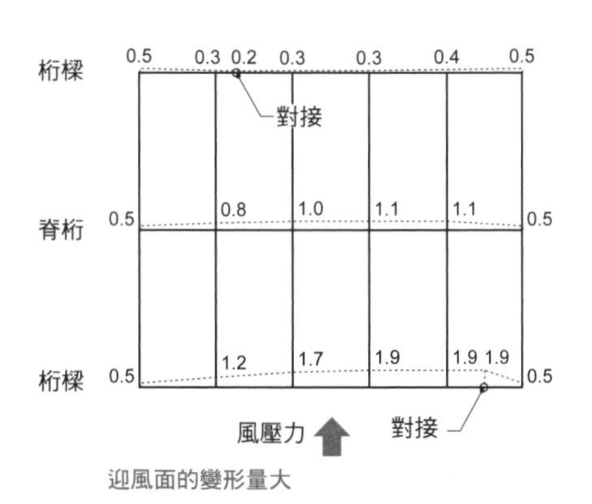

迎風面的變形量大

④降雪載重時

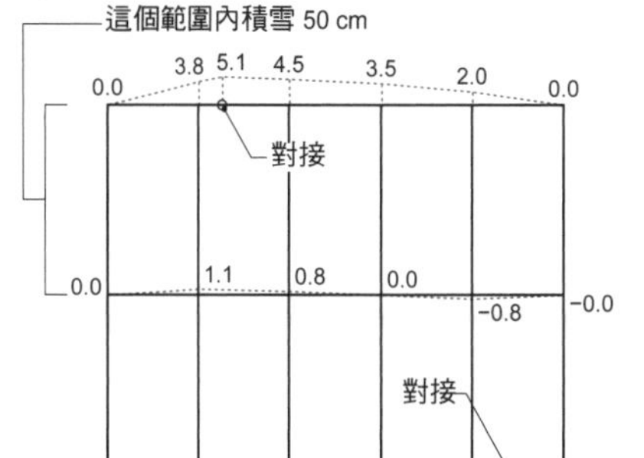

偏移載重作用時的外推力。積雪時這個變形量須加上①的值

圖 10 ● 外推力的處理方法

①設有大斷面脊桁的斜樑構架

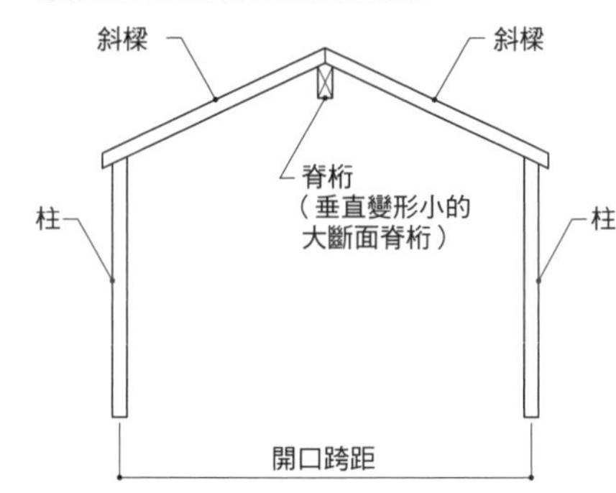

②在頂部附近採用水平構材的斜樑構架

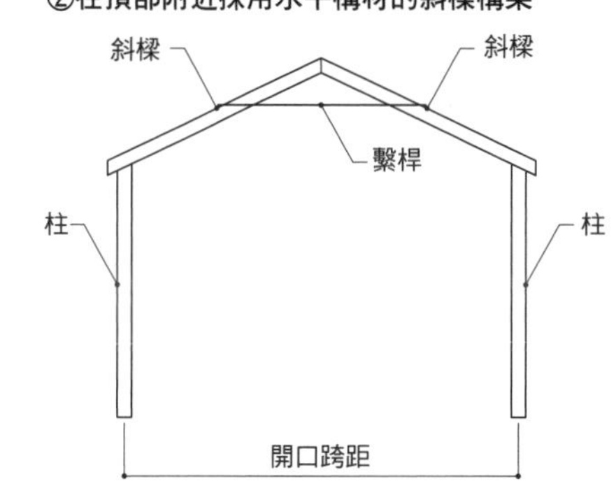

③設有屋架樑的斜樑構架

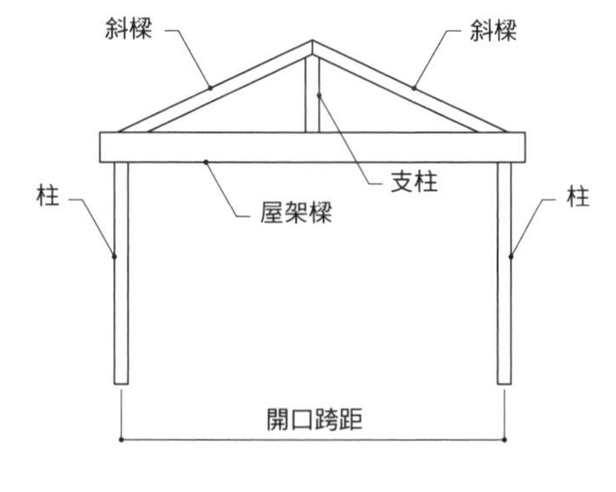

④將屋架樑做為繫桿的斜樑構架

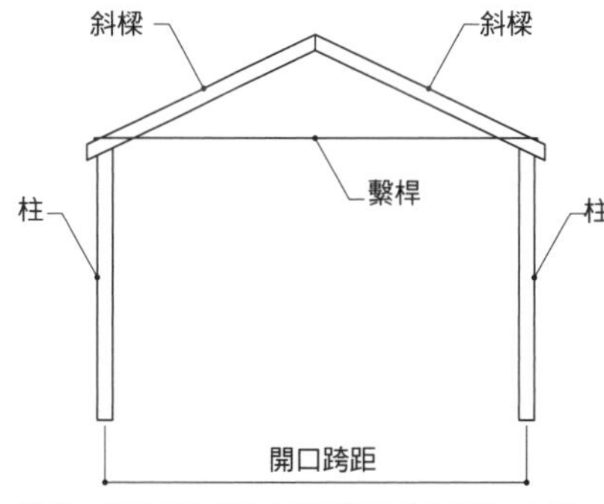

繫桿在承受垂直載重時能發揮有效的運作。不過，需要留意在承受水平載重或偏移載重時，由於繫桿上會出現壓縮力作用，因此不會有任何效果

圖 11 ● 西式屋架的注意要點

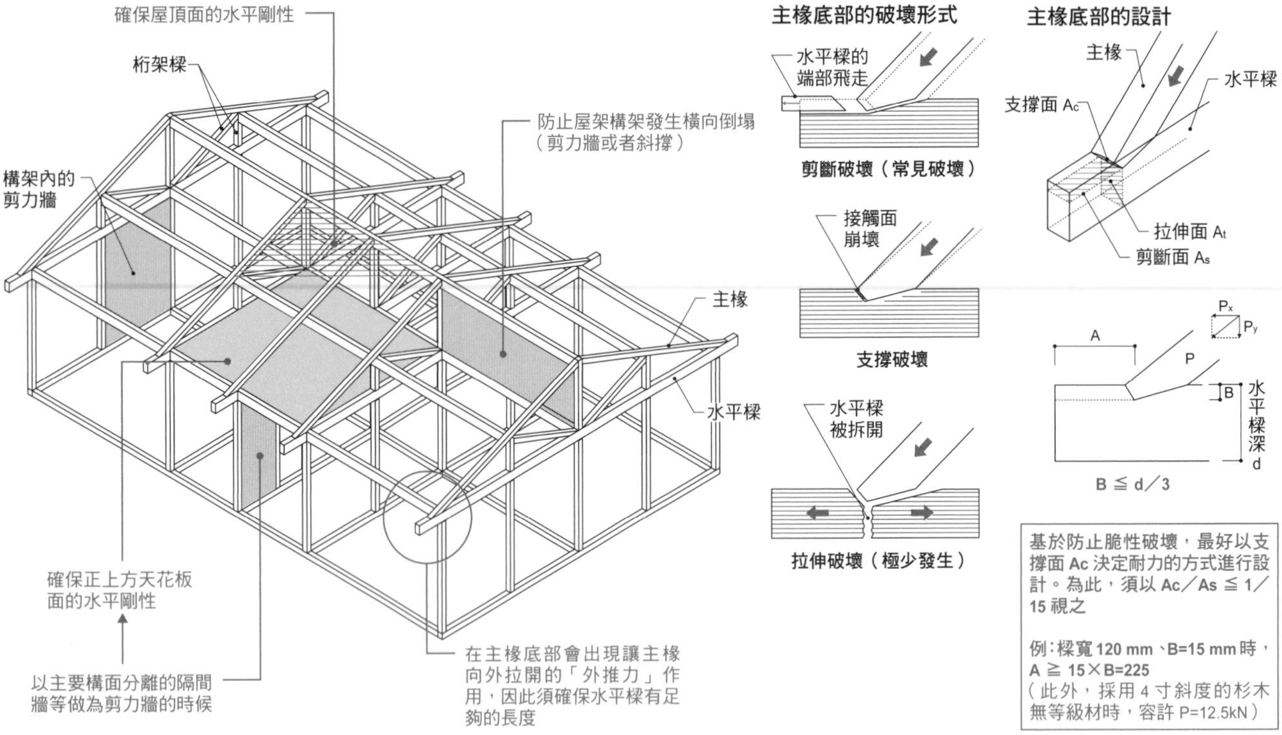

確保屋頂面的水平剛性
桁架樑
構架內的
剪力牆
防止屋架構架發生橫向倒塌
（剪力牆或者斜撐）
主椽
水平樑
確保正上方天花板
面的水平剛性
以主要構面分離的隔間
牆等做為剪力牆的時候
在主椽底部會出現讓主椽
向外拉開的「外推力」作
用，因此須確保水平樑有足
夠的長度
主椽底部的破壞形式
水平樑的
端部飛走
剪斷破壞（常見破壞）
接觸面
崩壞
支撐破壞
水平樑
被拆開
拉伸破壞（極少發生）
主椽底部的設計
主椽
水平樑
支撐面 Ac
拉伸面 At
剪斷面 As
Px
Py
A
P
B
水平樑深 d
B ≦ d／3
基於防止脆性破壞，最好以支撐面 Ac 決定耐力的方式進行設計。為此，須以 Ac／As ≦ 1／15 視之
例：樑寬 120 mm、B=15 mm 時，A ≧ 15×B=225
（此外，採用 4 寸斜度的杉木無等級材時，容許 P=12.5kN）

圖 12 ● 懸挑的要點

對於垂直載重作用時或上掀情況發生時而言，固定方式都是很重要課題。具體來說，須以馬車螺栓或扭力五金將桁、桁條等構件緊密繫結在一起
切妻（二坡水）屋頂
寄棟（四坡水）屋頂
椽的懸挑
1.5～2.0L2 以上
L2
L1
1.5～2.0L1 以上
2.5～3.0L1 以上
桁、桁條、脊桁的懸挑
1.5～2.0L3 以上
L3
為了進行椽的補強，前端樑的固定方式很重要
（以三根保持拉引的椽來支撐前端樑）
前端須以補強構材圍繞
外角部的椽（　）不能是懸臂樑（採用寄棟［四坡水］屋頂時須加以注意）
懸挑的要點
以支點不會往上彈起的方式確實固定
L'
懸挑
Lo
拉引
懸臂樑的成敗在於支撐點的固定度，因此須確保「拉引」長度在懸挑的 1.5～2.0 倍以上

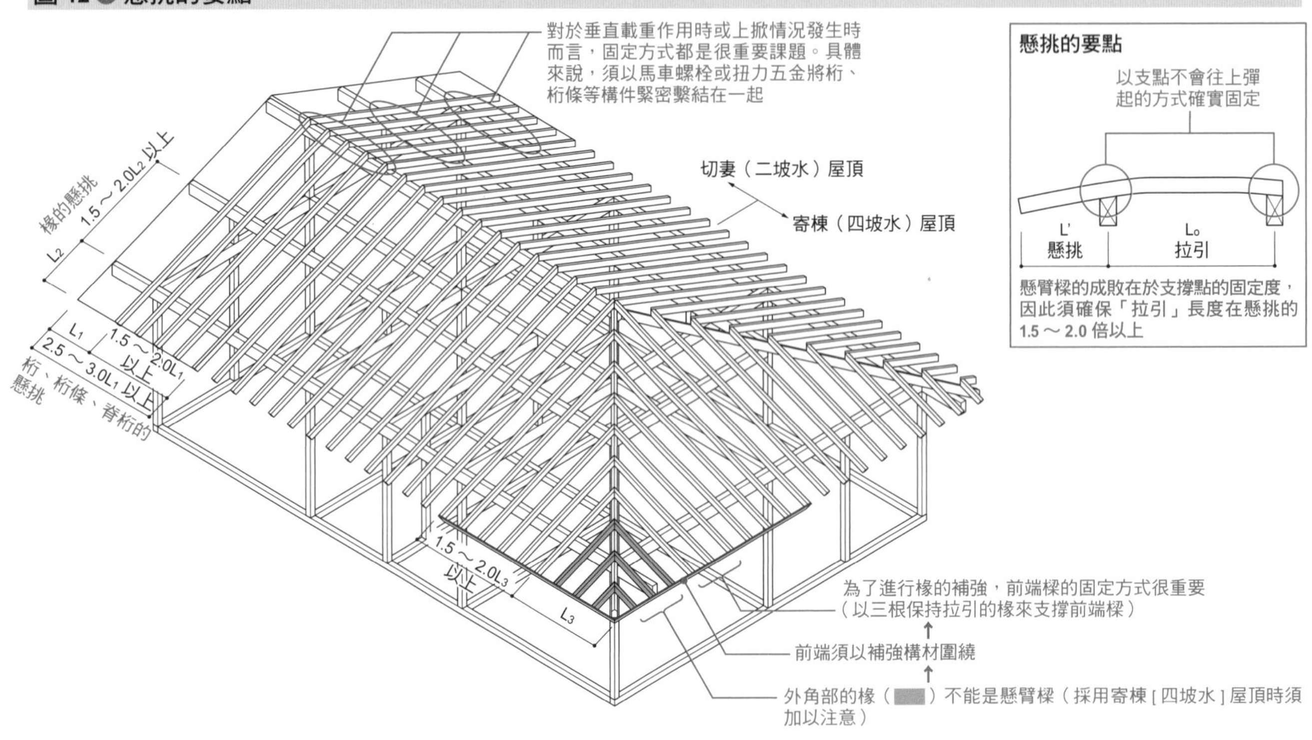

桁架的接合部最需要注意的地方是主椽底部。這個部分是以不會受到剪斷破壞或拉伸破壞來決定其斷面（圖 11）。

屋簷的支撐方法

日本的木造住宅基於風雨或日曬的考量而有將屋簷深化的傾向。為了將屋簷出挑通常會換成懸臂的結構材料。

懸臂樑的成立條件中，又以支撐點的固定度最為受到重視。除了確實接合之外，還需要處理反力所需的「拉引」（圖 12）。拉引須確保在懸挑距離的 1.5～2.0 倍以上，並且支點處應極力避免斷面缺損的情況。特別是兩個方向上均出挑的外角部，這個部位的受風上掀力大，必須加以注意。

作用在一根椽的上掀力是根據屋簷（跨距）與椽的間隔（負擔寬度）以及屋頂完成面（垂直方向的抑制）所決定的（參照圖 13、第

140 頁表 1）。

椽的接合方法以①馬車螺栓、②扭力五金、③斜釘等三種為代表。檢視這三種的接合耐力試驗結果（圖 14），從屋簷 910 mm、椽的間隔 455 mm 的二層樓建築來看，若屋頂是採用馬車螺栓或扭力五金固定的話，在抵抗上掀力上沒有什麼問題。但是，斜釘固定就無法保證上掀力的抵抗性能。由於屋簷必須頻繁承受反覆載重、位處容易受經年累月而變化的內外部交界地上，所以應該在充分考量這些因素之後採取具備足夠能力的接合做法。

第 140 頁表 1 是屋頂的做法與各種載重條件的上掀力一覽表。這裡所指的上掀力是指在構成屋簷的出挑椽或斜樑的支撐點（與桁樑的焦點）上所產生的反力（圖 13）。

表中的地表面粗糙度區分成 I ～ IV（第 293 頁），其中 I、IV 是由特定行政廳所制訂。II 和 III 雖然有都市計劃內與外的差異，不過一般木造住宅、高度在 13 m 以下的建築物皆採用 III 的數值。

此外，V_0 是「以該地過去的耐風記錄為基準，對應其風災的程度及其他風性質，由國土交通大臣針對 30 ～ 46 m／秒的範圍內所訂定的風速」。雖然是依據地域條件來制訂，不過大部分的地區都落在 30 ～ 36 m／秒的範圍內（參照第 294 頁）。詳細內容請參考平成 12 年（編按：西元 2000 年）建告 1454 號。

第 141 頁 表 2 ～ 4 為 N 釘、CN 釘、馬車螺栓、Z 標五金的做法及各樹種的短期容許拉拔耐力。

在檢討因應屋簷上掀的接合做法上，首先依據表 1 求出支撐點上所產生的上掀力，再從表 2 ～ 4 的耐力表中選出比求得的上掀力更大的容許耐力。

圖 13● 在椽的支撐點上產生的上掀力

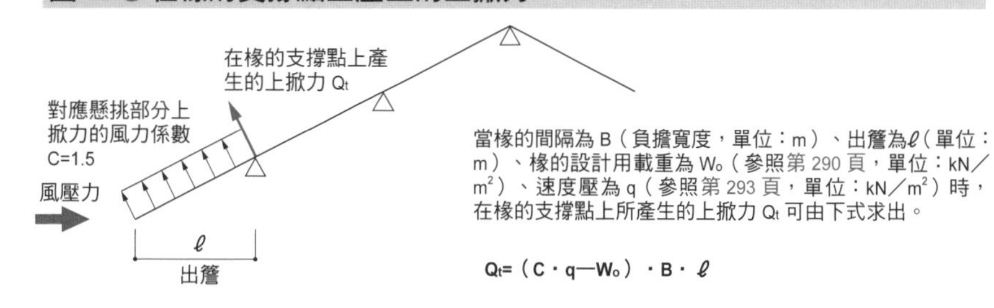

圖 14● 針對上掀力所做的接合部拉伸試驗

①試驗體

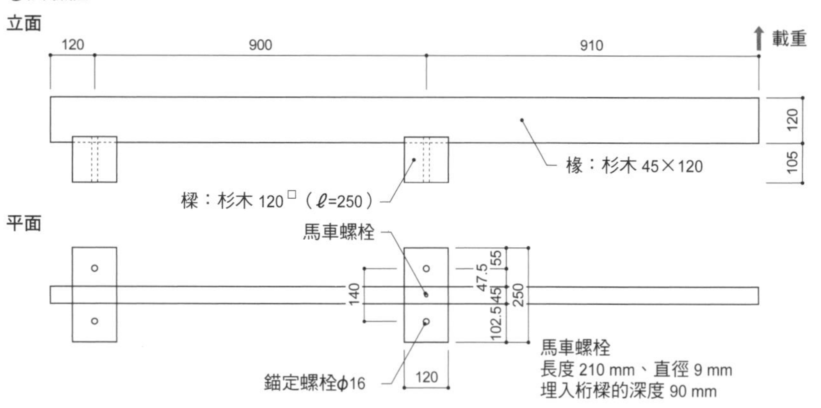

②試驗結果

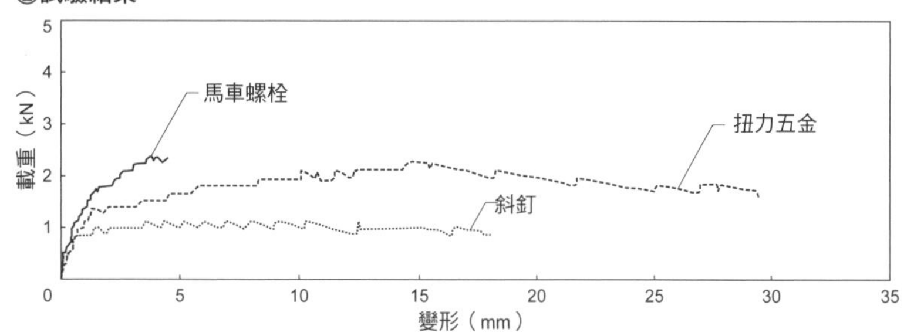

試驗體名稱	規範	短期容許耐力（kN）
斜釘	2-N90	1.14
馬車螺栓	ϕ9、ℓ=210	2.30
扭力五金	Z 標五金	2.13

由於釘與馬車螺栓的埋入深度與第 141 頁表 2、3 的設定有所不同，因此數值也未必一致

斜釘

馬車螺栓

扭力五金

表 1 ● 在椽、斜樑的懸挑支撐點上產生的上掀力

出簷（mm）	間隔（mm）	在懸挑支撐點上產生的上掀力（kN）											
		屋頂的做法：輕量屋頂						屋頂的做法：重量屋頂					
		地表粗糙度區分：II			地表粗糙度區分：III			地表粗糙度區分：II			地表粗糙度區分：III		
		V_0=32	V_0=34	V_0=36	V_0=32	V_0=34	V_0=36	V_0=32	V_0=34	V_0=36	V_0=32	V_0=34	V_0=36
600	360	0.30	0.35	0.41	0.18	0.22	0.26	0.24	0.29	0.34	0.12	0.15	0.19
	455	0.38	0.45	0.51	0.23	0.28	0.32	0.30	0.36	0.43	0.15	0.19	0.24
	910	0.77	0.89	1.03	0.46	0.55	0.65	0.60	0.73	0.86	0.30	0.39	0.48
910	360	0.46	0.54	0.62	0.28	0.33	0.39	0.36	0.44	0.52	0.18	0.23	0.29
	455	0.58	0.68	0.78	0.35	0.42	0.49	0.46	0.55	0.65	0.23	0.29	0.37
	910	1.16	1.35	1.56	0.70	0.84	0.98	0.91	1.10	1.31	0.46	0.59	0.73
1,210	360	0.61	0.71	0.82	0.37	0.44	0.52	0.48	0.58	0.69	0.24	0.31	0.38
	455	0.77	0.90	1.04	0.47	0.56	0.65	0.61	0.73	0.87	0.30	0.39	0.49
	910	1.54	1.80	2.07	0.94	1.11	1.30	1.21	1.47	1.74	0.61	0.78	0.97
1,365	360	0.69	0.80	0.92	0.42	0.50	0.58	0.54	0.66	0.78	0.27	0.35	0.43
	455	0.87	1.01	1.17	0.53	0.63	0.73	0.68	0.83	0.98	0.34	0.44	0.55
	910	1.74	2.03	2.34	1.06	1.26	1.47	1.37	1.66	1.96	0.68	0.88	1.10

原注 1 上掀力係以第 151 頁圖 1 的模型住宅（簷高 5,940mm、最高高度 7,800mm）為假設條件，並根據第 139 頁圖 13 的計算式所算出來的結果
原注 2 速度壓 q（kN／m^2）是根據下表

基準風速	V_0=32	V_0=34	V_0=36
地表粗糙度區分：II	1.201	1.356	1.520
地表粗糙度區分：III	0.833	0.941	1.055

原注 3 屋頂的固定載重依據第 290 頁、輕量屋頂：0.40（kN／m^2）、重量屋頂：0.70（kN／m^2）

以第 151 頁圖 1 的模型住宅為例，針對椽的屋簷上掀力進行接合做法的設計

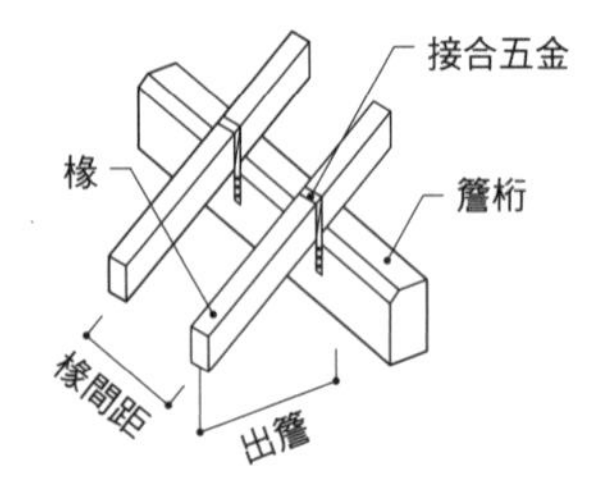

（1）在出挑支撐點上的上掀力

屋頂　鋪瓦（沉重屋頂）
出簷　910 mm
椽間距　455 mm
另外，建築基地位於東京 23 區內的住宅用地
基準風速　V_0=34m／s
地表粗糙度區分：III

根據表 1，在椽的簷桁部產生的上掀力是 Q_t=0.29 kN

（2）接合做法的檢討

桁樑採用杉木。在考量反覆載重作用，或長年變化之下，將屋簷的安全率設定在 2 以上（檢定比≦ 0.5）。

・以釘定的方式處理時

將釘長一半以上釘入桁樑內。
桁樑採用杉木製作，故在表 2「J3 杉木類」中會得到「l_r=L／2」的耐力為 0.29 kN 以上的數值。
➡ N115 或者 CN100

安全率為 2，因此會以 2-N115 或 2-CN100 從椽的兩側斜向釘入。

［參考］ 若採用 2-N115 時，接合部的容許拉拔力為
$_sP_a$=2×0.29=0.58 kN
由於上掀力 Q_t=0.29 kN，因此
檢定比：Q_t／$_sP_a$ =0.29／0.58=0.50 ≦ 0.50 ➡ OK

・以馬車螺栓固定的情況

安全率為 2，必要耐力 2×Q_t=0.58 kN
桁樑採用杉木製作，故在表 3「J3 杉木類」中會得到 0.58 kN 以上的數值。
➡只要φ9 或φ12 螺釘埋入桁樑的長度有 60 mm 以上即可

若椽斷面為 60×90 mm 時，必要的頸部長度須符合下述。
椽深＋埋入長度 =90+60 ＝ 150 mm

［參考］ 以φ9（L=150 mm）埋入桁樑的長度為 60 mm 以上時，接合部的容許拉拔耐力須根據表 3
$_sP_a$ =1.79 kN
上掀力為 Q_t=0.29 kN，因此
檢定比：Q_t／$_sP_a$ =0.29／1.79=0.16 ≦ 0.50 ➡ OK

・以五金固定的情況

桁樑採用杉木製作，故在表 4「J3 杉木類」中會得到 0.58 kN 以上的數值。
➡任何一種五金都具備充足的耐力

本例是採用扭力五金 ST-9。

［參考］ ST-9 的接合部容許拉拔耐力為
$_sP_a$ =1.35 kN
上掀力 Q_t=0.29 kN，因此
檢定比：Q_t／$_sP_a$ =0.29／1.35=0.21 ≦ 0.50 ➡ OK

表 2●釘接合的短期容許拉拔耐力

釘	釘身直徑 d（mm）	短期容許拉拔耐力 sPa（kN）					
		J1 花旗松類		J2 日本扁柏類		J3 杉木類	
		l_r=L／2	l_r=6d	l_r=L／2	l_r=6d	l_r=L／2	l_r=6d
N19	1.50	0.03	0.03	0.02	0.02	0.02	0.02
N22	1.50	0.04	0.03	0.03	0.02	0.02	0.02
N25	1.70	0.05	0.04	0.04	0.03	0.03	0.02
N32	1.90	0.07	0.05	0.05	0.04	0.04	0.03
N38	2.15	0.10	0.07	0.07	0.05	0.05	0.03
N45	2.45	0.13	0.08	0.09	0.06	0.07	0.04
N50	2.75	0.16	0.11	0.12	0.08	0.08	0.05
N65	3.05	0.23	0.13	0.17	0.10	0.12	0.07
N75	3.40	0.30	0.16	0.22	0.12	0.15	0.08
N90	3.75	0.40	0.20	0.29	0.14	0.20	0.10
N100	4.20	0.49	0.25	0.36	0.18	0.25	0.13
N115	4.20	0.57	0.25	0.41	0.18	0.29	0.13
N125	4.60	0.68	0.30	0.49	0.22	0.34	0.15
N150	5.20	0.92	0.38	0.67	0.28	0.46	0.19
CN25	1.83	0.05	0.05	0.04	0.03	0.03	0.02
CN32	2.03	0.08	0.06	0.06	0.04	0.04	0.03
CN40	2.51	0.11	0.09	0.08	0.06	0.06	0.05
CN45	2.51	0.13	0.09	0.10	0.06	0.07	0.05
CN50	2.87	0.17	0.12	0.12	0.08	0.09	0.06
CN55	2.87	0.19	0.12	0.14	0.08	0.10	0.06
CN65	3.33	0.25	0.16	0.18	0.11	0.13	0.08
CN70	3.33	0.27	0.16	0.20	0.11	0.14	0.08
CN75	3.76	0.34	0.20	0.25	0.15	0.17	0.10
CN85	3.76	0.37	0.20	0.27	0.15	0.19	0.10
CN90	4.11	0.43	0.24	0.31	0.17	0.22	0.12
CN100	4.88	0.58	0.34	0.42	0.24	0.30	0.17
CN115	5.26	0.71	0.39	0.52	0.28	0.36	0.20
CN125	5.74	0.86	0.47	0.62	0.34	0.43	0.24
CN140	6.20	1.02	0.54	0.74	0.40	0.52	0.27
CN150	6.65	1.19	0.62	0.87	0.45	0.60	0.32

釘接合的短期容許拉拔耐力是依據下式計算

釘接合的單位接合部的容許拉拔耐力計算式（《木質結構設計規準》（社）日本建築學會）

P_a=（1／3）・$_jK_d$・$_jK_m$・（$44.1\gamma_0^{2.5}$・d・l_r）

P_a：釘接合的設計用容許拉拔耐力（單位：N）

$_jK_d$：載重持續期間影響係數　長期：1.1、中期長：1.43、中短期：1.6、短期：2.0➡採用 2.0

$_jK_m$：含水率影響係數➡採用 0.7

0.7：常時溼潤（使用環境 I）或者施工時含水率≧ 20%

0.8：斷斷續續的溼潤狀態（使用環境 II）

γ_0：木材的基準比重

0.42：J1（花旗松、黑松、赤松、落葉松、鐵杉等比重在 0.50 左右的木材）

0.37：J2（美國扁柏、美國西部鐵杉、羅漢柏、日本扁柏、冷杉等比重在 0.44 左右的木材）

0.32：J3（庫頁島冷杉、魚鱗雲杉、紅松、雲杉、杉木、美西側柏等比重在 0.38 左右的木材）

d：釘子的釘身部直徑（單位：mm）

l_r：釘入主材中的有效長度（單位：mm）➡以 L／2 及 6d 的條件計算

原注 1　針對結構上的主要部分，須極力避免釘子以拉拔方向來抵抗的情況

原注 2　釘入木材的木口面（譯注：指將纖維方向切斷的面）的釘子無法抵抗拉拔力

原注 3　經過特殊表面處理的釘子，其容許拉拔耐力須依據實驗來決定

上述的拉拔耐力是指一根釘子所具備的數值，在考量反覆作用的載重或長年劣化等因素之下，原則上施工時須從材料兩側斜向釘入

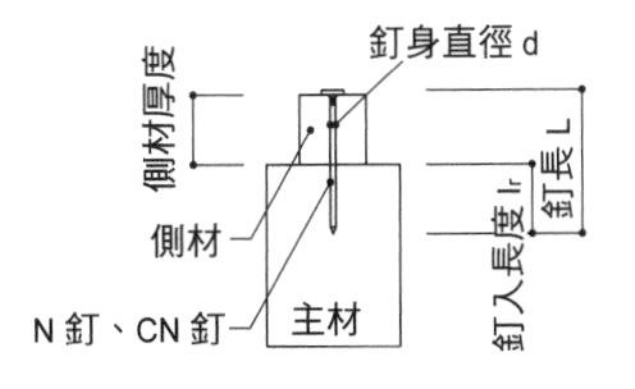

・釘入主材的長度在 6d 以上
・名稱上的數值表示釘子的長度 L
・計算以外的考量包含實際施工時須從兩側斜向釘入

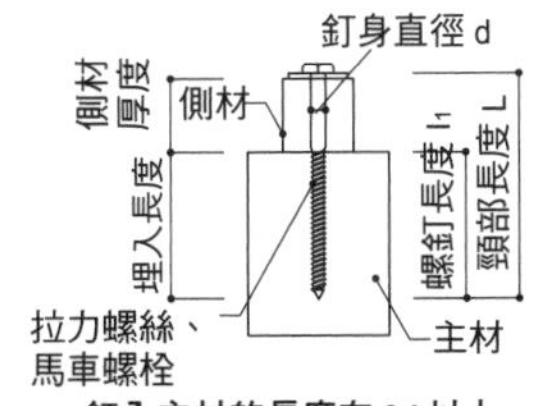

・釘入主材的長度在 8d 以上
・側材若為木料，其側材厚度須在 3d 以上
・使用墊圈

表 3●馬車螺栓接合的短期容許拉拔耐力

釘身直徑 d（mm）	頸部長度 L（mm）	螺釘長度 l_1（mm）	短期容許拉拔耐力 sPa（kN）		
			J1 花旗松類	J2 扁柏類	J3 杉木類
9	90	60.0	2.23	2.01	1.79
	125	83.3	3.09	2.80	2.49
	150	100.0	3.71	3.36	2.99
	180	120.0	4.46	4.03	3.59
	210	140.0	5.20	4.70	4.18
	240	160.0	5.94	5.37	4.78
	270	180.0	6.68	6.04	5.38
	300	200.0	7.43	6.71	5.98
	330	220.0	8.17	7.38	6.57
	360	240.0	8.91	8.05	7.17
	390	260.0	9.66	8.72	7.77
12	90	60.0	2.97	2.68	2.39
	125	83.3	4.13	3.73	3.32
	150	100.0	4.95	4.47	3.98
	180	120.0	5.94	5.37	4.78
	210	140.0	6.93	6.26	5.58
	240	160.0	7.92	7.16	6.37
	270	180.0	8.91	8.05	7.17
	300	200.0	9.90	8.95	7.97
	330	220.0	10.89	9.84	8.76
	360	240.0	11.88	10.74	9.56
	390	260.0	12.87	11.63	10.36
	420	280.0	13.86	12.53	11.15
	450	300.0	14.86	13.42	11.95

馬車螺栓的短期容許拉拔耐力是依據下式計算

扭力螺絲接合的單位接合部的容許拉拔耐力計算式（《木質結構設計規準》（社）日本建築學會）

P_a=（1／3）・$_jK_d$・$_jK_m$・（$17.7\gamma_0^{0.8}$・d・l_1）

P_a：螺絲部的設計用容許拉拔耐力（單位：N）

$_jK_d$：載重持續期間影響係數　長期：1.1、中期長：1.43、中短期：1.6、短期：2.0➡採用 2.0

$_jK_m$：含水率影響係數➡採用 0.7

0.7：常時溼潤（使用環境 I）或者施工時含水率≧ 20%

0.8：斷斷續續的溼潤狀態（使用環境 II）

γ_0：木材的基準比重

0.42：J1（花旗松、黑松、赤松、落葉松、鐵杉等比重在 0.50 左右的木材）

0.37：J2（美國扁柏、美國西部鐵杉、羅漢柏、日本扁柏、冷杉等比重在 0.44 左右的木材）

0.32：J3（庫頁島冷杉、魚鱗雲杉、紅松、雲杉、杉木、美西側柏等比重在 0.38 左右的木材）

d：扭力螺絲的直徑（單位：mm）

l_1：螺釘部的長度（單位：mm）

原注 1　此計算式適用在側材為鋼板製的情況，若側材為木料則不適用。不過，如果是使用在木材構件之間的接合，就需要具有與拉拔耐力同等以上的壓陷耐力，因此若能確保墊圈大小應該就不會出現太大問題。（墊圈尺寸參考值：螺栓直徑為 9 ϕ的話須使用 50 角或 60 ϕ，若螺栓直徑為 12 ϕ的話則使用 60 角或 70 ϕ）

原注 2　上表中是將螺釘長度設為頸部長度的 2／3、並以其全長埋入主材內來計算。如果埋入主材的長度未達頸部長度的 2／3 時，須採用與實際埋入長度等長的螺釘長度所具有的耐力值

原注 3　日本的扭力螺絲規格僅有釘身直徑 12 mm 的尺寸，長度種類也很少。另一方面，馬車螺栓的形狀與扭力螺絲相似，雖然釘徑、長度種類多，但沒有 JIS 規格

表 4●Z 標五金的種類所對應的短期拉拔耐力

名稱	記號	使用接合具	短期容許拉拔耐力 sPa（kN）		
			J1 花旗松類	J2 扁柏類	J3 杉木類
扭力五金	ST-9	4-ZN40	1.73	1.55	1.35
	ST-12	4-ZN40	1.73	1.55	1.35
	ST-15	6-ZN40	2.59	2.32	2.03
彎折五金	SF	6-ZN40	2.59	2.32	2.03
鞍形五金	SS	6-ZN40	5.18	4.65	4.06
ㄇ形釘	C-120	—	1.27	1.18	1.08
	C-150	—	1.27	1.18	1.08

原注　上表是從《木造住宅用接合五金的使用方式》（（財）日本住宅、木材技術中心）摘錄出來的內容，以一根接合具所具備的短期容許剪斷耐力所計算出來的參考值。如果製造商可以出示試驗值，也可以採用其值來進行設計

接合部 [基本篇]

木造建築的結構特性受到接合部性能很大的影響。接合部的性能則明顯地受到乾燥程度的影響。在此將複習載重傳遞所需的接合部種類及其結構性能

接合部 [基本篇] ①

接合部的基礎知識

接合部的功用

接合部扮演傳遞某一方構材所承受的力至另一方構材的重要角色。在接合部做法上也可區分成像柱與樑一般，由不同方向的構材交叉形成的「搭接」、以及如同樑和樑那樣由同一個方向的構材連接而成的「對接」（參照第 34 頁圖 20）。

將接合部需要具備的性能以載重別加以分類會得到如圖 1 的結果。

垂直載重作用時，會受到樑的對接彎曲耐力以及橫向材端部的搭接支撐耐力的影響。水平載重作用時，要將垂直構面上的相關部分與水平構面上的相關部分分開來看。與垂直構面有關的是剪力牆端部柱子的搭接拉伸耐力所帶來的影響。另一方面，與水平構面有關的則是對接及搭接的拉伸耐力的影響。

除此之外，還需要注意因應暴風侵襲時，屋簷受風上掀的接合方法。

與其他結構相比，木造除了接合部的形狀複雜以外，種類也相當多樣。再者，木造的接合部是左右建築物整體強度或變形因素中最重要的部分。

針對接合部的說明，雖然其他單元也提及過，不過在此主要針對橫向材和柱子的接合部、搭接進行總體說明。

接合部的種類

將接合部的種類大致分類的話，可分成用在一般住宅中僅抵抗軸力的類型、以及用在剛性構架中也同時負擔彎曲應力的類型，各自又可分成通柱接合與通樑接合兩類。

軸力抵抗型（圖 2、第 144 頁圖 3）是以連接被分斷的構材為第一優先，其次是考量能否支撐垂直載重、能否抵抗剪力牆端部所產生的拉拔力、能否抵抗作用在面外的風壓力等力的流向，再決定入榫尺寸或榫的斷面、五金等的做法。在平成 12 年（編按：西元 2000 年）建告 1460 號中有針對接合方法訂定出具體的做法規範，不過還是希

圖 1 ● 接合部須具備的性能

①木造住宅的結構性能與試驗方法

載重情形（對建築物作用的外力）	檢證耐力（抵抗外力的要素）		對應的試驗方法	圖示
垂直載重	樑材的彎曲耐力		樑的彎曲試驗	對接的彎曲、剪斷耐力／樑的彎曲耐力、剛性（彈性模數）／搭接的剪斷耐力（支撐能力）／柱子的壓縮（挫屈）耐力
	搭接的剪斷耐力		搭接的剪斷試驗	
	對接的彎曲耐力		對接的彎曲試驗	
	對接的剪斷耐力		對接的剪斷試驗	
水平載重	垂直構面的剛性	剪力牆的水平耐力	面內剪斷試驗	水平力／柱頭柱腳搭接的拉伸耐力／剪力牆的剪斷耐力
		柱頭柱腳的搭接的拉伸耐力	搭接的拉伸試驗	
	水平構面的剛性	樓板的水平耐力	面內剪斷試驗	對接的拉伸耐力／拉伸力／通柱搭接的拉伸耐力／樓板面的剪斷耐力（樓板倍率）／壓縮力／水平力
		對接的拉伸耐力	對接的拉伸試驗	
		通柱搭接的拉伸耐力	搭接的拉伸試驗	

②垂直載重的傳遞能力

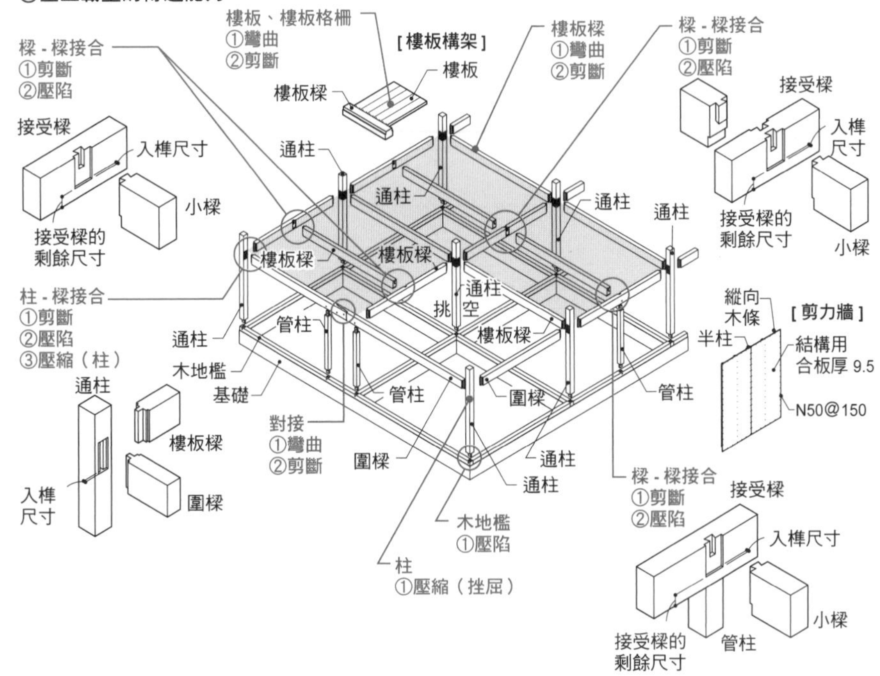

③水平載重的傳遞能力

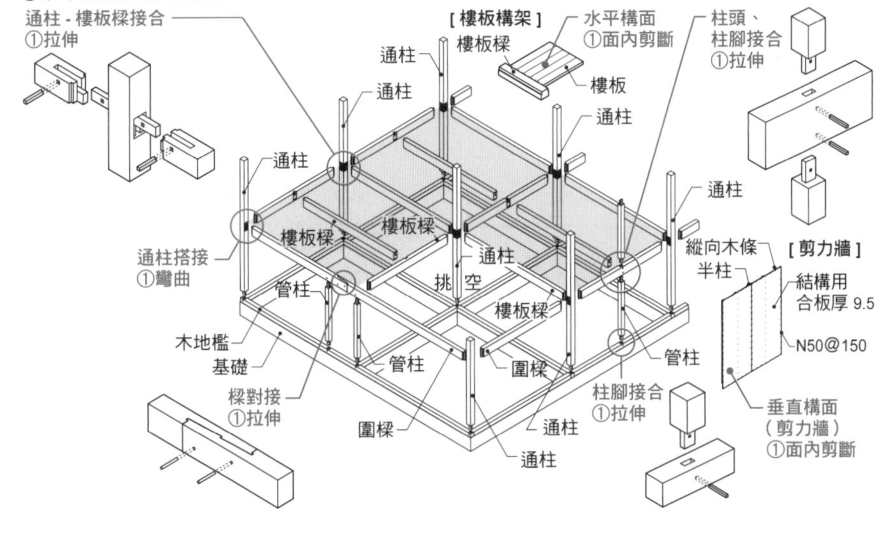

圖 2 ● 通柱型的搭接種類

（1）不使用五金的接合

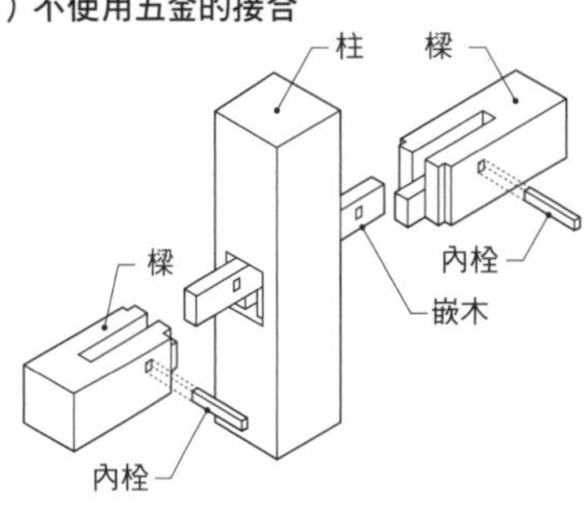

（2）併用五金的接合

①毽形螺栓

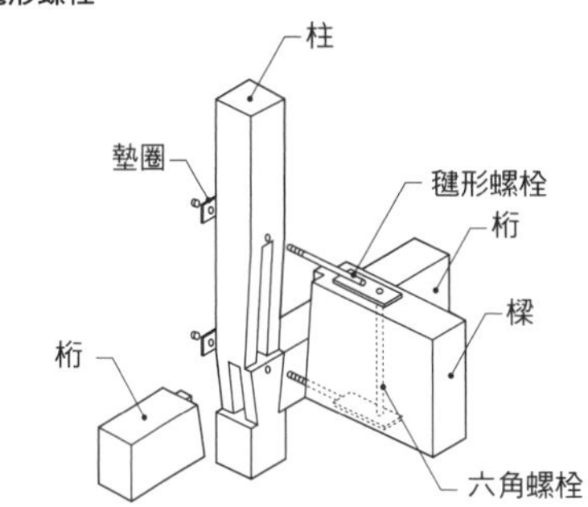

②雙頭拉引螺栓

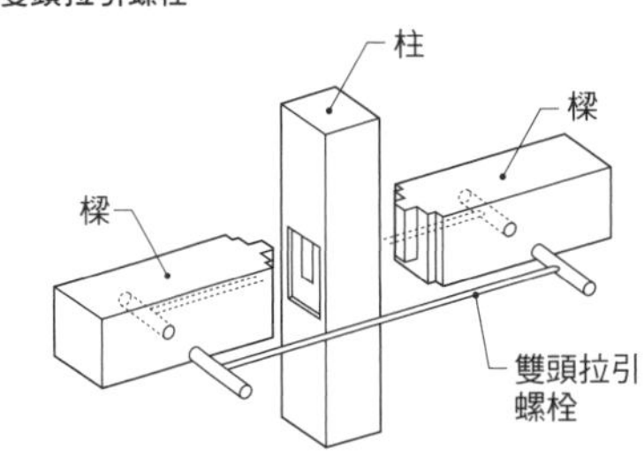

（3）僅用五金的接合

①顎掛型

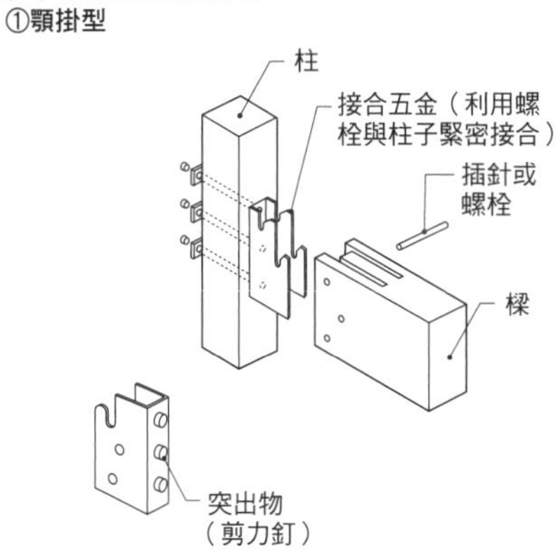

②掛勾型

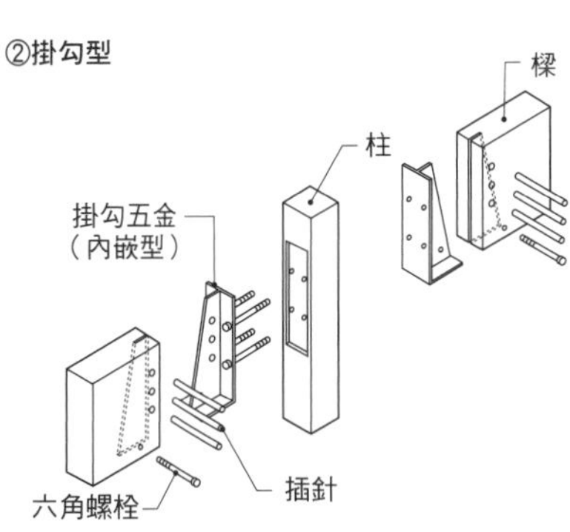

圖 3● 通樑型搭接的種類

（1）不使用五金的接合

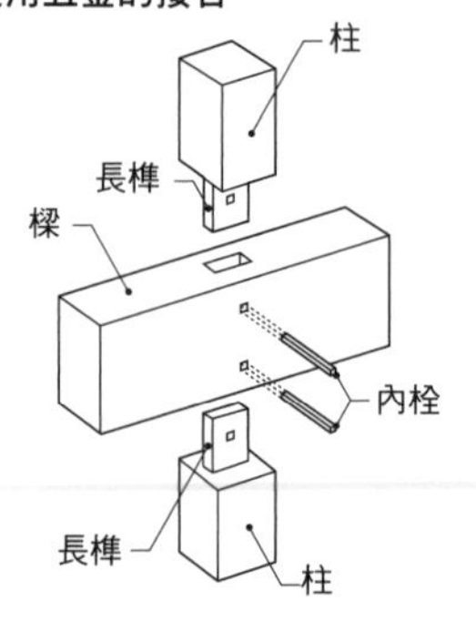

（2）併用五金的接合
①條狀五金

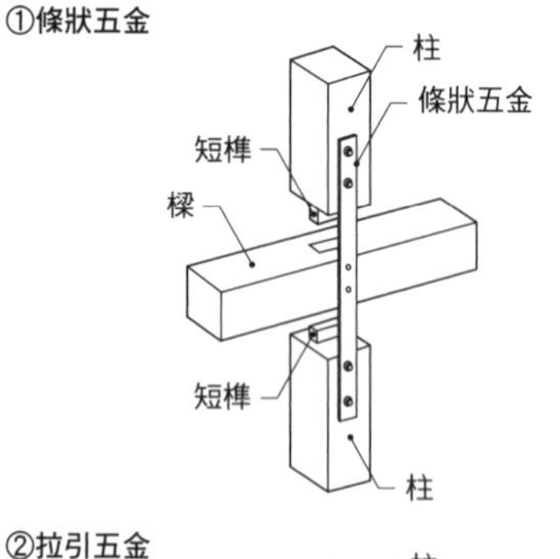

②拉引五金

拉引五金
柱
螺栓
樑
短榫
拉引五金
柱

③雙頭拉引螺栓

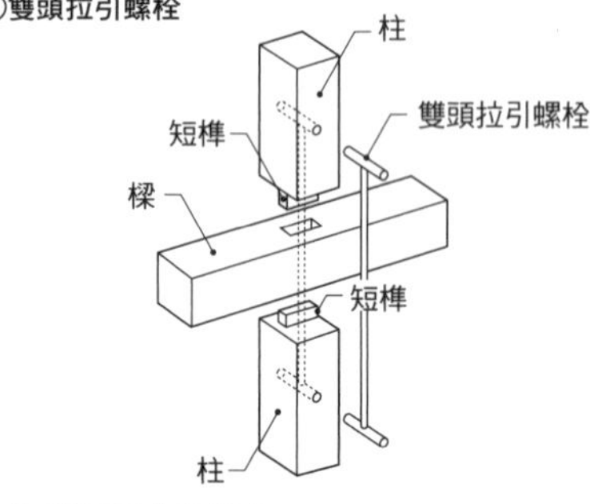

（3）僅用五金的接合

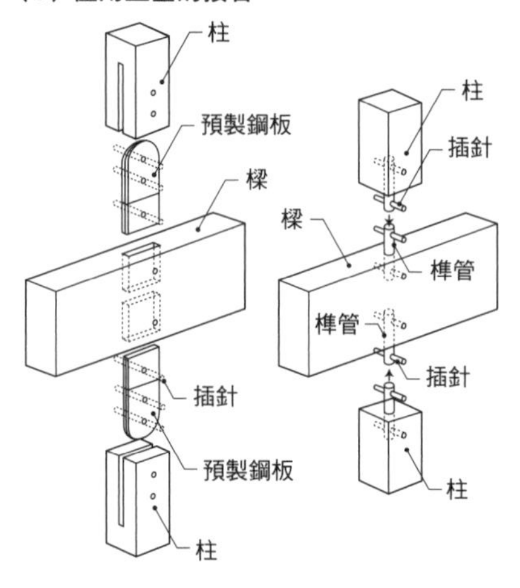

圖 4● 彎矩抵抗型的接合部（彎矩抵抗接合）

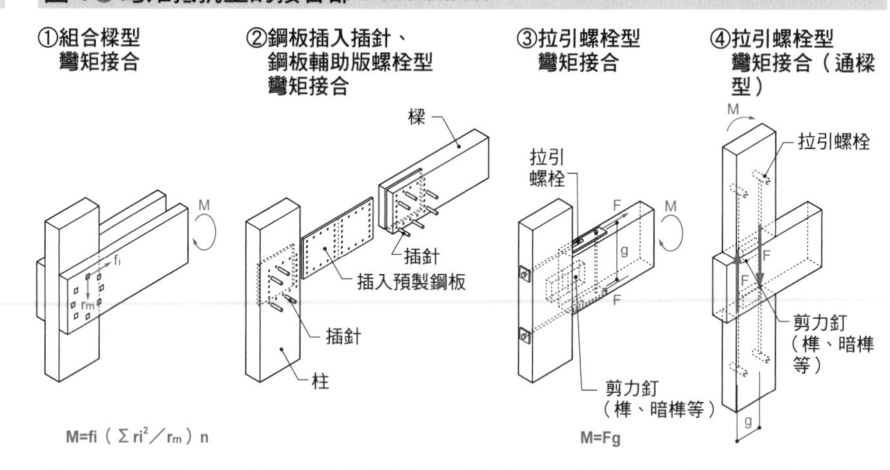

圖 5● 作用在對接上的力

①通柱

②通樑

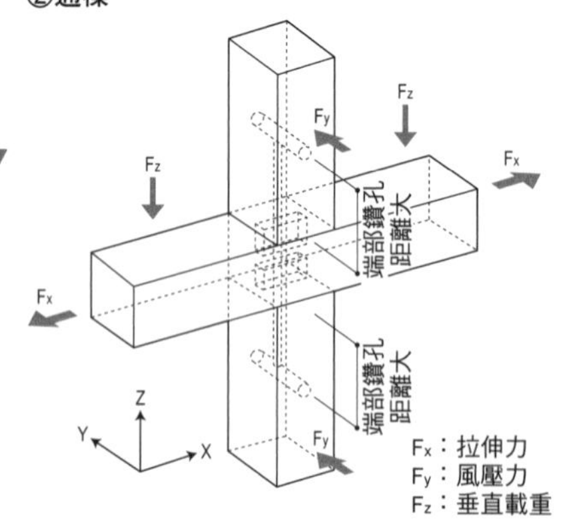

望設計者在充分理解目的之後再進行五金的選用。

彎曲抵抗型（圖 4）是能夠同時抵抗軸力與彎矩、利用數根螺栓、插針、釘、暗榫等接合具來進行接合的方法。一共三種類型，分別是①僅將木材重疊的類型、②插入鋼板的類型、③拉力螺栓的類型。因為木材是具有異方性的材料，而材料各自也存在著變異性，因此接合具的耐力必須考慮該位置的個別差異、以及可能產生滑動的狀況之後，再進行接合部的設計。

樑柱構架構法的搭接

樑柱構架構法的搭接分為通柱型（第 143 頁圖 2）以及通樑型（圖 3）兩種類型。如圖 5 所示無論是哪一種類型，其搭接上都會受到三個方向的作用力，因此必須以能夠抵抗來自各方向的力來決定接合部。

首先，當被分斷的構材上出現拉伸力作用時，首要之務是確保構材不會被拔出或脫離，這時可以利用拉力螺栓等將被分斷的構材連結起來。由於纖維方向上出現扯裂的可能性高，因此確保端部鑽孔距離也是很重要的工作。

其次是檢視能否支撐垂直載重（F_z）、能否抵抗風壓力（F_y）、能否承受水平載重時在外周部及剪力牆構面上產生的拉伸力（F_x）等，逐一決定入榫或榫、剪力釘等的形狀。其中，就風壓力（F_y）而言，當設有連接外牆面的挑空時，更需要特別加以注意。

以下將針對各種接合方法的特徵進行說明。

通柱型

（1）不使用五金的接合

不使用五金的接合方法中有利用嵌木做為插榫（或者暗銷）的形式。

F_x 方向由嵌木和內栓、暗銷來

抵抗，以防止樑拔出脫落。F_z、F_y 方向則由入榫部分以壓陷的方式來抵抗。特別是 F_z 方向，因為是由耐力來決定，與樑深無關，因此必須注意長跨距或有很大的載重作用時的情況。

（2）併用五金的接合

併用五金的類型有以下做法。

①併用鍵形螺栓

由鍵形螺栓負責抵抗 F_x，入榫部分則用來抵抗 F_z、F_y。因為鍵形螺栓是固定在樑的表面上，因此會涉及設計上的問題。

②併用雙頭拉引螺栓

這是考慮設計性而將拉引螺栓隱藏在樑斷面內的接合方法。由拉引螺栓抵抗 F_x，入榫部分則用來抵抗 F_z、F_y。

使用螺栓接合時很容易出現鬆動的情況，不過也已經有能夠加強連結的物件。

（3）僅用五金的接合

僅用五金的接合是適用於木材含水率管理確實、可以獲得尺寸安定性時的接合方法。

①顎掛型

F_x 方向由插針的剪斷（對纖維方向產生的壓陷）以及螺栓墊圈的壓陷來抵抗。F_z 方向則由插針在纖維的垂直方向上的壓陷、以及螺栓在纖維方向上的壓陷來抵抗。此外，F_y 是由螺栓在纖維的垂直方向上的壓陷來抵抗。

由於這個形式是將搭接加工進行簡化，因此施工性很好。就設計性來說五金也不會外露，因此以合理化工法著稱的建築物幾乎都採用這類五金。五金的做法是由構材深度來決定，不過有時候會因為樑上的載重而造成支撐力不足的情況，最好取得耐力表並善加利用。

此外，針對 F_z 方向而言，也有在五金上設置突出物（剪力釘）以提升剪斷耐力的構件。

②掛勾型

抵抗形式幾乎與顎掛型相同，不過這種類型是在樑的下緣設置顎狀物，以提升對 F_z 的支撐能力，這點是兩者的差異點。雖然是大跨

圖 6● 採用橫穿板的剪力牆之耐力比較

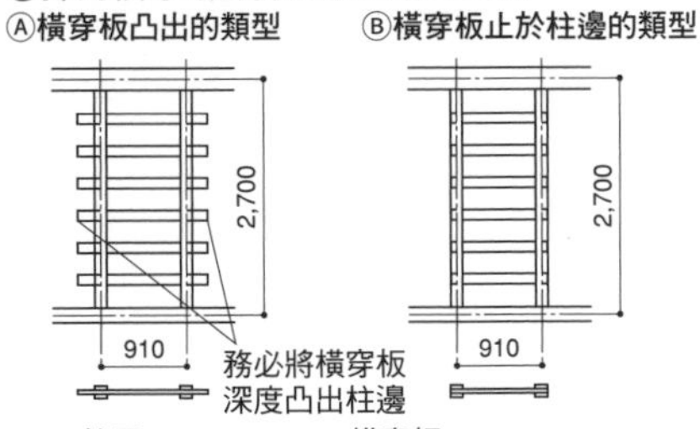

圖 7● 採行格子面的剪力牆

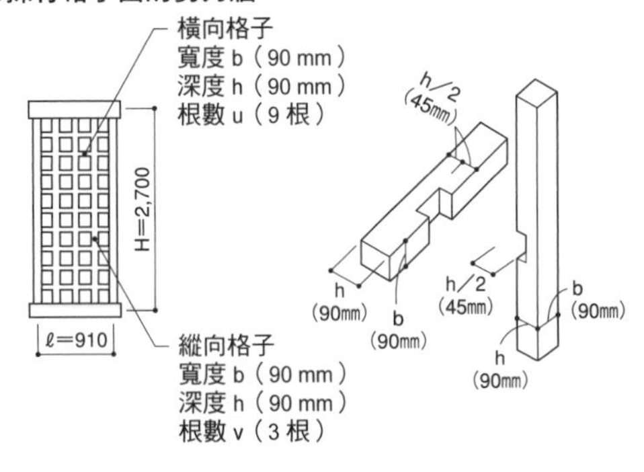

上圖的做法中，壁倍率約為 1.6（採用乾燥至平衡含水率 15% 以下的材料）

度樑適用的方法，但因為從樑的下緣看得到鋼板，所以必須思考設計面的處理方式。

通樑型

（1）不使用五金的接合

以插榫打入長榫為一般做法，其中 F_z 在柱子上產生的拉拔力是由長榫與插榫來抵抗，F_x、F_y 則由榫來抵抗。

在這個形式之下，必須確保長榫具有充足的多餘長度。舉例來說，樑的上下都有柱子固定的時候，樑深至少要有 180 mm 以上。此外，樑在外角處的交叉部分以及樑有所重疊卻沒有以插榫打入時，就必須在附近進行豎向角材的設置等措施。

（2）併用五金的接合

①併用鍵形螺栓、條狀五金

F_z 對柱子的拉拔力是以固定接合五金的釘子或螺栓的剪斷力來抵抗，F_x、F_y 則以短榫來抵抗。

②併用拉引五金

F_z 對柱子的拉拔力是以固定在柱子上的螺栓或釘子對纖維方向的壓陷、以及拉引螺栓的拉伸耐力來抵抗，而 F_x、F_y 則以短榫來抵抗。

在露柱牆的情況下，須注意收整方式，例如是否會與斜撐五金相互干擾等。

③併用雙頭拉引五金

這是考慮設計性而將拉引螺栓設在樑斷面內的接合方法。F_z 方向由拉引螺栓負責抵抗，F_x、F_y 則由短榫來抵抗。

設置在螺栓前端的粗徑鋼筋會以纖維方向上的壓陷來抵抗，因此必須充分確保柱子的端部鑽孔距離。

（3）僅用五金的接合

這種接合包含將插針打入榫管中、以及鋼板替代榫管等方法。因為設計性、施工性都相當優良，因此常使用在以合理化工法著稱的建築案上。

照片 1　圍樑搭接（高溫乾燥材）的垂直支撐耐力試驗結果。入榫底部 5 mm 完好。可見內部纖維的破壞。無柱子的壓陷

照片 2　圍樑搭接（天然乾燥材）的垂直支撐耐力試驗結果。入榫底部產生壓陷破壞（❶）之外，柱子也有壓陷情形（❷）

照片 3　長榫入插榫搭接（高溫乾燥材）的拉伸試驗結果。可見與纖維方向無關的破壞

照片 4　長榫入插榫搭接（天然乾燥材）的拉伸試驗結果。可見沿著纖維方向的破壞

照片 5　金輪對接（高溫乾燥材）的拉伸試驗結果。施力點上的螺栓部分出現破壞

照片 6　金輪對接（天然乾燥材）的拉伸試驗結果。可見從內栓及接合處沿著纖維出現剪斷破壞

F_z 方向是由插針在纖維方向上產生的壓陷來抵抗，F_x、F_y 則由榫管與鋼板來抵抗。採用鋼板時，也有以插針在纖維的垂直方向上產生的壓陷來抵抗。不過，插針的直徑很細，容易造成柱子在纖維方向上的拉裂情形，因此必須確保插針的間隔或柱子的端部鑽孔距離。

此外，各個接合部若鬆動就會導致耐力無法發揮，因此接合要講究加工精度。

選擇接合五金時的要點

目前很多製造商都有販售既能確保耐力也考慮到施工性及設計性的接合五金。不過，如果從結構性來看，也有令人不禁抱持疑慮的產品。

以拉伸五金為例，有些雖然能夠確保純粹的拉伸耐力，但卻無法抵抗其他的應力。最好預先考慮接合部上會有哪些方向的作用力，再選用合適的五金接合。

壓陷抵抗接合

其他的接合方法中還有壓陷抵抗接合。這個接合形式的剛性低但黏性大，屬於木造特有的抵抗形式。

壓陷抵抗接合的代表範例是橫穿板貫通的做法（第 145 頁圖 6）。這個接合方式的抵抗力大小主要受到橫穿板的寬度影響，也就是說「壓陷面積」會左右其效果。相互搭接（格子面即是採用這種做法）也包含在這種接合形式內（第 145 頁圖 7）。

近來由於容許應力度計算的推行，也能對橫穿板貫通或相互搭接的耐力進行評估了。

乾燥方法對接合部產生的影響

照片 1、2 是柱 - 樑接合部的實驗，照片 1 中可見表面留有 5 mm 的接合部，從榫頭下緣出現纖維崩裂、表面部分也有逐漸剝離的現象。接近表面的部分是堅硬的高溫乾燥材，雖然初期剛性高，但是會有纖維破壞之後出現劇烈載重變動的傾向，這也是其特徵之一。此時的耐力比大樑 - 小樑的接合部低，與樑支撐相比之下，以柱子支撐更具備高的支撐力，因此最好盡早採取變更接合形狀等的對策。

照片 3、4 是切除木材周圍部分以形成長榫搭接；照片 5、6 是在木材上做缺角以形成相互嵌合的對接。兩種無疑都是傳統構法的接合方法，這個部分雖然可以期待拉伸耐力，不過經高溫乾燥導致木材內部破裂或木材纖維斷裂、剪斷性能下降就可能演變成致命的問題。因此在期待黏性發揮作用的傳統構法中，不要使用高溫乾燥材是比較安全的選擇。

相反的，如果是一般的樑柱構架構法，在接合部採取五金補強是現今普遍的做法，因此採用高溫乾燥材不會有問題。不過，埋入螺栓等粗鋼材的接合，由於一根接合工具的負擔載重大，若內部破裂會引發耐力下降的問題，因此要用多根螺絲或釘子釘入來達到應力分散的目的，總之應極力避免這樣的危險發生。

接合具的種類與特徵

接合具的種類

用於接合的栓或釘等物件就稱為接合具（固定件）。木材的接合具包含內栓、暗銷、暗榫、楔形物等。金屬接合具則有釘、大頭釘、螺栓、插針、螺絲釘等（表）。關於內栓接合的特徵在第123頁已經說明過，在此將針對金屬系的接合具進行解說。

表●主要的金屬系接合具的構造特徵

名稱	抵抗機制	構造特性	注意要點
釘	剪斷、拉拔力	・初期不容易出現鬆動 ・韌性高	・板類釘子的釘頭不可產生壓陷 ・小斷面容易腐蝕，不要使用在潮溼的環境下
螺栓	剪斷、拉拔力	・初期容易出現鬆動 ・韌性高	・抵抗拉拔的能力上須注意墊圈的尺寸
插針	剪斷	・初期不容易出現鬆動	・使用數量多時必須有高度的施工精度
螺絲釘	剪斷、拉拔力	・初期不容易出現鬆動 ・韌性高	・引孔小 ・嚴禁敲打

釘的種類與抵抗形式

釘是最常使用的接合具，種類也非常多。形狀可依據頭部、軀幹部、端部等各自再進行分類。

就構造上而言，頭部扮演不使板材等發生面外脫離的功用，在做為剪力牆或水平構面的板類固定做法上，釘頭的大小是很重要的因素。此外，軀幹部分具有藉由與木材之間的摩擦力來防止拉拔的作用。端部是考慮到施工性而形成的形狀。

對固定在柱上的板施加作用力時，板材與柱子會出現錯動，在這種情況下，最終的破壞方式有①釘子從柱子裡拔出、②板材破裂、③釘子彎折等三種類型（第148頁圖1）。

若要防止①的情況發生，最好拉長打入的長度，提高軀幹部分的摩擦力。

②很容易發生在板材柔軟的時候，因此除了擴大釘頭的面積以提升壓陷耐力之外，釘子也不可以釘太深。此外，確保材料端部的「端部距離」也是很重要的。

針對③的情況來說，放大軀幹部分的直徑是有效的做法。固定結構材時會使用直徑粗的N釘或CN釘等。

和釘子一樣經常被使用的接合具有大頭釘（木螺釘），因為大頭釘的軀幹部分有螺紋加工，比釘子的摩擦力大，因此具有不易從構材中拉拔出來的特徵。不過，因為不具黏性，會有形成脆弱破壞方式的傾向。

螺栓接合的抵抗形式

在利用螺栓的木材接合形式中，可分成第148頁圖2所示的接合形式A（雙面剪斷型）、以及接合形式B（單面剪斷型）兩種類型。

接合形式A的破壞形式包含木材因螺栓而出現破裂和螺栓折斷等情況。為了防止木材破裂，確保端部鑽孔距離將變得很重要。

接合形式B也可視為相同的破壞形式，不過即使螺栓的貫通長度與接合形式A一樣，也會因為螺栓的剪斷面只有一面的緣故，以至於兩塊材料受到偏心載重影響而出現扭結，因此耐力比接合形式A更低。

除此之外，側材以鋼板施作、在兩塊木材中間夾入鋼板等做法，其壓陷量都會比只用木材接合少，所以耐力會提高。

插針與螺絲釘

插針接合的耐力計算式與螺栓接合相同。不過，插針在進行接合時是採取無間隙直接打入的方式，因而剛性高，只是在出現大幅度變形時或乾燥收縮時，以螺帽固定的螺栓接合可說具有較強的黏性。因此，採用插針接合時使用乾燥構材是特別重要的條件。

螺絲釘除了擁有與螺栓同樣的耐力之外，由於不需要螺帽固定、僅用扭轉方式埋入構材，因此會使用在因應屋簷上掀力的對策、或固定裝飾柱上的補強五金。不過，螺絲釘與螺絲同樣不太能期待對反覆載重的追隨性（黏性），因此安全率必須納入設計考量。

圖 1 ● 釘接合部的破壞形式

①拉拔

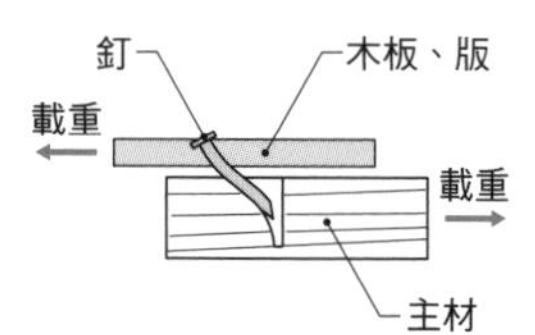

②壓拔剪斷

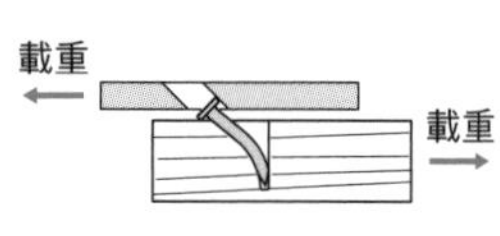

③頭部斷裂

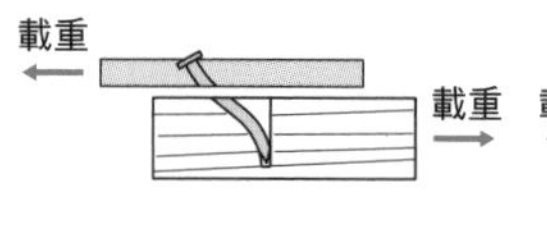

④木材的割裂

a) 在纖維方向上施力

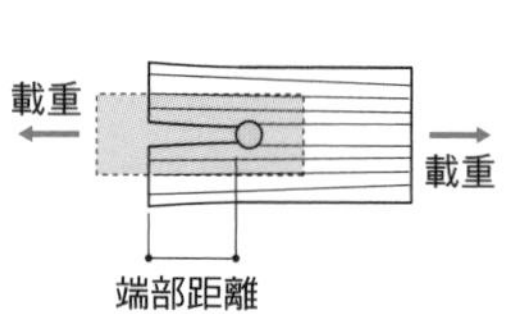

b) 在纖維的垂直方向上施力

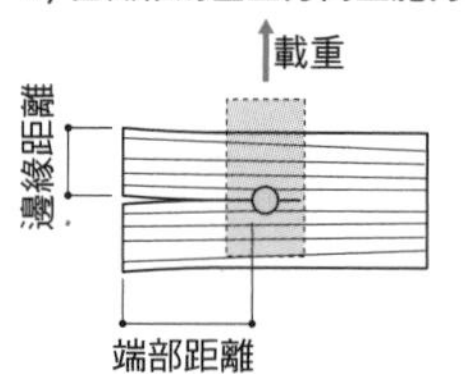

圖 2 ● 剪斷作用下的螺栓破壞形式

接合形式 A（雙面剪斷接合）

①側材的承載破壞

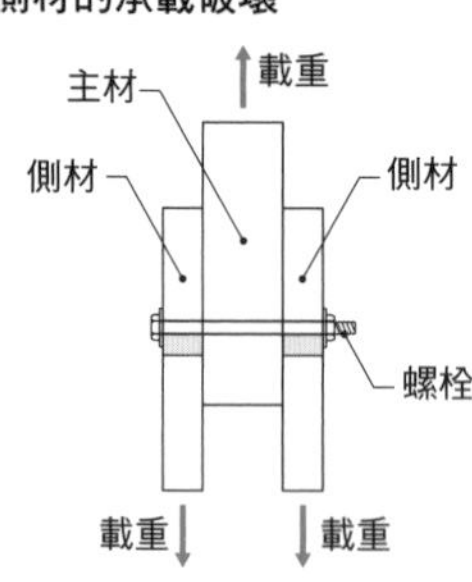

②主材的承載破壞

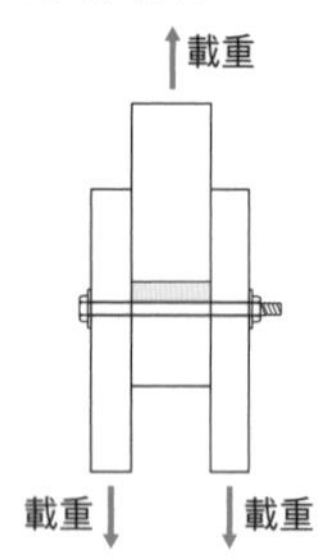

③螺栓的彎曲破壞與側材的承載破壞

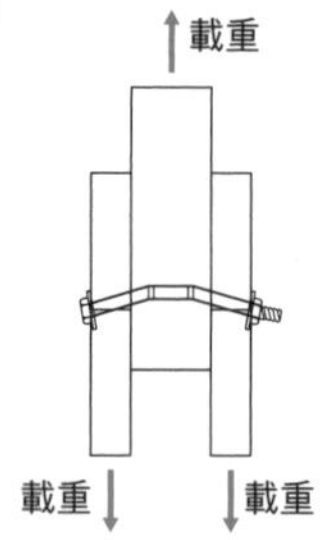

④螺栓的彎曲破壞

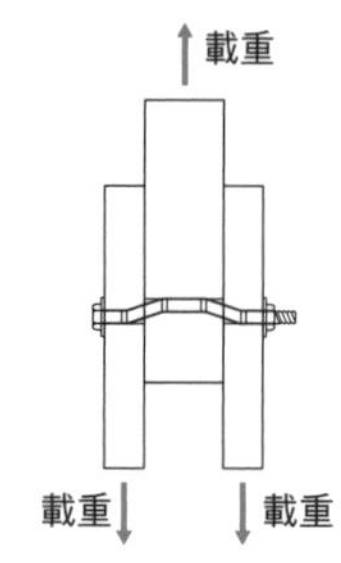

接合形式 B（單面剪斷接合）

①側材的承載破壞

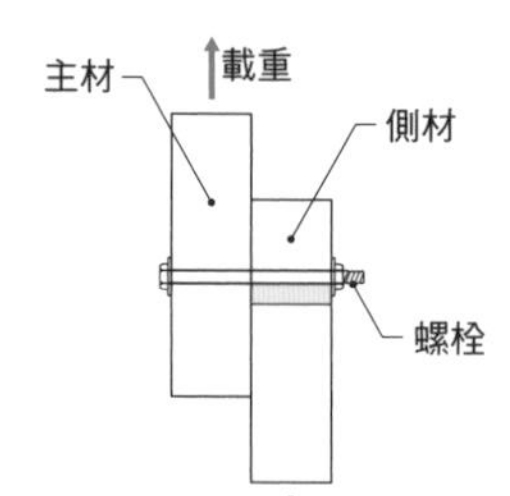

②主材與側材的承載破壞

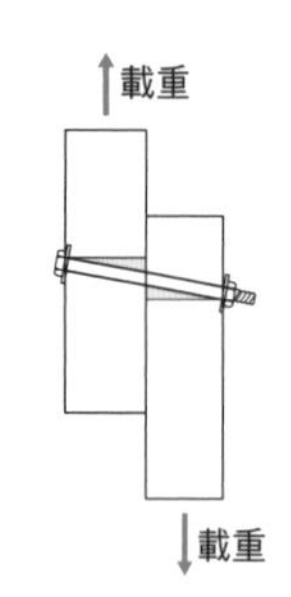

③螺栓的剪斷破壞與主材（側材）的承載破壞

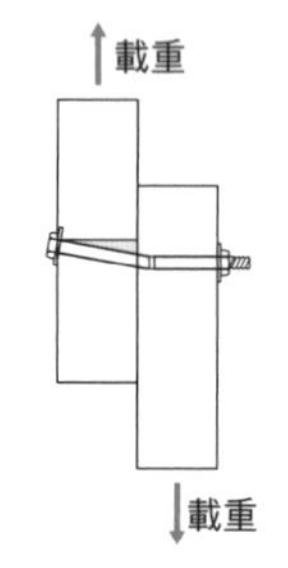

④螺栓的剪斷破壞

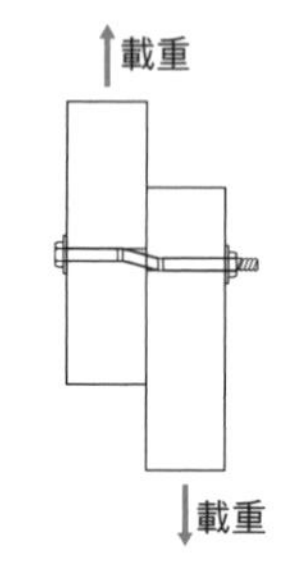

03 實踐篇

立即可使用的設計手法

地盤、基礎 實踐篇

儘管基礎的設計會涉及到成本或安全性，不過對木造住宅的設計者來說，基礎是既重要卻也是最為神秘未明的部分。此章節的內容是不委託結構設計者也能有所根據來進行基礎設計的指南。此外，也針對止水、基礎工程、配管等施工方法，說明結構耐力上的注意要點

地盤、基礎［實踐篇］❶

參照標準平面的基礎設計施行方式

結構計算用模型的概要

本章節將以具體的住宅模型為例，針對基礎設計的順序或要點進行解說。使用的模型如圖1所示，屋頂為瓦屋頂、外牆為砂漿粉刷的二層樓木造住宅。

進行基礎設計之際，首先必須計算出建築物的重量。一般木造住宅的靜載重可參考資料篇第290頁，基礎的設計是以剛性構架用的活載重來進行考慮。

屋頂與外牆做法的組合假設有四種類型時，其每單位樓板面積的約略建築物重量就如表所示。本節模型住宅的屋頂與外牆採取重量重的做法I。

因此，每單位樓板面積的重量分成兩部分，平房部分包含基礎重量在內是11.0kN／m²、二樓建築的部分是15.0kN／m²，以這個數值為基準來求出建築物重量。

基礎設計是依照圖2所示的順序進行。大致上來說，是先對應地耐力以確保安全性之後再決定基礎的斷面及配筋。

表 基礎設計用的建築物重量

規範	單位載重（N／m²）				平房		二樓	
	屋頂	二樓樓板	一樓樓板	基礎	合計	設計值	合計	設計值
I 屋頂：瓦屋頂 外牆：木摺砂漿	1,800	3,500	3,200	5,000	10,000	11,000	13,500	15,000
II 屋頂：瓦屋頂 外牆：雨淋板	1,800	2,700	2,400	5,000	9,200	9,500	11,900	12,000
III 屋頂：鋼板瓦 外牆：木摺砂漿	1,500	3,500	3,200	5,000	9,700	11,000	13,200	14,000
IV 屋頂：鋼板瓦 外牆：雨淋板	1,500	2,700	2,400	5,000	8,900	9,500	11,600	12,000

原注1 瓦屋頂不含底土
原注2 屋頂斜度設定為5寸
原注3 二樓及一樓的牆體重量分別包含在二樓樓板及一樓樓板的重量內

圖 1 ◆ 結構計算用的木造住宅模型

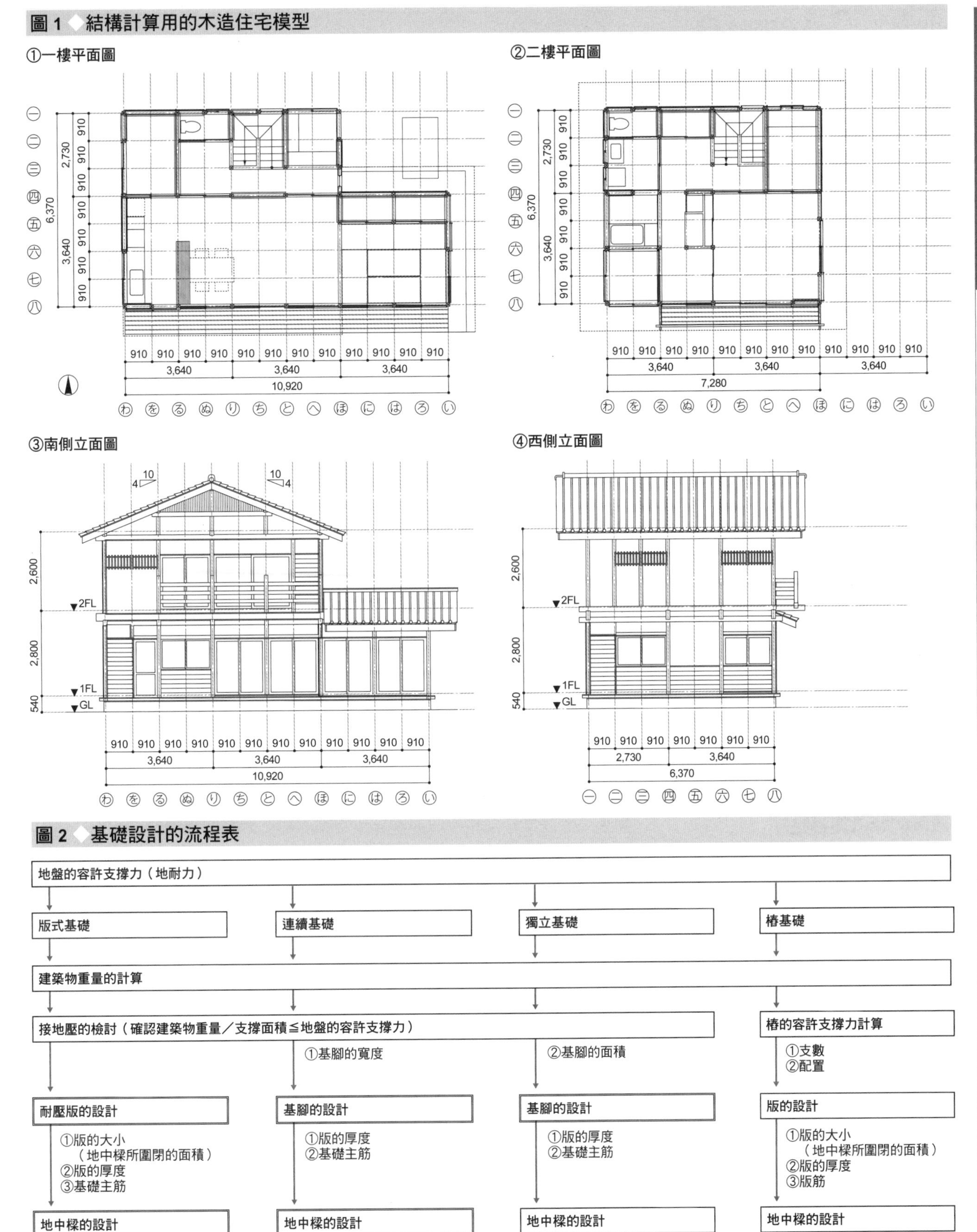

圖 2 ◆ 基礎設計的流程表

地盤的容許支撐力（地耐力）

- 版式基礎 → 建築物重量的計算 → 接地壓的檢討（確認建築物重量／支撐面積≦地盤的容許支撐力） → 耐壓版的設計
  - ①版的大小（地中樑所圍閉的面積）
  - ②版的厚度
  - ③基礎主筋
  → 地中樑的設計
  - ①樑寬 × 樑深
  - ②主筋
  - ③箍筋（ST）
- 連續基礎 → 建築物重量的計算 → 接地壓的檢討
  - ①基腳的寬度
  → 基腳的設計
  - ①版的厚度
  - ②基礎主筋
  → 地中樑的設計
  - ①樑寬 × 樑深
  - ②主筋
  - ③箍筋（ST）
- 獨立基礎 → 建築物重量的計算 → 接地壓的檢討
  - ②基腳的面積
  → 基腳的設計
  - ①版的厚度
  - ②基礎主筋
  → 地中樑的設計
  - ①樑寬 × 樑深
  - ②主筋
  - ③箍筋（ST）
- 樁基礎 → 建築物重量的計算 → 樁的容許支撐力計算
  - ①支數
  - ②配置
  → 版的設計
  - ①版的大小（地中樑所圍閉的面積）
  - ②版的厚度
  - ③版筋
  → 地中樑的設計
  - ①樑寬 × 樑深
  - ②主筋
  - ③箍筋（ST）

基礎設計結束

原注 ▭ 是針對向上的力所做的設計

地盤、基礎 [實踐篇] ❷

針對版式基礎的耐壓版設計

圖 1 ◆耐壓版的設計範例

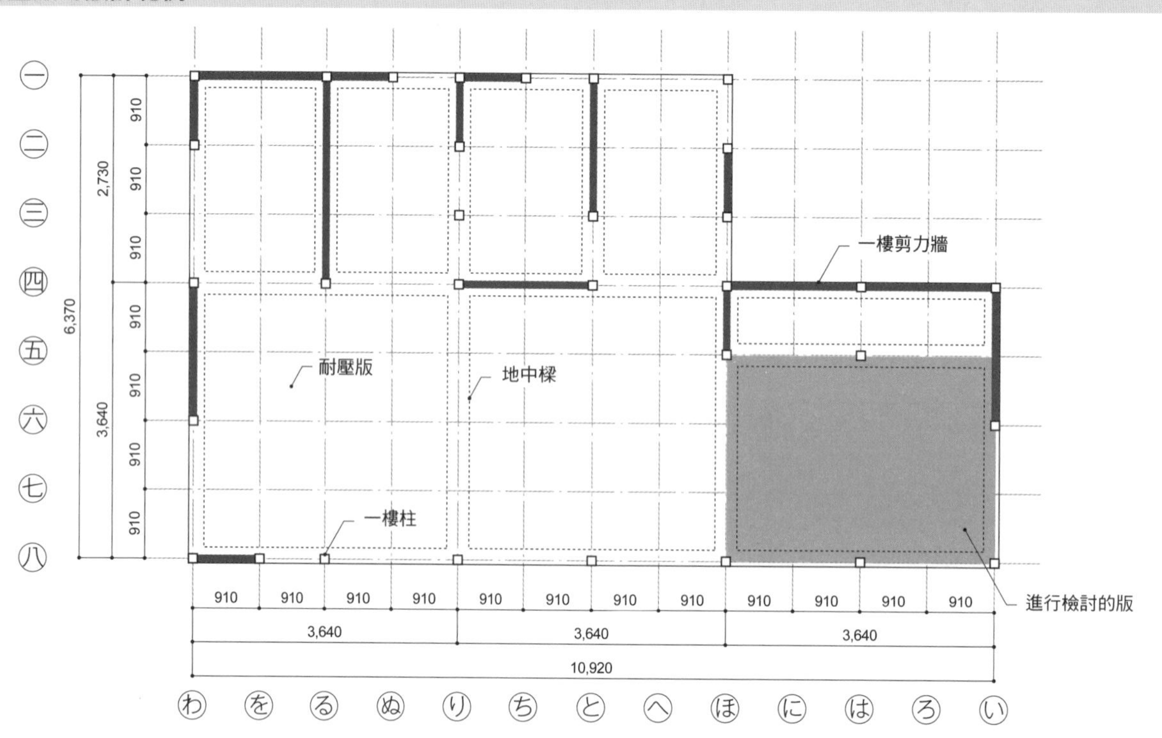

設計的順序與要點

本節是利用第 151 頁圖 1 的住宅模型，以採行版式基礎的情況下，進行平房部分的軸線ⓘ - ⓗ與軸線㊄ - ㊇之間的耐壓版設計。

(1) 版的大小

實際上，只要確定地中樑的寬度或閉合方式的話，雖然也能以地中樑所圍閉的淨尺寸來計算版長，不過本例想保留一些餘裕空間，因此採取軸線中心的距離來進行設計。

・ 短邊長度 ℓ_x=2.73m

・ 長邊長度 ℓ_y=3.64m

(2) 版的設計用載重

建築物重量包含基礎在內是 11.0kN／m^2。這是以地反力的方式由下而上作用在樓板上。與此相對的，因為版的自重（鋼筋混凝土的

圖 2 ◆均等分布載重時四面固定版的應力與中央點的撓曲

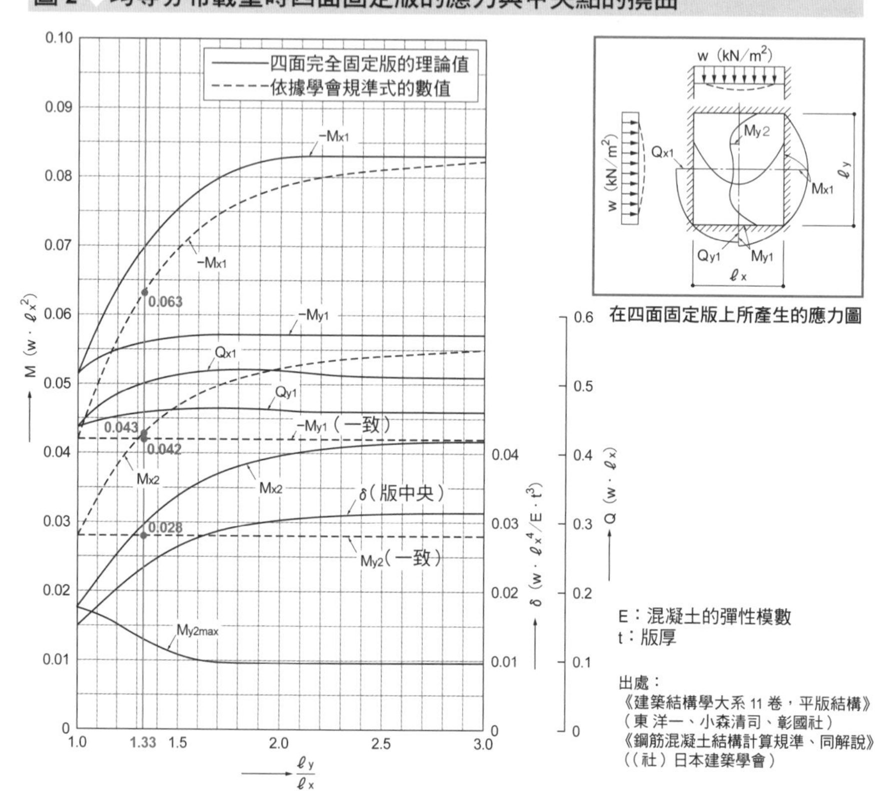

比重 24 kN／m^3× 版厚 0.15m=3.6 kN／m^2）會在重力方向進行作用，因此版的設計用載重為 11.0—3.6=7.4 kN／m^2（向上）。

（3）在版上所產生的應力計算

從圖 2 均等分布載重時四面固定版的應力圖，可以求得計算彎矩與剪斷力所需的係數。

這張圖已經顯示出應力與邊長比的關係，所以從版的大小就可以求邊長比。邊長比是長邊長度與短邊長度相除的值。

圖表上有實線與虛線兩種曲線，其中實線是表示理論值。但事實上版外周的實際固定度並非是完全固定的狀態，因此圖表中的虛線代表（一般社團法人）日本建築學會所採用的實用值。就設計上兩者都可以採用，不過範例是使用學會的方式。

圖 2 中圍閉範圍內的圖就是應力的發生部位。M_x 是在短邊方向、M_y 是在長邊方向上所產生的最大彎矩。再者，M_{x1} 及 M_{y1} 是表示在端部所產生的應力，M_{x2} 及 M_{y2} 則是在中央部附近所產生的應力。因為載重方向是向上，所以 M_{x1} 是指在短邊方向的端部下側形成的應力，M_{x2} 則指在短邊方向的中央部上緣形成的應力。

從圖 2 橫軸的邊長比與曲線 M 的交點對應到左側標示的數值，可以獲得計算彎矩所需的係數。然後將這個係數乘以作用載重 w（單位：kN／m^2）與短邊長度的二次方 ℓ_x^2（單位：m^2）即可求出彎矩。

此外，這些數值是版寬每公尺的應力。

剪斷力的算定則是先找出邊長比與 Q_{x1} 及 Q_{y1} 的交點對應到右側的 Q 值，再將此數值乘以載重 w 與短邊長 ℓ_x，就可以求出每單位長度（1m）的剪斷力。

（4）斷面計算

以（一般社團法人）日本建築學會的鋼筋混凝土造計算規準為基準進行設計。

- 彎矩補強筋的計算

求出拉力鋼筋的必要斷面積

版式基礎的耐壓版設計順序

（1）版的大小

在此保留一點餘裕空間，以軸線中心距離進行設計。
因此，短邊及長邊的長度如下所示。

短邊長度ℓ_x=**2.73m**
長邊長度ℓ_y=**3.64m**

（2）版的設計用載重

版的設計用載重是由建築物重量減去版本身的重量所得的值。
此範例的模型住宅是瓦屋頂＋砂漿外牆，
根據第 150 頁表中每單位樓板面積的建築物重量是 11.0kN／m^2。
版本身的重量則從鋼筋混凝土的比重 × 版厚求出。
鋼筋混凝土的比重是 24 kN／m^3。版厚在此為 0.15 m（150 mm）時，
版的設計用載重如下算式

版的設計用載重 W=11.0 kN／m^2—(24 kN／m^3×0.15m)
=11.0 kN／m^2—3.6 kN／m^2=**7.4 kN／m^2**

（3）在版上產生的應力計算

從圖 2 均等分布載重時四面固定版的應力圖，
求出計算彎矩（M）與剪斷力（Q）所需的係數。
這個圖表是表示與邊長比的關係，因此可從版的大小求得邊長比。

邊長比 λ = ℓ_y／ℓ_x=3.64 m／2.73 m=1.33

從圖 2 求出 M_{x1}、M_{x2}、M_{y1}、M_{y2} 的係數，再套用下列算式算出各部位上產生的彎矩

彎矩 M= 係數 × 載重 ×（短邊長）^{2}

各係數為 M_{x1}=0.063、M_{x2}=0.043、M_{y1}=0.042、M_{y2}=0.028。載重為 7.4 kN／m^2、短邊長為 2.73m，故

M_{x1}=0.063×7.4×2.73^2=**3.47 kN·m／m**
M_{x2}=0.043×7.4×2.73^2=**2.37 kN·m／m**
M_{y1}=0.042×7.4×2.73^2=**2.32 kN·m／m**
M_{y2}=0.028×7.4×2.73^2=**1.54 kN·m／m**

同樣的，從圖 2 求出 Q_{x1}、Q_{y1} 的係數，再套用下列算式算出各部位上產生的剪斷力

剪力 Q= 係數 × 載重 × 短邊長

從圖 2 可知，Q_{x1}=0.51、Q_{y1}=0.46，故

Q_{x1}=0.51×7.4×2.73=**10.30 kN／m**
Q_{y1}=0.46×7.4×2.73=**9.29 kN／m**

此外，上述應力為版每公尺的值。

（4）斷面計算

①針對彎矩的設計

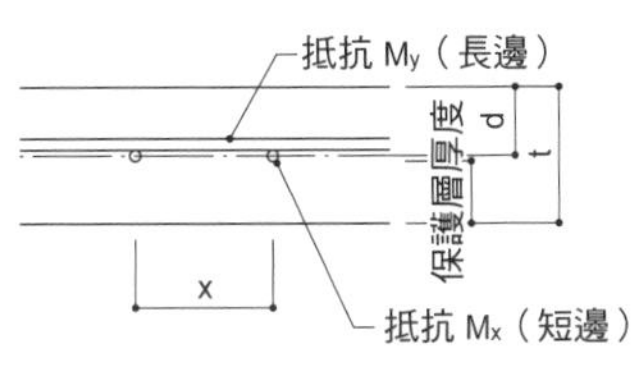

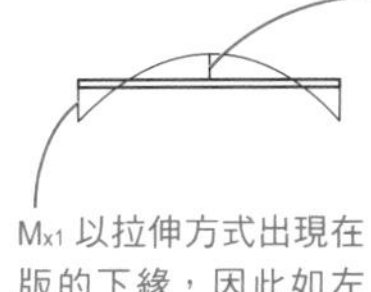

M_{x1} 以拉伸方式出現在版的下緣，因此如左圖所示求出有效深度 d

M_{x2} 以拉伸方式出現在版的上緣，從版下緣到下層鋼筋的中心為止是有效深度的距離。因此，對 M_{x2} 的有效深度比對 M_{x1} 的值更小，不過為了使計算式合理化，這裡會以 M_{x1} 用的 j 來計算必要斷面積。如此一來，決定配筋之際便可保有十分的餘裕（一般會以應力大的 M_{x1} 來決定配筋，因此沒有任何疑慮）

鋼筋徑若採用 D13 時，根據資料篇第 312 頁鋼筋的外徑是 D_1=1.4 cm。此外，版厚 t=15 cm（150 mm）、採取單層配筋時，樑的有效深度與應力中心距離可從下列算式求出。

樑的有效深度 d = 版厚—（保護層厚度 + 鋼筋的半徑 [中心]）
=15—（6+1.4／2）=8.3 cm
➡設計值取 **8.0 cm**（取整數的做法是依據設計者的判斷）

應力的中心距離 $j=\frac{7}{8}d=\frac{7}{8}\times8.0$=**7.0 cm**

對應 M_{x2} 的 d 以及 j 皆以此為判斷準則。

版式基礎的耐壓版設計順序（接續前頁）

（4）斷面計算

①針對彎矩的設計

拉力鋼筋的必要斷面積依照下列算式求出。

$$a_t=\frac{M}{f_t \cdot j} \quad \cdots\cdots❶$$

a_t：拉力鋼筋的必要斷面積（cm^2）

M：彎矩（kN・m）

f_t：鋼筋的容許應力度（kN／cm^2）➡ 根據第 312 頁 SD295：ft =19.5 kN／cm^2（長期）

j：應力中心距離（cm）

依照上面算式所求出的數值是版寬度 1m 範圍內所需的必要斷面積，因此鋼筋的間隔要以下列算式計算。

$$x=\frac{a_o}{a_t}\times 100 \quad \cdots\cdots❷$$

x：鋼筋的間隔（cm）

a_o：一根的斷面積（cm^2）➡ 根據第 312 頁 D10：a_o=0.71 cm^2、D13：a_o=1.27cm^2

a_t：拉力鋼筋的必要斷面積（cm^2）

100：版寬度 1m

因此，對於彎曲應力所需的必要版筋，如下所示。

				設計值
短邊方向	端部	下層筋：a_{tx1}=347／（19.5×7.0）=2.54 cm^2／m	D10-@279	（200）
	中央	上層筋：a_{tx2}=237／（19.5×7.0）=1.74 cm^2／m	D10-@408	（200）
長邊方向	端部	下層筋：a_{ty1}=232／（19.5×7.0）=1.70 cm^2／m	D10-@417	（200）
	中央	上層筋：a_{ty2}=154／（19.5×7.0）=1.13 cm^2／m	D10-@628	（200）

②針對剪斷力的設計

・版厚（對混凝土的剪斷力強度）的檢證

根據下方算式，確保剪斷應力度在混凝土的容許剪斷應力度以下。

$$\tau=\frac{Q}{B \cdot j} \leqq f_s$$

τ：剪斷應力度（kN／cm^2）

Q：剪斷力（kN）

B：版寬度（cm）➡ B=100 cm

j：應力中心距離（cm）

f_s：混凝土的容許剪斷應力度（kN／cm^2）➡ F_c=21N／mm^2：長期 f_s=0.07 kN／cm^2

針對剪斷力大的 Q_x 進行檢討時，

$$\tau=\frac{10.30}{100\times 7.0}=0.015 \text{ kN／cm}^2 < f_s=0.07 \text{ kN／cm}^2 \quad \text{OK}$$

・鋼筋與混凝土的握裹檢討

依據下列算式求出混凝土的握裹所需的必要鋼筋周長。

$$\psi=\frac{Q}{f_a \cdot j}$$

ψ：必要周長（cm）

fa：鋼筋的容許握裹應力度（kN／cm^2）➡ F_c=21 N／mm^2、彎曲材一般：長期 fa =0.21 kN／cm^2

j：應力中心距離（cm）

依據上面算式所求出的數值是版寬度 1m 範圍內所需的必要周長，因此鋼筋的間隔以下方算式求出。

$$x=\frac{\psi_o}{\psi}\times 100$$

x：鋼筋的間隔（cm）

ψ_o：一根的周長（cm）➡ D10：ψ_o=3.0 cm、D13：ψ_o=4.0 cm

100：版寬度 1m

因此，針對握裹所需的必要版筋如下所示。

短邊方向：ψ_x=10.30／（0.21×7.0）=7.01cm／m D10-@428

長邊方向：ψ_y=9.29／（0.21×7.0）=6.32cm／m D10-@474

透過（4）①所求得的間隔較小，因此版的配筋由彎矩應力來決定。

（版寬每公尺的斷面積），並依此為基準來計算鋼筋的間隔。

計算拉力鋼筋的必要斷面積所需的鋼筋容許應力度，就是第 312 頁「鋼筋的容許應力度」的長期拉伸值。因為版筋採用 D10 或 D13，因此材料種別為 SD295。此外，應力中心距離要從預計確認的拉力鋼筋之重心位置關係來計算。

每根鋼筋的斷面積請參照第 312 頁「異形鋼棒的規格」。

根據這些數值可以計算出短邊方向的端部下側所需的鋼筋斷面積，其公式為 M_{x1} 除以 f_t・j。這是每公尺版長所需的斷面積，因此將必要斷面積 a_t 除以每根版筋的斷面積 a_o 之後，就能求出每公尺所需的鋼筋數量。因此，此時的鋼筋間隔即可透過左圖中的❷計算式求得。

依據上述，通常會先分別求出短邊、長邊的數值，在評估施工性等因素之後再決定設計值。在此考量到施工時因承受人員載重而產生的彎曲，因此將鋼筋的間隔設為 200mm。

此外，鋼筋的間隔也必須考慮裂痕問題，所以最大值要控制在 300mm 以下（平成 12 年［編按：西元 2000 年］建告 1347 號［參照第 69 頁圖 1］）。一般間隔多以 300、250、200、150、100mm 為單位。增加部分補強筋時，有時候也會以 250 的一半 125mm、150 的一半 75mm 的方式處理。

・**針對剪斷設計**

這當中包含對版厚度及對鋼筋握裹的檢討。

版厚度的檢討方面，要確保剪斷應力度在混凝土的容許剪斷應力度以下。另一方面，鋼筋握裹的檢討則要求出與混凝土握裹所需的鋼筋周長。

再者，從彎矩求得的數值與從握裹求得的數值中選出間隔較小的一方就是鋼筋的間隔。

依據周邊固定度的差異比較應力及變形

嚴謹的來說，以地中樑圍閉的版的應力會因外周部的固定度差異而有所不同。實際上版的周邊固定度既非完全固定也非完全鉸接，因此以學會算式中的四面固定版來進行版的設計便十分足夠，不過做為參考之用，在此利用因應不同周邊固定度所求得的平版應力參照圖表來比較之間的差異（圖 3 ～第 158 頁圖 9）。

以下是將呈現連續的版視為固定、將不連續的版視為鉸接（單純支撐）予以模型化。因此，從圖 3 的版式基礎形狀來看，僅有圖 4 是四面固定，第 156 頁圖 5 是三面相鄰的版，因此視為三面固定、一面鉸接；第 156 頁圖 6 是 L 形兩面連續的版，因此視為兩面相鄰固定、兩面為鉸接；第 157 頁圖 7 是對邊兩面連續的版，因此是對邊兩面固定、另外的面為鉸接；第 157 頁圖 8 僅有一面為連續的版，因此是一面固定、三面鉸接。僅在外周設置地中樑的版則是四面鉸接（第 158 頁圖 9）。

此外，用於計算應力的版尺寸為短邊 ℓ_x=3.64m、長邊 ℓ_y=4.55m，建築物規範為 I（參照第 150 頁表）的二樓部分。

圖 3 版的周邊固定度

圖 4 ～ 9 的設計範例所使用的版，其概要如下所示

建築物規範 I（瓦屋頂、木摺砂漿外牆）、二樓部分（依據第 150 頁表，w=15.0 kN／m²）、版厚為 15 cm。

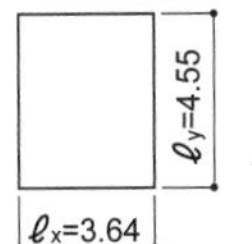

版設計用載重 W=15.0—24×0.15=11.4 kN／m²
短邊 ℓ_x=3.64m
長邊 ℓ_y=4.55m
邊長比 $\dfrac{\ell_y}{\ell_x}=\dfrac{4.55}{3.64}=1.25$

版厚 t=15 cm、d=8 cm、j=7 cm、混凝土強度 F_c=21N／mm² 時，

$$彈性模數\ E=3.35\times10^4\times\left(\frac{\gamma}{24}\right)^2\times\left(\frac{F_c}{60}\right)^{\frac{1}{3}}$$
$$=3.35\times10^4\times\left(\frac{23}{24}\right)^2\times\left(\frac{21}{60}\right)^{\frac{1}{3}}$$
$$=2.17\times10^4\ (N／mm^2)$$
$$=2.17\times10^3\ (kN／cm^2)$$

不過，γ= 混凝土的乾燥單位容積重量（kN／m³）
（F_c ≦ 36 時，因鋼筋混凝土的單位容積重量為 24 kN／m³，故在此以減去 1.0 為計算數值）

圖 8 | 圖 9 | 圖 7 | 圖 6 | 圖 4 | 圖 6 | 圖 8 | 圖 5 | 圖 5 | 圖 6

僅在外周設置一道地中樑的版　圖 9

鋼筋的長期容許拉伸應力度 f_t=19.5 kN／cm²（SD295）
鋼筋的長期容許握裹應力度 f_a=0.21 kN／cm²（SD295）
混凝土的長期容許剪斷應力度 f_s=0.07 kN／cm²（Fc21）

圖 4 四面固定版的應力與變形量

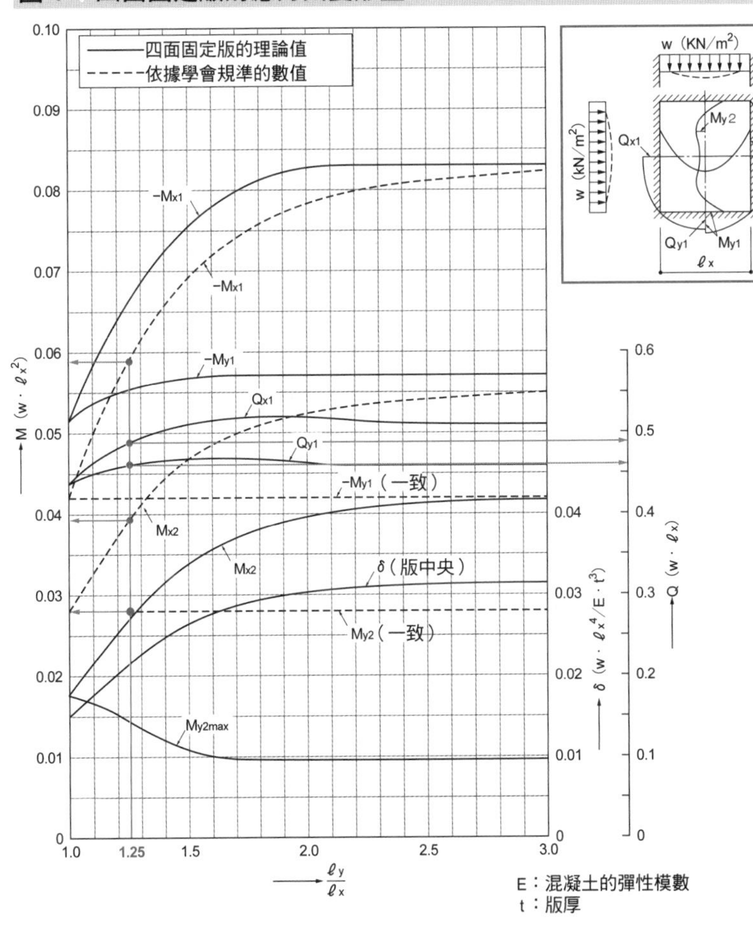

E：混凝土的彈性模數
t：版厚

依據圖 3 的條件，按下式求出四面固定版的應力。

- **彎矩**

M_{x1}= -0.059×11.4×3.64²= -8.91 kN·m
M_{x2}= 0.039×11.4×3.64²= 5.89 kN·m
M_{y1}= -0.042×11.4×3.64²= -6.34 kN·m
M_{y2}= 0.028×11.4×3.64²= 4.23 kN·m

短邊方向 $a_{tx1}=\dfrac{M_{x1}}{f_t\cdot j}$=6.53cm²（D13-@194）

長邊方向 $a_{ty1}=\dfrac{M_{y1}}{f_t\cdot j}$=4.64cm²（D13-@273）

- **剪斷力**

Q_x=0.49×11.4×3.64=20.33 kN
Q_y=0.46×11.4×3.64=19.09 kN
$\tau_x=\dfrac{Q_x}{B\cdot j}$=0.029 kN／cm² ＜ f_s=0.07 kN／cm² ➡ OK
（B=100 cm[單位長度 1m]）
ψ_x=13.8 cm（D13-@289）

- **變形量**

$$\delta=0.022\times\frac{11.4\times3.64^2\times364^2}{2.17\times10^3\times15^3}=0.060\ cm$$
（單位：kN／m²、m²、cm² ／ kN／m²、m²）

$$\frac{\delta}{\ell_x}=\frac{1}{6,054}$$

故短邊方向為 D13-@150、長邊方向為 D13-@200

圖 5 三面固定、一面簡支版的應力與變形量

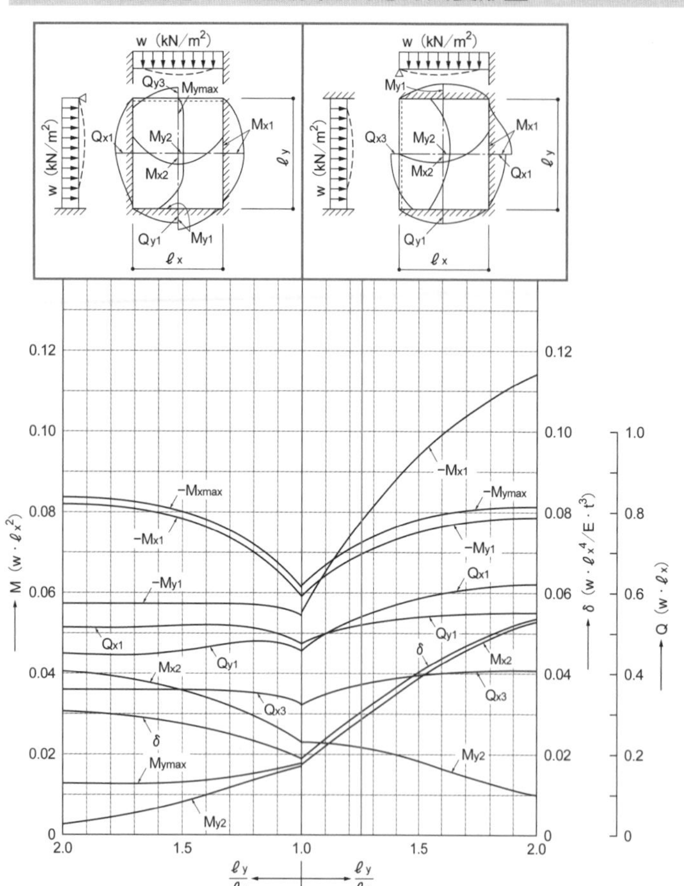

依據第 155 頁圖 3 的條件，按下式求出三面固定、一面簡支版的應力。此外，該範例是設定長邊中的一邊為簡支支撐的情況所做的檢討。

・**彎矩**

M_{x1}= -0.078×11.4×3.64²= -11.78 kN·m

M_{x2}= 0.029×11.4×3.64²= 4.38 kN·m

M_{ymax} = -0.074×11.4×3.64²= -11.18 kN·m

M_{y1}= -0.070×11.4×3.64²= -10.57 kN·m

M_{y2}= 0.022×11.4×3.64²= 3.32 kN·m

短邊方向 a_{tx1}= 8.63 cm²（**D13-@147**）

長邊方向 a_{tymax} = 8.19 cm²（**D13-@155**）

・**剪斷力**

Q_x =0.54×11.4×3.64=22.41 kN

Q_y=0.53×11.4×3.64=21.99 kN

τ_x =0.032 kN／cm² ＜ f_s=0.07 kN／cm² ➡ **OK**

ψ_x =15.2 cm（D13-@262）

・**變形量**

$$\delta = 0.031 \times \frac{11.4 \times 3.64^2 \times 364^2}{2.17 \times 10^3 \times 15^3} = 0.085\ \text{cm}$$

$$\frac{\delta}{\ell_x} = \frac{1}{4{,}296}$$

故短邊、長邊的應力大致相等，因此取 **D13-@100**

圖 6 兩面固定、兩面簡支版的應力與變形量

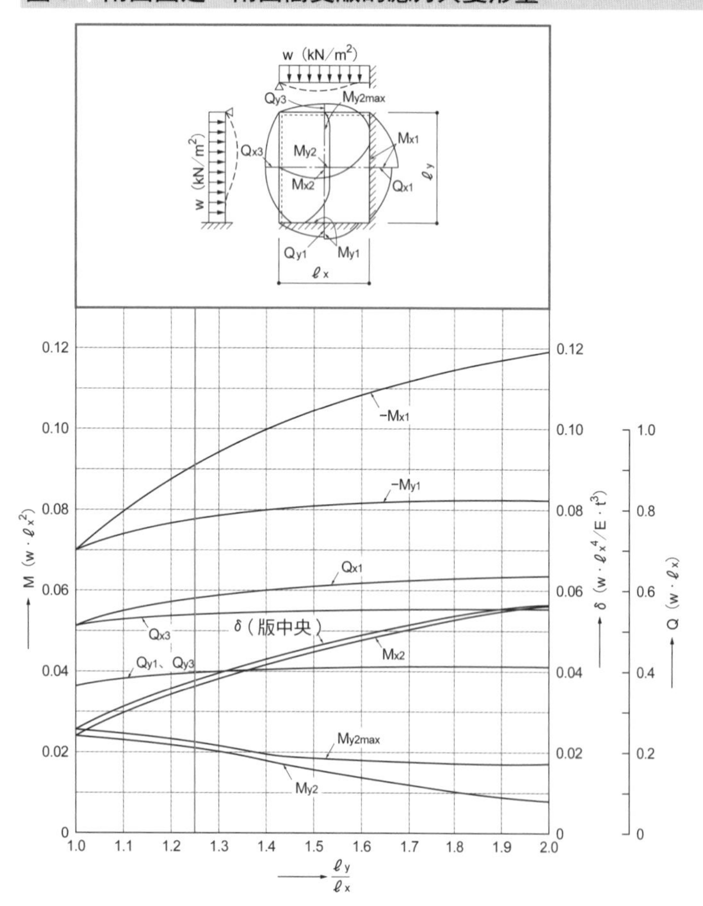

依據第 155 頁圖 3 的條件，按下式求出兩面固定、兩面簡支版的應力。

・**彎矩**

M_{x1}= -0.091×11.4×3.64²= -13.75 kN·m

M_{x2}= 0.036×11.4×3.64²= 5.44 kN·m

M_{y1}= -0.078×11.4×3.64²= -11.78 kN·m

M_{y2}= 0.021×11.4×3.64²= 3.17 kN·m

短邊方向 a_{tx1}= 10.07cm²（**D13-@126**）

長邊方向 a_{ty1}= 8.63cm²（**D13-@147**）

・**剪斷力**

Q_x=0.58×11.4×3.64=24.07 kN

Q_y=0.40×11.4×3.64=16.60 kN

τ_x=0.034 kN／cm² ＜ f_s=0.07 kN／cm² ➡ **OK**

ψ_x=16.4 cm（D13-@244）

・**變形量**

$$\delta = 0.037 \times \frac{11.4 \times 3.64^2 \times 364^2}{2.17 \times 10^3 \times 15^3} = 0.101\ \text{cm}$$

$$\frac{\delta}{\ell_x} = \frac{1}{3{,}600} > \frac{1}{4{,}000}$$ ➡ **NG**（須注意裂痕）

若版厚為 18 cm 時，

$$\frac{\delta}{\ell_x} = \frac{1}{3{,}600} \times \frac{15^3}{18^3} = \frac{1}{6{,}220} < \frac{1}{4{,}000}$$ ➡ **OK**

故短邊、長邊皆為 **D13-@100**

圖 7 兩個對邊固定、其餘兩面為簡支版的應力與變形量

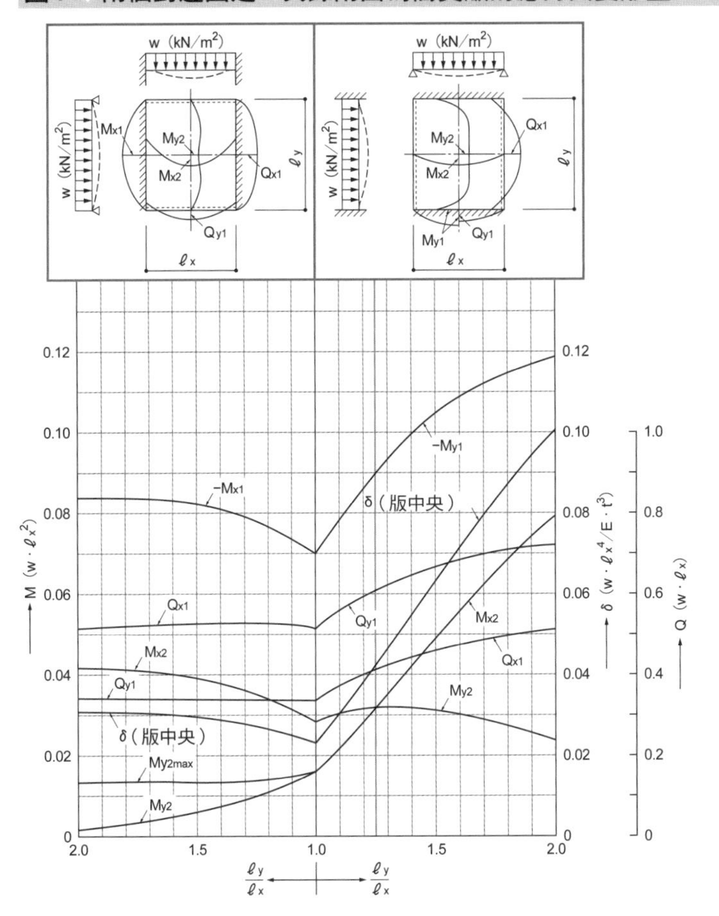

依據第 155 頁圖 3 的條件，按下式求出兩個對邊固定、其餘兩面為簡支版的應力。此外，該範例是設定長邊為簡支支撐的情況下所做的檢討。

・**彎矩**

M_{x2}= 0.032×11.4×3.64²= 4.83 kN·m

M_{y1}= -0.091×11.4×3.64²= -13.75 kN·m

M_{y2}= 0.032×11.4×3.64²= 4.83 kN·m

短邊方向 a_{tx2}= 3.54 cm²（**D13-@358**）

長邊方向 a_{ty1}=10.07 cm²（**D13-@126**）

・**剪斷力**

Q_x=0.41×11.4×3.64=17.01 kN

Q_y=0.61×11.4×3.64=25.31 kN

τ_y=0.036 kN／cm² < f_s=0.07 kN／cm² ➡ **OK**

ψ_y=17.2 cm（D13-@232）

・**變形量**

$$\delta = 0.042 \times \frac{11.4 \times 3.64^2 \times 364^2}{2.17 \times 10^3 \times 15^3} = 0.115 \text{ cm}$$

$$\frac{\delta}{\ell_x} = \frac{1}{3,171} > \frac{1}{4,000}$$ ➡ **NG**（須注意裂痕）

若版厚為 18 cm 時，

$$\frac{\delta}{\ell_x} = \frac{1}{3,171} \times \frac{15^3}{18^3} = \frac{1}{5,479} < \frac{1}{4,000}$$ ➡ **OK**

故短邊為 **D13-@200**、長邊方向為 **D13-@100**（長邊為下層筋）

圖 8 一面固定、三面簡支版的應力與變形量

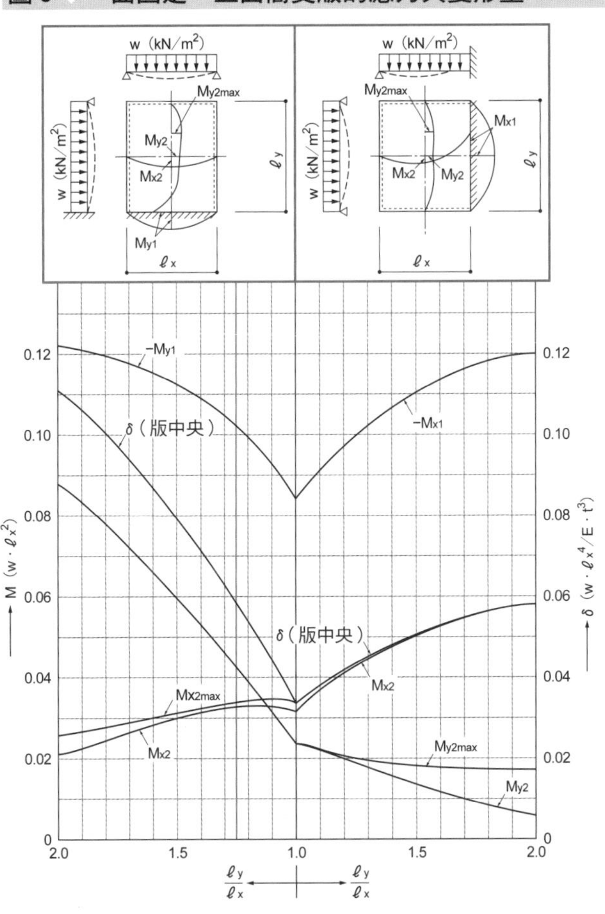

依據第 155 頁圖 3 的條件，按下式求出一面固定、三面簡支版的應力。此外，該範例是設定短邊為固定的情況下所做的檢討。

・**彎矩**

M_{x2}= 0.032×11.4×3.64²= 4.83 kN·m

M_{y1}= -0.102×11.4×3.64²= -15.41 kN·m

M_{y2}= 0.043×11.4×3.64²= 6.49 kN·m

短邊方向 a_{tx2}= 3.54cm²（**D13-@358**）

長邊方向 a_{ty1}=11.29cm²（**D13-@112**）

・**變形量**

$$\delta = 0.058 \times \frac{11.4 \times 3.64^2 \times 364^2}{2.17 \times 10^3 \times 15^3} = 0.158 \text{ cm}$$

$$\frac{\delta}{\ell_x} = \frac{1}{2,296} > \frac{1}{4,000}$$ ➡ **NG**

必要版厚為

$$t \geqq \sqrt[3]{\frac{4,000}{2,296}} \times 15 = 18.05 \text{ cm}$$

因此，t 設為 200mm。

以版厚 200mm 再檢討時，

$$d = 20 - \left(6 + \frac{1.3}{2}\right) = 13.35$$

$$j = 13.35 \times \frac{7}{8} = 11.68 \text{ cm}$$ ➡ 以 11.0 cm 進行設計

短邊方向 a_{tx2} =2.25cm²（**D13-@564**、**D10-@315**）

長邊方向 a_{ty1} =7.18cm²（**D13-@176**）

a_{ty2} =3.03cm²（**D13-@419**、**D10-@234**）

長邊上層筋為 D13-@300

短邊（上層筋、下層筋皆為 D10-@200）

200

t ≧ 200 時要以雙層配筋

長邊下層筋為 D13-@150

圖 9 ◆ 四面簡支版的應力與變形量

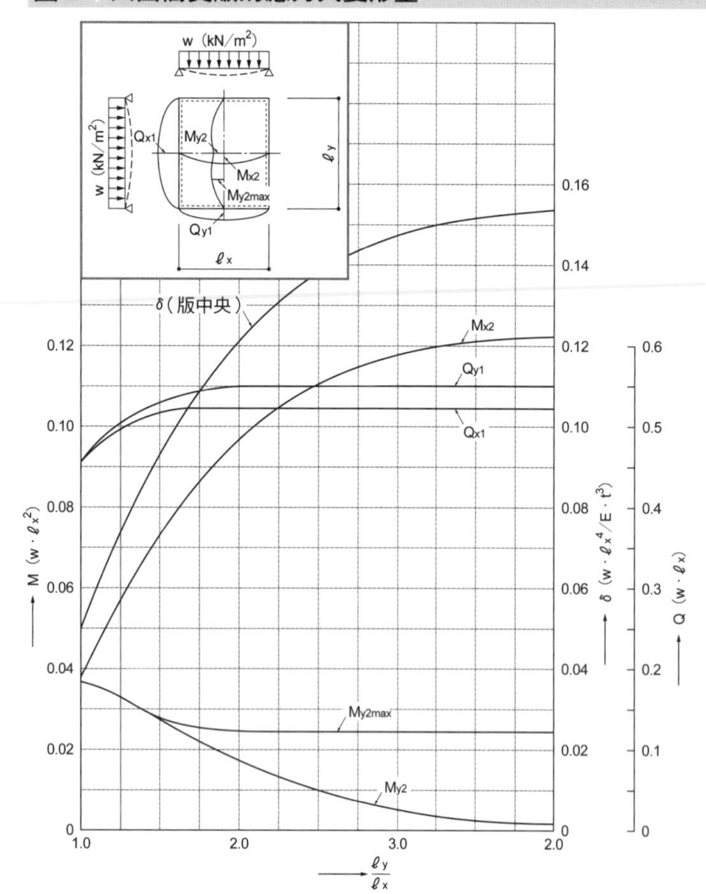

依據第 155 頁圖 3 的條件，按下式求出四面簡支版的應力。

・**彎矩**

$M_{x2}=0.057\times 11.4\times 3.64^2=8.61$ kN·m

$M_{y2}=0.033\times 11.4\times 3.64^2=4.98$ kN·m

短邊方向 $a_{tx2}=6.31$ cm²（**D13-@201**）

長邊方向 $a_{ty2}=3.65$ cm²（**D13-@348**）

・**剪斷力**

$Q_x=0.49\times 11.4\times 3.64=20.33$ kN

$Q_y=0.51\times 11.4\times 3.64=21.16$ kN

$\tau_y=0.030$ kN／cm² ＜ $f_s=0.07$ kN／cm² ➡ **OK**

$\psi_y=14.4$ cm（**D13-@277**）

・**變形量**

$$\delta=0.073\times\frac{11.4\times 3.64^2\times 364^2}{2.17\times 10^3\times 15^3}=0.199 \text{ cm}$$

$$\frac{\delta}{\ell_x}=\frac{1}{1{,}824}>\frac{1}{4{,}000}$$ ➡ **NG**

必要版厚為

$$t\geqq\sqrt[3]{\frac{4{,}000}{1{,}824}}\times 15=19.5 \text{ cm}$$

因此，以 t=20 cm（200 mm）再檢討時，

d=13 cm、j=11 cm

短邊方向上層筋 $a_{tx2}=4.01$ cm²（**D13-@316**）

長邊方向上層筋 $a_{ty2}=2.32$ cm²（**D10-@305**）

$\psi_y=9.16$ cm²（**D10-@327**）

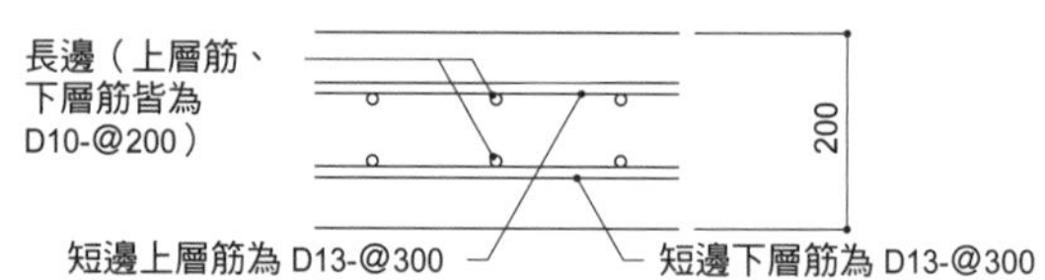

版式基礎的地中樑設計

圖 1 ◆地中樑的設計範例

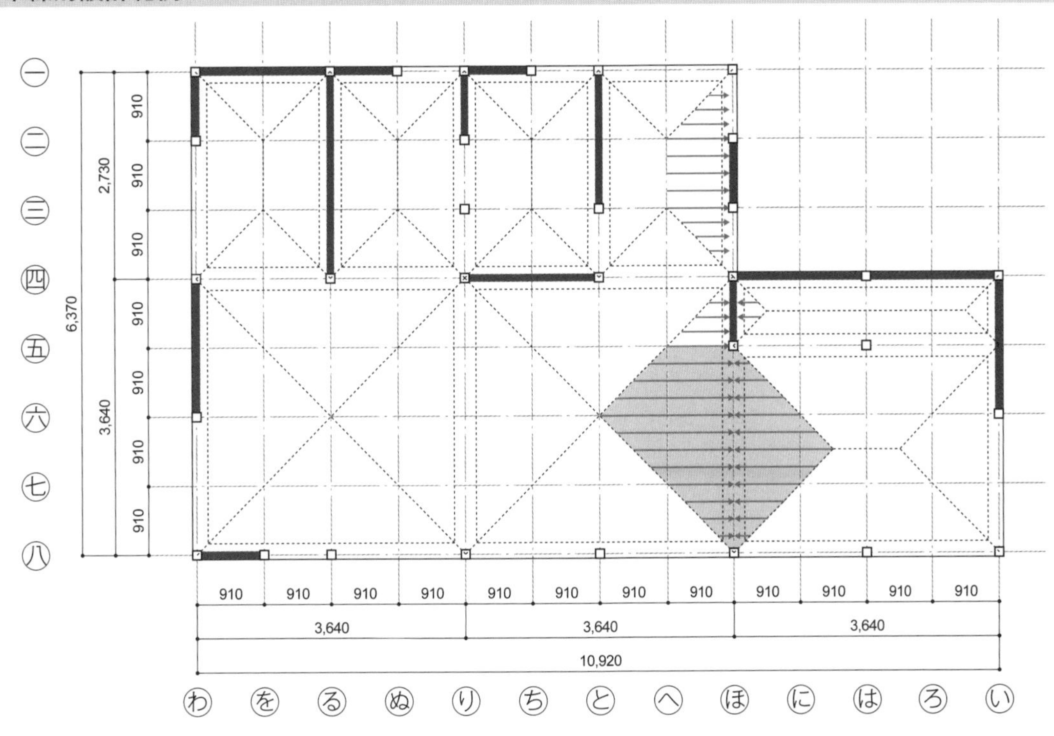

設計的順序與要點

將第 151 頁圖 1 的住宅模型繪製成本頁的圖 1，以進行軸線ⓗ、㊄ - ㊇之間的地中樑設計

(1) 應力的計算

由於是鋼筋混凝土造的耐壓版，因此會如圖 1 所示應力以龜殼狀的方式流向框架樑（地中樑）。

軸線ⓗ的解析模型在重力方向上有軸力的作用。以一樓柱的位置為支點，形成與重力相反的方向（向上）上承受地反力的連續樑（圖 2）。

仔細觀察作用在樑上的載重，雖然地反力是向上作用，不過版與地中樑重量（基礎重量）是向下作用的，因此地反力減掉基礎自重所得的值即為地中樑的設計用載重。具體地說就是第 150 頁表的設計用重量扣除基礎重量 5.0kN／m^2。

㊄ - ㊇之間的負擔面積如圖 1 的上色範圍，不過為了簡化計算，會按圖 2 所示替換成等價的均等分布載重後再進行計算。

載重求出來之後接著是計算彎矩及剪斷力，不過在連續樑的情況下，首先要取出一個跨度的樑，依照第 315 頁的公式求出兩端視為固定時的端部彎矩（C）、兩端視為鉸接時的中央部彎矩（M_o）以及端部剪斷力（Q）。

接著，對應樑的剛比根據固定方法等求出連續樑的應力，不過實務面上會採用學會 RC 規準所載明的略算式（參照第 315 頁）。

本範例符合多跨距連續樑的外端部，因此應力分別出現在軸線㊇側下緣 0.6C、㊅～㊆附近上緣 M_o -0.65C、及軸線㊄側下緣 1.2C。

圖 2 ◆替換成等價的均等分布載重

軸線ⓗ做為柱子的支撐點時可以如下進行標準模型化

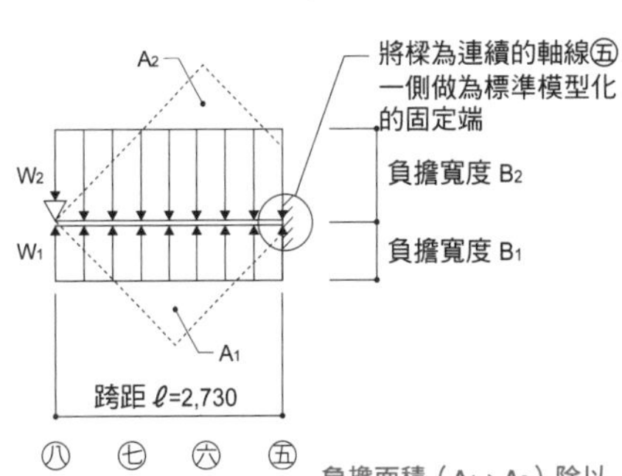

負擔面積（A_1、A_2）除以跨距（ℓ）所得的值會成為等價的負擔寬度（B_1、B_2）

版式基礎的地中樑設計順序

（1）應力計算

先將建築物重量裡的基礎重量減掉，再求地中樑的設計用載重。模型住宅採用瓦屋頂 + 砂漿外牆，從第 150 頁表每單位樓板面積的建築物重量，在二樓建築的部分是 15.0kN／m^2、平房部分是 11.0 kN／m^2。此外，第 150 頁表中還可以知道基礎的重量是 5.0 kN／m^2，因此地中樑的設計用載重如下所示。

二樓建築部分 W'_2=15.0kN／m^2—5.0 kN／m^2=**10.0 kN／m^2**

一樓建築部分 W'_1=11.0kN／m^2—5.0 kN／m^2=**6.0 kN／m^2**

不過，為了簡化計算，在此會將作用在樑的面載重替換成等價的均等分布載重（求面積可均等分布的負擔寬度 B）。

二樓建築側的負擔面積 A_2=3.64×1.82／2—0.91^2／2=2.90 m^2

等價的負擔寬度 B_2=A_2／ℓ=2.90／2.73=1.06 m

因此，W_2=W'_2×B_2=10.0×1.06=**10.6 kN／m**

平房側的負擔面積 A_1=2.73×1.365／2=1.86 m^2

等價的負擔寬度 B_1=A_1／ℓ=1.86／2.73=0.68 m

因此，W_1=W'_1×B_1=6.0×0.68=**4.1 kN／m**

以上述的數值為基礎，各自計算出兩端固定時在端部所產生的彎矩（C）、兩端鉸接時在中央部所產生的彎矩（M_0）、兩端鉸接時端部所產生的剪斷力（Q）。

・兩端固定時在端部產生的彎矩

$C=\frac{1}{12}W\ell^2$

$C=\frac{1}{12}(W_1+W_2)\ell^2=\frac{1}{12}(4.1+10.6)\times 2.73^2$

=9.13 kN·m

・兩端鉸接時在中央部產生的彎矩

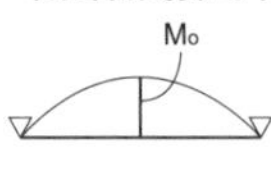

$M_0=\frac{1}{8}W\ell^2$

$M_0=\frac{1}{8}(W_1+W_2)\ell^2=\frac{1}{8}(4.1+10.6)\times 2.73^2$

=13.69 kN·m

・兩端鉸接時在端部產生的剪斷力

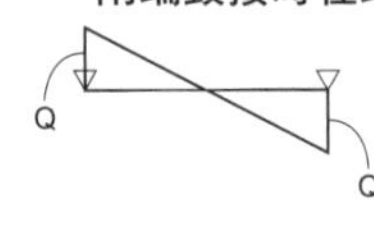

$Q=\frac{1}{2}W\ell$

$Q=\frac{1}{2}(W_1+W_2)\ell=\frac{1}{2}(4.1+10.6)\times 2.73$

=20.07 kN

以學會算式求出設計用的應力。

・彎矩

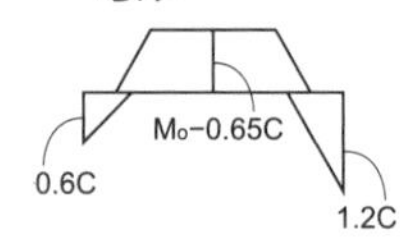

㊇側：M_8=0.6C=0.6×9.13=**5.48 kN·m**

中央：M_C=M_0—0.65C=13.69—（0.65×9.13）

=7.76 kN·m

㊄側：M_5=1.2C=1.2×9.13=10.96 kN·m

・剪斷力

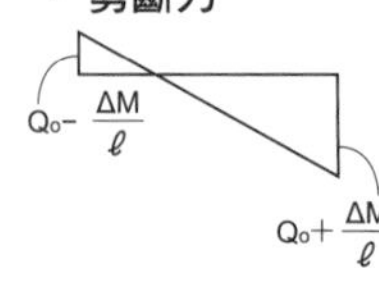

㊇側：Q_8=Q_0—（M_5—M_8）／ℓ

=20.07—（10.96—5.48）／2.73

=18.06 kN

㊄側：Q_5=Q_0＋（M_5—M_8）／ℓ

=20.07＋（10.96—5.48）／2.73

=22.08 kN

（2）斷面計算

①因應彎矩的設計

拉力鋼筋（主筋）的必要斷面積與版相同，可從下面算式求得。

$$a_t=\frac{M}{f_t\cdot j}$$

a_t：拉力鋼筋必要斷面積（cm^2）

M：彎矩（kN·m）

f_t：主筋的容許拉伸應力度（kN／cm^2）

➜依據第 312 頁，自 D10 至 D16：SD295A

長期 f_t=**19.5 kN／cm^2**

j：應力中心距離（cm）

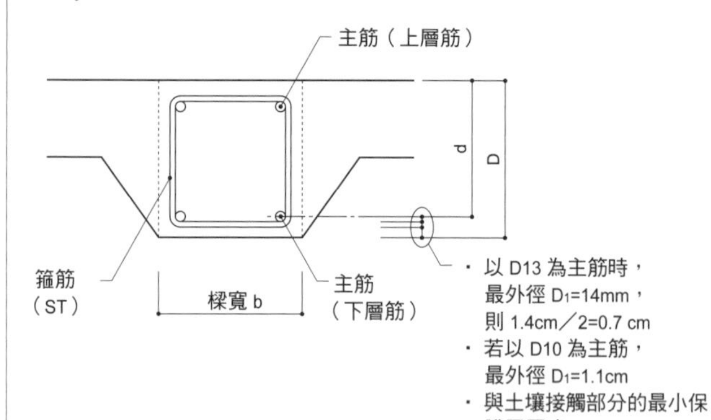

・以 D13 為主筋時，最外徑 D_1=14mm，則 1.4cm／2=0.7 cm

・若以 D10 為主筋，最外徑 D_1=1.1cm

・與土壤接觸部分的最小保護層厚度 =6.0 cm

合計 7.8 cm →取整數 8 cm

假設樑寬 b× 樑深 D=30 cm×45 cm 時，

有效深度 d=D—8cm=37.0 cm

應力中心距離 $j=\frac{7}{8}d$=**32.3 cm**

以上述的數值為基礎計算主筋時，可從下列算式得出。

㊇側 下層筋：$a_t=\frac{M_8}{f_t\cdot j}$=548／（19.5×32.3）=0.87 cm^2　1—D13（a_t=1.27 cm^2）

中央 上層筋：$a_t=\frac{M_C}{f_t\cdot j}$=776／（19.5×32.3）=1.23 cm^2　1—D13

㊄側 下層筋：$a_t=\frac{M_5}{f_t\cdot j}$=1,096／（19.5×32.3）=1.74 cm^2　2—D13（a_t=2.54 cm^2）

求出主筋數量後，再依照圖 3 或第 312 頁來決定樑寬。

②因應剪斷力的設計

依照下列算式計算剪斷應力度，並決定箍筋的直徑與間隔。

$$\tau=\frac{Q}{b\cdot j}$$

τ：剪斷應力度（kN／cm^2）

Q：剪斷力（kN）

b：樑寬（cm）

j：應力中心距離（cm）

箍筋（鐙筋）的量如下表所示。

$$P_w=\frac{a_w}{b\cdot x}$$

P_w：箍筋比

a_w：1 組箍筋的斷面積（cm^2）

b：樑寬（cm）

x：箍筋的間隔（cm）

剪斷應力度的計算結果，如果$\tau\leqq\alpha\cdot f_s$時，僅以混凝土就能因應剪斷力，不過依據學會規準，要以 $P_w\geqq$ 0.2% 放置箍筋。另一方面，$\tau>\alpha\cdot f_s$時要依據下面算式來設計箍筋。

版式基礎的地中樑設計順序（接續左頁）

$P_w = \dfrac{\tau - \alpha \cdot f_s}{0.5 {}_w f_s} + 0.002$

不過，$\alpha = \dfrac{4}{\dfrac{M}{Q \cdot d} + 1}$ 且 $1 \leqq \alpha \leqq 2$

α：依據樑的剪斷力跨距比 $\dfrac{M}{Q \cdot d}$ 的比例增大係數

f_s：　混凝土的容許剪斷應力度（kN／cm²）
　→ F_c=21N／mm²：長期 f_s=**0.07 kN／cm²**

${}_w f_s$：　箍筋的剪斷力補強用容許拉伸應力度（kN／cm²）
　→ SD295A：長期 ${}_w f_s$ =**19.5 kN／cm²**

M：進行設計的樑的最大彎矩
Q：進行設計的樑的最大剪斷力

依據下式計算剪斷力大的軸線㊄側。

$\tau = \dfrac{Q_5}{b \cdot j}$ =22.08／（30×32.3）
　=**0.023 kN／cm²** < f_s=0.07 kN／cm² → **OK**

因此，僅以混凝土的斷面就能因應剪斷力，不需要特別製作箍筋。不過，考慮到收縮所引發的裂紋等問題，會以 P_w=0.2% 為基準配置箍筋。

以 D10 做為箍筋時，
　a_w=2×0.71=**1.42 cm²**

必要的箍筋間隔為
　$x \leqq \dfrac{a_w}{b \cdot P_w}$ =1.42／（30×0.002）=**23.6 cm**

依據以上算式，箍筋採用 2-D10-@200。
此外，考慮到箍筋的施工性，地中樑要以下圖的方式施作。

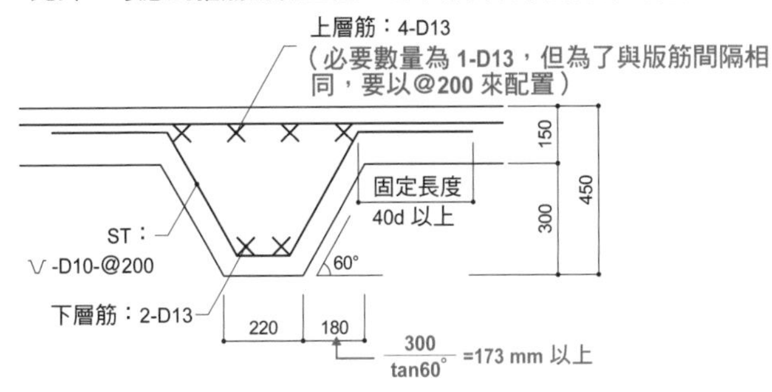

此外，$\tau > f_s$ 時為了使做為剪斷力補強筋能有效運作，平均寬度要以 $P_w \geqq$ 0.2% 施作。在這樣的情況下 b=22+18=40 cm，根據此結果得到以下結論。
　D10 時，2-D10-@178（150）
　D13 時，2-D13-@317（200）

（2）斷面計算

求出各應力後，再以（一般社團法人）日本建築學會 RC 規準為基準來進行斷面設計。

首先是彎矩設計，第一步是求出配置在地中樑上緣與下緣的主筋之必要斷面積。

此時，樑斷面最好以適當的值做為假設。主筋數量過多時，只要增加樑深就能減少主筋的數量。依此決定主筋的數量之後，再考量圖 3 所示的保護層厚度或主筋的間隔、彎曲加工精度等，最後決定必要的樑寬（第 312 頁「鋼筋支數與樑寬的最小尺寸（地中樑）」是依據圖 3 所計算出來的結果）。

其次是剪斷力設計，要確保剪斷應力度（τ）在混凝土的容許剪斷應力度以下。

剪斷應力度在混凝土的容許剪斷應力度以下時，僅依賴混凝土就可以因應剪斷力，不過學會規準有規定箍筋（鐙筋）比≧ 0.2%，因此以此做為箍筋配置標準即可。此外，剪斷應力度若超過混凝土的容許剪斷應力度時，必須以其他算式來進行箍筋的設計。

圖 3　從主筋的間隔與保護層厚度求出必要最小樑寬

從主筋的間隔與保護層厚度求出必要最小樑寬

①主筋直徑
D13 → 公稱直徑 d_1=12.7 mm
　　　最外徑　D_1=14.0 mm

②箍筋直徑
D10 → 公稱直徑 d_2=9.53 mm
　　　最外徑　D_2=11.0 mm

③粗骨材的最大尺寸
d'=25mm

④主筋間隔
max{ ・d×2.7……………A
　　 ・d'×1.25+D…………B
根據上式
　A=12.7×2.7=34.29 mm → 35 mm
　B=25×1.25＋14.0=45.25 mm → 46 mm
故採用 B。

⑤保護層厚度
與土壤接觸的樑為 50 mm

⑥箍筋彎曲加工誤差
分別以每 10 mm 估算

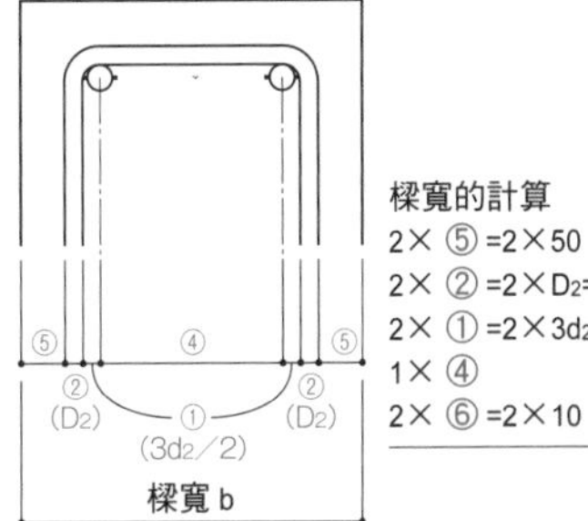

樑寬的計算
2×⑤=2×50　=100.0
2×②=2×D_2=2×11.0　=22.0
2×①=2×$3d_2$／2=$3d_2$　=28.6
1×④　=46.0
2×⑥=2×10　=20.0
合計 216.6mm

原注　①〜⑤是參照第 312 ～ 314 頁的結果

因此，在考慮施工性之下，以樑寬 b=220mm 視之（依據個別判斷）

此時，
$\tau = \dfrac{Q}{B \cdot j} = \dfrac{22.04}{22 \times 32.3}$
=0.031 kN／cm² < f_s=0.07 kN／cm² → OK

地盤、基礎［實踐篇］❹

連續基礎的設計

圖 1 ◆ 連續基礎的設計範例

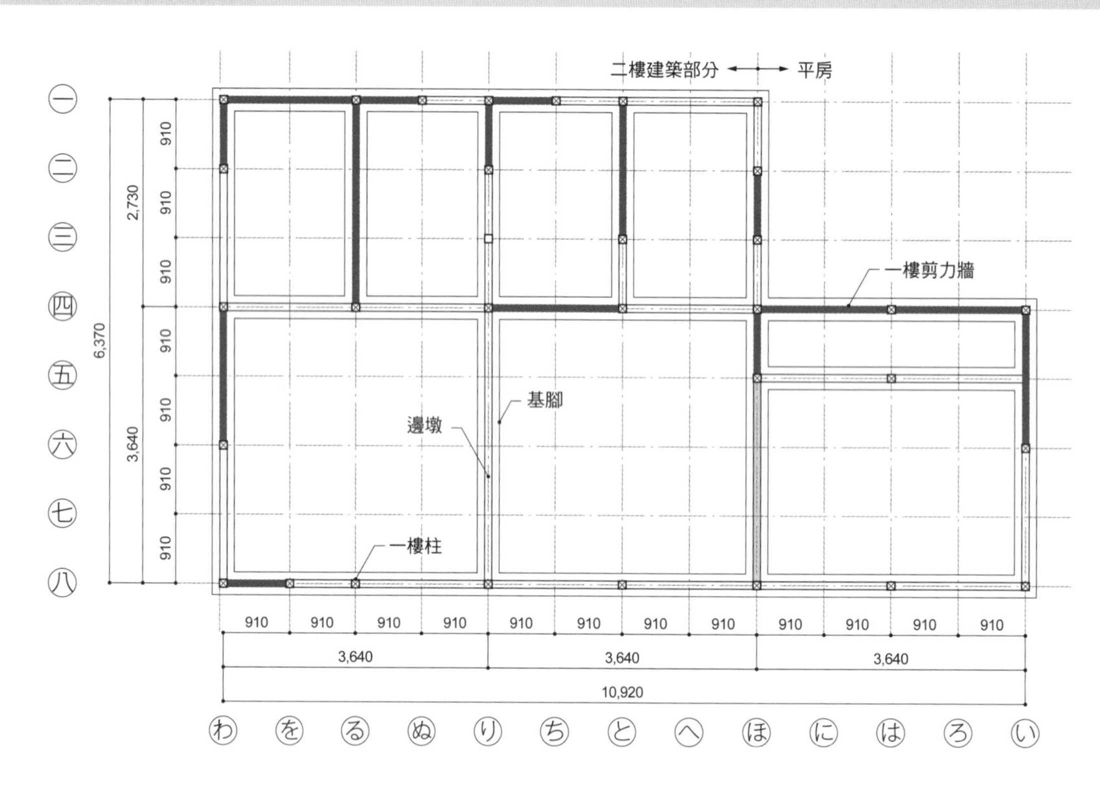

設計的順序與要點

在此以第 151 頁圖 1 的住宅模型來說明在地耐力 50kN／m² 以上均質良好的地盤上，採用連續基礎時所進行的設計（圖 1）。

（1）連續基礎寬度（基腳寬度）的計算

求基腳寬度的方法，可依照以下的思考方式進行。

Case 1：分別計算出每條軸線的負擔載重再進行設計

Case 2：分別計算出每個區塊的負擔載重再進行設計

Case 3：以全體均攤負擔載重再進行設計

此設計範例是將二樓建築部分與平房部分分成兩個區塊，然後針對二樓建築部分進行設計。

由於建築物重量（ΣW）與基腳底面的面積（總長度ΣL× 寬度 B）相除後的值最好在地耐力（f_e）以下，因此基腳寬度可由建築物重量除以地耐力與基礎長度（ΣL）求出。此時，建築物重量是從第 150 頁表中的設計值乘上二樓部分的面積之後所得到的值。

（2）基腳的設計

基腳厚度或基礎鋼筋的設計是將基礎樑（邊墩）懸挑出來的部分以懸臂樑的形式加以模型化之後，再求出每單位長度（1m）的應力。

此時所求出的彎矩是由基礎鋼筋來抵抗，剪斷力則由基礎厚度負責抵抗。

基礎鋼筋的斷面計算或剪斷應力度的檢討方法與版式基礎的耐壓版相同。

（3）地中樑的設計

接著是進行軸線ほ、五 - 八之間的地中樑設計。

計算方法與第 159 ～ 161 頁相同。不過，設計載重是求出作用在每 1 m 的基腳長度上的地反力後，再減掉基礎重量。

此外，腹筋是為防止裂紋而施作的部分，鋼筋間隔最好以 250mm 以下為基準來進行配置。

連續基礎的設計順序

（1）連續基礎寬度（基腳寬度）的計算

這個設計範例是將二樓建築部分與平房部分分成兩個區塊，然後針對二樓建築部分進行設計。

必要基腳寬度可依照下列算式求得。

$$B \geqq \frac{\Sigma W}{f_e \cdot \Sigma L}$$

ΣW：建築物重量（kN）
f_e：地耐力（kN／m^2）
ΣL：連續基礎長度（m）

模型住宅採用瓦屋頂＋砂漿外牆，根據第 150 頁表二樓建築部分的每單位樓板面積的建築物重量為 15.0 kN／m^2。此外，二樓建築部分的尺寸是 7.28×6.37m，因此建築物重量會得到以下的結果。

ΣW_2=15.0 kN／m^2×7.28 m×6.37 m=**695.6 kN**（包含基礎重量）➞基礎重量又包括基腳上所承載的土壤重量

此外，連續基礎的長度如下。

ΣL=3×7.28 m＋3×6.37 m＋2×2.73 m=**46.41 m**

將以上數值代入上方算式，

B' ≧ 695.6 kN／（50 kN／m^2×46.41 m）=**0.30 m**

在平成 12 年建告 1347 號（第 69 頁表 2）中有規定，50 kN／m^2 ≦ f_e ＜ 70 kN／m^2 時，二樓建築的基腳最小寬度為 360mm（0.36m），因此基腳寬度以 B=360mm 視之。

（2）基腳的設計

①應力的計算

首先，求出基腳的設計用載重。

計算作用在基腳的載重所需的必要地反力（σ_e）以及基腳的重量（W_o）為

地反力 $\sigma_e = \frac{\Sigma W}{B \cdot \Sigma L}$ =695.6 kN／（0.36 m×46.41 m）=**41.6 kN／m^2**

基腳的重量 W_o =24 kN／m^3×0.15 m=**3.6 kN／m^2**

因此，作用在基腳的載重為

W'= σ_e—W_o=41.6—3.6=**38.0 kN／m^2**

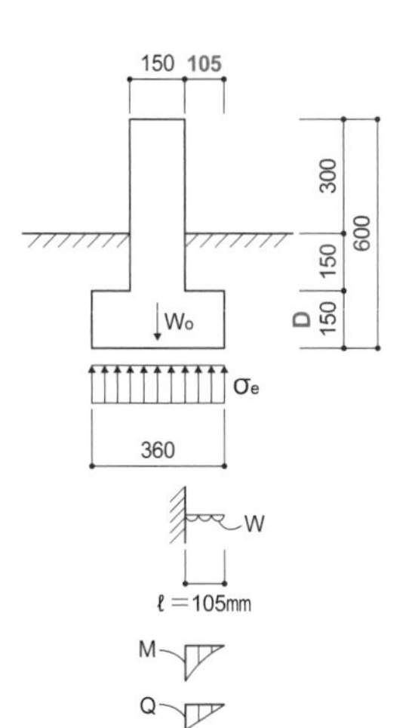

基腳設計要將基礎樑（邊墩）懸挑出來的部分，如左圖以懸臂樑的形式加以模型化，計算出每 1 m 的應力後再進行設計。因此，設計用載重如下。

設計用載重 W=W'×1.0m=**38.0 kN／m**

再以這個數值求出彎矩與剪斷力。

彎矩 $M = \frac{W \cdot \ell^2}{2} = \frac{38.0 \times 0.105^2}{2}$

=**0.21 kN·m**

剪斷力 Q=W·ℓ=38.0×0.105=**3.99 kN**

②斷面計算

・針對彎矩的設計（基礎鋼筋的設計）

計算鋼筋的必要斷面積。

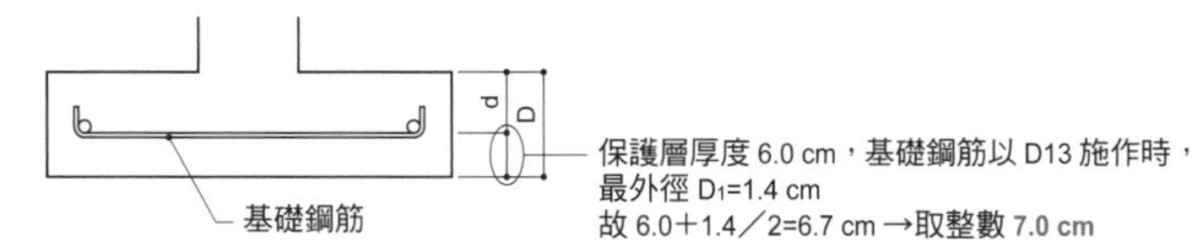

基腳深度 D=15.0 cm 時，

有效深度 d=15.0—7.0=8.0 cm

應力中心距離 $j=\frac{7}{8}d$=**7.0 cm**

因此，鋼筋的必要斷面積為

$a_t=\frac{M}{f_t \cdot j}$ =21 kN·cm／（19.5 kN／cm^2×7.0 cm）=0.15 cm^2

這是每 1 m 所必要的斷面積，因此基礎鋼筋以 D10（a_o=0.71 cm^2）來施作的話，

鋼筋間隔 $X=\frac{100\ cm}{a_t}\times a_o$

=（100／0.15）×0.71=**473.3 cm** ………①

・針對剪斷力的設計

以版寬 B=100 cm 的條件來計算剪斷應力度（τ），要以該數值在混凝土的容許剪斷應力度（f_s）以下來決定基腳深度。

$\tau=\frac{Q}{B \cdot j}$ =3.99 kN／（100 cm×7.0 cm）

=**0.0057 kN／cm^2** ＜ f_s=0.07 kN／cm^2 ➡基腳厚度以 15 cm 施作 **OK**

求出混凝土的握裹所需的必要鋼筋周長（ψ），再決定握裹所需的必要基礎鋼筋。

$\psi=\frac{Q}{f_a \cdot j}$ =3.99 kN／（0.21 kN／cm^2 ×7.0 cm）=**2.71 cm**

基礎鋼筋以 D10（一根的周長ψ_o=3.0cm）施作的話，

鋼筋間隔 $X=\frac{100cm}{\psi}\times\psi_o$

=（100／2.71）×3.0=**110.7cm** ………②

從①與②的結果來看，在考慮裂紋等問題之下，基礎鋼筋會以 D10-@200 來施作。

（3）地中樑的設計

①應力的計算

先將地反力扣除基礎重量再求出地中樑的設計用載重。

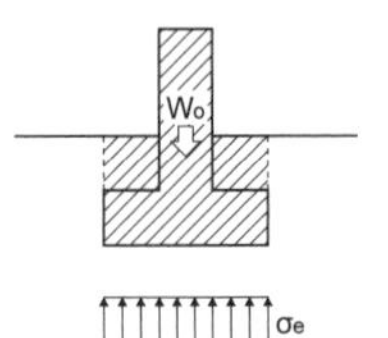

地反力　σ_e=41.6 kN／m^2 ……向上

基礎重量 W_o=5.0 kN／m^2 ……向下

（包含土壤重量）

基腳寬度 B=0.36 m

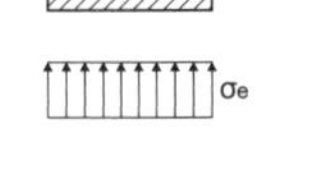

因此，作用在地中樑的載重為

W=（σ_e—W_o）×B

=（41.6—5.0）×0.36

=**13.2 kN／m**

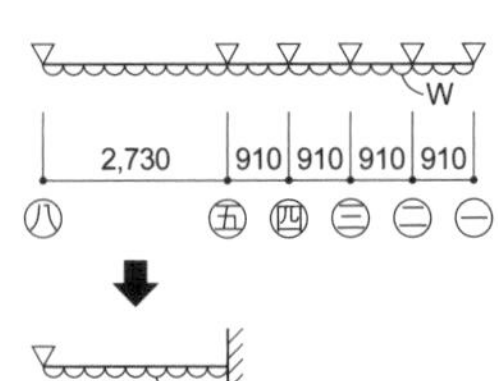

同版式基礎的地中樑設計（第 159～161 頁），求出各應力（參照第 315 頁）

$C=\frac{1}{12}w\cdot\ell^2=\frac{1}{12}\times13.2\times2.73^2$

=**8.20 kN·m**

$M_o=\frac{1}{8}w\cdot\ell^2=\frac{1}{8}\times13.2\times2.73^2$

=**12.30 kN·m**

$Q=\frac{1}{2}w\cdot\ell=\frac{1}{2}\times13.2\times2.73$

=**18.0 kN**

依據學會算式求出設計用應力。

・**彎矩**

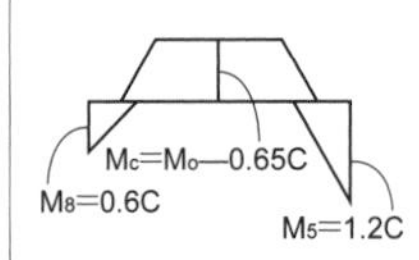

㊇側：M_8=0.6C=0.6×8.20=**4.92 kN·m**

中央：M_c=M_o—0.65C=12.30—（0.65×8.20）

=**6.97 kN·m**

㊄側：M_5=1.2C=1.2×8.20=**9.84 kN·m**

・**剪斷力**

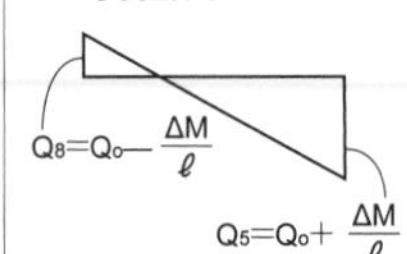

㊇側：Q_8=Q_o—（M_5—M_8）／ℓ

=18.0—（9.84—4.92）／2.73

=**16.2 kN**

㊄側：Q_5=Q_o+（M_5—M_8）／ℓ

=18.0+（9.84—4.92）／2.73

=**19.8 kN**

②斷面計算

計算鋼筋的必要斷面積。

・因應彎矩的設計（主筋的計算）

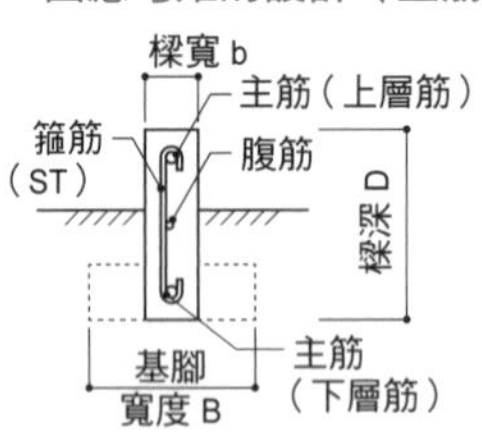

樑寬 b× 樑深 D=15cm×60cm，由於基礎鋼筋的上方搭載著主筋，因此從樑下緣至主筋中心的距離為 6.0+1.1（基礎鋼筋 D10 的最外徑）+1.4／2 ≒ 8.0 cm 時，

有效深度 d=D—8 cm=52 cm

應力中心距離 $j=\frac{7}{8}d$=**45.5 cm**

以上述的數值計算主筋就如下所示。

㊇側 下層筋：$a_t=\frac{M_8}{f_t \cdot j}$ =492／（19.5×45.5）=0.55 cm^2　1—D13

中央 上層筋：$a_t=\frac{M_c}{f_t \cdot j}$ =697／（19.5×45.5）=0.78 cm^2　1—D13

㊄側 下層筋：$a_t=\frac{M_5}{f_t \cdot j}$ =984／（19.5×45.5）=1.11 cm^2　1—D13

（a_t=1.27cm^2）

・因應剪斷力的設計（樑寬與箍筋的計算）

計算剪斷力大的軸線㊄側的剪斷應力度，再決定樑寬及箍筋的直徑、間隔。

$\tau=\frac{Q_5}{b \cdot j}$ =19.8／（15×45.5）

=**0.029 kN／cm^2** ＜ f_s=0.07 kN／cm^2 ➡ **OK**

因此，箍筋以 D10 施作時，要以 P_w ≧ 0.2% 為條件，

$X=\frac{a_w}{b \cdot P_w}$ =0.71／（15×0.002）=**23.6 cm**

根據以上結果，箍筋會以 1-D10-@200 來施作。

此外，連續基礎的形狀及配筋要以下圖的方式來決定。

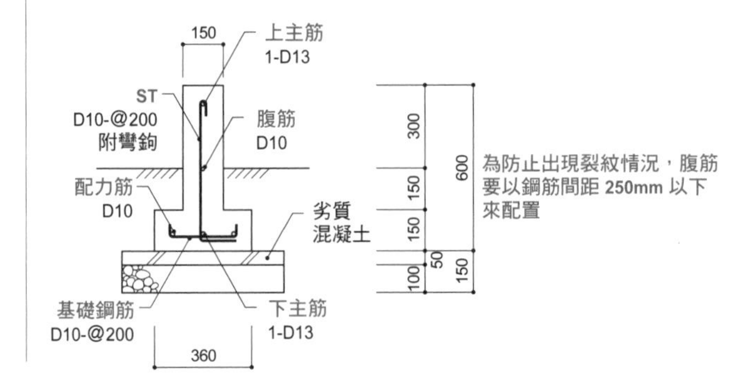

獨立基礎的設計

圖 1 ◆獨立基礎的設計範例

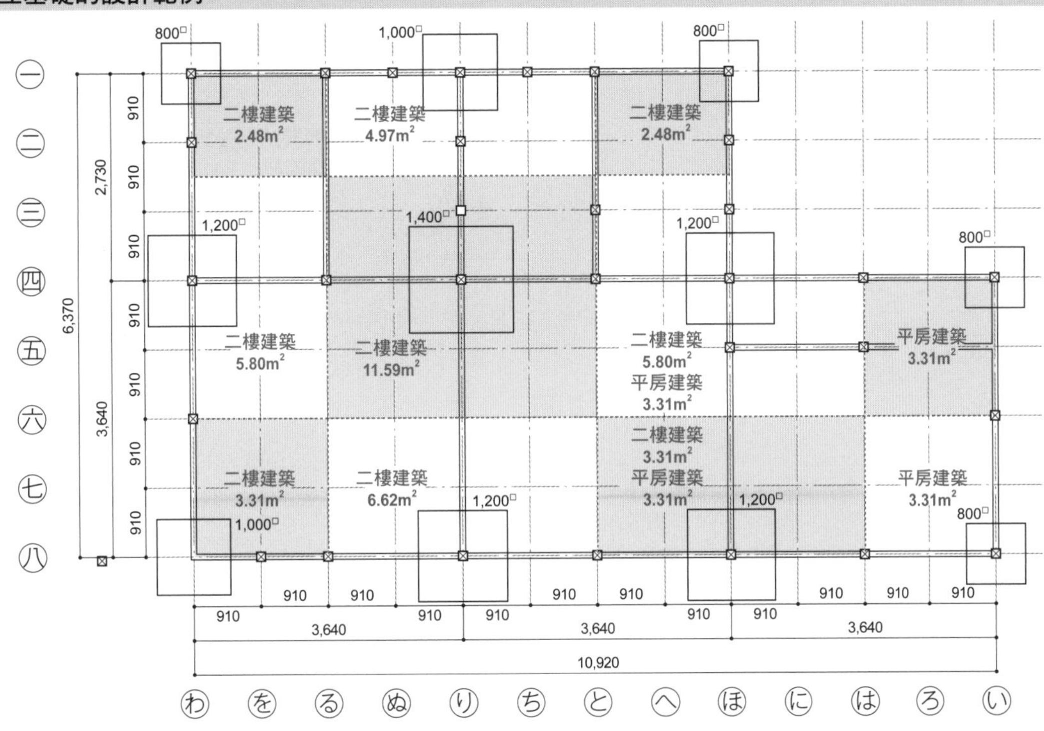

設計的順序與要點

基地的地耐力為 100kN／m² 以上的堅硬地盤時，僅在柱子的正下方設置基腳而形成獨立基腳基礎的形式是可能的。

在此是以第 151 頁圖 1 的住宅模型為例，試著依照圖 1 的配置來設計獨立基腳基礎。其中會針對負擔載重最大的㊃-㋷進行檢討。

（1）底版必要面積的計算

基腳所負擔的建築物重量（P）除以底版面積（A_e）所得的數值（接地壓σ_e）要在地耐力（f_e）以下。因此，將負擔載重除以地耐力就能求出底版的必要面積。如果基腳是正方形的話，該值的平方根就是一邊的長度（L）。

此外，假設地耐力是硬質土壤層，依據第 72 頁表 8 會以 f_e =100kN／m² 視之。

由此計算可得知，地耐力愈高則底版面積愈小。反之，地耐力低時就有擴大底版面積的必要。從中比較三種基礎類型的話，可知道比獨立基礎的面積更寬廣就是連續基礎，面積又更寬廣則是版式基礎。

（2）應力的計算

基腳的設計方法與連續基礎相同，將邊墩側面懸挑出來的部分以懸臂樑形式加以模型化之後再進行應力計算。由於獨立基礎是基腳單獨存在的形式，因此並非以每 1 m 長，而是以產生在單邊長度上的應力來檢討。

（3）斷面計算

由於基腳是正方形的緣故，在 X、Y 兩個方向上會有相同的應力作用，因此有效深度是以版的一半來計算（採取連續基礎的方法來計算也可以）。

基腳的厚度是以剪斷應力度（τ）要在混凝土的容許剪斷應力度以下來決定。

採用獨立基礎時，一般不以彎矩而以握裹來決定配筋，因此也務必對握裹進行檢討。

求出必要鋼筋數量之後，要以均等數量配置在 X、Y 兩個方向上。此時如果鋼筋的間隔超過 200mm 時就要將裂痕問題納入考量，以增加鋼筋數量來確保間隔能控制在 200mm 以下。相反的，若間隔不到 75mm 就會過於狹窄，此時要以加大鋼筋直徑來對應。

（4）地中樑的設計

地中樑要以基腳位置為支點來思考，中間承載的柱軸力（向下的力）會成為加載在樑上的載重。因此，彎曲應力在版式基礎或連續基礎的地中樑上是呈現上下相反的情況。

（1）必要底版面積的計算

針對模型住宅負擔載重最大的㊃-⑨進行檢討。

首先，從負擔載重與地耐力求出必要底版面積。

負擔載重（包含基礎）$P=15.0\ kN/m^2 \times 3.640\ m \times 3.185\ m$
$=173.9\ kN$

地耐力 $f_e=100\ kN/m^2$（堅硬壤土層：依據第 72 頁表 8）

因此，必要底版面積（Ae）為

$$Ae \geqq \frac{P}{f_e} = \frac{173.9}{100} = 1.74\ m^2$$

若為正方形，一邊的長度（L）如下，

$L \geqq \sqrt{Ae} = 1.32m$ ➡取 1.40 m

（2）應力的計算

底版厚度設為 15 cm，求出作用在底版上的載重（W）。

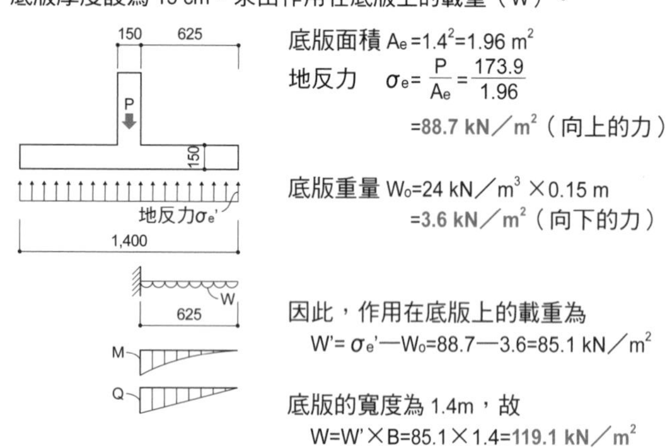

底版面積 $A_e=1.4^2=1.96\ m^2$

地反力 $\sigma_e=\frac{P}{A_e}=\frac{173.9}{1.96}$

$=88.7\ kN/m^2$（向上的力）

底版重量 $W_o=24\ kN/m^3 \times 0.15\ m$

$=3.6\ kN/m^2$（向下的力）

因此，作用在底版上的載重為

$W'=\sigma_e'-W_o=88.7-3.6=85.1\ kN/m^2$

底版的寬度為 1.4m，故

$W=W' \times B=85.1 \times 1.4=119.1\ kN/m^2$

如上圖所示，將邊墩側面懸挑出來的部分以懸臂樑形式加以模型化後，再以上述的值求出彎曲應力與剪斷力。

彎曲應力 $M=\frac{W \cdot \ell^2}{2}=\frac{119.1 \times 0.625^2}{2}=23.3\ kN \cdot m$

剪斷力 $Q=W \cdot \ell=119.1 \times 0.625=74.4\ kN$

（3）斷面計算

①針對彎曲應力的設計（底版的配筋設計）

計算鋼筋的必要斷面積。在獨立基腳的情況下，X、Y 方向上的應力會相同，因此以版厚的一半做為有效深度。

版厚 t=15 cm 時，

有效深度 $d=15/2=7.5\ cm$ ➡取 7.5 cm

應力中心距離 $j=\frac{7}{8}\ d=\frac{7}{8}\ d \times 7.5=6.6\ cm$

鋼筋的長期容許拉伸應力 $f_t=19.5\ kN/cm^2$（SD295A）

從上述結果，彎曲補強筋的必要斷面積為

$$a_t=\frac{M}{f_t \cdot j}=\frac{23.3 \times 10^2 kN \cdot cm}{19.5\ kN/cm^2 \times 6.6\ cm}=18.1\ cm^2$$

➡ 15-D13（$a_t=15 \times 1.27 = 19.05\ cm^2$）

做為參考之用，鋼筋的間隔如下。

$$X=\frac{1{,}400-(2 \times 60+14)}{15-1} \fallingdotseq 90\ mm$$

當 X ＜ 75 mm 時，要擴大鋼筋的直徑

當 X ＞ 200 mm 時，則要增加數量使間隔控制在 200 mm 以下

②針對剪斷力的設計

・底版厚度的檢討

計算剪斷應力度，並依此來決定底版的厚度。

$$\tau=\frac{Q}{B \cdot j}=\frac{74.4\ kN}{140\ cm \times 6.6\ cm}=0.081\ kN/cm^2 > f_s=0.07\ kN/cm^2 \rightarrow NG$$

因此，增加底版的厚度之後再次進行檢討。

t=18.0 cm 時，

$d=18.0/2=9.0\ cm$ ➡取 9.0 cm

$j=\frac{7}{8}\ d=\frac{7}{8}\ d \times 9.0=7.9\ cm$

$$\tau=\frac{74.4\ kN}{140\ cm \times 7.9\ cm}=0.067\ kN/cm^2 < f_s=0.07\ kN/cm^2 \rightarrow OK$$

・握裹的檢討

求出混凝土的握裹所需的必要鋼筋周長（ψ），並依此來決定握裹所需的必要彎曲補強筋。

$$\psi=\frac{Q}{f_a \cdot j}=\frac{74.4\ kN}{0.21\ kN/cm^2 \times 7.9\ cm}=44.8\ cm$$

➡ 12-D13（$\psi=12 \times 4.0=48\ cm$）

底版厚度為 18.0 cm 的情況下，針對彎曲補強筋再次進行檢討時，

$$a_t=\frac{M}{f_t \cdot j}=\frac{23.3 \times 10^2 kN \cdot cm}{19.5\ kN/cm^2 \times 7.9\ cm}=15.1\ cm^2$$

➡ 12-D13（$a_t=12 \times 1.27 = 15.24\ cm^2$）

做為參考之用，鋼筋的間隔如下。

$$X=\frac{1{,}400-(2 \times 60+14)}{12-1}=115.1\ mm$$

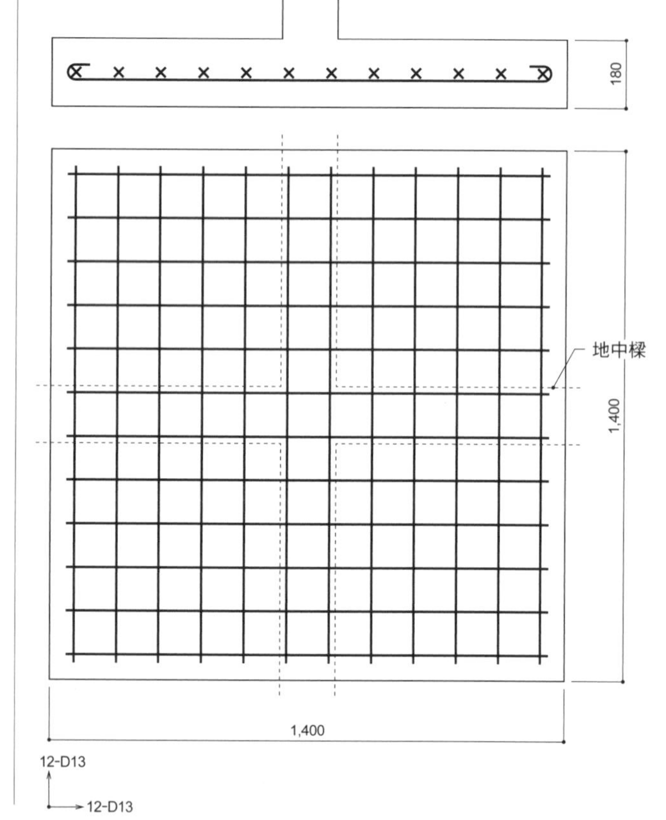

地盤、基礎 [實踐篇] ❻

樁基礎的設計

表 1 ◆ 模型住宅的地盤調查（SWS 試驗）資料

瑞典式探測試驗 記錄用紙

調查名稱（Y）宅　基地（埼玉縣朝霞市）　試驗年月日（平成 21 年 4 月 1 日）
天氣（晴）　試驗點（No.2）　最終貫入深度（8.2m）　水位（GL -1.8m）

載重 Wsw（kN）	半旋轉數 Na（次）	貫入深度 D（m）	貫入量 L（cm）	每 1m 的半旋轉數 Nsw（次）	推定土質 推定水位	備註	推定地耐力 fe（kN/m²）
0.00	0	0.25	25	0		挖掘	
0.50	0	0.50	25	0		無旋轉降速	
0.75	0	0.75	25	0	黏性土	無旋轉降速	
1.00	2	1.00	25	8	黏性土	—	43
1.00	8	1.25	25	32	黏性土	—	58
1.00	5	1.50	25	20	黏性土	—	51
1.00	0	1.75	25	0	黏性土	無旋轉降速	
1.00	0	2.00	25	0	黏性土	無旋轉降速	
0.75	0	2.25	25	0	黏性土	無旋轉降速	
0.75	0	2.50	25	0	黏性土	無旋轉降速	
1.00	3	2.75	25	12	黏性土	—	46
1.00	3	3.00	25	12	黏性土	—	46
1.00	4	3.25	25	16	黏性土	—	48
1.00	5	3.50	25	20	黏性土	—	51
1.00	0	3.75	25	0	黏性土	無旋轉降速	
1.00	0	4.00	25	0	黏性土	無旋轉降速	
1.00	2	4.25	25	8	黏性土	—	43
1.00	0	4.50	25	0	黏性土	無旋轉降速	
1.00	0	4.75	25	0	黏性土	無旋轉降速	
1.00	0	5.00	25	0	黏性土	無旋轉降速	
1.00	28	5.25	25	112	黏性土	—	110
1.00	36	8.00	25	144	黏性土	—	130
1.00	99	8.20	25	495	黏性土	—	355

・鑽頭有壤土附著
・在鄰近第一次的探測位置挖掘表土進行測定 GL= 第一次 GL-110

以調查資料為基礎所製成的地層構成概念圖

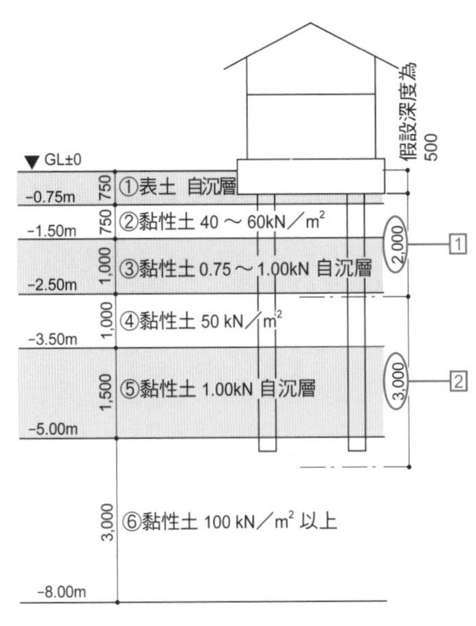

1 基礎下～ 2.0m 的範圍內自沉層厚度：1.25m
（推定壓密下陷量 5.6 cm）
2 基礎下 2.0 ～ 5.0m 的範圍內自沉層厚度：1.5m
（推定壓密下陷量 1.6 cm）

因此，推定壓密下陷量為
5.6＋1.6=7.2 cm ＞ 5.0 cm

由於超出容許值，因此要進行樁或柱狀改良。
支撐層為 GL-5.25m 附近的黏性土。

原注 本範例是以採用柱狀改良時的支撐力來進行設計

設計的順序與要點

以表 1 模型住宅的地盤調查資料為基礎，在採用柱狀改良的方式為假設前提之下檢討改良體的配置。

(1) 建築物重量計算

將二樓建築部分與平房部分劃分開來，分別計算包含基礎在內的建築物重量。

(2) 改良體的容許垂直支撐力計算

以《建築物的改良地盤設計及品質管理方針》（（一般財團法人）日本建築中心）中的「因應深層混合處理工法的設計方針」為準則，求出以獨立方式進行支撐改良體時，一根改良體所具備的容許支撐力。

(3) 針對建築物整體的必要數量計算

從 (1)、(2) 計算出建築物全體所需的必要改良體數量。在確認上部柱位的同時進行均等的改良體配置，就會形成第 169 頁圖 2。

(4) 各負擔載重的檢討

在此針對第 169 頁圖 2 的五個位置進行各負擔載重的檢討，會得到軸線㊀的容許支撐力相當足夠，但軸線㊃不足的結果。將此配置進行調整之後就如第 169 頁圖 3。

(5) 版、地中樑的設計

依照上述進行支承樁的配置時，要將一樓樓板及版重量以向下作用的方式來設計。此外，地中樑要以樁所在位置為支撐點，將包含基礎在內的建築物重量以向下作用的方式來設計。

樁基礎的設計順序

（1）建築物重量的計算

模型住宅採用瓦屋頂＋砂漿外牆，根據第 150 頁表每單位樓板面積的建築物重量，在二樓建築部分是 15.0 kN／m^2、平房部分是 11.0 kN／m^2。此外，二樓建築部分的面積是 7.28×6.37 m^2、平房部分是 3.64×3.64 m^2，因此建築物重量如下所示。

二樓建築部分 W_2=15.0 kN／m^2 ×7.28 m×6.37 m=**695.6 kN**

平房部分 W_1=11.0 kN／m^2 ×3.64 m×3.64 m=**145.7 kN**

（2）改良體的容許垂直支撐力計算

以《改定版 建築物的改良地盤設計及品質管理方針》中的「因應深層混合處理工法的設計方針」為準則，利用下方算式求出以獨立方式進行支撐改良體時，一根改良體的容許支撐力 R_a。

$$R_a=\frac{1}{3}R_u$$

R_a：改良體單體的長期容許垂直支撐力（kN）

R_u：改良體的極限垂直支撐力（kN）

此時改良體單體的極限垂直支撐力（R_u）可由下列算式求得。

$$R_u=R_{pu}+\phi\cdot\Sigma\tau_{di}\cdot h_i$$

R_{pu}：改良體前端的極限垂直支撐力（kN）

■黏性土的情況

$$R_{pu}=6\cdot c\cdot A_p=6\cdot\frac{q_u}{2}\cdot A_p=3\cdot q_u\cdot A_p$$

c：黏著力（kN／m^2）

q_u：黏性土的一軸壓縮強度（kN／m^2）

A_p：改良體的前端有效斷面積（m^2）

■砂質土的情況

$$R_{pu}=75\cdot\overline{N}\cdot A_p$$

$\overline{N}$：前端 ±1D 的平均 N 值

A_p：改良體的前端有效斷面積（m^2）

$\phi\cdot\Sigma\tau_{di}\cdot h_i$：周面摩擦力（kN）

ϕ：改良體的周長（m）

τ_{di}：極限周面摩擦力度（kN／m^2）

黏性土：τ_{di}=c 或者 $\frac{q_u}{2}$

砂質土：$\tau_{di}=\frac{10\cdot N}{3}$

h_i：層厚（m）

①改良體的各種係數

改良長度 L=4.75 m（GL-5.25 m 為支撐層）

直徑 D=500 mm

周長 $\phi=\pi\cdot D$=3.14×0.5 m=1.571 m

底面積 $A_p=\pi\cdot D^2/4$=3.14×0.5^2／4=0.196 m^2

②前端支撐力的計算

黏性土層的一軸壓縮強度依據第 167 頁表 1 為 129.0 kN／m^2，因此 R_{pu} 如下。

$R_{pu}=3\cdot q_u\cdot A_p$=3×129.0 kN／m^2 ×0.196 m^2=**75.9 kN** …………❶

③周面摩擦力的計算

黏性土的周面摩擦應力度依據第 167 頁表 1，求出如右表。

q_u	τ_{di}（q_u／2）[kN／m^2]	h_i [m]	$\tau_{di}\cdot h_i$
51.0	25.5	0.25	6.38
69.0	34.5	0.25	8.63
60.0	30.0	0.25	7.50
54.0	27.0	0.25	6.75
54.0	27.0	0.25	6.75
57.0	28.5	0.25	7.13
60.0	30.0	0.25	7.50
			$\Sigma\tau_{di}\cdot h_i$=50.64

因此，周面摩擦力如下算式得出。

$\phi\cdot\Sigma\tau_{di}\cdot h_i$ =1.571 m×50.64=**79.56 kN** …………❷

④容許支撐力的計算

依據❶、❷，R_u 如下算式得出。

$R_u=R_{pu}+\phi\cdot\Sigma\tau_{di}\cdot h_i$=75.9 kN＋79.56 kN=**155.46 kN**

因此，容許支撐力（R_a）如下算式得出。

$R_a=\frac{1}{3}\cdot R_u=\frac{1}{3}$×155.46 kN=**51.8 kN**

（3）針對建築整體的必要數量計算

根據（1）、（2），計算建築物整體所需的必要改良體數量。

二樓建築部分 $n_2=\frac{W_2}{R_a}=\frac{695.6}{51.8}$=13.4 根 ➡ **14 根**

平房部分 $n_1=\frac{W_1}{R_a}=\frac{145.7}{51.8}$=2.8 根 ➡ **3 根**

從以上結果來配置建築物的改良體就如圖 2 所示。

二樓建築部分 n_2=**14 根**

平房部分 n_1= **3 根**

原注 ㊃-㋭、㊇-㋭的樁，預估二樓建築部分與平房部分各占一半。

（4）檢討各負擔載重

通常完成以上的檢討之後表示設計也告一段落，不過做為參考之用，在此針對圖 2 的五個位置分別進行負擔載重的檢討。

①㊀-㋷的負擔載重

W=15.0×1.365×1.82=**37.3 kN** ＜ R_a（=51.8 kN）➡ **OK**

②㊃-㋷的負擔載重

W=15.0×3.185×1.82=**87.0 kN** ＞ R_a ➡ **NG**

必要數量 n=$\frac{86.3\text{ kN}}{51.8\text{ kN／根}}$=1.7 根以上

➡改良體以間隔 910 mm 來設置

③㊃-㋭的負擔載重

W=15.0×3.185×0.910＋11.0×1.82×1.82=**79.9 kN** ＞ R_a ➡ **NG**

必要數量 n=$\frac{79.9\text{ kN}}{51.8\text{ kN／根}}$=1.5 根以上

➡在 ㊃-㋬及㊅-㋭上設置改良體

④㊃-㋑的負擔載重

W=11.0×1.82×1.82=**36.4 kN** ＜ R_a ➡ **OK**

⑤㊇-㋷的負擔載重

W=15.0×（1.82＋0.5）×1.82=**63.3 kN** ＞ R_a ➡ **NG**

必要數量 n=$\frac{63.3\text{ kN}}{51.8\text{ kN／根}}$=1.2 根以上

➡改良體以間隔 1,213 mm 來設置

從以上的檢討結果來看，由於考慮到各負擔載重，改良體會以圖 3 所示的方式配置。

- 軸線㊀無變更
- 軸線㊃增加二樓建築㋭-㋻之間的數量，共配置 10 根
- 軸線㊅增加一根
- 軸線㊇增加二樓建築㋭-㋻之間的數量，共配置 8 根

圖 2 ◆改良體的配置（以全體進行檢討的情況）

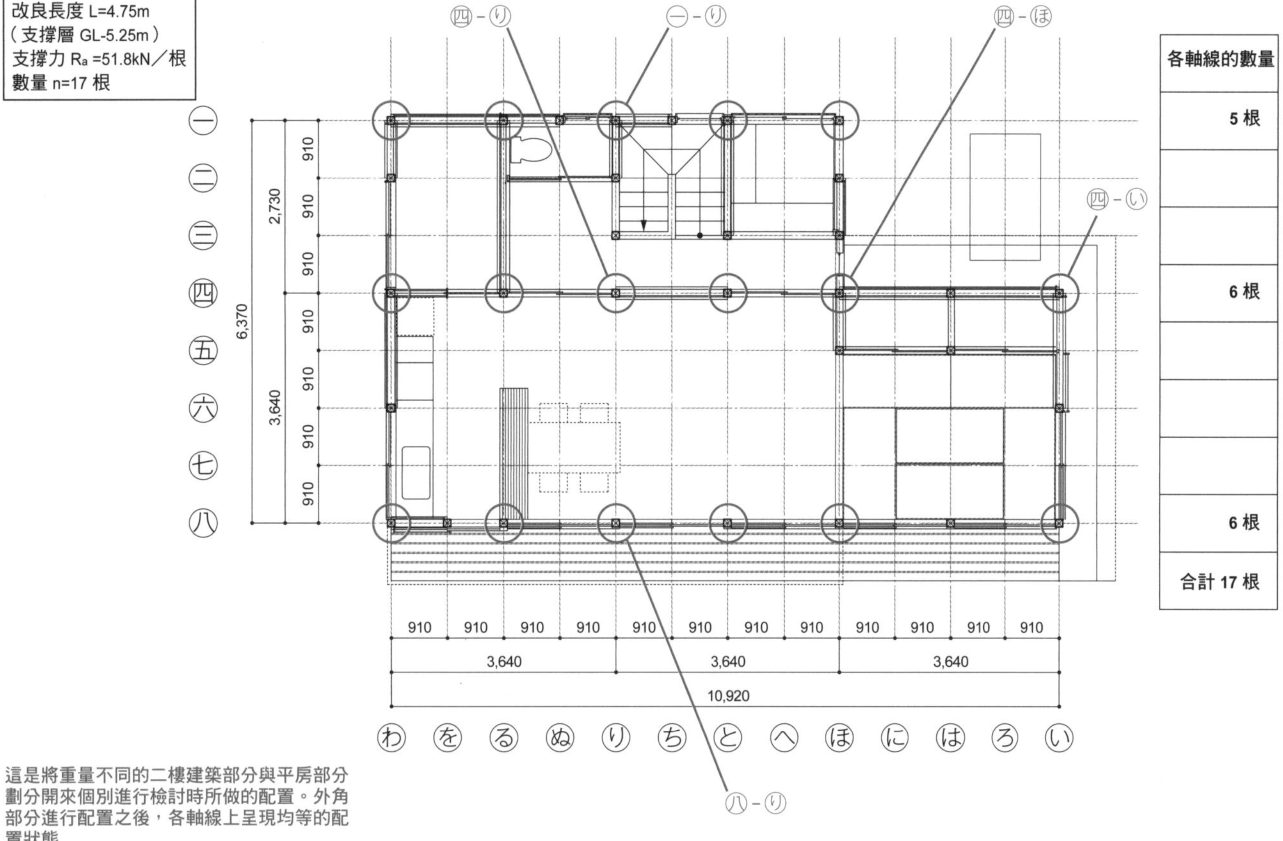

這是將重量不同的二樓建築部分與平房部分劃分開來個別進行檢討時所做的配置。外角部分進行配置之後，各軸線上呈現均等的配置狀態

圖 3 ◆改良體的配置（分別檢討負擔載重之後的情況）

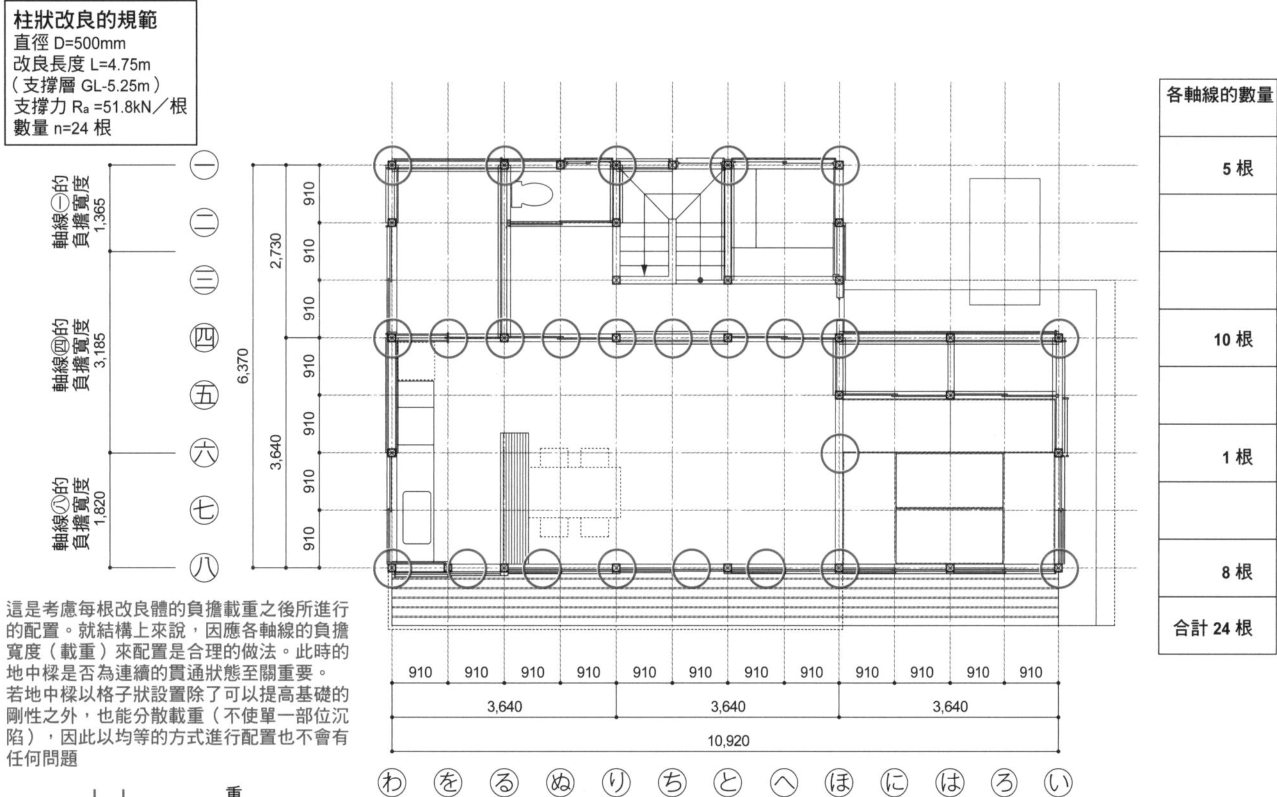

這是考慮每根改良體的負擔載重之後所進行的配置。就結構上來說，因應各軸線的負擔寬度（載重）來配置是合理的做法。此時的地中樑是否為連續的貫通狀態至關重要。若地中樑以格子狀設置除了可以提高基礎的剛性之外，也能分散載重（不使單一部位沉陷），因此以均等的方式進行配置也不會有任何問題

地盤、基礎 [實踐篇] ❼

止水處理的種類與選擇

一般來說，基礎混凝土的澆置面會比地表面高，因此沒有特別需要進行止水處理。不過，當澆置面比地表面低時，為了防止水滲入建築物內部，有必要採取某種止水處理（圖1）。

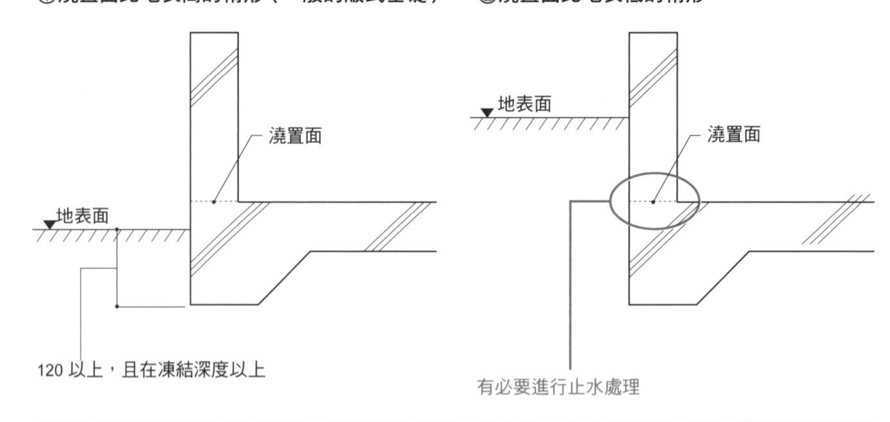

圖1 澆置面與地表面的關係

地基開挖深度淺的止水工法種類與選用基準

（1）排水的重要性

寒冷地區除外的一般木造住宅的地基開挖深度約在500mm左右，因此淺開挖所導致的出水情況很少。但施工期間若碰上梅雨季或是容易出現集中性豪雨的季節時，因降雨激烈、或行經開挖面的水窪等處而導致樓板定著面有損壞的情形相當常見。

為因應諸如上述可預想到的情況，最好事先在地基開挖面的外周部挖掘深度約200～300mm的導溝，設置集水坑並以排水泵浦將水排出，以保護支撐建築物的地面（圖2）。此外，耐壓版扮演著支撐建築物的重要角色，同樣的，在耐壓版下方鋪設發泡聚苯乙烯製成的隔熱版等柔軟物件，在結構上也是應該極力避免的做法。

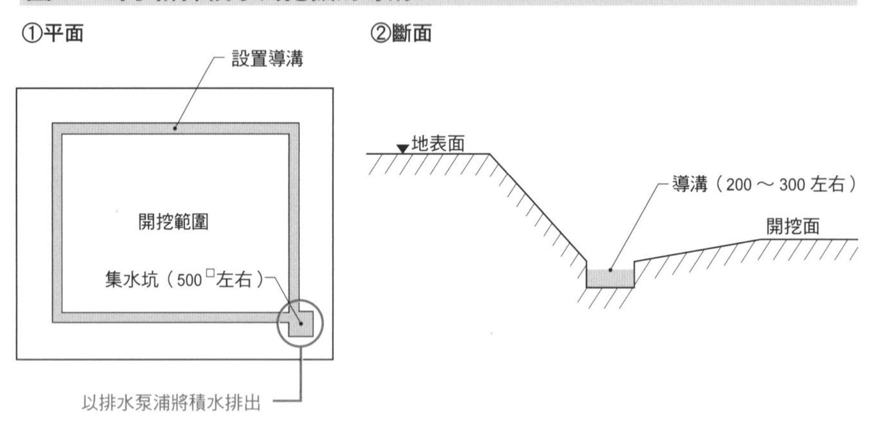

圖2 為了排掉積水而挖掘的導溝（在土方工程中採取的雨水對策）

（2）止水工法的特徵

混凝土軀體的止水工法主要有①外防水工法、②內防水工法、③止水版防水工法等（圖3①～③）。大致上可說外防水工法是防止水滲入混凝土內的「積極型」工法，而內防水及止水版防水工法則是水會滲入混凝土內的「消極型」工法。

滲入的水會使混凝土內的鋼筋鏽蝕或加速混凝土的中性化，有危急結構軀體耐久性的疑慮。從結構上的觀點來說，選擇外防水工法是比較好的方式。

（3）整體澆置工法的注意要點

很多案例是最開始時不設置澆置面，而採取混凝土整體澆置工法做為止水處理的做法（圖3④）。不過如下所舉的例子，這個工法在監造上有很多需要注意的地方。

・因為邊墩內側的模版形成浮動模版，因此有固定方法上的困難、施工精度變差等問題。
・澆置邊墩部的混凝土時，會發生混凝土噴灑至樓板面的情況，因此必須充分檢討澆置計畫。
・如果不確實進行隔件孔的止水處理，止水工作便毫無意義。

近來經常聽聞業者宣稱「因為基礎是一體澆置，所以結構上相當堅固」，不過只要確實處理澆置面，即便不是整體澆置也並不會對結構強度產生影響（否則RC造建築物也無法成立）。

再者，還有一種不屬於止水工法的做法，若以水遠離建築物為出發點來發想，也有將基礎外周部的地表面到澆置面下方為止的區域，以碎石鋪設做成水容易流過的通道，藉此引導雨水或滲入地面的水到距離建築物很遠的地方（圖3⑤）。如果併用前面所述的處理方法的話，就能成為防水效果倍增的對策之一。

圖 3 ◆各種止水工法的特徵

①外防水工法

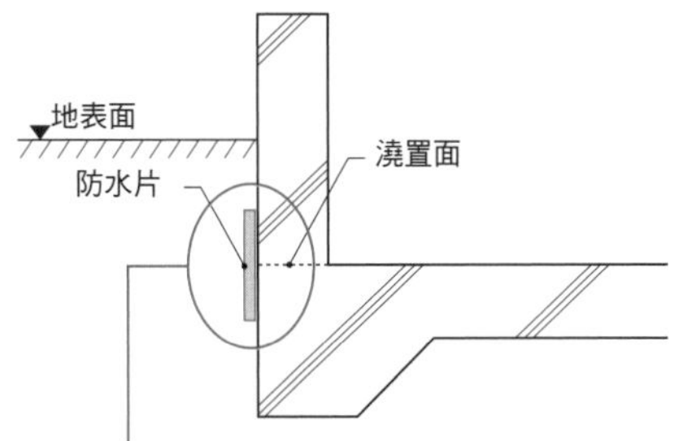

邊墩部的量體澆置完畢後，從外部將混凝土澆置面上的防水片以水泥砂漿覆蓋或塗布

②內防水工法

地表面
縫隙、密封材
澆置面

在混凝土澆置面上設置縫隙並打入遇水膨脹的彈性橡膠密封材

③止水版防水工法

地表面
澆置面
止水版

在澆置面的中央處配置橡膠製的版來防止水分滲入的工法。如果澆置面或止水版的施工不完善的話，反而可能導致鋼筋腐蝕

④混凝土整體澆置工法

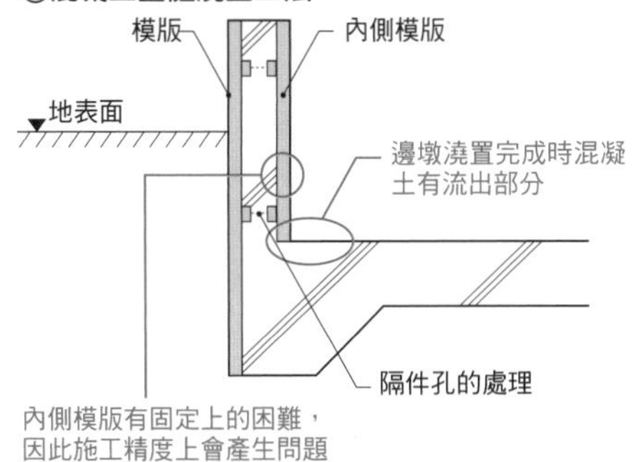

內側模版有固定上的困難，因此施工精度上會產生問題

⑤在建築物外周部圍繞碎石的方法

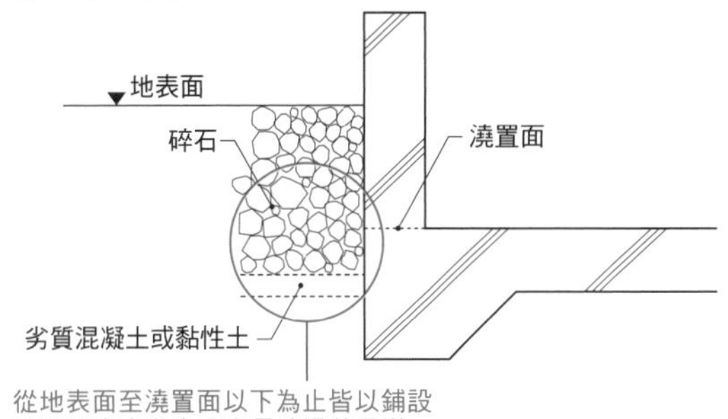

從地表面至澆置面以下為止皆以鋪設碎石的方式做出水容易流過的通道。併用①～④的工法可提高防水效果

圖 4 ◆施作地下結構物時的注意要點

①地下結構物單面開挖時

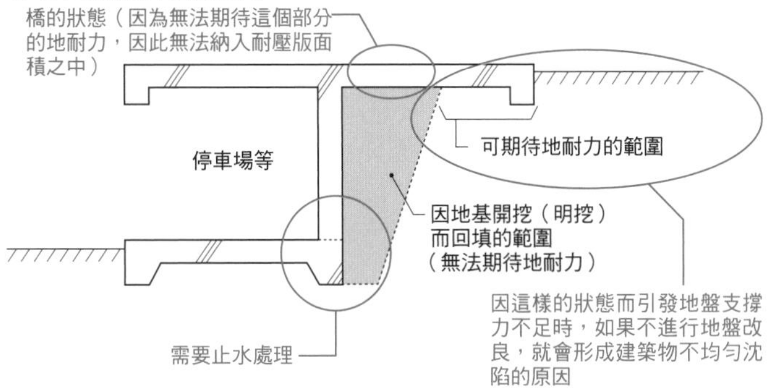

②地下結構物全部埋入土壤時

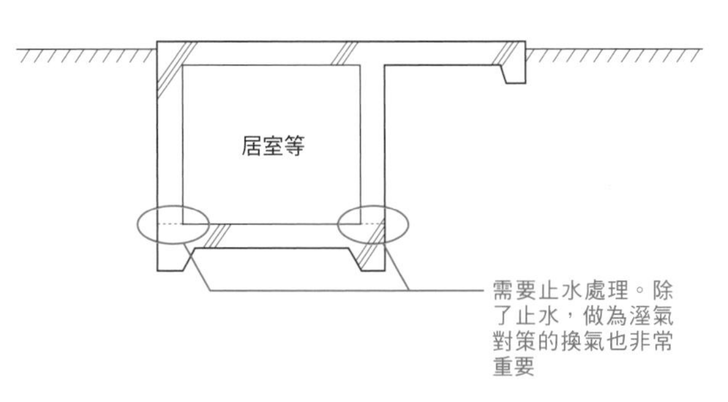

開挖深度深時的止水工法
（設有地下室的情況）

地基開挖很深的時候，除了前述的工法之外（不過要將混凝土整體澆置排除在外），還需要搭配擋土措施。

隨著採行的工法也有屬於承包商責任施工的軀體防水方式。做法是在混凝土中摻入防水混合材再進行澆置，這種品質改善措施是利用混合材來達到高水密性的不透水性混凝土。不過，除了難以管理混合材的摻用做法之外，成本也有上漲的傾向。此外，還要注意如果沒有確實處理澆置面與隔件孔，將會使止水工作變得毫無意義。

止水工法的等級最好依據建築的地下結構物用途來做選擇。例如停車場等可以容許些許浸水的情況下，就可以視成本考量斟酌調整，但如果是起居室等具有特定機能用途時，就應該評估止水效果以及換氣性能等因素，從綜合的觀點進行判斷（圖 4）。

地下結構物除防水之外須注意的要點

在進行地下結構物的地基開挖時，如圖 4 ①所示會有後續回填的部分。此時若採用直接基礎時，由於無法期待回填部分的地盤地耐力，因此要注意只有不進行回填的範圍才能支撐建築物。

假設這個範圍內出現支撐力不足的情況時，可能會導致建築物出現不均勻沉陷，因此包含回填土在內都必須採取地盤改良（淺層、深層）等對策。

此外，若是圖 4 ②這種地下結構物全部埋入土壤內的情況時，由於結露之後很容易發霉，所以必須有完善的換氣計畫。

基礎工程的意義

基礎工程的目地是透過夯實、碾壓、振動等動作，將某個深度以內的地盤壓實。特別是在鬆質砂地盤、水分多的黏性地盤等，其夯實效果極為顯著。就結構上而言，如果配置結構物的支撐面不穩定時，就會引發建築物的即時沉陷，因此在建築工程中，防止這個情況發生所採取的基礎工程可說是相當重要的作業。

礫石基礎

(1) 何謂礫石

礫石是指將岩石打碎分解後所產生的小塊狀石材，直徑 200 ～ 300mm 左右、厚度約為直徑的 1／3 ～ 1／2。所謂礫石基礎則是將礫石以楔形交互鋪設的方式豎立並排，為填補縫隙或使上緣高度一致，最後以碎砂石填縫並加以夯實的部位（圖①）。

(2) 礫石基礎的特徵

因為礫石基礎是以徒手豎立礫石，使石頭緊密並列站立，因此有易於達到夯實效果的優點。但是，為了充分發揮這個效果，一定要確實鋪設填縫砂使其不產生空隙。

另外，不適用於必須用十字鎬才能挖掘的地盤、或因為非常軟弱而使礫石逐漸下沉的地盤。姑且可以考慮以長期地耐力在 30 ～ 150kN／m^2 的範圍內為施作標準。

碎石基礎

(1) 何謂碎石

碎石是指將岩石或大顆卵石以破碎機等壓碎之後所製成的碎石子，與溪石相比呈現稜角的形狀。原本是做為混凝土用骨材、道路、鐵路路面鋪墊等用途（圖②）。

光是碎石就有很多種類，不過大致可區分為自然碎石和再生碎石等兩種。再生碎石是從建築工地或解體工地清理出來的廢棄混凝土塊，以破碎機壓碎並去除雜物之後所得到的碎石。

基礎工程所採用的再生碎石在日本工業規格（JIS A5001 道路用碎石）中是以粒徑來規定。粒徑約 30 ～ 40mm 的 C-40（※）不會太大，和粒徑不均勻的砂混合之後反而有壓實的效果。

就結構上來說，只要能確實壓實地盤，無論是採用自然碎石或再生碎石都沒有問題。不過，當考量環境問題時，回收的再生碎石是比較好的選擇。

(2) 碎石基礎的特徵

最近碎石基礎有比礫石基礎更為普遍的現象。如同前面所述，由於礫石基礎是施工者以徒手方式排列石頭，但實際上要做到圖①那樣整齊排列是很困難的。目前的現況是採用施工效率良好的碎石基礎有愈來愈多的趨勢。

由於將碎石以隨機方式鋪設的碎石基礎很容易出現空隙，因此必須充分加以夯實，筆者認為如果能以夯錘等確實碾壓，就能說碎石基礎的方法是很好的選擇。

雖然對於基礎厚度並沒有特別加以規定，不過一般以 100 mm 左右為大宗。如果考量碎石的大小或夯實的程度，至少也要有 50 mm 以上（若依據《公共建築工程標準規格書》「國土交通省大臣官房官廳營繕部監修」，除非另有說明，否則為 60 mm）。

再者，當厚度超過 300 mm 時，每 300 mm 要進行一次壓實作業。

圖 礫石基礎與碎石基礎

①礫石基礎

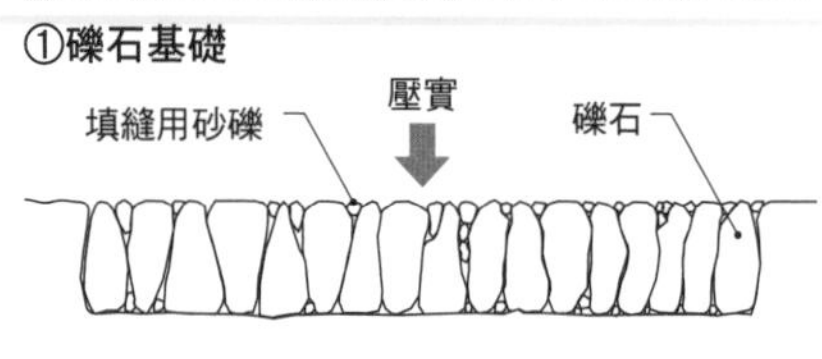

②碎石基礎

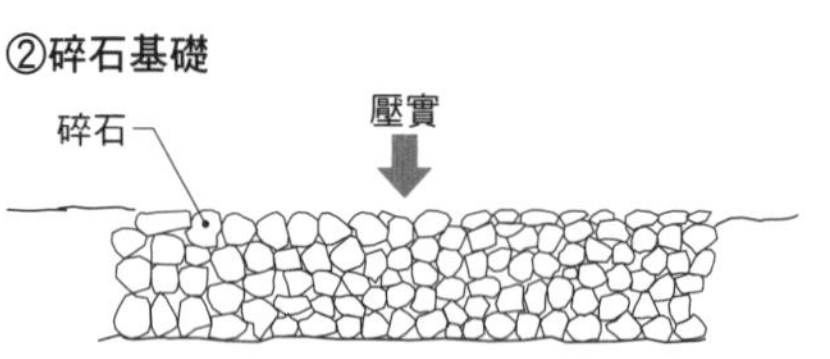

碎石有自然碎石和再生碎石兩種，不過以結構上來說兩者皆可

不過，若是進行過地盤改良（淺層改良）的話，通常在改良的同時會進行整地，因此不做基礎而直接以劣質混凝土澆置的情況也很多。

劣質混凝土的意義

基礎工程之後所澆置的劣質混凝土是為了基礎或模版的放樣、模版和鋼筋的承載平台所施作的部分。

因為施工時基礎未必能保持平坦的狀態，因此若不澆置劣質混凝土的話，隔件就無法穩固進而引發部分鋼筋保護層厚度不足的情況。鋼筋的保護層厚度是影響建築物耐久性最關鍵的因素，即使是木造住宅的基礎也最好以劣質混凝土澆置處理。

由於混凝土的粗骨材尺寸為 25mm，因此為了使骨材不與水泥砂漿分離，劣質混凝土的厚度要有 50mm 以上。

設備、電氣配管的設置方法

合宜的配置位置

版式基礎的底版厚度是依據地反力來考慮應力和鋼筋的保護層之後所決定的。當地中樑如第 152 頁所示以 4 m 左右的間隔配置時，若是木造二層樓住宅的話，以 D-10 或D-13進行單層配筋便十分足夠，因此確保厚度在150mm以上即可。

不過，當結構體中埋有 CD 管等的情況下，則要配置在以地中樑圍閉的版體端部，避免配置在版的中央部位（圖 1）。當配管呈交錯配置時，就應該特別注意，版厚若為 150mm 會造成保護層不足，因此採取增加版厚等因應對策是有必要的。

此外，除了給排水的套管因通過基礎下方而造成支撐地盤的破壞之外，配管也必須承受建築物的重量因而會產生結構上的問題，所以最好採行樑貫通的做法。在樑貫通的情況下，要將樑深做到套管直徑的三倍以上、且確保樑的上緣及下緣的保護層厚度有 200mm 以上（圖 2）。

再者，從結構體來看，套管會造成結構的缺損，因此最好不要設置。此外，如果將電氣、設備的耐用年數也納入考量的話，就應該有易於修補或維修的計畫。

圖 1 ◆ 電氣、設備配管的可能位置

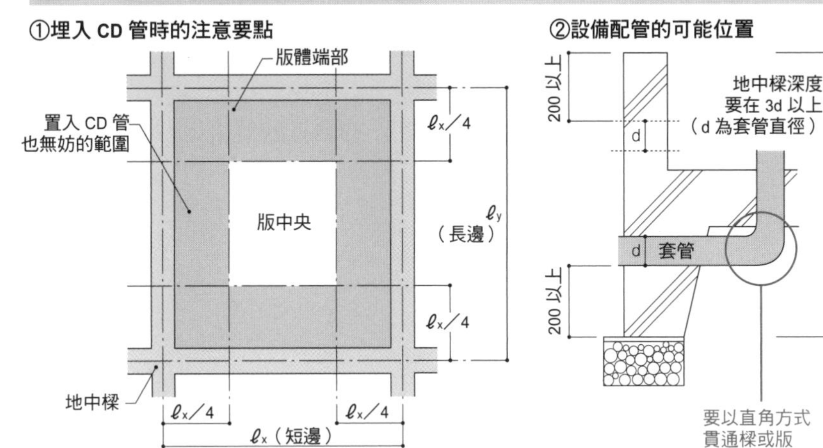

圖 2 ◆ 樑貫通孔的補強（ø ≦ 100 時）

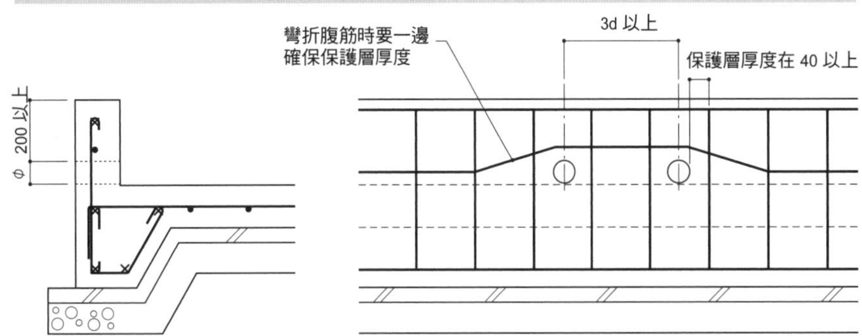

・套管直徑要在樑深的 1/3 以下（d ≦ D/3）
・套管的間隔要在直徑的三倍以上
・距離套管的鋼筋保護層厚度要保有 40mm 以上
・套管要距離樑的上緣及下緣 200mm 以上（確保主筋的保護層厚度）

※ 原注　碎石分級的名稱。依據粒徑的大小分成 C-40、C-30、C-20 等三類。

構架 實踐篇

這裡會透過具體案例來看如何利用徒手計算進行柱樑斷面設計。只要掌握這項要領，就能活用對照表使計算合理化。此外，就最重要的樑端部支撐力而言，更需要靈活運用珍貴的試驗資料，在有所根據的基礎上確保其安全性。

構架［實踐篇］❶

柱的斷面設計

因應柱的長期載重而進行的斷面設計中，雖然涉及柱所負擔的軸力，不過也要確保數值在挫屈的容許壓力以及木地檻的容許壓陷力以下。依照順序加以統整就如圖 1 所示。

在此，以圖 2 住宅模型的軸線ⓡ及軸線㊃為例，說明柱的設計順序及要點。

設計順序與要點

（1）計算柱的負擔軸力

樑的架設方式會影響柱的負擔軸力。

在圖 3 的框架平面圖中，該柱的載重負擔範圍如上色部分所示，在這個範圍內的屋頂、二樓樓板、各樓層牆體等重量的合計，就是這根柱子的負擔軸力。

（2）檢討柱的挫屈

首先，從檢討構材的斷面形狀，計算出斷面積以及斷面二次半徑（斷面二次半徑的計算方法參照第 97 頁）。

接著，從挫屈長度及斷面二次半徑計算柱子的細長比，求出挫屈折減係數。挫屈長度是取橫向材之間的淨高（為求安全以樓層高度來計算也可以，第 97 頁表 2 即是將樓層高度視為挫屈長度所製成的表）。然後將此數值乘以該樹種的容許壓縮應力度，就能求得包含挫屈考量在內的容許壓縮應力度，要確保其值在柱的負擔壓縮應力度以下（或確保負擔軸力與柱的斷面積

圖 1 柱的斷面設計順序

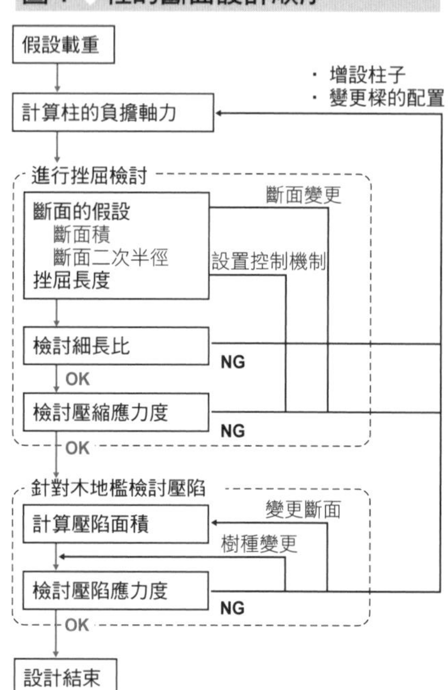

圖 2 ◆ 結構計算用的木造住宅模型

①一層平面圖

經設計的柱

②二層平面圖

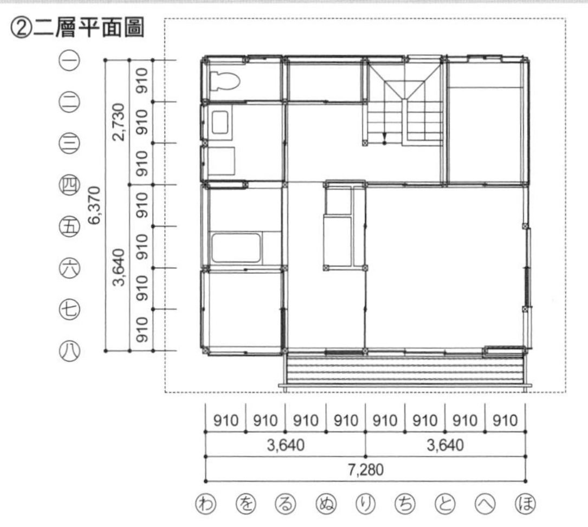

③南向立面圖

④西向立面圖

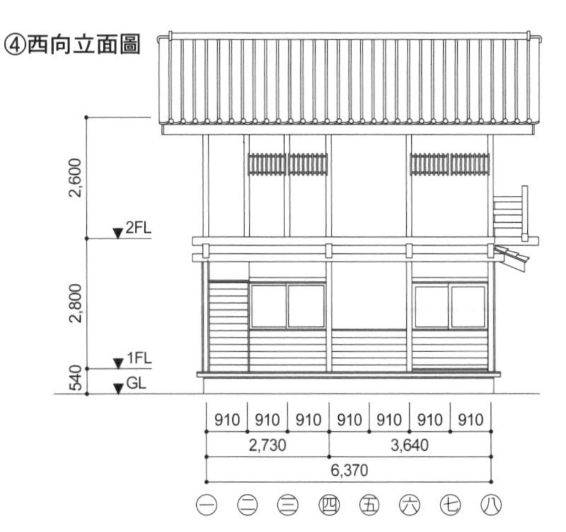

圖 3 ◆ 框架平面圖

①屋頂樑框架平面圖

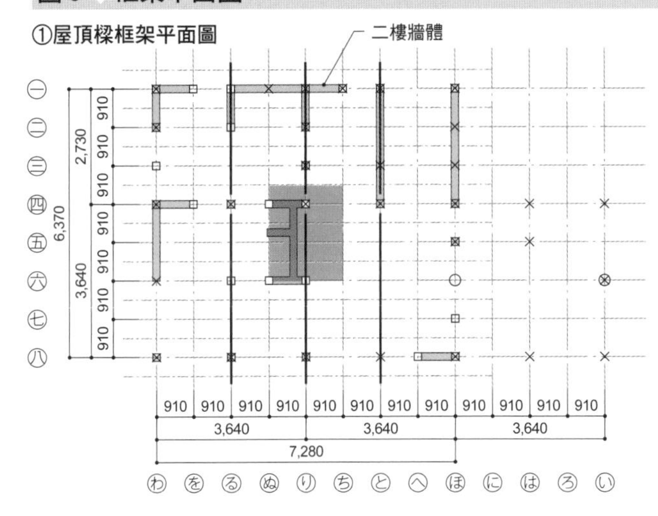

②二層樑框架平面圖

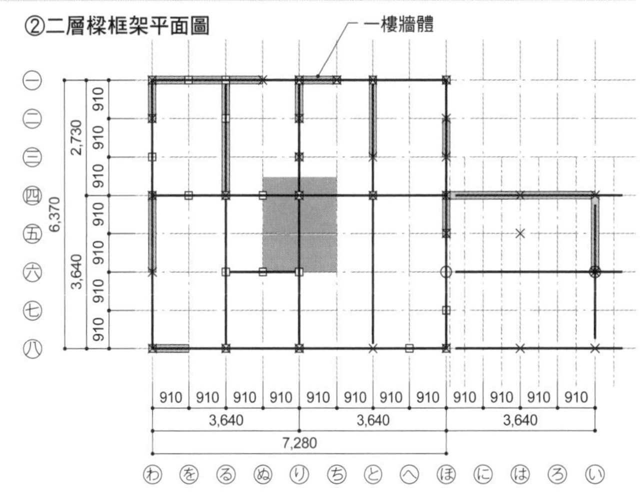

× 一樓柱　□二樓柱　○屋架支柱

相除後所得出的壓縮應力度，在容許壓縮應力度以下）。

順帶一提，容許壓縮應力度乘以斷面積的值就是容許壓縮力。

另外，這個階段先將容許值的比率（檢定比）計算出來的話，可以做為設計的參考標準。

（3）檢討木地檻的壓陷力

先求出柱與木地檻的接觸面積，與柱的負擔軸力相除的值就是壓陷應力度。然後確認其值是否在容許應力度以下（或確保負擔軸力除以壓陷斷面積所得的壓陷應力度，在容許壓陷應力度以下）。

依照上述方式得到的檢討結果，若超出容許值時，就要採取放大柱斷面、增設柱子或變更樑的架設方式等對策，以利於減輕負擔軸力。此外，如果只有木地檻的壓陷應力度超過容許值時，也有改用木地檻壓陷耐力大的樹種、或直接將柱子放置在基礎上的方法（參照第98頁表4）。

柱子的設計範例

（1）柱的負擔軸力計算

計算㊃-⑨的柱子所負擔的軸力。

這根柱子的載重負擔範圍如第 175 頁圖 3 的著色部分。在這個範圍內的屋頂、二樓樓板、各樓層牆體等的重量總計就是負擔軸力。屋頂採瓦屋頂、二樓樓板的靜載重（DL）以 $0.80\ kN/m^2$ 計算，活載重（LL）以 $1.30\ kN/m^2$ 計算的話，

屋頂：瓦屋頂 $0.90\ kN/m^2$

負擔面積 $1.82\ m \times 2.275\ m = 4.14\ m^2$

二樓樓板：（DL）0.80＋（LL）1.30 ＝ $2.10\ kN/m^2$

負擔面積 $1.82\ m \times 2.275\ m = 4.14\ m^2$

內牆：$0.60\ kN/m^2$

二樓負擔面積 $0.91\ m \times 2.60\ m \times 4$ 片 $= 9.5\ m^2$

一樓負擔面積 $0.91\ m \times 2.80\ m = 2.5\ m^2$

故，柱子的負擔軸力（N_c）是

$N_c = 0.90 \times 4.14 + 2.10 \times 4.14 + 0.60 \times (9.5 + 2.5)$

$= 19.62\ kN$

（2）對於柱的挫屈檢討

首先，從檢討構材（120mm 角材的日本扁柏材）的斷面形狀計算出斷面積（A_c）與斷面二次半徑（i）。

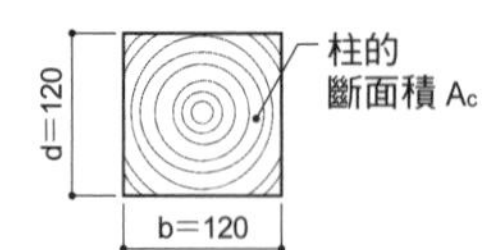

$A_c = 120\ mm \times 120\ mm = 14.4 \times 10^3\ mm^2$

$i = D / 3.46 = 120 / 3.46 =$ **$34.6\ mm$**

因本範例的 b=d，因此從第 97 頁表 2 中，D 取 b 或 d 皆可。

其次，從挫屈長度與斷面二次半徑計算出細長比（λ），並求出挫屈折減係數（η）。

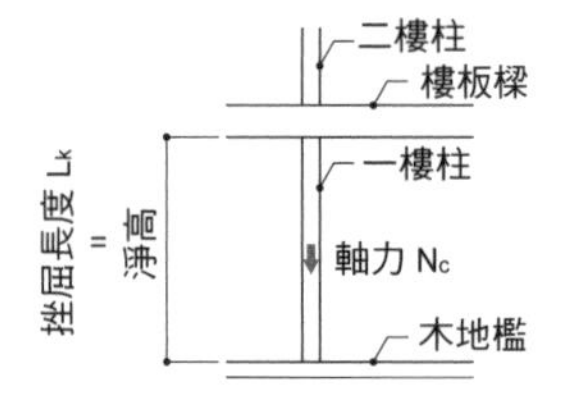

挫屈長度（L_k）取橫向材之間的淨長。二樓樓板的樑深設為 300mm 時，

$L_k = 2{,}800 - 300 =$ **$2{,}500\ mm$**

因此，細長比為

$\lambda = L_k / i = 2{,}500 / 34.6 =$ **72.3**

依據 $30 < \lambda \leq 100$，此時的挫屈折減係數為

$\eta = 1.3 - 0.01 \times \lambda = 1.3 - 0.01 \times 72.3 =$ **0.58**

將此挫屈折減係數乘上該樹種的容許壓縮應力度，求出包含挫屈考量在內的容許壓縮應力度，要確保其值在柱的負擔壓縮應力度以下。

根據資料編第 286、287 頁的內容，日本扁柏（無等級材）的長期容許壓縮應力度（f_c）為

$f_c = 7.6\ N/mm^2$

因此，柱的長期容許壓縮力（N_{ca}）是

$N_{ca} = \eta \cdot f_c \cdot A_c = 0.58 \times 7.6 \times 14.4 \times 10^3 =$ **$63.5\ kN$** $> N_c = 19.62\ kN$ → **OK**

此外，還可以確認負擔軸力與柱斷面積相除後的壓縮應力度（σ_c）在容許壓縮應力度以下。

$\sigma_c = N_c / A_c = 19.62 \times 10^3 N / 14.4 \times 10^3\ mm^2 =$ **$1.4\ N/mm^2$**

$< \eta \cdot f_c = 0.58 \times 7.6\ N/mm^2 = 4.4\ N/mm^2$ → **OK**

順帶一提，以檢定比表示的話，

$\sigma_c / (\eta \cdot f_c) = 1.4\ N/mm^2 / 4.4\ N/mm^2 =$ **0.32**

從上述可知，壓縮應力度大約為容許值的三成左右，因此有充分的空間來因應挫屈。

（3）檢討對木地檻的壓陷

計算柱子與木地檻的接觸面積（壓陷面積 A_{cv}），並確保除以柱子的負擔軸力後的值（壓陷應力 f_{cv}）在容許應力度以下。

木地檻採用 120mm 角材日本扁柏材（無等級材）。為求安全起見，壓陷面積取用扣除榫斷面後的值。

$A_{cv} = 120 \times 120 - (30 \times 90) =$ **$11.7 \times 10^3 mm^2$**

由於柱子附近有可能設置木地檻對接，因此要以構材端部的容許應力度來進行檢討。此外，鄰近也有其他的柱子，所以也要考慮即使產生少量壓陷也不成問題的做法。

依據第 98 頁表 3，構材端部的長期容許壓陷應力度（f_{cv}）是

$f_{cv} = 3.12\ N/mm^2$

因此，木地檻的長期容許壓陷壓縮力（N_{cva}）為

$N_{cva} = f_{cv} \cdot A_{cv} = 3.12 \times 11.7 \times 10^3 = 36.5 \times 10^3 N =$ **$36.5\ kN$**

＞柱的負擔壓縮力 $N_c = 19.62\ kN$ → **OK**

另外，還可以確認負擔軸力與壓陷斷面積相除後的壓陷應力度（σ_{cv}）是否在容許壓陷應力度以下。

$\sigma_{cv} = N_c / A_{cv} = 19.62 \times 10^3 N / 11.7 \times 10^3\ mm^2 =$ **$1.7\ N/mm^2$**

以檢定比表示的話，

$\sigma_{cv} / f_{cv} = 1.7\ N/mm^2 / 3.12\ N/mm^2 =$ **0.54**

從上述可知，壓陷應力度約為容許值的六成。

根據以上的檢討結果，無論是柱材的挫屈或是對木地檻的壓陷都在容許值以內，因此可以確認柱子斷面以 120mm 角材來施作是沒有問題的。

橫向材的斷面設計

樑的斷面要針對①對於強度的性能、②對於變形的性能等兩項來進行檢證（圖 1）。將順序加以整理就如圖 2 所示。

關於強度的檢證

強度的檢證是根據作用在樑上的載重類型及端部的支撐條件，從表 1 的公式計算出彎曲應力與剪斷力，並且依據第 178 頁表 2 的計算式確認彎曲應力度及剪斷應力度在容許應力度以下。

從計算式可知彎矩受到斷面係數 Z、剪斷力則受到斷面積 A 的影響。這裡的 Z 和 A 可從第 178 頁表 3 的計算式中求得，因此樑寬或樑深愈大應力度則愈小。換句話說從容許值來看就是安全率會增加。

除了以上的檢討之外，木造要注意搭接的垂直支撐性能的檢證工作（參照第 191 ～ 193 頁）。

圖 1 ◆垂直載重時的橫向材檢討

δ_1= 大樑的變形量
δ_2= 小樑單獨的變形量
δ= 從柱的位置所見小樑中央的樓板垂直變形量

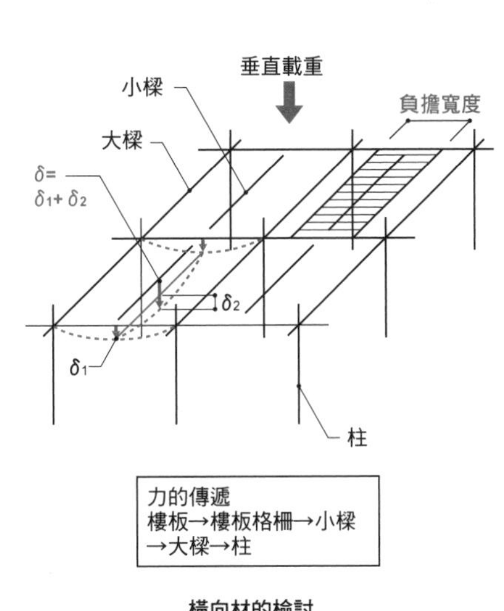

橫向材的檢討
①強度
②變形（居住性）
變形限制是變形增大係數視為 2 時，變形量要在跨距的 1／250 以下

圖 2 ◆樑的斷面積設計順序

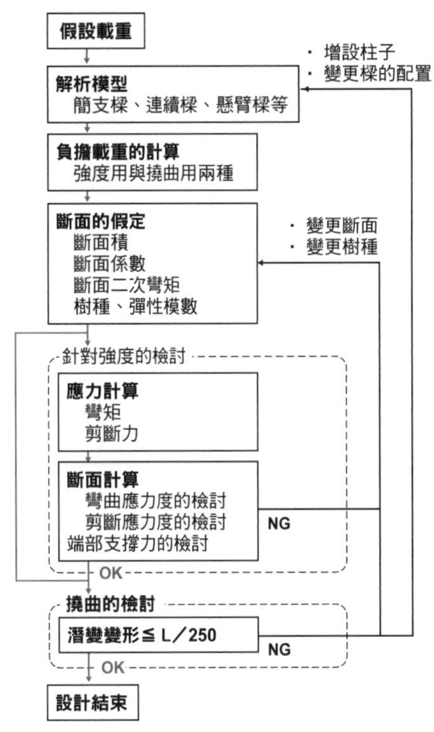

表 1 ◆各支撐條件下的樑之應力、撓曲計算式

	均等分布載重			中央集中載重		
	簡支樑	兩端固定樑	連續樑	簡支樑	兩端固定樑	連續樑
載重分布與支撐條件	W, L	W, L	W, L, L	P, L	P, L	P, P, L, L
彎矩	+M $M=\frac{w\cdot L^2}{8}$	−M −M $M=\frac{w\cdot L^2}{12}$	−M $M=\frac{w\cdot L^2}{8}$	+M $M=\frac{P\cdot L}{4}$	−M +M $M=\frac{P\cdot L}{8}$	−M $M=\frac{3\cdot P\cdot L}{16}$
比	1	0.67 $(\frac{1}{1.5})$	1	1	0.50 $(\frac{1}{2})$	0.75 $(\frac{1}{1.3})$
剪斷	−Q +Q $Q=\frac{w\cdot L}{2}$	−Q +Q $Q=\frac{w\cdot L}{2}$	−Q +Q $Q=\frac{5\cdot w\cdot L}{8}$	−Q +Q $Q=\frac{P}{2}$	−Q +Q $Q=\frac{P}{2}$	−Q +Q $Q=\frac{11\cdot P}{16}$
比	1	1	1.25	1	1	1.375
撓曲	$\delta=\frac{5\cdot w\cdot L^4}{384\cdot E\cdot I}$	$\delta=\frac{w\cdot L^4}{384\cdot E\cdot I}$	$\delta=\frac{w\cdot L^4}{185\cdot E\cdot I}$	$\delta=\frac{P\cdot L^3}{48\cdot E\cdot I}$	$\delta=\frac{P\cdot L^3}{192\cdot E\cdot I}$	$\delta=\frac{P\cdot L^3}{48\sqrt{5}\cdot E\cdot I}$
比	1	0.20 $(\frac{1}{5})$	0.42 $(\frac{1}{2.4})$	1	0.25 $(\frac{1}{4})$	0.45 $(\frac{1}{2.2})$

原注 該表的比是表示與簡支樑的比率

表 2 ◆ 樑的斷面計算式

①關於構材強度的設計

彎曲應力度

$\sigma=\frac{M}{Z}$：確保在容許彎曲應力度（f_b）以下來進行設計

剪斷應力度

$\tau=\frac{1.5\cdot Q}{A}$：確保在容許剪斷應力度（$f_s$）以下來進行設計

②對於居住性的設計

$\frac{2\delta}{L}\leq\frac{1}{250}$

變形增大係數設為 2 時所計算出來的撓曲量，要在跨距 L 的 1／250 以下來進行設計（活載重為地震用）

原注　撓曲限制是考慮居住者的需求或經濟性、生產性等因素之後所進行的設計

[參考]（社）日本建築學會舊規準：彈性模數降低 20% 後所計算出來的值要在 L／300 以下

表 3 ◆ 斷面性能的計算式

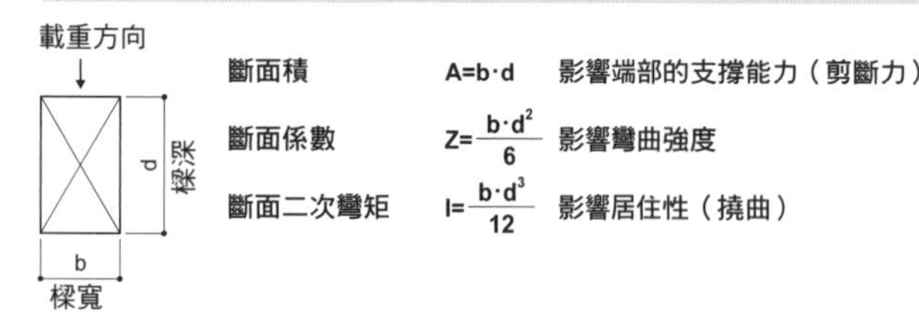

斷面積	$A=b\cdot d$	影響端部的支撐能力（剪斷力）
斷面係數	$Z=\frac{b\cdot d^2}{6}$	影響彎曲強度
斷面二次彎矩	$I=\frac{b\cdot d^3}{12}$	影響居住性（撓曲）

圖 3 ◆ 撓曲計算式的細目

均等分布載重 W（kN／m）

L（m） 跨距

δ（cm） 跨距中央的撓曲

$$\delta=\frac{5\cdot w\cdot L^4}{384\cdot E\cdot I}$$

變形

構材端部的固定度與依據載重分布所得的係數

載重

跨距

跨距以四次方發揮作用

彈性模數

構材的斷面二次彎矩

載重　P　0　δ　變形

夾角為彈性模數

構材的載重 - 變形曲線

↓載重

d 樑深　b 樑寬

$I=\frac{b\cdot d^3}{12}$

樑深以三次方發揮作用

圖 4 ◆ 簡支樑、連續樑的模型化

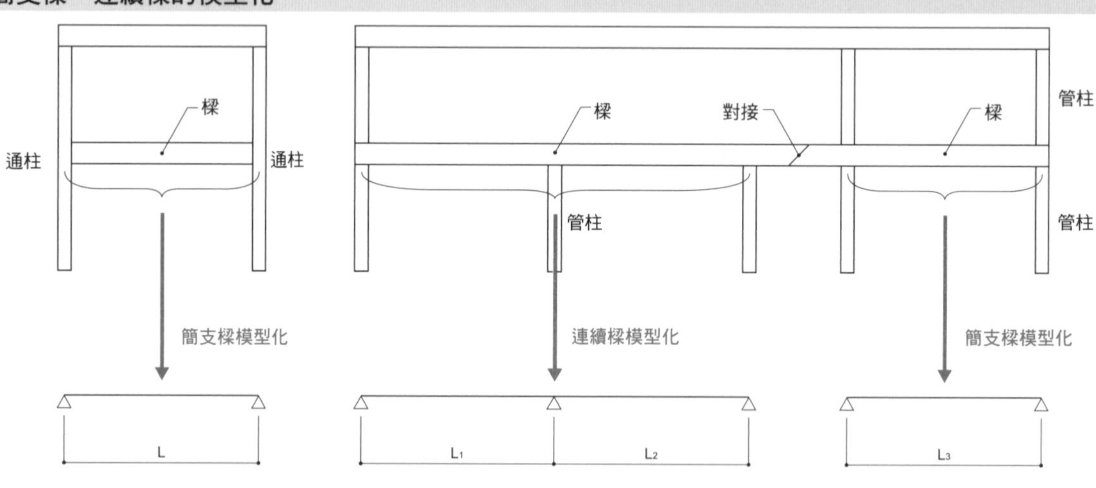

關於變形的檢證

變形的檢證程序與強度相同，根據作用在樑上的載重類型與端部的支撐條件，從第 177 頁表 1 的公式計算出撓曲值，並且確認該值在容許值以下。

雖然在告示或（一般社團法人）日本建築學會的規準中，已針對撓曲的容許值做出規定，但皆屬於最低基準，因此基本上還是要考量居住性或構材的重要度，再分別加以設定。

為了控制撓曲量在少量程度，一般會透過改變撓曲計算式中所包含的影響要素來達成目的。從撓曲的公式來看，端部的束縛條件、載重（w 或是 P）、跨距（L）、彈性模數（E）、斷面二次彎矩（I）等五個項目將是影響因素（圖 3），因此可採取以下有效的對策。

（1）提高支撐端部的束縛程度

在木造的情況下，端部的支撐條件幾乎不存在固定狀態，一般來說端部都是以鉸接的方式來進行分析。例如，樑的兩端若為通柱貫通就是簡支樑，有三根以上的樑或管柱上方採沒有對接的連續貫通時則視為連續樑（圖 4）。

從第 177 頁表 1 的公式來看，連續樑的變形量可以控制到比簡支樑更小。很多木構造匠師之所以會說「採用勾齒搭接很穩固」，或許是因為曾經實際感受連續樑不易變形的緣故（不過，對於水平載重而言，必須注意樓板面的水平剛性）。

（2）減少載重

若是非結構設計者來決定樑斷面時，就會出現類似「跨越兩個開間的樑深為一尺（300mm）」的情況，只考慮跨距而無載重的概念。應該要認知到即使是同一跨距，作用在樑上的載重仍有各式各樣的差異。

舉例來說，第 177 頁圖 1 的小樑與大樑雖然跨距相同，但載重條

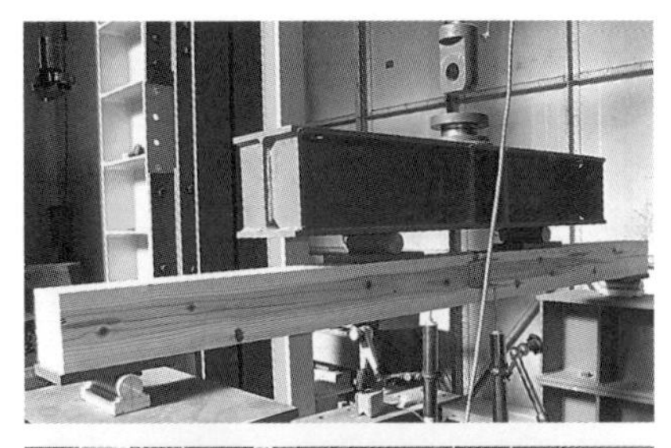

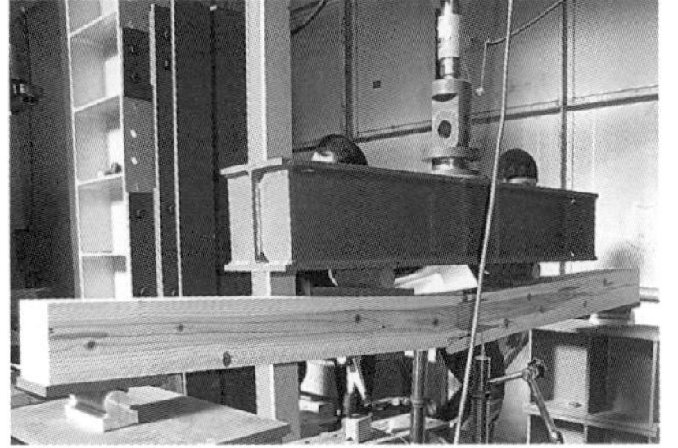

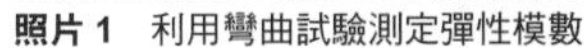

照片 1　利用彎曲試驗測定彈性模數

照片 2　利用縱向振動法測定彈性模數

照片 3　分級機

表 4　彈性模數的測定範例（以人員載重來測定）

依據撓曲 $\delta=\frac{P\cdot L^3}{48\cdot E\cdot I}$、彈性模數 $E=\frac{P\cdot L^3}{48\cdot I\cdot \delta}$

在寬 300mm× 厚 40mm× 跨距 3m 的版材上，承載體重 100kg（中央集中載重 P）的人員時所測量到的撓曲為 3cm，此時

$I=\frac{b\cdot d^3}{12}=\frac{30\times 4.0^3}{12}=160\ cm^4$

P=100 kg=0.1 t

L=3.0 m=300 cm

δ=3.0 cm

因此，

$E=\frac{P\cdot L^3}{48\cdot I\cdot \delta}=\frac{0.1\times 300^3}{48\times 160\times 3}=117.2\ t／cm^2$

這根構材為 E110

以人員載重測定彈性模數

撓曲量愈大時，彈性模數的數值也會愈加偏低。在考量設計的安全性之下，撓曲量最好以 L／300 以上來計算

件不同。此外，如果樑中間設有柱子時，在樑上產生的作用就不只是樓板的載重而已，還有屋頂的載重。

負擔寬度是考量作用在樑上的載重時最基本的要素，可以在兩道相鄰的樑之間畫出一條中線來思考。進一步地說，樑的間隔就是負擔寬度。

因此，就減少負擔載重而言，縮短樑的間隔（增加平行樑的數量）將是有效的做法。

（3）縮短跨距

從第 177 頁表 1 的撓曲公式來看，跨距通常是三次方或四次方，因此如果要減少撓曲，縮短跨距是最有效的做法。

縮短跨距的方法就是設置柱子。此外，在樑承接樑的情況下，以跨距短邊為接受樑來考慮樑的架設方向也是有效的做法。

（4）採用彈性模數高的構材

（彎曲）彈性模數是表示材料的撓曲難易度指標（參照第 13 頁「用語解說」），數值愈高愈不容易撓曲。從木材的彈性模數彎曲試驗（照片 1）可以求出，不過也有從振動後的反射周波數求得的方法（照片 2）。

在日本農林規格（JAS）中有機械等級區分的規定，不過實際上幾乎沒有流通使用。近年開發出的分級機（照片 3），雖然可以測定出含水率與彈性模數，不過少有針對大斷面構材的機器，因此目前現況是無法進行關鍵性的橫向材彈性模數測定。筆者相當期盼橫向材的彈性模數標示能夠盡早普及化（如果構材具有高強度就能在結構上產生附加價值，所以即使反映到價格上還是可以接受。

表 4 是利用簡易的彎曲試驗求出彈性模數的方法。以這個方法進行測定時，如果變形量少就會造成誤差增大，因此考量設計的容許值會希望變形量在跨距的 1／300 左右以上。

（5）擴大斷面

在擴大斷面的做法上，經常有人問「應該增加寬度還是深度」的問題。從對變形有所影響的斷面二次彎矩公式來看，樑深是三次方的關係，所以增加樑深比較有壓倒性的效果（表 3、圖 3）。

如果能掌握以上的基本計算式，就沒有必要只憑單一化的斷面表來設計，設計的自由度可以擴大。此外，即使是採用斷面表也可以有多樣的使用方法。只要充分考量影響要素，就有可能做出更為合理的斷面設計。

減少撓曲量的好處

如果能控制樑的撓曲量至極小化，就能降低樓板震動的幅度，所以是與居住者的安心感有密切相關的好處。

此外，當採用含水率稍高的材料時會有潛變的問題，不過如果能減少初期變形的話，潛變變形也會減少（參照第 15 頁圖 8）。再者，還有防止構材伴隨乾燥收縮而出現接合部拔出的效果。

除此之外，不但能防止因節等缺陷而導致的破裂、或減輕接合部的負擔等，也能補償木材特有的弱點（參照第 16 頁圖 9、10）。這些手法對於延長建築物的壽命也會有貢獻。

樓板樑的設計範例

圖 5 是針對二樓樓板樑 G_1 的設計，檢討順序如下。

①從框架計畫圖及構架圖求出要進行計算的樑上載重

②製作解析模型圖並依據應力公式求出各應力

③假定樑的斷面再計算出各個斷面性能（A、Z、I）

④計算出應力度及撓曲量，確認是否在容許值以內

⑤超出容許值時，要變更斷面、材種（或者彈性模數）、載重條件、跨距等再進行檢討

此外，計算載重之際，要留意強度檢討用與撓曲檢討用的樓板活載重是不同的（撓曲檢討會考慮潛變，因為做為變形增大係數要乘以 2.0）。

另外，如果對計算不甚熟悉的話，就容易計算出錯誤的數值，因此進行計算時就算再麻煩也要將單位寫出來。

・重量、載重的單位：kg、t、N、kN

・長度單位：mm、cm、m

進行再檢討之際，求出最初假定的斷面和變更後的斷面各性能之比率，再乘上最初求得的應力值或撓曲量，就能提高檢討的效率。

變更載重、彈性模數時也要進行同樣的檢討。不過，因為跨距是以二到四次方發揮作用，因此變更跨距時必須再計算一遍。

圖 5 ◆ 樓板樑的設計範例
（二層樑平面圖）

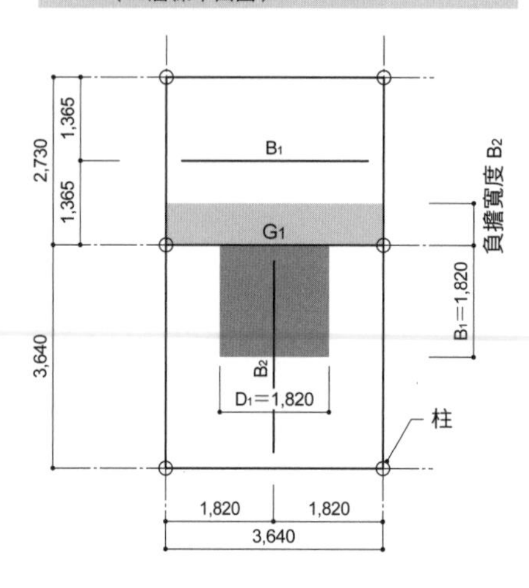

樓板樑設計順序

（1）加載在樑上的載重計算

計算加載於樓板樑 G_1 上的載重。

二樓樓板（起居室）的載重按照以下的假設（參照資料篇第 290 頁）。

靜載重 DL=800 N／m^2

活載重 LL=600 N／m^2：撓曲計算用

活載重 LL=1,300 N／m^2：強度檢討用

故，撓曲計算用載重為 TL=DL＋LL

=800＋600=1,400 N／m^2=**1.4 kN／m^2**

強度檢討用載重為 TL=DL＋LL

=800＋1,300=2,100 N／m^2=**2.1 kN／m^2**

（2）解析模型

以上述的數值為基礎，計算加載於樓板樑 G_1 上的均等分布載重（w）和集中載重（P）。

P(kN)

w(kN/m)

L=3,640(mm)

w=TL× 負擔寬度 B_2

撓曲用 w =1.4 kN／m^2×（1.365／2）m

=**1.0 kN／m**

強度用 w =2.1 kN／m^2×（1.365／2）m

=**1.4 kN／m**

P=TL× 負擔面積（$B_1 \times D_1$）

撓曲用 P =1.4 kN／m^2×（1.82×1.82）m^2

=**4.6 kN**

強度用 P =2.1 kN／m^2×（1.82×1.82）m^2

=**7.0 kN**

注意！均等分布載重的單位是 [kN／m]、集中載重的單位是 [kN]

（3）斷面性能的計算

樑構材按照以下的假設，計算出斷面積（A）、斷面係數（Z）、斷面二次彎矩（I）。

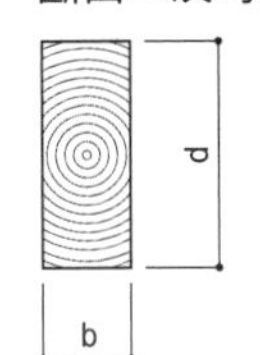

構材的彈性模數 E70：E=70 t／cm^2=6,865 N／mm^2

=6.865 kN／mm^2 杉木

E70 是日本本州產的杉木的標準彈性模數

構材斷面 b×d=120×300mm

$A=b\times d=120\times 300=\mathbf{36\times 10^3\ mm^2}$

$Z=\dfrac{b\times d^2}{6}=\dfrac{120\times 300^2}{6}=\mathbf{1.8\times 10^6\ mm^3}$

$I=\dfrac{b\times d^3}{12}=\dfrac{120\times 300^3}{12}=\mathbf{0.27\times 10^9\ mm^4}$

容許應力度（參照資料篇第 286、287 頁）

杉木無等級材

長期容許彎曲應力度 $_Lf_b$=**8.1 N／mm^2**

長期容許剪斷應力度 $_Lf_s$=**0.66 N／mm^2**

（4）強度的檢討

以上述的數值為基礎，計算各應力並且確認是否在容許值以內。

彎矩 $M=\dfrac{wL^2}{8}+\dfrac{PL}{4}=\dfrac{1.4\times 3.64^2}{8}+\dfrac{7.0\times 3.64}{4}$

$=2.3+6.4=8.7\ kN\cdot m=\mathbf{8.7\times 10^6\ N\cdot m}$

彎曲應力度 $\sigma=\dfrac{M}{Z}=\dfrac{8.7\times 10^6}{1.8\times 10^6}=4.83\ N／mm^2$

檢定比 $\dfrac{\sigma}{_Lf_b}=\dfrac{4.83}{8.1}=\mathbf{0.60}\leqq 1.0$ ➡ **OK**

剪斷力 $Q=\dfrac{wL}{2}+\dfrac{P}{2}=\dfrac{1.4\times 3.64}{2}+\dfrac{7.0}{2}=2.5+3.5$

$=6.0\ kN=\mathbf{6.0\times 10^3 N}$

剪斷應力度 $\tau=\dfrac{1.5Q}{A}=\dfrac{1.5\times 6.0\times 10^3}{36\times 10^3}=0.25\ N／mm^2$

檢定比 $\dfrac{\tau}{_Lf_s}=\dfrac{0.25}{0.66}=\mathbf{0.38}\leqq 1.0$ ➡ **OK**

（5）變形的檢討

計算撓曲並且確認是否在容許值以內。

$\delta=\dfrac{5wL^4}{384EI}+\dfrac{PL^3}{48EI}=\dfrac{5(wL)L^3}{384EI}+\dfrac{PL^3}{48EI}$

$=\dfrac{5\times(\overset{kN/m}{1.0}\times\overset{m}{3.64})\times(\overset{mm^3}{3.64\times 10^3})^3}{384\times\underset{kN/mm^2}{6.865}\times\underset{mm^4}{0.27\times 10^9}}+\dfrac{\overset{kN}{4.6}\times(\overset{mm3}{3.64\times 10^3})^3}{48\times\underset{kN/mm^2}{6.865}\times\underset{mm4}{0.27\times 10^9}}$

=1.2＋2.5=3.7mm

變形角（對跨距的比）：δ／L=3.7／3,640=1／983

計算時的提示
- 將 L^4 分解成 L（m）×L^3（mm^3）
- 僅以單位進行計算、確認單位是否正確

$\dfrac{\frac{kN}{m}\times m\times mm^3}{\frac{kN}{mm^2}\times mm^4}=\dfrac{kN\times mm^3}{kN\times mm^2}=mm$

以上述的數值為基礎，計算考慮潛變後的撓曲時，

變形增大係數：為 2，2δ=2×3.7=**7.4 mm**

變形角 2δ／L=7.4／3,640=**1／491** ＜ 1／250 ➡ **OK**

舉例來說，當為了在樑正下方放置家具，而希望將潛變後的變形量控制在 5mm 以下時，可按照以下進行檢討。

上面的計算結果 2δ 與希望設計的變形 $2\delta_o$ 之間的比率為

$2\delta/2\delta_o=7.4/5.0=1.48$

- 若是指定彈性模數，則 $E_o\geqq 1.48\times 70=\mathbf{103.6\ t／cm^2}$

  ➡以 **120×300（E110）**來施作
- 若是提升斷面，則 $I_o\geqq 1.48\times 0.27\times 10^9=\mathbf{0.40\times 10^9 mm^4}$

因此，必要的樑深為

$D_o\geqq\sqrt[3]{\dfrac{I_o\times 12}{b}}=\sqrt[3]{\dfrac{0.40\times 10^9\times 12}{120}}=\sqrt[3]{0.04}\times 10^3=\mathbf{342\ mm}$

➡以 **120×360（E70）**來施作

構架［實踐篇］❸

可設計變形限制的跨距表及其應用方法

可設計變形限制的跨距表概要

通常選擇載重條件與材料之後，就能透過木造的樑跨距表來決定斷面。不過很多時候為了提早將變形限制控制在一定的程度內，以至於產生無法判斷斷面尺寸應該多少才足夠充裕、或使用者無法自由設定變形限制等問題。

圖 1 及資料篇第 323 ～ 372 頁的跨距表，是設計者利用各種條件設定，在能夠進行合理設計的情形下加以改良的結果。其概要如下。

- 模矩為 910mm
- 縱軸為跨距或者負擔寬度，橫軸為變形角
- 圖 1 ①的表是將負擔寬度限定為 0.91m 與 1.82m，將跨距 0.91 ～ 4.55m 表示為縱軸
- 圖 1 ②的表是將跨距限定為 2.73m 與 3.64m，將負擔寬度 0.91 ～ 3.64m 表示為縱軸

圖表中的線①是以彎曲強度來決定的界限值，線②則是以剪斷強度來決定的界限值。此時的斷面性能是小樑呈全斷面有效，其他樑則要考慮因小樑等而造成的斷面缺損，性能將受折損（屋架樑、簷桁、圍樑降至 90％、大樑降至 80％）。

圖表右側是對應跨距後的剪斷力（支點反力），使用承接樑五金時要對照該剪斷耐力，必須使用剪斷耐力比表中數值更大的五金。

此外，本圖表是 E50（杉木無等級材）時的數值，變形量是依據潛變等以「2」做為變形增大係數所計算出來的結果。改變彈性模數縮小斷面、抑制變形量至極小化的時候，會併用表 1 的換算表。舉例來說，E50 的變形角為 1／250 時，

圖 1 ◆ 可設計變形限制的跨距表

①跨距表 類型 A

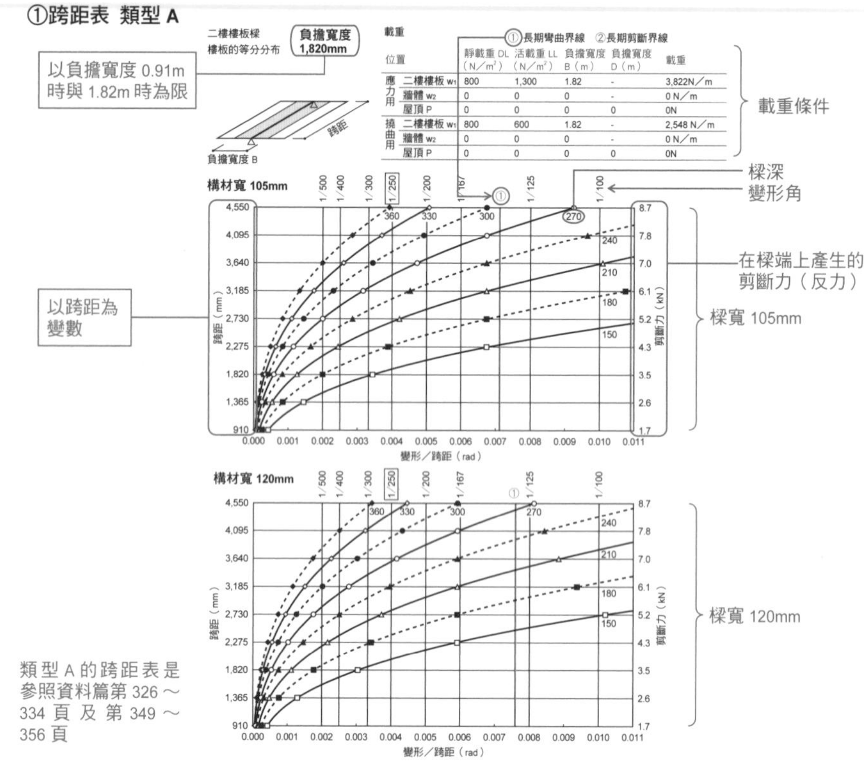

類型 A 的跨距表是參照資料篇第 326 ～ 334 頁及第 349 ～ 356 頁

②跨距表 類型 B

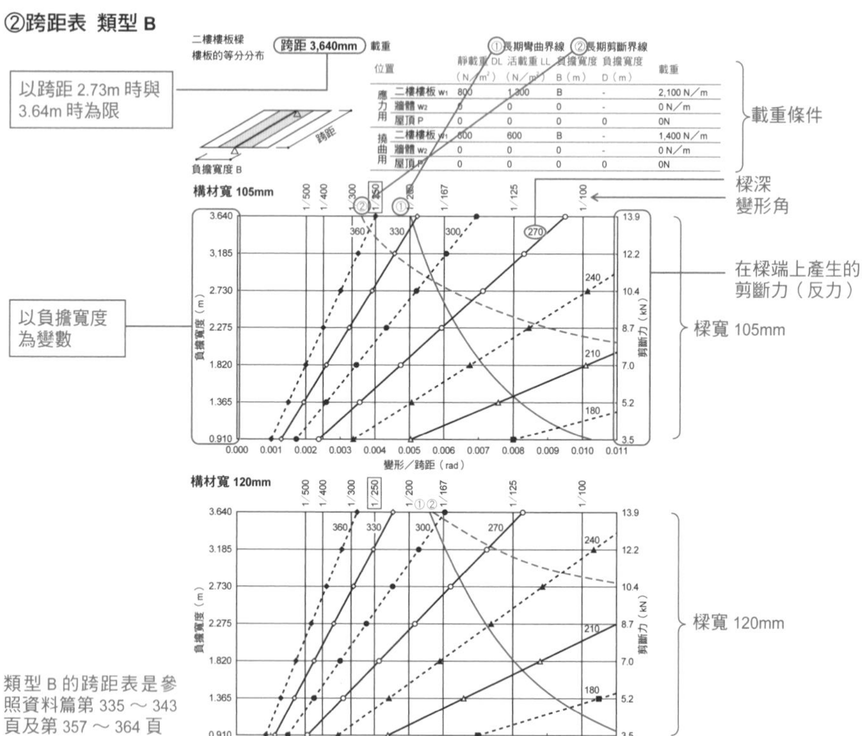

類型 B 的跨距表是參照資料篇第 335 ～ 343 頁及第 357 ～ 364 頁

彈性模數如果採用E70的話，變形角會變成1／350。若是E90的話，其變形角可抑制到1／450。

要抑制變形量而非變形角的時候，可參照表2的跨距與變形量。舉例來說，當跨度為3,640mm時，若中央部所產生的撓曲量要控制在5mm以下的話，變形角的限制就要變成1／750。

跨距表的活用範例

在此以CASE 1～7為例，活用跨距表來解說二樓樓板大樑的設計方法（表3）。

CASE 1是第184頁圖2的二樓樓板大樑，當跨距為3.64m、負擔寬度為1.82m時，會以滿足建築基準法最低要求的1／250來設計變形限制。以構材為杉木、彈性模數E50、樑寬為120mm的條件下求出必要樑深。

CASE 2與CASE 1的條件相同，但是考慮到居住性將變形限制設定在1／500，然後求出樑深所需的尺寸（第185頁圖3）。

CASE 3是取CASE 2的檢討結果，不過為了將樑深控制在300mm，而進行彈性模數有多少種可能的檢討（第186頁圖4）。

CASE 4與CASE 1的載重條件相同，不過為了在樑的正下方設置家具，撓曲要控制在5mm以下，因此彈性模數設為E90時，要檢討樑深所需的尺寸（第187頁圖5）。

CASE 5的條件與CASE 4相同，求出樑深300mm時的撓曲量（第188頁圖6）。

CASE 6是以跨距為3.64m、負擔寬度為1.82m、彈性模數E110、樑寬120mm的條件下，求出變形限制設定在1／250時的樑深（第189頁圖7）。

CASE7是以跨距為3.64m、彈性模數E50的條件下，求出變形限制設定在1／400時的寬120mm×深270mm的樓板樑間隔（第190頁圖8）。

表1 彈性模數與變形角換算表

機械等級	E50	E70	E90	E110
彈性模數（N／mm²）	4,903	6,865	8,826	10,787
與E50的比	1.00	1.40	1.80	2.20
換算變形角	1／500	1／700	1／900	1／1,100
	1／400	1／560	1／720	1／880
	1／357	1／500	1／643	1／786
	1／286	1／400	1／514	1／629
	1／278	1／389	1／500	1／611
	1／250 →（E70的話）	1／350 →（選擇E90時）	1／450	1／550
	1／227	1／318	1／409	1／500
	1／222	1／311	1／400	1／489
	1／182	1／255	1／327	1／400
	1／179	1／250	1／321	1／393
	1／139	1／194	1／250	1／306
	1／114	1／159	1／205	1／250
	1／100	1／140	1／180	1／220

原注 彈性模數以平均值表示

表2 跨距與變形量（單位：mm）

跨距L	變形角							
	1／100	1／150	1／250	1／300	1／500	1／600	1／750	1／1,000
1,365	13.7	9.1	5.5	4.6	2.7	2.3	1.8	1.4
1,820	18.2	12.1	7.3	6.1	3.6	3.0	2.4	1.8
2,275	22.8	15.2	9.1	7.6	4.6	3.8	3.0	2.3
2,730	27.3	18.2	10.9	9.1	5.5	4.6	3.6	2.7
3,185	31.9	21.2	12.7	10.6	6.4	5.3	4.2	3.2
3,640	36.4	24.3	14.6	12.1	7.3	6.1	4.9	3.6
4,095	41.0	27.3	16.4	13.7	8.2	6.8	5.5	4.1
4,550	45.5	30.3	18.2	15.2	9.1	7.6	6.1	4.6
5,005	50.1	33.4	20.0	16.7	10.0	8.3	6.7	5.0
5,460	54.6	36.4	21.8	18.2	10.9	9.1	7.3	5.5

表3 案例的設計條件與求取值

檢討CASE	設計條件						求取值	圖編號
	載重		跨距	構材		變形限制		
	位置	負擔寬度		彈性模數	斷面			
CASE1	二樓樓板	1.82m	3.64m	E50	120×■	1／250以下	撓曲限制1／250時的樑深	第184頁圖2
CASE2	二樓樓板	1.82m	3.64m	E50	120×■	1／500以下	撓曲限制1／500時的樑深	第185頁圖3
CASE3	二樓樓板	1.82m	3.64m	■	120×300	1／500以下	樑深受限時構材的彈性模數	第186頁圖4
CASE4	二樓樓板	1.82m	3.64m	E90	120×■	5mm以下	撓曲量（mm）受限時的樑深	第187頁圖5
CASE5	二樓樓板	1.82m	3.64m	E90	120×300	■ mm	假定樑斷面時的撓曲量	第188頁圖6
CASE6	二樓樓板	1.82m	3.64m	E110	120×■	1／250	提高彈性模數時的樑深	第189頁圖7
CASE7	二樓樓板	■	3.64m	E50	120×270	1／400	樑深受限時樑的架設間隔（負擔寬度）	第190頁圖8

原注 表中的■部分為求取值

圖 2 ◆跨距表的活用範例①（CASE 1）

設計條件

下圖的二樓樓板大樑是當跨距為 3.64m、負擔寬度為 1.82m 時，以剛好符合建築基準法對變形限制的要求 1／250 來設計。材料選用杉木、彈性模數設為 E50、樑寬度為 120mm。

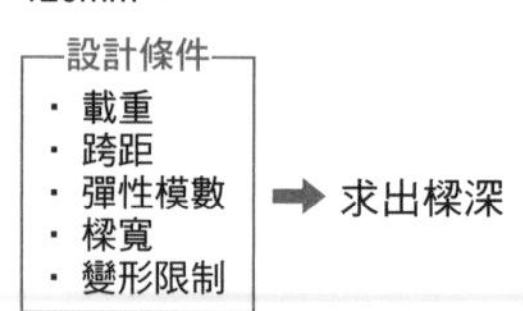

斷面設計順序

❶樑寬為 120mm，因此是右下角的圖表
❷從左側縱軸的跨距 3.64m 往右找出與上橫軸 1／250 的交點
❸此交點左側的曲線為樑深 300mm
❹順帶一提，從表 B 可知跨距 1／250 時的變形量為 14.6mm
❺在樑端部的支撐點上所產生的剪斷力為 7.0kN（跨距 3,640mm 時的剪斷力可從圖表中的右側縱軸得知）
❻ 120×300mm 時的跨距中央部的撓曲為變形角 0.003rad ≒ 1／333
❼此時的變形量是δ=3,640／333=10.9mm

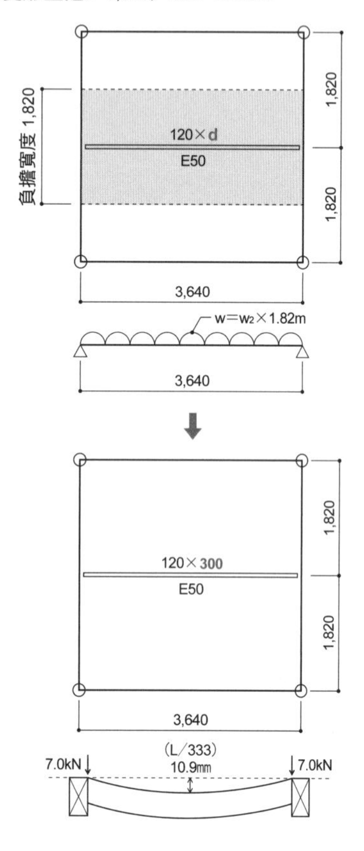

表 A 彈性模數與變形角換算表

機械等級	E50	E70	E90	E110
彈性模數（N／mm²）	4,903	6,865	8,826	10,787
與 E50 的比	1.00	1.40	1.80	2.20
換算變形角	1／500	1／700	1／900	1／1,100
	1／400	1／560	1／720	1／880
	1／357	1／500	1／643	1／786
	1／286	1／400	1／514	1／629
	1／278	1／389	1／500	1／611
	1／250	1／350	1／450	1／550
	1／227	1／318	1／409	1／500
	1／222	1／311	1／400	1／489
	1／182	1／255	1／327	1／400
	1／179	1／250	1／321	1／393
	1／139	1／194	1／250	1／306
	1／114	1／159	1／205	1／250
	1／100	1／140	1／180	1／220

表 B 跨距與變形量（單位：mm）

跨距 L	變形角							
	1／100	1／150	1／250	1／300	1／500	1／600	1／750	1／1,000
1,365	13.7	9.1	5.5	4.6	2.7	2.3	1.8	1.4
1,820	18.2	12.1	7.3	6.1	3.6	3.0	2.4	1.8
2,275	22.8	15.2	9.1	7.6	4.6	3.8	3.0	2.3
2,730	27.3	18.2	10.9	9.1	5.5	4.6	3.6	2.7
3,185	31.9	21.2	12.7	10.6	6.4	5.3	4.2	3.2
3,640	36.4	24.3	14.6	12.1	7.3	6.1	4.9	3.6
4,095	41.0	27.3	16.4 ❹	13.7	8.2	6.8	5.5	4.1
4,550	45.5	30.3	18.2	15.2	9.1	7.6	6.1	4.6
5,005	50.1	33.4	20.0	16.7	10.0	8.3	6.7	5.0
5,460	54.6	36.4	21.8	18.2	10.9	9.1	7.3	5.5

二樓樓板樑 樓板的等分分布　**負擔寬度 1,820mm**

載重　①長期彎曲界線　②長期剪斷界線

位置		靜載重 DL（N／m²）	活載重 LL（N／m²）	負擔寬度 B（m）	負擔寬度 D（m）	載重
應力用	二樓樓板 w_1	800	1,300	1.82	-	3,822N／m
	牆體 w_2	0	0	0	-	0
	屋頂 P	0	0	0	0	0
撓曲用	二樓樓板 w_1	800	600	1.82	-	2,548 N／m
	牆體 w_2	0	0	0	-	0
	屋頂 P	0	0	0	0	0

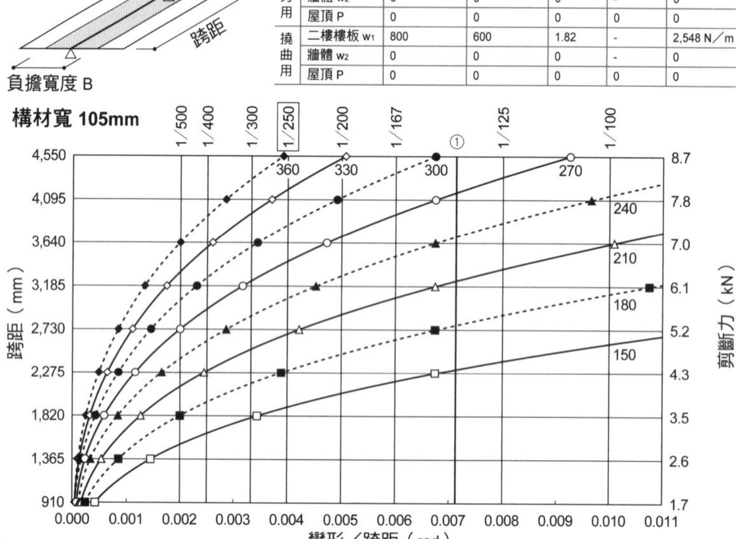

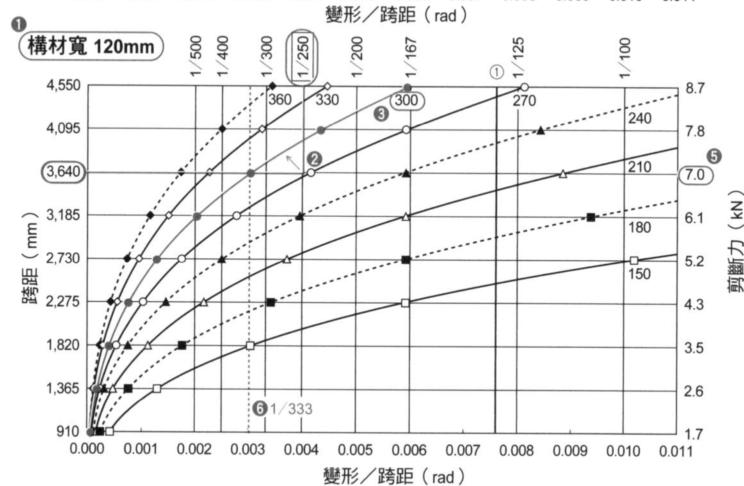

圖 3 ◆跨距表的活用範例②（CASE 2）

設計條件

與 CASE 1（圖 2）的條件相同，不過變形限制設為 1／500。

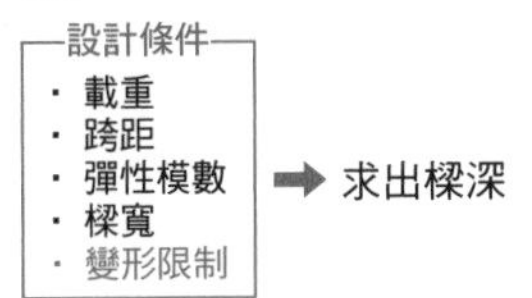

斷面設計順序

❶樑寬為 120mm，因此是右下角的圖表
❷從左側縱軸的跨距 3.64m 往右找出與上橫軸 1／500 的交點
❸此交點左側的曲線為樑深 360mm
❹順帶一提，從表 B 可知跨距 1／500 時的變形量為 7.3mm
❺在樑端部的支撐點上所產生的剪斷力為 7.0kN
❻ 120×360mm 時的變形角為 0.0018rad ≒ 1／555
❼此時的變形量是δ=3,640／555=6.6mm

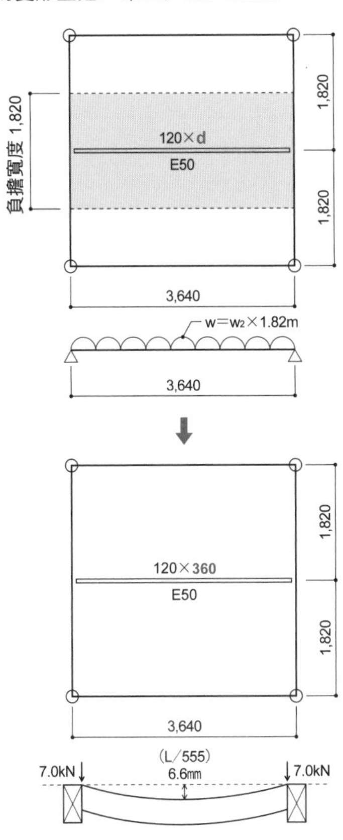

表 A 彈性模數與變形角換算表

機械等級	E50	E70	E90	E110
彈性模數（N／mm²）	4,903	6,865	8,826	10,787
與 E50 的比	1.00	1.40	1.80	2.20
換算變形角	1／500	1／700	1／900	1／1,100
	1／400	1／560	1／720	1／880
	1／357	1／500	1／643	1／786
	1／286	1／400	1／514	1／629
	1／278	1／389	1／500	1／611
	1／250	1／350	1／450	1／550
	1／227	1／318	1／409	1／500
	1／222	1／311	1／400	1／489
	1／182	1／255	1／327	1／400
	1／179	1／250	1／321	1／393
	1／139	1／194	1／250	1／306
	1／114	1／159	1／205	1／250
	1／100	1／140	1／180	1／220

表 B 跨距與變形量（單位：mm）

跨距 L	變形角							
	1／100	1／150	1／250	1／300	1／500	1／600	1／750	1／1,000
1,365	13.7	9.1	5.5	4.6	2.7	2.3	1.8	1.4
1,820	18.2	12.1	7.3	6.1	3.6	3.0	2.4	1.8
2,275	22.8	15.2	9.1	7.6	4.6	3.8	3.0	2.3
2,730	27.3	18.2	10.9	9.1	5.5	4.6	3.6	2.7
3,185	31.9	21.2	12.7	10.6	6.4	5.3	4.2	3.2
3,640	36.4	24.3	14.6	12.1	7.3	6.1	4.9	3.6
4,095	41.0	27.3	16.4	13.7	8.2 ❹	6.8	5.5	4.1
4,550	45.5	30.3	18.2	15.2	9.1	7.6	6.1	4.6
5,005	50.1	33.4	20.0	16.7	10.0	8.3	6.7	5.0
5,460	54.6	36.4	21.8	18.2	10.9	9.1	7.3	5.5

二樓樓板樑 樓板的等分分布　**負擔寬度** 1,820mm

跨距
負擔寬度 B

載重　①長期彎曲界線　②長期剪斷界線

位置		靜載重 DL（N／m²）	活載重 LL（N／m²）	負擔寬度 B（m）	負擔寬度 D（m）	載重
應力用	二樓樓板 w₁	800	1,300	1.82	-	3,822N／m
	牆體 w₂	0	0	0	-	0
	屋頂 P	0	0	0	0	0
撓曲用	二樓樓板 w₁	800	600	1.82	-	2,548 N／m
	牆體 w₂	0	0	0	-	0
	屋頂 P	0	0	0	0	0

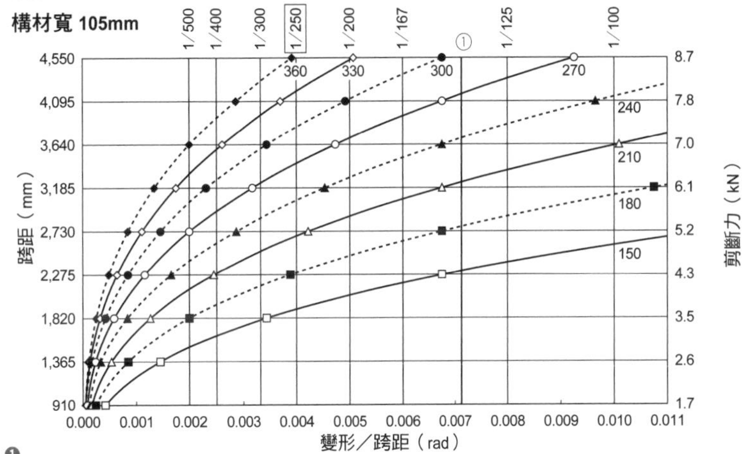

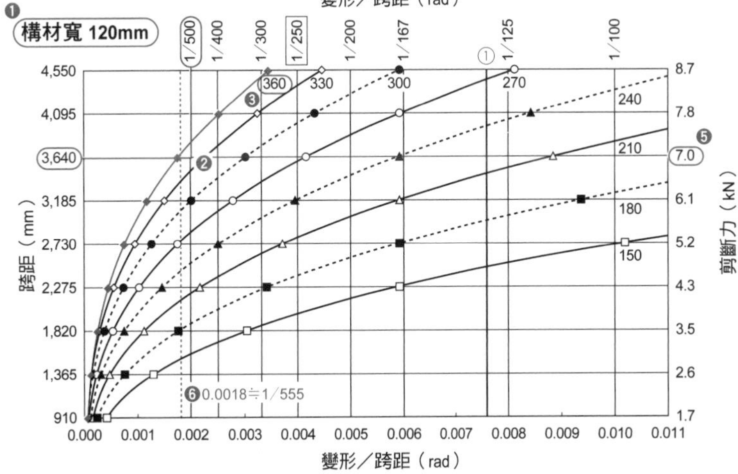

圖 4 跨距表的活用範例③（CASE 3）

設計條件

採用 CASE 2（第 185 頁圖 3）的檢討結果，不過希望將樑深控制在 300mm。因此要檢討此時的彈性模數為多少時較適當。

設計條件
- 載重
- 跨距
- 樑斷面
- 變形限制

➡ 求出彈性模數

斷面設計順序

❶從構材寬度 120mm 的圖表中，找出左側縱軸 3.64m 與曲線樑深 300mm 的交點
❷從交點垂直往上會對應出變形角約 1／330 的結果
❸與想要設計的變形角 1／500 之間的比率為 500／330 ≒ 1.5
❹由於跨距表是以彈性模數 E50 的平均值所繪製，因此必要的彈性模數是 4,903×1.5=7,355N／mm^2
❺從表 A 可知要選用 E70
❻材料的彈性模數指定 E70
❼順帶一提，從表 B 可知跨距 1／500 時的變形量為 7.3mm
❽樑端部的剪斷力為 7.0kN

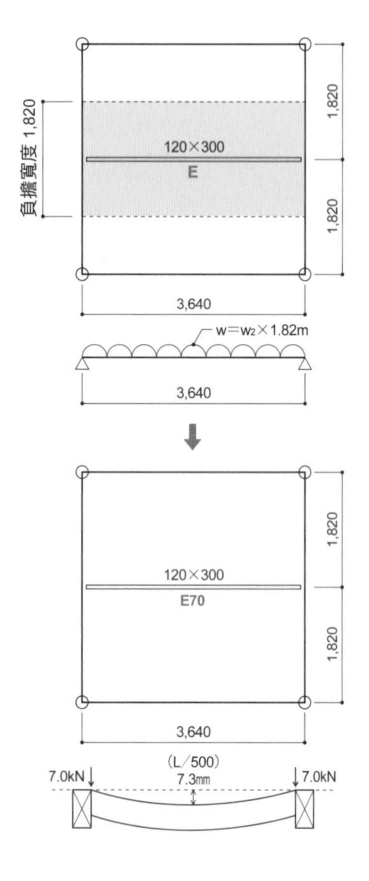

表 A 彈性模數與變形角換算表 ❸～❻

機械等級	E50	E70	E90	E110
彈性模數（N／mm^2）	4,903	6,865	8,826	10,787
與 E50 的比	1.00	1.40	1.80	2.20
換算變形角	1／500	1／700	1／900	1／1,100
	1／400	1／560	1／720	1／880
	1／357	1／500	1／643	1／786
	1／286	1／400	1／514	1／629
	1／278	1／389	1／500	1／611
	1／250	1／350	1／450	1／550
	1／227	1／318	1／409	1／500
	1／222	1／311	1／400	1／489
	1／182	1／255	1／327	1／400
	1／179	1／250	1／321	1／393
	1／139	1／194	1／250	1／306
	1／114	1／159	1／205	1／250
	1／100	1／140	1／180	1／220

表 B 跨距與變形量（單位：mm）

跨距 L	變形角 1／100	1／150	1／250	1／300	1／500	1／600	1／750	1／1,000
1,365	13.7	9.1	5.5	4.6	2.7	2.3	1.8	1.4
1,820	18.2	12.1	7.3	6.1	3.6	3.0	2.4	1.8
2,275	22.8	15.2	9.1	7.6	4.6	3.8	3.0	2.3
2,730	27.3	18.2	10.9	9.1	5.5	4.6	3.6	2.7
3,185	31.9	21.2	12.7	10.6	6.4	5.3	4.2	3.2
3,640	36.4	24.3	14.6	12.1	7.3	6.1	4.9	3.6
4,095	41.0	27.3	16.4	13.7	8.2 ❼	6.8	5.5	4.1
4,550	45.5	30.3	18.2	15.2	9.1	7.6	6.1	4.6
5,005	50.1	33.4	20.0	16.7	10.0	8.3	6.7	5.0
5,460	54.6	36.4	21.8	18.2	10.9	9.1	7.3	5.5

二樓樓板樑　負擔寬度
樓板的等分分布　1,820mm

跨距
負擔寬度 B

載重　①長期彎曲界線　②長期剪斷界線

位置		靜載重 DL（N／m^2）	活載重 LL（N／m^2）	負擔寬度 B（m）	負擔寬度 D（m）	載重
應力用	二樓樓板 w_1	800	1,300	1.82	-	3,822N／m
	牆體 w_2	0	0	0	-	0
	屋頂 P	0	0	0	0	0
撓曲用	二樓樓板 w_1	800	600	1.82	-	2,548 N／m
	牆體 w_2	0	0	0	-	0
	屋頂 P	0	0	0	0	0

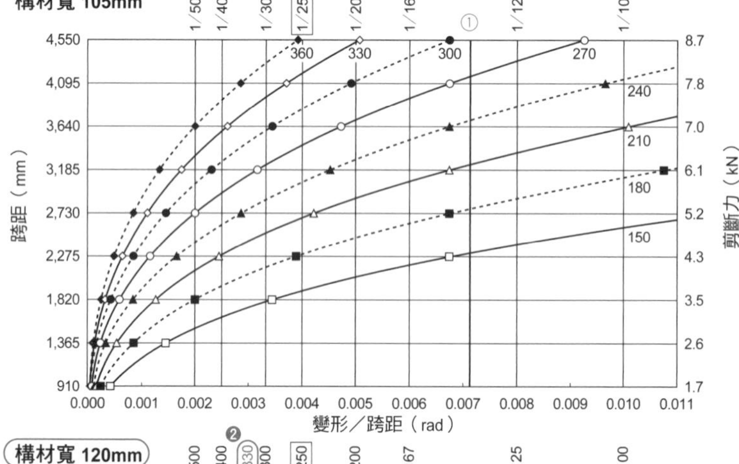

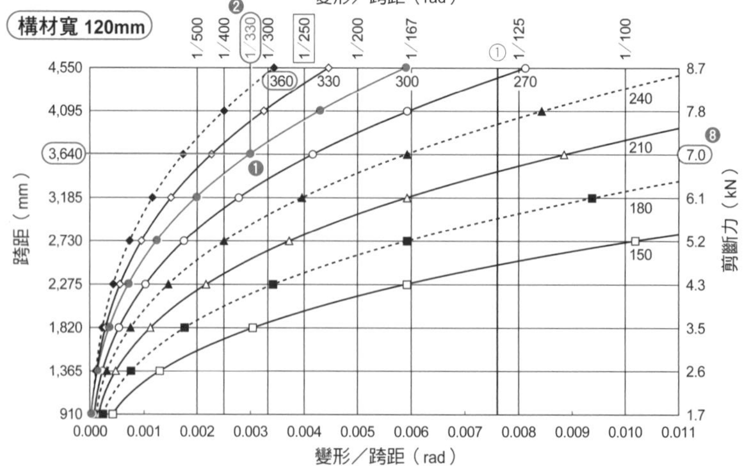

圖 5 跨距表的活用範例④（CASE 4）

設計條件

基本上與 CASE 1（第 184 頁圖 2）的載重條件相同，不過為了在梁的正下方設置家具，因此要將撓曲控制在 5mm 以下。當以彈性模數 E90 來施作時，要檢討此時的梁深多少時較適當。

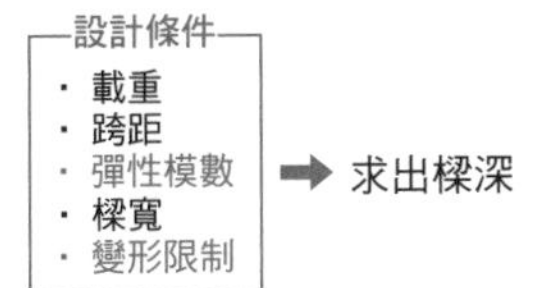

斷面設計順序

❶因跨距 3,640mm／5mm=728，變形角的限制值為 1／728

❷由於跨距表是以彈性模數 E50 的平均值所繪製，因此與使用構材的彈性模數比為 1.80

❸從跨距表的換算變形角 728／1.80=404 可知變形限制為 1／400

❹從構材寬 120mm 的跨距表，找出跨距 3.64m 與變形角 1／400 的交點，此交點左側的曲線為梁深 330mm

❺順帶一提，梁端部的剪斷力為 7.0kN

❻ 120×330mm 時的變形角為 0.0022rad ≒ 1／450。此為 E50 時的數值，因此採用 E90 時則為 1／（450×1.80）=1／810

❼此時的變形量是δ=3,640／810=4.5mm

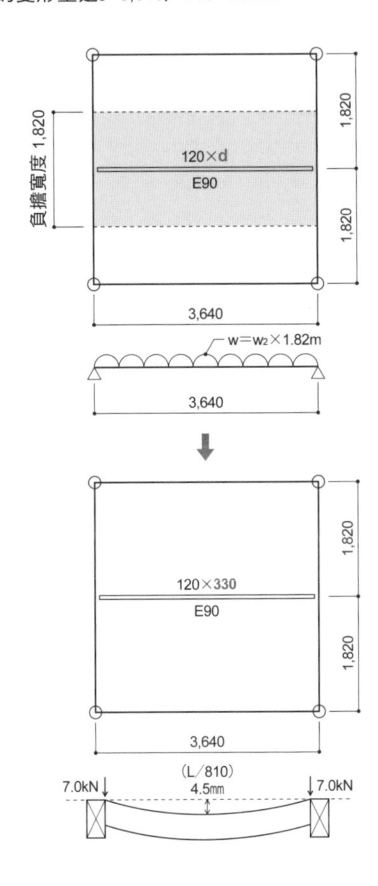

表 A 彈性模數與變形角換算表

機械等級	E50	E70	E90	E110
彈性模數（N／mm²）	4,903	6,865	8,826	10,787
與 E50 的比	1.00	1.40	1.80 ❷	2.20
換算變形角	1／500	1／700	1／900	1／1,100
	❷·❸ 1／400	1／560	1／720	1／880
	1／357	1／500 換算成	1／643	1／786
	1／286	1／400 E50 時	1／514	1／629
	1／278	1／389	1／500	1／611
	1／250	1／350	1／450	1／550
	1／227	1／318	1／409	1／500
	1／222	1／311	1／400	1／489
	1／182	1／255	1／327	1／400
	1／179	1／250	1／321	1／393
	1／139	1／194	1／250	1／306
	1／114	1／159	1／205	1／250
	1／100	1／140	1／180	1／220

表 B 跨距與變形量（單位：mm）

跨距 L	變形角 1／100	1／150	1／250	1／300	1／500	1／600	❶ 1／750	1／1,000
1,365	13.7	9.1	5.5	4.6	2.7	2.3	1.8	1.4
1,820	18.2	12.1	7.3	6.1	3.6	3.0	2.4	1.8
2,275	22.8	15.2	9.1	7.6	4.6	3.8	3.0	2.3
2,730	27.3	18.2	10.9	9.1	5.5	4.6	3.6	2.7
3,185	31.9	21.2	12.7	10.6	6.4	5.3	4.2	3.2
3,640	36.4	24.3	14.6	12.1	7.3	6.1	4.9	3.6
4,095	41.0	27.3	16.4	13.7	8.2	6.8	5.5	4.1
4,550	45.5	30.3	18.2	15.2	9.1	7.6	6.1	4.6
5,005	50.1	33.4	20.0	16.7	10.0	8.3	6.7	5.0
5,460	54.6	36.4	21.8	18.2	10.9	9.1	7.3	5.5

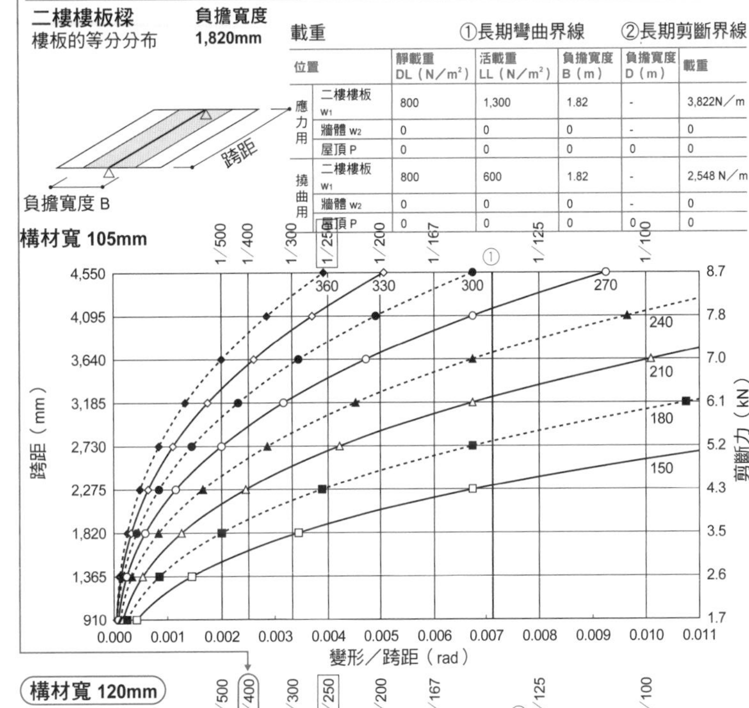

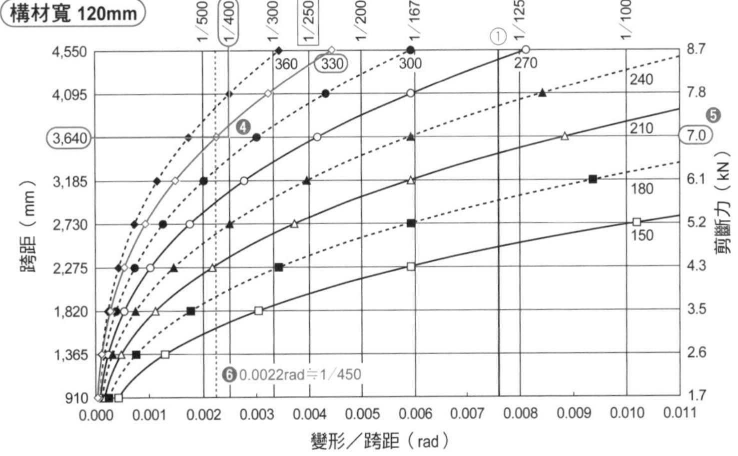

圖 6◆跨距表的活用範例⑤（CASE 5）

設計條件

在與 CASE 4（第 187 頁圖 5）相同的條件下，計算樑深設為 300mm 時的撓曲量。

設計條件
- 載重
- 跨距
- 彈性模數
- 樑斷面

➡ 求出撓曲量

斷面設計順序

❶查看構材寬 120mm 的跨距表

❷從左側縱軸的跨距 3.64m 往右找出與樑深 300mm 的交點

❸此交點對應到上橫軸的變形角約為 1／330

❹實際使用的樑材為 E90，因此變形角依據 1.80×330=594 就是 1／594

❺故，撓曲量是 3,640mm／594=6.1mm

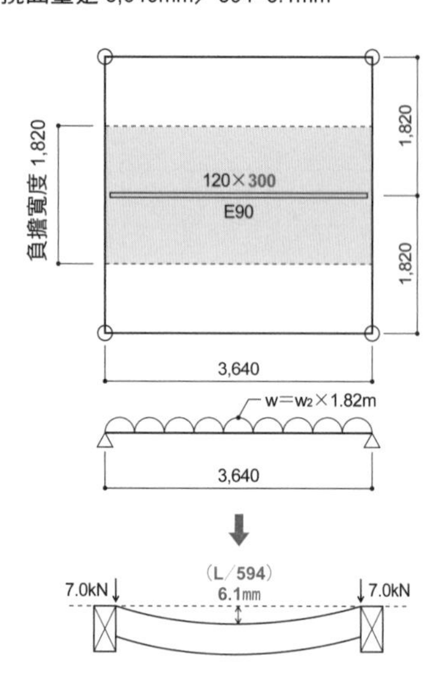

表 A 彈性模數與變形角換算表

機械等級	E50	E70	E90	E110
彈性模數（N／mm²）	4,903	6,865	8,826	10,787
與 E50 的比	1.00	1.40	1.80	2.20
換算變形角	1／500	1／700	1／900	1／1,100
	1／400	1／560	1／720	1／880
1／330	1／357	1／500	1／643 1／594	1／786
	1／286	1／400	1／514 ❹	1／629
	1／278	1／389	1／500	1／611
	1／250	1／350	1／450	1／550
	1／227	1／318	1／409	1／500
	1／222	1／311	1／400	1／489
	1／182	1／255	1／327	1／400
	1／179	1／250	1／321	1／393
	1／139	1／194	1／250	1／306
	1／114	1／159	1／205	1／250
	1／100	1／140	1／180	1／220

表 B 跨距與變形量（單位：mm）

跨距 L	變形角					1／594		
	1／100	1／150	1／250	1／300	1／500	1／600	1／750	1／1,000
1,365	13.7	9.1	5.5	4.6	2.7	2.3	1.8	1.4
1,820	18.2	12.1	7.3	6.1	3.6	3.0	2.4	1.8
2,275	22.8	15.2	9.1	7.6	4.6	3.8	3.0	2.3
2,730	27.3	18.2	10.9	9.1	5.5	4.6	3.6	2.7
3,185	31.9	21.2	12.7	10.6	6.4	5.3	4.2	3.2
3,640	36.4	24.3	14.6	12.1	7.3	6.1 ❺	4.9	3.6
4,095	41.0	27.3	16.4	13.7	8.2	6.8	5.5	4.1
4,550	45.5	30.3	18.2	15.2	9.1	7.6	6.1	4.6
5,005	50.1	33.4	20.0	16.7	10.0	8.3	6.7	5.0
5,460	54.6	36.4	21.8	18.2	10.9	9.1	7.3	5.5

二樓樓板樑 樓板的等分分布　負擔寬度 1,820mm

載重　①長期彎曲界線　②長期剪斷界線

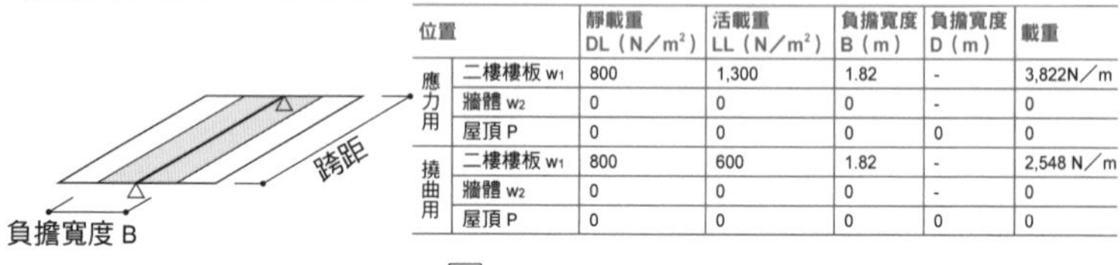

位置		靜載重 DL（N／m²）	活載重 LL（N／m²）	負擔寬度 B（m）	負擔寬度 D（m）	載重
應力用	二樓樓板 w_1	800	1,300	1.82	-	3,822N／m
	牆體 w_2	0	0	0	-	0
	屋頂 P	0	0	0	0	0
撓曲用	二樓樓板 w_1	800	600	1.82	-	2,548 N／m
	牆體 w_2	0	0	0	-	0
	屋頂 P	0	0	0	0	0

構材寬 105mm

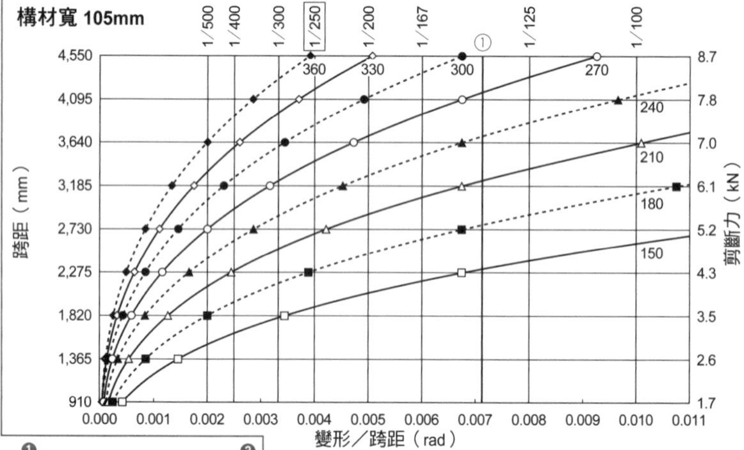

❶ **構材寬 120mm**

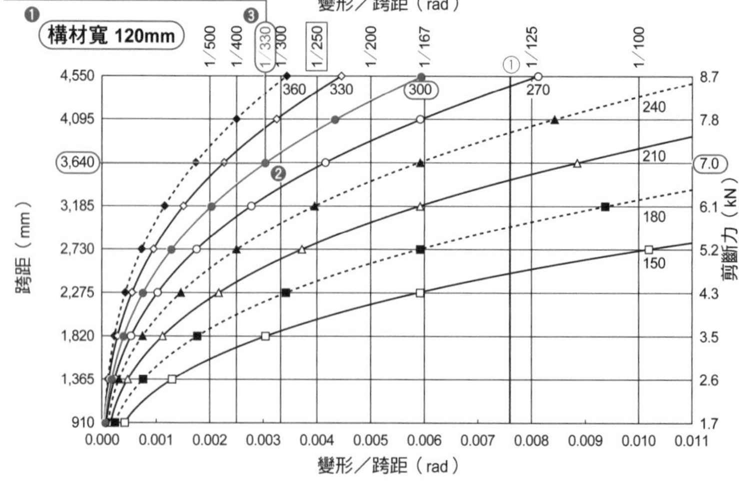

圖 7 ◆ 跨距表的活用範例⑥（CASE 6）

設計條件

在載重條件與變形限制同 CASE1（第 184 頁圖 2）的條件下，計算彈性模數為 E110 時的樑深。

設計條件
- 載重
- 跨距
- 彈性模數
- 樑寬
- 變形限制

➡ 求出樑深

斷面設計順序

❶從表 A 可知 E110 相對於 E50 的比率是 2.20

❷依據 250／2.20=114 的結果，可對應出構材寬 120mm 的跨距表中的變形角為 1／100

❸由於已經超出長期彎曲界限的直線①，因此必須將變形角控制在 0.0076rad 以下。0.0076rad=1／（1／0.0076）=1／131

❹通過跨距 3.64m 與直線①的交點為曲線樑深 240mm

❺求出此時的實際撓曲量時，曲線 240mm 與 3.64m 的交點的變形角為 0.0059rad=1／（1／0.0059）=1／169

❻由於彈性模數設為 E110，因此實際的變形角為 1／（169×2.20）=1／372

❼故，變形量是 3,640mm／372=9.8mm

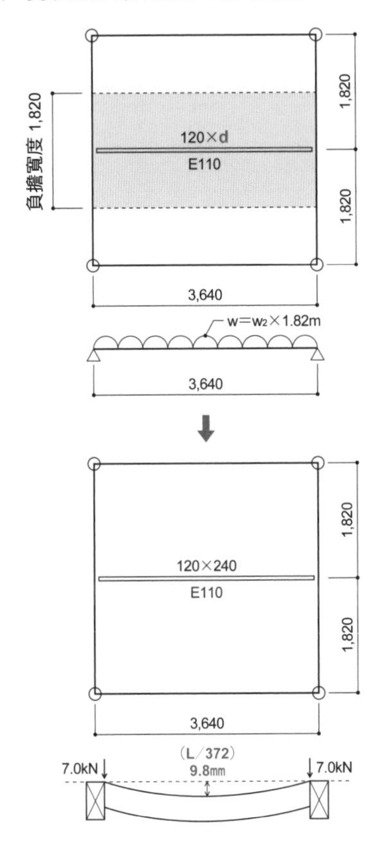

表 A 彈性模數與變形角換算表

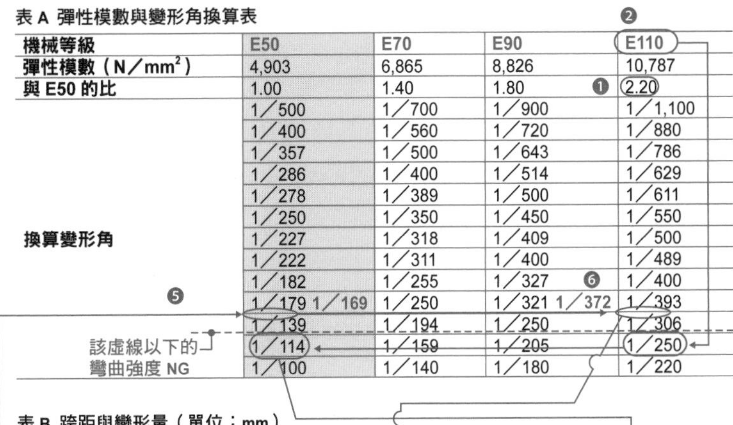

機械等級	E50	E70	E90	E110 ❷
彈性模數（N／mm²）	4,903	6,865	8,826	10,787
與 E50 的比	1.00	1.40	1.80 ❶	2.20
換算變形角	1／500	1／700	1／900	1／1,100
	1／400	1／560	1／720	1／880
	1／357	1／500	1／643	1／786
	1／286	1／400	1／514	1／629
	1／278	1／389	1／500	1／611
	1／250	1／350	1／450	1／550
	1／227	1／318	1／409	1／500
	1／222	1／311	1／400	1／489
	1／182	1／255	1／327 ❻	1／400
❺	1／179 1／169	1／250	1／321 1／372	1／393
	1／139	1／194	1／250	1／306
該虛線以下的彎曲強度 NG	1／114	1／159	1／205	1／250
	1／100	1／140	1／180	1／220

表 B 跨距與變形量（單位：mm）

跨距 L	變形角 1／100	1／150	1／250	1／300	1／500	1／600	1／750	1／1,000
1,365	13.7	9.1	5.5	4.6	2.7	2.3	1.8	1.4
1,820	18.2	12.1	7.3	6.1	3.6	3.0	2.4	1.8
2,275	22.8	15.2	9.1	7.6	4.6	3.8	3.0	2.3
2,730	27.3	18.2	10.9	9.1	5.5	4.6	3.6	2.7
3,185	31.9	21.2	12.7	10.6 ❼	6.4	5.3	4.2	3.2
3,640	36.4	24.3	14.6	12.1	7.3	6.1	4.9	3.6
4,095	41.0	27.3	16.4	13.7	8.2	6.8	5.5	4.1
4,550	45.5	30.3	18.2	15.2	9.1	7.6	6.1	4.6
5,005	50.1	33.4	20.0	16.7	10.0	8.3	6.7	5.0
5,460	54.6	36.4	21.8	18.2	10.9	9.1	7.3	5.5

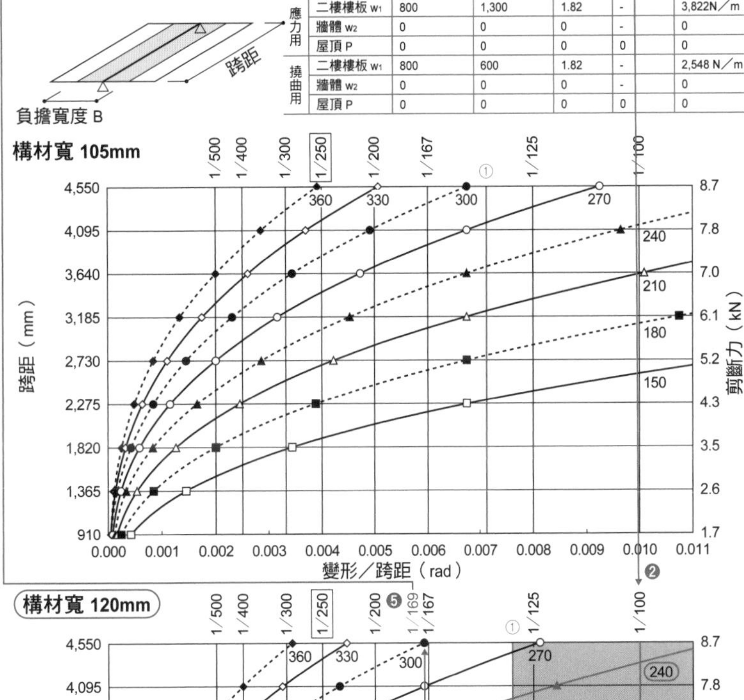

載重 ①長期彎曲界線 ②長期剪斷界線

位置		靜載重 DL（N／m²）	活載重 LL（N／m²）	負擔寬度 B（m）	負擔寬度 D（m）	載重
應力用	二樓樓板 w_1	800	1,300	1.82	-	3,822N／m
	牆體 w_2	0	0	0	-	0
	屋頂 P	0	0	0	0	0
撓曲用	二樓樓板 w_1	800	600	1.82	-	2,548 N／m
	牆體 w_2	0	0	0	-	0
	屋頂 P	0	0	0	0	0

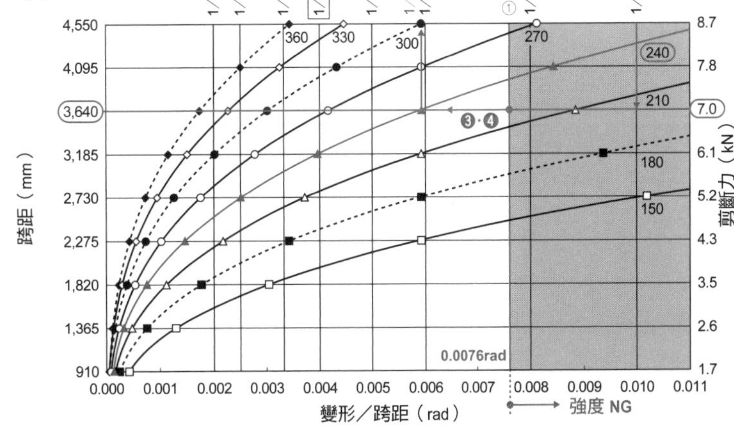

圖 8 ◆ 跨距表的活用範例⑦（CASE 7）

設計條件

在跨距 3.64m、彈性模數 E50 的條件下，求出變形限制 1／400 時的寬 120mm× 深 270mm 的樓板樑間隔。

設計條件
- 跨距
- 彈性模數
- 構材斷面
- 變形限制

➡ 求出載重的負擔寬度（樓板樑間隔）

斷面設計順序

❶跨距表中的左側縱軸為負擔寬度的類型 B（構材寬 120mm）

❷找出上橫軸的變形角 1／400 與樑深 270mm 的交點

❸此交點上的左側縱軸刻度約為 1.1m。因此樑間隔為 910mm

❹順帶一提，120×270mm 與負擔寬度 910mm 的交點所對應出的變形角約為 1／500

❺此時的變形量為 3,640／500=7.3mm

❻再者，在樑端部所產生的剪斷力為 3.5kN

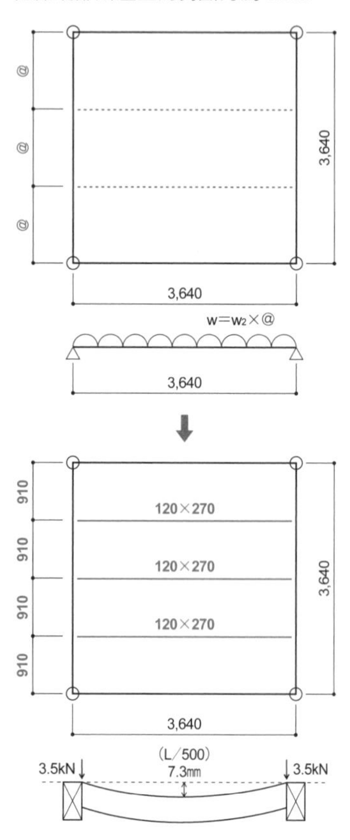

表 A 彈性模數與變形角換算表

機械等級	E50	E70	E90	E110
彈性模數（N／mm²）	4,903	6,865	8,826	10,787
與 E50 的比	1.00	1.40	1.80	2.20
換算變形角	1／500	1／700	1／900	1／1,100
	1／400	1／560	1／720	1／880
	1／357	1／500	1／643	1／786
	1／286	1／400	1／514	1／629
	1／278	1／389	1／500	1／611
	1／250	1／350	1／450	1／550
	1／227	1／318	1／409	1／500
	1／222	1／311	1／400	1／489
	1／182	1／255	1／327	1／400
	1／179	1／250	1／321	1／393
	1／139	1／194	1／250	1／306
	1／114	1／159	1／205	1／250
	1／100	1／140	1／180	1／220

表 B 跨距與變形量（單位：mm）

跨距 L	變形角 1／100	1／150	1／250	1／300	1／500	1／600	1／750	1／1,000
1,365	13.7	9.1	5.5	4.6	2.7	2.3	1.8	1.4
1,820	18.2	12.1	7.3	6.1	3.6	3.0	2.4	1.8
2,275	22.8	15.2	9.1	7.6	4.6	3.8	3.0	2.3
2,730	27.3	18.2	10.9	9.1	5.5	4.6	3.6	2.7
3,185	31.9	21.2	12.7	10.6	6.4	5.3	4.2	3.2
3,640	36.4	24.3	14.6	12.1	7.3	6.1	4.9	3.6
4,095	41.0	27.3	16.4	13.7	8.2	6.8	5.5	4.1
4,550	45.5	30.3	18.2	15.2	9.1	7.6	6.1	4.6
5,005	50.1	33.4	20.0	16.7	10.0	8.3	6.7	5.0
5,460	54.6	36.4	21.8	18.2	10.9	9.1	7.3	5.5

二樓樓板樑　　跨距
樓板的等分分布　**3,640mm**

載重　　①長期彎曲界線　②長期剪斷界線

位置		靜載重 DL（N／m²）	活載重 LL（N／m²）	負擔寬度 B（m）	負擔寬度 D（m）	載重
應力用	二樓樓板 w_1	800	1,300	B	-	2,100N／m
	牆體 w_2	0	0	0	-	0
	屋頂 P	0	0	0	0	0
撓曲用	二樓樓板 w_1	800	600	B	-	1,400 N／m
	牆體 w_2	0	0	0	-	0
	屋頂 P	0	0	0	0	0

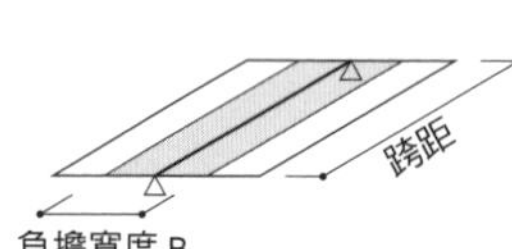

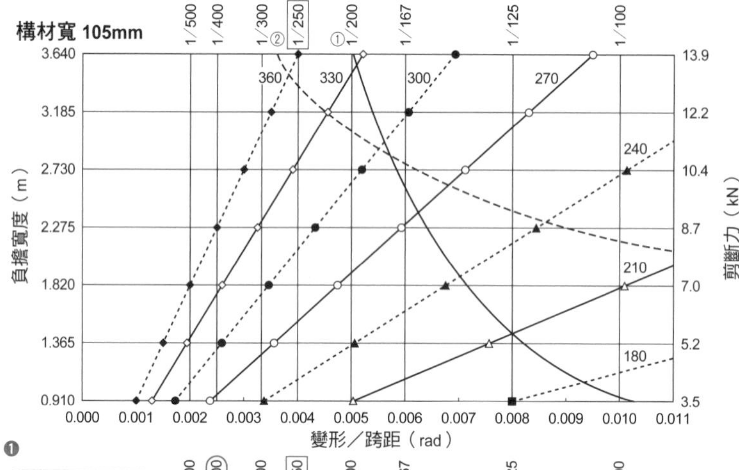

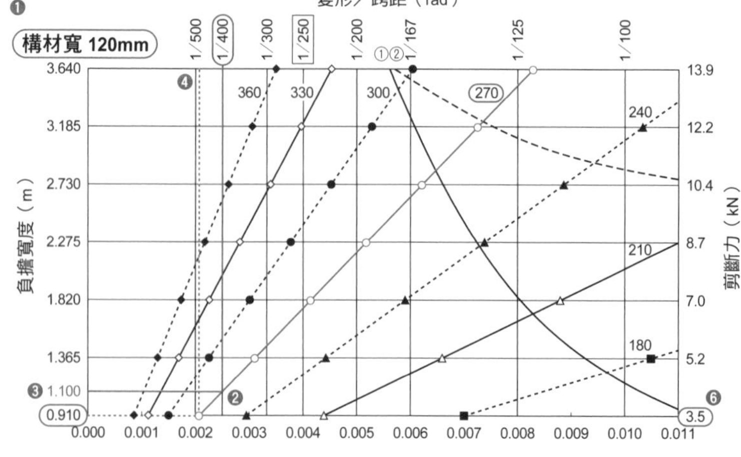

橫向材端部的垂直支撐耐力試驗～從德島縣的嘗試談起

業務目地與製作背景

隨著2000年的建築基準法修改而開始施行的性能規定化、以及依循品確法制定而將瑕疵保證責任義務化等政策推動之下，市場上對於製材品的性能明確化或尺寸安定性能等要求有急速增加的現象。

接收到該訊息的德島縣在2001年度以全國先驅之姿，利用實際尺寸強度試驗資料的分析與結構計算，製成「德島杉跨距表」以做為樑、桁等斷面尺寸的依據。不過，實際的強度是透過構架的架構——亦即搭接（對接）加工來支撐，在耐力得以確保的情況下，首次能適用相同的跨距表。

為了解決這個問題，德島縣新設了德島杉接合方法檢討委員會。從縣內所採用的標準搭接類型依每種乾燥別抽選出三種，在2003、2004年兩年內完成總試體數量122件的搭接剪斷試驗計畫，並將成果製成「德島杉跨距表接合篇」。接著，在2005年以住宅用地域性材料的新規需求開拓促進業務為目的，將兩方的資料進行了整理並發行「德島杉跨距表VERSION-2」。對橫向材的設計來說是非常珍貴的資料。

這份跨距表是在德島縣林業振興課、德島縣木材協同組合連合會、以及縣內結構設計者的共同協力之下，由德島縣木之家製作協會所製成。協同組合連合會採購木料後製成試體，再由德島縣立農林水產綜合技術支援中心森林林業研究所進行試驗，然後在聽取設計者及施工者的意見之後彙整成冊。換句話說，這是行政、生產者與設計者三方共同努力所獲得的初步成果。

圖1 ◆ 木造住宅的構架與接合類型

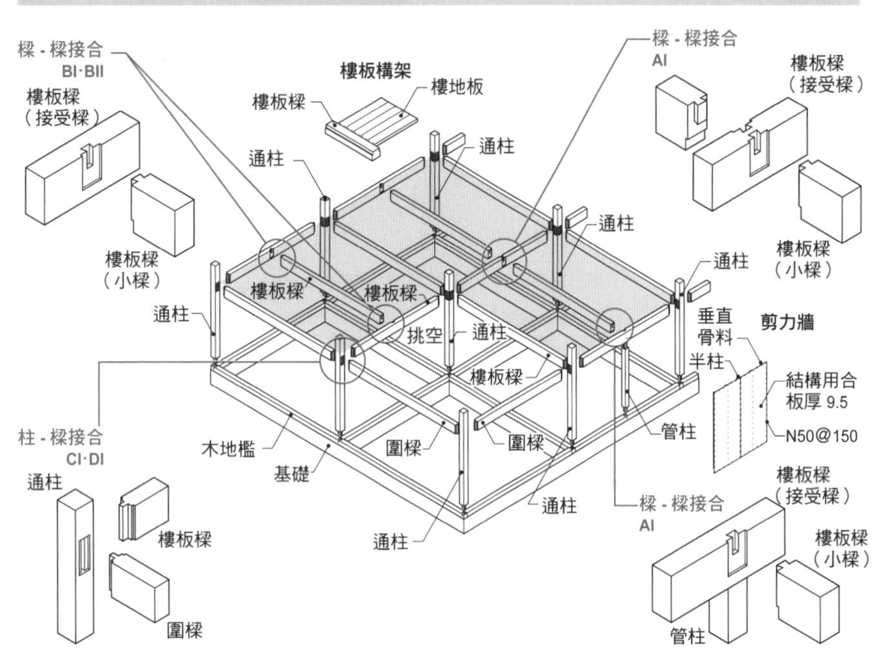

橫向材的設計與試驗結果

木造住宅的接合部形狀相當多樣，而且做為最基本的「因應垂直載重的結構性能」之橫向材端部的垂直支撐耐力尚有許多待釐清的地方。

於是，又對德島縣內的代表性接合部形狀進行了垂直支撐耐力的抽樣檢證。將此次試驗調查的接合類型大致做區別的話，有小樑固定在圍樑或樓板樑上的「樑-樑接合」、以及在通柱上固定圍樑或樓板樑的「柱-樑接合」等兩種類型（圖1）。

為了提高評價值的可信度，除了試體所使用的材料皆出產自同一個採伐場之外，從原木到製品、乾燥的各個過程會經過分級測定，藉此篩選出可判定為適用於橫向材的強度等級區分材。

將試驗結果加以整理之後，可歸結出以下特徵。

（1）接合形狀

- 樑-樑接合的接合部耐力是由接受樑的壓陷耐力與剪斷耐力來決定。壓陷的影響範圍在30mm，只要確保接受樑的剩餘尺寸在60mm以上，就能保有良好的性狀
- 因接受樑的旋轉或入榫拔出而導致接合部耐力下降。因此，要限制接受樑的旋轉、或利用螺栓等五金拉引固定，以防止接頭拔出
- 即使增加受壓面積，耐力也不會隨著斷面積比例而增加

（2）螺栓的影響

- 併用螺栓可提升耐力。但出現大量變形時螺栓會呈傾斜狀態，因此剪斷力要以軸力的方式傳遞至螺栓。鍵形螺栓會受到空隙的影響而出現滑動，不過隨著變形的進行也會使空隙消失，因此耐力

圖 2◆參考：德島杉跨距表 VERSION-2 的內容範例（摘自跨距表手冊）

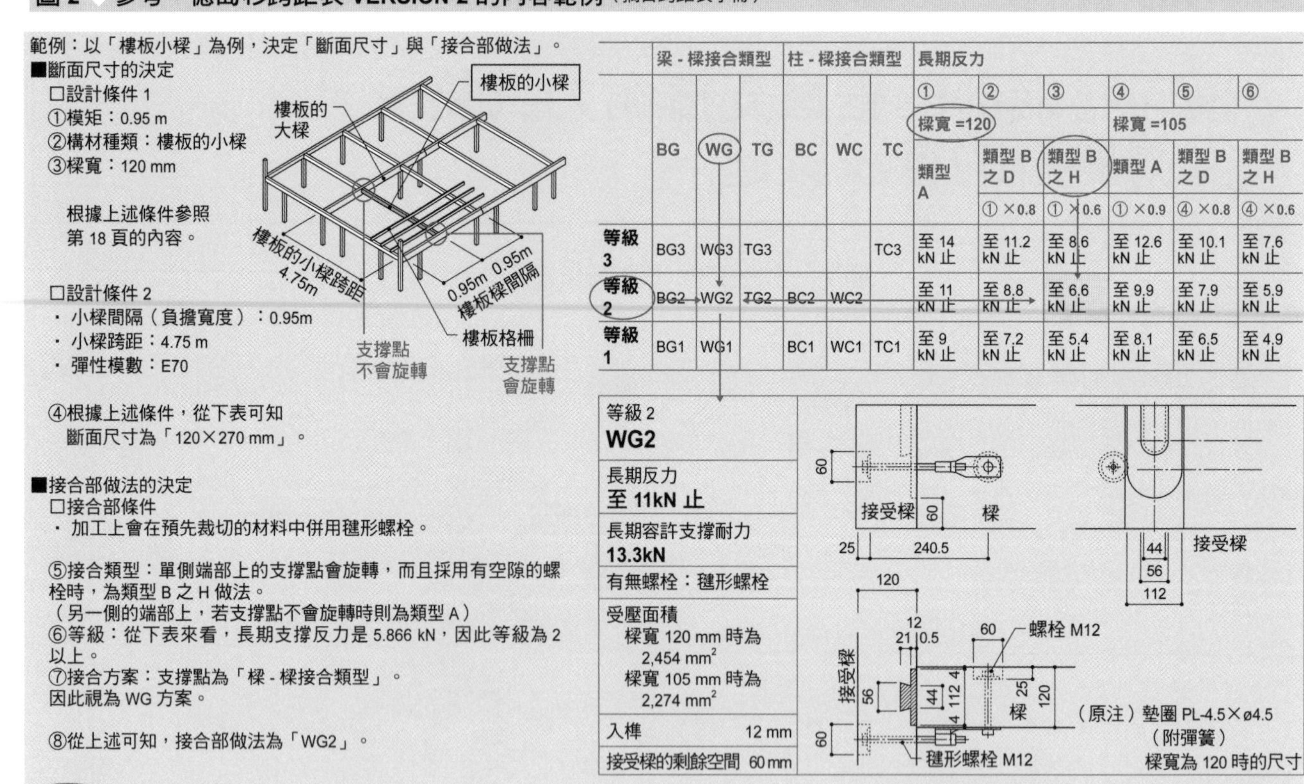

範例：以「樓板小樑」為例，決定「斷面尺寸」與「接合部做法」。
■斷面尺寸的決定
□設計條件 1
①模矩：0.95 m
②構材種類：樓板的小樑
③樑寬：120 mm
根據上述條件參照
第 18 頁的內容。
□設計條件 2
・小樑間隔（負擔寬度）：0.95m
・小樑跨距：4.75 m
・彈性模數：E70
④根據上述條件，從下表可知
斷面尺寸為「120×270 mm」。
■接合部做法的決定
□接合部條件
・加工上會在預先裁切的材料中併用毽形螺栓。
⑤接合類型：單側端部上的支撐點會旋轉，而且採用有空隙的螺栓時，為類型 B 之 H 做法。
（另一側的端部上，若支撐點不會旋轉時則為類型 A）
⑥等級：從下表來看，長期支撐反力是 5.866 kN，因此等級為 2 以上。
⑦接合方案：支撐點為「樑 - 樑接合類型」。
因此視為 WG 方案。
⑧從上述可知，接合部做法為「WG2」。
樓板的小樑
樓板的大樑
樓板的小樑跨距 4.75m
0.95m 0.95m 樓板樑間隔
樓板格柵
支撐點不會旋轉
支撐點會旋轉
梁 - 樑接合類型
柱 - 樑接合類型
長期反力
BG WG TG BC WC TC
① ② ③ ④ ⑤ ⑥
樑寬 =120
樑寬 =105
類型 A
類型 B 之 D
類型 B 之 H
① ×0.8 ① ×0.6 ① ×0.9 ④ ×0.8 ④ ×0.6
等級 3 BG3 WG3 TG3 TC3 至 14 kN 止 至 11.2 kN 止 至 8.6 kN 止 至 12.6 kN 止 至 10.1 kN 止 至 7.6 kN 止
等級 2 BG2 WG2 TG2 BC2 WC2 至 11 kN 止 至 8.8 kN 止 至 6.6 kN 止 至 9.9 kN 止 至 7.9 kN 止 至 5.9 kN 止
等級 1 BG1 WG1 BC1 WC1 TC1 至 9 kN 止 至 7.2 kN 止 至 5.4 kN 止 至 8.1 kN 止 至 6.5 kN 止 至 4.9 kN 止
等級 2
WG2
長期反力
至 11kN 止
長期容許支撐耐力
13.3kN
有無螺栓：毽形螺栓
受壓面積
樑寬 120 mm 時為 2,454 mm²
樑寬 105 mm 時為 2,274 mm²
入榫 12 mm
接受樑的剩餘空間 60 mm
接受樑
樑
螺栓 M12
毽形螺栓 M12
（原注）墊圈 PL-4.5×ø4.5（附彈簧）
樑寬為 120 時的尺寸

樑寬 =120 時

樓板小樑間隔（m）	樓板小樑跨距（m）	斷面尺寸檢討用：樓板的小樑斷面 b×h（mm）無等級	E70	E90	E110	接合部做法檢討用：長期反力（N）	等級：類型 A	等級：類型 B 之 D 類型 B 之 H
0.950	2.85	120×180	120×180	120×150	120×135	3,520	1 以上	1 以上
	3.80	120×240	120×210	120×210	120×180	4,693	1 以上	1 以上
	4.75	120×300	120×270	120×240	120×240	5,866	1 以上	1 以上 2 以上
1.425	2.85	120×210	120×180	120×150	120×150	5,280	1 以上	1 以上
	3.80	120×270	120×240	120×210	120×210	7,040	1 以上	1 以上 3 以上
	4.75	120×330	120×300	120×270	120×270	8,799	1 以上	2 以上 第 IV 章
1.900	2.85	120×240	120×210	120×180	S 120×180	7,040	1 以上	1 以上 3 以上
	3.80	120×300	120×270	120×240	S 120×240	9,386	2 以上	3 以上 第 IV 章
	4.75	（135×360）	120×330	120×300	120×270	11,733	3 以上	第 IV 章

會向上提升。

- 螺栓配置在中立軸（樑深中央）的位置上時，母材就不容易產生破裂情形。另一方面，安裝在材料上緣時則容易出現破裂。埋入型螺栓的拉引效果可從初期就予以採認
- 在併用螺栓的情況下，高溫乾燥材的內部纖維會遭到破壞，表面不易出現裂痕
- 內栓固定比螺栓固定具有更高的初期剛性

（3）乾燥方法的影響

- 含水率愈低，其變異性愈小
- 就圖表（圖 3）的初期直線部分而言，天然乾燥材的表現並不明確，不過高溫乾燥材則相當明確
- 中溫乾燥材的性狀介於高溫乾燥與天然乾燥中間
- 高溫乾燥材雖然初期剛性高，不過降伏後的耐力變動大。此為設計範圍內的最佳性狀
- 高溫乾燥的柱 - 樑類型比樑 - 樑類型的容許值低。一般會從部位的重要性來看，接受柱類型比接受樑類型更能以高耐力來進行設計，因此要有變更柱類型的搭接形狀等對策。此外，由於高溫乾燥材的表層部相當強壯堅固，為使該特性能夠充分發揮出來，因此做為受壓側的下緣以不產生缺角的方式施作也是辦法之一。

耐力表的活用法

德島杉跨距表 VERSION-2 如圖 2 所示，是將常規的斷面表與接合耐力加以連結彙整而成的資料（參照資料篇第 373、374 頁）。乾燥、加工方法或接合部形狀的組合之所以受到限制，是因為試體數量的緣故，因此耐力表中沒有的接合方法就要活用該手冊裡的解說・應用篇（※）。

耐力表的容許支撐耐力是依據（公益財團法人）日本住宅、木材技術中心《木造構架工法住宅的容許應力度設計》中的搭接、對接評估方法，以最大耐力的 2／3 或取降伏耐力以內較小的值做為短期基準耐力，將此數值乘上長期設計用的安全率 1.1／2 後所得的值，以不考慮統計處理上的變異係數為前提，一般採用各試驗結果的平均值。

容許設計值原本就是在數據變異或破壞性狀等考量之下，將最大耐力或變形性能乘以安全率之後得出的數值，而安全率是因應使用狀況或要求的居住性能來設定的。從圖 3 也可以知道容許值是相當顧及安全性、採用的是圖表中極為初期階段的耐力。因此，即使超出容許值也不會馬上遭受破壞。

如果能從這樣的試驗數據中理解到耐力計算法，就不會受到耐力表的支撐耐力約束，而可以設定搭接的相對變形容許值，甚至可能採用該設定時的耐力值。

決定容許耐力時也要一併參照載重 - 變形圖與破壞性狀，確認設計範圍內的變異大小或直到異常情況發生前還有多少餘裕空間等，這些都是很重要的工作。

圖 3 ◆ 樑 - 樑接合的乾燥方法種類之載重 - 變形曲線比較

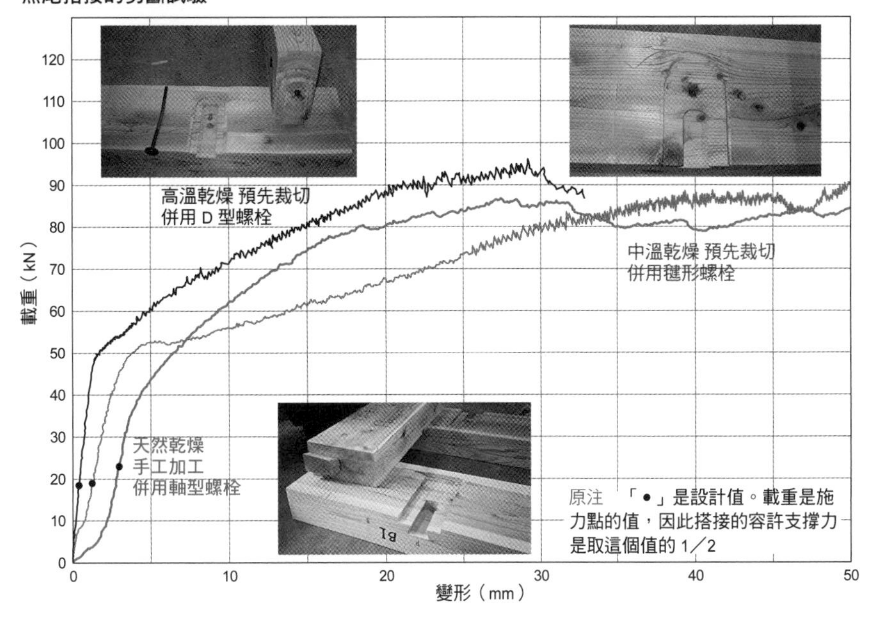

用語解說

降伏耐力、終結耐力的計算方法

接合部的容許支撐耐力是仿效（公益財團法人）日本住宅、木材技術中心《木造構架工法住宅的容許應力度設計》中所揭示的對接、搭接接合部試驗來進行實驗與評估。接合部的短期基準耐力會以下述中較小的一方決定。

- 降伏耐力 P_y
- 最大載重 P_{max} 的 2／3

試體數量由做法而定，一種做法準備一個試體，本試驗所用的數量為 6 個以上。

容許支撐耐力計算所需的必要降伏耐力及終結耐力，是由各試體的載重 - 變形曲線連結至終結施力的頂端所形成的包絡線，再以如圖所示的完全彈塑性模型來求得各個耐力的數值。

變異係數是將母集合的分布形狀視為正規分布，以統計學處理而得出信任水準 75% 的 95% 下限容許界限值為基礎，套用下面算式求出。

變異係數 $=1-C_v \cdot k$

C_v：變動係數

k：依據試體而定的定數

此外，試體數量為 1 時，變異係數以 3／4 來計算。

圖 ◆ 利用完全彈塑性模型來計算降伏耐力、終結耐力等的求法

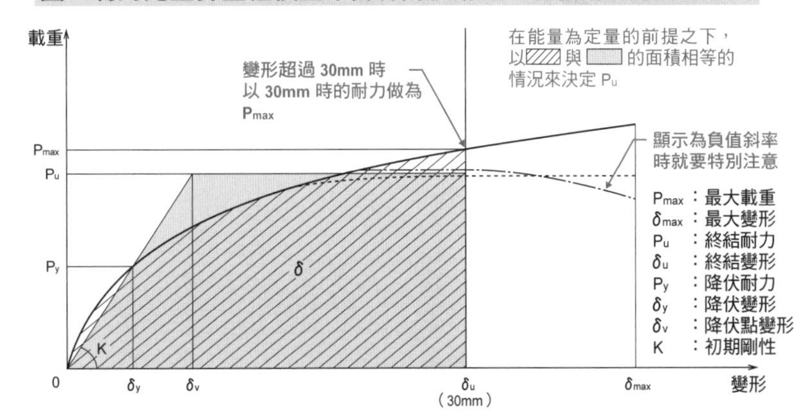

※ 原注　德島杉跨距表諮詢窗口：德島縣林業振興課 TEL+81（0）88-621-2484

構架［實踐篇］❺

重疊樑的設計～小幹徑材料的有效利用、複合樑的規格化

重疊樑的注意要點

當想要構成比較大的跨距時，可以考慮採用圖 1 的樑。若大斷面的樑材容易取得時並不會有太大問題，不過考量到乾燥的困難度或搬運、儲存等問題，就要進行一些必要措施。此外，近年來對於有效利用疏伐材的重要性有明顯增加，因此設計者必須思考以規格化的小幹徑材料來構成構架的做法。

在由小幹徑材料所組成的樑中，「重疊樑」是比較常用的做法。不過，觀察實際使用的案例會發現很多做法都相當危險。

重疊樑以兩道樑上下重疊為一般做法，如果作用力施加在樑材單純疊合的樑上，就會如圖 2 所示產生錯動。從結構上來說的話，就是只能發揮兩道樑橫向並排的效果而已（表（c））。

為了使錯動情況降至最低，要如表（b）讓重疊樑與擁有兩倍樑深的實木有同等的結構性能。相對於（c）而言，（b）的強度性能比率是 2 倍，對於變形性能則有 4 倍，這之間的差異可謂極大。將單純疊合方式組成的重疊樑（c）視為（b），因而發生問題的案例也相當多。

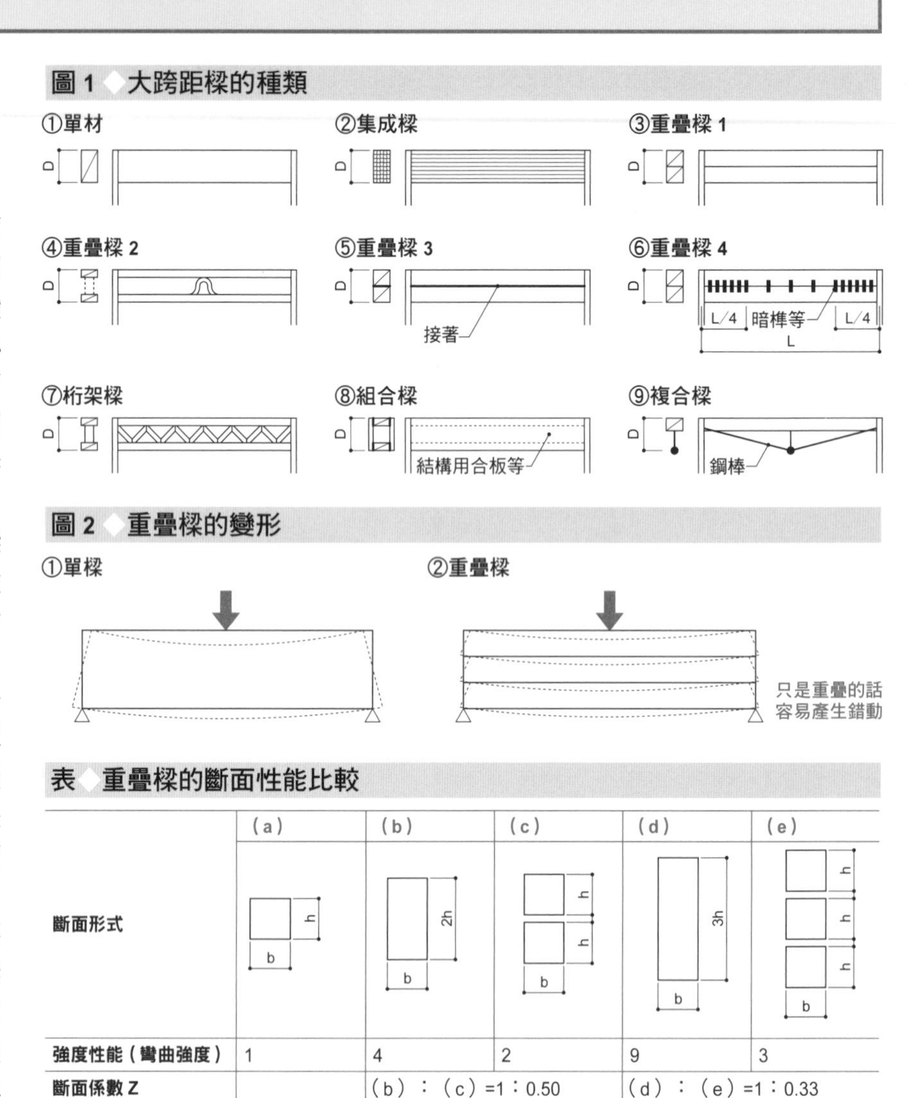

圖 1 ◆ 大跨距樑的種類

圖 2 ◆ 重疊樑的變形

表 ◆ 重疊樑的斷面性能比較

	(a)	(b)	(c)	(d)	(e)
斷面形式	b, h	b, 2h	b, h, h	b, 3h	b, h, h, h
強度性能（彎曲強度）	1	4	2	9	3
斷面係數 Z		（b）：（c）=1：0.50		（d）：（e）=1：0.33	
變形性能（彎曲剛性）	1	8	2	27	3
斷面二次彎矩 I		（b）：（c）=1：0.25		（d）：（e）=1：0.11	

重疊樑的性能實驗

筆者對重疊樑抱有相當濃厚的興趣，也針對其性能進行過實驗，在此想介紹（圖 3、4）的實驗成果。

本實驗是 OM 太陽能協會的「地域型住宅 E 系統」開發計畫中的一環。結構材的規格化是為了將杉木疏伐材積極使用在該系統住宅中，因此以 120mm 角材做為主要柱子與小樑，並且只以 120×165mm 角材做為大樑的材料。此外，由於小幹徑材料的使用量增加，所以也正計畫著如何使乾燥材的庫存充裕無慮。

（一般社團法人）日本建築學會的《木質結構設計規準、同解說》中也有重疊樑的設計方式，請多加參考利用。本試驗是以不會產生錯動的防止材來配置上下樑（不使用接著劑的情況下）。

試驗過程中觀察到樑的中央下緣附近沒有節或木理（纖維）傾斜，且纖維貫通的材料具有比較良好的結構性狀。不過，重疊樑在變形的性能、斷面二次彎矩方面是完全合成樑（表（b）形式）的 40 ～ 50%（單材的 4 倍），因此會得到難以達到期待強度的結果。

除了重疊樑之外也有利用欄間（譯注：天井板與鴨居之間的開口

圖 3 ◆重疊樑的試體①（打摺＋榫管）

試體	樑寬 B（cm）	樑深 D（cm）	斷面積 A_0（cm^2）	斷面係數 Z_0（cm^3）	斷面二次彎矩 I_0（cm^4）	彈性模數 E（t／cm^2）	1／300 時載重 P（t）	實際的斷面二次彎矩 I	I／I_0
WBX330 -40-01	12.10	33.40	404.1	2,249.7	37,570.2	縱向振動法（上下平均）91.5	2.220	20,886.9	0.56
	12.00	33.00	396.0	2,178.0	35,937.0	90.0	2.220	21,235.0	0.59
WB330 -40-01	12.05	33.35	401.9	2,233.7	37,247.2	縱向振動法（上下平均）91.2	1.875	17,699.0	0.48
	12.00	33.00	396.0	2,178.0	35,937.0	90.0	1.875	17,935.0	0.50

打摺 ø60×60
WBX300-40-01：打摺 14 個的做法
WB300-40-01：打摺 12 個的做法
$M_0 = P \cdot a / 2$、$Q = P / 2$
$\delta = P \cdot a\,(3L^2 - 4a^2) / 2 \cdot 24 \cdot E \cdot I$
L=4.0m、a=1.35m

打摺與榫管的重疊樑

重疊樑的彎曲試驗

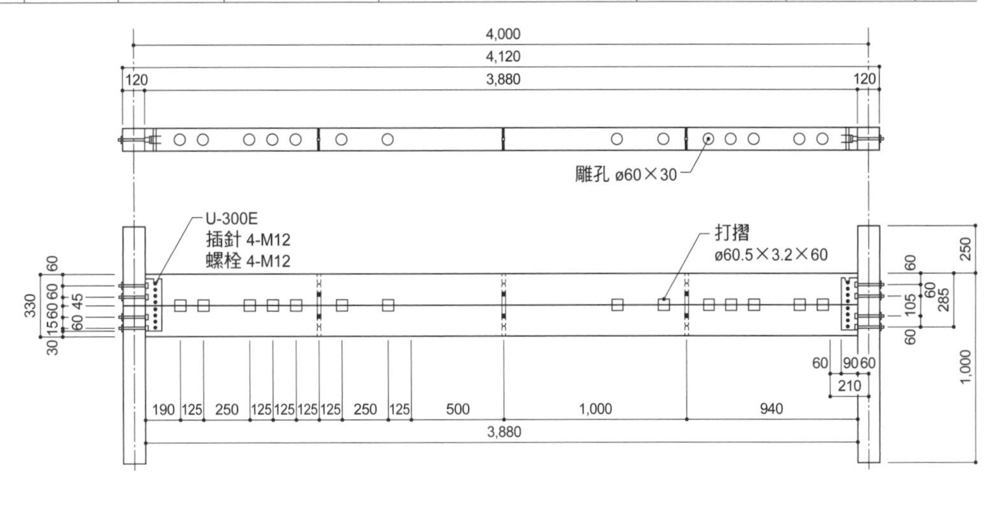

配置打摺以防止上下樑橫向錯動（樑端部是橫向錯動最大的地方，因此將防止材密集配置在端部是其重點），榫管與插針能夠確保上下材料不至於脫離

圖 4 ◆重疊樑的試體②（打摺＋螺栓）

試體	樑寬 B（cm）	樑深 D（cm）	斷面積 A_0（cm^2）	斷面係數 Z_0（cm^3）	斷面二次彎矩 I_0（cm^4）	彈性模數 E（t／cm^2）	1／300 時載重 P（t）	實際的斷面二次彎矩 I	I／I_0
OM01 OM06+OM05	12.11	30.47	369.0	1,873.9	28,548.3	縱向振動法（上下平均）67.7	1.196	14,854.0	0.52
	12.00	30.00	360.0	1,800.0	27,000.0	70.0	1.196	14,366.0	0.53
OM02 OM09+OM06	12.01	30.21	362.8	1,826.8	27,594.0	縱向振動法（上下平均）79.8	1.159	12,211.9	0.44
	12.00	30.00	360.0	1,800.0	27,000.0	70.0	1.159	13,921.5	0.52
OM03 OM04+OM07	11.91	30.05	357.9	1,792.5	26,931.7	縱向振動法（上下平均）93.9	1.360	12,178.0	0.45
	12.00	30.00	360.0	1,800.0	27,000.0	90.0	1.360	12,705.7	0.47

$M_0 = P \cdot a$、$Q = P$
$\delta = P \cdot a\,(3L^2 - 4a^2) / 24 \cdot E \cdot I$
L=3.84m、a=1.435m

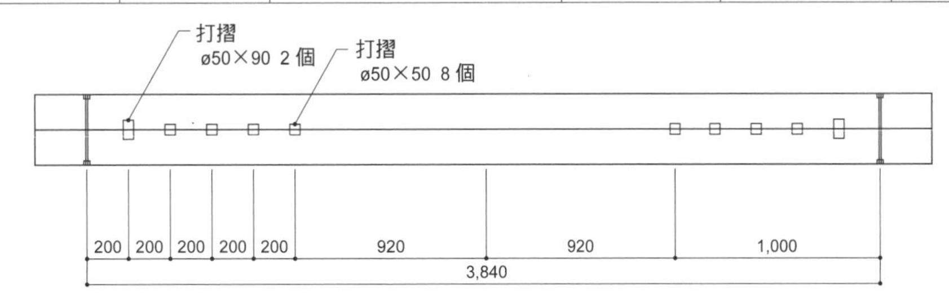

部）之間的支柱材等案例。不過，對於期待這種方式具有合成樑的效果來看，仍有很多不夠充分的接合方式尚待改進。

採用合成樑、複合樑的時候，要充分考慮接合方法，特別是拉伸接合的情況。

剪力牆 實踐篇

為了理解結構計算的意義與目地，在此將透過具體案例來實際計算壁量、壁率比、N 值，以及做為這些規定根據的容許應力度計算。除此之外，會從具代表性的剪力牆試驗結果中，試圖思考該結構特性與應用在實務上的方法。

剪力牆［實踐篇］❶

水平耐力的確保與防止扭轉

壁量計算的順序

剪力牆的設計順序如圖 1 所示，其中壁量計算是依照以下順序來進行。

①必要耐力的計算

❶樓板面積的計算（地震力計算）
❷計入面積的計算（風壓力計算）
❸必要壁長的計算（設計外力的計算）

②建築物的水平耐力計算

❶計算各層、各方向上的有效壁長（水平耐力計算）
❷進行有效壁長≧必要壁長的確認（水平耐力的確保）

在此以圖 2、3 採木造樑柱構架式工法的模型住宅為例，進行壁量計算及依據四分割法來檢討的方法（確認偏心率）。

另外，該範例採瓦屋頂、外牆為砂漿塗布、內牆以版材鋪設、並以 45×90mm 的斜撐做為主要的剪力牆。

壁量計算的要點

（1）樓板面積的計算

二樓樓板面積與一樓樓板面積要分別計算。這時候只要在平面圖上用虛線標記出該樓層上方的閣樓置物間或雨庇、陽台等範圍，就能防止漏算這些面積（圖 2）。

此外，最好在平面圖上標記出 X、Y 方向，拉出偏心確認用建築物長度的 1／4 長的參考線之後，再計算側端部分的樓板面積。

圖 1 ◆ 剪力牆的設計順序

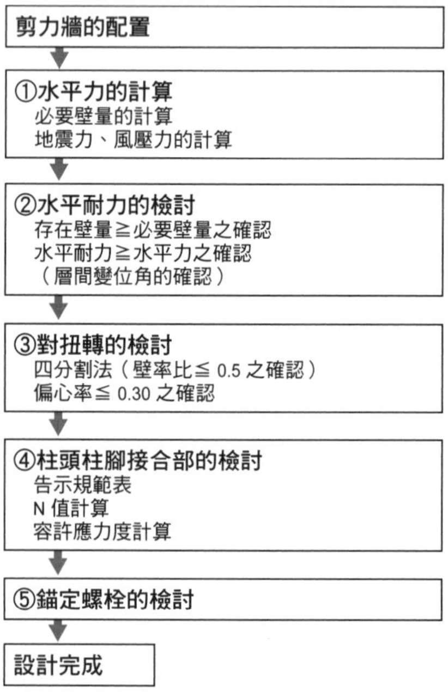

剪力牆的配置
↓
①水平力的計算
必要壁量的計算
地震力、風壓力的計算
↓
②水平耐力的檢討
存在壁量≧必要壁量之確認
水平耐力≧水平力之確認
（層間變位角的確認）
↓
③對扭轉的檢討
四分割法（壁率比≦ 0.5 之確認）
偏心率≦ 0.30 之確認
↓
④柱頭柱腳接合部的檢討
告示規範表
N 值計算
容許應力度計算
↓
⑤錨定螺栓的檢討
↓
設計完成

圖 2 ◆剪力牆的配置與樓板面積的計算

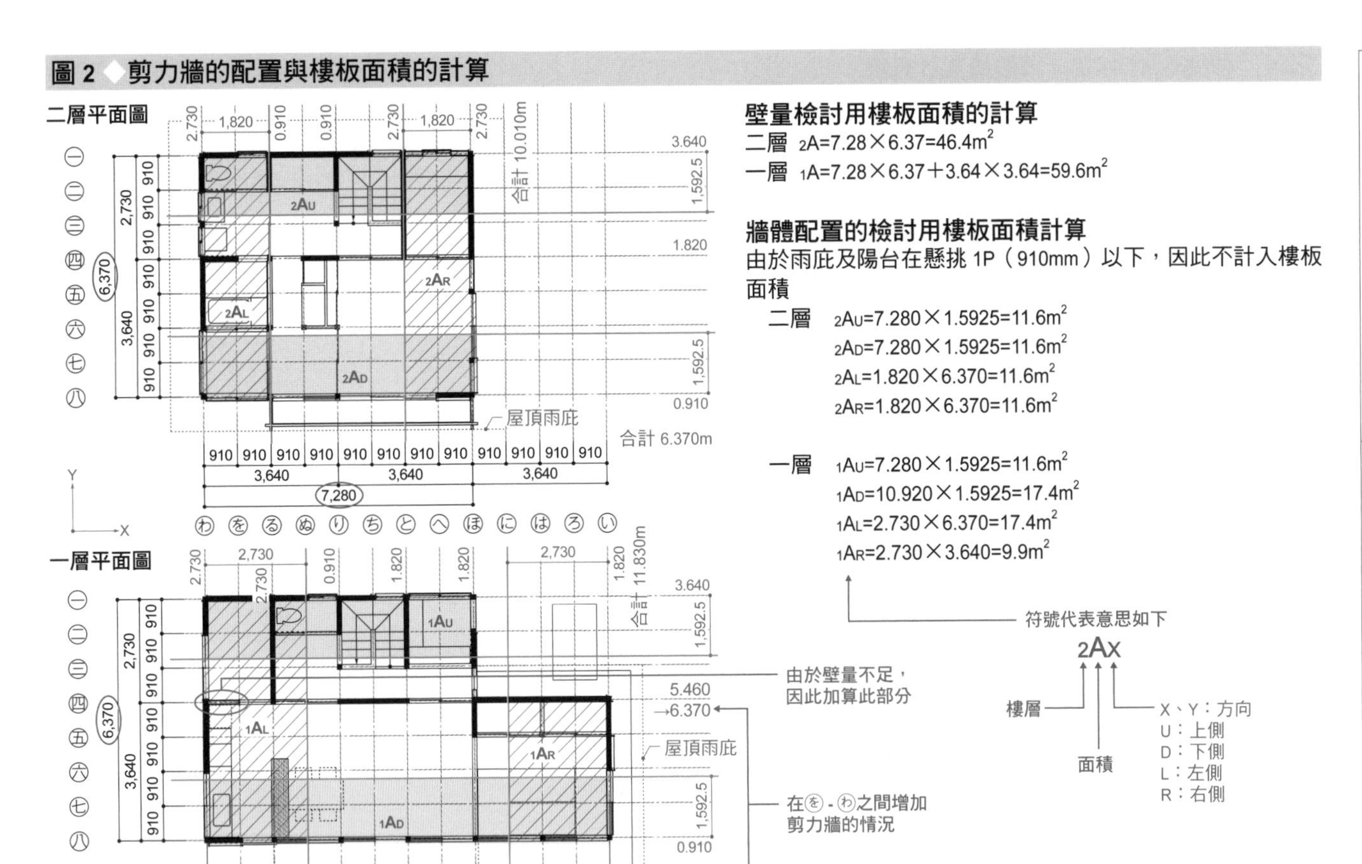

壁量檢討用樓板面積的計算

二層 $_2A=7.28\times6.37=46.4m^2$

一層 $_1A=7.28\times6.37+3.64\times3.64=59.6m^2$

牆體配置的檢討用樓板面積計算

由於雨庇及陽台在懸挑 1P（910mm）以下，因此不計入樓板面積

二層
$_2A_U=7.280\times1.5925=11.6m^2$
$_2A_D=7.280\times1.5925=11.6m^2$
$_2A_L=1.820\times6.370=11.6m^2$
$_2A_R=1.820\times6.370=11.6m^2$

一層
$_1A_U=7.280\times1.5925=11.6m^2$
$_1A_D=10.920\times1.5925=17.4m^2$
$_1A_L=2.730\times6.370=17.4m^2$
$_1A_R=2.730\times3.640=9.9m^2$

圖 3 ◆計入面積的計算

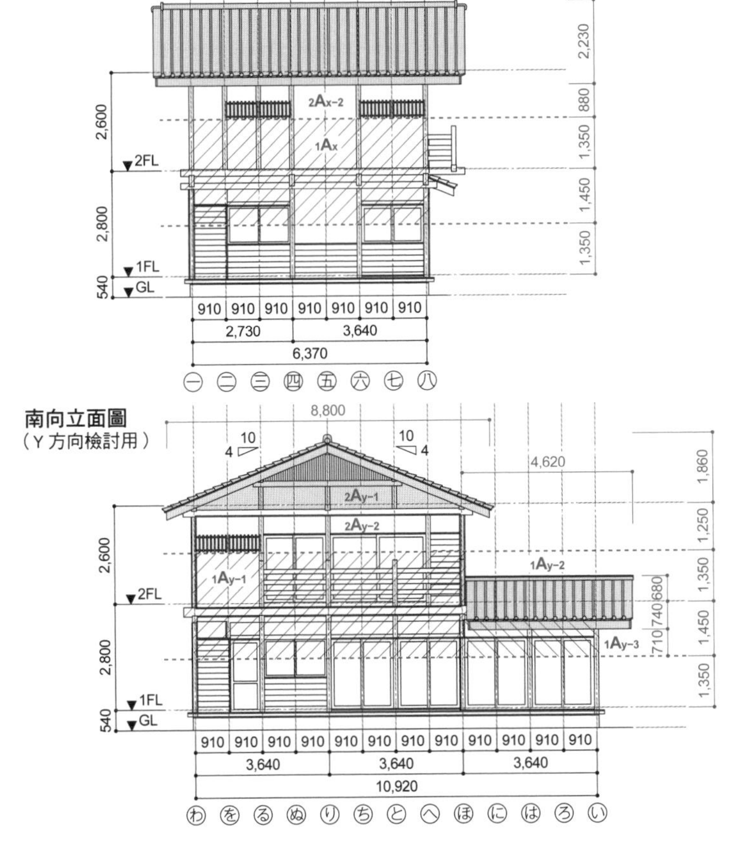

壁量檢討用計入面積的計算

X 方向 二層 $_2A_{x-1}=8.480\times2.230=18.9m^2$
$_2A_{x-2}=6.370\times0.880=5.6m^2$
$_2A_x$ **=24.5m²** ………… 二層檢討用

一層 $_1A_x=6.370\times2.800=17.8m^2$
$_2A_x+{}_1A_x$ **=42.3m²** ………… 一層檢討用

Y 方向 二層 $_2A_{y-1}=8.800\times1.860/2=8.2m^2$
$_2A_{y-2}=7.280\times1.250=9.1m^2$
$_2A_y$ **=17.3m²** …… 二層檢討用

一層 $_1A_{y-1}=7.280\times2.800=20.4m^2$
$_1A_{y-2}=4.620\times1.420=6.6m^2$
$_1A_{y-3}=3.640\times0.710=2.6m^2$
$_1A_y=29.6m^2$
$_2A_y+{}_1A_y$ **=46.9m²** ………… 一層檢討用

表 1 ◆依據令 46 條第 4 項的構架計算表

兩層樓建築的二樓部分或者平房建築 — X 方向

必要壁長	面積 (m²)		1m² 所需的必要壁長 (m/m²)	必要壁長 (m)
樓板面積		46.4	0.21	i 9.75
計入面積	S2	24.5	0.50	① 12.25

有效壁長：構架種類	構架長度 (m)	數量	壁倍率	有效壁長 (m)
45×90 單側斜撐	0.91	5	2.0	9.10
45×90 單側斜撐	1.82	1	2.0	3.64
判定	~~i~~ 或①	12.25 m ≦		イ 12.74 m
安全率（餘裕率）	因應地震力（イ／i）			1.31
	因應風壓力（イ／①）			1.04

兩層樓建築的二樓部分或者平房建築 — Y 方向

必要壁長	面積 (m²)		1m² 所需的必要壁長 (m/m²)	必要壁長 (m)
樓板面積		46.4	0.21	i 9.75
計入面積	S2	17.3	0.50	② 8.65

有效壁長：構架種類	構架長度 (m)	數量	壁倍率	有效壁長 (m)
45×90 單側斜撐	0.91	3	2.0	5.46
45×90 單側斜撐	1.82	1	2.0	3.64
45×90 單側斜撐	2.73	2	2.0	10.92
判定	i ~~或②~~	9.75 m ≦		ロ 20.02 m
安全率（餘裕率）	因應地震力（ロ／i）			2.05
	因應風壓力（ロ／②）			2.31

兩層樓建築的一樓部分 — X 方向

必要壁長	面積 (m²)		1m² 所需的必要壁長 (m/m²)	必要壁長 (m)
樓板面積		59.6	0.33	ii 19.67
計入面積	S1+S2	42.3	0.50	③ 21.15

有效壁長：構架種類	構架長度 (m)	數量	壁倍率	有效壁長 (m)
45×90 單側斜撐	0.91	3	2.0	5.46
45×90 單側斜撐	1.82	4	2.0	14.56
在軸線㊃的㋾-㋻之間增加 45×90 單側斜撐				
	0.91	1	2.0	(1.82)
				(21.84) ↑
判定	~~ii~~ 或③	21.15 m ≦		ハ 20.02 m
安全率（餘裕率）	因應地震力（ハ／ii）			(1.11) ← 1.02
	因應風壓力（ハ／③）			(1.03) ← 0.95 → NG

兩層樓建築的一樓部分 — Y 方向

必要壁長	面積 (m²)		1m² 所需的必要壁長 (m/m²)	必要壁長
樓板面積		59.6	0.33	ii 19.67
計入面積	S1+S2	46.9	0.50	④ 23.45

有效壁長：構架種類	構架長度 (m)	數量	壁倍率	有效壁長 (m)
45×90 單側斜撐	0.91	5	2.0	9.10
45×90 單側斜撐	1.82	4	2.0	14.56
判定	~~ii~~ 或④	23.45 m ≦		ニ 23.66 m
安全率（餘裕率）	因應地震力（ニ／ii）			1.20
	因應風壓力（ニ／④）			1.01

（2）計入面積的計算

在立面圖上拉出 FL 與 FL+1.35m 的線來計算計入面積。此時，若在圖面名稱下方註明「X 方向檢討用」等訊息，或者依照各面積寫入可區分樓層與方向的符號，就能預防誤認方向的狀況（第 197 頁圖 3）。本案例中，**西面是相當於 X 方向的風壓力、南面則是相當於 Y 方向的風壓力。**

此外，一樓的檢討用面積是 $_1A+_2A$，因此最好盡早計算出來。

（3）必要壁量的計算

表 1 是筆者的事務所所製作的壁量計算表。這張計算表的特徵在於最上方有方向欄可填入力的方向是 X 或 Y 方向、以及判定欄下方增加安全率（餘裕率）的欄位。

進行壁量計算時，首先要在表 1 的最上方「方向」欄中填入 X 或 Y 方向，以隨時意識到外力的方向。其次，分別求出因應地震力所需的必要壁量「樓板面積 × 必要壁量」（表 1 的 i、ii 欄）、及因應風壓力所需的必要壁量「計入面積 × 必要壁量」（表 1 ①～④欄）。兩者之中數值較大的一方就是建築物所需的必要壁量（表 1「判定」欄）。

（4）存在壁量的計算

存在壁量是有效壁長「壁倍率 × 剪力牆長度」的總和。

在平面圖上寫入剪力牆與各軸的剪力牆長度（第 197 頁圖 2）。有多個壁倍率存在時要將倍率 × 實長標記出來。如此一來，不但剪力牆不足時等容易進行變更，後續在確認偏心時也相當方便。再者，還可以藉由各軸的標記作業正視「構面」的意義，並且有機會確認構架是否整理完備。

在範例計算表中是設定剪力牆的單位長度，在確認牆體的數量之後進行存在壁量的計算（表 1）。

表 2 ◆依據構架設置基準（平成 12 年建告 1352 號）的壁率比計算表

方向		X 方向					Y 方向				
兩層樓建築的二樓部分或者平房建築	必要壁長	樓板面積 m²		1m² 所需的必要壁長 m/m²		必要壁長 m	樓板面積 m²		1m² 所需的必要壁長 m/m²		必要壁長 m
		$_2A_U$	11.6	0.21		i 2.44	$_2A_L$	11.6	0.21		iii 2.44
	有效壁長	構架種類	構架長度 m	數量	壁倍率	有效壁長 m	構架種類	構架長度 m	數量	壁倍率	有效壁長 m
		45×90 單側斜撐	0.91	2	2.0	3.64	45×90 單側斜撐	0.91	2	2.0	3.64
		45×90 單側斜撐	1.82	1	2.0	3.64	45×90 單側斜撐	1.82	1	2.0	3.64
						① 7.28 m					③ 7.28 m
		壁量充足率	㊤ ①／i=2.98 ＞ 1.0				壁量充足率	㊧ ③／iii=2.98 ＞ 1.0			
	必要壁長	樓板面積 m²		1m² 所需的必要壁長 m/m²		必要壁長 m	樓板面積 m²		1m² 所需的必要壁長 m/m²		必要壁長 m
		$_2A_D$	11.6	0.21		ii 2.44	$_2A_R$	11.6	0.21		iv 2.44
	有效壁長	構架種類	構架長度 m	數量	壁倍率	有效壁長 m	構架種類	構架長度 m	數量	壁倍率	有效壁長 m
		45×90 單側斜撐	0.91	1	2.0	1.82	45×90 單側斜撐	2.73	2	2.0	10.92
						② 1.82 m					④ 10.92 m
		壁量充足率	㊦ ②／ii=0.75 ＜ 1.0 ⟶ 進行壁率比檢討				壁量充足率	㊨ ④／iv=4.48 ＞ 1.0 OK			
		壁率比	~~㊤／㊦~~或㊦／㊤ =0.25 ＜ 0.5 NG				壁率比	（㊧／㊨或~~㊨／㊧~~ =0.67 ＞ 0.5）			
兩層樓建築的一樓部分	必要壁長	樓板面積 m²		1m² 所需的必要壁長 m/m²		必要壁長 m	樓板面積 m²		1m² 所需的必要壁長 m/m²		必要壁長 m
		$_1A_U$	11.6	0.33		v 3.83	$_1A_L$	17.4	0.33		vii 5.74
	有效壁長	構架種類	構架長度 m	數量	壁倍率	有效壁長 m	構架種類	構架長度 m	數量	壁倍率	有效壁長 m
		45×90 單側斜撐	0.91	2	2.0	3.64	45×90 單側斜撐	0.91	2	2.0	3.64
		45×90 單側斜撐	1.82	1	2.0	3.64	45×90 單側斜撐	1.82	2	2.0	7.28
						⑤ 7.28 m					⑦ 10.92 m
		壁量充足率	㊤ ⑤／v=1.90 ＞ 1.0				壁量充足率	㊧ ⑦／vii=1.90 ＞ 1.0			
	必要壁長	樓板面積 m²		1m² 所需的必要壁長 m/m²		必要壁長 m	樓板面積 m²		1m² 所需的必要壁長 m/m²		必要壁長 m
		$_1A_D$	17.4	0.33		vi 5.74	$_1A_R$	9.9	0.15		viii 1.49
	有效壁長	構架種類	構架長度 m	數量	壁倍率	有效壁長 m	構架種類	構架長度 m	數量	壁倍率	有效壁長 m
		45×90 單側斜撐	0.91	1	2.0	1.82	45×90 單側斜撐	1.82	1	2.0	3.64
						⑥ 1.82 m					⑧ 3.64 m
		壁量充足率	㊦ ⑥／vi=0.32 ＜ 1.0 ⟶ 進行壁率比檢討				壁量充足率	㊨ ⑧／viii=2.44 ＞ 1.0 OK			
		壁率比	~~㊤／㊦~~或㊦／㊤ =0.17 ＜ 0.5 NG				壁率比	（㊧／㊨或~~㊨／㊧~~ =0.78 ＞ 0.5）			

由於一、二樓在 X 方向上的壁率比都比規定值低，因此必須對剪力牆的配置進行再檢討

這樣做是為了後續在進行牆體的增減時能比較容易做出對應，但同時也是盡可能彙整剪力牆的種類，有意識地進行構架的整理（包括施工的合理性）。另外，還要進行與平面圖中所配置的剪力牆長度總和的比對檢查。

由於計算方法不只一種，只要對採行的方法多用點心思就不至於產生錯誤。

（5）壁量的檢定

要確認順序（4）所求得的存在壁量是否大於順序（3）中所求得的必要壁量，這項工作是確保建築物整體的水平耐力。

以上已經完成壁量計算，不過如果能如表 1 的「安全率」欄，計算存在壁量因應地震力及風壓力各

圖 4 剪力牆配置的再檢討

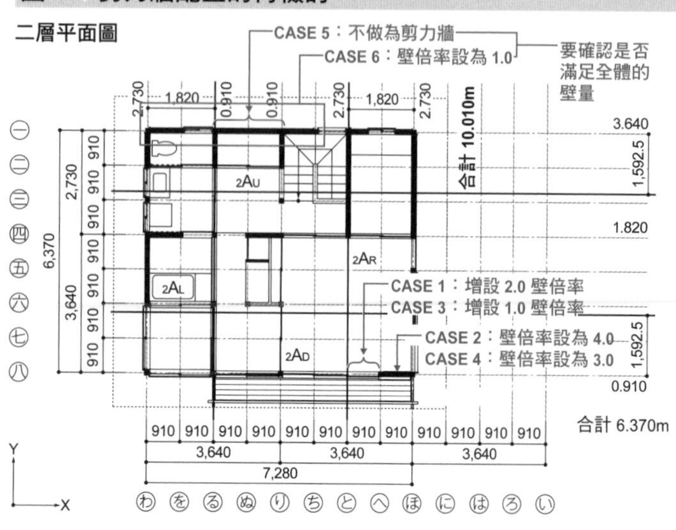

以下兩點是做為壁率比 NG 時的對策。
①壁率比≧ 0.5
②個別的壁量充足率≧ 1.0

做法上則可以考慮以下的方式。
a) 增設剪力牆
b) 提高壁倍率
c) 減少充足率高的部分之壁體長度（不過，仍必須滿足全體的壁量）

以二樓的情況為例，有以下幾種對策。

①壁率比≧ 0.5 的方式
為了使㊦的壁量充足率是㊤的 0.5 倍以上，必要壁長應為
㊦≧ 2.98×0.5=1.49
②≧ 2.44×1.49=3.64 m
因此，可以考慮以下兩種 CASE 的對策。
→ CASE 1：增設壁倍率 2.0×0.91 m
CASE 2：壁倍率以 4.0 來施作（交叉配置）

②壁量充足率≧ 1 的方式
若㊤、㊦的壁量充足率同時在 1 以上的話，就無需進行壁率比檢討。要使㊦的充足率達到 1 以上時，只要滿足有效壁長≧必要壁長即可。
②≧ 2.44 m
因此，可以考慮以下兩種 CASE 的對策。
→ CASE 3：增設壁倍率 1.0×0.91 m
CASE 4：壁倍率以 3.0 來施作（30×90 交叉配置）

③在全體壁量充足的情況下，使壁率比≧ 0.5 的方式
當全體壁量十分充足時，為了使㊦／㊤≧ 0.5，也可以採行減少上側的壁量充足率的方法。此時①的有效壁長為，
㊤≦ 0.75／0.5=1.5
①≦ 2.44×1.5=3.66 m
因此，可以考慮以下兩種 CASE 的對策。
→ CASE 5：牆體減少 1.82 m
CASE 6：壁倍率設為 1.0

在這個模型平面中，X 方向的全體壁量僅勉強滿足規準值的最低標準（第 198 頁表 1），因此試著對 CASE 4 對策的情況進行再檢討。

以對策 CASE 4 進行的壁率比再檢討之結果

方向		X 方向				
兩層樓建築的二樓部分或者平房建築	必要壁長	樓板面積 m²		1m² 所需的必要壁長 m/m²		必要壁長 m
		2AU	11.6		0.21	i 2.44
	有效壁長	構架種類	構架長度 m	數量	壁倍率	有效壁長 m
		45×90 單側斜撐	0.91	2	2.0	3.64
		45×90 單側斜撐	1.82	1	2.0	3.64
						① 7.28 m
		壁量充足率	㊤ ①／i=2.98 ＞ 1.0			
	必要壁長	樓板面積 m²		1m² 所需的必要壁長 m/m²		必要壁長 m
		2AD	11.6		0.21	ii 2.44
	有效壁長	構架種類	構架長度 m	數量	壁倍率	有效壁長 m
		45×90 單側斜撐	0.91	1	3.0	2.73
						② 2.73 m
		壁量充足率	㊦ ②／ii=1.12 ＞ 1.0 OK			
		壁率比	~~（㊤／㊦~~或㊦／㊤ =0.38 ＜ 0.5）			

自所需的必要壁量的餘裕率的話，就可以做為設計的基準。這裡以因應地震力的餘裕率 1.5 以上來進行設定的話，就能滿足在軟弱地盤上建造時的壁量加成之規定（令 46 條第 4 項）。

（6）牆體配置的檢定

第 199 頁表 2 是筆者的事務所所製作的牆體配置檢討表。和壁量計算表一樣的概念，這張檢討表同樣是為了將力的方向標示清楚，因此在最上方設計了「方向」欄以便填入方向（X 或 Y）。

其次，將順序（1）中所求得的側端部分的樓板面積乘上各層的必要壁量之後，就可計算出必要壁長（表 2「必要壁長」欄）。對應必要壁長的計算，也要計算出在側端部分上的存在壁量有多少（表 2「壁量充足率」欄）。

此時，上下側端部分面積是計算 X 方向的地震力，而左右側端部分面積則是計算 Y 方向的地震力（參照第 116 頁）。因此，要注意不要弄錯存在壁量所對應的方向。

壁量充足率都在 1 以上（檢討 X 方向時對應上側與下側）的話，就表示保有充分的扭轉剛性，因此無需進行壁率比確認。但若是任一方的壁量充足率不滿 1 時就要檢討壁率比。

壁率比的檢討是指如果充足率小的值除以充足率大的值在 0.5 以上時，就可認定為不會產生有害的扭轉。

如同本範例的 X 方向當壁率比

圖 5◆對於傳遞水平力有疑慮的剪力牆

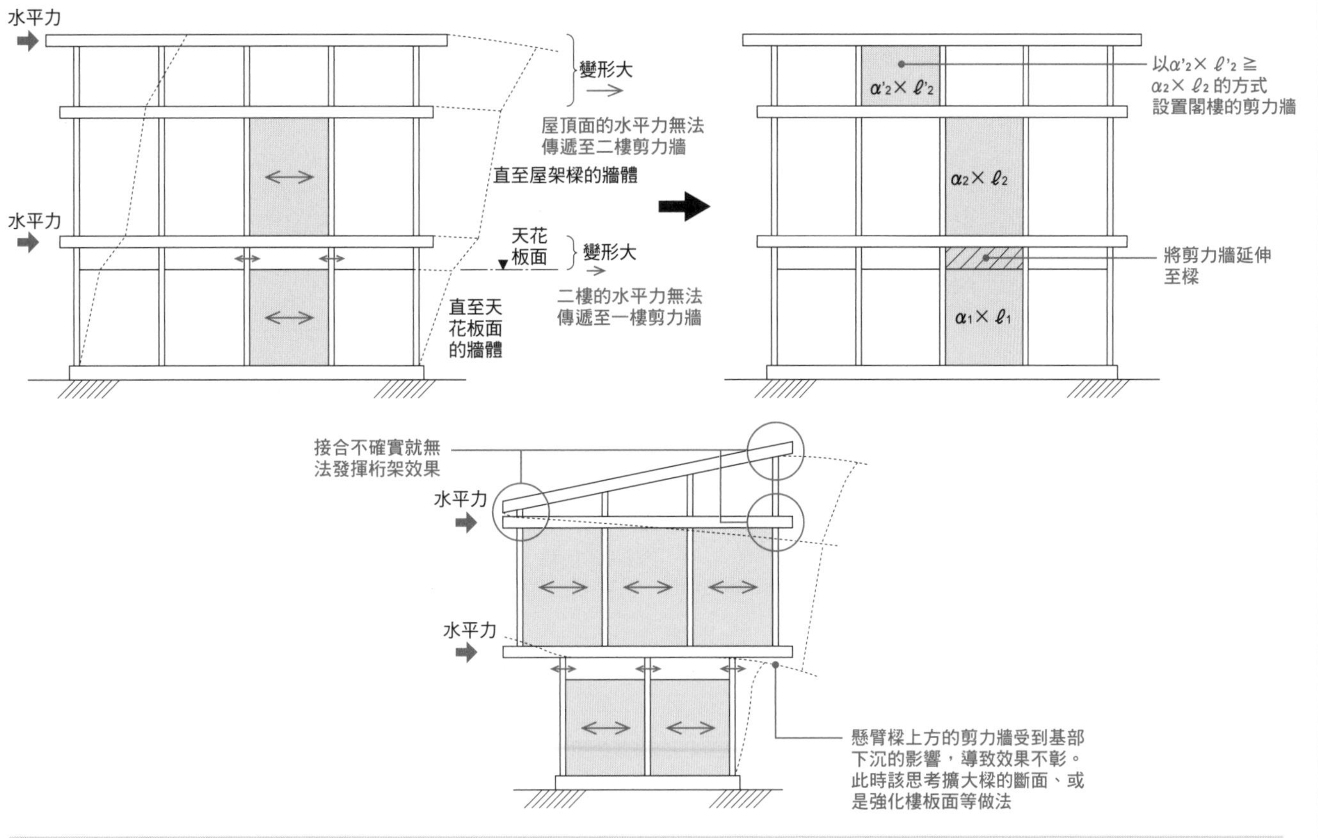

水平力
變形大
屋頂面的水平力無法傳遞至二樓剪力牆
直至屋架樑的牆體
水平力
天花板面
變形大
二樓的水平力無法傳遞至一樓剪力牆
直至天花板面的牆體
α'₂× ℓ'₂
以α'₂× ℓ'₂ ≧ α₂× ℓ₂的方式設置閣樓的剪力牆
α₂× ℓ₂
將剪力牆延伸至樑
α₁× ℓ₁
接合不確實就無法發揮桁架效果
水平力
水平力
懸臂樑上方的剪力牆受到基部下沉的影響，導致效果不彰。此時該思考擴大樑的斷面、或是強化樓板面等做法

圖 6◆搭載於樑上的剪力牆

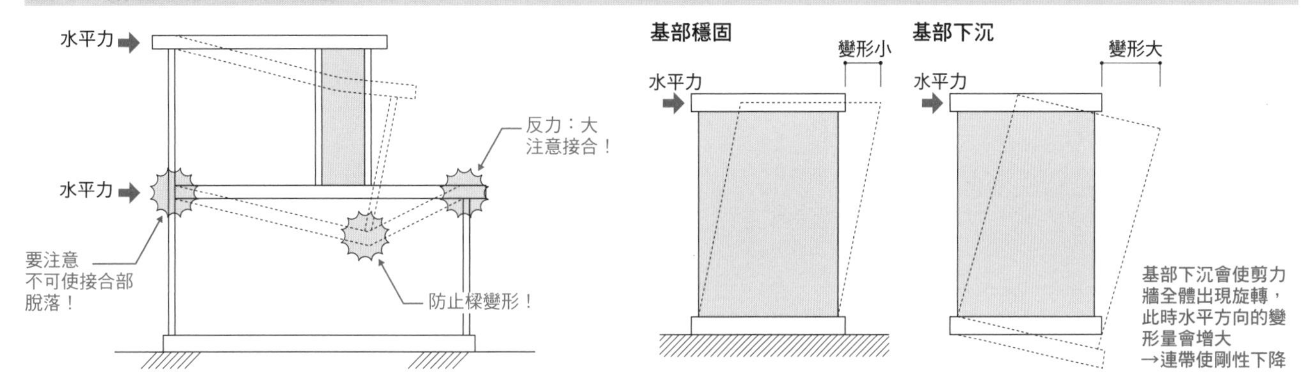

水平力
水平力
反力：大
注意接合！
要注意
不可使接合部脫落！
防止樑變形！
基部穩固
變形小
水平力
基部下沉
變形大
水平力
基部下沉會使剪力牆全體出現旋轉，此時水平方向的變形量會增大
→連帶使剛性下降

不滿 0.5 時，就要採取壁率比≧ 0.5 或者上下同時滿足充足率≧ 1 的對策。

以圖 4 二樓為例，該範例是採取增設牆體以提高壁倍率，藉此滿足壁率比≧ 0.5 或者充足率≧ 1（圖 4 CASE 1 ～ 4）。如果全體壁量十分充足的話，也可以考慮採用在充足率大的區域內減少剪力牆以取得平衡的方法（圖 4 CASE 5、6）。

那道剪力牆有效用嗎？

在進行壁量檢討之前，有必要先探究該剪力牆能否發揮出剪力牆的效用。首先為了方便掌握剪力牆的位置、以及與樓板、屋頂面之間的關係，最好先將平面圖上的資訊加以整理。舉例來說，當二樓設有挑空時，一樓平面圖上也要標示出挑空範圍，並確認樓板下方是否有配置剪力牆（參照第 48 頁）。

從範例來看，如果樓梯部分形成挑空（第 197 頁圖 2）時，有些人可能會因此對軸線㊀的㋠ - ㋷之間的牆體是否能傳遞水平力抱持懷疑。不過，如果從力的流動來思考，只要確保與軸線㊀相接的樓板長度，那麼在二樓樓板面上產生的水平力就能順利傳遞到一樓軸線㊀的剪力牆構面。在本範例中，由於構面長度的 3／4 與樓板相接，因此二樓樓板面的水平力會先傳遞到軸線㊀的樓板樑，再分配至此結構面內的各道剪力牆。因此，軸線㊀的㋠ - ㋷之間的牆體可以視為剪力牆。

同樣的問題也可以用來思考構架。如第 24 ～ 49 頁中也說明過的，為了抵抗在樓板面或屋頂面上產生的水平力，剪力牆就必須與樓板面、屋頂面接續起來。

如圖 5 所示，一旦拿掉閣樓部分的牆體，即使二樓設有剪力牆，屋頂面的水平力也無法傳遞到剪力

圖 7 ◆ 壁倍率相關的注意事項

① ø9 的鋼筋

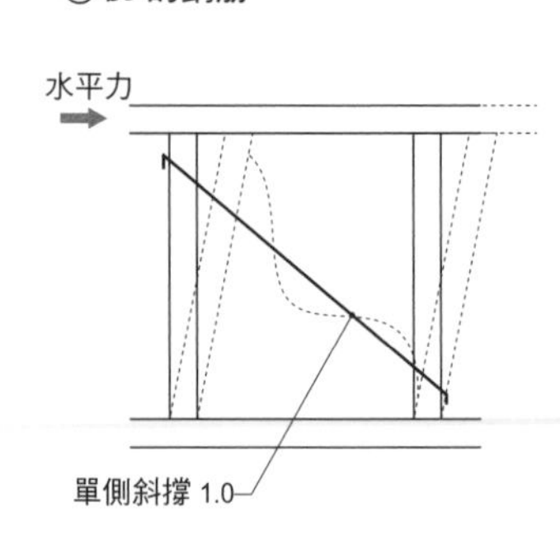

壓縮作用時會立即挫屈而無法發揮效果，因此僅於拉伸作用時有效

② 90×90 的斜撐

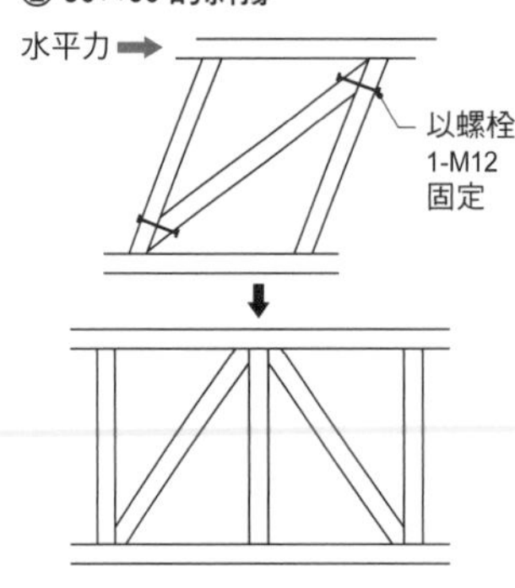

對拉伸作用幾乎沒有什麼效果，要以交叉配置或成對的方式來施作

③露柱牆做法 雙面鋪設

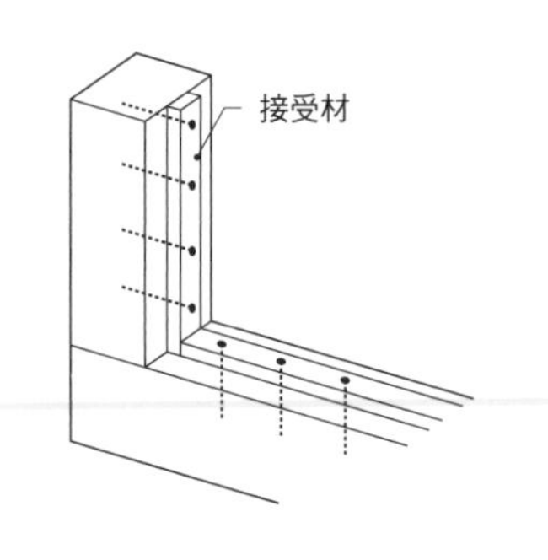

由於施加在接受材上的力會加倍，因此用於固定接受材的釘子要以單面鋪設間隔的一半以下來釘打（數量加倍）

④露柱牆做法 橫穿板類型

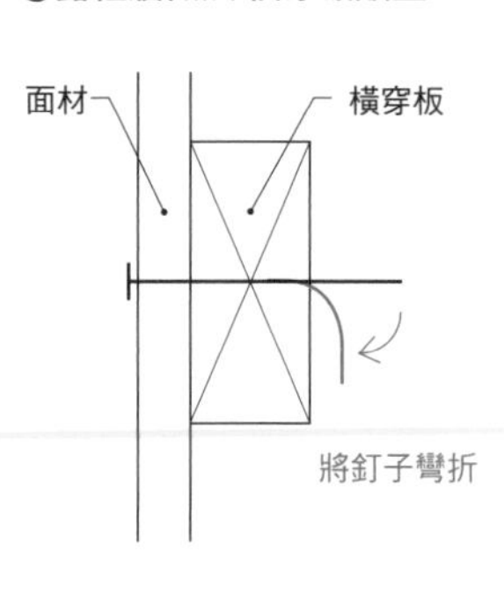

釘子的長度要大於橫穿板厚度與面材厚度的和，因此若釘子凸出橫穿板時就要彎折釘子（因為釘子的粗細是決定耐力大小的關鍵，因此嚴格禁止使用小釘施作）

圖 8 ◆ 剪力牆的長度與高度（壁倍率相同但高度不同的剪力牆上以同等水平力作用時的差異）

①軸力的比較

10kN 14kN 1.0m 10kN 10kN 1.0m

10kN 31.6kN 3.0m 30kN 30kN 1.0m

$$拉拔力 = \frac{水平力 \times 高度}{跨距}$$

- 樓層高度高的一方拉拔力大
- 斜撐長度長的一方容易發生挫屈
- 作用在斜撐上的軸力以 45 度時最小

換句話說，45 度時的效率最佳

②變形的比較

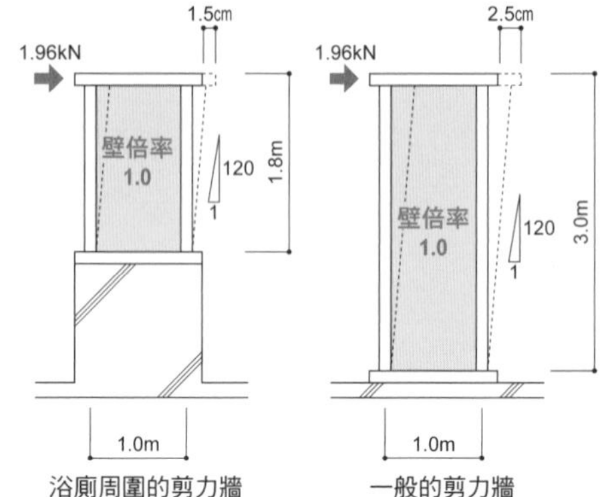

壁倍率相等 = 相同水平力作用時的變形角相等
→比較頂部的變形量可知高度較高的一側變形量大
→外觀上高度低的牆體較為剛硬

牆上，因此會導致屋架出現大幅度傾斜。為了防止這種情形發生，在閣樓裡也必須配置與二樓剪力牆相同的剪力牆。

此時的閣樓牆體不配置在二樓剪力牆的正上方也沒關係，只要在同一構面內即可（屋頂面的水平力是從桁條傳向閣樓牆體，再以屋架樑為媒介傳遞至二樓的剪力牆）。就做為結構上的作用而言，由於閣樓牆體 = 二樓剪力牆，因此其做法或必要長度最好與二樓剪力牆有相等的有效壁長（壁倍率 × 壁長）。

另外，跨距超過一個開間（約 2m）的樑上是否承載剪力牆（二樓剪力牆的兩端柱子下方沒有配置柱子）也是很重要的確認重點（第 201 頁圖 6）。

從本範例來看，二樓軸線㊅的㋷ - ㋦之間的牆體就屬這類（第 197 頁圖 2）。這道牆體的兩端柱子下方的一樓並沒有設置柱子，兩者都搭載在跨距二個開間（3.64m）的樑上，因此無法計入壁量之中。如果要計入壁量，就必須採行擴大樓板樑的斷面等做法。

除此之外，在考量剪力牆的構成（做法）時，必須了解到斜撐在形成壓縮斜撐時與形成拉伸斜撐時的耐力是有所不同的（參照圖 7 ①、②、第 117 ～ 120 頁）。特別是在鋼筋斜撐或 90mm 角材以上的斜撐中，耐力差異非常顯著，因此必須採取交叉配置或是在同一構面內以八字形或 V 字形來配置的做法。

另一方面，使用結構用板材製作牆體時，必須注意固定用釘子的釘徑與間隔。特別是露柱牆做法的情況，為了提高壁倍率而採雙面鋪設時，要留意接受材固定在柱子或橫向材上的釘子間隔是否在單面鋪設的一半以下（圖 7 ③）。此外，採用橫穿板做法時，若使用指定的釘子釘打就會貫穿橫穿板，所以這時候要以彎折凸出的部分來因應（圖 7 ④）。因為釘子長度縮短也會導致直徑變細，因此無法獲得預設的耐力。

再者，在壁量計算中並不會特別考慮剪力牆高度所帶來的影響，不過實際上在浴廁周圍或閣樓等處會有高度較低的牆體（圖 8）。有人是將這類牆體乘上折減係數後納入壁量計算，不過就力學上來說會呈現相反的效果。

如果將牆體替換成一塊柱子來看的話，低矮牆體就是粗矮的柱子，而高的牆體則是細長的柱子。以同樣的力量推壓時，低矮牆體的變形較少因此會形成剛性牆體，換句話說「相同變形量時的耐力會增高」，壁倍率比規定值略高些。因此，就算計入規定的壁倍率也不會形成耐力不足的情況，反而可以說餘裕率增加了。

但是，剛性高的牆體是應力集中的地方，因此在接合部設計之際就要考慮如何才能保有充足耐力。

剪力牆端部柱子的接合部設計～告示規範與 N 值計算

告示規範與 N 值計算的比較

以第 197 頁的住宅模型軸線㊃的構架為例，在剪力牆採用結構用合板的條件下，比較依據告示規範和依據 N 值計算法來選擇對接五金的差異（圖 1）。

計算搭接五金時最好先繪製構架圖，在圖上將柱子的種別和壁倍率標記出來。所謂外角的柱子是指在平面上所見的凸角部分（參照第 119 頁）。

X 方向與 Y 方向依據各自的構架來進行檢討。當同一根柱子在 X 方向時與 Y 方向時的做法出現差異時，要以必要耐力大的一方來決定做法。

（1）依據告示規範時

請見第 117 頁表 1「剪力牆種類」欄位中的結構用合板這行。配置在二樓剪力牆的柱子全部都是「一般」柱，在該表中屬於「平房、最上層」的「一般」，對照到結構用合板這行可知接合做法為（ろ）。

一樓的㋭ - ㋻之間的各個柱子在「二層樓建築的一樓」欄位裡，屬於該層與上層都是「一般」柱，因此做法為（は）。

一樓軸線㋩的柱子屬於「平房、最上層」的「一般」，因此做法為（ろ）。軸線㋑的柱子在「外角」上，其做法為（ほ）（圖 1①）。

（2）依據 N 值計算法時

配置在二樓剪力牆的柱子全部都是「一般」柱，因此 B_1=0.5、L=0.6。壁倍率的差是檢討對象柱的兩側壁倍率差值，不過無論是哪一根柱子都僅是單側固定剪力牆，所以差值 A_1 為 2.5–0.0=2.5。因此

圖 1 ◆接合做法的比較（壁倍率：2.5[結構用合板單面鋪設]）

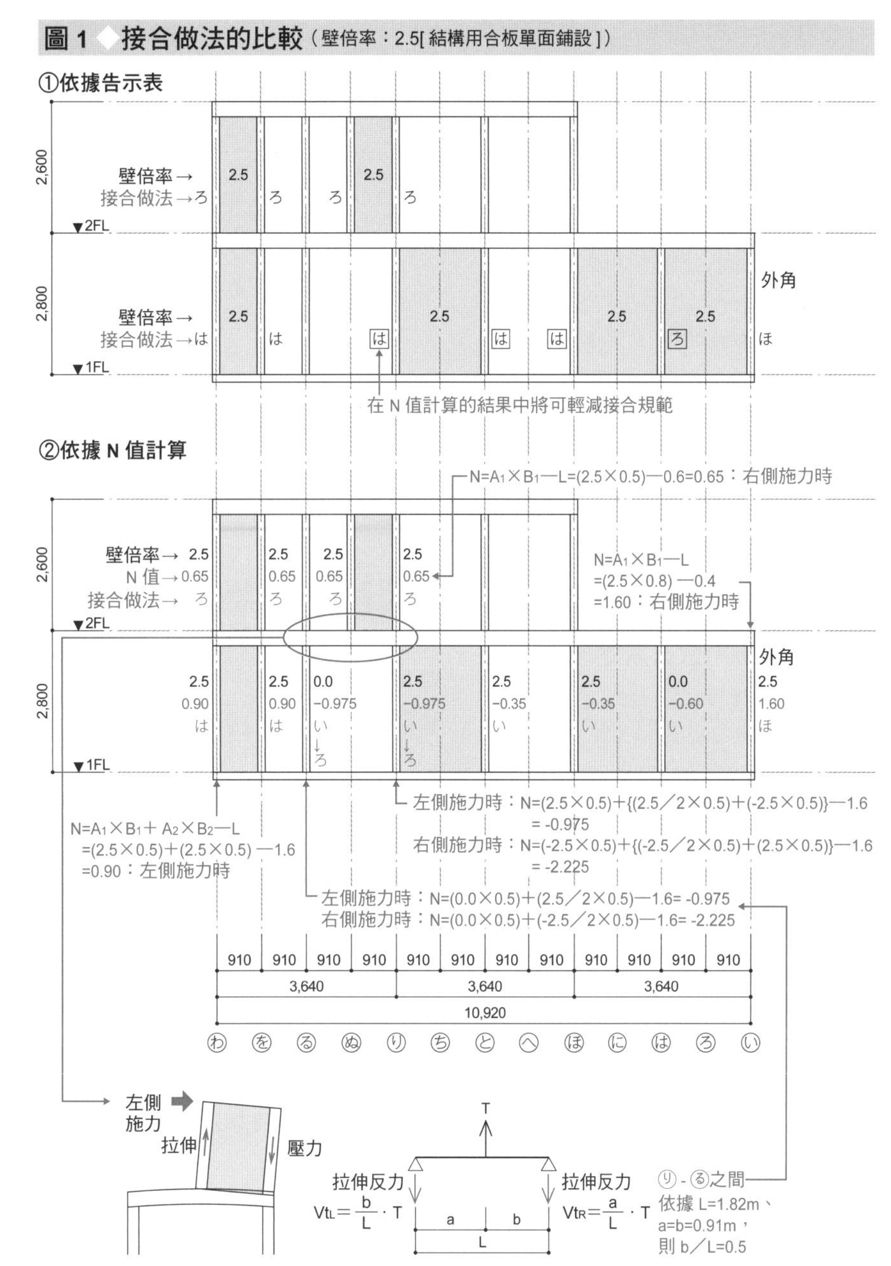

以 N=0.65 查找第 118 頁表 4，可知接合做法為（ろ）。

位於一樓軸線㋾、㋻的柱子由於剪力牆在樓層中形成連續，所以是將一樓與二樓的「壁倍率差 × 壓制效果係數」相加，得到 N=0.90，為使 N 值在 1.0 以下，因此採用做法（は）。

一樓軸線㋑的柱子最上層位於外角，因此 B_1=0.8、L=0.4，其 N 值為 1.60，採用做法（ほ）。

以上雖然和依據告示表所得的結果相同，不過以下要說明的柱子有輕減其接合規範的規定。

一樓軸線㋭、㋣的柱子在二樓的壁倍率差是 0.0，因此 N=-0.35，不會產生拉拔力。此外，軸線㋩的柱子的壁倍率差也是 0.0，也不會

產生拉拔力，因此兩者都可採用接合做法（い）。

軸線ⓡ的柱子雖然不用來固定剪力牆，不過查看二樓的情況會發現ⓡ-ⓝ之間的牆體為樑上剪力牆。因為這道剪力牆的關係，在二樓軸線ⓡ的柱子上所產生的軸力，會藉由樓板樑以各半方式傳遞至軸線ⓡ及軸線ⓡ上的柱子（參照第121頁圖6③）。在該點考量之下，一樓軸線ⓡ的柱子N值為-0.975，因此得出不會產生拉拔力的結果。

另一方面，由於軸線ⓡ柱子兩旁的剪力牆是以市松狀配置在上下樓層中（參照第121頁圖6），所以會對左側施力時與右側施力時的兩個方向進行檢討，由N值大的一方來決定接合做法。舉例來說，左側施力時，二樓軸線ⓝ的柱子產生拉伸（符號為+）、二樓軸線ⓡ的柱子則是壓縮（符號為–），再者一樓軸線ⓡ的柱子是拉伸（+）、垂直的壓制係數L是壓縮（–），N=-0.975。右側施力時各柱子呈相反符號，N=-2.225。因此，由左側施力時來決定接合做法。無論是取哪個方向施力的做法都不會產生拉拔力，因此採用做法（い）。

不過，以力的傳遞來說通常愈下層的應力也會愈大，因此筆者認為為了確保安全性，應該採取與二樓同等以上的接合做法。

斜撐時的N值計算

同樣的，接著來檢討在軸線㊃上當剪力牆是斜撐時的情形（圖2）。使用斜撐時，同一構架內的壓縮斜撐與拉伸斜撐要以大致等量來配置，而且最好每層皆以一對的方式配置，沒有必要在上下樓層中以「<」或是「>」的形狀來配置。

（1）二樓軸線ⓦ的柱子

當左側施力時這根柱子上會產生拉拔力，斜撐形成拉伸斜撐（參照第119頁圖1）。因此，實際的壁倍率是1.5（參照第120頁圖5①），壁倍率差值為1.5。N=0.15

圖2　軸線㊃構架的N值計算（壁倍率：2.0 [45×90 單面斜撐]）

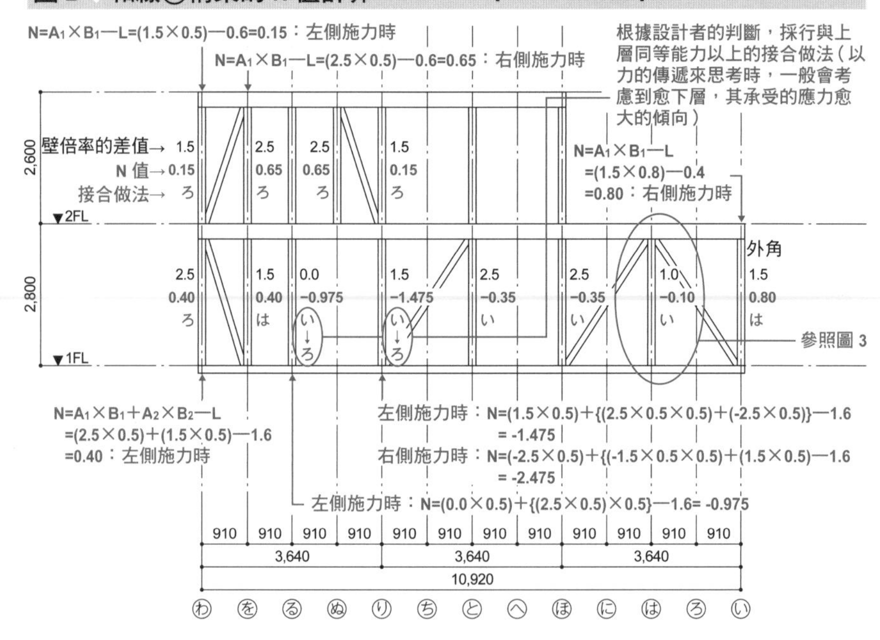

圖3　斜撐的壁倍率差值與補正的思考方式

①八字形

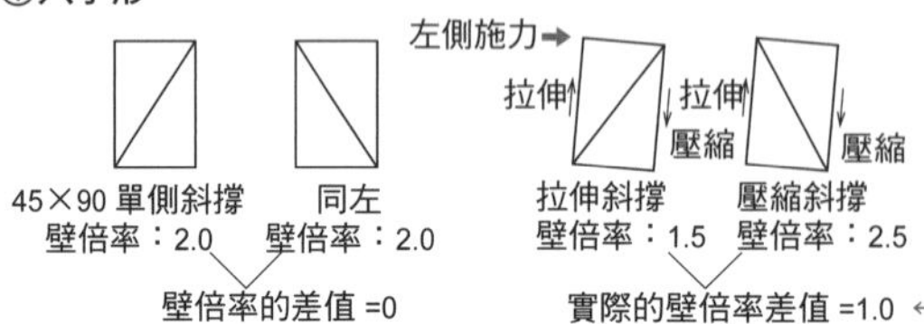

45×90 單側斜撐　壁倍率：2.0
同左　壁倍率：2.0
壁倍率的差值 =0
實際的壁倍率差值 =1.0 ← 採用這個數值

雖然壁倍率差值為0，但依據告示要進行+1.0的補正，其理由如下：實際看各自的壁倍率時，左側是拉伸斜撐、右側是壓縮斜撐。因此實際的壁倍率差是1.0，要增加+1.0的補正。

②N字形

左側施力　拉伸　拉伸　壓縮　壓縮
拉伸斜撐　壁倍率：1.5　拉伸斜撐　壁倍率：1.5
壓縮　右側施力　拉伸
壓縮斜撐　壁倍率：2.5　壓縮斜撐　壁倍率：2.5
實際的壁倍率差值 =0 ← 補正 +1.0 → 實際的壁倍率差值 =0

雖然壁倍率差值為0，但依據告示要進行+1.0的補正，其理由如下：右側施力時，無論是哪一方都會形成壓縮斜撐，從左圖中可知斜撐會導致上抬情形。不過右圖的情況則不同，作用在斜撐上的壓縮力幾乎都會直接傳遞至基礎，因此對柱子的擠壓效果小。在此點考量之下要增加+1.0的補正。

③V字形

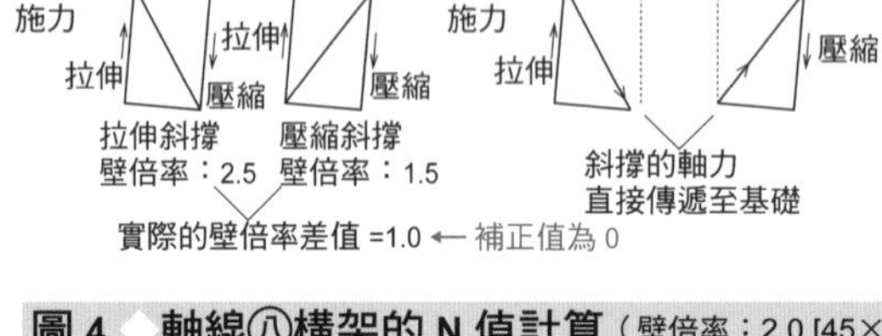

左側施力　拉伸　拉伸　壓縮　壓縮
拉伸斜撐　壁倍率：2.5　壓縮斜撐　壁倍率：1.5
實際的壁倍率差值 =1.0 ← 補正值為0

雖然壁倍率差值為1，但依據告示不進行補正，其理由如下：仔細來看，無論是哪一方的斜撐所產生的軸力都幾乎是直接傳遞至基礎，因此不進行補正。

圖4　軸線㊇構架的N值計算（壁倍率：2.0 [45×90 單面斜撐]）

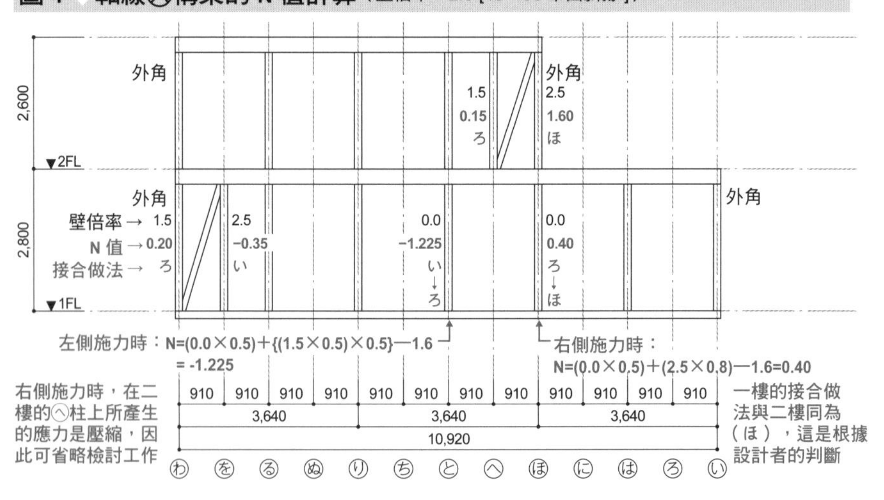

所以採用做法（ろ）。

（2）二樓軸線(を)的柱子

當右側施力時這根柱子上會產生拉拔力，斜撐形成壓縮斜撐（參照第119頁圖1）。因此，實際的壁倍率是2.5（參照第120頁圖5①），壁倍率差值為2.5。N=0.65所以採用做法（ろ）。

（3）一樓軸線(わ)的柱子

當左側施力時這根柱子上會產生拉拔力。一樓的斜撐是壓縮斜撐、二樓是拉伸斜撐，因此實際的壁倍率在一樓是2.5、二樓是1.5。N=0.40所以採用做法（ろ）。

（4）一樓軸線(り)的柱子

剪力牆在上下樓層中採市松狀配置，因此要分別進行左側施力時與右側施力時的檢討（參照第120頁圖5）。左側施力時剪力牆在二樓部分為壓縮斜撐、一樓為拉伸斜撐，如果將二樓軸線(ぬ)柱子的反力也納入考量的話，會得到N=-1.475。反之，右側施力時二樓是拉伸斜撐、一樓則是壓縮斜撐，N＝-2.475。由左側施力時來決定，接合做法為（い）。

不過，如同第204頁中說明過的，一樓柱採用與二樓柱同等的做法（ろ）。

（5）一樓軸線(は)的柱子

在兩側配置斜撐時要注意補正的思考方式。採用V字形配置時無需進行補正，不過採用N字形或八字形時就要進行＋的補正（圖3）。

N值計算速查表的使用方式

表1、2是根據N值計算的結果所製成的一覽表。

表1是在二樓層建築的二樓柱子及平房的柱子，與二層樓建築的一樓柱，且一、二樓皆為外角或一、二樓皆為一般形式的時候使用。

表2是在有退縮或懸挑的情況下，雖然二樓為外角但一樓是一般形式，或者反過來一樓雖為外角但二樓是一般形式的時候使用。無論何者皆因上下相同位置上設有剪力牆的關係，因此不適用市松狀配置。

表1 N值計算表①（二層樓建築的二樓柱、平房的柱、二層樓的一樓柱）[1、2層的柱種別相同時]

二樓的壁倍率差值	二樓及一樓的柱種別	平房或者二樓柱的N值	二層樓建築的一樓柱的N值 一樓的壁倍率差值 0.0	0.5	1.0	1.5	2.0	2.5	3.0	3.5	4.0	4.5	5.0
0.0	外角	-0.40	-1.00	-0.60	-0.20	0.20	0.60	1.00	1.40	1.80	2.20	2.60	3.00
	一般	-0.60	-1.60	-1.35	-1.10	-0.85	-0.60	-0.35	-0.10	0.15	0.40	0.65	0.90
0.5	外角	0.00	-0.60	-0.20	0.20	0.60	1.00	1.40	1.80	2.20	2.60	3.00	3.40
	一般	-0.35	-1.35	-1.10	-0.85	-0.60	-0.35	-0.10	0.15	0.40	0.65	0.90	1.15
1.0	外角	0.40	-0.20	0.20	0.60	1.00	1.40	1.80	2.20	2.60	3.00	3.40	3.80
	一般	-0.10	-1.10	-0.85	-0.60	-0.35	-0.10	0.15	0.40	0.65	0.90	1.15	1.40
1.5	外角	0.80	0.20	0.60	1.00	1.40	1.80	2.20	2.60	3.00	3.40	3.80	4.20
	一般	0.15	-0.85	-0.60	-0.35	-0.10	0.15	0.40	0.65	0.90	1.15	1.40	1.65
2.0	外角	1.20	0.60	1.00	1.40	1.80	2.20	2.60	3.00	3.40	3.80	4.20	4.60
	一般	0.40	-0.60	-0.35	-0.10	0.15	0.40	0.65	0.90	1.15	1.40	1.65	1.90
2.5	外角	1.60	1.00	1.40	1.80	2.20	2.60	3.00	3.40	3.80	4.20	4.60	5.00
	一般	0.65	-0.35	-0.10	0.15	0.40	0.65	0.90	1.15	1.40	1.65	1.90	2.15
3.0	外角	2.00	1.40	1.80	2.20	2.60	3.00	3.40	3.80	4.20	4.60	5.00	5.40
	一般	0.90	-0.10	0.15	0.40	0.65	0.90	1.15	1.40	1.65	1.90	2.15	2.40
3.5	外角	2.40	1.80	2.20	2.60	3.00	3.40	3.80	4.20	4.60	5.00	5.40	5.80
	一般	1.15	0.15	0.40	0.65	0.90	1.15	1.40	1.65	1.90	2.15	2.40	2.65
4.0	外角	2.80	2.20	2.60	3.00	3.40	3.80	4.20	4.60	5.00	5.40	5.80	6.20
	一般	1.40	0.40	0.65	0.90	1.15	1.40	1.65	1.90	2.15	2.40	2.65	2.90
4.5	外角	3.20	2.60	3.00	3.40	3.80	4.20	4.60	5.00	5.40	5.80	6.20	6.60
	一般	1.65	0.65	0.90	1.15	1.40	1.65	1.90	2.15	2.40	2.65	2.90	3.15
5.0	外角	3.60	3.00	3.40	3.80	4.20	4.60	5.00	5.40	5.80	6.20	6.60	7.00
	一般	1.90	0.90	1.15	1.40	1.65	1.90	2.15	2.40	2.65	2.90	3.15	3.40

表2 N值計算表②（退縮及懸挑的二層樓建築的一樓柱）[1、2層的柱種別不同時]

二樓的壁倍率差值	二樓的柱種別	一樓的柱種別	二層樓建築的一樓柱的N值 一樓的壁倍率差值 0.0	0.5	1.0	1.5	2.0	2.5	3.0	3.5	4.0	4.5	5.0
0.0	一般	外角	-1.00	-0.60	-0.20	0.20	0.60	1.00	1.40	1.80	2.20	2.60	3.00
	外角	一般	-1.60	-1.35	-1.10	-0.85	-0.60	-0.35	-0.10	0.15	0.40	0.65	0.90
0.5	一般	外角	-0.75	-0.35	0.05	0.45	0.85	1.25	1.65	2.05	2.45	2.85	3.25
	外角	一般	-1.20	-0.95	-0.70	-0.45	-0.20	0.05	0.30	0.55	0.80	1.05	1.30
1.0	一般	外角	-0.50	-0.10	0.30	0.70	1.10	1.50	1.90	2.30	2.70	3.10	3.50
	外角	一般	-0.80	-0.55	-0.30	-0.05	0.20	0.45	0.70	0.95	1.20	1.45	1.70
1.5	一般	外角	-0.25	0.15	0.55	0.95	1.35	1.75	2.15	2.55	2.95	3.35	3.75
	外角	一般	-0.40	-0.15	0.10	0.35	0.60	0.85	1.10	1.35	1.60	1.85	2.10
2.0	一般	外角	0.00	0.40	0.80	1.20	1.60	2.00	2.40	2.80	3.20	3.60	4.00
	外角	一般	0.00	0.25	0.50	0.75	1.00	1.25	1.50	1.75	2.00	2.25	2.50
2.5	一般	外角	0.25	0.65	1.05	1.45	1.85	2.25	2.65	3.05	3.45	3.85	4.25
	外角	一般	0.40	0.65	0.90	1.15	1.40	1.65	1.90	2.15	2.40	2.65	2.90
3.0	一般	外角	0.50	0.90	1.30	1.70	2.10	2.50	2.90	3.30	3.70	4.10	4.50
	外角	一般	0.80	1.05	1.30	1.55	1.80	2.05	2.30	2.55	2.80	3.05	3.30
3.5	一般	外角	0.75	1.15	1.55	1.95	2.35	2.75	3.15	3.55	3.95	4.35	4.75
	外角	一般	1.20	1.45	1.70	1.95	2.20	2.45	2.70	2.95	3.20	3.45	3.70
4.0	一般	外角	1.00	1.40	1.80	2.20	2.60	3.00	3.40	3.80	4.20	4.60	5.00
	外角	一般	1.60	1.85	2.10	2.35	2.60	2.85	3.10	3.35	3.60	3.85	4.10
4.5	一般	外角	1.25	1.65	2.05	2.45	2.85	3.25	3.65	4.05	4.45	4.85	5.25
	外角	一般	2.00	2.25	2.50	2.75	3.00	3.25	3.50	3.75	4.00	4.25	4.50
5.0	一般	外角	1.50	1.90	2.30	2.70	3.10	3.50	3.90	4.30	4.70	5.10	5.50
	外角	一般	2.40	2.65	2.90	3.15	3.40	3.65	3.90	4.15	4.40	4.65	4.90

（1）表 1 的對照方法（圖 5）

以軸線㊃的二樓及一樓軸線(わ)的柱子（第 204 頁圖 2）為例，來說明第 205 頁表 1 的使用方式。首先，當左側施力時二樓軸線(わ)的柱子上會產生拉拔力，斜撐形成拉伸斜撐。因此，實際的壁倍率是 1.5，壁倍率差為 1.5。

由此對照到表中最左方的欄位「二樓的壁倍率差值」即為「1.5」，右方欄位「二樓及一樓的柱種別」則為「一般」，因此 N=0.15。根據第 118 頁表 4，其做法為（ろ）。

另一方面，當左側施力時一樓軸線(わ)的柱子上也會產生拉拔力，二樓為拉伸斜撐，倍率差為 1.5。因此，對照表中最左方的欄位「二樓的壁倍率差值」就是「1.5」，右方欄位「二樓及一樓的柱種別」則選擇「一般」。一樓為壓縮斜撐，其倍率差是 2.5，因此表中「一樓的壁倍率差值」的「2.5」與「二樓及一樓的柱種別」的「一般」所交會的欄位「0.40」就是 N 值。根據第 118 頁表 4，其接合做法為（ろ），和第 204、205 頁的計算結果一致。

（2）表 2 的對照方法（圖 6）

以第 197 頁的木造住宅模型軸線㊇、一樓軸線(ほ)的柱子為例，來說明第 205 頁表 2 的使用方式。雖然這根柱子的左右兩側樑皆為連續的「一般」形式，不過二樓是外角（參照第 204 頁圖 4）。這根柱子的左右並沒有設置剪力牆，因此壁倍率差值為 0。不過，該柱的正上方柱子左側設有剪力牆的關係，當右側施力時會產生拉拔力。此時的二樓斜撐為壓縮斜撐，壁倍率是 2.5。

由此對照表中最左方的欄位「二樓的壁倍率差值」即為「2.5」，右方欄位「二樓的柱種別」則為「外角」，再往右邊的「一樓的柱種別」要選擇「一般」，與「一樓的壁倍率差值」中「0.0」的交會欄位「0.40」就是 N 值。因此，依據第 118 頁表 4，其接合做法為（ろ），以長榫入插榫或者 CP-L 五金加以固定。

圖 5 ◆ N 值計算表①的使用方法（範例）

二樓的壁倍率差值	二樓及一樓的柱種別	平房或者二樓柱的 N 值	二層樓建築的一樓柱的 N 值 一樓的壁倍率差值 0.0	0.5	1.0	1.5	2.0	2.5	3.0	3.5	4.0	4.5	5.0
0.0	外角	-0.40	-1.00	-0.60	-0.20	0.20	0.60	1.00	1.40	1.80	2.20	2.60	3.00
	一般	-0.60	-1.60	-1.35	-1.10	-0.85	-0.60	-0.35	-0.10	0.15	0.40	0.65	0.90
0.5	外角	0.00	-0.60	-0.20	0.20	0.60	1.00	1.40	1.80	2.20	2.60	3.00	3.40
	一般	-0.35	-1.35	-1.10	-0.85	-0.60	-0.35	-0.10	0.15	0.40	0.65	0.90	1.15
1.0	外角	0.40	-0.20	0.20	0.60	1.00	1.40	1.80	2.20	2.60	3.00	3.40	3.80
	一般	-0.10	-1.10	-0.85	-0.60	-0.35	-0.10	0.15	0.40	0.65	0.90	1.15	1.40
1.5	外角	0.80	0.20	0.60	1.00	1.40	1.80	2.20	2.60	3.00	3.40	3.80	4.20
	一般	0.15	-0.85	-0.60	-0.35	-0.10	0.15	0.40	0.65	0.90	1.15	1.40	1.65
2.0	外角	1.20	0.60	1.00	1.40	1.80	2.20	2.60	3.00	3.40	3.80	4.20	4.60
	一般	0.40	-0.60	-0.35	-0.10	0.15	0.40	0.65	0.90	1.15	1.40	1.65	1.90
2.5	外角	1.60	1.00	1.40	1.80	2.20	2.60	3.00	3.40	3.80	4.20	4.60	5.00
	一般	0.65	-0.35	-0.10	0.15	0.40	0.65	0.90	1.15	1.40	1.65	1.90	2.15
3.0	外角	2.00	1.40	1.80	2.20	2.60	3.00	3.40	3.80	4.20	4.60	5.00	5.40
	一般	0.90	-0.10	0.15	0.40	0.65	0.90	1.15	1.40	1.65	1.90	2.15	2.40
3.5	外角	2.40	1.80	2.20	2.60	3.00	3.40	3.80	4.20	4.60	5.00	5.40	5.80
	一般	1.15	0.15	0.40	0.65	0.90	1.15	1.40	1.65	1.90	2.15	2.40	2.65
4.0	外角	2.80	2.20	2.60	3.00	3.40	3.80	4.20	4.60	5.00	5.40	5.80	6.20
	一般	1.40	0.40	0.65	0.90	1.15	1.40	1.65	1.90	2.15	2.40	2.65	2.90
4.5	外角	3.20	2.60	3.00	3.40	3.80	4.20	4.60	5.00	5.40	5.80	6.20	6.60
	一般	1.65	0.65	0.90	1.15	1.40	1.65	1.90	2.15	2.40	2.65	2.90	3.15
5.0	外角	3.60	3.00	3.40	3.80	4.20	4.60	5.00	5.40	5.80	6.20	6.60	7.00
	一般	1.90	0.90	1.15	1.40	1.65	1.90	2.15	2.40	2.65	2.90	3.15	3.40

軸線㊃之(わ)二層柱　軸線㊃之(わ)一層柱

圖 6 ◆ N 值計算表②的使用方法（範例）

二樓的壁倍率差值	二樓的柱種別	一樓的柱種別	二層樓建築的一樓柱的 N 值 一樓的壁倍率差值 0.0	0.5	1.0	1.5	2.0	2.5	3.0	3.5	4.0	4.5	5.0
0.0	一般	外角	-1.00	-0.60	-0.20	0.20	0.60	1.00	1.40	1.80	2.20	2.60	3.00
	外角	一般	-1.60	-1.35	-1.10	-0.85	-0.60	-0.35	-0.10	0.15	0.40	0.65	0.90
0.5	一般	外角	-0.75	-0.35	0.05	0.45	0.85	1.25	1.65	2.05	2.45	2.85	3.25
	外角	一般	-1.20	-0.95	-0.70	-0.45	-0.20	0.05	0.30	0.55	0.80	1.05	1.30
1.0	一般	外角	-0.50	-0.10	0.30	0.70	1.10	1.50	1.90	2.30	2.70	3.10	3.50
	外角	一般	-0.80	-0.55	-0.30	-0.05	0.20	0.45	0.70	0.95	1.20	1.45	1.70
1.5	一般	外角	-0.25	0.15	0.55	0.95	1.35	1.75	2.15	2.55	2.95	3.35	3.75
	外角	一般	-0.40	-0.15	0.10	0.35	0.60	0.85	1.10	1.35	1.60	1.85	2.10
2.0	一般	外角	0.00	0.40	0.80	1.20	1.60	2.00	2.40	2.80	3.20	3.60	4.00
	外角	一般	0.00	0.25	0.50	0.75	1.00	1.25	1.50	1.75	2.00	2.25	2.50
2.5	一般	外角	0.25	0.65	1.05	1.45	1.85	2.25	2.65	3.05	3.45	3.85	4.25
	外角	一般	0.40	0.65	0.90	1.15	1.40	1.65	1.90	2.15	2.40	2.65	2.90
3.0	一般	外角	0.50	0.90	1.30	1.70	2.10	2.50	2.90	3.30	3.70	4.10	4.50
	外角	一般	0.80	1.05	1.30	1.55	1.80	2.05	2.30	2.55	2.80	3.05	3.30
3.5	一般	外角	0.75	1.15	1.55	1.95	2.35	2.75	3.15	3.55	3.95	4.35	4.75
	外角	一般	1.20	1.45	1.70	1.95	2.20	2.45	2.70	2.95	3.20	3.45	3.70
4.0	一般	外角	1.00	1.40	1.80	2.20	2.60	3.00	3.40	3.80	4.20	4.60	5.00
	外角	一般	1.60	1.85	2.10	2.35	2.60	2.85	3.10	3.35	3.60	3.85	4.10
4.5	一般	外角	1.25	1.65	2.05	2.45	2.85	3.25	3.65	4.05	4.45	4.85	5.25
	外角	一般	2.00	2.25	2.50	2.75	3.00	3.25	3.50	3.75	4.00	4.25	4.50
5.0	一般	外角	1.50	1.90	2.30	2.70	3.10	3.50	3.90	4.30	4.70	5.10	5.50
	外角	一般	2.40	2.65	2.90	3.15	3.40	3.65	3.90	4.15	4.40	4.65	4.90

軸線㊇之(ほ)一層柱

剪力牆［實踐篇］❸

利用容許應力度計算來檢討水平耐力

圖 1 ◆依據容許應力度計算的檢討順序

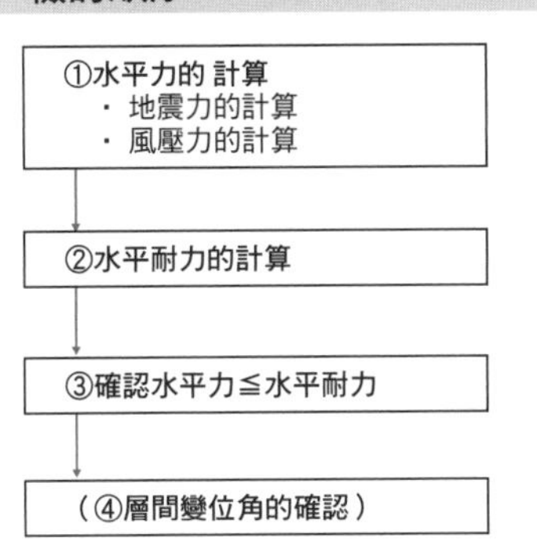

雖然已經在壁量計算中概略地確認建築物的水平耐力了，但是在容許應力度計算中是計算實際作用在建築物上的水平力，確認建築物保有這個水平力以上的水平耐力（圖 1）。水平力是針對①地震力（中型地震）、②風壓力等兩類來檢討。

在此以第 197 頁的模型住宅為例，依據容許應力度計算來解說水平耐力的檢討順序。

圖 2 ◆地震力的計算方法（令 88 條、昭和 55 年建告 1793 號）

①地震力的計算

施加在建築物的 i 樓層上的地震力 Q_{Ei} 依下式計算。

$Q_{Ei}=C_i \times \Sigma W_i$

C_i：樓層剪斷力係數。依下式計算。

$C_i=Z \times R_t \times A_i \times C_o$

Z：地震地域係數。昭和 55 年建告 1793 號所制訂的數值

R_t：震動特性係數。依據昭和 55 年建告 1793 號第 2 項規定的方法計算得出，不過若是高度在 13m 以下的木造住宅時，其數值取 1.0。

A_i：樓層剪斷力分布係數。依下式計算。

$$A_i=1+\left(\frac{1}{\sqrt{\alpha_i}}-\alpha_i\right)\frac{2T}{1+3T}$$

α_i：以計算建築物 A_i 的高度部分所支撐的靜載重與活載重之總和（根據令 86 條第 2 項中的但書規定，對於特定行政廳所指定的多雪區域，必須再加上積雪載重。以下相同），除以該建築物的地上部分的靜載重與活載重總和所求出的值。

T：建築物的固有週期（單位：秒）。以木造的情況而言，T=0.03×h。h（單位：m）是該建築物的高度（此處表示簷高與最高高度的平均值）。

C_o：標準剪斷力係數。根據令 88 條第 2 項規定取 0.2 以上。不過，地盤屬於非常軟弱區域時，特定行政廳是根據國土交通大臣所制訂的基準（昭和 55 年建告 1793 號第 4 項中的第三種地盤就屬於這類區域）規則，針對指定區域取 0.3 以上。

ΣW_i：支撐該樓層部分的靜載重與活載重總和。若是多雪地區時必須再加上積雪載重。

②各樓層在地震力的計算中的載重分配方式

各樓層在地震力計算中的載重是取決該樓層 FL+1,350，或者該樓層 FL+ 樓高一半以上部分的載重。

三層樓建築時如下計算。

- m_3= 三樓屋頂+三樓牆體（上段）
- m_2= 二樓屋頂+二樓牆體（上段）+三樓牆體（下段）+三樓樓板
- m_1= 一樓屋頂+一樓牆體（上段）+二樓牆體（下段）+二樓樓板

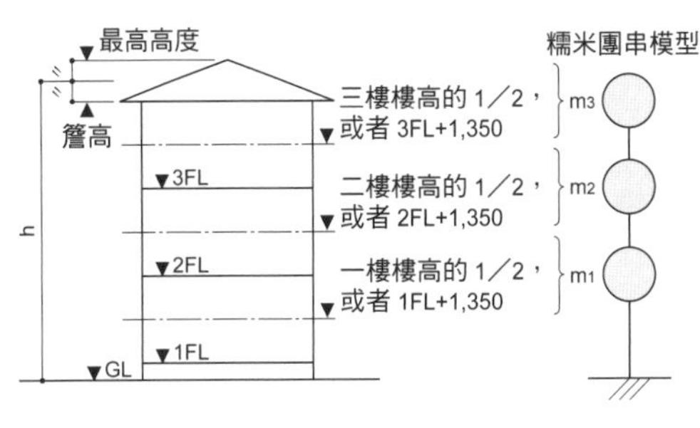

地震力的計算

（1）建築物重量的計算

依據令 88 條，建築物重量乘上係數即可求出地震力（圖 2）。因此，地震力計算的第一步就是求出建築物的重量。

關於地震力計算用的建築物重量，在活載重 LL 部分是採用地震力用 E 時的數值（第 208 頁圖 3），在沒有牆體或屋頂等活載重的情況下會直接採用靜載重做為建築物重量，然後依據各樓層進行區分之後再將載重相加計算。

如圖 2 所示，水平力是將各樓板模型化成具有重量的塊狀糯米團串，因此各樓層重量以樓層的一半分配到上下兩段。舉例來說，如果是兩層樓建築時，二樓樓高一半以上的外牆、內牆、屋頂、閣樓等會計入二樓的重量；二樓樓高的一半以下與一樓樓高（1FL ～ 2FL 之間的距離）一半以上的外牆、內牆、二樓樓板、陽台等則計入一樓的重量（第 208 表 1）。

（2）樓層剪斷力係數的計算

其次是計算求地震力所需的係數。與建築物重量有關的係數 C_i 稱為樓層剪斷力係數，地震地域係數 Z 和震動特性係數 R_t、樓層剪斷力分布係數 A_i（所謂的 A_i 分布）則是從標準剪斷力係數 C_o 求得。

地震地域係數 Z 是依據過去的地震記錄，在昭和 55 年（編按：西元 1980 年）建告 1793 號第 1 項中訂定為 0.7 ～ 1.0（參照第 296 頁）。例題中的假設是在東京都內建造建築物，故 Z=1.0。

震動特性係數 R_t 是從建築物的固有週期與地盤種別所求得的係數，在同一告示的第 2 項中列有計算式（參照第 297 頁）。

建築物的固有週期一般是以建築物的高度進行概略的計算。木造的情況下 T=0.03h，此時的高度也可以採用簷高與最高高度的平均（重量的中心）。順帶一提，採用最高高度時的地震力會比採用平均高度時略為大些。

在此求出的 T 稱為設計用一次

圖 3 ◆ 假設載重

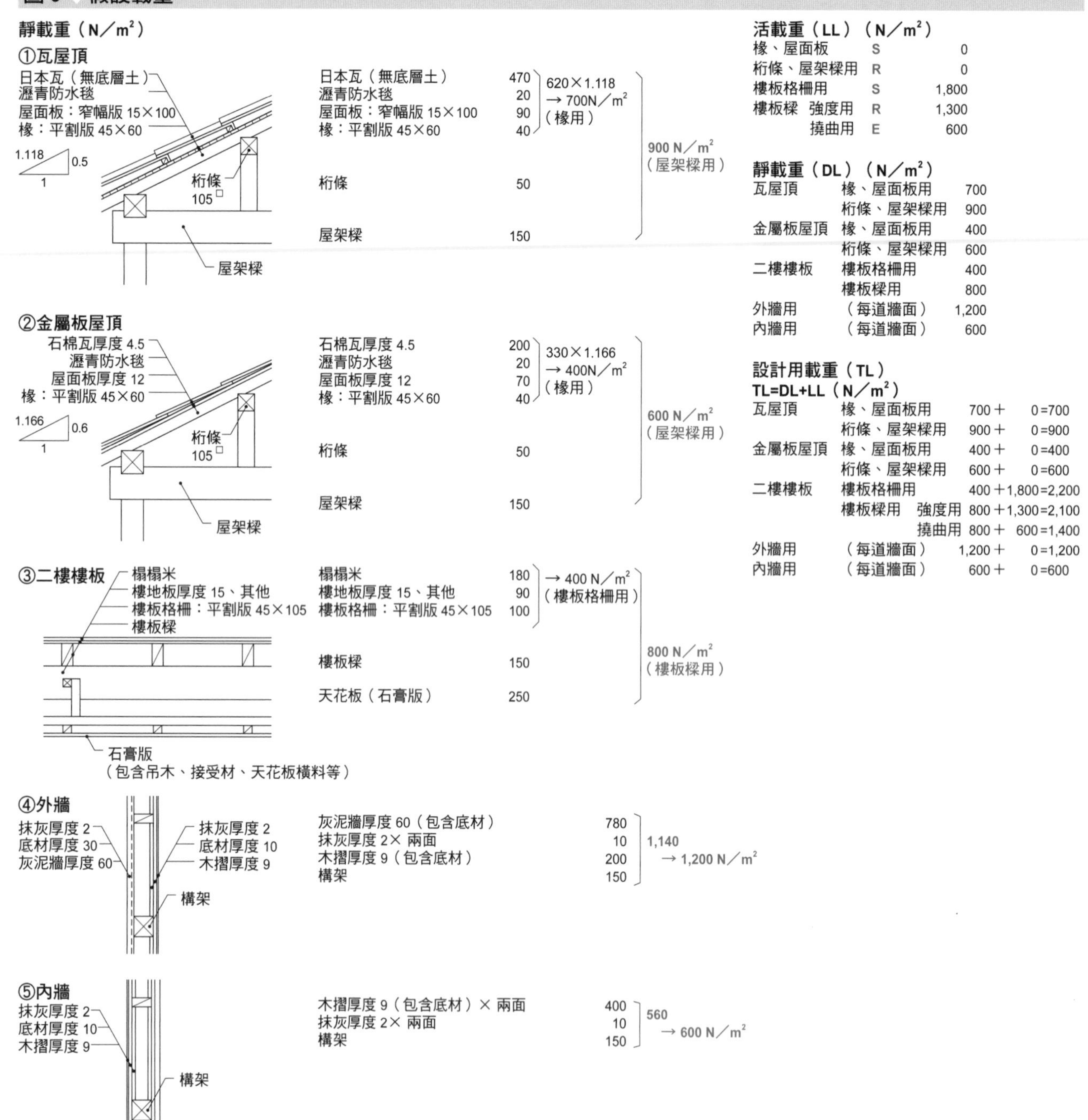

表 1 ◆ 地震力計算用的建築物重量之計算（範例）

樓層	部位	單位重量（kN／m²）	面積（m²）		重量（kN）	總重量（kN）
2	屋頂	0.90	8.80×8.48	74.62	67.16	
	外牆	1.20	東西：6.37×1.30×2 道	16.56	47.09	
			南：3.64×（1.30+0.93）	8.12		
			北：7.28×（1.30+0.93）	16.23		
	內牆	0.60	0.91×（1.30+0.93）×11 道	22.32	13.39	129.64
1	二樓外牆	1.20	（6.37×2+3.64+7.28）×1.30	30.76	36.91	
	二樓內牆	0.60	與二樓相同	22.32	13.39	
	二樓樓板	1.40	7.28×6.37+5.46×0.91	51.34	71.88	
	廂房屋頂	0.90	4.62×5.16	23.84	21.46	
	一樓外牆	1.20	（10.92+2.73+6.37×2）×1.40	36.95	44.34	
	一樓內牆	0.60	0.91×1.40×12 道	15.29	9.17	197.15

計算要點
①活載重採用地震用數值
②在計算屋頂的假設載重時，會依據斜度乘上增加比例，因此要取垂直投影的面積
③以樓層高度的一半將牆體分配到上下兩段
④陽台視為二樓起居室必須納入計算

固有週期，不過木造住宅的高度幾乎都在 13m 以下，因此 T=0.39 秒，震動特性係數與地盤種別無關，R_t=1.0。

樓層剪斷力分布係數 A_i 是利用設計用一次固有週期 T 及對應建築物總重量的各樓層重量比率 α_i 的函數關係所求出的數值。為了有效率地進行徒手計算，最好先將計算式中的 2T／（1+3T）的值計算出來。

當進行震度 6 左右的中型地震檢討時（一次設計），標準剪斷力係數 C_o 通常為 0.2。不過，地盤屬於非常軟弱的區域（第三種地盤）時採行 C_o=0.3。另外，在進行大地震檢討（二次設計）時，也就是進行保有水平耐力計算時，會取用 1.0，即使是 RC 造或 S 造也是一樣。例題中的假設是在最普遍的第二種地盤上建造建築物，因此 C_o=0.2。

如上求出各樓層的建築物重量與係數之後，就如圖 4 中的地震力計算表先求建築物重量的比率 α_i，再代入該數值計算出 A_i，將 A_i 乘上 C_o=0.2 便可求出 C_i。這個 C_i 與 ΣW_i 相乘後所得的值就是該樓層的樓層剪斷力 Q_{Ei}，也就是作用在該樓層的地震力。

圖 4 ◆ 地震力的計算（範例）

$Q_{Ei}=C_i \times \Sigma W_i = Z \times R_t \times A_i \times C_o \times \Sigma W_i$

地震地域係數 Z=1.0（東京）
震動特性係數 R_t=1.0
建築物高度 h=（最高高度 7.80 m＋簷高 5.94 m）／2=6.87 m
一次固有週期 T=0.03h=0.03×6.87=0.21 秒
→ 2T／（1+3T）=（2×0.21）／（1+3×0.21）=0.258

高度方向的分布係數 $A_i=1+\left(\frac{1}{\sqrt{\alpha_i}}-\alpha_i\right)\frac{2T}{1+3T}$

標準剪斷力係數 C_o=0.2（中型地震）

［參考］
α_2 可依據下列算式求得
$\Sigma W_2／\Sigma W_1$=129.68／326.83

地震力計算表

樓層	W_i（kN）	ΣW_i（kN）	α_i	A_i	C_i	Q_{Ei}（kN）
2	129.68	129.68	0.40	1.30	0.26	33.72
1	197.15	326.83	1.00	1.00	0.20	65.37

圖 5 ◆ 風壓力的計算方法（令 87 條、平成 12 年建告 1454 號）

①風壓力的計算
施加在建築物 i 樓層的風壓力 Q_{wi} 要針對 X、Y 方向各自依下列算式計算。

$Q_{wi}=q \times \Sigma(C_f \times A_{wi})$

q：速度壓（N／m²）。依據下列算式計算
$q=0.6EV_0^2$
E：$E=E_r^2 \cdot G_f$
G_f：陣風影響係數。因應地表面粗糙度區分以下表數值表示
E_r：表示平均風速於高度方向的分布係數

$H \leqq Z_b$ 時，$E_r=1.7\left(\frac{Z_b}{Z_G}\right)^\alpha$

$H > Z_b$ 時，$E_r=1.7\left(\frac{H}{Z_G}\right)^\alpha$

H：建築物高度與屋簷高度的平均（m）
Z_b：因應地表面粗糙度區分以下表數值表示
Z_G：因應地表面粗糙度區分以下表數值表示

表 用於風壓力計算的 Z_b、Z_G、G_f 數值

地表面粗糙度區分		I	II	III	IV
Z_b（m）		5	5	5	10
Z_G（m）		250	350	450	550
α		0.10	0.15	0.20	0.27
G_f	$H \leqq 10$	2.0	2.2	2.5	3.1
	$10 < H \leqq 40$	線性插值（＊）			
	$40 < H$	1.8	2.0	2.1	2.3

V_0：平成 12 年建告 1454 號第 2 項中所制定的風速（m／s）
C_f：風力係數。依下列算式計算，不過也可以將斜面（屋頂面）視為垂直面（牆面）
$C_f=C_{pe}-C_{pi}$
C_{pe}：閉鎖型及開放型的建築物之外壓係數（依據平成 12 年建告 1454 號第 3 項）
C_{pi}：閉鎖型及開放型的建築物之內壓係數（依據平成 12 年建告 1454 號第 3 項）
A_{wi}：i 樓層的計入面積（m²）（※）

※原注 關於計入面積的計算，雖然在《木造構架工法住宅的容許應力度設計（2008 年版）》中有以下的解說，不過如果按照地震力的思考方法的話（參照第 207 頁圖 2），也可以將樓高對切一半來處理
・取 i 樓層的樓板高度 +1.35m 以上的計入面積之總和
・計入面積原則上以包含外牆厚度在內的投影面積來計算。以牆心計算時必須考量建築物完成面等的實際情況，預估增加 5% 左右的比率

風壓力的計算

依據令 87 條，將計入面積乘上風力係數與速度壓之後就能求出風壓力（參照圖 5、第 293 ～ 295 頁）。

風壓力計算用的計入面積要與計算建築物重量的方法一樣，以樓層高度的一半將牆體分配到上下兩段（第 210 頁圖 6）。這時候也最好一併求出該面積的中心高程（從 GL 算起的距離）。

風力係數 C_f 是根據建築物形狀所求得的係數，在平成 12 年（編按：西元 2000 年）建告 1454 號中有所規定（參照第 294 ～ 295 頁）。計算建築物整體的水平力時，要將迎風面的係數與背風面的係數加總起來，迎風面的係數會隨著高度而變化（建築物愈高係數愈大）。此外，斜面也會因為傾斜角度而有所改變（斜度愈大，其數值愈大）。

速度壓 q 是依據不同地域所制定的基準風速 V_0（平成 12 年建告 1454 號第 2 項）與基地周邊的建築物密度或高度方向的係數（參照圖 5 中的表）來計算。以一般常見的二層樓建築來說，平均高度 H 會在 Z_b 以下，因此速度壓會是定值。例題是以東京都 23 區內為假設範圍，基準風速 V_0=34m／s，並且假想該地為住宅地，因此地表面粗糙度區分採用 III。

如上述先計算基本的係數與計入面積之後，再以第 210 頁圖 7 中的風壓力計算表求出各樓層、各方向的風壓力。如果同樓層中設有風力係數不同的牆面與斜屋頂時，就要先分別計算 C_f 與 A_w，最後再加總計算。

＊譯注 線性插值（法）是指從連結兩個己知量的直線來求得這兩個己知量之間的一個未知量的方法。

圖 6 風壓力計算用計入面積

① X 方向檢討用計入面積

$_xA_{w2\text{-}1}=8.480\times2.230=18.91\ m^2$

$_xA_{w2\text{-}2}=6.370\times0.930=5.92\ m^2$

$_xA_{w1}=6.370\times(1.400+1.300)=17.20\ m^2$

② Y 方向檢討用計入面積

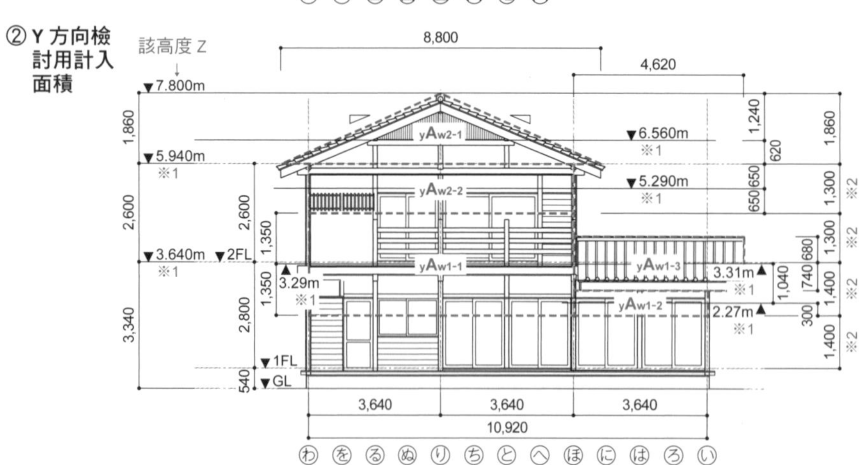

$_yA_{w2\text{-}1}=8.800\times1.860/2=8.18\ m^2$

$_yA_{w2\text{-}2}=7.280\times1.300=9.46\ m^2$

$_yA_{w2\text{-}1}+{}_yA_{w2\text{-}2}=8.18+9.46=17.64\ m^2$

$_yA_{w1\text{-}1}=7.280\times(1.300+1.400)=19.66\ m^2$

$_yA_{w1\text{-}2}=3.640\times(1.400-0.740)=2.40\ m^2$

$_yA_{w1\text{-}1}+{}_yA_{w1\text{-}2}=19.66+2.40=22.06\ m^2$

$_yA_{w1\text{-}3}=4.620\times(0.740+0.680)=6.56\ m^2$

※ 原注 1　基本上 Z 是計入面積的中心高度。為了避開計算上的繁瑣，此範例以 $_xA_{w1}$ 與 $_yA_{w1}$ 做為 2FL 的高程、以 $_yA_{w2}$ 做為簷桁的高程

※ 原注 2　此範例是根據力學原理，將樓層高度的一半分配到上下兩段，不過實務上採用令 46 條中的壁量檢討時的計入面積也沒有問題

圖 7 風壓力的計算（範例）

$Q_{wi}=q\times\Sigma(C_f\times A_{wi})$

①速度壓 q 的計算

基準風速　$V_0=34m/s$（東京）

地表面粗糙度區分　III → $Z_b=5$ m、$Z_G=450$、$\alpha=0.20$

平均高度　H=（最高高度 7.80m＋簷高 5.94 m）／2=6.87 m

→ H ≦ 10，因此 $G_f=2.5$

H ＞ Z_b，因此 $E_r=1.7\ (H/Z_G)^{\alpha}=1.7\ (6.87/450)^{0.20}=0.74$

所以 $E=E_r^2\times G_f=0.74^2\times2.5=1.37$

速度壓 $q=0.6\times E\times V_0^2=0.6\times1.37\times34^2=950\ N/m^2=0.95\ kN/m^2$

②風力係數 C_f 的計算（迎風面 C_{pe}＋背風面 C_{pe}）

因 $\tan\theta=\frac{4}{10}$，故 $\theta=\tan^{-1}\frac{4}{10}$

斜面屋頂的 C_{pe} 計算

斜度　4 寸→ $\theta=\tan^{-1}0.4=21.8°$

迎風面的 $C_{pe}=\{(0.2-0.0)/(30°-10°)\}\times(21.8°-10°)=0.118$

背風面的 $C_{pe}=-0.50$

所以 $C_f=0.118+0.50\fallingdotseq0.62$

牆面的 C_{pe} 計算

迎風面的 $C_{pe}=0.8k_z$

該高度 Z ≦ Z_b 時，$k_z=(Z_b/H)^{2\alpha}=(5/6.87)^{2\times0.20}=0.88$

Z ＞ Z_b 時，$k_z=(Z/H)^{2\alpha}$

背風面的 $C_{pe}=-0.40$

風壓力計算表

方向	樓層	Z（m）	kz	Cf	Awi（m²）	q（kN／m²）	q·Cf·Awi（kN）	Qwi（kN）
X	2	6.69	—	0.62	18.91	0.95	11.14	17.38
		5.11	0.89	1.11	5.92		6.24	
	1	3.34	0.88	1.10	17.20		17.97	35.35
Y	2	5.94	0.94	1.15	17.64	0.95	19.27	19.27
	1	3.34	0.88	1.10	22.06		23.05	46.18
		3.34	—	0.62	6.56		3.86	

建築物的水平耐力計算

建築物的水平耐力是剪力牆的剪斷耐力總和。所謂剪力牆的剪斷耐力是指壁倍率 1.0 時長度 1m 的牆體具有 1.96kN 的水平耐力，因此剪斷耐力 = 有效壁體長度（壁倍率 × 壁體長度）×1.96（kN／m）。因此，與壁量計算時一樣，要各自依據各牆面線計算出有效壁體長度，將其數值乘上 P_o=1.96kN／m 之後，就能得出該牆面線的水平耐力，再按照各樓層、各方向分別進行相加，其加總結果就是建築物的水平耐力 ΣP_a（圖 8）。最後只要確認 ΣP_a 的值在先前計算出來的水平力（地震力 Q_{Ei} 與風壓力 Q_{wi}）以上，檢證工作就告一段落。

此外，根據 2007 年建築基準法修正的內容，雖然有載明容許應力度計算有義務要附上短期載重時的應力圖與斷面檢定比圖，不過木造也有以圖 8 的各牆面線的整合平面來替代的可能。

圖 8 ◆水平耐力的檢討（範例）

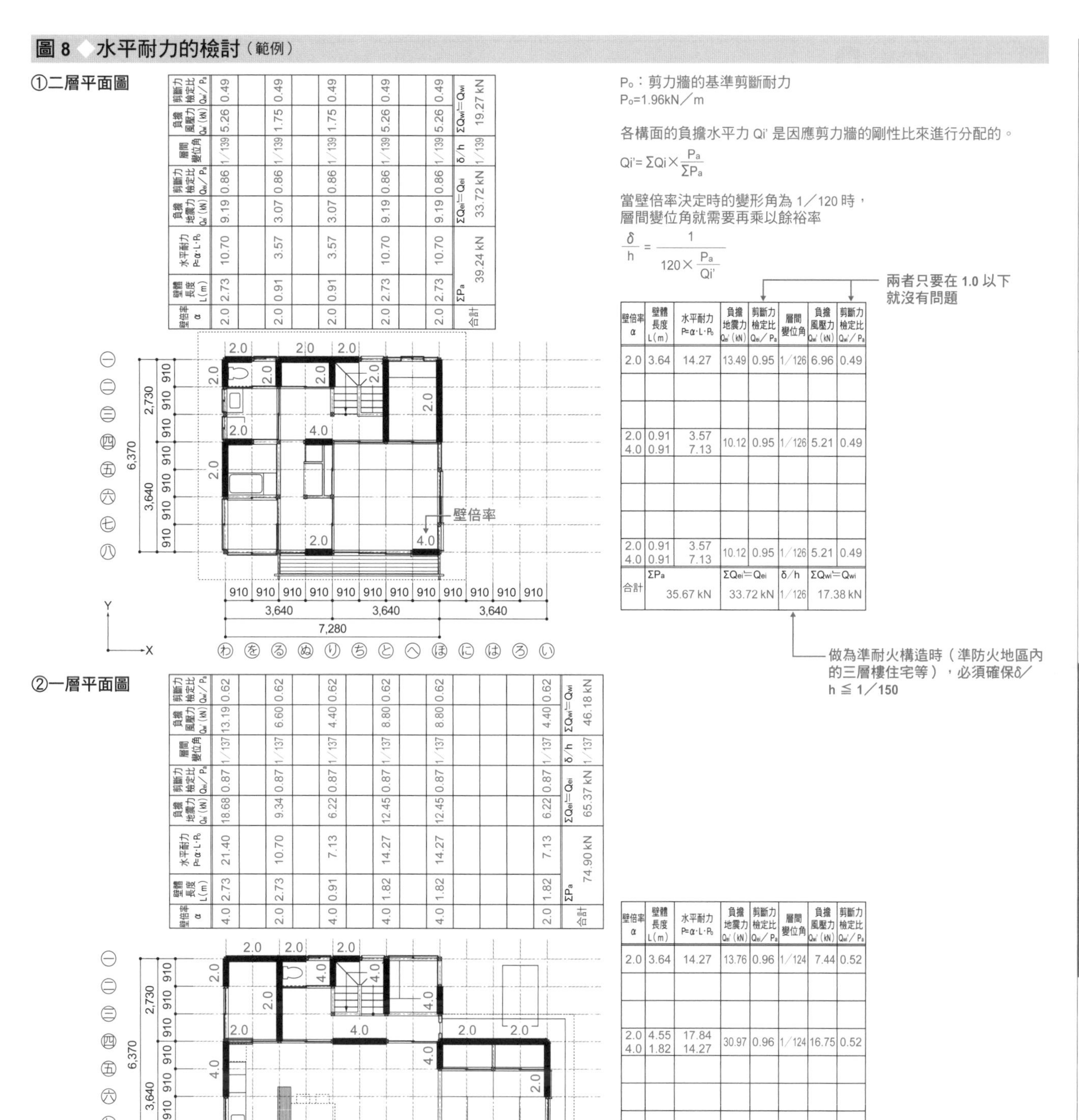

①二層平面圖
②一層平面圖
P_0：剪力牆的基準剪斷耐力
P_0=1.96kN／m
各構面的負擔水平力 Qi' 是因應剪力牆的剛性比來進行分配的。
$Qi' = \Sigma Qi \times \frac{P_a}{\Sigma P_a}$
當壁倍率決定時的變形角為 1／120 時，
層間變位角就需要再乘以餘裕率
$\frac{\delta}{h} = \frac{1}{120 \times \frac{P_a}{Qi'}}$
兩者只要在 1.0 以下就沒有問題
做為準耐火構造時（準防火地區內的三層樓住宅等），必須確保δ/h ≦ 1/150
壁倍率
6,370
2,730
3,640
910
7,280
10,920
3,640
X
Y

①二層平面圖（Y方向）

壁倍率 α	壁體長度 L(m)	水平耐力 P=α·L·Po	負擔地震力 Qei(kN)	剪斷力檢定比 Qei／Pa	層間變位角	負擔風壓力 Qwi(kN)	剪斷力檢定比 Qwi／Pa
2.0	2.73	10.70	9.19	0.86	1／139	5.26	0.49
2.0	0.91	3.57	3.07	0.86	1／139	1.75	0.49
2.0	0.91	3.57	3.07	0.86	1／139	1.75	0.49
2.0	2.73	10.70	9.19	0.86	1／139	5.26	0.49
2.0	2.73	10.70	9.19	0.86	1／139	5.26	0.49
合計	ΣPa	39.24 kN	ΣQei≒Qei	33.72 kN	δ/h 1／139	ΣQwi≒Qwi	19.27 kN

①二層平面圖（X方向）

壁倍率 α	壁體長度 L(m)	水平耐力 P=α·L·Po	負擔地震力 Qei(kN)	剪斷力檢定比 Qei／Pa	層間變位角	負擔風壓力 Qwi(kN)	剪斷力檢定比 Qwi／Pa
2.0	3.64	14.27	13.49	0.95	1／126	6.96	0.49
2.0 4.0	0.91 0.91	3.57 7.13	10.12	0.95	1／126	5.21	0.49
2.0 4.0	0.91 0.91	3.57 7.13	10.12	0.95	1／126	5.21	0.49
合計	ΣPa	35.67 kN	ΣQei≒Qei	33.72 kN	δ/h 1／126	ΣQwi≒Qwi	17.38 kN

②一層平面圖（Y方向）

壁倍率 α	壁體長度 L(m)	水平耐力 P=α·L·Po	負擔地震力 Qei(kN)	剪斷力檢定比 Qei／Pa	層間變位角	負擔風壓力 Qwi(kN)	剪斷力檢定比 Qwi／Pa
4.0	2.73	21.40	18.68	0.87	1／137	13.19	0.62
2.0	2.73	10.70	9.34	0.87	1／137	6.60	0.62
4.0	0.91	7.13	6.22	0.87	1／137	4.40	0.62
4.0	1.82	14.27	12.45	0.87	1／137	8.80	0.62
4.0	1.82	14.27	12.45	0.87	1／137	8.80	0.62
2.0	1.82	7.13	6.22	0.87	1／137	4.40	0.62
合計	ΣPa	74.90 kN	ΣQei≒Qei	65.37 kN	δ/h 1／137	ΣQwi≒Qwi	46.18 kN

②一層平面圖（X方向）

壁倍率 α	壁體長度 L(m)	水平耐力 P=α·L·Po	負擔地震力 Qei(kN)	剪斷力檢定比 Qei／Pa	層間變位角	負擔風壓力 Qwi(kN)	剪斷力檢定比 Qwi／Pa
2.0	3.64	14.27	13.76	0.96	1／124	7.44	0.52
2.0 4.0	4.55 1.82	17.84 14.27	30.97	0.96	1／124	16.75	0.52
4.0	2.73	21.40	20.64	0.96	1／124	11.16	0.52
合計	ΣPa	67.78 kN	ΣQei≒Qei	65.37 kN	δ/h 1／124	ΣQwi≒Qwi	35.35 kN

層間變位角的確認

當建築物的水平耐力在水平力作用的值以上時，決定壁倍率時的變位角會採行 1／120 或 1／150，所以建築物的層間變位角可以說是在 1／120 以下。因此，雖然通常會省略層間變位角的確認工作，不過在準防火地區裡建造三層樓木造住宅時，卻有必要將層間變位角控制在 1／150 以下（令 109 條之 2 之 2）。此外，在高度超過 13m 或簷高超過 9m、又或者排除壁量規定的情況下，也就是計算流程 2 以上的條件時，就有義務進行層間變位角的確認（參照第 50 頁圖 15）。

這時候若採行施工規範所規定的剪力牆的話，也可以將水平耐力的餘裕率乘以分母的 120 所求得的數值，視為牆面線或建築物的層間變位角。圖 8 的層間變位角 δ／h 就是根據這樣的方式所得到的結果。

實際上決定壁倍率時的變形角如果是採用比 1／120 小的剪力牆時，也會得到比這個概算值更小的變形角。

剪力牆［實踐篇］❹

偏心率的檢討

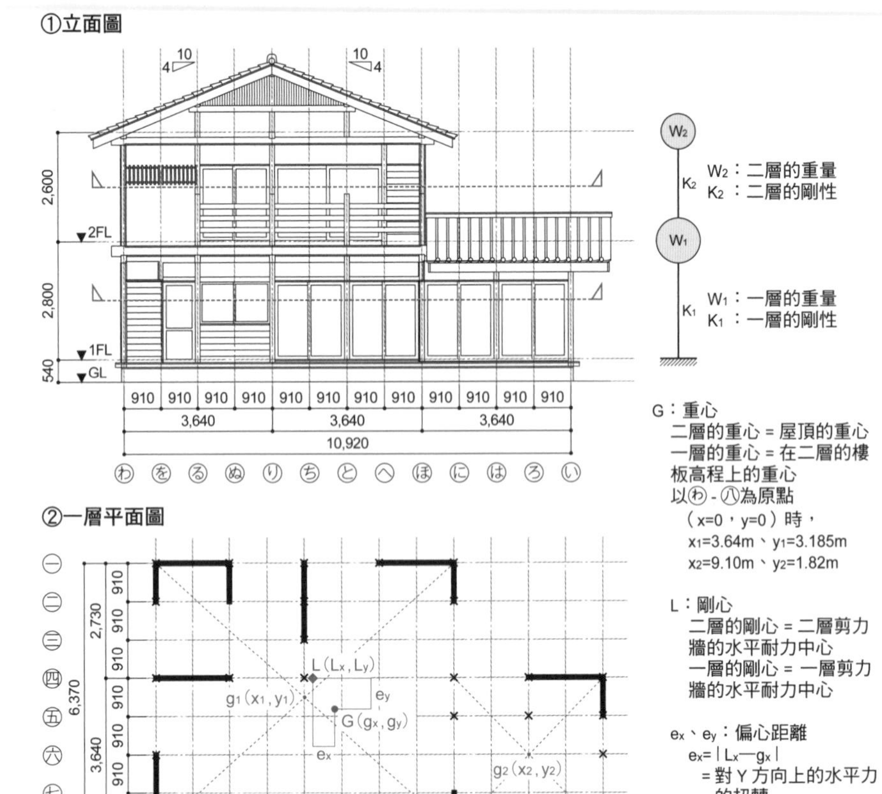

圖 1 ◆木造住宅的重心、剛心

檢討偏心率的順序與要點

雖然偏心率也會使用於 S 造或 RC 造的結構計算中，不過這個計算方法是以水平構面具備剛性為前提。

在此以圖 1 的模型住宅為例，說明計算方法的順序。重點如下所述。

(1) 重心的計算

求出各樓層的重心 G（g_x、g_y）。

重心是地震力（水平力）的作用點。嚴格來說是先計算各柱子所負擔的垂直載重再求重心，不過木造住宅若以平面圖的圖心做為重心也不會有問題。

以圖 1 為例，當建築物有退縮設計時，二樓部分與平房部分的重量將有所差異。在這種情況下，要將平房部分與二樓部分區分成不同區塊，求出各個區塊的重量與重心，最後再加總計算。這時候重心可以任取一點做為原點計算出座標。順帶一提，範例是以軸線㊇與軸線ⓦ的交點為原點。

(2) 剛心的計算

計算各樓層的剛心 L（L_x、L_y）。

剛心是建築物受到水平力作用之下產生扭轉時的旋轉中心點。剛心既是水平抵抗要素的中心，也是水平剛性的中心。木造住宅的水平抵抗要素是剪力牆，因此以水平剛性 = 剪力牆壁體長度 × 壁倍率可以求出剛性。

此外，這個水平剛性乘上基準耐力 P_0=1.96kN／m 就是第 211 頁圖 8 所示的水平耐力。

(3) 偏心距離的計算

重心與剛心的距離稱為偏心距離（e）。偏心距離愈大表示旋轉中心與力的作用點之間的距離愈遠，因此扭轉幅度愈大。

求出重心與剛心之後，最好連同偏心距離都標示在平面圖上。透過這個動作就能以目視來進行計算結果的檢證。

(4) 扭轉剛性的計算

扭轉剛性（K_R）是「各水平剛性」×「各水平剛性與剛心之間的距離二次方」總和。木造情況是將各樓層的「各剪力牆所存在的構面（牆面線）之有效壁體長度」×「該牆面線與剛心之間的距離二次方」相加之後的數值即為該層的扭轉剛性。

該數值愈大，代表建築物愈不容易產生扭轉。

(5) 彈力半徑的計算

彈力半徑（γ_e）要以各樓層、各方向分別計算。如公式所示，扭轉剛性的數值愈大，其彈力半徑的數值也愈大。

(6) 偏心率的計算

將偏心距離除以彈力半徑後所得的數值就是偏心率。該數值愈小代表愈不容易扭轉。木造住宅的偏心率限制值在 0.30 以下。

偏心率的計算順序

（1）重心的計算

計算圖 1 平面形狀的一樓重心（G）。

每單位樓板面積的重量以屋頂：1.15 kN／m²、牆體：0.60 kN／m²、二樓樓板：1.40 kN／m² 為假設條件（參照第 208 頁圖 3），平房部分的重量（W_2）與二樓層部分的重量（W_1）如下所示。

$W_2=(1.15+0.60)\ kN/m^2 \times 3.64\ m \times 3.64\ m = 23.2\ kN$

$W_1=(1.15+1.40+2\times 0.60)\ kN/m^2 \times 7.28\ m \times 6.37\ m = 173.9\ kN$

依據上述所求得的數值來計算重心，

$$g_x=\frac{W_1\cdot x_1+W_2\cdot x_2}{\Sigma W_i}=\frac{173.9\times 3.64+23.2\times 9.10}{(173.9+23.2)}=4.3m$$

$$g_y=\frac{W_1\cdot y_1+W_2\cdot y_2}{\Sigma W_i}=\frac{173.9\times 3.185+23.2\times 1.82}{(173.9+23.2)}=3.0m$$

不過，

x_1、y_1：W_1 的重心座標

x_2、y_2：W_2 的重心座標

（2）剛心的計算

計算圖 1 平面形狀的一樓剛心（L）。

$$L_x=\frac{(\text{Y 方向的水平剛性}\times\text{X 座標})\text{總和}}{\text{Y 方向的水平剛性總和}}=\frac{\Sigma K_y\cdot x}{\Sigma K_y}$$

$$=\frac{2.73\times 2.5\times 0.0+0.91\times 2.5\times 1.82+1.82\times 2.5\times 3.64+1.82\times 2.5\times 7.28+0.91\times 2.5\times 10.92}{(2.73+0.91+1.82+1.82+0.91)\times 2.5}$$

$$=\frac{78.670}{20.475}=3.84m$$

$$L_y=\frac{(\text{X 方向的水平剛性}\times\text{Y 座標})\text{總和}}{\text{X 方向的水平剛性總和}}=\frac{\Sigma K_x\cdot y}{\Sigma K_x}$$

$$=\frac{2.73\times 2.5\times 0.0+3.64\times 2.5\times 3.64+3.64\times 2.5\times 6.37}{(2.73+3.64+3.64)\times 2.5}=\frac{91.091}{25.025}=3.64m$$

（3）偏心距離的計算

從上述所求得的數值來計算偏心率（e）。

$e_x=|L_x-g_x|=3.84-4.3=0.46m$

$e_y=|L_y-g_y|=3.64-3.0=0.64m$

（4）扭轉剛性的計算

從上述所求得的數值來計算扭轉剛性（K_R）。

$K_R=K_{Rx}+K_{Ry}=\Sigma(K_x\cdot \bar{y}^2)+\Sigma(K_y\cdot \bar{x}^2)$

$\Sigma(K_x\cdot \bar{y}^2)=2.73\times 2.5\times(3.64-0.0)^2+3.64\times 2.5\times(3.64-3.64)^2+3.64\times 2.5\times(6.37-3.64)^2$

$=158.25$

$\Sigma(K_y\cdot \bar{x}^2)=2.73\times 2.5\times(3.84-0.0)^2+0.91\times 2.5\times(3.84-1.82)^2+1.82\times 2.5\times(3.84-3.64)^2$

$+1.82\times 2.5\times(3.84-7.28)^2+0.91\times 2.5\times(3.84-10.92)^2=277.98$

$K_R=158.25+277.98=436.23$

（5）彈力半徑的計算

針對 X、Y 各方向求出彈力半徑。

$$\gamma_{ex}=\sqrt{\frac{K_R}{\Sigma K_x}}=\sqrt{\frac{436.23}{25.025}}=4.18m$$

$$\gamma_{ex}=\sqrt{\frac{K_R}{\Sigma K_y}}=\sqrt{\frac{436.23}{20.475}}=4.62m$$

（6）偏心率的計算

針對 X、Y 各方向求出偏心率（R），並確保 R ≦ 0.3。

$$R_{ex}=\frac{e_y}{\gamma_{ex}}=\frac{0.64}{4.18}=0.15<0.3\rightarrow \text{OK}$$

$$R_{ey}=\frac{e_x}{\gamma_{ey}}=\frac{0.46}{4.62}=0.10<0.3\rightarrow \text{OK}$$

當偏心率小時，水平力愈能因應各剪力牆的剛性而均等地分配到各個牆體。但是，隨著偏心率愈大，水平力的分配也有愈發不均等的情形。距離剛心愈遠的部分，也就是牆體少的外牆線的負擔率會愈大。反之，牆體較多的牆面線，其負擔率愈小（參照第 217 頁圖 5）。這種時候即便滿足壁量的要求，耐力不足的牆體還是會受到超過容許耐力的水平力作用，因此這道牆在大地震時就可能最早出現破壞，進而引發倒塌的疑慮。

因此，在《木造構架工法住宅的容許應力度設計（2008 年版）》（（公益財團法人）日本住宅、木材技術中心）裡是當偏心率超過 0.15 時，就要乘上扭轉補正係數來補正水平力的分配，藉此做為剪力牆的檢證。關於補正方法會在第 217 頁說明。

與四分割法的比較

為了檢證木造住宅只要滿足前面說明過的四分割法，就能滿足偏心率規定之說法。在此針對第 197 頁圖 2 的模型住宅，將第 196 ～ 200 頁中檢討的四分割法結果與偏心率的計算結果（第 214 頁圖 2 ～第 216 頁圖 4）進行比較。

偏心率的計算方法如左圖（偏心率的計算順序）所示，不過實務上會以圖 2 ～ 4 的方法採用連結牆體配置圖的表來進行計算較容易理解。此外，最好先在圖上標記出重心位置。

首先，依據各個牆面線計算出有效壁體長度（水平剛性 K），再依各樓層、各方向進行加總計算。

接著，標記出與牆面線原點的距離（座標），依各個構面計算出座標 × 水平剛性的數值，將這個數值依各樓層、各方向加總之後，再與水平剛性的加總值相除就可以求出剛心的座標。範例是以圖中左下外角部分㈧-㈪為原點，不過任何一點都可做為原點。

將剛心位置標示在圖上，以便

圖 2 ◆偏心的計算範例①（二層部分）

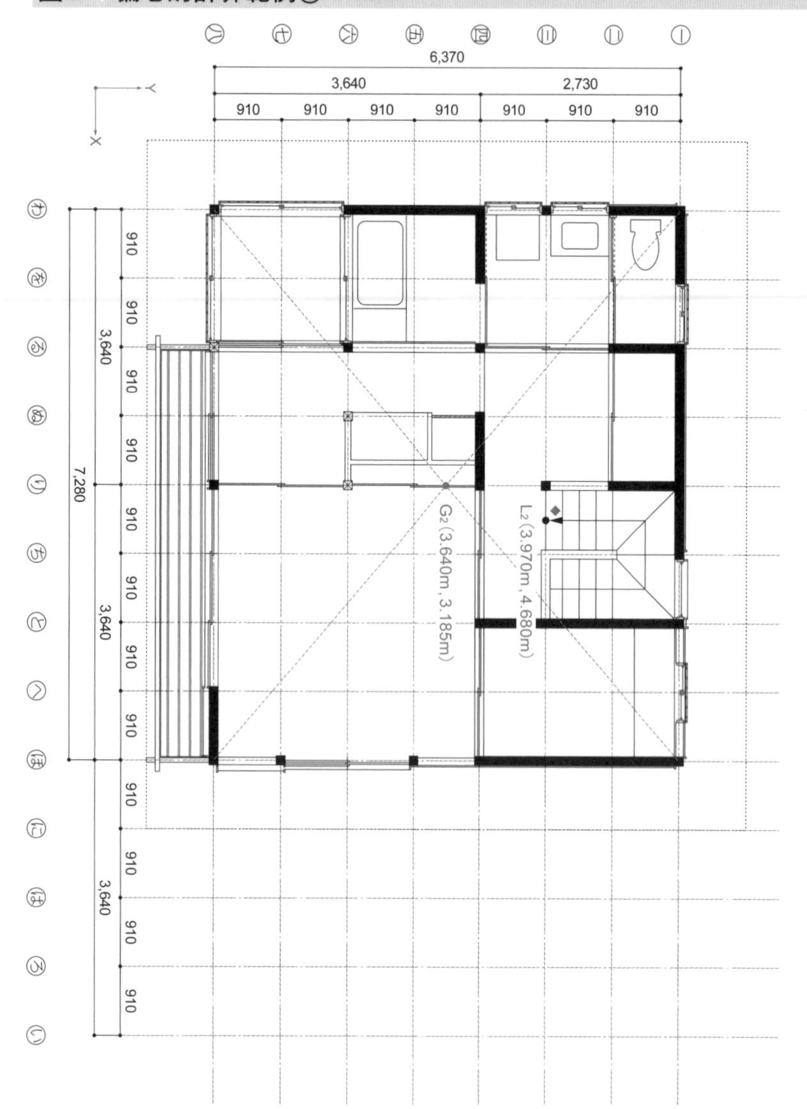

壁倍率 α	壁體長度 L（m）	水平剛性 $K_y=\alpha\cdot L$	座標 x（m）	$K_y\cdot x$	與剛心的距離 $\bar{x}$（m）	$K_y\cdot\bar{x}^2$
2.0	2.73	5.46	0	0	3.97	86.1
2.0	0.91	1.82	1.82	3.3	2.15	8.4
2.0	0.91	1.82	3.64	6.6	0.33	0.2
2.0	2.73	5.46	5.46	29.8	1.49	12.1
2.0	2.73	5.46	7.28	39.7	3.31	59.8
合計	ΣK_y 20.02		$\Sigma(K_y\cdot x)$ 79.4		$\Sigma(K_y\cdot\bar{x}^2)$ 166.6	

剛心 $L_x=\frac{\Sigma(K_y\cdot x)}{\Sigma K_y}=\frac{79.4}{20.02}=3.97$ m

偏心距離 $e_x=|L_x—G_x|=0.330$ m

壁倍率 α	壁體長度 L（m）	水平剛性 $K_x=\alpha\cdot L$	座標 y（m）	$K_x\cdot y$	與剛心的距離 $\bar{y}$（m）	$K_x\cdot\bar{y}^2$
2.0	3.64	7.28	6.37	46.4	1.69	20.8
2.0	1.82	3.64	3.64	13.2	1.04	3.9
2.0	0.91	1.82	0	0	4.68	39.9
合計	ΣK_x 12.74		$\Sigma(K_x\cdot y)$ 59.6		$\Sigma(K_x\cdot\bar{y}^2)$ 64.6	

剛心 $L_x=\frac{\Sigma(K_x\cdot y)}{\Sigma K_x}=\frac{59.6}{12.74}=4.68$m

偏心距離 $e_y=|L_y—G_y|=1.495$m

扭轉剛性 $K_R=\Sigma(K_x\cdot\bar{y}^2)+\Sigma(K_y\cdot\bar{x}^2)=231.2$

彈力半徑 $\gamma_{ex}=\sqrt{\frac{K_R}{\Sigma K_x}}=\sqrt{\frac{231.2}{12.74}}=4.26$ m

$\gamma_{ey}=\sqrt{\frac{K_R}{\Sigma K_y}}=\sqrt{\frac{231.2}{20.02}}=3.40$ m

偏心率 $R_{ex}=\frac{e_y}{\gamma_{ex}}=\frac{1.495}{4.26}=0.35>0.3$ ➡ NG

⬇（以第 200 頁的 CASE 4 進行再檢討）

$R_{ey}=\frac{e_x}{\gamma_{ey}}=\frac{0.330}{3.40}=0.10<0.3$ ➡ OK

圖 3 ◆偏心的計算範例②（一層部分）

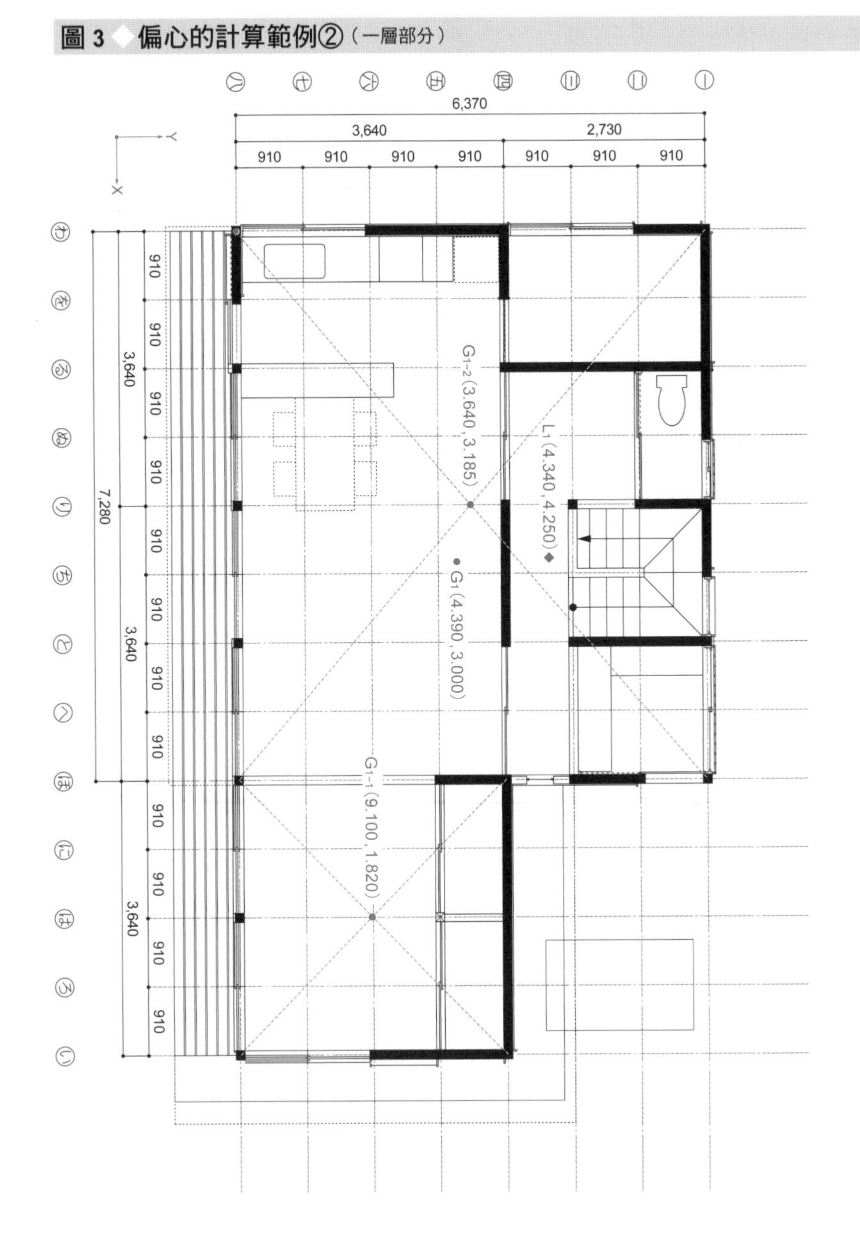

壁倍率 α	壁體長度 L（m）	水平剛性 $K_y=\alpha\cdot L$	座標 x（m）	$K_y\cdot x$	與剛心的距離 $\bar{x}$（m）	$K_y\cdot \bar{x}^2$
2.0	2.73	5.46	0	0	4.34	102.8
2.0	2.73	5.46	1.82	9.9	2.52	34.7
2.0	0.91	1.82	3.64	6.6	0.70	0.9
2.0	1.82	3.64	5.46	19.9	1.12	4.6
2.0	1.82	3.64	7.28	26.5	2.94	31.5
2.0	1.82	3.64	10.92	39.7	6.58	157.6
合計	ΣK_y	23.66	$\Sigma(K_y\cdot x)$	102.6	$\Sigma(K_y\cdot \bar{x}^2)$	332.1

剛心 $L_x=\dfrac{\Sigma(K_y\cdot x)}{\Sigma K_y}=\dfrac{102.6}{23.66}=4.34$ m

偏心距離 $e_x=|L_x-G_x|=0.050$ m

二層重量 $W_2=5.70$ kN／m$^2\times7.28$ m$\times6.37$ m$=264.3$ kN

一層重量 $W_1=3.20$ kN／m$^2\times3.64$ m$\times3.64$ m$=42.4$ kN

重心 $g_x=\dfrac{264.3\times3.64+42.4\times9.10}{264.3+42.4}=4.39$ m

$g_y=\dfrac{264.3\times3.185+42.4\times1.82}{264.3+42.4}=3.00$ m

扭轉剛性 $K_R=\Sigma(K_x\cdot \bar{y}^2)+\Sigma(K_y\cdot \bar{x}^2)=402.4$

彈力半徑 $\gamma_{ex}=\sqrt{\dfrac{K_R}{\Sigma K_x}}=\sqrt{\dfrac{402.4}{21.84}}=4.29$ m

$\gamma_{ey}=\sqrt{\dfrac{K_R}{\Sigma K_y}}=\sqrt{\dfrac{402.4}{23.66}}=4.12$ m

偏心率 $R_{ex}=\dfrac{e_y}{\gamma_{ex}}=\dfrac{1.250}{4.29}=0.29<0.3$ ➡ OK

$R_{ey}=\dfrac{e_x}{\gamma_{ey}}=\dfrac{0.050}{4.12}=0.01<0.3$ ➡ OK

壁倍率 α	壁體長度 L（m）	水平剛性 $K_x=\alpha\cdot L$	座標 y（m）	$K_x\cdot y$	與剛心的距離 $\bar{y}$（m）	$K_x\cdot \bar{y}^2$
2.0	3.64	7.28	6.37	46.4	2.12	32.7
2.0	6.37	12.74	3.64	46.4	0.61	4.7
2.0	0.91	1.82	0	0	4.25	32.9
合計	ΣK_x	21.84	$\Sigma(K_x\cdot y)$	92.8	$\Sigma(K_x\cdot \bar{y}^2)$	70.3

剛心 $L_x=\dfrac{\Sigma(K_x\cdot y)}{\Sigma K_x}=\dfrac{92.8}{21.84}=4.25$ m

偏心距離 $e_y=|L_y-G_y|=1.250$ m

圖 4 ◆ 偏心的計算範例③（第 200 頁圖 4 中 CASE 4 時的二層部分）

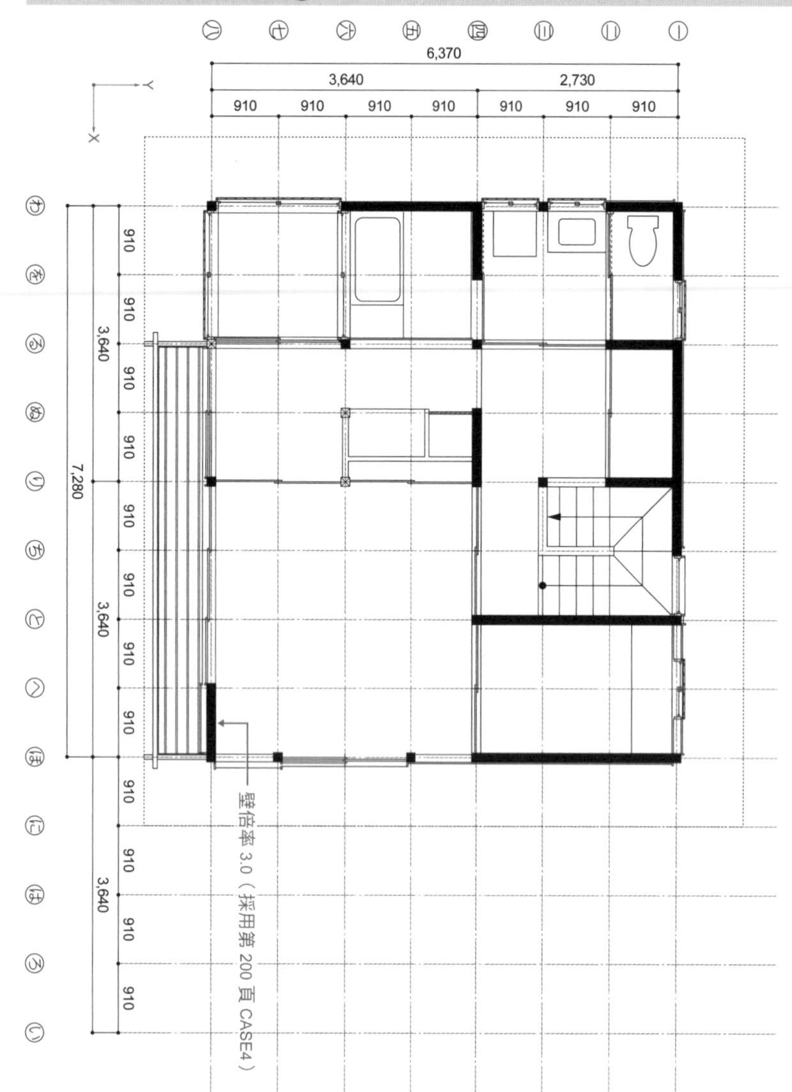

壁倍率 α	壁體長度 L（m）	水平剛性 $K_y=\alpha \cdot L$	座標 x（m）	$K_y \cdot x$	與剛心的距離 $\bar{x}$（m）	$K_y \cdot \bar{x}^2$
2.0	2.73	5.46	0	0	3.97	86.1
2.0	0.91	1.82	1.82	3.3	2.15	8.4
2.0	0.91	1.82	3.64	6.6	0.33	0.2
2.0	2.73	5.46	5.46	29.8	1.49	12.1
2.0	2.73	5.46	7.28	39.7	3.31	59.8
合計	ΣK_y 20.02		$\Sigma(K_y \cdot x)$ 79.4		$\Sigma(K_y \cdot \bar{x}^2)$ 166.6	

剛心 $L_x=\dfrac{\Sigma(K_y \cdot x)}{\Sigma K_y}=\dfrac{79.4}{20.02}=3.97$ m

偏心距離 $e_x=|L_x-G_x|=0.330$ m

壁倍率 α	壁體長度 L（m）	水平剛性 $K_x=\alpha \cdot L$	座標 y（m）	$K_x \cdot y$	與剛心的距離 $\bar{y}$（m）	$K_x \cdot \bar{y}^2$
2.0	3.64	7.28	6.37	46.4	2.00	29.1
2.0	1.82	3.64	3.64	13.2	0.73	1.9
2.0	0.91	2.73	0	0	4.37	52.1
合計	ΣK_x 13.65		$\Sigma(K_x \cdot y)$ 59.6		$\Sigma(K_x \cdot \bar{y}^2)$ 83.1	

剛心 $L_x=\dfrac{\Sigma(K_x \cdot y)}{\Sigma K_x}=\dfrac{59.6}{13.65}=4.37$ m

偏心距離 $e_y=|L_y-G_y|=1.185$ m

扭轉剛性 $K_R=\Sigma(K_x \cdot \bar{y}^2)+\Sigma(K_y \cdot \bar{x}^2)=249.7$

彈力半徑 $\gamma_{ex}=\sqrt{\dfrac{K_R}{\Sigma K_x}}=\sqrt{\dfrac{249.7}{13.65}}=4.28$ m

$\gamma_{ey}=\sqrt{\dfrac{K_R}{\Sigma K_y}}=\sqrt{\dfrac{249.7}{20.02}}=3.53$ m

偏心率 $R_{ex}=\dfrac{e_y}{\gamma_{ex}}=\dfrac{1.185}{4.28}=0.28<0.3$ ➡ OK

$R_{ey}=\dfrac{e_x}{\gamma_{ey}}=\dfrac{0.330}{3.53}=0.09<0.3$ ➡ OK

圖 5 ◆扭轉補正

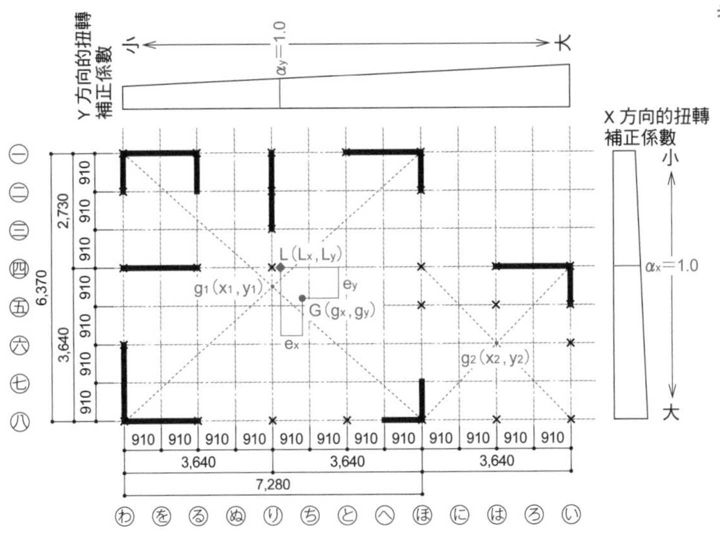

考慮因偏心而產生扭轉的增大係數 C_e

①以四分割法進行牆體配置的檢討時

a) 兩側端部的壁量充足率都在 1 以上時（無需進行壁率比檢討時）

$C_e=1.0$

b) 需要進行壁率比檢討時

C_e=2.0－壁率比 ……………………………………… ①式

②以偏心率計算進行牆體配置的檢討時

a) 偏心率 $R_e \leqq 0.15$ 時

$C_e=1.0$

b) $0.15 <$ 偏心率 $R_e \leqq 0.3$ 時，以下列 i)、ii) 任一種來因應

i) C_e= 扭轉補正係數α，不過α＜ 1.0 時 C_e=1.0

$$\alpha_x=1+\frac{\Sigma(K_x \cdot e_y)}{K_R}(y-L_y)$$ ：X 方向的扭轉補正係數

$$\alpha_y=1+\frac{\Sigma(K_y \cdot e_x)}{K_R}(x-L_x)$$ ：Y 方向的扭轉補正係數 ……②式

K_x、K_y：各方向的水平剛性

e_x、e_y：偏心距離

K_R：扭轉剛性

x、y：各牆面線的座標

L_x、L_y：剛心的座標

ii) $$C_e=0.5+\frac{10}{3}\times R_e$$ ……………………………………… ③式

求出與重心之間的偏心距離。此外，利用表來進行計算時要先算出牆面線與剛心之間的距離，再計算此距離二次方 × 水平剛性的數值，將這個數值依 X 方向、Y 方向各自加總之後，X 方向的加總值與 Y 方向的加總值之和就是該樓層的扭轉剛性 K_R。計算到這裡之後，接下來就能將數值代入公式求出彈力半徑與偏心率。

依照上述所求出的偏心率，在四分割法之下 OK 的 Y 方向，其偏心率當然也 OK。但是，X 方向 NG 的二樓，其偏心率超過 0.3，不過又因為一樓勉強在 0.3 以下，所以 OK。

針對二樓部分也試著計算第 200 頁再檢討的 CASE 4 時的偏心率（圖 4）。計算的結果是 X 方向的偏心率為 0.28，是落在規定值的 0.30 以內。

從以上的檢討結果來看，利用四分割法進行檢討可以確認計算結果有滿足偏心率的規定。

不過，觀察圖面便可以知道剪力牆的量在一、二樓的軸線㈧上都極端不足，即使偏心率沒有問題，也會認定此處很容易出現扭轉。儘管如此，為何計算結果落在規定值以內呢？

如果觀察偏心率的計算式，會發現扭轉剛性 K_R 的數值愈大，其偏心率愈小，因此如果在外周部配置很多剪力牆會有助於抑制偏心率。這個原理也反應在四分割法中，所以會對側端部分的壁量充足率進行檢討（參照第 116 頁）。

偏心率原本是樓板具備剛性的 S 造或 RC 造的計算法，因此只要記住木造的水平構面是具有柔軟度的，就可以說四分割法是真正以實際狀況做為依據的檢討法。

扭轉補正

在《木造構架工法住宅的容許應力度設計（2008 年版）》中新增了因扭轉而產生的負擔地震力增大係數計算式（圖 5）。

該計算式中，可以事先檢查因應剪力牆的剛性比而均等分配的各構面負擔地震力與增大係數 C_e 相乘的值，是否在剪力牆的容許剪斷耐力以內。

因扭轉而產生的增大係數 C_e 是對應牆體配置的檢討方法，以計算式表示。

以四分割法進行扭轉檢討時，如果側端部的壁量充足率都超過 1（無需進行壁率比檢討）時可以不必進行補正，但是當需要壁率比檢討時，就要進行圖 5 ①式的補正。此外，該增大係數在考慮到扭轉補正係數α的分布時，最好加乘在充足率不足的部分。

另一方面，偏心率在 0.15 以下可以不補正，若是超過 0.15 且未滿 0.30 的時候，要依據圖 5 ②式的扭轉補正係數α公式、或者概算式（圖 5 ③式）計算出增大係數。

依據②式時，在接近剛心的外牆線等上雖然呈現負值，不過為了安全考量，並不會進行負值補正。

此外，依據③式時要與①式同樣考慮到扭轉補正係數的分布，最好在剪力牆較少的各個構面上乘上增大係數。

剪力牆［實踐篇］❺

鍇定螺栓的設計

設計的順序與要點

在此針對第 203 頁圖 1 的軸線㊃構架圖，進行一樓ⓦ柱腳部的木地檻與錨定螺栓的設計。設計的順序與要點如下所示（圖）。

（1）錨定螺栓的設計

首先是針對錨定螺栓本身的拉伸耐力、以及混凝土與錨定螺栓的附著進行檢討。

錨定螺栓的拉伸耐力公式為螺栓的短期容許拉伸應力度（$_{s}f_{t}$）乘以軸斷面積（A_{g}）。軸斷面積採用最細的部分。一般來說，栓體的斷面積與折減係數 0.75 相乘後的值就是圓鋼螺紋部分的斷面積，因此要依此為基準來計算。計算結果如第 126 頁表 6 所示。

混凝土的附著耐力公式為混凝土的容許附著應力度（$_{s}f_{a}$）乘以埋入螺栓的表面積（周長ψ× 埋入長度ℓ）。通常 M12 的埋入長度是 250mm 以上，而此時的容許附著耐力是 17.8kN，因此柱腳的接合方式可以對應到（と）以下。第 126 頁表 7 以埋入長度 50mm 為單位彙整各級距的容許附著耐力 = 柱子的容許拉拔力之值。

至於墊圈的檢討，要以在木地檻的容許壓陷耐力以下為前提來檢討墊圈的大小。第 125 頁表 5 是對應 M12 與 M16 的墊圈規格，對其各自容許壓陷耐力加以整合的結果。

（2）木地檻的設計

依據上述檢討可知，以錨定螺栓來與基礎固定、透過 N 值計算所選擇的五金來與柱子牢固繫結的木地檻上，當柱子上產生拉拔力作用時，彎矩和剪斷力也會同時作用。因此要因應這些應力來檢討木地檻的斷面。

從應力公式可以知道柱心（拉拔力的作用點）與錨定螺栓栓心（固定端）之間的距離對彎矩將有所影響，但是對剪斷力則沒有影響，剪斷力維持一定數值。第 125 頁表 3、4 為一般木地檻的斷面 105mm 角材及 120mm 角材時的容許耐力一覽表。

圖◆錨定螺栓與木地檻的設計順序

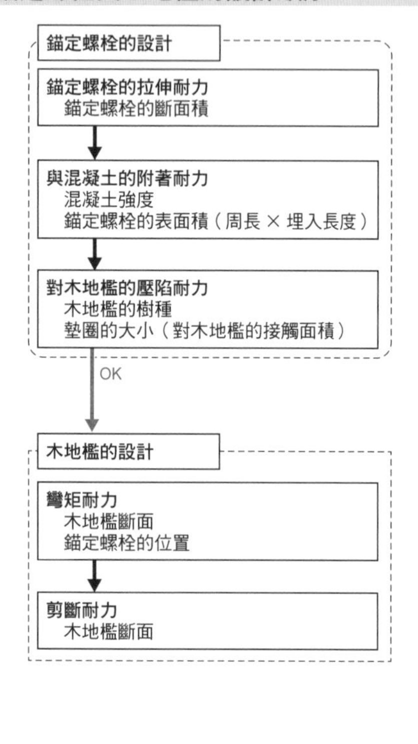

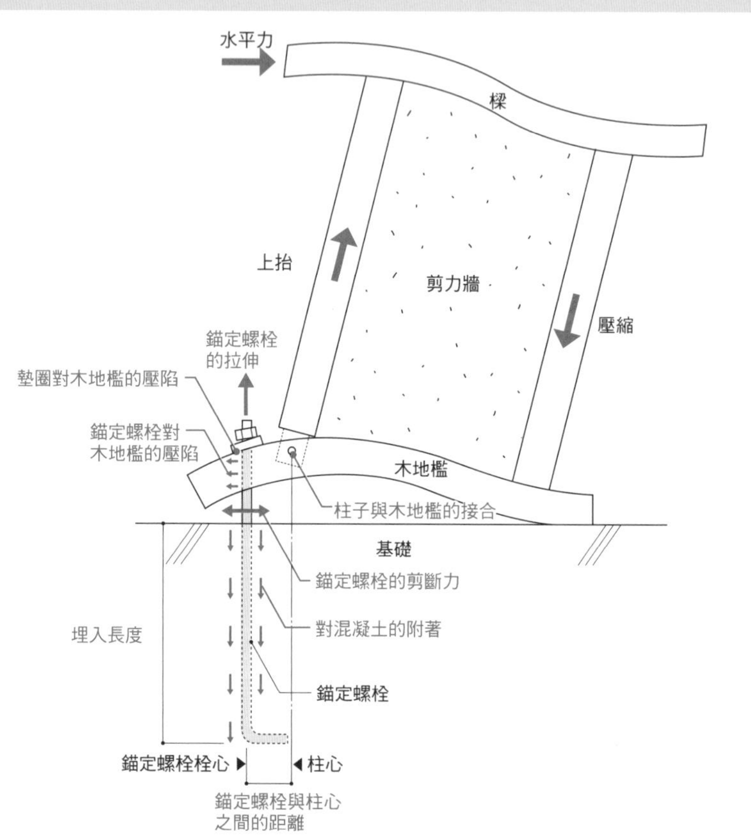

錨定螺栓的設計順序

(1) 錨定螺栓的設計

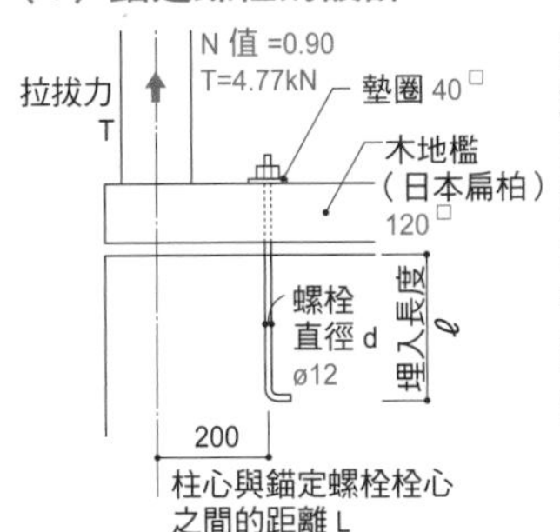

為使柱子上產生的拉拔力順利從錨定螺栓傳遞至基礎，錨定螺栓自身的拉伸耐力與錨定螺栓對混凝土附著耐力的值都必須比拉拔力大。

在此以第 203 頁圖 1②為例，檢討軸線ⓦ一樓柱附近所設置的錨定螺栓。

①設計載重的計算

在柱子上產生的拉拔力 T 以 N=0.90 計算，

$T=0.90 \times 5.3=\mathbf{4.77\ kN}$

因此，要以大於該值來設計螺栓的直徑與埋入混凝土的長度。

②錨定螺栓直徑的設計

錨定螺栓的容許拉伸耐力 T_a 以下式計算。

$$T_a={}_sf_t \cdot A_g$$

${}_sf_t$：螺栓的短期容許拉伸應力度

採用 JIS B1180（滿足強度區分 4.6 的碳化鋼）時

${}_sf_t=240\ N/mm^2$

A_g：錨定螺栓的軸斷面積

使用具有螺紋的圓鋼時，$A_g=0.75\pi \cdot d^2/4$

M12 的 $A_g=0.75\pi \times 12^2/4=84.8\ mm^2$

從上面得知錨定螺栓 M12 的拉伸耐力為

$T_a=240 \times 84.8=20{,}352=\mathbf{20.4\ kN}$（參照第 126 頁表 6）＞ 4.77 ➡ **OK**

③埋入混凝土的長度計算

必要埋入長度依據下式計算。

$$\ell=\frac{T}{{}_sf_a \cdot \psi}$$

ℓ：埋入混凝土的長度（mm）

T：在柱子上產生的拉拔力（N）

${}_sf_a$：混凝土的短期容許附著應力度（N/mm^2）

使用圓鋼的情況下，採取 $\frac{6}{100}$F 或者 1.35 內較小值的 1.5 倍（※）。

$F_c=21\ N/mm^2$ 時，$\frac{6}{100}F=1.26 < 1.35$

因此，${}_sf_a=1.5 \times 1.26=1.89\ N/mm^2$

ψ：錨定螺栓的周長（mm）

錨定螺栓 M12 的直徑 d=12 mm，

所以 $\psi=\pi \times d=3.14 \times 12=37.7$ mm

M16 時 d=16 mm，$\psi=50.3$ mm

※原注　依據（社）日本建築學會 RC 規準 2001 年版。在平成 13 年（編按：西元 2001 年）國交告 1024 號中，短期容許應力度是長期容許應力度的 2.0 倍。

根據上述，錨定螺栓埋入混凝土的必要長度為

$\ell=\frac{4.77 \times 10^3}{1.89 \times 37.7}=\mathbf{66.9\ mm}$ ➡ 取 **250 mm**（參照第 126 頁表 7）

此外，一般的 M12 埋入長度≧ 250 mm 時的容許拉拔力是

$T_a={}_sf_a \cdot \psi \cdot \ell=1.89 \times 37.7 \times 250=17{,}813\ N=\mathbf{17.8\ kN}$

④墊圈的檢討（對壓陷的檢討）

由墊圈來決定容許拉拔力的計算式如下。

$$T_a={}_sf_{cv} \cdot A_{cv}$$

T_a：容許拉拔力（N）

${}_sf_{cv}$：木地檻的短期容許壓陷應力度（N/mm^2）

採用日本扁柏時，${}_sf_{cv}=5.2\ N/mm^2$

A_{cv}：墊圈的有效壓陷面積（mm^2）

M12 用的孔徑以 ø14 施作時，

$A_{cv}=40 \times 40-3.14 \times 14^2/4=1{,}446\ mm^2$

根據上述，由墊圈 40×40 mm 來決定容許拉拔力的計算式如下。

$T_a=5.2 \times 1{,}446=7{,}519\ N=7.5\ kN > T=4.77\ kN$ ➡ **OK**

(2) 木地檻的設計

樹種採用日本扁柏（無等級材）、斷面尺寸以 120mm 角材、錨定螺栓以 M12（螺栓孔 ø14）來施作。

依據容許應力度計算來檢討彎矩及剪斷力

①應力的計算

$P=T=\mathbf{4.77\ kN}$

$M=P \cdot L=4.77 \times 0.20=\mathbf{0.954\ kN \cdot m=0.954 \times 10^6\ N \cdot mm}$

$Q=P=\mathbf{4.77\ kN}$

②斷面性能的計算

考慮因錨定螺栓所造成的斷面缺損時，

斷面積 $A=b \times d=(120-14) \times 120=\mathbf{12.72 \times 10^3 mm^2}$

斷面係數 $Z=b \times d^2/6=(120-14) \times 120^2/6=\mathbf{0.25 \times 10^6 mm^3}$

③斷面的檢討

i）彎曲應力的檢討

$\sigma_b=\frac{M}{Z}=\frac{0.954 \times 10^6}{0.25 \times 10^6}=3.82\ N/mm^2 < {}_sf_b=17.8\ N/mm^2$ ➡ **OK**

檢定比為 $\frac{\sigma_b}{{}_sf_b}=\frac{3.82}{17.8}=0.21 < 1.0$ ➡ **OK**

ii）剪斷應力度的檢討

$\tau=\frac{1.5Q}{A}=\frac{1.5 \times 4.77 \times 10^3}{12.72 \times 10^3}=0.56\ N/mm^2 < {}_sf_s=1.40\ N/mm^2$ ➡ **OK**

檢定比為 $\frac{\tau}{{}_sf_s}=\frac{0.56}{1.40}=0.40 < 1.0$ ➡ **OK**

順帶一提，以第 125 頁表 3 及表 4 來檢討時如下所示。

i）對彎矩的檢討

依據表 4 ①，錨定螺栓的位置距離柱心 200mm 時的容許拉拔力為

$N_{ta}=20\ kN$ 強＞ T=4.77 ➡ **OK**

ii）對剪斷力的檢討

依據表 3，

$N_{ta}=17.81\ kN > T=4.77$ ➡ **OK**

必要壁量的計算根據～建築基準法與品確法的必要壁量比較

必要壁量的前提條件

在建築基準法中，必要壁量是從樓板面積與計入面積所計算出來的。不過，實際上求出地震力或風壓力的數值，再求出對應這些數值的必要壁量時，會發現在對照依據建築基準法算出的壁量後會有不足的傾向（表1）。這是因為建築物重量等的前提條件不同的緣故。

另一方面，2000年實施的品確法有意將壁量規定與容許應力度計算整合在一起，如此一來也能應對退縮等重量有所變化的情況（表2、3）。

接下來針對做為耐震性確保之基本的建築基準法以及品確法，來說明必要壁量的前提條件或計算根據。

建築基準法的必要壁量計算根據

現行基準法的必要壁量是在新耐震設計法實施的1981年所制定下來的規定。這時候是從實物大小的實驗結果等，以「作用在建築物上的全部水平力，約有2／3是施加在剪力牆上，剩餘的1／3則由其他牆體負擔」的方式來計算。

因應地震力的必要壁量是從當時的平均住宅重量（表3）計算出兩層建築物的 A_i 分布，將求得的水平力乘上2／3再除以基準耐力（130kg／m）所得到的值（圖1）。

另一方面，以2000年修訂前的容許應力度計算中的速度壓來計算水平力，再將該值的2／3除以基準耐力得出的值就是因應風壓力的必要壁量（圖2）。此外，一般地區的風速設為50m／s、特定行

表1 常見的必要壁量與壁倍率的問題點

	問題點
①	雖然以壁倍率1=130kg／m（1.275kN／m）做為基準耐力，不過與結構計算上使用的200kg／m（1.96kN／m）並不一致
②	就壁倍率的評估而言，並沒有對牆體耐力的韌性進行適切考量
③	在必要壁量的計算中，「非剪力牆須負擔1／3的外力」的假設根據不明確
④	必要壁量是假設為兩層樓建築，因此不適用在具有退縮設計的情況（※）
⑤	就地震所需的必要壁量的推導而言，靜載重推估比現況要低。此外，積雪載重也不列入考量
⑥	就風壓力所需的必要壁量的推導而言，風壓力以原則性的 $40\sqrt{h}$ 計算，就與結構計算的風壓力 $60\sqrt{h}$ 不一致

※原注　二樓的樓板面積為一樓樓板面積的一半（退縮）時因應耐震等級的必要壁量（cm／m²）。

建築基準法對於二層樓建築的一樓之相關規定雖然較為嚴格，不過二樓部分則是品確法比較嚴格

建築基準法的必要壁量

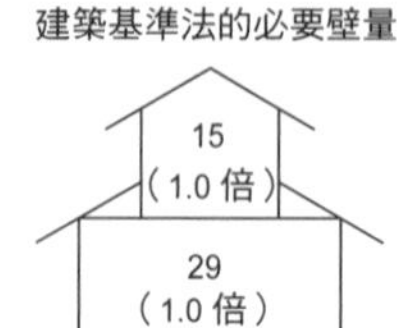

品確法的必要壁量

20
（1.33倍）
29
（0.86倍）

品確法的必要壁量是針對等級2、等級3而言，因此是逆推該壁量之後所得到的數值（換算等級1［等級2／1.25］時的數值）。（）內的數值是與建築基準法的比較

表2 品確法的必要壁量（基本方針）

設計的前提條件	①在下述條件之下，假設各剪力牆的耐力重合可成立 a）確保水平構面的剛性 b）偏心率在一定值以下 c）剪力牆周邊的接合部不在剪力牆最後階段時破壞 d）上下樓層的剪力牆線大約一致
	②不僅是容許應力度（中型地震時）要求層級，也要間接擔保最後階段（大型地震時）時的安全性
	③各載重值依據修正的建築基準法施行令
針對地震所需的必要壁量	①修正靜載重的假設、因應規範而有所區別
	②多雪區域要考慮積雪載重
	③要考慮二層樓板面積與一層樓板面積的比率
針對風壓力所需的必要壁量	依據修正的建築基準法施行令與平成12年建告1454號的計算式如以下假設 ・地表面粗糙度區分：III ・屋頂的平均高度：H=7.1m ・該高度：Z=6.0m

表3 壁量計算的假設條件比較（品確法、建築基準法）

項目			品確法	建築基準法
地震力	屋頂	重型屋頂	瓦屋頂（無底層土）130kg／m²	瓦屋頂（無底層土）90kg／m²×1.3（※1）
		輕型屋頂	混合纖維水泥瓦 95 kg／m²	金屬版、版瓦鋪設 60kg／m²×1.3（※1）
	外牆	厚重做法	灰泥牆 120kg／m²	60kg／m²
		輕量做法	木摺砂漿牆 75 kg／m²	
	內牆		石膏版 20 kg／m²	
	樓板	靜載重	60 kg／m²	50kg／m²
		活載重	61 kg／m²	60kg／m²
風壓力	計算式		$q=0.6 \cdot E \cdot V_0^2$（N／m²）	$q=40\sqrt{h}$（kg／m²）：風速50m／秒 $q=60\sqrt{h}$（kg／m²）：風速60m／秒
	風速		30～46m／秒	50m／秒（～60m／秒）
			屋頂平均高度 7.1m	至地盤面的高度 4m
			地表面粗糙度區分 III	—
牆體的設計耐力	負擔水平力		全部的水平力（包含非剪力牆）	水平力的2／3（1／3由非剪力牆負擔）（※2）
	牆體的設計耐力		以壁倍率1的200kg／m［1.96kN／m］	以壁倍率1的130kg／m（※2）
	層間變位角		1／120	1／120

原注 地震力項目中的各質量在品確法、建築基準法中皆指每單位樓板面積的值
※1 建築基準法的「×1.3」是考慮到出簷而以屋頂面積／樓板面積=1.3來計算
※2 現行是將基準耐力統一為200kg／m，因此全部水平力皆由剪力牆負擔

圖 1 針對地震力所需的必要壁量之計算根據（建築基準法）

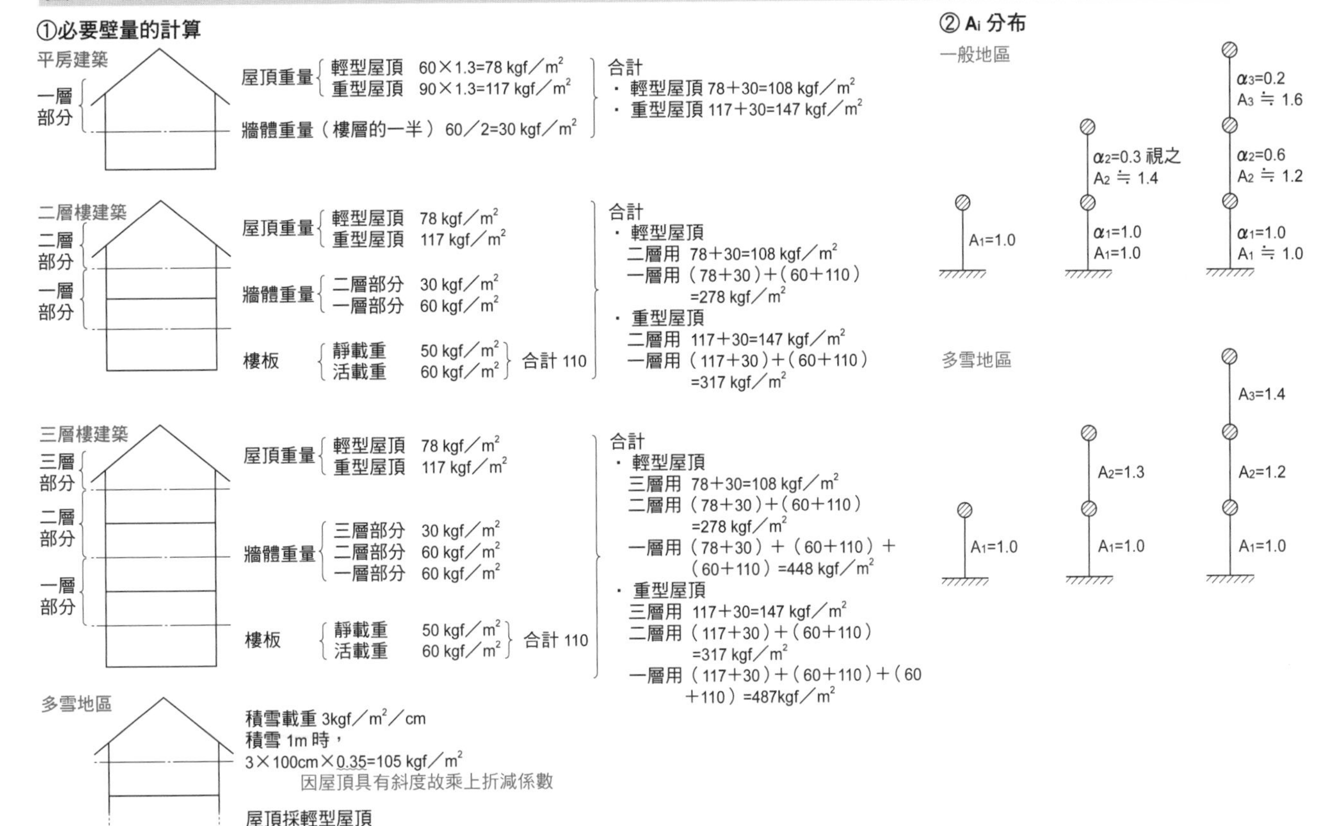

③必要壁量的計算表

建築物做法		樓層	i 層重量 W_i（kg）	重量合計 ΣW_i（kg）	α_i	A_i	樓層剪斷力係數 C_i	樓層剪斷力 Q_i（kg）	設計地震力 $2Q_i/3$（kg）	必要壁量（$2Q_i/3$）／P_o（m／m²）
平房建築	輕型屋頂	1	108	108	1.00	1.0	0.20	21.60	14.40	0.11
	重型屋頂	1	147	147	1.00	1.0	0.20	29.40	19.60	0.15
二層樓建築	輕型屋頂	2	108	108	0.30（0.388）	1.4	0.28	30.24	20.16	0.15
		1	170	278	1.00	1.0	0.20	55.60	37.07	0.29
	重型屋頂	2	147	147	0.30（0.464）	1.4	0.28	41.16	27.44	0.21
		1	170	317	1.00	1.0	0.20	63.40	42.27	0.33
三層樓建築	輕型屋頂	3	108	108	0.20（0.241）	1.6	0.32	34.56	23.04	0.18
		2	170	278	0.60（0.621）	1.2	0.24	66.72	44.48	0.34
		1	170	448	1.00	1.0	0.20	89.60	59.73	0.46
	重型屋頂	3	147	147	0.20（0.302）	1.6	0.32	47.04	31.36	0.24
		2	170	317	0.60（0.651）	1.2	0.24	76.08	50.72	0.39
		1	170	487	1.00	1.0	0.20	97.40	64.93	0.50

原注 以 P_o=130kg／m 視之。( ) 內的數值為計算值

圖 2 針對風壓力所需的必要壁量之計算根據（建築基準法）

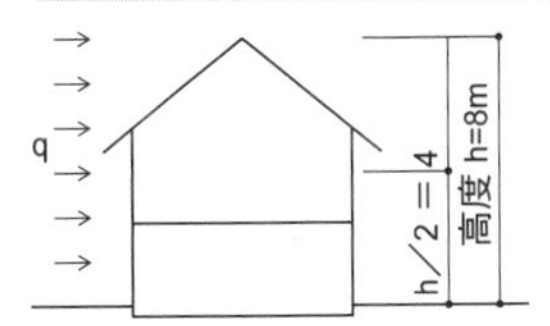

速度壓

$q=\frac{1}{2}m\nu^2$

m：空氣的密度（取 1／8）

ν：速度（$\nu=V_0\times\sqrt[4]{\frac{h}{15}}$［高度至 15m 為止］）

風速 V_0=60m／s 時，$q=\frac{1}{2}\times\frac{1}{8}\times\left(60\times\sqrt[4]{\frac{h}{15}}\right)^2 \fallingdotseq 60\sqrt{h}$：室戶颱風…指定地區

風速 V_0=50m／s 時，$q=\frac{1}{2}\times\frac{1}{8}\times\left(50\times\sqrt[4]{\frac{h}{15}}\right)^2 \fallingdotseq 40\sqrt{h}$：伊勢灣颱風…一般地區

一般地區（風速 50m／s）

因 h=4.0m，$q=40\sqrt{h}$=80 kg／m²

風壓力 $Q_w=C\cdot q$=1.2×80=96 kg／m²

壁倍率 1 的水平耐力 P_o=130 kg／m

剪力牆負擔全部風壓力的 2／3（1／3 由非剪力牆負擔）時，

$$必要壁量=\frac{\frac{2}{3}Q_w}{P_o}=\frac{\frac{2}{3}\times 96}{130}=0.49\ m/m^2$$

➜將數值四捨五入取 50cm／m²

指定區域（風速 60m／s）

因 h=4.0m，$q=60\sqrt{h}$=120 kg／m²

風壓力 $Q_w=C\cdot q$=1.2×120=144 kg／m²

同上，剪力牆負擔全部風壓力的 2／3（1／3 由非剪力牆負擔）時，

$$必要壁量=\frac{\frac{2}{3}Q_w}{P_o}=\frac{\frac{2}{3}\times 144}{130}=0.74\ m/m^2$$ ➜取 75cm／m²

政廳所指定的地區則為 60m／s。

然而，到了 1987 年已經進展到可以建造木造三層樓建築，如果進行容許應力度計算的話，會出現與基準法所規定的必要壁量有所矛盾的地方（第 220 頁表 1），因此常有壁量增加的傾向。

此外，在品確法制定的當時，基準耐力在建築基準法中是 130kg／m，不過在品確法中卻是 200kg／m。兩種基準雖然並存，但現行法令已經統一為 200kg／m。為此也可以解決建築基準法的最大課題「其他牆體負擔 1／3」，如此一來全部的水平力都由剪力牆來負擔即可。

不過，建築重量仍依之前的計算方式，重量比現今的規範稍微輕盈（第 220 頁表 3），因此依然有進行容許應力度計算與增加 3 ～ 4 成壁量的傾向。

此外，針對風壓力而言，如果對照以現行的速度壓所計算出來的品確法之必要壁量（參照表 8），可以對應到基準風速 V_0=32m／s 為止的範圍。在 V_0=34m／s 的地區中則需要增加建築基準法的 1.2 成。

品確法的必要壁量計算根據

（1）因應地震力所需的必要壁量

品確法中對於必要壁量計算的基本方針如第 220 頁表 2 所示。

活載重與靜載重皆是參考「密集市街地的整備促進法相關之耐震診斷」等規章，採用對應第 220 頁表 3 所示的質量之靜、活載重。

針對多雪地區的積雪載重，則以每單位樓板面積的積雪質量（M_s）表示，並依照圖 3 的計算式來計算。這種情況下，因出簷的緣故會將「屋頂水平投影面積／樓板面積」的比假設為「1.3」、因屋頂具有斜度而使積雪量低減，故以 20° 斜度做為假設條件。此外，各樓的質量也如圖 3 所示來計算。

根據求得的這些數值，再從建築基準法施行令中的 A_i 分布計算出各層的地震力（相當於容許應力度計算）（表 4）。接著，將該地震力除以剪力牆的基準耐力 [1.96kN] 即可得出因應地震力所需的必要壁量。

利用上述的思考方式，二層樓木造建築物的一樓、二樓的每單位樓板面積所需的必要壁量 L_{r1}・L_{r2} 以及平房建築的必要壁量 L_r（單位：cm／m²），若以 C_o=0.2 代入並以近似式加以整理，就可以如表 5 的計算式來計算。

平房建築與二層樓木造建築物

圖 3　各樓層質量的思考方式（品確法）

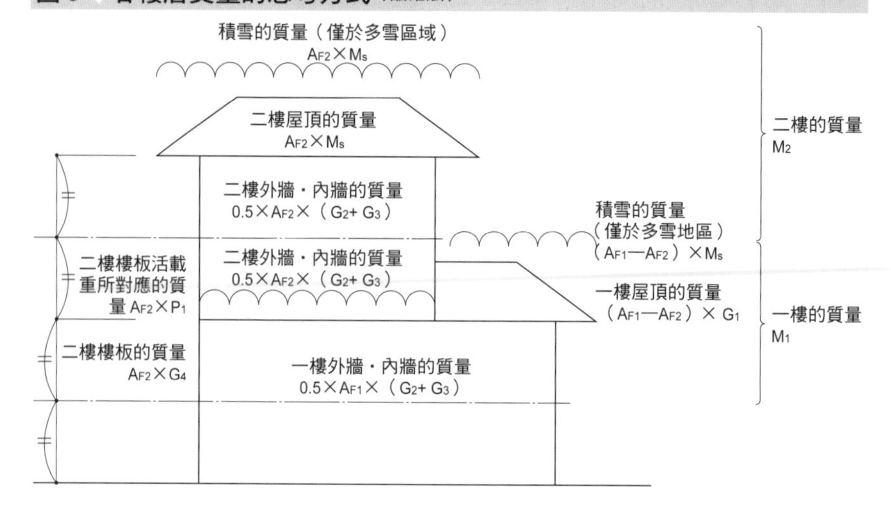

M_1 =1 樓屋頂質量＋1、2 樓外牆質量＋1、2 樓內牆質量＋2 樓樓板質量＋2 樓樓板活載重所對應的質量＋積雪的質量（僅於多雪地區）

$=(A_{F1}-A_{F2})\times G_1+0.5\times(A_{F1}+A_{F2})\times G_2+0.5\times(A_{F1}+A_{F2})\times G_3+A_{F2}\times G_4+A_{F2}\times P_1+(A_{F1}-A_{F2})\times M_s$

M_2 =2 樓屋頂質量＋2 樓外牆質量＋2 樓內牆質量＋積雪的質量（僅於多雪地區）

$=A_{F2}\times G_1+0.5\times A_{F2}\times G_2+0.5\times A_{F2}\times G_3+A_{F2}\times M_s$

A_{F1}：一樓樓板面積（m²）
A_{F2}：二樓樓板面積（m²）
G_1：屋頂質量（kg／m²）
G_2：外牆質量（kg／m²）
G_3：內牆質量（kg／m²）
G_4：樓板質量（kg／m²）
M_s：多雪地區的積雪質量（kg／m²）

$$M_s=\frac{0.35\cdot d\cdot 30\cdot\sqrt{\cos 30^\circ}\cdot 1.3}{9.80665}\fallingdotseq 1.295d$$

d：積雪深度（cm）
P_1：樓板活載重質量（kg／m²）

表 4　地震力的計算式

地震力

$$Q_{ud}=Z\cdot R_t\cdot A_i\cdot C_o\cdot W_i$$

Z：地震地域係數（參照第 296 頁）
R_t：二層樓木造住宅中通常視為 1

$$A_i=1+\left\{\frac{1}{\sqrt{\alpha_i}}-\alpha_i\right\}\frac{2T}{1+3T}$$

T=0.03h（取 h=8m）
C_o：標準剪斷力係數。中型地震為 C_o=0.2
W_i= 質量 × 重力加速度 g　W_1=（M_1＋M_2）×g、W_2=M_2×g

表 5　針對地震力所需的必要壁量計算式（品確法）

二層樓建築的一樓部分之單位面積所需的必要壁量

$$L_{r1}=\frac{\{(A+B)K_1+S\}\cdot Z}{10}$$

二層樓建築的二樓部分之單位面積所需的必要壁量

$$L_{r2}=\frac{(A+S)K_2\cdot Z}{10}$$

平房建築的單位面積所需的必要壁量

$$L_r=\frac{(A+S)\cdot Z}{10}$$

重型屋頂的情況下
A=200、B=261
輕型屋頂的情況下
A=142.5、B=216
積雪載重
d=100cm 時，S=M_s=129.5
d=200cm 時，S=M_s=259
Z：地震地域係數
K_1、K_2 以下列近似數值視之
K_1=0.4＋0.6R_f
K_2=1.3＋0.07／R_f（不過，條件為 R_f ≦ 2）
R_f= 樓板面積比（A_{F2}／A_{F1}）

之各層因應地震力所需的必要壁量一覽表如表 6 所示。在住宅性能表示制度的評估方法基準中，會以這些壁量的 1.25 倍、1.5 倍來防止各種地震情況所帶來的倒塌等損害、以及做為損害防止的等級 2、等級 3 的必要壁量。

（2）因應風壓力所需的必要壁量

與因應地震力所需的必要壁量一樣，因應風壓力所需的必要壁量要以剪力牆的耐力加算原則能夠成立為前提，壁倍率 1.0、壁體長度 1m 的剪力牆之容許耐力是 1.96kN，將該值的 1.5 倍以上做為最大耐力並視為相當於容許應力度計算的必要壁量（不過，必要壁量是對應基準風速，以計入面積乘上定數所求出的值來表示。此外，風載重是以修正後的建築基準法施行令為基準）。

在建築基準法施行令以及平成 12 年（編按：西元 2000 年）建告 1454 號中，速度壓與風力係數就如同表 7 所示。根據法規規定，二層樓住宅的屋頂平均高度（建築物高度與屋簷高度的平均）以 7.1m 為假設來計算速度壓與風力係數，其結果如圖 4。再者，為了簡化屋頂斜度部分的計算，在此將計入面積視為垂直部分，求出計入面積 A 的風載重。該風載重除以剪力牆的基準耐力 1,961（N）就是因應風壓力所需的必要壁量。

將各 V_0 加以整理就如表 8 所示。在住宅性能表示制度的評估方法基準中，會以該值的 1.2 倍做為因應風等級 2 的必要壁量。

表 6　因應地震力所需的必要壁量（品確法　單位：cm/m^2）

建築物		一般地區	多雪地區		
			積雪 1m	積雪 1 ～ 2m	積雪 2m
平房建築	輕型屋頂	14Z	27Z	以線性內插法求得的數值	40Z
	重型屋頂	20Z	33Z		46Z
二層樓建築的一樓	輕型屋頂	$36K_1Z$	$(36K_1+13)Z$		$(36K_1+26)Z$
	重型屋頂	$46K_1Z$	$(46K_1+13)Z$		$(46K_1+26)Z$
二層樓建築的二樓	輕型屋頂	$14K_2Z$	$27K_2Z$		$40K_2Z$
	重型屋頂	$20K_2Z$	$33K_2Z$		$46K_2Z$

表 7　速度壓與風力係數的計算式（建築基準法施行令 87 條，平成 12 年建告 1454 號）

①速度壓

$q=0.6\cdot E\cdot V_0^2$

$E=E_r\cdot G_f^2$

$E_r=1.7\cdot(H/Z_G)\cdot\alpha$

（屋頂的平均高度 H 超過 Z_b [地表面粗糙度區分 III] 時）

Z_G：在地表面粗糙度區分 III 中為 450

α：在地表面粗糙度區分 III 中為 0.2

G_f：在地表面粗糙度區分 III 中，H 在 10m 以下時的值為 2.5

V_0：基準風速（m/s）

依據各地區分別訂定（參照第 294 頁）

②風力係數

將垂直面兩側相加之後，

$C_f=0.8k_z+0.4$

高度 H 在 Z_b 以下時，$k_z=(Z_b/H)^{2\alpha}$

高度 H 超過 Z_b 時，$k_z=(Z/H)^{2\alpha}$

圖 4　因應風壓力所需的必要壁量計算式與計算根據（品確法）

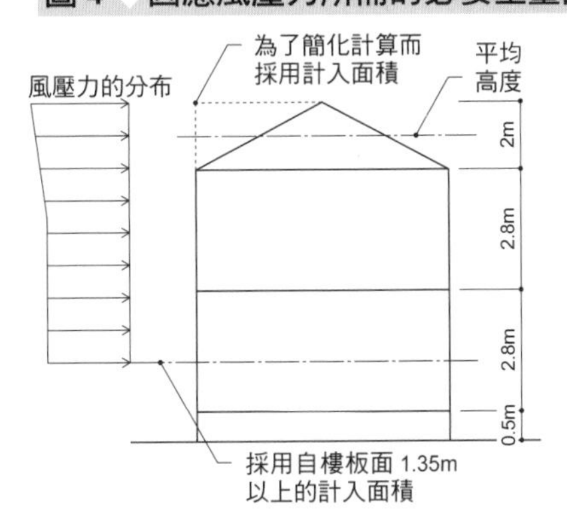

將二層樓建築的屋頂平均高度設為 7.1m 時，

$q=0.6\times\{1.7\times(7.1/450)^{0.2}\}^2\times2.5\times V_0^2$

$\fallingdotseq 0.8245V_0^2$

採用 0.935（Z=6m）做為 K_z 的平均數值時，

$C_f=0.8k_z+0.4\fallingdotseq 1.148$

為簡化屋頂斜度部分的計算，在此將計入面積視為垂直部分來計算。計入面積 A 的風載重即為

$W=q\cdot k_z\cdot A$

$=0.8245\times1.148\times V_0^2A$

除以剪力牆的基準耐力 1,961（N）之後，必要耐力 L_w（cm）為

$$L_w=\frac{0.8428\times1.132V_0^2A\times100}{1{,}961}$$

$=0.04826V_0^2A$

表 8　因應風壓力所需的必要壁量（品確法　單位：cm/m^2[計入面積]）

V_0（m/s）	30	32	34	36	38	40	42	44	46
L_w（cm）	43A	49A	56A	63A	70A	77A	85A	93A	102A

從實驗數據讀取剪力牆的種類與特徵

載重 - 變形曲線的解讀方法

剪力牆的性狀可以透過「載重 - 變形曲線」的圖表來掌握（圖 1）。圖表的橫軸表示層間變位角、縱軸則是載重。以下是解讀該圖表的重點事項。

①曲線的上升方式（牆體的剛性）
- 初期階段呈急遽斜度時，牆體剛性高
- 呈緩和斜度時，牆體剛性低

②最大耐力與當時的變位角
- 變位角小的話，代表缺乏黏性
- 變位角大的話，代表黏性強

③最大耐力後的載重下降方式（韌性）
- 若耐力急降，代表缺乏韌性
- 若耐力下降緩和，代表具有韌性

④最大變位角
- 與②③同為表示韌性的能力

⑤曲線圍閉起來的面積
- 面積愈大時，吸收能量的能力也愈高（搖晃的衰減性高）

從上述試驗結果可知壁倍率是以下面數值中的最小值來決定。

a）降伏耐力 P_y

b）終結耐力 $P_u \times 0.2／D_s$
$=0.2P_u\sqrt{2\mu-1}$

c）最大耐力 $P_{max} \times 2／3$

d）特定變形時的載重 P_t

如果以 b）的值來決定壁倍率時，由於變形能力（黏性）小，只能用強度來抵抗，因此不符合傳統構法中具有韌性結構行為的特性。

以 d）的值來決定壁倍率時，由於初期耐力低，以此做為剪力牆的建築物雖然容易搖晃，不過即使出現大幅度傾斜也不會倒塌。

判讀試驗結果時，除了以上的耐力之外，確認在什麼地方出現何種破壞形式也是非常重要的工作。

圖 1 ◆ 載重 - 變形曲線

壁倍率的評估方法

壁倍率 = 變異係數 × 短期容許剪斷耐力 P_a／（1.96×L）

P_a=min
- 降伏耐力 P_y
- 終結耐力 $P_u \times 0.2／D_s$
  終結耐力 P_u 要考慮塑性率 μ
  →對應保有水平耐力計算
- 最大耐力 $P_{max} \times 2／3$
- 特定變形時的耐力 P_t
  - 拉桿式：取實際變位角 1／150 時的耐力
  - 柱腳固定式：取外觀變位角 1／120 時的耐力

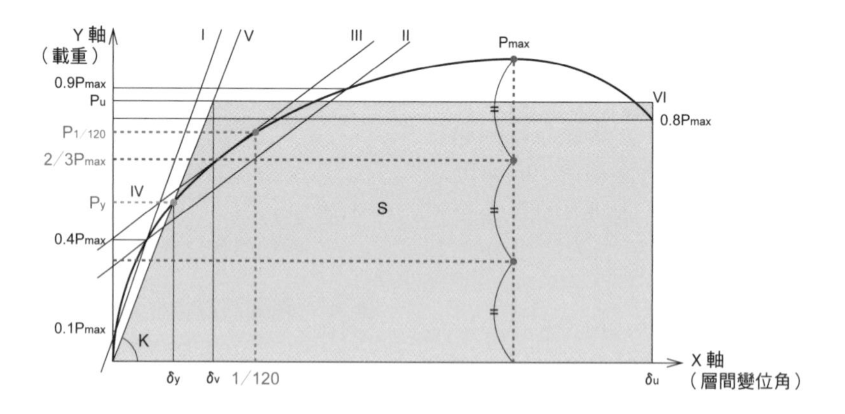

剪力牆的試驗結果與應用

在此將簡單介紹筆者參與過的剪力牆水平施力實驗。

剪力牆的抵抗形式種類大致可以區分為①軸力抵抗型（斜撐）、②剪斷力抵抗型（版及粉刷牆）、③彎矩抵抗型（橫穿板）等三類（參照第 32 頁圖 16）。

透過該實驗可觀察到以下幾點。
- 剛性低的剪力牆較少受損
- 在灰泥牆或砂漿等溼式牆體與壓力斜撐的情況下，剪力牆會遭到破壞
- 其他類型則是接合部先行破壞

其中也有在施力達到最大值後剪力牆的性能開始急速下降，或者除去載重後的恢復情況不良的類型，這些類型在進行壁量計算時要有保留餘裕空間等措施。

軸力抵抗型（斜撐）

斜撐在做為拉伸斜撐與壓縮斜撐時的性能是不同的（參照第 120 頁圖 5①）。在此介紹的試體因為沒有設置間柱，所以比基準法所規定的值還低許多，不過以傾向性質來探討可得出以下的結果。

拉伸斜撐的耐力會受到斜撐端部的接合方法影響。以釘定的方式進行固定時，由於只使用釘子的摩擦力來抵抗因此耐力會不足，在層間變位角 1／60 的情況下就會將釘子完全拔出，隨後幾乎完全喪失抵抗能力（圖 2）。採用五金接合時，雖然耐力比釘子釘定大，不過最後仍然會出現大頭釘鬆脫的情形。

另一方面，壓縮斜撐的問題會出現在墊圈上。沒有設置間柱時很快就會產生挫屈現象，最後在中央附近出現折斷（圖 3、4）。因此，一定要設置間柱等來防止挫屈，對於確保耐力而言是很重要的工作。

在任何情況下，斜撐破壞後的耐力下降都非常明顯，因此在進行壁量計算時，最好能預留足夠的餘裕空間。順帶一提，筆者是以提高建築基準法規定值的 5 成做為基準。（※）

圖 2 ◆斜撐（釘定）的試驗結果

①試體

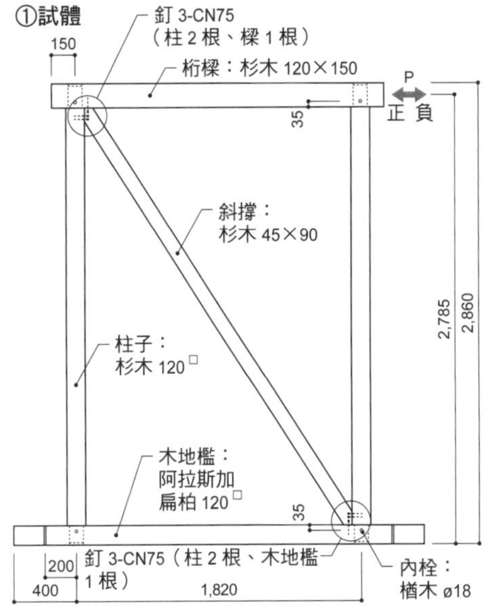

②試驗結果（外觀的剪斷變位角 - 載重）

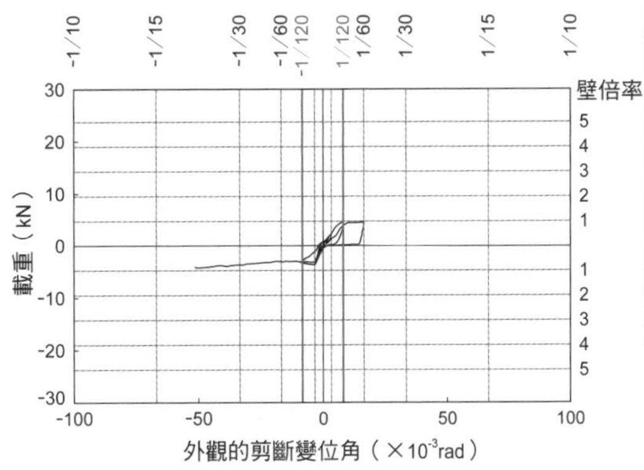

1）結構特性　剛性：低　黏性：小
壁倍率：拉伸 1.43　壓縮 1.05
2）最大載重　拉伸：P_{max}=4.57kN（2.51kN／m）
壓縮：P_{max} =4.57 kN（2.51kN／m）
3）最大變位角　拉伸：1／60　壓縮：1／19
4）最終破壞形式　接合部的釘子拔出脫落、面外挫屈

變位角+1／120rad 時頂部釘子被拔出了

圖 3 ◆斜撐（兩倍用夾具五金）的試驗結果

①試體

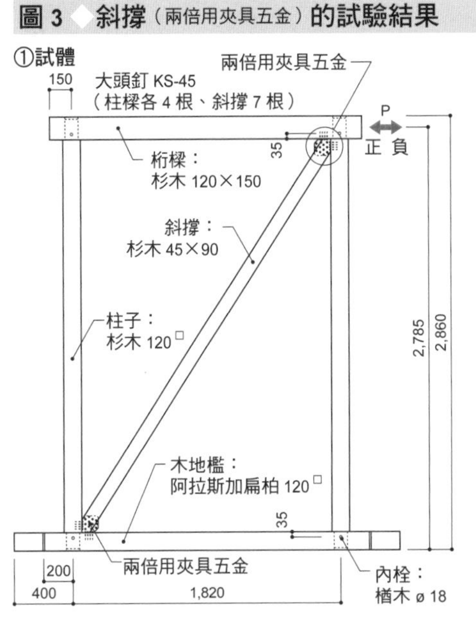

②試驗結果（外觀的剪斷變位角 - 載重）

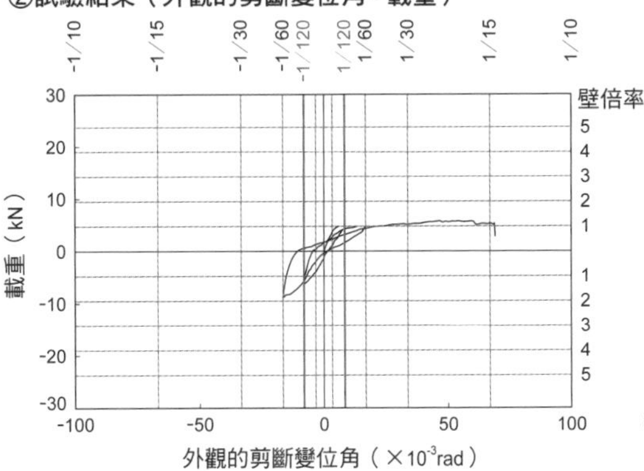

1）結構特性　剛性：中　黏性：中
壁倍率：拉伸 2.05　壓縮 1.57
2）最大載重　拉伸：P_{max}=8.84kN（4.86kN／m）
壓縮：P_{max} =5.75 kN（3.16kN／m）
3）最大變位角　拉伸：1／60　壓縮：1／15
4）最終破壞形式　斜撐面外挫屈（大頭釘拔出）

變位角+1／14rad 時中央部被折斷了

圖 4 ◆斜撐（八字形、兩倍用夾具五金）的試驗結果

①試體

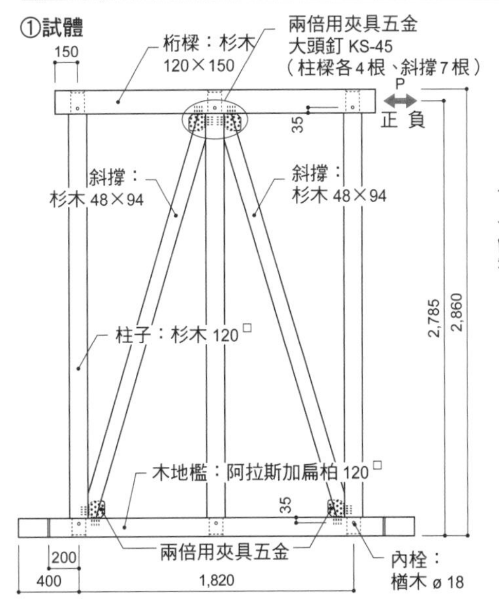

②試驗結果（外觀的剪斷變位角 - 載重）

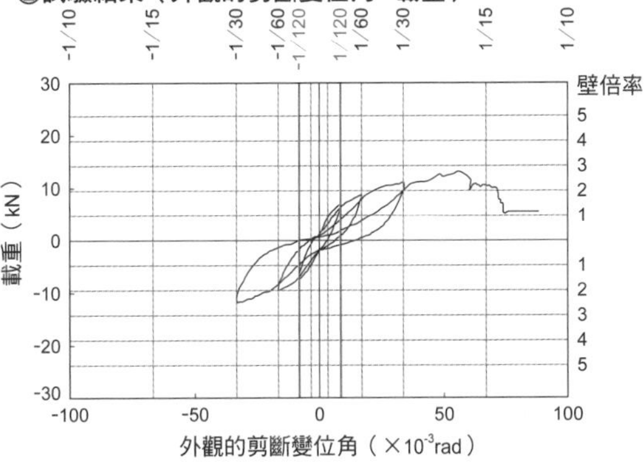

1）結構特性　剛性：中　黏性：中
壁倍率：2.24
2）最大載重　P_{max}=13.11kN（7.21kN／m）
3）最大變位角　1／11
4）最終破壞形式　斜撐面外挫屈、大頭釘剪斷破壞

最大變形時的樣態。壓縮斜撐朝面外大幅度彎曲，拉伸斜撐也微幅朝前彎曲

※ 原注　隨著耐力評估方法的改正，缺乏韌性的斜撐即使加入間柱，其壁倍率也大約只有建築基準法的八成左右。不過，在實際的建築物中也認定完成面（裝修）材等會對斜撐造成束縛效果，因此在判斷建築基準法的壁倍率上會視為沒問題。

圖 5 結構用合板的試驗結果

①試體

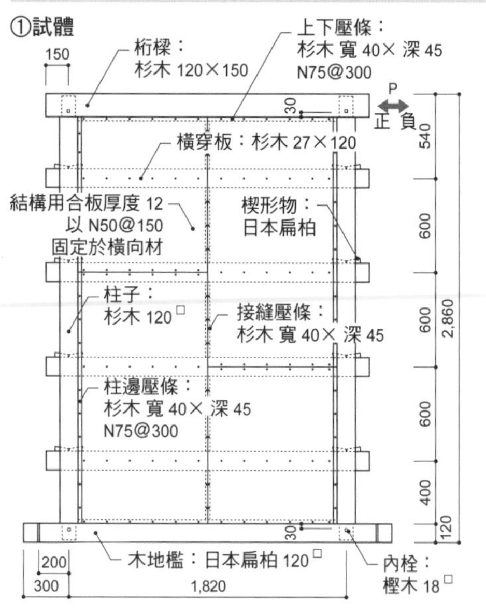

②試驗結果（實際的剪斷變位角 - 載重）

載重（kN）

實際的剪斷變位角（×10⁻³rad）

壁倍率

接縫部的橫穿板大幅度朝面外挫屈

1）結構特性　剛性：高　黏性：中
壁倍率：正施力時 3.46
負施力時 1.91

2）最大載重　正施力時：33.01kN
負施力時：24.17kN

3）最大變位角　正施力時：1／19
負施力時：1／53

4）最終破壞形式　合板面外挫屈、柱腳抬升

	變位角	1/600	1/300	1/120	1/60	1/30
正	載重（kN）	7.07	11.35	17.83	29.32	36.10
	柱子 - 木地檻	0.88	1.52	2.43	3.57	4.94
	木地檻	0.63	1.08	1.65	2.42	3.49
負	載重（kN）	7.51	12.52	18.12	27.11	0.00
	柱子 - 木地檻	1.33	2.46	3.56	5.63	0.00
	木地檻	0.17	0.29	0.43	0.64	0.00

圖 6 結構用合板（設有鋁製窗扇的小窗）的試驗結果

①試體

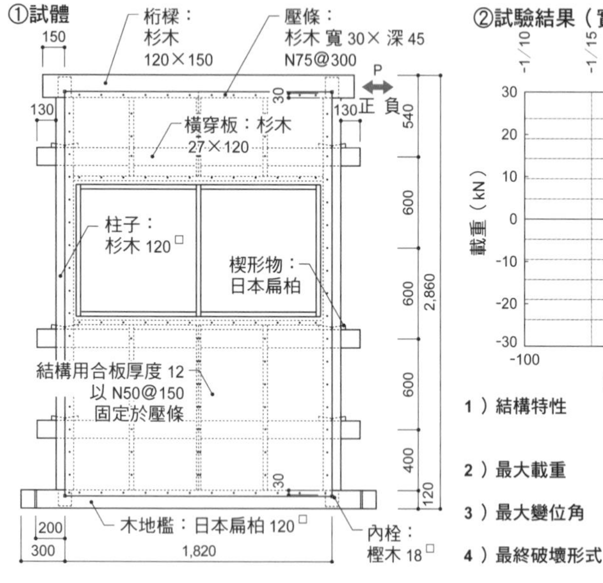

②試驗結果（實際的剪斷變位角 - 載重）

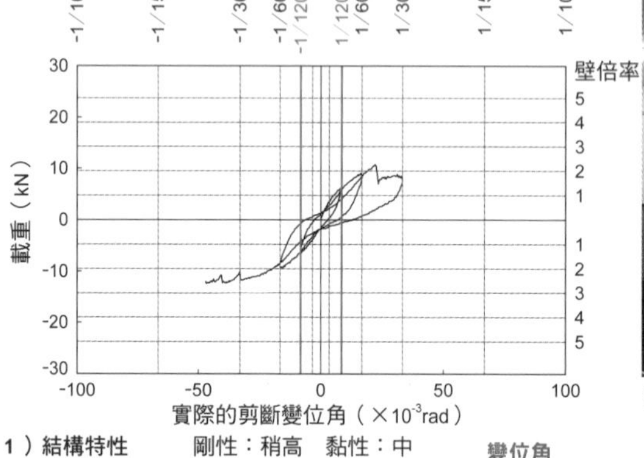

開口部周圍的柱子出現彎曲變形

1）結構特性　剛性：稍高　黏性：中
壁倍率：正施力時 1.14
負施力時 1.22

2）最大載重　正施力時：14.29kN
負施力時：16.50kN

3）最大變位角　正施力時：1／30
負施力時：1／22

4）最終破壞形式　正：榫頭剪斷力破壞
負：內栓剪斷力破壞、柱腳抬升

	變位角	1/600	1/300	1/120	1/60	1/30
正	載重（kN）	2.80	4.57	8.40	11.94	11.05
	柱子 - 木地檻	0.03	0.05	0.05	0.01	0.01
	木地檻	0.00	0.00	0.00	0.00	0.00
負	載重（kN）	3.54	5.16	8.69	12.38	15.62
	柱子 - 木地檻	0.30	0.48	0.99	1.38	2.63
	木地檻	0.04	0.07	0.17	0.28	0.28

圖 7 版牆（橫穿板 4 層 + 斜向版鋪設）的試驗結果

①試體

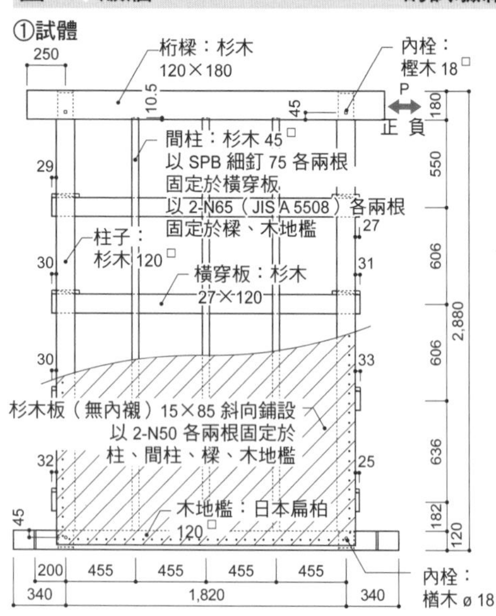

②試驗結果（外觀的剪斷變位角 - 載重）

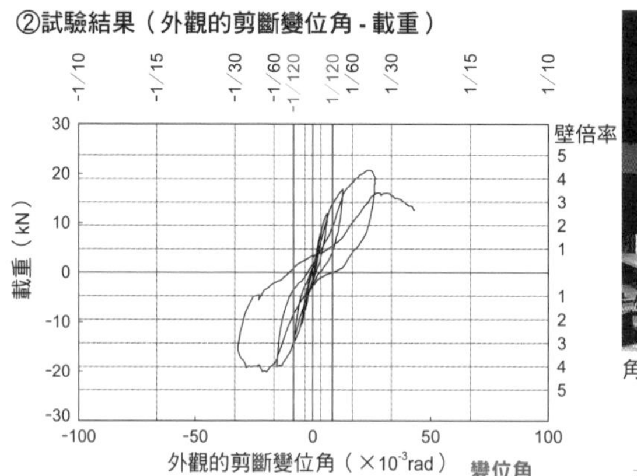

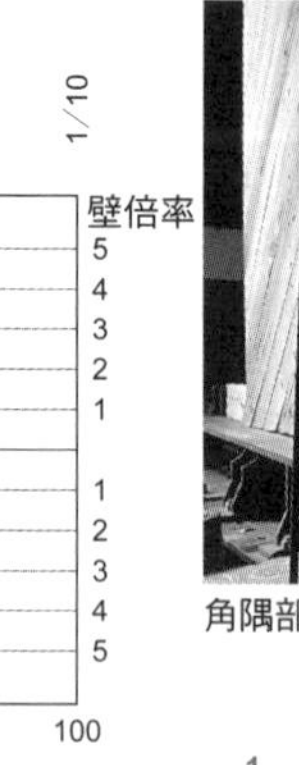

角隅部的版具有柱腳接合的補強效果

1）結構特性　剛性：中　黏性：中
壁倍率：1.72

2）最大載重　P_{max}=20.72kN（11.38kN／m）

3）最大變位角　1／23

4）最終破壞形式　內栓剪斷力破壞、柱腳抬升

	變位角	1/600	1/300	1/120	1/60	1/30
正	載重（kN）	4.40	7.88	13.84	18.44	15.60
	柱子 - 木地檻	0.20	0.89	6.51	19.71	12.15
	木地檻	-	-	-	-	-
負	載重（kN）	4.68	7.96	14.28	18.76	15.52
	柱子 - 木地檻	0.32	0.67	6.47	19.47	12.05
	木地檻	-	-	-	-	-

圖 8 ◆灰泥牆（竹片底材）的試驗結果

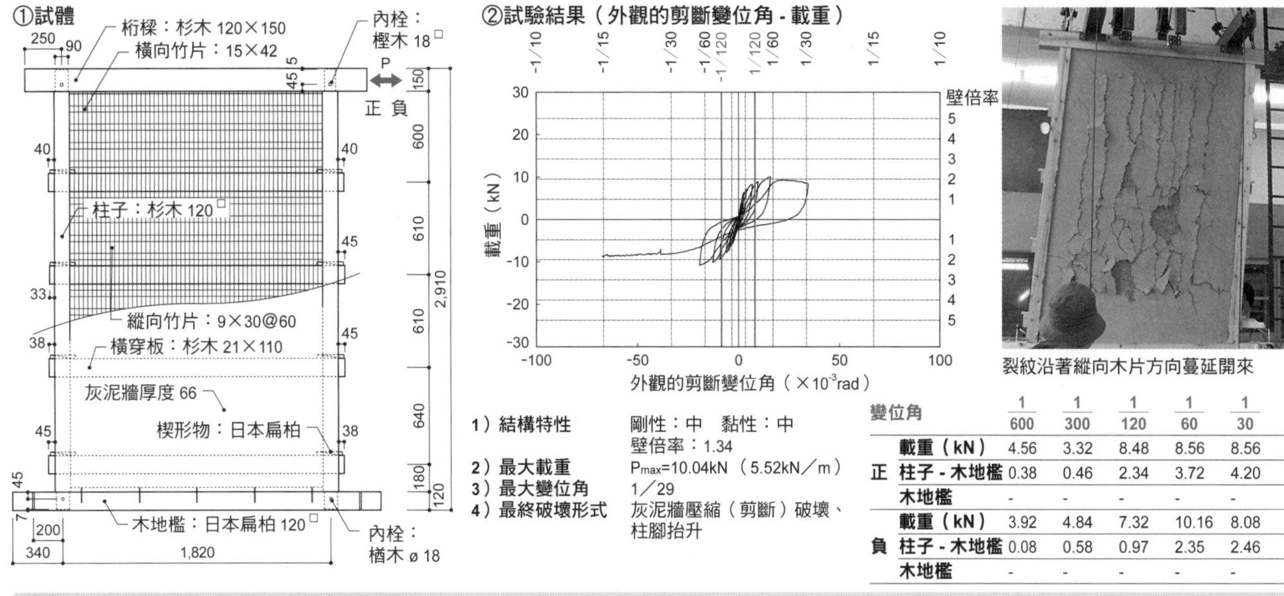

裂紋沿著縱向木片方向蔓延開來

1）結構特性　剛性：中　黏性：中
　　壁倍率：1.34
2）最大載重　P_{max}=10.04kN（5.52kN／m）
3）最大變位角　1／29
4）最終破壞形式　灰泥牆壓縮（剪斷）破壞、柱腳抬升

	變位角	1/600	1/300	1/120	1/60	1/30
正	載重（kN）	4.56	3.32	8.48	8.56	8.56
	柱子 - 木地檻	0.38	0.46	2.34	3.72	4.20
	木地檻	-	-	-	-	-
負	載重（kN）	3.92	4.84	7.32	10.16	8.08
	柱子 - 木地檻	0.08	0.58	0.97	2.35	2.46
	木地檻	-	-	-	-	-

圖 9 ◆灰泥牆（竹片底材）的試驗結果

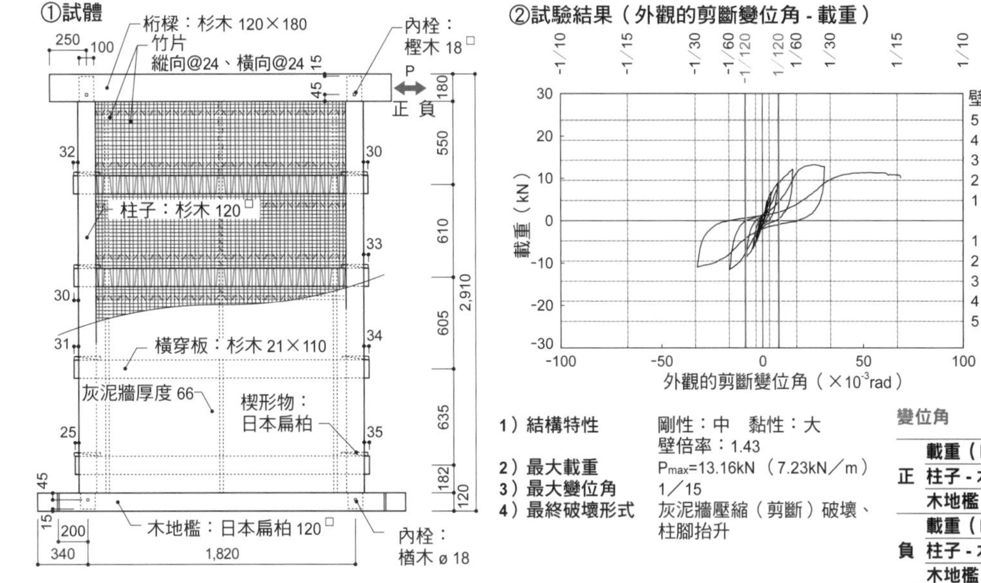

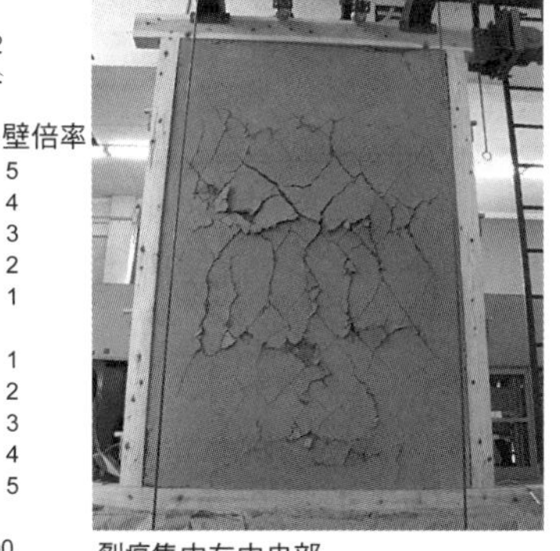

裂痕集中在中央部

1）結構特性　剛性：中　黏性：大
　　壁倍率：1.43
2）最大載重　P_{max}=13.16kN（7.23kN／m）
3）最大變位角　1／15
4）最終破壞形式　灰泥牆壓縮（剪斷）破壞、柱腳抬升

	變位角	1/600	1/300	1/120	1/60	1/30
正	載重（kN）	3.28	5.28	8.64	11.40	9.92
	柱子 - 木地檻	0.03	0.17	1.23	3.87	3.14
	木地檻	-	-	-	-	-
負	載重（kN）	3.40	5.20	8.64	11.52	10.92
	柱子 - 木地檻	0.01	0.01	0.01	3.49	3.45
	木地檻	-	-	-	-	-

剪斷力抵抗型

（1）結構用合板

結構用合板的功能如同其字面意思，在耐力、韌性上都具有安定的結構性狀（圖 5）。雖然水平力作用在結構用合板時會出現面外挫屈，不過只要以釘子加以抑制就能發揮耐力，因此必須遵守釘子主體部、頭部直徑或長度、以及釘打間隔的相關規定。

大頭釘與釘子的初期剛性大約相等，不過釘子的韌性較高。此外，大頭釘會破壞木材的纖維，因此在反覆載重之下會使牆體構造變得缺乏黏性。

以結構用合板鋪設的腰牆或垂壁等可以視為準剪力牆。從試驗結果來看，壁倍率也在 1.0 左右（圖 6）。當設有開口時，在開口部上下、也就是牆體被切斷的部分，其周圍的柱子會出現彎曲應力作用，因此若期待這樣條件下的準剪力牆發揮水平耐力時，要考慮盡可能抑制柱子的斷面缺損，或者增加柱子的斷面等。

（2）斜向版鋪設

當木摺以水平向或垂直向固定於構架上時，其壁倍率為 0.5，不過如果以斜向方式鋪設的話，壁倍率可以達到 1.5 左右（圖 7）。由於抵抗系統與斜撐一樣的緣故，因此因應版厚度來調整固定條等的間隔以防止版挫屈也是很重要的工作。

（3）灰泥牆

雖然已經明白灰泥牆或砂漿塗布等溼式施工的牆體具有耐力，不過會因為施工方法或常年劣化的緣故而出現很大的變異性，所以若做為剪力牆來進一步評估有其困難。因此，以防止大地震倒塌為目的的耐震評估中，即使將砂漿塗布的耐力納入計算，但通常在壁量計算中也不會當做剪力牆。不過，灰泥牆大多使用在傳統社寺、民居等建築上，隨著實驗數據不斷持續地累

圖 10◆疊版牆的試驗結果

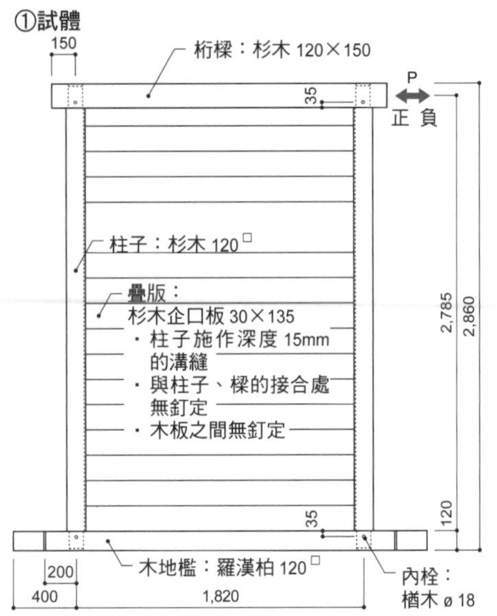

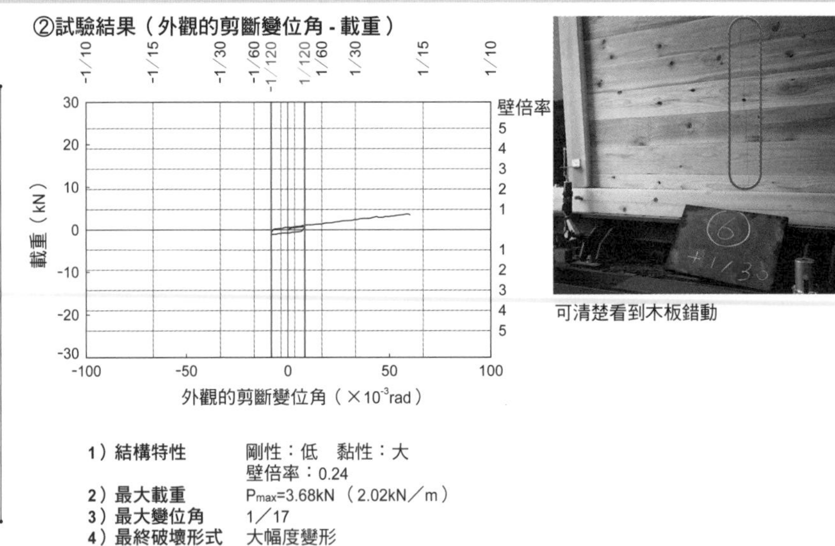

可清楚看到木板錯動

積，在 2003 年的告示修改中，灰泥牆的壁倍率已經被認定可達 1.5。

灰泥牆的破壞性狀是指在層間變位角到達 1／100 左右時表面就會發生裂紋，1／60 左右時來到最大耐力的時刻。隨後裂痕逐漸擴大而使中間層或面層剝落，不過耐力下降的速度緩慢，具有高度變形追隨性的特徵。但是，這是以能夠確保粗抹的附著性為前提條件，萬一施工不良或因為（在軟弱地盤上的）上下震動而導致粗抹掉落時，就會導致耐力急遽下降。

從結構上的性能來看，粗抹確保了與做為底材的竹片間的密著作用，而中間層或面層則藉由埋入粗抹間隙以發揮剛性的作用。此外，竹片可確保灰泥牆與構架的一體性和牆面材料的密著度。

雖然告示中僅有竹片的規範，不過實際是進行以木摺組成的底層灰泥牆試驗，在比較試驗結果之後會發現木摺具有與竹片幾乎同等的耐力（第 227 頁圖 8、9）。

（4）疊版牆

從疏伐材的有效利用或室內環境來說疊版牆都是備受矚目的剪力牆類型，雖然 2003 年的告示修改中已經載明可以做為剪力牆，不過在大量使用木材的案例之中，有相當高的比例顯示其壁倍率僅有 0.6，明顯的耐力較低。就促進木材活用而言，壁倍率應該至少在 2.0 左右。

只是將木板堆疊起來的疊版牆在面對水平力作用時，由於每片木板之間很容易發生錯動，因此與只有構架時的耐力相比並沒有什麼不同（圖 10）。為了防止木板錯動，最好設置間柱並將木板厚度的一半插入間柱與之咬合，再利用隱藏釘加以固定，以形成如格子牆般的抵抗系統，如此一來耐力也會提升（圖 11）。

此外，以做為防止木板錯動的對策來說，在壁版內設置暗榫時，由於牆體的剛性提升的緣故，會延伸出向上抬升的問題。為了防止向上抬升，可以在剪力牆兩端部上設置貫通螺栓，這樣就能期待壁倍率達到 1.5 ～ 2.0 左右。再者，耐力能否提升會受到貫通螺栓的墊圈大小（墊圈壓陷）影響（圖 12）。

彎矩抵抗型

（1）橫穿板

橫穿板的耐力會受到接合部壓陷抵抗的影響。因此，如果橫穿板只到柱面或柱心的話，壓陷抵抗將變得很小（第 230 頁圖 13、14）。此外，楔形物一旦滑動，也會使初期剛性明顯下降。

從截至目前為止的試驗結果來看，可以歸結出以下三點。

- 橫穿板的階數增加也不會使壁倍率因此而倍增（不過，出現大變形時，接合形狀或數量的差異很明顯）
- 相較中央部對齊的做法，貫通到端部的做法在耐力的表現上較好
- 無論橫穿板的做法是哪一種，初期剛性（壁倍率）都很低，因此不會出現損傷

雖然幾乎無法期待橫穿板的壁倍率，不過就可期待韌性的結構來說，在大地震時仍可以維持垂直載重的支撐能力，是有效的剪力牆。

在容許應力度計算（※）中，橫穿板可以進行各種做法的耐力計算。將計算結果與試驗結果進行比較的話，會發現計算值有比較低的傾向，這是因為考量常年乾燥收縮的緣故。

（2）格子牆

格子牆與橫穿板同樣都是利用壓陷抵抗，因此是富有韌性的剪力牆。在 2003 年 12 月的告示修改中也針對格子牆的壁倍率進行了相關規定。此外，在容許應力度計算（※）中也能進行耐力計算，格子的斷面與間隔會左右其耐力性能。

第 230 頁圖 15 是將設計性納入斷面考量所設計的格子牆，並且進行了面內剪斷力的試驗。格子的材料採用面寬 40mm、深度 55mm 的杉木，並以大頭釘固定各接點（節點）。格子的間隔愈窄，其壁倍率愈高，不過並不是與節點數形成單純的比例關係。

圖 11 疊版牆（以兩根內栓進行柱腳接合的補強）的試驗結果

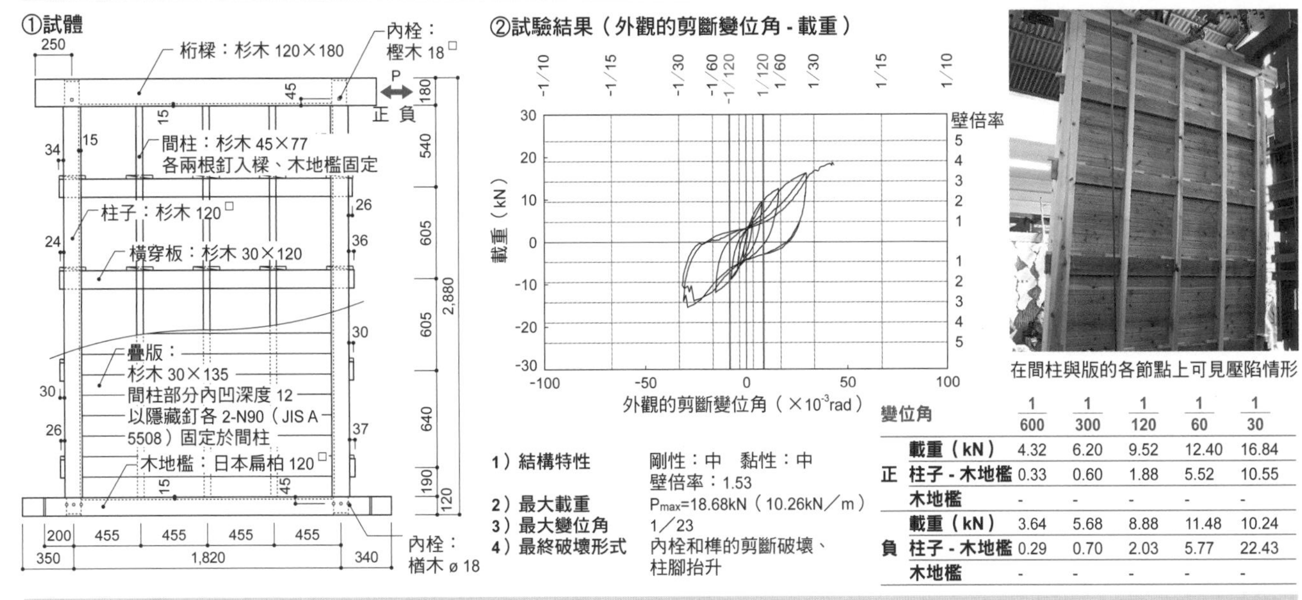

在間柱與版的各節點上可見壓陷情形

變位角		1/600	1/300	1/120	1/60	1/30
正	載重（kN）	4.32	6.20	9.52	12.40	16.84
	柱子 - 木地檻	0.33	0.60	1.88	5.52	10.55
	木地檻	-	-	-	-	-
負	載重（kN）	3.64	5.68	8.88	11.48	10.24
	柱子 - 木地檻	0.29	0.70	2.03	5.77	22.43
	木地檻	-	-	-	-	-

圖 12 疊版牆（暗榫＋貫通螺栓）的試驗結果

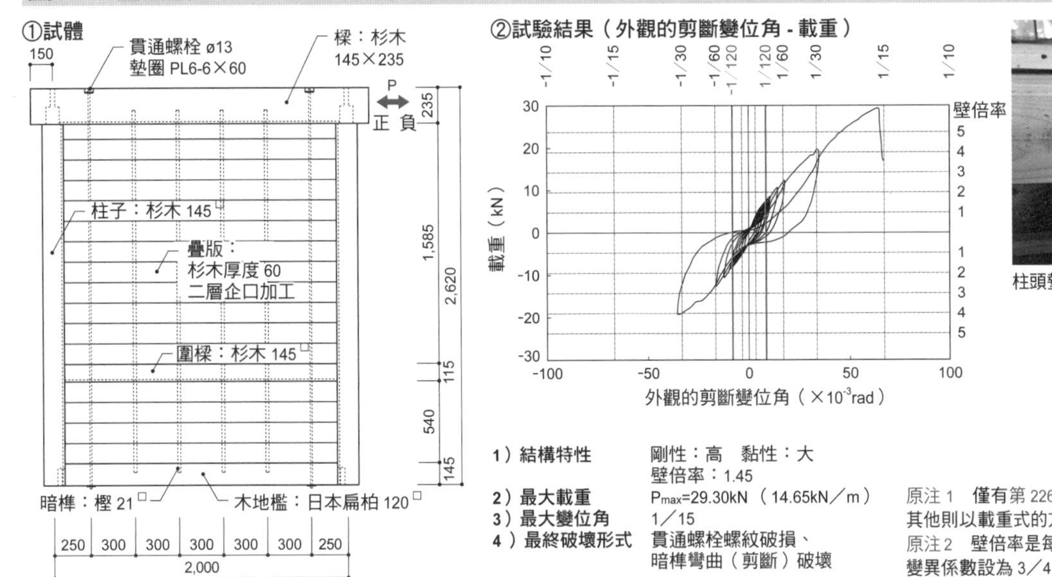

柱頭墊圈壓陷

原注 1　僅有第 226 頁圖 5 的試驗方法是拉桿式，其他則以載重式的方式進行
原注 2　壁倍率是每 1m 的基準耐力以 1.96kN 計算。變異係數設為 3／4

此外，與計算結果進行比較之下，實驗值有比較高的現象。在計算上與橫穿板同樣會考慮因為含水率下降所引發的收縮率問題，不過本實驗是在製作完成後接著進行，因此這可能也是影響因子之一。

格子牆的搭接若出現鬆弛會影響初期剛性，因此除了確實乾燥構材之外，也要提高施工精度以避免構材鬆動。

（3）單純構架

在眾多致力於傳統構法的人當中，相信「柱子的數量多就是強壯」、「僅有構架也很強壯」的人很多。在此會針對單純構架的試驗進行解說。

試體以一個柱間（1,820mm）搭配兩根柱子或三根柱子各一組，搭接以長榫入插榫來施作（第 231 頁圖 16、17）。

從載重 - 變形曲線圖表可知，兩者都呈現貼地而行的形狀，幾乎沒有耐力（因為耐力低，因此基本上沒有損傷）。

（4）差鴨居、柱腳繫樑

附帶垂壁的差鴨居或柱腳繫樑是接近構架且具備開放的形狀構成，並且多少能期待發揮耐力性能的部分。

在結構表現上是以剛性構架的性狀做為抵抗形式。由於受限於柱子的關係，因此從桁樑到差鴨居、以及從木地檻到柱腳繫樑的範圍皆是以差鴨居到柱腳繫樑之間的柱子來抵抗彎矩（第 231 頁圖 18）。因此，有必要考慮柱子的斷面與差鴨居及柱腳繫樑部的搭接強度（斷面缺損）。

特別是提高垂壁的剛性時，柱子就會彎折而喪失垂直方向的支撐能力，如此一來就有伴隨倒塌的疑慮，因此不應該對這種牆體的耐力抱持過大的期待。

※ 原注　《木造構架工法住宅的容許應力度設計（2004 年版）》（（財）日本住宅、木材技術中心）

圖 13 ◆橫穿板（四道貫通橫穿板）的試驗結果

①試體

250
桁樑：杉木 120×180
P
正 負
45
180
120
120
550
柱子：杉木 120□
楔形物：日本扁柏
606
2,880
橫穿板：杉木 27×120
606
636
182
45
120
200
木地檻：日本扁柏 120□
內栓：
楢木 18□
400
1,820

②試驗結果（外觀的剪斷變位角 - 載重）

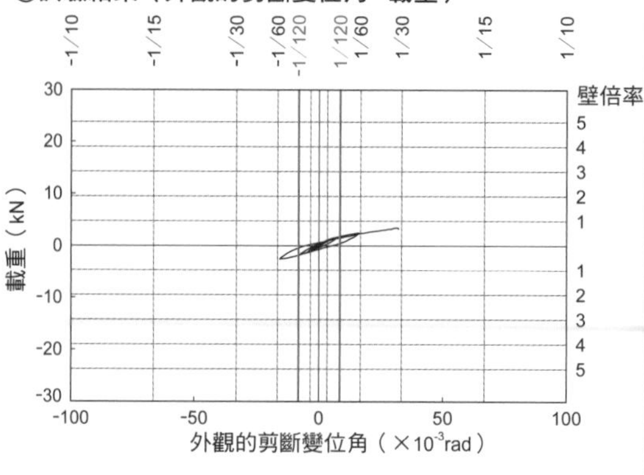

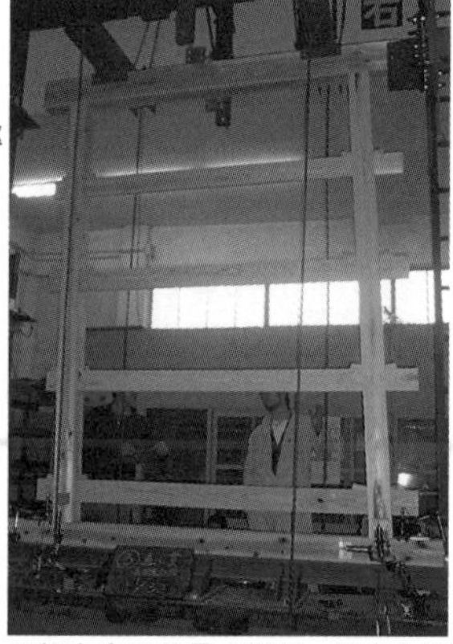

正施力之下的最大變形。基本上沒有出現損傷

1）結構特性　剛性：低　黏性：大
壁倍率：正施力時 0.22
2）最大載重　正施力時：P_{max}=3.36kN（1.85kN／m）
3）最大變位角　正施力時：1／31
4）最終破壞形式　大幅度變形

圖 14 ◆橫穿板（柱面固定）的試驗結果

①試體

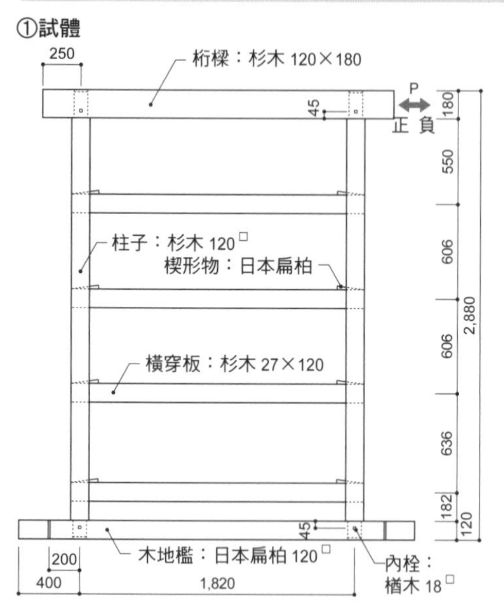

②試驗結果（外觀的剪斷變位角 - 載重）

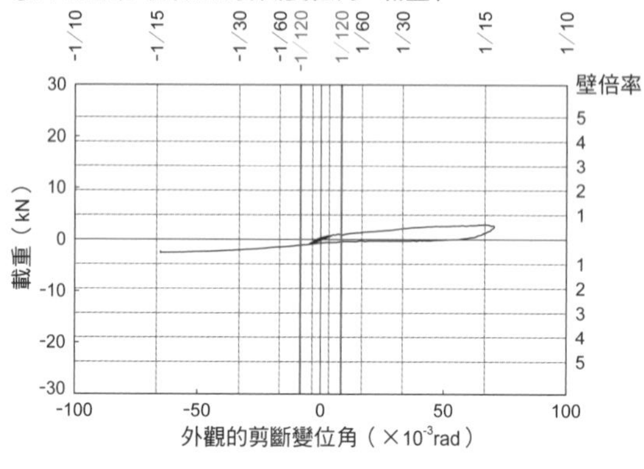

正施力之下的最大變形。基本上沒有出現損傷

1）結構特性　剛性：低　黏性：大
壁倍率：正施力時 0.18
2）最大載重　正施力時：P_{max}=2.80kN（1.54kN／m）
3）最大變位角　正施力時：1／14
4）最終破壞形式　大幅度變形

圖 15 ◆格子牆的試驗結果

①試體

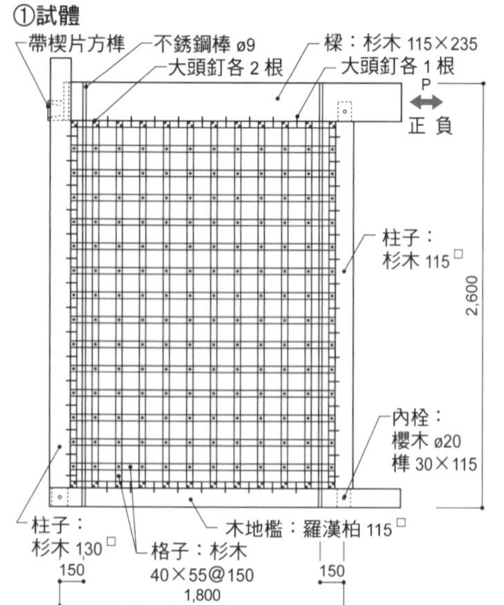

②試驗結果（外觀的剪斷變位角 - 載重）

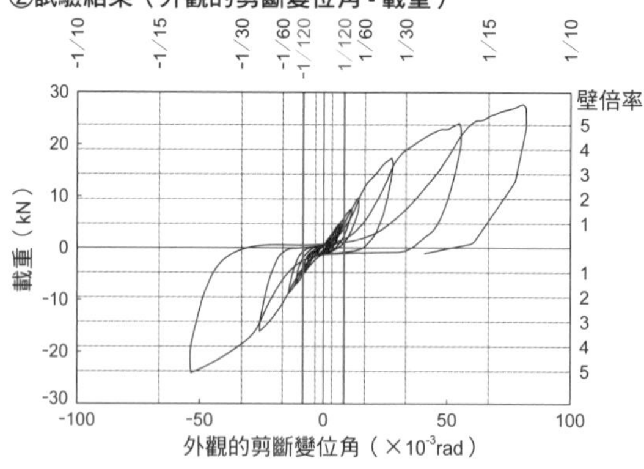

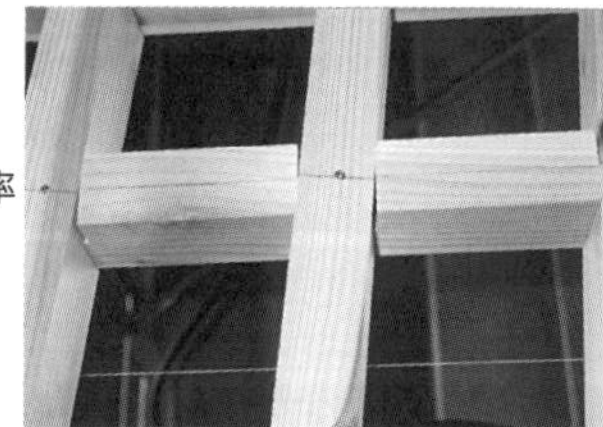

可見各節點上均出現壓陷情形

1）結構特性　剛性：低　黏性：大
壁倍率 0.63
2）最大載重　P_{max}=18.30kN（10.17kN／m）
3）最大變位角　1／10
4）最終破壞形式　格子面外挫屈、柱腳抬升

圖 16 ◆構架（單純構架）的試驗結果

①試體

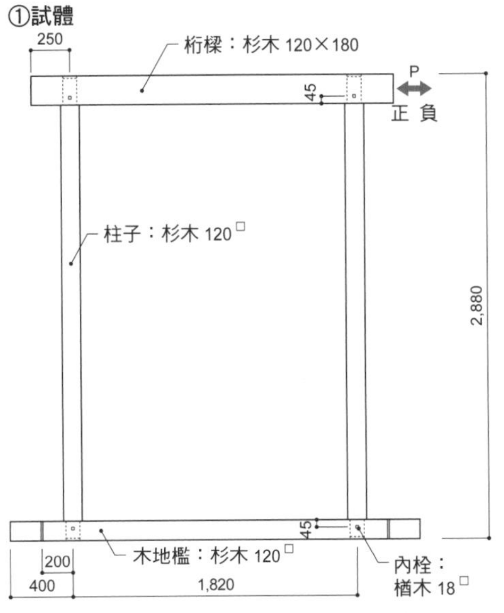

②試驗結果（外觀的剪斷變位角 - 載重）

-1/10 -1/15 -1/30 -1/60 -1/120 1/120 1/60 1/30 1/15 1/10

壁倍率

載重（kN）

外觀的剪斷變位角（×10⁻³rad）

沒有出現損傷情形

1）結構特性	剛性：低　黏性：大 壁倍率 0.09
2）最大載重	正施力時：P_{max}=1.36kN（0.75kN／m）
3）最大變位角	正施力時：1／31
4）最終破壞形式	大幅度變形

圖 17 ◆構架（三根柱子）的試驗結果

①試體

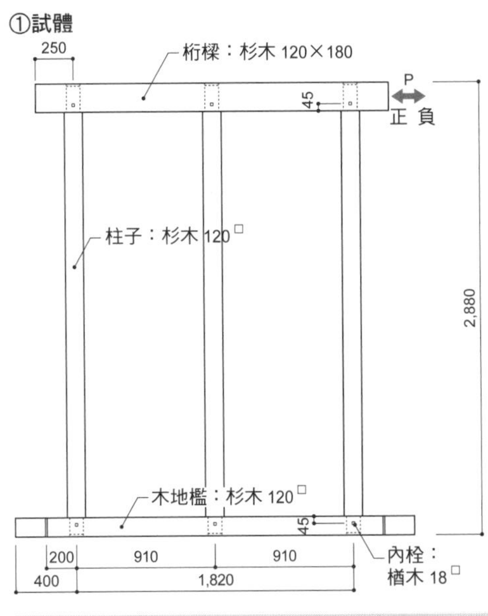

②試驗結果（外觀的剪斷變位角 - 載重）

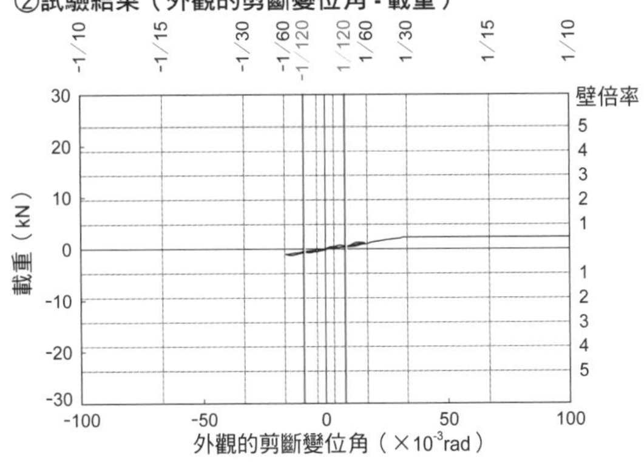

基本上沒有出現損傷情形

1）結構特性	剛性：低　黏性：大 壁倍率 0.16
2）最大載重	正施力時：P_{max}=2.32kN（1.27kN／m）
3）最大變位角	正施力時：1／32
4）最終破壞形式	大幅度變形

圖 18 ◆構架（柱腳繫樑差鴨居）的試驗結果

①試體

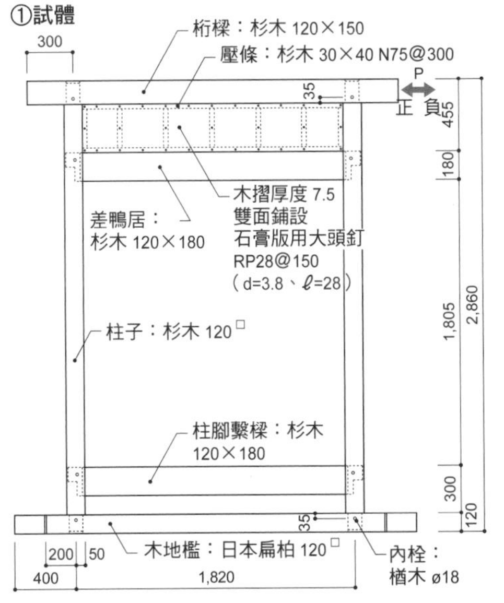

②試驗結果（外觀的剪斷變位角 - 載重）

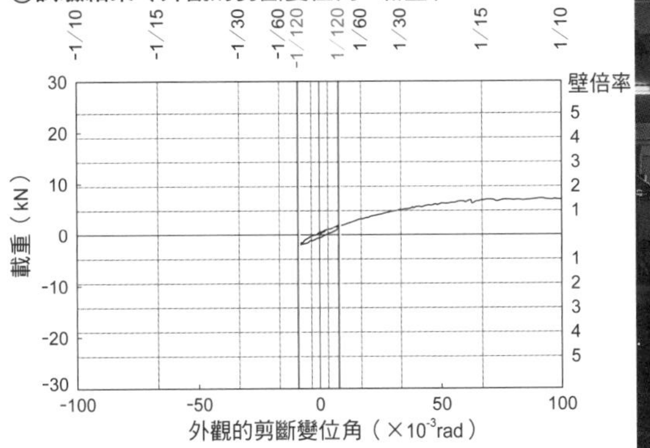

最大變形時。柱子在差鴨居與柱腳繫樑之間產生彎曲變形

1）結構特性	剛性：低　黏性：大 壁倍率 0.62
2）最大載重	正施力時：P_{max}=7.37kN（4.05kN／m）
3）最大變位角	正施力時：1／9
4）最終破壞形式	大幅度變形

水平構面 實踐篇

在此將利用基本的容許應力度計算、以及採行概算方式的品確法之檢證方法，進行具體實例的水平構面設計。此外，在❷中也試著利用容許應力度計算式的圖表化來進行設計。再者，做為因應大地震的設計參考方面，也會說明水平構面與接合部的試驗結果。

水平構面［實踐篇］❶

在水平構面上產生的應力與設計

當地震力或風壓力等水平力作用在建築物上時，水平力會經由樓板面、屋頂面等水平構面向剪力牆傳遞。建築物的耐震性能取決於剪力牆，因此水平構面不可以比剪力牆更早破壞。

此外，在水平力作用時，水平構面的外周樑上會有邊緣應力（壓縮力與拉伸力），因此外周樑的對接與搭接做法一定要特別針對拉伸力來考量接合部的耐力強度是否足夠。

檢討的順序與要點

水平構面的設計順序如圖1所示。水平構面的設計與剪力牆的配置有著密切關係。因此，首先必須針對設有剪力牆的構面在做為「剪力牆線」時是否有效進行判斷。本書採行（一般社團法人）日本建築結構技術者協會所提倡的方法，這個方法是確認剪力牆所在軸線的存在壁量是否達到該軸線負擔範圍的必要壁量的75%以上（圖2）。

決定剪力牆線並求出剪力牆線間距之後，再計算作用在該水平構面上的水平力。水平力包含地震力與風壓力等兩類，以兩者之中較大的數值來進行設計。在二樓與一樓的剪力牆線有錯位（二樓剪力牆線下方的一樓無設置剪力牆）的情況下，二樓剪力牆所負擔的水平力必須以水平構面為中介向一樓的剪力牆傳遞，因此要將此部分的水平力也納入計算中。

圖1 ◆ 水平構面的設計順序

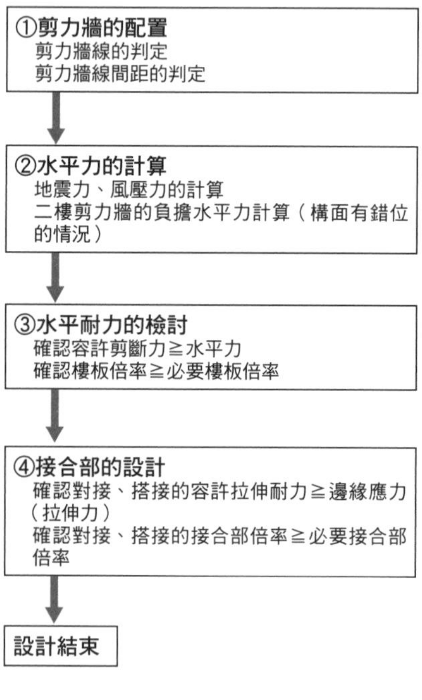

①剪力牆的配置
剪力牆線的判定
剪力牆線間距的判定

↓

②水平力的計算
地震力、風壓力的計算
二樓剪力牆的負擔水平力計算（構面有錯位的情況）

↓

③水平耐力的檢討
確認容許剪斷力≧水平力
確認樓板倍率≧必要樓板倍率

↓

④接合部的設計
確認對接、搭接的容許拉伸耐力≧邊緣應力（拉伸力）
確認對接、搭接的接合部倍率≧必要接合部倍率

↓

設計結束

求出水平力之後，再計算水平構面上產生的應力，然後針對這些應力進行水平構面的強度與橫向材接合部的強度檢討。

水平構面的強度以短期容許剪斷耐力或樓板倍率表示，這些數值的設計要在水平構面的支撐點，也就是剪力牆線上所產生的剪斷力以上。還有，針對橫向材的接合部（對接、搭接）來說，對於在水平構面的外周部上所產生的邊緣應力，要確保接合部具有充分的強度來因應才行，尤其是面對拉伸力時。

圖 2 ◆壁量充足率與剪力牆線間距

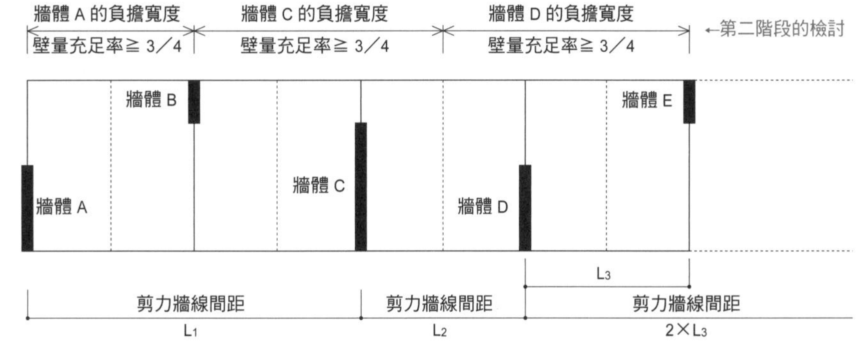

剪力牆線的條件：須有負擔範圍的必要壁量（水平力）3／4 以上的剪力牆長度

二樓樓板面的檢討範例

圖 3 建築物是 Y 方向上的水平力作用之下二樓樓板面的檢討範例。此外，設有剪力牆的兩端部構面可視為剪力牆線。

本範例的剪力牆線間距 L_f=7.0m，因應水平力的深度 D=3.5m，樓層高度設定與第 151 頁的模型住宅相同，一樓為 2.8m、二樓為 2.6m。二樓樓板面上沒有挑空等開口設計，一、二樓的剪力牆線

圖 3 ◆水平構面的設計範例①

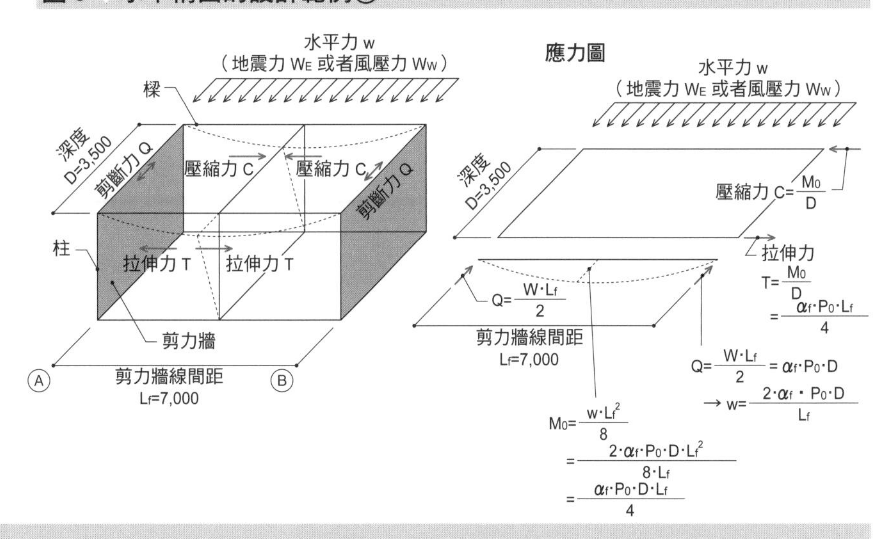

二樓樓板面的檢討順序

（1）作用在二樓樓板面上的水平力計算

①地震力的計算

圖 3 建築物的二樓樓板重量視為 1.40kN／m^2，牆體重量則為 0.60 kN／m^2 時，建築物的重量 W=2.00 kN／m^2。因此，作用在二樓樓板面的地震力 w_E 為

$w_E=C_i×W=0.2×2.00$ kN／m^2×3.5m=**1.40 kN／m** ……………………… ①

②風壓力的計算

圖 3 建築物的樓高視為一樓：2.8m、二樓：2.6m、建築基地的基準風速 V_0=34m／s、地表面粗糙度區分：III 時，速度壓 q=0.95kN／m^2、風力係數 C_f=1.10（q 與 C_f 的計算方法參照第 210 頁）。此外，負擔幅度 B=2.8／2+2.6／2=2.7m，因此作用在二樓樓板面的風壓力 w_W 為

$w_W=q×C_f×B=0.95$ kN／m^2×1.10×2.7m=**2.82 kN／m** ……………… ②

從①、②可知風壓力比地震力的數值大，因此以風壓力（w= w_W =2.82kN／m）來設計。

（2）在樓板面上產生的應力計算

計算在樓板面中央部所產生的彎曲應力 M_0、在樓板邊緣上產生的剪斷力 Q、外周樑上產生的軸力 C 及 T，結果如下。

$$M_0=\frac{w×L_f^2}{8}=\frac{2.82×7.0^2}{8}=\mathbf{17.27\ kN·m}$$

$$Q=\frac{w×L_f}{2}=\frac{2.82×7.0}{2}=\mathbf{9.87\ kN}$$

$$C=T=\frac{M_0}{D}=\frac{17.27}{3.5}=\mathbf{4.93\ kN}$$

（3）必要樓板倍率的計算

計算水平力傳遞至剪力牆所需的必要樓板水平剛性（剪斷耐力及樓板倍率）。

$$樓板面的必要剪斷耐力\ Q'=\frac{Q}{D}=\frac{9.87}{3.5}=\mathbf{2.82\ kN／m}$$

$$必要樓板倍率\ \alpha_f=\frac{Q'}{P_0}=\frac{2.82}{1.96}=\mathbf{1.44}$$

→依據第 391 頁「水平構面規範與樓板倍率」表，樓板做法採 No.2（樓板倍率 1.60）。
換句話說，樓板格柵@303 半嵌入、鋪設結構用合板

（4）必要接合部倍率的計算

因為外周樑上產生的軸力 = 外周樑上必要的短期拉伸耐力，所以接合部所需的接合倍率為

$$必要接合部倍率=\frac{T}{基準耐力}=\frac{4.93}{5.3}=\mathbf{0.93}$$

→根據第 391 頁「接合部倍率一覽」表，接合做法採用（は）

此外，（1）求出的地震力是中型地震時的數值，大地震發生時的應力是這個數值的 3～3.5 倍。因此，接合部必須要有 3.5×4.93×1.4／2.82=8.6kN 的拉伸強度（終結拉伸耐力或者最大耐力）。再者，除了要確認對接或搭接的短期容許耐力之外，也必須先確認它的最大耐力。

視為均齊。

首先，計算作用在樓板面上的水平力（地震力與風壓力）。地震力的計算式為二樓樓板重量（靜載重 + 活載重）與位於二樓樓板上下的牆體重量之和，再乘上二樓樓層剪斷力係數 C_i。另一方面，風壓力則為速度壓 q 乘上依據建築物形狀而訂定的風力係數 C_f，再乘受風面積。此外，本範例以均等分布載重為條件，因此並非以面積來計算，而是乘以「負擔高度」（一樓樓高的一半 + 二樓樓高的一半）（關於 q 及 C_f 的計算，請參照第 210 頁）。

從本範例的地震力與風壓力的值來看，風壓力的值較大，因此會以風壓力的值來進行水平構面的設計。

在水平構面上產生的應力須計算彎矩 M_0、剪斷力 Q、邊緣應力（軸力 = 壓縮力 C 及拉伸力 T）等三類。應力公式與梁的斷面設計相同（參照第 177 頁）。

此時，Q 是水平構面的兩端部（剪力牆線）上傳遞的剪斷力，因此將這個數值除以深度 D 就是每 1m 樓板上所產生的剪斷力 Q'。因此，第 391 頁「水平構面的規範與樓板倍率」表中的容許剪斷耐力 ΔQ_a（kN／m）在這個 Q' 數值以上的做法，就是可以採行的水平構面做法。或者，將 Q' 除以樓板倍率 1 的基準耐力 P_0=1.96（kN／m）求出必要樓板倍率，以求出的值以上來設計樓板倍率亦可。

水平構面的做法決定了之後，接著是進行接合部的設計。樓板中央部上所產生的彎矩 M_0 與深度 D 相除後的值就是水平構面的外周部上產生的邊緣應力。接合部做法必須考量經上述所求得的軸力，確保對接或搭接的短期容許拉伸耐力在該軸力之上。或者，將求得的軸力除以接合部倍率 1 的基準耐力（1.96kN／m×2.7m=5.3kN[參照第 119 頁圖 2]）求出必要接合部倍率之後，利用第 391 頁「接合部倍率一覽」的表來設計也可以。

圖 4 ◆水平構面的設計範例②

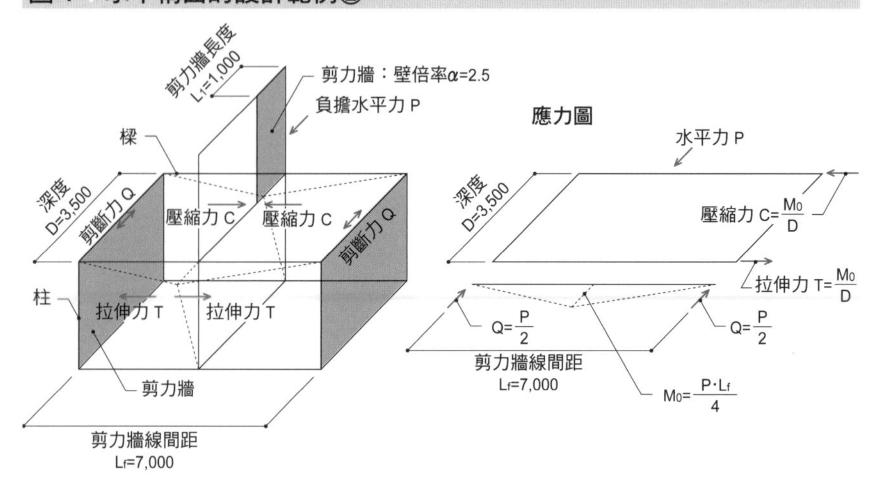

上下樓層的剪力牆線錯位時的檢討範例

木造住宅中經常可見上下樓層的剪力牆線錯位的情況。在此以第 233 頁圖 3 所示，建築物中間設有二樓剪力牆時的情況來進行檢討。

如果是圖 4 這類形狀時，就要將第 233 頁的檢討範例中所求得的應力再加上二樓剪力牆所負擔的水平力。關於二樓剪力牆所負擔的水平力有兩種檢討方法，一種是地震力與風壓力分別因應實際情況來計算的方法，另一種則是剪力牆的容許剪斷力視為水平力的方法。本範例採用後者的方法來進行檢討。

剪力牆的容許剪斷力 Q_a= 有效壁體長度（壁倍率 α× 壁體長度 L_i 的合計）乘以壁倍率 1 的基準耐力（P_0=1.96kN／m）。將該值視為中央集中載重進一步計算出彎矩、剪斷、軸力等各應力。然後，將因應這些應力所求得的水平構面及接合部的必要耐力，與在第 233 頁的檢討範例中所求得的必要耐力各自相加之後的值，就是構面產生錯位時水平構面所需的耐力。

上下樓層的剪力牆線錯位時的檢討順序

在構面產生錯位的情況下，除了計算地震力、風壓力的水平力之外，還要加上二樓剪力牆所負擔的水平力。在此進行如圖 4 二樓中央部上承載剪力牆的建築物之水平構面設計。地震力與風壓力的檢討與第 233 頁的二樓樓板面相同，故在此予以省略。

(1) 二樓剪力牆的負擔水平力計算

假設二樓剪力牆的壁倍率α=2.5、壁體長度 L_1=1.0m，因此有效的壁體長度為

$\alpha \times L_1 = 2.5 \times 1.0 = \mathbf{2.5\ m}$

然後，這道牆體的短期容許剪斷耐力 Q_a 為

$Q_a = \alpha \times L_1 \times P_0 = 2.5 \times 1.0 \times 1.96 = \mathbf{4.90\ kN}$

即為樓板的中央集中載重 P。

(2) 樓板面上產生的應力計算

計算樓板面中央部上所產生的彎曲應力 M_0、牆體邊緣上所產生的剪斷力 Q、外周梁上所產生的軸力 C 及 T。

$$M_0 = \frac{P \times L_f}{4} = \frac{4.90 \times 7.0}{4} = \mathbf{8.58\ kN \cdot m}$$

$$Q = \frac{P}{2} = \frac{4.90}{2} = \mathbf{2.45\ kN}$$

$$C = T = \frac{M_0}{D} = \frac{8.58}{3.5} = \mathbf{2.45\ kN}$$

(3) 必要樓板倍率的計算

計算傳遞二樓剪力牆的負擔水平力所必要的樓板短期容許剪斷耐力 Q' 及樓板倍率α_f。

$$\text{短期容許剪斷耐力 } Q' = \frac{Q}{D} = \frac{2.45}{3.5} = \mathbf{0.70\ kN/m}$$

$$\text{必要樓板倍率} \alpha_f = \frac{Q'}{P_0} = \frac{0.70}{1.96} = \mathbf{0.36}$$

樓板面的必要耐力是本檢討結果與第 233 頁的檢討中從風壓力所求得的必要耐力的相加和。因此，

樓板面的必要剪斷耐力 Q'=2.82＋0.70=**3.52 kN／m**

必要樓板倍率α_f=1.44＋0.36=**1.80**

→依據第 391 頁「水平構面的規範與樓板倍率」表，樓板做法採 No.1（樓板倍率 2.00）。

換句話說，採用樓板格柵@303、完全嵌入、鋪設結構用合板

(4) 必要接合部倍率的計算

僅針對二樓剪力牆的水平力來說，外周梁上的必要短期拉伸耐力 T=2.45kN，因此

$$\text{必要接合倍率} = \frac{T}{\text{基準耐力}} = \frac{2.45}{5.3} = \mathbf{0.46}$$

第 233 頁的檢討結果與本檢討結果相加後的值，就是外周梁上所需的必要短期拉伸耐力 T

T=4.93＋2.45=**7.38 kN**

故，必要接合部倍率為

必要接合部倍率 =0.93＋0.46=**1.39**

→根據第 391 頁「接合部倍率一覽」表，接合做法採用（に）

水平構面［實踐篇］❷

應用水平構面跨距表的設計實例

圖 1◆模型住宅的剪力牆配置

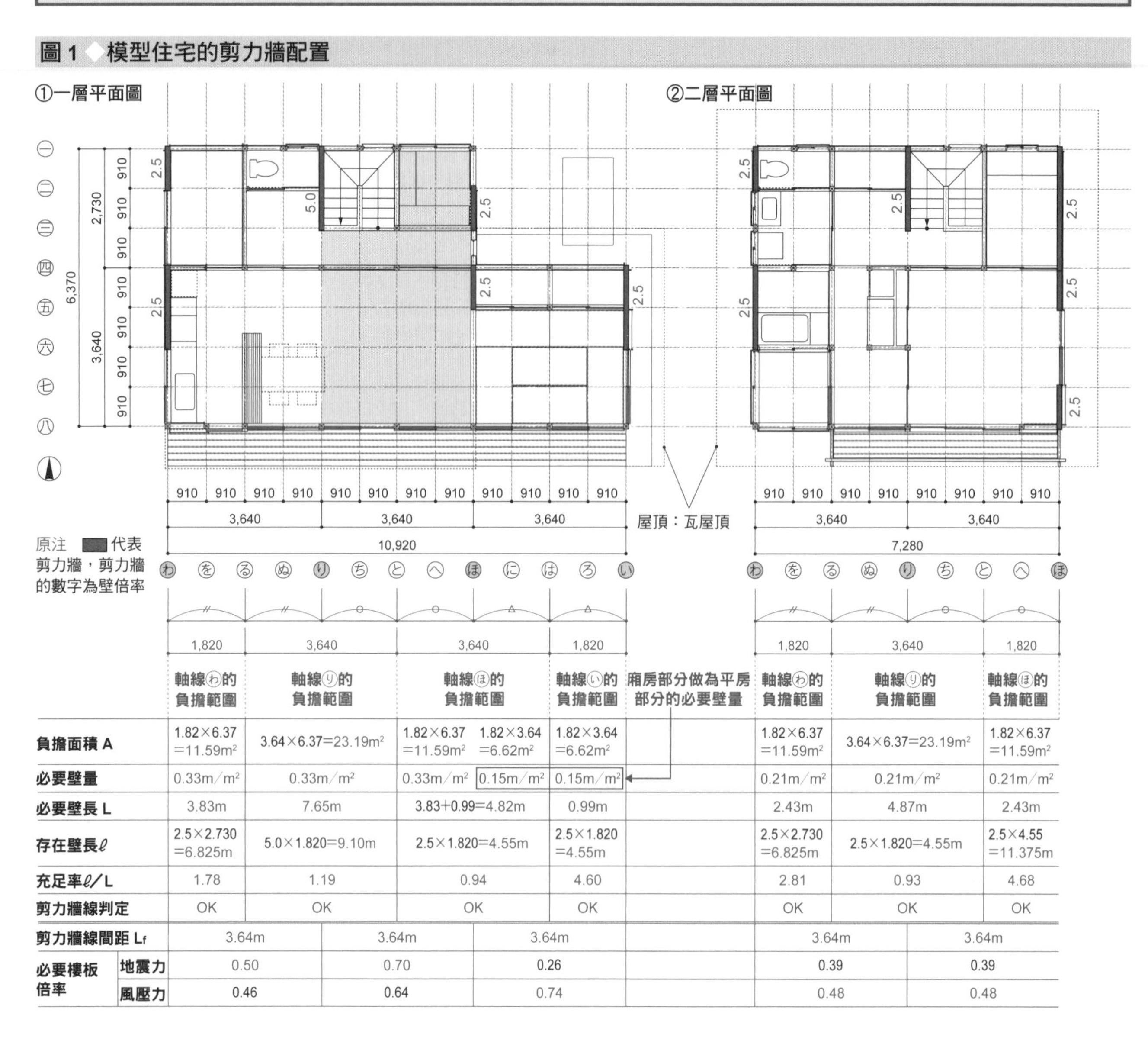

	軸線ⓦ的負擔範圍（1,820）	軸線ⓡ的負擔範圍（3,640）	軸線ⓗ的負擔範圍（3,640）		軸線ⓘ的負擔範圍（1,820）	廂房部分做為平房部分的必要壁量	軸線ⓦ的負擔範圍（1,820）	軸線ⓡ的負擔範圍（3,640）	軸線ⓗ的負擔範圍（1,820）
負擔面積 A	1.82×6.37=11.59m²	3.64×6.37=23.19m²	1.82×6.37=11.59m²	1.82×3.64=6.62m²	1.82×3.64=6.62m²		1.82×6.37=11.59m²	3.64×6.37=23.19m²	1.82×6.37=11.59m²
必要壁量	0.33m/m²	0.33m/m²	0.33m/m²	0.15m/m²	0.15m/m²		0.21m/m²	0.21m/m²	0.21m/m²
必要壁長 L	3.83m	7.65m	3.83+0.99=4.82m		0.99m		2.43m	4.87m	2.43m
存在壁長ℓ	2.5×2.730=6.825m	5.0×1.820=9.10m	2.5×1.820=4.55m		2.5×1.820=4.55m		2.5×2.730=6.825m	2.5×1.820=4.55m	2.5×4.55=11.375m
充足率ℓ/L	1.78	1.19	0.94		4.60		2.81	0.93	4.68
剪力牆線判定	OK	OK	OK		OK		OK	OK	OK

剪力牆線間距 L_f	3.64m	3.64m	3.64m		3.64m	3.64m
必要樓板倍率 地震力	0.50	0.70	0.26		0.39	0.39
必要樓板倍率 風壓力	0.46	0.64	0.74		0.48	0.48

本節將利用第 392～397 頁的水平構面跨距表，針對第 151 頁圖 1 住宅模型進行具體的水平構面設計。

住宅模型的剪力牆配置如圖 1 所示。此外，耐震等級是 1、積雪情況屬於一般地區、建築基地的基準風速 V_0=34m／s、地表面糙度區分為 III。

在本節中水平力的方向雖然僅針對 Y 方向來檢討，但實際上也要對 X 方向進行檢討，以必要樓板倍率較大的值來進行設計。

水平構面跨距表的基本使用方法

水平構面跨距表有①因應地震力、②因應風壓力、③因應構面錯位等三種。其中，因應地震力與風壓力的跨距表是以二層樓木造住宅為假定對象，藉以計算地震力與風壓力，再依據容許應力度計算求出必要樓板倍率（前提條件如第 392、394 頁）。此外，該跨距表也針對垂直積雪量達 1m 以上的多雪區域，分為積雪量為 1m 的情況及積雪量為 2m 的情況等兩種。積雪量在中間數值時則以線性插值來計算。

地震力採用第 393 頁的跨距表、風壓力則採用第 395、396 頁的跨距表來對應。

地震力與建築物重量成正比。進一步地說地震力與樓板面的深度尺寸成比例關係，因此單位樓板面積的負擔水平力是一定值，可以僅以剪力牆線間距來進行設計（圖2①）。不過，設有挑空時要因應與牆線相接的長度按比例來增加。

另一方面，風壓力與計入面積則成反比關係，因此樓板面的深度尺寸愈小，每樓板面積的負擔水平力愈大（圖2②）。換句話說，設計時必須考慮剪力牆線間距與深度之間的比率，因此在利用水平構面跨距表之前，首先要計算出水平構面的邊長比（剪力牆線間距 L_f／深度 D）。

圖 2　地震力與風壓力的差異

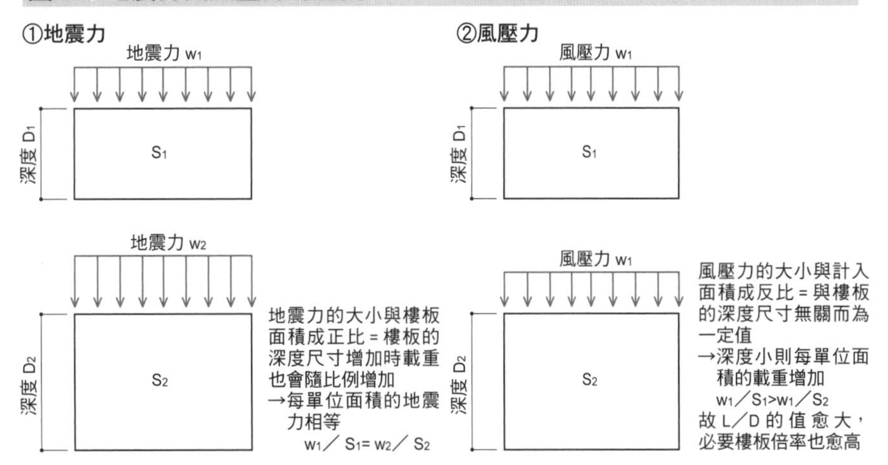

剪力牆線的判定

進行水平構面檢討時需要計算剪力牆線間距。為此，必須先判斷設有剪力牆的構面是否可做為剪力牆線。其順序如下。

①先抽出設有剪力牆的構面，個別計算構面的存在有效壁長。

②以相鄰構面的中間線來進行樓板的切分，並且求出各個構面的負擔面積，分別計算各個負擔面積面對地震力時所需的必要壁量

各構面的存在壁長如果在必要壁量的 75% 以上，就可以當做剪力牆線。未滿 75% 的話，就必須忽視該構面的剪力牆再重新計算負擔面積，進行相同的判定（參照圖1）。

指認構面之後再依據以下的要領進行設計。

圖 3　針對地震力的屋頂面設計

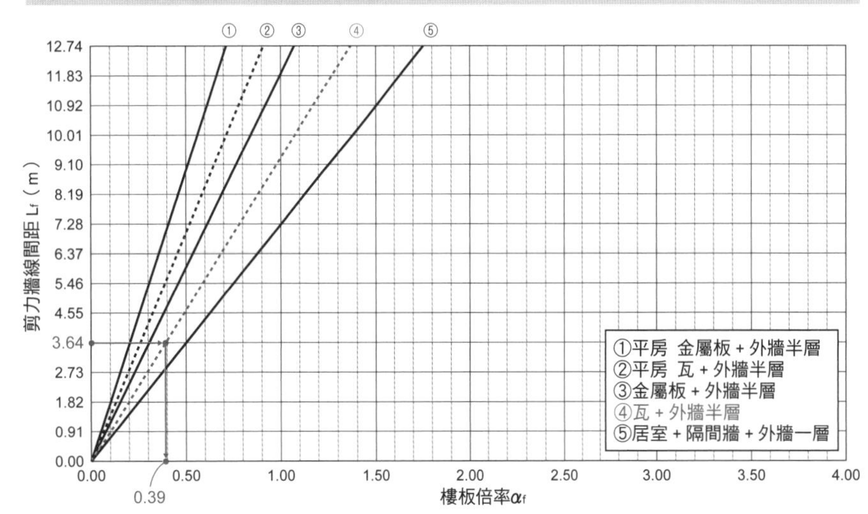

圖 4　針對風壓力的屋頂面設計

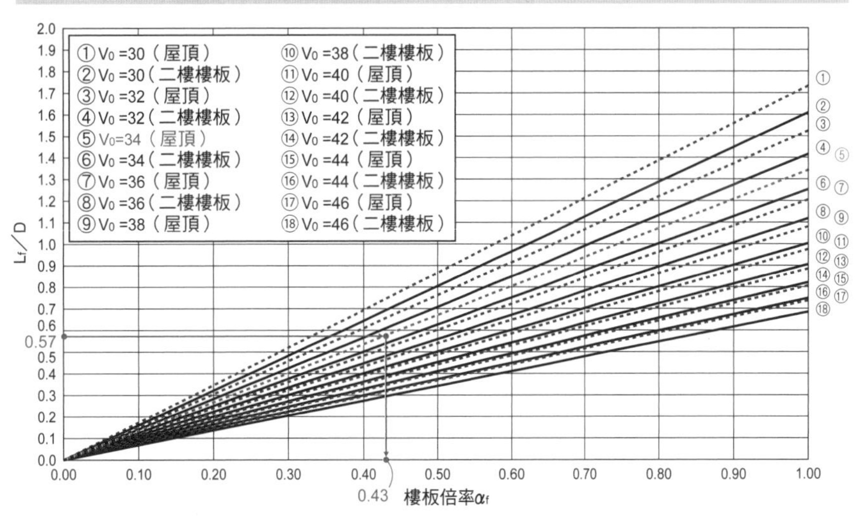

屋頂面的檢討

（1）針對地震力的設計

本範例的耐震等級是 1、積雪情況為一般區域，因此採用圖 3 跨距表（第 393 頁跨距表①）。二樓的剪力牆線間距 L_f 皆為 3.64m。從跨距表的縱軸：3.64m 的點拉出水平線，找出與「瓦＋外牆半層」的直線交點，再從該交點往下拉出垂直線，線落在橫軸刻度的 0.39 上，由此可知必要樓板倍率為 0.39。

（2）針對風壓力的設計

由於基準風速 V_0=34m／s、地表面粗糙度區分為 III，因此採用圖 4 跨距表（第 396 頁跨距表④）。

二樓的剪力牆線間距 L_f 皆為 3.64m。屋頂面沒有設置天窗，所以在這個範圍內的深度 D=6.37m。因此，邊長比 L_f／D=3.64／6.37=0.57。從跨距表的縱軸：0.57 的點拉出水平線，找出與「V_0=34（屋頂）」的直線交點，再從該交點往下拉出垂直線，線落在橫軸刻度的 0.43 上，由此可知必要樓板倍率為 0.43。

（3）決定水平構面的做法

根據上述的計算結果，由於風壓力的值比地震力的值大，因此屋

表 1 ◆ 水平構面的規範與樓板倍率

編號	水平構面的規範		樓板倍率	⊿Qa（kN／m）
1	鋪設面材的樓板面	結構用合板或結構用板材 12mm 以上、樓板格柵@340 以下、完全嵌入、N50–@150 以下	2.00	3.92
2		結構用合板或結構用板材 12mm 以上、樓板格柵@340 以下、半嵌入、N50–@150 以下	1.60	3.14
3		結構用合板或結構用板材 12mm 以上、樓板格柵@340 以下、空鋪、N50–@150 以下	1.00	1.96
4		結構用合板或結構用板材 12mm 以上、樓板格柵@500 以下、完全嵌入、N50–@150 以下	1.40	2.74
5		結構用合板或結構用板材 12mm 以上、樓板格柵@500 以下、半嵌入、N50–@150 以下	1.12	2.20
6		結構用合板或結構用板材 12mm 以上、樓板格柵@500 以下、空鋪、N50–@150 以下	0.70	1.37
7		結構用合板 24mm 以上、無樓板格柵直鋪四周釘定、N75–@150 以下	4.00	7.84
8		結構用合板 24mm 以上、無樓板格柵直鋪川字形釘定、N75–@150 以下	1.80	3.53
9		寬 180mm 杉木板 12mm 以上、樓板格柵@340 以下、完全嵌入、N50–@150 以下	0.39	0.76
10		寬 180mm 杉木板 12mm 以上、樓板格柵@340 以下、半嵌入、N50–@150 以下	0.36	0.71
11		寬 180mm 杉木板 12mm 以上、樓板格柵@340 以下、空鋪、N50–@150 以下	0.30	0.59
12		寬 180mm 杉木板 12mm 以上、樓板格柵@500 以下、完全嵌入、N50–@150 以下	0.26	0.51
13		寬 180mm 杉木板 12mm 以上、樓板格柵@500 以下、半嵌入、N50–@150 以下	0.24	0.47
14		寬 180mm 杉木板 12mm 以上、樓板格柵@500 以下、空鋪、N50–@150 以下	0.20	0.39
15	鋪設面材的屋頂面	30° 以下、結構用合板 9mm 以上、椽@500 以下、空鋪、N50–@150 以下	0.70	1.37
16		45° 以下、結構用合板 9mm 以上、椽@500 以下、空鋪、N50–@150 以下	0.50	0.98
17		30° 以下、結構用合板 9mm 以上、椽@500 以下、空鋪、N50–@150 以下、有防止翻落措施	1.00	1.96
18		45° 以下、結構用合板 9mm 以上、椽@500 以下、空鋪、N50–@150 以下、有防止翻落措施	0.70	1.37
19		30° 以下、寬 180mm 杉木板 9mm 以上、椽@500 以下、空鋪、N50–@150 以下	0.20	0.39
20		45° 以下、寬 180mm 杉木板 9mm 以上、椽@500 以下、空鋪、N50–@150 以下	0.10	0.20
21	角撐水平構面	Z 標鋼製角撐或木製角撐 90×90 以上、平均負擔面積 $2.5m^2$ 以下、樑深 240mm 以上	0.80	1.57
22		Z 標鋼製角撐或木製角撐 90×90 以上、平均負擔面積 $2.5m^2$ 以下、樑深 150mm 以上	0.60	1.18
23		Z 標鋼製角撐或木製角撐 90×90 以上、平均負擔面積 $2.5m^2$ 以下、樑深 105mm 以上	0.50	0.98
24		Z 標鋼製角撐或木製角撐 90×90 以上、平均負擔面積 $3.75m^2$ 以下、樑深 240mm 以上	0.48	0.94
25		Z 標鋼製角撐或木製角撐 90×90 以上、平均負擔面積 $3.75m^2$ 以下、樑深 150mm 以上	0.36	0.71
26		Z 標鋼製角撐或木製角撐 90×90 以上、平均負擔面積 $3.75m^2$ 以下、樑深 105mm 以上	0.30	0.59
27		Z 標鋼製角撐或木製角撐 90×90 以上、平均負擔面積 $5.0m^2$ 以下、樑深 240mm 以上	0.24	0.47
28		Z 標鋼製角撐或木製角撐 90×90 以上、平均負擔面積 $5.0m^2$ 以下、樑深 150mm 以上	0.18	0.35
29		Z 標鋼製角撐或木製角撐 90×90 以上、平均負擔面積 $5.0m^2$ 以下、樑深 105mm 以上	0.15	0.29

原注　表中的樓板倍率是依據《木造構架工法住宅的容許應力度設計（2008 年版）》（（財）日本住宅、木材技術中心）指示，為短期容許剪斷耐力⊿Qa 除以 1.96（kN／m）所得出的值

頂面、屋架樑面的做法由風壓力來決定。

做法是利用表 1 來決定。本範例採用該表中的 No.19 與 No.26 做法（樓板倍率：0.20+0.30=0.50 > 0.43）（※）。

（4）外周樑的接合部設計

根據前述的風壓力，在外周樑上產生的軸力（壓縮力 C 與拉伸力 T）可以利用第 233 頁圖 3 的要領求出。

$$C = T = \frac{M}{D} = \frac{\alpha_f \cdot P_0 \cdot L_f}{4}$$

$$= \frac{0.43 \times 1.96 \times 3.64}{4} = 0.77\text{（kN）}$$

將該值換算成接合部倍率就是 0.77／5.3=0.15。因此，接合做法採用與（ろ）同等以上，或者容許拉伸耐力在 0.77kN 以上的做法。

二樓樓板面的檢討①（(り)-(わ)之間）

（1）針對地震力的設計

一樓(り)-(わ)之間的剪力牆線間距 L_f=3.64m。從跨距表（第 393 頁跨距表①）的縱軸：3.64m 的點拉出水平線，找到與「居室 + 隔間牆 + 外牆一層」的直線交點，再從該交點往下拉出垂直線，線落在橫軸刻度的 0.50 上，由此可知必要樓板倍率為 0.50（圖 5）。

（2）針對風壓力的設計

一樓的剪力牆線間距 L_f=3.64m、樓板面深度 D=6.37m，因此邊長比 L_f／D=3.64／6.37=0.57，必要樓板倍率為 0.46（圖 6）。

（3）決定水平構面的做法

根據上述的計算結果，由於地震力的值比風壓力的值大，所以這個區間要由地震力來決定水平構面的做法。因此，二樓樓板面採表 1 的 No.13 與 No.26 做法（樓板倍率：0.24+0.30=0.54 > 0.50）。

（4）外周樑的接合部設計

根據前述的地震力，在二樓樓板面的外周部上產生的拉伸力即為

$$T = \frac{\alpha_f \cdot P_0 \cdot L_f}{4}$$

$$= \frac{0.50 \times 1.96 \times 3.64}{4}$$

$$= 0.89\text{（kN）}$$

將該數值換算成接合部倍率就是 0.89／5.3=0.17。因此，接合做法採用與（ろ）同等以上，或者容許拉伸耐力在 0.89kN 以上的做法。

二樓樓板面的檢討②
（ⓗ - ⓡ之間）

（1）針對地震力的設計

一樓ⓗ - ⓡ之間的剪力牆線間距 L_f=3.64m，從跨距表（第 393 頁跨距表①）的縱軸：3.64m 的點拉出水平線，找到與「居室＋隔間牆＋外牆一層」的直線交點，再從該交點往下拉出垂直線，線落在橫軸刻度的 0.50 上，由此可知必要樓板倍率為 0.50（圖 5）。不過，軸線ⓡ因為設有階梯而形成挑空，必須進行補正。具體而言，所謂補正即是將上述求得的壁倍率乘上「無挑空時的深度 D 與牆線相接的樓板長度 D_f 的比」。

本範例中 D=6.37m、D_f= 4.55m，補正後的必要樓板倍率為 0.50×6.37／4.550=0.70。

（2）針對風壓力的設計

一樓的剪力牆線間距 L_f 皆為 3.64m。樓板面深度 D 的最小值在設有樓梯的挑空軸線ⓡ側是 4.55m。因此，邊長比 L_f／D=3.64／4.55=0.80，從跨距表（第 396 頁表④）的縱軸：0.80 與「V_0=34（二樓樓板）」的直線交點往下拉至橫軸，可知必要樓板倍率為 0.64（圖 6）。

（3）決定水平構面的做法

根據上述的計算結果，由於地震力的值比風壓力的值大，因此以地震力的值為基礎，二樓樓板面做法採表 1 的 No.10 與 No.23 的方法（樓板倍率：0.36+0.50= 0.86 ＞ 0.70）。

（4）外周樑的接合部設計

二樓樓板面的外周部上產生的拉伸力如下。

$$T=\frac{\alpha_f \cdot P_0 \cdot L_f}{4}$$

$$=\frac{0.70\times1.96\times3.64}{4}$$

$$=1.25\ (\mathrm{kN})$$

將該數值換算成接合部倍率得出 1.25／5.3=0.24。因此，接合做法採用與（ろ）同等以上，或者容許拉伸耐力在 1.25kN 以上的做法。

圖 5 針對地震力的二樓樓板面設計

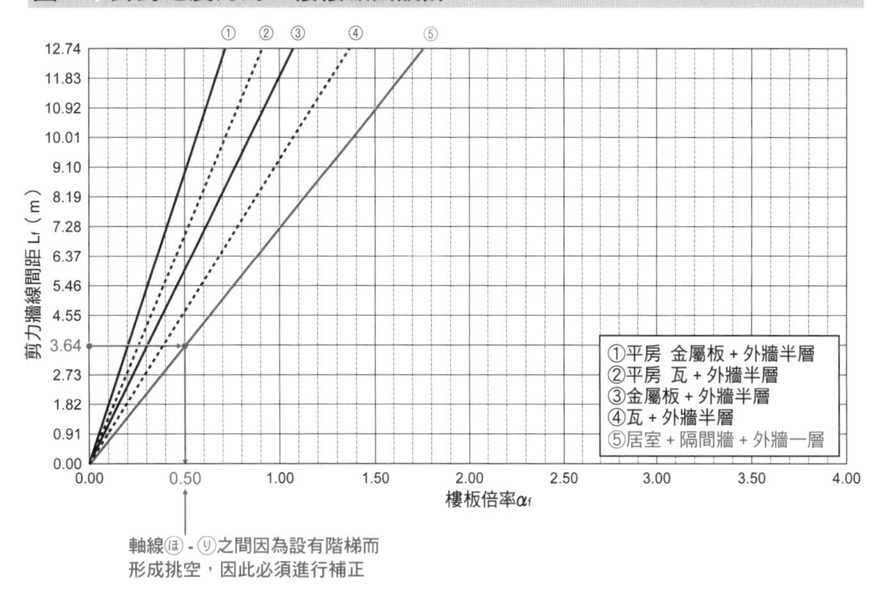

圖 6 針對風壓力的二樓樓板面設計

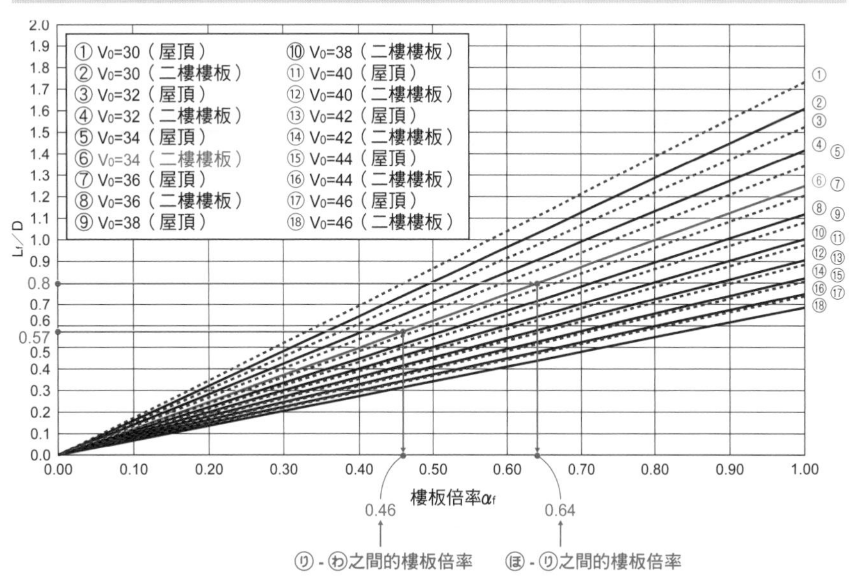

圖 7 針對地震力的廂房屋頂面設計

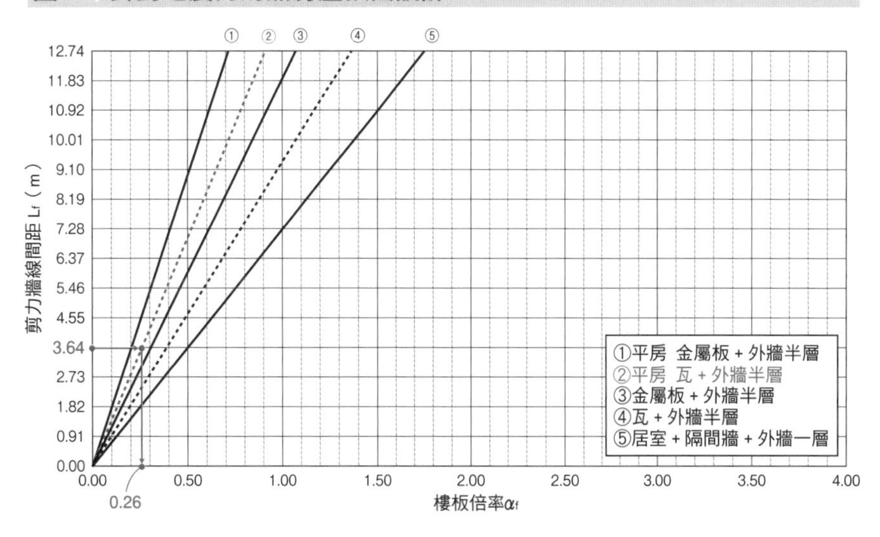

※ 原注 屋頂斜度為 4 寸→ $\theta=\tan^{-1}$（4／10）=21.8°

廂房屋頂面的檢討

(1)針對地震力的設計

廂房部分的剪力牆線間距 L_f 在ⓘ-ⓗ之間是3.64m，從跨距表（第393頁跨距表①）的縱軸：3.64m的點拉出水平線，找到與「平房 瓦＋外牆半層」的直線交點，再從該交點往下拉出垂直線，線落在橫軸刻度的0.26上，由此可知必要樓板倍率為0.26（第239頁圖7）。

(2)針對風壓力的設計

廂房部分的剪力牆線間距 L_f=3.64m。廂房屋頂面也沒有天窗，因此這個範圍的深度D=3.64m。因此，邊長比是 L_f／D=3.64／3.64=1.00，從跨距表（第396頁跨距表④）的縱軸：1.00與「V_0=34（屋頂）」的直線交點往下拉至橫軸，可知必要樓板倍率是0.74（圖8）。

(3)決定水平構面的做法

根據上述的計算結果得出風壓力的值比地震力的值大的結論。因此，廂房屋頂面及屋架面的做法以風壓力為基礎，採用第238頁表1的No.19與No.22的方法（樓板倍率：0.20＋0.60=0.80＞0.74）。

(4)外周樑的接合部設計

在廂房的桁樑上所產生的拉伸力如下。

$$T=\frac{\alpha_f \cdot P_0 \cdot L_f}{4}$$

$$=\frac{0.74\times1.96\times3.64}{4}$$

$$=1.32\ (\text{kN})$$

將該數值換算成接合部倍率得出1.32／5.3=0.25。因此，接合做法採用與（ろ）同等以上，或者容許拉伸耐力在1.32kN以上的做法。

針對上下樓層的構面錯位時的設計

一樓與二樓的構面位置出現錯位不一致時，除了要根據地震力、風壓力計算出樓板倍率之外，也必須加入二樓剪力牆所負擔的水平力。以下是針對本節的住宅模型進行檢討，當二樓軸線ⓔ的㊀-㊃之間的牆體若以壁倍率1.5的剪力牆來施作時的情況（圖9）。

圖8◆針對風壓力的廂房屋頂面設計

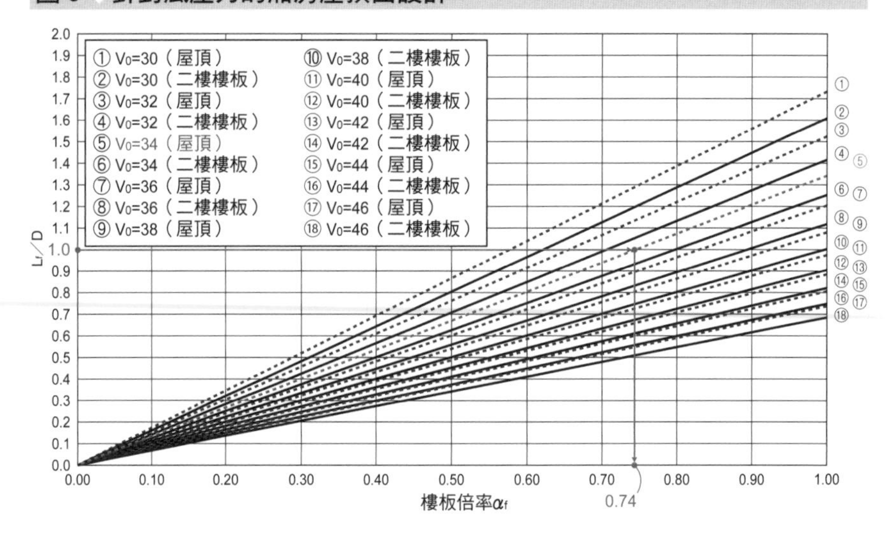

在㊀-㊃之間的構面有效壁長為壁倍率×長度=1.5×2.73m=4.095m。若將此構面的短期容許剪斷耐力當做水平力P時，P=4.095m×1.96kN／m=8.03kN。

該牆體的水平力必定會以樓板面做為中介傳遞到一樓軸線ⓗ與軸線ⓡ的剪力牆上，其水平力分配方式可以從下述的三種類型來考慮。

- 對應構面間隔來分配
- 對應一樓剪力牆的剛性來分配
- 對應樓板的接觸長度來分配

無論採取哪一種都必須滿足一樓各個構面所負擔的面積部分之必要壁量。

(1)對應構面間隔來分配時

因為軸線ⓔ是ⓗ與ⓡ的中心，因此軸線ⓗ與軸線ⓡ所分配到的水平力Q是有效壁長的一半，Q=1.5×2.73×1.96／2=4.01kN。

①軸線ⓗ側的檢討

與軸線ⓗ的構面相接的樓板長度以 D_{f1} 來表示。D_{f1}=6.37m時，傳遞的剪斷力Q'為Q'=Q／D_{f1}=4.01／6.37=0.63kN／m，將此換算成樓板倍率 α_f'≧Q'／P_0=0.32。因此，ⓗ-ⓔ之間的必要樓板倍率加上ⓗ-ⓡ之間的二樓樓板面檢討所求出的值，就是 α_f≧0.70＋0.32=1.02。

順帶一提，採用圖10的跨距表（第397頁）時，從壁倍率 α=1.5、壁體長度L=2.73／2=1.365m、樓板長度 D_f=6.37m可知L／D_f=0.21。若將跨距表的橫軸：0.21與 α=1.5的直線交點對照至縱軸便可知必要樓板倍率為0.32，得出的值與前面的計算值相同。

②軸線ⓡ側的檢討

與軸線ⓡ的構面相接的樓板長度以 D_{f2} 來表示。D_{f2}=4.55m時，傳遞的剪斷力Q'為Q'=Q／D_{f2}=4.01／4.55=0.88kN／m，將此換算成樓板倍率 α_f'≧Q'／P_0=0.45。因此，ⓔ-ⓡ之間的必要樓板倍率加上ⓗ-ⓡ之間的二樓樓板面檢討所求出的值，就是 α_f≧0.70＋0.45=1.15。

採用跨距表（第397頁）時，從壁倍率 α=1.5、壁體長度L=2.73／2=1.365m、樓板長度 D_f=4.55m可知L／D_f=0.30。若將圖表橫軸：0.30與 α=1.5的直線交點對照至縱軸便可知必要樓板倍率為0.45，得出的值與前面的計算值相同。（圖10）。

(2)對應一樓剪力牆的剛性來分配時

一樓軸線ⓗ的有效壁長是 $\alpha_1\times L_1$=2.5×1.82m=4.55m。軸線ⓡ的有效壁長是 $\alpha_2\times L_2$=5.0×1.82=9.10m。因此，傳向軸線ⓗ側的剪斷力 Q_1'=1.5×2.73×1.96×4.55／（4.55＋

圖 9 上下樓層的構面錯位時的剪力牆配置

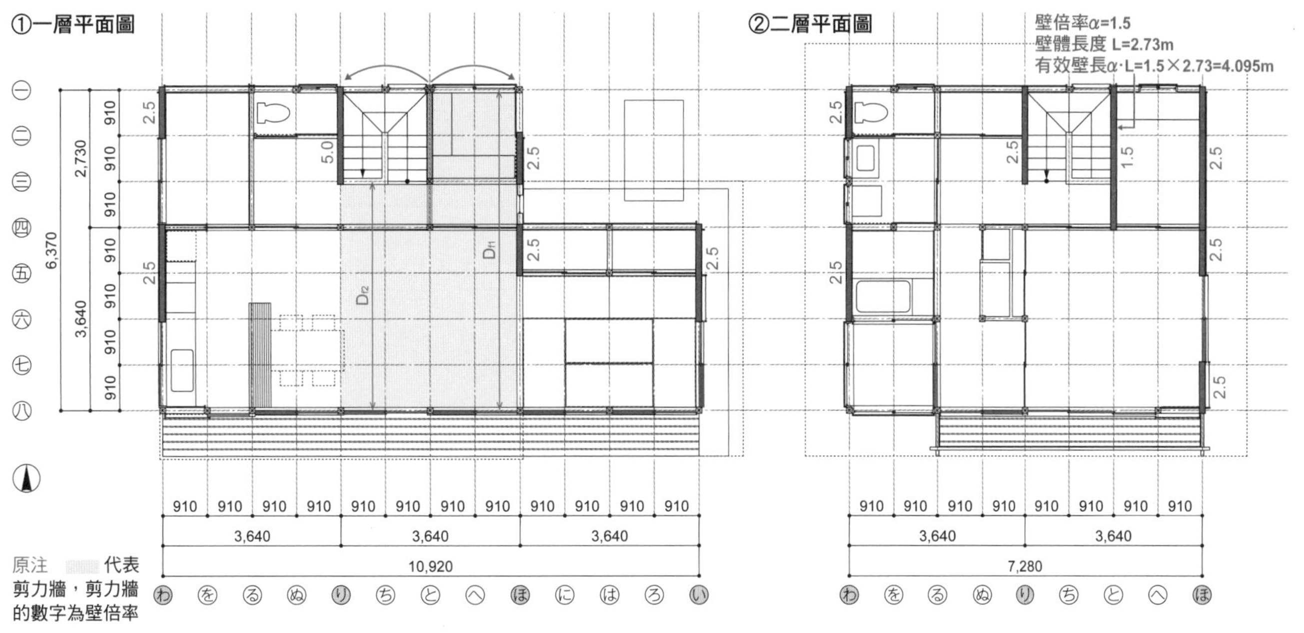

圖 10 構面錯位的檢討

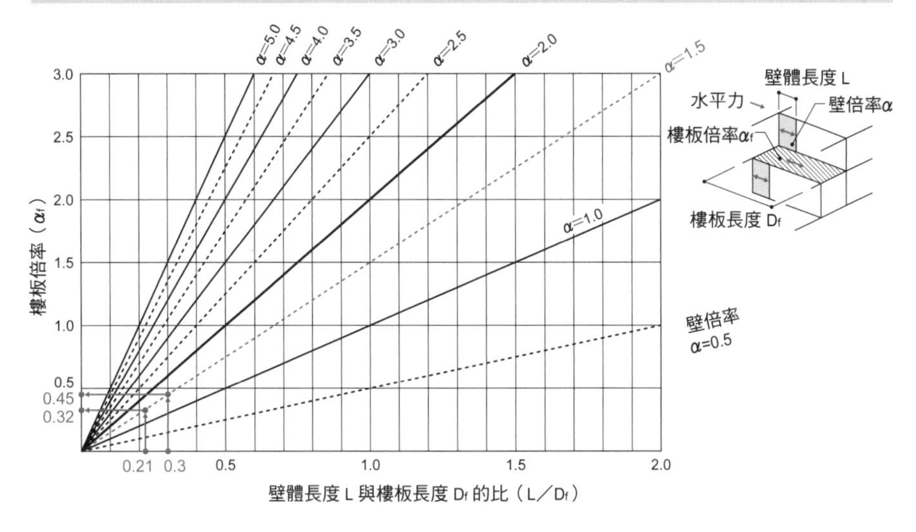

9.10）／6.37=0.42kN／m。傳向軸線(り)側的剪斷力 Q_2'=1.5×2.73×1.96×9.10／（4.55+9.10）／4.55=1.18kN／m。接著同（1）的做法計算出樓板倍率。

如此一來，(ほ)-(と)之間的必要樓板倍率α_f'=0.42／1.96=0.21、α_f=0.70+0.21=0.91。此外，可得到(と)-(り)之間的必要樓板倍率α_f'=1.18／1.96=0.60、α_f=0.70+0.60=1.30的結果。

（3）對應樓板的接觸長度來分配時

傳向軸線(ほ)側的剪斷力 Q_1'=1.5×2.73×1.96×6.37／（6.37+4.55）／6.37=0.74kN／m；傳向軸線(り)側的剪斷力 Q_2'=1.5×2.73×1.96×4.55／（6.37+4.55）／4.55=0.74kN／m。同樣的，同（1）的做法計算出樓板倍率。

採用該方法時，因為(ほ)-(と)之間、(と)-(り)之間皆是α_f'=0.38，因此(ほ)-(り)之間的必要樓板倍率α_f=0.70+0.38=1.08。

依據品確法的水平構面接合部設計

圖1 ◆ 接合部的計算模型

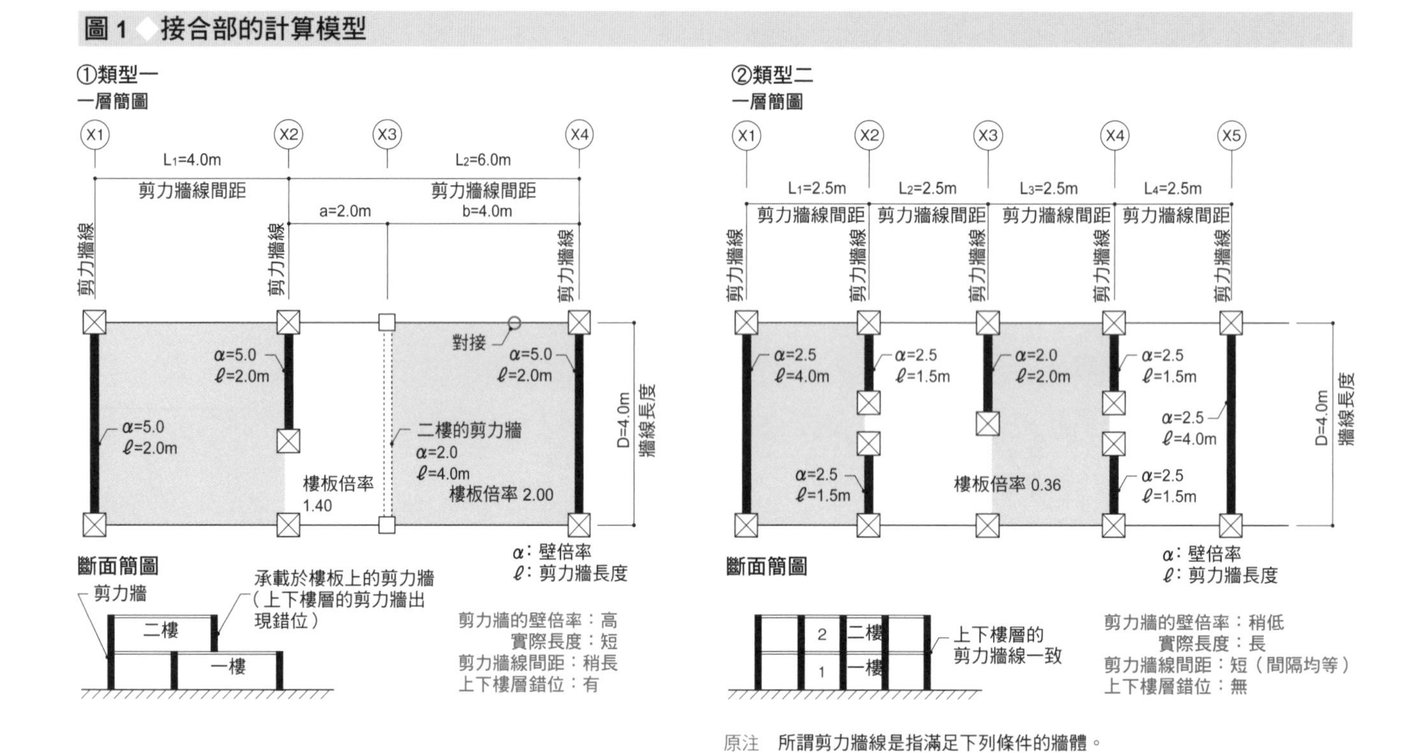

原注　所謂剪力牆線是指滿足下列條件的牆體。
（1）最外側牆線
（2）該牆線的存在壁量（壁倍率 × 壁體長度的合計）≧ max {牆線的牆線長度 ×0.6, 400cm}

品確法的水平構面檢討是要讓非結構設計者也能自行計算，因此是不使用水平力或耐力值，僅利用壁倍率與樓板倍率的計算式。本節中將針對這個檢討方法的意義進行解說。

樓板倍率的檢討方法要點

在此雖然省略了詳細的檢討方法而僅敘述要點，不過在必要樓板倍率的檢討中，即使設有剪力牆也要先確認該軸線是否能做為「剪力牆線」。此外，就樓板面上產生的水平力而言，在壁量計算中是以必要壁量來計算（因為必要壁量 = 水平力，參照第 112 頁）。

水平構面接合部的檢討方法

在品確法中，與接合部部位有關的分類為以下四種類型（參照第 132 頁圖 10）。

①與廂房相接處的接合部
②超過建築物最外周的剪力牆線 1.5m 位置上的內角部接合部
③超過剪力牆線間距 4m 的樓板、屋頂面中間的接合部
④其他接合部

其他接合部的必要倍率一律視為 0.7，其餘要以存在樓板倍率與剪力牆線間距及係數（0.185）來求必要接合部倍率，選擇符合必要接合部倍率的接合部做法。

在此針對圖 1 第二類建築物，根據品確法來進行必要接合部倍率的計算。

（1）類型一

本計算模型的特徵在於雖然 X3 軸線上的二樓設有剪力牆，不過正下方並沒有剪力牆，而且一樓的 X2-X4 之間的剪力牆線距離超過 4.0m。

軸線 X1、X2 屬於「其他接合部」，必要接合部倍率為 0.7。因此，根據表 1 要選用接合部做法（ろ）來施作（圖 2）。

由於剪力牆線間距超過 4.0m，因此 X2-X4 之間的對接所需的必要接合部倍率要以第 132 頁圖 10 的計算式來計算。在此區間內有多個樓板倍率規範，因此以平均存在樓板倍率（參照第 244 頁原注 2）來

圖 2 接合部的檢討結果

①類型一

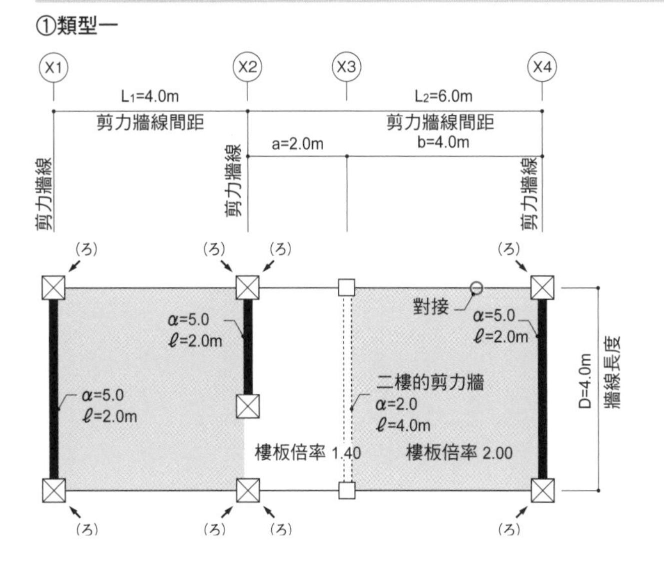

②類型二

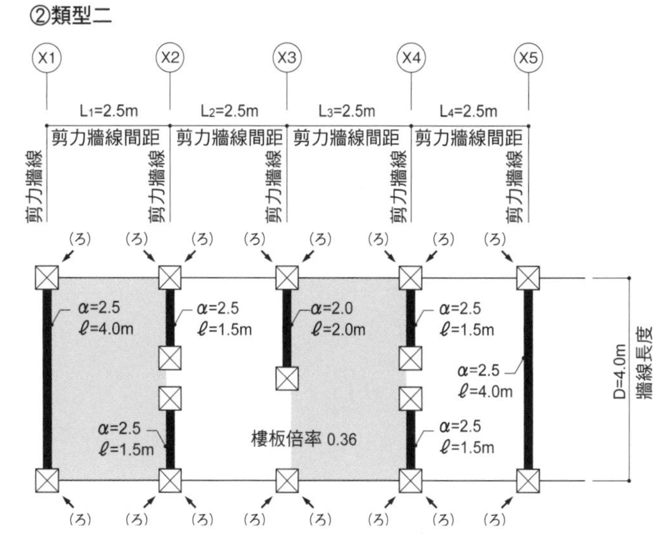

表 1 接合部倍率一覽表

接合記號	接合部規範	接合部倍率
（い）	短榫、以及ㄇ形釘（C）釘定	0.0
（ろ）	長榫入插榫、或是角隅五金（CP・L）	0.7
（は）	角隅五金（CP・T）、或是山形版（VP）	1.0
（に）	毽形螺栓（SB・F2、SB・E2）、或是條狀五金（S）	1.4
（ほ）	毽形螺栓（SB・F、SB・E）、或是條狀五金（S）+ 螺釘（ZS50）	1.6
（へ）	拉引五金（HD-B10、S-HD10、HD-N10）	1.8
（と）	拉引五金（HD-B15、S-HD15、HD-N15）	2.8
（ち）	拉引五金（HD-B20、S-HD20、HD-N20）	3.7
（り）	拉引五金（HD-B25、S-HD25、HD-N25）	4.7
（ぬ）	拉引五金（HD-B15、S-HD15、HD-N15）×2 組	5.6
（る）	凹槽燕尾對接或是入榫燕尾 + 毽形螺栓（SB）或是條狀五金（S）	1.9
（を）	凹槽燕尾對接或是入榫燕尾 +（毽形螺栓 [SB] 或是條狀五金 [S]）×2 組	3.0

表 2 樓板倍率、剪力牆線間距與接合部的規範

存在樓板倍率	剪力牆線間距（m） 4	6	8	10	12
0.5	（ろ）	（ろ）	（は）	（は）	（に）
1.0	（は）	（に）	（ほ）	（る）	（を）
1.5	（に）	（る）	（を）	（を）	（ち）
2.0	（ほ）	（を）	（を）	（ち）	（り）
2.5	（る）	（を）	（ち）	（り）	（ぬ）
3.0	（を）	（ち）	（り）	（ぬ）	—
3.5	（を）	（り）	（ぬ）	—	—

計算的話，

平均存在樓板倍率
=（1.40×2.0+2.00×4.0）／6.0=1.80

必要接合部倍率
=1.80×6.0×0.185=2.00

從上述可知，要以（を）或者（と）的做法來施作（表 1）。

（2）類型二

本計算模型的特徵在於所有軸線上的剪力牆在一樓、二樓皆有配置，而且剪力牆線間距也全數在 4.0m 以下。檢討順序與要點同類型一。

全部均為「其他接合部」，所以必要接合部倍率為 0.7。因此，根據表 1 要選用接合部做法（ろ）（圖 2）。

圖 3 品確法中的水平構面接合之檢討部位與應力

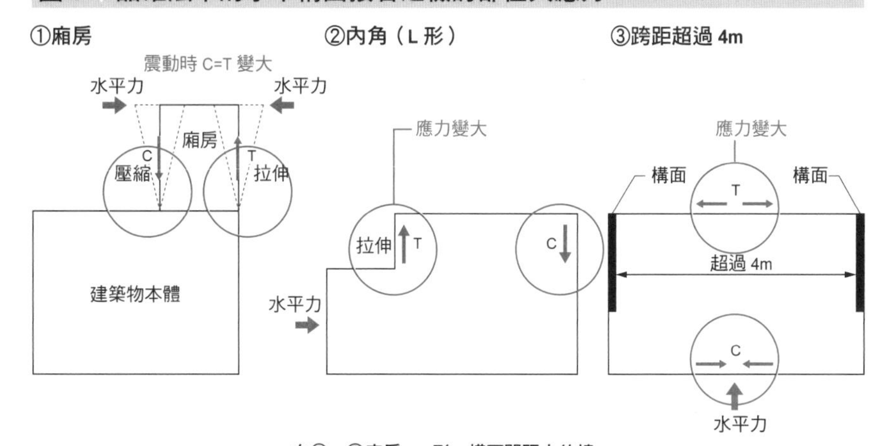

在①～③廂房、L 形、構面間距大的情況下，接合部必須具備充分的強度

品確法的接合部檢討的思考方法

品確法中是針對廂房的固定部、水平構面的內角、剪力牆線間距 4m 以上等，就接合部來說應力（拉伸力）很大的部位進行對接、搭接的檢討。以圖像說明的話就如圖 3 所示。由於對間隔在 4m 以下的情況進行計算時也不會產生有問題的應力，因此會限定在對間隔超過 4m 的部分進行檢討。

除此之外，檢討對象是針對存在於建築物外周部的對接、搭接，建築物內部的對接、搭接之所以不做為對象，是因為採用容許應力度設計法時，將樓板面按各個橫向材加以細分再檢討便可知，樓板面中央部的壓縮力和拉伸力相抵之下並不會產生很大的應力值（圖4）。

因此，在樓板面的外周所產生的軸力（壓縮、拉伸）為

$$C=T=\frac{M}{D}=\frac{\alpha_f \cdot P_0 \cdot D \cdot L_f}{2 \cdot D}$$

$$=\frac{\alpha_f \cdot P_0 \cdot L_f}{2}$$

這就是接合部必要的拉伸耐力。將該值除以接合部的基準耐力5.30kN，就能求出必要接合部倍率。因為P_0=1.96kN／m，因此

必要接合部倍率

$$=\frac{T}{5.30}=\frac{\alpha_f \cdot P_0 \cdot L_f}{2\times 5.30}$$

$$=\frac{1.96 \cdot \alpha_f \cdot L_f}{2\times 5.30}$$

$$=0.185 \cdot \alpha_f \cdot L_f$$

此為第132頁圖10的檢討公式。

在容許應力度設計中，是從樓板的重量求得水平力，再計算M與Q並求出與之相符的樓板倍率與接合部倍率，但是在品確法中則以簡易的方法來決定樓板倍率，從樓板倍率就可以計算出接合部必要的倍率（圖5）。因此，若樓板倍率提高，接合部倍率也會隨之提高。假設有人基於安全考量而將樓板倍率提高，但實際上產生的應力卻很小時，就會產生無端增加五金構件的矛盾。雖然這是依據安全考量來設計，並不會有問題，不過從力學或經濟效益來看，採用容許應力度計算是比較合理的。

圖4◆在水平構面上產生的軸力

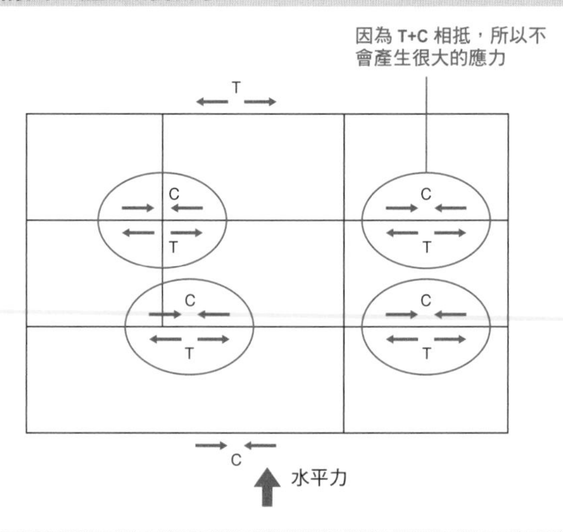

圖5◆水平構面接合部的檢討之思考方式

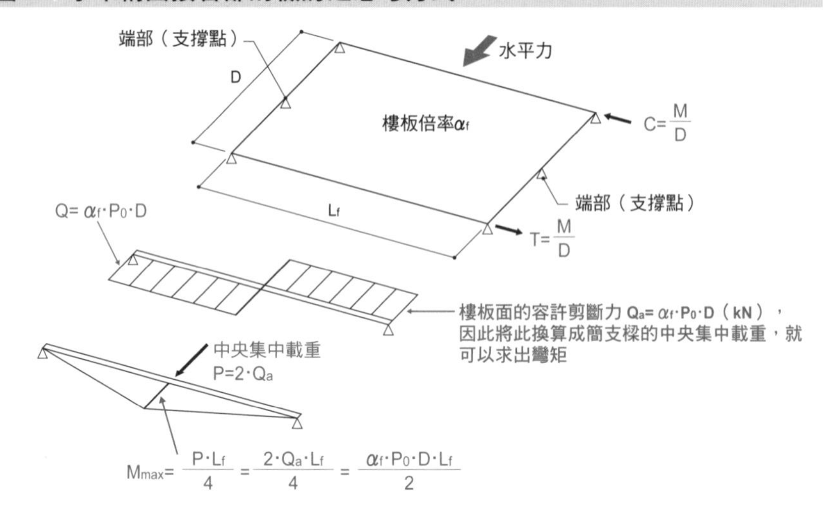

原注1　本書與《針對木造住宅的住宅性能標示》（（財）日本住宅、木材技術中心）的表記方法不同之處如下。

本書的標示	《針對木造住宅的住宅性能標示》中的標示
剪力牆線間距 L_f	剪力牆線間距 l
深度 D	樓板區劃的牆線方向距離 L
樓板倍率α_f	樓板倍率 f

原注2　依據上述《針對木造住宅的住宅性能標示》的檢討方法，像本範例這樣多個做法規範以剪力牆線和平行的線來劃分時，會採用最小的樓板倍率做為平均存在樓板倍率。這是因為決定樓板倍率時，最小的樓板倍率本來就要在必要樓板倍率以上的緣故。換句話說，樓板倍率較高的部分是過度設計，這應該是基於安全考量的關係。不過，如果考慮到實際的應力分配，由於是因應樓板的剛比來分配水平力，因此原本的思考方式就要依下面算式來設計接合部。

$$\text{平均存在樓板倍率}=\frac{\Sigma\text{（各樓板倍率}\times\text{各樓板面積）}}{\text{區間面積的總和}}$$

水平構面的種類與特性

圖 1 ◆剪力牆（水平構面）的面內剪斷試驗

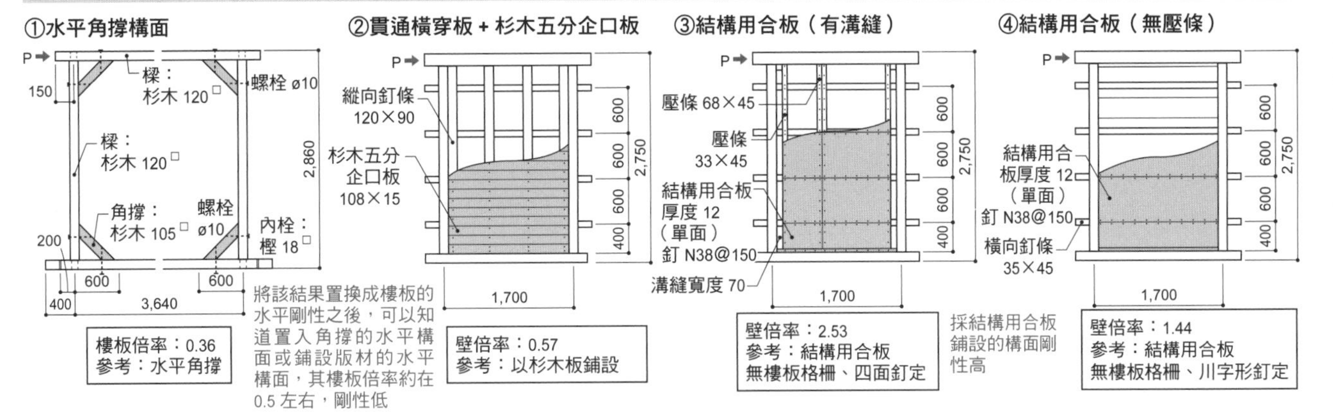

一般樓板構架的水平剛性

就掌握樓板構架的水平剛性而言，採用可求出剪力牆壁倍率的面內剪斷試驗幾乎相同的試驗是不錯的方法。從四角斜向材、以杉木板鋪設剪力牆、以結構用合板鋪設剪力牆的各試驗數據中，可以推測設有水平角撐樑的樓板構架、鋪設杉木板的樓板構架、及鋪設結構用合板的樓板構架等各樓板構架的水平剛性（圖 1）。

前兩個試體雖然有些許的落差，但其樓板倍率皆在 0.5 左右，樓板剛性低。不過，從試驗結果可知，採用結構用合板的構面在樓板倍率與數值上幾乎與相應的剪力牆一致，樓板剛性相對較高。由此來看，為了提高樓板面的水平剛性，大多會採用結構用合板來施作。不過在此將針對其他的水平構面固定方法進行解說。

水平桁架與斜向版鋪設法

不以結構用合板鋪設來提高水平剛性的方法中，還有在樓板面設置水平桁架的方法、或將樓板以斜向鋪設的方法（圖 2）。

圖 2 ◆水平桁架與斜向版鋪設法

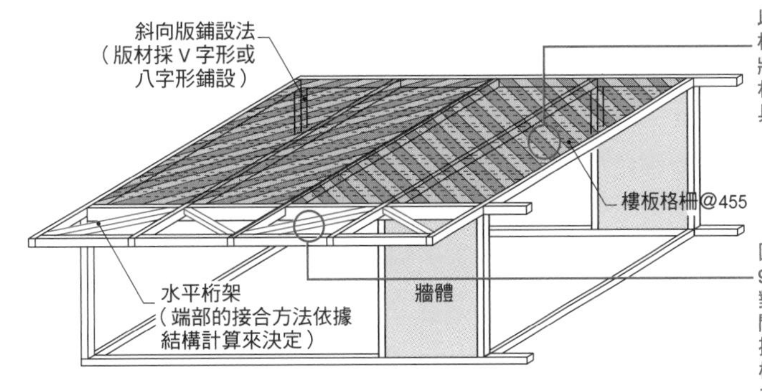

（1）水平桁架

水平桁架可將斜撐視為水平橫躺的狀態。經常用於挑空、或以棧板鋪設的陽台等，期待水平面保有某種程度的開放性的時候。

構材因考慮到挫屈而使用 90mm 以上的角料，以對角線配置在兩道樑之間將樑的交點與交點連接起來。如果採用水平角撐樑的做法固定在樑中間時，在樑寬方向會產生彎曲應力，所以必須進行樑的斷面檢討，這點要加以注意。

此外，在僅以水平桁架來抵抗壓縮的情況下，做到螺栓接合的程度即可，但若要同時期待具有拉伸抵抗力時，就必須以鋼骨來製作接合具。

水平桁架中也可以使用鋼棒拉桿斜撐，不過無法抵抗壓縮力，而僅能抵抗拉伸力，因此採取交叉斜撐為原則的同時，也要注意端部的接合方式。

（2）斜向版鋪設法

斜向版鋪設法是由厚度 18mm 左右的製成版材以斜向釘定所製成的構架。

雖然置換成牆體來思考比較容易了解，不過施工時版材就如斜撐一樣會產生抵抗作用，因此在不產生挫屈為前提下，要以間隔 455mm 以下來釘定樓板格柵。除此之外，也必須注意鋪設方向，使拉伸材與壓縮材取得平衡（採取 V 字形或八字形）。

圖 3 ◆有關厚版剛性的實驗

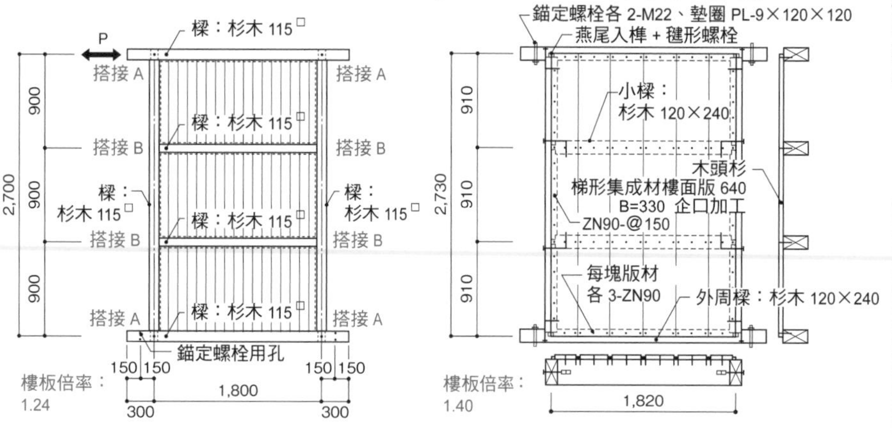

①的實驗規範
搭接 A：長榫入插榫（栗木 18mm 角材）
搭接 B：燕尾榫入榫
樓板（杉木）40mm 厚 企口加工作用寬度 101mm
・樓板跨在樑上並嵌入 15mm
・樓板的橫斷面（木口側）以每塊 2 根 N75 釘子固定於樑上
・樓板的縱斷面以 N75 釘子@150mm 固定於樑上

發揮厚版效果的方法
①為了支撐垂直載重，若為屋面板要有 30mm 以上的厚度，若為樓板則要有 40mm 以上的厚度
②椽（斜樑）或樓板格柵（小樑）的間隔須設置在 1,000mm 以內，一塊樓板一定要有三個以上的支撐點
③為防止板材之間產生垂直錯動，要以企口板來施作
④釘子要打至頂部

從筆者參與過的試驗可得出換算成樓板倍率時約為 1.4 的結論。一般採用製成材鋪設的樓板，其樓板倍率約在 0.4 左右，因此光是採用斜向鋪設就能使水平剛性提高大約 3 倍。

厚板的效果

近年來出現使用 30mm 左右的厚版來鋪設而省略樓板格柵的工法。

關於這點在筆者參與過的試驗中，以 40mm 厚的杉木板完全嵌入樑內所釘定而成的樓板來說，其樓板倍率為 1.24，另一方面以 40mm 厚的杉木梯形集成材樓面版搭載在樑上所釘定而成的樓板來說，其樓板倍率則為 1.40，後者可以獲得與結構用合板鋪設相近的數值（圖 3）。換句話說，以厚版鋪設的做法可以提高樓板剛性。

版的厚度要以垂直載重的支撐為第一優先考量，其計算方法只要符合橫向材的斷面設計（參照第 177 ～ 181 頁構架 [實踐篇] ②）就沒有問題，而且也會受到小樑、斜樑的間隔和版自身長度的影響。

若是連續樑（一塊版的支撐點有三個以上）的話，樓板厚度在 24mm 以上即可，但若是簡支樑（嵌入樑內、或者一塊版的支撐點有兩個）的話，採用杉木板時必須要有 40mm 以上的厚度。此外，為了防止板材之間產生垂直滑動，最好以企口板來施作。

另外，釘子要打至頂部才能期待水平剛性。如果壓陷到板材內，不僅釘子的彎曲抵抗能力會下降，就連板材也容易割裂，因此要特別注意。

提高剛性的樓板鋪設方式

樓板面一旦受到水平力作用時，就會產生應力使板材之間產生滑動。不過只要防止滑動就能提高水平剛性。至於防止滑動方面則有釘打多根粗釘、加寬板材寬度、使用長尺寸的材料等因應策略。

此外，板材若採用千鳥式鋪設時，交錯的相鄰接縫會有防止錯動的效果，其水平剛性會比採用接縫對齊的鋪設法更高。不過，實際上接縫連續的情況在某些地方很可能出現，這種情況下最好在剪力牆構面間隔短的部分，也就是幾乎不太需要水平剛性的範圍內進行接縫位置的調整。

經實驗得知對接、搭接的拉伸耐力

水平力作用在建築物之後，會以樓板面為中介將力傳遞到剪力牆。此時要防止水平構面比剪力牆更早出現破壞。具體而言，就是因應剪力牆的配置以確保樓板構材的水平剛性，並且水平構面的外周樑的接合部必須保有必要的拉伸耐力（圖 1）。

所謂外周樑的接合部是指對接與通柱的搭接。如第 131 頁圖 6 所示，在壁倍率與樓板倍率有所變化的情況下，從產生在水平構面上的變形以及應力的比較結果來看，水平構面的外周樑上所需的必要拉伸耐力，在中型地震時約 6kN、大地震時以中型地震時的 3.0 ～ 3.5 倍來回應，也就是約為 21kN。因此，短期拉伸耐力 =6.0kN、最大耐力以 21.0kN 為目標值。

先記住該值一起來看以下的試驗結果。

對接的拉伸試驗

圖 2、3 是靜岡縣林業技術中心所進行的試驗，比較金輪對接與蛇首對接分別以高溫乾燥材與天然乾燥材製作時的拉伸能力。兩者接合的拉伸耐力皆滿足目標值。此外，從圖表來看可以清楚知道高溫乾燥材的初期剛性高，天然乾燥材則是富有韌性。

接下來將針對追掛對接（或稱斜口榫接）介紹木構研習營的試驗結果。

追掛對接是在纖維方向咬合的抵抗機制，因此無論是哪種材料構成，其耐力都非常高。不過，如果從破壞性狀來看，天然乾燥材會如預測一般進行破壞（第 248 頁圖 4）。另一方面，高溫乾燥材則不

圖 1　水平載重的傳遞方式

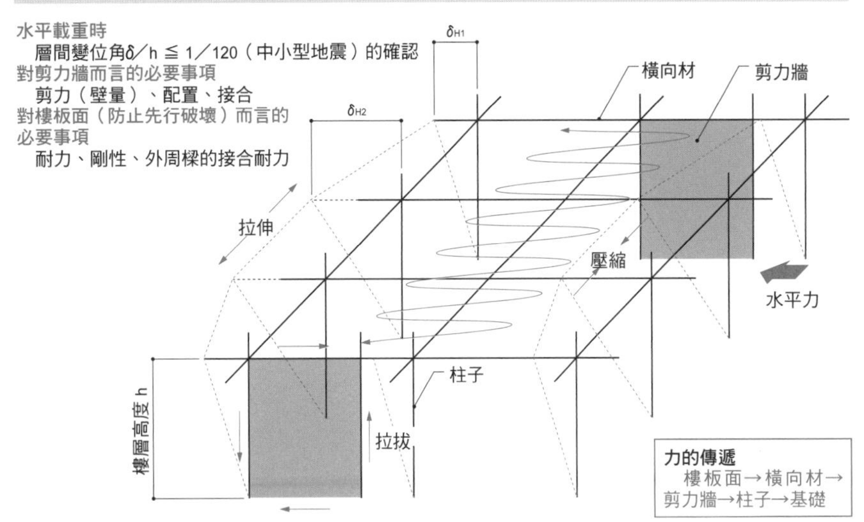

圖 2　金輪對接的拉伸試驗

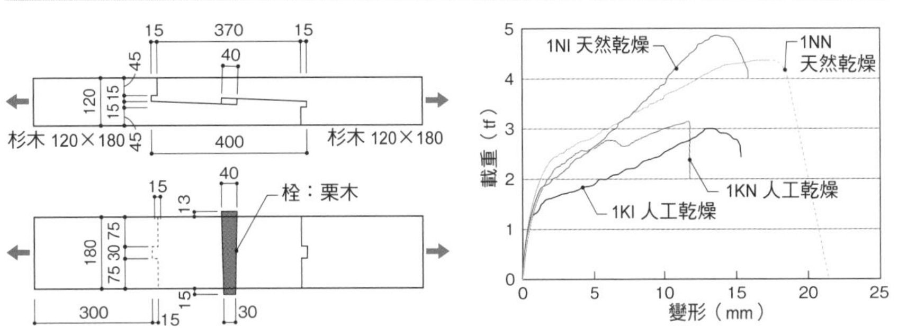

試驗體	乾燥方式	短期拉伸耐力	接合部倍率	最大載重	降伏耐力	崩壞形式
1KI	人工乾燥	1.12tf [11.0kN]	2.07	2.99tf [29.3kN]	1.49tf	母材的剪斷破壞
1KN	人工乾燥	1.48tf [14.5kN]	2.74	3.13tf [30.7kN]	1.97tf	母材的剪斷破壞
1NI	天然乾燥	1.49tf [14.6kN]	2.76	4.85tf [47.6kN]	1.99tf	母材的剪斷破壞
1NN	天然乾燥	1.69tf [16.6kN]	3.12	4.37tf [42.9kN]	2.25tf	母材的剪斷破壞

圖 3　蛇首對接的拉伸試驗

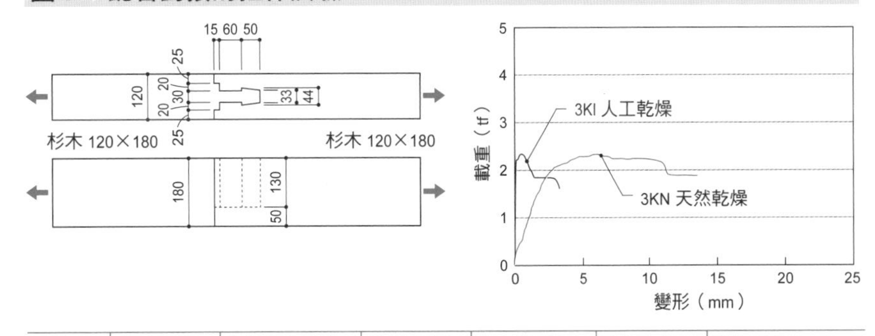

試驗體	乾燥方式	短期拉伸耐力	接合部倍率	最大載重	降伏耐力	崩壞形式
3KI	人工乾燥	1.18 tf [11.6kN]	2.18	2.36 tf [23.1kN]	—	凹材的剪斷破壞
3KN	天然乾燥	1.16 tf [11.4kN]	2.16	2.33 tf [22.8kN]	1.64 tf	蛇首的剪斷破壞

圖 4 金輪對接的試驗結果

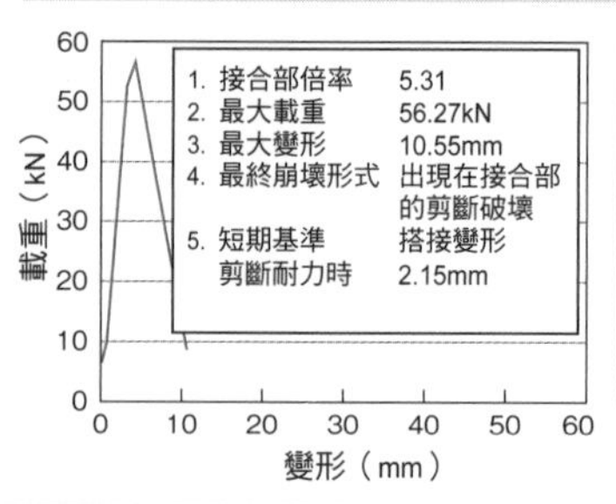

載重（kN）
變形（mm）
1. 接合部倍率 5.31
2. 最大載重 56.27kN
3. 最大變形 10.55mm
4. 最終崩壞形式 出現在接合部的剪斷破壞
5. 短期基準剪斷耐力時 搭接變形 2.15mm

沿著接合的纖維產生剪斷破壞

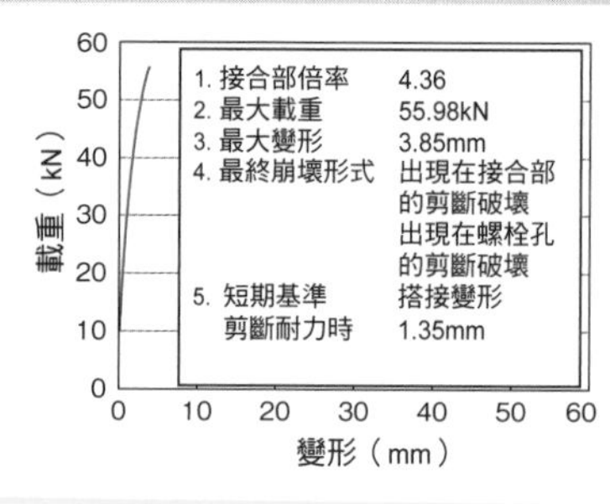

載重（kN）
變形（mm）
1. 接合部倍率 4.36
2. 最大載重 55.98kN
3. 最大變形 3.85mm
4. 最終崩壞形式 出現在接合部的剪斷破壞 出現在螺栓孔的剪斷破壞
5. 短期基準剪斷耐力時 搭接變形 1.35mm

割裂出現在高溫乾燥材的螺栓孔部位

表 1 對接的拉伸強度（計算值）

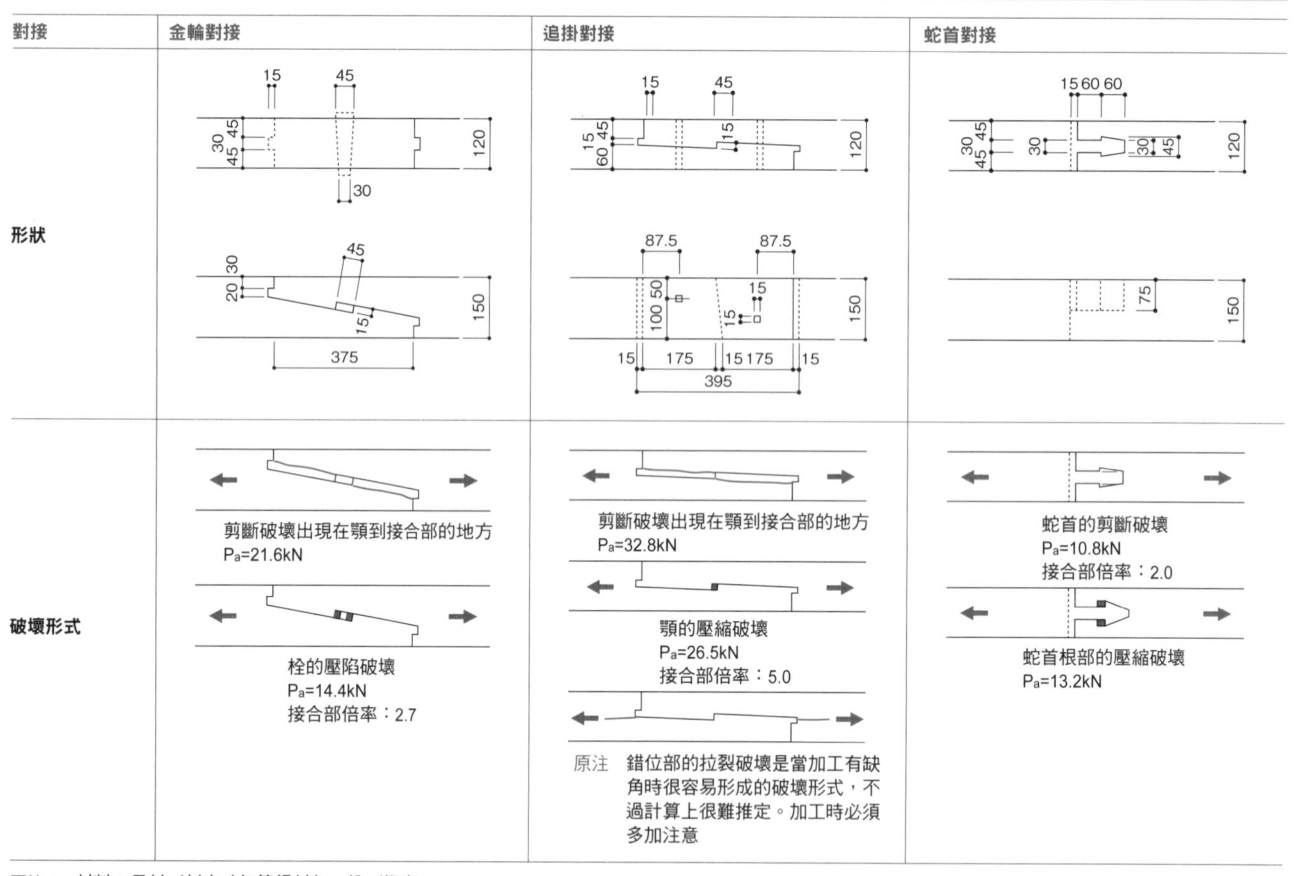

對接	金輪對接	追掛對接	蛇首對接
形狀			
破壞形式	剪斷破壞出現在顎到接合部的地方 P_a=21.6kN 栓的壓陷破壞 P_a=14.4kN 接合部倍率：2.7	剪斷破壞出現在顎到接合部的地方 P_a=32.8kN 顎的壓縮破壞 P_a=26.5kN 接合部倍率：5.0 原注 錯位部的拉裂破壞是當加工有缺角時很容易形成的破壞形式，不過計算上很難推定。加工時必須多加注意	蛇首的剪斷破壞 P_a=10.8kN 接合部倍率：2.0 蛇首根部的壓縮破壞 P_a=13.2kN

原注 1 材料：母材／杉木（無等級材）、栓／樫木
原注 2 P_a：短期容許耐力
接合部倍率 = P_a ／5.3（kN）

如預測，即便已經確保螺栓的剩餘長度，但還是在固定材料的螺栓部產生破壞了（圖 4 右）。

表 1 是根據容許應力度計算，假想破壞性狀所計算出來的拉伸耐力。

從實際上住宅最常採用的樑寬 × 樑深 =120×150mm 凹槽蛇首對接的拉伸耐力來看，其最大耐力在 10kN 左右，如果連剪力牆的配置都能加以注意的話，就不太可能出現問題。

但是，就如同第 247 頁圖 1 所示，外周樑上並非只有拉伸力，還有面外方向的彎曲力的作用。此外，實際上蛇首部分很容易受到乾燥收縮影響而拔出脫落。因此，當外周樑的跨距超過 2m 時、或面向挑空時、或載重負擔重的樑時，一定要併用拉力五金。

搭接的拉伸試驗

這裡將針對通柱的搭接介紹不使用五金、而是利用嵌木暗榫（又稱車知榫）所做的拉伸試驗結果（岩手縣林業技術中心所做的試驗）。

從該接合的拉伸耐力來說，短期容許值 4.6kN、及最大載重接近 10kN 兩個值皆比目標值（短期 6.0kN、最大 21.0kN）還低。破壞性狀出現在兩個地方，一處是暗榫被壓壞，另一處是因入榫被拔出使暗榫產生旋轉而出現割裂（圖 5）。

另一方面，在岐阜縣立森林文化學院所進行的長型暗榫對接拉伸試驗中，由於施工精度良好，因此可見暗榫的剪斷破壞。

就通柱的搭接而言，插入樑的尺寸一般為 15mm 左右，不過隨著變形的推進，入榫就有拔出的可能

圖 5 暗榫對接的拉伸試驗

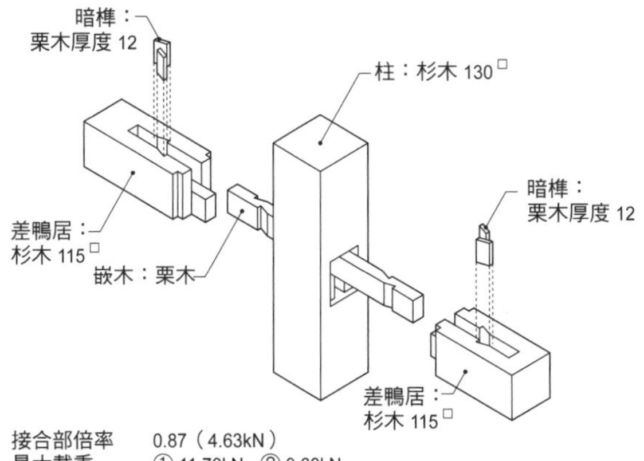

接合部倍率　0.87（4.63kN）
最大載重　① 11.70kN ② 9.60kN
最大變形　① 16.08mm ② 17.42mm
最終崩壞形式　①樑因暗榫旋轉而割裂 ②暗榫壓壞
短期基準剪斷耐力時的搭接變形　① 1.68mm ② 1.04mm
入榫超過 15mm 時的載重　① 11.47kN ② 9.33kN

此為岩手縣林業技術中心的試驗結果。
試驗體數量各兩個，接合部倍率係以平均值計算得出

暗榫壓壞

母材割裂

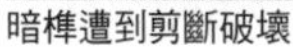
暗榫遭到剪斷破壞

圖 6 連接廂房的剪力牆構面之變形

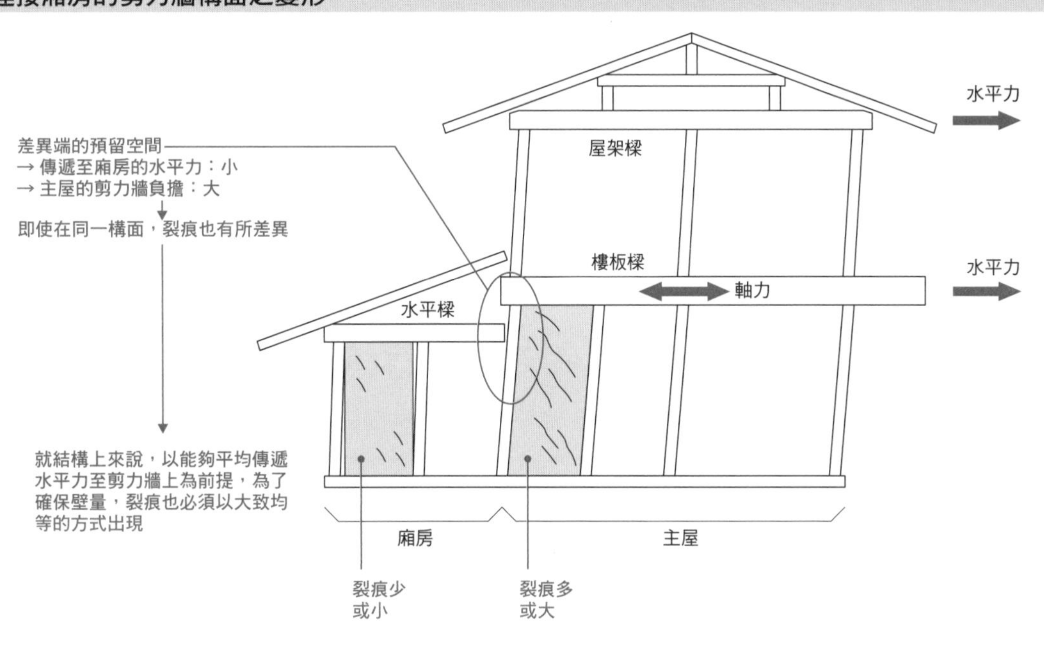

性。入榫部拔出是樑本來就有的性能，對垂直載重的支撐能力也有明顯減少的現象。因此，必須採取併用拉引螺栓來防止拔出、或增加入榫尺寸等對策。

廂房的接合

在木構研習營與東洋大學做過檢證的實驗住宅的拉伸試驗中，可以看到極度有趣的現象。

建築物是以實寸大小的勾齒搭接構法所建造的二層樓住宅，北側設有深度一個開間（1,820mm）的廂房。主要的剪力牆是灰泥牆，搭接全部以長榫入內栓、對接則以追掛對接的方式施作（施力方向上無對接）。

當該住宅的山牆面方向受到拉扯時，在同一構面內、均設有剪力牆的主屋和廂房的構架上會出現的破壞性狀如圖 6 所示，可以看到主屋與廂房的裂痕有很大的差異。之所以會發生此現象的原因可歸結於兩點，一是廂房水平樑以插榫入內栓固定在主屋的一樓柱上，一是受到勾齒搭接的搭接（上樑搭載於下樑之上）翻落的影響，而使水平力無法順利傳遞至廂房。

因此，在廂房中設置剪力牆的情況下，為了確保與主屋的一體性，必須考慮將上方樑與水平樑直接連接、或者將廂房的閣樓部分當做（剪力）牆使用而使其堅固等措施。

設計案例 實踐篇

想看得到木材骨架、不想以不合理方式處理木材、想要配合生活風格的變化來隔間、希望有開闊的空間……等，這些是我們對住宅的種種要求。在此透過實際案例，介紹兼具設計性與結構計畫的設計手法。

設計案例［實踐篇］❶

採用木材組合構架的勾齒搭接構法

設計：丹吳明恭建築設計事務所

分散力並活用木材的特性

本案例在當時很快便決定採用以勾齒搭接來組合樑的構法，藉此具體實現最早期的住宅，對筆者來說也是一個感觸很深的住宅案子（圖 1、第 252 頁照片 1 ～ 4、表 1）。

利用山邊氏的結構力學觀念，將行之已久的做法如利用勾齒搭接將樑的一端到另一端以同樣深度貫通組合起來、或利用內栓將柱子與橫向材連接起來、或以四段 27×120mm 的貫通橫穿板插入灰泥牆形成壁倍率 2.0 的施作計畫等，進行分析並加以改良後的構法就是該事務所的設計標準規範的原點。

設有大開口的基礎、利用連接材將無法因應上下運動的勾齒搭接加以補強的方法等，都是針對本住宅來設想，首次使用的方法（第 252 頁圖 2、第 255 頁照片 7、圖 6）。

這個住宅的基地連接僅有 2m 的道路，周圍被臨接的建築物所包圍。為了消除這種壓迫感，而採取將起居空間配置在二樓的計畫，該計畫除了要回應結構上的要求，而以壁倍率 2.0 的剪力牆來滿足二層樓建築在一樓部分的必要壁量之外，還要回應因使用杉木規格材而必須避免大跨距的要求。

勾齒搭接構法是以建造的過程到解體結束為止不產生廢棄物為目標，而選用木材為材料，在順應該材料的特性之下，發展出既安全且可長時間持續居住的住宅建造技術。勾齒搭接構法這種結構系統是經由解析或實驗進行結構面的檢證，和透過木構匠師回饋技術面的檢證，以實際能使用的技術論述所展開的住宅建造方法。詳細情形請參照《勾齒搭接構法的住宅建造方法》（丹吳明恭、山邊豐彥／建築技術）。

［丹吳明恭／丹吳明恭建築設計事務所］

勾齒搭接構法的結構特徵

勾齒搭接構法有以下三個特徵（第 252 頁圖 2）。

①接合部上盡可能不使用五金，要以長榫入內栓的方式來施作
②樑以勾齒搭接組合
③以貫通同一樑深構材所形成的通

圖 1 ◆「狹山之丘的家」平面、立面、剖面圖

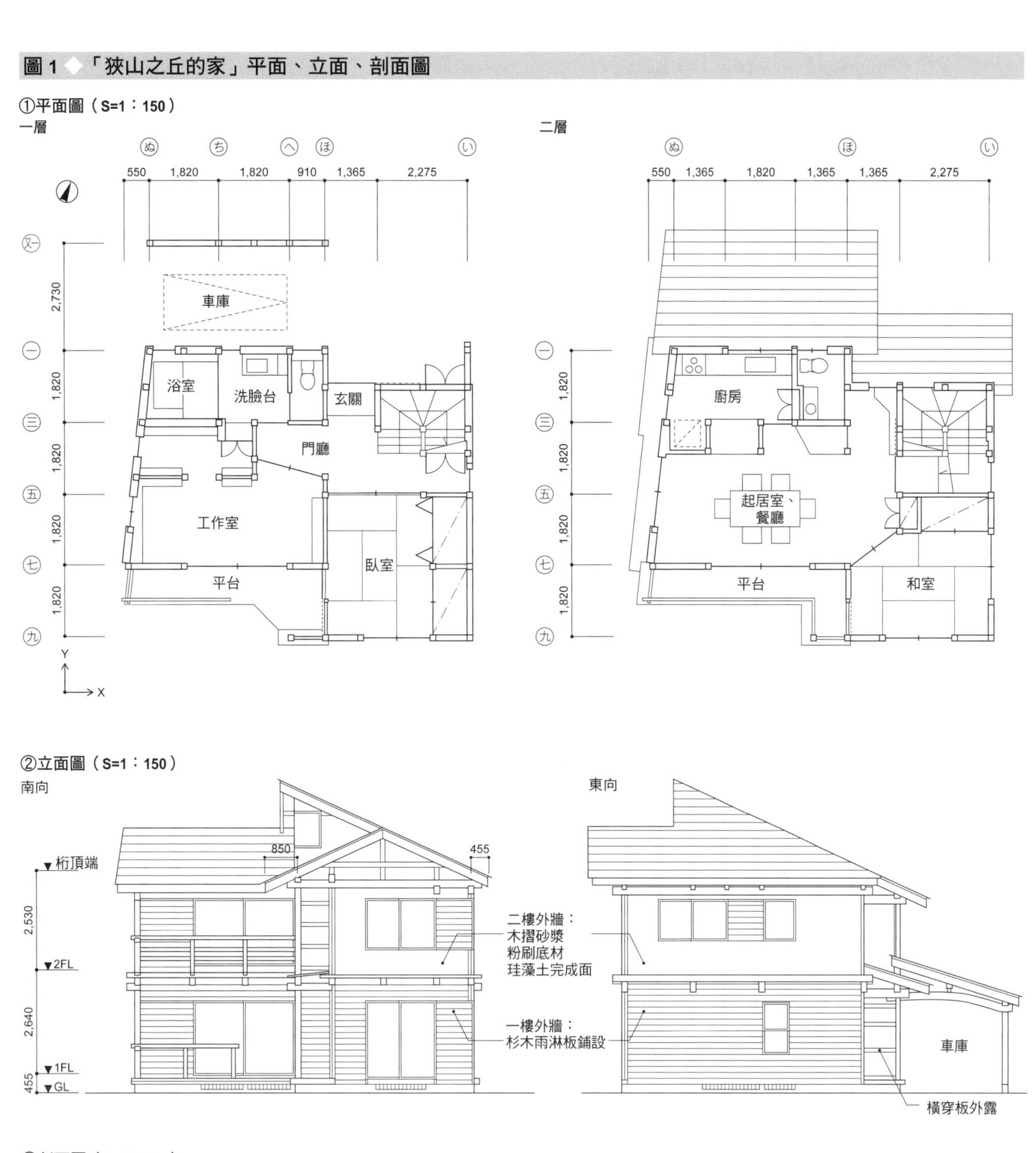

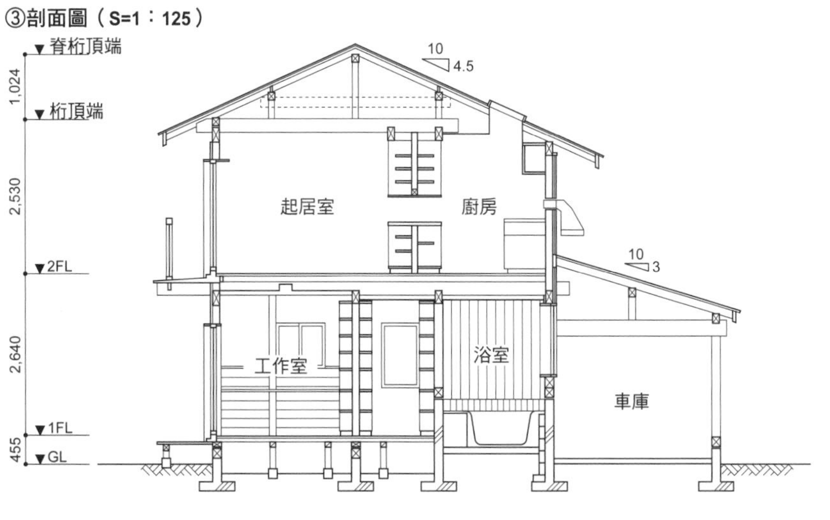

照片1 勾齒搭接構法的構架

照片2 北側外觀

照片3 南側外觀

表1◆建築概要

項目	內容
案例名稱	狹山之丘的家
結構、規模	木造二層樓建築
基地面積	135.83 m²（41.1 坪）
建築面積	66.92 m²（20.2 坪）
一樓樓地板面積	49.53 m²（15.0 坪）
二樓樓地板面積	49.53 m²（15.0 坪）
用地編定	第一種低層住宅專用地
設計期間	1997 年 2 月～ 1998 年 7 月
施工期間	1999 年 1 ～ 8 月
施工廠商	長坂工務店

照片4 樑外露的二樓起居室

照片 2 ～ 4、7 攝影：相原功

圖2◆勾齒搭接構法 構架等角透視圖

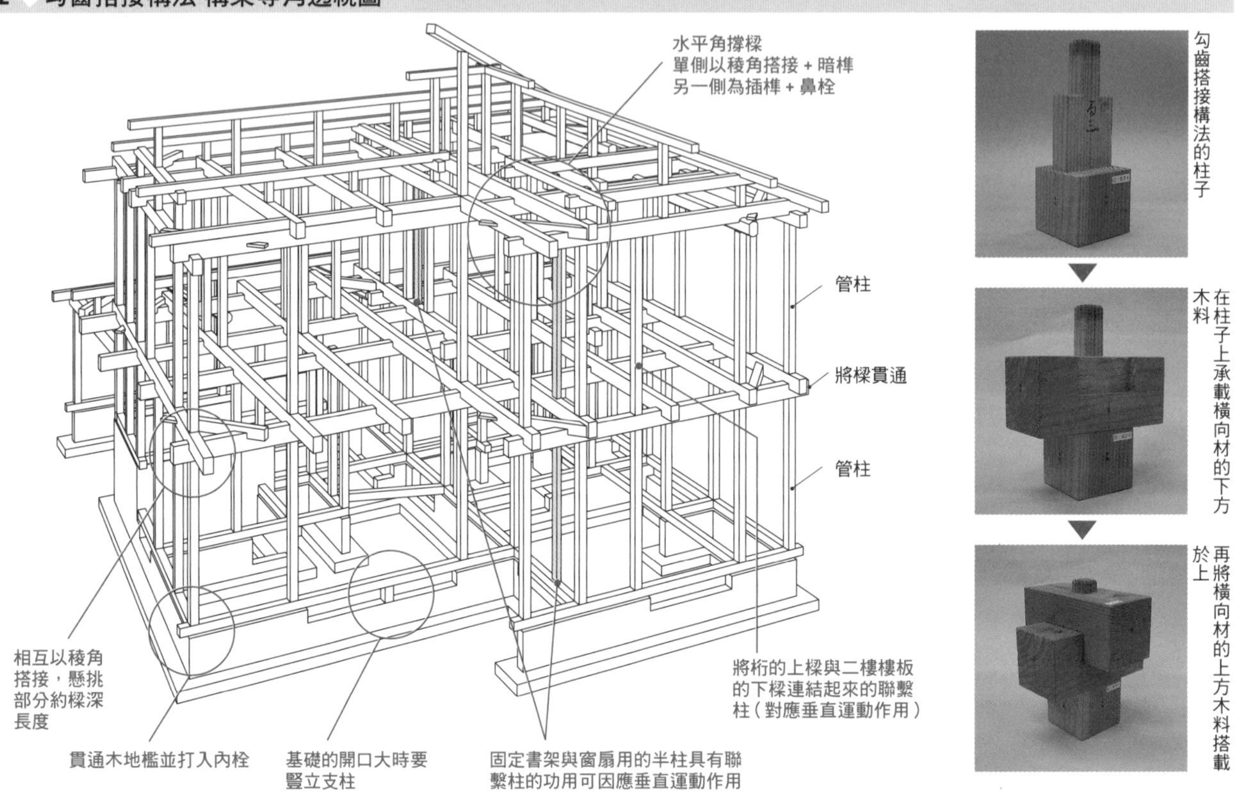

水平角撐樑
單側以稜角搭接＋暗榫
另一側為插榫＋鼻栓
管柱
將樑貫通
管柱
相互以稜角搭接，懸挑部分約樑深長度
貫通木地檻並打入內栓
基礎的開口大時要豎立支柱
固定書架與窗扇用的半柱具有聯繫柱的功用可因應垂直運動作用
將桁的上樑與二樓樓板的下樑連結起來的聯繫柱（對應垂直運動作用）
勾齒搭接構法的柱子
在柱子上承載橫向材的下方木料
再將橫向材的上方木料搭載於上

表 2 ◆結構概要表

部位	項目	規範	特殊事項
概要	所在地	埼玉縣所澤市	
	屋頂完成面	☑金屬瓦 □瓦 □其他	鍍鋁鋅鋼板
	外牆完成面	☑乾式 ☑溼式 □其他	一樓：杉木板鋪設、二樓：木摺砂漿粉刷底材、珪藻土完成面
	特殊載重	□無 ☑書庫 □鋼琴 □其他	一樓設有書房
形狀	平面形狀	□完整 □L 型 □匚型 □口型 □雁行狀 □挑空 □窄小開口 ☑其他	些微雁行或傾斜，但幾近完整
	立面形狀	☑完整 □退縮 □屋頂斜度 4.5 寸	做為車庫使用而設有廂房
地盤	地盤調查	□無 ☑有（□該基地 □附近）	
	調查方法	☑瑞典式探測試驗 □標準貫入試驗 □平版載重 □表面波探測法 □其他	
	基地履歷	☑空地 □田 □住宅地 □停車場 □補裝地 □造成地 □開挖 □填土 □傾斜 □高低差 □既有建築物	
基礎	形式	☑連續基礎 □版式基礎 □樁基礎 □地盤改良	
	地耐力	設計用地耐力 30kN／m²	
剪力牆	做法	□斜撐 □結構用合板 □結構用版 ☑其他	橫穿板＋灰泥牆＋木摺
	壁倍率	2.0	
	固定方式	外牆（□露柱牆 ☑隱柱牆）、內牆（☑露柱牆 □隱柱牆）	
柱子	材料	□等級製材 ☑無等級製材 □集成材 □其他 ☑無指定乾燥 □ D15 □ D20 □ D25 □其他	一般杉木普通材、4 寸角料
	構架形式	□通柱＋管柱 ☑僅有管柱 ☑僅一樓柱腳木地檻貫通 □一樓柱腳柱貫通	
	搭接	☑木料組合 □接合五金 □併用木料組合、接合五金 □其他	長榫內栓：櫟圓形 6 分
樑	材料	□等級製材 ☑無等級製材 □集成材 □其他 ☑無指定乾燥 □ D15 □ D20 □ D25 □其他	一般杉木普通材、寬 4 寸 5 分
	端部搭接	□頂端齊整 ☑勾齒搭接 □木料組合 □接合五金 □併用木料組合、接合五金 □其他	
	對接	☑木料組合 □接合五金 □併用木料組合、接合五金 □其他	金輪對接、追掛對接
樓板構架	樓板	☑窄幅板 □結構用合板 □結構用版 □其他	一般杉木普通材
	樓板格柵	□無 ☑有（□空鋪樓板格柵 ☑勾齒搭接 □完全嵌入）	
屋架	構架形式	☑日式屋架（☑桁條與椽 □斜樑） □洋式屋架	
	屋面板	☑窄幅板 □結構用合板 □結構用版 □其他	一般杉木普通材

樑形式組成構架，柱子全部都是管柱。

接著針對上述三點詳細探討，首先是①以內栓打入的接合部會產生無法抵抗大的拉拔力問題。從木構研習營等的試驗結果來看，以內栓來抵抗的可能壁倍率在 2.0 左右。

其次是②，樑以勾齒搭接組合的方法可以將樑端的斷面缺損控制在少量程度，而且因為是連續樑的緣故，因此垂直載重的傳遞是安定的。不過，如果從水平載重時的情況來看，樓板格柵或樑容易發生翻落是其缺點所在。此外，樓板也都是寬度小的板材，無法期待擁有很高的樓板剛性。再者，有些不會在外角等處打入內栓，因此也可以想像會有傳遞拉拔力上的問題。

不過，僅有使用像③的做法，盡量將同一樑深構材以形成長構材的方式來貫通，才能使樑具有抑制剪力牆端部柱子上抬的效果（參照第 257 頁參考圖 2）。除此之外，長構件對於水平構面的外周樑上產生的拉伸力具有很大的抵抗效果（凸緣效果）之優點（參照第 280 ～ 282 頁）。

針對勾齒搭接構法的接合部及低樓板剛性而言，以壁倍率 2.0 左右來施作剪力牆、並且採取將之均勻配置在平面上的計畫可有效分散力量。換言之，勾齒搭接構法是將力分散並利用木材的特性所形成的木構構架。

從結構概要表讀取到的資訊

案例的結構概要表如表 2，結構基本構成則如圖 3 所示。以下將分別就項目別進一步解讀表中的訊息與結構設計的要點。

（1）地盤與基礎

從該基地的 SWS 試驗結果來看，地表開始自 -1.0 ～ -1.24m 之間、以及 -1.75 ～ 3.25m 的範圍內有加載 75 ～ 100kg 就自沉的軟弱層。因為先前是空地的關係，所以會預設這個自沉層的壓密沉陷尚未

圖 3 ◆結構的基本構成

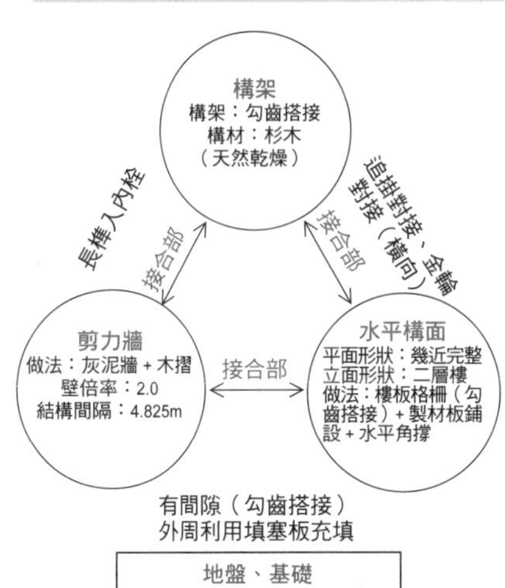

結束，有必要進行檢討。

經計算得出在此的壓密沉陷量約 4.4cm（第 254 頁圖 4）。沉陷量如果達 5cm 以上就必須進行地盤改良，但該案例在容許值以內，無需進行地盤改良，因此改以地耐力 30kN／m² 和比試驗數據的地耐

圖 4 ◆ 地盤調查結果與地層構成概念圖

瑞典式探測試驗記錄用紙

調查名稱、調查點　K　基地　埼玉縣所澤市　試驗年月日 1998 年 5 月 22 日
天候 晴　試驗人員〇〇
觀測編號 ③　最終貫入深度 4.0m

載重 Wsw（kgf）	半旋轉數 Na（次）	貫入深度 D（cm）	貫入量 L（cm）	每 1m 的半旋轉數 Nsw	推定土質 推定水位	備註	地耐力 f_e（kN／m²）
5			4				
100	6	0.25	21	28.5			56
100	15	0.50	25	60			76
100	12	0.79	29	41.3			64
100	2.5	1.00	21	11.9	黏性土		46
100	0	1.24	24	0		自沉	
100	2.5	1.50	26	9.6			44
100	2	1.75	25	8			43
100	0	2.25	50	0		自沉	
75	0	2.75	50	0		自沉	
75	0	3.25	50	0		自沉	
100	1	3.75	50	2			39
100	4	4.00	25	16			48
100	15				黏性土	無法貫入	

自基礎下 2m 範圍內的
自沉層厚度 =24＋50=74cm
→依據資料篇第 311 頁，壓密沉陷量
=3.3cm

自基礎下 2m 至 5m 範圍內的
自沉層厚度 =50＋50=100cm
→依據資料篇第 311 頁，壓密沉陷量
=1.1cm

因此，這個地盤的推定壓密沉陷量為 3.3＋1.1=4.4cm。

照片 5　基礎配筋施工現場。連續基礎的底版寬度設為 600mm。角隅部分以 L 型固定，邊墩鋼筋設有彎勾

照片 6　澆置混凝土時的基礎。以地中樑圍閉的面積在 20m² 以下

力更低的數值來進行設計。具體而言，就是採取擴大連續基礎底版寬度至 600mm，並且將地中樑所圍閉的面積控制在 20 m² 以下，以提高基礎剛性的計畫（照片 5、6）。

這個建築物的特徵在於，為了確保樓板下的通風而在地中樑上設置大型開口（照片 7），因此要以地中樑剩餘的樑深來確保剛性（圖 5）。

在一樓樓板下方不特別澆置混凝土，而採用一般支柱做法，不過考慮到一樓有配置書庫的計畫，所以除了澆置劣質混凝土之外，利用支柱將載重分散也是有效的做法。不澆置劣質混凝土的部分則以木地檻或格柵托樑來補強。

（2）建築物形狀

平面上呈些許雁行狀，西側受基地條件影響而形成斜向，不過位在對於水平力傳遞沒有影響的範圍內，因此可以將這個平面視為完整。

就立面上而言，除了北側設有廂房（車庫）之外，整體是二層樓建築。

車庫的外側框架（軸線又一）雖然是 X 方向上很容易擺動的形狀，不過與鄰居之間的境界線相距不遠，因此採取全面鋪設版，以做為剪力牆來承受負擔範圍的載重。

此外，玄關門廊或車庫因為沒有牆體圍閉，容易受風吹襲，因此對於作用在屋頂或雨庇的上掀力應採取必要的對應措施。針對這部分會採取內栓來抵抗的做法。

（3）剪力牆

剪力牆採用貫通橫穿板＋灰泥牆（照片 8），並且以完成面鋪板做為木摺、壁倍率設為 2.0，確保壁量以增加建築基準法的 2 ～ 3 成左右來進行設計。

因為重視環境面而不想採用合板的時候，大多會採用斜撐來做為剪力牆。不過，這棟建築物想盡量不使用五金，而以黏性強的剪力牆來因應，因此採用灰泥牆的做法。

灰泥牆及橫穿板的變形性狀具有黏性非常強、即使層間變位角達到 1／10rad 也不會倒塌的特性。相對的，斜撐的變形性狀與這些不同，會產生嚴重破壞，因此有必要慎重地檢證橫穿板與斜撐組合時的性狀。

（4）結構構材與乾燥的關連性

除木地檻以外的結構材料皆使用秋田縣產的一般杉木製材。對於乾燥加工並無特別指定。因為是天然乾燥材的緣故，可將含水率視為 30% 左右。

勾齒搭接構法是不使用五金，樑以稜角切口搭接組合，再加上完成面（裝修）材也可因應伸縮需要，因此即使多少有乾燥收縮的現象也不太會對居住性或接合部的剛性產生影響（圖 6、照片 9）。此外，因潛變而將變形增大係數設為 2 時，要以樑的變形量在跨距的 1／450 以下（彈性撓曲則在跨距的 1／600 以下），嚴格限制變形量為條件來決定樑深長度，該樑盡量以長構件貫通也是彌補乾燥收縮問題的重點。

（5）水平構面（樓板構架、屋架）

樓板以杉木板施作，樓板格柵

照片 7　地板下的換氣口。以無雙窗構成，夏天時打開（上），冬季時關閉（下）的裝置

圖 5 ◆ 地中樑的思考方法

①地板下方通風口部

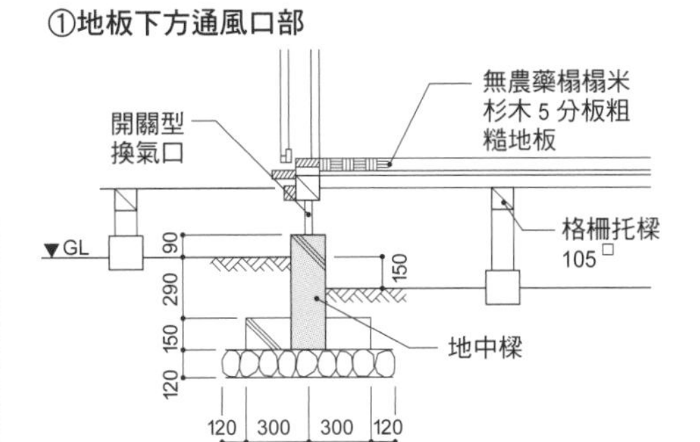

②一般部

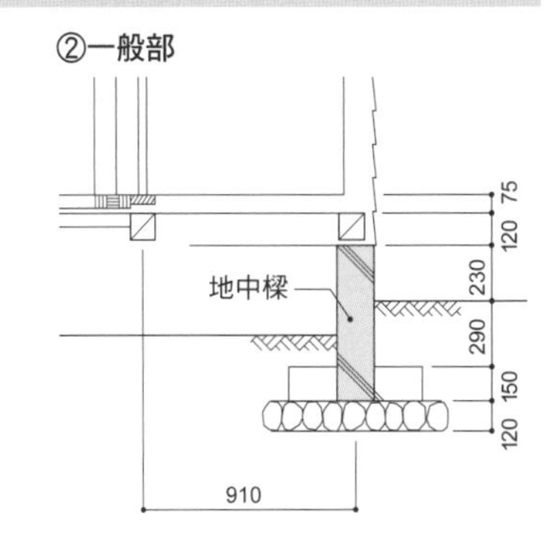

因為換氣口的緣故，會以下方的斷面來進行地中樑的設計

照片 8　外牆的剪力牆以橫穿板＋木摺底材的灰泥牆來施作

圖 6 ◆ 軸線ⓗ（S=1：250）

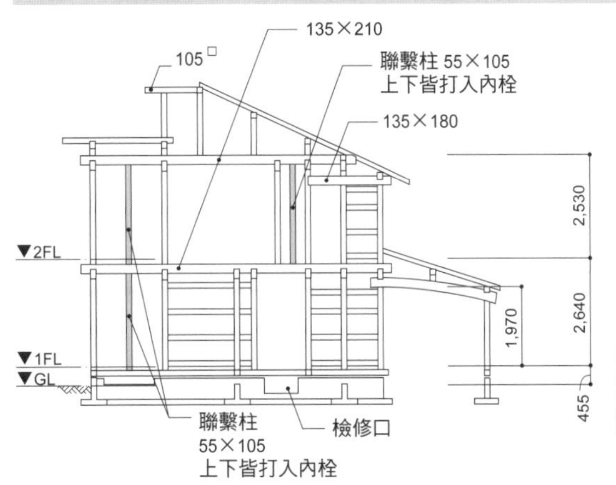

在勾齒搭接的搭接上僅以上樑與下樑咬合的話，當上下移動時就有分離的疑慮。因此設置柱子以外的聯繫柱來防止上樑向上抬起

照片 9　勾齒搭接的樑構架

照片 10　樑＋水平角撐樑的構架

照片 11　柱樑接合部的內栓

則以勾齒搭接並間隔 450mm 來架設，水平角撐樑的間隔則約兩個開間（照片 10）。就樓板倍率來看，加總起來也只有 0.5 左右相當低。此外，屋架採用日式屋架的桁條與椽的形式，屋面板則是杉木窄幅板，與樓板構架相同。不過為避免發生應力集中的情形，通常會降低剪力牆的壁倍率、並且均勻配置，因此即使樓板剛性低也不會對水平力的傳遞造成什麼問題（參照第 131 頁圖 6）。還有，盡可能也在閣樓內設計牆體是做為防止屋架橫向倒塌的對策。

（6）接合部

樑上設置對接是為了讓樑得以貫通，但要採用拉伸耐力比較高的金輪對接。此外為了因應垂直載重，通常會設置在應力小的位置、或者在形成懸臂樑的時候設置在可以傳遞剪斷力的範圍內（參照第 105 頁圖 10）。

柱頭、柱腳的接合部全部皆為長榫入內栓的形式（照片 11）。參考木構研習營的試驗結果，內栓採用櫟木 18mm 直徑、榫厚度 34mm，以內栓先於榫頭破壞的方

圖 7 ◆ 內栓柱腳的拉伸實驗

以下是在杉木柱與杉木木地檻上使用樫木內栓所進行的實驗。

①內栓 15mm 角材

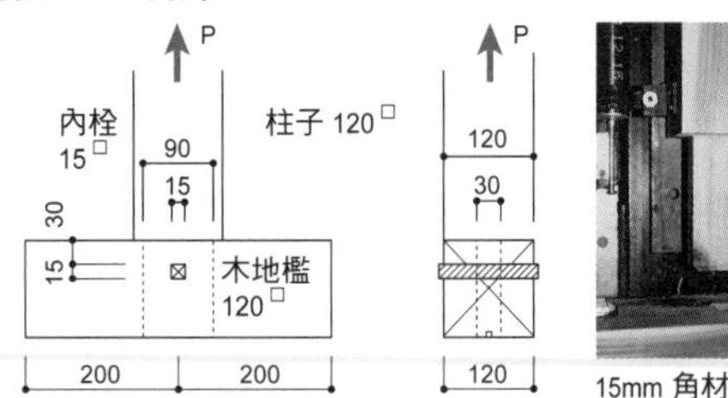

15mm 角材

②內栓 18mm 角材

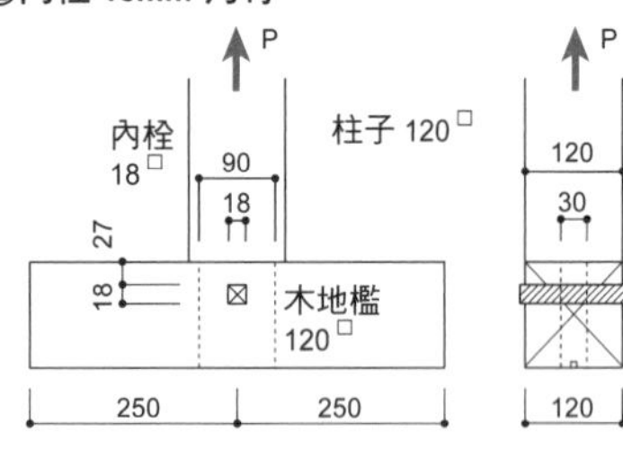

18mm 角材

③內栓 24mm 角材

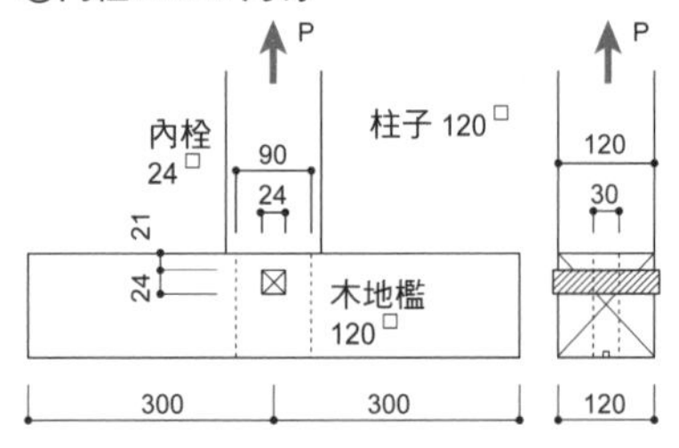

24mm 角材

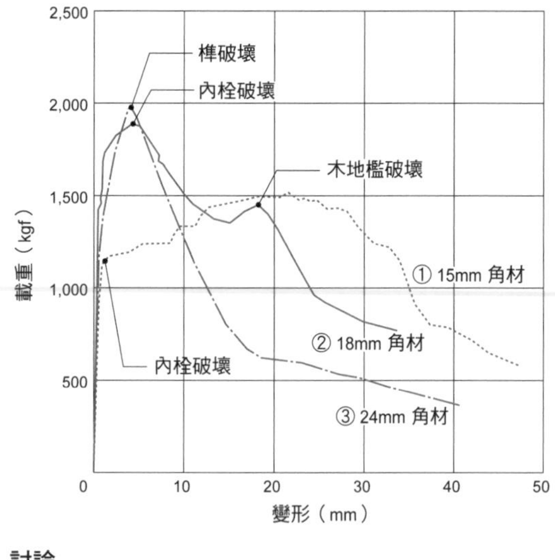

討論

① 15mm 角材

雖然耐力最低，不過內栓破壞後耐力依然緩慢上升，破壞後的內栓就像楔形物一樣填入縫隙因而可以發揮黏性

② 18mm 角材

內栓破壞後，雖然耐力一度下降，不過隨著變形持續進行，破壞後的內栓會發揮楔形物效果，因此耐力會再度上升。耐力與黏性的平衡佳

③ 24mm 角材

雖然耐力最高，不過榫破壞後會引起耐力急遽下降

原注

關於內栓的形狀

內栓雖然有方形與圓形，不過斷面積會左右內栓的耐力，因此比較尺寸相同的方形栓和圓形栓時，

18mm 角材的斷面積 $3.24m^2$

18mm 直徑的斷面積 $2.54\ m^2$

因此，在尺寸相同的條件下，可以說方形內栓具有比較高的剪斷耐力

出處・照片提供：德島縣立農林水產綜合技術支援中心森林林業研究所

式來施作。這是考量破壞後的修復，榫頭一旦受到破壞，就會使柱子更換變成大規模工程，如果只更換內栓的話，相對來說是比較簡單的工程。

從結構上來看，不管哪種做法其耐力幾乎沒有差異，榫的破壞方式是在纖維方向上裂開，因此破壞後的耐力明顯下降。但是內栓即使受到破壞，只要纖維不被切斷，就能發揮如同在榫與木地檻的間隙置入楔形物的效果，因此具有耐力降低緩慢、保有黏性的性狀（圖 7）。由此可見，如果考慮黏性，選擇內栓先行破壞的做法比較適當。

順帶一提，依據 N 值計算來計算拉拔力時，一、二樓外角除外的部位最好都以內栓釘打，但是二樓外角部分要以毽形螺栓固定，而一樓則必須以 15kN 用的拉引五金來固定。由於這棟建築物是通樑構架，因此可以期待樑所具備的壓制效果。此外，從考慮到拉拔力作用在二樓樓板樑及屋架樑前端上的緣故，而對懸臂樑的應力進行計算後的結果得知，因為各自都控制在容許應力度以下，因此可以確認內栓接合不會有問題（參考圖 2）。

透過 N 值計算可知採用內栓接合也可以，因此在外角上配置壁倍率低的剪力牆或許也沒有關係（圖 8）。

圖 8 ◆ 外角的對策範例

在 N 值計算中，外角是不使用五金的剪力牆組合

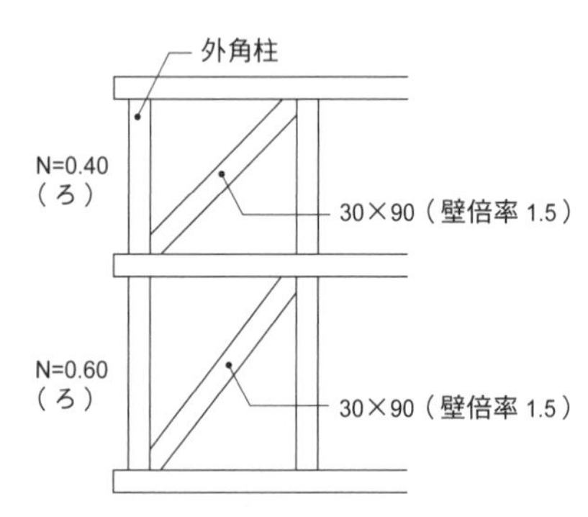

參考圖 1 ◆ 壁量計算的結果

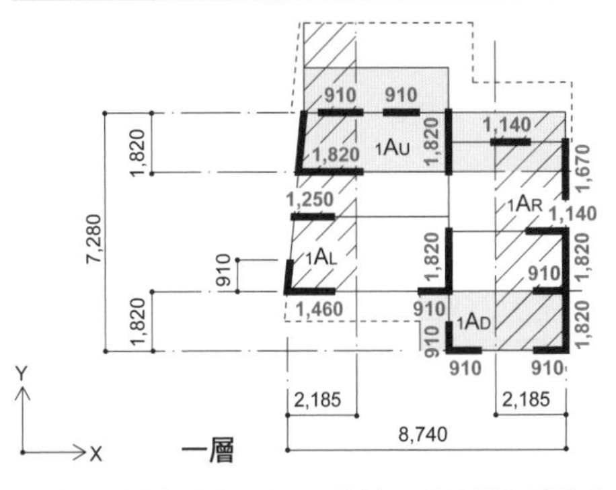

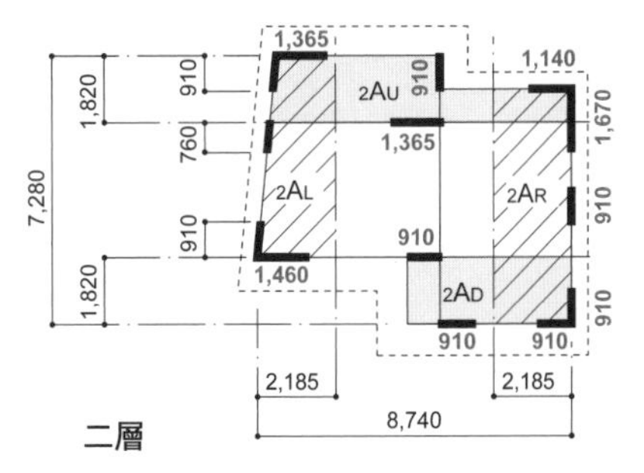

有效壁長 L_y'= 實際長度 L×$\cos^2\theta$
投影壁長 L_y= 實際長度 L×$\cos\theta$

根據上式來計算軸線㉝的有效壁長。

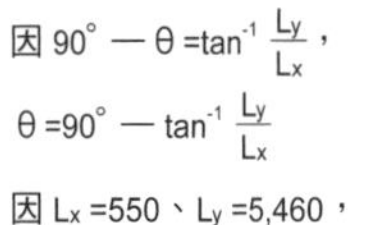

因 $90° - \theta = \tan^{-1}\dfrac{L_y}{L_x}$，

$\theta = 90° - \tan^{-1}\dfrac{L_y}{L_x}$

因 L_x =550、L_y =5,460，
θ =5.8°
$\cos\theta$ =0.99
$\cos^2\theta$ =0.99

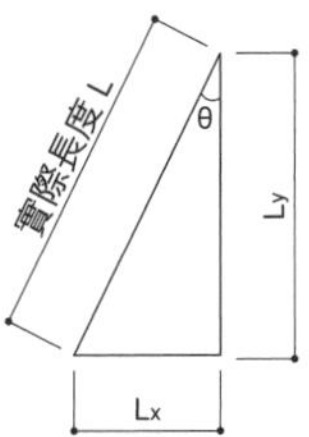

依據建築基準法施行令 46 條第 4 項的構架計算表

2 層樓建築的二樓部分或者平房建築

必要壁長

方向	X 方向 面積 (m²)		每 1m² 所需的必要壁長 (m/m²)	必要壁長 (m)	Y 方向 面積 (m²)		每 1m² 所需的必要壁長 (m/m²)	必要壁長 (m)
	樓板面積	51.19	0.15	i 7.68	樓板面積	51.19	0.15	i 7.68
	計入面積	S2 19.90	0.50	① 9.95	計入面積	S2 22.97	0.50	② 11.49

有效壁長

構架種類	構架長度 (m)	數量	壁倍率	有效壁長 (m)	構架種類	構架長度 (m)	數量	壁倍率	有效壁長 (m)
灰泥牆＋木摺	0.91	3	2.0	5.46	灰泥牆＋木摺	0.75	1	2.0	1.50
〃	1.14	1	2.0	2.28	〃	0.90	2	2.0	3.60
〃	1.36	2	2.0	5.44	〃	0.91	3	2.0	5.46
〃	1.46	1	2.0	2.92	〃	1.67	1	2.0	3.34

	X 方向		Y 方向	
判定	~~i~~或① 9.95m ≦	イ 16.10 m	~~i~~或② 11.49m ≦	ロ 13.90 m
安全率（餘裕率） 對地震力	（イ／i）	2.10	（ロ／i）	1.81
安全率（餘裕率） 對風壓力	（イ／①）	1.62	（ロ／②）	1.21

2 層樓建築的一樓部分

必要壁長

方向	X 方向 面積 (m²)		每 1m² 所需的必要壁長 (m/m²)	必要壁長 (m)	Y 方向 面積 (m²)		每 1m² 所需的必要壁長 (m/m²)	必要壁長 (m)
	樓板面積	60.71	0.29	ii 17.61	樓板面積	66.92	0.29	ii 19.41
	計入面積	S2+S1 39.09	0.50	③ 19.55	計入面積	S2+S1 46.82	0.50	④ 23.41

有效壁長

構架種類	構架長度 (m)	數量	壁倍率	有效壁長 (m)	構架種類	構架長度 (m)	數量	壁倍率	有效壁長 (m)
灰泥牆＋木摺	0.91	6	2.0	10.92	灰泥牆＋木摺	0.90	1	2.0	1.80
〃	1.14	2	2.0	4.56	〃	0.91	1	2.0	1.82
〃	1.25	1	2.0	2.50	〃	1.67	1	2.0	3.34
〃	1.46	1	2.0	2.92	〃	1.80	1	2.0	3.60
〃	1.82	1	2.0	3.64	〃	1.82	4	2.0	14.56

	X 方向		Y 方向	
判定	~~ii~~或③ 19.55m ≦	ハ 24.54 m	~~ii~~或④ 23.41m ≦	ニ 25.12 m
安全率（餘裕率） 對地震力	（ハ／ii）	1.39	（ニ／ii）	1.29
安全率（餘裕率） 對風壓力	（ハ／③）	1.26	（ニ／④）	1.07

S2
S1
▼2FL
▼1FL
1.35m
1.35m
山牆面　桁架面

計入面積

建築物種類	乘以樓板面積的值 (cm/m²)
輕型屋頂	15 / 29（平房 11）
重型屋頂	21 / 33（平房 15）

原注　軟弱地盤時要以 1.5 倍處理

依據平成 12 年建告 1352 號 構架設置基準的壁率比計算表

2 層樓建築的二樓部分或者平房建築

方向	X 方向 樓板面積 (m²)		每 1m² 所需的必要壁長 (m/m²)	必要壁長 (m)	Y 方向 樓板面積 (m²)		每 1m² 所需的必要壁長 (m/m²)	必要壁長 (m)
必要壁長	$_2A_U$	11.76	0.15	i 1.76	$_2A_L$	10.43	0.15	iii 1.56

構架種類	構架長度 (m)	數量	壁倍率	有效壁長 (m)	構架種類	構架長度 (m)	數量	壁倍率	有效壁長 (m)
灰泥牆＋木摺	1.14	1	2.0	2.28	灰泥牆＋木摺	0.75	1	2.0	1.50
〃	1.35	2	2.0	5.44	〃	0.90	2	2.0	3.60
				① 7.72					③ 5.10

壁量充足率 ㊤ ①／i=4.39 > 1.0 OK　　壁量充足率 ㊧ ③／iii=3.27 > 1.0 OK

方向	X 方向 樓板面積 (m²)		每 1m² 所需的必要壁長 (m/m²)	必要壁長 (m)	Y 方向 樓板面積 (m²)		每 1m² 所需的必要壁長 (m/m²)	必要壁長 (m)
必要壁長	$_2A_D$	8.28	0.15	ii 1.24	$_2A_R$	13.92	0.15	iv 2.09

構架種類	構架長度 (m)	數量	壁倍率	有效壁長 (m)	構架種類	構架長度 (m)	數量	壁倍率	有效壁長 (m)
灰泥牆＋木摺	0.91	3	2.0	5.46	灰泥牆＋木摺	0.91	2	2.0	3.64
〃	1.46	1	2.0	2.92	〃	1.67	1	2.0	3.34
				② 8.38					④ 6.98

壁量充足率 ㊦ ②／ii=6.76 > 1.0 OK　　壁量充足率 ㊨ ④／iv=3.34 > 1.0 OK

壁率比（㊤／㊦或~~㊦／㊤~~ =0.65）　　壁率比（㊧／㊨或~~㊨／㊧~~ =0.98）

2 層樓建築的一樓部分

方向	X 方向 樓板面積 (m²)		每 1m² 所需的必要壁長 (m/m²)	必要壁長 (m)	Y 方向 有效壁長 (m²)		每 1m² 所需的必要壁長 (m/m²)	必要壁長 (m)
必要壁長	$_1A_U$	21.28	0.29	v 6.17	$_1A_L$	14.89	0.29	vii 4.32

構架種類	構架長度 (m)	數量	壁倍率	有效壁長 (m)	樓板面積	構架長度 (m)	數量	壁倍率	有效壁長 (m)
灰泥牆＋木摺	0.91	2	2.0	3.64	灰泥牆＋木摺	0.90	1	2.0	1.80
〃	1.14	1	2.0	2.28	〃	1.80	1	2.0	3.60
〃	1.82	1	2.0	3.64					
				⑤ 9.56					⑦ 5.40

壁量充足率 ㊤ ⑤／v=1.55 > 1.0 OK　　壁量充足率 ㊧ ⑦／vii=1.25 > 1.0 OK

方向	X 方向 樓板面積 (m²)		每 1m² 所需的必要壁長 (m/m²)	必要壁長 (m)	Y 方向 樓板面積 (m²)		每 1m² 所需的必要壁長 (m/m²)	必要壁長 (m)
必要壁長	$_1A_D$	8.28	0.29	vi 2.40	$_1A_R$	15.91	0.29	viii 4.61

構架種類	構架長度 (m)	數量	壁倍率	有效壁長 (m)	構架種類	構架長度 (m)	數量	壁倍率	有效壁長 (m)
灰泥牆＋木摺	0.91	4	2.0	7.28	灰泥牆＋木摺	1.67	1	2.0	3.34
〃	1.46	1	2.0	2.92	〃	1.82	2	2.0	7.28
				⑥ 10.20					⑧ 10.62

壁量充足率 ㊦ ⑥／vi=4.25 > 1.0 OK　　壁量充足率 ㊨ ⑧／viii=2.30 > 1.0 OK

壁率比（㊤／㊦或~~㊦／㊤~~ =0.36）　　壁率比（㊧／㊨或~~㊨／㊧~~ =0.54）

參考圖 2 ◆ N 值計算的結果

軸線㈨的構架圖

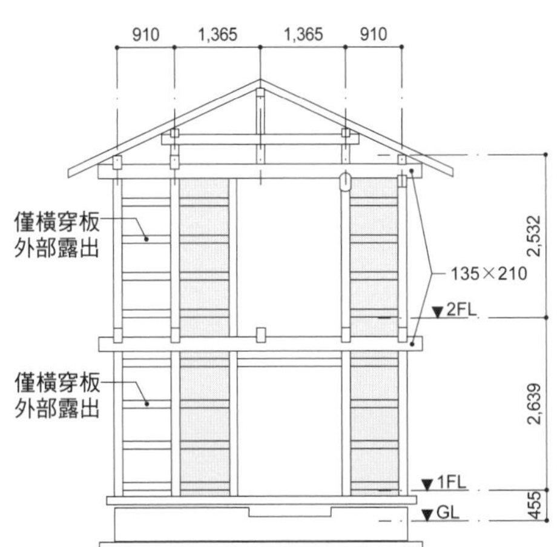

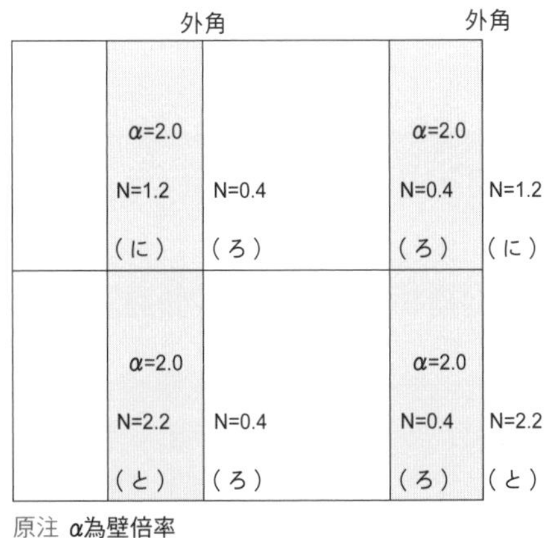

原注　α為壁倍率

樑的壓制效果檢討

懸臂樑的應力

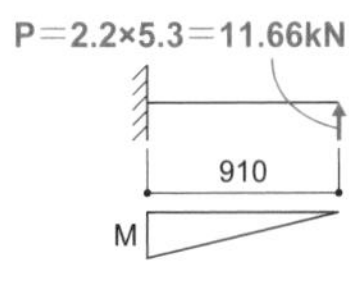

M=P·L=11.66 kN×0.91 m
　=10.61 kN·m
Q=P=11.66 kN

斷面的檢討

B×D=135×210
考慮榫頭所造成的斷面缺損，計算出斷面係數
Z_e=（135—30）×210²/6=0.77×10⁶mm³
A_e=（135—30）×210=22.05×10³mm²

彎矩的檢討

$\sigma_e = M / Z_e = 10.61\times10^6 / 0.77\times10^6$
$= 13.8\ N/mm^2 < {}_sf_b = 14.8\ N/mm^2$
$\sigma_e / f_b = 0.93 < 1.0$ → OK

剪斷力的檢討

$\tau = 1.5Q / A_e = 1.5\times11.66\times10^3 / 22.05\times10^3$
$= 0.79\ N/mm^2 < {}_sf_s = 1.2\ N/mm^2$
$\tau / f_s = 0.66 < 1.0$ → OK

設計案例 [實踐篇] ❷

採用通柱與厚板的民居型構法

設計：現代計畫研究所

將生產系統納入考量的合理構架

遠野住宅位於岩手縣遠野市，以兩戶1間長屋的形式組成平房及二層樓建築的公營住宅（照片1及2、圖1、第260頁表1）。基地面積約1.15公頃、停車場集中在兩處，並因應三期的建設計畫配置三個廣場。又以圍繞廣場的形式來規劃住宅配置計畫，意圖打造充滿田園風光的聚落。本案例考慮到本地的冬季嚴寒，因此住宅的設計以保有高度斷熱性，並且從高處窗戶引進太陽光，以最小限度的熱源營造有如置身在暖爐裡一般溫暖的大空間。此外，計畫中還包含設置木製平台，夏季或涼爽時節可享受與戶外互動的生活。

以前遠野就是北上山系的木材集散地之一，應該有效活用這個林場的構材來構築生產系統，並透過民居型構法來規劃公共住宅。

在民居型構法中是以素材的有效利用為目標，除了固定尺寸構材之外，還意圖統一構材斷面及搭接、對接形狀。為此大多採用柱心接合，形成柱子貫通的構架形式。

平面計畫上是以間隔兩個開間設置通柱來構成構架，再以這個為「基本結構」進行剪力牆配置計畫。

剪力牆採用結構性能優良的結構用合板，不過在其他物件也有使用結構性能佳且可再利用的疊版牆（厚度55～70mm）。樓板採取統一樑上側高度並鋪設厚度40mm的厚板，在確保樓板剛性的同時，從內部空間還可以看見露柱牆構造。此外，搭接、對接採用傳統加工方式。

在設計階段就開始思考結構的各個層面、選用優良素材、確實的施工方法與良好維護性就是打造良好木造住宅的做法，本案例即是將這些優點統整為綜合的構法來掌握民居型構法。

[加來照彥／現代計畫研究所]

民居型構法的結構特徵

現代計畫研究所的木造住宅提出一套從生產、設計到施工全部包含在內的系統，在保留傳統構法技術的前提下，以追求合理性的構架，遂形成「民居型構法」（照片3、第260頁圖2）。結構計畫中的重點有以下兩點。

①透過斷面及構材長度的規格化，和搭接形狀的統一來達到合理的生產，形成以間隔兩個開間設置通柱的通柱形式

②為確保未來內部空間的可變動性，盡可能將剪力牆設置在外周部

所謂將②的剪力牆集中在外周部是指剪力牆線間距拉長的意思。這種情況之下為了確保構架的安定性，通常必須有高樓板剛性與接合部倍率。此外，接合部如何因應集中配置的剪力牆上所產生的大的拉拔力，也是頗為重要的課題。

現代計畫研究所也針對該課題提出想法，以樑上側高度一致、省略樓板格柵並改用厚版（杉木厚度40mm）來確保樓板剛性，接合部不使用五金而以木料組合的柱心接合為主要做法。

從結構概要書讀取到的訊息

本案例的結構概要書如第261頁表2所示，結構的基本構成則如第261頁圖3。以下將分別就項目別進一步解讀表中的訊息與結構設計的要點。

照片1　建築物的外觀

照片2　3LDK類型的內部景觀

照片3　建造中的施工現場。以間隔兩個開間建置通柱，並插入構材尺寸固定的樑

(1) 地盤與基礎

基地的前身是河床變更為農田用地，地表面混有腐植土或有機物、滾石等，形成不安定的地盤。此外，遠野市的凍結深度為相較深

圖 1 ◆「遠野住宅」平面、立面、剖面圖

①平面圖（S=1：200）

一層

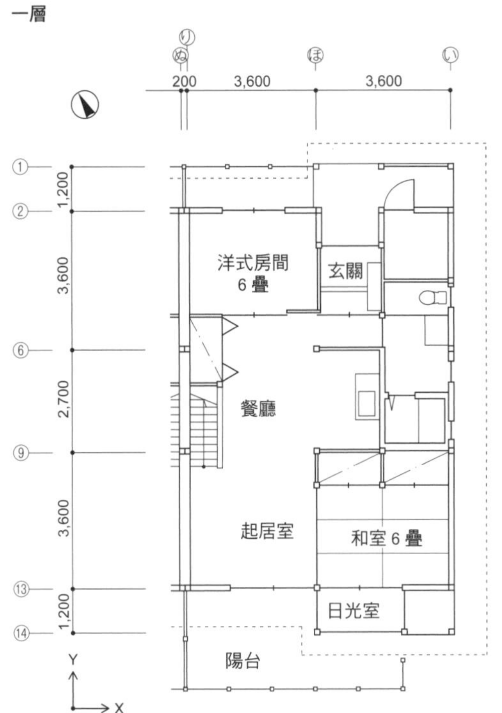

二層

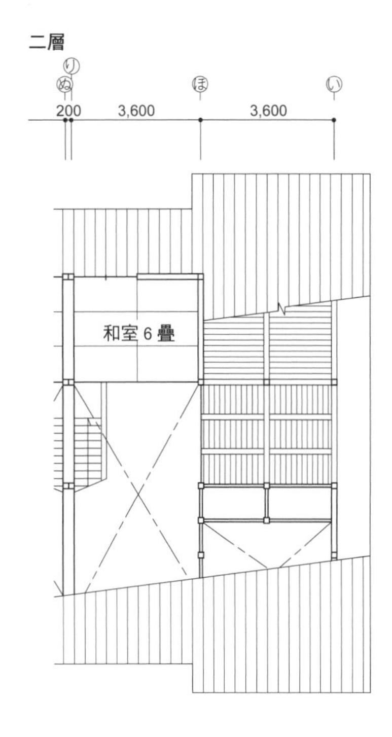

②立面圖（S=1：250）

南面　　東面

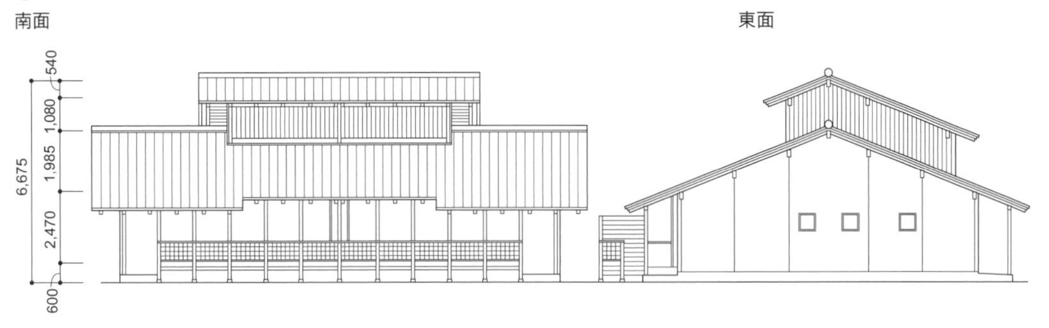

③剖面圖（S=1：125）

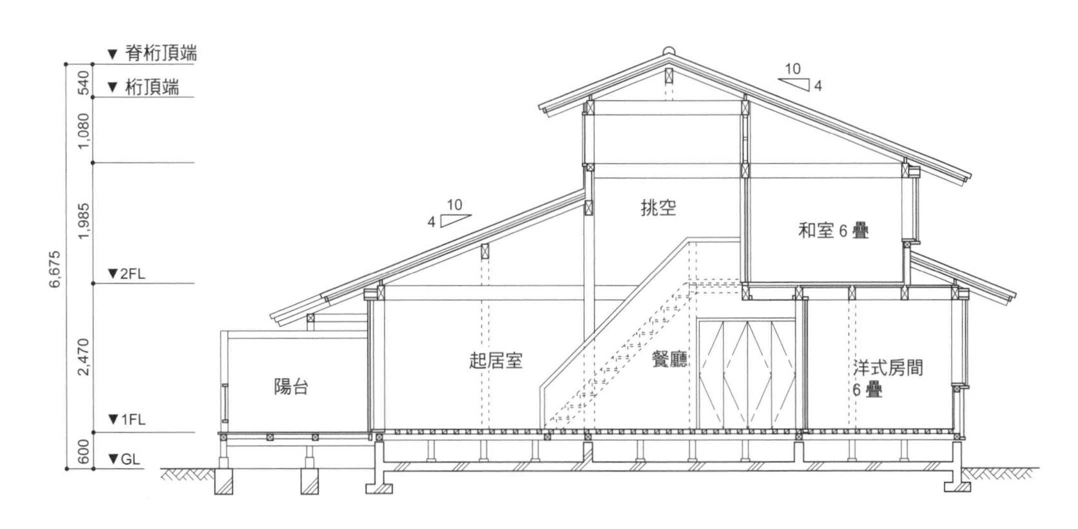

編按：兩疊約 1 坪

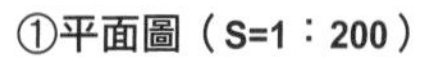

表 1 ◆ 建築概要

項目	內容
案例名稱	遠野住宅
結構、規模	1LDK 類型：木造平房建築 6 棟 2LDK 類型：木造平房建築 8 棟 3LDK 類型：木造二層樓建築 6 棟　計 20 棟
基地面積	11,783m^3（3,564.3 坪）
建築面積	1LDK 類型：129.68m^2（39.22 坪） 2LDK 類型：165.41 m^2（50.03 坪） 3LDK 類型：161.45 m^2（48.83 坪）
一樓樓地板面積	1LDK 類型：117.00 m^2（35.39 坪） 2LDK 類型：145.08 m^2（43.88 坪） 3LDK 類型：141.12 m^2（42.68 坪）
二樓樓地板面積	3LDK 類型：25.02 m^2（7.56 坪）
用地編定	第一種住宅用地
設計期間	1996 年 6 月～ 1997 年 1 月、 1997 年 11 月～ 1998 年 3 月
施工期間	一期工程：1998 年 4 ～ 12 月 二期工程：1999 年 4 ～ 11 月 三期工程：2000 年 1 ～ 11 月
施工廠商	一期工程：1LDK：金野工務店、佐藤工務店、 2LDK：小友建設、定信工業、3LDK：汀建設 二期工程：1LDK：朝橋建築、菊池建工、 2LDK：佐藤工業、小友建設、3LDK：汀建設 三期工程：1LDK：朝橋建築、立石工務店 2LDK：榮組、遠野土建、3LDK：汀建設

圖 2 ◆ 民居型構法 構架等角透視圖

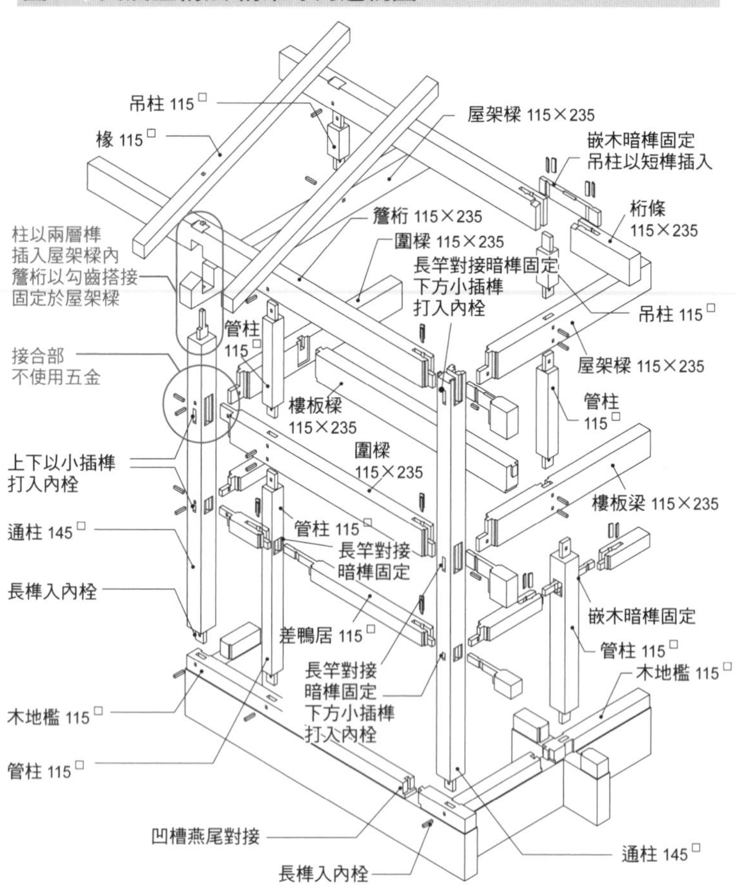

的 47cm。做為短期載重的積雪量是 70cm，屋頂完成面採瓦鋪也是加重建築物重量的因素之一。

地盤以水泥系固化材進行淺層地盤改良，在確保地耐力有 50kN／m^2 之下採取版式基礎的做法。此外，又考慮到凍結深度，所以在外周部設置連續基礎狀的地中樑。內部則因應設有通柱的基本框架，除了設置有邊墩的地中樑之外，也意圖提高版式基礎的剛性。

在基地整地的方便性考量之下，本案例採取在歷經兩次地盤改良的位置上，將容易固結的山砂回填到既有地盤改良面與版式基礎之間的地層（圖 4）。

（2）建築物形狀

各樓層的平面形狀雖然完整，不過某些部分承載著二樓。在縱向方向上設有大型屋頂，挑空幅度也很大。此外，二樓的軸線⑥上沒有配置剪力牆等，也是導致屋頂面及二樓樓板面、天花板面的形狀必須具備相當高的水平剛性的原因。

（3）剪力牆

剪力牆基本上採用結構用合板鋪設（壁倍率 2.5），分戶牆等則併用石膏版。

除此之外，軸線⑬及軸線②上以結構用版與石膏版組合而成，壁倍率設為 3.5。雖然這些構架上會產生巨大的拉拔力，但外角部設有垂直牆面，因此可以考慮利用垂直牆面來壓制，其他部分則要考量腰牆或樑的壓制效果，進行容許應力度的計算，以內栓接合得以因應的方式規劃。

二樓的 X 方向上只有軸線③上設有剪力牆，而且搭載在跨距兩個開間的樑上。對此會進行包含桁樑在內的合成框架的檢討（圖 5）。

另外，軸線⑥以合板垂壁與通柱就能處理負擔範圍內的水平力為前提，在考慮斷面缺損部分之後決定柱子的斷面尺寸（第 262 頁圖 6、照片 4）。

（4）結構構材與乾燥的關連性

結構構材主要採用當地產的杉木，以低溫人工乾燥的方式將含水率控制在 20%。

為了有效利用固定尺寸材料，樑跨距基本上要有二個開間，樑上側高度也要齊平，另外端部採入榫燕尾搭接，因此必須防止樑受乾燥收縮等影響而拔出。換句話說，這個構法是絕對要重視含水率管理的結構方法。構材斷面以完成面尺寸 -5mm 來估計（120mm 角材 → 115mm 角材等）。

此外，做為短期載重的積雪量是 70cm，因此屋架周圍的構材尺寸要以積雪時的載重為基準。

（5）水平構面（樓板構架、屋架）

樓板構架採用無樓板格柵的做法，樓板面以厚度 40mm 的杉木板完全嵌入橫向材上釘定的方式。樓板的樓板倍率是 1.2（參照第 246 頁圖 3）。

屋架是日式屋架桁條與椽構架的形式，屋面板以厚度 25mm 的落葉松施作，椽以間隔 900mm 來配置（第 262 頁照片 5）。在桁條、桁樑與屋面板之間鋪有厚的填塞板，能夠兼具防止椽翻落和確保水

表 2 ◆結構概要表

部位	項目	規範	特殊事項
概要	所在地	岩手縣遠野市	凍結深度 47cm、積雪（短期）70cm
	屋頂完成面	□金屬瓦 ☑瓦 □其他	
	外牆完成面	☑乾式 ☑溼式 □其他	二樓：杉木 5 分版鋪設、 一樓：木摺砂漿粉刷底材＋ 抹灰塗裝
	特殊載重	☑無 □書庫 □鋼琴 □其他	
形狀	平面形狀	☑完整 □ L 型 □匚型 □口型 □雁行狀 ☑挑空 □窄小開口 □其他	
	立面形狀	□完整 ☑退縮 □屋頂斜度 4 寸	
地盤	地盤調查	□無 ☑有（☑該基地 □附近）	
	調查方法	☑瑞典式探測試驗 □標準貫入試驗 □平版載重 □表面波探測法 □其他	先前為河床，軟弱層厚度不穩定
	基地履歷	□空地 ☑田 □住宅地 □停車場 □補裝地 □造成地 □開挖 □填土 □傾斜 □高低差 □既有建築物	表層改良後施作版式基礎。不過考慮到凍結深度而在外周部採用連續基礎
基礎	形式	☑連續基礎 ☑版式基礎 □樁基礎 ☑地盤改良	
	地耐力	設計用地耐力 50kN／m^2（地盤改良後及地表面）	
剪力牆	做法	□斜撐 ☑結構用合板 ☑結構用版 □其他	結構用合板厚度 9mm、石膏版厚度 12.5mm
	壁倍率	2.5（僅單面合板）、3.5（合板＋石膏版）	
	固定方式	外牆（□露柱牆 ☑隱柱牆）、內牆（☑露柱牆 □隱柱牆）	
柱子	材料	□等級製材 ☑無等級製材 □集成材 □其他 □無指定乾燥 □ D15 ☑ D20 □ D25 □其他	杉木特一等材、低溫人工乾燥、管柱 115mm 角材
	構架形式	☑通柱＋管柱 □僅有管柱 □僅一樓柱腳木地檻貫通 ☑一樓柱腳柱貫通	通柱 145mm 角材、175mm 角材
	搭接	☑木料組合 □接合五金 □併用木料組合與接合五金 □其他	長榫入內栓（方形）
樑	材料	□等級製材 ☑無等級製材 □集成材 □其他 □無指定乾燥 □ D15 ☑ D20 □ D25 □其他	杉木特一等材、低溫人工乾燥
	端部搭接	☑頂端齊整 □勾齒搭接 ☑木料組合 □接合五金 □併用木料組合與接合五金 □其他	柱－樑：長竿＋內栓與暗榫、 樑－樑：入榫燕尾搭接
	對接	☑木料組合 □接合五金 □併用木料組合與接合五金 □其他	追掛對接
樓板構架	樓板	☑窄幅板 □結構用合板 □結構用版 □其他	杉木特一等材厚度 40mm
	樓板格柵	☑無 □有（□空鋪樓板格柵 □勾齒搭接 □完全嵌入）	
屋架	構架形式	☑日式屋架（☑桁條與椽 □斜樑） □洋式屋架	椽@900mm
	屋面板	☑窄幅板 □結構用合板 □結構用版 □其他	落葉松特一等材厚度 25mm

圖 3 ◆結構的基本構成

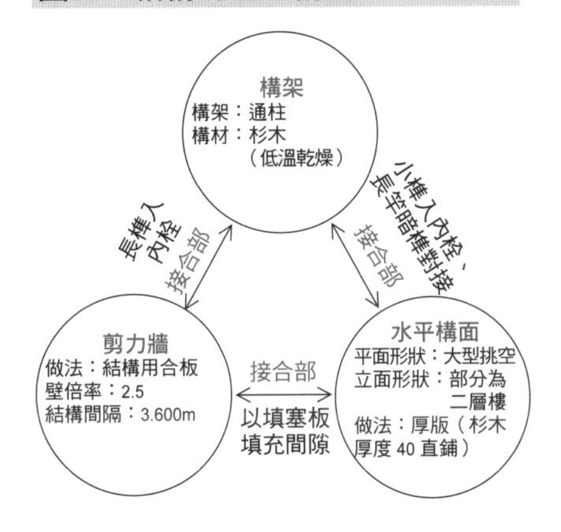

地盤、基礎	
地形	：造成地（平坦）
地盤種類	：第 2 種
基礎形式	：外周連續基礎＋地盤改良＋版式基礎（格子樑）

圖 4 ◆地盤改良部分與基礎剖面圖

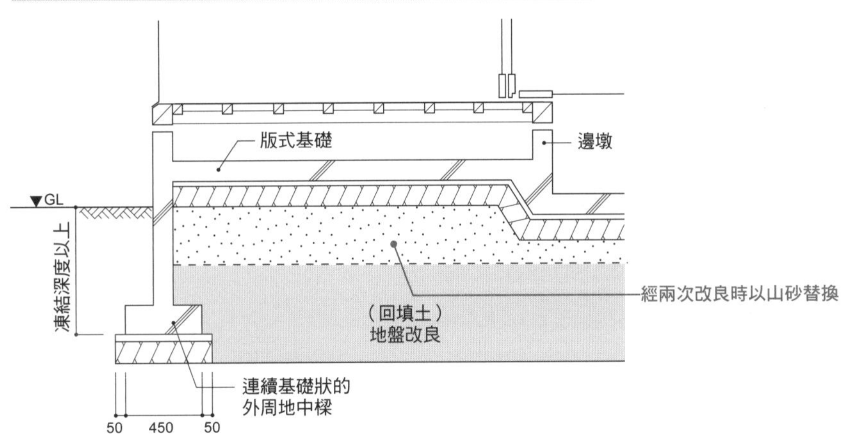

圖 5 ◆軸線③構架的構造

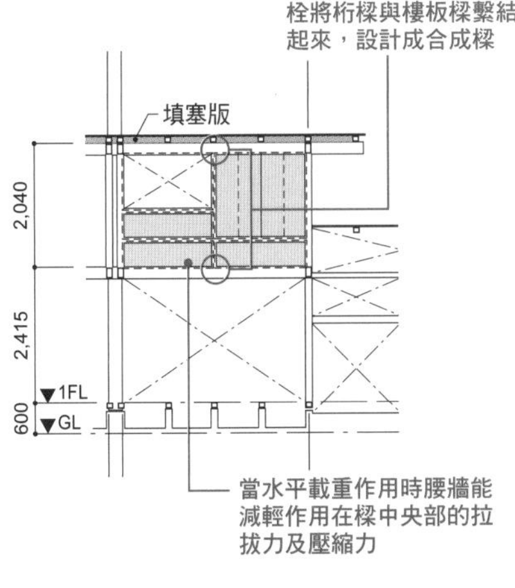

平剛性。此外，玄關到浴室為止的天花板面是以二樓樓板同樣的固定方式來形成水平構面，將浴室周邊等的剪力牆延長至屋頂面，用以確保大屋頂的水平剛性（第 262 頁圖 6）。

（6）接合部

本案例全部以木料組合來進行接合，剪力牆端部的柱頭柱腳在考慮通樑或垂直牆體的壓制效果之下，決定採用內栓來因應。

樑與柱子的搭接以嵌木或長榫插入柱子做為內栓的處理方式（參照圖 2）。

關於通柱搭接的拉伸耐力如第 249 頁圖 5 也稍微說明過的，在大型地震發生時入榫部分就有可能拔出。為此，以跨越搭接部的方式進行樓面板的配置與固定也是解決該問題的辦法之一（第 262 頁圖 7）。

照片 4　室內的構架。插入構材尺寸固定的樑所形成的通柱構架。懸吊屋頂部分的腰牆也是重要的耐力元素

照片 5　椽以間隔 900mm 並排配置，上面鋪設厚的屋面板。此外也在結構上重要的部分設置厚的填塞板（❶）（❷是桁條）

圖 6 ◆ 軸線⑥構架的構造

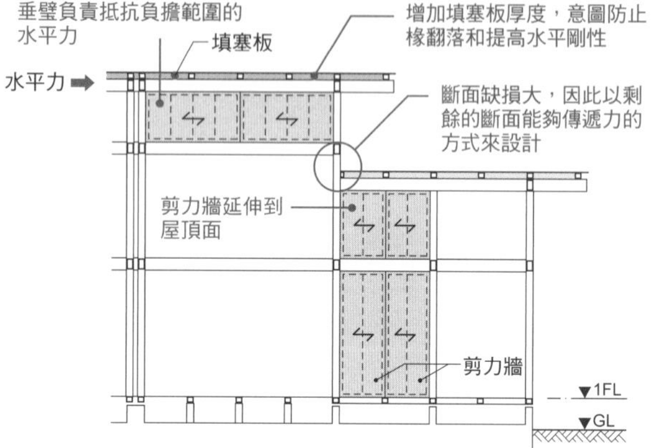

圖 7 ◆ 接合部的補強範例

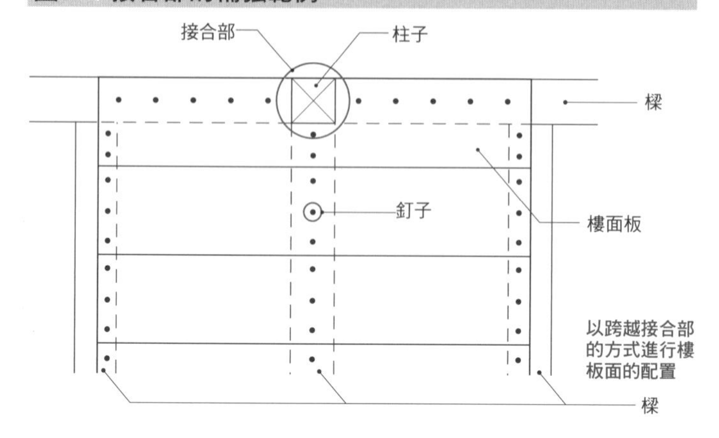

用語解說

從試驗結果的檢證來看由合板構成的合成樑

合成樑的彎曲試驗是意圖有效發揮及利用傳統民居中經常可見的差鴨居的構造性能而進行的實驗。

試驗的兩根試驗體中，其中一根因為上弦材的材料不佳，最後以僅有上弦材破壞收場；第二根試驗體最終以合板出現面外挫屈告終（圖、照片 A 及 B）。

從這個結果來計算合成樑的彎曲剛性，得知其效能等同於具備樑深 330mm 的實木斷面材。

圖 ◆ 由合板構成合成樑的彎曲試驗

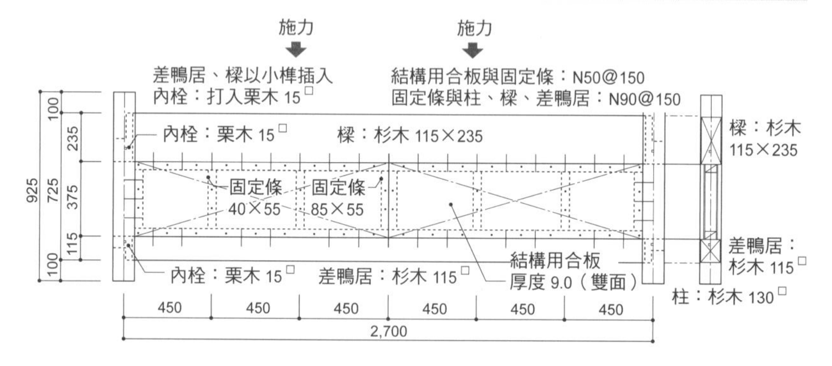

照片 A　上弦樑中央下側從節處裂開，合板接縫上部被壓壞。施力點的壓陷大

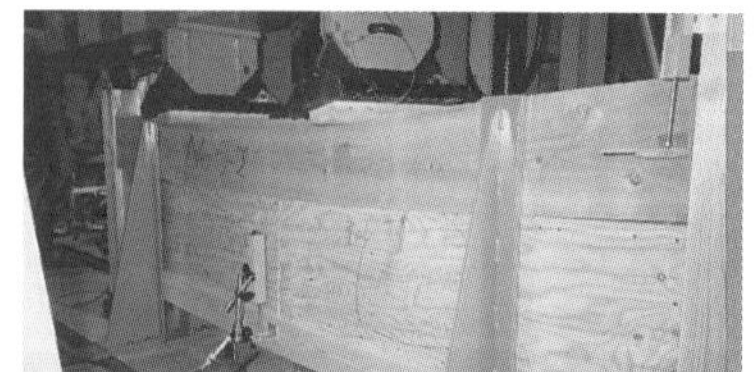

照片 B　兩根試驗體其中一根的合板在施力點附近產生面外挫屈

參考圖 1◆壁量計算的結果

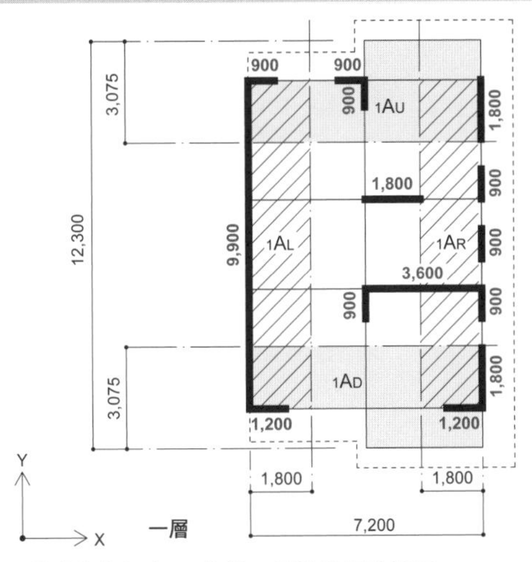

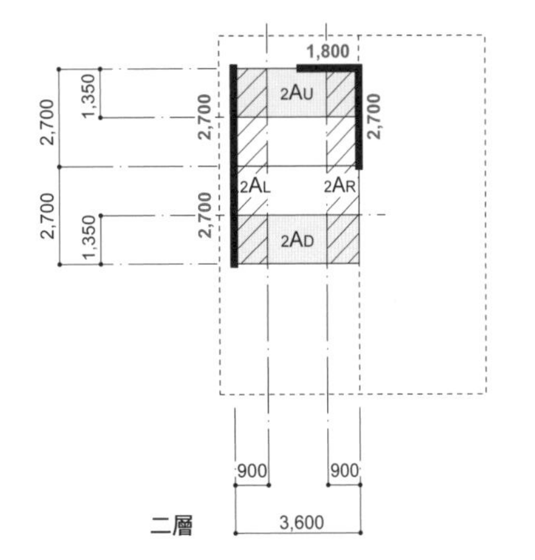

依據建築基準法施行令 46 條第 4 項的構架計算表

方向		X 方向					Y 方向				
2層樓建築的二樓部分或者平房建築	必要壁長	面積 (m²)		每 1m² 所需的必要壁長 (m/m²)		必要壁長 (m)	面積 (m²)		每 1m² 所需的必要壁長 (m/m²)		必要壁長 (m)
		樓板面積	19.44	0.21		i 4.08	樓板面積	19.44	0.21		i 4.08
		計入面積	S2 4.45	0.50		① 2.23	計入面積	S2 13.23	0.50		② 6.62
	有效壁長	構架種類	構架長度 (m)	數量	壁倍率	有效壁長 (m)	構架種類	構架長度 (m)	數量	壁倍率	有效壁長 (m)
		結構用合板+石膏版	1.80	1	3.5	6.30	石膏版雙面	2.70	2	2.0	10.80
							結構用合板	2.70	1	2.5	6.80
		判定	i 或~~①~~ 4.08m ≦			イ 6.30 m	判定	~~i~~或② 6.62m ≦			ロ 17.60 m
		安全率（餘裕率）	對地震力（イ／i）			1.54	安全率（餘裕率）	對地震力（ロ／i）			4.29
			對風壓力（イ／①）			2.86		對風壓力（ロ／②）			2.67
2層樓建築的一樓部分	必要壁長	面積 (m²)		每 1m² 所需的必要壁長 (m/m²)		必要壁長 (m)	面積 (m²)		每 1m² 所需的必要壁長 (m/m²)		必要壁長 (m)
		樓板面積	80.91	0.33		ii 26.70	樓板面積	80.91	0.33		ii 26.70
		計入面積	S2+S1 17.0	0.50		③ 8.50	計入面積	S2+S1 37.00	0.50		④ 18.5
	有效壁長	構架種類	構架長度 (m)	數量	壁倍率	有效壁長 (m)	構架種類	構架長度 (m)	數量	壁倍率	有效壁長 (m)
		結構用合板+石膏版	0.90	2	3.5	6.30	石膏版雙面	9.90	1	2.0	19.80
		〃	1.20	2	3.5	8.40	石膏版單面	0.90	2	1.0	1.80
		結構用合板	1.80	3	2.5	13.50	結構用合板	0.90	3	2.5	6.75
							〃	1.80	2	2.5	9.00
		判定	ii 或~~③~~ 26.70m ≦			ハ 28.20 m	判定	ii 或~~④~~ 26.70m ≦			ニ 37.35 m
		安全率（餘裕率）	對地震力（ハ／ii）			1.06	安全率（餘裕率）	對地震力（ニ／ii）			1.40
			對風壓力（ハ／③）			3.32		對風壓力（ニ／④）			2.02

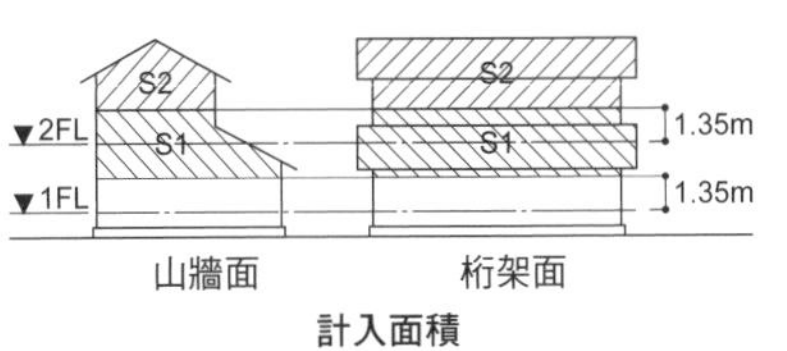

計入面積

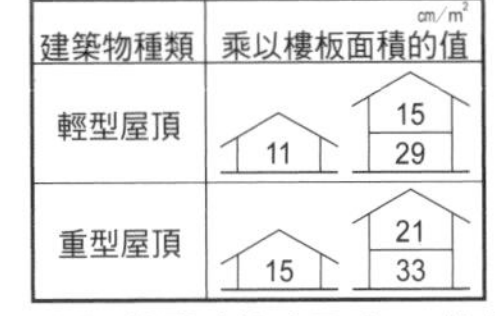

建築物種類	乘以樓板面積的值 (cm/m²)	
輕型屋頂	11	15 / 29
重型屋頂	15	21 / 33

原注　軟弱地盤時要以 1.5 倍處理

依據平成 12 年建告 1352 號 構架設置基準的壁率比計算表

方向		X 方向					Y 方向				
2層樓建築的二樓部分或者平房建築	必要壁長	樓板面積 (m²)		每 1m² 所需的必要壁長 (m/m²)		必要壁長 (m)	樓板面積 (m²)		每 1m² 所需的必要壁長 (m/m²)		必要壁長 (m)
		2AU	5.00	0.21		i 1.05	2AL	5.40	0.21		iii 1.13
	有效壁長	構架種類	構架長度 (m)	數量	壁倍率	有效壁長 (m)	構架種類	構架長度 (m)	數量	壁倍率	有效壁長 (m)
		結構用合板+石膏版	1.80	1	3.5	6.30	石膏版雙面	2.70	2	2.0	10.80
						① 6.30 m					③ 10.80 m
		壁量充足率	㊤ ①／i=6.00 > 1.0 (OK)				壁量充足率	㊧ ③／iii=9.56 > 1.0 (OK)			
	必要壁長	樓板面積 (m²)		每 1m² 所需的必要壁長 (m/m²)		必要壁長 (m)	樓板面積 (m²)		每 1m² 所需的必要壁長 (m/m²)		必要壁長 (m)
		2AD	5.00	0.21		ii 1.05	2AR	4.86	0.21		iv 1.02
	有效壁長	構架種類	構架長度 (m)	數量	壁倍率	有效壁長 (m)	構架種類	構架長度 (m)	數量	壁倍率	有效壁長 (m)
		依據容許應力度計算而設計的附短牆的框架					結構用合板	2.70	1	2.5	6.75
						② 0 m					④ 6.75 m
		壁量充足率	㊦ ②／ii=				壁量充足率	㊨ ④／iv=6.62 > 1.0 (OK)			
		壁率比	㊤／㊦或㊦／㊤ =				壁率比	(~~㊧／㊨~~或㊨／㊧ =0.69)			
2層樓建築的一樓部分	必要壁長	樓板面積 (m²)		每 1m² 所需的必要壁長 (m/m²)		必要壁長 (m)	樓板面積 (m²)		每 1m² 所需的必要壁長 (m/m²)		必要壁長 (m)
		1AU	18.01	0.33		v 5.94	1AL	18.81	0.33		vii 6.21
	有效壁長	構架種類	構架長度 (m)	數量	壁倍率	有效壁長 (m)	構架種類	構架長度 (m)	數量	壁倍率	有效壁長 (m)
		結構用合板+石膏版	0.90	2	3.5	6.30	石膏版雙面	9.90	1	2.0	19.80
						⑤ 6.30 m					⑦ 19.80 m
		壁量充足率	㊤ ⑤／v=1.06 > 1.0 (OK)				壁量充足率	㊧ ⑦／vii=3.19 > 1.0 (OK)			
	必要壁長	樓板面積 (m²)		每 1m² 所需的必要壁長 (m/m²)		必要壁長 (m)	樓板面積 (m²)		每 1m² 所需的必要壁長 (m/m²)		必要壁長 (m)
		1AD	18.01	0.33		vi 5.94	1AR	22.14	0.15		viii 3.32
	有效壁長	構架種類	構架長度 (m)	數量	壁倍率	有效壁長 (m)	構架種類	構架長度 (m)	數量	壁倍率	有效壁長 (m)
		結構用合板+石膏版	1.20	2	3.5	8.40	結構用合板	0.90	3	2.5	6.75
							〃	1.80	2	2.5	9.00
						⑥ 8.40 m					⑧ 15.75 m
		壁量充足率	㊦ ⑥／vi=1.41 > 1.0 (OK)				壁量充足率	㊨ ⑧／viii=4.74 > 1.0 (OK)			
		壁率比	(㊤／㊦或~~㊦／㊤~~ =0.75)				壁率比	(㊧／㊨或~~㊨／㊧~~ =0.67)			

參考圖 2◆N 值計算的結果

軸線⑬的構架圖

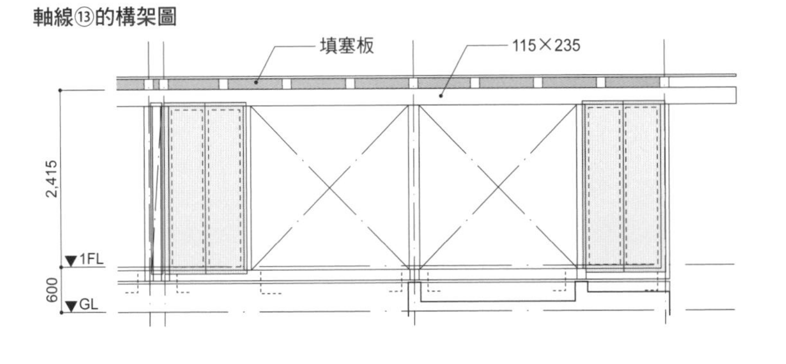

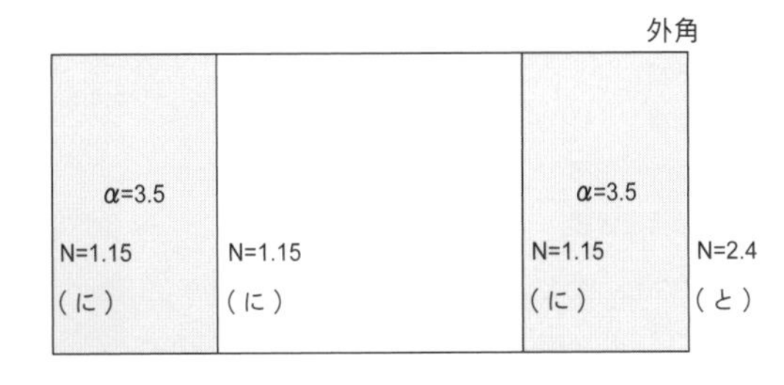

原注　α為壁倍率

設計案例［實踐篇］❸

採用 D 型螺栓 +J 型板材的民居型構法

設計：Ms 建築設計事務所

以接合五金和結構用面材對構架進行補強

「秦野之家」位在神奈川秦野市的郊外、距離第 2 東名高速道路計畫線數百公尺的地方（表 1、照片 1 ～ 3、圖 1）。Ms 建築設計事務所的工作是盡可能利用鄰近山地取得的木材來建造住宅。這次也採用神奈川縣產的杉木、日本扁柏來展開創造居住空間的計畫。

從工程中的照片就能清楚明白結構的明確性（照片 4）。本案例為因應正立面的尺寸而以間隔 1,820mm（一個開間）來設置柱子，而將大樑、小樑構架成格子狀來固定二樓水平構面的方法可說是其特徵。

該事務所位於關西，從阪神、淡路大地震的教訓中有了以強健、長久耐用的木造居所為主題的構想，因此開發出接合五金「D 型螺栓」（※1）、結構用面材「J 型版」（※2），目標是成為以開放性的物件普及至全國的構法。接合五金一定要是緊固五金，因為它經得起長時間的變化，而且與修飾性構材有良好的相容性。D 型螺栓就是以符合這樣的條件所開發出來的五金。

此外，J 型版是利用戰後植林的杉木，在不浪費中小型幹徑的木材為前提製成結構用版。由於是將厚度 12mm 的杉木板以纖維交互垂直的方式黏合三層所製成的材料，因此不僅外觀看起來幾乎與原木材一樣，36mm 厚的厚版也極具面的剛性。一塊版就能確保樓板、牆體、底版與垂直面及水平面的面剛性，同時還能兼顧全部內裝的設計性，在工程期限或人力，還是成本考量方面都相當有利。

說到利於環境考量的合板，基本上是以針葉樹合板為主流，不過使用日本杉木來促進資源循環，也可以活化日本的山林活動。只要這個結構用面材是堅固的、可承受大自然的嚴峻考驗，便能成為一個可靠的存在。

［三澤康彥／Ms 建築設計事務所］

併用五金、民居型構法的結構特徵

Ms 建築設計事務所採用民居型構法做為基礎，通柱以間隔兩個開間進行配置，省略樓板格柵或椽、間柱等二次構材。以厚版取而代之來提高面剛性，形成剪力牆盡可能設置在外周部的構架形式。

有別於第 258 ～ 263 頁案例②的民居型構法的地方在於，接合部使用了緊固五金的 D 型螺栓、以及剪力牆或水平構面是（樓板及屋面板）採用 J 型版等。這些做法不但能夠解決民居型構法中的結構課題，而且也成為該種構法的最大特徵。

※1 D-plan yonezawa：TEL +81 0794-82-5720
※2 Length co-operative：TEL +81 0859-39-6888

表 1 ◆ 建築概要

項目	內容
案例名稱	秦野之家
結構、規模	木造二層樓建築
基地面積	386.03m^2（116.77 坪）
建築面積	108.11m^2（32.70 坪）
一樓樓地板面積	97.69m^2（29.55 坪）
二樓樓地板面積	49.87m^2（15.08 坪）
用地編定	市街重劃區
設計期間	2001 年 1 月～ 6 月
施工期間	2001 年 7 月～ 2002 年 1 月
施工廠商	村上建設

照片 1 建築物外觀

照片 2 建築物內部

照片 3 從二樓挑空處往下看

照片 4 施工現場。樓板與屋頂部分省略鋪設樓板格柵及椽，統一樑上側高度並加以釘定固定

圖 1 ◆「秦野之家」平面、立面、剖面圖

1 平面圖（S=1：250）

一層

①　⑤　⑪　⑮
15,280
3,640　3,640　8,000
あ　う　く　こ　せ
1,820　3,640　1,820　3,640
10,920
走入式衣帽間
食材庫
主臥室
廚房
玄關土間
洗臉台
浴室
和室
起居室
Y
X

二層

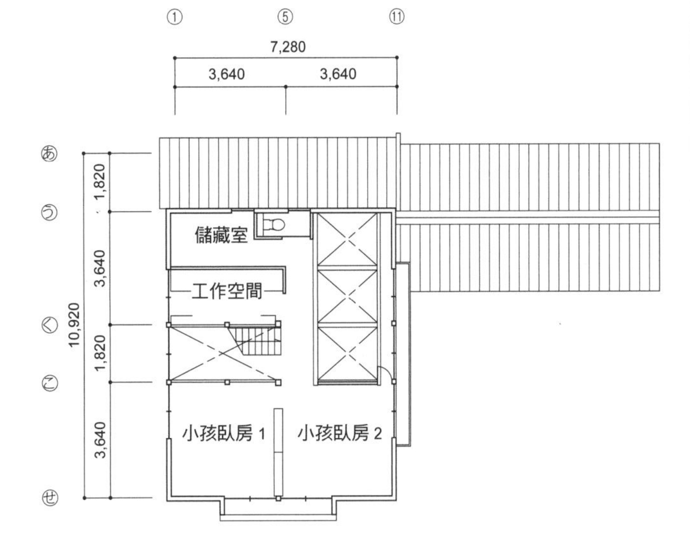

②立面圖（S=1：250）

東面　南面

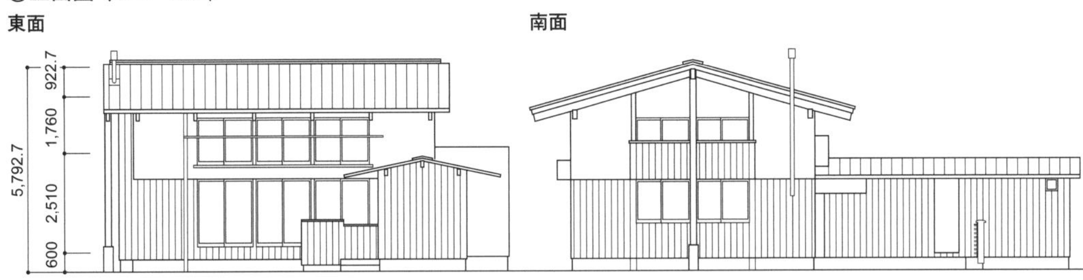

③剖面圖（S=1：125）

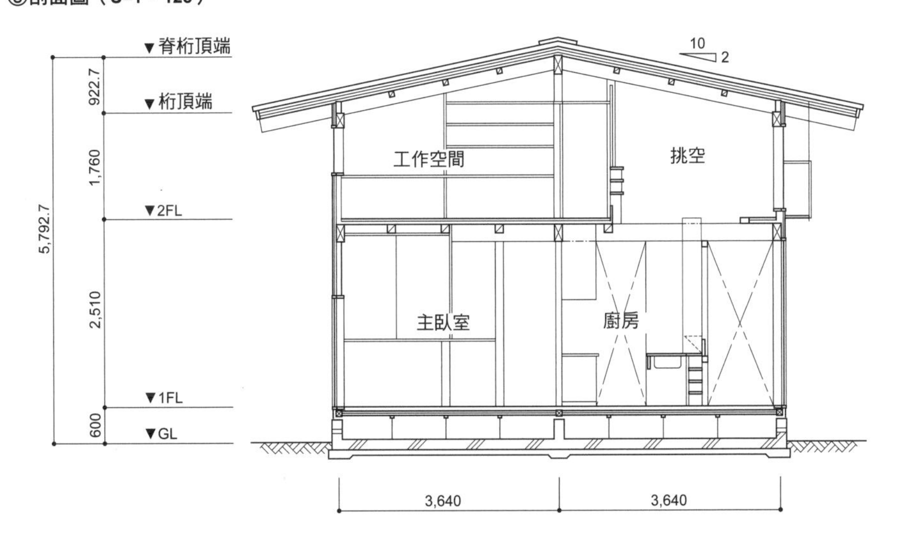

表 2 結構概要表

部位	項目	規範	特殊事項
概要	所在地	神奈川縣秦野市	
	屋頂完成面	☑金屬瓦 □瓦 □其他	耐磨塗裝鋼板 GL 厚度 0.35mm
	外牆完成面	☑乾式 ☑溼式 □其他	木摺砂漿粉刷底材 + 矽石噴塗、部分杉木 5 分企口板 OLS 塗布
	特殊載重	☑無 □書庫 □鋼琴 □其他	
形狀	平面形狀	□完整 ☑L 型 □ㄈ型 □口型 □雁行狀 ☑挑空 □窄小開口 □其他	
	立面形狀	□完整 ☑退縮 □屋頂斜度 2 寸	
地盤	地盤調查	☑無 □有（□該基地 □附近）	斜面開挖後以目視確認地面狀況
	調查方法	□瑞典式探測試驗 □標準貫入試驗 □平版載重 □表面波探測法 □其他	
	基地履歷	□空地 □田 □住宅地 ☑停車場 □補裝地 □造成地 ☑開挖 □填土 □傾斜 □高低差 □既有建築物	平緩的南向斜面
基礎	形式	□連續基礎 ☑版式基礎 □樁基礎 □地盤改良	
	地耐力	—	
剪力牆	做法	□斜撐 □結構用合板 ☑結構用版 □其他	
	壁倍率	2.5	J 型版厚度 36mm
	固定方式	外牆（□露柱牆 ☑隱柱牆）、內牆（☑露柱牆 □隱柱牆）	
柱子	材料	□等級製材 ☑無等級製材 □集成材 □其他 ☑無指定乾燥 □D15 □D20 □D25 □其他	神奈川縣產的扁柏、天然乾燥材
	構架形式	☑通柱 + 管柱 □僅有管柱 □僅一樓柱腳木地檻貫通 ☑一樓柱腳柱貫通	4 寸角材
	搭接	□木料組合 □接合五金 ☑併用木料組合與接合五金 □其他	D 型螺栓、附墊圈筒形螺栓、長榫 + 內栓 +V 狀五金
樑	材料	□等級製材 ☑無等級製材 □集成材 □其他 □無指定乾燥 □D15 □D20 □D25 ☑其他	神奈川縣產的杉木、天然乾燥材 年輪寬度 7mm 以下、D30 以下
	端部搭接	☑頂端齊整 □勾齒搭接 □木料組合 □接合五金 ☑併用木料組合與接合五金 □其他	D 型螺栓 + 襟輪榫、 樑 - 樑：入榫燕尾搭接
	對接	□木料組合 □接合五金 □併用木料組合與接合五金 □其他	
樓板構架	樓板	□窄幅板 □結構用合板 ☑結構用版 □其他	J 型版厚度 36mm
	樓板格柵	☑無 □有（□空鋪樓板格柵 □勾齒搭接 □完全嵌入）	
屋架	構架形式	□日式屋架（□桁條與椽 ☑斜樑） □洋式屋架	
	屋面板	□窄幅板 □結構用合板 ☑結構用版 □其他	J 型版厚度 36mm

從結構概要書讀取到的訊息

這個案例的結構概要書如表 2 所示，結構的基本構成則如圖 2。以下將分別就項目別進一步解讀表中的訊息與結構設計的要點。

（1）地盤與基礎

本案例位於山中、基地屬於開挖地。設計者透過目視判斷地盤為良好狀態，因此採取僅在基礎外周部上設置邊墩（地中樑）的版式基礎。

因為以前曾經是停車場，再加上是開挖形成的基地，因此可不必過於擔心壓密沉陷（圖 3）。

雖然本案例並沒有特別進行地盤調查，不過最好還是進行地盤調查，或是到各地主管機關取得周邊的調查資料等，盡可能憑藉客觀的依據來判斷地耐力以及地層構成。

（2）建築物形狀

平面形狀呈 L 形、廂房從主屋

圖 2 結構的基本構成

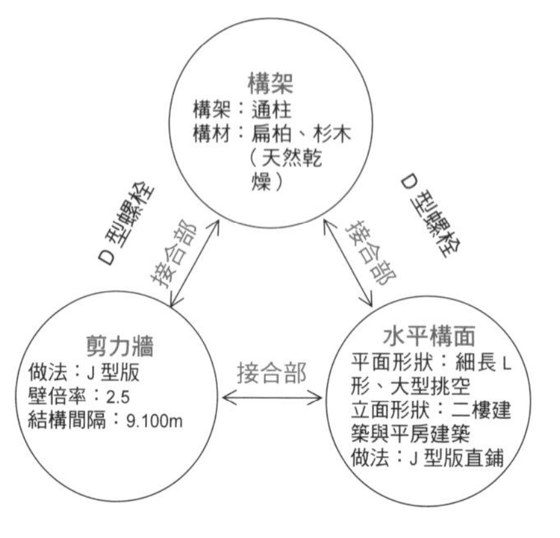

圖 3 地盤狀況圖

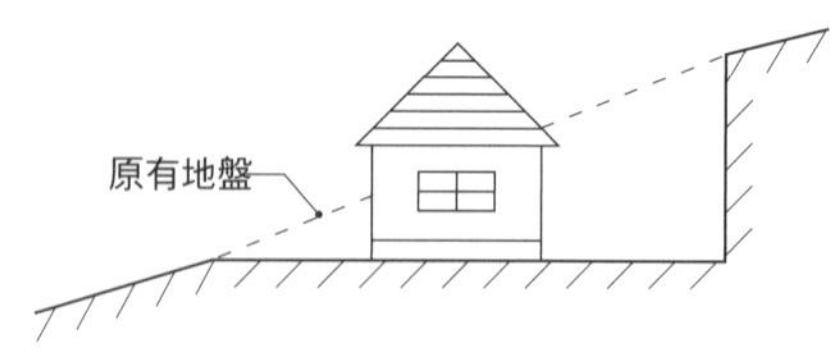

建築所在地的地盤屬於開挖，因此只要
開挖重量≧建築物重量
就不必擔心壓密沉陷

圖 4 平面計畫

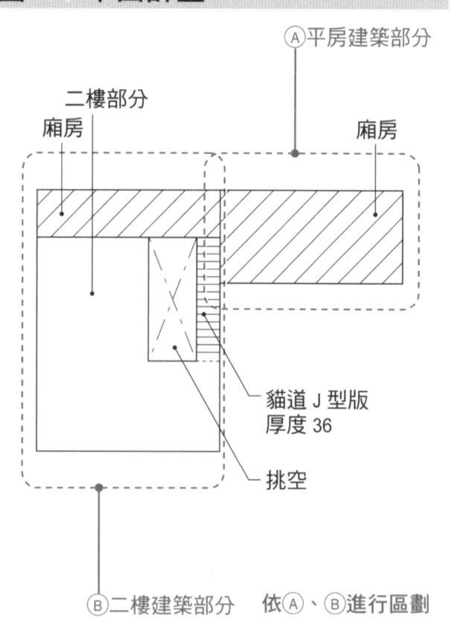

凸出，與廂房固定的位置上設有挑空。這種形狀的情況下，會將二層樓建築部分與平房部分劃分成兩個區塊，使各自滿足壁量需求，並且以平衡度良好的配置方式進行規劃（圖 4）。

（3）剪力牆

剪力牆採用 J 型版。J 型版是杉木三層膠合版，做為剪力牆使用也已經取得大臣認定的壁倍率 2.5（關於 J 型版的結構性狀，請參照第 268 頁的專欄）。此外，版使用露柱牆的鋪設方式（圖 5）。

本案例以確保建築基準法所規定的 1.25 倍的壁量來進行牆體配置計畫。從圖面可知建築內部幾乎沒有剪力牆，而是將剪力牆確保在外周部的做法。如此一來，剪力牆構面間隔會變長，所以必須確保前述的水平剛性。再者，如圖 4 所示，進行區劃再檢討壁量會發現廂房部分的 Y 方向壁量有稍微不足的情況。這時候就要有高樓板剛性的屋頂面。

（4）結構構材與乾燥的關連性

柱子使用的日本扁柏及樑使用的杉木皆產自神奈川縣當地的天然乾燥材。構架形式為通柱形式，柱樑的搭接及剪力牆端部的柱頭柱腳上則使用 D 型螺栓等五金（圖 6、關於 D 型螺栓的結構性狀，請參照第 268 頁的專欄）。

使用五金時，木材與五金之間若有縫隙的話，會因為碰撞而對耐力產生負面影響，因此木材的乾燥顯得特別重要。含水率在 25% 左右時多少會產生收縮，所以最好選用構材乾燥後可以二度拴緊的五金。

（5）水平構面（樓板構架、屋架）

樓板和屋架是省略樓板格柵或椽等二次構材，而採取統一樑的上側高度、將 J 型版直接固定在樑上的做法（圖 7、第 264 頁照片 4）。

做為水平構面的樓板倍率來說，如圖 7 所示以四邊釘定的做法是 3.0、以川字形釘定的做法則是 1.2。從建築物形狀或剪力牆的配置來看，這棟建築物需要有高的樓板剛性，所以採用 J 型版的做法便可

圖 5 ◆ J 型版的剪力牆做法

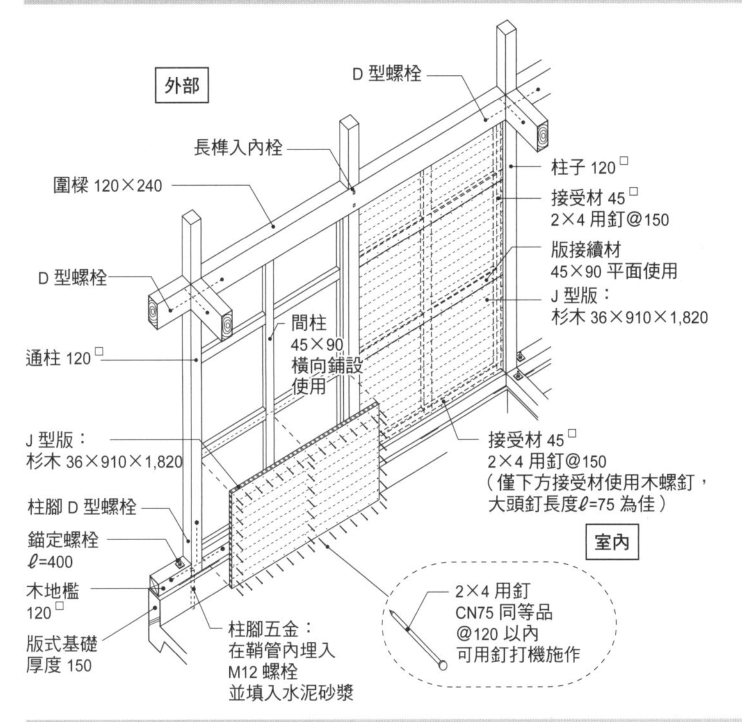

圖 6 ◆ D 型螺栓的處理方式

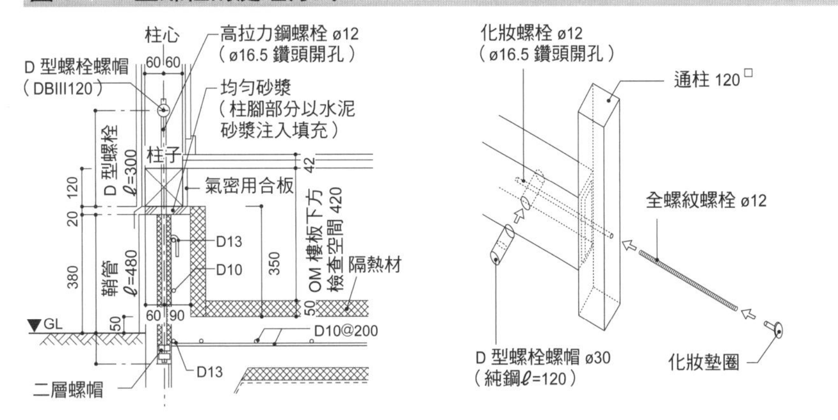

圖 7 ◆ J 型版的樓板做法

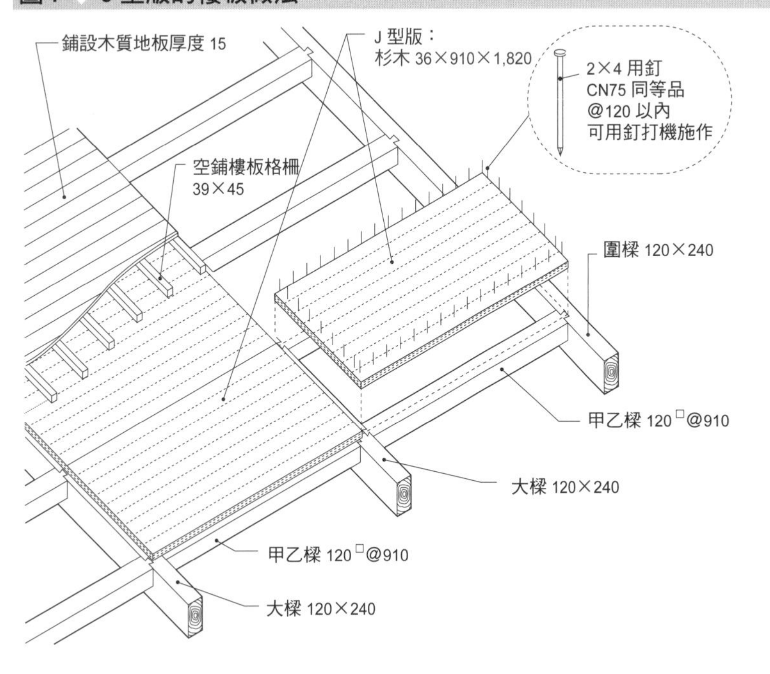

以解決這個問題。

除此之外，廂房固定處的挑空利用J型版來設計貓道，其中也考量到廂房的水平力傳遞至主屋的方式（第266頁圖4）。

（6）接合部

本構法為通柱形式，而且是將剪力牆配置在外周部，因此水平作用時外周部的通柱與樑的接合部不會比剪力牆更早受到破壞是最重要的重點，不過只要使用D型螺栓就能獲得解決。此外，為因應垂直載重要在樑端部設置榫頭，使載重順利傳遞至柱子（第267頁圖6）。

剪力牆端部的柱頭柱腳基本上是併用既有成品的VP五金與打入內栓，外角部分使用D型螺栓或25kN用的附底座榫管（照片5）。本案例的木地檻與柱子之間的固定方式採用貫通木地檻的做法，不過以柱為優先時要用D型螺栓將基礎與柱子直接緊密結合（第267頁圖6）。使用這些五金就可以因應露柱牆的做法。

樑與樑的搭接是在預切的入榫燕尾搭接上併用D型螺栓。採用燕尾搭接的話，當跨距很長或者負擔載重很重時，就必須注意壓陷量。

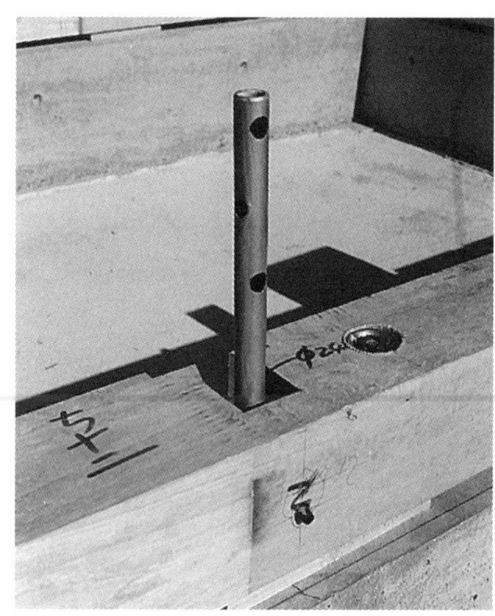

照片5 附底座榫管

用語解說

J型版與D型螺栓的結構性能

J型版

J型版是為有效利用疏伐材而開發的杉木三層膠合版。一般製成材的樓板會因纖維方向而有異方向性，不過J型版可以彌補這種異方向性，以纖維方向交互垂直來接著密合。版的尺寸有910×1,820mm以及1,000×2,000mm兩種，從圖A可以說明這種版具有比厚度7.5mm的結構用合板更高的剛性。

D型螺栓

D型螺栓是考慮結構材的斷面缺損、以及因應露柱牆構法而開發的緊固結合五金。由於是直徑30mm鋼棒與直徑12mm螺栓的組合，因此是利用鋼棒對柱子的壓陷來抵抗拉伸力。在纖維方向產生壓陷，也可說明剛性很高。不過很容易引起柱子的割裂破壞（脆性破壞），因此要確保具有足夠的端部鑽孔距離，如果能考慮到不涉及剖裂或木材斷面割裂的構材配置，還能對黏性有所期待。

從圖B的試驗結果來看，當端部鑽孔距離為240mm時，D型螺栓的容許拉伸力是19.6kN，接合部倍率有3.7。若有更高的拉拔力作用時，以螺栓直徑16mm來因應即可。

圖A ◆ J型版的試驗表

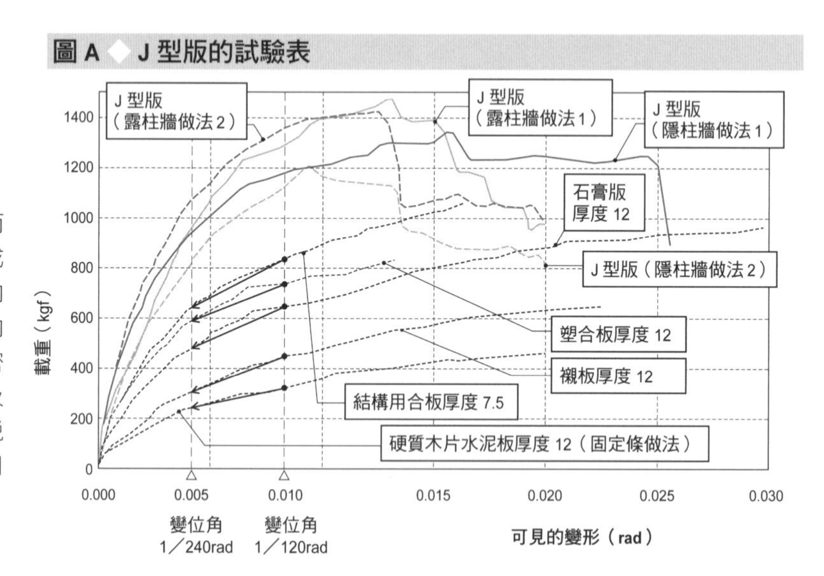

圖B ◆ D型螺栓拉伸試驗 載重、變形曲線

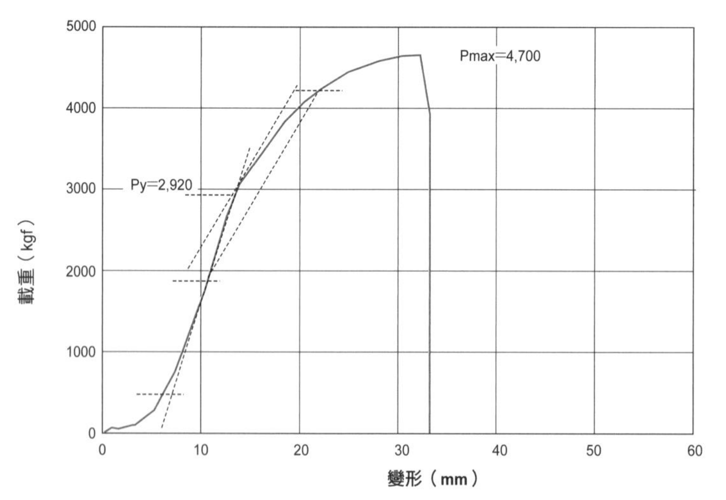

圖A、圖B資料提供：木構造住宅研究所

參考圖 1 ◆ 壁量計算的結果

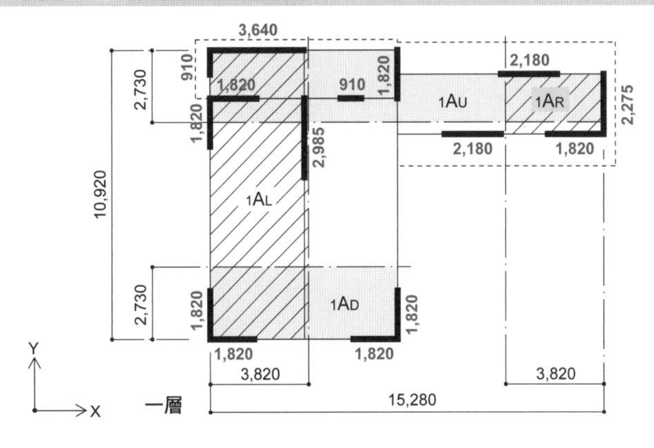

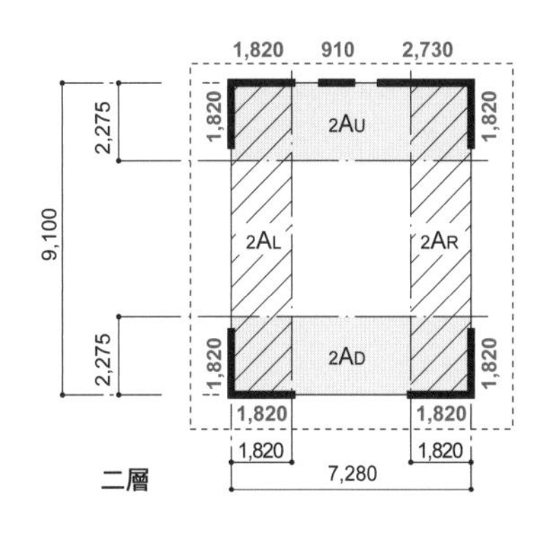

依據建築基準法施行令 46 條第 4 項的構架計算表

方向		X方向					Y方向				
2層樓建築的二樓部分或者平房建築	必要壁長	面積 (m²)		每1m²所需的必要壁長 (m/m²)		必要壁長 (m)	面積 (m²)		每1m²所需的必要壁長 (m/m²)		必要壁長 (m)
		樓板面積	66.25	0.15		i 9.94	樓板面積	66.25	0.15		i 9.94
		計入面積	S2 16.90	0.50		① 8.45	計入面積	S2 9.60	0.50		② 4.80
	有效壁長	構架種類	構架長度 (m)	數量	壁倍率	有效壁長 (m)	構架種類	構架長度 (m)	數量	壁倍率	有效壁長 (m)
		J 型版	0.91	1	2.5	2.28	J 型版	1.82	4	2.5	18.20
		〃	1.82	3	2.5	13.65					
		〃	2.73	1	2.5	6.83					
		判定	i ~~或①~~ 9.94m ≦			イ 22.76 m	判定	i ~~或②~~ 9.94m ≦			ロ 18.20 m
		安全率（餘裕率）	對地震力（イ／i）			2.29	安全率（餘裕率）	對地震力（ロ／i）			1.83
			對風壓力（イ／①）			2.69		對風壓力（ロ／②）			3.79
2層樓建築的一樓部分	必要壁長	面積 (m²)		每1m²所需的必要壁長 (m/m²)		必要壁長 (m)	面積 (m²)		每1m²所需的必要壁長 (m/m²)		必要壁長 (m)
		樓板面積	97.70	0.29		ii 28.33	樓板面積	97.70	0.29		ii 28.33
		計入面積	S2+S1 51.40	0.50		③ 25.70	計入面積	S2+S1 45.30	0.50		④ 22.65
	有效壁長	構架種類	構架長度 (m)	數量	壁倍率	有效壁長 (m)	構架種類	構架長度 (m)	數量	壁倍率	有效壁長 (m)
		J 型版	0.91	1	2.5	2.28	J 型版	0.91	1	2.5	2.28
		〃	1.82	4	2.5	18.20	〃	1.82	4	2.5	18.20
		〃	2.18	2	2.5	10.90	〃	2.27	1	2.5	5.68
		〃	3.64	1	2.5	9.10	〃	2.98	1	2.5	7.45
		判定	ii ~~或③~~ 28.33m ≦			ハ 40.48 m	判定	ii ~~或④~~ 28.33m ≦			ニ 33.61 m
		安全率（餘裕率）	對地震力（ハ／ii）			1.43	安全率（餘裕率）	對地震力（ニ／ii）			1.19
			對風壓力（ハ／③）			1.58		對風壓力（ニ／④）			1.48

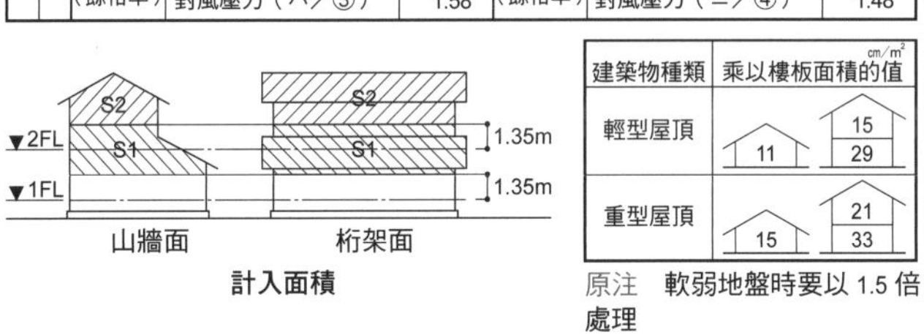

計入面積

建築物種類	乘以樓板面積的值 (cm/m²)
輕型屋頂	11 / 15, 29
重型屋頂	15 / 21, 33

原注　軟弱地盤時要以 1.5 倍處理

依據平成 12 年建告 1352 號構架設置基準的壁率比計算表

方向		X方向					Y方向				
2層樓建築的二樓部分或者平房建築	必要壁長	樓板面積 (m²)		每1m²所需的必要壁長 (m/m²)		必要壁長 (m)	樓板面積 (m²)		每1m²所需的必要壁長 (m/m²)		必要壁長 (m)
		2AU	16.56	0.15		i 2.48	2AL	16.56	0.15		iii 2.48
	有效壁長	構架種類	構架長度 (m)	數量	壁倍率	有效壁長 (m)	構架種類	構架長度 (m)	數量	壁倍率	有效壁長 (m)
		J 型版	0.91	1	2.5	2.28	J 型版	1.82	2	2.5	9.10
		〃	1.82	1	2.5	4.55					
		〃	2.73	1	2.5	6.83					
						① 13.66 m					③ 9.10 m
		壁量充足率	㊤ ①／i=5.51 > 1.0 (OK)				壁量充足率	㊧ ③／iii=3.67 > 1.0 (OK)			
	必要壁長	樓板面積 (m²)		每1m²所需的必要壁長 (m/m²)		必要壁長 (m)	樓板面積 (m²)		每1m²所需的必要壁長 (m/m²)		必要壁長 (m)
		2AD	16.56	0.15		ii 2.48	2AR	16.56	0.15		iv 2.48
	有效壁長	構架種類	構架長度 (m)	數量	壁倍率	有效壁長 (m)	構架種類	構架長度 (m)	數量	壁倍率	有效壁長 (m)
		J 型版	1.82	2	2.5	9.10	J 型版	1.82	2	2.5	9.10
						② 9.10 m					④ 9.10 m
		壁量充足率	㊦ ②／ii=3.67 > 1.0 (OK)				壁量充足率	㊨ ④／iv=3.67 > 1.0 (OK)			
		壁率比	（~~㊤／㊦~~或㊦／㊤ =0.67）				壁率比	（㊧／㊨或㊨／㊧ =1.00）			
2層樓建築的一樓部分	必要壁長	樓板面積 (m²)		每1m²所需的必要壁長 (m/m²)		必要壁長 (m)	樓板面積 (m²)		每1m²所需的必要壁長 (m/m²)		必要壁長 (m)
		1AU	34.43	0.29		v 9.99	1AL	41.71	0.29		vii 12.10
	有效壁長	構架種類	構架長度 (m)	數量	壁倍率	有效壁長 (m)	構架種類	構架長度 (m)	數量	壁倍率	有效壁長 (m)
		J 型版	0.91	1	2.5	2.28	J 型版	0.91	1	2.5	2.28
		〃	1.82	3	2.5	13.65	〃	1.82	2	2.5	9.10
		〃	2.18	1	2.5	5.45	〃	2.98	1	2.5	7.45
						⑤ 21.38 m					⑦ 18.83 m
		壁量充足率	㊤ ⑤／v=2.14 > 1.0 (OK)				壁量充足率	㊧ ⑦／vii=1.56 > 1.0 (OK)			
	必要壁長	樓板面積 (m²)		每1m²所需的必要壁長 (m/m²)		必要壁長 (m)	樓板面積 (m²)		每1m²所需的必要壁長 (m/m²)		必要壁長 (m)
		1AD	19.87	0.29		vi 5.76	1AR	8.69	0.11（平房）		viii 0.96
	有效壁長	構架種類	構架長度 (m)	數量	壁倍率	有效壁長 (m)	構架種類	構架長度 (m)	數量	壁倍率	有效壁長 (m)
		J 型版	1.82	2	2.5	9.10	J 型版	2.27	1	2.5	5.68
						⑥ 9.10 m					⑧ 5.68 m
		壁量充足率	㊦ ⑥／vi=1.58 > 1.0 (OK)				壁量充足率	㊨ ⑧／viii=5.92 > 1.0 (OK)			
		壁率比	（~~㊤／㊦~~或㊦／㊤ =0.74）				壁率比	（㊧／㊨或~~㊨／㊧~~ =0.26）			

參考圖 2 ◆ N 值計算的結果

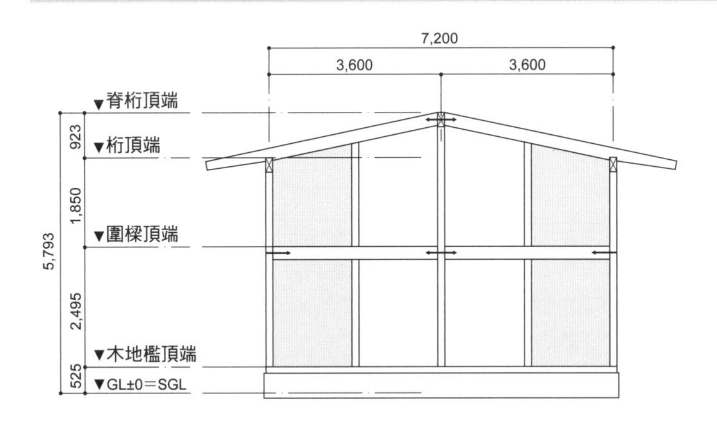

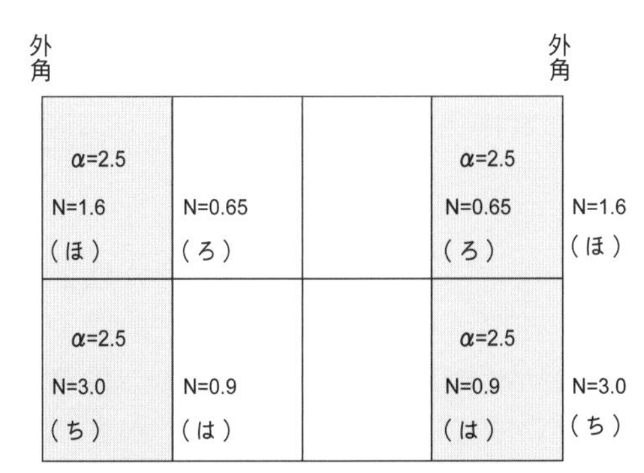

原注　α為壁倍率

設計案例［實踐篇］❹

僅採用外周結構牆與內部柱的構架系統

設計：野澤正光建築工房＋半田雅俊設計事務所

設計概要

（1）開發過程

2004年春天，東京都東村山市內的公營住宅基地進行了一項以定期租借方式的獨戶住宅區計畫。該計畫採公開徵選「實證實驗住宅」的提案。在諸多提案中被採用的方案就是「木造骨牌」住宅（照片1～3、表1、圖1）。

實證實驗住宅的計畫戶數為100戶，不到整體計畫戶數350戶的三分之一。本計畫原本選定四家事務所，不過與筆者共同參與開發空氣集熱型被動式太陽能住宅「OM太陽能系統」的會員相羽建設是本地東村山市的業者，因此便與這家建設公司共同進行開發。

設計規範要求每坪單價50萬日幣×40坪共計2000萬日幣，且要滿足住宅性能評估的各個項目，可說受到很嚴苛的工程費用限制。為解決本案的困境，施工者與設計者甚至是製造商都必須公開各種成本的真實情況否則沒辦法成案，於是本案徹底思考了各種條件並將計畫加以整合，終於獲得許可。

我們將此命名為「木造骨牌」。勒·科比意（Le Corbusier）的「骨牌系統」與這次提案同樣都是骨架、填充系統的先驅案例，不過本案是木造結構的版本。

（2）木造骨牌的特徵

在經歷各式各樣的檢討之後，大致以具備以下特徵的住宅系統做為成果。

①工法與結構：僅由外周結構牆＋軸力柱形成構架系統，這種室內沒有結構牆面的木造住宅成為具有劃時代意義的骨架、填充系統

②可變性：40坪的室內可以完全不受建築體存在的約束，因此特別是設備的更新、移動、擴充都更加容易

③溫熱環境：採用每坪造價50萬日幣的被動式太陽能換氣暖房系統，集熱部則做成「鐘形斜面」形成集熱效率非常良好的部分

④成本：就工法與計畫成果來看，工程費用可以成功控制在預算內

⑤在地構材的使用：意圖活用當地東京都多摩產材

⑥對城鎮發展的貢獻：骨架、填充系統可以不經改建就能更新用水區域（廚房、浴室、廁所、洗臉台）在內的設備。可以說這種可長時間持續使用的系統是城鎮成熟化的產物

（3）木造骨牌的可能性

骨牌的發展在今後還有各式各樣的可能性。

陽台型住宅具有立即進行開發的可能，連棟住宅的熱條件也有比目前更優的性能。此外，居住者搬離之後的隔間、設備、內裝的更新不但更加自如，而且可以符合多種尺寸、規模的供應，因此可以做為打造城鎮的強力工具，進而開啟木造骨牌的可能性。再加上地方產材的活用對環境來說也有各種貢獻。

這樣的運作方法正是木造住宅應該具備的姿態。

［野澤正光／野澤正光建築工房］

木造骨牌的結構系統

木造骨牌是由建築物中必然存在的外牆負擔地震力等所有水平力，內部不設置隔間牆，而僅設置數根支撐垂直載重用的柱子（第272頁圖2）。這樣的規劃除了要提高剪力牆剛性之外，因為剪力牆構面間隔拉長的緣故，也要提高水

照片1　建築物外觀（攝影：西川公朗）

照片2　建築物內部（攝影：西川公朗）

照片3　木造骨牌打造的街景

表1◆建築概要

項目	內容
案例名稱	木造骨牌住宅
結構、規模	木造二層樓建築
基地面積	189.40m^2（57.29坪）
建築面積	74.52 m^2（22.54坪）
一樓樓地板面積	66.24 m^2（20.04坪）
二樓樓地板面積	66.24 m^2（20.04坪）
用地編定	第一類中高層住宅專用區
設計期間	2006年6月～2006年9月
施工期間	2006年9月～2007年1月
施工廠商	相羽建設

圖 1 ◆「木造骨牌」平面、立面、剖面圖

①平面圖（S=1：150）

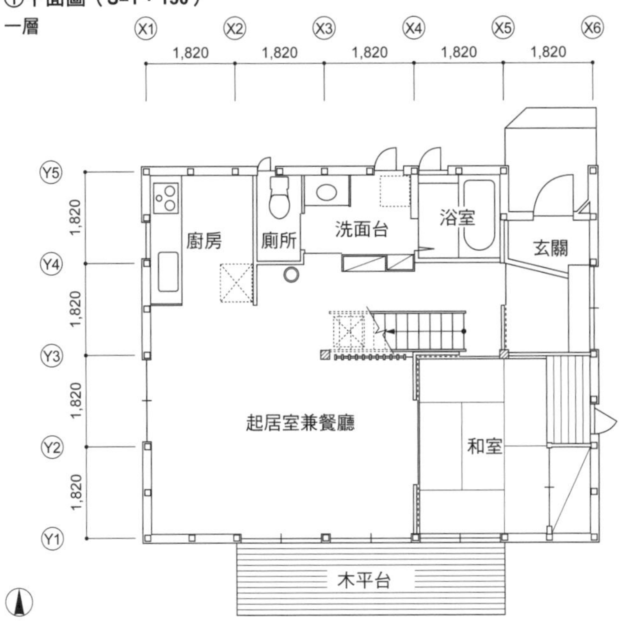

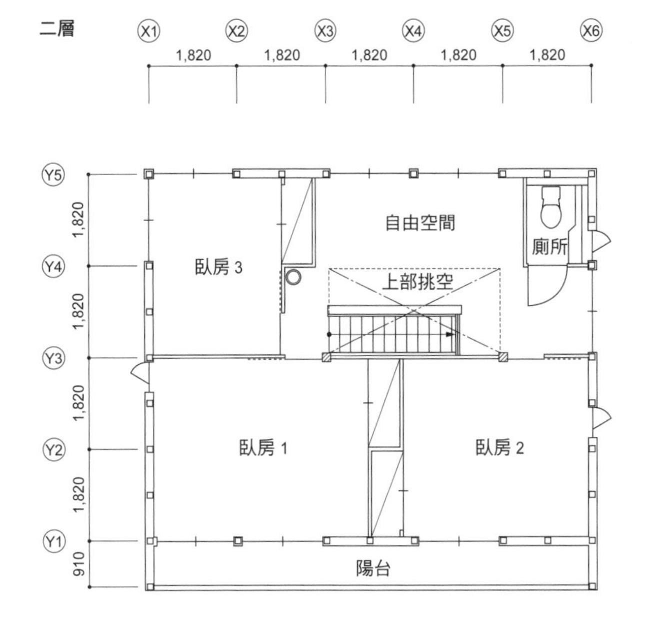

②立面圖（S=1：150）

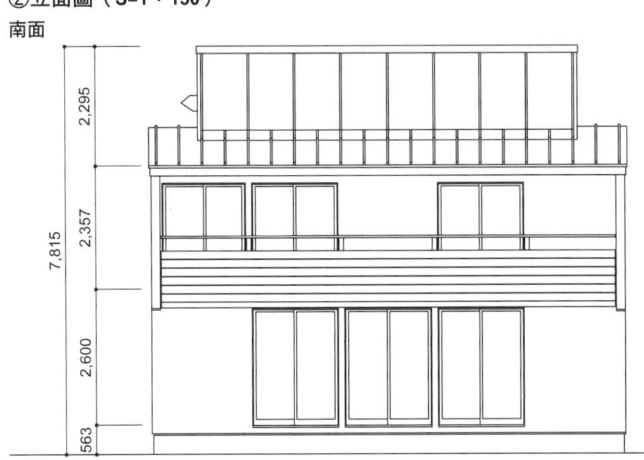

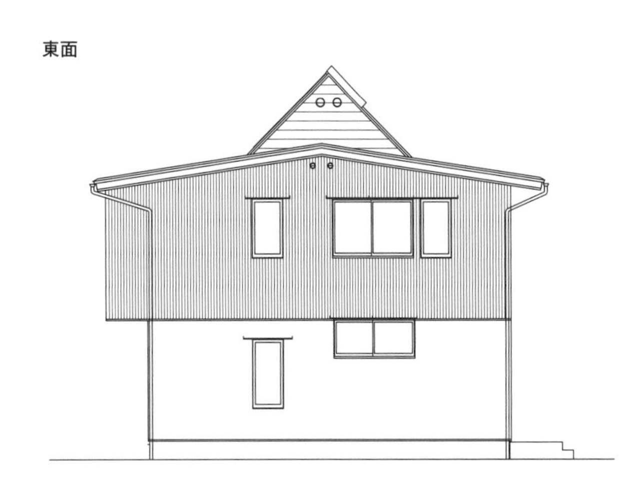

③剖面圖（S=1：120）

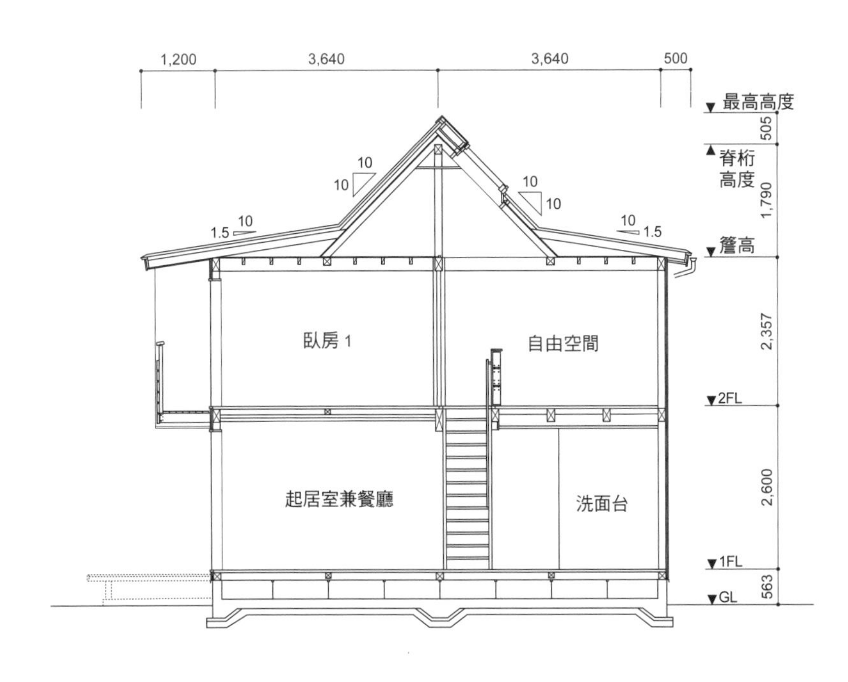

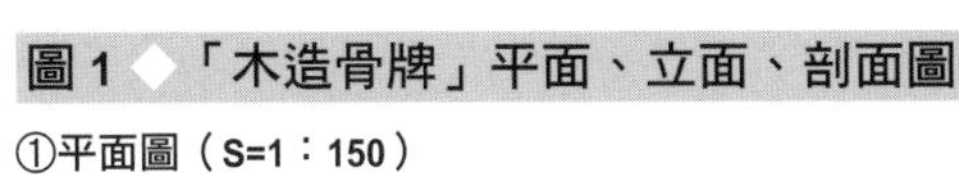

平構面的剛性。

為此，樓板及屋頂面採用厚的結構用合板等版材直鋪在樑上無樓板格柵的做法。此外，剪力牆採用兼具斷熱或防火性能的結構用版，不僅追求結構上的合理化，施工上也意圖合理化，連帶控制建造的費用。

在設計概要中也說明過，實證實驗住宅的要求性能是提供價格低廉、符合住宅性能評估等級的住宅。就這點來說，無論是設計構想方面或結構方面都被要求徹底捨去不必要的浪費，於是利用必要的最小限度構材來構成的骨架、填充應勢而生。

也就是說，木造骨牌是設計＝結構上非常合理、毫無浪費、明快的結構系統。

從結構概要書讀取到的訊息

本案例的結構概要書如表 2 所示，結構的基本構成則如圖 3。以下將分別就項目別進一步解讀表中的訊息與結構設計的要點。

(1) 地盤與基礎

本案例的地盤屬於地質比較良好的關東壤土層。雖然以連續基礎來設計也可以，不過考量到土方工程及配筋的施工繁雜，再加上也必須降低成本所以作罷。另一方面，為了使用不均勻沉陷的對策來提高基礎的整體剛性，於是本案決定採取以格子狀設置地中樑所形成的版式基礎。

地中樑是在耐壓版之下以格子狀進行配置，邊墩僅設置在外周部以及承受中央柱子的混凝土立柱上（照片 4）。

因為本計畫須以設置 OM 太陽能為前提，因此要有蓄熱用的混凝土版，還有為符合樓板下通氣需要，內部要極力避免設置邊墩，由此可知設備的要求也與基礎計畫有著密切的關連。

(2) 建築物形狀與構架

從平面或立面來看都是完整的形狀，為了確保室內保有完全沒有

圖 2 ◆構架等角透視圖

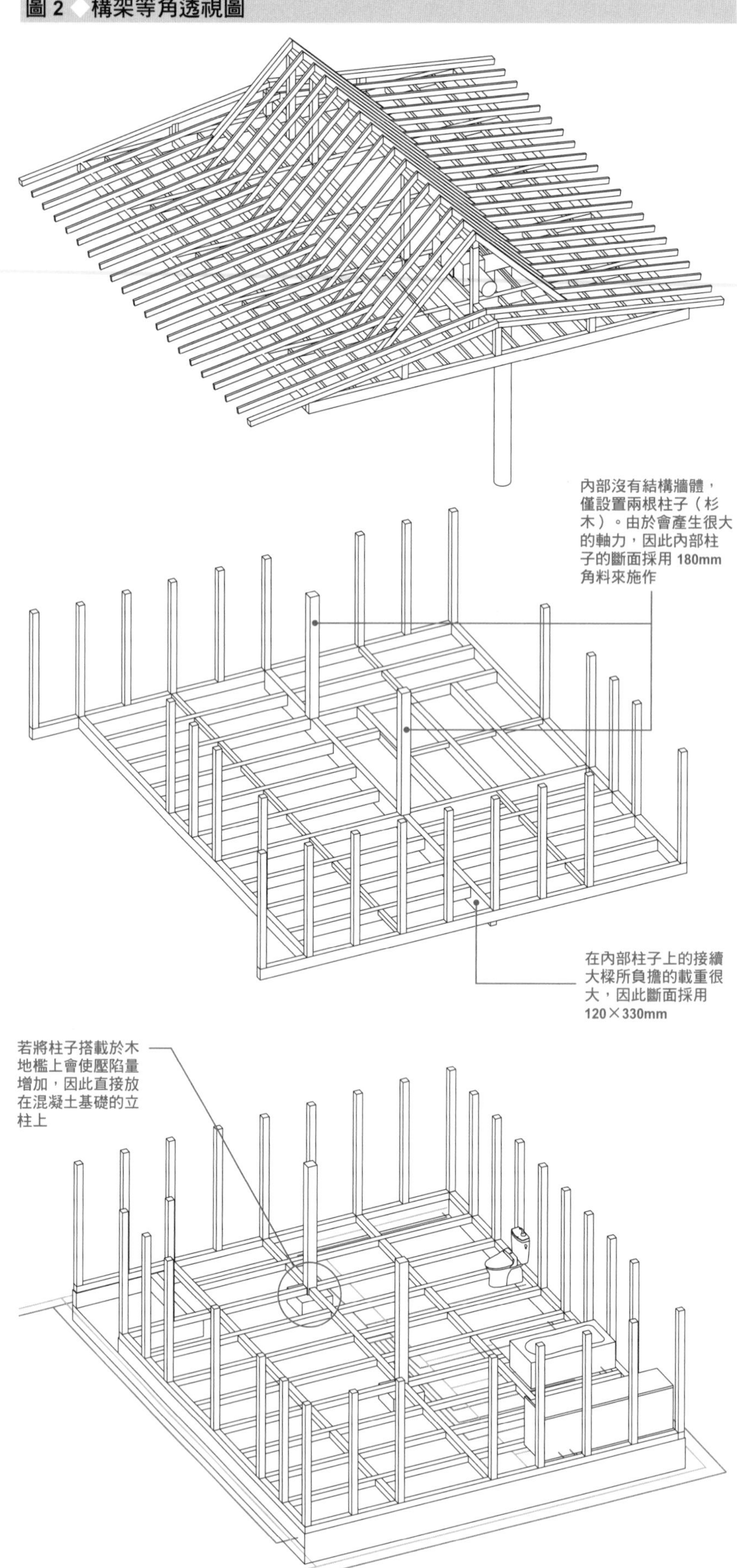

內部沒有結構牆體，僅設置兩根柱子（杉木）。由於會產生很大的軸力，因此內部柱子的斷面採用 180mm 角料來施作
在內部柱子上的接續大樑所負擔的載重很大，因此斷面採用 120×330mm
若將柱子搭載於木地檻上會使壓陷量增加，因此直接放在混凝土基礎的立柱上

表 2 ◆ 結構概要表

部位	項目	規範	特殊事項
概要	所在地	東京都東村山市	
	屋頂完成面	☑金屬瓦 □瓦 □其他	鍍鋁鋅鋼板
	外牆完成面	□乾式 ☑溼式 □其他	木摺砂漿粉刷底材＋抹灰噴塗完成
	特殊載重	☑無 □書庫 □鋼琴 □其他	
形狀	平面形狀	☑完整 □L 型 □匚型 □口型 □雁行狀 □挑空 □窄小開口 □其他	
	立面形狀	☑完整 □退縮 ☑屋頂斜度 10 寸及 1.5 寸	
地盤	地盤調查	☑無 □有（□該基地 □附近）	
	調查方法	□瑞典式探測試驗 □標準貫入試驗 □平版載重 □表面波探測法 □其他	
	基地履歷	□空地 □田 ☑住宅地 □停車場 □補裝地 □造成地 □開挖 □填土 □傾斜 □高低差 □既有建築物	
基礎	形式	□連續基礎 ☑版式基礎 □樁基礎 □地盤改良	
	地耐力	設計用地耐力 30kN／m² 以上（關東壤土層）	
剪力牆	做法	□斜撐 □結構用合板 ☑結構用版 □其他	
	壁倍率	MDF：4.0	
	固定方式	外牆（□露柱牆 ☑隱柱牆）、內牆（□露柱牆 ☑隱柱牆）	
柱子	材料	□等級製材 ☑無等級製材 □集成材 □其他 □無指定乾燥 □ D15 □ D20 □ D25 ☑其他	進行簡易型的楊氏測定及含水率測定
	構架形式	□通柱＋管柱 ☑僅有管柱 □僅一樓柱腳木地檻貫通 ☑一樓柱腳柱貫通	
	搭接	□木料組合 □接合五金 ☑併用木料組合與接合五金 □其他	
樑	材料	□等級製材 ☑無等級製材 □集成材 □其他 □無指定乾燥 □ D15 □ D20 □ D25 ☑其他	與柱子相同
	端部搭接	☑頂端齊整 □勾齒搭接 □木料組合 □接合五金 ☑併用木料組合與接合五金 □其他	
	對接	□木料組合 □接合五金 ☑併用木料組合與接合五金 □其他	
樓板構架	樓板	□窄幅板 ☑結構用合板 □結構用版 □其他	結構用合板的厚度為 28mm
	樓板格柵	☑無 □有（□空鋪樓板格柵 □勾齒搭接 □完全嵌入）	
屋架	構架形式	☑日式屋架（☑桁條與樑 □斜樑） □洋式屋架	
	屋面板	□窄幅板 ☑結構用合板 □結構用版 □其他	

設置隔間牆的自由空間，因此剪力牆僅配置在外周部（參照第 275 頁參考圖 1）。

內部僅配置兩根柱子負擔大半的建築物重量（垂直載重）（第 274 頁照片 5）。在這兩根內部柱子上產生的軸力很大，因此斷面以 180mm 角材來施作。此外，如果將柱子搭載於木地檻上會使一樓柱腳部壓陷量增大，所以採直接放置在基礎混凝土立柱上。

再者，這根柱子上的接續大樑也負擔著很大的載重，除了要注意變形量謹慎決定斷面之外，也要留意與柱子的搭接，在檢討接受部分的壓陷情況之下併用拉引螺栓，以確保垂直載重的支撐能力。

（3）剪力牆

由於剪力牆的配置僅限於建築物外周部，因此勢必得提高壁倍率。本案例採用 MDF 壁倍率 4.0 的做法，所以在剪力牆端部的柱上會產生很大的軸力，必須留意柱頭柱腳的接合。

從平面來看剪力牆的配置均勻良好，建築物的扭轉剛性很高。不過，構面間隔長會導致水平載重作用時建築物中央部的樓板面及屋頂面可能出現大幅度變形。因此，必須提高水平剛性（第 274 頁圖 4）。

（4）結構構材與乾燥的關連性

為求施工的合理化，結構材採用預切加工。此外，樓板以無樓板格柵的做法來施作，版直接鋪設在樑上，其上再鋪設完成面（裝修）材。為此，對於樑材的尺寸安定性也會有所要求，含水率的管理變得相當重要。

本案例也意圖達成成本控制或地域材料活用的目標，不進行 JAS 指定的測定而以簡易型的機器來測定彈性模數及含水率，因應構材的重要程度來分級使用。

圖 3 ◆ 結構的基本構成

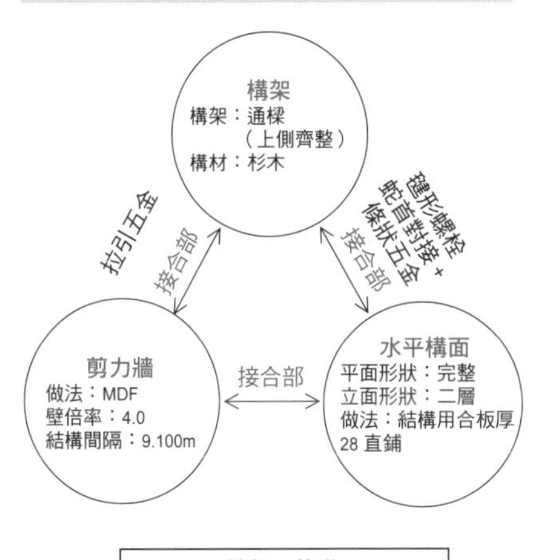

照片 4 以格子狀配置地中樑形成版式基礎，邊墩僅設置在外周部及承受柱子的部位

（5）水平構面

如同先前反覆說明過的，由於以高的壁倍率所構成的剪力牆構面間隔很長，所以要特別重視水平構面的剛性。

本案例的二樓樓板構架是以間隔 910mm 配置小樑，其上再以釘子（N75@150）釘入厚度 28mm 的結構用合板，樓板倍率為 3.0（※1）。

對該樓板面的變形和應力進行檢證的結果如圖 4 所示。對照組呈現以窄版（樓板倍率：0.3）來施作樓板面的做法（圖 4 的 CASE2）。

首先是變形的情況，跟 CASE1 相對照來看，同樣是產生了變形，但是 CASE2 因為樓板剛性低，中央部會出現大幅度的變形。由此可知在進行這類計畫時，為了抑制樓板面的有害變形，提高樓板倍率是必要的工作。

其次，從外周樑的軸力可知兩者都是 2.3 ～ 2.9kN 左右的小量載重，因此以蛇首對接來施作也不會有問題。不過，要注意的是，大地震時會出現比該數值大 3.0 ～ 3.5 倍左右的應力，那時候接合部不可受到破壞。

圖 4 的數值是表示中型地震時的情況，從動態解析結果（※2）來推定大地震發生時在外周樑上產生的軸力大約是 12kN。以因應壓縮力來說，雖然藉由構材在木料纖維方向的接觸來抵抗壓縮力並沒有問題，但是以因應拉伸力來說，只有蛇首對接是不夠的。因此，對接處要併用五金，柱樑搭接部上也要使用拉引螺栓等的接合五金，以防止樓板面的先行破壞。

（6）接合部

由於剪力牆的壁倍率很高、構面間隔很長，以至於各接合部上產生的應力也很大。因此，在接合部當中特別是拉伸力作用的位置上，要使用高耐力的五金加以輔助。

本案例為了控制建造成本，五金使用市面販售的一般五金。具體來說，對於在剪力牆端部的柱頭、柱腳上產生的拉拔力（參考圖 2）會以拉引五金來因應。此外，對於樓板面的外周樑與剪力牆構面上產生的巨大拉伸力，由於預切的對接是蛇首對接的形式，因此要併用補強五金來因應。

圖 4 ◆因應樓板剛性的樓板變形與外周樑的軸力

① CASE1
・壁倍率：4.0
・樓板倍率：3.0
（結構用合板厚度 28、釘：N75@150）

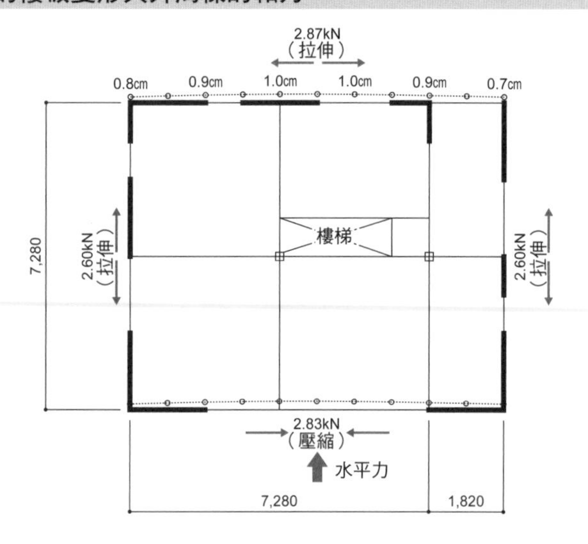

② CASE2
・壁倍率：4.0
・樓板倍率：0.3
（窄版程度）

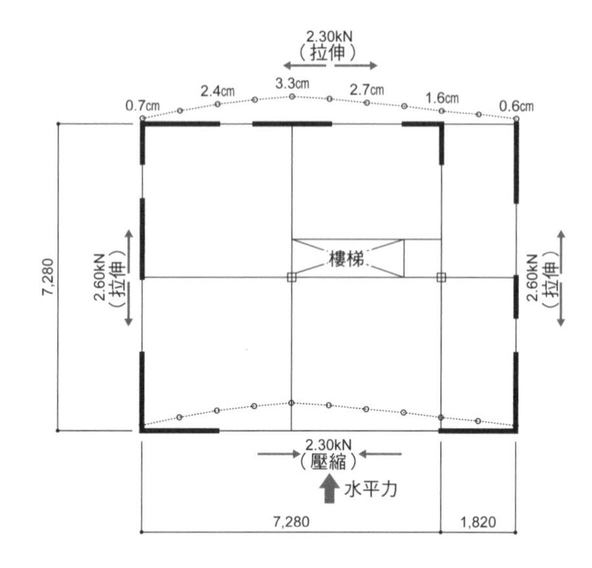

照片 5 施工中的二樓內部。剪力牆配置在外周部，內部僅有中央兩根柱子。屋頂面或樓板面以厚的結構用合板鋪設，藉此提高水平剛性。中央兩根柱子所負擔的軸力很大，因此採用 180mm 角材

※1 設計當時的數值。參考《木造構架工法住宅的容許應力度設計（2008 年版）》將容許剪斷耐力換算為樓板倍率之後是 4.0。再者，品確法的值直接取 3.0

※2 依據《勾齒搭接構法住宅的建造方法～木材的結構系統與設計方法》（丹吳明恭 + 山邊豐彥／建築技術）

參考圖 1 ◆ 壁量計算的結果

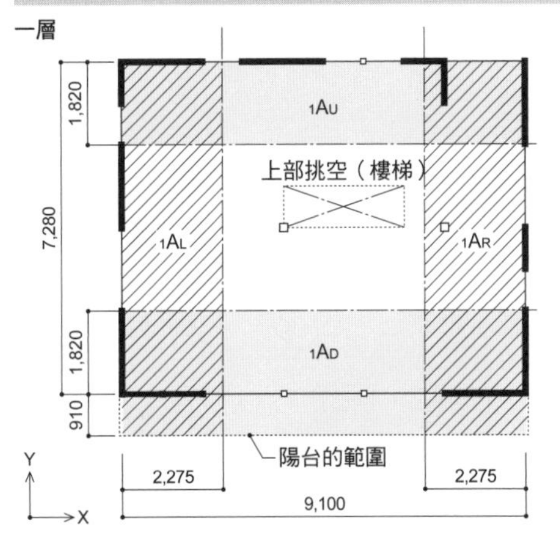

雖然陽台僅是輕度裝修，不過南側的出簷也很大，因此將陽台的面積全部計入一樓的樓板面積之中

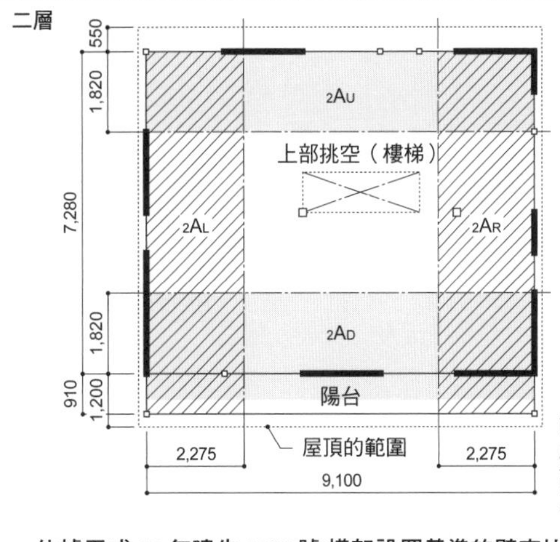

南側的出簷很大，因此將出簷一半的面積計入二樓的樓板面積之中

依據建築基準法施行令 46 條第 4 項的構架計算表

方向		X 方向					Y 方向				
2層樓建築的二樓部分或者平房建築	必要壁長	面積 (m²)		每 1m² 所需的必要壁長 (m/m²)		必要壁長 (m)	面積 (m²)		每 1m² 所需的必要壁長 (m/m²)		必要壁長 (m)
		樓板面積	71.71	0.15		i 10.76	樓板面積	71.71	0.15		i 10.76
		計入面積	S2 14.82	0.50		① 7.41	計入面積	S2 27.57	0.50		② 13.79
	有效壁長	構架種類	構架長度 (m)	數量	壁倍率	有效壁長 (m)	構架種類	構架長度 (m)	數量	壁倍率	有效壁長 (m)
		MDF	1.82	4	4.0	29.12	MDF	0.91	2	4.0	7.28
							〃	1.82	2	4.0	14.56
							〃	2.73	1	4.0	10.92
		判定	i ~~或①~~ 10.76m ≦			イ 29.12 m	判定	~~i 或~~② 13.79m ≦			ロ 32.76 m
		安全率（餘裕率）	對地震力（イ／i）			2.71	安全率（餘裕率）	對地震力（ロ／i）			3.04
			對風壓力（イ／①）			3.93		對風壓力（ロ／②）			2.38
2層樓建築的一樓部分	必要壁長	面積 (m²)		每 1m² 所需的必要壁長 (m/m²)		必要壁長 (m)	面積 (m²)		每 1m² 所需的必要壁長 (m/m²)		必要壁長 (m)
		樓板面積	74.53	0.29		ii 21.61	樓板面積	74.53	0.29		ii 21.61
		計入面積	S2+S1 35.29	0.50		③ 17.65	計入面積	S2+S1 51.23	0.50		④ 25.62
	有效壁長	構架種類	構架長度 (m)	數量	壁倍率	有效壁長 (m)	構架種類	構架長度 (m)	數量	壁倍率	有效壁長 (m)
		MDF	0.91	1	4.0	3.64	MDF	0.91	3	4.0	10.92
		〃	1.82	4	4.0	29.12	〃	1.82	4	4.0	29.12
		判定	ii ~~或③~~ 21.61m ≦			ハ 32.76 m	判定	~~ii 或~~④ 25.62m ≦			ニ 40.04 m
		安全率（餘裕率）	對地震力（ハ／ii）			1.52	安全率（餘裕率）	對地震力（ニ／ii）			1.85
			對風壓力（ハ／③）			1.86		對風壓力（ニ／④）			1.56

S2
S1
▼2FL
▼1FL
1.35m
1.35m
山牆面　桁架面

計入面積

建築物種類	乘以樓板面積的值 (cm/m²)
輕型屋頂	11／15, 29
重型屋頂	15／21, 33

原注 軟弱地盤時要以 1.5 倍處理

依據平成 12 年建告 1352 號 構架設置基準的壁率比計算表

方向		X 方向					Y 方向				
2層樓建築的二樓部分或者平房建築	必要壁長	樓板面積 (m²)		每 1m² 所需的必要壁長 (m/m²)		必要壁長 (m)	樓板面積 (m²)		每 1m² 所需的必要壁長 (m/m²)		必要壁長 (m)
		$_2A_U$	16.56	0.15		i 2.48	$_2A_L$	17.93	0.15		iii 2.69
	有效壁長	構架種類	構架長度 (m)	數量	壁倍率	有效壁長 (m)	構架種類	構架長度 (m)	數量	壁倍率	有效壁長 (m)
		MDF	1.82	2	4.0	14.56	MDF	1.82	1	4.0	7.28
							〃	2.73	1	4.0	10.92
						① 14.56 m					③ 18.20 m
		壁量充足率	㊤ ①／i=5.87 > 1.0 (OK)				壁量充足率	㊧ ③／iii=6.77 > 1.0 (OK)			
	必要壁長	樓板面積 (m²)		每 1m² 所需的必要壁長 (m/m²)		必要壁長 (m)	樓板面積 (m²)		每 1m² 所需的必要壁長 (m/m²)		必要壁長 (m)
		$_2A_D$	22.02	0.15		ii 3.30	$_2A_R$	17.93	0.15		iv 2.69
	有效壁長	構架種類	構架長度 (m)	數量	壁倍率	有效壁長 (m)	構架種類	構架長度 (m)	數量	壁倍率	有效壁長 (m)
		MDF	1.82	2	4.0	14.56	MDF	0.91	2	4.0	7.28
							〃	1.82	1	4.0	7.28
						② 14.56 m					④ 14.56 m
		壁量充足率	㊦ ②／ii=4.41 > 1.0 (OK)				壁量充足率	㊨ ④／iv=5.41> 1.0 (OK)			
		壁率比	(~~㊤／㊦~~或㊦／㊤ =0.75)				壁率比	(~~㊧／㊨~~或㊨／㊧ =0.80)			
2層樓建築的一樓部分	必要壁長	樓板面積 (m²)		每 1m² 所需的必要壁長 (m/m²)		必要壁長 (m)	樓板面積 (m²)		每 1m² 所需的必要壁長 (m/m²)		必要壁長 (m)
		$_1A_U$	16.56	0.29		v 4.80	$_1A_L$	18.63	0.29		vii 5.40
	有效壁長	構架種類	構架長度 (m)	數量	壁倍率	有效壁長 (m)	構架種類	構架長度 (m)	數量	壁倍率	有效壁長 (m)
		MDF	0.91	1	4.0	3.64	MDF	0.91	1	4.0	3.64
		〃	1.82	2	4.0	14.56	〃	1.82	2	4.0	14.56
						⑤ 18.20 m					⑦ 18.20 m
		壁量充足率	㊤ ⑤／v=3.79 > 1.0 (OK)				壁量充足率	㊧ ⑦／vii=3.37 > 1.0 (OK)			
	必要壁長	樓板面積 (m²)		每 1m² 所需的必要壁長 (m/m²)		必要壁長 (m)	樓板面積 (m²)		每 1m² 所需的必要壁長 (m/m²)		必要壁長 (m)
		$_1A_D$	24.84	0.29		vi 7.20	$_1A_R$	18.63	0.29		viii 5.40
	有效壁長	構架種類	構架長度 (m)	數量	壁倍率	有效壁長 (m)	構架種類	構架長度 (m)	數量	壁倍率	有效壁長 (m)
		MDF	1.82	2	4.0	14.56	MDF	0.91	2	4.0	7.28
							〃	1.82	2	4.0	14.56
						⑥ 14.56 m					⑧ 21.84 m
		壁量充足率	㊦ ⑥／vi=2.02 > 1.0 (OK)				壁量充足率	㊨ ⑧／viii=4.04 > 1.0 (OK)			
		壁率比	(~~㊤／㊦~~或㊦／㊤ =0.53)				壁率比	(㊧／㊨~~或㊨／㊧~~ =0.83)			

參考圖 2 ◆ N 值計算的結果

α=4.0 N=2.80（と）	α=4.0 N=-0.60（い）	N=1.40（に）	α=4.0 N=1.40（に）	N=1.40（に）	（い）	α=4.0 N=1.40（に）	N=2.80（と）
α=4.0 N=5.40（ぬ）	α=4.0 N=-1.60（い）	N=2.40（と）	α=4.0 N=2.40（と）	N=2.40（と）	α=4.0 N=0.40（ろ）	α=4.0 N=0.40（ろ）	N=5.40（ぬ）

軸線 Ⓧ6　Ⓨ1　Ⓨ2　Ⓨ3　Ⓨ4　Ⓨ5

如左圖所示，雖然以建造時的剪力牆配置所計算出來的 N 值來個別決定接合部做法也可以，不過如果考慮到未來的改修，最好還是根據拉拔力最大的連層配置時的 N 值，如下表統一做法。這個情況也要因應錨定螺栓的直徑或埋入深度

部位	外角	其他
二層	と	に
一層	ぬ	と

原注 α為壁倍率

設計案例［實踐篇］❺

通柱與勾齒搭接組合而成的構架

設計：UN 建築研究所

設計概要

「鎌倉的三間角」（以下稱三間角）是為一對三十多歲的夫婦與他們的兩個小孩所設計的住宅，位於神奈川縣鎌倉市北部、接近國道1號線丘陵山腳下小規模開發的重劃區中（照片1～3、表1、圖1）。周圍有田野和雜木林、天氣好時早晚還可以遠眺富士山景。業主希望「在可以自由遊走的環境之下養育孩子」因而選擇了這塊基地。

基地呈變形狀態，西北側是3m的混凝土擋土牆。擋土牆在下雨之後的數日間會持續呈現潮溼又黑的狀態，在考慮對建築物的影響之下，將二層樓建築的主要構架（三間角）以遠離這面擋土牆來進行配置。南側是設有用水區域的廂房、北側鄰接通路一側則是設有玄關的附設廂房。

三間角的內部不設置剪力牆，同時1、2樓均為18疊（編按：約9坪）大小的單一空間（照片2、3）。將一樓客廳設置在面向南邊、連接戶外木平台、庭院和用水區域是希望為這一家人打造輕鬆愉快的生活空間。二樓的家庭臥室預定採用可移動的家具做為隔間，來因應日後小孩長大所需的個別空間。還有未來也計畫與父母同住，因此在提案的幾個平面圖中也有增建計畫（第278頁圖2）。

三間角是由所謂的「骨架」三開間四方形的主屋，和所謂的「零件」廂房或別屋所構成。我們在假想未來住宅的各種可能性之際，一開始絕非是蓋大房子，而是從小小的家著手，讓家與居住者隨著生活中的點點滴滴共同成長、變化。三開間四方形的骨架是很小的正方形，因此足以因應各種基地形狀或方向，除此之外「骨架」和「零件」是關係相當明確的系統，不但可以保有簡單的架構，甚至是居住者也可以參與設計的運作模式。

「骨架」是以6m的長尺寸構材所組成的框架為基本，屬於「零件」的廂房中，除了玄關的雨庇桁樑以外，其餘都僅以4m的4寸角材來施作。構材斷面會有長期撓曲的問題，因此稍微加大，以增加抵抗搭接所造成的缺損或水平載重的能力。構架則以中心柱和貫通脊樑為主架構構成有如彌次郎兵衛的造型（＊）。搭接採用直交圍樑這種上側不齊整的搭接，使通柱的斷面缺損減少的做法（第278頁照片4、5、圖3）。此外，樑端部大多以上下兩段的橫向材夾住，再以3尺長的側邊柱或小支柱、厚版填塞材加以約束，藉此抑制因水平載重所造成的翻落情形（第278頁照片6、7）。屋架構架以斜樑主椽組成桁條，再以厚版釘定，形成關東甲信地方特有的二尺落板屋風格。

結構材當中，做為管柱、木地檻、桁條用的4m長的4寸角材是吉野材，其他則是德島杉（TS木屋），板材部分是使用12尺的秋田杉。如果能事先將結構構材統整起來，之後即使發現材料有缺點時也能靈活地使用在別的地方上，而且也容易管理預備材。對於像是本案例這樣產地和工地現場距離遙遠時，或是考量儲備乾燥材時都是有利的做法。

［植村成樹、根岸德美／UN建築研究所］

照片1　南側外觀

照片2　從內部一樓客廳可見勾齒搭接的樓板構架

照片3　以6寸角料的心柱為中心所形成的「二樓」單一空間

表1◆建築概要

項目	內容
案例名稱	鎌倉的三間角
結構、規模	木造二層樓建築
基地面積	356.50m^2（108坪）
建築面積	44.82 m^2（13.6坪）
一樓樓地板面積	41.52 m^2（12.6坪）
二樓樓地板面積	29.74 m^2（9.0坪）
用地編定	市街重劃區
設計期間	2004年3月～10月
施工期間	2004年11月～2005年8月
施工廠商	八木下建築

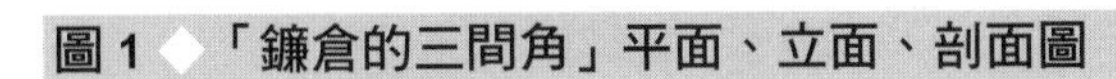

圖1◆「鐮倉的三間角」平面、立面、剖面圖

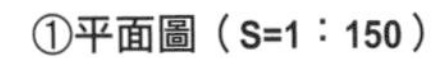

①平面圖（S=1：150）

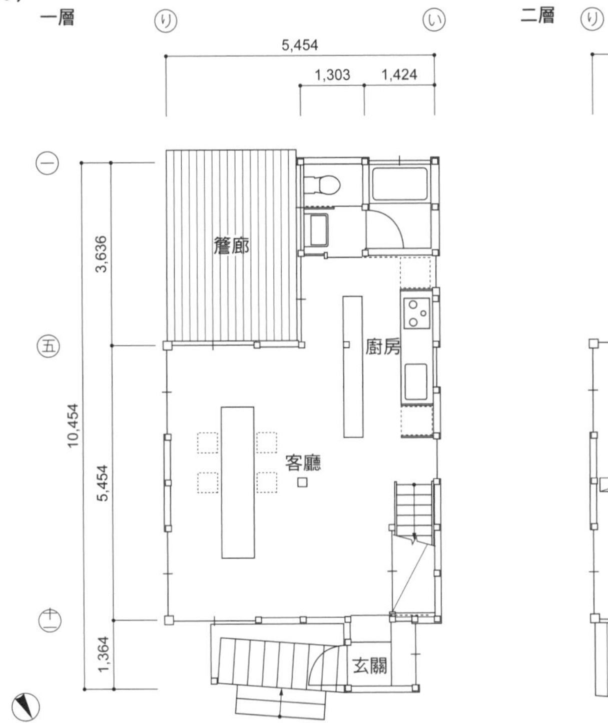

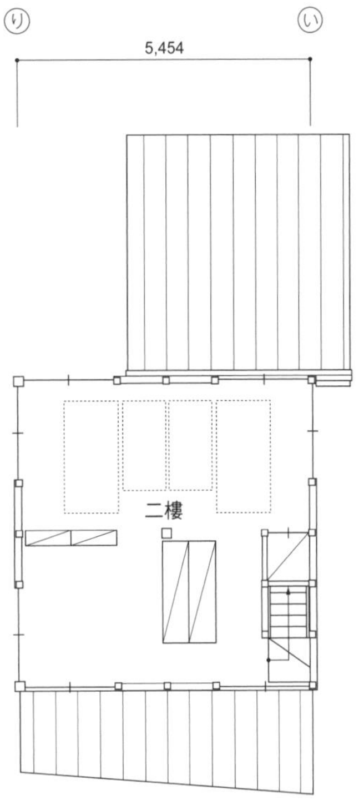

②立面圖（S=1：150）

③剖面圖（S=1：120）

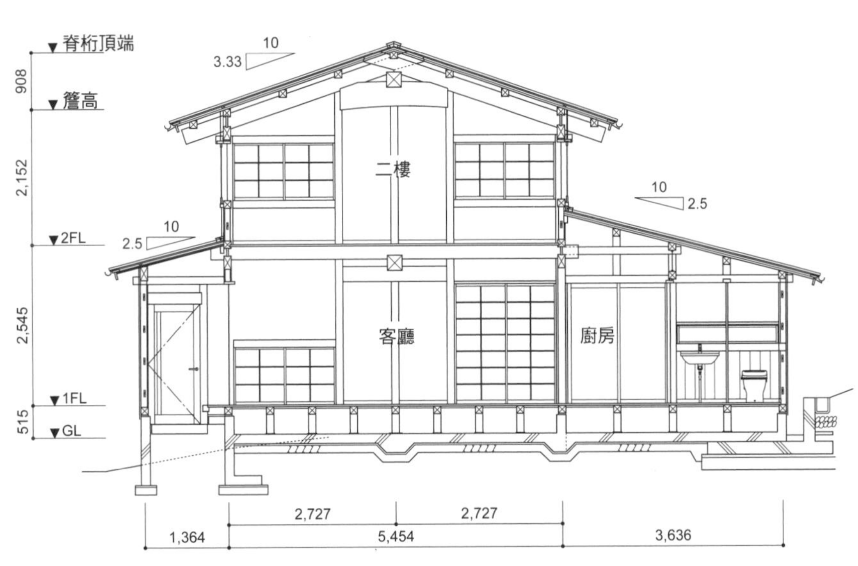

＊譯注　彌次郎兵衛是日本傳統玩具，此處指的是中央支撐而左右兩端附掛重物的樣態。

圖 2 ◆ 未來的平面圖（S=1：150）

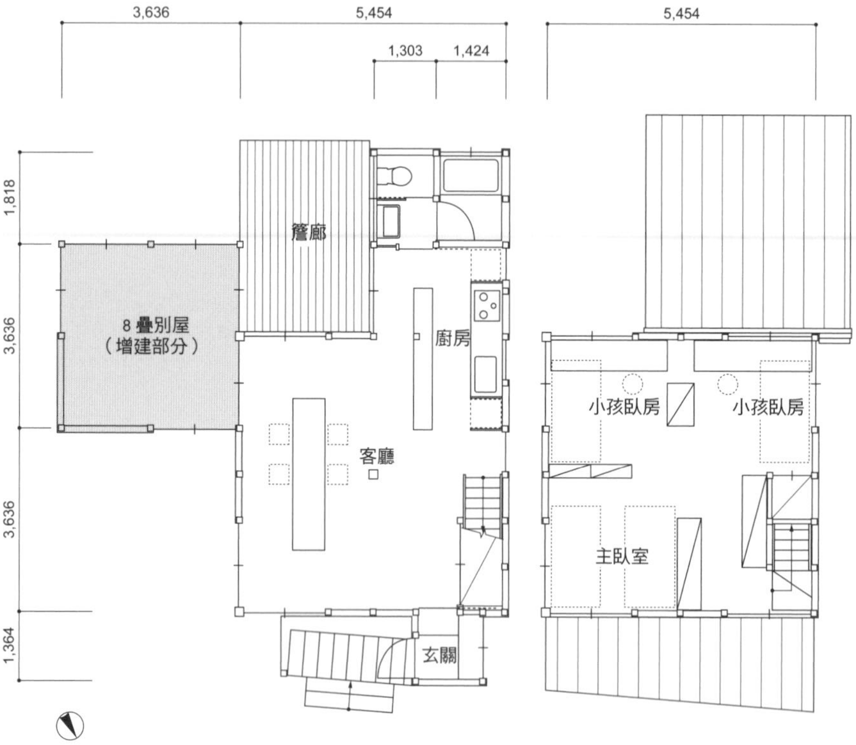

一層　二層

考量到小孩長大後所需的空間或將來可能與父母同住的計畫等所繪製的未來平面圖。構想是利用可移動式收納家具做為二樓的隔間方法、以及在一樓東側增建別屋做為孝親房

圖 3 ◆ 構架的等角透視圖

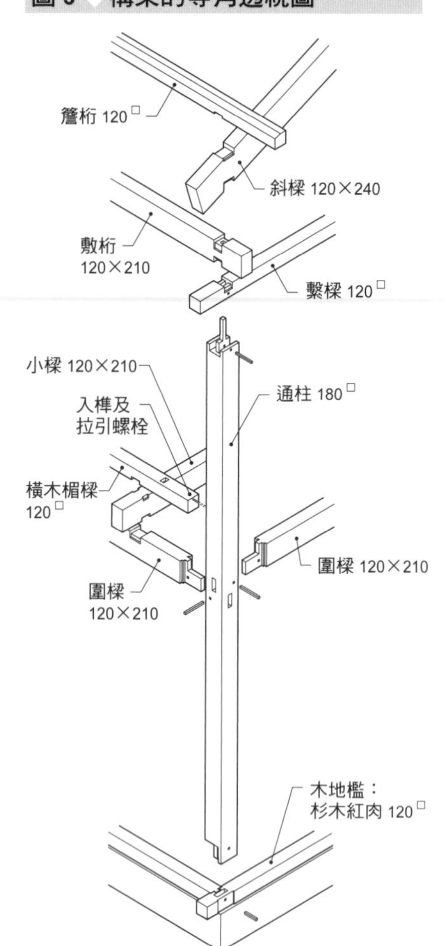

照片 4　通柱與勾齒搭接構架

照片 5　施工現場

照片 6　受圍樑和繫樑包挾的二樓大樑端部

照片 7　斜樑頂部相互嵌入並打入內栓

三間角的結構特徵

三間角是以山牆面（橫向）三個開間 × 桁架排列面（縱向）三個開間的二層樓建築為單位架構，雖然中心部設有柱子，但是剪力牆配置在外周部，形成內部空間保有可變性的規劃。因此，主構面（同時通過 1、2 樓的構架）以一間半（2.727m）間隔，而剪力牆構面間隔則是三個開間（5.454m）。

構架以使用國產材的傳統木構為基本，至於選擇哪種構法（通柱或者勾齒搭接）則是在與施工業者討論之後決定。

要特別注意，所謂三個開間的尺寸是指可以使用長度 6m 的構材做為梁的長度，且在不設置對接的情況下構架組合仍可以成立。這時會變成以跨距一個開間半的連續樑承載垂直載重，因此可以達到構材斷面的經濟性。此外，當水平載重作用時，剪力牆端部的柱子上所產

表 2 結構概要表

部位	項目	規範	特殊事項
概要	所在地	神奈川縣鎌倉市	
	屋頂完成面	☑金屬瓦 □瓦 □其他	
	外牆完成面	□乾式 ☑溼式 □其他	在灰泥牆上鋪設杉木板
	特殊載重	☑無 □書庫 □鋼琴 □其他	
形狀	平面形狀	□完整 ☑L 型 □ㄈ型 □口型 □雁行狀 □挑空 □窄小開口 □其他	
	立面形狀	□完整 ☑退縮 □屋頂斜度 頂棚 3.3 寸、廂房 2.5 寸	
地盤	地盤調查	☑無 □有（□該基地 □附近）	有開發書圖
	調查方法	□瑞典式探測試驗 □標準貫入試驗 □平版載重 □表面波探測法 □其他	
	基地履歷	□空地 □田 □住宅地 □停車場 □補裝地 ☑造成地 ☑開挖 ☑填土 ☑傾斜 □高低差 □既有建築物 ☑擋土牆 □其他	
基礎	形式	□連續基礎 ☑版式基礎 □樁基礎 ☑地盤改良	
	地耐力	設計用地耐力 20kN／m^2 以上（擋土牆部分）	
剪力牆	做法	□斜撐 □結構用合板 □結構用版 ☑其他	灰泥牆（雙面中層）+ 木摺
	壁倍率	2.0	
	固定方式	外牆（☑露柱牆 ☑隱柱牆）、內牆（☑露柱牆 □隱柱牆）	
柱子	材料	□等級製材 □無等級製材 □集成材 □其他 ☑無指定乾燥 □ D15 □ D20 □ D25 □其他	
	構架形式	☑通柱 + 管柱 □僅有管柱 □僅一樓柱腳木地檻貫通 ☑一樓柱腳柱貫通	
	搭接	☑木料組合 □接合五金 □併用木料組合與接合五金 □其他	
樑	材料	□等級製材 □無等級製材 □集成材 □其他 ☑無指定乾燥 □ D15 □ D20 □ D25 □其他	
	端部搭接	□頂端齊整 ☑勾齒搭接 ☑木料組合 □接合五金 □併用木料組合與接合五金 □其他	
	對接	□木料組合 □接合五金 □併用木料組合與接合五金 ☑其他	無對接
樓板構架	樓板	□窄幅板 □結構用合板 □結構用版 ☑其他	
	樓板格柵	□無 ☑有（□空鋪樓板格柵 ☑勾齒搭接 □完全嵌入）	
屋架	構架形式	☑日式屋架（□桁條與椽 ☑斜樑） □洋式屋架	
	屋面板	□窄幅板 □結構用合板 □結構用版 ☑其他	

圖 4 結構的基本構成

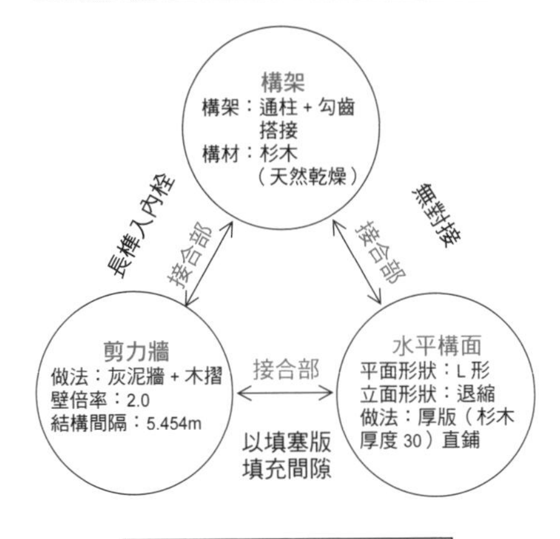

生的上抬會由樑來壓制，也有減輕水平構面變形的效果。

從結構概要書讀取到的訊息

從案例的結構概要書（表 2）所整理出的結構基本構成如圖 4 所示。以下將分別就項目別進一步解讀表中的訊息與結構設計的要點。

（1）地盤與基礎

在整地成傾斜地的土地上設有一部分的擋土牆。從既有的土地開發書圖得知擋土牆的設計地耐力是 20kN／m^2，因而沒有特別進行地盤調查。由於地層混合開挖與回填而且表土也受到擾動，因此在建築物的承載範圍內進行了表層改良。此外，基礎是採格子狀設置地中樑所形成的版式基礎，也考慮到提高基礎自體的剛性。

（2）建築物形狀

三開間四方形的二層樓建築的主屋南北側上各附有廂房，剪力牆只設置在二層樓建築部分的外周部。挑空只出現在階梯部分，樓板面的開口很小。

屋頂是以金屬板鋪設的輕型屋頂，二層樓建築部分為山牆面、廂房部分則為單面斜的屋頂。

（3）剪力牆

剪力牆的做法是在灰泥牆（壁倍率 1.5）上鋪設完成面的板材（木摺：壁倍率 0.5），兩者相加的壁倍率為 2.0。

二樓的壁量雖然足夠，不過一樓的 X 方向卻不太足夠（第 283 頁參考圖 1）。參考由灰泥牆所構成的勾齒搭接住宅的檢證結果（※），在考量大地震時的安全界線之下，壁量最好比基準法規訂定的數值多出 3 ～ 4 成左右。

不過，因應地震所需的必要壁量是以二層樓建築為假設條件來決定的（參照第 220 ～ 223 頁），因而像本案例一樣擁有平房部分的建築物，其建築物重量會比假設的還要輕。因此，即使計算結果非常接近基準值，實際上還是保有餘裕空間。再者，從構架等可以觀察到不納入壁量計算的腰牆或垂壁等的其他牆體相對來說比較多，而且還是能夠期待這些牆體的抵抗能力，因此可以判斷建築物的壁量是適量的。

除此之外，單獨檢討二層樓建

※ 原注　依據《勾齒搭接構法住宅的做法～木材的結構系統與設計方法》（丹吳明恭 + 山邊豐彥／建築技術）

圖 5　廂房屋頂面的檢討範例

根據建築物形狀試著對區劃後的二層樓建築部分進行檢討。在此，將針對壁量不足的一樓 X 方向進行檢討。

樓板面積是 5,454m×5,454m=29.75m^2
因應地震力所需的必要壁體長度是 29.75 m^2×0.29m／m^2=8.63m
該區劃中存在的壁量是 0.909m×2.0×4 道 =7.27m
因此，8.63m—7.27m=1.36m 長度不足
不足的部分必須由廂房的剪力牆來負擔。

此外，若因為南側的壁長少，而考慮以南側廂房的剪力牆來負擔所有不足的部分時，要計算廂房的屋頂面所需的樓板倍率。

不足的壁長是 L_E'=1.36m
將之換算成水平力之後，Q'=1.96kN／m×1.36m=2.67kN
（1.96kN／m 是壁倍率 1 時的水平耐力）
固定的樓板長度是 L_f =2.727m
因此，必要樓板倍率$\alpha_f \geq \frac{Q'}{L_f \cdot P_0} = \frac{2.67\text{kN}}{2.727\text{m} \times 1.96\text{kN/m}}$ =0.5

此外，利用右圖表（參照第 397 頁）也可以求出必要樓板倍率。
不足壁長 L_E'=1.36m
→以壁倍率α=1.0 時的壁長 L=1.36m 來換算（※）
壁長 L_f =2.727m
壁長與樓板長度的比為 L／L_f = L_E'／L_f =1.36m／2.727m=0.5
從橫軸 0.5 與α=1.0 的交點可知樓板倍率α_f =0.5

原注　α=1.0 時 L／D_f = α_f，因此換算成壁倍率 1.0 時的壁長之後，就很容易計算出必要樓板倍率

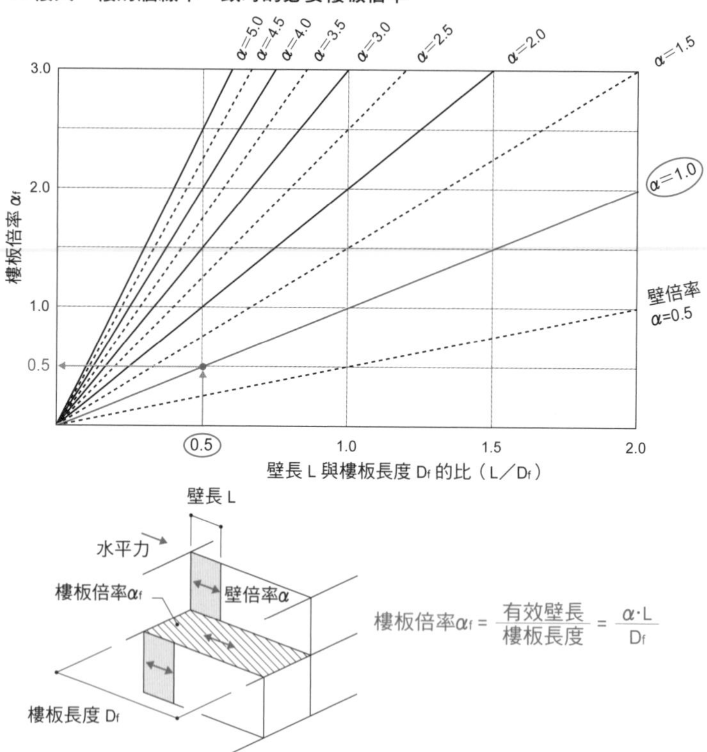

圖 6　樑的壓制效果

樑上產生的彎曲應力度在構材的短期容許應力度以下時，就有壓制上抬的效果

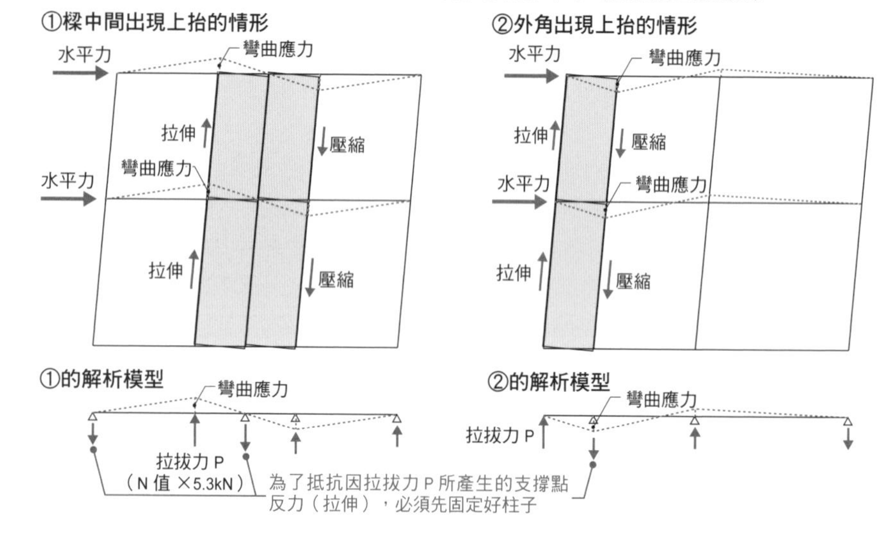

築部分的壁量時，會得到一樓的 X 方向上壁量不足的結果，因此不足部分會期待廂房的剪力牆來補足。如此一來必須注意廂房屋頂面的水平剛性（圖 5）。

剪力牆配置上的特徵在於剪力牆是避開外角部而設置在構架的中心部（第 283 頁參考圖 2）。這種設置做法可以將拉拔力控制在很小的值，藉此減輕對接合部造成的負擔。另外，因為不在樓板樑及桁、屋架樑上設置對接，因此也能成為可以期待樑的壓制效果的構架構成形式（圖 6）。

（4）結構構材與乾燥的關連性

結構材全部使用天然乾燥材。天然乾燥材的樑會在樑側面產生乾裂（乾燥裂紋），不過本案例是在樑頂面進行剖裂處理來讓木材內部乾燥，同時也為防止樑側面產生乾裂而做了一些措施（照片 8）。

照片 8　橫向材的剖裂

構架是勾齒搭接與通柱的組合。除了必須注意通柱與樓板樑的搭接之外，也要防止打入的內栓因乾燥收縮而拔出。

此外，無對接的連續樑對垂直載重的支撐能力很高（參照第 177 頁），可以採用小的構材斷面，因此有容易乾燥的優點。

（5）水平構面

一般來說，由勾齒搭接組成的水平構面的剛性很低，以本案例來說即使以厚版鋪設（杉木版厚度 30mm），樓板倍率也只有 0.4 左右（第 281 頁圖 7）。從第 281 頁圖 8 的圖表求出構面間隔 5.46m 時的二樓樓板面的必要樓板倍率，其結

圖 7 ◆ 鋪設厚版的樓板構架試驗結果

①試驗體（製材厚版鋪設樓板構架 樓板格柵@910 勾齒搭接） ②試驗結果

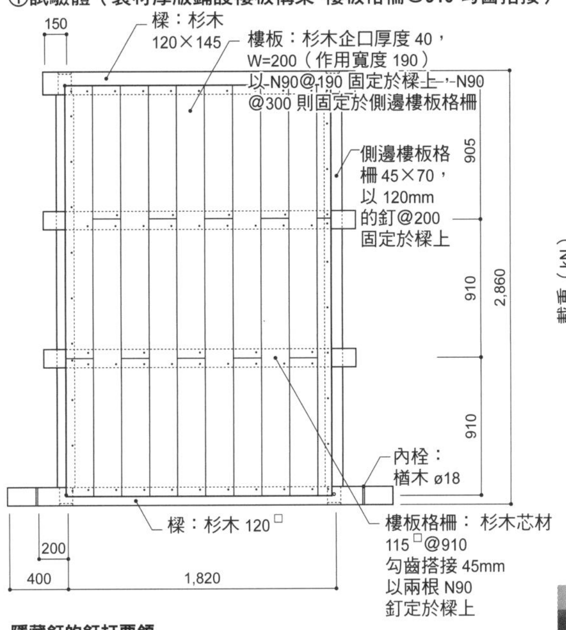

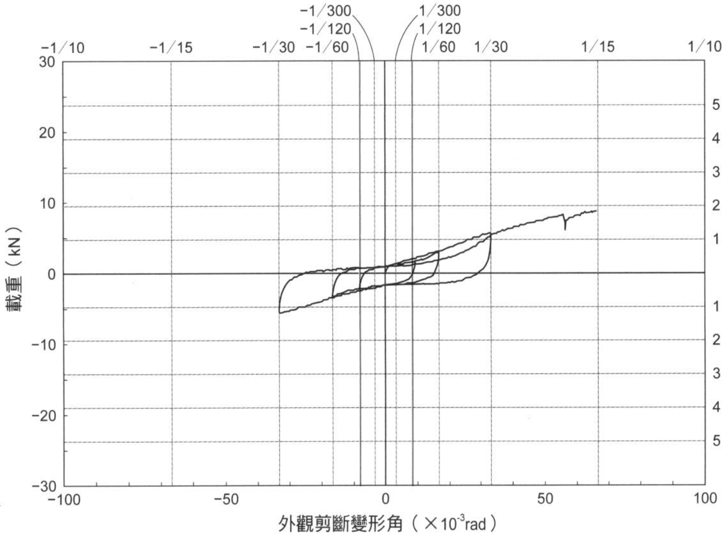

隱藏釘的釘打要領

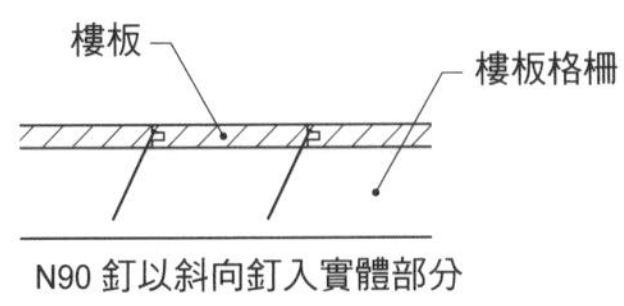

照片是實驗中的樣子。木構研習營在 2003 年 10 月的試驗結果中，樓板倍率為 0.43。此外，試驗體數量是一個、樓板倍率計算時的變異係數設為 3／4

圖 8 ◆ 必要樓板倍率的計算

從下方圖表求出二樓樓板面的必要壁倍率。
平面的尺寸是剪力牆線間距 L_f=5.454m、深度 D=5.454m。
由於軸線ⓘ側有挑空的關係，所以要先求出等價的構面距離 L'
再從圖表拉出的線讀取樓板倍率的數據。

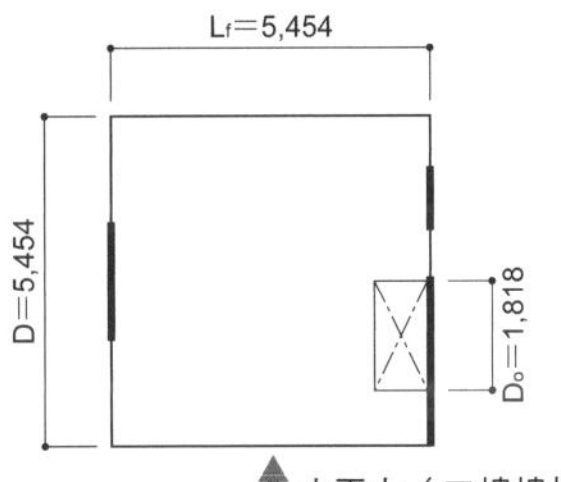

挑空的深度 =D_o

$$L'=\frac{D}{D-D_o}\times L_f=\frac{5.454}{5.454-1.818}\times 5.454=1.5\times 5.454=\mathbf{8.181m}$$

因此是圖表中的縱軸 8.19m。
然後未來有可能設置隔間牆，所以傳遞的水平力是圖表中的⑤，對照到橫軸便可知必要的樓板倍率是 **1.13**。

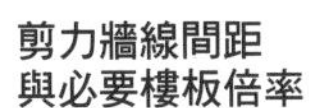

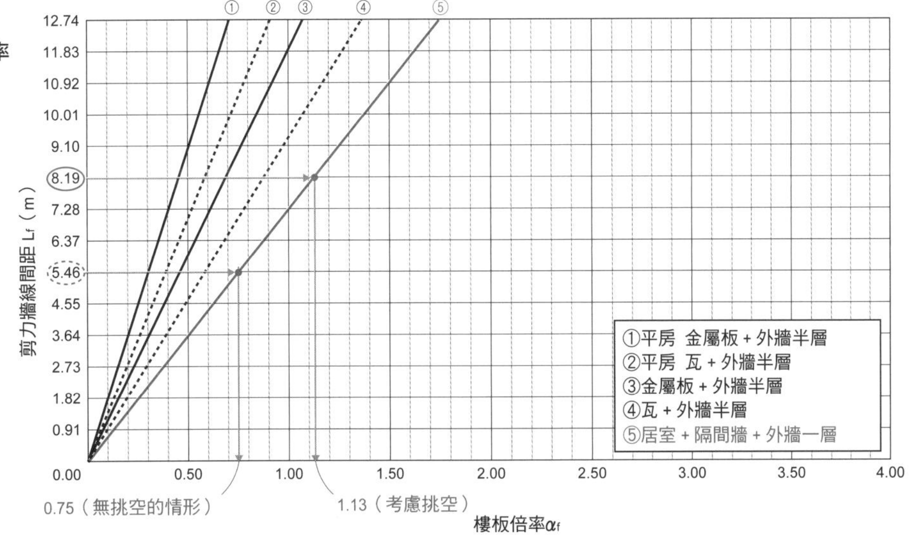

果為沒有（因樓梯而形成的）挑空的情況下，必要樓板倍率是 0.75，當考慮有挑空時則為 1.13，如此一來就變成水平剛性不足。

接下來單獨來看本案例的樓板面，針對樑上有對接或沒有對接的差異有多大進行檢證。

圖 9 是三間角的二樓樓板面在受到地震力作用時，樓板面上產生的變形與應力。CASE1 是橫向材上沒有對接的情形、CASE2 是每道構材都設置對接的情形，CASE3 是各個節點以鉸接處理的情形（樑以每 3 尺做預切的狀態）。

從圖可知，CASE1 在樓板面中央部的變形角比設有對接的 CASE2 小 50% 左右。此外，樓板面上所產生的應力也是 CASE1 較小，雖然以樓板倍率 0.4 來施作也沒有問題，不過 CASE2 必須將樓板倍率提高。至於有很多對接的 CASE3，則是樓板面的變形角過大，樓板倍率也必須在 1.0 以上。這個數值很接近第 281 頁圖 8 圖表中所求得的樓板倍率。

從結果來看，可知沒有對接的連續樑在水平構面中也能發揮效果。因此，所謂三間的構面間隔可以說是以沒有對接的樓板樑所圍閉的厚版鋪設樓板面能夠容許的最大構面間隔。

(6) 接合部

基本上接合部採用長榫入內栓，與通柱的搭接則是小榫入內栓的做法（參照第 278 頁圖 3）。在屋架方面，斜樑頂部也是以相互交叉嵌入再打入內栓（參照第 278 頁照片 7）。打入內栓絕對無法說是高拉伸耐力的做法（參照第 118 頁），不過本案例在構架的組合方式或剪力牆的配置上下功夫之後，的確能夠減輕各接合部所承受的應力。

至於剪力牆構面上產生的拉拔力，則因為壁倍率低的緣故，所以會得到幾乎不會出現的結果（第 283 頁參考圖 2）。

另一方面，從水平構面的外周樑上所產生的軸力來說，在第 282

圖 9 ◆ 水平構面的檢證

① CASE1
・壁倍率：2.0（灰泥牆＋木摺）
・樓板倍率：0.4（製材杉木板厚度 30）
・橫向材無對接

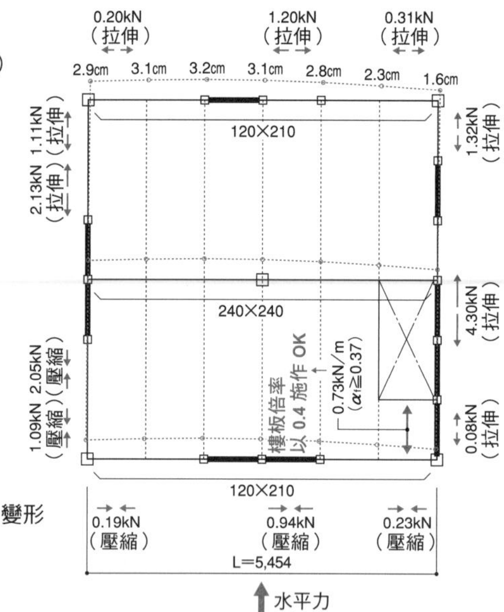

對於樓板面中央部的剪力牆構面的相對變形量為
$\Delta\delta$=3.2—（2.9＋1.6）／2=0.9cm
（變位角 $\Delta\delta$／L=1／585）➡ OK

② CASE2
・壁倍率：2.0（灰泥牆＋木摺）
・樓板倍率：0.4（製材杉木板厚度 30）
・橫向材有對接

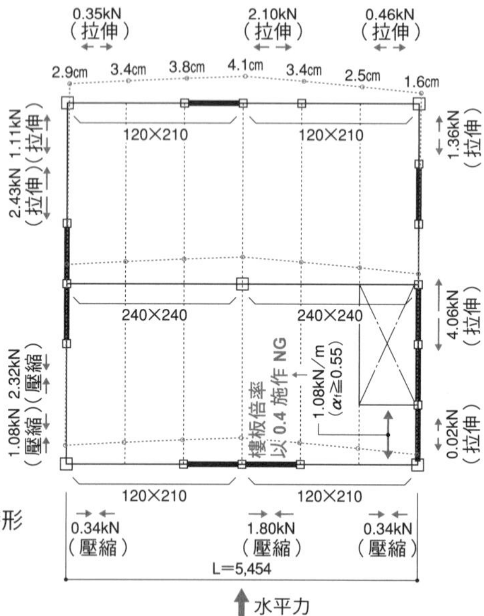

對於樓板面中央部的剪力牆構面的相對變形量為
$\Delta\delta$=4.1—（2.9＋1.6）／2=1.8cm
（變位角 $\Delta\delta$／L=1／300）➡勉強 OK

③ CASE3
・壁倍率：2.0（灰泥牆＋木摺）
・樓板倍率：0.4（製材杉木板厚度 30）
・全部鉸接

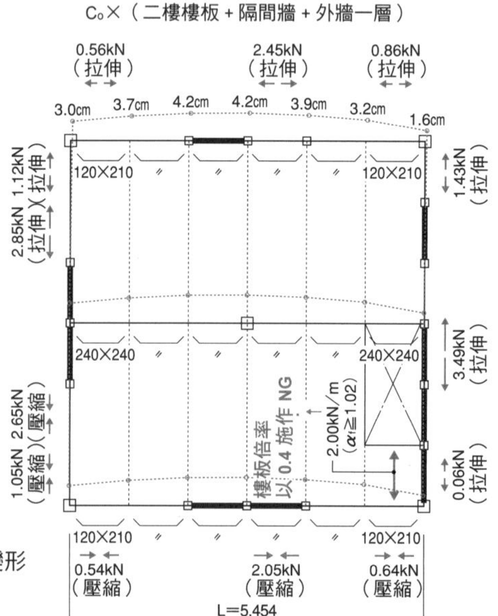

對於樓板面中央部的剪力牆構面的相對變形量為
$\Delta\delta$=4.2—（3.0＋1.6）／2=1.9cm
（變位角 $\Delta\delta$／L=1／287）➡ NG

參考圖 1 ◆ 壁量計算的結果

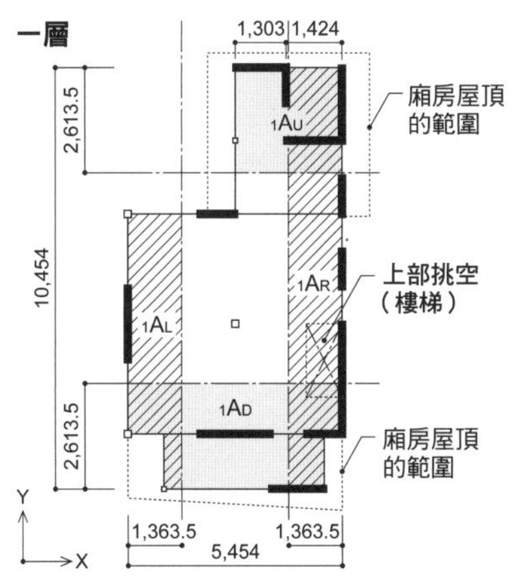

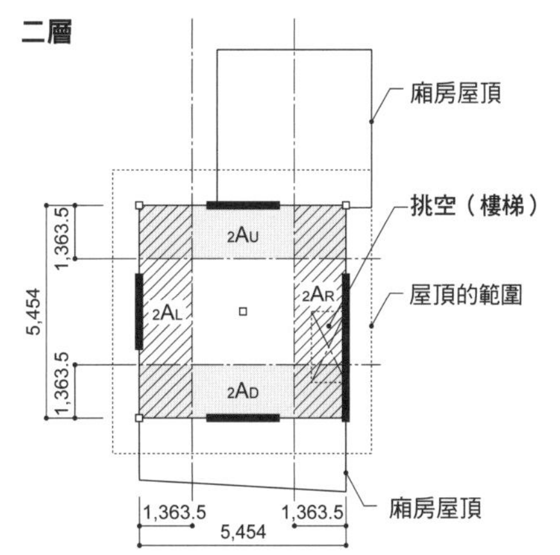

依據建築基準法施行令 46 條第 4 項的構架計算表

方向		X 方向					Y 方向				
2層樓建築的二樓部分或者平房建築	必要壁長	面積 (m²)		每1m²所需的必要壁長 (m/m²)		必要壁長 (m)	面積 (m²)		每1m²所需的必要壁長 (m/m²)		必要壁長 (m)
		樓板面積	29.75	0.15		i 4.46	樓板面積	29.75	0.15		i 4.46
		計入面積	S2 8.47	0.50		① 4.24	計入面積	S2 12.11	0.50		② 6.06
	有效壁長	構架種類	構架長度 (m)	數量	壁倍率	有效壁長 (m)	構架種類	構架長度 (m)	數量	壁倍率	有效壁長 (m)
		灰泥牆＋木摺	0.909	4	2.0	7.27	灰泥牆＋木摺	0.909	6	2.0	10.91
		判定	i 或~~①~~ 4.46m ≦			イ 7.27 (m)	判定	~~i~~或② 6.06m ≦			ロ 10.91 (m)
		安全率（餘裕率）	對地震力（イ／i）			1.63	安全率（餘裕率）	對地震力（ロ／i）			2.45
			對風壓力（イ／①）			1.71		對風壓力（ロ／②）			1.80
2層樓建築的一樓部分	必要壁長	面積 (m²)		每1m²所需的必要壁長 (m/m²)		必要壁長 (m)	面積 (m²)		每1m²所需的必要壁長 (m/m²)		必要壁長 (m)
		樓板面積	45.24	0.29		ii 13.12	樓板面積	45.24	0.29		ii 13.12
		計入面積	S2+S1 29.02	0.50		③ 14.51	計入面積	S2+S1 25.99	0.50		④ 13.00
	有效壁長	構架種類	構架長度 (m)	數量	壁倍率	有效壁長 (m)	構架種類	構架長度 (m)	數量	壁倍率	有效壁長 (m)
		灰泥牆＋木摺	0.909	4	2.0	7.27	灰泥牆＋木摺	0.909	10	2.0	18.18
		〃	1.303	1	〃	2.61					
		〃	1.364	1	〃	2.73					
		〃	1.424	1	〃	2.85					
		判定	~~ii~~或③ 14.51m ≦			ハ 15.46 (m)	判定	ii 或~~④~~ 13.12m ≦			ニ 18.18 (m)
		安全率（餘裕率）	對地震力（ハ／ii）			1.18	安全率（餘裕率）	對地震力（ニ／ii）			1.39
			對風壓力（ハ／③）			1.07		對風壓力（ニ／④）			1.40

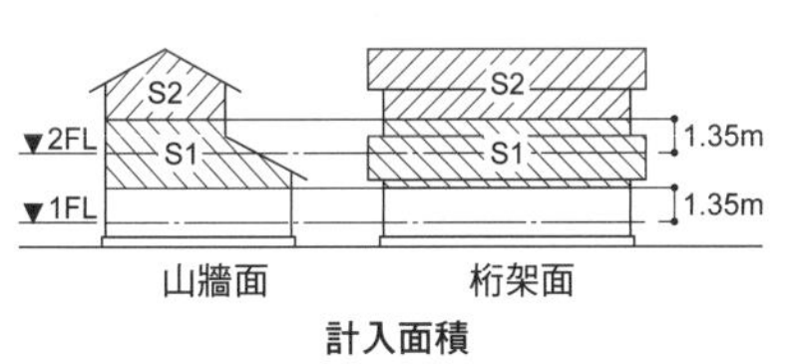

計入面積

建築物種類	乘以樓板面積的值 (cm/m²)
輕型屋頂	11 / 15, 29
重型屋頂	15 / 21, 33

原注 軟弱地盤時要以 1.5 倍處理

依據平成 12 年建告 1352 號 構架設置基準的壁率比計算表

方向		X 方向					Y 方向				
2層樓建築的二樓部分或者平房建築	必要壁長	樓板面積 (m²)		每1m²所需的必要壁長 (m/m²)		必要壁長 (m)	樓板面積 (m²)		每1m²所需的必要壁長 (m/m²)		必要壁長 (m)
		2AU	7.44	0.15		i 1.12	2AL	7.44	0.15		iii 1.12
	有效壁長	構架種類	構架長度 (m)	數量	壁倍率	有效壁長 (m)	構架種類	構架長度 (m)	數量	壁倍率	有效壁長 (m)
		灰泥牆＋木摺	0.909	2	2.0	3.64	灰泥牆＋木摺	0.909	2	2.0	3.64
						① 3.64					③ 3.64
		壁量充足率	㊤ ①／i=3.25 > 1.0 OK				壁量充足率	㊧ ③／iii=3.25 > 1.0 OK			
	必要壁長	樓板面積 (m²)		每1m²所需的必要壁長 (m/m²)		必要壁長 (m)	樓板面積 (m²)		每1m²所需的必要壁長 (m/m²)		必要壁長 (m)
		2AD	7.44	0.15		ii 1.12	2AR	7.44	0.15		iv 1.12
	有效壁長	構架種類	構架長度 (m)	數量	壁倍率	有效壁長 (m)	構架種類	構架長度 (m)	數量	壁倍率	有效壁長 (m)
		灰泥牆＋木摺	0.909	2	2.0	3.64	灰泥牆＋木摺	0.909	4	2.0	7.27
						② 3.64					④ 7.27
		壁量充足率	㊦ ②／ii=3.25 > 1.0 OK				壁量充足率	㊨ ④／iv=6.49> 1.0 OK			
		壁率比	（㊤／㊦或㊦／㊤ =1.00）				壁率比	（㊧／㊨或~~㊨／㊧~~ =0.50）			
2層樓建築的一樓部分	必要壁長	樓板面積 (m²)		每1m²所需的必要壁長 (m/m²)		必要壁長 (m)	樓板面積 (m²)		每1m²所需的必要壁長 (m/m²)		必要壁長 (m)
		1AU	7.13	0.11		v 0.78	1AL	8.06	0.29		vii 2.34
	有效壁長	構架種類	構架長度 (m)	數量	壁倍率	有效壁長 (m)	構架種類	構架長度 (m)	數量	壁倍率	有效壁長 (m)
		灰泥牆＋木摺	1.303	1	2.0	2.61	灰泥牆＋木摺	0.909	2	2.0	3.64
		〃	1.424	1	〃	2.85					
						⑤ 5.46					⑦ 3.64
		壁量充足率	㊤ ⑤／v=7.00 > 1.0 OK				壁量充足率	㊧ ⑦／vii=1.56 > 1.0 OK			
	必要壁長	樓板面積 (m²)		每1m²所需的必要壁長 (m/m²)		必要壁長 (m)	樓板面積 (m²)		每1m²所需的必要壁長 (m/m²)		必要壁長 (m)
		1AD	12.39	0.29		vi 3.59	1AR	13.63	0.29		viii 3.95
	有效壁長	構架種類	構架長度 (m)	數量	壁倍率	有效壁長 (m)	構架種類	構架長度 (m)	數量	壁倍率	有效壁長 (m)
		灰泥牆＋木摺	0.909	3	2.0	5.45	灰泥牆＋木摺	0.909	7	2.0	12.73
		〃	1.364	1	〃	2.73					
						⑥ 8.18					⑧ 12.73
		壁量充足率	㊦ ⑥／vi=2.28 > 1.0 OK				壁量充足率	㊨ ⑧／viii=3.22 > 1.0 OK			
		壁率比	（~~㊤／㊦~~或㊦／㊤ =0.33）				壁率比	（㊧／㊨或~~㊨／㊧~~ =0.48）			

參考圖 2 ◆ N 值計算的結果

軸線と構架圖

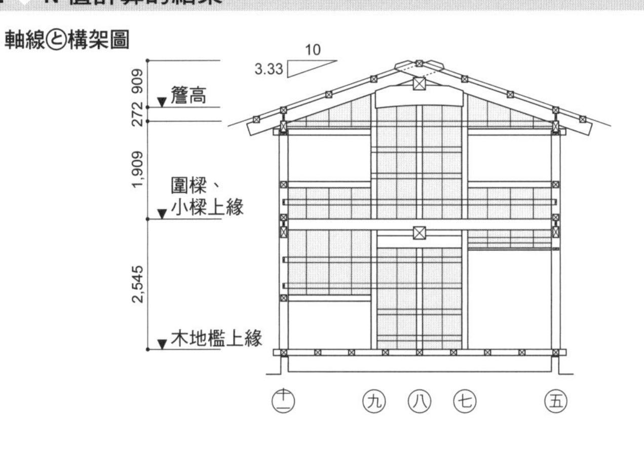

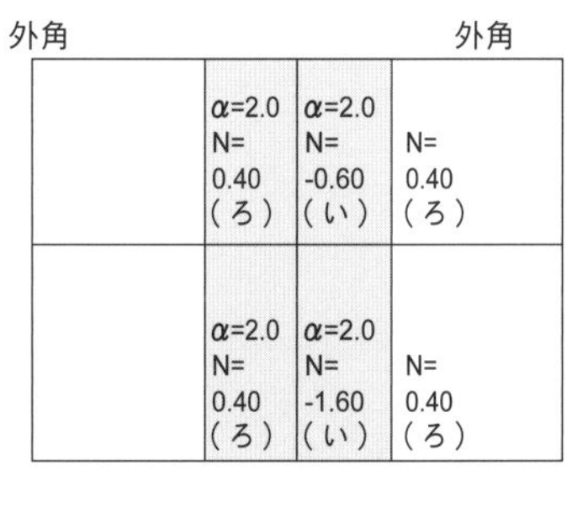

原注 α 為壁倍率

頁圖 9 的 CASE1 最大值是 4.3kN。這個數值出現在沒有對接的樑中間部，在與通柱的搭接附近，最大也只不過 1.3kN 左右，數值很小。因此，即便預先考慮到對大地震時的反應約至 3.0 ～ 3.5 倍，也還是不到 5kN，以小榫入內栓來施作並沒有問題。此外，之所以會說萬一搭接的入榫在大地震時被拔出也沒有安全上的疑慮，是因為樑上沒有對接的處理，而且構架是彌次郎兵衛造型的緣故，因此是可以充分確保垂直載重的支撐能力的構架形式。

04 資料篇

相關資料與數據圖表

木材的材料強度

木材（製材）纖維方向的基準強度、容許應力度

◆依據日本農林規格（JAS）中適用於針葉樹與結構用製材之目視分等材

（單位：N/mm^2）

樹種	區分	等級	壓縮			拉伸			彎曲			剪斷		
			基準強度 F_c	長期 $_Lf_c$（$1.1F_c/3$）	短期 $_sf_c$（$2.0F_c/3$）	基準強度 F_t	長期 $_Lf_t$（$1.1F_t/3$）	短期 $_sf_t$（$2.0F_t/3$）	基準強度 F_b	長期 $_Lf_b$（$1.1F_b/3$）	短期 $_sf_b$（$2.0F_b/3$）	基準強度 F_s	長期 $_Lf_s$（$1.1F_s/3$）	短期 $_sf_s$（$2.0F_s/3$）
赤松	甲種結構材	1級	27.0	9.9	18.0	20.4	7.5	13.6	33.6	12.3	22.4	2.4	0.88	1.60
		2級	16.8	6.2	11.2	12.6	4.6	8.4	20.4	7.5	13.6	2.4	0.88	1.60
		3級	11.4	4.2	7.6	9.0	3.3	6.0	14.4	5.3	9.6	2.4	0.88	1.60
	乙種結構材	1級	27.0	9.9	18.0	16.2	5.9	10.8	26.4	9.7	17.6	2.4	0.88	1.60
		2級	16.8	6.2	11.2	10.2	3.7	6.8	16.8	6.2	11.2	2.4	0.88	1.60
		3級	11.4	4.2	7.6	7.2	2.6	4.8	11.4	4.2	7.6	2.4	0.88	1.60
花旗松	甲種結構材	1級	27.0	9.9	18.0	20.4	7.5	13.6	34.2	12.5	22.8	2.4	0.88	1.60
		2級	18.0	6.6	12.0	13.8	5.1	9.2	22.8	8.4	15.2	2.4	0.88	1.60
		3級	13.8	5.1	9.2	10.8	4.0	7.2	17.4	6.4	11.6	2.4	0.88	1.60
	乙種結構材	1級	27.0	9.9	18.0	16.2	5.9	10.8	27.0	9.9	18.0	2.4	0.88	1.60
		2級	18.0	6.6	12.0	10.8	4.0	7.2	18.0	6.6	12.0	2.4	0.88	1.60
		3級	13.8	5.1	9.2	8.4	3.1	5.6	13.8	5.1	9.2	2.4	0.88	1.60
日本落葉松	甲種結構材	1級	23.4	8.6	15.6	18.0	6.6	12.0	29.4	10.8	19.6	2.1	0.77	1.40
		2級	20.4	7.5	13.6	15.6	5.7	10.4	25.8	9.5	17.2	2.1	0.77	1.40
		3級	18.6	6.8	12.4	13.8	5.1	9.2	23.4	8.6	15.6	2.1	0.77	1.40
	乙種結構材	1級	23.4	8.6	15.6	14.4	5.3	9.6	23.4	8.6	15.6	2.1	0.77	1.40
		2級	20.4	7.5	13.6	12.6	4.6	8.4	20.4	7.5	13.6	2.1	0.77	1.40
		3級	18.6	6.8	12.4	10.8	4.0	7.2	17.4	6.4	11.6	2.1	0.77	1.40
蘇聯落葉松	甲種結構材	1級	28.8	10.6	19.2	21.6	7.9	14.4	36.0	13.2	24.0	2.1	0.77	1.40
		2級	25.2	9.2	16.8	18.6	6.8	12.4	31.2	11.4	20.8	2.1	0.77	1.40
		3級	22.2	8.1	14.8	16.8	6.2	11.2	27.6	10.1	18.4	2.1	0.77	1.40
	乙種結構材	1級	28.8	10.6	19.2	17.4	6.4	11.6	28.8	10.6	19.2	2.1	0.77	1.40
		2級	25.2	9.2	16.8	15.0	5.5	10.0	25.2	9.2	16.8	2.1	0.77	1.40
		3級	22.2	8.1	14.8	13.2	4.8	8.8	22.2	8.1	14.8	2.1	0.77	1.40
羅漢柏	甲種結構材	1級	28.2	10.3	18.8	21.0	7.7	14.0	34.8	12.8	23.2	2.1	0.77	1.40
		2級	27.6	10.1	18.4	21.0	7.7	14.0	34.8	12.8	23.2	2.1	0.77	1.40
		3級	23.4	8.6	15.6	18.0	6.6	12.0	29.4	10.8	19.6	2.1	0.77	1.40
	乙種結構材	1級	28.2	10.3	18.8	16.8	6.2	11.2	28.2	10.3	18.8	2.1	0.77	1.40
		2級	27.6	10.1	18.4	16.8	6.2	11.2	27.6	10.1	18.4	2.1	0.77	1.40
		3級	23.4	8.6	15.6	12.6	4.6	8.4	20.4	7.5	13.6	2.1	0.77	1.40
日本扁柏	甲種結構材	1級	30.6	11.2	20.4	22.8	8.4	15.2	38.4	14.1	25.6	2.1	0.77	1.40
		2級	27.0	9.9	18.0	20.4	7.5	13.6	34.2	12.5	22.8	2.1	0.77	1.40
		3級	23.4	8.6	15.6	17.4	6.4	11.6	28.8	10.6	19.2	2.1	0.77	1.40
	乙種結構材	1級	30.6	11.2	20.4	18.6	6.8	12.4	30.6	11.2	20.4	2.1	0.77	1.40
		2級	27.0	9.9	18.0	16.2	5.9	10.8	27.0	9.9	18.0	2.1	0.77	1.40
		3級	23.4	8.6	15.6	13.8	5.1	9.2	23.4	8.6	15.6	2.1	0.77	1.40
美國西部鐵杉	甲種結構材	1級	21.0	7.7	14.0	15.6	5.7	10.4	26.4	9.7	17.6	2.1	0.77	1.40
		2級	21.0	7.7	14.0	15.6	5.7	10.4	26.4	9.7	17.6	2.1	0.77	1.40
		3級	17.4	6.4	11.6	13.2	4.8	8.8	21.6	7.9	14.4	2.1	0.77	1.40
	乙種結構材	1級	21.0	7.7	14.0	12.6	4.6	8.4	21.0	7.7	14.0	2.1	0.77	1.40
		2級	21.0	7.7	14.0	12.6	4.6	8.4	21.0	7.7	14.0	2.1	0.77	1.40
		3級	17.4	6.4	11.6	10.2	3.7	6.8	17.4	6.4	11.6	2.1	0.77	1.40
魚鱗雲杉 庫頁島冷杉	甲種結構材	1級	27.0	9.9	18.0	20.4	7.5	13.6	34.2	12.5	22.8	1.8	0.66	1.20
		2級	22.8	8.4	15.2	17.4	6.4	11.6	28.2	10.3	18.8	1.8	0.66	1.20
		3級	13.8	5.1	9.2	10.8	4.0	7.2	17.4	6.4	11.6	1.8	0.66	1.20
	乙種結構材	1級	27.0	9.9	18.0	16.2	5.9	10.8	27.0	9.9	18.0	1.8	0.66	1.20
		2級	22.8	8.4	15.2	13.8	5.1	9.2	22.8	8.4	15.2	1.8	0.66	1.20
		3級	13.8	5.1	9.2	5.4	2.0	3.6	9.0	3.3	6.0	1.8	0.66	1.20
日本柳杉	甲種結構材	1級	21.6	7.9	14.4	16.2	5.9	10.8	27.0	9.9	18.0	1.8	0.66	1.20
		2級	20.4	7.5	13.6	15.6	5.7	10.4	25.8	9.5	17.2	1.8	0.66	1.20
		3級	18.0	6.6	12.0	13.8	5.1	9.2	22.2	8.1	14.8	1.8	0.66	1.20
	乙種結構材	1級	21.6	7.9	14.4	13.2	4.8	8.8	21.6	7.9	14.4	1.8	0.66	1.20
		2級	20.4	7.5	13.6	12.6	4.6	8.4	20.4	7.5	13.6	1.8	0.66	1.20
		3級	18.0	6.6	12.0	10.8	4.0	7.2	18.0	6.6	12.0	1.8	0.66	1.20

用以分散椽、樓板格柵等載重的負擔構材（並列材）之彎曲強度及彎曲容許應力度如下
- 該部分構材組合以結構用合板或具有同等以上之面材鋪設時：$1.25F_b$
- 其他情況：$1.15F_b$

◆依據日本農林規格（JAS）中適用於針葉樹與結構用製材之機械分等材

（單位：N／mm²）

樹種	等級	壓縮			拉伸			彎曲			剪斷		
		基準強度 F_c	長期 L_{fc}（$1.1F_c/3$）	短期 s_{fc}（$2.0F_c/3$）	基準強度 F_t	長期 L_{ft}（$1.1F_t/3$）	短期 s_{ft}（$2.0F_t/3$）	基準強度 F_b	長期 L_{fb}（$1.1F_b/3$）	短期 s_{fb}（$2.0F_b/3$）	基準強度 F_s	長期 L_{fs}（$1.1F_s/3$）	短期 s_{fs}（$2.0F_s/3$）
赤松、花旗松	E70	9.6	3.5	6.4	7.2	2.6	4.8	12.0	4.4	8.0	2.4	0.88	1.60
	E90	16.8	6.2	11.2	12.6	4.6	8.4	21.0	7.7	14.0	2.4	0.88	1.60
	E110	24.6	9.0	16.4	18.6	6.8	12.4	30.6	11.2	20.4	2.4	0.88	1.60
	E130	31.8	11.7	21.2	24.0	8.8	16.0	39.6	14.5	26.4	2.4	0.88	1.60
	E150	39.0	14.3	26.0	29.4	10.8	19.6	48.6	17.8	32.4	2.4	0.88	1.60
蘇聯落葉松、美國西部鐵杉	E70	9.6	3.5	6.4	7.2	2.6	4.8	12.0	4.4	8.0	2.1	0.77	1.40
	E90	16.8	6.2	11.2	12.6	4.6	8.4	21.0	7.7	14.0	2.1	0.77	1.40
	E110	24.6	9.0	16.4	18.6	6.8	12.4	30.6	11.2	20.4	2.1	0.77	1.40
	E130	31.8	11.7	21.2	24.0	8.8	16.0	39.6	14.5	26.4	2.1	0.77	1.40
	E150	39.0	14.3	26.0	29.4	10.8	19.6	48.6	17.8	32.4	2.1	0.77	1.40
魚鱗雲杉、庫頁島冷杉	E70	9.6	3.5	6.4	7.2	2.6	4.8	12.0	4.4	8.0	1.8	0.66	1.20
	E90	16.8	6.2	11.2	12.6	4.6	8.4	21.0	7.7	14.0	1.8	0.66	1.20
	E110	24.6	9.0	16.4	18.6	6.8	12.4	30.6	11.2	20.4	1.8	0.66	1.20
	E130	31.8	11.7	21.2	24.0	8.8	16.0	39.6	14.5	26.4	1.8	0.66	1.20
	E150	39.0	14.3	26.0	29.4	10.8	19.6	48.6	17.8	32.4	1.8	0.66	1.20
日本落葉松、日本扁柏、羅漢柏	E50	11.4	4.2	7.6	8.4	3.1	5.6	13.8	5.1	9.2	2.1	0.77	1.40
	E70	18.0	6.6	12.0	13.2	4.8	8.8	22.2	8.1	14.8	2.1	0.77	1.40
	E90	24.6	9.0	16.4	18.6	6.8	12.4	30.6	11.2	20.4	2.1	0.77	1.40
	E110	31.2	11.4	20.8	23.4	8.6	15.6	38.4	14.1	25.6	2.1	0.77	1.40
	E130	37.8	13.9	25.2	28.2	10.3	18.8	46.8	17.2	31.2	2.1	0.77	1.40
	E150	44.4	16.3	29.6	33.0	12.1	22.0	55.2	20.2	36.8	2.1	0.77	1.40
日本柳杉	E50	19.2	7.0	12.8	14.4	5.3	9.6	24.0	8.8	16.0	1.8	0.66	1.20
	E70	23.4	8.6	15.6	17.4	6.4	11.6	29.4	10.8	19.6	1.8	0.66	1.20
	E90	28.2	10.3	18.8	21.0	7.7	14.0	34.8	12.8	23.2	1.8	0.66	1.20
	E110	32.4	11.9	21.6	24.6	9.0	16.4	40.8	15.0	27.2	1.8	0.66	1.20
	E130	37.2	13.6	24.8	27.6	10.1	18.4	46.2	16.9	30.8	1.8	0.66	1.20
	E150	41.4	15.2	27.6	31.2	11.4	20.8	51.6	18.9	34.4	1.8	0.66	1.20

用以分散椽、樓板格柵等載重的負擔構材（並列材）之彎曲強度及彎曲容許應力度如下
・該部分構材組合以結構用合板或具有同等以上之面材鋪設時：$1.25F_b$
・其他情況：$1.15\ F_b$

◆無等級材（非日本農林規格所規訂的木材）

（單位：N／mm²）

樹種		壓縮			拉伸			彎曲			剪斷		
		基準強度 F_c	長期 L_{fc}（$1.1F_c/3$）	短期 s_{fc}（$2.0F_c/3$）	基準強度 F_t	長期 L_{ft}（$1.1F_t/3$）	短期 s_{ft}（$2.0F_t/3$）	基準強度 F_b	長期 L_{fb}（$1.1F_b/3$）	短期 s_{fb}（$2.0F_b/3$）	基準強度 F_s	長期 L_{fs}（$1.1F_s/3$）	短期 s_{fs}（$2.0F_s/3$）
針葉樹	赤松、黑松、花旗松	22.2	8.1	14.8	17.7	6.5	11.8	28.2	10.3	18.8	2.4	0.88	1.60
	日本落葉松、羅漢柏、日本扁柏、美國扁柏	20.7	7.6	13.8	16.2	5.9	10.8	26.7	9.8	17.8	2.1	0.77	1.40
	日本鐵杉、美國西部鐵杉	19.2	7.0	12.8	14.7	5.4	9.8	25.2	9.2	16.8	2.1	0.77	1.40
	日本冷杉、日本柳杉、魚鱗雲杉、庫頁島冷杉、紅松、美西側柏、雲杉	17.7	6.5	11.8	13.5	5.0	9.0	22.2	8.1	14.8	1.8	0.66	1.20
闊葉樹	樫木	27.0	9.9	18.0	24.0	8.8	16.0	38.4	14.1	25.6	4.2	1.54	2.80
	栗木、楢木、日本山毛櫸、櫸木	21.0	7.7	14.0	18.0	6.6	12.0	29.4	10.8	19.6	3.0	1.10	2.00

用以分散椽、樓板格柵等載重的負擔構材（並列材）之彎曲強度及彎曲容許應力度如下
・該部分構材組合以結構用合板或具有同等以上之面材鋪設時：$1.25F_b$
・其他情況：$1.15\ F_b$

積雪時的容許應力度以下列算式求出（F：基準強度）

中長期：$_{L}sf=1.43F/3$　　中短期：$_{s}sf=1.60F/3$

◆木材（製材）的壓陷容許應力度（木材纖維垂直方向的容許應力度）

（單位：N／mm²）

樹種		部分壓縮（壓陷）									全面壓縮				
		基準強度 Fcv	材料中間部				材料端部								
			長期 Lfcv 1.1Fcv／3	中長期 Lfcv×1.3 1.43Fcv／3	中短期 sfcv×0.8 1.6Fcv／3	短期 sfcv 2.0Fcv／3	長期 α·Lfcv α·1.1Fcv／3	中長期 α·Lfcv×1.3 α·1.43Fcv／3	中短期 α·sfcv×0.8 α·1.6Fcv／3	短期 α·sfcv α·2.0Fcv／3	基準強度 Fcv	長期 Lfcv 1.1Fcv／3	中長期 Lfcv×1.3 1.43Fcv／3	中短期 sfcv×0.8 1.6Fcv／3	短期 sfcv 2.0Fcv／3
針葉樹	赤松、黑松、花旗松	9.0	3.3	4.29	4.8	6.0	2.64	3.43	3.84	4.8	2.8	1.03	1.33	1.49	1.87
	日本落葉松、羅漢柏、日本扁柏、美國扁柏	7.8	2.86	3.72	4.16	5.2	2.29	2.97	3.33	4.16	2.6	0.95	1.24	1.39	1.73
	日本鐵杉、美國西部鐵杉	6.0	2.2	2.86	3.2	4.0	1.76	2.29	2.56	3.2	2.4	0.88	1.14	1.28	1.6
	日本冷杉、日本柳杉、魚鱗雲杉、庫頁島冷杉、紅松、美西側柏、雲杉	6.0	2.2	2.86	3.2	4.0	1.76	2.29	2.56	3.2	2.2	0.81	1.05	1.17	1.47
闊葉樹	橿木	12.0	4.4	5.72	6.4	8.0	3.3	4.29	4.8	6.0	5.4	1.98	2.57	2.88	3.6
	栗木、楢木、日本山毛櫸、櫸木	10.8	3.96	5.15	5.76	7.2	2.97	3.86	4.32	5.4	4.2	1.54	2.0	2.24	2.8
施力狀態							a, d ①d ≧ 100mm：a ≦ 100mm ②d ＜ 100mm：a ≦ d 施力狀態調整係數α為 針葉樹：0.8、闊葉樹：0.75								

依據日本農林規格（JAS）中適用於針葉樹與結構用製材之目視分等材

依據日本農林規格（JAS）中適用於針葉樹與結構用製材之機械分等材

《木質結構設計規準、同解說》2006年版（（社）日本建築學會）

原注1　材料端部的容許應力度＝材料中間部分的值乘上施力調整係數

原注2　變形問題屬至關重要的結構物而言，因應情況降低表中數值之後即可適用

原注3　當受壓面為追柾面（譯注：木材的取材部位與年輪形成45°以上但未滿90°的角度關係，使年輪走向呈斜向的木材斷面）時，表中數值乘以2／3之後即可適用

原注4　可以判定即使因設有榫等而引發少量壓陷也不會對結構造成傷害時，或者造成少量壓陷也不至於帶來不良影響的結構時可適用上表

機械等級的表示與彈性模數

彈性模數表記	實際的彈性模數		中間值 [N／mm²]
	重力單位 [t／cm²]	SI 單位 [N／mm²]	
無等級	—	—	—
E50	40 ≦ E ＜ 60	3,923 ≦ E ＜ 5,884	4,903
E70	60 ≦ E ＜ 80	5,884 ≦ E ＜ 7,845	6,865
E90	80 ≦ E ＜ 100	7,845 ≦ E ＜ 9,807	8,826
E110	100 ≦ E ＜ 120	9,807 ≦ E ＜ 11,768	10,787

集成材的容許應力度

對稱異等級構成集成材的容許應力度

強度等級	壓縮			拉伸			彎曲					
							積層方向			寬度方向		
	基準強度 F_c	長期 $_Lf_c$ $1.1F_c/3$	短期 $_sf_c$ $2.0F_c/3$	基準強度 F_t	長期 $_Lf_t$ $1.1F_t/3$	短期 $_sf_t$ $2.0F_t/3$	基準強度 F_b	長期 $_Lf_b$ $1.1F_b/3$	短期 $_sf_b$ $2.0F_b/3$	基準強度 F_b	長期 $_Lf_b$ $1.1F_b/3$	短期 $_sf_b$ $2.0F_b/3$
E170-F495	38.4	14.1	25.6	33.5	12.3	22.3	49.5	18.2	33.0	35.4	12.1	22.0
E150-F435	33.4	12.2	22.3	29.2	10.7	19.5	43.5	16.0	29.0	30.6	10.6	19.3
E135-F375	29.7	10.9	19.8	25.9	9.5	17.3	37.5	13.8	25.0	27.6	9.2	16.7
E120-F330	25.9	9.5	17.3	22.4	8.2	14.9	33.0	12.1	22.0	24.0	8.1	14.7
E105-F300	23.2	8.5	15.5	20.2	7.4	13.5	30.0	11.0	20.0	21.6	7.3	13.3
E95-F270	21.7	8.0	14.5	18.9	6.9	12.6	27.0	9.9	18.0	20.4	6.6	12.0
E85-F255	19.5	7.2	13.0	17.0	6.2	11.3	25.5	9.4	17.0	18.0	6.2	11.3
E75-F240	17.6	6.5	11.7	15.3	5.6	10.2	24.0	8.8	16.0	15.6	5.9	10.7
E65-F225	16.7	6.1	11.1	14.6	5.4	9.7	22.5	8.3	15.0	15.0	5.5	10.0
E65-F220	15.3	5.6	10.2	13.4	4.9	8.9	22.0	8.1	14.7	12.6	5.4	9.8
E55-F200	13.3	4.9	8.9	11.6	4.3	7.7	20.0	7.3	13.3	10.2	4.9	8.9

集成材的容許剪斷應力度

樹種	剪斷					
	積層方向			寬度方向		
	基準強度 F_s	長期 $_Lf_s$ $1.1F_s/3$	短期 $_sf_s$ $2.0F_s/3$	基準強度 F_s	長期 $_Lf_s$ $1.1F_s/3$	短期 $_sf_s$ $2.0F_s/3$
色木槭、樺木、日本山毛櫸、水楢木、櫸木、大花龍腦香	4.8	1.8	3.2	4.2	1.2	2.1
水曲柳、象蠟木、榆木	4.2	1.5	2.8	3.6	1.0	1.9
日本扁柏、羅漢柏、日本落葉松、赤松、黑松、美國扁柏、蘇聯落葉松、南方松、花旗松、白柏松	3.6	1.3	2.4	3.0	0.9	1.6
日本鐵杉、阿拉斯加黃雪松、紅松、紐西蘭輻射松、美國西部鐵杉	3.2	1.2	2.1	2.7	0.8	1.4
日本冷杉、庫頁島冷杉、魚鱗雲杉、美國冷杉、柳桉、海灘松、美西黃松、歐洲赤松、北美短葉松、雲杉	3.0	1.1	2.0	2.4	0.7	1.3
日本柳杉、美西側柏	2.7	1.0	1.8	2.1	0.7	1.2

原注 若剪斷面寬度包含尚未評估的薄版所製成的結構用集成材時，上表數值要乘以 0.6

集成材的容許壓陷應力度

樹種	部分壓縮（壓陷）								
	基準強度 F_{cv}	木地檻及其他類似的橫向材				左欄項目以外			
		長期		短期		長期		短期	
		一般 $1.5F_{cv}/3$	積雪 $1.5F_{cv}/3$	一般 $2.0F_{cv}/3$	積雪 $2.0F_{cv}/3$	一般 $1.1F_{cv}/3$	積雪 $1.43F_{cv}/3$	一般 $2.0F_{cv}/3$	積雪 $1.6F_{cv}/3$
色木槭、樺木、日本山毛櫸、水楢木、櫸木、大花龍腦香、水曲柳、象蠟木、榆木	10.8	5.40	5.40	7.20	7.20	3.17	4.12	4.61	5.76
赤松、黑松、蘇聯落葉松、南方松、花旗松、柳桉	9.0	4.50	4.50	6.00	6.00	2.64	3.43	3.84	4.80
日本扁柏、羅漢柏、日本落葉松、美國扁柏	7.8	3.90	3.90	5.20	5.20	2.29	2.97	3.33	4.16
日本鐵杉、美國西部鐵杉、庫頁島冷杉、魚鱗雲杉、紅松、日本冷杉、美國冷杉、日本柳杉、美西側柏、雲杉、歐洲赤松、阿拉斯加黃雪松、紐西蘭輻射松、海灘松、美西黃松	6.0	3.00	3.00	4.00	4.00	1.76	2.29	2.56	3.20

（1）纖維方向與施力方向的夾角≦ 10°時，採用纖維方向的容許壓縮應力度
（2）10°＜纖維方向與施力方向的夾角＜ 70°時，以（1）與（3）的線性插值為數值
（3）70°≦纖維方向與施力方向的夾角≦ 90°時依據上表
原注 1 僅適用於不因木地檻或其他類似橫向材的構材壓陷，而使其他構材的應力產生變化時
原注 2 使用在基礎椿、水槽、浴室或其他類似長時間處於溼潤狀態的部分時，採用該數值的 70%
原注 3 針對界限耐力計算時的積雪進行設計時，上表數值要乘以 0.8

載重

一般木造住宅的假設載重

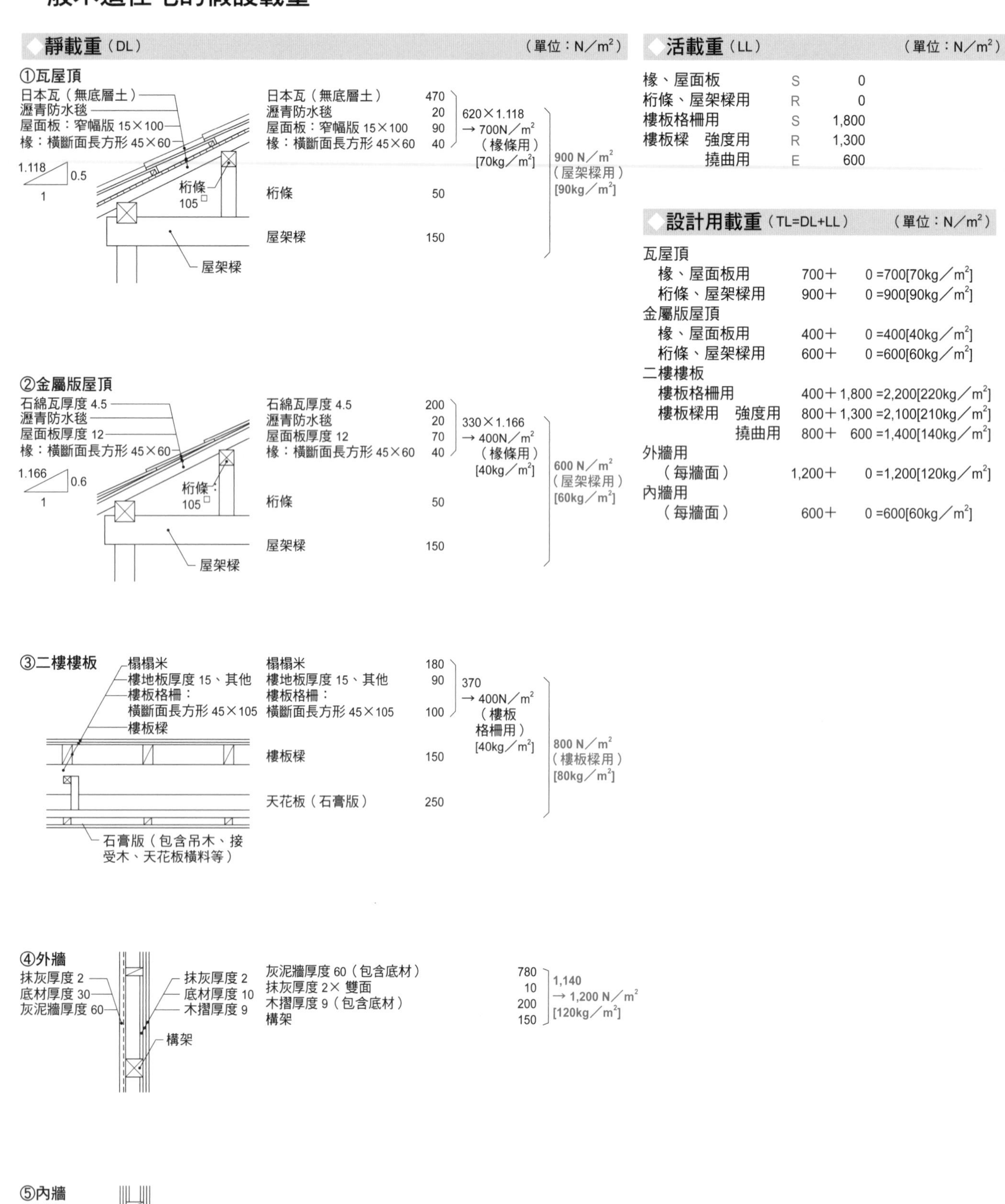

靜載重（DL）　（單位：N／m²）

①瓦屋頂

項目	載重	小計	合計
日本瓦（無底層土）	470	620×1.118 → 700N／m²（椽條用）[70kg／m²]	900 N／m²（屋架樑用）[90kg／m²]
瀝青防水毯	20		
屋面板：窄幅版 15×100	90		
椽：橫斷面長方形 45×60	40		
桁條	50		
屋架樑	150		

②金屬版屋頂

項目	載重	小計	合計
石綿瓦厚度 4.5	200	330×1.166 → 400N／m²（椽條用）[40kg／m²]	600 N／m²（屋架樑用）[60kg／m²]
瀝青防水毯	20		
屋面板厚度 12	70		
椽：橫斷面長方形 45×60	40		
桁條	50		
屋架樑	150		

③二樓樓板

項目	載重	小計	合計
榻榻米	180	370 → 400N／m²（樓板格柵用）[40kg／m²]	800 N／m²（樓板樑用）[80kg／m²]
樓地板厚度 15、其他	90		
樓板格柵：橫斷面長方形 45×105	100		
樓板樑	150		
天花板（石膏版）	250		

④外牆

項目	載重	合計
灰泥牆厚度 60（包含底材）	780	1,140 → 1,200 N／m² [120kg／m²]
抹灰厚度 2× 雙面	10	
木摺厚度 9（包含底材）	200	
構架	150	

⑤內牆

項目	載重	合計
木摺厚度 9（包含底材）× 雙面	400	560 → 600 N／m² [60kg／m²]
抹灰厚度 2× 雙面	10	
構架	150	

活載重（LL）　（單位：N／m²）

椽、屋面板	S	0
桁條、屋架樑用	R	0
樓板格柵用	S	1,800
樓板樑　強度用	R	1,300
撓曲用	E	600

設計用載重（TL=DL+LL）　（單位：N／m²）

項目	DL＋LL＝TL
瓦屋頂	
椽、屋面板用	700＋　0 =700[70kg／m²]
桁條、屋架樑用	900＋　0 =900[90kg／m²]
金屬版屋頂	
椽、屋面板用	400＋　0 =400[40kg／m²]
桁條、屋架樑用	600＋　0 =600[60kg／m²]
二樓樓板	
樓板格柵用	400＋1,800 =2,200[220kg／m²]
樓板樑用　強度用	800＋1,300 =2,100[210kg／m²]
撓曲用	800＋　600 =1,400[140kg／m²]
外牆用	
（每牆面）	1,200＋　0 =1,200[120kg／m²]
內牆用	
（每牆面）	600＋　0 =600[60kg／m²]

靜載重

◆建築基準法施行令 第 84 條

第 84 條　建築物各部位的靜載重必須根據該建築物的實際狀況進行計算。不過，下表的建築物部位則可以分別將面積乘上該表的每單位面積載重欄位中的數值求出靜載重。

建築物的部位	種別			每單位面積載重（單位：N／m^2）		備註
屋頂	瓦屋頂	無底層土時		針對屋頂面	640	包含底材及椽，不含桁條
		有底層土時			980	包含底材及椽，不含桁條
	金屬浪版瓦	直接鋪在桁條上時			50	不含桁條
	金屬薄板瓦				200	包含底材及椽，不含桁條
	玻璃屋頂				290	包含鋼框，不含桁條
	厚版屋頂				440	包含底材及椽，不含桁條
木造的桁條	桁條的支撐點間距在 2m 以下時			針對屋頂面	50	
	桁條的支撐點間距在 4m 以下時				100	
天花板	竿緣			針對天花板面	100	包含吊木、接受木及其他底材
	纖維版鋪設、懸吊版鋪設、合板鋪設或者金屬版鋪設				150	
	木絲水泥版鋪設				200	
	格緣（譯注：架構格狀天花板的木料角條）				290	
	抹灰粉刷				390	
	砂漿粉刷				590	
樓板	木造樓板	木板鋪設		針對樓板面	150	包含樓板格柵
		榻榻米鋪設			340	包含樓地板及樓板格柵
		地板	鋪設間距 4m 以下時		100	
			鋪設間距 6m 以下時		170	
			鋪設間距 8m 以下時		250	
	混凝土造的樓板完成面	木板鋪設			200	包含樓板格柵及格柵托樑
		地板塊磚鋪設			150	依每公分的完成面厚度乘上該公分的數值
		砂漿塗布、人造石塗布及磁磚鋪設			200	
		瀝青防水層			150	依每公分的厚度乘上該公分的數值
牆體	木造建築物的牆體構架			針對牆面	150	包含柱子、間柱及斜撐
	木造建築物的牆體完成面	雨淋板鋪設、護牆版鋪設或者纖維版鋪設			100	包含底材，不含構架
		板條抹灰粉刷			340	
		鋼絲網砂漿粉刷			640	
	木造建築物的編竹夾泥牆				830	包含構架
	混凝土造的牆體完成面	抹灰塗布			170	依每公分的完成面厚度乘上該公分的數值
		砂漿塗布及人造石塗布			200	
		貼磁磚			200	

活載重

◇建築基準法施行令 第 85 條

第 85 條 建築物各部分的活載重必須依據該建築物的實際狀況進行計算。不過，下表的空間種類則可以分別將樓板面積乘上該表的（い）、（ろ）或者（は）欄位中的數值求出樓板的活載重。

空間種類 ＼ 結構計算的對象			（い）進行樓板結構計算時（單位：N／m^2）	（ろ）進行大樑、柱或基礎的結構計算時（單位：N／m^2）	（は）計算地震力時（單位：N／m^2）
（1）	住宅的起居室、在住宅以外的建築物中設置寢室或病房		1,800	1,300	600
（2）	辦公室		2,900	1,800	800
（3）	教室		2,300	2,100	1,100
（4）	百貨公司或者店鋪賣場		2,900	2,400	1,300
（5）	劇場、電影院、演藝廳、展示場、公會堂、集會堂及其他提供與此類似用途的建築物之觀眾席或集會空間	固定座椅時	2,900	2,600	1,600
		其他情況	3,500	3,200	2,100
（6）	車庫及汽車通路		5,400	3,900	2,000
（7）	走廊、玄關或樓梯		連接（3）至（5）所示的空間則依照（5）「其他情況」的數值		
（8）	屋頂廣場或陽台		依照（1）的數值，但是做為學校或百貨公司用途的建築物時，則依據（4）的數值		

積雪載重

◇建築基準法施行令 第 86 條

第 86 條 積雪單位載重與屋頂的水平投影面積、以及該地方的垂直積雪量相乘所得出的值即為積雪載重。

2 前項規定的積雪單位載重亦指 1m^2 面積內每 1cm 的積雪量須視為 20N 以上。不過，特定行政廳在法令上是根據國土交通大臣訂定的基準來指定多雪地區，針對這些地區有與上述不同的規定。

3 第 1 項所規定的垂直積雪量是由特定行政廳依據國土交通大臣所制定的基準來制定的數值。

4 就屋頂設有止雪設施除外的情況而言，斜度在 60 度以下時就必須因應斜度，以第 1 項的積雪載重乘以下式算式所得的屋頂形狀係數（特定行政廳有可能考量屋頂的鋪設材料、雪的性狀而訂定相異數值，這時候則要採用該訂定的數值）的值做為屋頂的積雪載重，斜度超過 60 度時，載重可以視為 0。

$$\mu b=\sqrt{\cos（1.5\beta）}$$

在這個公式中，μb 及β分別代表以下數值。

μb 屋頂形狀的係數
β 屋頂斜度（單位°）

5 當屋頂面的積雪量有不均等的疑慮時，就得先納入考量再進行積雪載重計算。

6 就有剷雪習慣的地方而言，即使該地方的垂直積雪量超過 1m，也要因應實際的剷雪情況，可將垂直積雪量減低至 1m 之後再進行積雪載重計算。

7 就因前項規定而降低垂直積雪量來計算積雪載重的建築物而言，在出入口、主要起居室、或者其他容易看見的場所上，必須表示出實際的減輕狀況與其他必要的事項。

風壓力

◆建築基準法施行令 第 87 條

第 87 條 速度壓乘上風力係數即為風壓力。

2 前項的速度壓依據下列算式計算。

$$q=0.6E \cdot V_0^2$$

[在此計算式中，q、E 及 V_0 分別代表以下數值。
q 速度壓（單位 N／m^2）
E 因應該建築物的屋頂高度及周邊地區的建築物與其他工作物、樹木與其他影響風速的物件狀況，依據由國土交通大臣制定的方法所計算出來的數值
V_0 國土交通大臣根據過去該地方的颱風記錄並因應風災的程度與其他風的特性，制定風速在 30m／秒至 46m／秒的範圍內（單位 m／秒）]

3 當風的方向對鄰接建物的建築物形成有效遮蔽的其他建築物、防風林與其他類似物件的情況下，該方向的速度壓可以依照前項規定的數值減低至 1／2。

4 第 1 項的風力係數除了有依據風洞試驗來決定的時候之外，因應建築物或工作物的斷面及平面形狀也必須依據國土交通大臣所訂定的數值。

◆計算 E 數值的方法與訂定 V_0 及風力係數的數值一案（平成 12 年建告 1454 號）

根據建築基準法施行令（昭和 25 年 [編按：西元 1950 年] 政令第 338 號）第 87 條第 2 項及第 4 項的規定，訂定出如下 E 數值的計算方法與 V_0 及風力係數的數值。

第 1 建築基準法施行令（以下稱為「令」）第 87 條第 2 項中規定的 E 數值採下列計算式所計算出來的結果。

$$E=E_r^2 \cdot G_f$$

[在此計算式中，E_r 及 G_f 分別代表以下數值。
E_r 以次項的規定所計算出來、表示平均風速的高度方向分布係數
G_f 以第 3 項的規定所計算出來的陣風影響係數]

2 前項公式的 E_r 採下表計算式所計算出來的結果。不過，因受到局部地區的地形或地上物的影響而使平均風速有按比例增加的疑慮時，就必須將此影響納入考量。

H 在 Z_b 以下時	$E_r=1.7\left(\frac{Z_b}{Z_G}\right)^\alpha$	H 超過 Z_b 時	$E_r=1.7\left(\frac{H}{Z_G}\right)^\alpha$

在此表中，E_r、Z_b、Z_G、α及 H 分別代表以下數值。
E_r 表示平均風速的高度方向分布係數
Z_b、Z_G 及α 因應地表面粗糙度區分成下表所示的數值

地表面粗糙度區分		Z_b（單位 m）	Z_G（單位 m）	α
I	針對都市計畫區外，極平坦而無障礙物的地區，由特定行政廳訂定規則的區域	5	250	0.10
II	都市計畫區外且在地表面粗糙度區分 I 區域以外的地區（建築物高度在 13m 以下的情況除外），或者在都市計畫區內且地表面粗糙度區分 IV 區域以外的地區中，距離海岸線或湖岸線（到對岸的距離在 1,500m 以上者為限，以下同）在 500m 以內的地區（但建築物高度在 13m 下，或者距離該海岸線或湖岸線超過 200m，且建築物高度在 31m 以下的情況除外）	5	350	0.15
III	地表面粗糙度區分 I、II 或 IV 以外的區域	5	450	0.20
IV	都市計畫區域內，都市化程度極高、由特定行政廳訂定規則的區域	10	550	0.27

H 建築物的高度與簷高的平均（單位 m）

3 第 1 項計算式中的 G_f 是對應前項表中的地表面粗糙度區分及 H，如下表所示的數值為準。不過，針對該建築物的規模或結構特性及風壓力的變動特性而言，以風洞試驗或實測的結果為基準來計算時，可以採用該計算結果。

H ＼ 地表面粗糙度區分	（1）10 以下時	（2）超過 10 但未滿 40 時	（3）40 以上時
I	2.0	以（1）與（3）的線性插值為數值	1.8
II	2.2		2.0
III	2.5		2.1
IV	3.1		2.3

◆基準風速分布（平成 12 年建告 1454 號第 2）

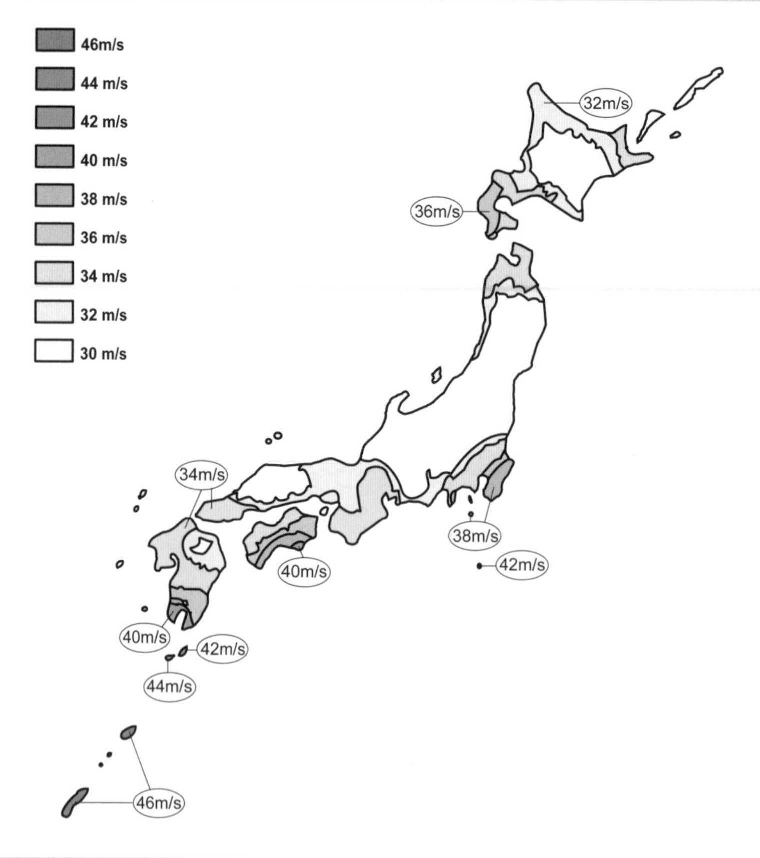

◆風力係數（平成 12 年建告 1454 號第 3）

第 3　令第 87 條第 1 項的風力係數的數值，若為下圖 1～7（本書省略圖 3 之後的圖）的形狀之建築物或工作物，可各自因應該形狀使用表 1～9（本書省略表 2、4、6～9）的數值，並且採下列計算式所計算出來的結果，其他形狀的情況則各自採用類似形狀的數值為基準所訂定之數值進行計算。不過，以風洞試驗的結果為基準來計算時，可以直接採用該數值。

$$C_f = C_{pe} - C_{pi}$$

在此公式中，C_f、C_{pe} 及 C_{pi} 分別代表以下的數值。

C_f　風力係數

C_{pe}　閉鎖型及開放型的建築物之外壓係數，以表 1～4（本書省略表 2 及 4）的數值為準（從屋外對該部分形成垂直推壓的方向為正值）

C_{pi}　閉鎖型及開放型的建築物之內壓係數，以表 5 的數值為準（從室內對該部分形成垂直推壓的方向為正值）

不過，若為獨立支撐棚架、晶格結構物、金屬網或其他網狀結構物及煙囪或其他圓筒形結構物時，以表 6～9（本書省略）的數值（圖中的➡方向設為正值）做為 C_f 值。

◆圖 1、2 閉鎖型的建築物

跨距方向受風的情況。採用表 1～5（本書省略表 2 及 4）的數值

桁樑方向受風的情況。採用表 1、表 2（本書省略）及表 5 的數值

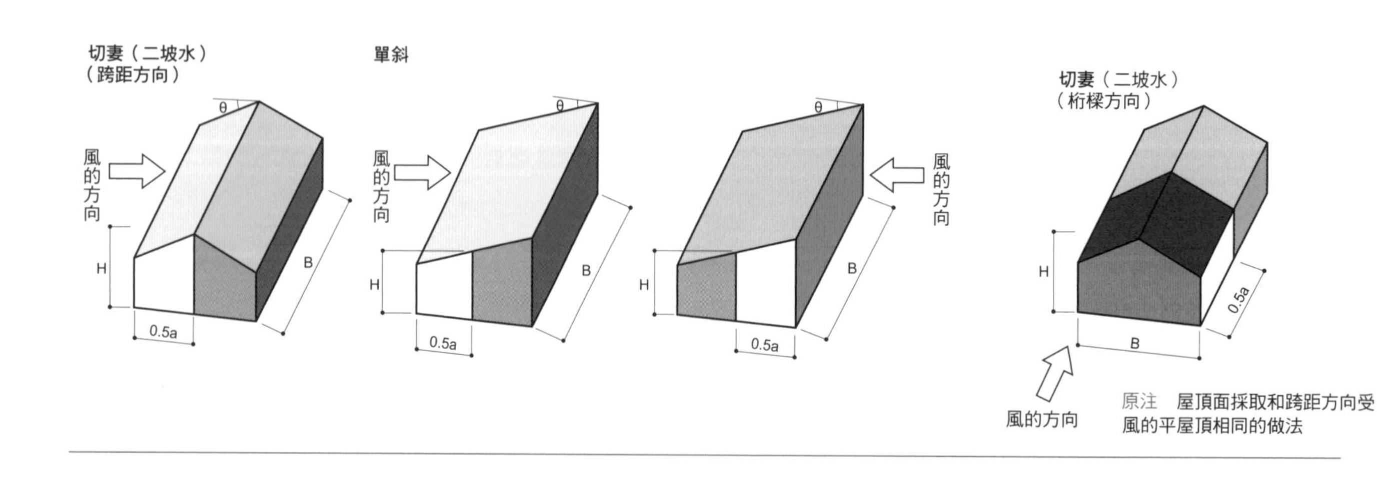

原注　屋頂面採取和跨距方向受風的平屋頂相同的做法

表 1 牆面的 C_{pe}

部位	迎風牆面	側風牆面		背風牆面
		迎風面端部超過 0.5a 的區域	左欄所示區域以外的區域	
C_{pe}	0.8kz	-0.7	-0.4	-0.4

表 3 切妻（二坡水）屋頂面、單斜屋頂面及鋸齒狀屋頂面的 C_{pe}

部位 / θ	迎風面		背風面
	正值係數	負值係數	
未滿 10°	—	-1.0	-0.5
10°	0	-1.0	
30°	0.2	-0.3	
45°	0.4	0	
90°	0.8	—	

因應本表所示的θ數值以外的θ，C_{pe}採用表中各數值進行線性插值計算後的數值。不過，當θ未滿 10° 時可以省略以正值係數進行的計算、θ超過 45° 時可以省略以負值係數進行的計算。

表 5 閉鎖型及開放型建築物的 C_{pi}

形式	閉鎖型	開放型	
		迎風面開放	背風面開放
C_{pi}	0 及 -0.2	0.6	-0.4

2　前項的圖表中，H、Z、B、D、kz、a、h、f、θ及ϕ分別代表以下數值，⇨表示風向

- H　建築物的高度與簷高的平均（單位 m）
- Z　該部分自地盤面算起的高度（單位 m）
- B　對應風向的計入寬度（單位 m）
- D　對應風向的深度（單位 m）
- kz　依下列表格所計算出來的數值

H 在 Z_b 以下時		1.0
H 超過 Z_b 時	Z 在 Z_b 以下時	$\left(\frac{Z_b}{H}\right)^{2\alpha}$
	Z 超過 Z_b 時	$\left(\frac{Z}{H}\right)^{2\alpha}$

表中的 Z_b 及α分別代表以下數值
Z_b　第 1 第 2 項表中規定的 Z_b 數值……參照第 293 頁
α　第 1 第 2 項表中規定的α數值……參照第 293 頁

a　B 與 H 的 2 倍之數值中較小一方的數值（單位 m）
h　建築物的簷高（單位 m）
f　建築物高度與簷高的差（單位 m）
θ　屋頂面與水平面的夾角（單位°）
Φ　充實率（對應受風部分最外緣所圍閉的面積之計入面積比例）

地震力

◇建築基準法施行令 第88條

第88條 關於建築物地上部分的地震力，須因應該建築物各部分的高度，以作用於該高度部分所支撐的全體地震力來計算，該數值由該部分的靜載重與活載重之和（因第86條第2項但書之規定，特定行政廳所指定的多雪地區必須再加上積雪載重）乘以該高度的地震層剪斷力係數得出。在此情況下，地震層剪斷力係數根據下列計算式所計算出來的結果。

$$C_i=Z \cdot R_t \cdot A_i \cdot C_o$$

此公式中的 C_i、Z、R_t、A_i 及 C_o 分別代表以下數值。

C_i 對應建築物地上部分之一定高度的地震層剪斷力係數

Z 國土交通大臣根據過去該地區的地震記錄，因應地震災害的程度及地震活動的狀況與其他地震性狀而訂定出 1.0 至 0.7 範圍內的數值

R_t 做為表示建築物的震動特性之數值，因應建築物的彈性範圍之固有週期及地盤種類，採國土交通大臣訂定的方法所計算出來的數值

A_i 因應建築物的震動特性，做為表示地震層剪斷力的建築物高度方向之分布，採國土交通大臣訂定的方法所計算出來的數值

C_o 標準剪斷力係數

2 標準剪斷力係數須在 0.2 以上。不過，對於地盤相當軟弱的區域而言，特定行政廳係以國土交通大臣訂定的基準所訂定之規則，在指定區域內的木造建築物（適用第46條第2項第一號所揭示的基準之結構物則不在此規範內）須設為 0.3。

3 根據第82條之3第二號的規定在進行必要保有水平耐力計算時，標準剪斷力係數將不受前項規定的限制須設為 1.0。

（以下省略）

◇Z值、R_t 及 A_i 的計算方法及特定行政廳針對地盤顯著軟弱區域所訂定的指定基準一案（昭和55年建告1793號）

根據建築基準法施行令第88條第1項、第2項及第4項規定之Z值、R_t 及 A_i 的計算方法、以及特定行政廳針對地盤顯著軟弱的區域各以如下方式訂定基準。

◇第1 Z（地震區域係數）之數值

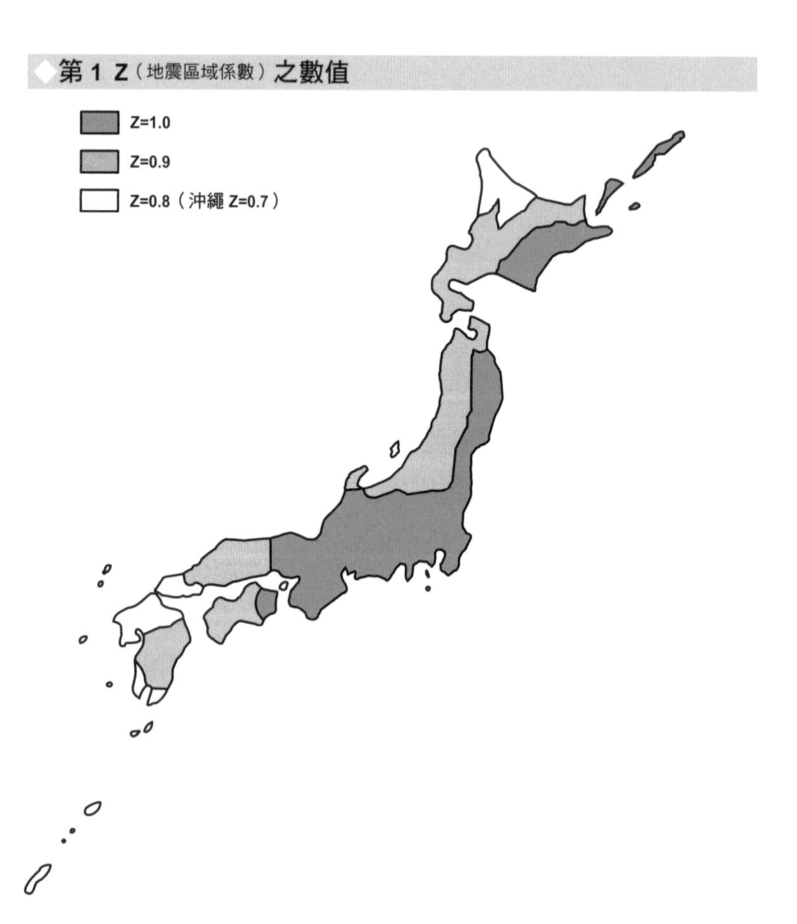

第 2 計算 R_t 的方法

R_t 是依下表公式計算出來的數值。不過，根據特別調查或者研究結果，將之判定為基礎及基礎樁在地震時不會產生變形的結構，其結構耐力上若採行主要部分的初期剛性所計算出來、表示建築物的震動特性數值，在經過確認之下是比同表算式所計算出來的數值還要低時，就可以採用低減至該調查或者研究結果的數值（如果調查或研究結果的數值未達同表數值乘以 3／4 時，則採同表數值乘以 3／4 的數值）。

$T < T_c$ 時	**$R_t = 1$**
$T_c \leqq T < 2T_c$ 時	**$R_t = 1 - 0.2\left(\frac{T}{T_c} - 1\right)^2$**
$2T_c \leqq T$ 時	**$R_t = \frac{1.6\,T_c}{T}$**

此表中的 T 及 T_c 分別代表以下數值。

T　以下式所計算出來的建築物之設計用 1 次固有週期（單位 秒）

$$T = h\,(0.02 + 0.01\,\alpha)$$

此公式中的 h 及 α 分別代表以下數值。
h　該建築物的高度（單位 m）
α　與該建築物中大部分的柱及樑是木造或者鋼骨造的樓層（地下室除外）之高度合計 h 的比

T_c　因應建築物的基礎底部（採用剛強的支撐樁時，以該支撐樁的前端）正下方的地盤種類，以下表所示的數值為準（單位 秒）

震動特性係數 R_t

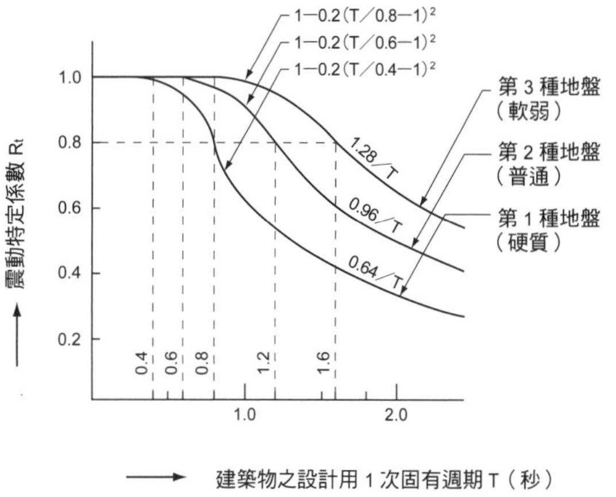

地盤種類	地層構成	地盤週期 T_g（秒）	T_c（秒）
第 1 種地盤	岩盤、硬質砂礫層、其它主要以第 3 紀以前的地層所構成的地盤 還有，根據地盤週期等的調查或研究成果，被認定具有與此同程度的地盤週期之地盤 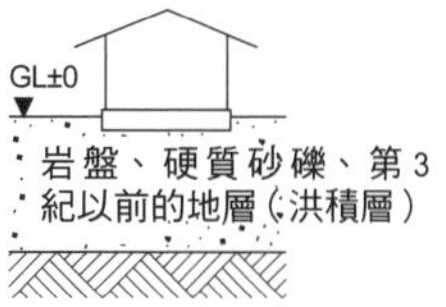 （圖：GL±0；岩盤、硬質砂礫、第 3 紀以前的地層（洪積層））	$T_g \leqq 0.2$	0.4
第 2 種地盤	第 1 種地盤及第 3 種地盤以外的地盤	$0.2 < T_g \leqq 0.75$	0.6
第 3 種地盤	腐植土、泥土及其它大部分構成類似於前兩者的沖積層（填土包含於此類中），其深度大約在 30m 以上的地盤 以填埋沼澤、泥海等所形成的地盤，其深度大約在 3m 以上，且填埋完成時間不滿 30 年的地盤 還有，根據地盤週期等的調查或研究成果，被認定具有與此同程度的地盤週期之地盤 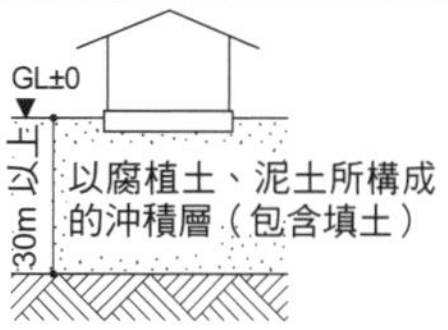 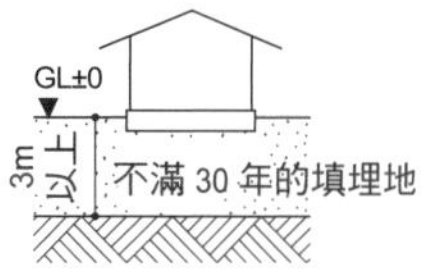 （圖：GL±0；30m 以上；以腐植土、泥土所構成的沖積層（包含填土）／GL±0；3m 以上；不滿 30 年的填埋地）	$0.75 < T_g$	0.8

第 3 計算 A_i 的方法

A_i 是依下表公式計算出來的數值。不過，將之判定為基礎及基礎樁在地震時不會產生變形的結構，其結構耐力上採行主要部分的初期剛性所計算出來之建築物的震動特性，以針對該點所進行的特別調查或者研究結果為依據，所求出的數值可以加以採用。

$$A_i = 1 + \left(\frac{1}{\sqrt{\alpha_i}} - \alpha_i\right)\frac{2T}{1+3T}$$

此公式中的 α_i 及 T 分別代表以下數值。
α_i　用於計算建築物的 A_i 之高度部分所支撐的靜載重與活載重總和（根據建築基準法施行令第 86 條第 2 項但書之規定，特定行政廳所指定的多雪地區必須再加上積雪載重，以下同），除以該建築物地上部分的靜載重與活載重總和之後所得出的數值
T　第 2 中所訂定的數值

第 4 地盤顯著軟弱的地區之訂定基準

就地盤顯著軟弱的地區之訂定基準而言，地盤若為第 2 中的 T_c 表所揭示的第 3 種地盤就屬於此類地區。

耐震評估

在一般評估中的必要耐力 Q_r 的計算方法

必要耐力 Q_r 的計算方法可以舉出以下四種方式。

概算法 1…將樓板面積乘以係數計算出必要耐力的方法：僅限一般評估法
概算法 2…考慮各樓層的樓板面積比來計算必要耐力的方法：一般評估法、精密評估法 1
精算法 1…以概算方式求出建築重量的方法：精密評估法 1
精算法 2…從建築物重量計算出地震力的方法：精密診斷法 1、2

原注　上述的概算法 1 與 2、精算法 1 與 2 是筆者根據計算方法的實際狀況加以分類的稱呼。

◇依概算法 1 的每單位樓板面積之必要耐力 Q_r （單位：kN／m²）

對象建築物		輕量建築物	重量建築物	非常重的建築物
平房建築		0.28•Z	0.40•Z	0.64•Z
二層樓建築	二樓	0.37•Z	0.53•Z	0.78•Z
	一樓	0.83•Z	1.06•Z	1.41•Z
三層樓建築	三樓	0.43•Z	0.62•Z	0.91•Z
	二樓	0.98•Z	1.25•Z	1.59•Z
	一樓	1.34•Z	1.66•Z	2.07•Z

原注 1　各建築物的規範（假設載重）依以下的設定
・輕量建築物　屋頂：石綿瓦鋪設（950N／m²）、外牆：木摺砂漿（750 N／m²）、內牆：版牆（200 N／m²）
・重量建築物　屋頂：波形瓦鋪設（1,300 N／m²）、外牆：灰泥牆（1,200N／m²）、內牆：版牆（200 N／m²）
・非常重的建築物　屋頂：覆土瓦（2,400 N／m²）、外、內牆：灰泥牆（1,200＋450 N／m²）
・各建築物共同　樓板載重（600 N／m²）、活載重（600 N／m²）

原注 2　Z 是昭和 55 年建告第 1793 號中所規定的地震區域係數
原注 3　屬於顯著軟弱的地盤時，必要耐力要以增 1.5 倍來因應
原注 4　短邊長度不滿 4m 時，該樓層的必要耐力以增 1.13 倍來因應（最上方的樓層除外）
原注 5　一樓是 S 造或者 RC 造的混合結構時，木造部分的必要耐力以增 1.2 倍來因應
原注 6　在多雪地區要加算以下數值。不過，在有剷雪習慣的情況下，垂直積雪量可以減低至 1m
・1m：0.26・Z
・1～2m：線性插值
・2m：0.52・Z

◆依概算法 2 的每單位樓板面積之必要耐力 Q_r

（單位：kN/m^2）

對象建築物		輕量建築物	重量建築物	非常重的建築物
平房建築		0.28・Z	0.40・Z	0.64・Z
二層樓建築	**二樓**	0.28・$_QK_{fl2}$・Z	0.40・$_QK_{fl2}$・Z	0.64・$_QK_{fl2}$・Z
	一樓	0.72・$_QK_{fl1}$・Z	0.92・$_QK_{fl1}$・Z	1.22・$_QK_{fl1}$・Z
三層樓建築	**三樓**	0.28・$_QK_{fl6}$・Z	0.40・$_QK_{fl6}$・Z	0.64・$_QK_{fl6}$・Z
	二樓	0.72・$_QK_{fl4}$・$_QK_{fl5}$・Z	0.92・$_QK_{fl4}$・$_QK_{fl5}$・Z	1.22・$_QK_{fl4}$・$_QK_{fl5}$・Z
	一樓	1.16・$_QK_{fl3}$・Z	1.44・$_QK_{fl3}$・Z	1.80・$_QK_{fl3}$・Z

原注 1　各建築物的規範（假設載重）依以下的設定
- 輕量建築物　屋頂：石綿瓦鋪設（950N／m^2）、外牆：木摺砂漿（750 N／m^2）、內牆：版牆（200 N／m^2）
- 重量建築物　屋頂：波形瓦鋪設（1,300 N／m^2）、外牆：灰泥牆（1,200N／m^2）、內牆：版牆（200 N／m^2）
- 非常重的建築物　屋頂：覆土瓦（2,400 N／m^2）、外、內牆：灰泥牆（1,200＋450 N／m^2）
- 各建築物共同　樓板載重（600 N／m^2）、活載重（600 N／m^2）

原注 2　Z 是昭和 55 年建告第 1793 號中所規定的地震區域係數

原注 3　$_QK_{fl1}$ ～ $_QK_{fl6}$ 依下表公式

係數	輕量建築物	重量建築物	非常重的建築物
$_QK_{fl1}$	0.40＋0.60・R_{f1}	0.40＋0.60・R_{f1}	0.53＋0.47・R_{f1}
$_QK_{fl2}$	1.30＋0.07／R_{f1}	1.30＋0.07／R_{f1}	1.06＋0.15／R_{f1}
$_QK_{fl3}$	（0.25＋0.75・R_{f1}）×（0.65＋0.35・R_{f2}）	（0.25＋0.75・R_{f1}）×（0.65＋0.35・R_{f2}）	（0.36＋0.64・R_{f1}）×（0.68＋0.32・R_{f2}）
$_QK_{fl4}$	0.40＋0.60・R_{f2}	0.40＋0.60・R_{f2}	0.53＋0.47・R_{f2}
$_QK_{fl5}$	1.03＋0.10／R_{f1}＋0.08／R_{f2}	1.03＋0.10／R_{f1}＋0.08／R_{f2}	0.98＋0.10／R_{f1}＋0.05／R_{f2}
$_QK_{fl6}$	1.23＋0.10／R_{f1}＋0.23／R_{f2}	1.23＋0.10／R_{f1}＋0.23／R_{f2}	1.04＋0.13／R_{f1}＋0.24／R_{f2}

R_{f1}= 二樓的樓板面積／一樓的樓板面積　不過，0.1 以下時以 0.1 視之
R_{f2}= 三樓的樓板面積／二樓的樓板面積　不過，0.1 以下時以 0.1 視之

原注 4　屬於顯著軟弱的地盤時，必要耐力要以增 1.5 倍來因應

原注 5　短邊長度不滿 6m 時，該樓層以下全部樓層（不含該樓層）的必要耐力，要乘上以下的加成係數（L 表示短邊長度）。不過，複數樓層的短邊長度皆不滿 6m 時，要乘上較大的加成係數
- $L < 4m$：1.30
- $4m \leqq L < 6m$：1.15
- $6m \leqq L$：1.00

原注 6　一樓是 S 造或者 RC 造的混合結構時，木造部分的必要耐力以增 1.2 倍來因應

原注 7　多雪地區要加算以下數值。不過，在有剷雪習慣的情況下，垂直積雪量可以減低至 1m
1m：0.26・Z
1 ～ 2m：線性插值
2m：0.52・Z

計算保有耐力 $_{ed}Q_u$

◆計算式

$_{ed}Q_u = Q_u \cdot {_e}K_{fl} \cdot {_d}K$

Q_u：牆壁、柱子的耐力

$Q_u = Q_w + Q_e$

Q_w：無開口牆體的耐力（kN）

$Q_w = \Sigma\,(F_w \cdot L \cdot K_j)$

F_w：牆體基準耐力（kN／m）

L：壁體長度（m）

K_j：根據柱接合部之折減係數

Q_e：其它耐震要素的耐力（kN）

（1）以牆體做為主要耐震要素的建築物

$Q_e = Q_{wo}$：有開口牆體的耐力（kN）

①以有開口壁體長度來計算

$Q_{wo} = \Sigma\,(F_w \cdot L_w)$

F_w：牆體基準耐力（kN／m）

窗型開口時：F_w=0.6kN／m

落地窗型開口時：F_w=0.3kN／m

L_w：開口壁體長度（m）。不過連續開口的壁體長度要在 3m 以下

②以無開口牆體率來計算

$Q_{wo} = \alpha_w \cdot Q_r$

$\alpha_w = 0.25 - 0.2 \cdot K_n$

不過，K_n（無開口牆體率）是採用各方向中較小的數值

此外，不進行垂壁、腰壁補強的補強評估以α_w=0.10 視之

Q_r：必要耐力（kN）

（2）以粗柱或垂壁做為主要耐震要素的建築物

$Q_e = \Sigma Q_c$：柱子的耐力

$_eK_{fl}$：根據耐力要素的配置等之折減係數

$_dK$：根據劣化度之折減係數

column

住宅以外的木造耐震評估

住宅以外的木造建築具有比一般住宅的重量輕，且樓層高度較高的傾向。針對木造建築物進行耐震評估時，會以精密評估法 2 做為評估原則，不過現實中因為計算 D_s 用的數據不足，因此暫且可以採用精密評估法 1。

不過，在採用精密評估法 1 的情況下，也要一併檢討下列事項。

①必要耐力的計算方法採用精密評估法 2（從建物重量求地震力的方法）

②耐力要素的耐力與剛性要根據牆體高度來考慮折減係數

③進行水平構面的檢討

④確認基礎的安全性

◆牆體基準耐力 F_w（一般評估用）

（單位：kN／m）

工法種類			牆體基準耐力 F_w 標準	墊條規範	框架牆工法
灰泥牆	塗抹厚度 40mm 以上且未滿 50mm	至橫向材時	2.4	—	—
		橫向材間隔的七成以上	1.5	—	—
	塗抹厚度 50mm 以上且未滿 70mm	至橫向材時	2.8	—	—
		橫向材間隔的七成以上	1.8	—	—
	塗抹厚度 70mm 以上且未滿 90mm	至橫向材時	3.5	—	—
		橫向材間隔的七成以上	2.2	—	—
	塗抹厚度 90mm 以上	至橫向材時	3.9	—	—
		橫向材間隔的七成以上	2.5	—	—
斜撐鋼筋 ø9mm			1.6	—	—
斜撐木材 15×90mm 以上		延伸木材外側餘料	1.6	—	—
斜撐木材 30×90mm 以上		BP 或者同等品	2.4	—	—
		釘定	1.9	—	—
斜撐木材 45×90mm 以上		BP-2 或者同等品	3.2	—	—
		釘定	2.6	—	—
斜撐木材 90×90mm 以上		M12 螺栓	4.8	—	—
斜撐製材 18×89mm 以上（框架牆工法用）			—	—	1.3
以木摺釘定的牆體			0.8	—	—
結構用合板（剪力牆規範）			5.2	1.5	5.4
結構用合板（準剪力牆規範）			3.1	1.5	—
結構用版（OSB）			5.0	1.5	5.9
版條砂漿塗布			2.5	1.5	—
木摺底材砂漿塗布			2.2	—	—
窯業系側緣鋪設			1.7	1.3	—
石膏版鋪設（厚度 9mm 以上）			1.1	1.1	—
石膏版鋪設（厚度 12mm 以上 [框架牆工法用]）			—	—	2.6
合板（厚度 3mm 以上）			0.9	0.9	—
版條板			1.0	—	—
版條板底材抹灰噴塗			1.3	—	—
做法不明（僅限具有壁倍率 1 左右的耐力之牆體）			2.0	—	—

無開口牆體的處理

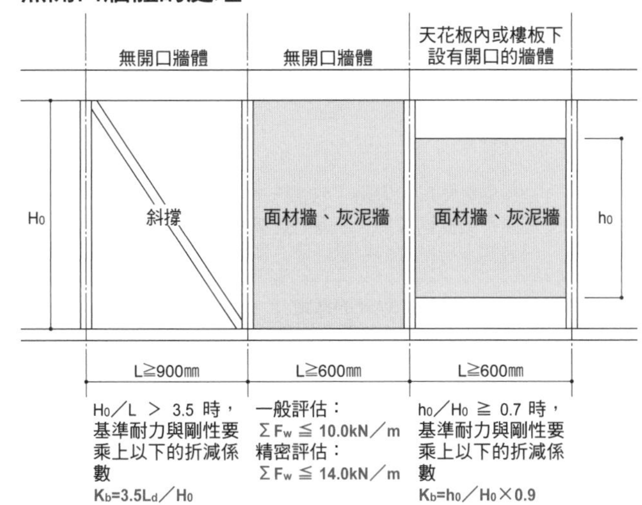

原注　折減係數 K_b 引用精密評估法 1

開口牆體的處理

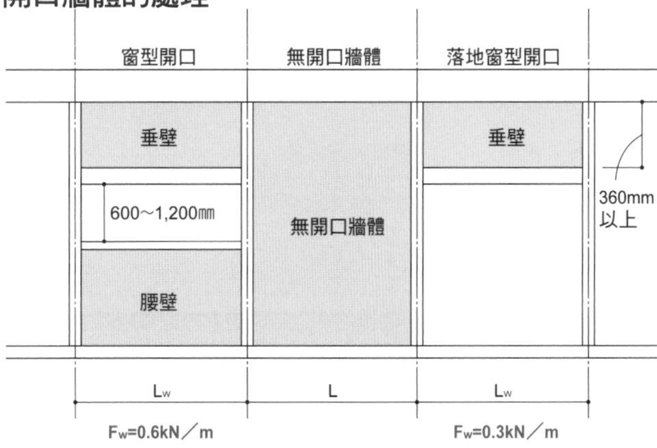

原注 1　原則上耐力可被計入的開口牆體要與無開口牆體鄰接
原注 2　連續開口的壁體長度視為 L_w≦3.0m
原注 3　採用無開口牆體率的計算方法時，請參照（財）日本建築防災協會《2012 年改訂版 木造住宅的耐震評估與補強方法》

◆根據柱接合部的折減係數 K_j（一般評估用）

（1）不考慮積雪的情況

①二層樓建築的二樓、三層樓建築的三樓

接合部規範	牆體基準耐力（kN／m）			
	2.0	3.0	5.0	7.0
接合部 I	1.00	1.00	1.00	1.00
接合部 II	1.00	0.80	0.65	0.50
接合部 III	0.70	0.60	0.45	0.35
接合部 IV	0.70	0.35	0.25	0.20

②二層樓建築的一樓、三層樓建築的一樓及三層樓建築的二樓

接合部規範	牆體基準耐力（kN／m）											
	2.0			3.0			5.0			7.0		
	基礎 I	基礎 II	基礎 III	基礎 I	基礎 II	基礎 III	基礎 I	基礎 II	基礎 III	基礎 I	基礎 II	基礎 III
接合部 I	1.00	1.00	1.00	1.00	0.90	0.80	1.00	0.85	0.70	1.00	0.80	0.60
接合部 II	1.00	1.00	1.00	1.00	0.90	0.80	0.90	0.80	0.70	0.80	0.70	0.60
接合部 III	1.00	1.00	1.00	0.80	0.80	0.80	0.70	0.70	0.70	0.60	0.60	0.60
接合部 IV	1.00	1.00	1.00	0.80	0.80	0.80	0.70	0.70	0.70	0.60	0.60	0.60

③平房建築

接合部規範	牆體基準耐力（kN／m）											
	2.0			3.0			5.0			7.0		
	基礎 I	基礎 II	基礎 III	基礎 I	基礎 II	基礎 III	基礎 I	基礎 II	基礎 III	基礎 I	基礎 II	基礎 III
接合部 I	1.00	0.85	0.70	1.00	0.85	0.70	1.00	0.80	0.70	1.00	0.80	0.70
接合部 II	1.00	0.85	0.70	0.90	0.75	0.70	0.85	0.70	0.65	0.80	0.70	0.60
接合部 IV	0.70	0.70	0.70	0.60	0.60	0.60	0.50	0.50	0.50	0.30	0.30	0.30

原注 1　牆體基準耐力若介於上表數值的中間時，須採用上下牆體基準耐力的折減係數進行線性插值計算後的數值
原注 2　牆體基準耐力不滿 2kN／m 者採用 2kN／m 的值、7kN／m 以上者採用 7kN／m
原注 3　牆體基準耐力不滿 1kN／m 者，其折減係數以 1.0 視之
原注 4　接合部的規範依據下述做法
- 接合部 I　：適用平成 12 年建告第 1460 號的規範
- 接合部 II　：鍵形螺栓、山形版 VP、轉角五金 CP-T、CP-L、內栓
- 接合部 III：插榫、釘定、ㄇ形釘等（構面的兩端是通柱時）
- 接合部 IV：插榫、釘定、ㄇ形釘等

原注 5　基礎的規範依據下表做法，不過三層樓建築的二樓要採用基礎 I 欄位的數值

基礎規範	規範與健全度	耐震性能
基礎 I	健全的 RC 造連續基礎或者版式基礎	地盤震動時不因彎曲、剪斷而崩壞，或錨定螺栓、拉引五金不因此而拔出，是保有建築物的一體性、且可以充分發揮上部結構的耐震性能之基礎
基礎 II	有裂痕的 RC 造連續基礎或者版式基礎、無鋼筋混凝土造的連續基礎、在柱腳設有柱腳繫樑的 RC 造底盤上將柱腳或柱腳繫樑等繫緊固定的抱石基礎、輕微裂痕的無鋼筋混凝土造的基礎	基礎 I 及基礎 III 以外的基礎
基礎 III	抱石、砌石、疊石、有裂痕的無鋼筋混凝土造的基礎等	地震時有鬆脫的疑慮，無法保有建築物一體性的基礎

（2）多雪地區❶垂直積雪量 1m 的情況

①二層樓建築的二樓、三層樓建築的三樓

接合部規範	牆體基準耐力（kN／m）			
	2.0	3.0	5.0	7.0
接合部 I	1.00	1.00	1.00	1.00
接合部 II	1.00	0.90	0.85	0.75
接合部 III	1.00	0.75	0.65	0.55
接合部 IV	1.00	0.75	0.60	0.50

②二層樓建築的一樓、三層樓建築的一樓及三層樓建築的二樓

接合部規範	牆體基準耐力（kN／m）											
	2.0			3.0			5.0			7.0		
	基礎 I	基礎 II	基礎 III	基礎 I	基礎 II	基礎 III	基礎 I	基礎 II	基礎 III	基礎 I	基礎 II	基礎 III
接合部 I	1.00	1.00	1.00	1.00	1.00	1.00	1.00	0.90	0.85	1.00	0.85	0.75
接合部 II	1.00	1.00	1.00	1.00	1.00	1.00	0.95	0.90	0.85	0.95	0.85	0.75
接合部 III	1.00	1.00	1.00	1.00	1.00	1.00	0.85	0.85	0.85	0.75	0.75	0.75
接合部 IV	1.00	1.00	1.00	1.00	1.00	1.00	0.85	0.85	0.85	0.75	0.75	0.75

③平房建築

接合部規範	牆體基準耐力（kN／m）											
	2.0			3.0			5.0			7.0		
	基礎 I	基礎 II	基礎 III	基礎 I	基礎 II	基礎 III	基礎 I	基礎 II	基礎 III	基礎 I	基礎 II	基礎 III
接合部 I	1.00	1.00	1.00	1.00	0.85	0.75	1.00	0.80	0.70	1.00	0.80	0.70
接合部 II	1.00	1.00	1.00	0.90	0.80	0.75	0.85	0.70	0.65	0.80	0.70	0.60
接合部 IV	1.00	1.00	1.00	0.75	0.75	0.75	0.65	0.65	0.65	0.35	0.35	0.35

（3）多雪地區❷垂直積雪量 2m 的情況

①二層樓建築的二樓、三層樓建築的三樓

接合部規範	牆體基準耐力（kN／m）			
	2.0	3.0	5.0	7.0
接合部 I	1.00	1.00	1.00	1.00
接合部 II	1.00	0.95	0.85	0.80
接合部 III	1.00	0.85	0.75	0.70
接合部 IV	1.00	0.85	0.75	0.70

②二層樓建築的一樓、三層樓建築的一樓及三層樓建築的二樓

接合部規範	牆體基準耐力（kN／m）											
	2.0			3.0			5.0			7.0		
	基礎 I	基礎 II	基礎 III	基礎 I	基礎 II	基礎 III	基礎 I	基礎 II	基礎 III	基礎 I	基礎 II	基礎 III
接合部 I	1.00	1.00	1.00	1.00	1.00	1.00	1.00	0.95	0.95	1.00	0.95	0.90
接合部 II	1.00	1.00	1.00	1.00	1.00	1.00	1.00	0.95	0.95	1.00	0.95	0.90
接合部 III	1.00	1.00	1.00	1.00	1.00	1.00	0.95	0.95	0.95	0.90	0.90	0.90
接合部 IV	1.00	1.00	1.00	1.00	1.00	1.00	0.95	0.95	0.95	0.90	0.90	0.90

③平房建築

接合部規範	牆體基準耐力（kN／m）											
	2.0			3.0			5.0			7.0		
	基礎 I	基礎 II	基礎 III	基礎 I	基礎 II	基礎 III	基礎 I	基礎 II	基礎 III	基礎 I	基礎 II	基礎 III
接合部 I	1.00	1.00	1.00	1.00	0.90	0.85	1.00	0.85	0.75	1.00	0.85	0.75
接合部 II	1.00	1.00	1.00	0.95	0.90	0.85	0.85	0.80	0.75	0.80	0.75	0.70
接合部 IV	1.00	1.00	1.00	0.85	0.85	0.85	0.80	0.80	0.75	0.50	0.50	0.50

（4）多雪地區❸垂直積雪量 2.5m 的情況

①二層樓建築的二樓、三層樓建築的三樓

接合部規範	牆體基準耐力（kN／m）			
	2.0	3.0	5.0	7.0
接合部 I	1.00	1.00	1.00	1.00
接合部 II	1.00	0.95	0.90	0.85
接合部 III	1.00	0.90	0.80	0.75
接合部 IV	1.00	0.90	0.80	0.75

②二層樓建築的一樓、三層樓建築的一樓及三層樓建築的二樓

接合部規範	牆體基準耐力（kN／m）											
	2.0			3.0			5.0			7.0		
	基礎 I	基礎 II	基礎 III	基礎 I	基礎 II	基礎 III	基礎 I	基礎 II	基礎 III	基礎 I	基礎 II	基礎 III
接合部 I	1.00	1.00	1.00	1.00	1.00	1.00	1.00	0.95	0.95	1.00	0.95	0.90
接合部 II	1.00	1.00	1.00	1.00	1.00	1.00	1.00	0.95	0.95	1.00	0.95	0.90
接合部 III	1.00	1.00	1.00	1.00	1.00	1.00	0.95	0.95	0.95	0.90	0.90	0.90
接合部 IV	1.00	1.00	1.00	1.00	1.00	1.00	0.95	0.95	0.95	0.90	0.90	0.90

③平房建築

接合部規範	牆體基準耐力（kN／m）											
	2.0			3.0			5.0			7.0		
	基礎 I	基礎 II	基礎 III	基礎 I	基礎 II	基礎 III	基礎 I	基礎 II	基礎 III	基礎 I	基礎 II	基礎 III
接合部 I	1.00	1.00	1.00	1.00	1.00	1.00	1.00	0.95	0.95	1.00	0.90	0.80
接合部 II	1.00	1.00	1.00	1.00	1.00	1.00	1.00	0.95	0.95	1.00	0.75	0.70
接合部 IV	1.00	1.00	1.00	1.00	1.00	1.00	0.90	0.90	0.90	0.60	0.60	0.60

◆柱子的耐力 Q_c（一般評估用）

（單位：kN）

（1）附有垂壁的獨立柱每根的耐力 $_dQ_c$

① L_e= 不滿 1.2m 時

柱的直徑	垂壁的基準耐力（kN／m）					
	1.0 以上但未滿 2.0	2.0 以上但未滿 3.0	3.0 以上但未滿 4.0	4.0 以上但未滿 5.0	5.0 以上但未滿 6.0	6.0 以上
未滿 120mm	0.00	0.00	0.00	0.00	0.00	0.00
120mm 以上但未滿 135mm	0.20	0.36	0.49	0.60	0.70	0.48
135mm 以上但未滿 150mm	0.22	0.39	0.54	0.68	0.80	0.92
150mm 以上但未滿 180mm	0.23	0.42	0.59	0.75	0.89	1.02
180mm 以上但未滿 240mm	0.24	0.45	0.65	0.84	1.02	1.19
240mm 以上	0.24	0.48	0.71	0.93	1.15	1.36

② L_e=1.2m 以上時

柱的直徑	垂壁的基準耐力（kN／m）					
	1.0 以上但未滿 2.0	2.0 以上但未滿 3.0	3.0 以上但未滿 4.0	4.0 以上但未滿 5.0	5.0 以上但未滿 6.0	6.0 以上
未滿 120mm	0.00	0.00	0.00	0.00	0.00	0.00
120mm 以上但未滿 135mm	0.36	0.48	0.45	0.44	0.43	0.43
135mm 以上但未滿 150mm	0.39	0.68	0.71	0.66	0.64	0.64
150mm 以上但未滿 180mm	0.42	0.75	1.02	1.02	0.94	0.94
180mm 以上但未滿 240mm	0.45	0.84	1.19	1.50	1.79	2.06
240mm 以上	0.48	0.93	1.36	1.77	2.17	2.54

原注 1　上表中　　部分表示柱子有折損的可能性
原注 2　未滿 120mm 的柱子受到折損的可能性很高，因此不進行耐力計算
原注 3　左右相鄰的牆體規範不同時，要計算各自的數值（同時考慮柱子的折損），並採用較安全一方的數值

（2）附有垂壁、腰壁的獨立柱每根的耐力 $_{w}Q_{c}$

① L_e= 不滿 1.2m 時

柱的直徑	垂壁、腰壁的基準耐力（kN／m）					
	1.0 以上但未滿 2.0	2.0 以上但未滿 3.0	3.0 以上但未滿 4.0	4.0 以上但未滿 5.0	5.0 以上但未滿 6.0	6.0 以上
未滿 120mm	0.00	0.00	0.00	0.00	0.00	0.00
120mm 以上但未滿 135mm	0.51	0.90	1.26	1.59	1.53	0.66
135mm 以上但未滿 150mm	0.54	0.98	1.37	1.73	2.08	2.42
150mm 以上但未滿 180mm	0.56	1.05	1.48	1.87	2.25	2.61
180mm 以上但未滿 240mm	0.59	1.13	1.64	2.11	2.56	2.98
240mm 以上	0.61	1.20	1.77	2.33	2.87	3.40

② L_e=1.2m 以上時

柱的直徑	垂壁、腰壁的基準耐力（kN／m）					
	1.0 以上但未滿 2.0	2.0 以上但未滿 3.0	3.0 以上但未滿 4.0	4.0 以上但未滿 5.0	5.0 以上但未滿 6.0	6.0 以上
未滿 120mm	0.00	0.00	0.00	0.00	0.00	0.00
120mm 以上但未滿 135mm	0.90	1.59	0.66	0.53	0.50	0.48
135mm 以上但未滿 150mm	0.98	1.73	2.42	1.08	0.85	0.76
150mm 以上但未滿 180mm	1.05	1.87	2.61	3.31	3.97	1.38
180mm 以上但未滿 240mm	1.13	2.11	2.98	3.77	4.52	5.25
240mm 以上	1.20	2.33	3.40	4.43	5.43	6.39

原注 1　上表中▒▒部分表示柱子有折損的可能性
原注 2　未滿 120mm 的柱子受到折損的可能性很高，因此不進行耐力計算
原注 3　左右相鄰的牆體規範不同時，要計算各自的數值（同時考慮柱子的折損），並採用較安全一方的數值

附有垂壁的獨立柱

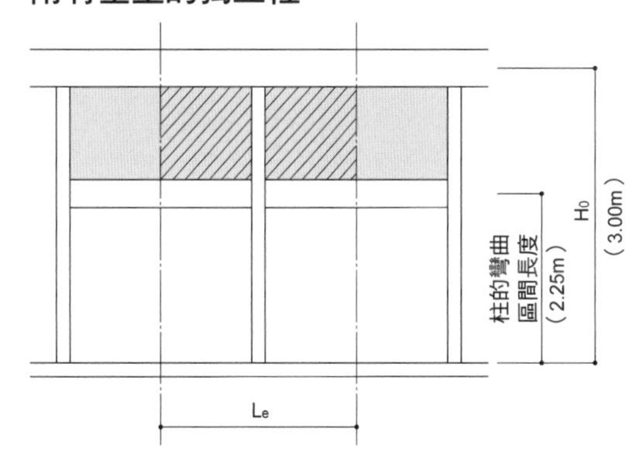

附有垂壁、腰壁的獨立柱

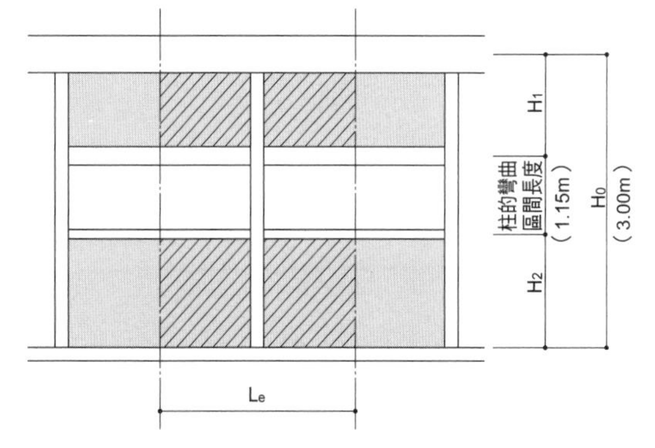

・L_e 是與鄰接柱中間的距離
・（）內的數值表示製成該表的假設條件。此外，柱材是杉木（F_b=22.2N／mm²）、斷面係數考量到與差鴨居的搭接所造成的斷面缺損而採全斷面的 75%、彎曲變形則採不考慮斷面缺損的數值

◆根據耐力要素配置等的折減係數 ${}_eK_{fl}$（一般評估用）

（1）依據四分割法時

①水平構面的剛性高時（相當於樓板規範 I）

${}_eK_1 / {}_eK_2 \geqq 0.5$ 時　${}_eK_{fl}=1.0$

${}_eK_1 / {}_eK_2 < 0.5$ 時　${}_eK_{fl}=\dfrac{{}_eK_1+{}_eK_2}{2.0 \cdot {}_eK_2}$

②水平構面的剛性中等時（相當於樓板規範 II）

${}_eK_{fl}=$ ①與③的平均值

③水平構面的剛性低時（相當於樓板規範 III）

${}_eK_1$、${}_eK_2 \geqq 1.0$ 時　${}_eK_{fl}=1.0$

其它情況　${}_eK_{fl}=\dfrac{{}_eK_1+{}_eK_2}{2.5 \cdot {}_eK_2}$

${}_eK_1$：充足率小的一方
${}_eK_2$：充足率大的一方

一端的充足率		他端的充足率				
		未滿 0.33	0.33 以上但未滿 0.66	0.66 以上但未滿 1.00	1.00 以上但未滿 1.33	1.33 以上
未滿 0.33	樓板規範 I	1.00	0.70	0.65	0.60	0.55
	樓板規範 II	0.90	0.65	0.60	0.55	0.50
	樓板規範 III	0.80	0.60	0.55	0.50	0.45
0.33 以上但未滿 0.66	樓板規範 I	0.70	1.00	1.00	0.75	0.70
	樓板規範 II	0.65	0.90	0.90	0.70	0.65
	樓板規範 III	0.60	0.80	0.80	0.60	0.55
0.66 以上但未滿 1.00	樓板規範 I	0.65	1.00	1.00	1.00	1.00
	樓板規範 II	0.60	0.90	0.90	0.90	0.90
	樓板規範 III	0.55	0.80	0.80	0.80	0.80
1.00 以上但未滿 1.33	樓板規範 I	0.60	0.75	1.00	1.00	1.00
	樓板規範 II	0.55	0.70	0.90	1.00	1.00
	樓板規範 III	0.50	0.60	0.80	1.00	1.00
1.33 以上	樓板規範 I	0.55	0.70	1.00	1.00	1.00
	樓板規範 II	0.50	0.65	0.90	1.00	1.00
	樓板規範 III	0.45	0.55	0.80	1.00	1.00

原注 1　樓板規範與假設的樓板倍率依據下列做法
・樓板規範 I　合板：樓板倍率 1.0 以上
・樓板規範 II　隅撐＋底版：樓板倍率 0.5 以上但未滿 1.0
・樓板規範 III　無隅撐：未滿 0.5
原注 2　設有 4m 以上的挑空時，樓板規範要往下移一個層級
原注 3　計算壁量充足率時，不會評估有開口牆體的耐力 Q_{wo}

（2）依據偏心率時

<table>
<tr><th rowspan="2">平均樓板倍率</th><th colspan="5">偏心率</th></tr>
<tr><th>$R_e < 0.15$</th><th>$0.15 \leqq R_e < 0.3$</th><th>$0.3 \leqq R_e < 0.45$</th><th>$0.45 \leqq R_e < 0.6$</th><th>$0.6 \leqq R_e$</th></tr>
<tr><td>1.0 以上</td><td rowspan="3">1.0</td><td rowspan="3">$\dfrac{1}{3.33 \cdot R_e+0.5}$</td><td>$\dfrac{3.3-R_e}{3 \times (3.33 \cdot R_e+0.5)}$</td><td>$\dfrac{3.3-R_e}{6}$</td><td>0.450</td></tr>
<tr><td>0.5 以上但未滿 1.0</td><td>$\dfrac{2.3-R_e}{2 \times (3.33 \cdot R_e+0.5)}$</td><td>$\dfrac{2.3-R_e}{4}$</td><td>0.425</td></tr>
<tr><td>未滿 0.5</td><td>$\dfrac{3.6-2 \cdot R_e}{3 \times (3.33 \cdot R_e+0.5)}$</td><td>$\dfrac{3.6-2 \cdot R_e}{6}$</td><td>0.400</td></tr>
</table>

◆根據劣化程度的折減係數 dK（一般評估用）

老朽度的調查部位與評估項目確認單

部位		材料、構材等	劣化情形	存在點數		劣化點數
				建築屋齡未滿 10 年	建築屋齡 10 年以上	
屋頂鋪設材		金屬版	有變褪色、生鏽、鏽孔、錯位、捲起	2	2	
		瓦、版	有裂縫、缺口、錯位、佚失			
天溝		簷、連接管	有變褪色、生鏽、裂縫、錯位、佚失	2	2	
		縱向天溝	有變褪色、生鏽、裂縫、錯位、佚失	2	2	
外牆完成面		木製版、合板	有水痕、生苔、裂縫、死節、錯位、腐朽	4	4	
		窯業系雨淋板	有生苔、裂縫、錯位、佚失、填封材斷裂			
		金屬雨淋板	有變褪色、生鏽、鏽孔、錯位、捲起、縫隙、填封材斷裂			
		砂漿	有生苔、0.3mm 以上的龜裂、剝落			
外露的構體			有水痕、生苔、腐朽、蟻道、蟻害	2	2	
陽台	欄杆牆	木製版、合板	有水痕、生苔、裂縫、死節、錯位、腐朽	—	1	
		窯業系雨淋板	有生苔、裂縫、錯位、佚失、填封材斷裂			
		金屬雨淋板	有變褪色、生鏽、鏽孔、錯位、捲起、縫隙、填封材斷裂			
		與外牆的接合部	外牆面的接合部上出現龜裂、間隙、鬆脫、填封材斷裂、剝離			
	地板排水		經由牆面排出、或者無排水計畫	—	1	
內牆	一般居室	內牆、窗下緣	有水痕、剝落、龜裂、發霉	2	2	
	浴室	磁磚牆	有縫隙龜裂、磁磚破裂	2	2	
		磁磚以外	有水痕、變色、龜裂、發霉、腐朽、蟻害			
樓板	樓板面	一般居室	有傾斜、過度的震動、樓板作響	2	2	
		走廊	有傾斜、過度的震動、樓板作響	—	1	
	樓板下方		基礎出現裂痕或樓板下方構材有腐朽、蟻道、蟻害	2	2	
			合計			
			根據劣化度的折減係數 dK=1—劣化點數／存在點數 =			

原注 1　計算結果未滿 0.7 時，以 0.7 視之

原注 2　以一般評估法進行補強設計時，在補修後的評估上劣化折減係數要在 0.9 以下

◇耐震評估 判定、評價表

（1）地盤、基礎的注意事項

部位	形式	狀態	該注意的事項等
立地條件			
基礎			

（2）上部結構評點的判定

上部結構的評點

樓層	方向	必要耐力 Q_r（kN）	牆體、柱的耐力 Q_u（kN）	因偏心的折減係數 $_eK_{fl}$	因劣化的折減係數 $_dK$	保有耐力 $_{ed}Q_u$（kN）	上部結構評點 $_{ed}Q_u$／Q_r	判定
3	X							
	Y							
2	X							
	Y							
1	X							
	Y							

上部結構的耐震性評估

判定	上部結構評點	評估
I	1.5 以上	不會倒塌
II	1.0 以上但不滿 1.5	基本上不會倒塌
III	0.7 以上但不滿 1.0	有倒塌的可能性
IV	不滿 0.7	倒塌的可能性很高

（3）綜合評估

考慮建築物的形狀或使用狀況等的綜合評估

地盤、基礎	造成狀況、土壤液化的可能性 形狀與損傷情況 有無錨定螺栓	
構架	主要樹種、斷面 腐朽、蟻害、斷面缺損等	
剪力牆	做法及與構架固定的情況 建築物形狀與配置情況 柱頭、柱腳的接合情況	
水平構面	主要做法 與剪力牆配置的關係 因應拉伸的接合情況 屋架構架的情況	
其它	屋頂鋪設材料的脫落等 外牆的損傷、劣化	
是否進行補強		

原注　上表是其中一例。請依情況判斷內容的適宜性並加以記述

◆地盤、基礎的相關參考資料

一般評估法中的地盤、基礎評估表

部位	形式	狀況	記事欄
地形	平坦、普通		
	懸崖地、急斜面	混凝土擋土牆	
		砌石	
		無採取特別的對策	
地盤	良好、普通的地盤		
	不良地盤		
	非常不良的地盤（填埋地、填土、軟弱地盤）	採行表層的地盤改良	
		有樁基礎	
		無採取特別的對策	
基礎形式	鋼筋混凝土基礎	健全	
		有裂痕	
	無鋼筋混凝土基礎	健全	
		有輕微的裂痕	
		有裂痕	
	抱石基礎	有柱腳繫樑	
		無柱腳繫樑	
	其它（疊石基礎等）		

精密評估法 1 中的基礎評估

地盤的分類	**樁基礎、連續基礎、版式基礎**		**抱石、砌石、疊石基礎等**
	有鋼筋	**無鋼筋**	
良好、普通的地盤	安全	有產生裂痕的疑慮	抱石等會移動，有傾斜的可能性
不良地盤	有產生裂痕的疑慮	有產生龜裂的疑慮	抱石等會移動，有傾斜的可能性
非常不良的地盤	・有產生裂痕的疑慮 ・住宅有傾斜的可能性	・有產生大面積龜裂的疑慮 ・住宅傾斜的可能性很高	・抱石等會移動，形成不平整的狀態 ・住宅傾斜的可能性很高

地盤的種類

地盤的分類	**判斷基準**	**昭和 55 年建告第 1793 號**
良好、普通的地盤	洪積台地或者同等以上的地盤	第 1 種地盤
	有設計規範書的地盤改良（拉伸混凝土、表層改良、柱狀改良等）	
	長期容許支撐力 50kN／m² 以上	
	下記以外	
不良地盤	沖積層的厚度未滿 30m	第 2 種地盤
	填埋地及填土地等經大規模造地工程的地盤（適用宅地造成等規制法、同施行令的地盤）	
	長期容許支撐力在 20kN／m² 以上但未滿 50kN／m²	
非常不良的地盤	海、河川、池、沼澤、水田等的填埋地、以及丘陵地的填土地等經小規模造地工程的軟弱地盤	第 3 種地盤
	沖積層的厚度在 30m 以上	

地盤、基礎

◆瑞典式探測試驗 長期容許支撐力換算表

長期容許支撐力換算表

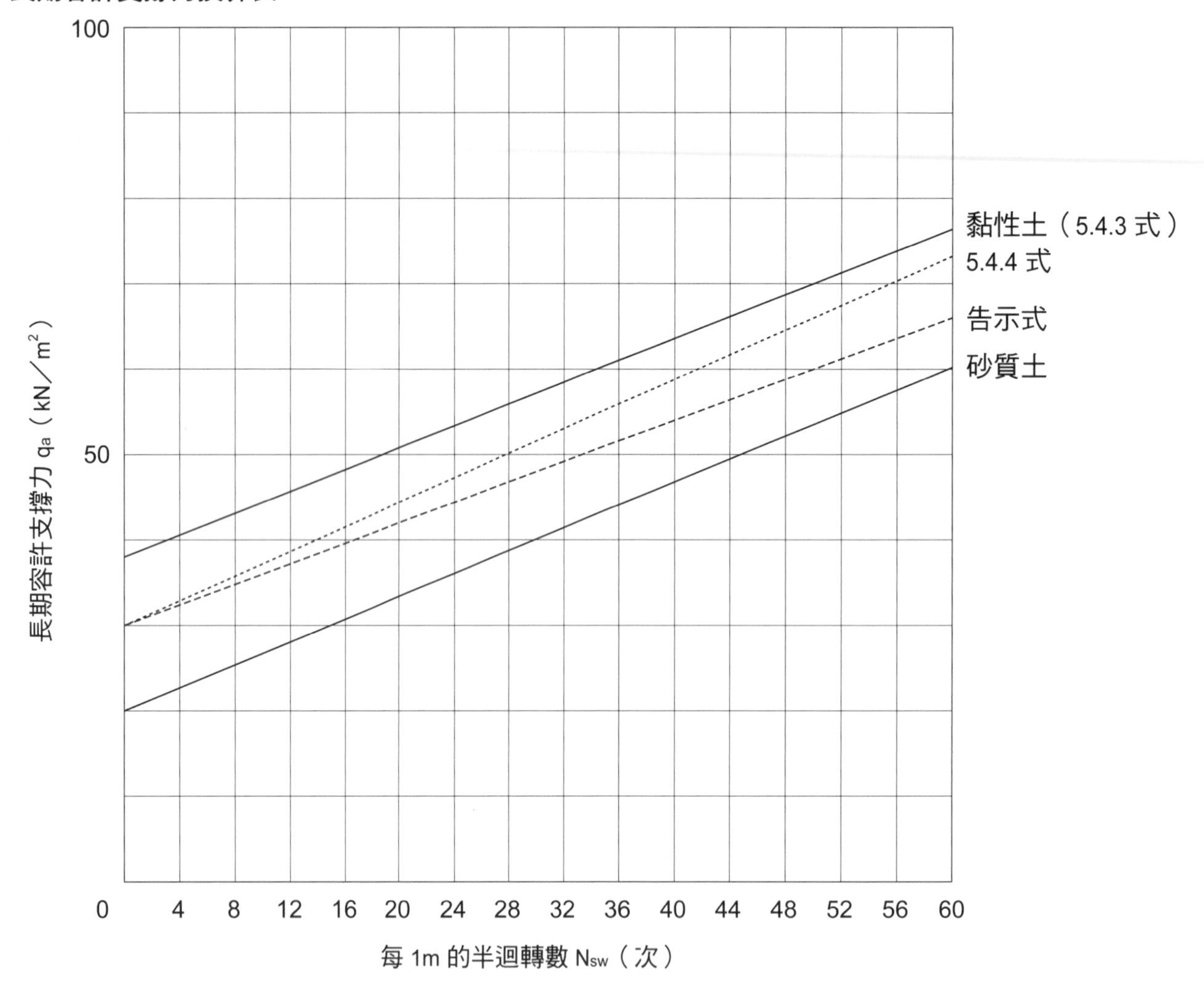

支撐力計算式

・**黏性土（「小規模建築物基礎設計指南」2008 年版「（社）日本建築學會」5.4.3 式）**

q_a=38W_{sw}＋0.64N_{sw}

在下列 Terzaghi 算式中，代入 D_f=0m、B=0.45m、ø=0°、c=q_u／2

可得 5.4.3 式

q_a =1／3（$\alpha \cdot c \cdot N_c + \beta \cdot \gamma_1 \cdot B \cdot N_\gamma + \gamma_2 \cdot D_f \cdot N_q$）

不過，一軸壓縮強度 q_u=45 W_{sw}＋0.75 N_{sw}

換算 N 值 N=3W_{sw}＋0.05 N_{sw}

・**砂質土**

q_a =N×10

換算 N 值 N=2W_{sw}＋0.067N_{sw}

・**利用平版載重試驗換算成支撐力（無論是黏性土或砂質土）**

（「小規模建築物基礎設計指南」2008 年版「（社）日本建築學會」5.4.4 式）

q_a =30W_{sw}＋0.72 N_{sw}

・**告示式（平成 13 年國交告第 1113 號第 2（3）式）**

q_a =30＋0.6$\overline{N_{sw}}$

$\overline{N_{sw}}$：距基礎底部下方 2m 以內的地盤的 N_{sw} 平均值。

不過，N_{sw} ＞ 150 時視為 150

土質	載重 W_{sw}（kN）	每 25cm 的半旋轉數 N_a（次）	每 1m 的半旋轉數 N_{sw}（次）	支撐力 q_a（kN／m²）
黏性土	1.00	2	8	43
	1.00	－	1	38
	以 1.00kN 而自沉 以 0.75kN 而不自沉			28
	以 0.75kN 而自沉 以 0.50kN 而不自沉			19
砂質土	1.00	12	48	50
	1.00	8	32	40
	1.00	4	16	30

◇瑞典式探測試驗 自沉層的壓密沉陷量推定表

利用瑞典式探測試驗對認定有自沉層的地盤進行沉陷量檢討（依據平成 13 年國土交通省告示 1113 號第 2（3））

●做為檢討對象的自沉層

（1）從基礎底面至 2m 為止的區間內因 W_{sw} ≦ 1.00kN 就沉陷的地層
（2）基礎下 2 ～ 5m 為止的區間內因 W_{sw} ≦ 0.50kN 就沉陷的地層

●容許沉陷量的基準

（1）即時沉陷 2cm 以下
（2）壓密沉陷 10cm 以下

自沉層的壓密沉陷量推定表

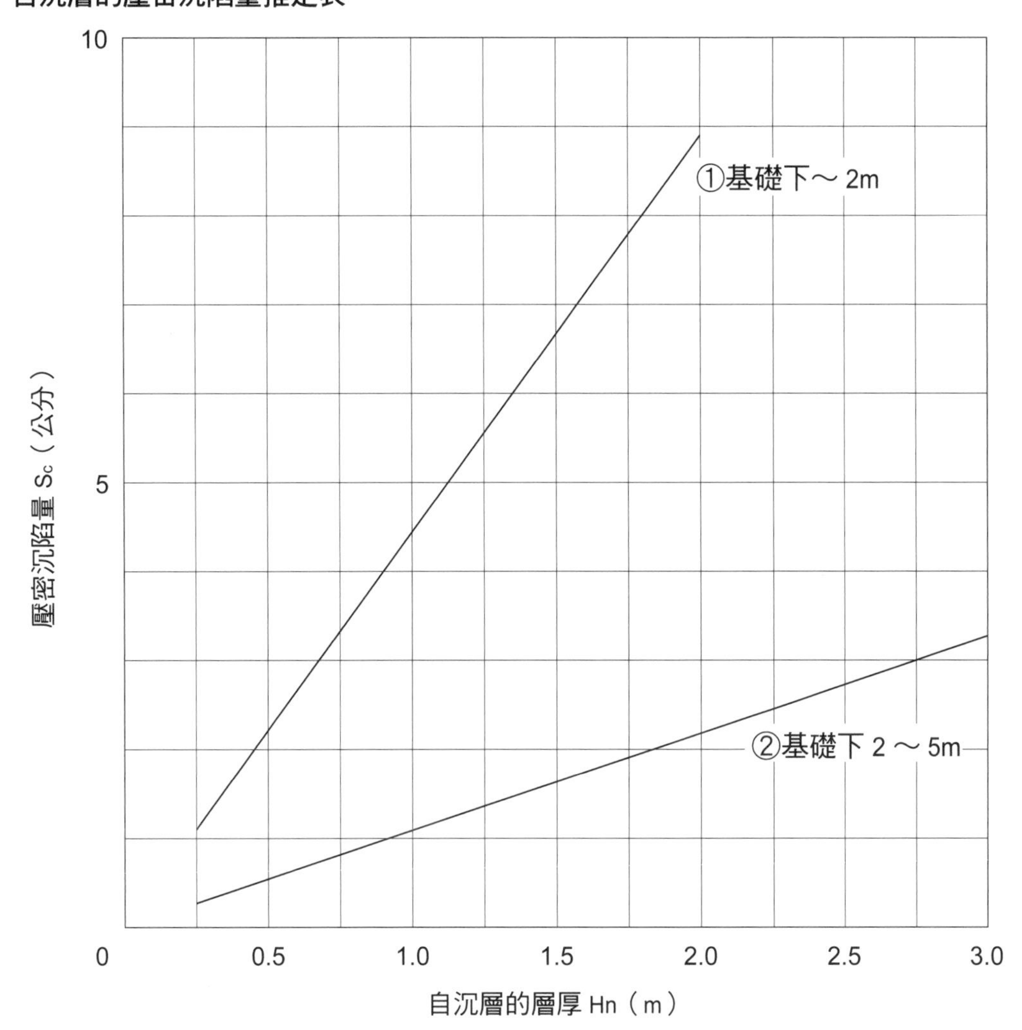

壓密沉陷量計算式（黏性土）

$S_c = \Sigma\, m_v \cdot \Delta P \cdot H_n$

$m_v = 1.0 \times 10^{-5} \cdot w_n^{A}$

$A = 1.2 - 0.0015\,(P_0 + \Delta P / 2)$

自然含水率比 wn=70%

住宅載重 q=30kN／m^2

①：$\Delta P = 30$ kN／m^2、$P_0 = 0$ kN／m^2

②：$\Delta P = 8.6$ kN／m^2

$P_0 = 18$ kN／m^2 × 2.0m=36 kN／m^2

依據上述數值製成上表

計算式出處：〈以瑞典式探測試驗對認定有自沉層的地盤進行容許應力度與沉陷量檢討」（田村昌仁、枝廣茂樹、人見孝、秦樹一郎「建築技術」2002 年 3 月號）

◇普通混凝土的容許應力度（鋼筋為異形鋼筋）

（單位：N／mm²）

設計基準強度	長期				短期			
	壓縮	剪斷	握裹		壓縮	剪斷	握裹	
			彎曲材上緣	彎曲材一般			彎曲材上緣	彎曲材一般
F_c18	6.0	0.60	1.20	1.80	12.0	0.90	1.80	2.70
F_c21	7.0	0.70	1.40	2.10	14.0	1.05	2.10	3.15
F_c24	8.0	0.73	1.54	2.31	16.0	1.10	2.31	3.47

原注　彎曲材上緣是指該鋼筋的下方澆置 30cm 以上的混凝土時的水平鋼筋

◇鋼筋的容許應力度

（單位：N／mm²）

材料種別		長期			短期		
		壓縮	拉伸	剪斷	壓縮	拉伸	剪斷
SR235		155	155	155	235	235	235
SD295		195	195	195	295	295	295
SD345	d ≦ 25	215	215	195	345	345	345
	d ＞ 25	195	195	195	345	345	345

原注 1　d 表示鋼筋的公稱直徑（稱呼）
原注 2　剪斷的項目表示用於剪斷補強的情況

◇圓鋼棒的規格

直徑 ø [mm]	單位重量 w [kg／m]	軸斷面積 Ag [cm²]	周長ψ [cm]
9	0.499	0.64	2.83
12	0.888	1.13	3.77
13	1.040	1.33	4.08
16	1.580	2.01	5.03
19	2.230	2.84	5.97

◇異形鋼棒的規格

稱呼名	公稱直徑 d [mm]	最外徑 D [mm]	單位重量 w [kg／m]	軸斷面積 Ag [cm²]	周長ψ [cm]	主筋間隔 [mm]
D10	9.53	11.0	0.560	0.71	3.0	43
D13	12.70	14.0	0.995	1.27	4.0	46
D16	15.90	18.0	1.560	1.99	5.0	50
D19	19.10	21.0	2.250	2.87	6.0	53

公稱直徑依據 JIS G3112 之規定

◇鋼筋數量與樑寬的最小尺寸（地中樑）

（單位：mm）

主筋	箍筋	主筋數量								
		2	3	4	5	6	7	8	9	10
D13	**D10**	217	263	309	355	401	447	493	539	585
	D13	232	278	324	370	416	462	508	554	600
D16	**D10**	221	271	321	371	421	471	521	571	621
	D13	236	286	336	386	436	486	536	586	636
D19	**D10**	224	277	330	383	436	489	542	595	648
	D13	239	292	345	398	451	504	557	610	663

樑寬的最小尺寸 B=2× 保護層厚度+2× 箍筋最外徑+彎折內側直徑+主筋間隔 ×（主筋數量－1）+2× 施工誤差
地中樑側面的保護層厚度：50mm、箍筋的彎折內側直徑：3d、箍筋的施工誤差：10mm（單側）

◆樑寬與箍筋的間隔（箍筋比 P_w=0.2%）

箍筋	樑寬 [mm]	
	120	150
1-D10	295.8	236.7
1-D13	529.2	423.3

箍筋	樑寬 [mm]									
	200	220	250	300	350	400	450	500	550	600
2-D10	355.0	322.7	284.0	236.7	202.9	117.5	157.8	142.0	129.1	118.3
2-D13	635.0	577.3	508.0	423.3	362.9	317.5	282.2	254.0	230.9	211.7

箍筋的間隔 X=1 組箍筋軸斷面積／（樑寬 ×Pw）

◆鋼筋加工

鋼筋末端部的彎折形狀

彎折角度	180°	135°	90°
	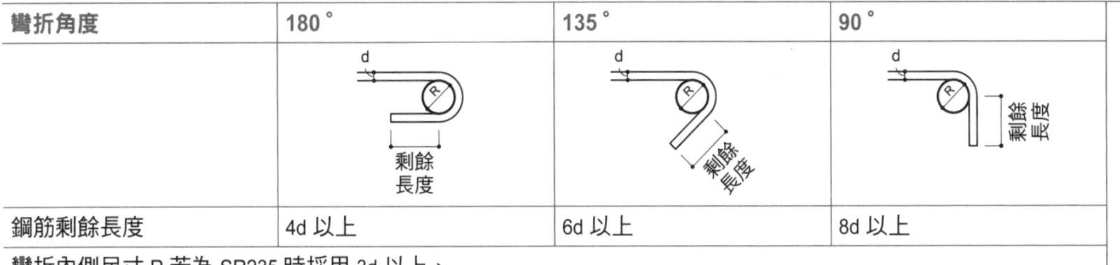		
鋼筋剩餘長度	4d 以上	6d 以上	8d 以上
彎折內側尺寸 R 若為 SR235 時採用 3d 以上、 SD295A・SD295B・SD345 時，D16 以下為 3d 以上、D19 以上則為 4d 以上			

彎折角度 90° 用於版筋、牆筋的末端部等處

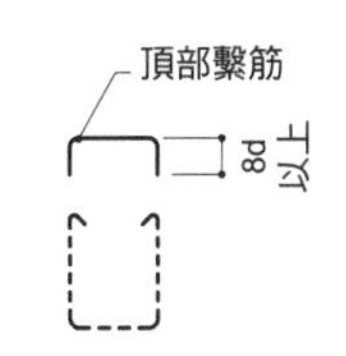

鋼筋中間部的彎折形狀（鋼筋的彎折角度在 90° 以下）

圖	依鋼筋的使用位置來稱呼	鋼筋的種類	以鋼筋的直徑來區分	鋼筋的彎折內側尺寸（R）
	箍筋	SR235、SD295A、SD295B、SD345	直徑 16mm 以下	3d 以上
			直徑 19mm 以上	4d 以上
	箍筋以外的鋼筋	SR235、SD295A、SD295B、SD345	直徑 16mm 以下	
			直徑 19 ～ 25mm	6d 以上

鋼筋的固定及搭接長度

鋼筋的種類	普通、輕質混凝土的設計基準強度範圍（N／mm²）	固定的長度			特別的固定及搭接長度（L_1）
		一般（L_2）	下層筋（L_3）		
			小樑	版	
SR235	21、22.5、24	附 35d 彎勾	附 25d 彎勾	附 15cm 彎勾	附 35d 彎勾
	16、18	附 45d 彎勾			附 45d 彎勾
SD295A **SD295B** **SD345**	21、22.5、24	附 35d 或 25d 彎勾	附 25d 或 15d 彎勾	10d 且 15cm 以上	附 40d 或 30d 彎勾
	16、18	附 40d 或 30d 彎勾			附 45d 或 35d 彎勾

搭接

- 末端彎勾不包含固定及搭接長度
- 搭接位置原則上要設置在應力小的位置
- 直徑不同的鋼筋之搭接長度要以較細一方的公稱直徑為基準

L_1　　L_1

1.5L_1 以上　　1.5L_1 以上

鋼筋的間距

圓鋼棒以直徑、異形鋼筋則以公稱直徑數值 1.5d 以上、粗骨材的最大尺寸的 1.25 倍以上且在 25 以上

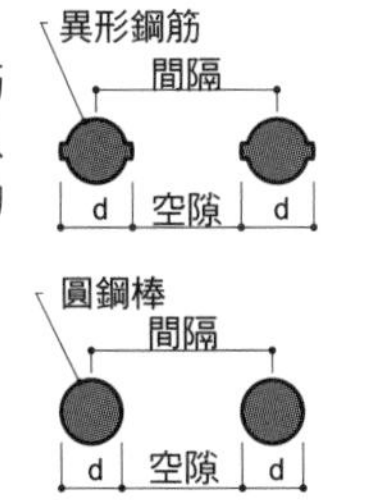

鋼筋的彎勾（a ～ f 表示在鋼筋的末端部附有彎勾）

a 圓鋼棒
b 箍筋、帶筋
c 煙囪的鋼筋
d 柱、樑（基礎樑除外）的外角部分的鋼筋（參考右圖）
e 簡支樑的下層筋
f 其它、設計書圖中標記的位置

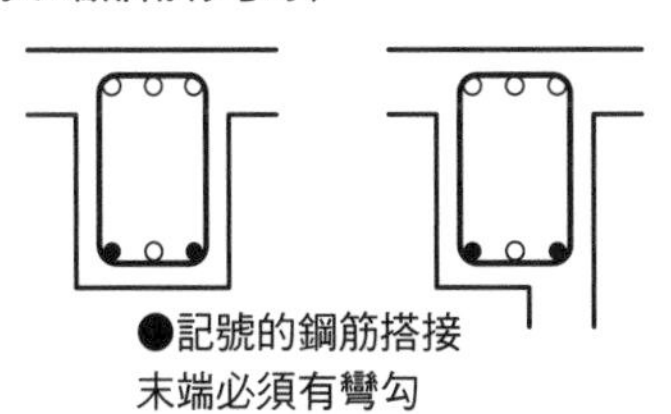

●記號的鋼筋搭接末端必須有彎勾

◆保護層厚度

（單位：mm）

因誘導裂痕等考量而予以酌量減少鋼筋保護層的厚度時，也要確保最小的保護層厚度

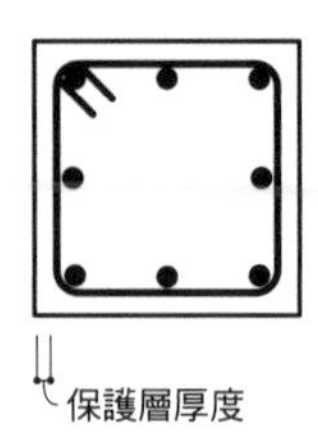

部位			設計保護層厚度（mm）	最小保護層厚度（mm）
不與土壤接觸的部分	樓面版	室內	30	20
		室外	40（※1）	30（20）
	樑	室內	40	30
		室外	50（※2）	40（30）（※1）
	擋土牆		50（※3）	40
與土壤接觸的部分	樑、樓面版		50	40（※4）
	基礎、擋土牆		70	60（※4）

原注　（ ）內的數值是指有完成面的情況

※1　若耐久性上屬於有效的完成面時，取得工程監造認可者可以視為 30mm

※2　若耐久性上屬於有效的完成面時，取得工程監造認可者可以視為 40mm

※3　因應混凝土的品質及施工方法，取得工程監造認可者可以視為 40mm

※4　若為輕質混凝土時，以增加 10mm 的數值視之

◆基礎樑的配筋

（1）固定（連續基礎、版式基礎時）

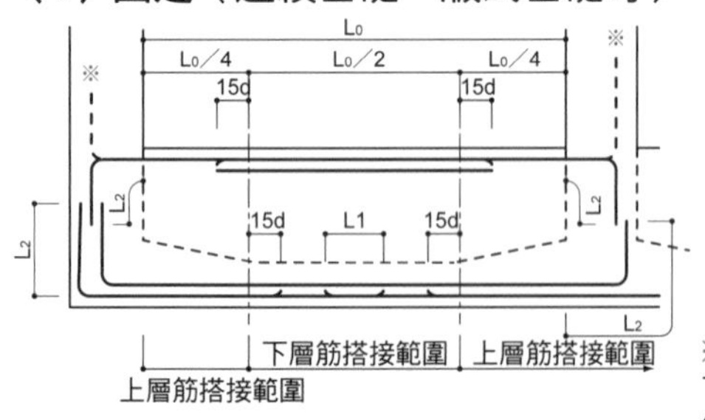

※ 在不得已的情況下，上層主筋的固定做法可以朝上配置

（2）換氣口補強

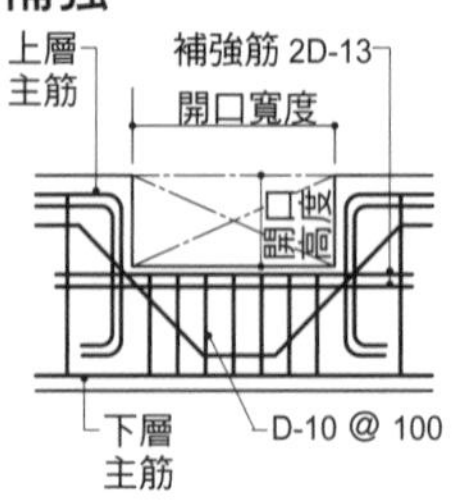

（3）有高程差的樑之補強要領

以取得工程監造認可的前提條件下，有高程差的樑可以採取下述的做法

D ≦ 100 時依圖所示

D ＞ 100 時將鋼筋固定於柱內

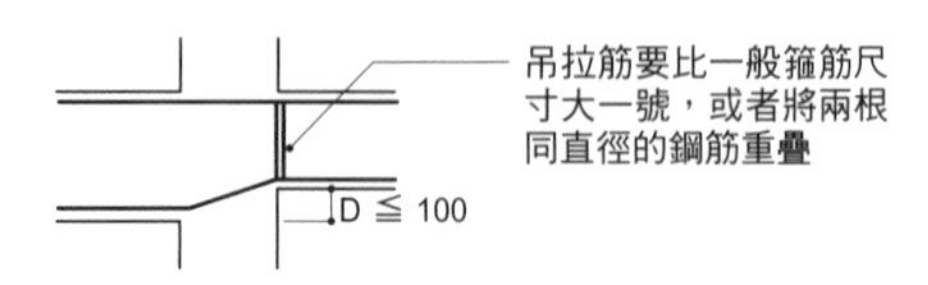

（4）增築要領

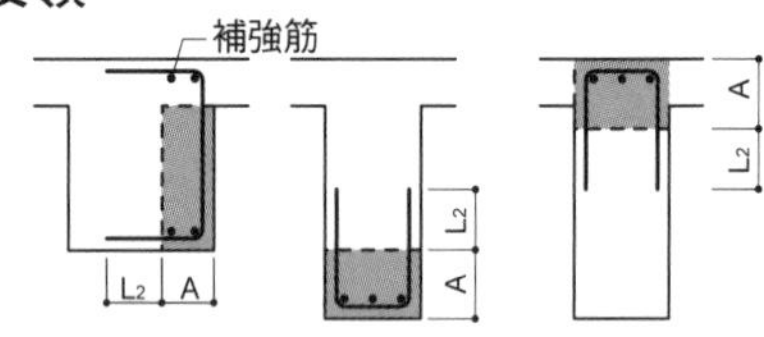

樑增築部分的箍筋及腹筋要與主筋同直徑、同間隔

補強筋的數量表　　　　**A ≦ 50　不補強**

A 的範圍	樑（1）（2）	樑（3）
50 ＜ A ≦ 200	以 D16@200 來分配	以 D16 @ 200 來分配
200 ＜ A ≦ 300	與主筋直徑相同以@ 200 來分配	
300 ＜ A		與主筋直徑相同以@ 200 來分配

◆鋼筋直徑與鋼筋間隔

（1）異形鋼筋的最外徑（單位：mm）

稱呼名	公稱直徑（d）	最外徑（D）
D10	9.53	11
D13	12.7	14
D16	15.9	18
D19	19.1	21
D22	22.2	25
D25	25.4	28
D29	28.6	33
D32	31.8	36
D35	34.9	40

節　肋　A　A　最外徑（D）

剖面 A-A

公稱直徑依據 JIS G3112

（2）主筋的間隔及間距的最小值

	間隔	空隙
異形鋼筋（間隔、D、空隙、D）	・公稱直徑的 2.7 倍 ・粗骨材最大尺寸的 1.25 倍＋最外徑 中較大的一方	・公稱直徑的 2.7 倍－鋼筋最外徑 ・粗骨材最大尺寸的 1.25 倍 中較大的一方

混凝土為普通混凝土時，粗骨材的最大尺寸是 25mm

◆用於鋼筋混凝土樑設計上的應力計算式

均勻分布載重

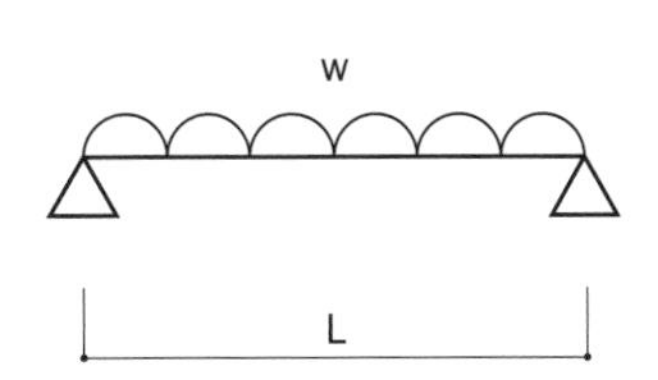

兩端固定	端部彎矩	$C=\frac{w \cdot L^2}{12}$
兩端支撐	中央部彎矩	$M_o=\frac{w \cdot L^2}{8}$
	端部剪斷力	$Q=\frac{w \cdot L}{2}$

中央集中載重

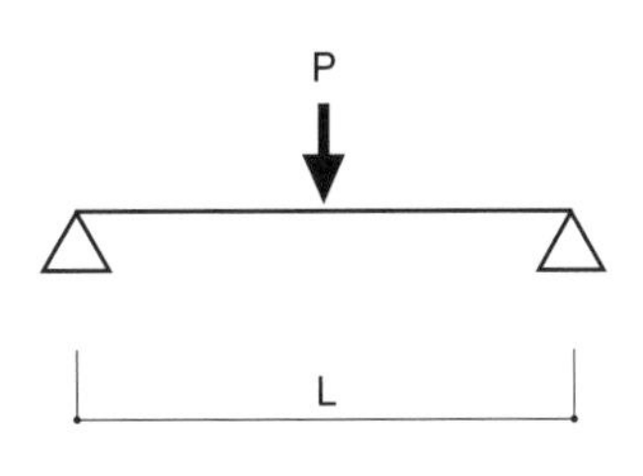

兩端固定	端部彎矩	$C=\frac{P \cdot L}{8}$
兩端支撐	中央部彎矩	$M_o=\frac{P \cdot L}{4}$
	端部剪斷力	$Q=\frac{P}{2}$

RC 規準概算式
簡支樑

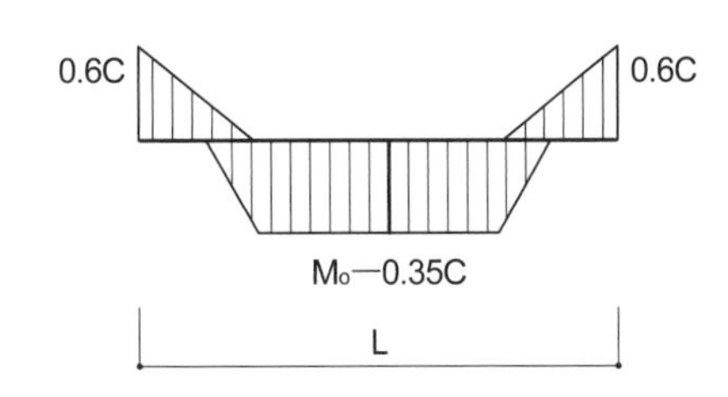

RC 規準概算式
連續樑 2 跨距

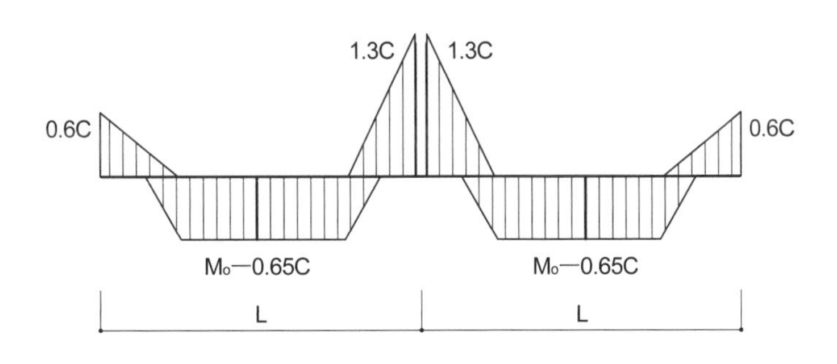

RC 規準概算式
連續樑多跨距

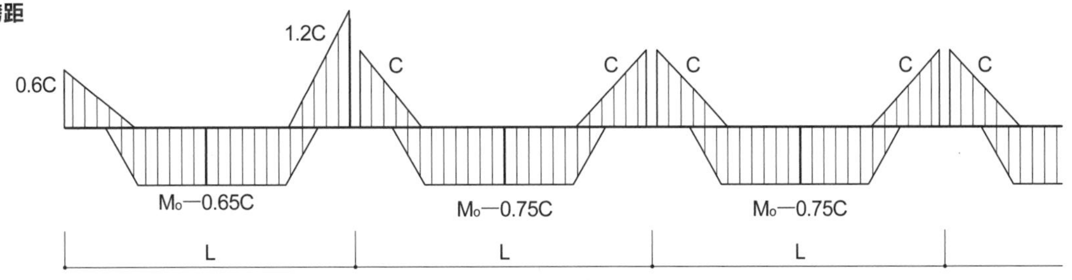

◆均勻分布載重時四邊固定版的應力與中央點的撓曲δ（ν=0）

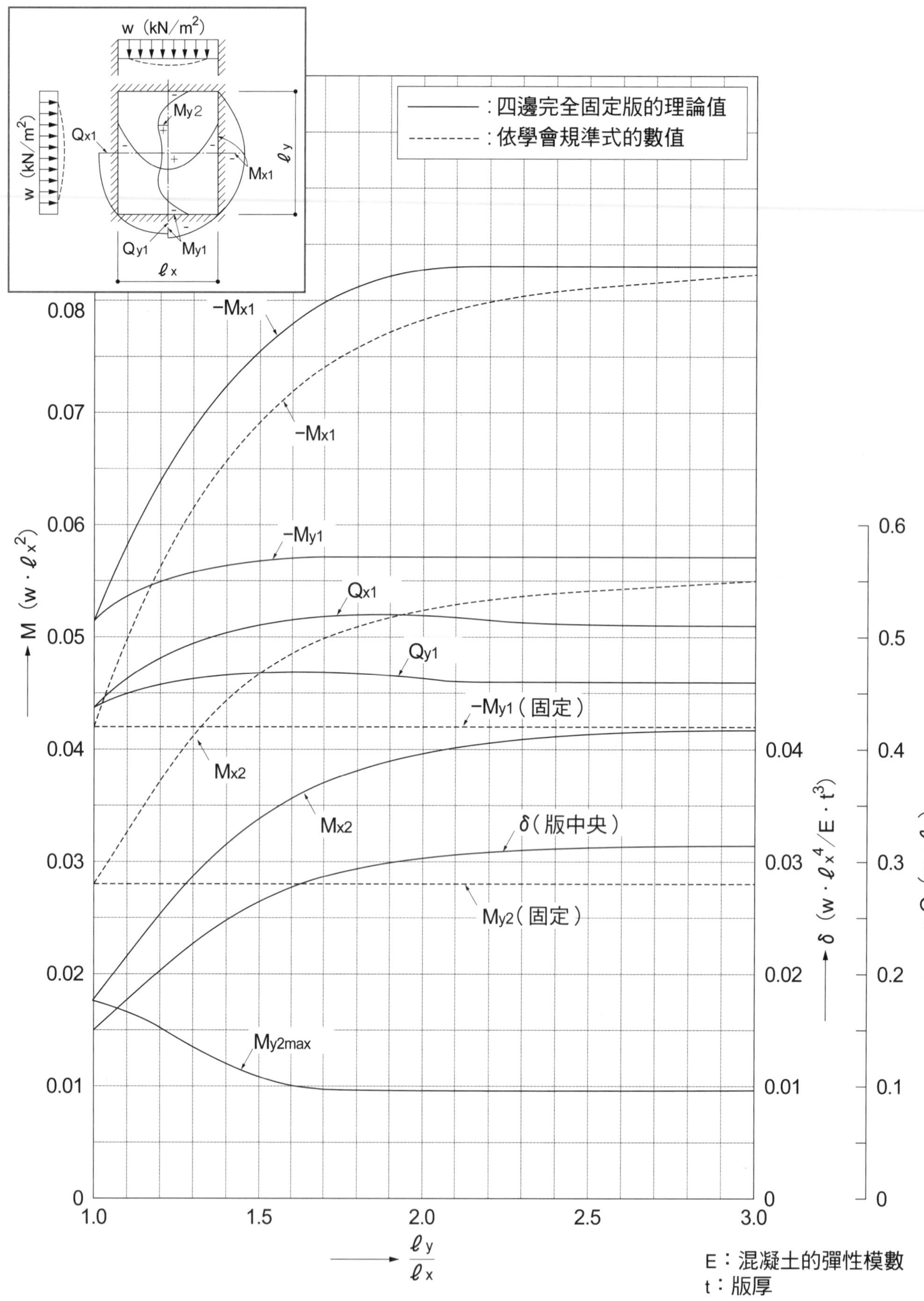

E：混凝土的彈性模數
t：版厚

第 316～321 頁出處：《建築結構學大系 11 卷，平版結構》（東 洋一、小森清司，彰國社）
《鋼筋混凝土結構計算規準、同解說》（(社) 日本建築學會）

◆均勻分布載重時三邊固定、一邊簡支版的應力與中央點的撓曲δ（ν=0）

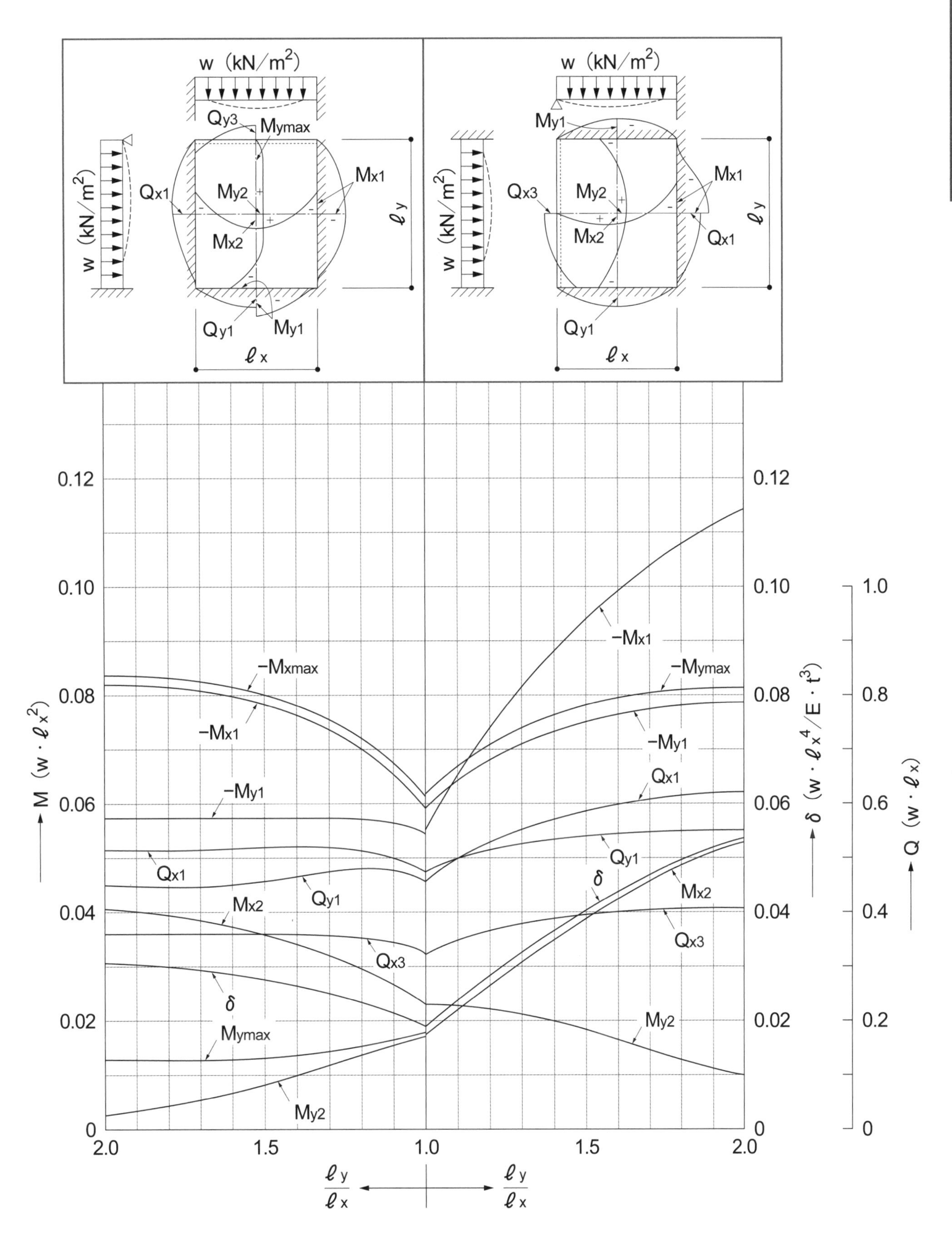

◇均勻分布載重時二邊固定、二邊簡支版的應力與中央點的撓曲δ（ν=0）

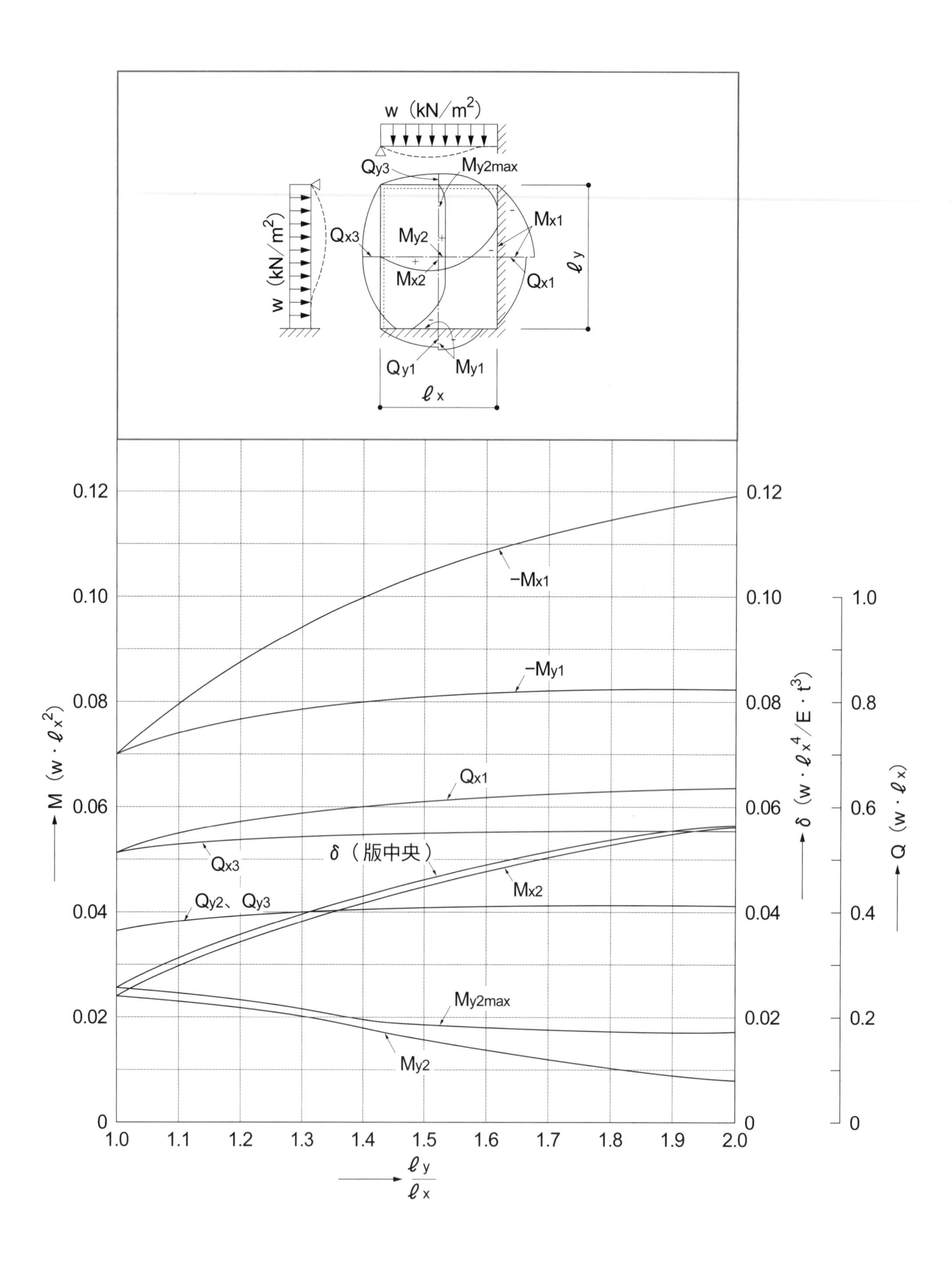

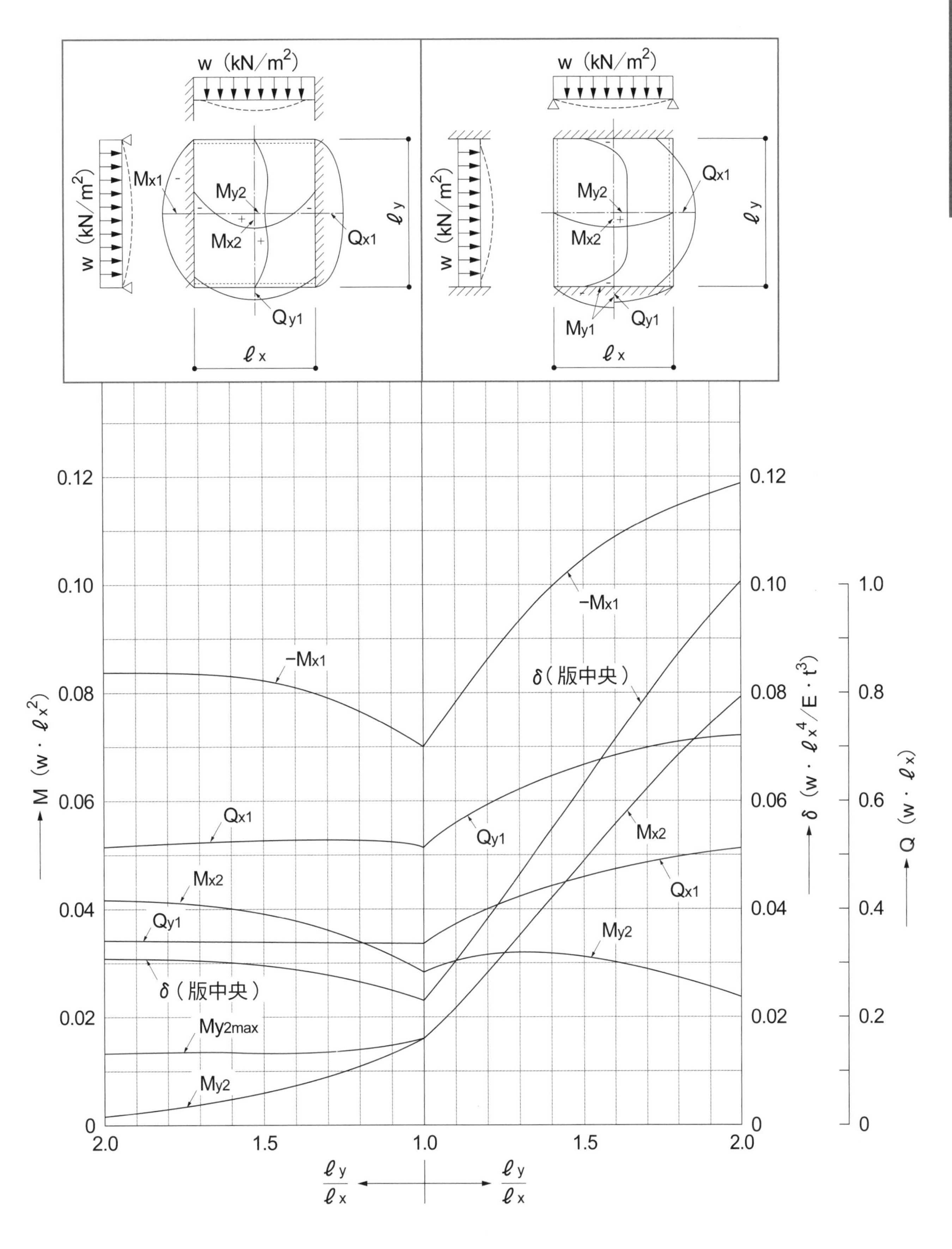
w (kN/m²)
Mx1
My2
Mx2
Qx1
Qy1
ℓy
ℓx
My1
−Mx1
δ(版中央)
Qx1
Qy1
Mx2
My2
My2max
M (w・ℓx²)
δ (w・ℓx⁴/E・t³)
Q (w・ℓx)
0.12
0.10
0.08
0.06
0.04
0.02
0
1.0
0.8
0.6
0.4
0.2
2.0
1.5
1.0
1.5
2.0
ℓy/ℓx

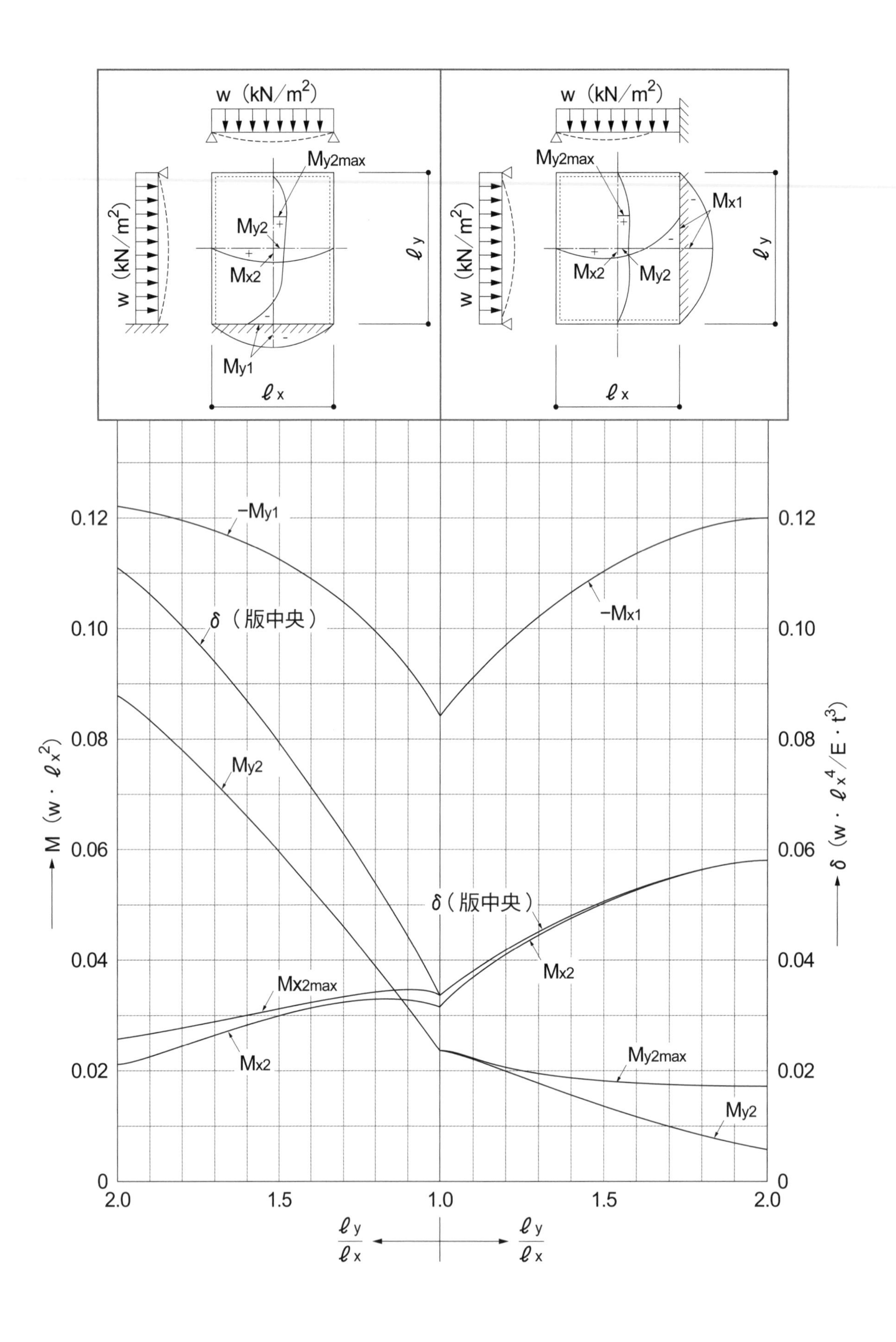

w（kN/m2）
My2max
My2
Mx2
My1
ℓy
ℓx
w（kN/m2）
My2max
Mx1
Mx2
My2
ℓy
ℓx
-My1
δ（版中央）
My2
Mx2max
Mx2
-Mx1
δ（版中央）
Mx2
My2max
My2
M（w・ℓx2）
δ（w・ℓx4/E・t3）
0.12
0.10
0.08
0.06
0.04
0.02
0
2.0
1.5
1.0
1.5
2.0
ℓy/ℓx
ℓy/ℓx

◆均勻分布載重時四邊簡支版的應力與中央點的撓曲δ（ν=0）

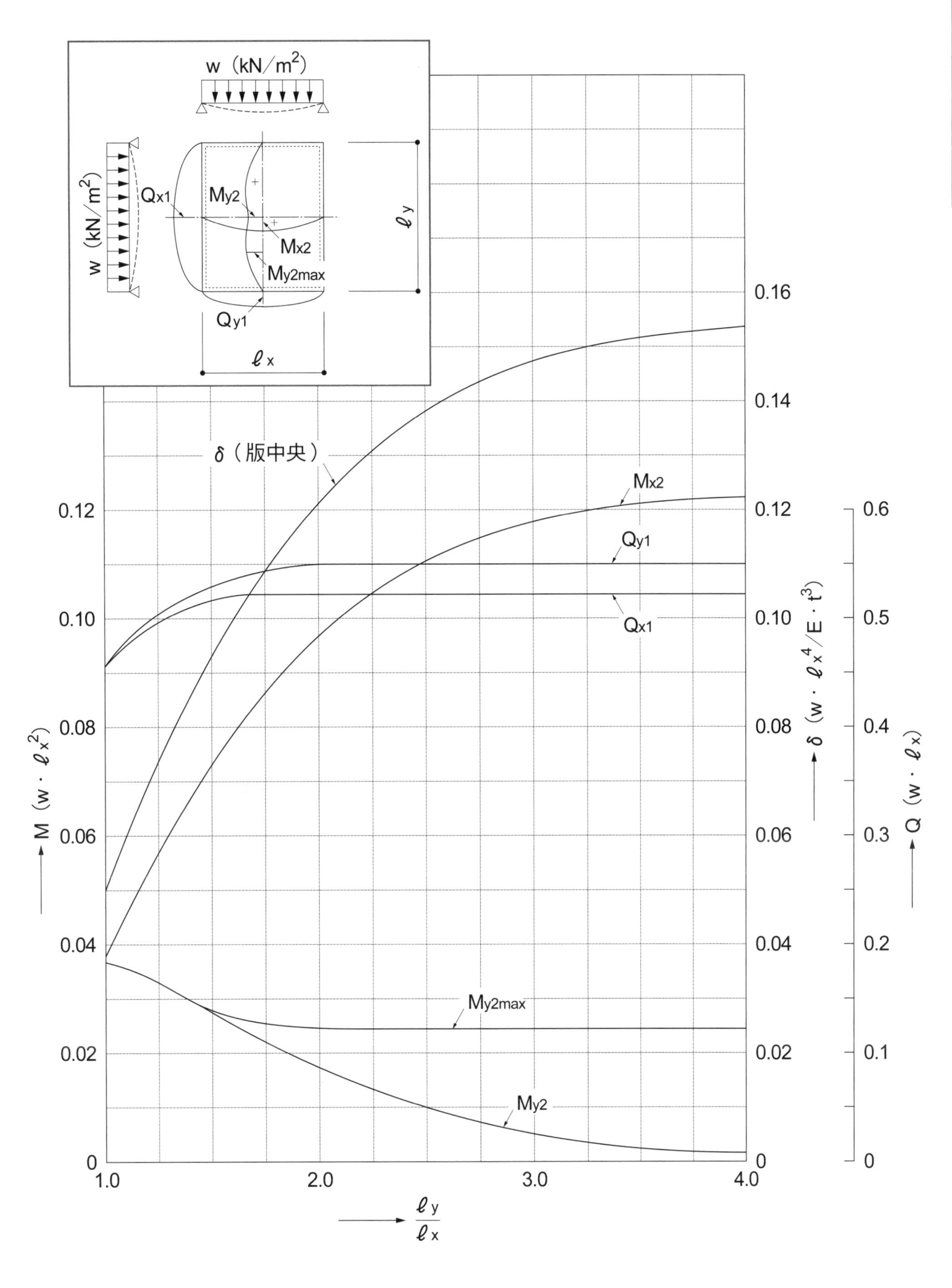

橫向材的設計

樑的設計

◆各斷面係數

↓載重方向 d 樑深 b 樑寬			
	斷面積	$A=b \cdot d$	影響端部的支撐能力（剪斷力）
	斷面係數	$Z=\frac{b \cdot d^2}{6}$	影響彎曲強度
	斷面二次彎矩	$I=\frac{b \cdot d^3}{12}$	影響居住性（撓曲）

◆斷面計算

①有關構材強度的設計

剪斷應力度

$\tau=\frac{1.5 \cdot Q}{A}$：要設計在容許剪斷應力度以下

彎曲應力度

$\sigma=\frac{M}{Z}$：要設計在容許彎曲應力度以下

②因應居住性的設計

考慮居住者需求或經濟性、生產性等的設計

［參考］考慮潛變後的撓曲量限制

・日本建築學會舊規準：將彈性模數減低 20% 所計算出來的數值要在 L／300 以下

・現行告示：以 2 做為變形增大係數時所計算出來的數值要在 L／250 以下（活載重為地震用）

◆應力計算式

樑的種類	項目	計算式	應力圖
簡支樑 均勻分布載重 （W，L）	彎矩	$M=\frac{w \cdot L^2}{8}$	+M
	剪斷力	$Q=\frac{w \cdot L}{2}$	-Q、+Q
	撓曲	$\delta=\frac{5 \cdot w \cdot L^4}{384 \cdot E \cdot I}$	
簡支樑 中央集中載重 （P，L）	彎矩	$M=\frac{P \cdot L}{4}$	+M
	剪斷力	$Q=\frac{P}{2}$	-Q、+Q
	撓曲	$\delta=\frac{P \cdot L^3}{48 \cdot E \cdot I}$	
懸臂樑 均勻分布載重 （W，L）	彎矩	$M=\frac{w \cdot L^2}{2}$	-M
	剪斷力	$Q=w \cdot L$	-Q
	撓曲	$\delta=\frac{w \cdot L^4}{8 \cdot E \cdot I}$	
懸臂樑 集中載重 （P，L）	彎矩	$M=P \cdot L$	-M
	剪斷力	$Q=P$	-Q
	撓曲	$\delta=\frac{P \cdot L^3}{3 \cdot E \cdot I}$	
連續樑 均勻分布載重 （W，L，L）	彎矩	$M=\frac{w \cdot L^2}{8}$	-M
	剪斷力	$Q=\frac{5 \cdot w \cdot L}{8}$	-Q、+Q
	撓曲	$\delta=\frac{w \cdot L^4}{185 \cdot E \cdot I}$	

可以選擇變形限制的跨距表

前提條件

①跨距表（圖表）的彈性模數以無等級材（E50）的平均值製成
②容許彎曲及剪斷力臨界是從杉木無等級材的容許應力度計算出來的
③各斷面性能（A、Z、I）考慮了斷面缺損率（小樑：0%、大樑：20%、屋架樑：10%）
④變形增大係數以 2 來計算撓曲

彈性模數與變形角換算表

機械等級	E50（無等級）	E70	E90	E110
彈性模數（N／mm^2）	4,903	6,865	8,826	10,787
與 E50 的比	1.00	1.40	1.80	2.20
換算變形角	1／500	1／700	1／900	1／1,100
	1／400	1／560	1／720	1／880
	1／357	1／500	1／643	1／786
	1／286	1／400	1／514	1／629
	1／278	1／389	1／500	1／611
	1／250	1／350	1／450	1／550
	1／227	1／318	1／409	1／500
	1／222	1／311	1／400	1／489
	1／182	1／255	1／327	1／400
	1／179	1／250	1／321	1／393
	1／139	1／194	1／250	1／306
	1／114	1／159	1／205	1／250
	1／100	1／140	1／180	1／220

該換算表的使用方式
例①　以 E50（無等級）材料設計時，若變形角 1／250 的斷面構材變更成 E70 的話，撓曲輕減為 1／350
例②　若想設計成 E90 構材、變形角在 1／400 以下時，可以採用跨距表中變形角為 1／222（0.0045rad）以下的構材斷面

跨距與變形量

（單位：mm）

跨距 L	變形角							
	1／100	1／150	1／250	1／300	1／500	1／600	1／750	1／1,100
1,365	13.7	9.1	5.5	4.6	2.7	2.3	1.8	1.4
1,820	18.2	12.1	7.3	6.1	3.6	3.0	2.4	1.8
2,275	22.8	15.2	9.1	7.6	4.6	3.8	3.0	2.3
2,730	27.3	18.2	10.9	9.1	5.5	4.6	3.6	2.7
3,185	31.9	21.2	12.7	10.6	6.4	5.3	4.2	3.2
3,640	36.4	24.3	14.6	12.1	7.3	6.1	4.9	3.6
4,095	41.0	27.3	16.4	13.7	8.2	6.8	5.5	4.1
4,550	45.5	30.3	18.2	15.2	9.1	7.6	6.1	4.6
5,005	50.1	33.4	20.0	16.7	10.0	8.3	6.7	5.0
5,460	54.6	36.4	21.8	18.2	10.9	9.1	7.3	5.5

原注　撓曲限制並非變形角，欲以變形量加以抑制時，最好參照上表

根據積雪量差異的變形角換算表

（1）瓦屋頂

垂直積雪量	1m	1.5m	2m	2.5m	2m	3m
設計載重（N／mm^2）	11,400	16,650	21,900	27,150	21,900	32,400
載重比	1.00	1.46	1.00	1.24	1.00	1.48
換算變形角	1／730	1／500	1／620	1／500	1／740	1／500
	1／584	1／400	1／496	1／400	1／592	1／400
	1／438	1／300	1／372	1／300	1／444	1／300
	1／365	1／250	1／310	1／250	1／370	1／250
	1／292	1／200	1／248	1／200	1／296	1／200
	1／244	1／167	1／207	1／167	1／247	1／167
	1／183	1／125	1／155	1／125	1／185	1／125
	1／146	1／100	1／124	1／100	1／148	1／100

該換算表的使用方式
例　在垂直積雪量 1.5m 的地區建造金屬版屋頂住宅時，欲將屋架樑的撓曲設定在 1／250 以下的話，可以依照以下的順序進行設計
①請看上述（2）表中垂直積雪量 1.5m 的欄位
②找到變形角 1／250 再往左邊欄位
③在垂直積雪量 1m 的欄位上記載的數值是 1／368
④查看金屬版屋頂積雪 1m 的跨距表
⑤在橫軸（變形／跨距）1÷368=0.0027rad 的位置上拉出縱向直線
⑥畫出與樑的跨距（縱軸）交點
⑦從此交點向左側的曲線選出樑深度

（2）金屬版屋頂

垂直積雪量	1m	1.5m	2m	2.5m	2m	3m
設計載重（N／mm^2）	11,100	16,350	21,600	26,850	21,600	32,100
載重比	1.00	1.47	1.00	1.24	1.00	1.49
換算變形角	1／736	1／500	1／622	1／500	1／743	1／500
	1／589	1／400	1／497	1／400	1／594	1／400
	1／442	1／300	1／373	1／300	1／446	1／300
	1／368	1／250	1／311	1／250	1／372	1／250
	1／295	1／200	1／249	1／200	1／297	1／200
	1／246	1／167	1／208	1／167	1／248	1／167
	1／184	1／125	1／155	1／125	1／186	1／125
	1／147	1／100	1／124	1／100	1／149	1／100

原注 1　上表中非▒的欄位是設計的目標值，▒的欄位則是換算跨距表時的數值
原注 2　如左邊的例子，載重與跨距表有所不同時，只要將使用的跨距表的載重比率乘以設計變形角，根據計算出來的換算變形角來讀取圖表即可

因應長期載重的跨距表目次

設計載重（N／m²）

種別	強度檢討用（DL+LL=TL）	變形檢討用（DL+LL=TL）
二樓樓板	800＋1,300=2,100	800＋600=1,400
瓦屋頂	900＋0=900	900＋0=900
金屬版屋頂	600＋0=600	600＋0=600

因應積雪載重（中長期）的跨距表目次

設計載重（N／m²）

種別	垂直積雪量	強度檢討用（DL＋LL=TL）	變形檢討用（DL＋LL=TL）
瓦屋頂	1m	900＋2,100=3,000	900＋1,050=1,950
	2m	900＋4,200=5,100	900＋2,100=3,000
金屬版屋頂	1m	600＋2,100=2,700	600＋1,050=1,650
	2m	600＋4,200=4,800	600＋2,100=2,700

原注　本表的積雪載重是考量各式各樣的形狀之適用性，設定屋頂形狀係數μ b=1.0

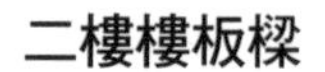

二樓樓板樑

負擔寬度 910mm

樓板的均勻分布載重

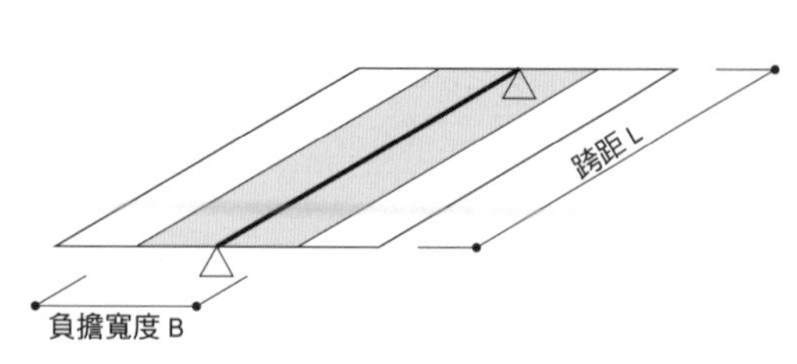

構材寬度 105mm

構材寬度 120mm

載重　①：長期彎曲臨界 ②：長期剪斷臨界

	部位	靜載重 DL（N／m²）	活載重 LL（N／m²）	負擔寬度 B（m）	負擔寬度 D（m）	載重
應力用	二樓樓板 w1	800	1,300	0.91	—	1,911N／m
	牆體 w2	0	0	0	—	0
	屋頂 P	0	0	0	0	0
撓曲用	二樓樓板 w1	800	600	0.91	—	1,274 N／m
	牆體 w2	0	0	0	—	0
	屋頂 P	0	0	0	0	0

二樓樓板樑

負擔寬度 1,820mm

樓板的均勻分布載重

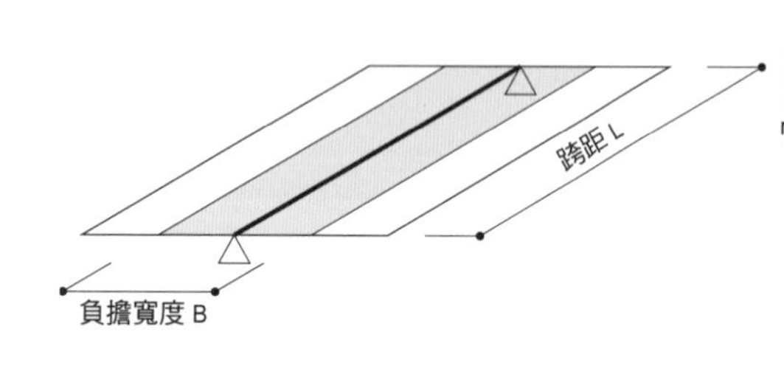

構材寬度 105mm

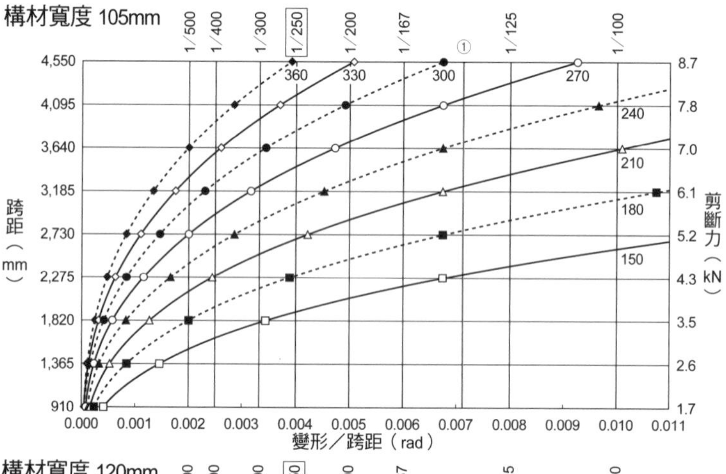

構材寬度 120mm

載重　①：長期彎曲臨界 ②：長期剪斷臨界

	部位	靜載重 DL（N／m²）	活載重 LL（N／m²）	負擔寬度 B（m）	負擔寬度 D（m）	載重
應力用	二樓樓板 w1	800	1,300	1.82	—	3,822N／m
	牆體 w2	0	0	0	—	0
	屋頂 P	0	0	0	0	0
撓曲用	二樓樓板 w1	800	600	1.82	—	2,548N／m
	牆體 w2	0	0	0	—	0
	屋頂 P	0	0	0	0	0

二樓樓板樑

負擔寬度 910mm

樓板的 1 點集中載重

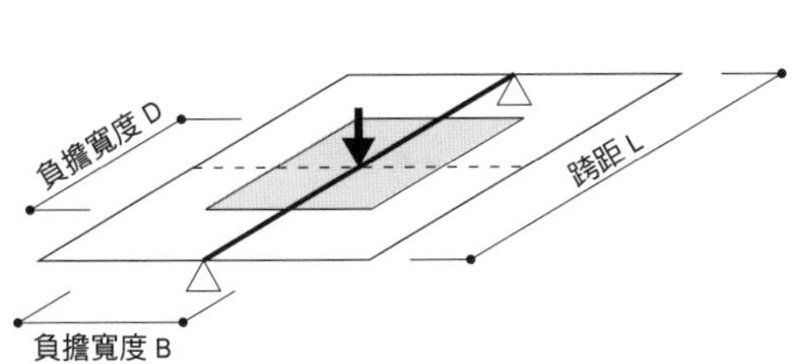

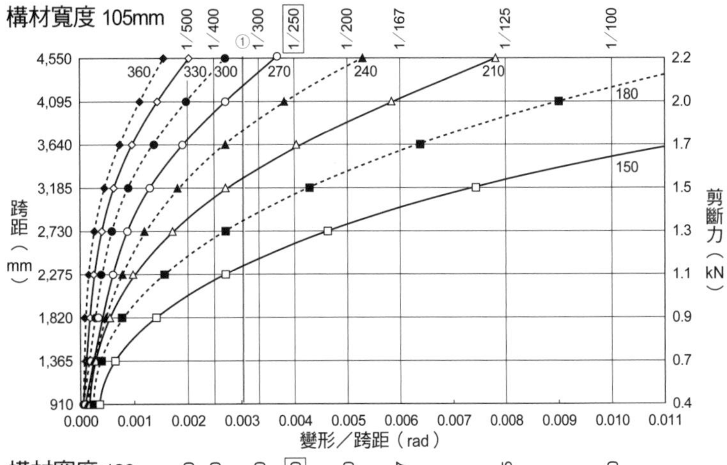

載重 ①：長期彎曲臨界 ②：長期剪斷臨界

	部位	靜載重 DL（N/m²）	活載重 LL（N/m²）	負擔寬度 B（m）	負擔寬度 D（m）	載重
應力用	二樓樓板 P_1	800	1,300	0.91	L/2	1,911N/m
	屋頂 P_2	0	0	0	0	0
	牆體 w	0	0	0	—	0
撓曲用	二樓樓板 P_1	800	600	0.91	L/2	1,274 N/m
	屋頂 P_2	0	0	0	0	0
	牆體 w	0	0	0	—	0

二樓樓板樑

負擔寬度 1,820mm

樓板的 1 點集中載重

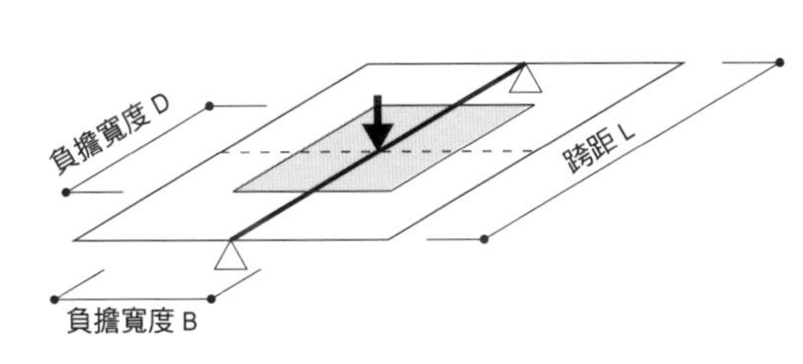

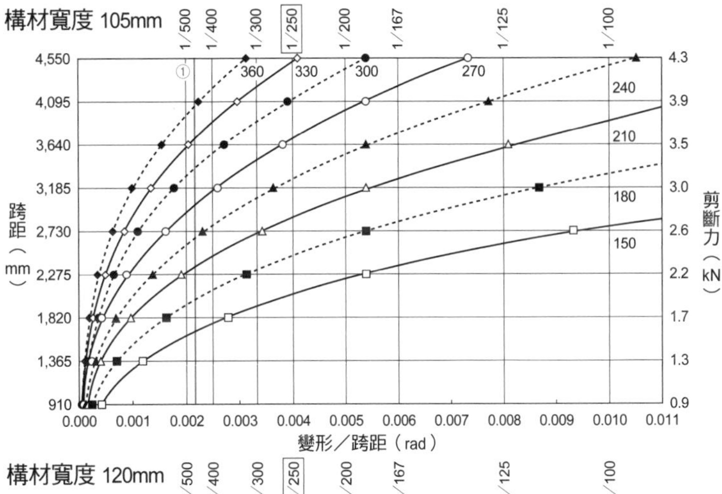

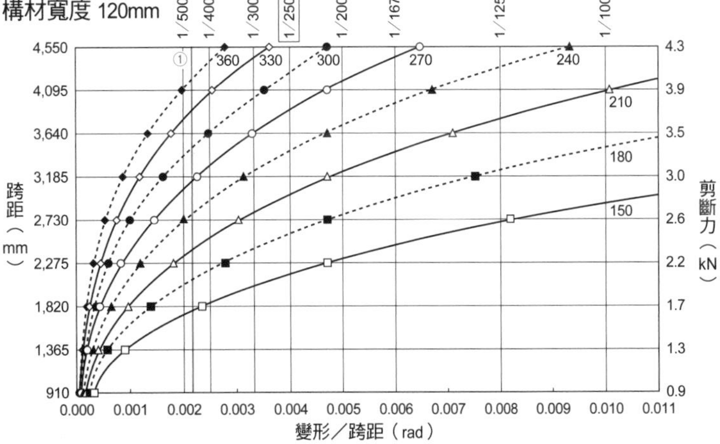

載重 ①：長期彎曲臨界 ②：長期剪斷臨界

	部位	靜載重 DL（N/m²）	活載重 LL（N/m²）	負擔寬度 B（m）	負擔寬度 D（m）	載重
應力用	二樓樓板 P_1	800	1,300	1.82	L/2	3,822N/m
	屋頂 P_2	0	0	0	0	0
	牆體 w	0	0	0	—	0
撓曲用	二樓樓板 P_1	800	600	1.82	L/2	2,548N/m
	屋頂 P_2	0	0	0	0	0
	牆體 w	0	0	0	—	0

二樓樓板樑

負擔寬度 910mm

樓板的均勻分布、瓦屋頂 1 點集中載重

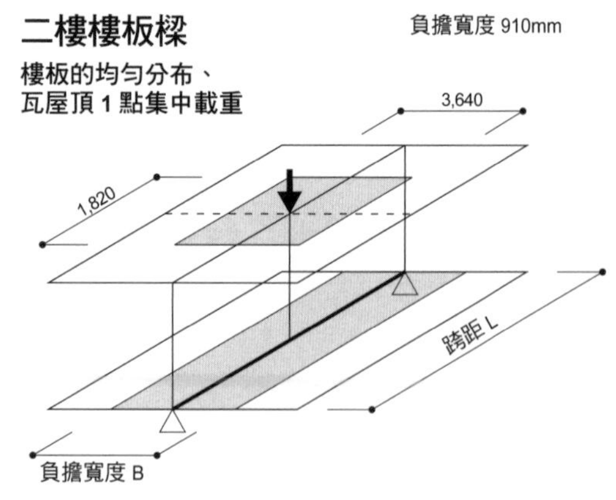

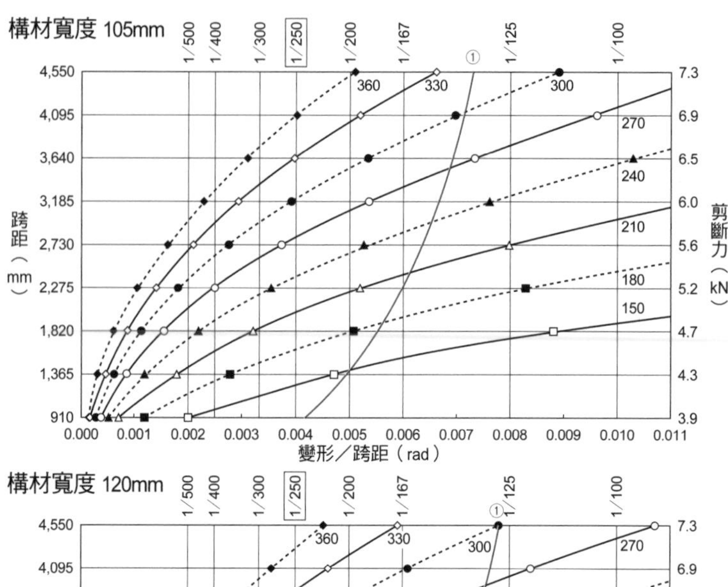

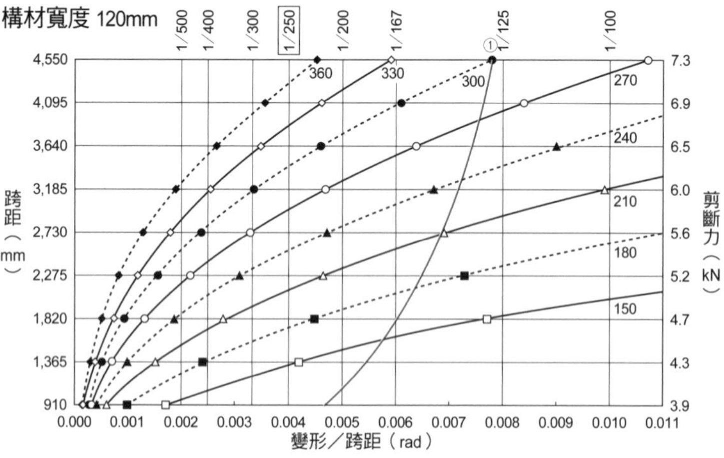

載重

①：長期彎曲臨界 ②：長期剪斷臨界

	部位	靜載重 DL（N／m²）	活載重 LL（N／m²）	負擔寬度 B（m）	負擔寬度 D（m）	載重
應力用	二樓樓板 w_1	800	1,300	0.91	—	1,911N／m
	牆體 w_2	0	0	0	—	0
	屋頂 P	900	0	1.82	3.64	5,962N
撓曲用	二樓樓板 w_1	800	600	0.91	—	1,274 N／m
	牆體 w_2	0	0	0	—	0
	屋頂 P	900	0	1.82	3.64	5,962N

二樓樓板樑

負擔寬度 1,820mm

樓板的均勻分布、瓦屋頂 1 點集中載重

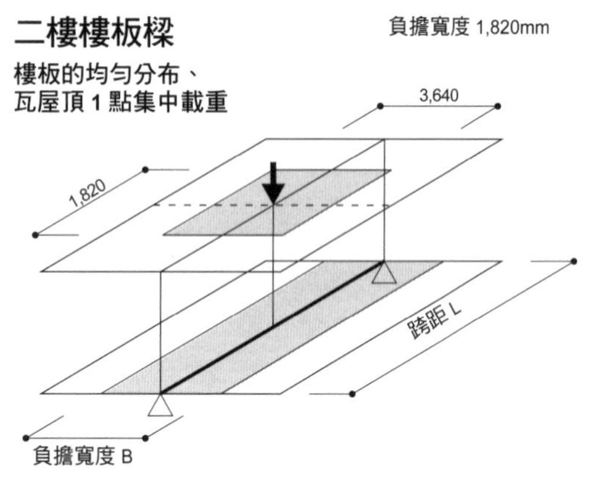

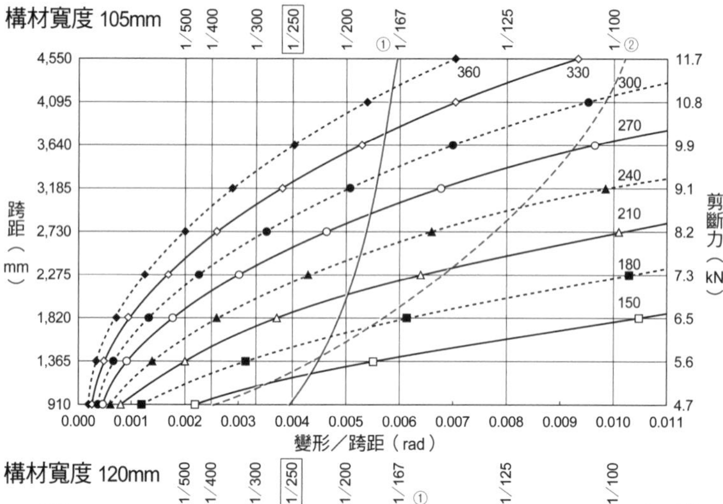

構材寬度 120mm

1/500 1/400 1/300 1/250 1/200 1/167 ① 1/125 1/100

跨距（mm）	剪斷力（kN）
4,550	11.7
4,095	10.8
3,640	9.9
3,185	9.1
2,730	8.2
2,275	7.3
1,820	6.5
1,365	5.6
910	4.7

360 330 300 270 240 210 180 ② 150

0.000 0.001 0.002 0.003 0.004 0.005 0.006 0.007 0.008 0.009 0.010 0.011

變形／跨距（rad）

載重

①：長期彎曲臨界 ②：長期剪斷臨界

	部位	靜載重 DL（N／m²）	活載重 LL（N／m²）	負擔寬度 B（m）	負擔寬度 D（m）	載重
應力用	二樓樓板 w_1	800	1,300	1.82	—	3,822N／m
	牆體 w_2	0	0	0	—	0
	屋頂 P	900	0	1.82	3.64	5,962N
撓曲用	二樓樓板 w_1	800	600	1.82	—	2,548N／m
	牆體 w_2	0	0	0	—	0
	屋頂 P	900	0	1.82	3.64	5,962N

二樓樓板樑

負擔寬度 910mm

樓板的均勻分布、金屬版屋頂 1 點集中載重

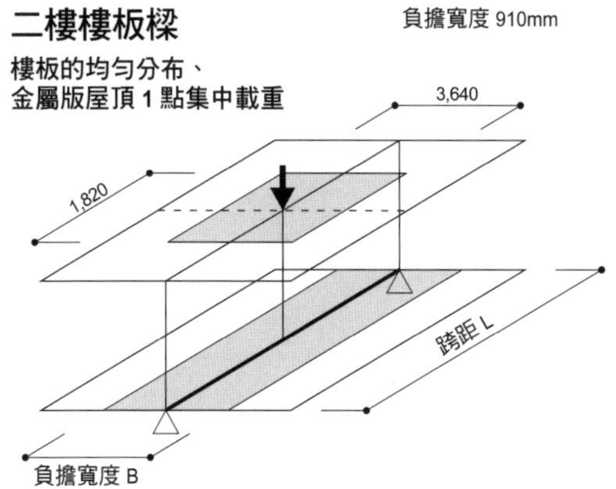

構材寬度 105mm

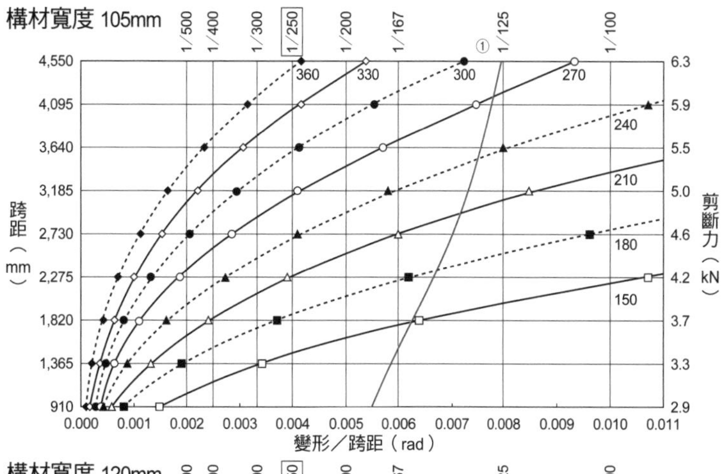

構材寬度 120mm

載重 ①：長期彎曲臨界 ②：長期剪斷臨界

	部位	靜載重 DL（N／m²）	活載重 LL（N／m²）	負擔寬度 B（m）	負擔寬度 D（m）	載重
應力用	二樓樓板 w1	800	1,300	0.91	—	1,911N／m
	牆體 w2	0	0	0	—	0
	屋頂 P	600	0	1.82	3.64	3,975N
撓曲用	二樓樓板 w1	800	600	0.91	—	1,274 N／m
	牆體 w2	0	0	0	—	0
	屋頂 P	600	0	1.82	3.64	3,975N

二樓樓板樑

負擔寬度 1,820mm

樓板的均勻分布、金屬版屋頂 1 點集中載重

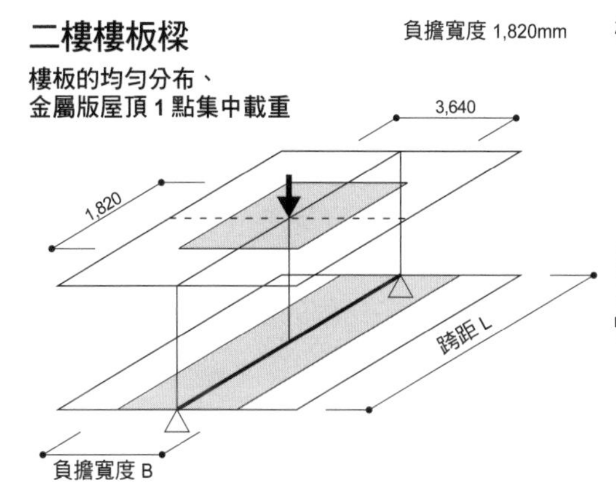

構材寬度 105mm

構材寬度 120mm

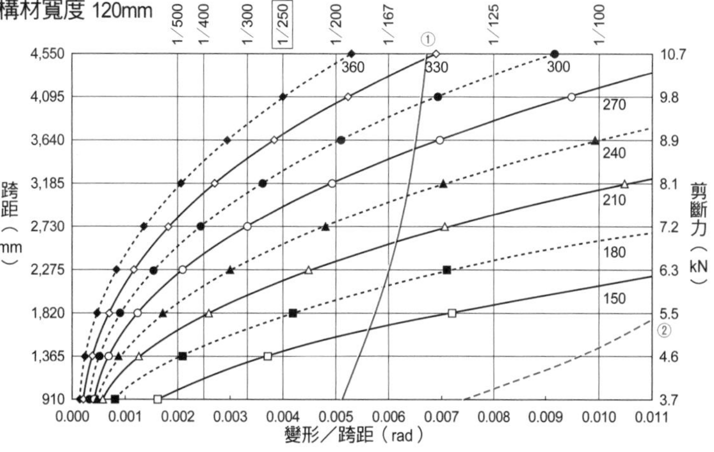

載重 ①：長期彎曲臨界 ②：長期剪斷臨界

	部位	靜載重 DL（N／m²）	活載重 LL（N／m²）	負擔寬度 B（m）	負擔寬度 D（m）	載重
應力用	二樓樓板 w1	800	1,300	1.82	—	3,822N／m
	牆體 w2	0	0	0	—	0
	屋頂 P	600	0	1.82	3.64	3,975N
撓曲用	二樓樓板 w1	800	600	1.82	—	2,548N／m
	牆體 w2	0	0	0	—	0
	屋頂 P	600	0	1.82	3.64	3,975N

二樓樓板樑

負擔寬度 910mm

樓板的均勻分布載重、外牆一層

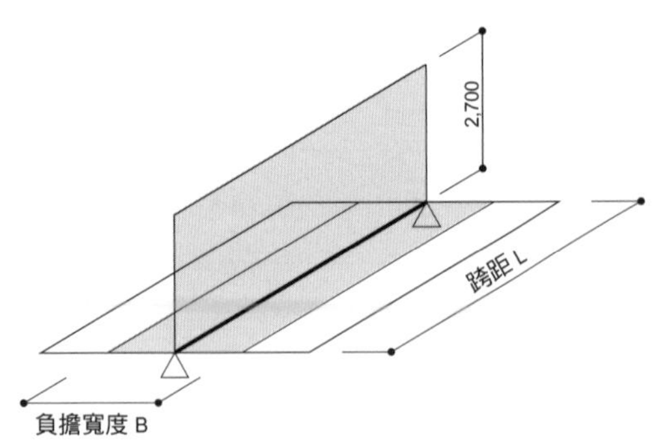

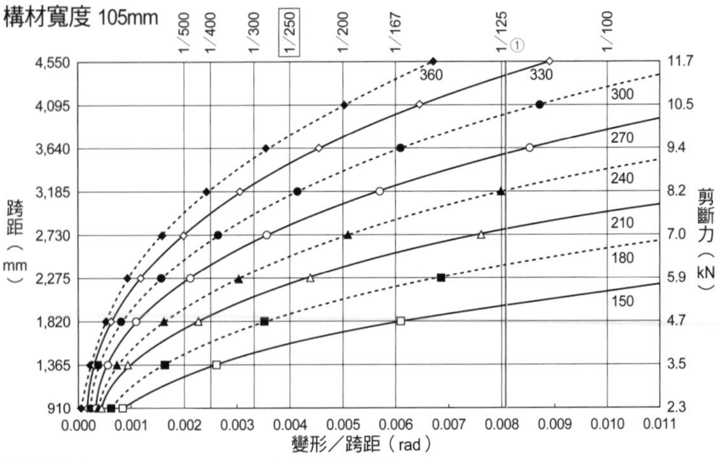

載重

①：長期彎曲臨界 ②：長期剪斷臨界

	部位	靜載重 DL（N／m²）	活載重 LL（N／m²）	負擔寬度 B（m）	負擔寬度 D（m）	載重
應力用	二樓樓板 w_1	800	1,300	0.91	—	1,911N／m
	牆體 w_2	1,200	0	2.70	—	3,240N／m
	屋頂 P	0	0	0	0	0
撓曲用	二樓樓板 w_1	800	600	0.91	—	1,274 N／m
	牆體 w_2	1,200	0	2.70	—	3,240N／m
	屋頂 P	0	0	0	0	0

構材寬度 105mm

構材寬度 120mm

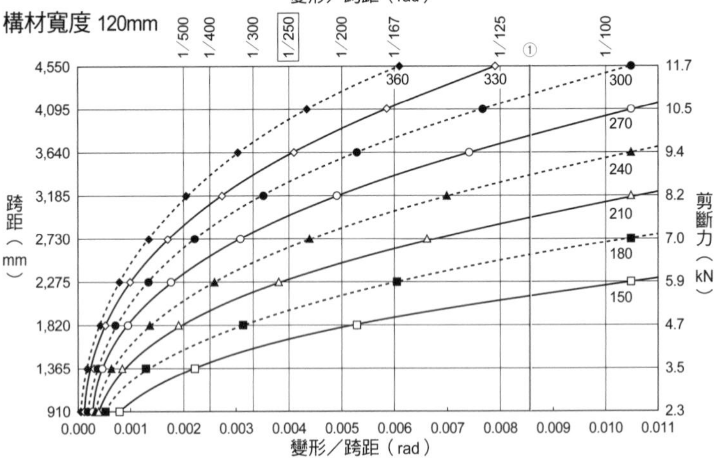

二樓樓板樑

負擔寬度 1,820mm

樓板的均勻分布載重、外牆一層

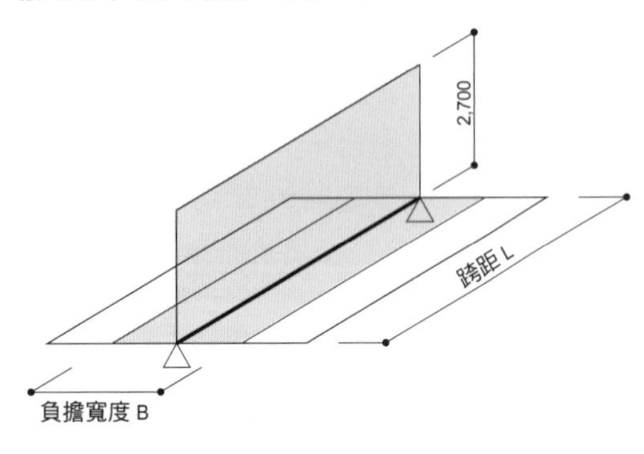

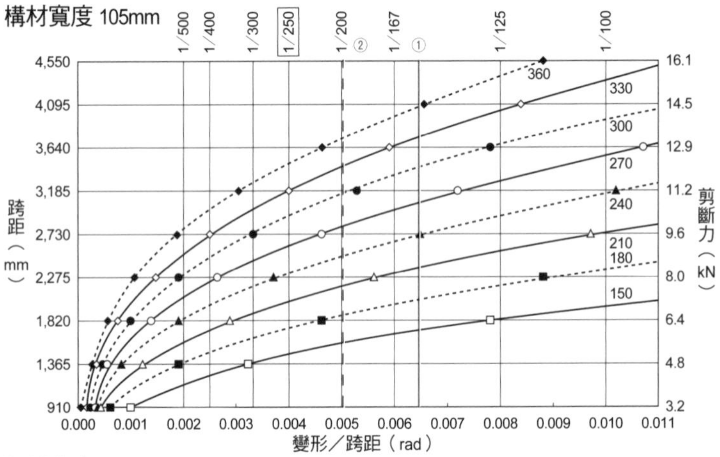

載重

①：長期彎曲臨界 ②：長期剪斷臨界

	部位	靜載重 DL（N／m²）	活載重 LL（N／m²）	負擔寬度 B（m）	負擔寬度 D（m）	載重
應力用	二樓樓板 w_1	800	1,300	1.82	—	3,822N／m
	牆體 w_2	1,200	0	2.70	—	3,240N／m
	屋頂 P	0	0	0	0	0
撓曲用	二樓樓板 w_1	800	600	1.82	—	2,548N／m
	牆體 w_2	1,200	0	2.70	—	3,240N／m
	屋頂 P	0	0	0	0	0

構材寬度 105mm

構材寬度 120mm

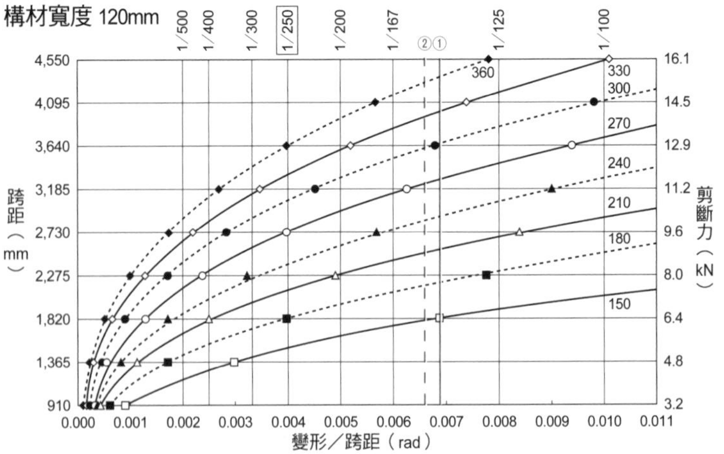

桁條、脊桁、屋架樑

負擔寬度 910mm

瓦屋頂的均勻分布載重

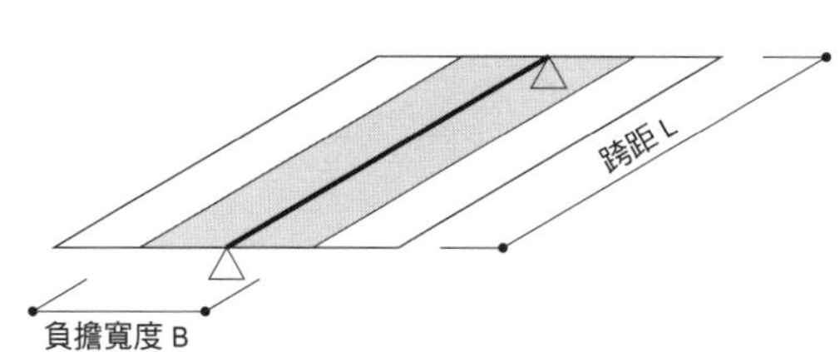

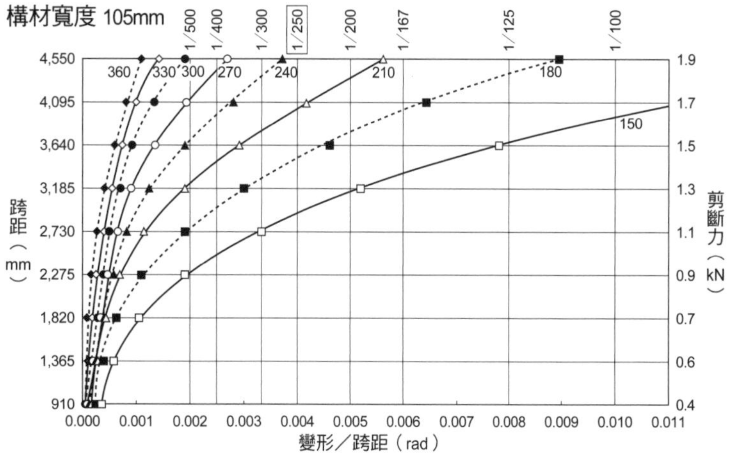

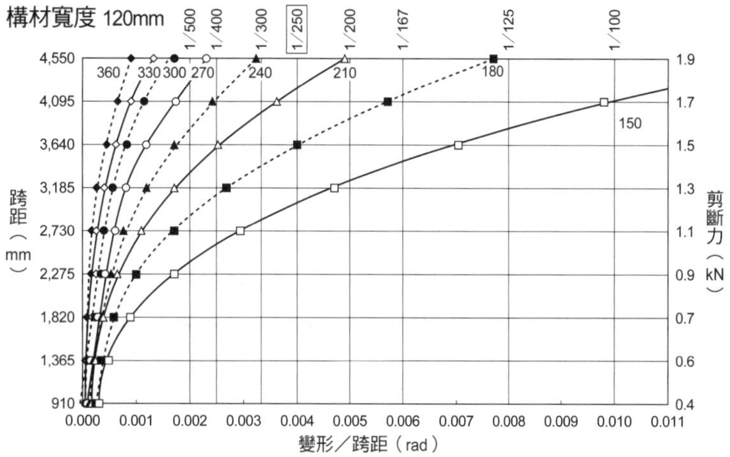

構材寬度 105mm

構材寬度 120mm

載重

①：長期彎曲臨界 ②：長期剪斷臨界

	部位	靜載重 DL（N/m²）	活載重 LL（N/m²）	負擔寬度 B（m）	負擔寬度 D（m）	載重
應力用	屋頂 w1	900	0	0.91	—	819N/m
	牆體 w2	0	0	0	—	0
	屋頂 P	0	0	0	0	0
撓曲用	屋頂 w1	900	0	0.91	—	819N/m
	牆體 w2	0	0	0	—	0
	屋頂 P	0	0	0	0	0

桁條、脊桁、屋架樑

負擔寬度 1,820mm

瓦屋頂的均勻分布載重

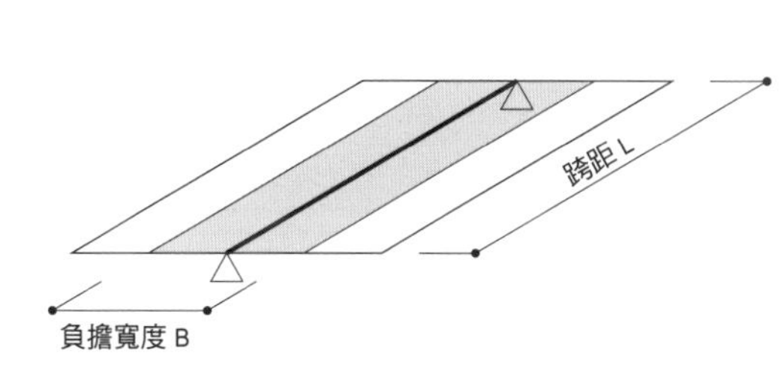

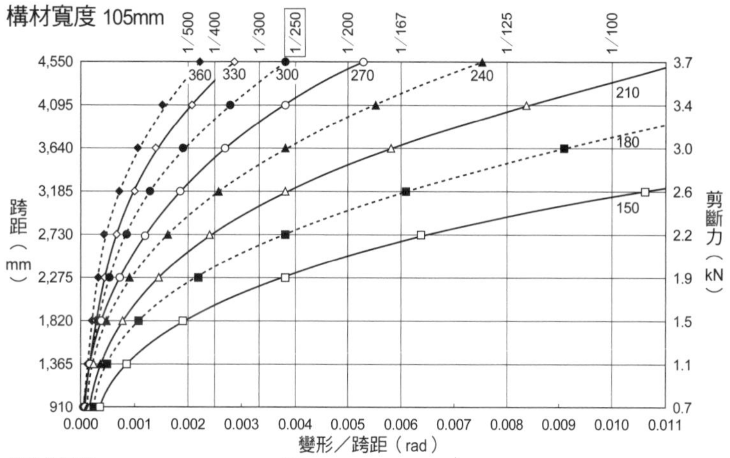

構材寬度 105mm

構材寬度 120mm

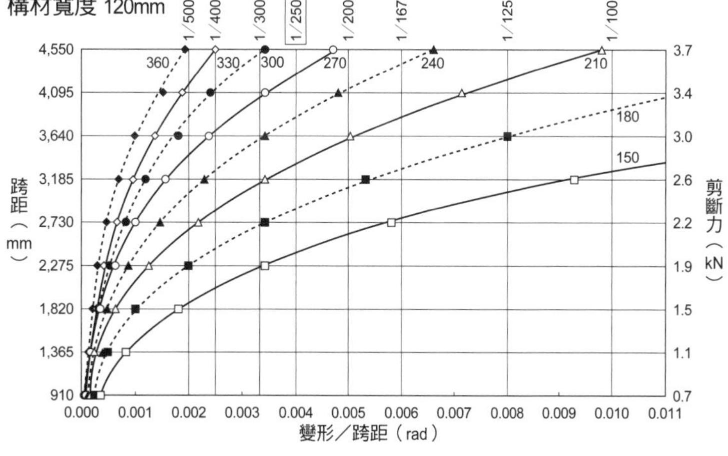

載重

①：長期彎曲臨界 ②：長期剪斷臨界

	部位	靜載重 DL（N/m²）	活載重 LL（N/m²）	負擔寬度 B（m）	負擔寬度 D（m）	載重
應力用	屋頂 w1	900	0	1.82	—	1,638N/m
	牆體 w2	0	0	0	—	0
	屋頂 P	0	0	0	0	0
撓曲用	屋頂 w1	900	0	1.82	—	1,638N/m
	牆體 w2	0	0	0	—	0
	屋頂 P	0	0	0	0	0

桁條、脊桁、屋架樑

負擔寬度 910mm

瓦屋頂的 1 點集中載重

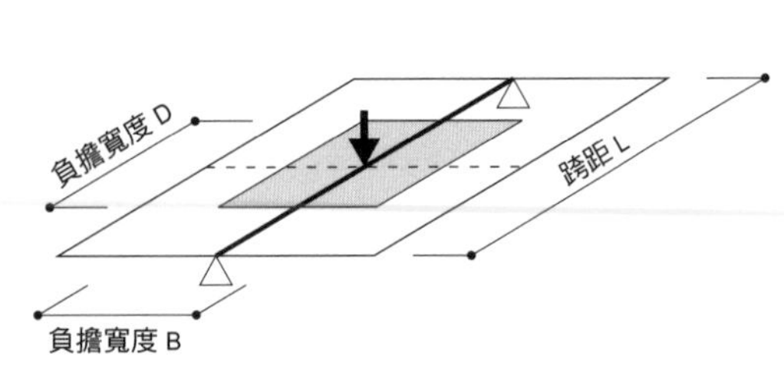

構材寬度 105mm

1／500 1／400 1／300 1／250 1／200 1／167 1／125 1／100

360 330 300 270 240 210 180 150 ①

跨距（mm）：4,550 4,095 3,640 3,185 2,730 2,275 1,820 1,365 910

剪斷力（kN）：0.9 0.8 0.7 0.7 0.6 0.5 0.4 0.3 0.2

0.000 0.001 0.002 0.003 0.004 0.005 0.006 0.007 0.008 0.009 0.010 0.011

變形／跨距（rad）

構材寬度 120mm

1／500 1／400 1／300 1／250 1／200 1／167 1／125 1／100

360 330 300 270 240 210 180 150 ①

跨距（mm）：4,550 4,095 3,640 3,185 2,730 2,275 1,820 1,365 910

剪斷力（kN）：0.9 0.8 0.7 0.7 0.6 0.5 0.4 0.3 0.2

0.000 0.001 0.002 0.003 0.004 0.005 0.006 0.007 0.008 0.009 0.010 0.011

變形／跨距（rad）

載重 ①：長期彎曲臨界 ②：長期剪斷臨界

	部位	靜載重 DL（N／m²）	活載重 LL（N／m²）	負擔寬度 B（m）	負擔寬度 D（m）	載重
應力用	屋頂 P_1	900	0	0.91	L／2	819N／m
	牆體 w	0	0	0	—	0
撓曲用	屋頂 P_1	900	0	0.91	L／2	819N／m
	牆體 w	0	0	0	—	0

桁條、脊桁、屋架樑

負擔寬度 1,820mm

瓦屋頂的 1 點集中載重

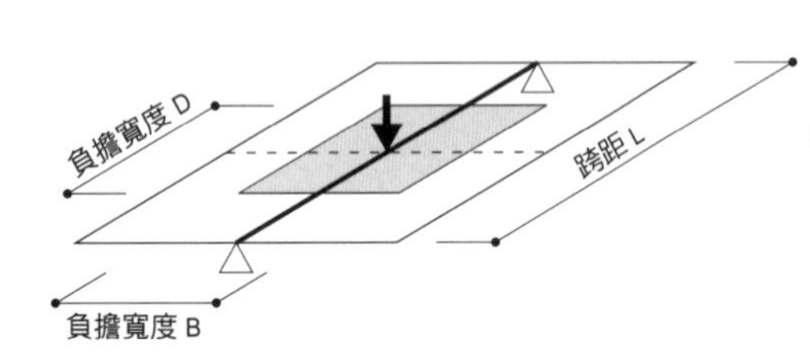

構材寬度 105mm

1／500 1／400 1／300 1／250 ① 1／200 1／167 1／125 1／100

360 330 300 270 240 210 180 150

跨距（mm）：4,550 4,095 3,640 3,185 2,730 2,275 1,820 1,365 910

剪斷力（kN）：1.9 1.7 1.5 1.3 1.1 0.9 0.7 0.6 .4

0.000 0.001 0.002 0.003 0.004 0.005 0.006 0.007 0.008 0.009 0.010 0.011

變形／跨距（rad）

構材寬度 120mm

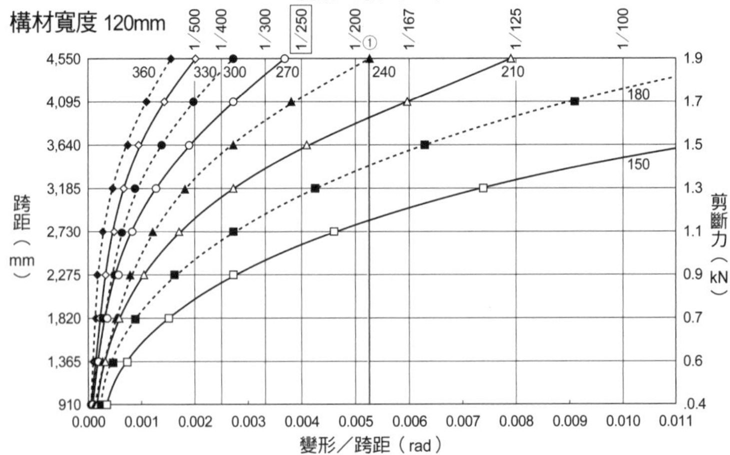

載重 ①：長期彎曲臨界 ②：長期剪斷臨界

	部位	靜載重 DL（N／m²）	活載重 LL（N／m²）	負擔寬度 B（m）	負擔寬度 D（m）	載重
應力用	屋頂 P_1	900	0	1.82	L／2	1,638N／m
	牆體 w	0	0	0	—	0
撓曲用	屋頂 P_1	900	0	1.82	L／2	1,638N／m
	牆體 w	0	0	0	—	0

桁條、脊桁、屋架樑

負擔寬度 910mm

金屬版屋頂的均匀分布載重

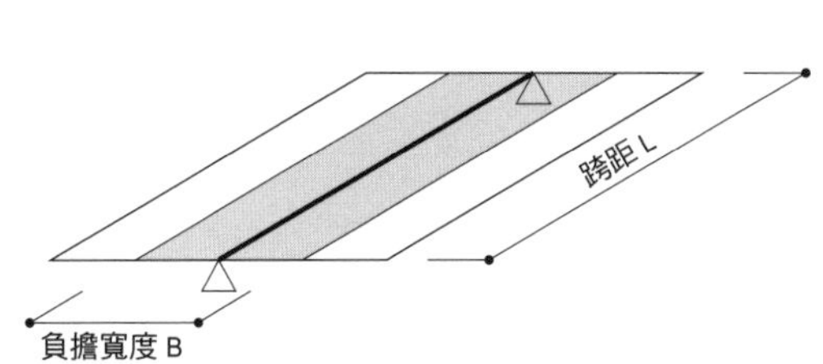

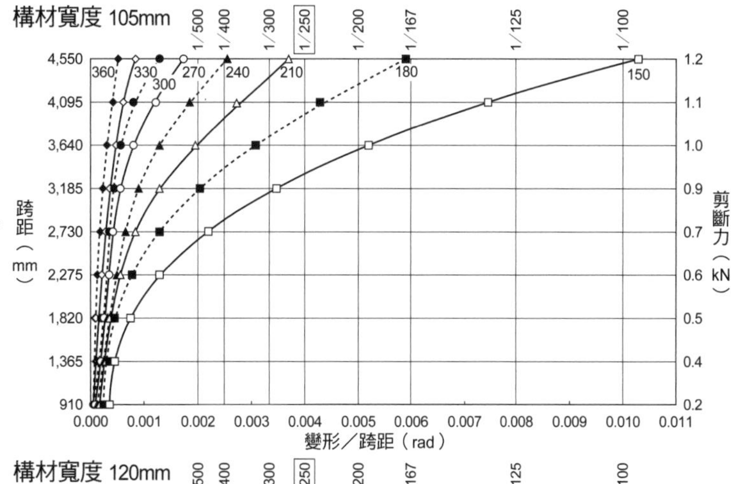

構材寬度 120mm

載重 ①：長期彎曲臨界 ②：長期剪斷臨界

	部位	靜載重 DL（N/m²）	活載重 LL（N/m²）	負擔寬度 B（m）	負擔寬度 D（m）	載重
應力用	屋頂 w_1	600	0	0.91	—	546N／m
	牆體 w_2	0	0	0	—	0
	牆體 P	0	0	0	0	0
撓曲用	屋頂 w_1	600	0	0.91	—	546N／m
	牆體 w_2	0	0	0	—	0
	牆體 P	0	0	0	0	0

桁條、脊桁、屋架樑

負擔寬度 1,820mm

金屬版屋頂的均匀分布載重

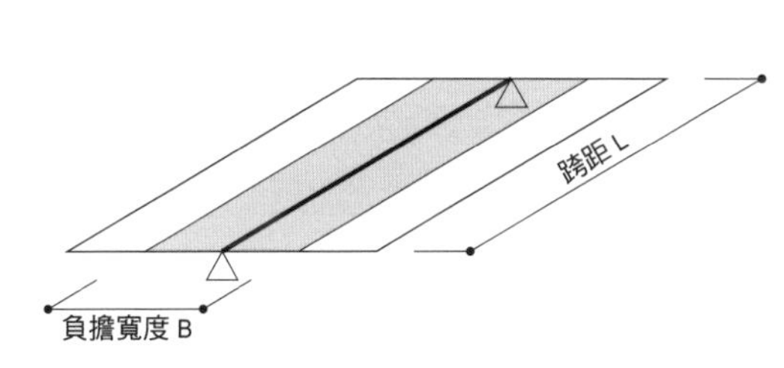

構材寬度 105mm

構材寬度 120mm

載重 ①：長期彎曲臨界 ②：長期剪斷臨界

	部位	靜載重 DL（N/m²）	活載重 LL（N/m²）	負擔寬度 B（m）	負擔寬度 D（m）	載重
應力用	屋頂 w_1	600	0	1.82	—	1,092N／m
	牆體 w_2	0	0	0	—	0
	牆體 P	0	0	0	0	0
撓曲用	屋頂 w_1	600	0	1.82	—	1,092N／m
	牆體 w_2	0	0	0	—	0
	牆體 P	0	0	0	0	0

桁條、脊桁、屋架樑

負擔寬度 910mm

金屬版屋頂的 1 點集中載重

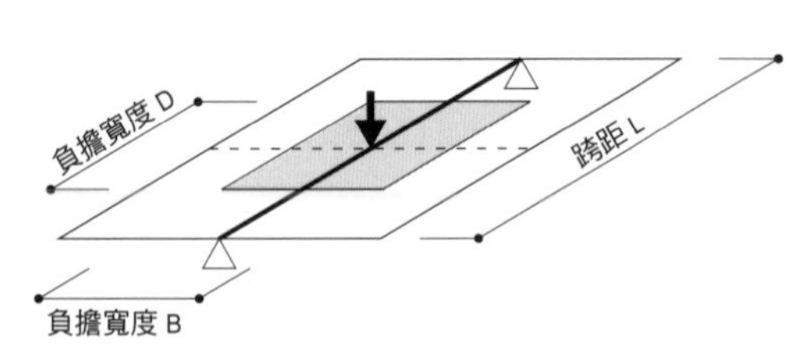

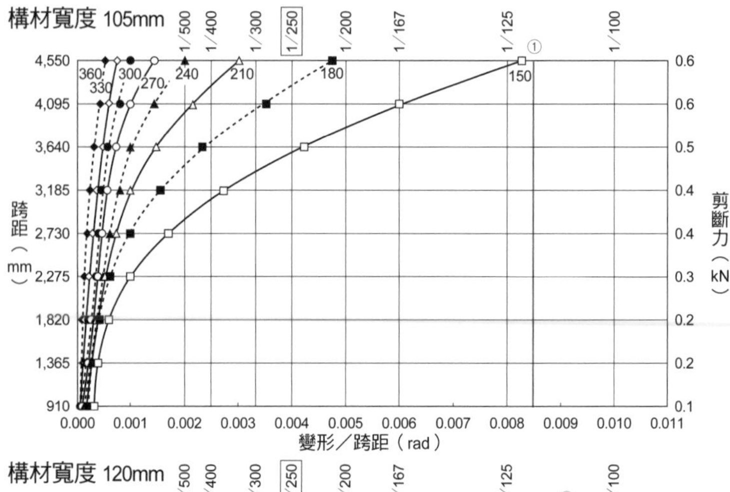

構材寬度 120mm

跨距（mm）

剪斷力（kN）

變形／跨距（rad）

載重

①：長期彎曲臨界 ②：長期剪斷臨界

	部位	靜載重 DL（N/m²）	活載重 LL（N/m²）	負擔寬度 B（m）	負擔寬度 D（m）	載重
應力用	屋頂 P₁	600	0	0.91	L/2	546N/m
	牆體 w	0	0	0	—	0
撓曲用	屋頂 P₁	600	0	0.91	L/2	546N/m
	牆體 w	0	0	0	—	0

桁條、脊桁、屋架樑

負擔寬度 1,820mm

金屬版屋頂的 1 點集中載重

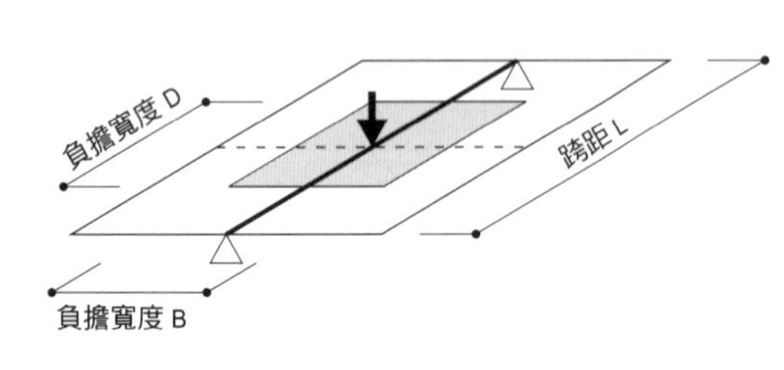

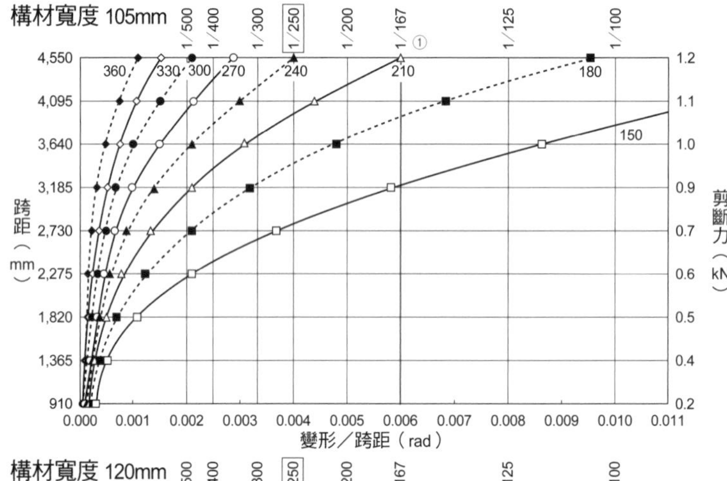

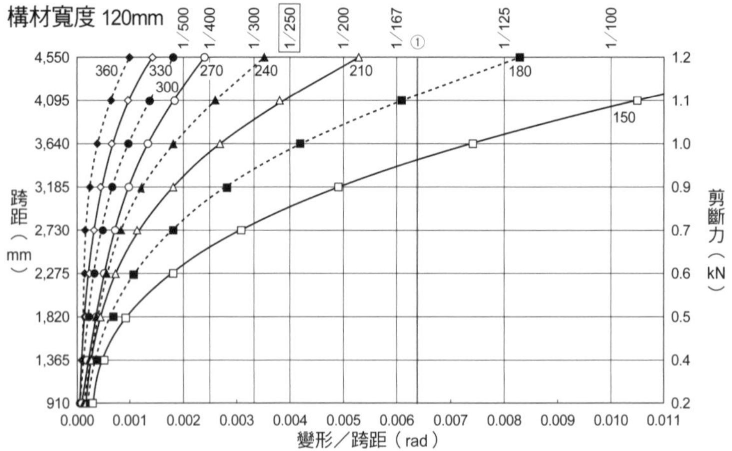

載重

①：長期彎曲臨界 ②：長期剪斷臨界

	部位	靜載重 DL（N/m²）	活載重 LL（N/m²）	負擔寬度 B（m）	負擔寬度 D（m）	載重
應力用	屋頂 P₁	600	0	1.82	L/2	1,092N/m
	牆體 w	0	0	0	—	0
撓曲用	屋頂 P₁	600	0	1.82	L/2	1,092N/m
	牆體 w	0	0	0	—	0

二樓樓板梁

跨距 2,730mm

樓板的均勻分布載重

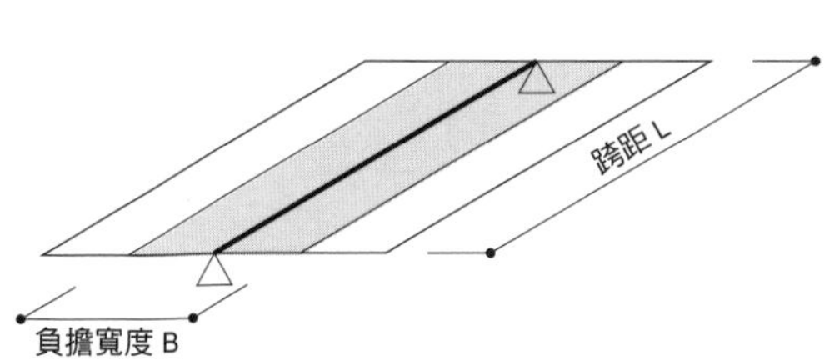

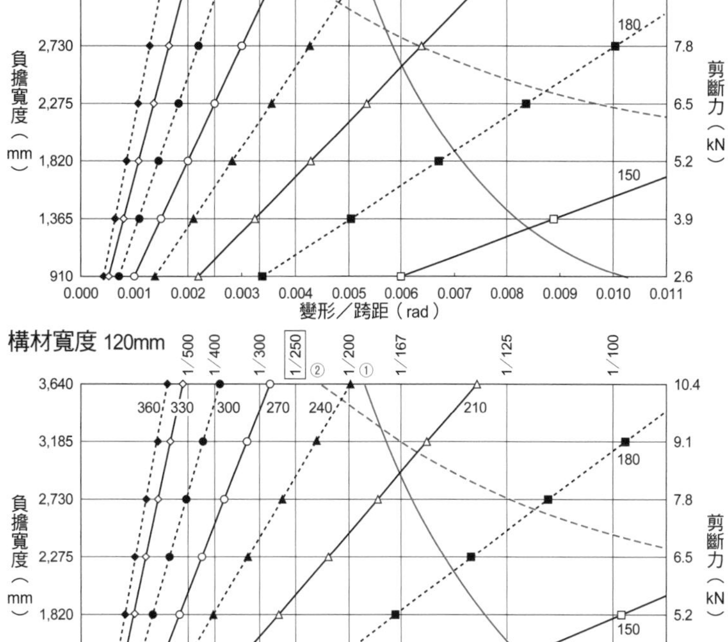

載重　①：長期彎曲臨界 ②：長期剪斷臨界

	部位	靜載重 DL（N／m²）	活載重 LL（N／m²）	負擔寬度 B（m）	負擔寬度 D（m）	載重
應力用	二樓樓板 w1	800	1,300	B	—	2,100N／m²
	牆體 w2	0	0	0	—	0
	屋頂 P	0	0	0	0	0
撓曲用	二樓樓板 w1	800	600	B	—	1,400N／m²
	牆體 w2	0	0	0	—	0
	屋頂 P	0	0	0	0	0

二樓樓板梁

跨距 3,640mm

樓板的均勻分布載重

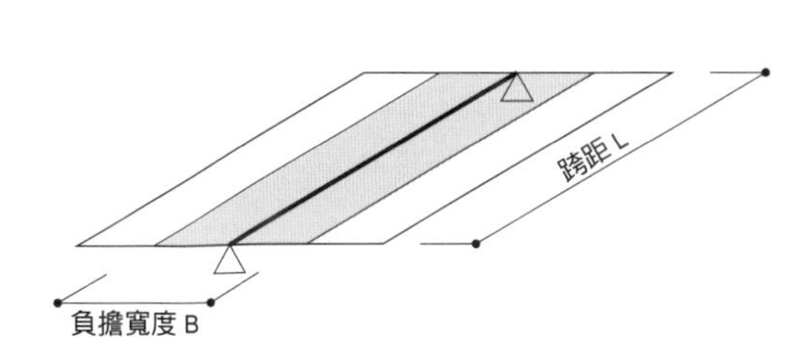

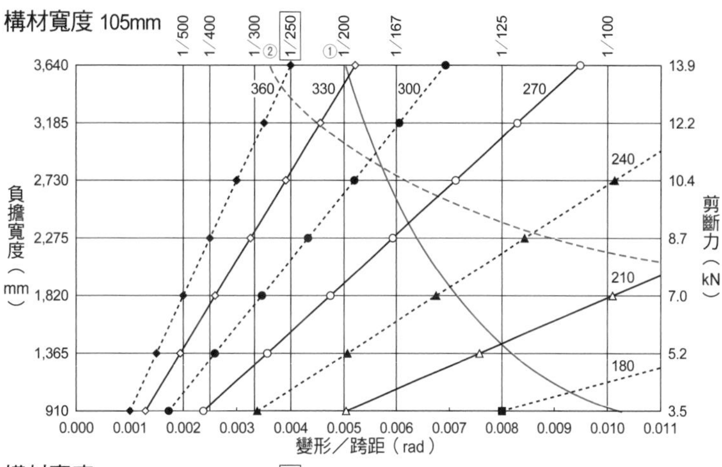

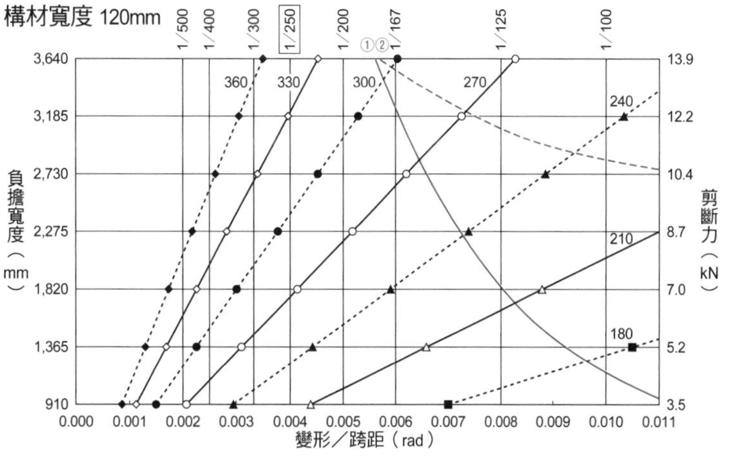

載重　①：長期彎曲臨界 ②：長期剪斷臨界

	部位	靜載重 DL（N／m²）	活載重 LL（N／m²）	負擔寬度 B（m）	負擔寬度 D（m）	載重
應力用	二樓樓板 w1	800	1,300	B	—	2,100N／m²
	牆體 w2	0	0	0	—	0
	屋頂 P	0	0	0	0	0
撓曲用	二樓樓板 w1	800	600	B	—	1,400N／m²
	牆體 w2	0	0	0	—	0
	屋頂 P	0	0	0	0	0

二樓樓板樑

跨距 2,730mm

樓板的 1 點集中載重

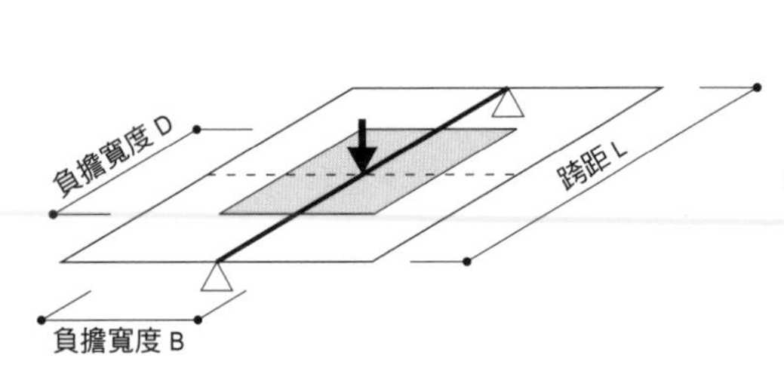

構材寬度 105mm

1/500 1/400 1/300 ① 1/250 1/200 1/167 1/125 1/100

360 330 300 270 240 210 180 150

負擔寬度（mm）：3,640 3,185 2,730 2,275 1,820 1,365 910

剪斷力（kN）：7.0 6.1 5.2 4.3 3.5 2.6 1.7

0.000 0.001 0.002 0.003 0.004 0.005 0.006 0.007 0.008 0.009 0.010 0.011

變形／跨距（rad）

構材寬度 120mm

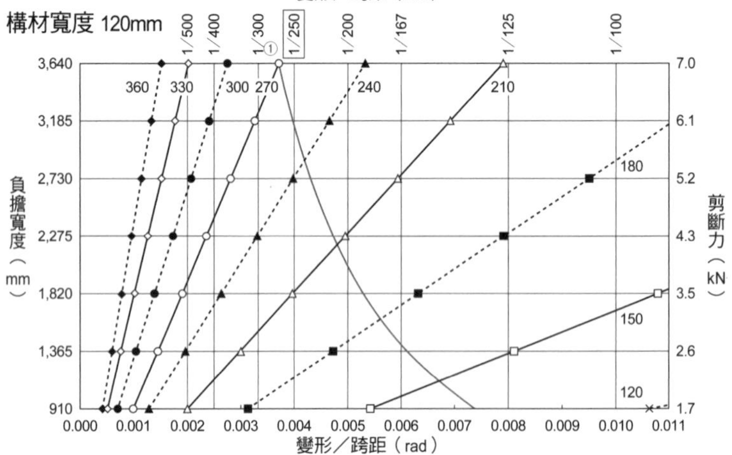

載重　　①：長期彎曲臨界 ②：長期剪斷臨界

	部位	靜載重 DL（N/m²）	活載重 LL（N/m²）	負擔寬度 B（m）	負擔寬度 D（m）	載重
應力用	二樓樓板 P_1	800	1,300	B	1.82	3,822N／m
	屋頂 P_2	0	0	0	0	0
	牆體 w	0	0	0	—	0
撓曲用	二樓樓板 P_1	800	600	B	1.82	2,548N／m
	屋頂 P_2	0	0	0	0	0
	牆體 w	0	0	0	—	0

二樓樓板樑

跨距 3,640mm

樓板的 1 點集中載重

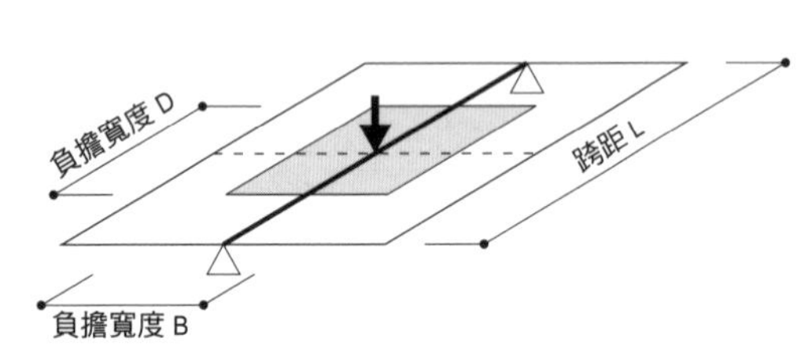

構材寬度 105mm

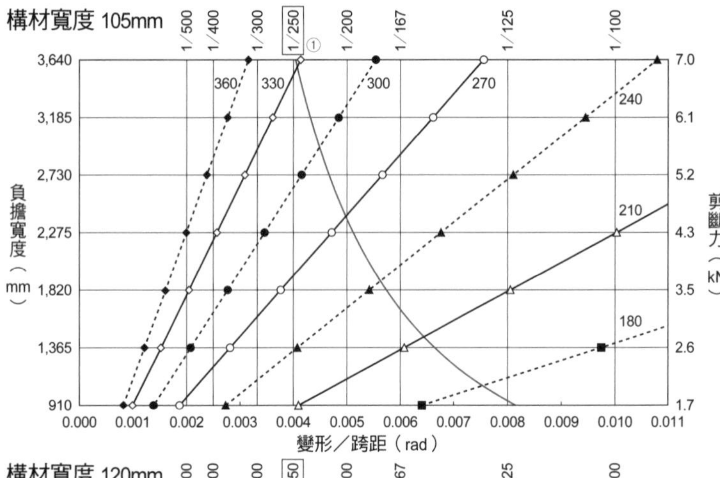

構材寬度 120mm

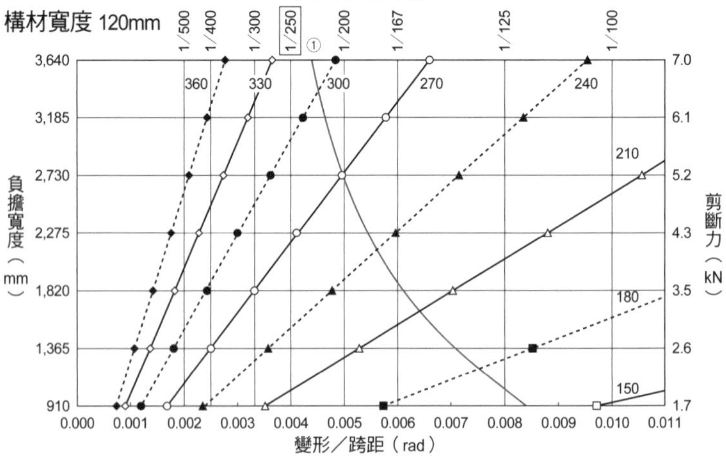

載重　　①：長期彎曲臨界 ②：長期剪斷臨界

	部位	靜載重 DL（N/m²）	活載重 LL（N/m²）	負擔寬度 B（m）	負擔寬度 D（m）	載重
應力用	二樓樓板 P_1	800	1,300	B	1.82	3,822N／m
	屋頂 P_2	0	0	0	0	0
	牆體 w	0	0	0	—	0
撓曲用	二樓樓板 P_1	800	600	B	1.82	2,548N／m
	屋頂 P_2	0	0	0	0	0
	牆體 w	0	0	0	—	0

二樓樓板樑

跨距 2,730mm

樓板的均勻分布、瓦屋頂 1 點集中載重

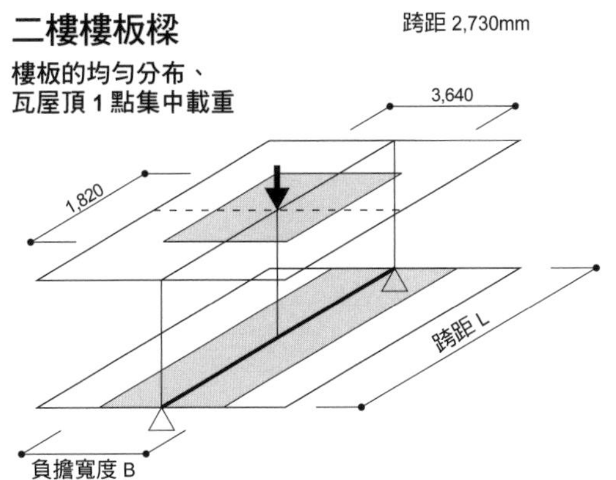

構材寬度 105mm

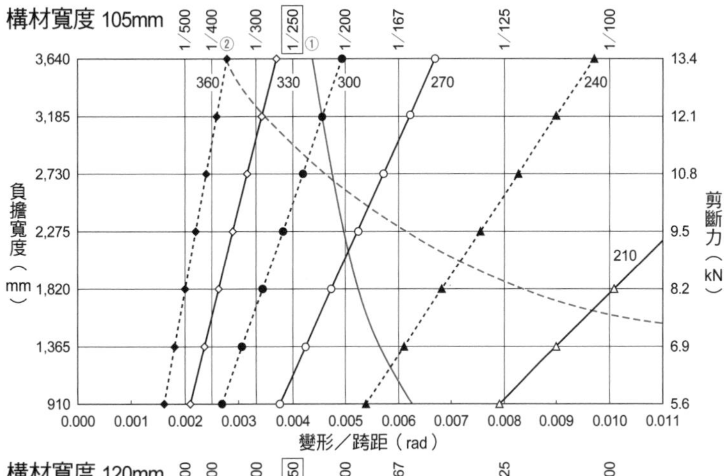

構材寬度 120mm

載重　①：長期彎曲臨界 ②：長期剪斷臨界

	部位	靜載重 DL（N/m²）	活載重 LL（N/m²）	負擔寬度 B（m）	負擔寬度 D（m）	載重
應力用	二樓樓板 w_1	800	1,300	B	—	2,100N/m²
	牆體 w_2	0	0	0	—	0
	屋頂 P	900	0	1.82	3.64	5,962N
撓曲用	二樓樓板 w_1	800	600	B	—	1,400N/m²
	牆體 w_2	0	0	0	—	0
	屋頂 P	900	0	1.82	3.64	5,962N

二樓樓板樑

跨距 3,640mm

樓板的均勻分布、瓦屋頂 1 點集中載重

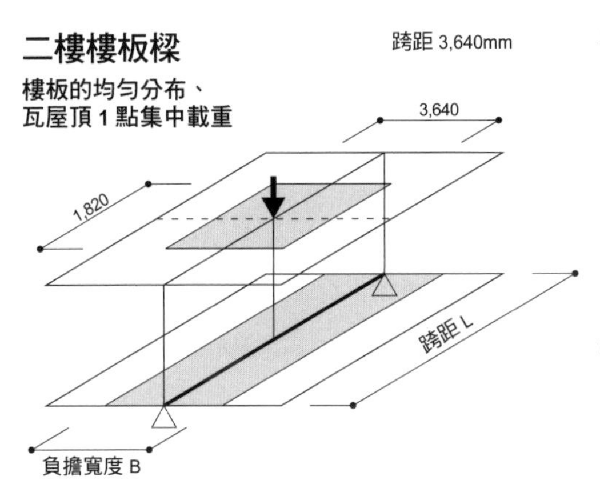

構材寬度 105mm

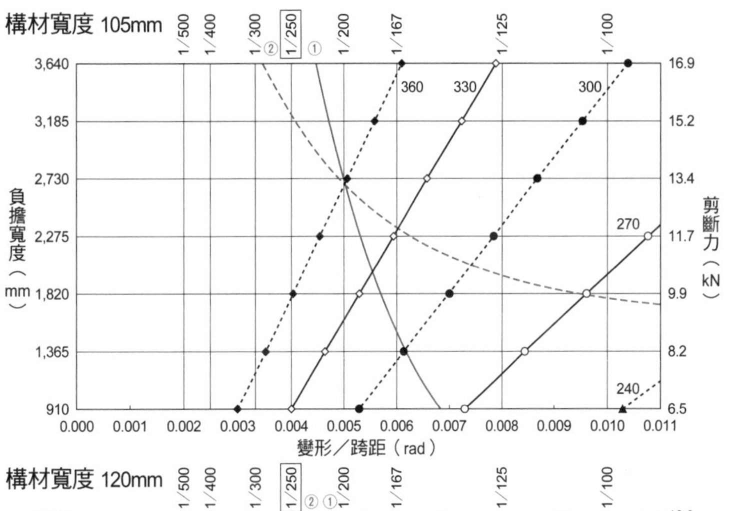

構材寬度 120mm

載重　①：長期彎曲臨界 ②：長期剪斷臨界

	部位	靜載重 DL（N/m²）	活載重 LL（N/m²）	負擔寬度 B（m）	負擔寬度 D（m）	載重
應力用	二樓樓板 w_1	800	1,300	B	—	2,100N/m²
	牆體 w_2	0	0	0	—	0
	屋頂 P	900	0	1.82	3.64	5,962N
撓曲用	二樓樓板 w_1	800	600	B	—	1,400N/m²
	牆體 w_2	0	0	0	—	0
	屋頂 P	900	0	1.82	3.64	5,962N

二樓樓板樑

跨距 2,730mm

樓板的均勻分布、金屬版屋頂 1 點集中載重

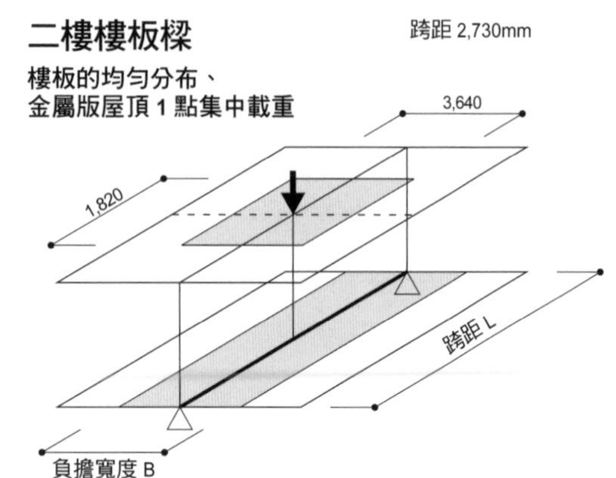

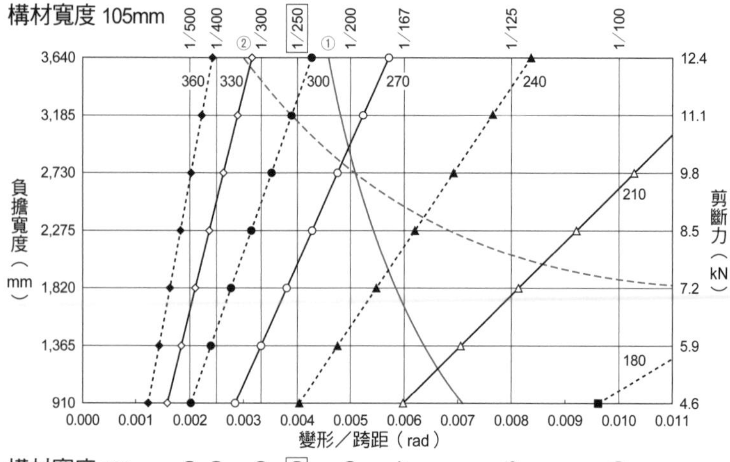

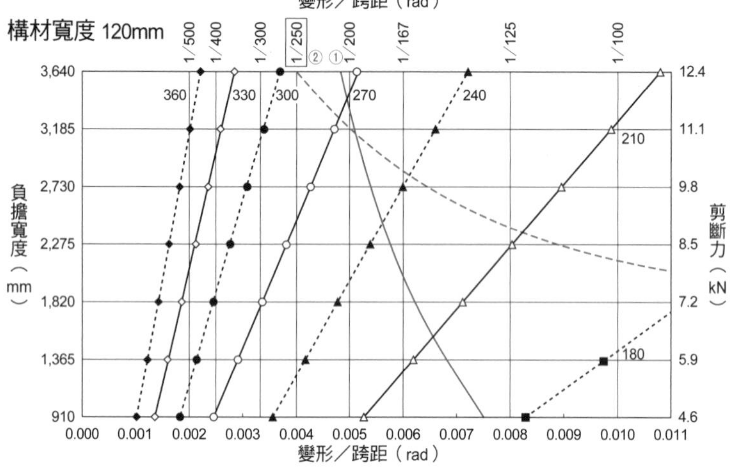

載重

①：長期彎曲臨界 ②：長期剪斷臨界

	部位	靜載重 DL（N/m²）	活載重 LL（N/m²）	負擔寬度 B（m）	負擔寬度 D（m）	載重
應力用	二樓樓板 w_1	800	1,300	B	—	2,100N/m²
	牆體 w_2	0	0	0	—	0
	屋頂 P	600	0	1.82	3.64	3,975N
撓曲用	二樓樓板 w_1	800	600	B	—	1,400N/m²
	牆體 w_2	0	0	0	—	0
	屋頂 P	600	0	1.82	3.64	3,975N

二樓樓板樑

跨距 3,640mm

樓板的均勻分布、金屬版屋頂 1 點集中載重

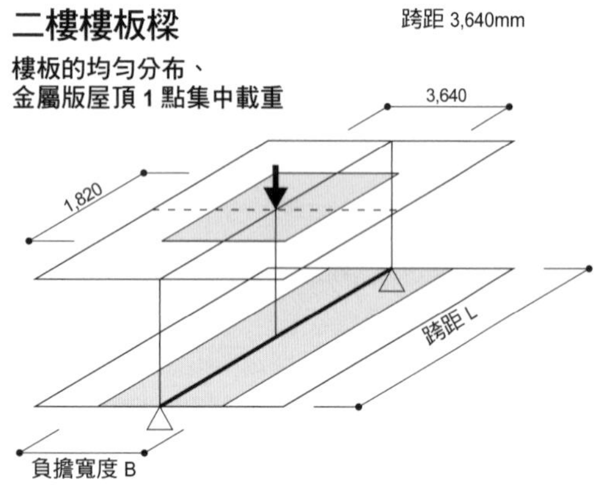

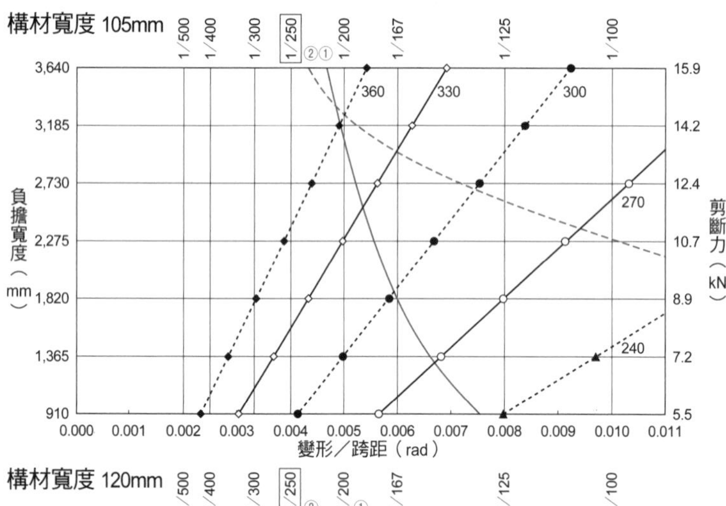

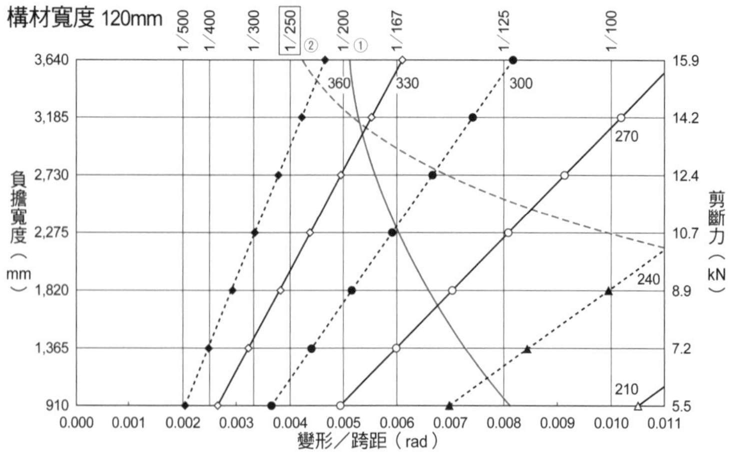

載重

①：長期彎曲臨界 ②：長期剪斷臨界

	部位	靜載重 DL（N/m²）	活載重 LL（N/m²）	負擔寬度 B（m）	負擔寬度 D（m）	載重
應力用	二樓樓板 w_1	800	1,300	B	—	2,100N/m²
	牆體 w_2	0	0	0	—	0
	屋頂 P	600	0	1.82	3.64	3,975N
撓曲用	二樓樓板 w_1	800	600	B	—	1,400N/m²
	牆體 w_2	0	0	0	—	0
	屋頂 P	600	0	1.82	3.64	3,975N

二樓樓板樑

跨距 2,730mm

樓板的均勻分布載重、外牆一層

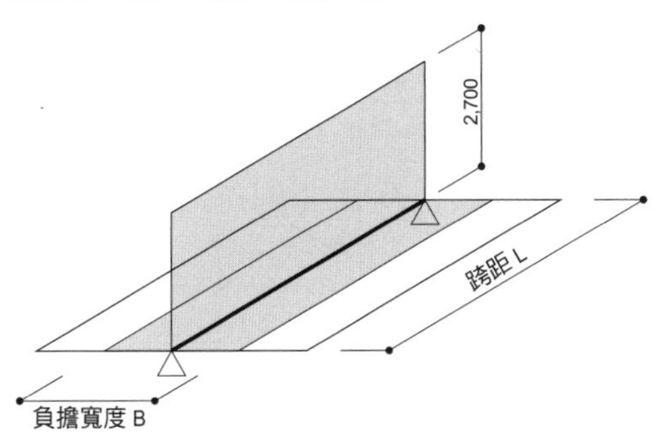

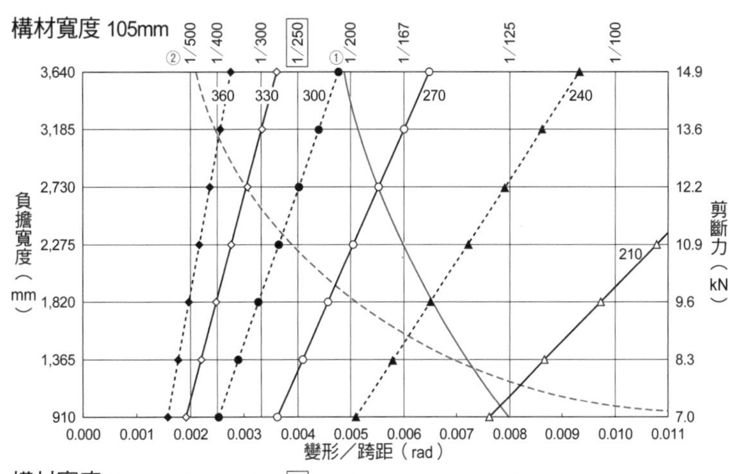

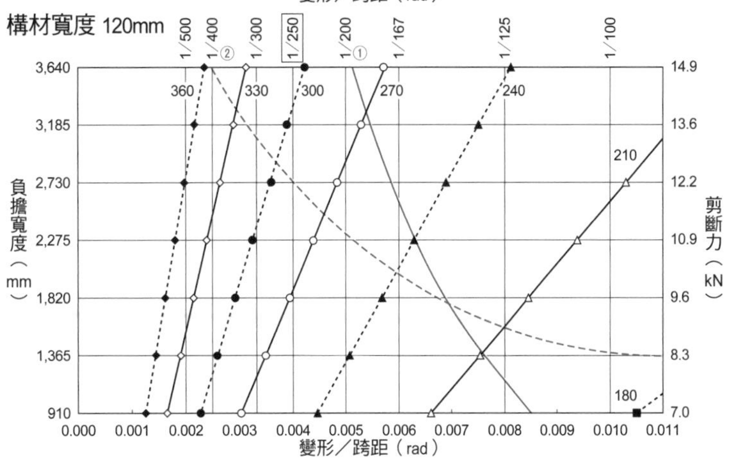

載重

①：長期彎曲臨界 ②：長期剪斷臨界

	部位	靜載重 DL（N／m²）	活載重 LL（N／m²）	負擔寬度 B（m）	負擔寬度 D（m）	載重
應力用	二樓樓板 w1	800	1,300	B	—	2,100N／m²
	牆體 w2	1,200	0	2.70	—	3,240N／m
	屋頂 P	0	0	0	0	0
撓曲用	二樓樓板 w1	800	600	B	—	1,400N／m²
	牆體 w2	1,200	0	2.70	—	3,240N／m
	屋頂 P	0	0	0	0	0

二樓樓板樑

跨距 3,640mm

樓板的均勻分布載重、外牆一層重

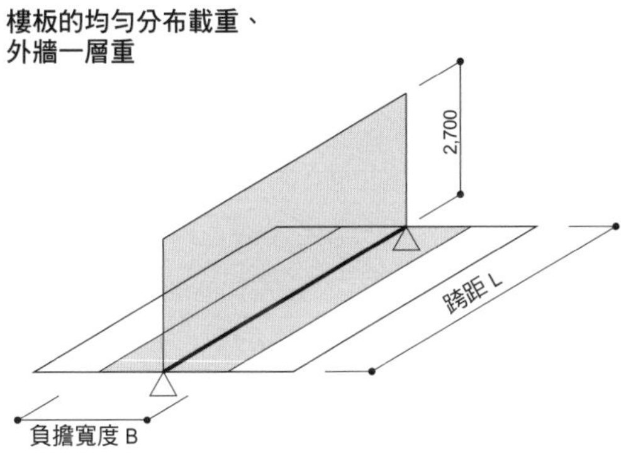

構材寬度 105mm

構材寬度 120mm

載重

①：長期彎曲臨界 ②：長期剪斷臨界

	部位	靜載重 DL（N／m²）	活載重 LL（N／m²）	負擔寬度 B（m）	負擔寬度 D（m）	載重
應力用	二樓樓板 w1	800	1,300	B	—	2,100N／m²
	牆體 w2	1,200	0	2.70	—	3,240N／m
	屋頂 P	0	0	0	0	0
撓曲用	二樓樓板 w1	800	600	B	—	1,400N／m²
	牆體 w2	1,200	0	2.70	—	3,240N／m
	屋頂 P	0	0	0	0	0

桁條、脊桁、屋架樑

跨距 2,730mm

瓦屋頂的均勻分布載重

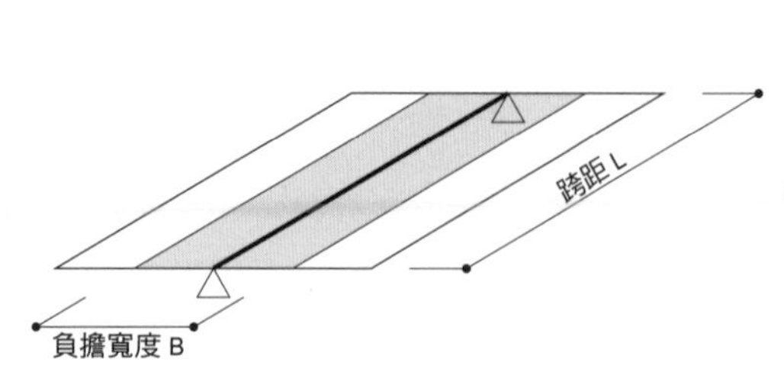

構材寬度 105mm

1/500 1/400 1/300 1/250 1/200 1/167 1/125 1/100

負擔寬度（mm）：3,640 / 3,185 / 2,730 / 2,275 / 1,820 / 1,365 / 910

剪斷力（kN）：4.5 / 3.9 / 3.4 / 2.8 / 2.2 / 1.7 / 1.1

360 330 300 270 240 210 180 150 120

0.000 0.001 0.002 0.003 0.004 0.005 0.006 0.007 0.008 0.009 0.010 0.011

變形／跨距（rad）

構材寬度 120mm

1/500 1/400 1/300 1/250 1/200 1/167 1/125 1/100

負擔寬度（mm）：3,640 / 3,185 / 2,730 / 2,275 / 1,820 / 1,365 / 910

剪斷力（kN）：4.5 / 3.9 / 3.4 / 2.8 / 2.2 / 1.7 / 1.1

360 330 300 270 240 210 180 150 120

0.000 0.001 0.002 0.003 0.004 0.005 0.006 0.007 0.008 0.009 0.010 0.011

變形／跨距（rad）

載重 ①：長期彎曲臨界 ②：長期剪斷臨界

	部位	靜載重 DL（N/m²）	活載重 LL（N/m²）	負擔寬度 B（m）	負擔寬度 D（m）	載重
應力用	屋頂 w_1	900	0	B	—	900N/m²
	牆體 w_2	0	0	0	—	0
	P	0	0	0	0	0
撓曲用	屋頂 w_1	900	0	B	—	900N/m²
	牆體 w_2	0	0	0	—	0
	P	0	0	0	0	0

桁條、脊桁、屋架樑

跨距 3,640mm

瓦屋頂的均勻分布載重

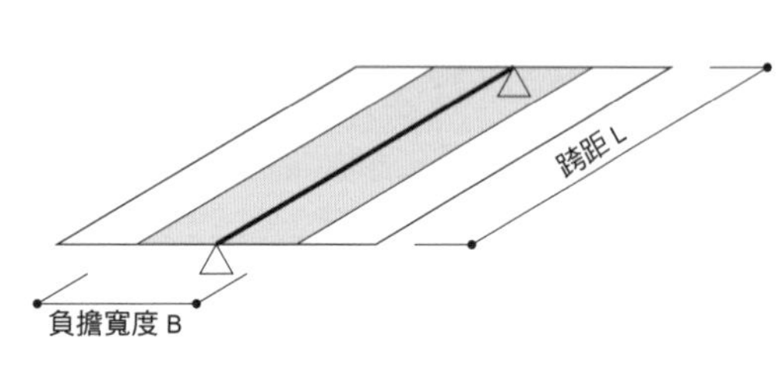

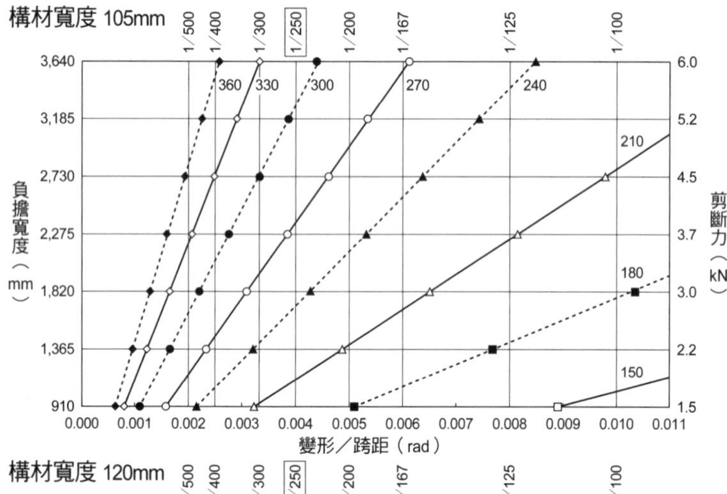

構材寬度 120mm

1/500 1/400 1/300 1/250 1/200 1/167 1/125 1/100

負擔寬度（mm）：3,640 / 3,185 / 2,730 / 2,275 / 1,820 / 1,365 / 910

剪斷力（kN）：6.0 / 5.2 / 4.5 / 3.7 / 3.0 / 2.2 / 1.5

360 330 300 270 240 210 180 150

0.000 0.001 0.002 0.003 0.004 0.005 0.006 0.007 0.008 0.009 0.010 0.011

變形／跨距（rad）

載重 ①：長期彎曲臨界 ②：長期剪斷臨界

	部位	靜載重 DL（N/m²）	活載重 LL（N/m²）	負擔寬度 B（m）	負擔寬度 D（m）	載重
應力用	屋頂 w_1	900	0	B	—	900N/m²
	牆體 w_2	0	0	0	—	0
	P	0	0	0	0	0
撓曲用	屋頂 w_1	900	0	B	—	900N/m²
	牆體 w_2	0	0	0	—	0
	P	0	0	0	0	0

桁條、脊桁、屋架樑

跨距 2,730mm

瓦屋頂的 1 點集中載重

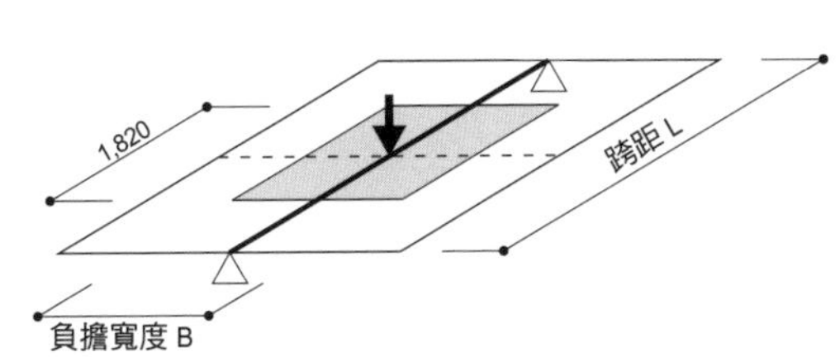

載重 ①：長期彎曲臨界 ②：長期剪斷臨界

	部位	靜載重 DL（N/m²）	活載重 LL（N/m²）	負擔寬度 B（m）	負擔寬度 D（m）	載重
應力用	屋頂 P_1	900	0	B	1.82	1,638N／m
	P_2	0	0	0	0	0
	牆體 w	0	0	0	—	0
撓曲用	屋頂 P_1	900	0	B	1.82	1,638N／m
	P_2	0	0	0	0	0
	牆體 w	0	0	0	—	0

桁條、脊桁、屋架樑

跨距 3,640mm

瓦屋頂的 1 點集中載重

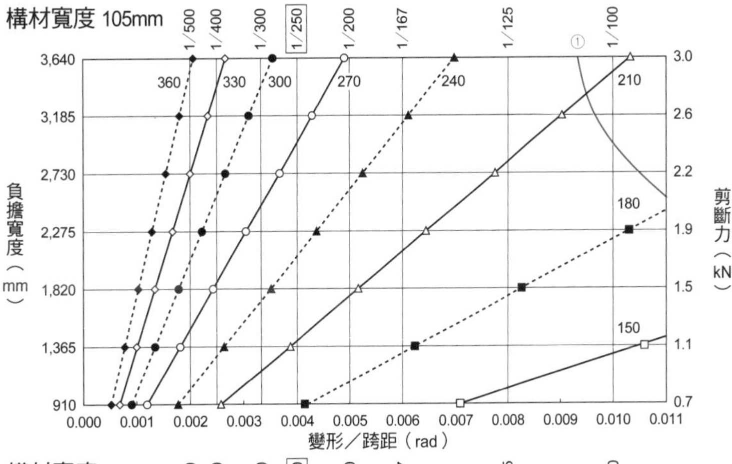

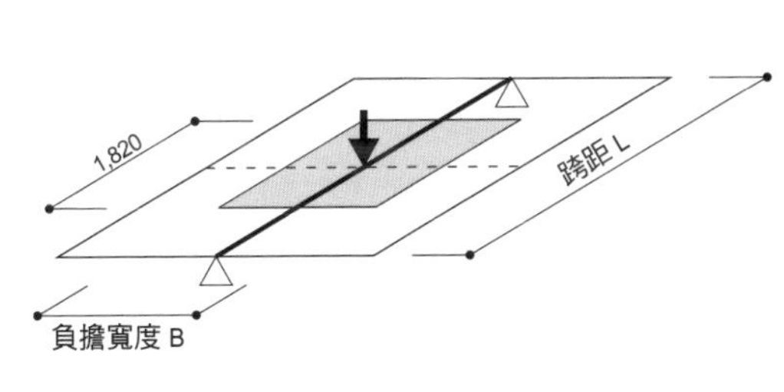

載重 ①：長期彎曲臨界 ②：長期剪斷臨界

	部位	靜載重 DL（N/m²）	活載重 LL（N/m²）	負擔寬度 B（m）	負擔寬度 D（m）	載重
應力用	屋頂 P_1	900	0	B	1.82	1,638N／m
	P_2	0	0	0	0	0
	牆體 w	0	0	0	—	0
撓曲用	屋頂 P_1	900	0	B	1.82	1,638N／m
	P_2	0	0	0	0	0
	牆體 w	0	0	0	—	0

桁條、脊桁、屋架樑

跨距 2,730mm

金屬版屋頂的均勻分布載重

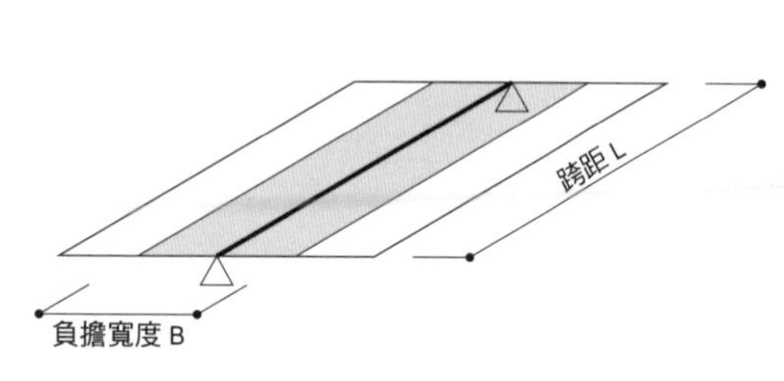

構材寬度 105mm

構材寬度 120mm

載重 ①：長期彎曲臨界 ②：長期剪斷臨界

	部位	靜載重 DL（N／m²）	活載重 LL（N／m²）	負擔寬度 B（m）	負擔寬度 D（m）	載重
應力用	屋頂 w_1	600	0	B	—	600N／m²
	牆體 w_2	0	0	0	—	0
	P	0	0	0	0	0
撓曲用	屋頂 w_1	600	0	B	—	600N／m²
	牆體 w_2	0	0	0	—	0
	P	0	0	0	0	0

桁條、脊桁、屋架樑

跨距 3,640mm

金屬版屋頂的均勻分布載重

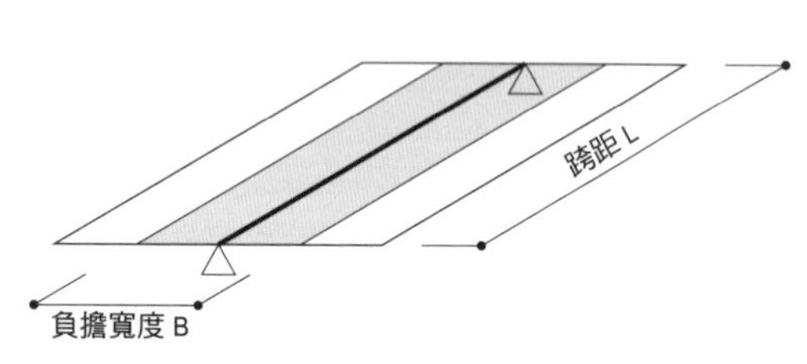

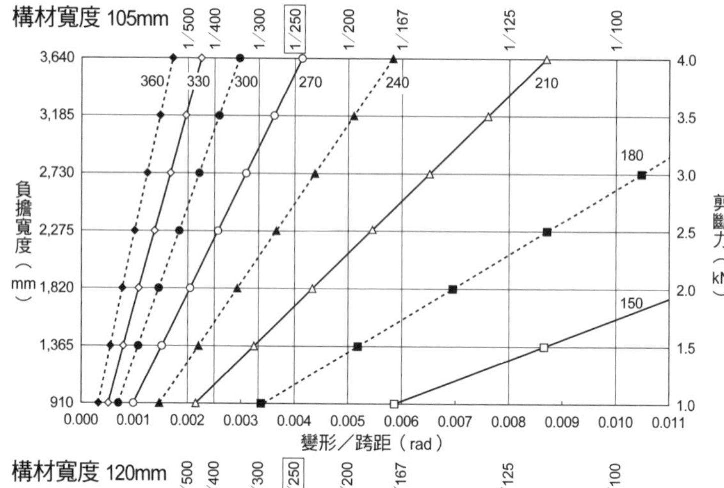

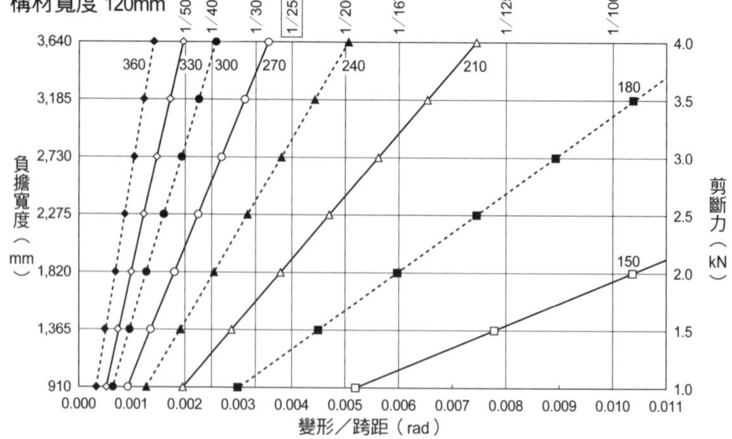

載重 ①：長期彎曲臨界 ②：長期剪斷臨界

	部位	靜載重 DL（N／m²）	活載重 LL（N／m²）	負擔寬度 B（m）	負擔寬度 D（m）	載重
應力用	屋頂 w_1	600	0	B	—	600N／m²
	牆體 w_2	0	0	0	—	0
	P	0	0	0	0	0
撓曲用	屋頂 w_1	600	0	B	—	600N／m²
	牆體 w_2	0	0	0	—	0
	P	0	0	0	0	0

桁條、脊桁、屋架樑

跨距 2,730mm

金屬版屋頂的 1 點集中載重

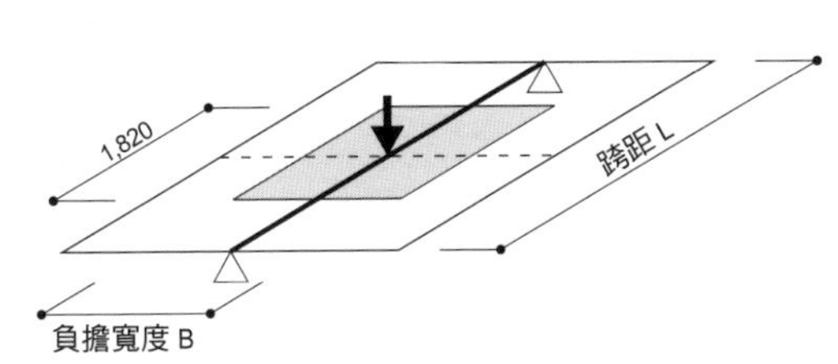

構材寬度 105mm

構材寬度 120mm

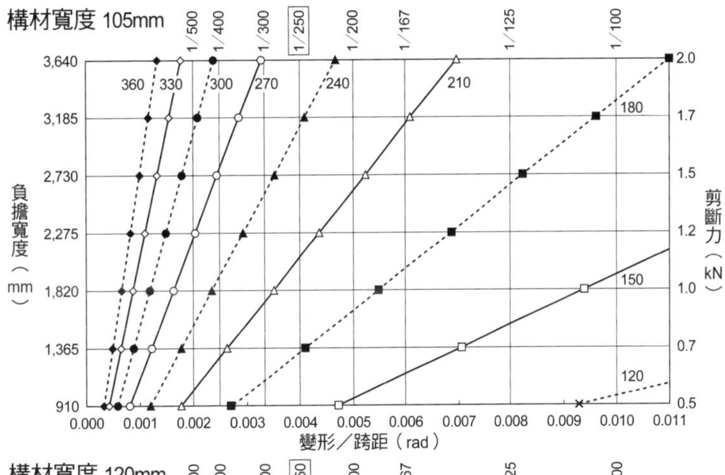

載重 ①：長期彎曲臨界 ②：長期剪斷臨界

	部位	靜載重 DL（N/m²）	活載重 LL（N/m²）	負擔寬度 B（m）	負擔寬度 D（m）	載重
應力用	屋頂 P_1	600	0	B	1.82	1,092N／m
	P_2	0	0	0	0	0
	牆體 w	0	0	0	—	0
撓曲用	屋頂 P_1	600	0	B	1.82	1,092N／m
	P_2	0	0	0	0	0
	牆體 w	0	0	0	—	0

桁條、脊桁、屋架樑

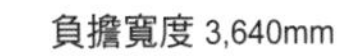
負擔寬度 3,640mm

金屬版屋頂的 1 點集中載重

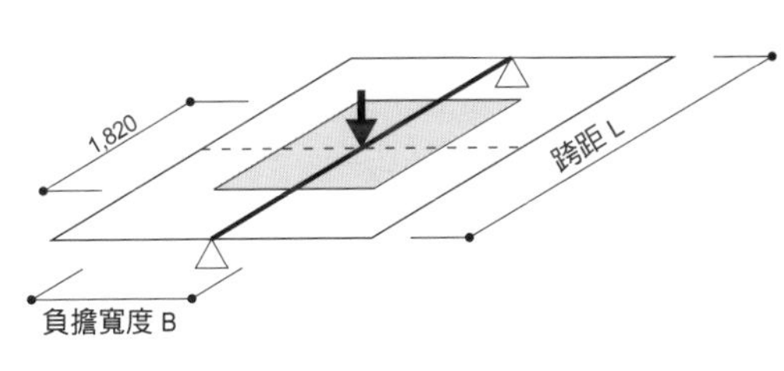

構材寬度 105mm

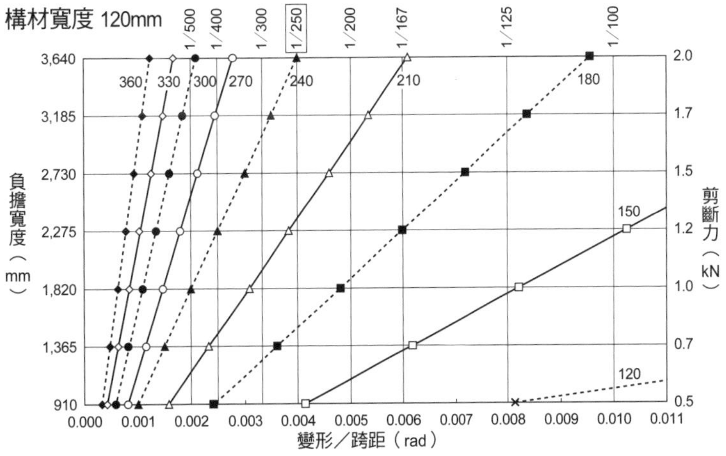

構材寬度 120mm

載重 ①：長期彎曲臨界 ②：長期剪斷臨界

	部位	靜載重 DL（N/m²）	活載重 LL（N/m²）	負擔寬度 B（m）	負擔寬度 D（m）	載重
應力用	屋頂 P_1	600	0	B	1.82	1,092N／m
	P_2	0	0	0	0	0
	牆體 w	0	0	0	—	0
撓曲用	屋頂 P_1	600	0	B	1.82	1,092N／m
	P_2	0	0	0	0	0
	牆體 w	0	0	0	—	0

樓板格柵、椽的跨距表

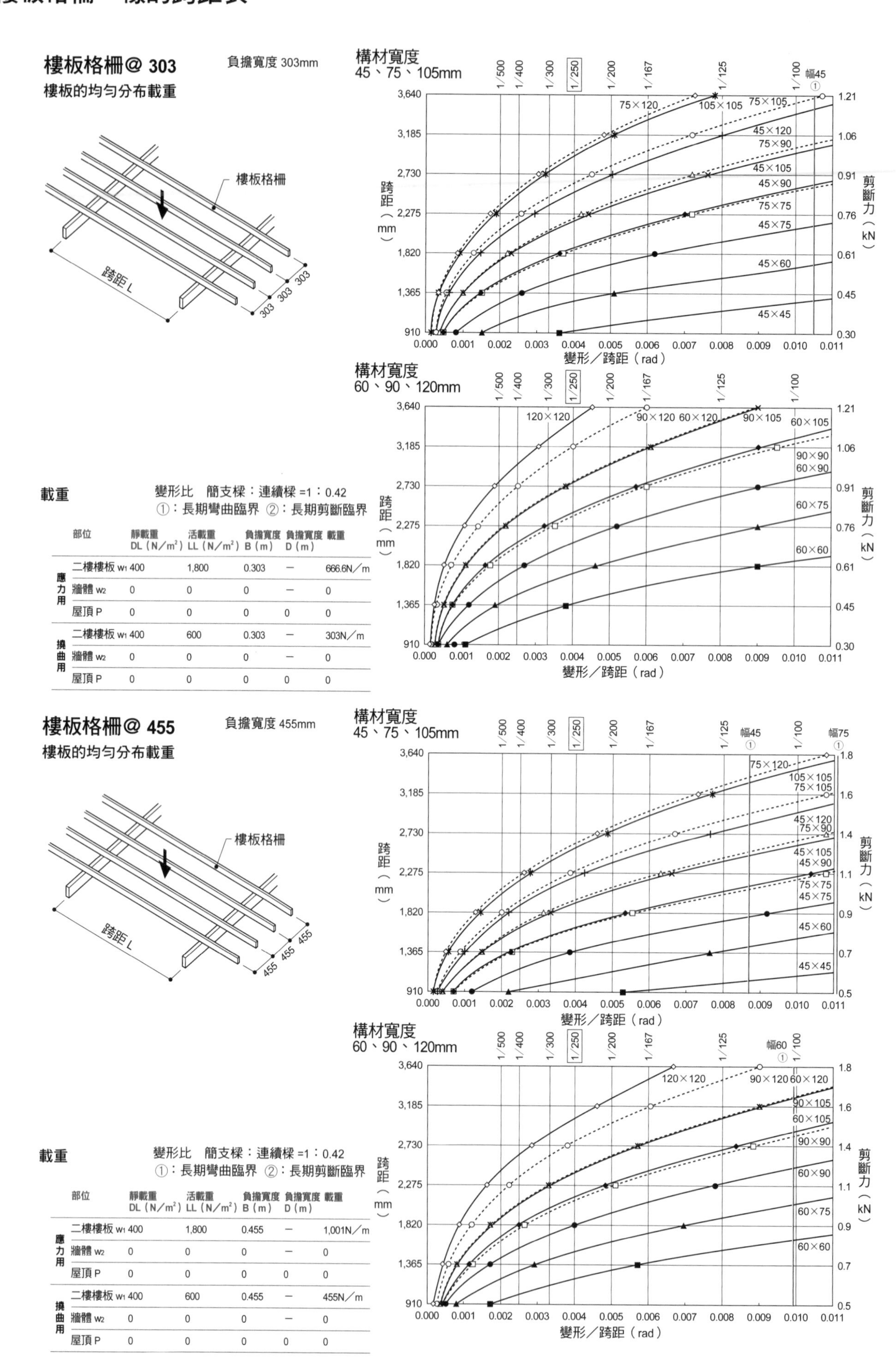

樓板格柵@ 303

負擔寬度 303mm

樓板的均勻分布載重

載重

變形比　簡支樑：連續樑 =1：0.42

①：長期彎曲臨界　②：長期剪斷臨界

	部位	靜載重 DL（N／m²）	活載重 LL（N／m²）	負擔寬度 B（m）	負擔寬度 D（m）	載重
應力用	二樓樓板 w_1	400	1,800	0.303	—	666.6N／m
	牆體 w_2	0	0	0	—	0
	屋頂 P	0	0	0	0	0
撓曲用	二樓樓板 w_1	400	600	0.303	—	303N／m
	牆體 w_2	0	0	0	—	0
	屋頂 P	0	0	0	0	0

樓板格柵@ 455

負擔寬度 455mm

樓板的均勻分布載重

載重

變形比　簡支樑：連續樑 =1：0.42

①：長期彎曲臨界　②：長期剪斷臨界

	部位	靜載重 DL（N／m²）	活載重 LL（N／m²）	負擔寬度 B（m）	負擔寬度 D（m）	載重
應力用	二樓樓板 w_1	400	1,800	0.455	—	1,001N／m
	牆體 w_2	0	0	0	—	0
	屋頂 P	0	0	0	0	0
撓曲用	二樓樓板 w_1	400	600	0.455	—	455N／m
	牆體 w_2	0	0	0	—	0
	屋頂 P	0	0	0	0	0

椽@ 303

負擔寬度 303mm

瓦屋頂的均勻分布載重

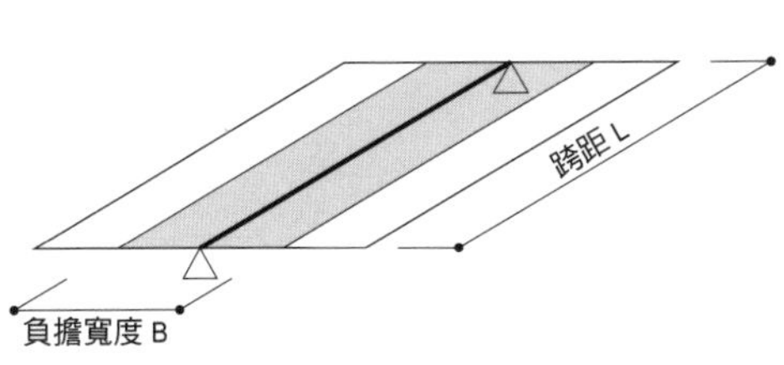

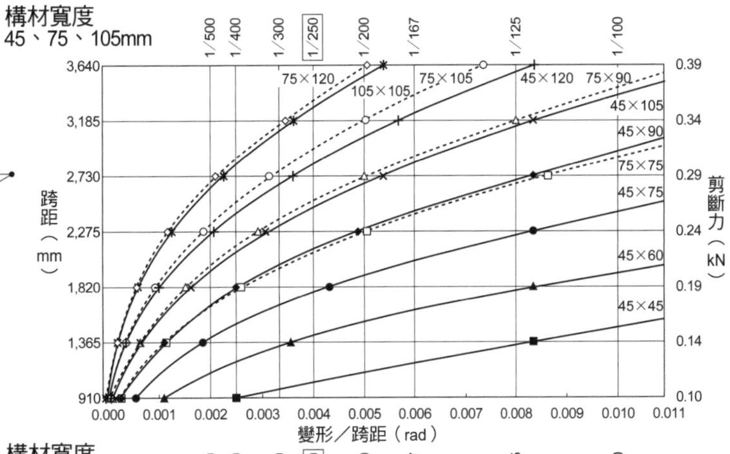

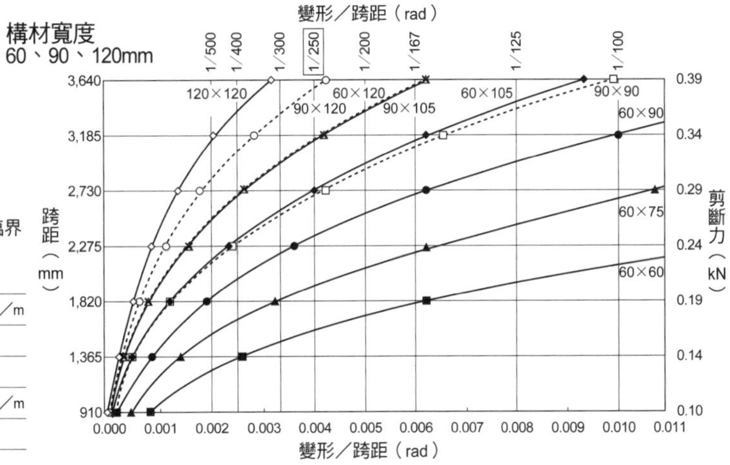

構材寬度 45、75、105mm

構材寬度 60、90、120mm

載重

變形比　簡支樑：連續樑 =1：0.42
①：長期彎曲臨界 ②：長期剪斷臨界

	部位	靜載重 DL（N/m²）	活載重 LL（N/m²）	負擔寬度 B（m）	負擔寬度 D（m）	載重
應力用	屋頂 w1	700	0	0.303	—	212.1N/m
	牆體 w2	0	0	0	—	0
	屋頂 P	0	0	0	0	0
撓曲用	屋頂 w1	700	0	0.303	—	212.1N/m
	牆體 w2	0	0	0	—	0
	屋頂 P	0	0	0	0	0

椽@ 455

負擔寬度 455mm

瓦屋頂的均勻分布載重

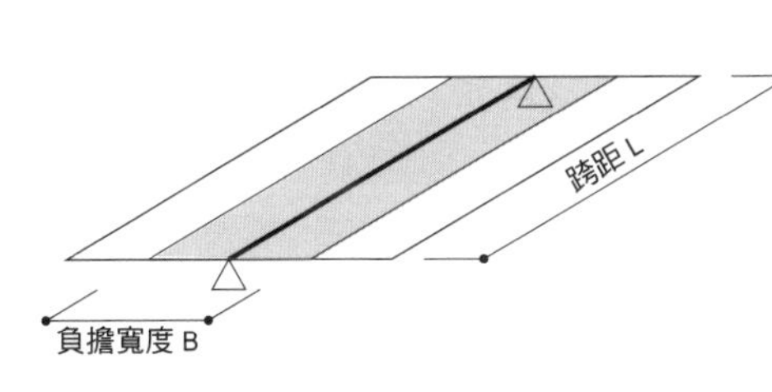

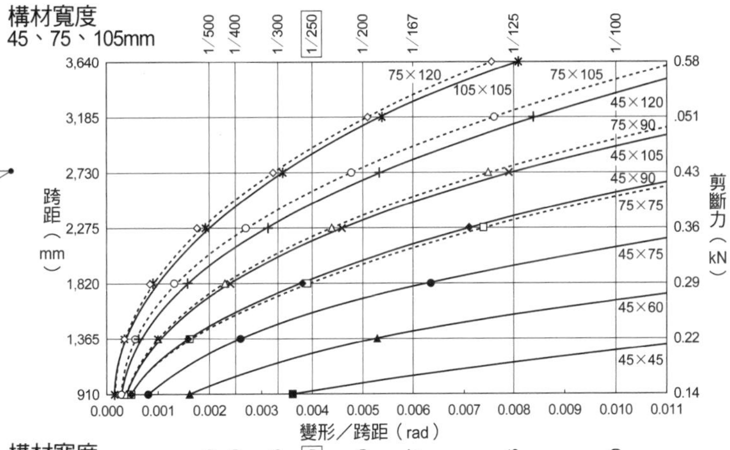

構材寬度 45、75、105mm

構材寬度 60、90、120mm

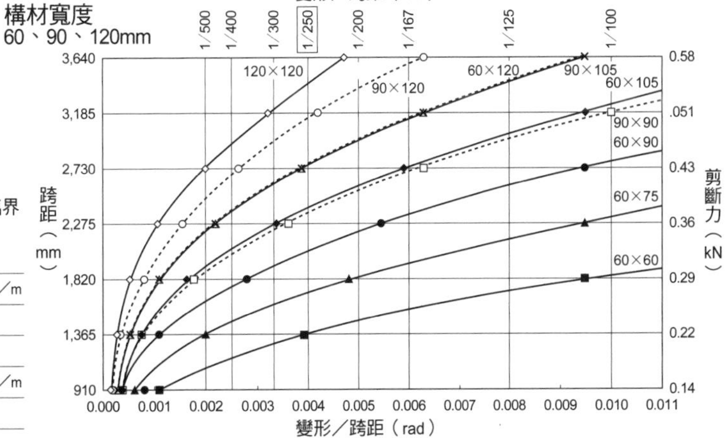

載重

變形比　簡支樑：連續樑 =1：0.42
①：長期彎曲臨界 ②：長期剪斷臨界

	部位	靜載重 DL（N/m²）	活載重 LL（N/m²）	負擔寬度 B（m）	負擔寬度 D（m）	載重
應力用	屋頂 w1	700	0	0.455	—	318.5N/m
	牆體 w2	0	0	0	—	0
	屋頂 P	0	0	0	0	0
撓曲用	屋頂 w1	700	0	0.455	—	318.5N/m
	牆體 w2	0	0	0	—	0
	屋頂 P	0	0	0	0	0

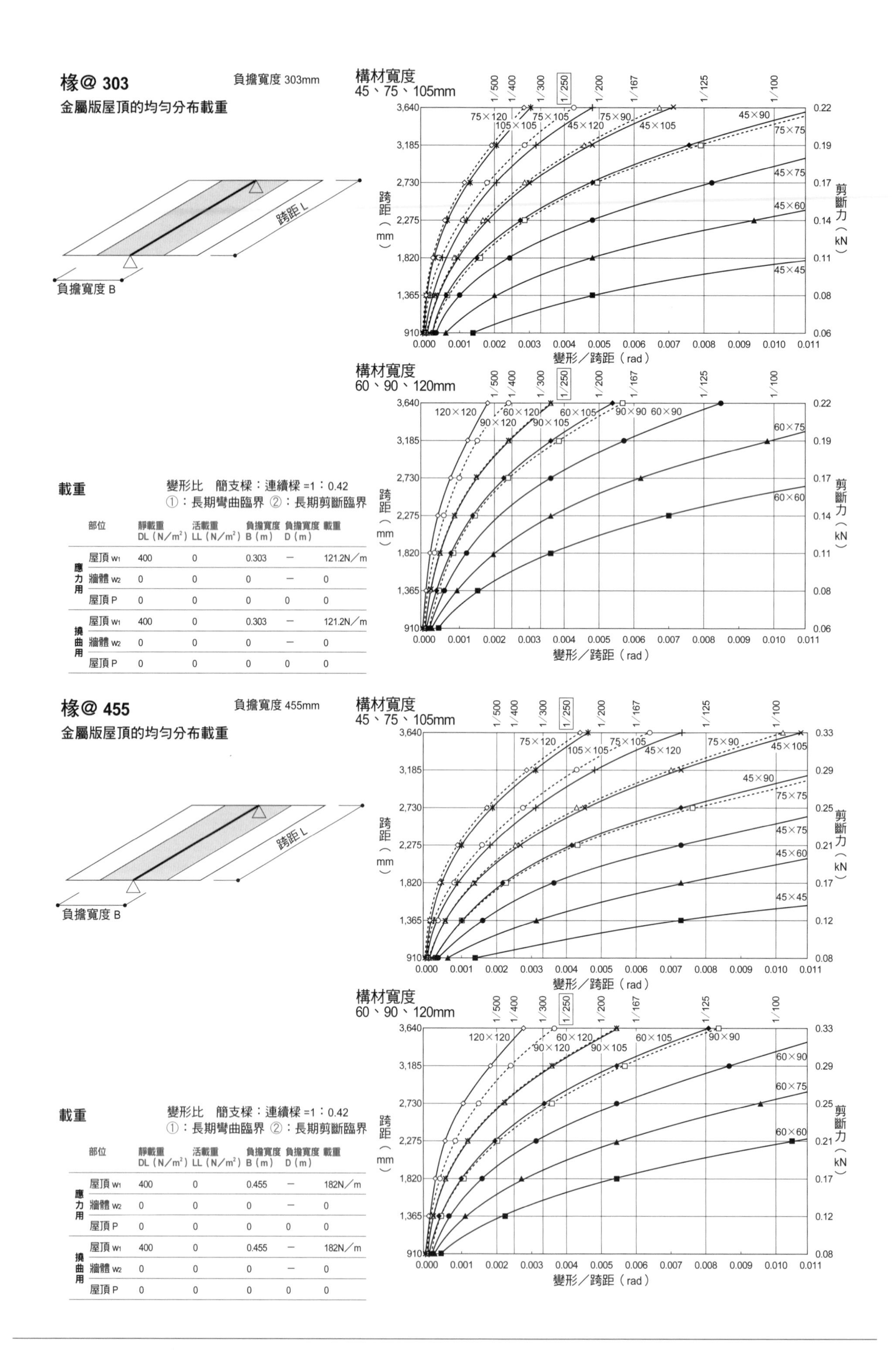

椽@ 303

	部位	靜載重 DL(N/m²)	活載重 LL(N/m²)	負擔寬度 B(m)	負擔寬度 D(m)	載重
應力用	屋頂 w1	400	0	0.303	—	121.2N/m
	牆體 w2	0	0	0	—	0
	屋頂 P	0	0	0	0	0
撓曲用	屋頂 w1	400	0	0.303	—	121.2N/m
	牆體 w2	0	0	0	—	0
	屋頂 P	0	0	0	0	0

椽@ 455

	部位	靜載重 DL(N/m²)	活載重 LL(N/m²)	負擔寬度 B(m)	負擔寬度 D(m)	載重
應力用	屋頂 w1	400	0	0.455	—	182N/m
	牆體 w2	0	0	0	—	0
	屋頂 P	0	0	0	0	0
撓曲用	屋頂 w1	400	0	0.455	—	182N/m
	牆體 w2	0	0	0	—	0
	屋頂 P	0	0	0	0	0

懸挑椽@ 303

負擔寬度 303mm

瓦屋頂的均勻分布載重

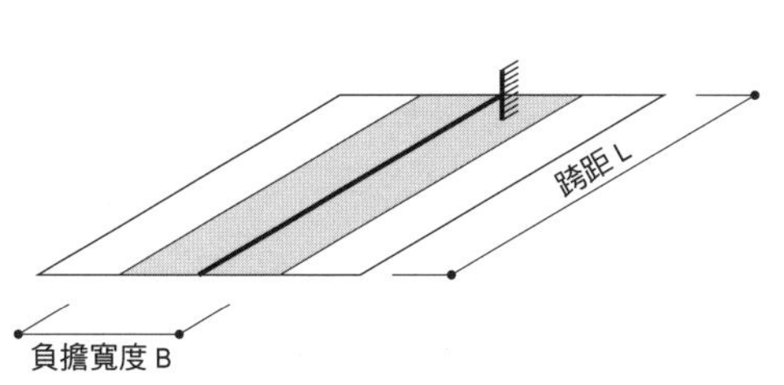

構材寬度
45、75、105mm

出簷（mm）
剪斷力（kN）
變形／跨距（rad）

構材寬度
60、90、120mm

出簷（mm）
剪斷力（kN）
變形／跨距（rad）

載重

①：長期彎曲臨界 ②：長期剪斷臨界

	部位	靜載重 DL（N／m²）	活載重 LL（N／m²）	負擔寬度 B（m）	負擔寬度 D（m）	載重
應力用	屋頂 w1	700	0	0.303	—	212.1N／m
	牆體 w2	0	0	0	—	0
	屋頂 P	0	0	0	0	0
撓曲用	屋頂 w1	700	0	0.303	—	212.1N／m
	牆體 w2	0	0	0	—	0
	屋頂 P	0	0	0	0	0

懸挑椽@ 455

負擔寬度 455mm

瓦屋頂的均勻分布載重

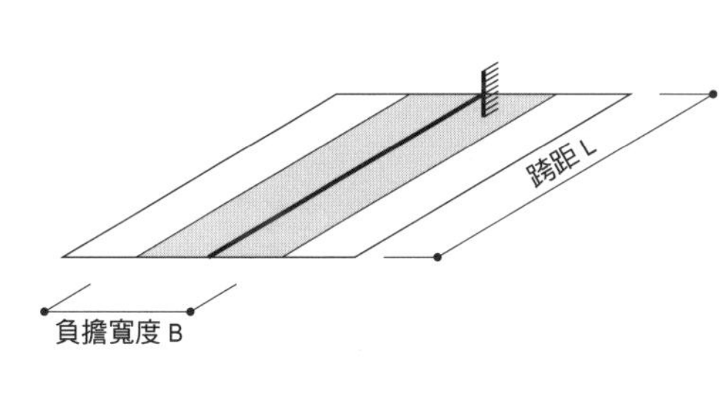

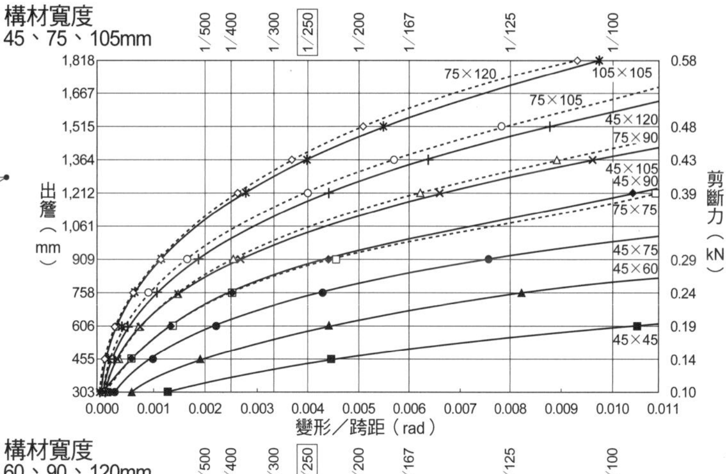

構材寬度
60、90、120mm

出簷（mm）
剪斷力（kN）
變形／跨距（rad）

載重

①：長期彎曲臨界 ②：長期剪斷臨界

	部位	靜載重 DL（N／m²）	活載重 LL（N／m²）	負擔寬度 B（m）	負擔寬度 D（m）	載重
應力用	屋頂 w1	700	0	0.455	—	318.5N／m
	牆體 w2	0	0	0	—	0
	屋頂 P	0	0	0	0	0
撓曲用	屋頂 w1	700	0	0.455	—	318.5N／m
	牆體 w2	0	0	0	—	0
	屋頂 P	0	0	0	0	0

懸挑椽@ 303

負擔寬度 303mm

金屬版屋頂的均勻分布載重

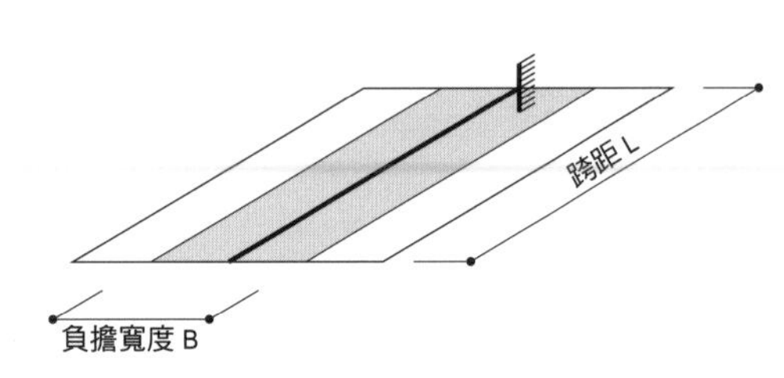

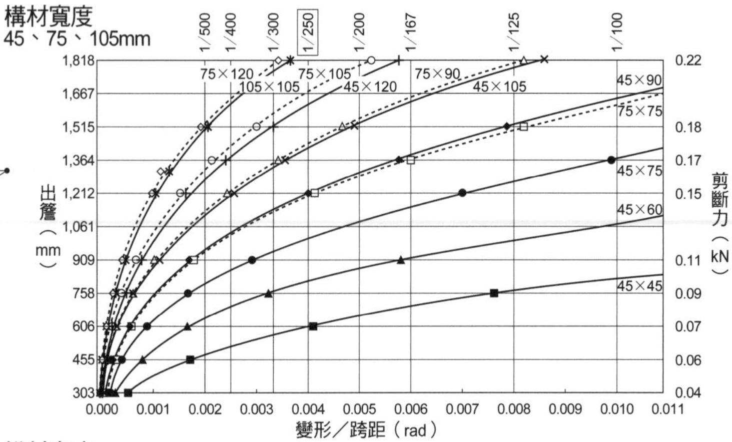

構材寬度
60、90、120mm

載重

①：長期彎曲臨界 ②：長期剪斷臨界

	部位	靜載重 DL（N／m²）	活載重 LL（N／m²）	負擔寬度 B（m）	負擔寬度 D（m）	載重
應力用	屋頂 w_1	400	0	0.303	—	121.2N／m
	牆體 w_2	0	0	0	—	0
	屋頂 P	0	0	0	0	0
撓曲用	屋頂 w_1	400	0	0.303	—	121.2N／m
	牆體 w_2	0	0	0	—	0
	屋頂 P	0	0	0	0	0

懸挑椽@ 455

負擔寬度 455mm

金屬版屋頂的均勻分布載重

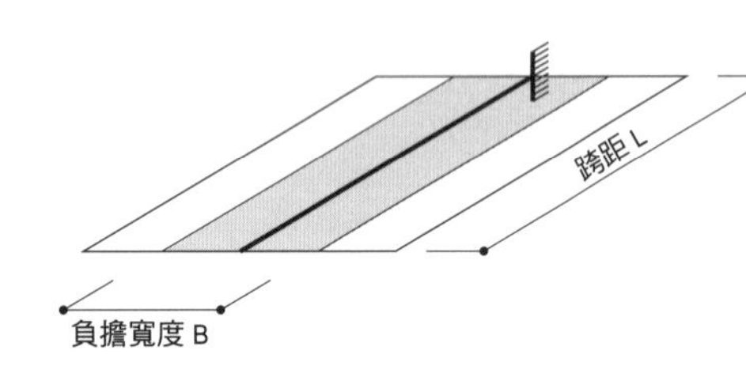

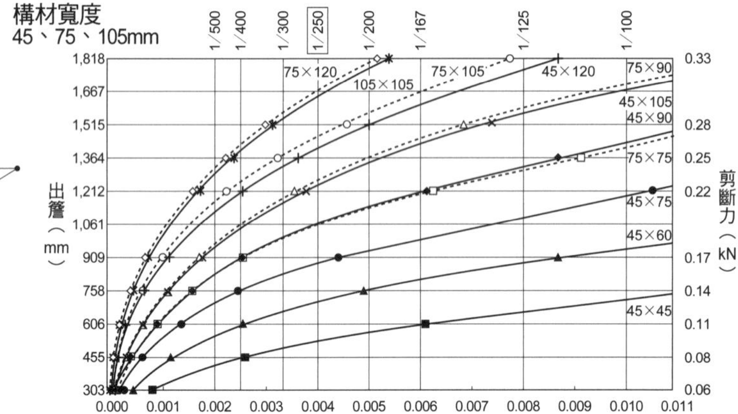

構材寬度
60、90、120mm

載重

①：長期彎曲臨界 ②：長期剪斷臨界

	部位	靜載重 DL（N／m²）	活載重 LL（N／m²）	負擔寬度 B（m）	負擔寬度 D（m）	載重
應力用	屋頂 w_1	400	0	0.455	—	182N／m
	牆體 w_2	0	0	0	—	0
	屋頂 P	0	0	0	0	0
撓曲用	屋頂 w_1	400	0	0.455	—	182N／m
	牆體 w_2	0	0	0	—	0
	屋頂 P	0	0	0	0	0

桁條、脊桁、屋架樑

負擔寬度 910mm

瓦屋頂的均匀分布載重
（積雪 1m）

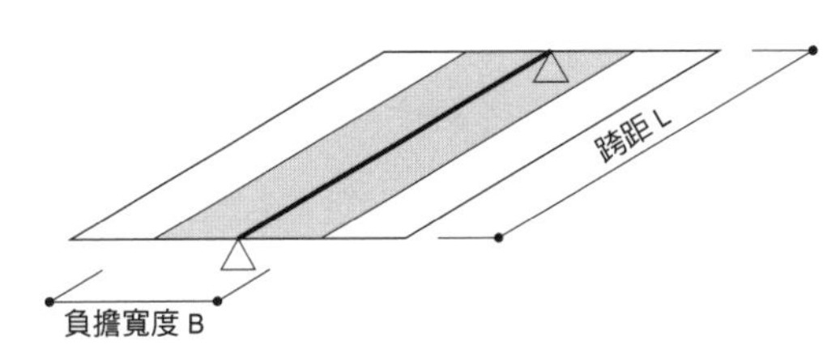

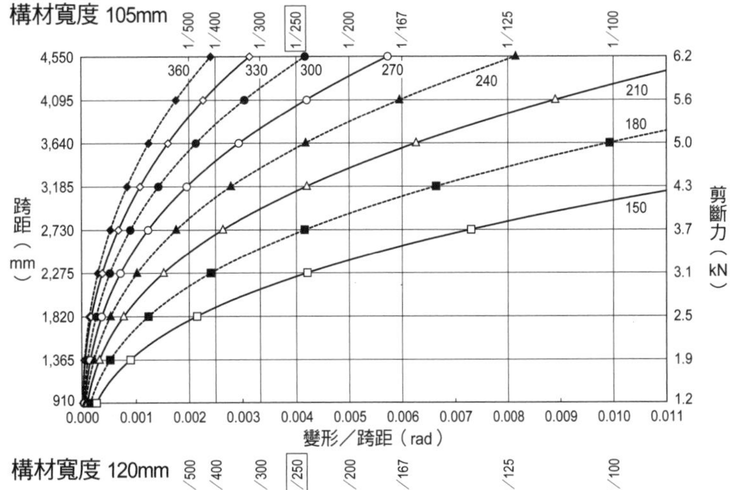

構材寬度 120mm

變形／跨距（rad）

載重

①：長期彎曲臨界 ②：長期剪斷臨界

部位		靜載重 DL（N/m²）	活載重 LL（N/m²）	負擔寬度 B（m）	負擔寬度 D（m）	載重
應力用	屋頂 w1	900	2,100	0.91	—	2,730N/m
	w2	0	0	0	—	0
	P	0	0	0	0	0
撓曲用	屋頂 w1	900	1,050	0.91	—	1,775N/m
	w2	0	0	0	—	0
	P	0	0	0	0	0

A、Z、I 的折減係數：0.90 變形增大係數：2.00

桁條、脊桁、屋架樑

負擔寬度 1,820mm

瓦屋頂的均匀分布載重
（積雪 1m）

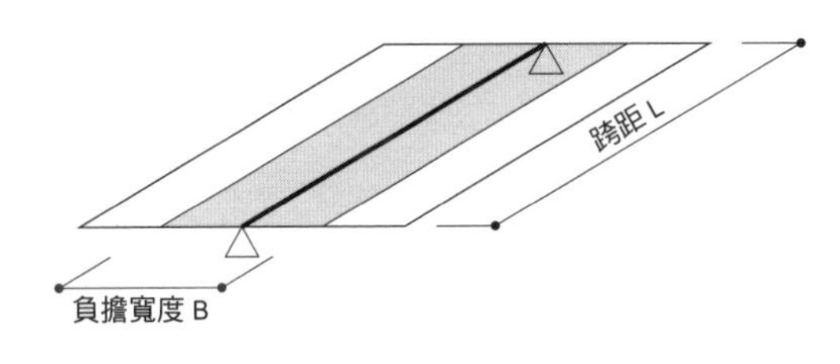

構材寬度 105mm

變形／跨距（rad）

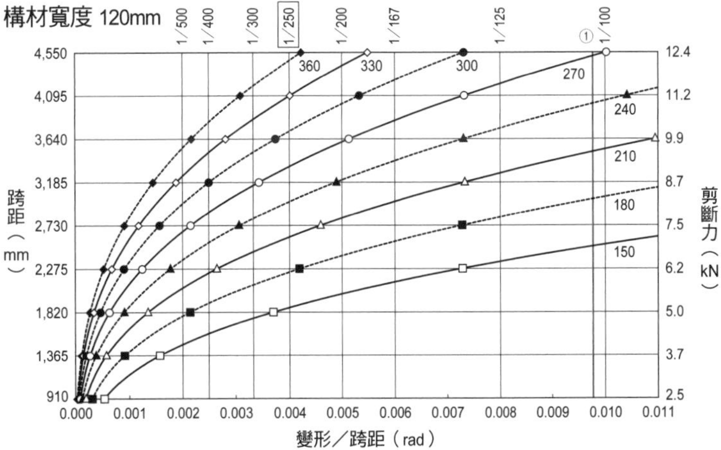

載重

①：長期彎曲臨界 ②：長期剪斷臨界

部位		靜載重 DL（N/m²）	活載重 LL（N/m²）	負擔寬度 B（m）	負擔寬度 D（m）	載重
應力用	屋頂 w1	900	2,100	1.82	—	5,460N/m
	w2	0	0	0	—	0
	P	0	0	0	0	0
撓曲用	屋頂 w1	900	1,050	1.82	—	3,549N/m
	w2	0	0	0	—	0
	P	0	0	0	0	0

A、Z、I 的折減係數：0.90 變形增大係數：2.00

桁條、脊桁、屋架樑

負擔寬度 910mm

瓦屋頂的 1 點集中載重
（積雪 1m）

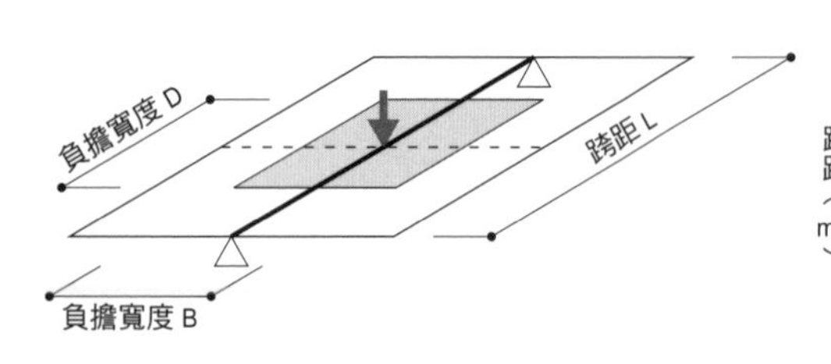

載重　①：長期彎曲臨界 ②：長期剪斷臨界

	部位		靜載重 DL（N／m²）	活載重 LL（N／m²）	負擔寬度 B（m）	負擔寬度 D（m）	載重
應力用	屋頂	P₁	900	2,100	0.91	L／2	2,730N／m
		P₂	0	0	0	0	0
		w	0	0	0	－	0
撓曲用	屋頂	P₁	900	1,050	0.91	L／2	1,775N／m
		P₂	0	0	0	0	0
		w	0	0	0	－	0

A、Z、I 的折減係數：0.90　變形增大係數：2.00

構材寬度 105mm

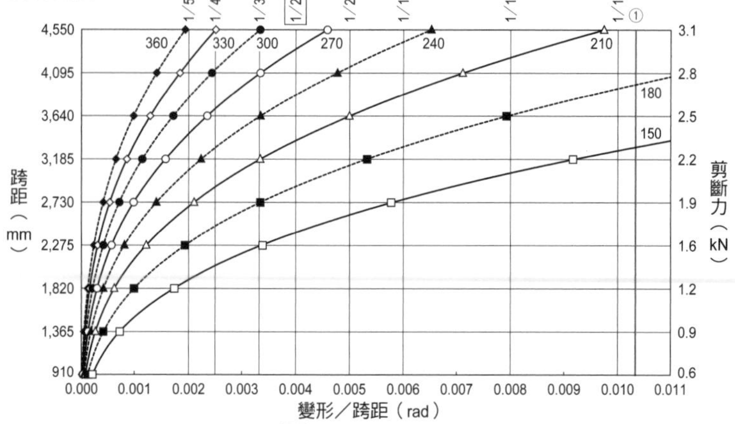

跨距（mm）　剪斷力（kN）　變形／跨距（rad）

構材寬度 120mm

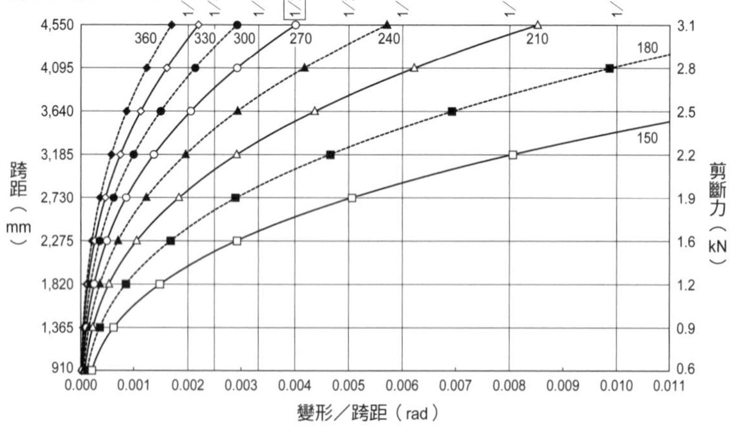

跨距（mm）　剪斷力（kN）　變形／跨距（rad）

桁條、脊桁、屋架樑

負擔寬度 1,820mm

瓦屋頂的 1 點集中載重
（積雪 1m）

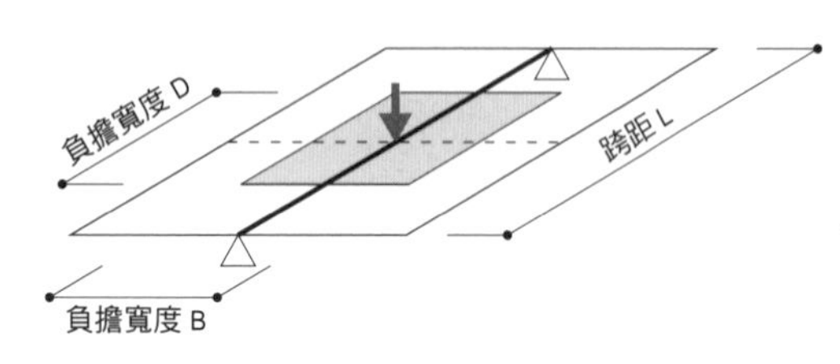

載重　①：長期彎曲臨界 ②：長期剪斷臨界

	部位		靜載重 DL（N／m²）	活載重 LL（N／m²）	負擔寬度 B（m）	負擔寬度 D（m）	載重
應力用	屋頂	P₁	900	2,100	1.82	L／2	5,460N／m
		P₂	0	0	0	0	0
		w	0	0	0	－	0
撓曲用	屋頂	P₁	900	1,050	1.82	L／2	3,549N／m
		P₂	0	0	0	0	0
		w	0	0	0	－	0

A、Z、I 的折減係數：0.90　變形增大係數：2.00

構材寬度 105mm

跨距（mm）　剪斷力（kN）　變形／跨距（rad）

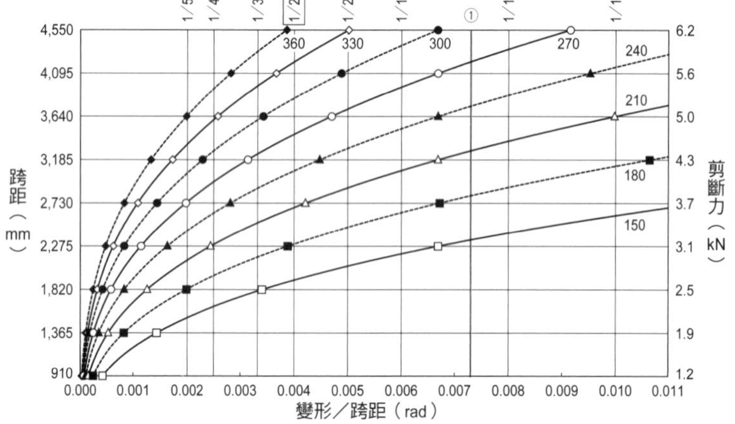

構材寬度 120mm

跨距（mm）　剪斷力（kN）　變形／跨距（rad）

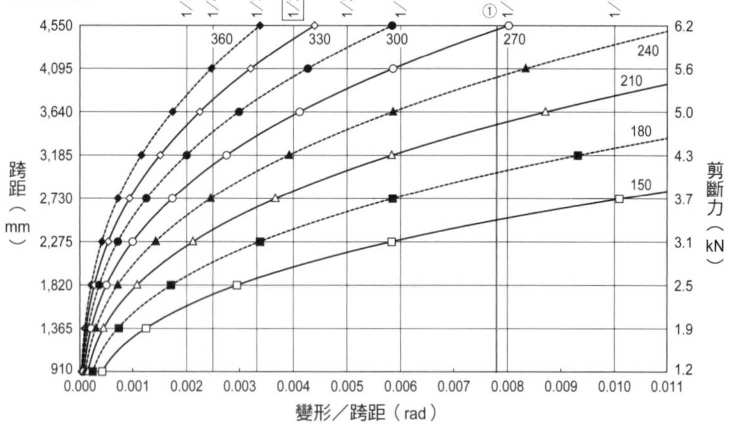

桁條、脊桁、屋架樑

負擔寬度 910mm

金屬版屋頂的均勻分布載重（積雪 1m）

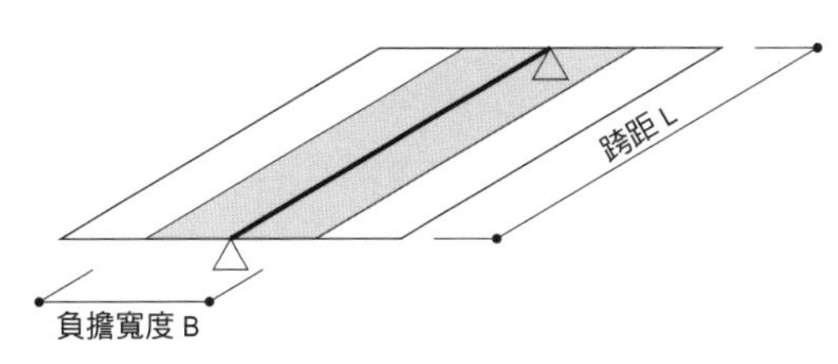

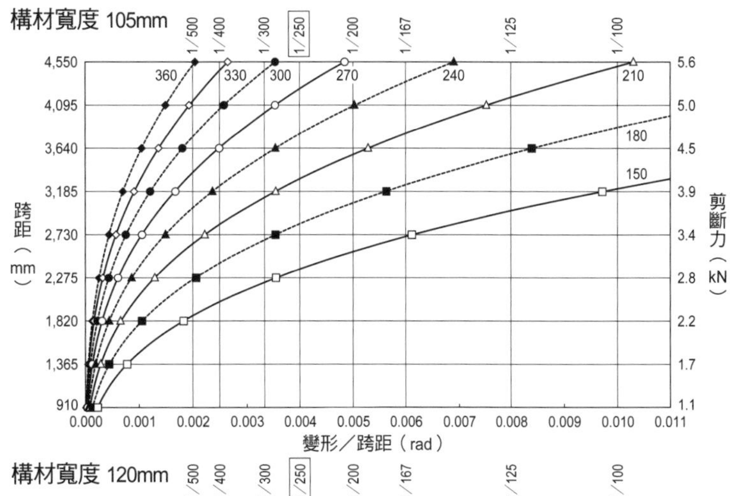

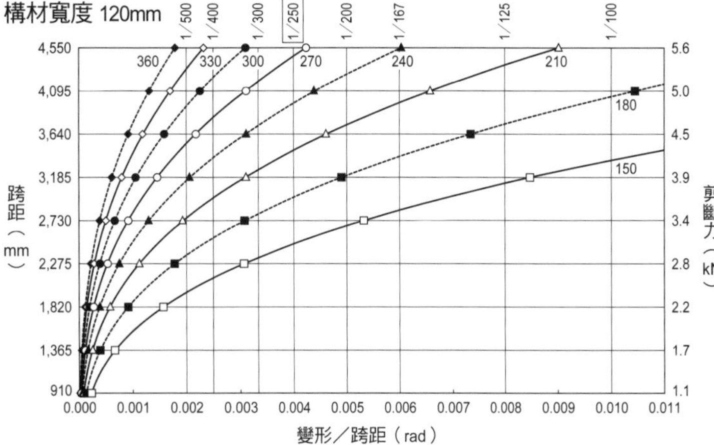

載重　①：長期彎曲臨界 ②：長期剪斷臨界

	部位		靜載重 DL（N／m²）	活載重 LL（N／m²）	負擔寬度 B（m）	負擔寬度 D（m）	載重
應力用	屋頂	w1	600	2,100	0.91	—	2,457N／m
		w2	0	0	0	—	0
		P	0	0	0	0	0
撓曲用	屋頂	w1	600	1,050	0.91	—	1,502N／m
		w2	0	0	0	—	0
		P	0	0	0	0	0

A、Z、I 的折減係數：0.90　變形增大係數：2.00

桁條、脊桁、屋架樑

負擔寬度 1,820mm

金屬版屋頂的均勻分布載重（積雪 1m）

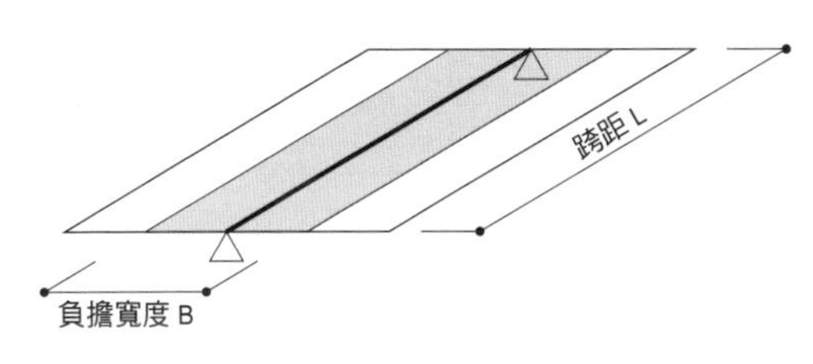

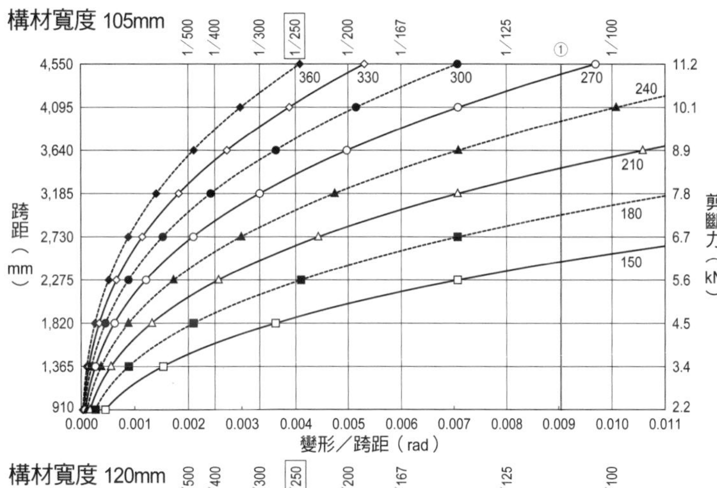

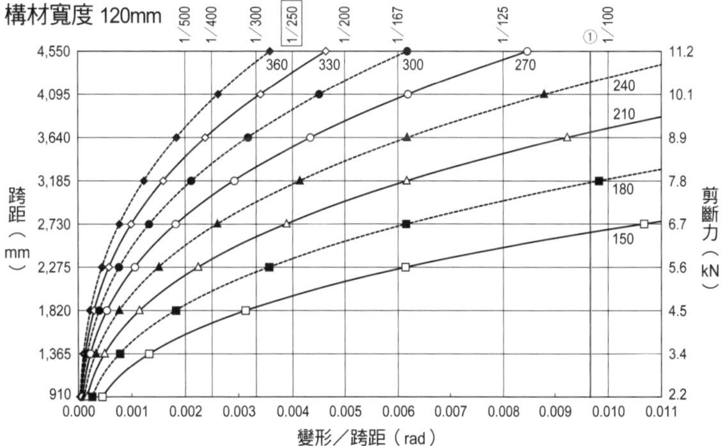

載重　①：長期彎曲臨界 ②：長期剪斷臨界

	部位		靜載重 DL（N／m²）	活載重 LL（N／m²）	負擔寬度 B（m）	負擔寬度 D（m）	載重
應力用	屋頂	w1	600	2,100	1.82	—	4,914N／m
		w2	0	0	0	—	0
		P	0	0	0	0	0
撓曲用	屋頂	w1	600	1,050	1.82	—	3,003N／m
		w2	0	0	0	—	0
		P	0	0	0	0	0

A、Z、I 的折減係數：0.90　變形增大係數：2.00

桁條、脊桁、屋架樑

負擔寬度 910mm

金屬版屋頂的 1 點集中載重
（積雪 1m）

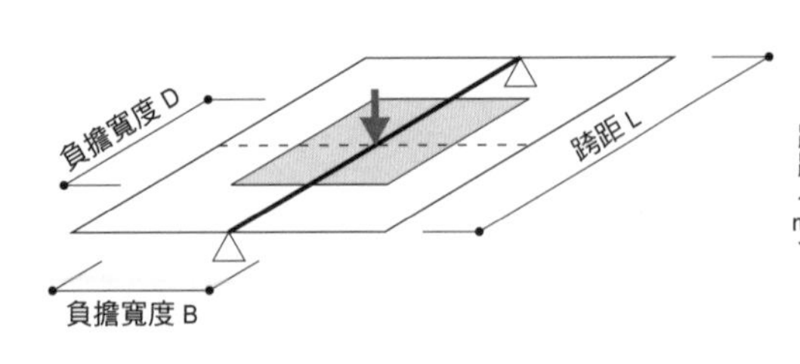

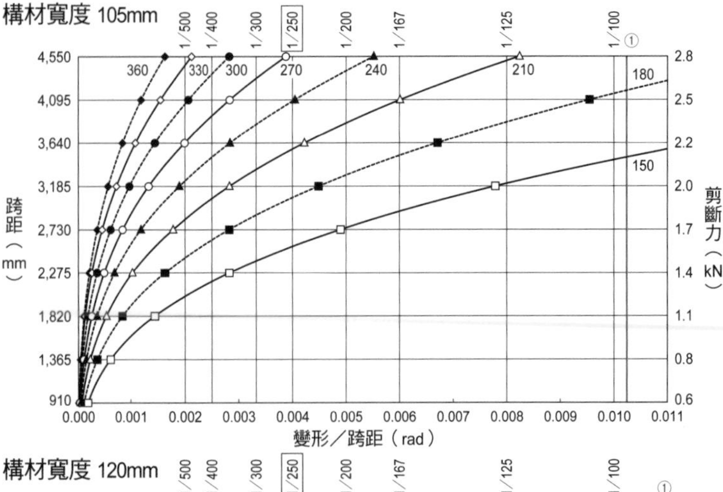

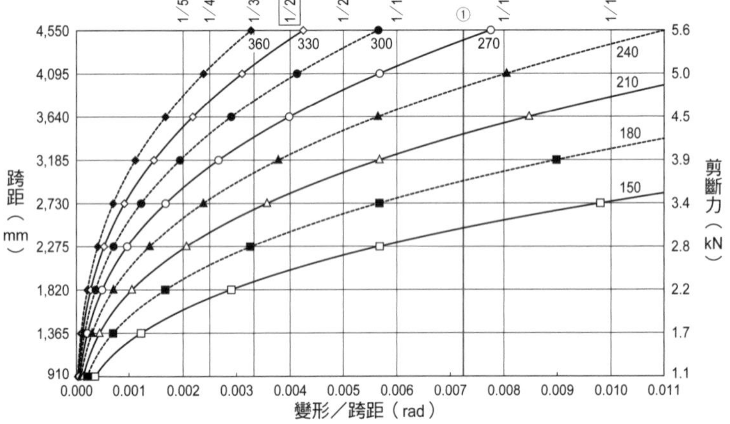

構材寬度 120mm

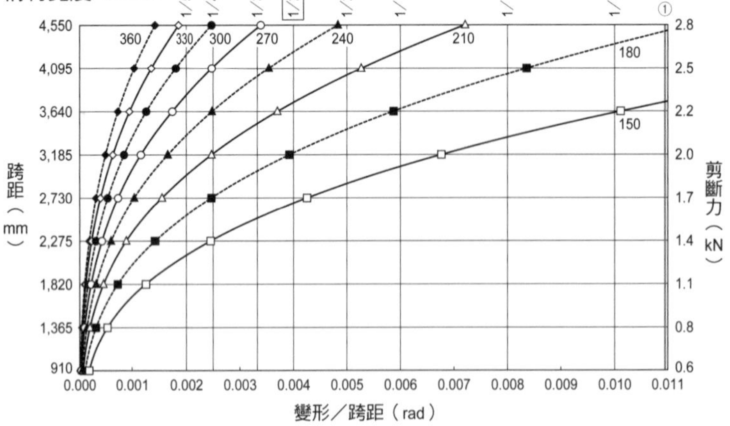

載重　①：長期彎曲臨界 ②：長期剪斷臨界

	部位	靜載重 DL（N／m²）	活載重 LL（N／m²）	負擔寬度 B（m）	負擔寬度 D（m）	載重
應力用	屋頂 P1	600	2,100	0.91	L／2	2,457N／m
	P2	0	0	0	0	0
	w	0	0	0	－	0
撓曲用	屋頂 P1	600	1,050	0.91	L／2	1,502N／m
	P2	0	0	0	0	0
	w	0	0	0	－	0

A、Z、I 的折減係數：0.90　變形增大係數：2.00

桁條、脊桁、屋架樑

負擔寬度 1,820mm

金屬版屋頂的 1 點集中載重
（積雪 1m）

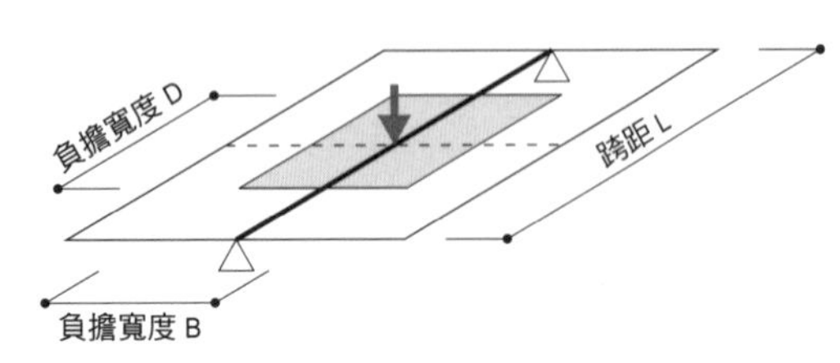

構材寬度 105mm

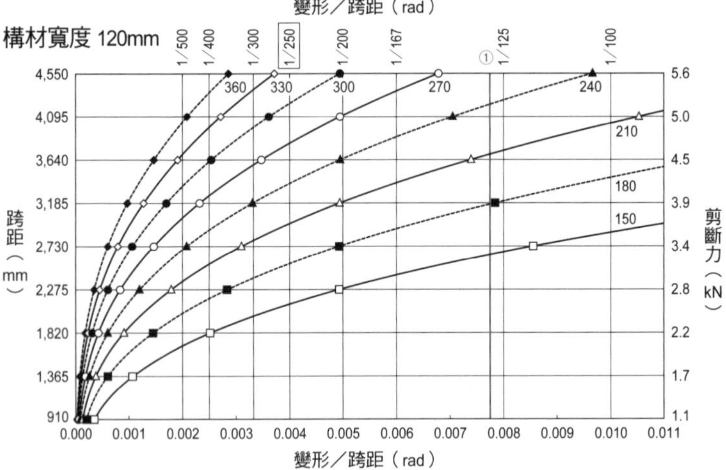

載重　①：長期彎曲臨界 ②：長期剪斷臨界

	部位	靜載重 DL（N／m²）	活載重 LL（N／m²）	負擔寬度 B（m）	負擔寬度 D（m）	載重
應力用	屋頂 P1	600	2,100	1.82	L／2	4,914N／m
	P2	0	0	0	0	0
	w	0	0	0	－	0
撓曲用	屋頂 P1	600	1,050	1.82	L／2	3,003N／m
	P2	0	0	0	0	0
	w	0	0	0	－	0

A、Z、I 的折減係數：0.90　變形增大係數：2.00

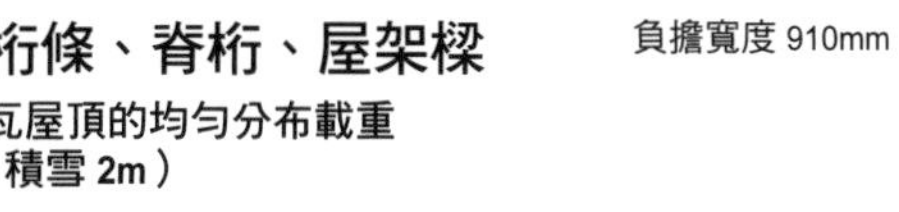

桁條、脊桁、屋架樑

負擔寬度 910mm

瓦屋頂的均勻分布載重
（積雪 2m）

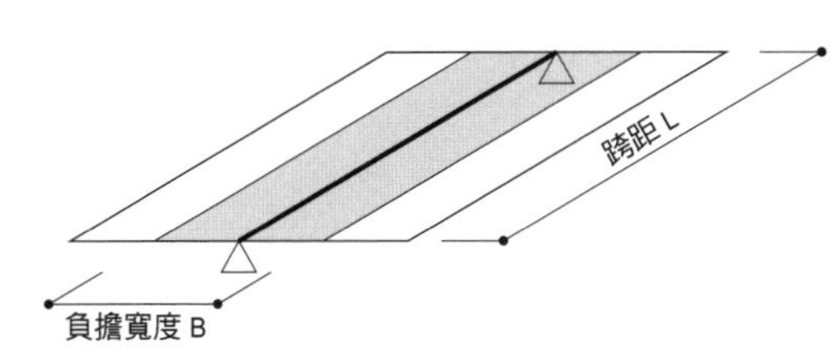

構材寬度 105mm

構材寬度 120mm

載重 ①：長期彎曲臨界 ②：長期剪斷臨界

	部位	靜載重 DL（N／m²）	活載重 LL（N／m²）	負擔寬度 B（m）	負擔寬度 D（m）	載重
應力用	屋頂 w1	900	4,200	0.91	—	4,641N／m
	w2	0	0	0	—	0
	P	0	0	0	0	0
撓曲用	屋頂 w1	900	2,100	0.91	—	2,730N／m
	w2	0	0	0	—	0
	P	0	0	0	0	0

A、Z、I 的折減係數：0.90　變形增大係數：2.00

桁條、脊桁、屋架樑

負擔寬度 1,820mm

瓦屋頂的均勻分布載重
（積雪 2m）

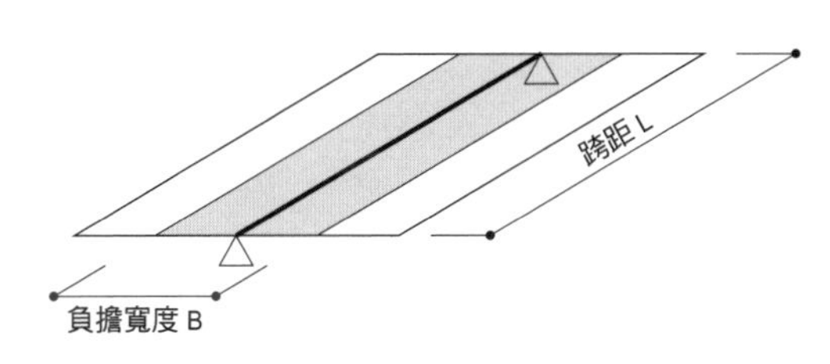

構材寬度 105mm

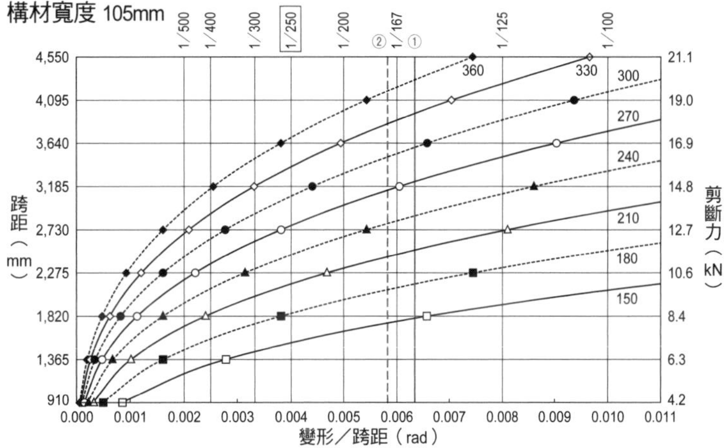

構材寬度 120mm

載重 ①：長期彎曲臨界 ②：長期剪斷臨界

	部位	靜載重 DL（N／m²）	活載重 LL（N／m²）	負擔寬度 B（m）	負擔寬度 D（m）	載重
應力用	屋頂 w1	900	4,200	1.82	—	9,282N／m
	w2	0	0	0	—	0
	P	0	0	0	0	0
撓曲用	屋頂 w1	900	2,100	1.82	—	5,460N／m
	w2	0	0	0	—	0
	P	0	0	0	0	0

A、Z、I 的折減係數：0.90　變形增大係數：2.00

桁條、脊桁、屋架樑

負擔寬度 910mm

瓦屋頂的 1 點集中載重
（積雪 2m）

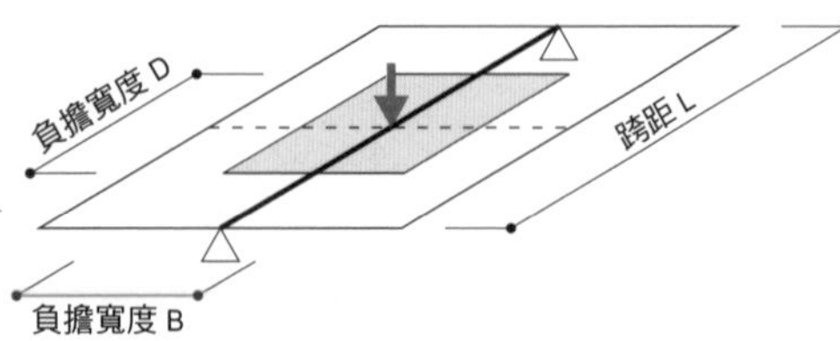

構材寬度 105mm

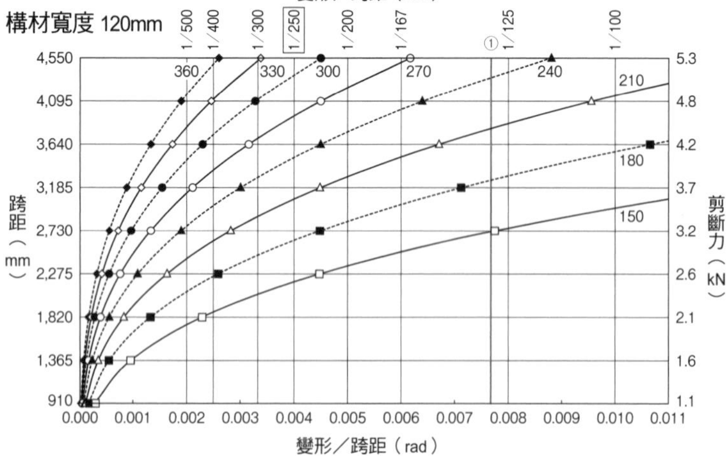

載重　①：長期彎曲臨界 ②：長期剪斷臨界

	部位	靜載重 DL（N／m²）	活載重 LL（N／m²）	負擔寬度 B（m）	負擔寬度 D（m）	載重
應力用	屋頂 P1	900	4,200	0.91	L／2	4,641N／m
	P2	0	0	0	0	0
	w	0	0	0	—	0
撓曲用	屋頂 P1	900	2,100	0.91	L／2	2,730N／m
	P2	0	0	0	0	0
	w	0	0	0	—	0

A、Z、I 的折減係數：0.90　變形增大係數：2.00

桁條、脊桁、屋架樑

負擔寬度 1,820mm

瓦屋頂的 1 點集中載重
（積雪 2m）

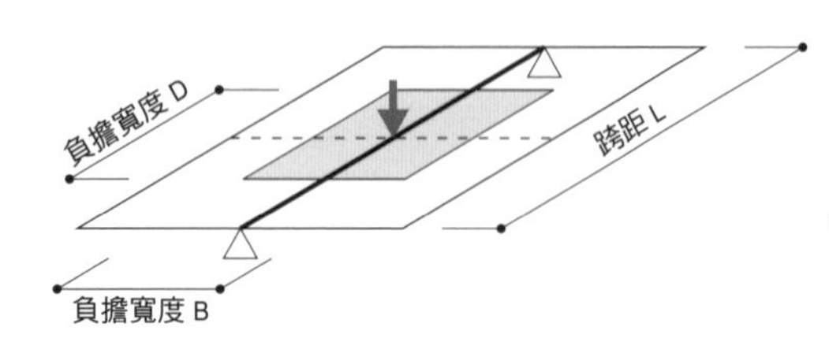

構材寬度 105mm

構材寬度 120mm

載重　①：長期彎曲臨界 ②：長期剪斷臨界

	部位	靜載重 DL（N／m²）	活載重 LL（N／m²）	負擔寬度 B（m）	負擔寬度 D（m）	載重
應力用	屋頂 P1	900	4,200	1.82	L／2	9,282N／m
	P2	0	0	0	0	0
	w	0	0	0	—	0
撓曲用	屋頂 P1	900	2,100	1.82	L／2	5,460N／m
	P2	0	0	0	0	0
	w	0	0	0	—	0

A、Z、I 的折減係數：0.90　變形增大係數：2.00

桁條、脊桁、屋架樑

負擔寬度 910mm

金屬版屋頂的均匀分布載重
（積雪 2m）

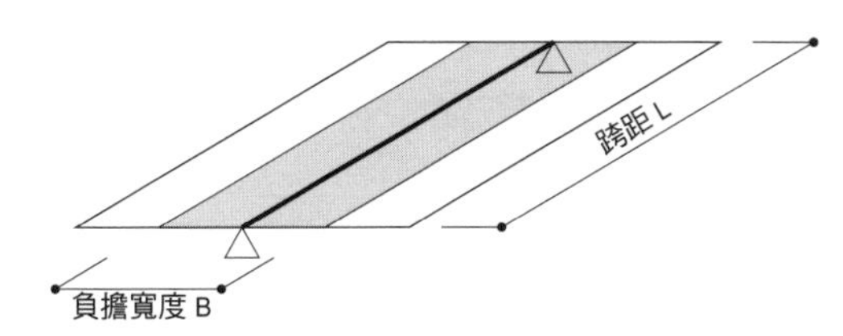

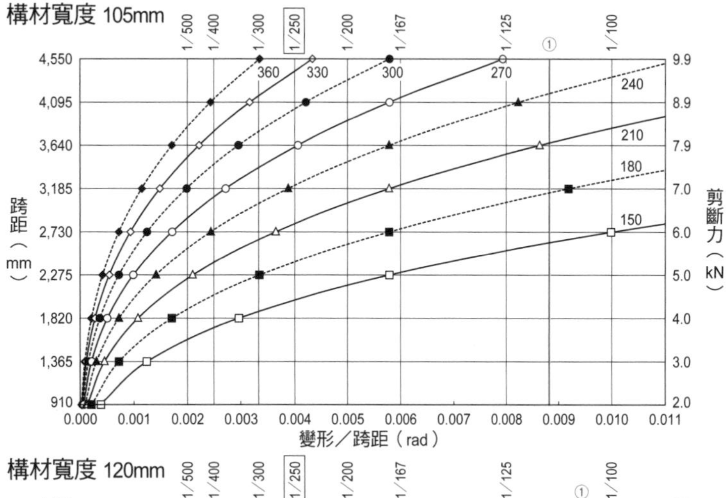

構材寬度 120mm

載重　　①：長期彎曲臨界 ②：長期剪斷臨界

部位		靜載重 DL（N/m²）	活載重 LL（N/m²）	負擔寬度 B（m）	負擔寬度 D（m）	載重
應力用	屋頂 w1	600	4,200	0.91	—	4,368N/m
	w2	0	0	0	—	0
	P	0	0	0	0	0
撓曲用	屋頂 w1	600	2,100	0.91	—	2,457N/m
	w2	0	0	0	—	0
	P	0	0	0	0	0

A、Z、I 的折減係數：0.90　變形增大係數：2.00

桁條、脊桁、屋架樑

負擔寬度 1,820mm

金屬版屋頂的均匀分布載重
（積雪 2m）

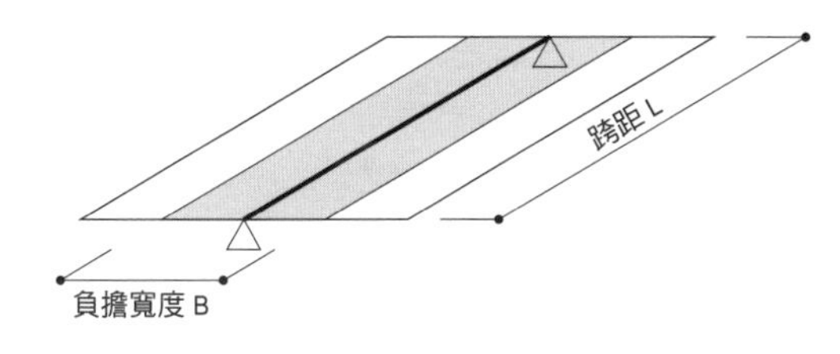

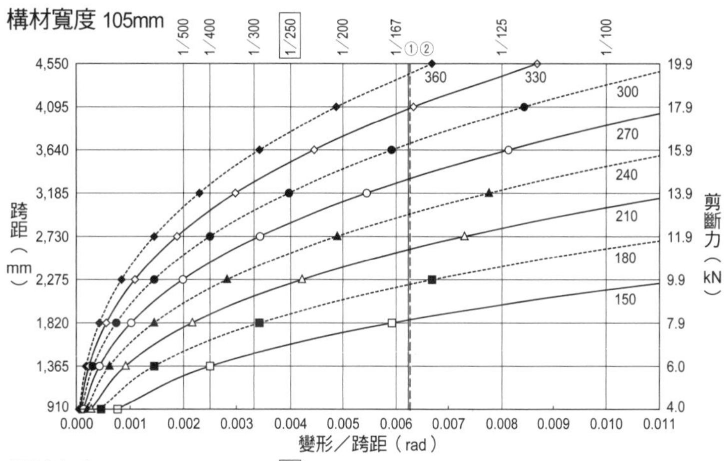

構材寬度 120mm

載重　　①：長期彎曲臨界 ②：長期剪斷臨界

部位		靜載重 DL（N/m²）	活載重 LL（N/m²）	負擔寬度 B（m）	負擔寬度 D（m）	載重
應力用	屋頂 w1	600	4,200	1.82	—	8,736N/m
	w2	0	0	0	—	0
	P	0	0	0	0	0
撓曲用	屋頂 w1	600	2,100	1.82	—	4,914N/m
	w2	0	0	0	—	0
	P	0	0	0	0	0

A、Z、I 的折減係數：0.90　變形增大係數：2.00

桁條、脊桁、屋架樑

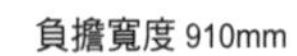
負擔寬度 910mm

金屬版屋頂的 1 點集中載重（積雪 2m）

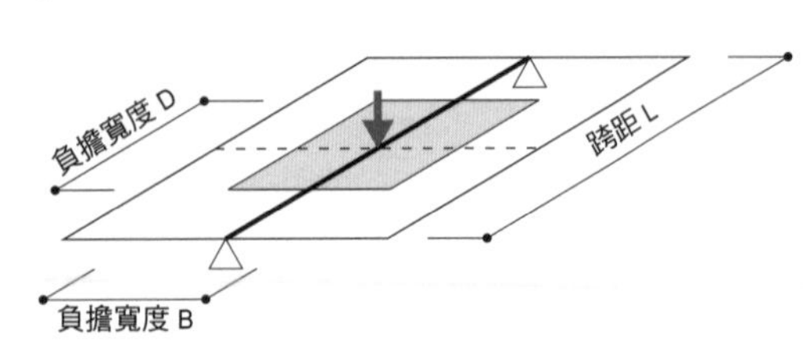

構材寬度 105mm

構材寬度 120mm

載重　①：長期彎曲臨界　②：長期剪斷臨界

部位		靜載重 DL（N／m²）	活載重 LL（N／m²）	負擔寬度 B（m）	負擔寬度 D（m）	載重
應力用	屋頂 P_1	600	4,200	0.91	L／2	4,368N／m
	P_2	0	0	0	0	0
	w	0	0	0	—	0
撓曲用	屋頂 P_1	600	2,100	0.91	L／2	2,457N／m
	P_2	0	0	0	0	0
	w	0	0	0	—	0

A、Z、I 的折減係數：0.90　變形增大係數：2.00

桁條、脊桁、屋架樑

負擔寬度 1,820mm

金屬版屋頂的 1 點集中載重（積雪 2m）

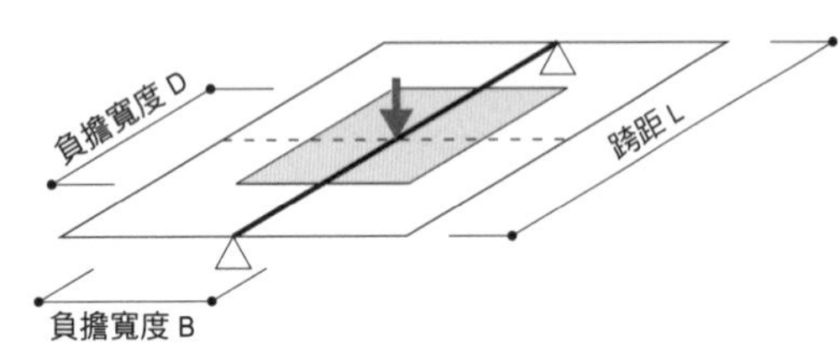

構材寬度 105mm

構材寬度 120mm

載重　①：長期彎曲臨界　②：長期剪斷臨界

部位		靜載重 DL（N／m²）	活載重 LL（N／m²）	負擔寬度 B（m）	負擔寬度 D（m）	載重
應力用	屋頂 P_1	600	4,200	1.82	L／2	8,736N／m
	P_2	0	0	0	0	0
	w	0	0	0	—	0
撓曲用	屋頂 P_1	600	2,100	1.82	L／2	4,914N／m
	P_2	0	0	0	0	0
	w	0	0	0	—	0

A、Z、I 的折減係數：0.90　變形增大係數：2.00

桁條、脊桁、屋架樑

跨距 2,730mm

瓦屋頂的均勻分布載重
（積雪 1m）

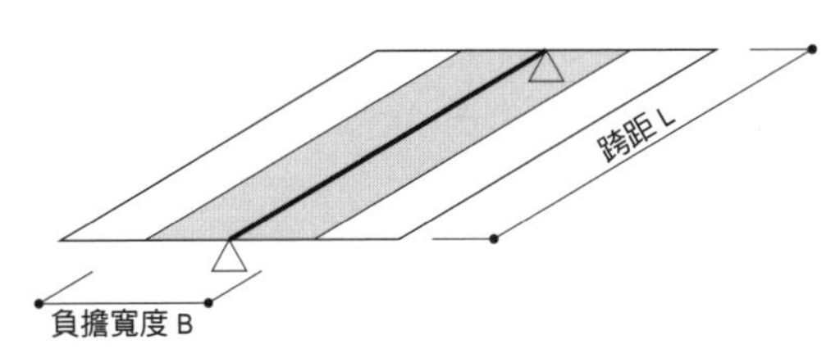

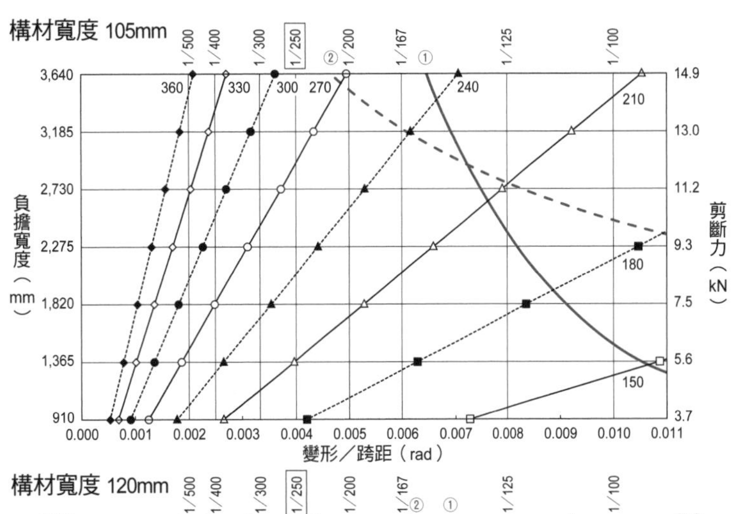

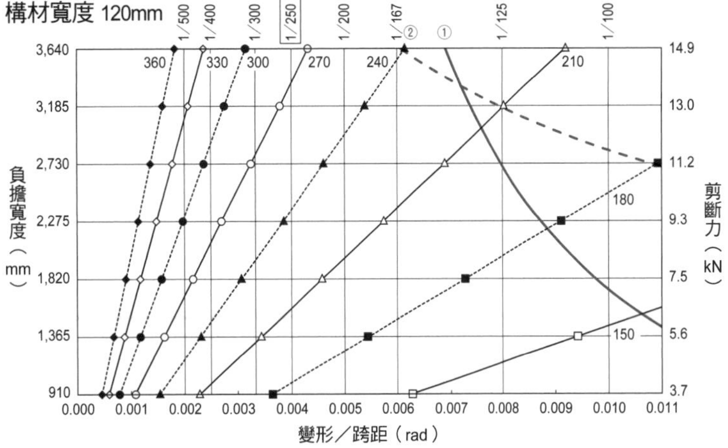

載重

①：長期彎曲臨界 ②：長期剪斷臨界

	部位	靜載重 DL（N／m²）	活載重 LL（N／m²）	負擔寬度 B（m）	負擔寬度 D（m）	載重
應力用	屋頂 w1	900	2,100	B	—	3,000N／m²
	w2	0	0	0	—	0
	P	0	0	0	0	0
撓曲用	屋頂 w1	900	1,050	B	—	1,950N／m²
	w2	0	0	0	—	0
	P	0	0	0	0	0

A、Z、I 的折減係數：0.90　變形增大係數：2.00

桁條、脊桁、屋架樑

跨距 3,640mm

瓦屋頂的均勻分布載重
（積雪 1m）

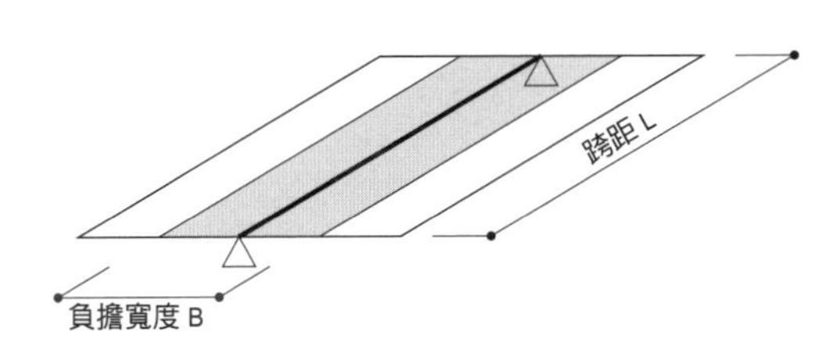

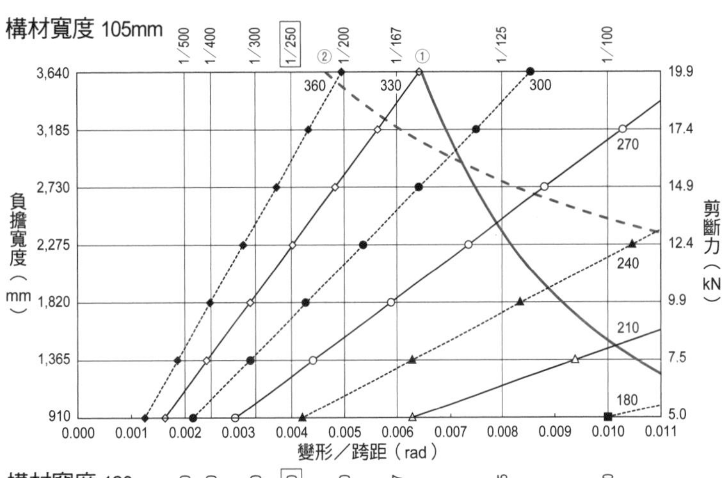

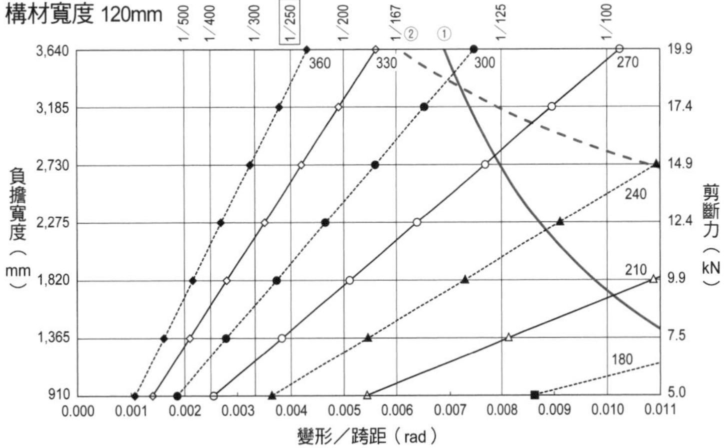

載重

①：長期彎曲臨界 ②：長期剪斷臨界

	部位	靜載重 DL（N／m²）	活載重 LL（N／m²）	負擔寬度 B（m）	負擔寬度 D（m）	載重
應力用	屋頂 w1	900	2,100	B	—	3,000N／m²
	w2	0	0	0	—	0
	P	0	0	0	0	0
撓曲用	屋頂 w1	900	1,050	B	—	1,950N／m²
	w2	0	0	0	—	0
	P	0	0	0	0	0

A、Z、I 的折減係數：0.90　變形增大係數：2.00

桁條、脊桁、屋架樑

跨距 2,730mm

瓦屋頂的 1 點集中載重（積雪 1m）

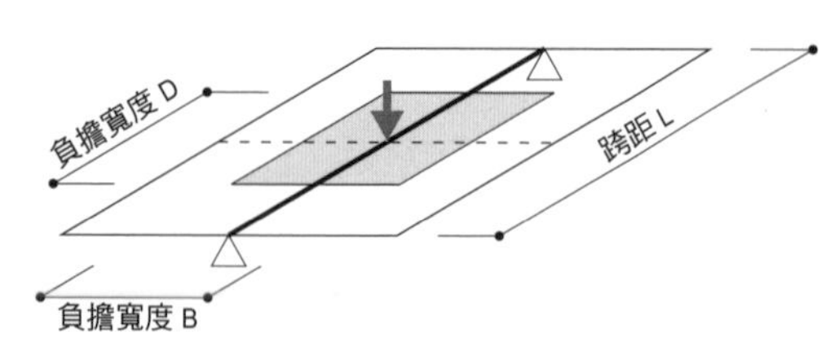

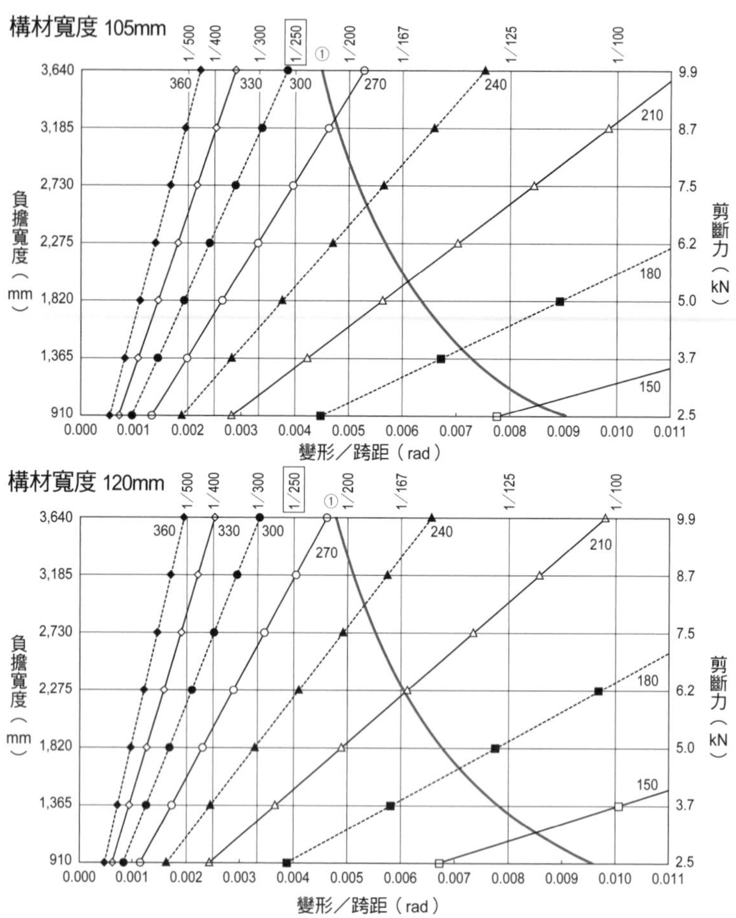

載重　①：長期彎曲臨界 ②：長期剪斷臨界

	部位	靜載重 DL（N/m²）	活載重 LL（N/m²）	負擔寬度 B（m）	負擔寬度 D（m）	載重
應力用	屋頂 P_1	900	2,100	B	1.82	5,460N／m
	P_2	0	0	0	0	0
	w	0	0	0	－	0
撓曲用	屋頂 P_1	900	1,050	B	1.82	3,549N／m
	P_2	0	0	0	0	0
	w	0	0	0	－	0

A、Z、I 的折減係數：0.90　變形增大係數：2.00

桁條、脊桁、屋架樑

跨距 3,640mm

瓦屋頂的 1 點集中載重（積雪 1m）

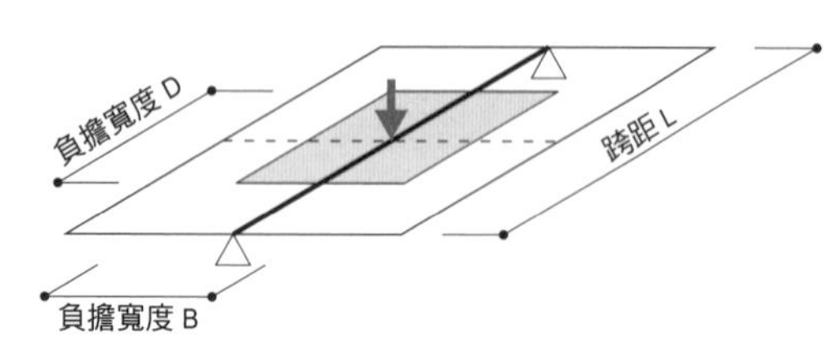

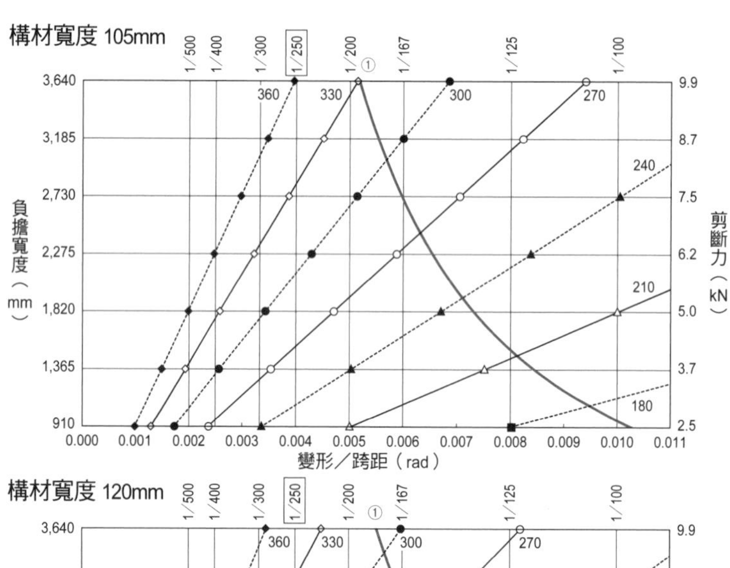

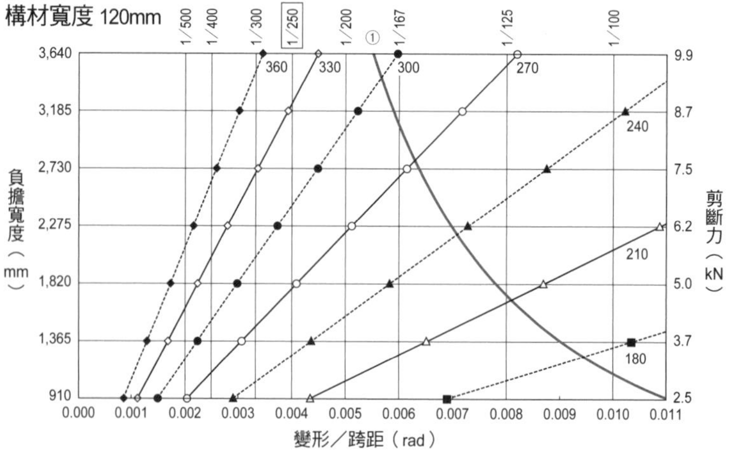

載重　①：長期彎曲臨界 ②：長期剪斷臨界

	部位	靜載重 DL（N/m²）	活載重 LL（N/m²）	負擔寬度 B（m）	負擔寬度 D（m）	載重
應力用	屋頂 P_1	900	2,100	B	1.82	5,460N／m
	P_2	0	0	0	0	0
	w	0	0	0	－	0
撓曲用	屋頂 P_1	900	1,050	B	1.82	3,549N／m
	P_2	0	0	0	0	0
	w	0	0	0	－	0

A、Z、I 的折減係數：0.90　變形增大係數：2.00

桁條、脊桁、屋架樑

跨距 2,730mm

金屬版屋頂的均匀分布載重（積雪 1m）

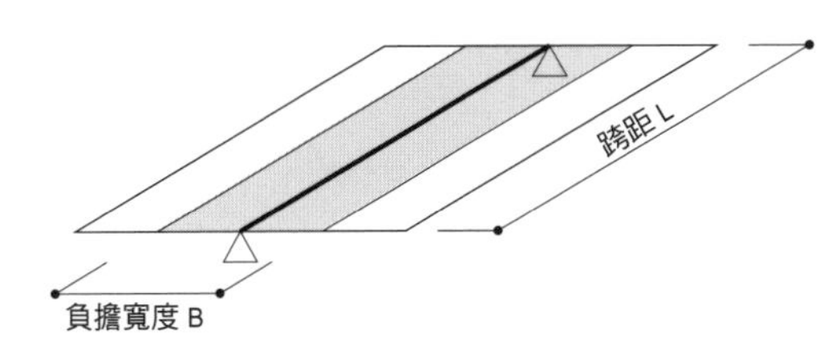

構材寬度 105mm

1/500 1/400 1/300 1/250 1/200 1/167 1/125 1/100 ①②

負擔寬度（mm） 剪斷力（kN） 變形／跨距（rad）

構材寬度 120mm

1/500 1/400 1/300 1/250 1/200 1/167 1/125 1/100 ①②

負擔寬度（mm） 剪斷力（kN） 變形／跨距（rad）

載重 ①：長期彎曲臨界 ②：長期剪斷臨界

	部位	靜載重 DL（N/m²）	活載重 LL（N/m²）	負擔寬度 B（m）	負擔寬度 D（m）	載重
應力用	屋頂 w1	600	2,100	B	—	2,700N/m²
	w2	0	0	0	—	0
	P	0	0	0	0	0
撓曲用	屋頂 w1	600	1,050	B	—	1,650N/m²
	w2	0	0	0	—	0
	P	0	0	0	0	0

A、Z、I 的折減係數：0.90　變形增大係數：2.00

桁條、脊桁、屋架樑

跨距 3,640mm

金屬版屋頂的均匀分布載重（積雪 1m）

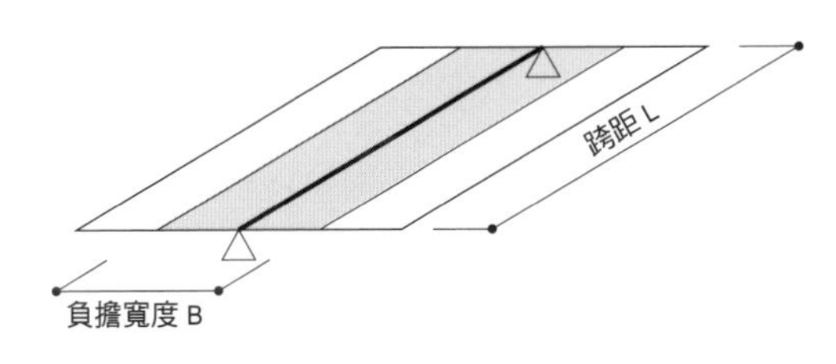

構材寬度 105mm

1/500 1/400 1/300 1/250 1/200 1/167 1/125 1/100 ①②

負擔寬度（mm） 剪斷力（kN） 變形／跨距（rad）

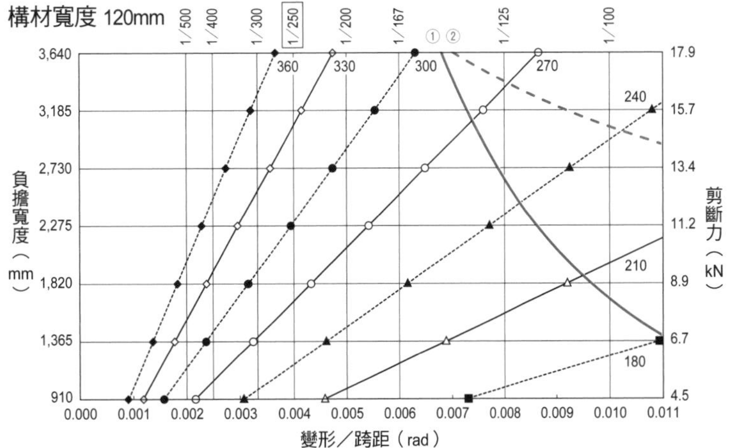

載重 ①：長期彎曲臨界 ②：長期剪斷臨界

	部位	靜載重 DL（N/m²）	活載重 LL（N/m²）	負擔寬度 B（m）	負擔寬度 D（m）	載重
應力用	屋頂 w1	600	2,100	B	—	2,700N/m²
	w2	0	0	0	—	0
	P	0	0	0	0	0
撓曲用	屋頂 w1	600	1,050	B	—	1,650N/m²
	w2	0	0	0	—	0
	P	0	0	0	0	0

A、Z、I 的折減係數：0.90　變形增大係數：2.00

桁條、脊桁、屋架樑

跨距 2,730mm

金屬版屋頂的 1 點集中載重（積雪 1m）

負擔寬度 D
跨距 L
負擔寬度 B

構材寬度 105mm

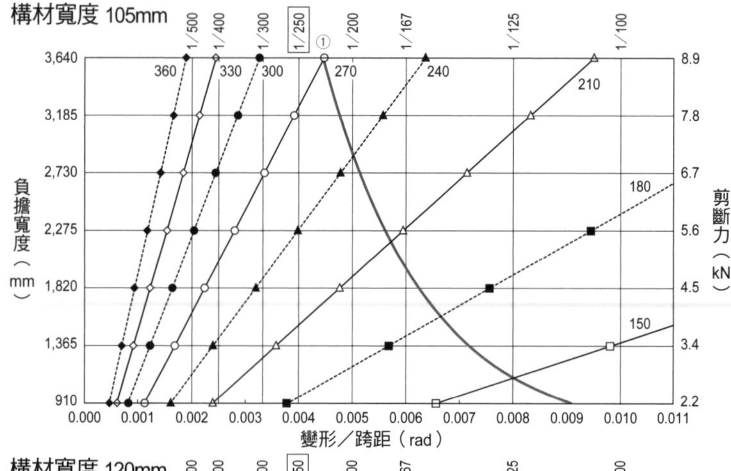

構材寬度 120mm

載重 ①：長期彎曲臨界 ②：長期剪斷臨界

	部位	靜載重 DL（N／m²）	活載重 LL（N／m²）	負擔寬度 B（m）	負擔寬度 D（m）	載重
應力用	屋頂 P_1	600	2,100	B	1.82	4,914N／m
	P_2	0	0	0	0	0
	w	0	0	0	－	0
撓曲用	屋頂 P_1	600	1,050	B	1.82	3,003N／m
	P_2	0	0	0	0	0
	w	0	0	0	－	0

A、Z、I 的折減係數：0.90　變形增大係數：2.00

桁條、脊桁、屋架樑

跨距 3,640mm

金屬版屋頂的 1 點集中載重（積雪 1m）

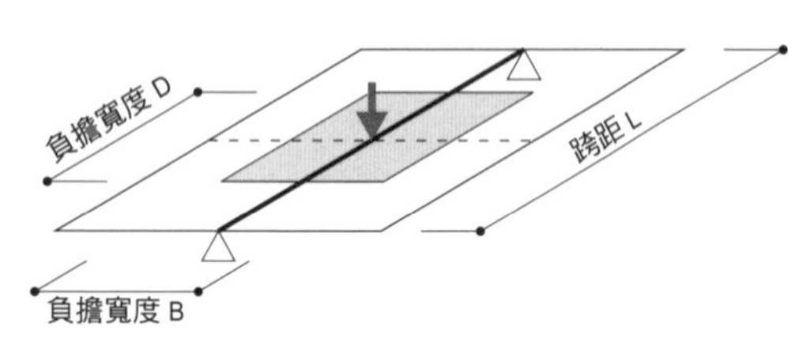

構材寬度 105mm

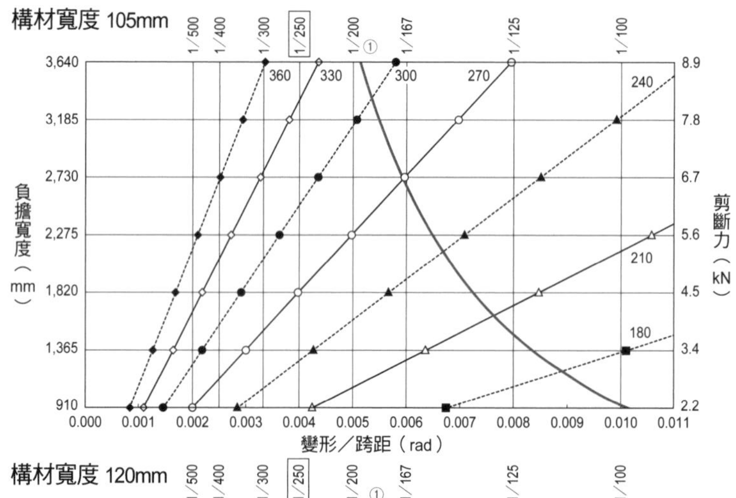

構材寬度 120mm

載重 ①：長期彎曲臨界 ②：長期剪斷臨界

	部位	靜載重 DL（N／m²）	活載重 LL（N／m²）	負擔寬度 B（m）	負擔寬度 D（m）	載重
應力用	屋頂 P_1	600	2,100	B	1.82	4,914N／m
	P_2	0	0	0	0	0
	w	0	0	0	－	0
撓曲用	屋頂 P_1	600	1,050	B	1.82	3,003N／m
	P_2	0	0	0	0	0
	w	0	0	0	－	0

A、Z、I 的折減係數：0.90　變形增大係數：2.00

桁條、脊桁、屋架樑

跨距 2,730mm

瓦屋頂的均勻分布載重
（積雪 2m）

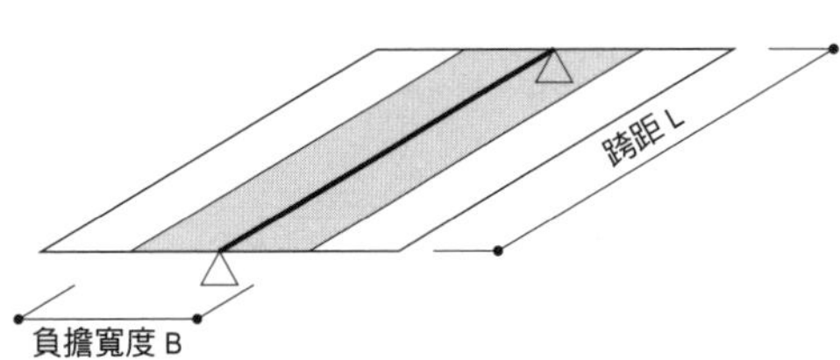

構材寬度 105mm

負擔寬度（mm）　剪斷力（kN）　變形／跨距（rad）

構材寬度 120mm

負擔寬度（mm）　剪斷力（kN）　變形／跨距（rad）

載重

①：長期彎曲臨界 ②：長期剪斷臨界

	部位	靜載重 DL（N／m²）	活載重 LL（N／m²）	負擔寬度 B（m）	負擔寬度 D（m）	載重
應力用	屋頂 w1	900	4,200	B	－	5,100N／m²
	w2	0	0	0	－	0
	P	0	0	0	0	0
撓曲用	屋頂 w1	900	2,100	B	－	3,000N／m²
	w2	0	0	0	－	0
	P	0	0	0	0	0

A、Z、I 的折減係數：0.90　變形增大係數：2.00

桁條、脊桁、屋架樑

跨距 3,640mm

瓦屋頂的均勻分布載重
（積雪 2m）

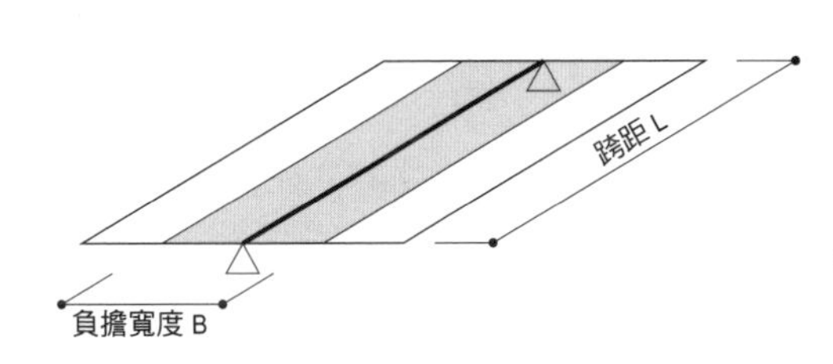

構材寬度 105mm

負擔寬度（mm）　剪斷力（kN）　變形／跨距（rad）

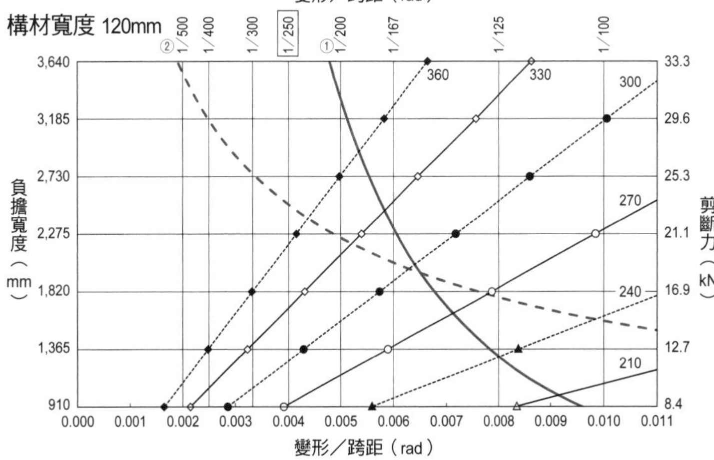

載重

①：長期彎曲臨界 ②：長期剪斷臨界

	部位	靜載重 DL（N／m²）	活載重 LL（N／m²）	負擔寬度 B（m）	負擔寬度 D（m）	載重
應力用	屋頂 w1	900	4,200	B	－	5,100N／m²
	w2	0	0	0	－	0
	P	0	0	0	0	0
撓曲用	屋頂 w1	900	2,100	B	－	3,000N／m²
	w2	0	0	0	－	0
	P	0	0	0	0	0

A、Z、I 的折減係數：0.90　變形增大係數：2.00

桁條、脊桁、屋架樑

跨距 2,730mm

瓦屋頂的 1 點集中載重（積雪 2m）

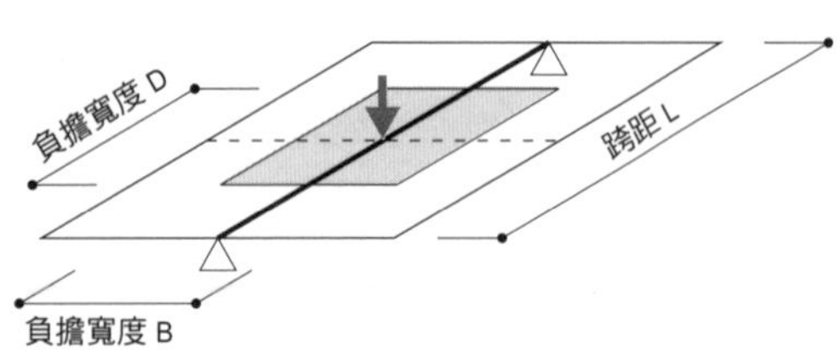

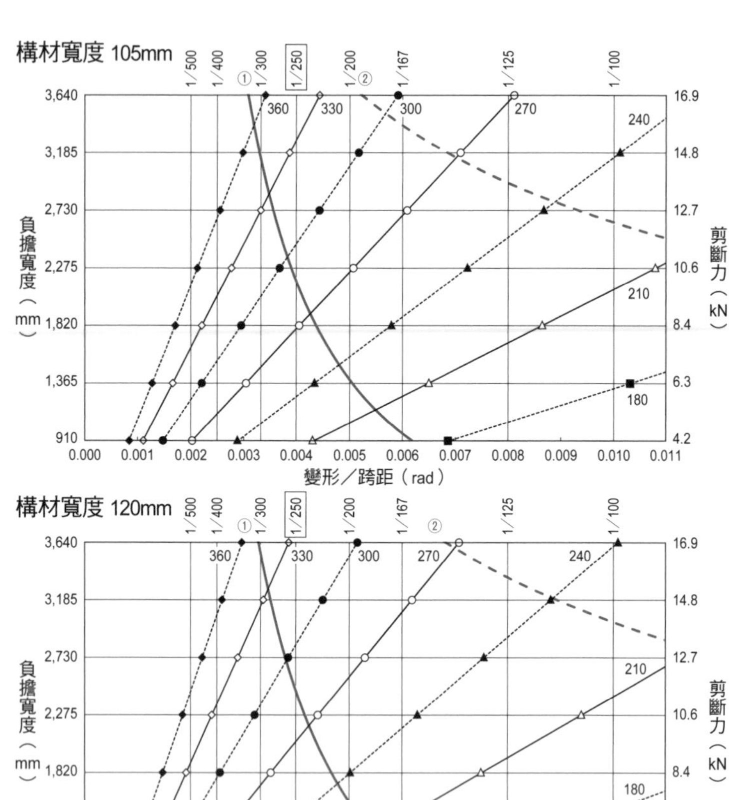

載重　①：長期彎曲臨界 ②：長期剪斷臨界

	部位		靜載重 DL（N／m^2）	活載重 LL（N／m^2）	負擔寬度 B（m）	負擔寬度 D（m）	載重
應力用	屋頂	P_1	900	4,200	B	1.82	9,282N／m
		P_2	0	0	0	0	0
		w	0	0	0	－	0
撓曲用	屋頂	P_1	900	2,100	B	1.82	5,460N／m
		P_2	0	0	0	0	0
		w	0	0	0	－	0

A、Z、I 的折減係數：0.90　變形增大係數：2.00

桁條、脊桁、屋架樑

跨距 3,640mm

瓦屋頂的 1 點集中載重（積雪 2m）

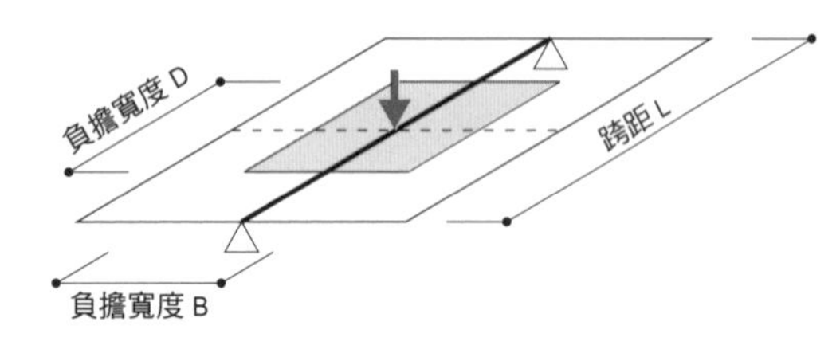

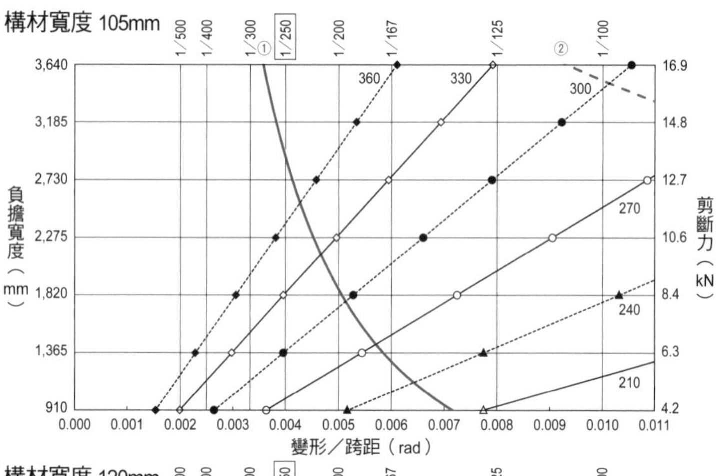

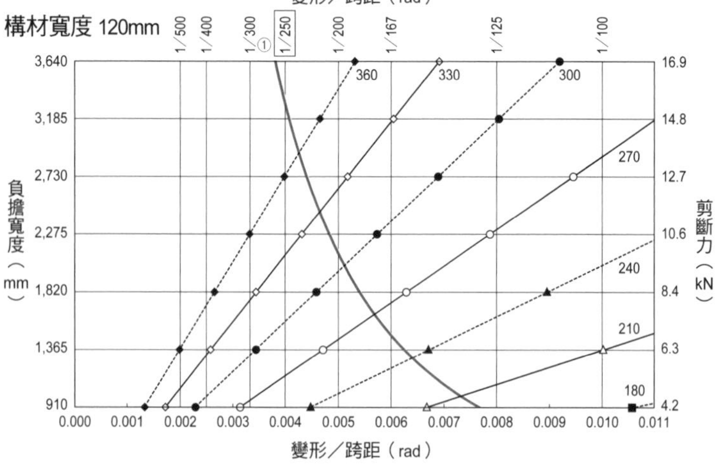

載重　①：長期彎曲臨界 ②：長期剪斷臨界

	部位		靜載重 DL（N／m^2）	活載重 LL（N／m^2）	負擔寬度 B（m）	負擔寬度 D（m）	載重
應力用	屋頂	P_1	900	4,200	B	1.82	9,282N／m
		P_2	0	0	0	0	0
		w	0	0	0	－	0
撓曲用	屋頂	P_1	900	2,100	B	1.82	5,460N／m
		P_2	0	0	0	0	0
		w	0	0	0	－	0

A、Z、I 的折減係數：0.90　變形增大係數：2.00

桁條、脊桁、屋架樑

跨距 2,730mm

金屬版屋頂的均勻分布載重（積雪 2m）

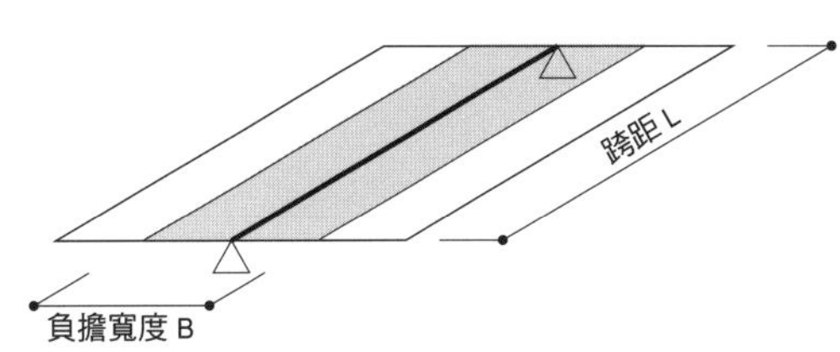

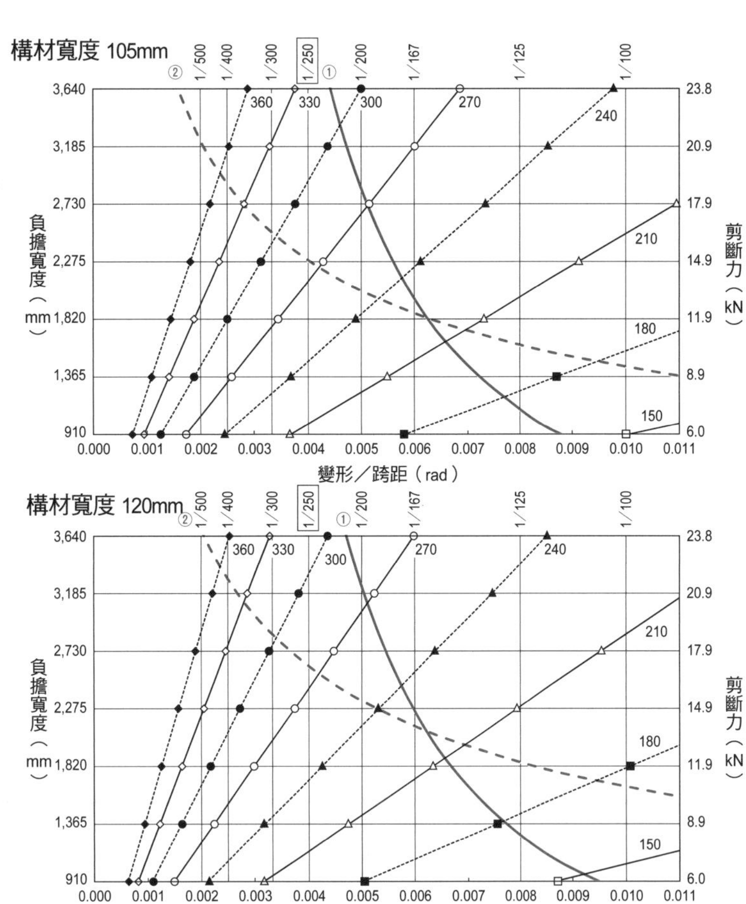

載重　①：長期彎曲臨界 ②：長期剪斷臨界

	部位		靜載重 DL（N/m²）	活載重 LL（N/m²）	負擔寬度 B（m）	負擔寬度 D（m）	載重
應力用	屋頂	w1	600	4,200	B	—	4,800N／m²
		w2	0	0	0	—	0
		P	0	0	0	0	0
撓曲用	屋頂	w1	600	2,100	B	—	2,700N／m²
		w2	0	0	0	—	0
		P	0	0	0	0	0

A、Z、I 的折減係數：0.90　變形增大係數：2.00

桁條、脊桁、屋架樑

跨距 3,640mm

金屬版屋頂的均勻分布載重（積雪 2m）

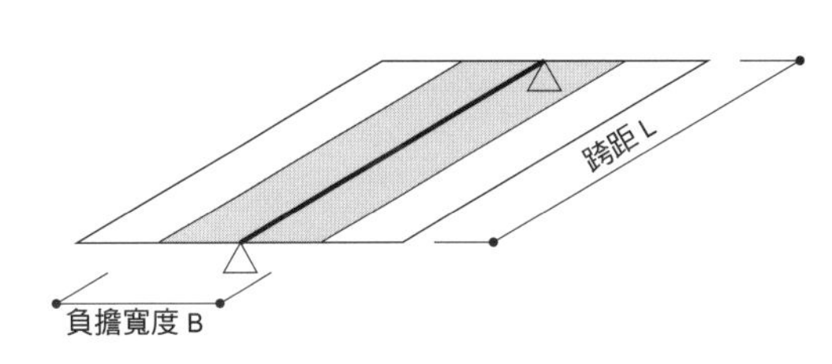

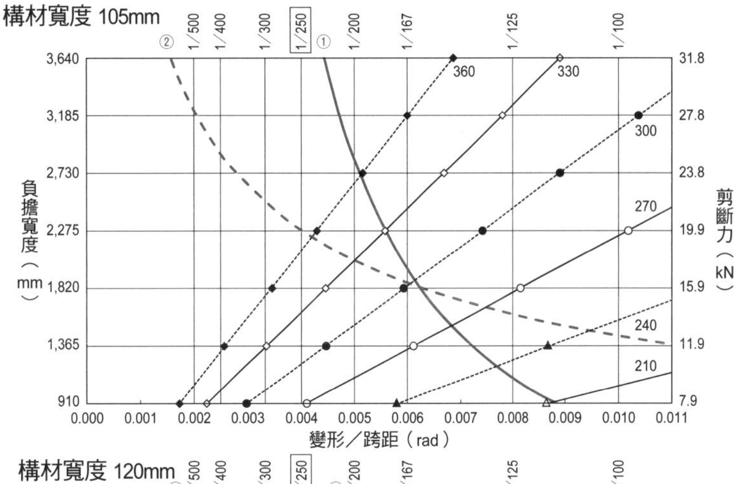

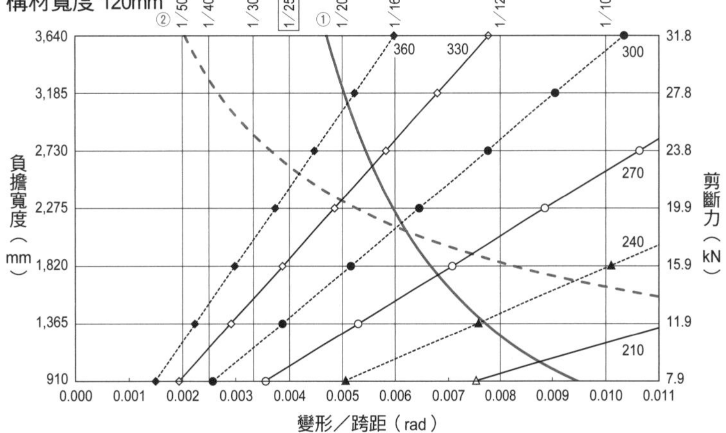

載重　①：長期彎曲臨界 ②：長期剪斷臨界

	部位		靜載重 DL（N/m²）	活載重 LL（N/m²）	負擔寬度 B（m）	負擔寬度 D（m）	載重
應力用	屋頂	w1	600	4,200	B	—	4,800N／m²
		w2	0	0	0	—	0
		P	0	0	0	0	0
撓曲用	屋頂	w1	600	2,100	B	—	2,700N／m²
		w2	0	0	0	—	0
		P	0	0	0	0	0

A、Z、I 的折減係數：0.90　變形增大係數：2.00

桁條、脊桁、屋架樑

跨距 2,730mm

金屬版屋頂的 1 點集中載重（積雪 2m）

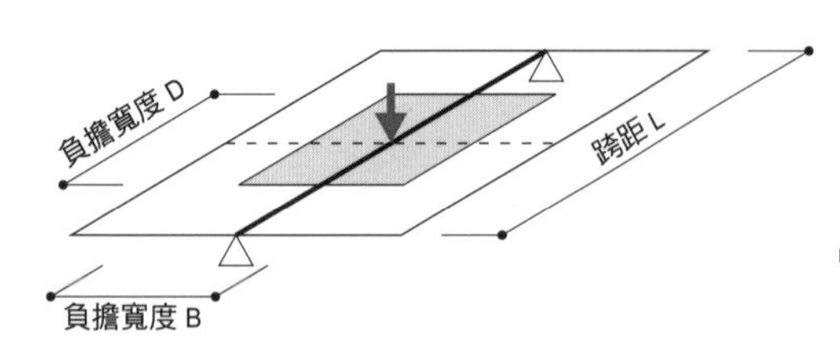

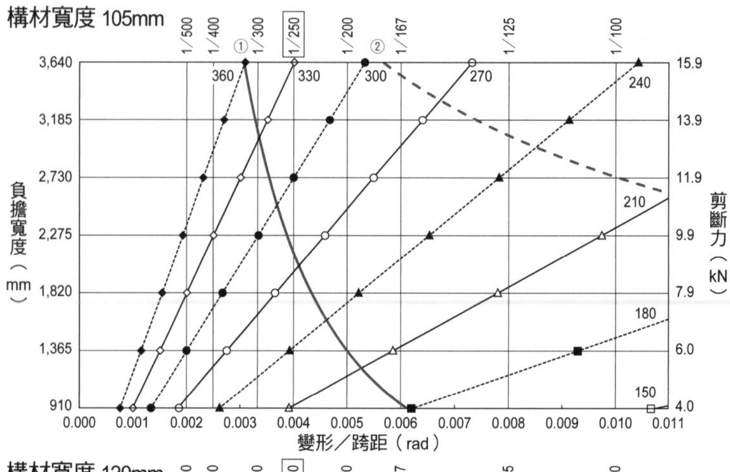

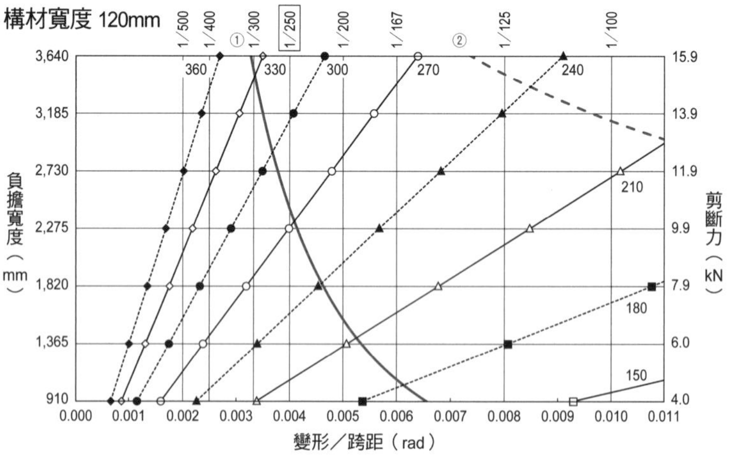

構材寬度 120mm

載重　①：長期彎曲臨界 ②：長期剪斷臨界

	部位	靜載重 DL（N/m²）	活載重 LL（N/m²）	負擔寬度 B（m）	負擔寬度 D（m）	載重
應力用	屋頂 P_1	600	4,200	B	1.82	8,736N／m
	P_2	0	0	0	0	0
	w	0	0	0	—	0
撓曲用	屋頂 P_1	600	2,100	B	1.82	4,914N／m
	P_2	0	0	0	0	0
	w	0	0	0	—	0

A、Z、I 的折減係數：0.90　變形增大係數：2.00

桁條、脊桁、屋架樑

跨距 3,640mm

金屬版屋頂的 1 點集中載重（積雪 2m）

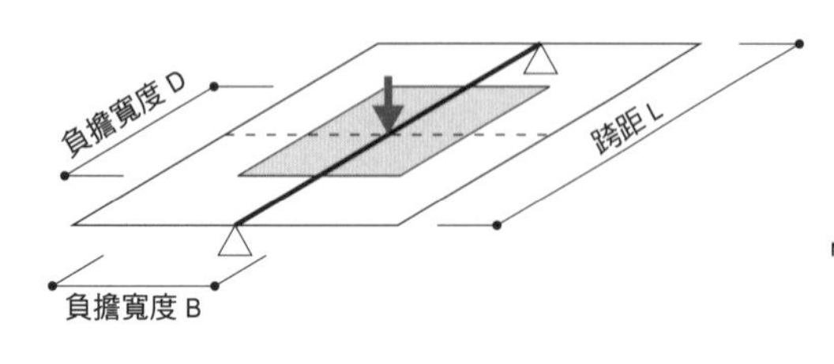

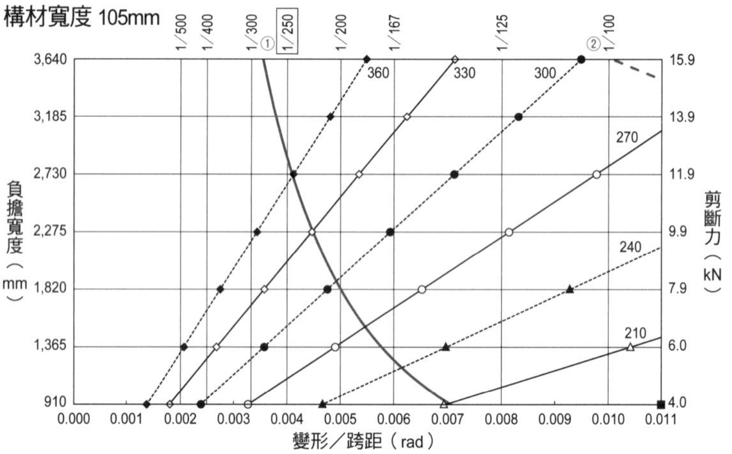

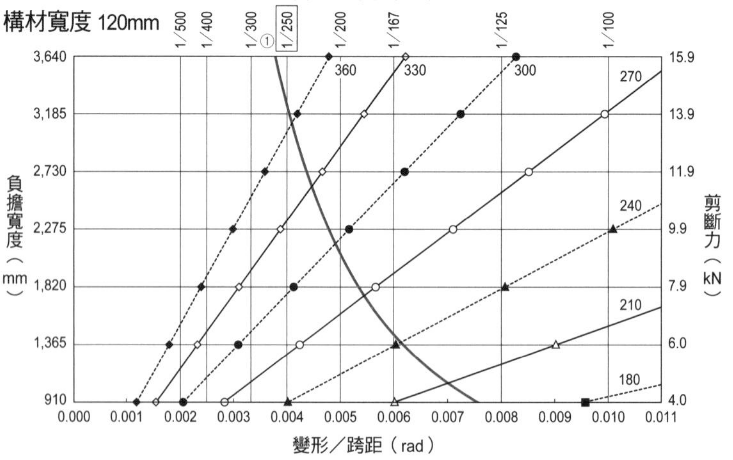

構材寬度 105mm

構材寬度 120mm

載重　①：長期彎曲臨界 ②：長期剪斷臨界

	部位	靜載重 DL（N/m²）	活載重 LL（N/m²）	負擔寬度 B（m）	負擔寬度 D（m）	載重
應力用	屋頂 P_1	600	4,200	B	1.82	8,736N／m
	P_2	0	0	0	0	0
	w	0	0	0	—	0
撓曲用	屋頂 P_1	600	2,100	B	1.82	4,914N／m
	P_2	0	0	0	0	0
	w	0	0	0	—	0

A、Z、I 的折減係數：0.90　變形增大係數：2.00

椽@ 303

瓦屋頂的均勻分布載重
（積雪 1m）

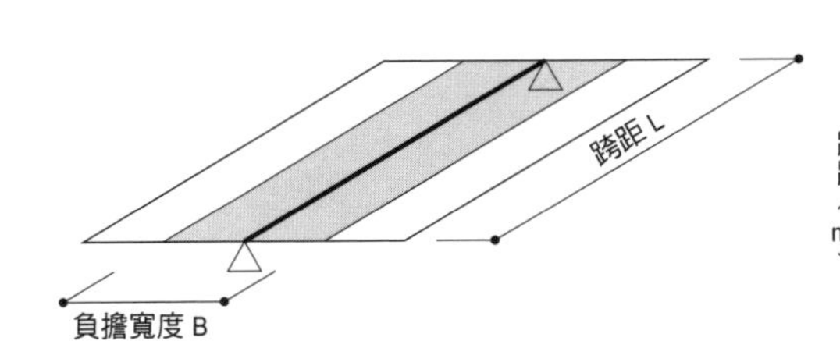

構材寬度
45、75、105mm

跨距（mm）：910、1,365、1,820、2,275、2,730、3,185、3,640、4,095、4,550
剪斷力（kN）：0.4、0.6、0.8、1.0、1.2、1.4、1.5、1.7、1.9
1/500、1/400、1/300、1/250、1/200、1/167、1/125、1/100
75×120、105×105、75×105、45×120、75×90、45×105、45×90、75×75、45×75、45×60、45×45
變形／跨距（rad）：0.000、0.001、0.002、0.003、0.004、0.005、0.006、0.007、0.008、0.009、0.010、0.011

構材寬度
60、90、120mm

跨距（mm）：910、1,365、1,820、2,275、2,730、3,185、3,640、4,095、4,550
剪斷力（kN）：0.4、0.6、0.8、1.0、1.2、1.4、1.5、1.7、1.9
1/500、1/400、1/300、1/250、1/200、1/167、1/125、1/100
120×120、90×120、90×105、60×120、60×105、90×90、60×90、60×75、60×60
變形／跨距（rad）：0.000、0.001、0.002、0.003、0.004、0.005、0.006、0.007、0.008、0.009、0.010、0.011

載重

①：長期彎曲臨界 ②：長期剪斷臨界

	部位	靜載重 DL（N／m²）	活載重 LL（N／m²）	負擔寬度 B（m）	負擔寬度 D（m）	載重
應力用	屋頂 w_1	700	2,100	0.303	—	848N／m
	w_2	0	0	0	—	0
	P	0	0	0	0	0
撓曲用	屋頂 w_1	700	1,050	0.303	—	530N／m
	w_2	0	0	0	—	0
	P	0	0	0	0	0

A、Z、I 的折減係數：1.00　變形增大係數：2.00

椽@ 455

負擔寬度 455mm

瓦屋頂的均勻分布載重
（積雪 1m）

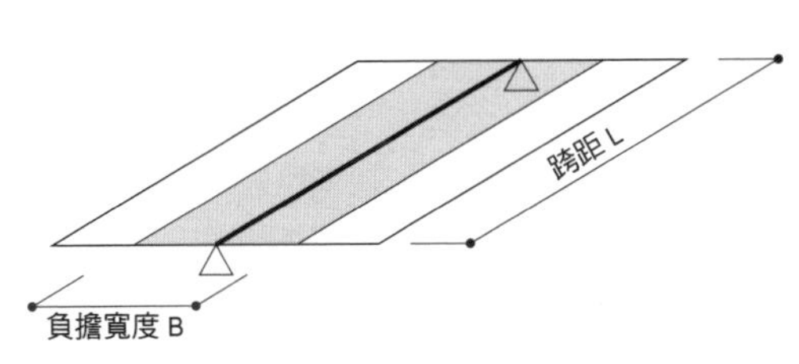

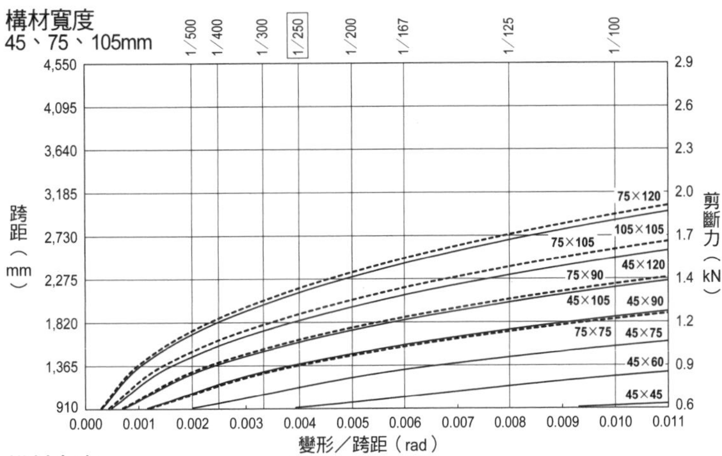

構材寬度
60、90、120mm

跨距（mm）：910、1,365、1,820、2,275、2,730、3,185、3,640、4,095、4,550
剪斷力（kN）：0.6、0.9、1.2、1.4、1.7、2.0、2.3、2.6、2.9
1/500、1/400、1/300、1/250、1/200、1/167、1/125、1/100
120×120、90×120、90×105、60×120、60×105、90×90、60×90、60×75、60×60
變形／跨距（rad）：0.000、0.001、0.002、0.003、0.004、0.005、0.006、0.007、0.008、0.009、0.010、0.011

載重

①：長期彎曲臨界 ②：長期剪斷臨界

	部位	靜載重 DL（N／m²）	活載重 LL（N／m²）	負擔寬度 B（m）	負擔寬度 D（m）	載重
應力用	屋頂 w_1	700	2,100	0.455	—	1,274N／m
	w_2	0	0	0	—	0
	P	0	0	0	0	0
撓曲用	屋頂 w_1	700	1,050	0.455	—	796N／m
	w_2	0	0	0	—	0
	P	0	0	0	0	0

A、Z、I 的折減係數：1.00　變形增大係數：2.00

椽@ 303

負擔寬度 303mm

金屬版屋頂的均勻分布載重
（積雪 1m）

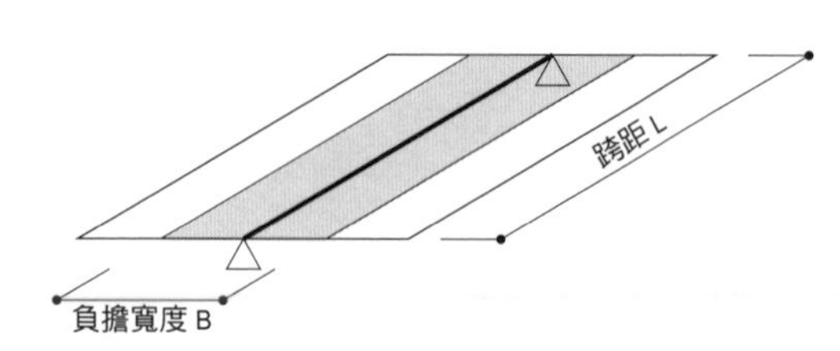

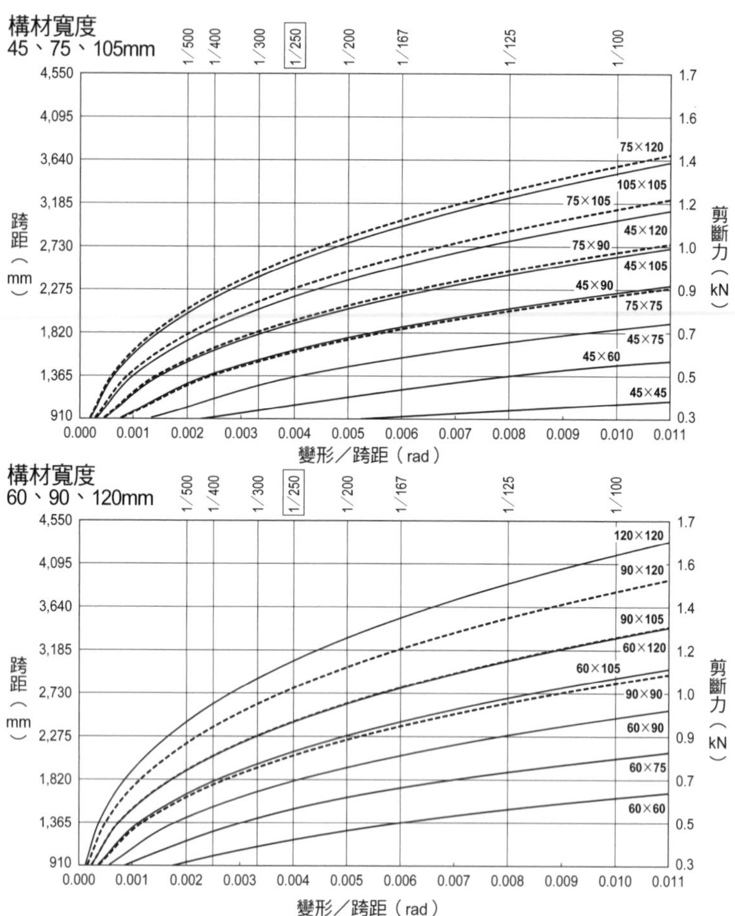

載重 ①：長期彎曲臨界 ②：長期剪斷臨界

	部位	靜載重 DL（N/m²）	活載重 LL（N/m²）	負擔寬度 B（m）	負擔寬度 D（m）	載重
應力用	屋頂 w_1	400	2,100	0.303	—	758N/m
	w_2	0	0	0	—	0
	P	0	0	0	0	0
撓曲用	屋頂 w_1	400	1,050	0.303	—	439N/m
	w_2	0	0	0	—	0
	P	0	0	0	0	0

A、Z、I 的折減係數：1.00　變形增大係數：2.00

椽@ 455

負擔寬度 455mm

金屬版屋頂的均勻分布載重
（積雪 1m）

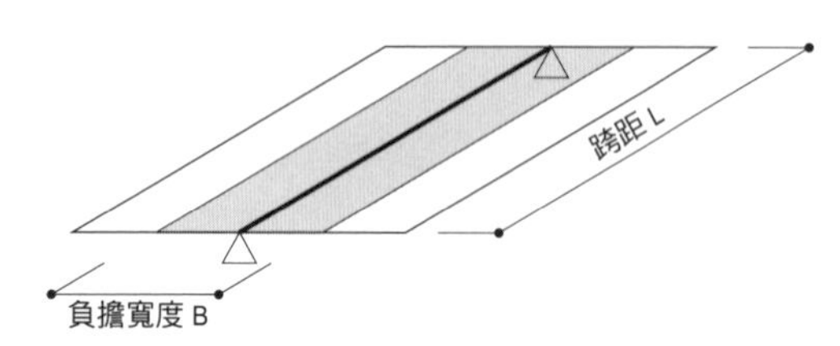

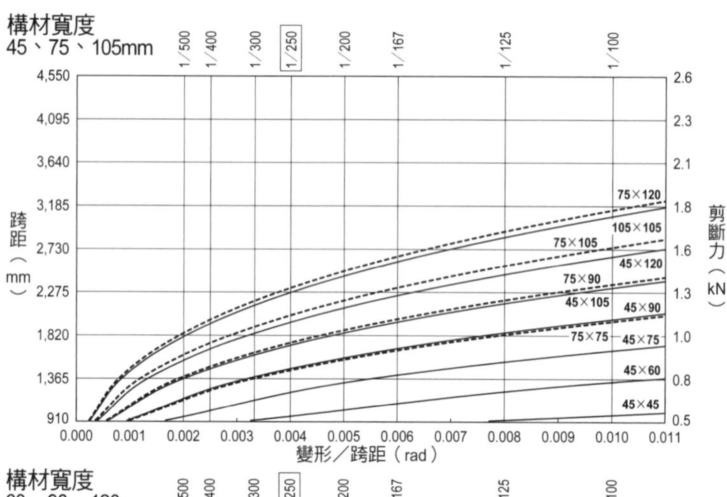

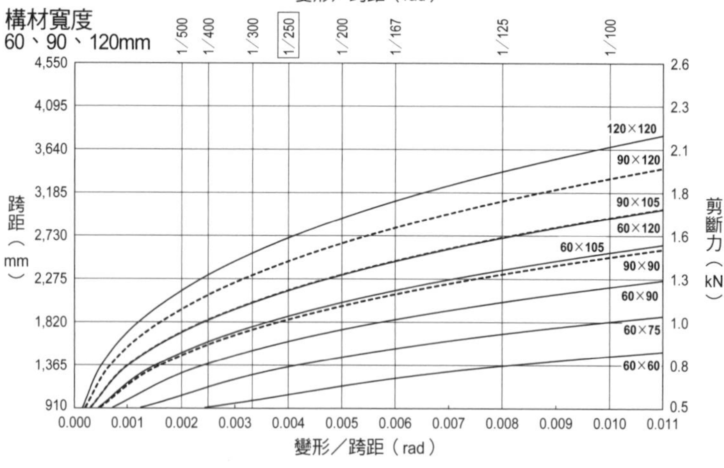

載重 ①：長期彎曲臨界 ②：長期剪斷臨界

	部位	靜載重 DL（N/m²）	活載重 LL（N/m²）	負擔寬度 B（m）	負擔寬度 D（m）	載重
應力用	屋頂 w_1	400	2,100	0.455	—	1,138N/m
	w_2	0	0	0	—	0
	P	0	0	0	0	0
撓曲用	屋頂 w_1	400	1,050	0.455	—	660N/m
	w_2	0	0	0	—	0
	P	0	0	0	0	0

A、Z、I 的折減係數：1.00　變形增大係數：2.00

懸挑椽@ 303

負擔寬度 303mm

瓦屋頂的均匀分布載重
（積雪 1m）

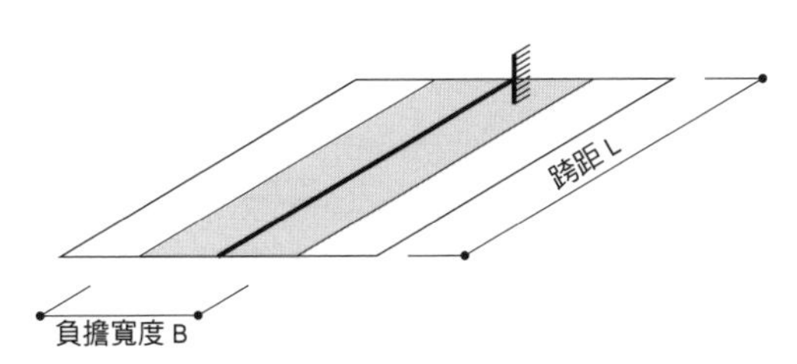

構材寬度
45、75、105mm

1/500 1/400 1/300 1/250 1/200 1/167 1/125 1/100

跨距（mm）　剪斷力（kN）

75×120　105×105　75×105　45×120　75×90　45×105　45×90　75×75　45×75　45×60　45×45

變形／跨距（rad）

構材寬度
60、90、120mm

1/500 1/400 1/300 1/250 1/200 1/167 1/125 1/100

跨距（mm）　剪斷力（kN）

120×120　90×120　90×105　60×105　60×120　90×90　60×90　60×75　60×60

變形／跨距（rad）

載重　①：長期彎曲臨界 ②：長期剪斷臨界

部位		靜載重 DL（N／m²）	活載重 LL（N／m²）	負擔寬度 B（m）	負擔寬度 D（m）	載重
應力用	屋頂 w₁	700	2,100	0.303	—	848N／m
	w₂	0	0	0	—	0
	P	0	0	0	0	0
撓曲用	屋頂 w₁	700	1,050	0.303	—	530N／m
	w₂	0	0	0	—	0
	P	0	0	0	0	0

A、Z、I 的折減係數：1.00　變形增大係數：2.00

懸挑椽@ 455

負擔寬度 455mm

瓦屋頂的均匀分布載重
（積雪 1m）

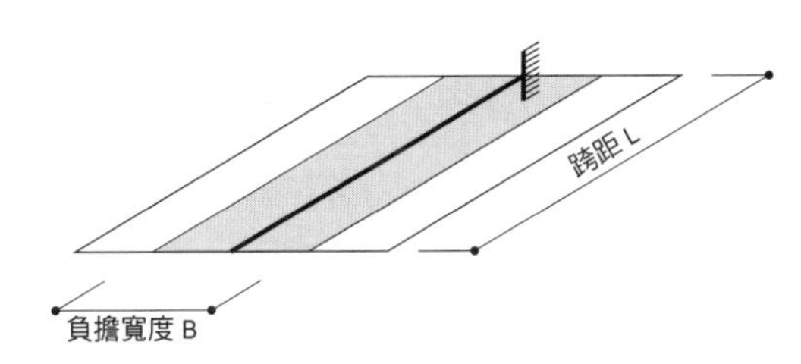

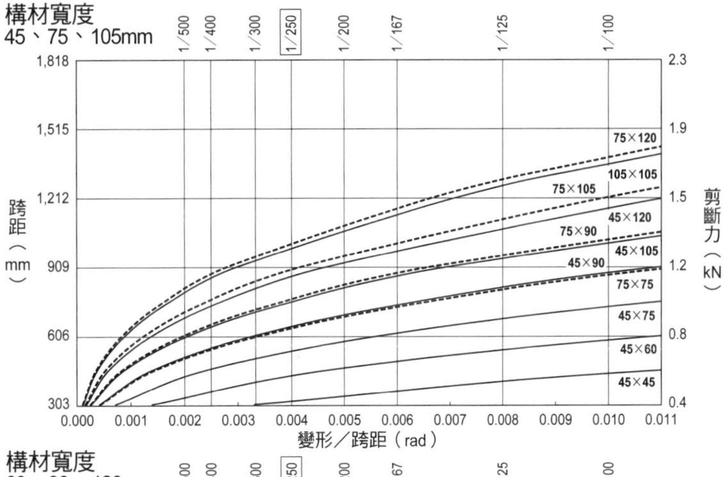

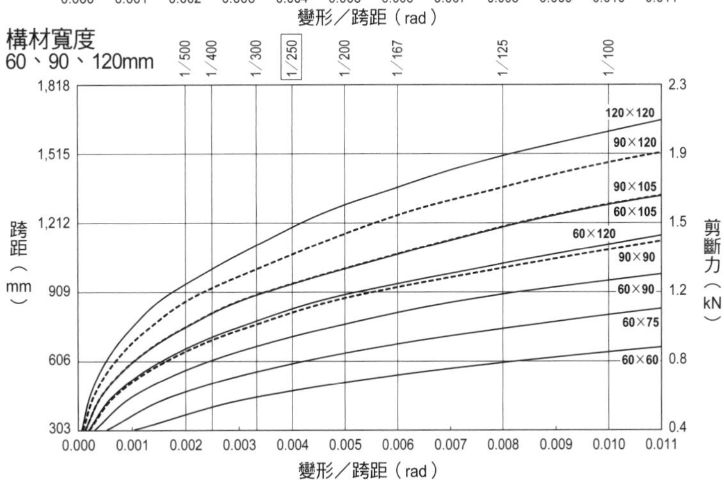

載重　①：長期彎曲臨界 ②：長期剪斷臨界

部位		靜載重 DL（N／m²）	活載重 LL（N／m²）	負擔寬度 B（m）	負擔寬度 D（m）	載重
應力用	屋頂 w₁	700	2,100	0.455	—	1,274N／m
	w₂	0	0	0	—	0
	P	0	0	0	0	0
撓曲用	屋頂 w₁	700	1,050	0.455	—	796N／m
	w₂	0	0	0	—	0
	P	0	0	0	0	0

A、Z、I 的折減係數：1.00　變形增大係數：2.00

懸挑椽@ 303

負擔寬度 303mm

金屬版屋頂的均勻分布載重
（積雪 1m）

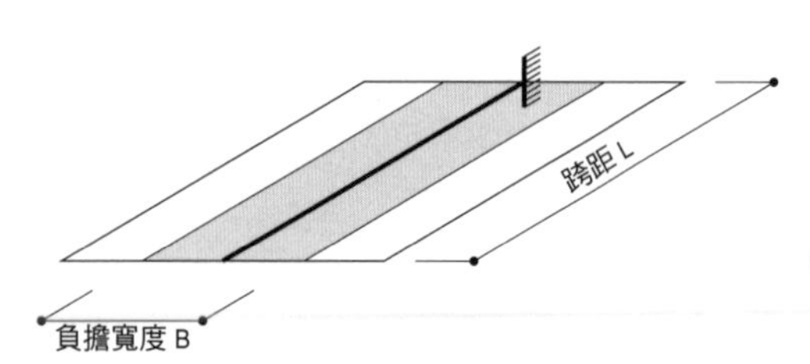

構材寬度
45、75、105mm

1/500 1/400 1/300 1/250 1/200 1/167 1/125 1/100

跨距（mm） 303 606 909 1,212 1,515 1,818

剪斷力（kN） 0.2 0.5 0.7 0.9 1.1 1.4

75×120 105×105 75×105 45×120 75×90 45×105 45×90 75×75 45×75 45×60 45×45

0.000 0.001 0.002 0.003 0.004 0.005 0.006 0.007 0.008 0.009 0.010 0.011

變形／跨距（rad）

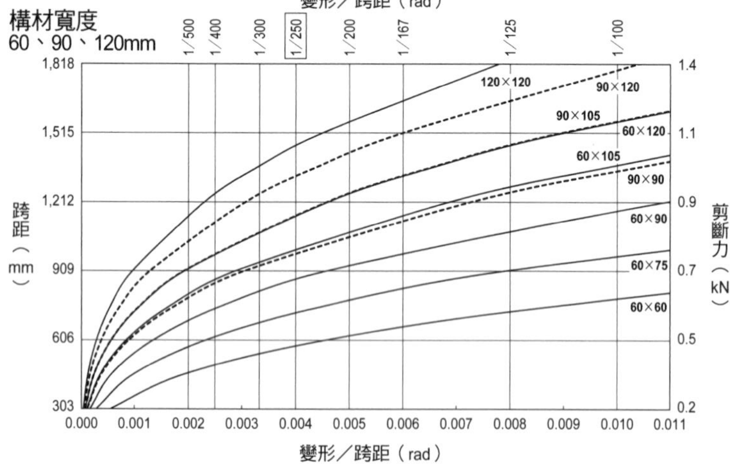

載重 ①：長期彎曲臨界 ②：長期剪斷臨界

	部位	靜載重 DL（N／m²）	活載重 LL（N／m²）	負擔寬度 B（m）	負擔寬度 D（m）	載重
應力用	屋頂 w1	400	2,100	0.303	—	758N／m
	w2	0	0	0	—	0
	P	0	0	0	0	0
撓曲用	屋頂 w1	400	1,050	0.303	—	439N／m
	w2	0	0	0	—	0
	P	0	0	0	0	0

A、Z、I 的折減係數：1.00　變形增大係數：2.00

懸挑椽@ 455

負擔寬度 455mm

金屬版屋頂的均勻分布載重
（積雪 1m）

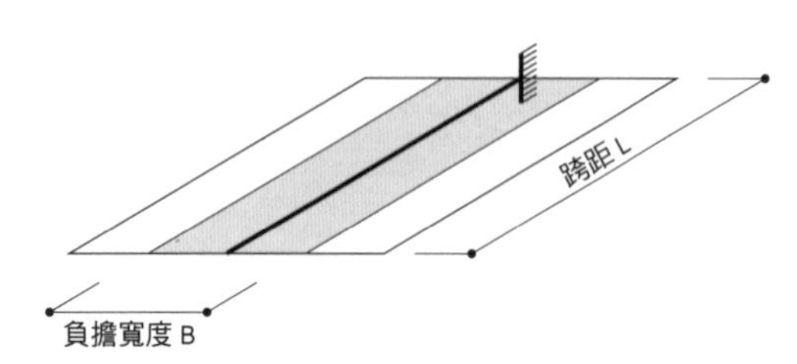

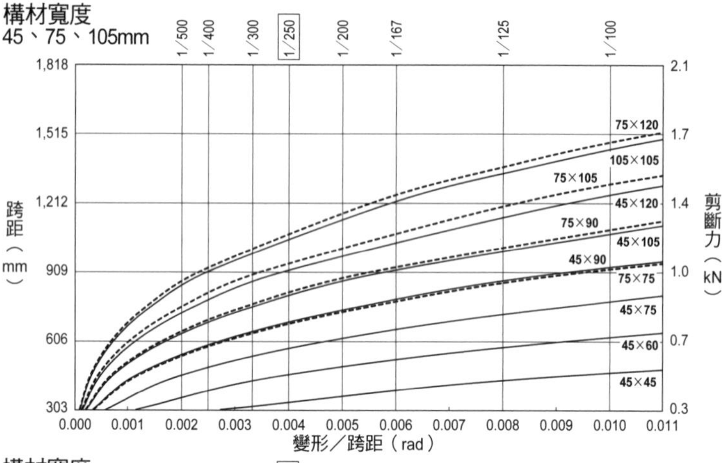

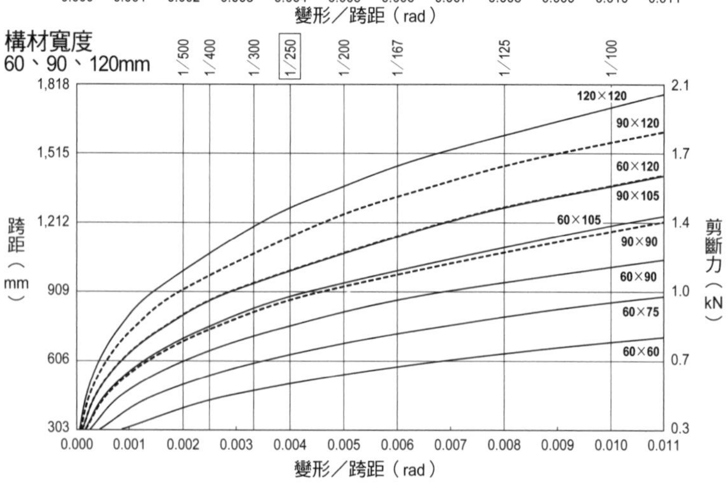

載重 ①：長期彎曲臨界 ②：長期剪斷臨界

	部位	靜載重 DL（N／m²）	活載重 LL（N／m²）	負擔寬度 B（m）	負擔寬度 D（m）	載重
應力用	屋頂 w1	400	2,100	0.455	—	1,138N／m
	w2	0	0	0	—	0
	P	0	0	0	0	0
撓曲用	屋頂 w1	400	1,050	0.455	—	660N／m
	w2	0	0	0	—	0
	P	0	0	0	0	0

A、Z、I 的折減係數：1.00　變形增大係數：2.00

椽@ 303

負擔寬度 303mm

瓦屋頂的均勻分布載重
（積雪 2m）

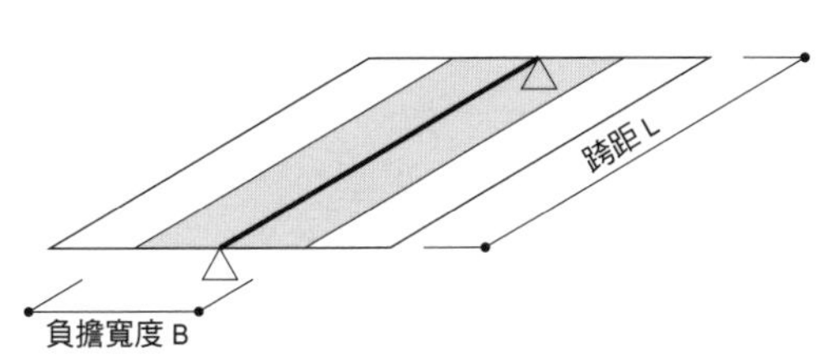

載重

①：長期彎曲臨界 ②：長期剪斷臨界

	部位		靜載重 DL（N／m²）	活載重 LL（N／m²）	負擔寬度 B（m）	負擔寬度 D（m）	載重
應力用	屋頂	w_1	700	4,200	0.303	—	1,485N／m
		w_2	0	0	0	—	0
		P	0	0	0	0	0
撓曲用	屋頂	w_1	700	2,100	0.303	—	848N／m
		w_2	0	0	0	—	0
		P	0	0	0	0	0

A、Z、I 的折減係數：1.00　變形增大係數：2.00

椽@ 455

負擔寬度 455mm

瓦屋頂的均勻分布載重
（積雪 2m）

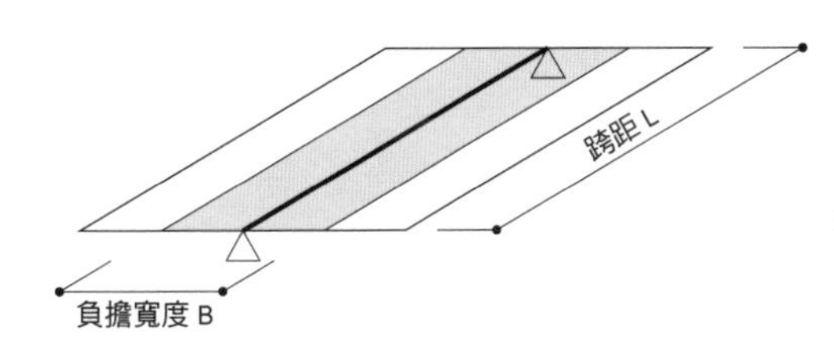

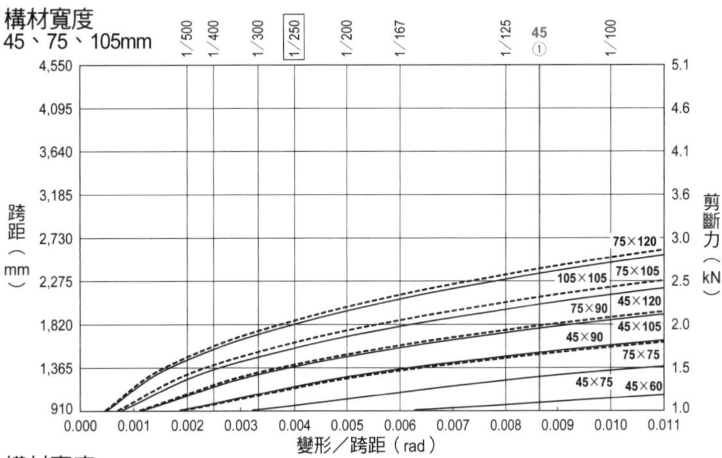

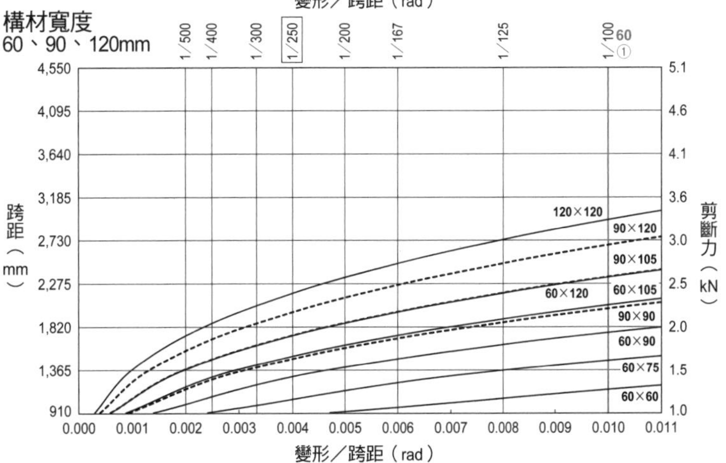

載重

①：長期彎曲臨界 ②：長期剪斷臨界

	部位		靜載重 DL（N／m²）	活載重 LL（N／m²）	負擔寬度 B（m）	負擔寬度 D（m）	載重
應力用	屋頂	w_1	700	4,200	0.455	—	2,230N／m
		w_2	0	0	0	—	0
		P	0	0	0	0	0
撓曲用	屋頂	w_1	700	2,100	0.455	—	1,274N／m
		w_2	0	0	0	—	0
		P	0	0	0	0	0

A、Z、I 的折減係數：1.00　變形增大係數：2.00

椽@ 303

負擔寬度 303mm

金屬版屋頂的均勻分布載重
（積雪 2m）

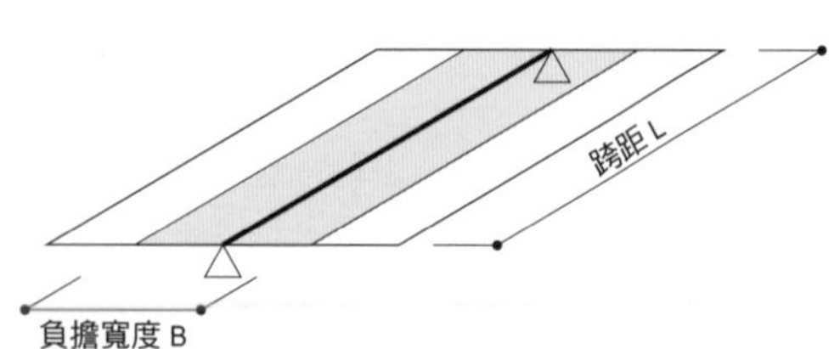

構材寬度
45、75、105mm

1/500 1/400 1/300 1/250 1/200 1/167 1/125 1/100 45①

跨距（mm）：4,550 4,095 3,640 3,185 2,730 2,275 1,820 1,365 910

剪斷力（kN）：3.2 2.9 2.5 2.2 1.9 1.6 1.3 1.0 0.6

75×120 105×105 75×105 75×90 45×120 45×105 45×90 75×75 45×75 45×60 45×45

變形／跨距（rad）：0.000 0.001 0.002 0.003 0.004 0.005 0.006 0.007 0.008 0.009 0.010 0.011

構材寬度
60、90、120mm

1/500 1/400 1/300 1/250 1/200 1/167 1/125 1/100

跨距（mm）：4,550 4,095 3,640 3,185 2,730 2,275 1,820 1,365 910

剪斷力（kN）：3.2 2.9 2.5 2.2 1.9 1.6 1.3 1.0 0.6

120×120 90×120 90×105 60×120 60×105 90×90 60×90 60×75 60×60

變形／跨距（rad）：0.000 0.001 0.002 0.003 0.004 0.005 0.006 0.007 0.008 0.009 0.010 0.011

載重

①：長期彎曲臨界 ②：長期剪斷臨界

	部位		靜載重 DL（N／m²）	活載重 LL（N／m²）	負擔寬度 B（m）	負擔寬度 D（m）	載重
應力用	屋頂	w1	400	4,200	0.303	—	1,394N／m
		w2	0	0	0	—	0
		P	0	0	0	0	0
撓曲用	屋頂	w1	400	2,100	0.303	—	758N／m
		w2	0	0	0	—	0
		P	0	0	0	0	0

A、Z、I 的折減係數：1.00　變形增大係數：2.00

椽@ 455

負擔寬度 455mm

金屬版屋頂的均勻分布載重
（積雪 2m）

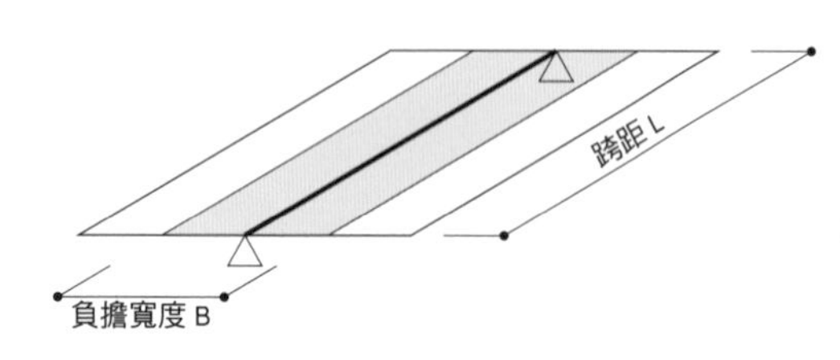

構材寬度
45、75、105mm

1/500 1/400 1/300 1/250 1/200 1/167 1/125 45① 1/100 75①

跨距（mm）：4,550 4,095 3,640 3,185 2,730 2,275 1,820 1,365 910

剪斷力（kN）：4.8 4.3 3.8 3.3 2.9 2.4 1.9 1.4 1.0

75×120 105×105 75×105 45×120 75×90 45×105 45×90 75×75 45×75 45×60

變形／跨距（rad）：0.000 0.001 0.002 0.003 0.004 0.005 0.006 0.007 0.008 0.009 0.010 0.011

構材寬度
60、90、120mm

1/500 1/400 1/300 1/250 1/200 1/167 1/125 60① 1/100

跨距（mm）：4,550 4,095 3,640 3,185 2,730 2,275 1,820 1,365 910

剪斷力（kN）：4.8 4.3 3.8 3.3 2.9 2.4 1.9 1.4 1.0

120×120 90×120 90×105 60×120 60×105 90×90 60×90 60×75 60×60

變形／跨距（rad）：0.000 0.001 0.002 0.003 0.004 0.005 0.006 0.007 0.008 0.009 0.010 0.011

載重

①：長期彎曲臨界 ②：長期剪斷臨界

	部位		靜載重 DL（N／m²）	活載重 LL（N／m²）	負擔寬度 B（m）	負擔寬度 D（m）	載重
應力用	屋頂	w1	400	4,200	0.455	—	2,093N／m
		w2	0	0	0	—	0
		P	0	0	0	0	0
撓曲用	屋頂	w1	400	2,100	0.455	—	1,138N／m
		w2	0	0	0	—	0
		P	0	0	0	0	0

A、Z、I 的折減係數：1.00　變形增大係數：2.00

懸挑椽@ 303

負擔寬度 303mm

瓦屋頂的均勻分布載重
（積雪 2m）

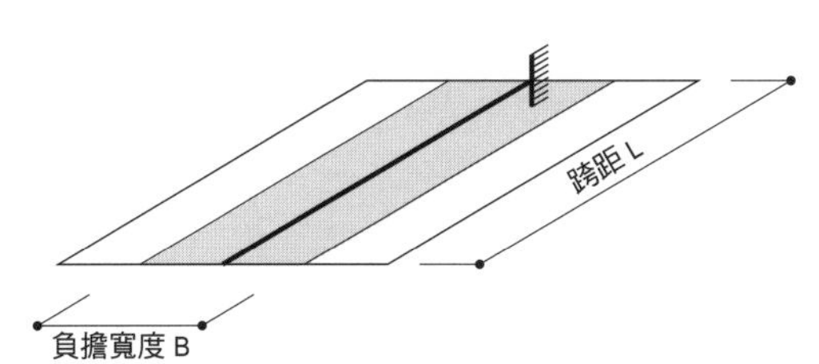

構材寬度
45、75、105mm

跨距（mm）　剪斷力（kN）

變形／跨距（rad）

構材寬度
60、90、120mm

跨距（mm）　剪斷力（kN）

變形／跨距（rad）

載重　　①：長期彎曲臨界 ②：長期剪斷臨界

	部位		靜載重 DL（N／m²）	活載重 LL（N／m²）	負擔寬度 B（m）	負擔寬度 D（m）	載重
應力用	屋頂	w₁	700	4,200	0.303	－	1,485N／m
		w₂	0	0	0	－	0
		P	0	0	0	0	0
撓曲用	屋頂	w₁	700	2,100	0.303	－	848N／m
		w₂	0	0	0	－	0
		P	0	0	0	0	0

A、Z、I 的折減係數：1.00　變形增大係數：2.00

懸挑椽@ 455

負擔寬度 455mm

瓦屋頂的均勻分布載重
（積雪 2m）

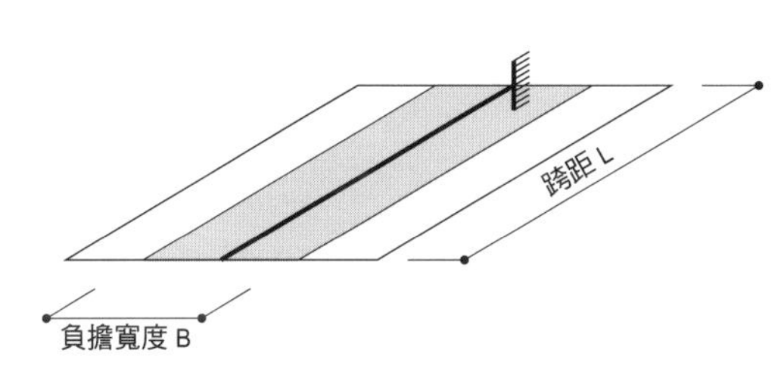

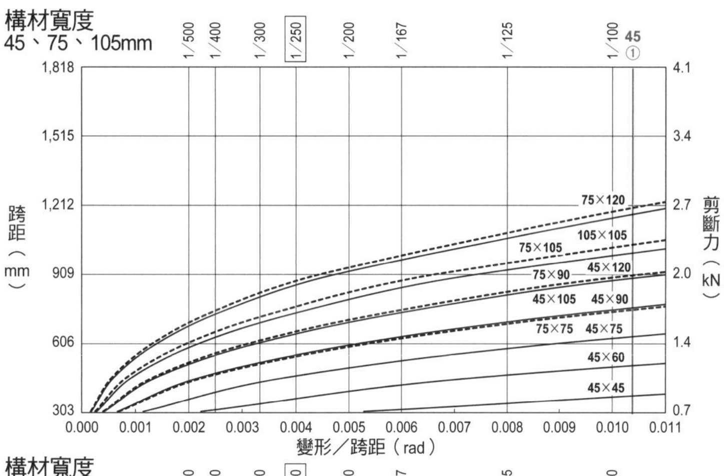

構材寬度
60、90、120mm

跨距（mm）　剪斷力（kN）

變形／跨距（rad）

載重　　①：長期彎曲臨界 ②：長期剪斷臨界

	部位		靜載重 DL（N／m²）	活載重 LL（N／m²）	負擔寬度 B（m）	負擔寬度 D（m）	載重
應力用	屋頂	w₁	700	4,200	0.455	－	2,230N／m
		w₂	0	0	0	－	0
		P	0	0	0	0	0
撓曲用	屋頂	w₁	700	2,100	0.455	－	1,274N／m
		w₂	0	0	0	－	0
		P	0	0	0	0	0

A、Z、I 的折減係數：1.00　變形增大係數：2.00

懸挑椽@ 303

負擔寬度 303mm

金屬版屋頂的均勻分布載重
（積雪 2m）

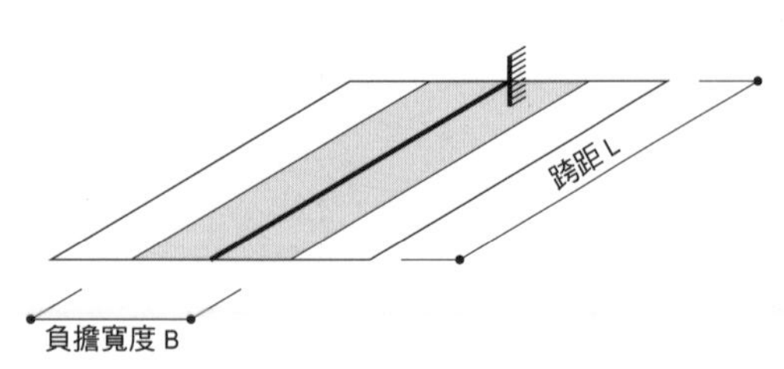

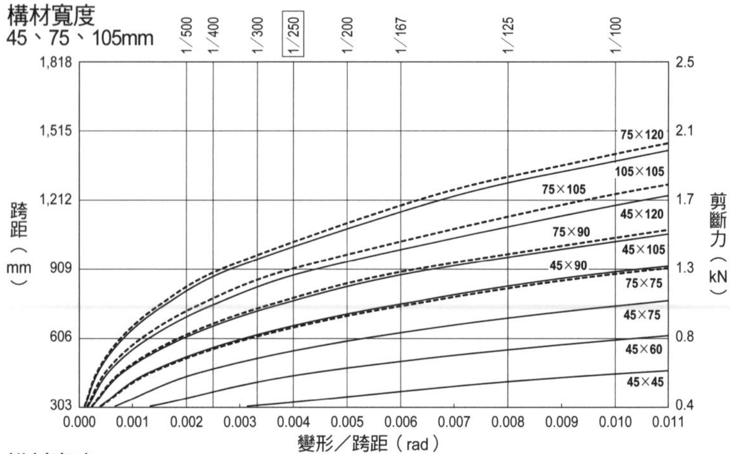

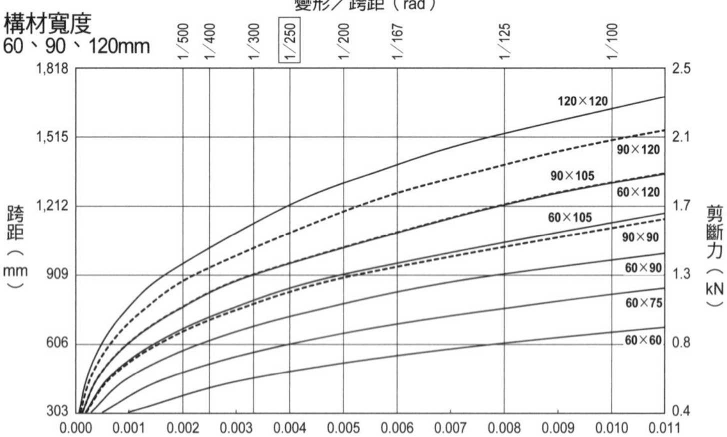

載重　①：長期彎曲臨界 ②：長期剪斷臨界

	部位	靜載重 DL（N／m²）	活載重 LL（N／m²）	負擔寬度 B（m）	負擔寬度 D（m）	載重
應力用	屋頂 w1	400	4,200	0.303	—	1,394N／m
	w2	0	0	0	—	0
	P	0	0	0	0	0
撓曲用	屋頂 w1	400	2,100	0.303	—	758N／m
	w2	0	0	0	—	0
	P	0	0	0	0	0

A、Z、I 的折減係數：1.00　變形增大係數：2.00

懸挑椽@ 455

負擔寬度 455mm

金屬版屋頂的均勻分布載重
（積雪 2m）

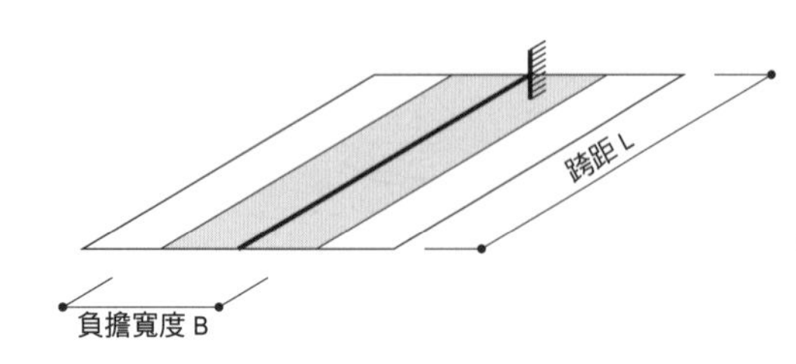

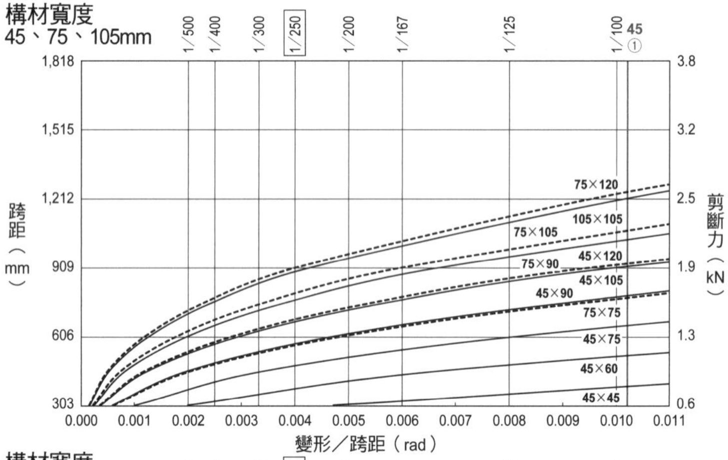

構材寬度
60、90、120mm

載重　①：長期彎曲臨界 ②：長期剪斷臨界

	部位	靜載重 DL（N／m²）	活載重 LL（N／m²）	負擔寬度 B（m）	負擔寬度 D（m）	載重
應力用	屋頂 w1	400	4,200	0.455	—	2,093N／m
	w2	0	0	0	—	0
	P	0	0	0	0	0
撓曲用	屋頂 w1	400	2,100	0.455	—	1,138N／m
	w2	0	0	0	—	0
	P	0	0	0	0	0

A、Z、I 的折減係數：1.00　變形增大係數：2.00

樑端接合部的支撐耐力一覽表

樑 - 樑接合類型 BG

等級 3 BG3

長期容許支撐耐力
14.8kN

乾燥方法：高溫乾燥
加工方法：手工加工
有無螺栓：D 型螺栓

受壓面積 5,080 mm²
入樺 30 mm
接受樑的
剩餘尺寸 90 mm

等級 2 BG2

長期容許支撐耐力
11.6kN

乾燥方法：高溫乾燥
加工方法：預切
有無螺栓：D 型螺栓

受壓面積 2,398 mm²
入樺 9 mm
接受樑的
剩餘尺寸 60 mm

等級 1 BG1

長期容許支撐耐力
9.2kN

乾燥方法：高溫乾燥
加工方法：預切
有無螺栓：無

受壓面積 2,398 mm²
入樺 9 mm
接受樑的
剩餘尺寸 60 mm

樑 - 樑接合類型 WG

等級 3 WG3

長期容許支撐耐力
14.5kN

乾燥方法：中溫乾燥
加工方法：手工加工
有無螺栓：楔形螺栓

受壓面積 4,650 mm²
入樺 30 mm
接受樑的
剩餘尺寸 90 mm

（原注）
墊圈 PL-4.5×ø45
（附彈簧）

等級 2 WG2

長期容許支撐耐力
13.3kN

乾燥方法：中溫乾燥
加工方法：預切
有無螺栓：楔形螺栓

受壓面積 2,454 mm²
入樺 12 mm
接受樑的
剩餘尺寸 60 mm

（原注）
墊圈 PL-4.5×ø45
（附彈簧）

等級 1 WG1

長期容許支撐耐力
9.4kN

乾燥方法：中溫乾燥
加工方法：預切
有無螺栓：無

受壓面積 2,454 mm²
入樺 12 mm
接受樑的
剩餘尺寸 60 mm

樑 - 樑接合類型 TG

等級 2 TG3

長期容許支撐耐力
14.3kN

乾燥方法：天然乾燥
加工方法：手工加工
有無螺栓：無

受壓面積 4,912 mm²
入樺 30 mm
接受樑的
剩餘尺寸 60 mm

等級 2 BG2

長期容許支撐耐力
11.4kN

乾燥方法：天然乾燥
加工方法：手工加工
有無螺栓：無

受壓面積 3,157 mm²
入樺 15 mm
接受樑的
剩餘尺寸 60 mm

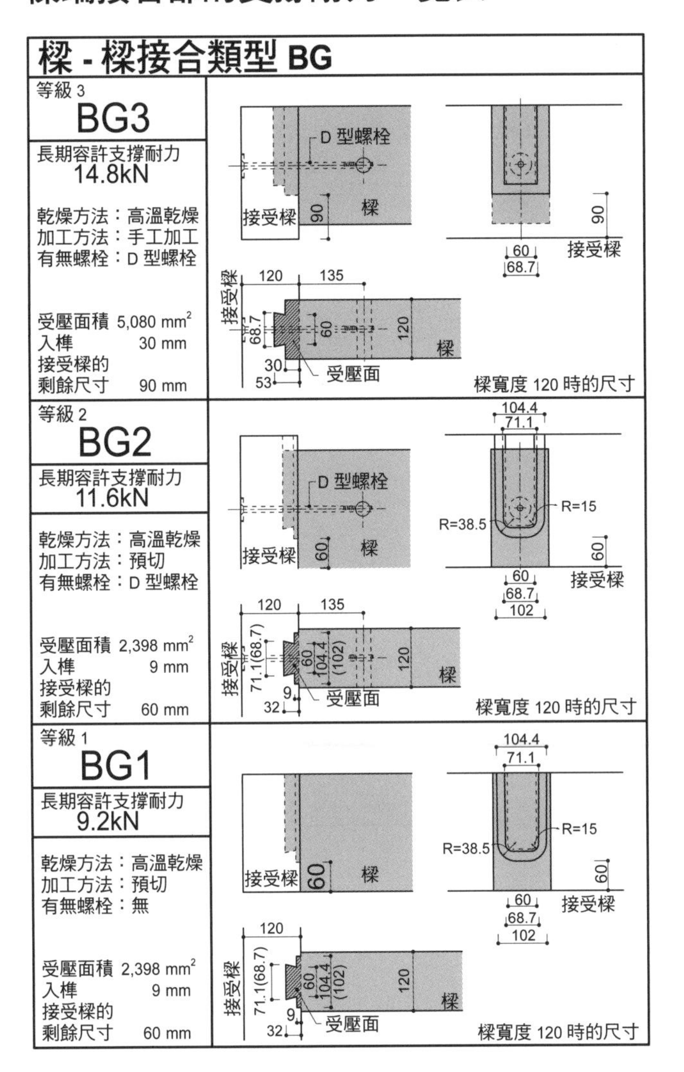

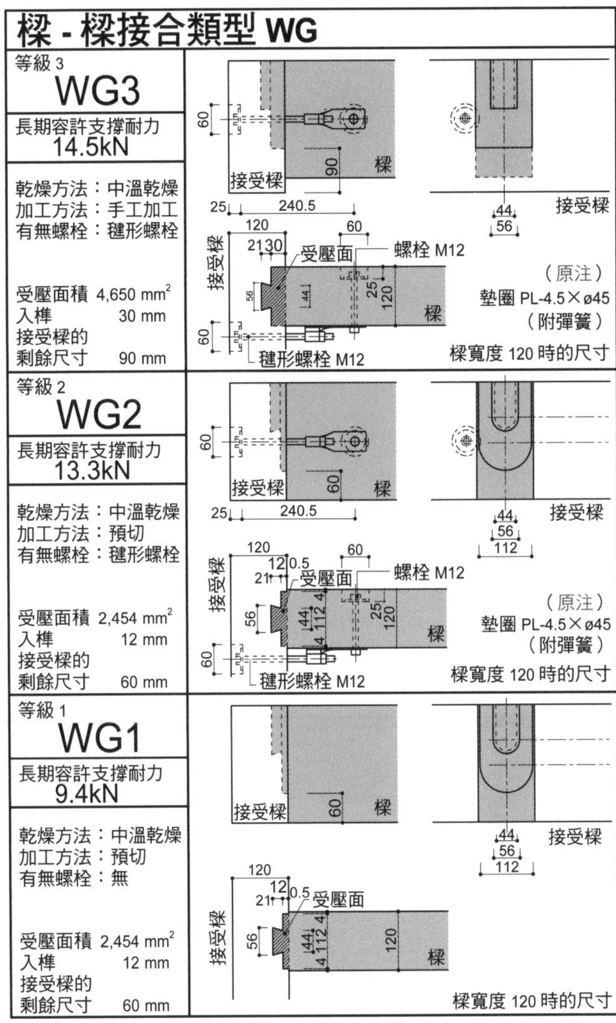

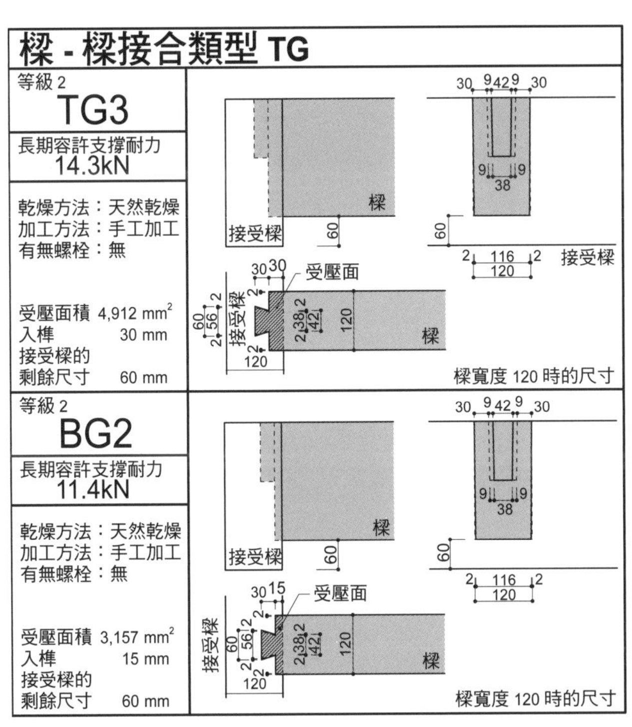

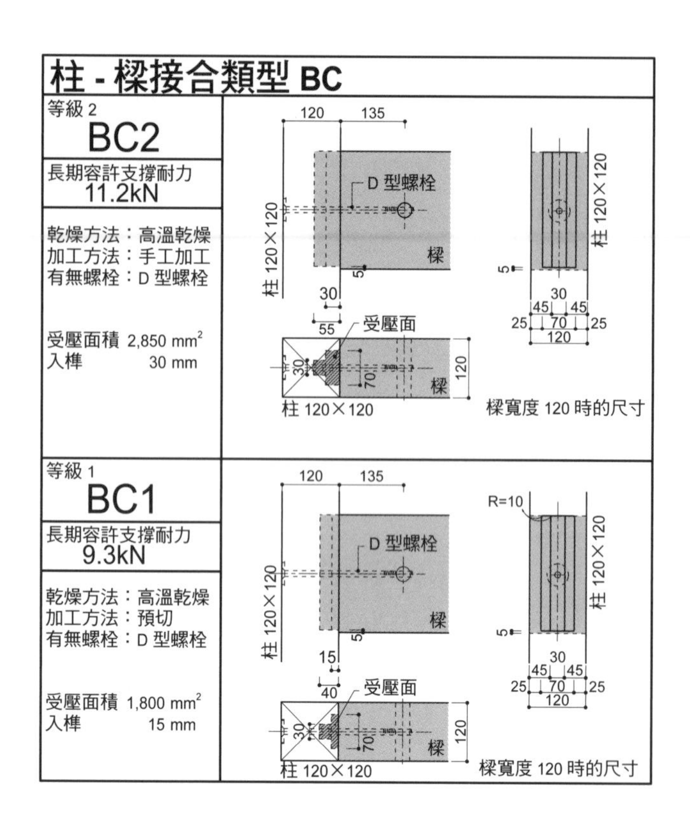
柱 - 樑接合類型 BC
等級 2
BC2
長期容許支撐耐力
11.2kN
乾燥方法：高溫乾燥
加工方法：手工加工
有無螺栓：D 型螺栓
受壓面積 2,850 mm²
入榫 30 mm
D 型螺栓
受壓面
柱 120×120
樑
樑寬度 120 時的尺寸
等級 1
BC1
長期容許支撐耐力
9.3kN
乾燥方法：高溫乾燥
加工方法：預切
有無螺栓：D 型螺栓
受壓面積 1,800 mm²
入榫 15 mm
R=10
D 型螺栓
受壓面
柱 120×120
樑
樑寬度 120 時的尺寸

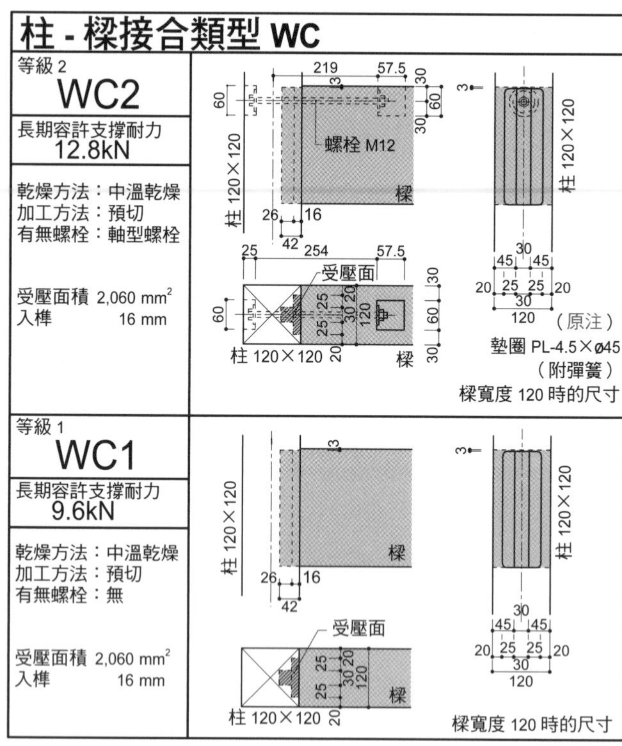
柱 - 樑接合類型 WC
等級 2
WC2
長期容許支撐耐力
12.8kN
乾燥方法：中溫乾燥
加工方法：預切
有無螺栓：軸型螺栓
受壓面積 2,060 mm²
入榫 16 mm
螺栓 M12
受壓面
柱 120×120
樑
（原注）
墊圈 PL-4.5×ø45
（附彈簧）
樑寬度 120 時的尺寸
等級 1
WC1
長期容許支撐耐力
9.6kN
乾燥方法：中溫乾燥
加工方法：預切
有無螺栓：無
受壓面積 2,060 mm²
入榫 16 mm
受壓面
柱 120×120
樑
樑寬度 120 時的尺寸

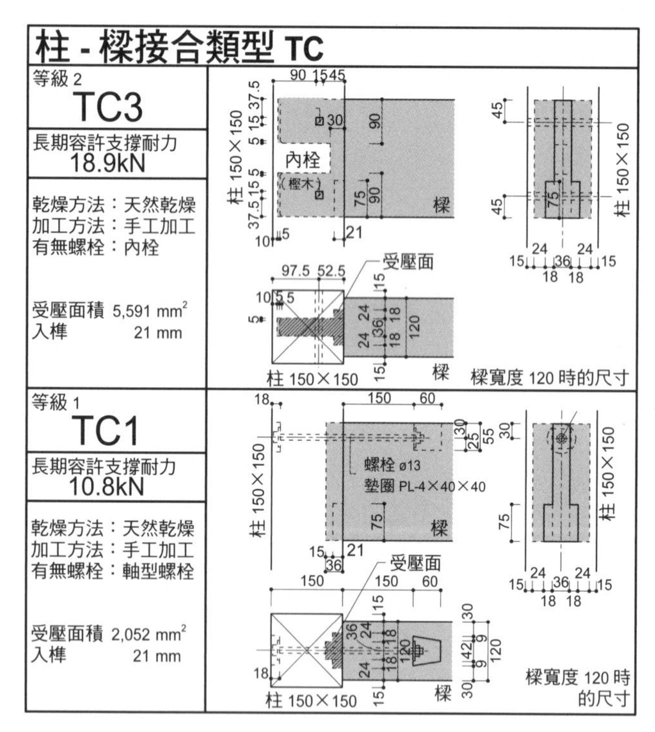
柱 - 樑接合類型 TC
等級 2
TC3
長期容許支撐耐力
18.9kN
乾燥方法：天然乾燥
加工方法：手工加工
有無螺栓：內栓
受壓面積 5,591 mm²
入榫 21 mm
內栓
（樫木）
受壓面
柱 150×150
樑
樑寬度 120 時的尺寸
等級 1
TC1
長期容許支撐耐力
10.8kN
乾燥方法：天然乾燥
加工方法：手工加工
有無螺栓：軸型螺栓
受壓面積 2,052 mm²
入榫 21 mm
螺栓 ø13
墊圈 PL-4×40×40
受壓面
柱 150×150
樑
樑寬度 120 時
的尺寸

剪力牆的設計

依據牆體及構架種類的壁倍率

令 46 條第 4 項表 1

構架的種類		壁倍率
(1)	將灰泥牆或木摺等或其他類似物件固定在柱及間柱的單側所組成的牆體構架	0.5
(2)	將木摺等或其他類似物件固定在柱及間柱的兩側所組成的牆體構架	1.0
	設置 15×90 以上的木材或是 ø 9 以上的鋼筋斜撐的構架	
(3)	設置 30×90 以上的木材斜撐的構架	1.5
(4)	設置 45×90 以上的木材斜撐的構架	2.0
(5)	設置 90×90 以上的木材斜撐的構架	3.0
(6)	將 (2) ～ (4) 的斜撐以交叉置入的構架	各數值的 2 倍
(7)	將 (5) 的斜撐以交叉置入的構架	5.0
(8)	其他與 (1) ～ (7) 的構架具備同等以上耐力、採行國土交通大臣所定的結構方法之構架，或者獲得國土交通大臣認定的構架	國土交通大臣訂定的數值在 0.5 ～ 5.0 的範圍內
(9)	併用 (1) 或 (2) 的牆體以及 (2) ～ (6) 的斜撐所組成的構架	(1) 或 (2) 的各數值與 (2) ～ (6) 的各數值的總和

昭和 56 年建告 1100 號 (最終修訂：平成 19 年 5 月 18 日國土交通省告示 615 號)

(1) 隱柱牆 直鋪型

	材料	厚度	釘	釘間隔	壁倍率		材料	厚度	釘	釘間隔	壁倍率
1	結構用合板	5 以上 (7.5 以上)	N50	@ 150 以下	2.5	7	結構用石膏版 A 種	12 以上	GNF40 GNC40	@ 150 以下	1.7
2	刨花版 結構用版	12 以上			2.5	8	結構用石膏版 B 種	12 以上			1.2
3	硬版 450、350	5 以上			2.0	9	石膏版、強化石膏版	12 以上			0.9
4	硬質木片水泥版 0.9c	12 以上			2.0	10	襯版	12 以上	SN40	外周@ 100 以下 其它@ 200 以下	1.0
5	矽酸鈣版	12 以上	GNF40 GNC40	@ 150 以下	2.0	11	板條版　鍍鋅浪版 金屬版條	0.4 以上 0.6 以上	N38	@ 150 以下	1.0
6	紙漿水泥版	8 以上			1.5						

(2) 隱柱牆 墊條型 (墊條：15×45 以上的木材以 @310 以下鋪設，使用 N50 的釘子釘定在柱、間柱、橫向材上)

	材料	厚度	釘	釘間隔	壁倍率		材料	厚度	釘	釘間隔	壁倍率
1	結構用合板	5 以上 (7.5 以上)	N32	@ 150 以下	0.5	7	結構用石膏版 A 種	12 以上	GNF32 GNC32	@ 150 以下	0.5
2	刨花版 結構用版	12 以上			0.5	8	結構用石膏版 B 種	12 以上			0.5
3	硬版 450、350	5 以上			0.5	9	石膏版、強化石膏版	12 以上			0.5
4	硬質木片水泥版 0.9c	12 以上			0.5	10	襯版	12 以上	SN32	外周@ 100 以下 其它@ 200 以下	0.5
5	矽酸鈣版	12 以上	GNF32 GNC32	@ 150 以下	0.5	11	板條版　鍍鋅浪版 金屬版條	0.4 以上 0.6 以上	N32	@ 150 以下	0.5
6	紙漿水泥版	8 以上			0.5						

(3) 露柱牆 接受材型 (接受材：30×40 以上的木材以 N75@300 以下釘定)　※ 設有接縫時，要以石膏泥塗布 15 以上

	材料	厚度	釘	釘間隔	壁倍率		材料	厚度	釘	釘間隔	壁倍率
1	結構用合板	7.5 以上	N50	@ 150 以下	2.5	4	結構用石膏版 A 種	12 以上	GNF40 GNC40	@ 150 以下	1.5
2	刨花版 結構用版	12 以上			2.5	5	結構用石膏版 B 種	12 以上			1.3
3	石膏版 (※)	9 以上	GNF32 GNC32	@ 150 以下	1.5	6	石膏版、強化石膏版	12 以上			1.0

(4) 露柱牆 橫穿板型 (橫穿板：15×90 以上、以 @610 以下施作、設置五道以上)　※ 設有接縫時，要以石膏泥塗布 15 以上

	材料	厚度	釘	釘間隔	壁倍率		材料	厚度	釘	釘間隔	壁倍率
1	結構用合板	7.5 以上	N50	@ 150 以下	1.5	4	結構用石膏版 A 種	12 以上	GNF32 GNC32	@ 150 以下	0.8
2	刨花版 結構用版	12 以上			1.5	5	結構用石膏版 B 種	12 以上			0.7
3	石膏版 (※)	9 以上	GNF32 GNC32	@ 150 以下	1.0	6	石膏版、強化石膏版	12 以上			0.5

（5）隱柱牆 樓板貫通型（接受材：藉由地板材為中介將 30×40 以上的木材以 N75@300 以下釘定在橫向材上）

	材料	厚度	釘	釘間隔	壁倍率
1	結構用石膏版 A 種	12 以上	GNF40 GNC40	@ 150 以下	1.6
2	結構用石膏版 B 種	12 以上			1.0
3	石膏版、強化石膏版	12 以上			0.9

（6）灰泥牆

規範	壁倍率
兩面中層塗布 塗布厚度 70 以上	1.5
兩面中層塗布 塗布厚度 55 以上	1.0
單面中層塗布 塗布厚度 55 以上	1.0

（7）格子面牆

規範	壁倍率
45×90 以上、@90 ～ 160	0.9
90×90 以上、@180 ～ 310	0.6
105×105 以上、@180 ～ 310	1.0

（8）疊版牆

規範	壁倍率
完全嵌入板 27×130 以上，暗榫（小直徑 15 以上的木料、或是直徑 9 以上的鋼料）@ 620 以下，且數量在 3 根以上，柱間隔 1,800 ～ 2,300 之間	0.6

兩組構架併用（昭和 56 年建告 1100 號 附表第 6）

	（い）	（ろ）	壁倍率
1	（1）～（5）隱柱牆、露柱牆 中的其一	（1）～（5）隱柱牆、露柱牆構造 （8）疊版牆 令 46 條之 4 表 1 （1）灰泥牆或木摺單側 （2）～（6）的斜撐 中的其一	各數值的和（不過要在 5 以下）
2	（1）隱柱牆 直鋪型 （2）隱柱牆 墊條型 令 46 條之 4 表 1 （1）的木摺單面 （2）的木摺兩面或者斜撐 中的其一	（6）灰泥牆 （7）格子面牆 中的其一	
3	（8）疊版牆	令 46 條之 4 表 1 （1）灰泥牆 （2）～（4）的斜撐 （2）、（3）的交叉斜撐 中的其一	

三組構架併用（昭和 56 年建告 1100 號 附表第 7）

	（い）	（ろ）	（は）	壁倍率
1	（1）～（5）隱柱牆、露柱牆 中的其一	令 46 條之 4 表 1 （1）灰泥牆或者木摺單面	令 46 條之 4 表 1（2）～（6）的斜撐 中的其一	各數值的和（不過要在 5 以下）
2	（1）隱柱牆 直鋪型 （2）隱柱牆 墊條型 中的其一	令 46 條之 4 表 1 （1）的木摺單面	（8）疊版牆	
3	（1）～（5）隱柱牆、露柱牆 中的其一	（1）～（5）隱柱牆、露柱牆 中的其一	（8）疊版牆 令 46 條之 4 表 1（2）～（6）的斜撐 中的其一	
4	（1）隱柱牆 直鋪型 （2）隱柱牆 墊條型 中的其一	（1）隱柱牆 直鋪型 （2）隱柱牆 墊條型 令 46 條之 4 表 1 （1）的木摺單面 中的其一	（6）灰泥牆 （7）格子面牆 中的其一	
5	（1）隱柱牆 直鋪型 （2）隱柱牆 墊條型 令 46 條之 4 表 1 （1）的木摺單面 （2）的木摺兩面或者斜撐 中的其一	（8）疊版牆	令 46 條之 4 表 1 （1）灰泥牆 （2）～（4）的斜撐 （2）、（3）的交叉斜撐 中的其一	

四組構架併用（昭和 56 年建告 1100 號 附表第 8）

（い）	（ろ）	（は）	（に）	壁倍率
（1）隱柱牆 直鋪型 （2）隱柱牆 墊條型 中的其一	（6）灰泥牆 （7）格子面牆 中的其一	（8）疊版牆	令 46 條之 4 表 1 （1）的灰泥牆 （2）～（4）的斜撐 （2）、（3）的交叉斜撐 中的其一	各數值的和（不過要在 5 以下）

◆構架規範 參考圖（第 375、376 頁）

（1）隱柱牆 直鋪型

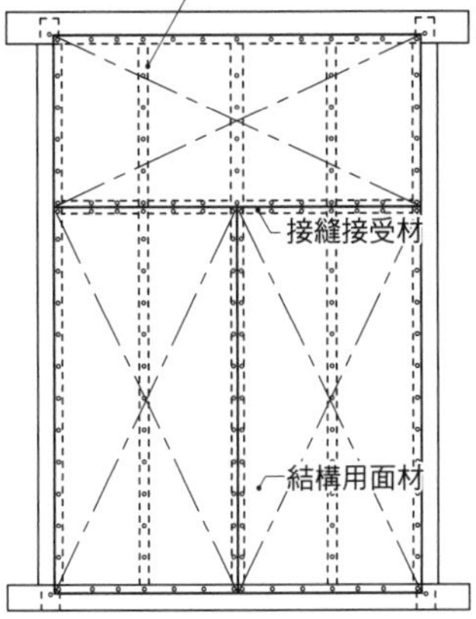

間柱（@ 500 以下）
接縫接受材
結構用面材

（2）隱柱牆 墊條型

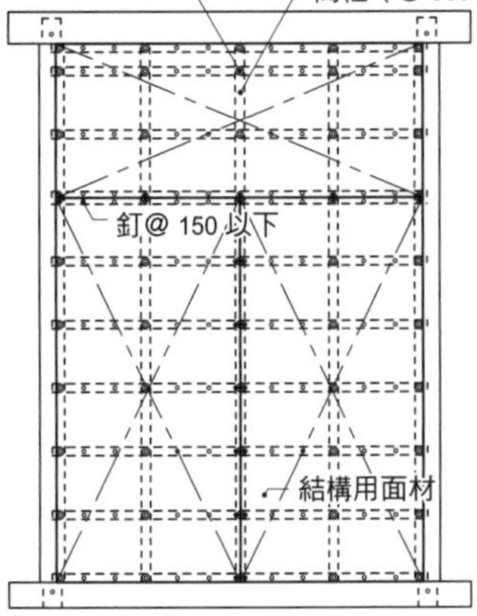

墊條（N50 固定）
t ≧ 15、b ≧ 45
@ ≦ 310
間柱（@ 500 以下）
釘@ 150 以下
結構用面材

（3）隱柱牆 樓板貫通型

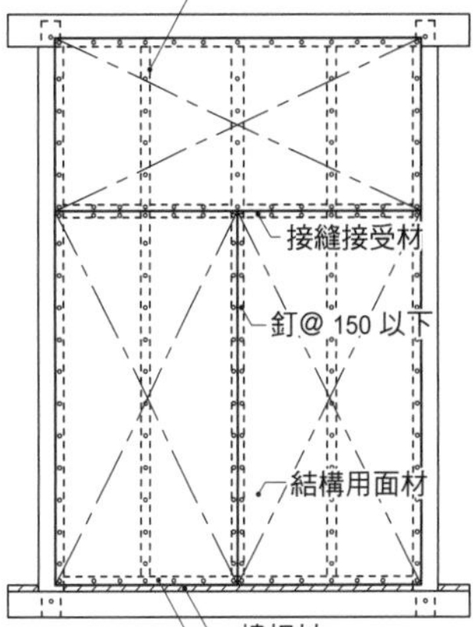

間柱（@ 500 以下）
接縫接受材
釘@ 150 以下
結構用面材
樓板材
接受材（N75 @ 300 以下）
30×40 以上

（3）露柱牆 接受材型

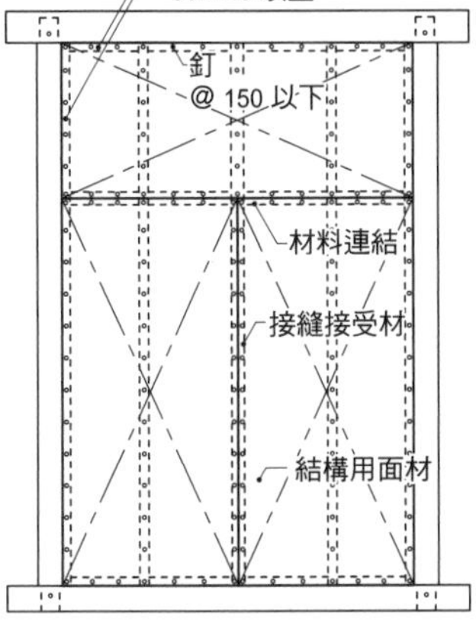

接受材（N75 @ 300 以下）
30×40 以上
釘
@ 150 以下
材料連結
接縫接受材
結構用面材

原注 結構用面材以雙面鋪設時，接受材要以 N75 @ 150 以下固定在柱、橫向材上

（4）露柱牆 橫穿板型

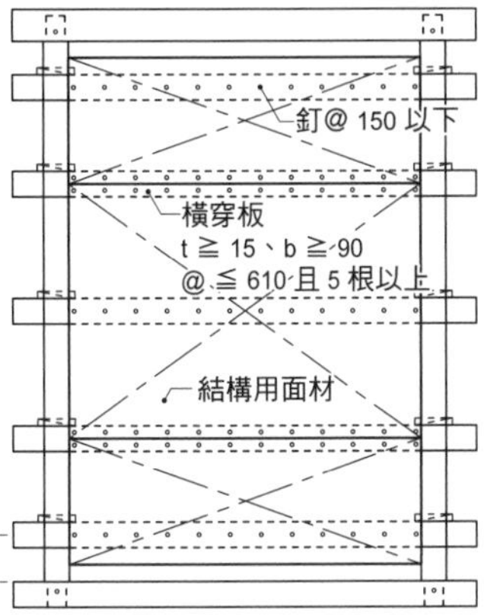

釘@ 150 以下
橫穿板
t ≧ 15、b ≧ 90
@ ≦ 610 且 5 根以上
結構用面材
310 以下

（5）符合接受材型的橫穿板規範

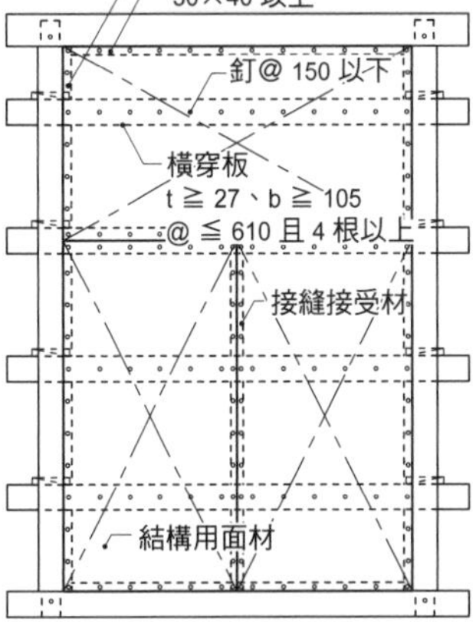

接受材（N75 @ 300 以下）
30×40 以上
釘@ 150 以下
橫穿板
t ≧ 27、b ≧ 105
@ ≦ 610 且 4 根以上
接縫接受材
結構用面材

原注 結構用面材以雙面鋪設時，接受材要以 N75 @ 150 以下固定在柱、橫向材上

（6）灰泥牆

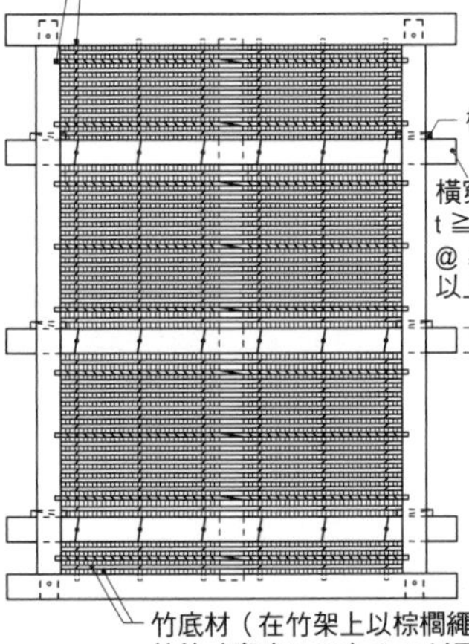

竹架（插入柱或橫向材中、或者打入橫穿板中）
竹片（寬度≧ 20），或者圓竹條（直徑≧12ø）
楔形物
橫穿板
t ≧ 15、b ≧ 100
@ ≦ 910 且 3 根以上
橫穿板寬度 b
竹底材（在竹架上以棕櫚繩等繫緊）
竹片（寬度≧ 20）@45 以下

土：堆積在水田或河床的田土、細緻度不高粗土、京都開採的京土、其他具有黏性的砂質黏土
粗胚：每 100 公升的土摻以 0.4 ～ 0.6kg 的稻桿，兩面塗覆
中層：每 100 公升的土摻以 0.4 ～ 0.8kg 的稻桿

（7）格子面牆

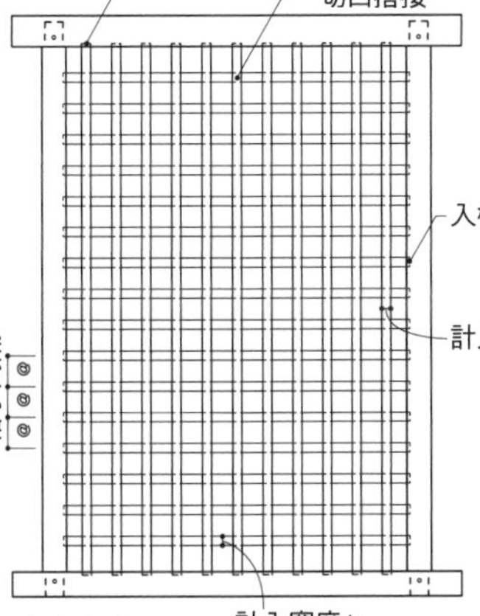

入榫
格子材（S ≦ 15%）
切口搭接
入榫
計入寬度
格子間隔
計入寬度 b
格子間隔

計入寬度 b× 厚度 d - 格子間隔@
（1）45×90@90 ～ @160：0.9
（2）90×90@180 ～ @310：0.6
（3）105×105@180 ～ @310：1.0

（8）疊版牆

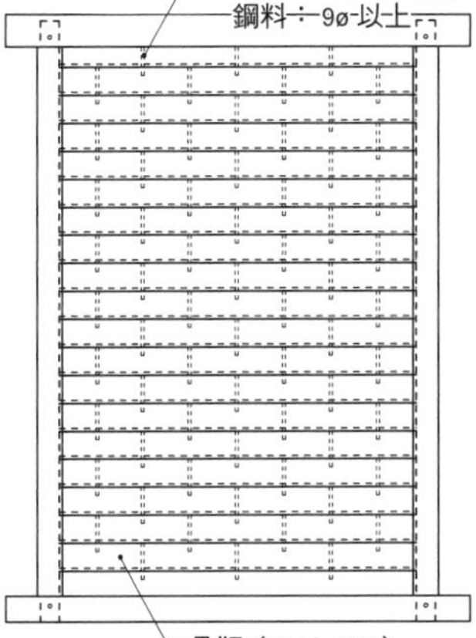

暗銷 3 根以上且@ 620 以下
木料：15 角材或者 15ø 以上
鋼料：9ø 以上
疊版（S ≦ 15%）
厚度 t ≧ 27
寬度 B ≧ 130
1,800 ≦柱間距≦ 2,300

◇斜撐的端部與構架之間的固定部位

9ø 以上的鋼筋

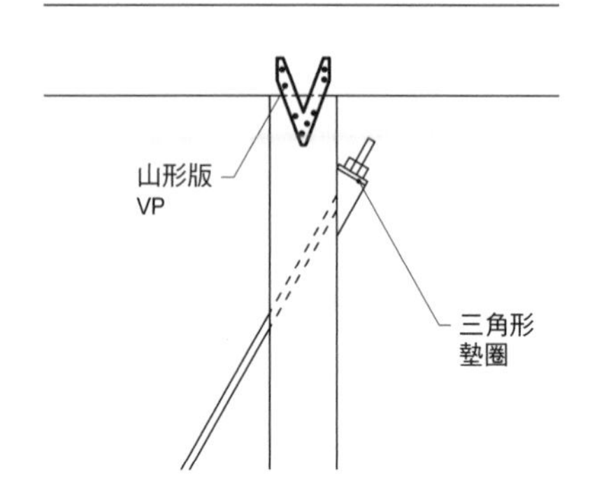

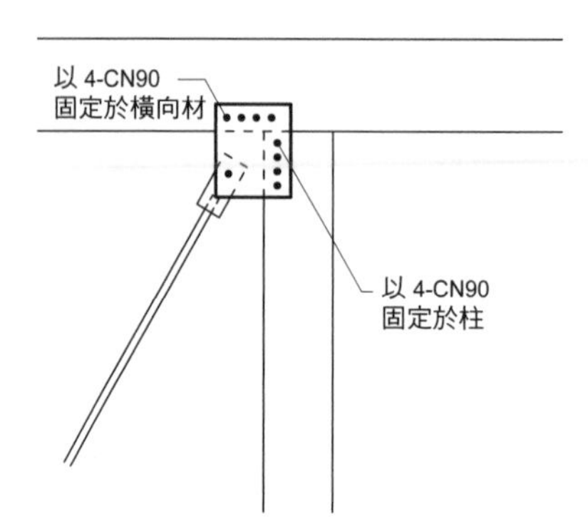

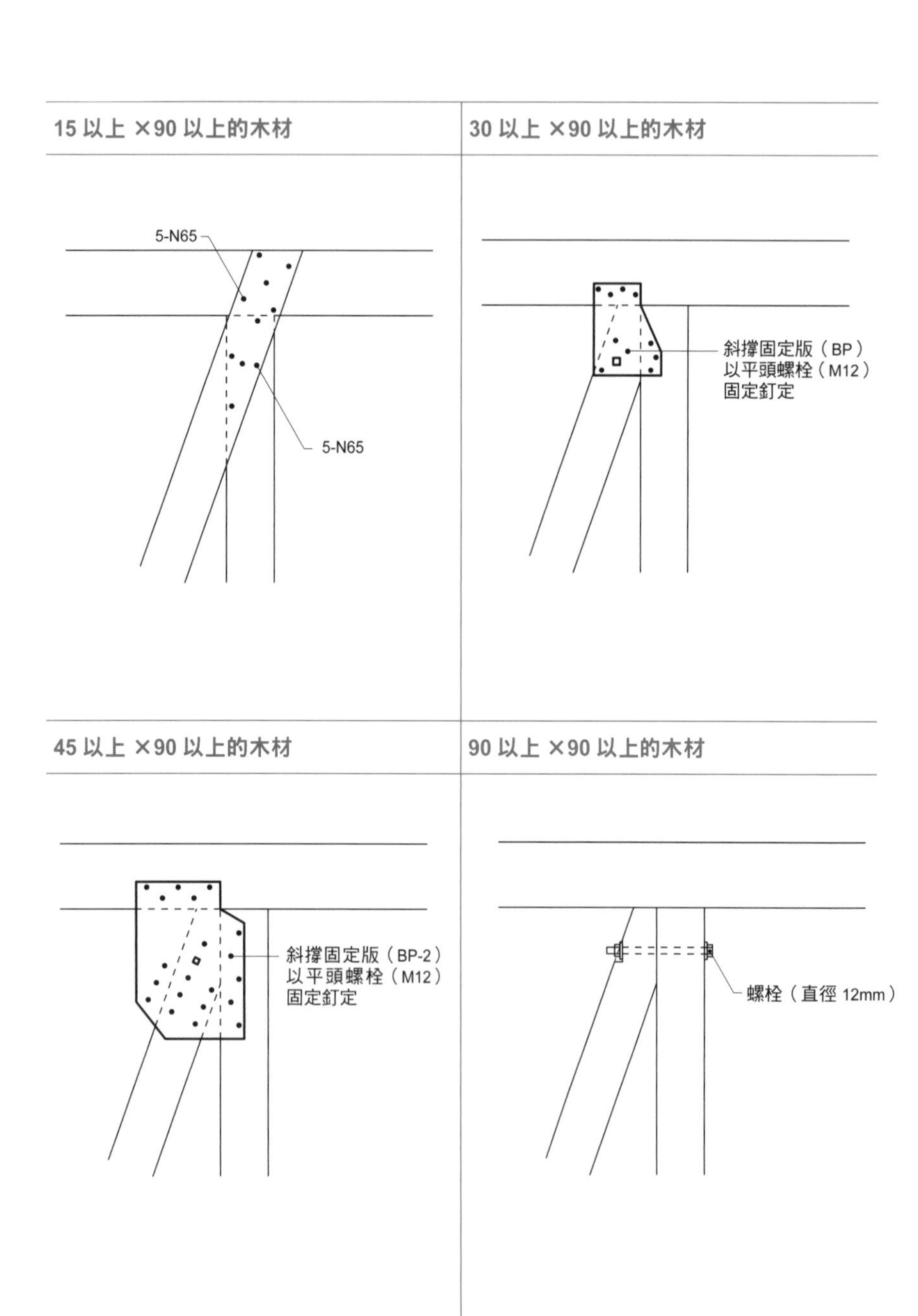

必要壁量

◆因應地震力所需的必要壁量（建築基準法施行令 46 條第 4 項）

建築物	乘以樓板面積的值　（cm／m^2）		
輕量屋頂	11	15（2F） 29（1F）	18（3F） 34（2F） 46（1F）
重量屋頂	15	21（2F） 33（1F）	24（3F） 39（2F） 50（1F）

原注　軟弱地盤時要以 1.5 倍處理

◆因應風壓力所需的必要壁量（建築基準法施行令 46 條第 4 項）

	區域	乘以計入面積的值（cm／m^2）
（1）	一般地區	50
（2）	特定行政廳指定地區	特定行政廳訂定數值 （50 以上 75 以下）

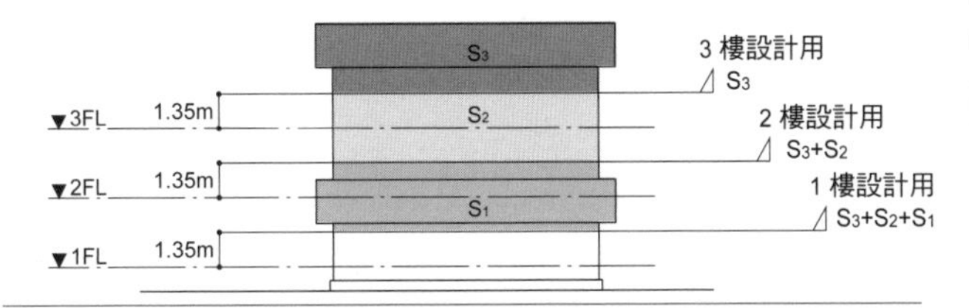

◆因應地震力所需的必要壁量（乘以樓板面積的值）

（單位：cm／m^2）

等級	屋頂的規範	樓層	一般地區	多雪地區 積雪 1m	多雪地區 積雪 1 ～ 2m	多雪地區 積雪 2m	多雪地區 積雪 3m
基準法＝等級 1 [ ] 內為 2×4 之規定	輕量屋頂	平房	11	11 [25]	**[線性插值]**	11 [39]	（[53]）
		2F	15	15 [33]		15 [51]	（[69]）
		1F	29	29 [43]		29 [57]	（[71]）
	重量屋頂	平房	15	15 [25]		15 [39]	（[53]）
		2F	21	21 [33]		21 [51]	（[69]）
		1F	33	33 [43]		33 [57]	（[71]）
換算等級 1 （※）	輕量屋頂	平房	14Z	27 Z	**[線性插值]**	40Z	53Z
		2F	$14K_2$ Z	27 K_2 Z		$40K_2$ Z	53 K_2 Z
		1F	$36K_1$ Z	（$36K_1$+13）Z		（$36K_1$+26）Z	（$36K_1$+39）Z
	重量屋頂	平房	20Z	33Z		46Z	59Z
		2F	$20K_2$ Z	33 K_2 Z		$46K_2$ Z	59 K_2 Z
		1F	$46K_1$ Z	（$46K_1$+13）Z		（$46K_1$+26）Z	（$46K_1$+39）Z
等級 2 （等級 1×1.25）	輕量屋頂	平房	18Z	34 Z	**[線性插值]**	50Z	66Z
		2F	$18K_2$ Z	34 K_2 Z		$50K_2$ Z	66 K_2 Z
		1F	$45K_1$ Z	（$45K_1$+16）Z		（$45K_1$+32）Z	（$45K_1$+49）Z
	重量屋頂	平房	25Z	41 Z		57Z	74Z
		2F	$25K_2$ Z	41 K_2 Z		57 K_2 Z	74 K_2 Z
		1F	$58K_1$ Z	（$58K_1$+16）Z		（$58K_1$+32）Z	（$58K_1$+49）Z
等級 3 （等級 1×1.50）	輕量屋頂	平房	22Z	41 Z	**[線性插值]**	60Z	80Z
		2F	$22K_2$ Z	41 K_2 Z		60 K_2 Z	80 K_2 Z
		1F	$54K_1$ Z	（$54K_1$+20）Z		（$54K_1$+39）Z	（$54K_1$+58）Z
	重量屋頂	平房	30Z	50 Z		69Z	88Z
		2F	$30K_2$ Z	50 K_2 Z		69 K_2 Z	88 K_2 Z
		1F	$69K_1$ Z	（$69K_1$+20）Z		（$69K_1$+39）Z	（$69K_1$+58）Z

$K_1=0.4+0.6R_f$　R_f=2 樓的樓板面積／1 樓的樓板面積
$K_2=1.3+0.07/R_f$　不過，$R_f<0.1$ 時 $K_2=2.0$
地震地域係數 Z=0.7 ～ 1.0

積雪 3m 的必要壁量是依據修訂基準法及品確法的解說書「建築技術 2000 年 10 月號」第 122 ～ 125 頁「壁量與壁倍率」（河合直人）的計算式
此外，2×4 規定中的積雪 3m 的必要壁量是積雪 1m 與積雪 2m 的差以直線延長所求得的數值

◆因應風壓力所需的必要壁量（乘以計入面積的值）

（單位：cm/m^2）

基準風速（m／s）	V_0=30	V_0=32	V_0=34	V_0=36	V_0=38	V_0=40	V_0=42	V_0=44	V_0=46
基準法＝等級 1	50（特定行政廳特別針對強風吹襲區域訂定：50 ～ 75）								
換算等級 1（※）	43	49	56	63	70	77	85	93	102
等級 2（等級 1×1.2）	53	60	67	76	84	93	103	113	123

※ 原注　換算等級 1 是指品確法、新壁量的加成係數為 1.0 時的數值

◇建築基準法與品確法的壁量比較

建築物規範			建築基準法 ×1.0	品確法 換算等級 1（※）		品確法 等級 2		品確法 等級 3	
重型屋頂	平房		15	20	=15×1.33	25	=15×1.67	30	=15×2.00
	二層樓	2F	21	27	=21×1.29	34	=21×1.62	41	=21×1.95
		1F	33	46	=33×1.39	58	=33×1.76	69	=33×2.09
輕型屋頂	平房		11	14	=11×1.27	18	=11×1.64	22	=11×2.00
	二層樓	2F	15	19	=15×1.27	25	=15×1.67	30	=15×2.00
		1F	29	36	=29×1.24	45	=29×1.55	54	=29×1.86

壁量加成基準	建築基準法 ×1.3～1.4	建築基準法 ×1.6～1.8	建築基準法 ×2.0

※ 原注　換算等級 1 是指品確法、新壁量的加成係數為 1.0 時的數值

◇大地震時的損傷情況

損傷等級		I（輕微）	II（小損）	III（中損）	IV（大損）	V（破壞）
損傷情況	概念圖					
	建築物傾斜程度	層間變位角 1／120 以下 無殘留變形	層間變位角 1／120～1／60 無殘留變形	層間變位角 1／60～1／30 有殘留變形	層間變位角 1／30～1／10 沒倒塌	層間變位角 1／10 以上 倒塌
	基礎	換氣口周圍的裂痕小	換氣口周圍的裂痕稍大	裂痕多且大、無破斷 完成面砂漿剝離	裂痕多且大、有破斷 木地檻脫離	有破斷、移動 周邊地盤崩壞
	外牆	砂漿裂痕小	砂漿裂痕	砂漿、磁磚剝離	砂漿、磁磚脫落	砂漿、磁磚脫落
	開口部	角隅部有縫隙	無法開閉	玻璃破損	木作家具和窗扇破損、脫落	木作家具和窗扇破損、脫落
	斜撐	無損傷	無損傷	搭接錯位	折損	折損
	版	略有錯位	角隅部有裂痕 一部分的釘子壓陷	版材之間出現顯著錯位 釘子壓陷	面外挫屈、剝離 釘子壓陷	脫落
	修復性	輕微	簡易	稍微困難	困難	無法修復
壁量基準	第 1 種地盤	品確法 等級 3	品確法 等級 2	建築基準法 ×1.0	—	—
	第 2 種地盤	—	品確法 等級 3	品確法 等級 2	建築基準法 ×1.0	—
	第 3 種地盤	—	—	品確法 等級 3	建築基準法 ×1.5	建築基準法 ×1.0
耐震診斷評估基準		—	上部結構評點≧ 1.5	上部結構評點≧ 1.25	上部結構評點≧ 1.0	上部結構評點＜ 1.0

◇耐震設計的基本理念

①面對很少發生的震度 5 弱左右以下的中小型地震，沒有損傷　（1 次設計）
②面對極少發生的震度 6 強左右的大地震，容許一定程度的損傷但不會倒塌，可以守護生命與財產　（2 次設計）

◇品確法的耐震等級想像

上部結構評點	耐震等級 1	耐震等級 2	耐震等級 3
防止結構體的損傷（中型地震）	建築基準法程度	受到很少發生的 1.25 倍的地震力作用，不會出現損傷的程度	受到很少發生的 1.5 倍的地震力作用，不會出現損傷的程度
防止結構體的倒塌（大型地震）	建築基準法程度	受到極少發生的 1.25 倍的地震力作用，不會產生倒塌、崩壞的程度	受到極少發生的 1.5 倍的地震力作用，不會產生倒塌、崩壞的程度

※ 原注　所謂極少發生的地震是指相當於 1923 年關東大地震（最大加速度 300～400gal）的程度

◇耐震評估的評點與判定

上部結構評點	評點
1.5 以上	不會倒塌
1.0 以上但未滿 1.5	基本上不會倒塌
0.7 以上但未滿 1.0	有倒塌的可能性
未滿 0.7	倒塌的可能性很高

依據建築基準法施行令 46 條第 4 項的構架計算表

方向		X 方向					Y 方向				
2層樓建築的二樓部分或者平房建築	必要壁長	面積 m²		每 $1m^2$ 所需的必要壁長 m/m²		必要壁長 m	面積 m²		每 $1m^2$ 所需的必要壁長 m/m²		必要壁長 m
		樓板面積				i	樓板面積				i
		計入面積	S2			①	計入面積	S2			②
	有效壁長	構架種類	構架長度 m	數量	壁倍率	有效壁長 m	構架種類	構架長度 m	數量	壁倍率	有效壁長 m
		判定	i 或① m ≦			イ m	判定	i 或② m ≦			ロ m
		安全率（餘裕率）	對地震力（イ／i）				安全率（餘裕率）	對地震力（ロ／i）			
			對風壓力（イ／①）					對風壓力（ロ／②）			
2層樓建築的一樓部分	必要壁長	面積 m²		每 $1m^2$ 所需的必要壁長 m/m²		必要壁長 m	面積 m²		每 $1m^2$ 所需的必要壁長 m/m²		必要壁長 m
		樓板面積				ii	樓板面積				ii
		計入面積	S2+S1			③	計入面積	S2+S1			④
	有效壁長	構架種類	構架長度 m	數量	壁倍率	有效壁長 m	構架種類	構架長度 m	數量	壁倍率	有效壁長 m
		判定	ii 或③ m ≦			ハ m	判定	ii 或④ m ≦			ニ m
		安全率（餘裕率）	對地震力（ハ／ii）				安全率（餘裕率）	對地震力（ニ／ii）			
			對風壓力（ハ／③）					對風壓力（ニ／④）			

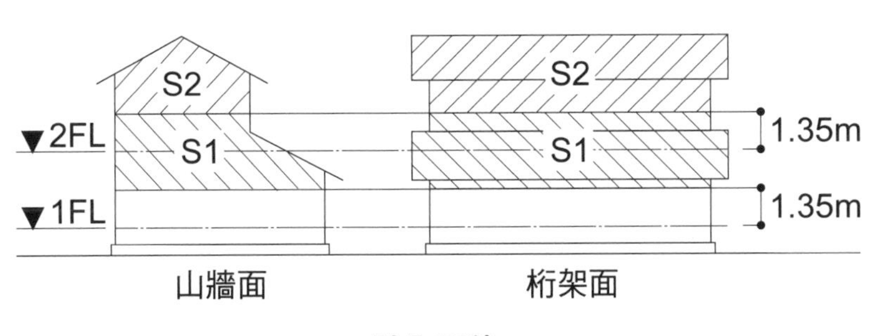

計入面積

建築物種類	乘以樓板面積的值 cm/m²	
輕型屋頂	11	15 / 29
重型屋頂	15	21 / 33

原注　軟弱地盤時要以 1.5 倍處理

依據平成12年建告1352號 構架設置基準的壁率比計算表

方向		X方向					Y方向				
2層樓建築的二樓部分或者平房建築	必要壁長	樓板面積 m²		每1m²所需的必要壁長 m/m²		必要壁長 m	樓板面積 m²		每1m²所需的必要壁長 m/m²		必要壁長 m
		$_2A_U$				i	$_2A_L$				iii
	有效壁長	構架種類	構架長度 m	數量	壁倍率	有效壁長 m	構架種類	構架長度 m	數量	壁倍率	有效壁長 m
						① m					③ m
		壁量充足率	㊤ ①／i=				壁量充足率	㊧ ③／iii=			
	必要壁長	樓板面積 m²		每1m²所需的必要壁長 m/m²		必要壁長 m	樓板面積 m²		每1m²所需的必要壁長 m/m²		必要壁長 m
		$_2A_D$				ii	$_2A_R$				iv
	有效壁長	構架種類	構架長度 m	數量	壁倍率	有效壁長 m	構架種類	構架長度 m	數量	壁倍率	有效壁長 m
						② m					④ m
		壁量充足率	㊦ ②／ii=				壁量充足率	㊨ ④／iv=			
		壁率比	㊤／㊦或㊦／㊤ =				壁率比	㊧／㊨或㊨／㊧ =			
2層樓建築的一樓部分	必要壁長	樓板面積 m²		每1m²所需的必要壁長 m/m²		必要壁長 m	樓板面積 m²		每1m²所需的必要壁長 m/m²		必要壁長 m
		$_1A_U$				v	$_1A_L$				vii
	有效壁長	構架種類	構架長度 m	數量	壁倍率	有效壁長 m	構架種類	構架長度 m	數量	壁倍率	有效壁長 m
						⑤ m					⑦ m
		壁量充足率	㊤ ⑤／v=				壁量充足率	㊧ ⑦／vii=			
	必要壁長	樓板面積 m²		每1m²所需的必要壁長 m/m²		必要壁長 m	樓板面積 m²		每1m²所需的必要壁長 m/m²		必要壁長 m
		$_1A_D$				vi	$_1A_R$				viii
	有效壁長	構架種類	構架長度 m	數量	壁倍率	有效壁長 m	構架種類	構架長度 m	數量	壁倍率	有效壁長 m
						⑥ m					⑧ m
		壁量充足率	㊦ ⑥／vi=				壁量充足率	㊨ ⑧／viii=			
		壁率比	㊤／㊦或㊦／㊤ =				壁率比	㊧／㊨或㊨／㊧ =			

剪力牆端部的柱搭接

剪力牆的柱要因應該剪力牆的規範，依據①～③中的任一規定與橫向材等進行接合。
①告示表的規範
②依據告示式計算拉伸力
③依據結構計算計算拉拔力

①剪力牆端部的柱搭接（平成 12 年建告 1460 號）

壁倍率	剪力牆的種類		平房、最上層		二層樓建築的一樓		
			外角的柱子	一般	上層：外角 該層：外角	上層：外角 該層：一般	上層：一般 該層：一般
1.0 以下	將木摺等其他類似物件固定在柱或間柱的單側或雙側所形成的牆體		（い）	（い）	（い）	（い）	（い）
1.0	厚度 15 以上寬度 90 以上的木質斜撐或是 9ø 以上的鋼筋斜撐		（ろ）	（い）	（ろ）	（い）	（い）
1.5	厚度 30 以上寬度 90 以上的木質斜撐	斜撐的下部	（ろ）	（い）	（に）	（ろ）	（い）
		其他	（に）	（ろ）			
2.0	厚度 15 以上寬度 90 以上的木質斜撐（交叉）或是 9ø 以上的鋼筋斜撐（交叉）		（に）	（ろ）	（と）	（は）	（ろ）
2.0	厚度 45 以上寬度 90 以上的木質斜撐	斜撐的下部	（は）	（ろ）	（と）	（は）	（ろ）
		其他	（ほ）	（ろ）			
2.5	將結構用合板等以昭和 56 年建告 1100 號中規定的固定方法所形成的牆體		（ほ）	（ろ）	（ち）	（へ）	（は）
3.0	厚度 30 以上寬度 90 以上的木質斜撐（交叉）		（と）	（は）	（り）	（と）	（に）
4.0	厚度 45 以上寬度 90 以上的木質斜撐（交叉）		（と）	（に）	（ぬ）	（ち）	（と）

②拉拔力計算概算式（平成 12 年建告 1460 號）

以下列計算式算出 N 值
拉拔力 =N×5.3（kN）

平房或者二層樓建築的二樓柱

$N = A_1 \times B_1 - L$　①式

A_1：該柱兩側的壁倍率差值　　不過，設有斜撐的情況下要加以補正
B_1：因周邊構材的壓制效果係數　　一般：0.5、外角：0.8
L：因垂直載重的壓制效果係數　　一般：0.6、外角：0.4

二層樓建築的一樓柱

$N = A_1 \times B_1 + A_2 \times B_2 - L$　②式

A_1：該柱兩側的壁倍率差值　　不過，設有斜撐的情況下要加以補正
B_1：因周邊構材的壓制效果係數　　一般：0.5、外角：0.8
A_2：該柱連續的二樓柱兩側的壁倍率差值　　不過，設有斜撐的情況下要加以補正
B_2：因二樓的周邊構材的壓制效果係數　　一般：0.5、外角：0.8
（若該二樓柱的拉拔力是利用其他的柱子等傳遞到下面樓層時則為 0）
L：因垂直載重的壓制效果係數　　一般：1.6、外角 1.0

◆進行 N 值計算的斜撐補正值

（1）斜撐固定在柱子單側時的補正值

固定位置／斜撐的種類	柱頭部分①（壓縮斜撐）	柱腳部分②（拉伸斜撐）	備註
15×90 以上的木材 ø 9 以上的鋼筋	0.0	0.0	配置交叉斜撐時，補正值以 0 視之③
30×90 以上的木材	0.5	-0.5	
45×90 以上的木材	0.5	-0.5	
90×90 以上的木材	2.0	-2.0	

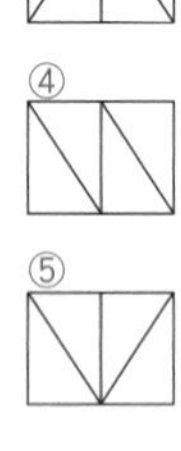

（2）單組斜撐固定在柱子兩側時的補正值④

其中一面斜撐／另一面斜撐	15×90 以上的木材 ø9 以上的鋼筋	30×90 以上的木材	45×90 以上的木材	90×90 以上的木材	備註
15×90 以上的木材 ø9 以上的鋼筋	0.0	0.5	0.5	2.0	兩道斜撐都固定在柱腳部分時，補正值以 0 視之⑤
30×90 以上的木材	0.5	1.0	1.0	2.5	
45×90 以上的木材	0.5	1.0	1.0	2.5	
90×90 以上的木材	2.0	2.5	2.5	4.0	

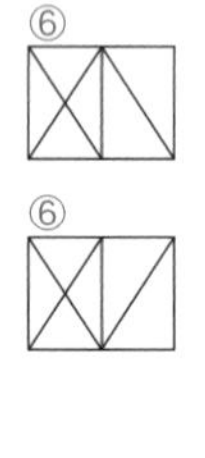

（3）柱子的其中一面以交叉斜撐設置，另一面以單組斜撐固定時的補正值⑥

單組斜撐／交叉斜撐	15×90 以上的木材 ø9 以上的鋼筋	30×90 以上的木材	45×90 以上的木材	90×90 以上的木材
15×90 以上的木材 ø9 以上的鋼筋	0.0	0.5	0.5	2.0
30×90 以上的木材	0.0	0.5	0.5	2.0
45×90 以上的木材	0.0	0.5	0.5	2.0
90×90 以上的木材	0.0	0.5	0.5	2.0

⑥ ⑥ ⑦

（4）柱兩側以交叉斜撐固定時的補正值⑦

補正值以 0 視之

N值計算表(1)

二樓的壁倍率差值	二樓及一樓的柱種別	平房或者二樓柱的N值	二層樓建築的一樓柱的N值 一樓的壁倍率差值 0.0	0.5	1.0	1.5	2.0	2.5	3.0	3.5	4.0	4.5	5.0
0.0	外角	**-0.40**	-1.00	-0.60	-0.20	0.20	0.60	1.00	1.40	1.80	2.20	2.60	3.00
	一般	**-0.60**	-1.60	-1.35	-1.10	-0.85	-0.60	-0.35	-0.10	0.15	0.40	0.65	0.90
0.5	外角	**0.00**	-0.60	-0.20	0.20	0.60	1.00	1.40	1.80	2.20	2.60	3.00	3.40
	一般	**-0.35**	-1.35	-1.10	-0.85	-0.60	-0.35	-0.10	0.15	0.40	0.65	0.90	1.15
1.0	外角	**0.40**	-0.20	0.20	0.60	1.00	1.40	1.80	2.20	2.60	3.00	3.40	3.80
	一般	**-0.10**	-1.10	-0.85	-0.60	-0.35	-0.10	0.15	0.40	0.65	0.90	1.15	1.40
1.5	外角	**0.80**	0.20	0.60	1.00	1.40	1.80	2.20	2.60	3.00	3.40	3.80	4.20
	一般	**0.15**	-0.85	-0.60	-0.35	-0.10	0.15	0.40	0.65	0.90	1.15	1.40	1.65
2.0	外角	**1.20**	0.60	1.00	1.40	1.80	2.20	2.60	3.00	3.40	3.80	4.20	4.60
	一般	**0.40**	-0.60	-0.35	-0.10	0.15	0.40	0.65	0.90	1.15	1.40	1.65	1.90
2.5	外角	**1.60**	1.00	1.40	1.80	2.20	2.60	3.00	3.40	3.80	4.20	4.60	5.00
	一般	**0.65**	-0.35	-0.10	0.15	0.40	0.65	0.90	1.15	1.40	1.65	1.90	2.15
3.0	外角	**2.00**	1.40	1.80	2.20	2.60	3.00	3.40	3.80	4.20	4.60	5.00	5.40
	一般	**0.90**	-0.10	0.15	0.40	0.65	0.90	1.15	1.40	1.65	1.90	2.15	2.40
3.5	外角	**2.40**	1.80	2.20	2.60	3.00	3.40	3.80	4.20	4.60	5.00	5.40	5.80
	一般	**1.15**	0.15	0.40	0.65	0.90	1.15	1.40	1.65	1.90	2.15	2.40	2.65
4.0	外角	**2.80**	2.20	2.60	3.00	3.40	3.80	4.20	4.60	5.00	5.40	5.80	6.20
	一般	**1.40**	0.40	0.65	0.90	1.15	1.40	1.65	1.90	2.15	2.40	2.65	2.90
4.5	外角	**3.20**	2.60	3.00	3.40	3.80	4.20	4.60	5.00	5.40	5.80	6.20	6.60
	一般	**1.65**	0.65	0.90	1.15	1.40	1.65	1.90	2.15	2.40	2.65	2.90	3.15
5.0	外角	**3.60**	3.00	3.40	3.80	4.20	4.60	5.00	5.40	5.80	6.20	6.60	7.00
	一般	**1.90**	0.90	1.15	1.40	1.65	1.90	2.15	2.40	2.65	2.90	3.15	3.40

N值計算表(2)

二樓的壁倍率差值	二樓的柱種別	一樓的柱種別	二層樓建築的一樓柱的N值 一樓的壁倍率差值 0.0	0.5	1.0	1.5	2.0	2.5	3.0	3.5	4.0	4.5	5.0
0.0	一般	外角	-1.00	-0.60	-0.20	0.20	0.60	1.00	1.40	1.80	2.20	2.60	3.00
	外角	一般	-1.60	-1.35	-1.10	-0.85	-0.60	-0.35	-0.10	0.15	0.40	0.65	0.90
0.5	一般	外角	-0.75	-0.35	0.05	0.45	0.85	1.25	1.65	2.05	2.45	2.85	3.25
	外角	一般	-1.20	-0.95	-0.70	-0.45	-0.20	0.05	0.30	0.55	0.80	1.05	1.30
1.0	一般	外角	-0.50	-0.10	0.30	0.70	1.10	1.50	1.90	2.30	2.70	3.10	3.50
	外角	一般	-0.80	-0.55	-0.30	-0.05	0.20	0.45	0.70	0.95	1.20	1.45	1.70
1.5	一般	外角	-0.25	0.15	0.55	0.95	1.35	1.75	2.15	2.55	2.95	3.35	3.75
	外角	一般	-0.40	-0.15	0.10	0.35	0.60	0.85	1.10	1.35	1.60	1.85	2.10
2.0	一般	外角	0.00	0.40	0.80	1.20	1.60	2.00	2.40	2.80	3.20	3.60	4.00
	外角	一般	0.00	0.25	0.50	0.75	1.00	1.25	1.50	1.75	2.00	2.25	2.50
2.5	一般	外角	0.25	0.65	1.05	1.45	1.85	2.25	2.65	3.05	3.45	3.85	4.25
	外角	一般	0.40	0.65	0.90	1.15	1.40	1.65	1.90	2.15	2.40	2.65	2.90
3.0	一般	外角	0.50	0.90	1.30	1.70	2.10	2.50	2.90	3.30	3.70	4.10	4.50
	外角	一般	0.80	1.05	1.30	1.55	1.80	2.05	2.30	2.55	2.80	3.05	3.30
3.5	一般	外角	0.75	1.15	1.55	1.95	2.35	2.75	3.15	3.55	3.95	4.35	4.75
	外角	一般	1.20	1.45	1.70	1.95	2.20	2.45	2.70	2.95	3.20	3.45	3.70
4.0	一般	外角	1.00	1.40	1.80	2.20	2.60	3.00	3.40	3.80	4.20	4.60	5.00
	外角	一般	1.60	1.85	2.10	2.35	2.60	2.85	3.10	3.35	3.60	3.85	4.10
4.5	一般	外角	1.25	1.65	2.05	2.45	2.85	3.25	3.65	4.05	4.45	4.85	5.25
	外角	一般	2.00	2.25	2.50	2.75	3.00	3.25	3.50	3.75	4.00	4.25	4.50
5.0	一般	外角	1.50	1.90	2.30	2.70	3.10	3.50	3.90	4.30	4.70	5.10	5.50
	外角	一般	2.40	2.65	2.90	3.15	3.40	3.65	3.90	4.15	4.40	4.65	4.90

剪力牆端部的柱與主要橫向材之間的搭接

（い）N 值：0.0 以下　必要耐力：0.0kN

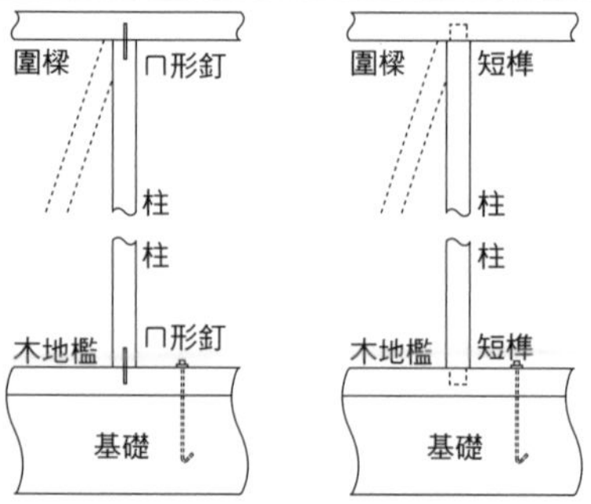

圍樑　ㄇ形釘　柱　柱　木地檻　ㄇ形釘　基礎

圍樑　短榫　柱　柱　木地檻　短榫　基礎

（ろ）N 值：0.65 以下　必要耐力：3.4kN

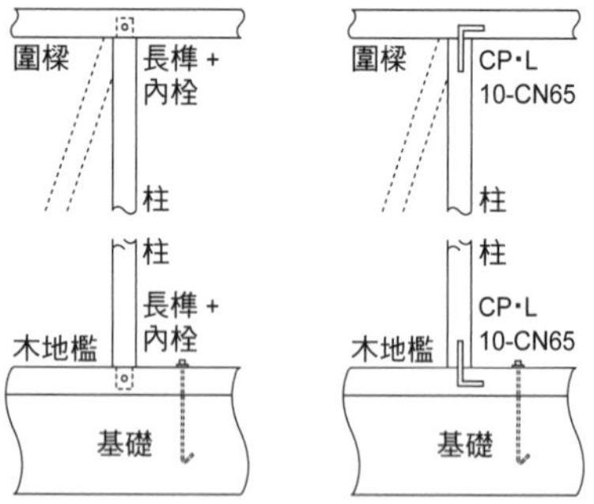

圍樑　長榫＋內栓　柱　柱　長榫＋內栓　木地檻　基礎

圍樑　CP・L 10-CN65　柱　柱　CP・L 10-CN65　木地檻　基礎

（は）N 值：1.0 以下　必要耐力：5.1kN

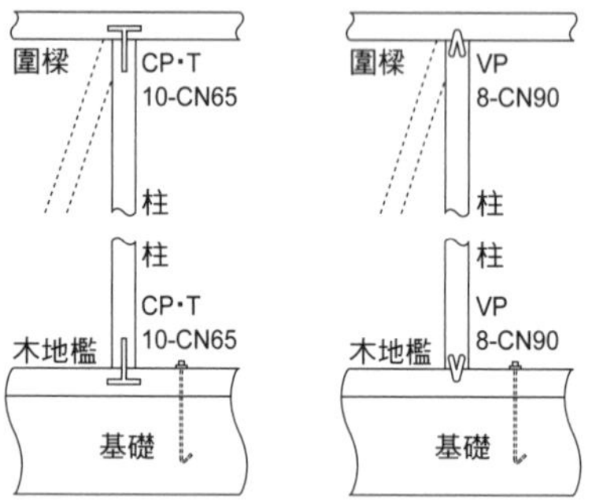

圍樑　CP・T 10-CN65　柱　柱　CP・T 10-CN65　木地檻　基礎

圍樑　VP 8-CN90　柱　柱　VP 8-CN90　木地檻　基礎

（に）N 值：1.4 以下　必要耐力：7.5kN

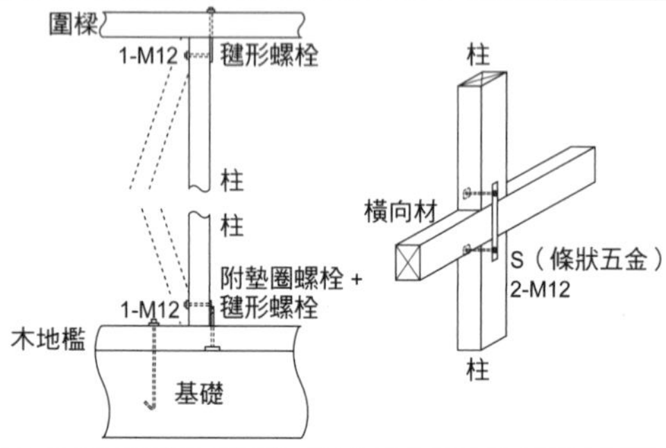

圍樑　1-M12　毽形螺栓　柱　柱　附墊圈螺栓＋毽形螺栓　1-M12　木地檻　基礎

柱　橫向材　S（條狀五金）2-M12　柱

（ほ）N 值：1.6 以下　必要耐力：8.5kN

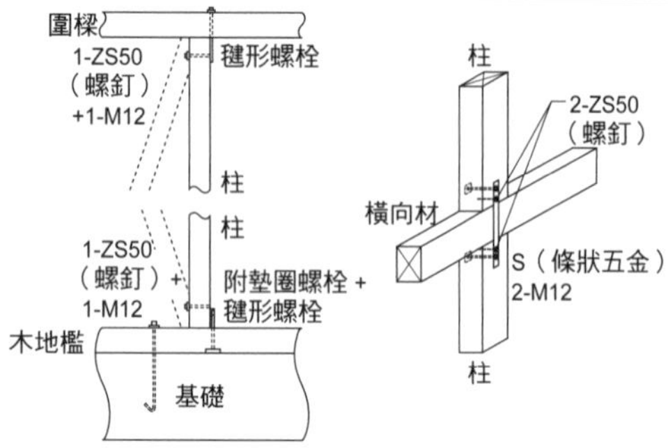

圍樑　1-ZS50（螺釘）+1-M12　毽形螺栓　柱　柱　1-ZS50（螺釘）+1-M12　附墊圈螺栓＋毽形螺栓　木地檻　基礎

柱　2-ZS50（螺釘）　橫向材　S（條狀五金）2-M12　柱

（へ）N 值：1.8 以下　必要耐力：10.0kN

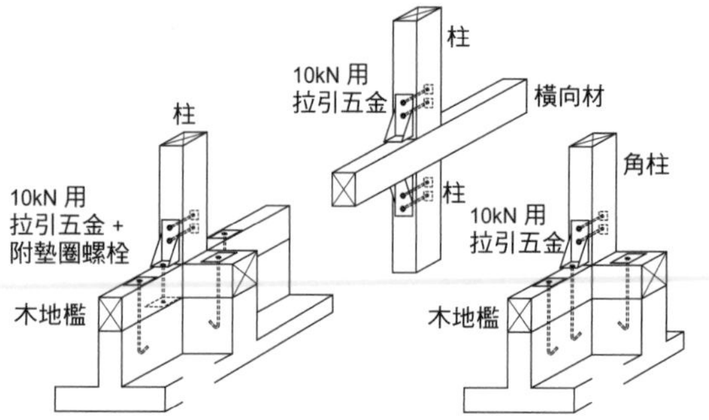

柱　10kN 用拉引五金　橫向材　柱

柱　10kN 用拉引五金＋附墊圈螺栓　木地檻

角柱　10kN 用拉引五金　木地檻

（と）N 值：2.8 以下　必要耐力：15.0kN

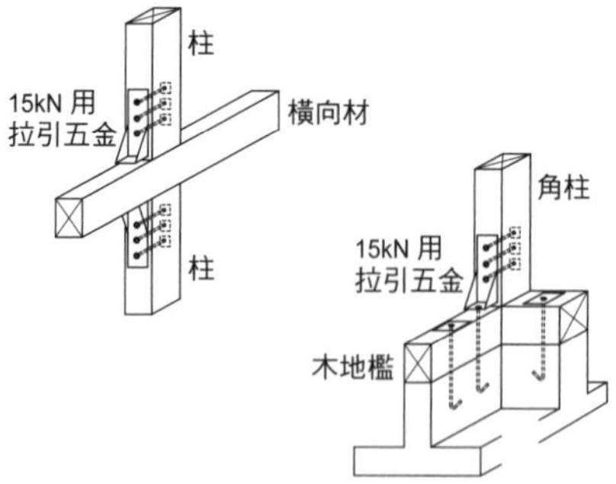

柱　15kN 用拉引五金　橫向材　柱

角柱　15kN 用拉引五金　木地檻

（ち）N 值：3.7 以下　必要耐力：20.0kN

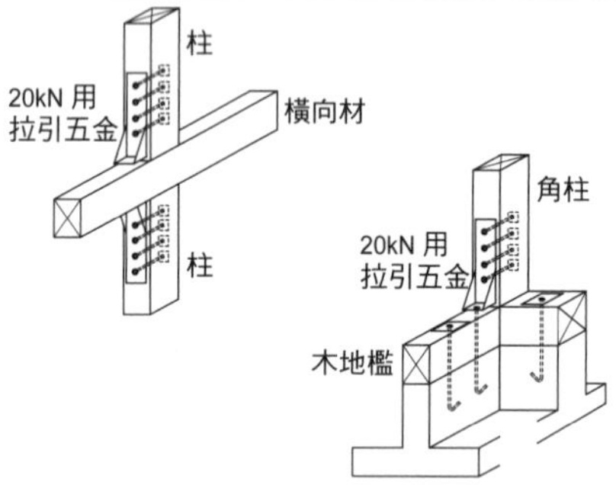

柱　20kN 用拉引五金　橫向材　柱

角柱　20kN 用拉引五金　木地檻

（り）N 值：4.7 以下　必要耐力：25.0kN

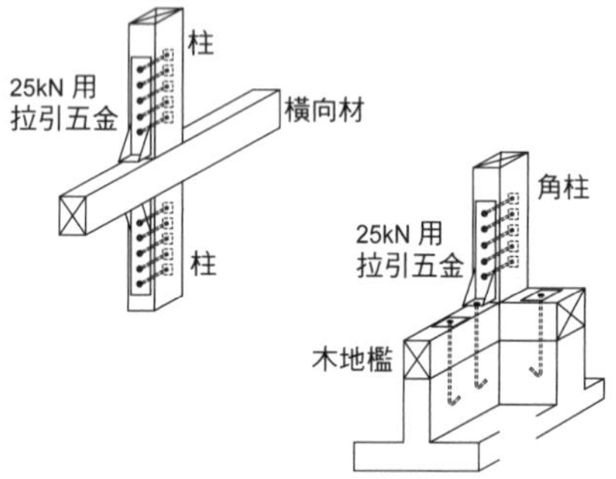

柱　25kN 用拉引五金　橫向材　柱

角柱　25kN 用拉引五金　木地檻

（ぬ）N 值：5.6 以下　必要耐力：30.0kN

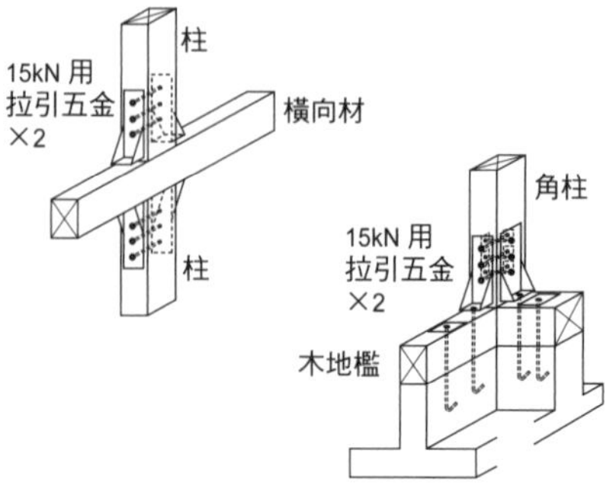

柱　15kN 用拉引五金 ×2　橫向材　柱

角柱　15kN 用拉引五金 ×2　木地檻

原注　N 值超過 5.6 時，要採用比 N×5.3（kN）計算出來的拉拔力大的拉伸耐力來接合

◆貫通螺栓的短期容許拉伸耐力

			12						16			
螺栓直徑（mm）			12						16			
軸斷面積（cm²）			1.13						2.01			
①螺栓的容許拉伸耐力（kN）			20.4（ち）						36.2			
墊圈尺寸（mm）			2.3×30□	4.5×40□	6×50□	4.5×ø 45	6×60□	6×ø 68	6×54□	9×80□	9×ø90	9×100□
孔徑（mm）			14						18			
有效面積（cm²）			7.46	14.46	23.46	14.36	34.46	34.78	26.62	61.46	61.07	97.46
②墊圈的容許壓陷耐力（kN）	樹種 赤松 黑松 花旗松	耐力	4.5	8.7	14.1	8.6	20.7	20.9	16.0	36.9	36.6	58.5
		N 值	N=0.8	N=1.6	N=2.7	N=1.6	N=3.9	N=3.9	N=3.0	N=7.0	N=6.9	N=11.0
		規範	（ち）	（ほ）	（へ）	（ほ）	（ち）	（ち）	（と）			
	日本落葉松 日本扁柏 羅漢柏 美國扁柏	耐力	3.9	7.5	12.2	7.5	17.9	18.1	13.8	32.0	31.8	50.7
		N 值	N=0.7	N=1.4	N=2.3	N=1.4	N=3.4	N=3.4	N=2.6	N=6.0	N=6.0	N=9.6
		規範	（ろ）	（に）	（へ）	（に）	（と）	（と）	（へ）			
	日本鐵杉 美國西部鐵杉	耐力	3.0	5.8	9.4	5.7	13.8	13.9	10.6	24.6	24.4	39.0
		N 值	N=0.6	N=1.1	N=1.8	N=1.1	N=2.6	N=2.6	N=2.0	N=4.6	N=4.6	N=7.4
		規範	（い）	（は）	（ほ）	（は）	（へ）	（へ）	（へ）	（ち）	（ち）	
	日本柳杉 美西側柏 日本冷杉 魚鱗雲杉 紅松 庫頁島冷杉 雲杉	耐力	3.0	5.8	9.4	5.7	13.8	13.9	10.6	24.6	24.4	39.0
		N 值	N=0.6	N=1.1	N=1.8	N=1.1	N=2.6	N=2.6	N=2.0	N=4.6	N=4.6	N=7.4
		規範	（い）	（は）	（ほ）	（は）	（へ）	（へ）	（へ）	（ち）	（ち）	

原注　鋪色塊部分是以螺栓的容許拉伸耐力來決定數值

●貫通螺栓接合的短期容許拉伸耐力以下列最小的數值來決定

①螺栓的容許拉伸耐力
②墊圈的容許壓陷耐力

各耐力計算式依如下

①螺栓的容許拉伸耐力＝螺栓的軸斷面積 × 螺栓的容許拉伸應力度
螺栓的短期容許拉伸應力度 $_sf_t$=18 [kN／cm²]
原注 考慮螺紋部分的斷面積後將容許應力度減低 3／4

②墊圈的容許壓陷耐力＝墊圈的有效面積 × 木材的容許壓陷應力度
各樹種的短期容許壓陷應力度 $_sf_{cv}$ [kN／cm²]
赤松、黑松、花旗松 $_sf_{cv}$=0.60 [kN／cm²]
日本落葉松、日本扁柏、羅漢柏、美國扁柏 $_sf_{cv}$=0.52 [kN／cm²]
日本鐵杉、美國西部鐵杉 $_sf_{cv}$=0.40 [kN／cm²]
日本柳杉、美西側柏、日本冷杉、魚鱗雲杉、紅松、庫頁島冷杉、雲杉 $_sf_{cv}$=0.40 [kN／cm²]

● N 值與規範係依據下式將容許拉伸耐力進行換算之後的參考值

N 值＝拉伸力 [kN]／5.30[kN]

材質
螺栓 SS400 中螺栓或者圓鋼 SR235
墊圈 SS400
螺帽、高筒螺帽 SS400
木料 無等級材

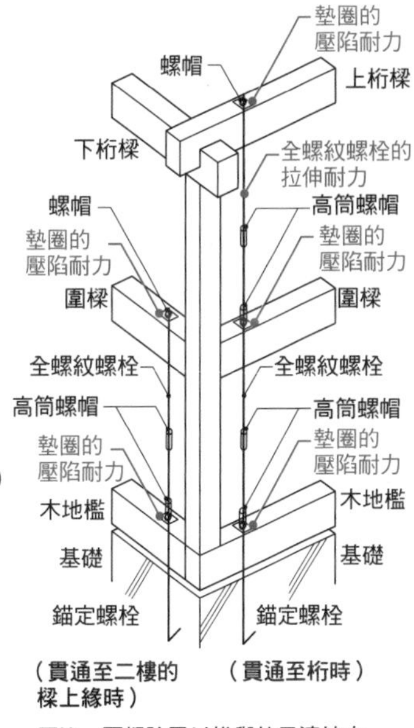

（貫通至二樓的樑上緣時）　（貫通至桁時）

原注　圍樑除了以榫與柱子連接之外，也利用五金等物件來防止拉拔力的破壞；此外，為了避免桁樑從柱子拔出，也以同樣的做法進行接合部的處理

要以比上述容許拉伸耐力更大的附著耐力的方式來決定錨定螺栓與混凝土的埋入深度（參照第 126 頁表 7 及第 219 頁）

例：混凝土的基準強度是 F_c=21（N／mm²）時，
為了保有螺栓 M12 的短期容許拉伸耐力以上的附著耐力，其埋入深度為 300 以上
為了保有螺栓 M16 的短期容許拉伸耐力以上的附著耐力，其埋入深度為 400 以上

◆軸型螺栓的短期容許拉伸耐力（墊圈的壓陷耐力）

螺栓直徑（mm）			12						16			
軸斷面積（cm^2）			1.13						2.01			
①螺栓的容許拉伸耐力（kN）			20.4（ち）						36.2			
墊圈尺寸（mm）			2.3×30□	4.5×40□	6×50□	4.5×ø 45	6×60□	6×ø 68	6×54□	9×80□	9×ø90	9×100□
孔徑（mm）			14						18			
有效面積（cm^2）			7.46	14.46	23.46	14.36	34.46	34.78	26.62	61.46	61.07	97.46
②墊圈的容許壓陷耐力（kN）	樹種	赤松 黑松 花旗松	耐力	11.0	21.4	34.7	21.3	51.0	51.5	39.4	91.0	90.4	144.2
			N 值	N=2.1	N=4.0	N=6.6	N=4.0	N=9.6	N=9.7	N=7.4	N=17.2	N=17.1	N=27.2
			規範	（へ）	（ち）	（ぬ）	（ち）						
		日本落葉松 日本扁柏 羅漢柏 美國扁柏	耐力	10.3	20.0	32.4	19.8	47.6	48.0	36.7	84.8	84.3	134.5
			N 值	N=1.9	N=3.8	N=6.1	N=3.7	N=9.0	N=9.1	N=6.9	N=16.0	N=15.9	N=25.4
			規範	（へ）	（ち）	（ぬ）	（と）						
		日本鐵杉 美國西部鐵杉	耐力	9.5	18.5	30.0	18.4	44.1	44.5	34.1	78.7	78.2	124.7
			N 值	N=1.8	N=3.5	N=5.7	N=3.5	N=8.3	N=8.4	N=6.4	N=14.8	N=14.7	N=23.5
			規範	（ほ）	（と）	（り）	（と）			（ぬ）			
		日本柳杉 美西側柏 日本冷杉 魚鱗雲杉 紅松 庫頁島冷杉 雲杉	耐力	8.8	17.1	27.7	17.0	40.7	41.0	31.4	72.5	72.1	115.0
			N 值	N=1.7	N=3.2	N=5.2	N=3.2	N=7.7	N=7.7	N=5.9	N=13.7	N=13.6	N=21.7
			規範	（ほ）	（と）	（り）	（と）			（ぬ）			

原注　鋪色塊部分是以螺栓的容許拉伸耐力來決定數值

●軸型螺栓接合的短期容許拉伸耐力以下列最小的數值來決定

①螺栓的容許拉伸耐力
②墊圈的容許壓陷耐力
③端部鑽孔距離的容許剪斷耐力

各耐力計算式如下

①螺栓的容許拉伸耐力＝螺栓的軸斷面積 × 螺栓的容許拉伸應力度
螺栓的短期容許拉伸應力度 $_{s}f_{t}$=18 [kN／cm^2]

②墊圈的容許壓陷耐力＝墊圈的有效面積 × 木材的容許壓陷應力度
各樹種的短期容許壓縮應力度 $_{s}f_{c}$ [kN／cm^2]
赤松、黑松、花旗松 $_{s}f_{c}$=1.48 [kN／cm^2]
日本落葉松、日本扁柏、羅漢柏、美國扁柏 $_{s}f_{c}$=1.38 [kN／cm^2]
日本鐵杉、美國西部鐵杉 $_{s}f_{c}$=1.28 [kN／cm^2]
日本柳杉、美西側柏、日本冷杉、魚鱗雲杉、紅松、庫頁島冷杉、雲杉 $_{s}f_{c}$=1.18 [kN／cm^2]

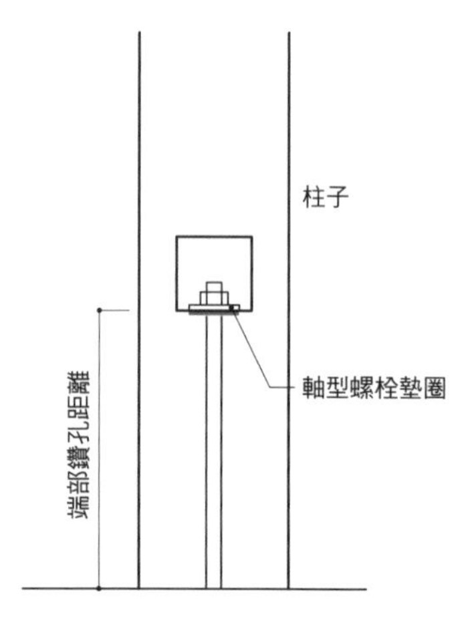

● N 值與規範係依據下式將容許拉伸耐力進行換算之後的參考值

N 值＝拉伸力 [kN]／5.30[kN]

◆軸型螺栓的短期容許拉伸耐力（從端部鑽孔距離求出的容許拉伸耐力）

墊圈尺寸（mm）			4.5×40□				6×54□				9×80□			
端部鑽孔距離（mm）			150	200	250	300	150	200	250	300	150	200	250	300
（雙面）剪斷面積（cm^2）			120	160	200	240	162	216	270	324	240	320	400	480
③端部鑽孔部分的容許壓陷耐力（kN）	樹種	赤松 黑松 花旗松	耐力	19.2	25.6	32.0	38.4	25.9	34.6	43.2	51.8	38.4	51.2	64.0	76.8
			N 值	N=3.6	N=4.8	N=6.0	N=7.2	N=4.9	N=6.5	N=8.2	N=9.8	N=7.2	N=9.7	N=12.1	N=14.5
			規範	（と）	（り）	（ぬ）		（り）	（ぬ）						
		日本落葉松 日本扁柏 羅漢柏 美國扁柏	耐力	16.8	22.4	28.0	33.6	22.7	30.2	37.8	45.4	33.6	44.8	56.0	67.2
			N 值	N=3.2	N=4.2	N=5.3	N=6.3	N=4.3	N=5.7	N=7.1	N=8.6	N=6.3	N=8.5	N=10.6	N=12.7
			規範	（と）	（ち）	（り）	（ぬ）	（ち）	（ぬ）			（ぬ）			
		日本鐵杉 美國西部鐵杉	耐力	16.8	22.4	28.0	33.6	22.7	30.2	37.8	45.4	33.6	44.8	56.0	67.2
			N 值	N=3.2	N=4.2	N=5.3	N=6.3	N=4.3	N=5.7	N=7.1	N=8.6	N=6.3	N=8.5	N=10.6	N=12.7
			規範	（と）	（ち）	（り）	（ぬ）	（ち）	（ぬ）			（ぬ）			
		日本柳杉 美西側柏 日本冷杉 魚鱗雲杉 紅松 庫頁島冷杉 雲杉	耐力	14.4	19.2	24.0	28.8	19.4	25.9	32.4	38.9	28.8	38.4	48.0	57.6
			N 值	N=2.7	N=3.6	N=4.5	N=5.4	N=3.7	N=4.9	N=6.1	N=7.3	N=5.4	N=7.2	N=9.1	N=10.9
			規範	（へ）	（と）	（ち）	（り）	（と）	（り）	（ぬ）		（り）			

各耐力計算式如下

③端部鑽孔部分的容許剪斷耐力 = 雙面 × 墊圈寬度 × 端部鑽孔距離的容許剪斷應力度

各樹種的短期容許壓縮應力度 $_{s}f_{s}$ [kN／cm^2]

赤松、黑松、花旗松 $_{s}f_{s}$=0.16 [kN／cm^2]

日本落葉松、日本扁柏、羅漢柏、美國扁柏 $_{s}f_{s}$ =0.14 [kN／cm^2]

日本鐵杉、美國西部鐵杉 $_{s}f_{s}$ =0.14 [kN／cm^2]

日本柳杉、美西側柏、日本冷杉、魚鱗雲杉、紅松、庫頁島冷杉、雲杉 $_{s}f_{s}$ =0.12 [kN／cm^2]

N 值 = 拉伸力 [kN]／5.30 [kN]

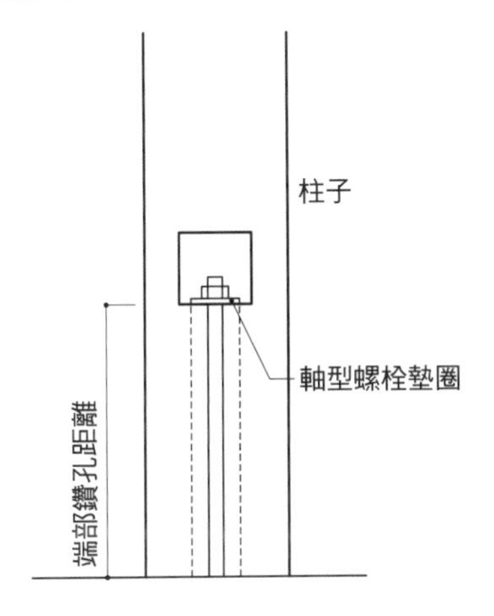

要以比上述容許拉伸耐力更大的附著耐力的方式來決定錨定螺栓與混凝土的埋入深度（參照第 126 頁表 7 及第 219 頁）

例：混凝土的基準強度是 F_c=21（N／mm^2）時，

為了保有螺栓 M12 的短期容許拉伸耐力以上的附著耐力，其埋入深度為 300 以上

為了保有螺栓 M16 的短期容許拉伸耐力以上的附著耐力，其埋入深度為 400 以上

剪力牆、水平構面的斜撐置換

使用應力解析程序時的
剪力牆及水平構面的剪斷剛性與等價斜撐的置換方法

關於剪力牆的剪斷剛性
當剪斷變形角為 1／120 時，具有壁體長度每 1m 的壁倍率 ×200kg 的剪斷耐力
壁倍率α、壁體長度 L（cm）、高度 H（cm）的剪力牆
Q=200・α・L（kg）的水平力時，產生 do=H／120（cm）的水平變位。

$$Kw=\frac{Q}{do}=\frac{Po\cdot\alpha\cdot L}{H/120}=\frac{200\times120\cdot\alpha\cdot L}{H}=\frac{24{,}000\cdot\alpha}{\tan\theta}\ (kg/cm)$$

計算與此剪力牆剛性等價的斜撐之軸剛性

以斜撐的軸剛性 EA、壁體長度 L、斜撐長度 lb 為假設條件，當水平力 Q 作用下產生水平變位 do 時，
斜撐長度的伸縮為

$$\Delta l=do\cdot\cos\theta$$

故斜撐的軸力各自以

$$Pb=\frac{E\cdot A\cdot\Delta l}{lb}=\frac{E\cdot A\cdot do\cdot\cos^2\theta}{L}\ (kg)$$

與水平力合併作用之後

$$Q=2Pb\cdot\cos\theta$$

從上述算式，等價的斜撐構架的剛性是

$$Kb=\frac{Q}{do}=\frac{2E\cdot A\cdot\cos^3\theta}{L}\ (kg/cm)$$

故 Kw=Kb 時，等價的斜撐軸剛性 EA 可從下列計算式求出

$$EA=\frac{Kw\cdot L}{2\cos^3\theta}=\frac{200\times120\cdot\alpha\cdot L^2}{2\cdot H\cdot\cos^3\theta}\ (kg)$$

此外等價斜撐的軸斷面積 A 是

$$A=\frac{200\times120\cdot\alpha\cdot L^2}{2\cdot E\cdot H\cdot\cos^3\theta}\ (cm^2)$$

樓板面的水平剛性以斜撐置換時，
同樣也要將樓板倍率換算成等價的軸斷面積，
不過變位角要以 1／150 處理

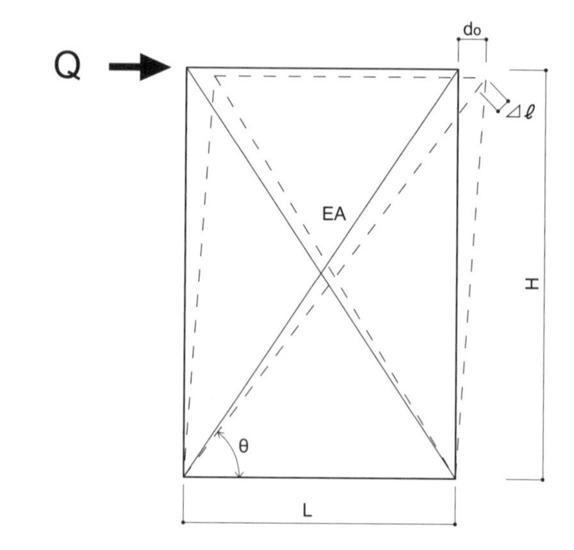

參考文獻：「以阪神淡路大地震中建築物的損害狀況調查為基礎之「建築物耐震基準、設計的解說」講習會問答」（「建築通訊」1996 年 5 月號，（財）日本建築中心發行）

水平構面的設計

水平構面的做法與樓板倍率

編號		水平構面的做法	樓板倍率	ΔQa(kN／m)
1	鋪設面材的樓板面	結構用合板或結構用板材厚度 12mm 以上、樓板格柵@ 340 以下、完全嵌入、N50- @ 150 以下	2.00	3.92
2		結構用合板或結構用板材厚度 12mm 以上、樓板格柵@ 340 以下、半嵌入、N50- @ 150 以下	1.60	3.14
3		結構用合板或結構用板材厚度 12mm 以上、樓板格柵@ 340 以下、空鋪、N50- @ 150 以下	1.00	1.96
4		結構用合板或結構用板材厚度 12mm 以上、樓板格柵@ 500 以下、完全嵌入、N50- @ 150 以下	1.40	2.74
5		結構用合板或結構用板材厚度 12mm 以上、樓板格柵@ 500 以下、半嵌入、N50- @ 150 以下	1.12	2.20
6		結構用合板或結構用板材厚度 12mm 以上、樓板格柵@ 500 以下、空鋪、N50- @ 150 以下	0.70	1.37
7		結構用合板厚 24mm 以上、無樓板格柵直鋪四周釘定、N75- @ 150 以下	4.00	7.84
8		結構用合板厚 24mm 以上、無樓板格柵直鋪川字釘定、N75- @ 150 以下	1.80	3.53
9		寬 180mm 杉木板厚 12mm 以上、樓板格柵@ 340 以下、完全嵌入、N50- @ 150 以下	0.39	0.76
10		寬 180mm 杉木板厚 12mm 以上、樓板格柵@ 340 以下、半嵌入、N50- @ 150 以下	0.36	0.71
11		寬 180mm 杉木板厚 12mm 以上、樓板格柵@ 340 以下、空鋪、N50- @ 150 以下	0.30	0.59
12		寬 180mm 杉木板厚 12mm 以上、樓板格柵@ 500 以下、完全嵌入、N50- @ 150 以下	0.26	0.51
13		寬 180mm 杉木板厚 12mm 以上、樓板格柵@ 500 以下、半嵌入、N50- @ 150 以下	0.24	0.47
14		寬 180mm 杉木板厚 12mm 以上、樓板格柵@ 500 以下、空鋪、N50- @ 150 以下	0.20	0.39
15	鋪設面材的屋頂面	30° 以下、結構用合板厚 9mm 以上、椽@ 500 以下、空鋪、N50- @ 150 以下	0.70	1.37
16		45° 以下、結構用合板厚 9mm 以上、椽@ 500 以下、空鋪、N50- @ 150 以下	0.50	0.98
17		30° 以下、結構用合板厚 9mm 以上、椽@ 500 以下、空鋪、N50- @ 150 以下、設有防落條	1.00	1.96
18		45° 以下、結構用合板厚 9mm 以上、椽@ 500 以下、空鋪、N50- @ 150 以下、設有防落條	0.70	1.37
19		30° 以下、寬 180mm 杉木板厚 9mm 以上、椽@ 500 以下、空鋪、N50- @ 150 以下	0.20	0.39
20		45° 以下、寬 180mm 杉木板厚 9mm 以上、椽@ 500 以下、空鋪、N50- @ 150 以下	0.10	0.20
21	水平角撐水平構面	Z 標鋼製水平角撐或木製水平角撐 90×90 以上、平均負擔面積 2.5m² 以下、樑深 240mm 以上	0.80	1.57
22		Z 標鋼製水平角撐或木製水平角撐 90×90 以上、平均負擔面積 2.5m² 以下、樑深 150mm 以上	0.60	1.18
23		Z 標鋼製水平角撐或木製水平角撐 90×90 以上、平均負擔面積 2.5m² 以下、樑深 105mm 以上	0.50	0.98
24		Z 標鋼製水平角撐或木製水平角撐 90×90 以上、平均負擔面積 3.75m² 以下、樑深 240mm 以上	0.48	0.94
25		Z 標鋼製水平角撐或木製水平角撐 90×90 以上、平均負擔面積 3.75m² 以下、樑深 150mm 以上	0.36	0.71
26		Z 標鋼製水平角撐或木製水平角撐 90×90 以上、平均負擔面積 3.75m² 以下、樑深 105mm 以上	0.30	0.59
27		Z 標鋼製水平角撐或木製水平角撐 90×90 以上、平均負擔面積 5.0m² 以下、樑深 240mm 以上	0.24	0.47
28		Z 標鋼製水平角撐或木製水平角撐 90×90 以上、平均負擔面積 5.0m² 以下、樑深 150mm 以上	0.18	0.35
29		Z 標鋼製水平角撐或木製水平角撐 90×90 以上、平均負擔面積 5.0m² 以下、樑深 105mm 以上	0.15	0.29

原注　上表的樓板倍率是從《木造構架工法住宅的容許應力度設計（2008 年版）》（（財）日本住宅、木材技術中心）中載明的短期容許剪斷耐力ΔQa 除以 1.96[kN／m] 所得到的值

接合部倍率一覽表

接合記號	接合部的做法		接合部倍率
(い)	入短榫及ㄇ形釘（C）釘定		0.0
(ろ)	長榫入栓或角形五金（CP･L）	PL-2.3、10-CN65	0.7
(は)	角形五金（CP･T）或山形版（VP）	PL-2.3、柱與橫向材上各 5-CN65 或各 4-CN90	1.0
(に)	毽形螺栓（SB･F2、SB･E2）、或者條狀五金（S）	PL-3.2、墊圈 PL-4.5×40×40、螺栓 M12 PL-3.2、墊圈 PL-4.5×40×40、上下柱各以螺栓 M12 固定	1.4
(ほ)	毽形螺栓（SB･F、SB･E）、或者條狀五金（S）+ 螺釘（ZS50）	（に）+ 螺釘（ø4.5、長度 50）	1.6
(へ)	拉引五金（DH-B10、S-HD10、HD-N10）		1.8
(と)	拉引五金（DH-B15、S-HD15、HD-N15）		2.8
(ち)	拉引五金（DH-B20、S-HD20、HD-N20）		3.7
(り)	拉引五金（DH-B25、S-HD15、HD-N25）		4.7
(ぬ)	拉引五金（DH-B15、S-HD15、HD-N15）×2 組		5.6
(る)	凹槽燕尾對接或入榫燕尾對接＋毽形螺栓（SB）或者條狀五金（S）		1.9
(を)	凹槽燕尾對接或入榫燕尾對接＋(毽形螺栓 [SB] 或者條狀五金 [S])×2 組		3.0

因應地震力的設計

水平構面跨距表的前提條件

①作用在各層樓板面的地震力要依令 88 條的規定。

$$w=C_i \cdot \Sigma W_i=Z \cdot R_t \cdot A_i \cdot C_o \cdot \Sigma W_i$$

w：作用在各層樓板面的地震力（N／m²）
C_i：地震樓層剪斷力係數
Z：地震地域係數（依據昭和 55 年建告第 1793 號）
Rt：震動特性係數（依據昭和 55 年建告第 1793 號）
A_i：高度方向的分布係數（依據昭和 55 年建告第 1793 號）
C_o：標準剪斷力係數
W_i：各樓層的地震力計算用建築物重量（N／m²）

②地震地域係數 Z=1.0。
③由於是低層住宅的緣故，故震動特性係數 R_t=1.0。
④ A_i 分布以兩層樓建築為假設條件，將 A_1=1.0、A_2=1.5 視之。
⑤標準剪斷力係數 C_o=0.2。
原注　在特定行政廳公布的軟弱地盤地區建造新建築物時，要依本圖表所求得的必要樓板倍率乘上 1.5。

⑥建築物重量依據下述來因應

金屬版屋頂	0.60kN／m²	
瓦屋頂	0.90kN／m²	
二樓樓板	1.70kN／m²	隔間牆：0.30 kN／m²、活載重：0.60 kN／m²（居室）
外牆（每單位樓板面積）	1.00 kN／m²	二樓（單層）：1.00 kN／m²、屋頂面（半個樓層）：0.50 kN／m²

多雪地區除了上述的屋頂載重之外還要加算以下的積雪載重。
單位積雪載重設為 30N／cm／m²，針對 1m 與 2m 進行積雪載重檢討。
以不考慮屋頂形狀係數（根據斜度的折減係數 μb）為前提（μb=1.0）
積雪 1m　0.35×100×30=1,050N／m²=1.05 kN／m²
積雪 2m　0.35×200×30=2,100N／m²=2.10 kN／m²

⑦必要樓板倍率依據下列算式計算。

$$\alpha_f=Q_f / P_o$$

α_f：必要樓板倍率
Q_f：在剪力牆構面端上所產生的樓板面剪斷力（kN／m）

$$Q_f=w \cdot L_f / 2$$

w：作用在各層樓板面上的地震力（N／m²）
L_f：剪力牆線間距（m）

P_o：基準剪斷耐力（kN／m）
P_o=1.96 kN／m

⑧耐震等級設為 1。
耐震等級設為 2 時，要依據該跨距表所求得的樓板倍率乘上 1.25。
耐震等級設為 3 時，要依據該跨距表所求得的樓板倍率乘上 1.5。
⑨檢討部位有二層樓建築的屋頂面與二樓樓板面、以及平房的屋頂面等三類。

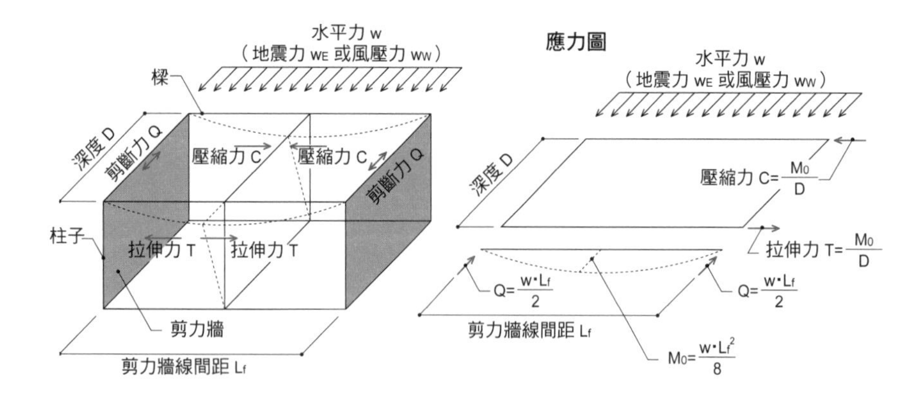

◆因應地震力的水平構面跨距表①積雪：一般、耐震等級 1

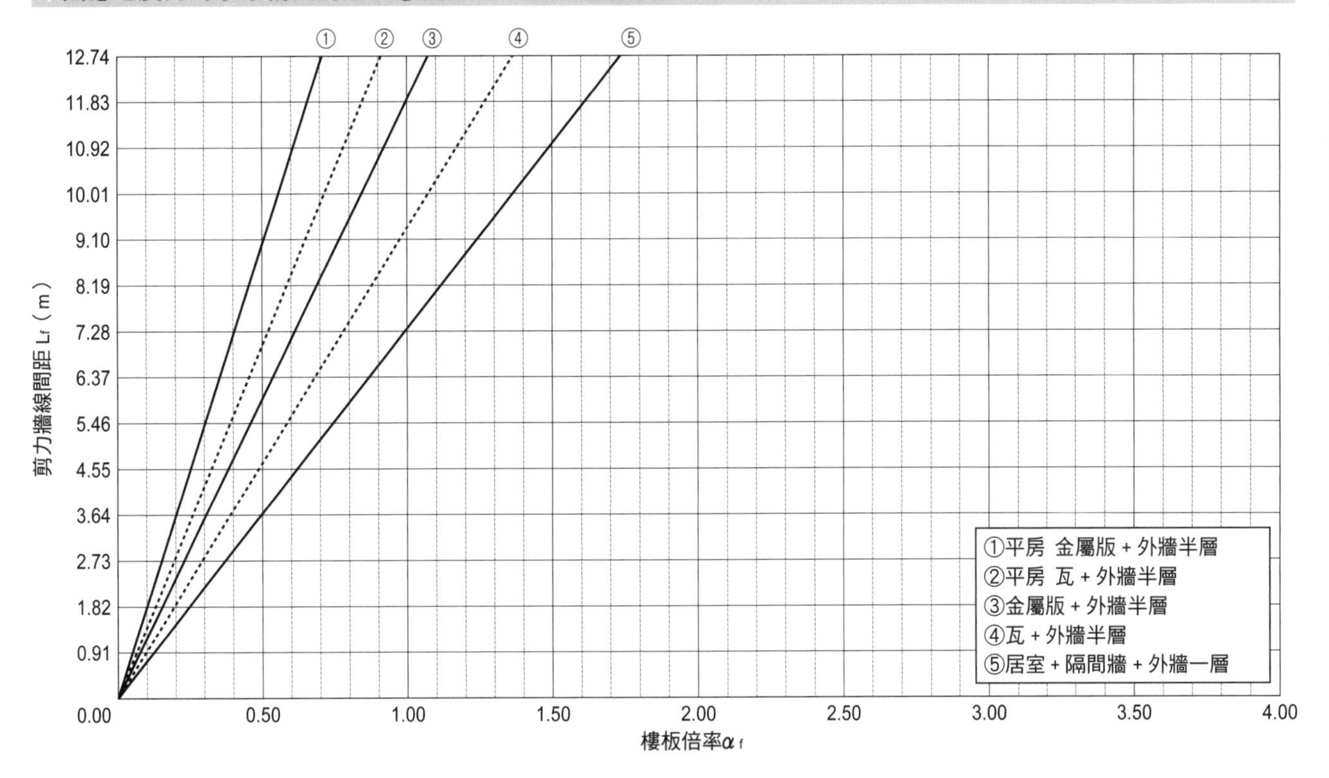

◆因應地震力的水平構面跨距表②多雪地區、耐震等級 1

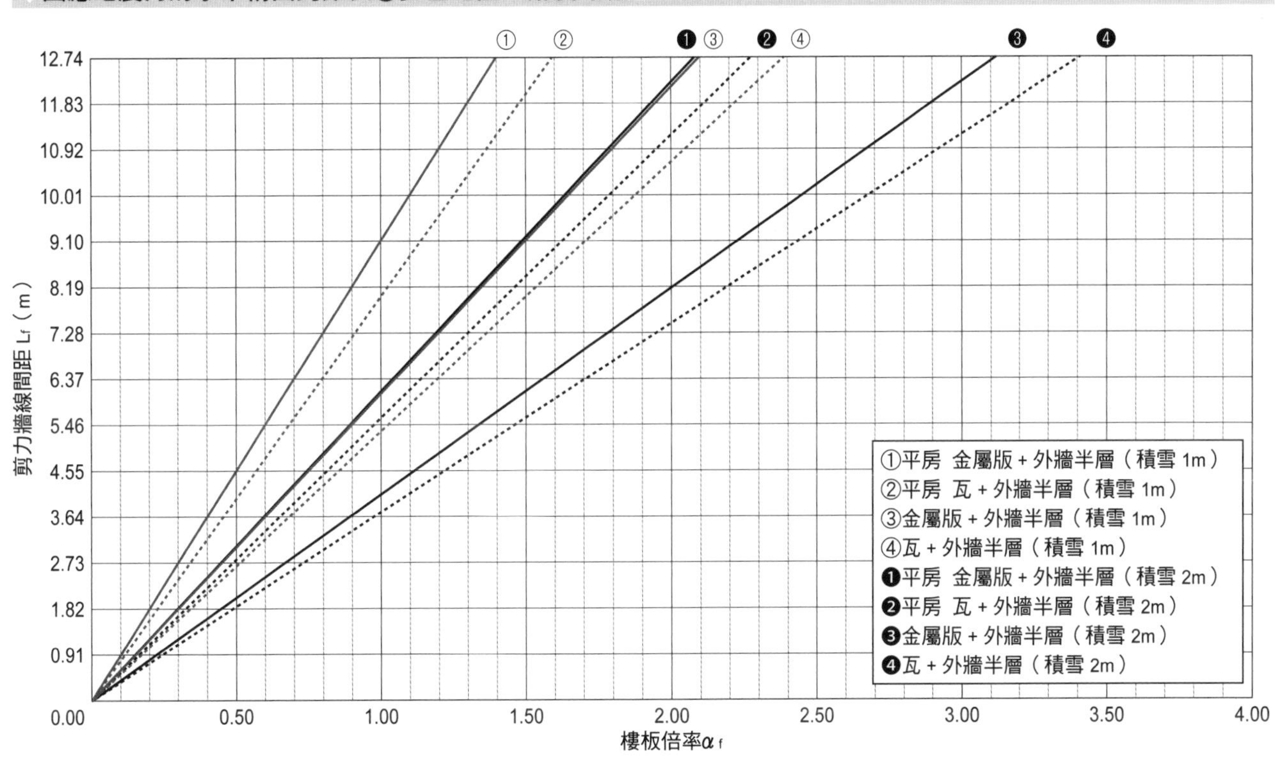

因應風壓力的設計

水平構面跨距表的前提條件

①作用在各層樓板面的風壓力要依令 87 條的規定。

$$w=q \cdot C_f$$

w：作用在各樓層樓板面上的風壓力（N／m²）
q：速度壓（N／m²）

$$q=0.6 \cdot E \cdot V_0^2$$

E：速度壓的高度方向分布係數（依據平成 12 年建告 1454 號第 1 項）
V_0：基準風速（依據平成 12 年建告 1454 號第 2 項）（m／s）
C_f：風力係數（依據平成 12 年建告 1454 號第 3 項）
本設計是閉鎖型的建築物，故 $C_f=0.8 \cdot kz-(-0.4)=1.2$

②地表面粗糙度區分為一般住宅地，針對 II 及 III 進行檢討。

③必要樓板倍率依據下列算式計算。

$$\alpha_f=Q_f／P_o$$

α_f：必要樓板倍率
Q_f：在剪力牆構面端上所產生的樓板面剪斷力（kN／m）

$$Q_f=w \cdot h_i \cdot L_f／2 \cdot D$$

w：作用在各層樓板面上的風壓力（N／m²）
h_i：各樓層的風壓力的負擔寬度（m）
L_f：剪力牆線間距（m）
D：水平構面的深度（m）

P_o：基準剪斷耐力（kN／m）

$P_o=1.96$（kN／m）

④耐風等級設為 1。
耐風等級設為 2 時，要依據該跨距表所求得的樓板倍率乘上 1.2。

⑤風壓力的負擔寬度以第 151 頁的模型住宅為基準，故 2 樓樓板面：2.8m、屋頂面：2.6m。

本設計的速度壓一覽表

基準風速 V_0（m／s）		30	32	34	36	38	40	42	44	46
速度壓 q（kN／m²）	**粗糙度區分 II**	1.047	1.192	1.345	1.508	1.681	1.862	2.053	2.253	2.463
	粗糙度區分 III	0.725	0.824	0.931	1.043	1.163	1.288	1.420	1.559	1.704

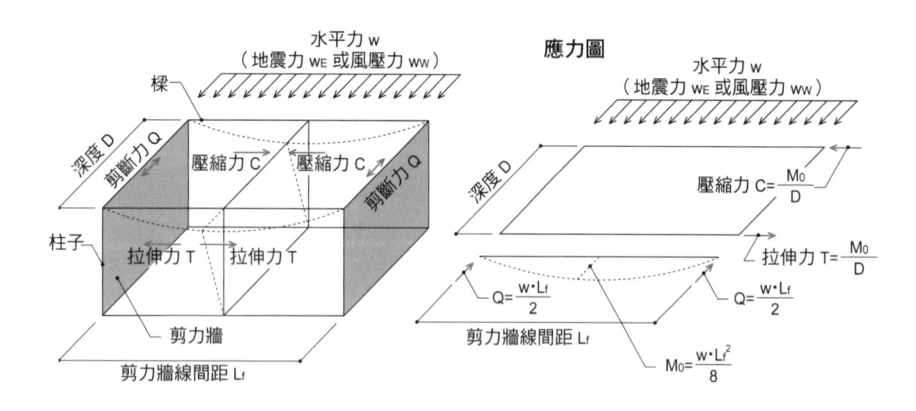

◆因應風壓力的水平構面跨距表①粗糙度區分 II、耐風等級 1

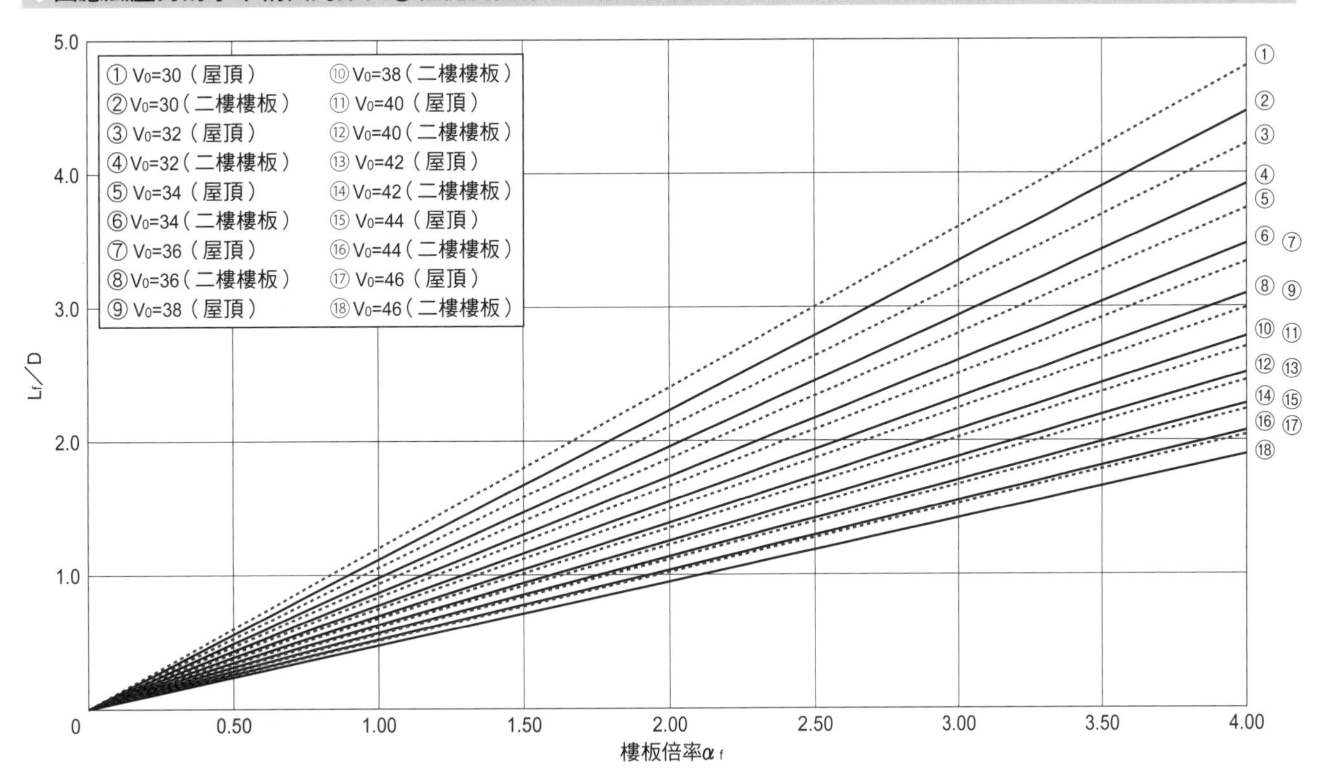

◆因應風壓力的水平構面跨距表②粗糙度區分 II、耐風等級 1（跨距表①的擴大版）

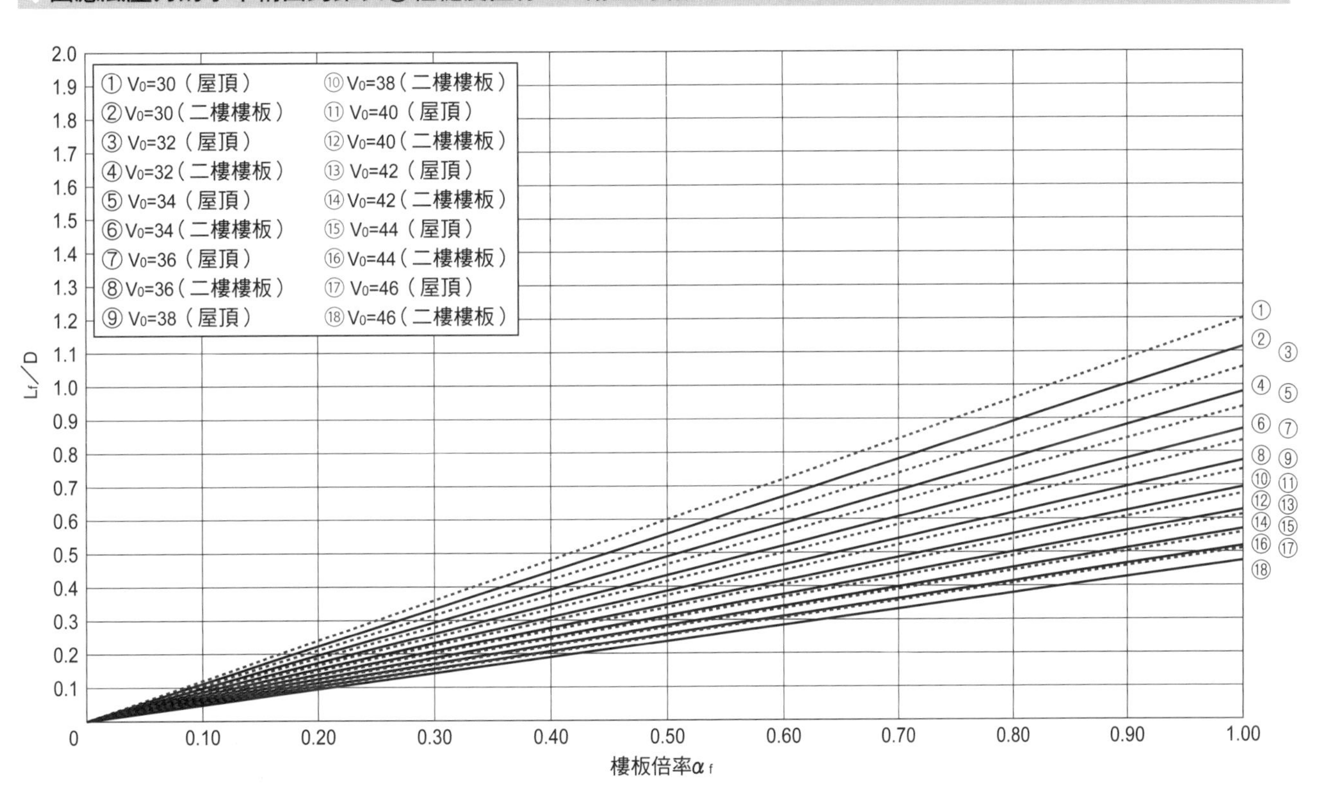

◆因應風壓力的水平構面跨距表③粗糙度區分 III、耐風等級 1

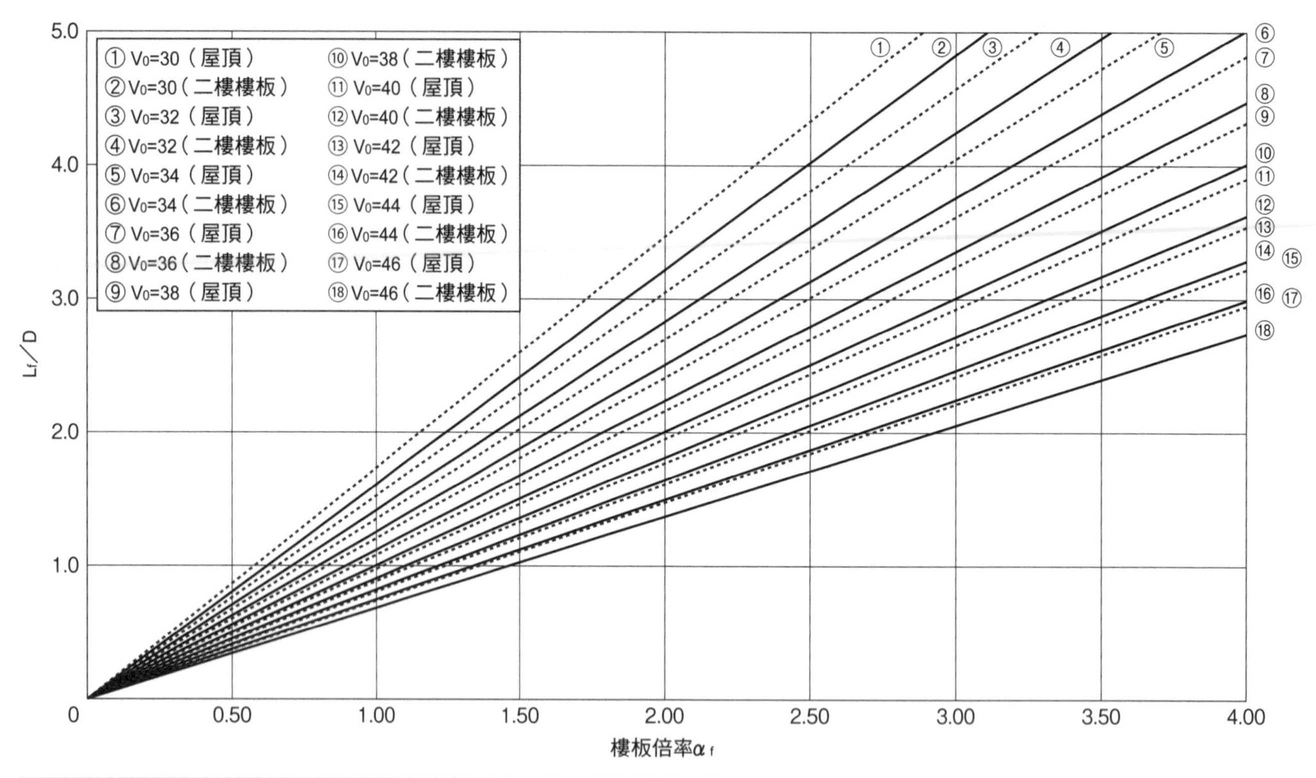

◆因應風壓力的水平構面跨距表④粗糙度區分 III、耐風等級 1（跨距表③的擴大版）

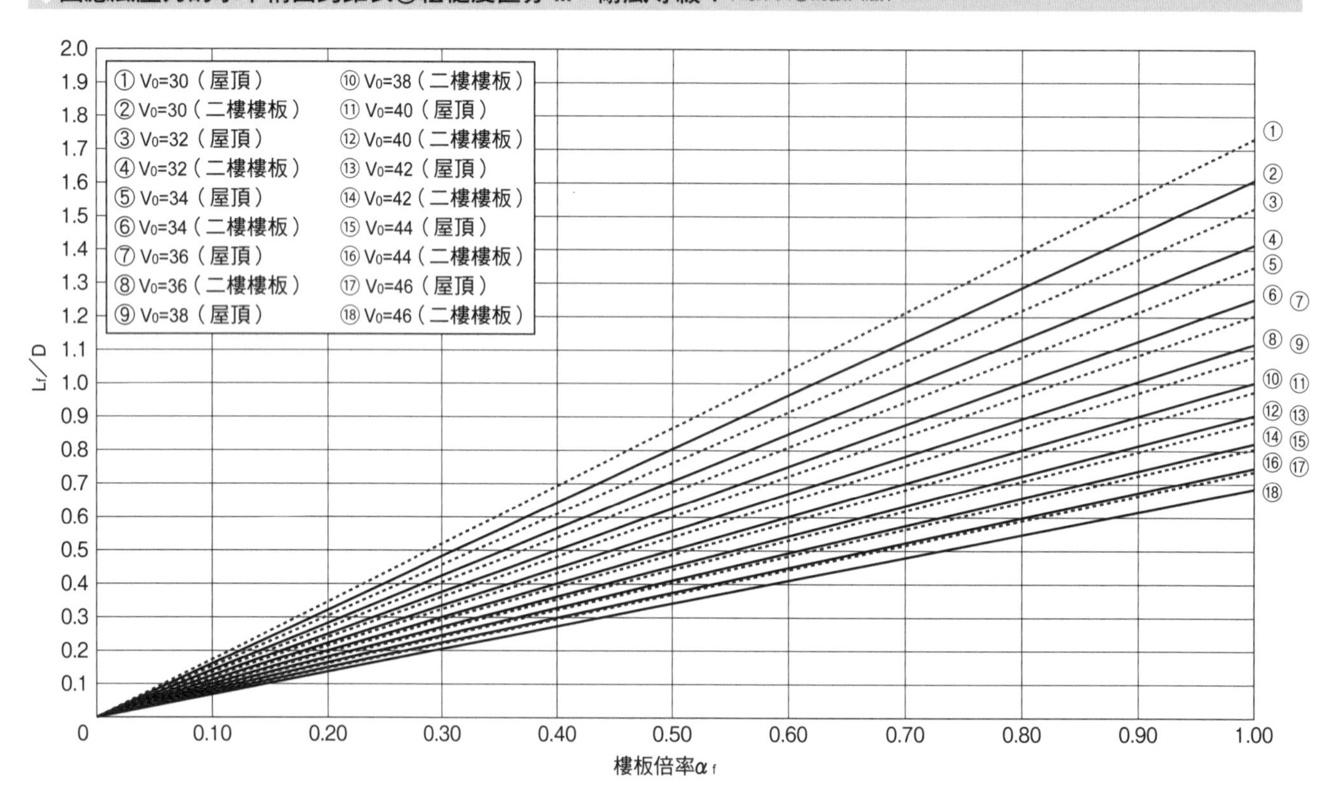

針對上下樓層構面錯位的設計

◆二樓與一樓的牆線不一致時的水平構面跨距表

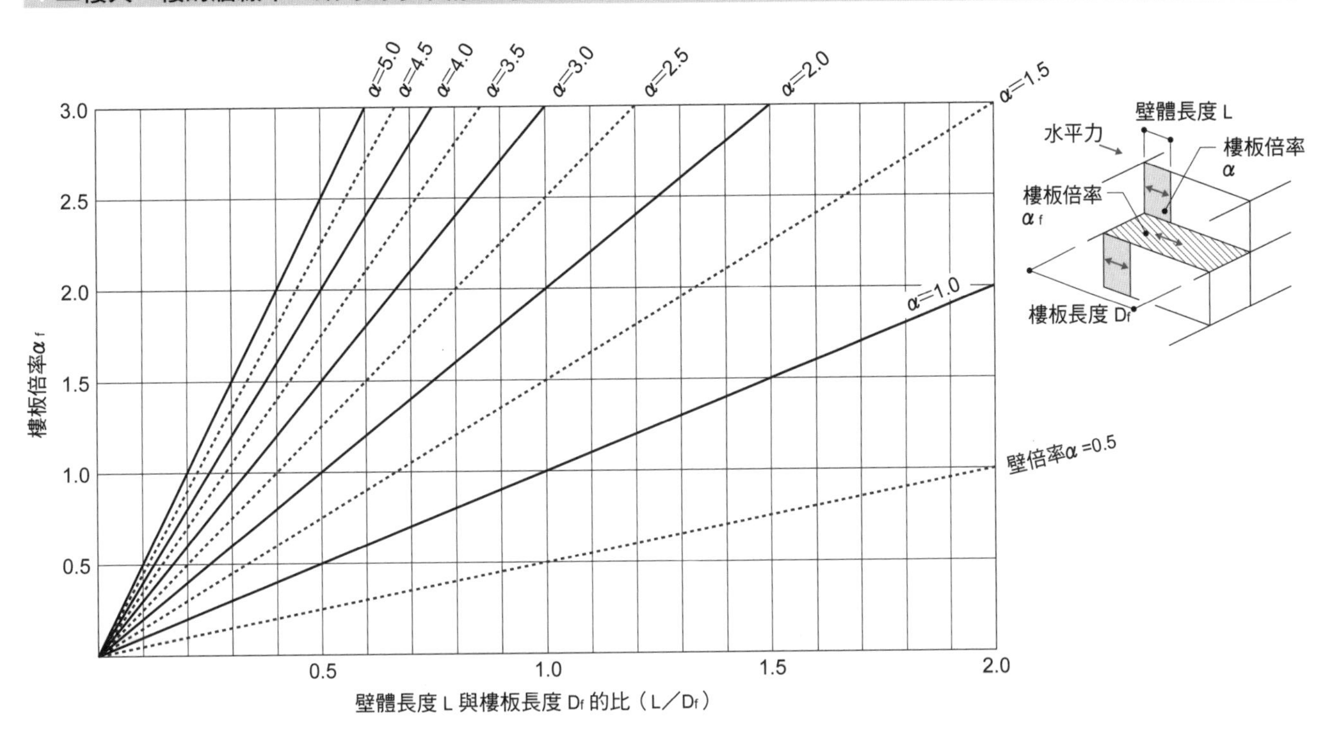

參考文獻

整體結構

- 『2007 建築物の構造関係技術基準解説書』（國土交通省住宅局建築指導課監修、全國官報販賣協同組合發行）

災害、地盤、基礎

- 『地震災害の防止と対策』（守屋喜久夫著、鹿島出版會發行）
- 『地震と地盤災害』（守屋喜久夫著、鹿島出版會發行）
- 『小規模建築物のための液状化マップと対策工法』（液狀化對策檢討委員會編、GYOSEI 發行）
- 『地震の正しい知識』（力武常次著、Ohmsha 發行）
- 『[新編] 日本の活断層―分布図と資料』（活斷層研究會編、東京大學出版會發行）
- 『コンクリート構造物の耐久性シリーズ　中性化』（喜多達夫他著、技報堂出版發行）
- 『建築基礎構造設計指針』（（社）日本建築學會發行）
- 『宅地造成等規制法・同解説』（建設省建設經濟局民間宅地指導室監修、（社）日本建築士會連合會發行）
- 「スウェーデン式サウンディングで自沈層が認められた地盤の許容応力度と沈下の検討」（田村昌仁、枝廣茂樹、人見孝、秦樹一郎／ [建築技術]2002 年 3 月號）

木材

- 『コンサイス木材百科』（秋田縣立農業短期大學編、（財）秋田縣木材加工推進派機構發行）
- 『木材の人口乾燥　改訂版』（寺澤真、尚本卓造共著、（社）日本木材加工技術協會發行）
- 『2001 木材乾燥手帳』（日本木材乾燥設施協會發行）
- 『高信頼性木質建材 [エンジニアードウッド]』（林知行著、日本木材新聞社發行）
- 『建築木材用教材　第五版』（（社）日本建築學會發行）
- 『木質構造設計基準・同解説　第二版』（（社）日本建築學會發行）
- 『現場で役立つ建築用木材　木質材料の性能知識』（木構造振興編、（財）日本住宅、木材技術中心發行）
- 『建築に役立つ木材・木質材料学』（今村祐嗣、川井秀一、則元京、平井卓郎編著、東洋書店發行）
- 「建築技術」1999 年 8 月號（建築技術發行）
- 「建築技術」2002 年 3 月號（X-Knowledge 發行）

木結構

- 『木質構造設計規準・同解説』（（社）日本建築學會發行）
- 『木質構造設計ノート』（（社）日本建築學會發行）
- 『木造軸組工法住宅の許容応力度設計』（（財）日本住宅、木材技術中心發行）
- 『木造住宅のための構造の安定に関する規準に基づく横架材及び基礎のスパン表』（（財）日本住宅、木材技術中心發行）
- 『木造住宅のための構造の安定に関する規準解説書』（（財）日本住宅、木材技術中心發行）
- 『平成 12 年建設省告示第 1460 号に対応した木造住宅用接合金物の使い方 Z マーク表示金物と同等認定金物』（（財）日本住宅、木材技術中心發行）
- 『徳島すぎスパン表』（徳島縣、徳島縣木之家建造協會、徳島縣木材協同組合連合會）
- 『徳島すぎスパン表　VERSION-2』（徳島縣、徳島縣木之家建造協會、徳島縣木材協同組合連合會）
- 『木造住宅の耐震診断と補強方法』（（財）日本建築防災協會發行）
- 『2012 年改訂版　木造住宅の耐震診断と補強方法』（（財）日本建築防災協會發行）
- 『木構造の計算』（後藤一雄著、鹿島出版會發行）
- 「金輪継手の圧縮及び引張り耐力に関する実験的研究」（嘉戶通幸、村橋久昭／（社）日本建築學會「學術演講梗概集」1989 年）
- 「機械加工による在来木造継手の剛性・耐力について（その1）腰掛鎌継ぎ及び追掛大栓継ぎの引張実験」（井英浩、井上正丈、本多祥二／（社）日本建築學會「學術演講梗概集」1991 年）
- 「実大振動実験を木造住宅の構造設計に活かす」（大橋好光／「建築技術」2006 年 4 月號）
- 「建築技術」1998 年 8 月號、2000 年 10 月號、2002 年 9 月號、2003 年 6 月號（建築技術發行）
- 「木材工業」1996 年 11 月號（（社）日本木材加工技術協會發行）
- 「建築知識」2001 年 10 月號、2002 年 9 月號～ 12 月號（X-Knowledge 發行）

混合結構

- 『木質系混構造建築物の構造設計の手引き』（（財）日本住宅、木材技術中心發行）
- 『3 階建て混構造建築物の構造計算指針（案）同解説』（（財）日本住宅、木材技術中心發行）
- 『3 階建混構造住宅の構造設計の手引き』（（財）日本住宅、木材技術中心發行）
- 『建築基準法改正に基づく構造設計Ｑ＆Ａ集』（（財）日本建築士事務所協會連合會發行）
- 『鋼構造設計規準―許容応力度設計法』（（社）日本建築學會發行）
- 『鉄筋コンクリート構造計算規準・同解説』（（社）日本建築學會發行）
- 『壁式構造関係設計規準集・同解説（壁式鉄筋コンクリート造編）』（（社）日本建築學會發行）
- 『S 建築構造の設計』（（社）日本建築構造技術者協會發行）
- 『2008 年版　冷間成形角形鋼管設計・施工マニュアル』（（財）日本建築中心發行）
- 『壁式鉄筋コンクリート造設計施工指針』（（財）日本建築中心發行）
- 「建築確認手続き等の運用改善（第二弾）及び規制改革等の要請への対応についての解説」（日本國土交通省）
- 「木造混構造の構造設計事例」（（社）日本建築構造技術者協會 Website[http://www.jsca.or.jp/]）

相關機構列表

試驗協力

大工塾
東洋大學工學部建築學科 松野研究室

現代計畫研究所
岩手縣遠野市建設部都市計畫課
岩手縣林業技術中心

德島縣農林水產林業振興課
德島縣農林水產綜合技術支援中心　森林林業研究所
德島縣木之家建造協會
德島縣木材協同組合連合會

靜岡縣建築士會　靜岡木造塾
OM Solar 協會
靜岡縣林業技術中心

千葉工務店
山長商店

用山梨的木材建造家之會
山梨縣森林綜合研究所

雇用、能力開發機構　高度職業能力開發促進中心

近山 school 名古屋
岐阜縣立森林文化學院

三重縣建築士會　三重木造塾
三重縣科學技術振興中心林業研究所

執筆協力

丹吳明恭（丹吳明恭建築設計事務所）
加來照彥（現代計畫研究所）
三澤康彥（Ms 建築設計事務所）
野澤正光（野澤正光建築工房）
植村成樹、根岸德美（UN 建築研究所）
馬場淳一、鈴木龍子（山邊構造設計事務所）
永添一彥、新井正史
姜利惠

本書執筆之際承蒙各位大力協助，在此向各位致上最深謝意。
（山邊豐彥 YAMABE TOYOHIKO）

插圖　福浦惠美子

中日英詞彙翻譯對照表

筆畫	中文	日文	英文
	VP 五金	VP 金物	variable pitch
	D 型螺栓	D- ボルト	D-bolt
	CP-L 五金	CP- 金物	CP-L hardware
	ㄇ形釘	かすがい	cramp
2	入榫	大入れ	housed joint
	十字版剪切試驗	ベーン試験	vane test
	入榫燕尾搭接	大入れ蟻掛け	dovetail housed joint
3	大頭釘	ビス	screw
	土方工程	土工事	Earth work
	中央主柱	大黒柱	central pillar
4	木地檻	土台	sill
	切妻（二坡水）屋頂	切妻屋根	gable roof
	水平樑	火打ち（梁）	dragging beam
	水平角撐木地檻	火打土台	angle brace sill
	內栓	込栓	tie plug
	水平樑	陸梁	horizontal beam
	天花板橫料	野縁	furring strip
	化學錨栓	ケミカルアンカー	
	手動螺旋鑽探法	ハンドオーガーボーリング	hand-operated auger bowling
	勾動器	とんび	trigger
	分配筋	配力筋	distributing bar
	木摺	ラス（ボード）	
	木摺砂漿	ラスモルタル	lath mortar
	間柱	間柱	stud
	中層	中塗り	intermediate coat
	內角	入隅	internal angle
	勾齒搭接	渡り腮	cogging
	支撐地盤	支持地盤	supporting ground
	木螺釘	コースレッド	wood screw
	日式屋架	和小屋	Japanese roof structure
	日本山毛櫸	ブナ	*Fagus crenata*
	日本冷杉	モミ	*Abies firma*
	日本柳杉	スギ	*Cryptomeria japonica*
	日本落葉松	カラマツ	*Larix kaempferi*
	日本鐵杉	ツガ	*Tsuga sieboldii*
	木理（纖維）傾斜	目切れ	
	水曲柳	タモ	*Fraxinus mandshurica var. japonica*

筆畫	中文	日文	英文
	水灰比	水セメント比	water-cement ratio
	水楢木	ミズナラ	*Quercus crispula*
5	四方紋	四方柾	four-way straight grain
	主椽	合掌	principal rafter
	加勁版	スチフナー	stiffener
	寄棟（四坡水）屋頂	寄棟屋根	hipped roof
	甲乙樑	甲乙梁	sub-beam
	半嵌入	半欠き	semi-lodge-in
	主支柱	真束	king strut
	平版	フラットベット	flatbed
	石棉瓦	石綿スレート	asbestos slate
	凹槽燕尾對接	腰掛け蟻継ぎ	groove dovetail tenon
	凹槽蛇首對接	腰掛け鎌継ぎ	groove mortise joint
	出簷	軒の出	eaves hood
	外角	出隅	external angle
	平屋頂	陸屋根	flat floor
6	西式屋架	洋小屋	Western roof structure
	吊拉支柱	吊束	pendant strut
	灰泥牆	（土）塗り壁	mud wall
	劣質混凝土	土間コンクリート	concrete slab on grade
	竹節式摩擦樁	節杭	nodular pile
	地基開挖	根切り	excavation
	劣質混凝土	捨てコンクリート	blinding concrete
	竹片	小舞（竹）	bamboo lath
	企口板	本実板	tongue-and-groove board
	合楔、緊榫楔	割楔	tight wedge
	竹條	間渡し竹	bamboo strip
	地樑	地中梁	footing beam
	地耐力	地耐力	bearing capacity
	地盤改良	地盤改良	soil stabilization
	存在壁量	存在壁量	wall existence
	共振現象	共振現象	co-vibration
	色木槭	イタヤカエデ	*Acer mono*
7	伸縮縫	エキスパンション	expansion
	角椽	隅木	angle rafter
	坍度	スランプ	slump
	完全嵌入	落とし込み	lodge-in
	欄杆	手摺壁	balustrade

筆畫	中文	日文	英文
	夾層	中間床	mezzanine
	扭力五金	ひねり金物	twist hardware
	扭曲	ねじれ	torsion
	扭曲剛性	ねじれ剛性	torsional rigidity
	免震構造	免震構造	base isolated structure
	赤松	アカマツ	*Pinus densiflora*
8	版式基礎	ベタ基礎	mat foundation
	抱石基礎	玉石基礎	stone foundation
	垂壁	垂（れ）壁	hanging wall
	底版	捨張り	base
	拉引五金	引き寄せ金物	bulling hardware
	抹灰	漆喰（壁）	plaster
	泥漿	スラリー	slurry
	長榫	長ホゾ（差し）	long pivot
	拉力螺栓	引きボルト	tensile bolt
	拉引五金	ホールダウン金物	bulling hardware
	長榫入插榫	長ホゾ差し込栓打ち	tie-plug inserted long pivot
	空鋪	転ばし	topple
	金輪對接	追掛大栓（継ぎ）	okkake daisen tenon
	波狀皺裂	あて	ripple rinkled crack
	金輪對接	金輪継ぎ	oblique scarf
	長型暗銷對接	竿車知継ぎ	long keyed joint
	雨淋板	下見板、サイディング	siding clapboard
	固有週期	固有周期	natural period
	拉伸斜撐	引張筋かい	tensile brace
	拉桿	タイロッド	tie rod
	升吊捲筒	コーンプールー	cone pulley
	空間區劃	ゾーニング	zoning
	矽酸鈣版	炭酸マグネシウム板	
	花旗松	ベイマツ	*Pseudotsuga menziesii*
9	重疊樑	重ね梁	stack beam
	樑柱構架式構法	在来（軸組）構法	conventional column and beam structural system
	屋面板	野地板	sheathing roof board
	屋架支柱	小屋束	vertical roof strut
	砂漿	モルタル	mortar
	屋面材料	葺き材	roofing material
	屋瓦底層（土）	葺土	roof base
	施工架	足場	scaffold

筆畫	中文	日文	英文
	保護層	かぶり	protective concrete cover
	柱腳繫樑	足固め	leg hold
	保有水平耐力計算	保有水平耐力計算	horizontal load bearing capacity calculation
	屋架	小屋組	roof structure
	屋架樑	小屋梁	roof tie-beam
	挑空	吹抜け	atrium
	施工規範	仕様規定	specification
	降伏耐力	降伏耐力	yield resistance
	面外挫屈	面外座屈	out-plane buckling
	面層	上塗り	finish coat
	美西側柏	ベイスギ	*Thuja plicata*
	美國西部鐵杉	ベイツガ	*Tsuga heterophylla*
	美國扁柏	ベイヒ	*Chamaecyparis lawsoniana*
10	框架平面圖	伏図	framing plan
	格柵托樑	大引	sleeper joist
	起拱	ムクリ	arched
	桁條	母屋	purlin
	脊桁	棟木	ridge beam
	剛性（構架）	ラーメン	rahmen（frame）
	脊樑	棟梁	ridge beam
	砌石	石積み	masonry
	缺角	切欠き	breach
	倒鉤	あご	barb
	蛇首對接	鎌継	mortise joint
	馬車螺栓	コーチボルト	coach bolt
	格子面	面格子	grid plane
	剖裂	背割	back halving
	埋入部	根入れ	embedment
	容許應力度	許容応力度	allowable unit stress
	挫屈	座屈	buckling
	桁架	トラス	truss
	退縮	セットバック	set-back
	庫頁島冷杉	トドマツ	*Abies sachalinensis*
	紙漿水泥版	パルプセメント板	
11	斜撐	筋違い	bracing
	異方性	異方性	anisotropy
	斜樑	登り梁	slope beam
	連續基礎	布基礎	continuous foundation

筆畫	中文	日文	英文
	通柱	通し柱	continuous column
	（澆置）接續面	打ち続ぎ面	construction joint
	連接版	根がらみ	root board
	條狀五金	短冊金物	short plate hardware
	荷蘭式雙管貫入試驗	オランダ式二重試験	Dutch doube pipe cone penetration test
	旋轉鑽探法	ロータリーボーリング	rotary bowling
	接縫材料	継目材	seam material
	旋轉剛性	回転剛性	rotary rigidity
	基礎隔件	基礎パッキン	foundation spacing
	插榫	込栓打ち	inserted tie plug
	基礎工程	地業	foundation work
	粗抹	荒壁	scratch coat
	乾砌	空積み	dry masonry
	粗土	荒土	rough earth
	斜撐	ブレース	brass
	剪斷（力）	せん断力	shear
	基腳	フーチング	footing
	探測	サワンディング	sounding
	接受樑	受け梁	receiving beam
	斜交支撐	たすき掛け	cross oblique strut
	斜度	勾配	slope
	黏性阻尼	粘性ダンバー	viscous damper
	貫通式木地檻	土台通し	continuous sill
	貫通螺栓	通しボルト	through bolt
	軟弱地盤	軟弱地盤	weak ground
	通樑	梁勝ち	continuous beam
	剪力釘	シアコネクター	shear connector
	掛勾五金	ハンガー金物	
	魚鱗雲杉	エゾマツ	*Picea jezoensis*
12	隅撐	方杖	knee brace
	插針	ドリグピン	drift pin
	搭接	仕口	lap joint
	補強柱	添え柱	reinforce column
	嵌木入內栓	雇いホゾ差し込栓打ち	tie-plug inserted pivot
	嵌木	雇いホゾ	pivot
	短榫	短ホゾ差し	short pivot
	棧板	すのこ張り	duckboard
	窗扇	サッシ	sash

筆畫	中文	日文	英文
	單斜支撐	片掛け	single oblique strut
	圍樑	胴差	girth
	廂房	下屋	attached annex
	軸型螺栓	軸ボルト	axial bolt
	集水坑	釜場	sump
	開孔軸向螺栓	箱抜き軸ボルト	axial slot bolt
	硬質木片水泥版	硬質木片セメント板	
	象蠟木	シオジ	*Fraxinus spaethiana*
	雲杉	スプルース	*Picea sitchensis*
	黑松	クロマツ	*Pinus thunbergii*
13	暗榫	ダボ	dowel
	暗銷	車知（栓）	keyed joint
	楔形物	楔	chock
	椽	垂木	rafter
	彈性模數	ヤング係数	Young's modulus
	毽形螺栓	羽子板ボルト	battledore bolt
	意外扭矩	アクシデンタルトーション	accidental torsion
	歇山頂	入母屋	East Asian hip-and-gable roof
	瑞典式探測試驗	SWS 試験	Swedish sounding test
	圓錐貫入儀試驗	コーンペネトロメーター	cone penetration meter
	蜂窩	ジャンカ	honeycomb
	隔間牆	間仕切壁	partition
	楔榫	地獄ホゾ	foxtail wedged tenon
	填塞板	面戸板	Infilled board
	塑合板	パーティクルボード	particle board
	隔件孔	セパ孔	separator hole
	楔形物	楔	split wedge
	完成（面）	仕上げ	finish
	預（裁）切	プレカット	pre-cut
	節	節	
	預製鋼板	ガセットプレート	
14	構架	軸組	frame
	裝修材	造作材	fixture lumber
	榫	ホゾ	pivot
	墊圈	バネ	spring
	管柱	管柱	standard pillar
	模版	枠	formwork
	對接	継手	butt joint
	閣樓	小屋裏	garret

筆畫	中文	日文	英文
	輔助牆	控壁	counterfort
	輔助柱	控柱	bracing strut
	墊條、固定條	胴縁	furring strip
	箍筋	あばら筋	stirrup
	榫管	ホゾパイプ	pivot pipe
	箍筋	スターラップ	stirrup
	滾輪（接合）	ローラー	roller
	鉸（接合）	ピン	hinge
	墊圈	座金	
	端部鑽孔距離	端あき距離	
15	樓（地）板	床板	floor panel
	樓板格柵	根太	floor joist
	潛變	クリープ変形	creep
	遮雨棚	雨仕舞	flashing
	樁（基礎）	杭（基礎）	pile（foundation）
	遮雨廊	濡れ縁	veranda
	豎向角材	竪貫	vertical timber
	樓板支柱	床束	floor post
	漿砌	練積み	wet masonry
	稻草纖維	藁スサ	straw fibers
	層間變位角	層間変形角	inter-story deflection angle
	撓曲	たわみ	deflection
	樓板倍率	床倍率	floor ratio
	樓板構架	床組	floor system
	樓板樑	床梁	floor beam
	標準貫入試驗	標準貫入試験	standard penetration test
	線性插值	直線補間した数値	linear interpolation
16	黏度	ねばり	viscosity
	橫向紋	二方柾	two-way straight grain
	擋土牆	擁壁	retaining wall
	橫向材	横架材	horizontal member
	橫穿板	貫	batten
	歷時回應解析	時刻歴応答解析	time history response analysis
	擋土牆	土留め	Earth retaining
	燕尾榫	蟻落し	dovetail pivot
	橫切面	木口面	transverse section
	螺絲釘	ラグスクリュー	lag screw
	擋土	山留め	earth retaining
	橫木楣樑	台輪	horizontal wooden member

筆畫	中文	日文	英文
	壁倍率	壁倍率	wall ratio
	橫向壓縮	横圧縮	side compression
	橫樑	桁	girder
	摩擦樁	摩擦杭	friction pile
	鋼管樁	鋼管杭	steel pipe pile
17	簷桁	軒桁	pole plate
	隱柱牆	大壁	both-side finished stud wall
	壓陷	めり込み	inset
	壓縮斜撐	圧縮筋かい	compression brace
	臨界耐力計算	限界耐力計算	limit strength calculation
	錨定螺栓	アンカーボルト	anchor bolt
	鍍鋁鋅鋼板	ガルバリウム	galvalume
	應變	ひずみ	strain
18	礎石	束石	fooing of floor post
	顎掛型	クレテックタイプ	jaw type hardware
	斷面二次半徑	断面二次半径	radius gyration
	斷面二次彎矩	断面二次モーメント	geometrical-moment of inertia
	簡支樑	単純梁	simple beam
	顎	あご	cogging
19	邊墩	立上がり	leading edge
	瀝青防水毯	アスファルトルーフィング	asphalt roofing
	羅漢柏	ヒバ	*Thujopsis dolabrata*
20	懸臂樑	片持梁	cantilever
	護牆板	羽目板	flush boarding
	懸挑	オーバーハング、はね出し	overhanging
	礫	敷砂利	gravel
21	露柱牆	真壁	timber pillar exposed stud wall
	襯版	シージングボード	sheathing board
	櫸木	ケヤキ	*Zelkova serrata*
22	疊石	ブロック積み	piled-up stone block
	疊板牆	落とし込み板壁	inserted panel wall
	彎矩	曲げモーメント	bending moment
	彎勾	フック	hook
23	變形限制值	変形制限値	deflection limit
27	鑽探（調查）	ボーリング　（調査）	bowling （investigation）
28	鑿毛	目荒らし	chiseling

國家圖書館出版品預行編目（CIP）資料

木構造全書 : 世界頂尖日本木構造權威40年理論與實務集大成 / 山邊豐彥著 ; 張正瑜譯. -- 修訂一版. -- 臺北市 : 易博士文化, 城邦文化出版 : 家庭傳媒城邦分公司發行, 2024.03
408面 ; 21*29.7公分
譯自 : ヤマベの木構造 増補改訂版 : これ一冊で分かる ! 木造住宅の構造設計
ISBN 978-986-480-356-9 (平裝)
1.建築物構造 2.木工

441.553 113001585

木構造全書

世界頂尖日本木構造權威 40 年理論與實務集大成

原著書名／ヤマベの木構造 増補改訂版：これ一冊で分かる！木造住宅の構造設計
原出版社／X-Knowledge
作　　者／山邊豐彥
譯　　者／張正瑜
選 書 人／蕭麗媛
主　　編／鄭雁聿

行銷業務／施蘋鄉
總 編 輯／蕭麗媛
發 行 人／何飛鵬
出　　版／易博士文化 城邦文化事業股份有限公司
台北市南港區昆陽街16號4樓
電話：（02）2500-7008 傳真：（02）2502-7676
E-mail: ct_easybooks@hmg.com.tw
發　　行／英屬蓋曼群島商家庭傳媒股份有限公司城邦分公司
台北市南港區昆陽街16號8樓
書虫客服服務專線：（02）2500-7718、2500-7719
服務時間：週一至週五上午09:30-12:00；下午13:30-17:00
24小時傳真服務：（02）2500-1990、2500-1991
讀者服務信箱：service@readingclub.com.tw
劃撥帳號：19863813 戶名：書虫股份有限公司
香港發行所／城邦（香港）出版集團有限公司
香港九龍土瓜灣土瓜灣道86號順聯工業大廈6樓A室
電話：(852)2508-6231 傳真：(852)2578-9337
E-mail：hkcite@biznetvigator.com
馬新發行所／城邦（馬新）出版集團Cite(M) Sdn. Bhd.
441, Jalan Radin Anum, Bandar Baru Sri Petaling,
57000 Kuala Lumpur, Malaysia.
電話：(603)9056-3833 傳真：(603)9057-6622
E-mail：services@cite.my

視覺總監／陳栩椿
製版印刷／卡樂彩色製版印刷有限公司

■2024年03月14日 修訂一版
ISBN 978-986-480-356-9

定價3000元 HK＄1000